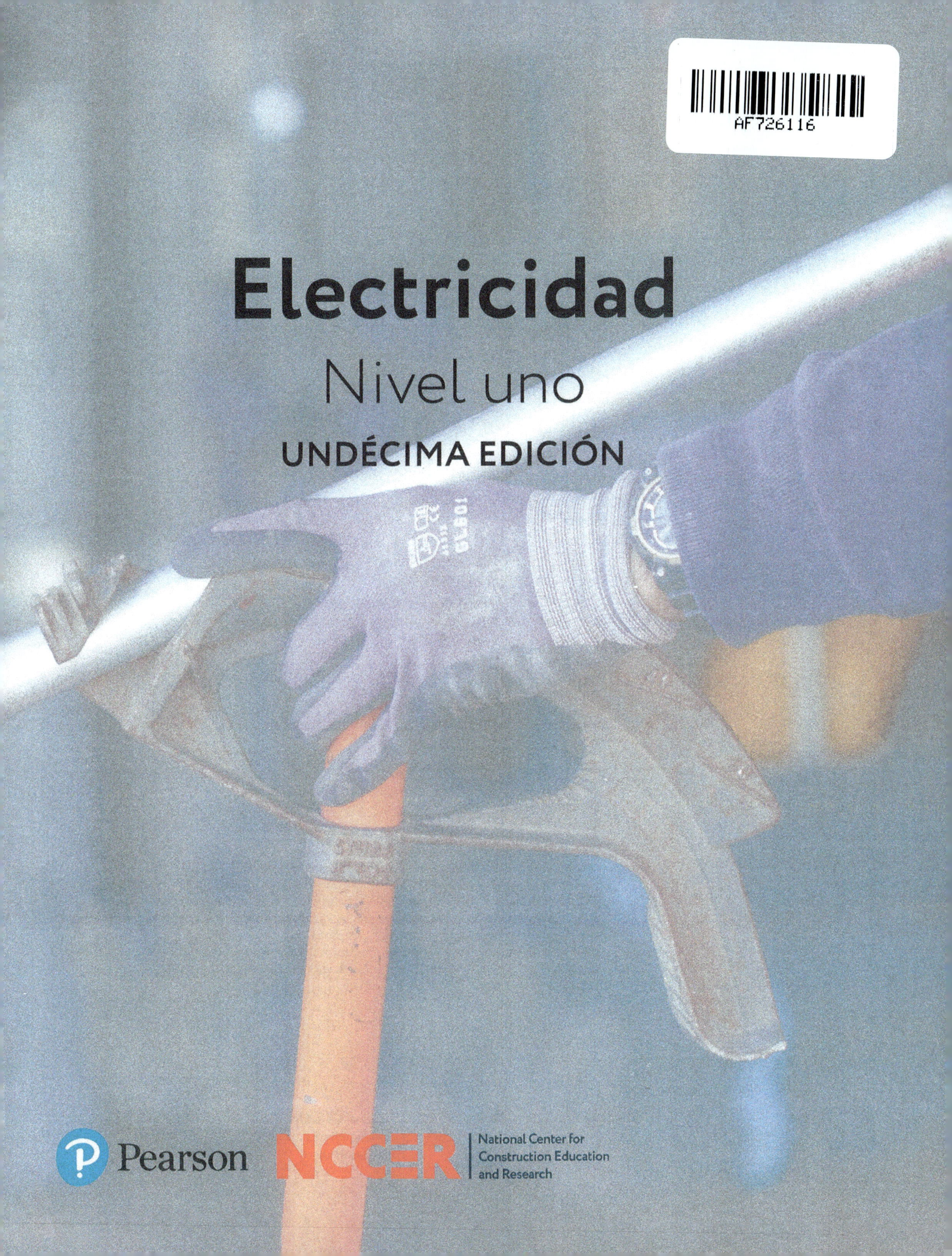

Electricidad

Nivel uno

UNDÉCIMA EDICIÓN

Pearson

NCCER National Center for Construction Education and Research

NCCER

Presidente y Director Ejecutivo: Boyd Worsham
Vicepresidenta de Innovación y Progreso: Jennifer Wilkerson
Directora de Educación: Lisa Strite
Director Principal de Proyectos: Chris Wilson
Gerente Principal de Producción: Graham Hack
Director de Proyectos Eléctricos: Douglas Hancock
Gerente de Proyectos de Traducción, Eléctricos: Yesenia Tejas
Redactor Técnico Principal: Gary Ferguson
Directora de Arte: Bree Rodriguez
Ilustradores Técnicos: Judd Ivines, Liza Wailes
Artista de Producción: Chris Kersten
Especialista en Permisos: Adam Black
Gerente de Edición: Hannah Murray
Editore: Alfonso Fernandez-Galán
Gerente de Autoedición: Eric Caraballoso
Especialistas en Producción: Daphney Milian, Julie Watkins
Gerente de Contenido Digital: Kelly Beck
Coordinador de Contenido Digital: Yesenia Tejas, Briana Rosa
Asistente de Producción: Edward Fortman

Pearson

Directora de Alianzas de Asociación: Tanja Eise
Directora de Programas: Vanessa Price
Productora Sénior de Contenido Digital: Shannon Stanton
Productor de Contenido: Arup Kumar Ghosh
Coordinadora de Soluciones de Empleabilidad: Mónica Pérez
Diseño de Portada: Mary Siener
Derechos y Permisos: Jenell Forschler

Redacción: NCCER
Traducción de Texto: Translation Source
Tecnologías de Contenidos: Gnostyx
Fuentes del Texto: Palatino LT Pro y Helvetica Neue

Imagen de portada

Fuente de la foto de portada: utilizada con permiso de Haskell.

10 9 8 7 6 5 4 3 2 1

Código de impresión automatizado Scout

Pearson

National Center for Construction Education and Research

Tapa rústica:
ISBN-13: 978-0-13-539524-0

3 2025

PRÓLOGO

Para el aprendiz

Bienvenido al plan de estudios de capacitación en oficios de *Electricidad* de NCCER. Los electricistas desempeñan una función fundamental en la sociedad porque la electricidad es parte integral de nuestra cotidianidad. Alimenta las aplicaciones que aumentan la productividad y mejoran nuestro nivel de vida. Como consecuencia, aún hay mucha demanda de electricistas especializados y las oportunidades en el campo de la electricidad siguen aumentando. Los conocimientos de un electricista garantizan la seguridad y la fiabilidad de los equipos y sistemas que las personas usan a diario, ya sea en su casa o en el trabajo.

Según la *U.S. Bureau of Labor Statistics* (Oficina de Estadísticas Laborales de los Estados Unidos), se prevé que la demanda de electricistas especializados seguirá creciendo y, por lo tanto, habrá muchas oportunidades laborales para profesionales formados en el campo de la electricidad. Las personas que desean convertirse en electricistas especializados se capacitan a través de programas de formación en oficios y formación práctica. Los programas de formación práctica ofrecen una combinación de instrucción en el aula y aprendizaje en el puesto de trabajo con electricistas expertos.

Los recursos de formación en oficios de NCCER ofrecen a los estudiantes los conocimientos y habilidades que necesitan para alcanzar el éxito en el competitivo mercado actual. Ya se trate de aprender a leer planos de construcción, comprender los códigos de seguridad, instalar o terminar conductores o instalar aparatos eléctricos en un edificio, los estudiantes que siguen el plan de estudios de *Electricidad* de NCCER tienen las capacidades necesarias para satisfacer las exigencias cada vez mayores de la actualidad. Al final, los alumnos adquirirán las habilidades necesarias para instalar, mantener y reparar componentes y equipos eléctricos en obras residenciales, comerciales e industriales.

NCCER le proporciona herramientas de formación integral que combinan la instrucción en el aula con la experiencia práctica. Como resultado, los estudiantes tendrán las habilidades y la confianza que necesitan para alcanzar el éxito en la profesión exigente y gratificante de la electricidad. Nuestro compromiso es ayudarle a lograr sus objetivos, y esperamos que este plan de estudios sea un valioso recurso una vez que se dedique al apasionante oficio de electricista.

Novedades del *Nivel uno de Electricidad*

NCCER y Pearson tienen el gusto de presentar el *Nivel uno de Electricidad*, que hemos actualizado para que se ajuste al *National Electrical Code*® o NEC (Código Eléctrico Nacional) de 2023.

Además de los cambios relacionados con el *NEC*® 2023, cada uno de los módulos de esta edición del *Nivel uno de Electricidad* se rediseñó y actualizó para incluir material gráfico nuevo, instrucciones más concisas y un diseño más sencillo que contribuye a mejorar la experiencia educativa.

Le deseamos mucho éxito en este programa de capacitación. Si tiene algún comentario sobre mejoras que el NCCER podría implementar en este libro de texto, escanee el código QR que está al lado y llene el formulario de actualización por los usuarios. NCCER valora y agradece los comentarios de los clientes. Puede enviar los suyos por correo electrónico a: **support@nccer.org**. Cuando lo haga, identifique los comentarios sobre este título con *#ElectricalL1* en la línea del asunto.

Nuestro sitio web, **www.nccer.org**, contiene información sobre las últimas novedades sobre productos y capacitaciones.

Importancia de las credenciales.

Los planes de estudios estandarizados de NCCER permiten obtener credenciales reconocidas en el sector y cursar carreras profesionales de éxito en la construcción.

Ahora que ya invirtió tiempo para adquirir la capacitación adecuada, asegúrese de recibir las credenciales que se ganó.

NCCER

nccer.org/credentials

NCCER

ESCANEAR

Planes de estudios estandarizados de NCCER

El NCCER es una fundación de educación sin fines de lucro 501(c)(3) creada en 1996 por las empresas de construcción más importantes y vanguardistas del mundo y las asociaciones nacionales de la construcción. Se fundó para hacer frente a la grave escasez de mano de obra que afecta al sector y desarrollar un proceso de capacitación y planes de estudios estandarizados. En la actualidad, NCCER cuenta con el apoyo de cientos de empresas líderes en construcción y mantenimiento, fabricantes y asociaciones nacionales. Los planes de estudios estandarizados de NCCER han sido elaborados por NCCER en asociación con Pearson, la principal editorial de educación del mundo.

Algunas características de los planes de estudios estandarizados de NCCER son las siguientes:

- Un historial de éxito comprobado en el sector.
- Planes de estudios desarrollados por el sector, para el sector.
- Estandarización nacional que permite transferir las habilidades laborales y los créditos de estudios adquiridos.
- Cumplimiento de los requisitos de la Oficina de Aprendizaje para la correspondiente capacitación en el aula (*CFR 29:29*).
- Información práctica, actualizada y explicada con buenos ejemplos.

NCCER cuenta con una base de datos segura en Internet que proporciona certificados, insignias digitales, expedientes académicos y tarjetas de bolsillo a las personas que completen con éxito los programas de una organización acreditada por NCCER o a través de uno de los programas virtuales de NCCER que el estudiante puede tomar a su propio ritmo. Este sistema también permite que particulares y empresas hagan seguimiento y verifiquen en tiempo real Las credenciales y certificaciones reconocidas en el sector.

Para obtener información sobre las credenciales de NCCER, llame a la línea de Servicio al Cliente de NCCER al 1-888-622-3720 o visite **https://www.nccer.org**.

Credenciales digitales

Muestre en línea sus credenciales reconocidas por el sector con las insignias digitales de NCCER.

Actualmente, NCCER entrega credenciales en línea. Transforme sus conocimientos, habilidades y logros en insignias que puede compartir en las plataformas de redes sociales, enviar a su red y agregar a su currículum. Para obtener más información, visite **www.nccer.org**.

Imagen de la portada

Un electricista se prepara para doblar un conducto durante la construcción de un centro de mantenimiento, reparación y reacondicionamiento (MRO, por sus siglas en inglés) de 370,000 pies cuadrados (34,374 metros cuadrados) en el aeropuerto Cecil en Jacksonville, Florida. Las instalaciones, que Haskell está construyendo, serán el primer centro de MRO digital de Boeing, con 270,000 pies cuadrados (25,084 metros cuadrados) de hangares y 100,000 pies cuadrados (9,290 metros cuadrados) de oficinas. Para obtener más información, visite **www.haskell.com**.

CARACTERÍSTICAS DE DISEÑO

El contenido está organizado y se presenta en una estructura funcional que permite que los alumnos accedan a la información cuando la necesiten.

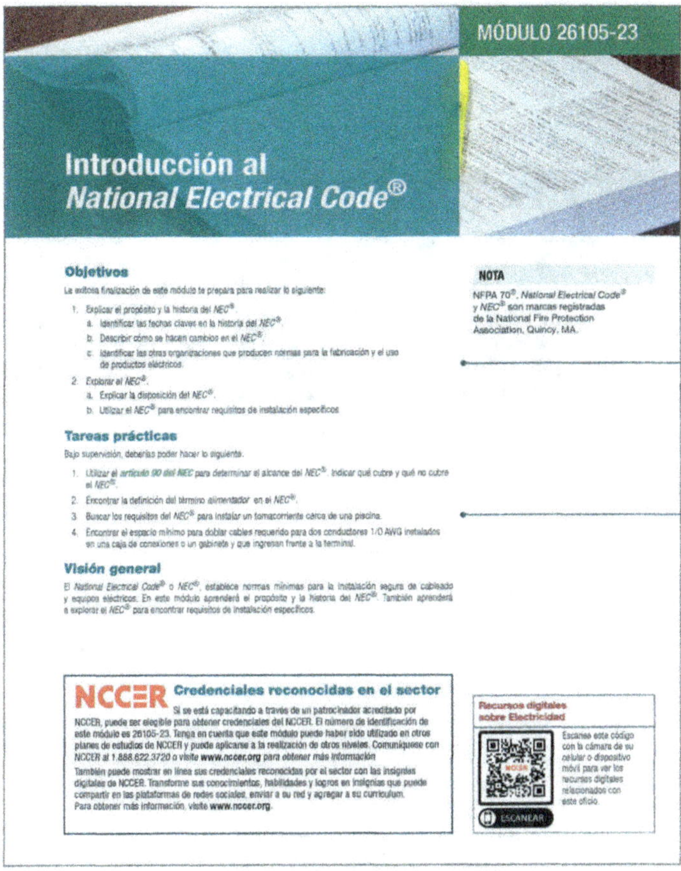

Los alumnos pueden navegar por el texto de Electricidad mediante las pestañas de colores de la esquina superior derecha.

Los Objetivos enumeran las habilidades y los conocimientos que los alumnos necesitan para completar el módulo con éxito.

Las Tareas prácticas le brindan la oportunidad de aplicar sus conocimientos a tareas del mundo real.

Las Introducciones de sección ofrecen una estructura de organización visual de la información. Para cada sección, se encuentran desglosados los Objetivos y las Tareas de desempeño.

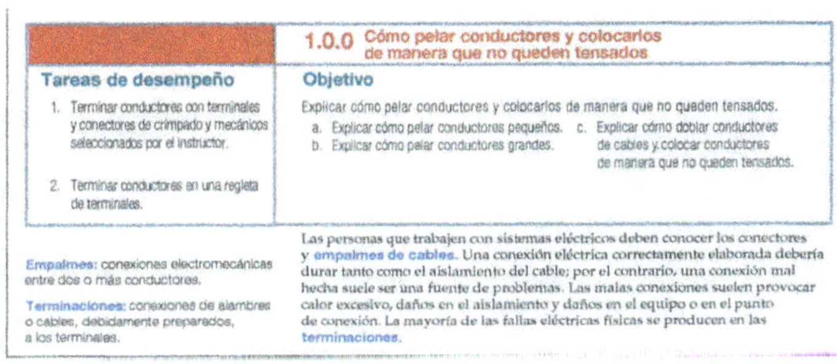

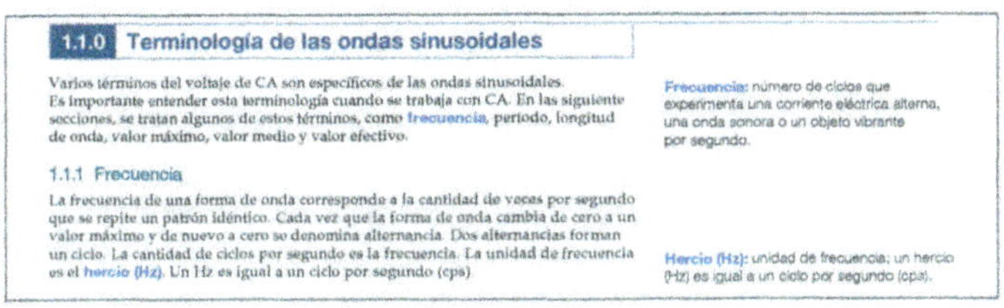

Los Términos del oficio aparecen en la página, adyacentes al texto donde se presentan por primera vez.

Las ecuaciones matemáticas paso a paso ayudan a que los conceptos sean claros y fáciles de entender.

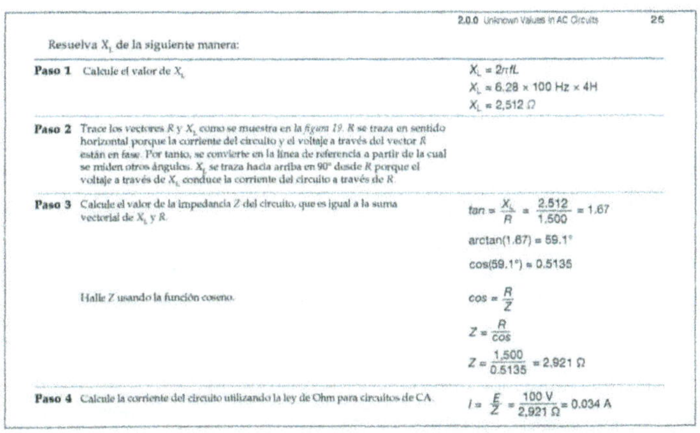

Los códigos QR conectan a los alumnos directamente con videos que destacan el contenido actual.

La información importante está resaltada, ilustrada y se presenta para facilitar el aprendizaje.

La ubicación de las imágenes cerca de la descripción del texto y detalles, como leyendas y etiquetas, ayudan a que los alumnos asimilen la información.

Preparación de taladros con portabrocas sin llave

La mayoría de los taladros inalámbricos utilizan un portabrocas sin llave. Aunque los pasos para preparar un taladro inalámbrico son similares, existen algunas pequeñas diferencias. Siga estos pasos al prepararse para usar un taladro con portabrocas sin llave:

Paso 1 Desconecte el taladro de su fuente de alimentación extrayendo la batería antes de cargar una broca.

Paso 2 Como se india en la *figura 7A*, abra el portabrocas girándolo en sentido antihorario hasta que las mordazas tengan la amplitud suficiente para insertar el vástago de la broca.

Paso 3 Inserte el vástago de la broca en la abertura del portabrocas (*figura 7B*). Mantenga la broca centrada en la abertura y apriete el portabrocas con la mano hasta que las mordazas sujeten el vástago.

Paso 4 Apriete bien el portabrocas con la mano para que la broca no se mueva (*figura 7C*). Ya está listo para utilizar el taladro inalámbrico.

(A) Inserte el vástago de la broca. **(B) Mantenga la broca recta y apriete Parcialmente el portabrocas.** **(C) Apriete bien el portabrocas.**

Figura 7 Cómo cargar la broca en un portabrocas sin llave.
Fuente: Cianbro Corporation

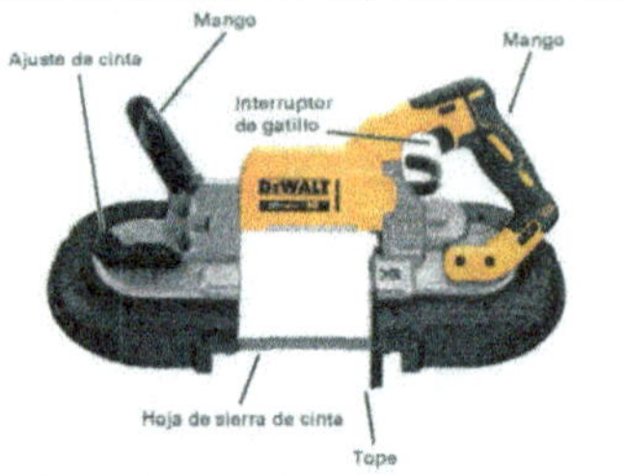

Figura 27 Sierra de cinta portátil de mano.
Fuente: Imagen propiedad de Stanley Black & Decker. Utilizada con permiso

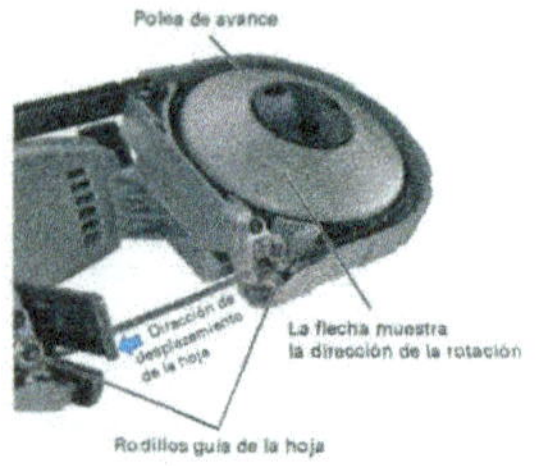

Figura 28 Polea de la sierra de cinta y rodillos guía de la hoja.
Fuente: Cortesía de Milwaukee Electric Tool Corporation

La longitud de la hoja se determina consultando la documentación del fabricante. Como la mayoría de las hojas, se clasifican según el número de dientes por centímetro o por pulgada (TPI). Por regla general, los TPI más altos producen cortes más finos. Los materiales más gruesos requieren hojas más bastas. Sin embargo, si la hoja es demasiado basta para el material, los dientes pueden empezar a romperse. La *figura 28* muestra el recorrido de la hoja alrededor de las poleas y a través de las guías de la hoja.

Aunque algunas sierras de cinta tienen varias velocidades, no es el caso de la mayoría. La sierra de cinta portátil suele cortar mejor a baja velocidad, ya que a mayor velocidad los dientes de la hoja rozan en lugar de cortar. Esto puede generar calor por fricción, lo que reduce la vida útil de la hoja.

Los nuevos recuadros destacan información sobre seguridad y otros aspectos importantes para los alumnos. Los recuadros de Advertencia resaltan las situaciones potencialmente peligrosas, mientras que los recuadros de Precaución alertan a los alumnos de los peligros que pueden dañar los equipos. Los recuadros de Notas ofrecen información adicional sobre un tema.

¡ADVERTENCIA!

Una sierra de cinta portátil siempre corta en la dirección del usuario. Por esa razón, los trabajadores deben tener especial cuidado para evitar lesiones cuando usen este tipo de sierra. Use siempre el EPP adecuado y mantenga la concentración en el trabajo.

PRECAUCIÓN

Nunca presuponga nada. No está de más hacer preguntas; en cambio, dejar de hacerlas puede causar resultados desastrosos. Por ejemplo, no dé por sentado que una fuente de alimentación eléctrica está apagada. En primer lugar, pregunte si la alimentación está desconectada y, luego, compruébelo usted mismo para estar completamente seguro

NOTA

Esta capacitación por sí sola no proporciona ningún nivel de certificación en el uso de equipos de detención ni de contención de caídas. Los aprendices no deben asumir que los conocimientos impartidos en este módulo son suficientes para certificarse sobre el uso de equipos de detención de caídas en el campo.

¿Sabías qué?

Pararrayos

Un dato interesante sobre la puesta a tierra es que un pararrayos (terminal aéreo) no tiene el propósito de dirigir las descargas atmosféricas a la tierra. Para ello, el diámetro de los conductores tendría que medir varios pies (1 m o más). El propósito del pararrayos es disipar la carga estática negativa que causaría la carga positiva del rayo al caer sobre la casa.

Estos recuadros contienen información adicional que complementa el texto.

Planos ortogonales

Los planos ortogonales se utilizan para los planos de alzado. Muestran una vista en línea recta de los distintos lados de un objeto con dimensiones proporcionales a las dimensiones físicas reales. En los planos ortogonales, el diseñador traza líneas que son representaciones a escala reducida de las dimensiones reales. Por ejemplo, cada 12 pulgadas pueden representarse por ¼ de pulgada en el plano. De igual modo, en un ejemplo en el que se utilicen medidas métricas con una proporción de 1:2, cada 30 milímetros pueden representarse con 15 milímetros en el plano.

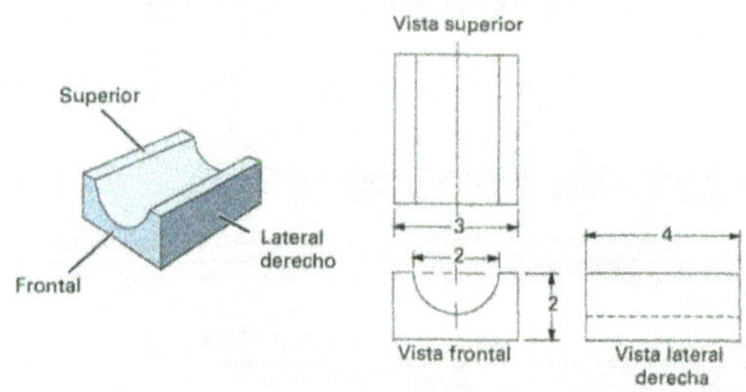

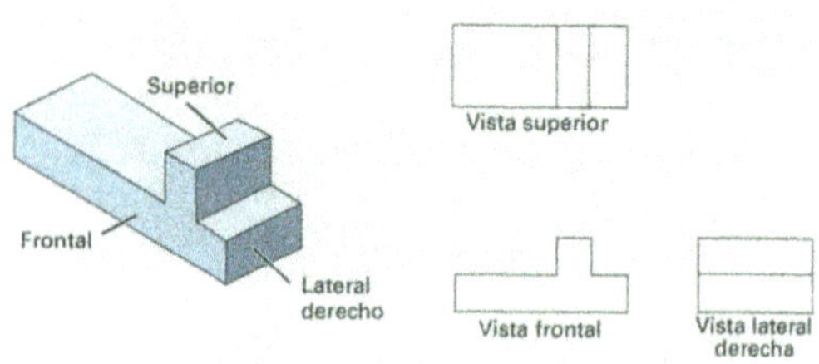

Alrededor del mundo

Pronóstico meteorológico

Los barómetros miden la presión atmosférica. Por lo general, cuando aumenta la presión significa que el clima es agradable. Una presión baja indica que el tiempo está nublado o lluvioso.

Los cambios en la presión barométrica se utilizan para predecir cambios en las condiciones meteorológicas. Por ejemplo, si está lloviendo afuera, pero el barómetro está subiendo, significa que se avecina un tiempo mejor. En medio de un huracán, la presión barométrica es un indicador de la intensidad. En los huracanes intensos, las presiones son extremadamente bajas. Aunque los barómetros tradicionales funcionan muy bien, las estaciones meteorológicas más avanzadas recopilan muchos más datos y pueden transmitirlos por medios inalámbricos.

Iniciativa verde

Energía solar residencial

Cada vez más, los clientes residenciales buscan formas de reducir su dependencia de combustibles fósiles, como el carbón y el petróleo, y recurren a la energía solar. Por lo general, quieren instalar paneles fotovoltaicos (FV) en los techos de sus casas o en sus patios. Un sistema FV residencial suele incluir los paneles FV, una estructura de montaje que pueda soportar los paneles, un inversor para convertir la electricidad de corriente continua (CC) generada por los módulos solares fotovoltaicos en electricidad de corriente alterna (CA), y una batería (o baterías) para almacenar la energía. La mayoría de los estados exigen que un electricista certificado instale los sistemas de energía solar, pero usted debe verificar los requisitos locales. (Fuente: **https://www.energy.gov/eere/solar/how-does-solar-work**)

Iniciativa verde señala formas de preservar el medio ambiente, ahorrar energía y tomar buenas decisiones en relación con la salud del planeta.

Piedra angular del oficio

John Lupacchino
Ingeniero de diseño sénior
Gaylor Electric, Inc.

¿Cómo eligió una carrera en el sector?
Supe que esto era lo que quería hacer desde que estaba en 7.° grado.

¿Quién lo inspiró para entrar en la industria?
Mi abuelo, que era electricista, me inspiró para que yo también lo fuera.

¿Qué tipos de capacitación ha recibido?
Fui a una escuela técnica profesional de bachillerato y estudié electricidad. Luego completé un programa de formación práctica en el estado de Connecticut.

¿Qué importancia tienen la educación y la capacitación en la construcción?
La capacitación y la educación son muy importantes en el sector de la construcción. Los trabajadores especializados deben participar en cursos de formación continua para ir a la par con los avances tecnológicos.

¿Qué importancia tienen las credenciales de NCCER para su carrera profesional?
Las credenciales NCCER son muy importantes porque permiten demostrar las habilidades y capacidades de forma estandarizada.

¿Qué tipos de trabajo ha realizado en su carrera?
He trabajado en todos los ámbitos de la electricidad: residencial, comercial e industrial. Algunos de los tipos de instalaciones en los que he trabajado son casas, tiendas, fábricas, almacenes, hospitales, correccionales, acerías, instalaciones solares, cementeras y muchos otros.

Háblenos de su trabajo actual.
En mi trabajo actual, como ingeniero de diseño sénior, soy responsable de calcular, diseñar y gestionar proyectos de construcción eléctrica. También tengo la responsabilidad de interpretar y cumplir el código eléctrico.

¿Qué es lo que más disfruta de su trabajo?
Mi trabajo trae desafíos y cambios constantemente. Nunca es aburrido. Me parece estupendo participar en una construcción que beneficia a los demás.

¿Qué factores han contribuido más a su éxito?
Aprovecho las oportunidades que se me presentan, sobre todo la capacitación. Aplicar mis habilidades y esforzarme al máximo ha sido sin duda un aporte para mi éxito.

¿Sugeriría la construcción como carrera profesional a otras personas? ¿Por qué?
¡Sí! El sector de la construcción ofrece oportunidades ilimitadas. Siempre será necesario construir y realizar el mantenimiento de instalaciones, lo que significa que siempre se necesitarán trabajadores especializados.

¿Qué consejo les daría a quienes son nuevos en este campo?
Aprovechen todas las oportunidades de capacitación que encuentren. Sean puntuales en su trabajo y tengan la mentalidad de "manos a la obra". Hagan todo lo posible por ser los mejores.

¿Cuál es un hecho o logro interesante relacionado con su carrera?
He podido adquirir licencias en todo el país para poder trabajar en distintos lugares. También he tenido la oportunidad de ser instructor en el programa local de formación práctica de ABC durante más de 20 años.

¿Cómo define ser especialista en este oficio?
La especialización en este oficio es la calidad que surge de la pasión, el cuidado y la atención al detalle en nuestras creaciones.

Los recuadros de Piedra angular del oficio presentan historias de profesionales que trabajan en campos afines.

Conozca el código

Continuidad eléctrica de canalizaciones, armaduras de cables y recintos de metal
Sección 300.10 del NEC

Los recuadros de Conozca el código hacen referencia al *National Electrical Code*®.

Las preguntas de repaso al final de cada sección y módulo permiten a los alumnos medir sus avances.

2.0.0 Repaso de la sección

1. Un tendido recto contiene dos canalizaciones. Una de las canalizaciones tiene un tamaño comercial de 3" y la otra de 2". La longitud de la caja *debe* ser de ______.
   a. 16"
   b. 24"
   c. 26"
   d. 32"
2. Cuando se hagan tendidos en ángulo o en U, para determinar la distancia entre entradas de la canalización que encierren el mismo conductor, hay que multiplicar el tamaño comercial de la canalización más grande por ______.
   a. dos
   b. cuatro
   c. seis
   d. ocho
3. Si es posible, las cajas de paso se deben instalar ______.
   a. alto en la pared por seguridad
   b. a una altura o en un lugar que facilite el tendido de los conductores
   c. detrás de los revestimientos de la pared para un aspecto más ordenado
   d. con orificios ciegos adicionales abiertos para el flujo de aire

Al final de cada sección encontrará un Repaso de la sección para comprobar sus conocimientos del contenido. Incluye preguntas de repaso para reforzar los conocimientos adquiridos.

Módulo 26107-23 Preguntas de repaso

1. Al iniciar el corte inicial con un cortatubos, gírelo siempre ______.
   a. en el sentido contrario a las agujas del reloj
   b. en el sentido de las agujas del reloj
   c. a favor de la veta
   d. en contra de la veta
2. El número de roscas por pulgada para troqueles de conductos oscila entre ______.
   a. 2 y 8
   b. 8 y 18
   c. 18 y 24
   d. 24 y 32
3. Puede utilizar una barra dobladora de tubos para doblar ______
   a. RMC
   b. EMT
   c. PVC
   d. HDPE
4. ¿Cuál es la clave para un doblado uniforme con una dobladora manual?
   a. Tamaño y longitud correctos del mango
   b. Presión constante del pie sobre el mango
   c. Uso únicamente de la marca correcta del doblador
   d. Inversión correcta de la dobladora de conductos

Módulo 26104-23 Ejercicios suplementarios

1. ¿Cuál es la fórmula para calcular la resistencia total en un circuito en serie con tres resistencias?
   ______
   ______
2. ¿Cuál es la fórmula para calcular la resistencia total en un circuito en paralelo con tres resistencias?
   ______
   ______
3. Si se conectan dos o más resistencias en paralelo, la resistencia total es siempre ______.
4. ¿Verdadero o falso? Los circuitos en paralelo son divisores de corriente.
5. Al calcular circuitos combinados en serie y en paralelo, ¿cuál de las siguientes opciones es importante?
   a. Reducir a cargas en serie y luego sumar las cargas.
   b. Sustituir las combinaciones en paralelo por un valor.
   c. Reducir a circuitos más simples siempre que sea posible.
   d. Todas las anteriores.

Los Ejercicios suplementarios sirven de práctica adicional para reforzar la comprensión del material.

NCCERCONNECT

Este curso interactivo en línea es un complemento único en plataforma web que contiene una serie de elementos visuales, auditivos e interactivos para mejorar la capacitación. También se incluye un texto completo en formato electrónico.

Visite **www.nccerconnect.com** para obtener más información.

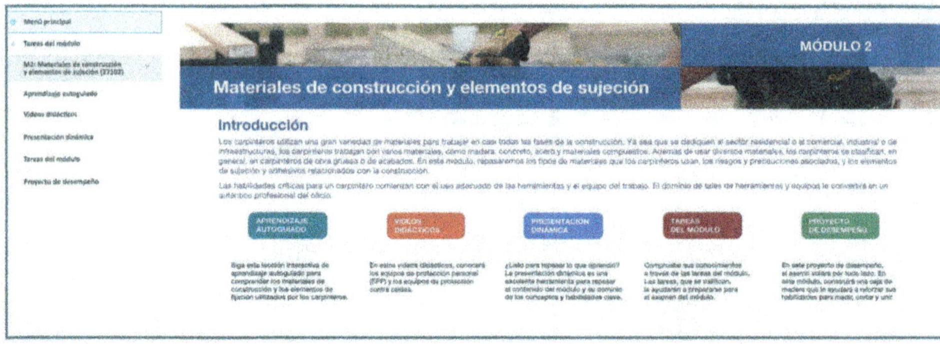

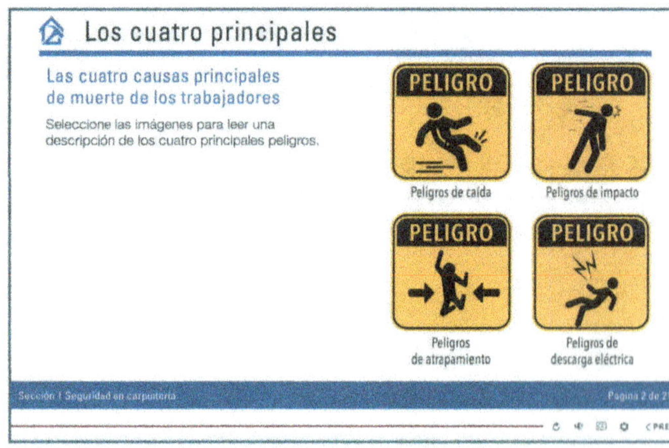

Utilice la lección interactiva autodidacta para comprender los conceptos y términos importantes necesarios para una profesión en el sector de la construcción.

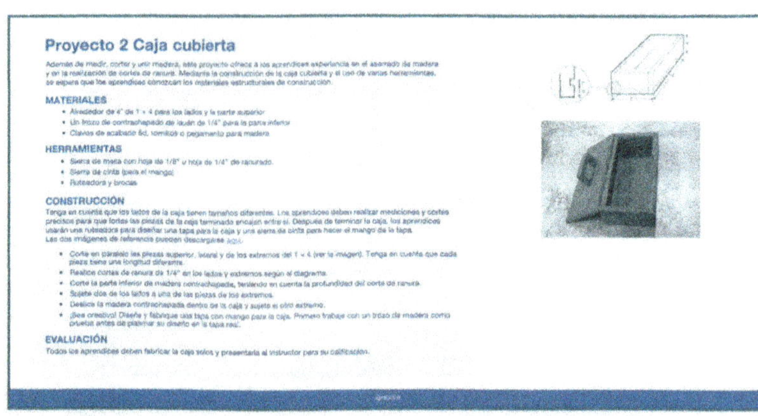

RECONOCIMIENTOS

Este plan de estudios ha sido revisado gracias a la visión y el liderazgo de los siguientes patrocinadores:

Burkhead Electric
Career Education Consulting Services
Carter Electric, Inc.
Cianbro Corporation
Construction Industry Training Council of Washington
Delta Electrical, Inc.
Elm Electrical, Inc.
Gaylor Electric, Inc.
Interstates, Inc.
ISC Group
Ideal Electric
Kansas City Veterans Administration Medical Center
M Davis and Sons, Inc.
MMR Constructors, Inc.
Starr Electric Company, Inc.
Virginia Technical Academy
Willmar Electric Service Corp

Este plan de estudios no existiría sin la dedicación y la energía desinteresada de los voluntarios que han formado parte del equipo de redacción. Expresamos nuestro más sincero agradecimiento a las siguientes personas:

Paul Asselin
Timothy Burkhead
Jason Canarr
Tim Dean
Pete Denham
Brad Elwood
David Gillespie
Kenneth Hill
Tom Hoops
Justin Johnson
John Lupacchino II
Patrick Martin
Larry Meeks
Nicholas Mobley
John Mueller
Roy Oliver Jr.
Lowell Reith
Scott Robertson
Karl J Segner
Joshua Simpson
Richard St. Vincent
Kevin Tice

SOCIOS DE NCCER

Para ver una lista completa de los socios de NCCER, visite:

www.nccer.org/about-us/partners.

ESCANEAR

También puede escanear este código con la cámara de su celular o dispositivo móvil para conocer las organizaciones asociadas.

CONTENIDO

Módulo 26101-23 Resumen ocupacional: el sector eléctrico

Módulo 26102-23 Seguridad de los electricistas

Módulo 26103-23 Introducción a los circuitos eléctricos

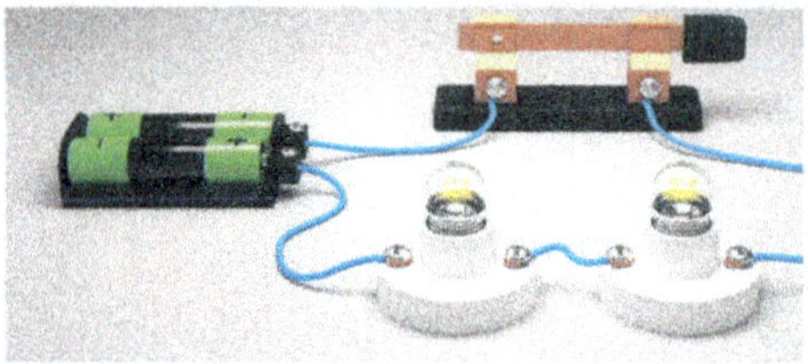

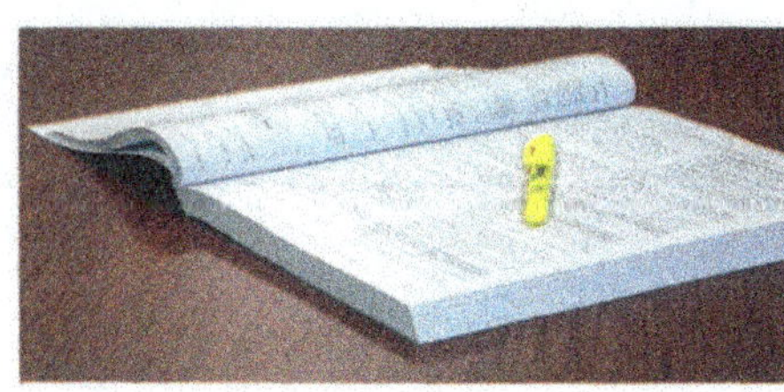

Módulo 26106-23 Cajas de salida, de dispositivos, de paso y de conexiones

Módulo 26107-23 Cómo doblar conductos manualmente

Módulo 26108-23 Ductos, canalizaciones y accesorios

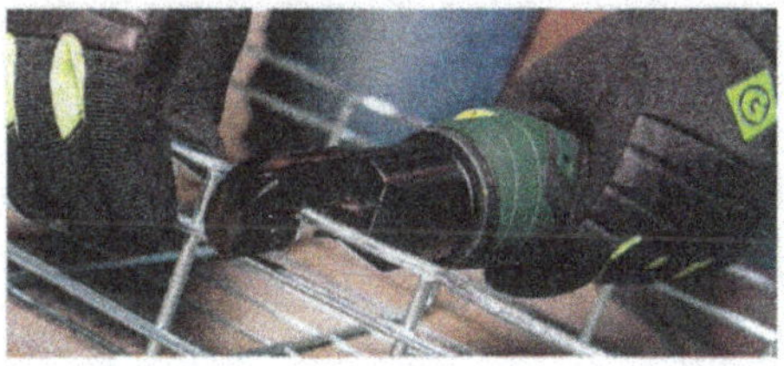

Módulo 26109-23 Conductores y cables

Módulo 26110-23 Documentos básicos de la construcción eléctrica

Módulo 26111-23 Cableado residencial

Módulo 26112-23 Equipos de pruebas eléctricas

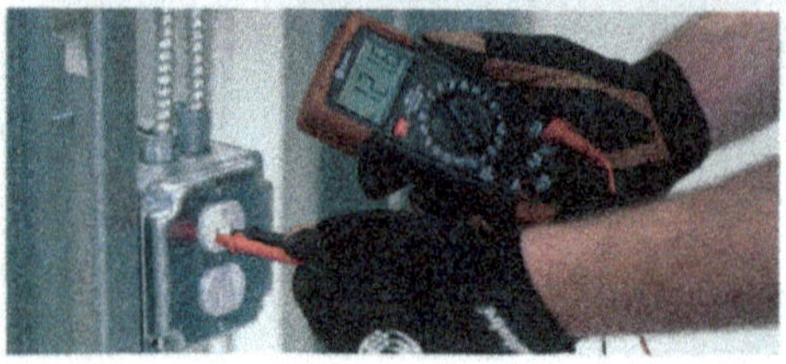

Electricidad Apéndices

MÓDULO 26101-23

Resumen ocupacional: el sector eléctrico

Objetivos

La exitosa finalización de este módulo te prepara para realizar lo siguiente:

1. Identificar los diversos sectores y opciones de oficios en el sector eléctrico.
   a. Describir los componentes típicos en un sistema de cableado residencial.
   b. Describir los componentes típicos en un sistema de cableado comercial.
   c. Describir los componentes típicos en un sistema de cableado industrial.
   d. Enumerar las opciones profesionales y las oportunidades laborales en el sector de la electricidad.
2. Entender el proceso de formación práctica y capacitación para los electricistas.
   a. Explicar cómo convertirse en aprendiz de electricista.
   b. Describir los tipos de capacitación para aprendices.
3. Entender las responsabilidades del empleado y del empleador.
   a. Identificar las responsabilidades del empleado.
   b. Identificar las responsabilidades del empleador.

Tareas prácticas

Este es un módulo de conocimiento teórico. Este módulo no contiene tareas prácticas.

Visión general

El sector eléctrico depende de trabajadores especializados, que instalan y mantienen sistemas y equipos eléctricos residenciales, comerciales e industriales. En este módulo, conocerá las opciones profesionales en el campo de la electricidad y lo que debe hacer para convertirse en aprendiz de electricista. También aprenderá cuáles son las responsabilidades del empresario y del empleado.

NOTA

NFPA 70®, *National Electrical Code*® y *NEC*® son marcas registradas de la National Fire Protection Association, Quincy, MA.

NCCER Credenciales reconocidas en el sector

Si está capacitando a través de un patrocinador acreditado por NCCER, puede ser elegible para obtener credenciales del NCCER. El número de identificación de este módulo es 26101-23. Tenga en cuenta que este módulo puede haber sido utilizado en otros planes de estudios de NCCER y puede aplicarse a la realización de otros niveles. Comuníquese con NCCER al 1.888.622.3720 o visite **www.nccer.org** para obtener más información

También puede mostrar en línea sus credenciales reconocidas por el sector con las insignias digitales de NCCER. Transforme sus conocimientos, habilidades y logros en insignias que puede compartir en las plataformas de redes sociales, enviar a su red y agregar a su currículum. Para obtener más información, visite **www.nccer.org**.

Recursos digitales sobre Electricidad

Escanee este código con la cámara de su celular o dispositivo móvil para ver los recursos digitales relacionados con este oficio.

ESCANEAR

1.0.0 Opciones profesionales en el sector de la electricidad

Tareas prácticas

Esta sección no contiene tareas prácticas.

Objetivo

Identificar los diversos sectores y opciones de oficios en el sector eléctrico.

a. Describir los componentes típicos en un sistema de cableado residencial.
b. Describir los componentes típicos en un sistema de cableado comercial.
c. Describir los componentes típicos en un sistema de cableado industrial.
d. Enumerar las opciones profesionales y las oportunidades laborales en el sector de la electricidad.

¿Qué haría si se fuera la luz ahora mismo? ¿Cómo cargaría el celular, encendería las luces o jugaría un videojuego? Como la mayoría de la gente, usted depende de aparatos que necesitan electricidad.

En muchas personas recae la responsabilidad de que usted pueda acceder a la electricidad cuando la necesita. Algunos trabajan en centrales donde se genera la electricidad. Otros trabajan en las líneas que transmiten la electricidad. Algunos trabajan en la reparación y el mantenimiento de sistemas y equipos. Y algunos trabajan en la instalación de cableado y dispositivos que le permiten usar la electricidad en su casa, escuela u oficina.

Para garantizar que el uso de la energía sea seguro, los sistemas eléctricos deben instalarse de acuerdo con el *National Electrical Code*® - *NEC*® (Código Eléctrico Nacional). En el *NEC*®, se establecen las normas mínimas para instalar sistemas eléctricos de forma segura.

En esta sección, conocerá los distintos tipos de sistemas eléctricos y las opciones profesionales disponibles para los electricistas.

1.1.0 Sistemas de cableado en edificios residenciales

Acometida eléctrica (electrical service): conductores y equipos que conectan el servicio público al sistema de cableado del predio al que se presta el servicio.

Tendido (rough-in): etapa inicial del cableado que implica la instalación del panel de distribución, el cableado y las cajas.

Fase final (trim-out): etapa final del cableado en la que se instalan y terminan los dispositivos y accesorios.

¿Sabe en qué consiste un sistema eléctrico residencial? Algunos de los componentes se muestran en la *figura 1*.

Cuando se construye una casa nueva, se instala una **acometida eléctrica** para conectar la vivienda a la red eléctrica. El cableado de una vivienda consta de cuatro pasos básicos:

- *Tendido:* durante el **tendido**, se instala el panel de distribución, el cableado y las cajas de los dispositivos. El tendido se realiza cuando las paredes aún están sin cubrir. En esta etapa, no se conecta el cableado a la corriente.
- *Fase final:* durante la **fase final**, se instalan receptáculos, interruptores, dispositivos y accesorios y se conectan al panel de distribución. La fase final se lleva a cabo después de aislar y cerrar las paredes.
- *Pruebas:* en la etapa de pruebas, es necesario cerciorarse de que todo funciona correctamente. Se puede comprobar, por ejemplo, que un interruptor apaga y enciende una luz, o que un receptáculo tiene corriente. Más adelante, hay más información sobre las pruebas.
- *Resolución de problemas:* consiste en resolver los problemas que surjan durante las pruebas. Por ejemplo, si un interruptor no enciende una luz, puede revisar el interruptor automático del panel de distribución. La resolución de problemas es una destreza que requiere conocimientos y experiencia.

1.2.0 Sistemas de cableado en edificios comerciales

Sistema de canaletas (raceway system): Recinto que aloja los conductores de un sistema eléctrico.

El cableado eléctrico de los edificios de oficinas y tiendas es similar al de las viviendas. Se usan muchos de los mismos componentes, como receptáculos y cajas de dispositivos. Una de las diferencias es que, en los sistemas comerciales, el cable se coloca en un conducto que constituye el **sistema de canaleta**. Para instalar cableado en un edificio comercial, debe aprender a doblar conductos. También debe aprender a instalar equipos más complejos, como interruptores de desconexión, paneles de control de iluminación y sistemas de alarma contra incendios.

En la *figura* 2 se muestran algunos elementos comunes de un sistema eléctrico comercial.

(A) Transformador montado sobre plataforma

(B) Acometida eléctrica residencial

(C) Caja de dispositivos para clavar

(D) Cable con cubierta envolvente no metálica

(E) Panel interior (subpanel)

(F) Luminaria (accesorio de iluminación)

Figura 1 Componentes del sistema eléctrico residencial.
Fuentes: © Christian Delbert/Adobe Stock (1B); iStock@photovs (1D); iStock@Grigorev_Vladimir (1F)

(A) Transformador comercial montado sobre plataforma

(B) Acometida eléctrica comercial

(C) Sistema de conductos

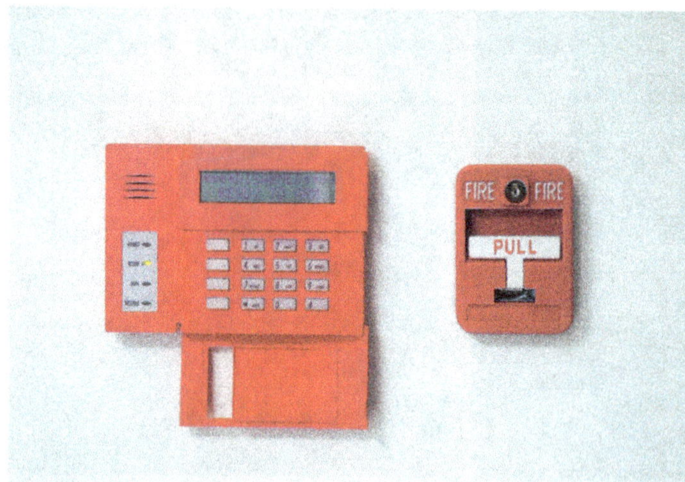

(D) Sistema de alarma contra incendios

(E) Iluminación de oficinas

(F) Iluminación exterior

Figura 2 Componentes de sistemas eléctricos comerciales.

Fuentes: Mike Powers (2B); Willmar Electric (2C); Shutterstock.com/Alan Ross (2D); iStock@zhudifeng (2E); iStock@Gang Zhou (2F)

Iniciativa Verde

Modernización del alumbrado en Chicago

En 2017, el cielo nocturno de Chicago se volvió un poco más brillante y mucho más colorido. Fue entonces cuando los contratistas de electricidad sustituyeron la corona de luces del John Hancock Center, el edificio más alto de la ciudad. La corona rodea el piso 99 del edificio y puede verse a kilómetros de distancia.

Fuente: iStock@f11photo

La corona de luces original estaba formada por 552 tubos fluorescentes de dos metros. Cuando los propietarios del edificio querían cambiar el color de las luces, los electricistas tenían que desmontar cada tubo a mano para colocar una cubierta de plástico de color. Este trabajo les tomaba una semana a dos electricistas.

Cuando se tomó la decisión de modernizar el sistema, los electricistas sustituyeron los tubos fluorescentes por luminarias de diodos emisores de luz (light-emitting diode - LED). Ahora se utiliza una pantalla táctil para cambiar con facilidad entre diversos colores y diseños.

Las luminarias LED son mucho más eficientes que los tubos fluorescentes. Los tubos fluorescentes originales consumían 57,048 vatios (W) de energía al año. El nuevo sistema consume únicamente 9,400 W.

1.3.0 Sistemas de cableado en instalaciones industriales

Los productos se crean, ensamblan o almacenan en una instalación industrial. Puede ser un almacén, una fábrica o una central eléctrica.

El trabajo industrial entraña peligros de seguridad especiales, tales como tensiones altas y sustancias químicas, entre otros.

Si trabaja como electricista industrial, deberá *instalar* o realizar *mantenimiento* a sistemas. Estos términos pueden definirse del siguiente modo:

- *Instalar* significa colocar los conductos, conductores, motores y demás equipos necesarios para el sistema.
- *Hacer mantenimiento* significa dar servicio al sistema mediante tareas como pruebas y lubricación del motor. También se solucionan problemas comunes para que el sistema siga funcionando.

Si trabaja como electricista industrial, utilizará equipos que no se emplean ni en hogares ni en oficinas. Consulte la *figura* 3.

1.4.0 Opciones profesionales en el sector de la electricidad

¿Quiere ser electricista? Es una buena opción porque siempre se necesitan electricistas cualificados. Tiene muchas opciones en este campo. Podría labrarse una profesión instalando y haciendo mantenimiento a equipos tradicionales. También podría explorar nuevas tecnologías, como la energía solar y eólica.

Para ser un electricista especializado, hay que estudiar y trabajar mucho. De este modo, encontrará una profesión que le traiga satisfacción personal y económica.

(A) Equipo de distribución

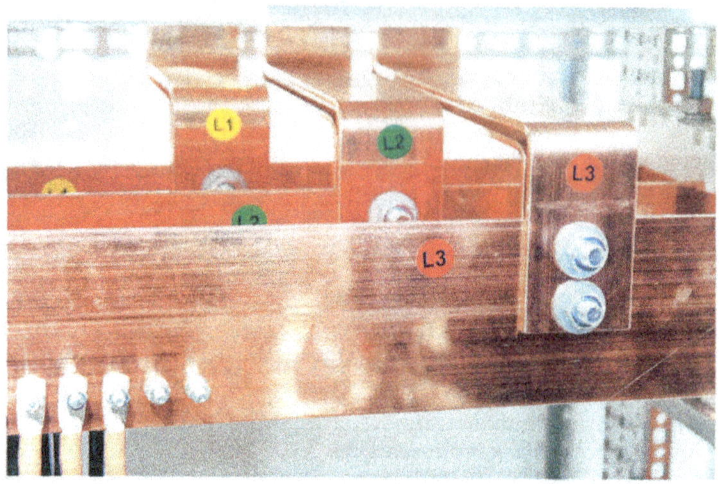

(B) Barras colectoras

(C) Centro de control de motores

Figura 3 Equipos eléctricos industriales.
Fuentes: Paul Asselin Elm Electrical, Inc. (3A); iStock@sergeyryzhov (3B)

1.4.1 ¿Quiere ser electricista residencial?

Como electricista residencial, tendrá que instalar cables y sistemas eléctricos en lugares que la gente llama hogar (*figura 4*). Sus responsabilidades incluirán lo siguiente:

- Leer planos eléctricos y diagramas de cableado para saber cómo debe instalarse el sistema.
- Instalar el panel de distribución y los dispositivos de protección, como los interruptores automáticos.
- Instalar el cableado y dispositivos como receptáculos e interruptores.
- Instalar iluminación, detectores de humo y otros accesorios como ventiladores y alarmas.

Figura 4 Trabajo como electricista residencial.
Fuente: © Parilov/Adobe Stock

¿Cómo encuentra trabajo un electricista residencial?

Muchos electricistas residenciales trabajan para un contratista. Un contratista proporciona servicios y materiales a otras personas en virtud de un contrato; por ejemplo, para construir una casa. El contratista residencial contrata a todos los trabajadores de la obra, como carpinteros y electricistas.

Si es electricista residencial, puede trabajar para un contratista residencial o para un contratista eléctrico. Si trabaja como empleado para un contratista, este le pagará un salario y le ofrecerá un seguro.

También puede trabajar como contratista autónomo. Es lo que se denomina *empresa unipersonal*. Como contratista autónomo, tendrá su propio negocio. Debe tener licencia de contratista. Debe declarar los impuestos de la empresa. Debe contratar su propio seguro. Usted debe proporcionar sus propios equipos. El cliente le paga a destajo, es decir, un precio fijo por cada trabajo o contrato que realice.

1.4.2 ¿Quiere ser electricista comercial?

¿Le gustaría trabajar en proyectos de mayor envergadura durante periodos más largos? Si es así, quizá le interese ser electricista comercial. Los electricistas comerciales instalan equipos de energía, luces y otros equipos eléctricos en edificios comerciales como tiendas u oficinas (*figura 5*).

Figura 5 Trabajo como electricista comercial.
Fuente: cortesía de Delta Electrical Inc.

¿Cómo encuentran trabajo los electricistas comerciales?

Un contratista general contrata a un contratista eléctrico para trabajos comerciales. De este modo, el contratista eléctrico se convierte en subcontratista. Puede que sea contratista eléctrico. Puede que trabaje para una empresa de electricidad. Algunos edificios necesitan cableado tanto comercial como residencial. El contratista eléctrico contrata electricistas para ambos tipos de trabajo.

1.4.3 ¿Quiere ser electricista de servicio?

¿Le gusta trabajar en algo nuevo cada día? ¿Le va bien reparando cosas? Si respondió que sí a ambas preguntas, la profesión de electricista de servicio puede ser ideal para usted.

Como electricista de servicio, arreglará o modernizará los sistemas eléctricos instalados. Sus responsabilidades podrían incluir lo siguiente:

- Solucionar y reparar problemas eléctricos en edificios residenciales o comerciales.
- Realizar actualizaciones de mantenimiento para aumentar la capacidad de un sistema eléctrico.

Como electricista de servicio, puede trabajar para un contratista eléctrico. También puede trabajar por cuenta propia en su propio negocio.

1.4.4 ¿Quiere ser contratista de remodelaciones eléctricas?

Si desea trabajar en edificios antiguos, puede que le interese ser contratista de remodelaciones eléctricas. Los propietarios que decidan remodelar un edificio le llamarán para que haga el trabajo eléctrico. Sus responsabilidades podrían incluir lo siguiente:

- Si se trata de una remodelación sencilla, puede mover las salidas o añadir interruptores.
- En una remodelación compleja, podría tener que sustituir todo el sistema eléctrico.
- En el caso de una ampliación, puede tener que añadir cableado para nueva iluminación, ventiladores de cielo raso e interruptores.
- Puede instalar electrodomésticos inteligentes, cableado para piscinas o bañeras de hidromasajes, o estaciones de carga de vehículos eléctricos.

Los contratistas de remodelación eléctrica pueden trabajar por su propia cuenta o para otros contratistas.

1.4.5 ¿Quiere ser electricista industrial?

Si le gusta el reto de aprender a instalar y mantener equipos especiales de forma segura, puede que le interese ser electricista industrial (*figura 6*). Trabajaría en instalaciones industriales donde hay peligros especiales y equipos complejos. Sus responsabilidades podrían incluir lo siguiente:

- Trabajar con energía trifásica, motores y sistemas de control de motores.
- Instalar conductos y cableado para motores e instrumentos de control de procesos.
- Realizar mantenimiento, resolver problemas y reparar motores y otros equipos eléctricos.

Necesitará capacitación adicional para saber cómo instalar y mantener los equipos. También deberá conocer los requisitos de seguridad para trabajar en lugares peligrosos.

1.4.6 ¿Quiere ser técnico de mantenimiento eléctrico?

Si le gusta trabajar con equipos especiales, quizá quiera ser técnico de mantenimiento eléctrico. Formaría parte de un equipo de técnicos que trabajan para el propietario de un edificio o para una empresa que lo administra (*figura 7*). Sus responsabilidades podrían incluir lo siguiente:

- Supervisar y realizar mantenimiento a los sistemas y equipos eléctricos.
- Desmontar y reparar arranques de motores magnéticos.

Figura 6 Trabajo como electricista industrial.
Fuente: iStock@Kunakorn Rassadornyindee

Figura 7 Trabajo como técnico de mantenimiento eléctrico.
Fuente: iStock@pichitstocker

Algunas empresas contratan electricistas de mantenimiento presenciales que están siempre allí para asegurarse de que el sistema funcione. En otros casos, puede que una planta industrial que necesita un electricista no le contrate directamente. En su lugar, contrata a un contratista que le contrata a usted. El contratista le envía con un equipo para hacer el trabajo. La planta industrial le paga al contratista, y luego el contratista le paga a usted.

Si también trabaja con sistemas de instrumentación, sería un técnico eléctrico y de instrumentación (E&I). Los técnicos E&I necesitan capacitación especializada.

Subestación (substation): montaje de equipos, tales como interruptores, dispositivos de interrupción, interruptores automáticos, barras colectoras y transformadores, a través de los cuales pasa la energía eléctrica con fines de distribución, conmutación, o modificación de sus características.

1.4.7 ¿Quiere ser electricista de subestaciones de servicios públicos?

¿Le gustaría ayudar a mantener la red eléctrica? Si es así, quizá le interese ser electricista de **subestaciones** de servicios públicos. Trabajaría para una empresa de servicios públicos, un proveedor municipal de electricidad o un proveedor de electricidad independiente. Construiría, haría mantenimiento y operaría subestaciones (*figura 8*). Sus responsabilidades podrían incluir lo siguiente:

- Instalar y realizar mantenimiento a equipos de suministro eléctrico, como interruptores automáticos, transformadores y reguladores de tensión.
- Instalar sistemas de puesta a tierra, conductores y canalizaciones.

Figura 8 Subestación eléctrica.

1.4.8 ¿Quiere ser electricista marino?

¿Le gusta la idea de viajar por el mundo? Si es así, puede que le guste la profesión de electricista marino. *Marino* significa relacionado con el mar. Si trabaja como electricista marino, realizará labores de instalación, mantenimiento y reparación de motores y sistemas eléctricos de barcos y botes (*figura 9*). Puede trabajar para el propietario de una embarcación, para un constructor naval o para una empresa de reparación de barcos. Podría realizar las siguientes tareas:

- Instalar baterías y generadores.
- Realizar labores de mantenimiento y reparación de motores, bombas y sistemas de navegación.

Los electricistas navales no siguen el *NEC*® como los electricistas de la construcción. En su lugar, siguen las normas creadas por otras autoridades:

- American Bureau of Shipping - ABS (Oficina de Transporte Marítimo de los Estados Unindos)
- institute of Electrical and Electronics Engineers - IEEE (Instituto de Ingenieros Eléctricos y Electrónicos)
- US Navy (Armada de los Estados Unindos)

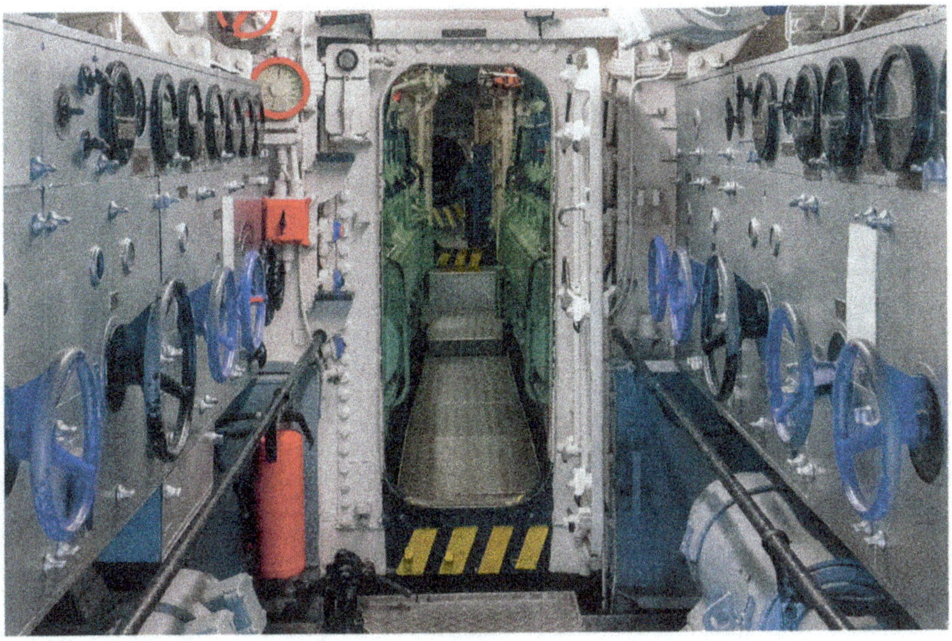

Figura 9 Los electricistas navales suelen trabajar en la sala de máquinas de los barcos.

Fuente: iStock@Sergiy1975

1.0.0 Repaso de la sección

1. La etapa del cableado en la que se instalan y terminan los dispositivos y accesorios se denomina _____.
   a. tendido
   b. fase final
   c. acabado final
   d. limpieza

2. Para instalar cableado en un edificio comercial, debe aprender a doblar conductos.
   a. Verdadero
   b. Falso

3. Los electricistas que trabajan en fábricas se denominan _____.
   a. electricistas industriales
   b. contratistas de energía
   c. electricistas comerciales
   d. contratistas de servicios públicos

4. Al igual que los electricistas de la construcción, los electricistas navales *deben* seguir el *NEC*®.
   a. Verdadero
   b. Falso

2.0.0 Capacitación para ser electricista

Tareas prácticas

Esta sección no contiene tareas prácticas.

Objetivo

Entender el proceso de formación práctica y capacitación para los electricistas.

a. Explicar cómo convertirse en aprendiz de electricista.

b. Describir los tipos de capacitación para aprendices.

Según el *US Bureau of Labor Statistics* (Oficina de Estadísticas Laborales de los Estados Unidos), hay mucha demanda de electricistas. El trabajo es interesante y el sueldo es alto. Pero para ser electricista hay que tener los conocimientos adecuados. Debe adquirir experiencia en el uso de herramientas, la lectura de planos y la realización de tareas específicas. Y todo debe hacerlo de manera segura.

¿Cómo adquirirá las habilidades para ser un electricista de éxito? Empezará en un programa de capacitación o formación práctica. En las siguientes secciones, conocerá cómo funcionan estos programas.

2.1.0 ¿Qué es un aprendiz?

Siglos atrás, un joven podía formarse en el oficio de la herrería siendo aprendiz de herrero. Hoy en día, hombres y mujeres siguen aprendiendo un oficio trabajando como aprendices.

Como aprendiz de electricista, tiene la oportunidad de aprender de alguien que domina el oficio. Su enfoque será aprender mediante el hacer. En lugar de limitarse a leer sobre una habilidad, la pondrá en práctica.

Desde luego, también aprenderá en un aula. Conocerá el propósito que hay detrás de cada habilidad e idea. Cuando sabe por qué hace algo, está mejor preparado para hacerlo de la manera correcta. ¿Le gustaría desarrollar habilidades prácticas como electricista mientras gana un sueldo? Así es como funciona un aprendizaje.

Aprendizaje en el puesto de trabajo (On the job learning - OJL): aprender un trabajo como aprendiz bajo la supervisión de trabajadores de nivel oficial. También se conoce como *capacitación práctica (OJT)* o formación práctica.

El *US Department of Labor* - DOL (Departamento de Labor de los Estados Unidos) establece las normas mínimas para los programas de capacitación en los Estados Unidos. Los programas utilizan la enseñanza en el aula y el **aprendizaje en el puesto de trabajo (OJL)**. Un aprendizaje DOL, requiere lo siguiente como mínimo:

- 144 horas de instrucción en el aula al año
- 2,000 horas de OJL al año

Un aprendizaje de cuatro años en electricidad requiere al menos 576 horas de instrucción en el aula y 8,000 horas de OJL. Un oficial o maestro electricista supervisa su OJL. Cuando termina un programa certificado de formación práctica, recibe un certificado de oficial.

NCCER ofrece un programa de capacitación en electricidad de cuatro años que cumple las normas del DOL. La *figura 10* muestra el calendario de la capacitación práctica de NCCER.

Como aprendiz, su formación en NCCER provendrá de los conocimientos y las habilidades que los electricistas y las empresas eléctricas practican en el campo. Aprenderá en el aula y practicará en el puesto de trabajo. Para avanzar, deberá demostrar sus competencias. De este modo, le mostrará al instructor que puede realizar con seguridad cada tarea (*figura 11*).

NCCER registra su éxito a medida que avanza en el programa. Cada vez que demuestre a un instructor certificado que posee los conocimientos y las habilidades de un módulo, la información se introduce en el sistema de NCCER. Adonde quiera que vaya a trabajar, NCCER puede confirmar que posee la capacitación y las competencias necesarias para el puesto.

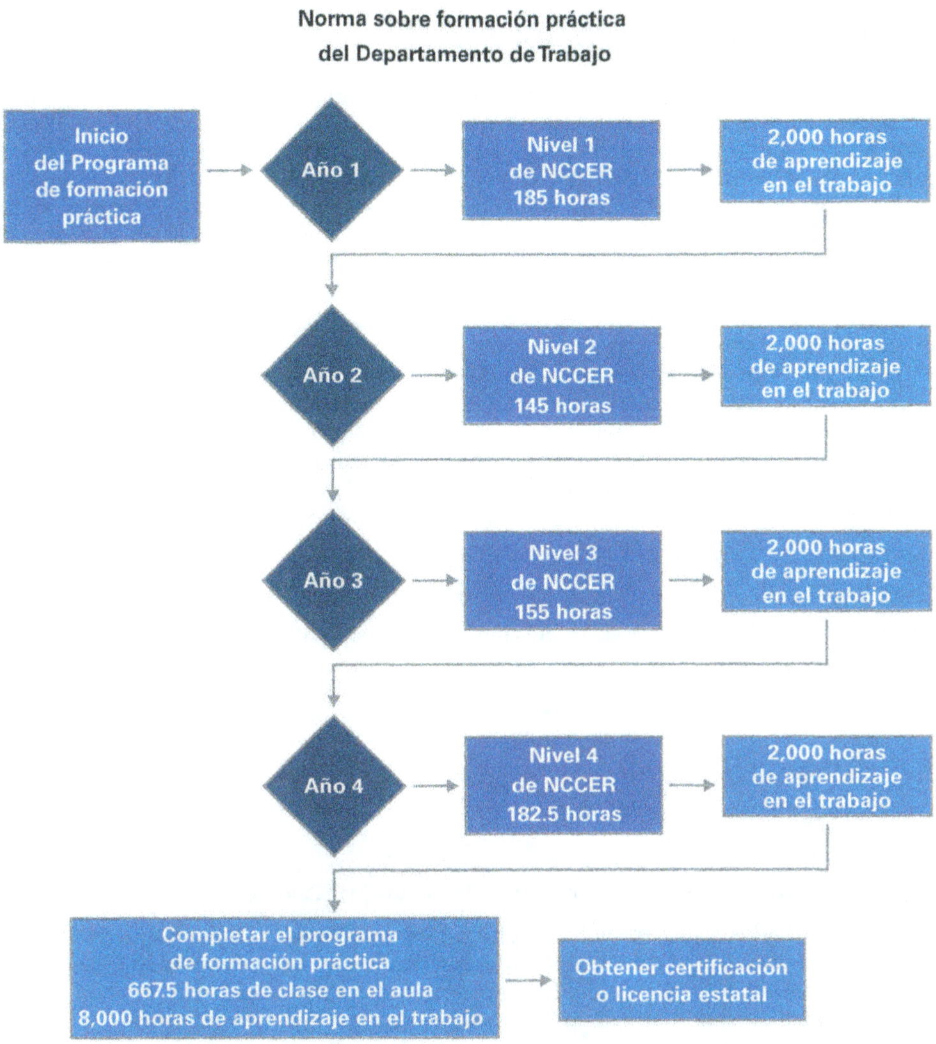

Figure 10 Calendario de formación práctica de NCCER.

Figura 11 Un aprendiz demuestra su habilidad a un instructor.
Fuente: cortesía de Delta Electrical Inc.

2.2.0 ¿Qué hace un aprendiz?

Como aprendiz, debe cumplir los requisitos para completar el programa. Su OJL está configurado para que dedique un número determinado de horas a aprender cada tarea práctica. Por lo general, el número total de horas de OJL para un programa de formación práctica en electricidad es de 8,000. Esto equivale a hasta cuatro años de formación.

En un programa tradicional, puede dedicar 2,000 horas al año para completar la OJL requerida. Puesto que el programa NCCER se basa en las competencias, es posible que pueda completar el programa en menos horas si demuestra que ha aprendido las habilidades necesarias. Para ello, debe aprobar una serie de exámenes de desempeño.

Usted deberá llevar la cuenta de las horas que pasa en OJL. Debe registrar el tiempo de trabajo y entregarlo al comité de aprendizaje.

Es importante llevar un registro exacto de sus horas. Una de las razones es documentar el tiempo que dedica a cumplir los requisitos del programa. Asimismo, en la mayoría de los casos, obtendrá un aumento salarial después de cada 1,000 horas de trabajo relacionado que se base en las normas de la formación práctica.

¿Qué se necesita para tener éxito en un programa de formación práctica en electricidad?

- Educación secundaria o técnica
- Cursos de taller, dibujo mecánico y matemáticas generales
- La capacidad de utilizar las manos para tareas pequeñas y grandes
- Buena condición física
- Velocidad en los reflejos
- Capacidad de resolución de problemas
- Disposición para trabajar con otras personas
- Preocupación por la seguridad

Para entrar a una formación práctica, tendrá que presentar cierta información al respectivo comité. Esta información puede incluir lo siguiente:

- Los resultados de su prueba de aptitud. Por lo general, presentará los resultados de la prueba de la General Aptitude Test Battery - GATB (Batería de Pruebas de Aptitud General). A menudo, El Employment Security Commission (Comisión de Seguridad en el Empleo) de su localidad se encarga de proporcionarla.
- Su expediente académico u otras constancias de antecedentes educativos.
- Cartas de recomendación de empleadores y amigos.
- Constancia de su edad, como su acta de nacimiento.
- Copia del formulario DD214, certificado de liberación o baja del servicio activo, si es veterano de guerra.
- Registro de cualquier capacitación técnica relacionada con la industria de la construcción, como capacitaciones previas a una formación práctica.

NOTA

Ser electricista puede ser un trabajo duro. Puede que tenga que subirse a escaleras o transportar equipos pesados. Su seguridad puede depender de su fuerza y buen estado físico. Una empresa puede pedirle que cumpla unos requisitos de actividad física, que varían según la empresa.

Una vez que tenga un puesto de formación práctica, deberá cumplir ciertos requisitos. De lo contrario, puede que le pidan dejar el programa. Estos son requisitos típicos:

- Usar todos los equipos de protección personal (EPP) necesarios en el trabajo.
- Adquirir y mantener las herramientas de trabajo necesarias que exija el contratista.
- Presentar un informe mensual de la OJL al comité.
- Informar al comité si cambia su situación laboral.
- Asistir a las clases y cumplir todos los reglamentos del aula, como los requisitos de asistencia.

No todos los programas de OJL son programas formales de formación práctica. Puede que encuentre una oportunidad de OJL con un pequeño contratista o incluso en una gran empresa sin pasar por un comité de formación práctica.

En estos casos, tenga en cuenta que puede que su capacitación no sea tan completa como la que obtendría en un programa formal de formación práctica. Es posible que los supervisores no tengan tanta experiencia con aprendices. Además, NCCER no registrará ni hará seguimiento a su capacitación.

Lo que se aprende en una capacitación informal a menudo depende del tamaño de la empresa. Es posible que un contratista pequeño solo imparta formación en una sola área. Una empresa puede ofrecer capacitación en diversas áreas.

2.2.1 Cómo obtener ventaja

¿No quiere esperar a graduarse para empezar a trabajar como aprendiz? Podría inscribirse en el *Youth Apprenticeship Program* (Programa de Formación Práctica para Jóvenes). Este programa ofrece las siguientes oportunidades:

- Empezar su formación práctica en el grado undécimo.
- Trabajar con empleadores de la industria local para aprender el oficio y tener ingresos.
- Puede completar hasta dos años del programa de formación en oficios estandarizados de cuatro años de NCCER para cuando se gradúe de la secundaria.
- Al graduarse, podrá entrar en el sector en un nivel más alto y con un mejor sueldo que alguien que recién empieza un programa de formación práctica.

El *Youth Apprenticeship Program* es similar al utilizado por los centros de aprendizaje de NCCER, contratistas y universidades. Recibirá un expediente académico oficial y podrá acceder al siguiente año del programa dondequiera que se ofrezca. También puede aplicar los créditos en un programa universitario de dos o cuatro años de titulación o certificación en los oficios de la construcción.

2.2.2 ¿Obtendré una licencia?

Un objetivo importante de completar el aprendizaje práctico en electricidad es obtener una licencia. La licencia demuestra a empleadores y clientes que usted es electricista cualificado.

Si tiene licencia de electricista, hay más probabilidades de que le contraten y de que obtenga mejores ingresos. También tiene la responsabilidad legal de su trabajo y del trabajo de cualquier persona a la que emplee.

Cada estado tiene sus propios requisitos para expedir una licencia. Incluso puede haber diferencias entre ciudades y pueblos de un mismo estado. Para saber cómo obtener su licencia, comuníquese con el departamento de construcción de su localidad. Tendrá que renovar su licencia cada cierta cantidad de años. Para ello, es posible que tenga que asistir a clases de formación continua.

2.0.0 Repaso de la sección

1. ¿Cuántos años se tarda normalmente en completar el programa de formación eléctrica de NCCER?
   a. Uno
   b. Dos
   c. Tres
   d. Cuatro

2. Para entrar en un programa de formación práctica, ¿cuál de los siguientes requisitos deberá presentar?
   a. Resultados de las pruebas del formulario GATB
   b. Licencia
   c. Prueba de aptitud académica
   d. Certificado del curso de 40 horas de la OSHA

3.0.0 Responsabilidades del empleado y del empleador

Tareas prácticas

Esta sección no contiene tareas prácticas.

Objetivo

Entender las responsabilidades del empleado y del empleador.

a. Identificar las responsabilidades del empleado.

b. Identificar las responsabilidades del empleador.

Trabajar como electricista puede ser peligroso. ¿Cómo puede estar seguro de que usted, sus compañeros de trabajo y los clientes estarán a salvo y que usted termina su trabajo a tiempo y dentro del presupuesto? Para ello, usted y su empleador deben actuar con profesionalismo y respetar todas las normas de seguridad.

3.1.0 Responsabilidades del empleado

¿Cuáles son sus responsabilidades como empleado? Van desde llegar a tiempo hasta saber utilizar el equipo de manera segura.

Algunas de las cualidades personales que se necesitan para alcanzar el éxito son:

- *Honestidad:* debe ser honesto siempre. Demostrar el máximo nivel profesional. Cumplir todos los contratos y compromisos. No inducir al error a los demás de forma deliberada ni engañarlos.
- *Integridad:* debe demostrar integridad personal. Esto significa hacer lo correcto aunque haya presiones para hacer lo incorrecto.
- *Lealtad:* debe mostrar lealtad a las empresas, a los empleadores, patrocinadores, compañeros de trabajo, asociaciones profesionales y otras organizaciones. Debe esperar lealtad a cambio.
- *Imparcialidad:* debe ser justo en todo momento. No aprovecharse de los errores o las dificultades de nadie. Puede demostrar imparcialidad al tener una mente abierta y un compromiso con lo justo. Debe dar el mismo trato a todas las personas. Ser tolerante y aceptar la diversidad.
- *Respeto por los demás:* mostrar respeto con cortesía e imparcialidad.
- *Obediencia:* respetar todas las normas y reglamentos en el trabajo, en la escuela y en casa.
- *Compromiso con la excelencia:* debe fijarse objetivos altos y aspirar siempre a la excelencia. Trabajar duro, prepararse y estar dispuesto a aprender nuevas habilidades y conocimientos.
- *Liderazgo:* debe ser un ejemplo para los demás.

3.1.1 Ser profesional

La forma de comportarse en el trabajo se llama *profesionalismo*. El profesionalismo trae beneficios a todos los que están en una obra. Las cualidades del profesionalismo se muestran en la *figura 12*.

Una forma de demostrar profesionalismo es a través de la comunicación. Al hablar, escuchar y escribir, es importante hacerlo de forma cortés y clara.

Puede que se comunique con clientes, compañeros de trabajo y empleadores por correo electrónico. En la *figura 13*, podrá ver un ejemplo de la redacción correcta de un correo electrónico.

Los mensajes de texto son útiles cuando necesita dar información rápida o hacer una pregunta. Puede enviar un mensaje de texto a un cliente para avisarle que está de camino. Un mensaje de texto *no* sirve para intercambiar información importante, como explicar por qué no ha llegado a tiempo. En ese caso, debe hacer una llamada para disculparse y explicar la situación. Siga estas reglas para que sus mensajes de texto sean muestra de profesionalismo:

- Sea breve.
- Corrija los errores.
- No use abreviaturas.
- No envíe mensajes de texto mientras conduce o maneja maquinaria.

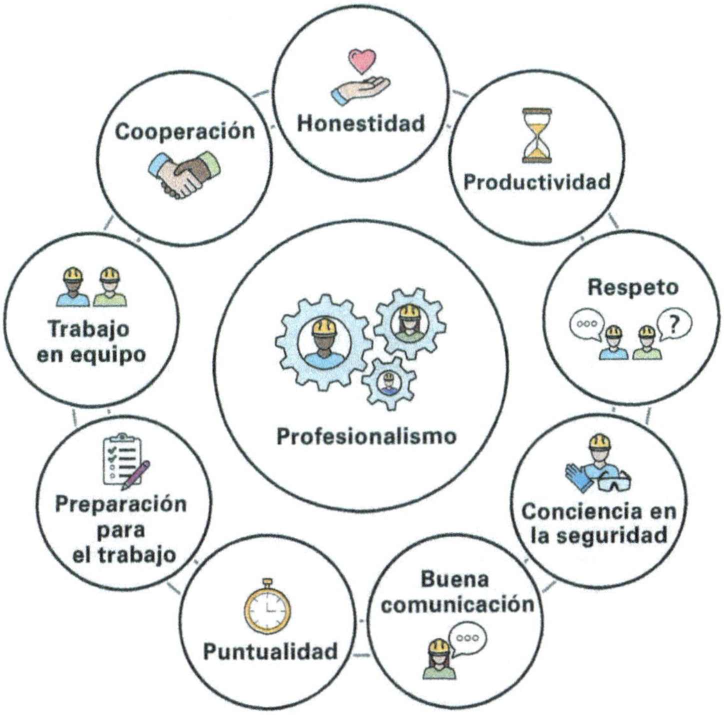

Figura 12 Cualidades del profesionalismo.

3.1.2 Ser honesto

¿Es una persona honesta? ¿Tiene integridad personal? La honestidad no solo se trata de decir la verdad. Las personas honestas aplican la *ética laboral* en el trabajo, lo que les ayuda a distinguir entre lo que está bien y lo que está mal. Por ejemplo, uno sabe que robar en una obra está mal. Como profesional, debe demostrar su honestidad al:

- Respetar los bienes
- Llegar a tiempo
- Realizar bien su trabajo
- No escatimar esfuerzos
- Usar los materiales correctos
- Asumir la responsabilidad de sus errores

La honestidad conduce al éxito, tanto para usted como para su empleador. No se trata simplemente de elegir entre el bien y el mal, sino de elegir entre el éxito y el fracaso. La honestidad es una forma segura de mantener el empleo, obtener altos ingresos y recibir comentarios positivos de empleadores y clientes.

PRECAUCIÓN

La deshonestidad siempre tendrá consecuencias. Si roba materiales, herramientas o equipos de la obra o si simplemente miente sobre su trabajo, su empleador no tardará en descubrirlo.

3.1.3 Demostrar lealtad y respeto

¿Es una persona leal? Lealtad significa velar por los intereses de su empleador. También es hablar bien de él a los demás y no contar sus secretos ni chismes. A cambio, su empleador debe ser leal con usted. Le contratarán para un trabajo estable y le ascenderán a mejores puestos.

¿Es respetuoso? El respeto es la manera como trata a los demás y a usted mismo. Es ser cortés y justo; tener en cuenta los puntos de vista de los demás; entender que tienen sentimientos y derechos; no insultar ni menospreciar a las personas; mostrar respeto con las palabras que dice y cómo las dice. Cuando mira con desdén, no está mostrando respeto. Cuando es sarcástico, no está mostrando respeto.

El respeto establece un sentido de equidad entre compañeros de trabajo. Mostrar respeto por los demás significa darles el trato que usted quiere recibir.

De: JQSmith@electrical.com

Para: WJones@nccer.com

Cc:

❶ Asunto: **Opciones de iluminación debajo de gabinetes y colgantes para la cocina**

Archivos adjuntos: **Hojas de especificaciones.zip**

Ver como página web

❷ **Estimado señor Jones:**

❸ **A continuación, se indican las opciones de iluminación debajo de gabinetes y colgantes para su cocina (se adjuntan a este correo electrónico las hojas de especificaciones de las opciones de iluminación). Por favor, comuníqueme su decisión antes de las 6:00 p. m. del miércoles 13 de julio.** ❹

Si tiene alguna pregunta, no dude en comunicarse conmigo al 402-555-1212. ❺

Luces debajo de gabinetes (disponibles en varios colores)

- **Iluminación enlazable LED para parte inferior de gabinetes de Lithonia Lighting**
- **Sistema modular de iluminación LED RAZ Rayzer de Lithonia Lighting**
- **LED para parte inferior de gabinetes Pro-Series SoftTask de Juno**
- **LED de montaje superficial UK3STL Solo-Task para parte inferior de gabinete de Juno**

Lámparas colgantes

- **LED colgante lineal Walman de 35.5" de Kichler (negro mate)**
- **Iluminación colgante lineal de 3 luces Watchgrove™ de Kichler (bronce envejecido)**
- **Colección Mast minilámpara colgante de cristal marino transparente de Progress Lighting (níquel cepillado o bronce antiguo)**
- **Colección League minilámpara colgante de cristal grabado para granjas modernas de Progress Lighting (negro)**

❻ **Cordialmente,**
John Q. Smith
Smith Contracting

❶ El asunto debe explicar la finalidad del mensaje.

❷ Escriba el tratamiento y el nombre del destinatario.

❸ El mensaje debe ser breve y directo.

❹ Explique lo que el destinatario debe hacer a continuación.

❺ Utilice un tono positivo.

❻ Finalice de manera profesional.

Figura 13 Ejemplo de correo electrónico que es muestra de profesionalismo.

3.1.4 Demostrar voluntad de aprender

¿Está listo para aprender nuevas habilidades? Cada empresa y cada obra tienen su propia forma de hacer las cosas. Puede que no lo sepa todo desde el primer día, pero su jefe espera que esté dispuesto a aprender. Eso significa escuchar a las personas con más experiencia en el trabajo y seguir las normas de la obra. Debe estar dispuesto a adaptarse a los cambios y aprender nuevos métodos y procedimientos lo antes posible.

NOTA

A veces, un cambio en los reglamentos de seguridad o la adquisición de nuevos equipos pueden requerir que incluso los empleados expertos aprendan nuevos métodos y operaciones. Las personas de éxito aprovechan cualquier oportunidad para aprender más sobre su oficio.

3.1.5 Asumir responsabilidad

¿Sabe qué es una responsabilidad? Es una tarea o trabajo que alguien espera que haga. Su empleador espera que llegue a tiempo, que esté pendiente de lo que hay que hacer y que lo haga.

Debe prepararse para aceptar responsabilidades en el trabajo. Eso significa comprender en qué consiste la tarea, cómo realizarla de manera segura y cuándo debe estar terminada. Si no puede hacerlo, debe explicar las razones sin culpar a los demás.

3.1.6 Ser colaborador

¿Trabaja bien con los demás? La cooperación es la clave para hacer las cosas. Como trabajador de un oficio, normalmente será parte de un equipo que incluye a su empleador, supervisor y compañeros de trabajo. Cuando todos colaboran para hacer el trabajo con eficacia, seguridad y puntualidad, todos triunfan.

Puede mostrar su cooperación mediante las siguientes acciones:

- Respetar a los compañeros de equipo
- Ofrecer sugerencias útiles
- Evitar los comentarios negativos
- Cumplir con sus responsabilidades

3.1.7 Seguir las políticas de la empresa

Las políticas de la empresa son importantes para garantizar la eficacia y evitar pérdidas. Siga en todo momento las políticas de la empresa. Esto puede incluir tareas como llenar tarjetas de control horario, llevar control de herramientas y solicitar materiales, entre muchas otras. Si no sigue las políticas de la empresa, su empleador puede perder tiempo, herramientas o dinero. Y usted puede perder su empleo.

3.1.8 Evitar los retrasos y las ausencias

¿Conoce a alguien que siempre llega tarde? ¿O a alguien que ni siquiera se presenta? ¿Cómo se siente cuando le dejan esperando?

Un 'retraso' *(tardiness)* es llegar tarde al trabajo. Una 'ausencia' (absenteeism) es no presentarse.

En ocasiones, puede ausentarse o llegar tarde por una buena razón. Puede que tenga una urgencia médica o problemas de transporte. Aunque las ausencias ocasionales son inevitables, la impuntualidad constante y las ausencias frecuentes son señal de malos hábitos de trabajo. No son muestra de profesionalismo, sino de irrespeto. Demuestran que su trabajo no le importa lo suficiente como para presentarse.

Si llega tarde o se ausenta, no se le pagará por ese tiempo. Además, su ausencia puede resultar costosa para su empleador. Por ejemplo, su empleador debe seguir pagando su seguro de salud. Si usted no está en la obra, el trabajo puede llevar más tiempo, lo que cuesta más dinero y alterar el cronograma. Además, sus compañeros tendrán que trabajar más para compensar su ausencia.

Es importante que llegue puntual al trabajo todos los días. Si tiene que ausentarse, avise cuanto antes para que el empleador pueda encontrar un sustituto.

NOTA

La seguridad es responsabilidad de todos. En una obra, usted es responsable de su propia seguridad y de la seguridad de los demás.

Administración de Seguridad y Salud Ocupacional (OSHA): organismo gubernamental de los Estados Unidos creado para garantizar condiciones seguras y saludables en el lugar de trabajo.

3.1.9 Respetar la seguridad

Todos merecen trabajar en un lugar seguro. Su empleador debe mantener la seguridad en el lugar de trabajo para todos los empleados. A cambio, usted deberá respetar todas las normas y reglamentos de seguridad. También debe asegurarse de que las personas que trabajan para usted y a su lado también los respeten.

Usted tiene la responsabilidad de mantener un entorno de trabajo seguro. Esto conlleva dos aspectos:

- Seguir las normas de su empresa en cuanto a procedimientos y prácticas laborales seguras.
- Informar directamente a su supervisor de cualquier problema de seguridad en equipos o condiciones.

La ***Occupational Safety and Health Administration* - OSHA** (Administración de Seguridad y Salud Ocupacional) exige que se informen las condiciones peligrosas. Esta norma se aplica a todos los sectores de la construcción. Tanto si trabaja para un gran contratista como para uno pequeño, está en la obligación de informar las condiciones inseguras. Si identifica algún problema de seguridad en el trabajo, ¡infórmelo! No lo pase por alto. No se corregirá solo.

No se preocupe de que el empleador se enfade si hay que detener el trabajo por problemas de seguridad. Es más probable que se enfade con usted por no informar el problema. El tiempo que se pierde en recobrar la seguridad en la obra es menor que el costo de paralizarla debido a una lesión.

¡ADVERTENCIA!

Informe siempre de las condiciones inseguras. De lo contrario, podrían ocasionarse lesiones graves o incluso muertes.

Las normas de la OSHA para los lugares trabajo no son las únicas que debe conocer en materia de seguridad. También debe conocer los códigos locales como el *NEC®*. Algunos requisitos del *NEC®* son más exigentes o más estrictos que los de la OSHA. Un ejemplo es la puesta a tierra temporal. Cuando las normas difieren, siempre debe cumplir el requisito más estricto. Irá conociendo el *NEC®* a medida que avance en su capacitación.

También debe seguir los requisitos de NFPA 70E®, que es el *Standard for Electrical Safety in the Workplace®* (Norma para la Seguridad Eléctrica en Lugares de Trabajo), en inglés. Esta norma abarca las prácticas laborales seguras para evitar peligros eléctricos. En ella se describen en detalle los pasos para que un circuito o sistema eléctrico quede en condiciones de funcionamiento seguras y se señalan las distancias seguras de aproximación a partes energizadas expuestas. Asimismo, describe el EPP que hay que utilizar para protegerse contra los peligros de descarga eléctrica y arco eléctrico.

3.2.0 Responsabilidades del empleador

NOTA

La ley permite que los estados tengan sus propios reglamentos de seguridad y organismos encargados de exigir su cumplimiento. La Secretaría de Trabajo de los Estados Unidos debe aprobar cada programa estatal. Los estados que no tengan sus propios reglamentos y organismos deben exigir el cumplimiento de las normas de la OSHA.

Su empleador tiene la responsabilidad legal de cumplir las normas de seguridad y salud ocupacional que la OSHA establece (consulte la *figura 14*). Estas se encuentran en la *Occupational Safety and Health Act* (Ley de Seguridad y Salud Ocupacional) de 1970. La OSHA vela por el cumplimiento de estas normas a fin de que los empleadores propicien condiciones laborales seguras para todos los empleados. La OSHA también ofrece programas de investigación y educación que complementan las prácticas laborales seguras.

Según las normas de la OSHA, usted tiene derecho a recibir capacitación práctica sobre seguridad. Su empleador debe hacer lo siguiente:

- Enseñarle a hacer su trabajo de manera segura
- Proporcionarle el EPP necesario
- Advertirle sobre peligros específicos
- Supervisarlo para garantizar su seguridad mientras realiza el trabajo

Las normas de la OSHA para la industria general están en la *sección 1926, título 29, del Código de Reglamentos Federales (CFR), Normas de seguridad y salud de la OSHA para el sector de la construcción* (a veces denominada *Norma 1926 de la OSHA*). Otras normas de seguridad que se aplican a la construcción están publicadas en la *sección 1910, título 29, del CFR, Normas de seguridad y salud de la OSHA para la industria general*, el NFPA 70E®, y el *NEC®*.

Los requisitos generales más importantes que la OSHA impone a los empleadores del sector de la construcción son los siguientes:

- Colocar carteles de los derechos y responsabilidades de los empleados en un lugar visible.
- Asegurarse de que no existan peligros graves en el lugar de trabajo y de que este cumpla las normas y reglamentos de la OSHA.
- Colocar señales de advertencia, carteles y etiquetas en todas las zonas obligatorias.
- Realizar inspecciones frecuentes y periódicas de los equipos en el lugar de trabajo.
- Capacitar a los empleados para que identifiquen y eviten las condiciones inseguras y conozcan los reglamentos de su trabajo para que puedan controlar o eliminar cualquier peligro.
- Prohibir el uso de herramientas, equipos, máquinas o materiales que no cumplan con la *sección 1926, título 29, del CFR.*
- Asegurarse de que solo personas cualificadas manejen las herramientas, los equipos y las máquinas.
- Realizar exámenes médicos cuando así lo exija la OSHA.
- Si tiene más de 10 empleados, llevar registros de lesiones y enfermedades ocupacionales. Estos registros deben estar a disposición de los empleados.
- No discriminar a los empleados que ejerzan sus derechos en virtud de los reglamentos de la OSHA.

NOTA

Los empleadores también deben cumplir la Americans with Disabilities Act- ADA (Ley de Estadounidenses con Discapacidades) de 1990. La ley ADA protege a los trabajadores con discapacidad de la discriminación. Algunos de los organismos de los Estados Unidos. que velan por el cumplimiento de la ADA son el Department of Justice (Departamento de Justicia) y la Equal Employment Opportunity Commission (Comisión para la Igualdad de Oportunidades en el Empleo.

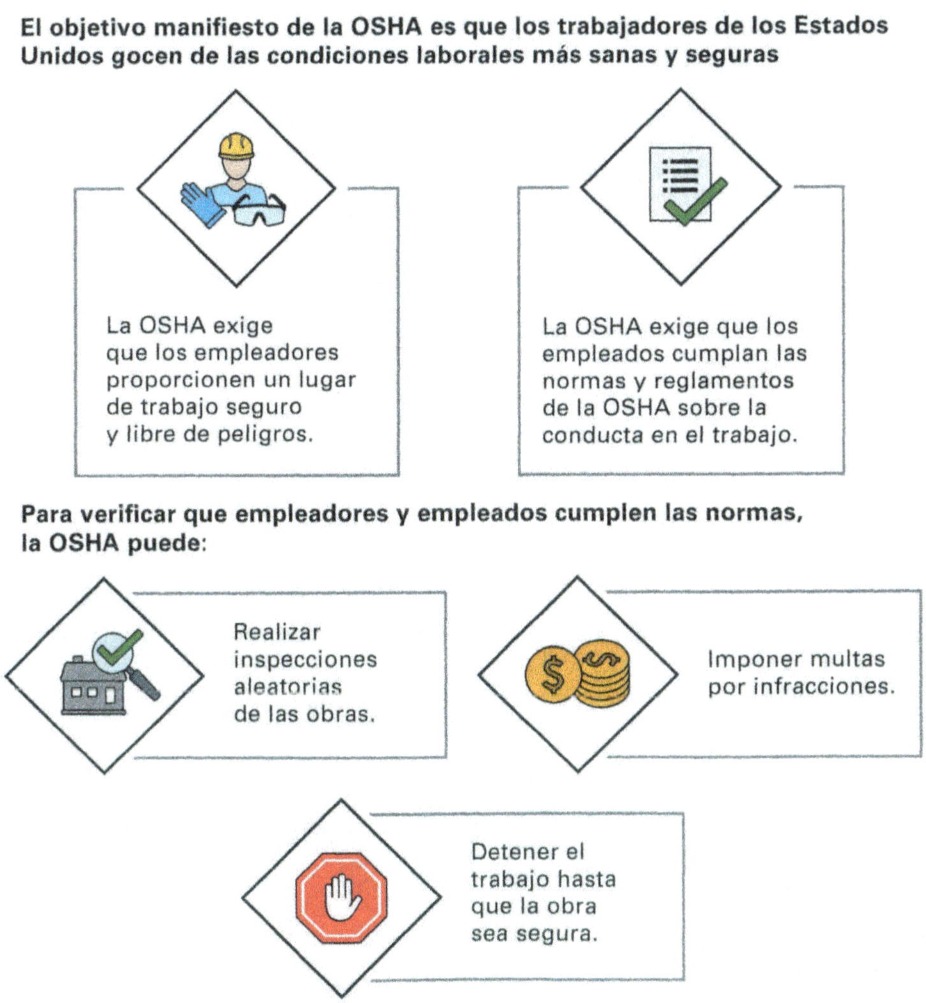

Figura 14 El propósito de la OSHA es propiciar condiciones de trabajo seguras.

3.0.0 Repaso de la sección

1. La norma que abarca las prácticas laborales seguras para evitar peligros eléctricos se llama _____.
   a. el *NEC®*
   b. *sección 1910, título 29, del CFR*
   c. *sección 1926, título 29, del CFR*
   d. NFPA 70E®

2. Las normas de la OSHA para la industria general se encuentran en la _____.
   a. *sección 1926, título 29, del CFR*
   b. *sección 1910, título 29, del CFR*
   c. *sección 1965, título 29, del CFR*
   d. *sección 1970, título 29, del CFR*

Módulo 26101-23 Preguntas de repaso

1. Los paneles de distribución en edificios residenciales suelen instalarse durante _____.
   a. el tendido
   b. la fase final
   c. la instalación de la acometida
   d. la planificación

2. Un sistema de cableado residencial suele utilizar _____.
   a. cable de media tensión
   b. cable de bandeja portacables
   c. cable conductor plano
   d. cable con cubierta envolvente no metálica

3. ¿En cuál de los siguientes entornos trabajaría un electricista comercial?
   a. Astilleros
   b. Construcción de conjuntos de viviendas
   c. Edificio de oficinas
   d. Planta de petroquímicos

4. ¿Cuál de las siguientes opciones es *más* probable que requiera un conocimiento especial de los lugares peligrosos?
   a. Cableado residencial
   b. Cableado industrial
   c. Cableado comercial
   d. Trabajo de acometida

5. Lo *más* probable es que una tarea como la reparación del arranque de un motor la realice un _____.
   a. electricista industrial
   b. electricista comercial
   c. técnico de mantenimiento eléctrico
   d. contratista de remodelaciones eléctricas

6. Las normas mínimas para los programas de formación práctica son establecidas por _____.
   a. la OSHA
   b. el DOL
   c. NCCER
   d. el empleador

7. El número total de horas de aprendizaje en el puesto de trabajo para un programa típico de formación práctica de electricidad es de _____.
   a. 4,000
   b. 8,000
   c. 9,000
   d. 10,000

8. ¿Cuál de las siguientes afirmaciones es *verdadera* en relación con los retrasos y las ausencias?
   a. Nunca hay que ausentarse, ni siquiera cuando se tiene una afección contagiosa.
   b. No pasa nada si llega un poco tarde al trabajo, siempre que recupere el tiempo perdido.
   c. Si tiene que ausentarse, llame antes para que el empleador pueda encontrar un sustituto.
   d. Si no se le paga a usted, su ausencia no le cuesta nada a la empresa.

9. Si observa una infracción de seguridad en su lugar de trabajo, usted debe _____.
   a. ignorarla, a menos que le afecte directamente
   b. tomar nota mental de no pasar por la zona en el futuro
   c. informarla a su supervisor
   d. asumir que no hay problema si nadie ha resultado herido

10. La misión *principal* de la OSHA es _____.
   a. inspeccionar los lugares de trabajo para detectar infracciones de seguridad
   b. multar a las empresas que incumplan los reglamentos de seguridad
   c. distribuir equipos de seguridad a los trabajadoresf
   d. garantizar que los empleadores mantengan un lugar de trabajo seguro

Las respuestas a las preguntas de repaso impares del módulo se encuentran en el *Apéndice A*.

Módulo 26101-23 Ejercicios suplementarios

1. ¿Cuáles son los pasos básicos del cableado eléctrico residencial?

 ____

 ____

2. ¿Verdadero o falso? Una diferencia importante entre el cableado residencial y el comercial es que el cableado comercial suele instalarse en conductos metálicos.
3. Si le interesa ayudar a mantener la red eléctrica, quizá quiera ser un ________.
4. Su programa de formación práctica requiere ________ horas de OJL al año.
5. ¿Verdadero o falso? La capacitación que se basa en competencias significa que debe demostrar las aptitudes necesarias para realizar tareas prácticas antes de avanzar a la siguiente fase del plan de estudios.
6. Un(a) ________ le permite completar hasta dos años de su formación práctica antes de terminar la secundaria.
7. ¿Verdadero o falso? No pasa nada si se lleva sobrantes de la obra a casa si no se van a necesitar.
8. Muchos empleados consideran que los días de ausencia por enfermedad pueden tratarse como vacaciones flexibles que pueden tomarse cuando deseen un día libre. ¿Por qué esto es injusto para su empleador y sus compañeros de trabajo?

 ____

 ____

9. ¿Verdadero o falso? La OSHA exige que los empleadores propicien condiciones laborales seguras y sin peligros.
10. Además de las normas de la OSHA, mencione otras dos normas relacionadas cor los trabajos de electricidad.

 ____

 ____

Las respuestas a las preguntas de los ejercicios suplementarios impares se encuentran en el *Apéndice B*.

Piedra angular del oficio

Tim Dean

Electricista/Instructor de oficios eléctricos (jubilado)

Central Ohio ABC/Madison Comprehensive High School

¿Cómo se inició en el sector de la construcción?

Al salir de la Universidad de Toledo, acepté un trabajo con mi cuñado, que trabajaba como electricista en Akron, Ohio. No sabía casi nada de electricidad, pero necesitaba un trabajo para mi sustento y el de mi esposa.

¿Quién lo inspiró para entrar en el sector? ¿Por qué?

Supongo que mi cuñado, Tom Argenio, fue mi inspiración. Tenía una ética laboral y una habilidad para el oficio que no son muy comunes en la sociedad actual. No solo me enseñó a ser un buen trabajador, sino también a comprender el orgullo de la mano de obra de calidad.

¿Qué es lo que más disfruta de su trabajo?

Al principio de mi profesión, solo apreciaba el hecho de tener un trabajo. Pero a medida que pasó el tiempo y adquirí más experiencia, quise adquirir más conocimientos. Conocer las razones, los tiempos, los lugares y los procesos trajo un nuevo significado a las habilidades que estaba adquiriendo.

¿Cree que la capacitación y la educación son importantes en la construcción? Si es así, ¿por qué?

El oficio de la electricidad es uno de los más diversos y exigentes de la construcción. La capacitación y la educación no solo son importantes, sino necesarias para mantener la seguridad, la eficiencia, las cualificaciones y la preparación para los retos de las nuevas tecnologías.

¿Qué importancia tienen las credenciales de NCCER para su carrera profesional?

Formar parte de NCCER ha sido una de las experiencias más gratificantes de mi vida. Las credenciales para actuar como experto en la materia no solo han sido de beneficio para mí a nivel personal por el reconocimiento y el desarrollo profesional, sino también para la organización para la que trabajo. Disfruto los desafíos que hay que superar para estar al día de la evolución continua de nuestro sector, y NCCER me brinda los instrumentos y recursos para ir a la par con los cambios tecnológicos de vanguardia.

¿Cómo ha influido la capacitación o la construcción en su vida y en su carrera profesional?

Cuando entré en el sector, no tenía la más mínima idea. No sabía en qué me estaba metiendo, pero a medida que avanzaba, me encontré con el desafío de entender cómo y por qué las cosas funcionan de esa manera. Me involucré en el proceso y descubrí que cuanto más sabía y aprendía, mayor era mi valor para la empresa.

¿Sugeriría la construcción como carrera profesional a otras personas? Si es así, ¿por qué?

Recomendaría una carrera profesional en el sector eléctrico a cualquiera que tenga ganas de aprender y deseos de conocer las nuevas tecnologías que siguen en evolución en nuestra sociedad. El sector de la construcción eléctrica trae tanto recompensas como desafíos. Formar parte de esta gran industria abre las puertas a oportunidades nuevas y apasionantes en muchos ámbitos. Basta con mirar el mundo que nos rodea para darse cuenta de que ser electricista es mucho más que un trabajo. Las oportunidades profesionales son abundantes y, realmente, no hay límite para lo que se puede lograr.

¿Cómo define ser especialista en este oficio?

Para mí, la especialización en este oficio es resultado de adquirir conocimientos, desarrollar habilidades, inculcar valores morales y éticos y combinar el orgullo personal para construir un producto o un proceso de calidad reconocible y duradera.

Respuestas a las preguntas de repaso de la sección

Respuesta	Referencia de la sección	Objetivo
Sección 1.0.0		
1. b	1.1.0	1a
2. a	1.2.0	1b
3. a	1.3.0	1c
4. b	1.4.8	1d
Sección 2.0.0		
1. d	2.1.0	2a
2. a	2.2.0	2b
Sección 3.0.0		
1. d	3.1.9	3a
2. a	3.2.0	3b

Actualización por los usuarios

NCCER

ESCANEAR

¿Encontró algún error? Visite **https://www.nccer.org/olf** o escanee el código QR con su dispositivo móvil para enviar su corrección.

MÓDULO 26102-23

Seguridad para los electricistas

Fuente: iStock@ArtboyAnimation

Objetivos

La exitosa finalización de este módulo te prepara para realizar lo siguiente:

1. Identificar los peligros eléctricos y sus efectos.
   a. Describir los efectos de una descarga eléctrica en el cuerpo humano.
   b. Explicar el proceso para verificar que los circuitos están sin energía.
   c. Identificar las causas de los incidentes eléctricos y explicar la jerarquía de los controles de riesgo.
2. Describir la manera en que el EPP reduce el riesgo de lesiones.
   a. Identificar los requisitos de la OSHA sobre el EPP para trabajos eléctricos.
   b. Describir la forma de seleccionar y utilizar el EPP para trabajos eléctricos.
3. Identificar las normas relacionadas con la seguridad eléctrica.
   a. Describir los requisitos de la OSHA en el lugar de trabajo.
   b. Explicar el propósito del NFPA 70E®.
4. Reconocer los requisitos de seguridad para diversos peligros eléctricos.
   a. Identificar los peligros de seguridad asociados con escaleras, andamios y equipos de elevación.
   b. Describir los procedimientos de ingreso a espacios confinados.
   c. Explicar los procedimientos de seguridad que se emplean con materiales peligrosos.

Tareas prácticas

Bajo supervisión, deberías poder hacer lo siguiente:

1. Seleccionar y usar debidamente el EPP.
2. Describir los requisitos de seguridad para una tarea proporcionada por un instructor, como reemplazar las luces en su salón de clases.
   - Hablar sobre el trabajo por realizar y los peligros que conlleva.
   - Si se requiere una escalera, realizarle una inspección visual y colocarla correctamente.
   - Asegurarse de que los números de teléfono de emergencia locales estén publicados o que usted y los demás empleados los conozcan.
   - Planificar una vía de escape del lugar en caso de un accidente.

Visión general

El trabajo de electricista puede ser peligroso. Es importante estar atento a aquello que puede causar daño y seguir las normas básicas de seguridad. En este módulo, aprenderá sobre los peligros de trabajar con electricidad. También conocerá los tipos de equipos de protección personal - EPP (Personal Protective Equipment - PPE) que sirven para cuidar la seguridad de las personas. También conocerá las normas de seguridad eléctrica. Por último, aprenderá sobre la norma de bloqueo y etiquetado (Lockout/Tagout - LOTO) de la Occupational Safety and Health Administration - OSHA (Administración de Seguridad y Salud Ocupacional).

NOTA

NFPA 70®, *National Electrical Code®* y *NEC®* son marcas registradas de la National Fire Protection Association, Quincy, MA.

Recursos digitales sobre Electricidad

ESCANEAR

Escanee este código con la cámara de su celular o dispositivo móvil para ver los recursos digitales relacionados con este oficio.

NCCER Credenciales reconocidas en el sector

Si se está capacitando a través de un patrocinador acreditado por NCCER, puede ser elegible para obtener credenciales del NCCER. El número de identificación de este módulo es 26102-23. Tenga en cuenta que este módulo puede haber sido utilizado en otros planes de estudios de NCCER y puede aplicarse a la realización de otros niveles. Comuníquese con NCCER al 1.888.622.3720 o visite **www.nccer.org** para obtener más información.

También puede mostrar en línea sus credenciales reconocidas por el sector con las insignias digitales de NCCER. Transforme sus conocimientos, habilidades y logros en insignias que puede compartir en las plataformas de redes sociales, enviar a su red y agregar a su currículum. Para obtener más información, visite **www.nccer.org**.

1.0.0 Peligros eléctricos

Tareas prácticas

Esta sección no contiene tareas prácticas.

Objetivo

Identificar los peligros eléctricos y sus efectos.

a. Describir los efectos de una descarga eléctrica en el cuerpo humano.
b. Explicar el proceso para verificar que los circuitos están sin energía.
c. Identificar las causas de los incidentes eléctricos y explicar la jerarquía de los controles de riesgo.

Es esencial que conozca qué puede causarle daño al realizar trabajos eléctricos. Tenga cuidado y siga las normas de seguridad siempre. Informe las actividades inseguras a sus compañeros y a su supervisor. La seguridad debe tomarse con mucha seriedad y convertirse en un hábito. Si recuerda actuar con seguridad, habrá menos accidentes. Recuerde que usted es responsable de su propia seguridad.

Como aprendiz de electricista, debe tener aún más cuidado. Solo puede trabajar bajo la supervisión de electricistas más expertos y calificados. Ellos saben más sobre los peligros eléctricos y sobre cómo evitarlos.

1.1.0 Los cuatro principales

La Administración de Seguridad y Salud Ocupacional (OSHA) indica las cuatro cosas más peligrosas en un lugar de trabajo. Se conocen como the focus four (los cuatro enfoques) o the fatal four (los cuatro mortales) e incluyen los siguientes:

- *Peligros de caída:* caídas desde alturas
- *Peligros eléctricos:* descarga eléctrica y quemaduras por tocar conductores energizados
- *Peligros de atrapamiento o aplastamiento:* aplastamiento por caída de materiales o equipos
- *Peligros de impacto:* golpes por objetos voladores o equipos en movimiento, como camiones, montacargas y otros equipos de construcción.

Alrededor del 90% de las muertes en obras de construcción se deben a uno de los cuatro principales peligros. Otros peligros son los cortes, las quemaduras, las tensiones en la espalda y el contacto de productos químicos u objetos con los ojos. La mayoría de las lesiones se pueden evitar si se tiene cuidado.

1.1.1 Descarga eléctrica

La electricidad hace que los electrones se muevan en un conductor. Este movimiento se denomina *electric current* (corriente eléctrica). Metales como la plata, el cobre, el acero y el aluminio son buenos conductores.

El cuerpo humano también es un buen conductor, en particular cuando la piel está húmeda. En consecuencia, es importante comprender lo que sucede si una persona entra en contacto con una superficie energizada (*figura 1*). Aunque es raro que un conducto esté energizado, puede darse el caso de que se dañe el aislamiento de un conductor. Si el conductor entra en contacto con la pared del conducto, este podría energizarse. En tal situación, la nueva trayectoria de los electrones puede causar lesiones graves o detener el corazón.

Independientemente de la superficie, es importante reconocer los tipos de materiales que pueden energizarse. Pruebe siempre las superficies antes de tocarlas.

La *tabla 1* muestra lo que puede ocurrir cuando la corriente eléctrica atraviesa un cuerpo humano. Observe con detenimiento la tabla. Solo hay 100 mA de diferencia entre una corriente que apenas se siente y otra que puede causarle la muerte.

NOTA

La unidad de medida que representa mA es un *miliamperio* (o *miliampere*). Un miliamperio es la milésima parte de un amperio.

TABLA 1 Efectos de la corriente en el cuerpo humano

Valor de la corriente	Efectos típicos
1 mA (0.001 A)	Descarga que se puede sentir, como un pequeño hormigueo
5 mA (0.005 A)	Descarga leve que puede causar una reacción de salto o de caída, lo que puede resultar en lesiones
De 6 a 30 mA (de 0.006 a 0.030 A)	Descarga dolorosa que le hace perder el control de los músculos
De 50 a 150 mA (de 0.050 a 0.150 A)	Dolor extremo y fuertes contracciones musculares que pueden hacer que deje de respirar y posiblemente causarle la muerte
De 1,000 a 4,300 mA (de 1 a 4.3 A)	Ritmo cardíaco peligroso, calambres musculares graves y daños nerviosos, que probablemente le causarán la muerte

Fuente: OSHA

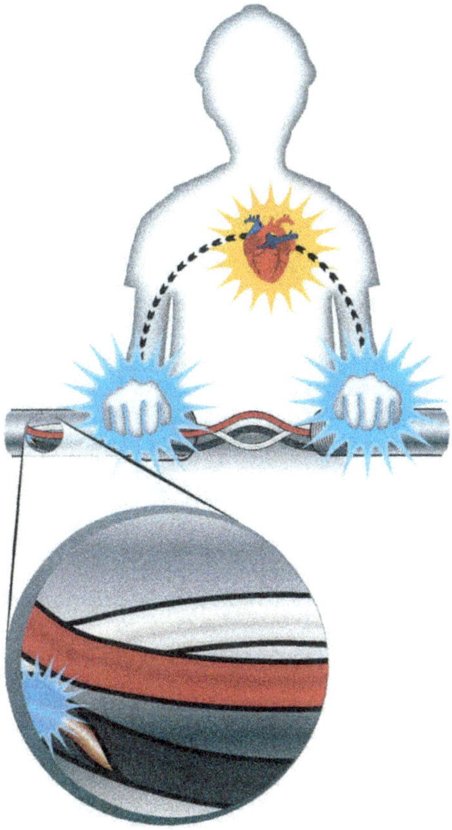

Figura 1 La corriente eléctrica y el cuerpo humano.

Las descargas eléctricas también pueden causarle otro tipo de daños. Por ejemplo, al entrar y salir del cuerpo, la corriente eléctrica puede dejar heridas y quemaduras graves. En los casos en que las quemaduras están bajo la piel, puede que la lesión no se evidencie de inmediato. Sin embargo, la piel dañada por la descarga puede descomponerse desde el interior con el tiempo. Por lo tanto, siempre debe acudir a un médico si recibe algún tipo de descarga grave.

Según la OSHA, las lesiones por electricidad matan a unas 350 personas cada año. Este es un promedio de casi una víctima al día. Recuerde que si trabaja en el sector de la construcción, corre el riesgo de sufrir una descarga eléctrica o quemaduras.

Según estudios del *National Institute for Occupational Safety and Health* - NIOSH (Instituto Nacional de Seguridad y Salud Ocupacional), los trabajadores de la construcción tienen cuatro veces más probabilidades de sufrir una descarga que todos los demás tipos de trabajo combinados.

¡ADVERTENCIA!

Si observa una situación insegura en una obra, suspenda el trabajo e informe de ella de inmediato. Su seguridad y la de sus compañeros podrían estar en riesgo si ignora el peligro.

La cantidad de corriente medida en amperios que atraviesa el cuerpo humano determina los efectos de la descarga eléctrica. Cuanto mayor sea el voltaje, mayor será la posibilidad de sufrir una descarga mortal.

Incidentes eléctricos	2019	2020
Lesiones eléctricas no mortales	1,900 Lesiones	2,200 Lesiones
Total de víctimas mortales por electricidad	166 Muertes	126 Muertes
Tiempo promedio de licencia médica por lesiones en incidentes eléctricos	9 Días	3 Días

Figura 2 Incidentes eléctricos.

La *Electrical Safety Foundation International* - ESFI (Fundación Internacional para la Seguridad Eléctrica) publicó recientemente un estudio que muestra los datos de 2019-2020 sobre incidentes eléctricos. En la *figura 2*, se muestran algunas de las principales conclusiones.

Otras conclusiones del estudio son:

- El contacto con conductores causó el 30% de todos los accidentes eléctricos, y el 66% de los accidentes se produjeron por contacto con conductores de baja tensión (los que conducen 1,000 voltios [V] o menos).
- Aproximadamente el 8% de las lesiones por electricidad fueron mortales. En el caso de las lesiones no mortales, los trabajadores tuvieron que ausentarse del trabajo 9 días en promedio.
- Las herramientas eléctricas portátiles ocuparon el segundo lugar en cuanto al número de lesiones (15%). Casi el 70% de estas lesiones, se produjeron cuando el bastidor o la carcasa de la herramienta se energizaron.

Herramientas con doble aislamiento/ sin puesta a tierra (*double-insulated/ ungrounded tools*): herramientas eléctricas que están construidas de modo que la carcasa esté aislada de la energía eléctrica. La carcasa es de un material no conductor.

Interruptor de circuito por falla a tierra (*ground fault circuit interrupters* - GFCI): dispositivo que protege a las personas y a los equipos mediante la desenergización de un circuito en un período determinado cuando una corriente de falla a tierra supera los valores establecidos para un dispositivo de Clase A (de 4 a 6 mA).

Muchos de estos accidentes podrían haberse evitado así:

- Siguiendo las directrices y procedimientos de seguridad eléctrica de la empresa.
- Usando herramientas con puesta a tierra o **doble aislamiento/sin puesta a tierra** en buen estado; estas herramientas tienen el logotipo distintivo de doble aislamiento en la placa de características de la herramienta (*figura 3*)
- Usando la protección de un **interruptor de circuito por falla a tierra (GFCI).**

¡ADVERTENCIA!

La alta tensión, que el *NEC®* identifica como más de 1,000 V, tiene casi 10 veces más probabilidades de causarle la muerte que la baja tensión. Sin embargo, pasará la mayor parte del tiempo trabajando con tensiones más bajas o cerca de estas. Como resultado, se producen más muertes por electrocución debido a las tensiones bajas.

1.1.2 El cuerpo y la resistencia

La electricidad circula en circuitos cerrados. Un cuerpo recibe una descarga cuando entra a formar parte de un circuito eléctrico. Por lo general, esto ocurre de tres maneras:

- La persona toca dos conductores a diferentes potenciales (tensiones).
- La persona toca algo que está puesto a tierra y un conductor no puesto a tierra de un circuito eléctrico.
- La persona toca algo que está puesto a tierra y una superficie conductora que se ha energizado porque está tocando un conductor vivo.

Cuando esto ocurre, hay tres factores que pueden afectar la gravedad de la descarga: la cantidad de corriente (amperios) que circula por el cuerpo, la trayectoria de la corriente a través del cuerpo y el tiempo que el cuerpo permanece en el circuito.

Como se muestra en la *figura* 4, el cuerpo humano tiene una resistencia de unos 1,000 ohmios (Ω). Una corriente de solo 50 mA puede causar la muerte. Esto significa que debe empezar a protegerse del contacto con tensiones de 50 V o más.

Hay otros factores que pueden afectar, como la frecuencia de la corriente, la fase del latido en la que está el corazón cuando llega la descarga y el estado de salud de la persona.

Para entender el perjuicio que las descargas eléctricas causan al organismo, hay que entender cómo funcionan tres partes del cuerpo: la piel, el corazón y los músculos.

Figura 3 Logotipo que indica que la herramienta tiene doble aislamiento/sin puesta a tierra.
Fuente: John Lupacchino Gaylor Electric

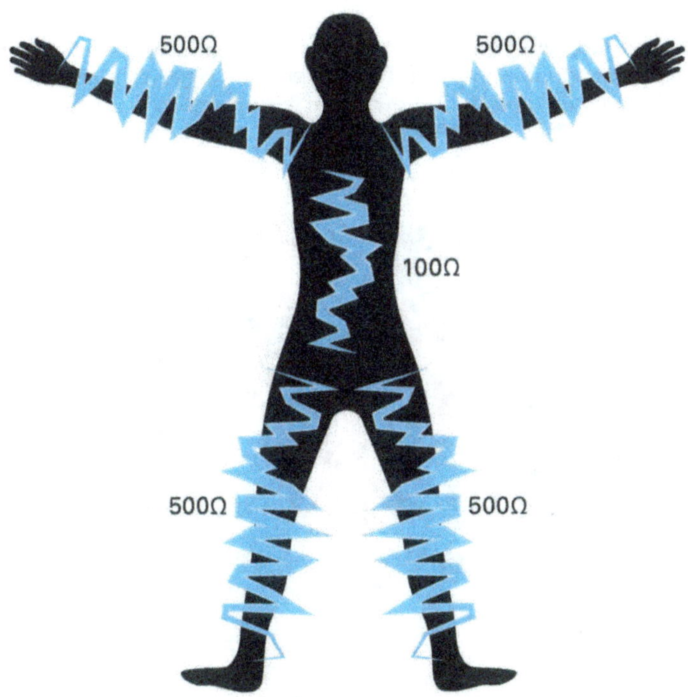

Qué hay que saber:

- La corriente debe entrar en el cuerpo humano por un lugar y salir por otro.
- La resistencia de una mano a la otra es de 1,000 Ω.
- *I = E/R, así que 50/1,000 = 0.050 A o 50 mA.*

Figura 4 Resistencia del cuerpo.

Piel

La piel se compone de tres capas. Cuando se trata de los efectos de una descarga eléctrica, la capa más importante es la exterior. La mayor parte de esta capa está formada por una proteína llamada *queratina*. Esta proteína proporciona la mayor parte de la resistencia eléctrica del organismo. Cuando esta capa está seca, la piel puede tener una resistencia de varios miles de ohmios. Cuando está húmeda o sudorosa, tiene mucha menos resistencia. Si la piel tiene un corte o una raspadura, también hay una menor resistencia.

Cada persona tiene un nivel de resistencia diferente. Una persona mayor con una piel exterior gruesa tendrá una resistencia mucho mayor que un niño. Las distintas partes del cuerpo también tienen diferentes niveles de resistencia. Por ejemplo, un trabajador puede tener mayor resistencia en las manos que en la parte posterior de la pantorrilla.

Corazón

El corazón es la bomba que envía sangre a todas las partes del cuerpo. La sangre circula por el cuerpo cuando el músculo cardíaco se tensa, o late. Este latido está controlado por una complicada red de nervios que generan impulsos eléctricos. El resultado es un corazón que late en el momento exacto.

Fibrilación (*fibrillation*): temblor descoordinado del músculo cardíaco provocado por una descarga eléctrica de CA.

Si el cuerpo recibe una descarga eléctrica externa, el corazón puede dejar de latir y temblar. Cuando esto ocurre, se denomina **fibrilación**. Un corazón en fibrilación no puede bombear sangre de manera efectiva. De hecho, la persona puede morir si su corazón no vuelve a latir con normalidad. Hay una máquina llamada desfibrilador, como la de la *figura 5* que administra una descarga al corazón y restablece su ritmo normal.

Músculos

Los nervios también envían impulsos eléctricos que controlan otros músculos del cuerpo. Dado que los nervios también conducen la electricidad, una persona que recibe una descarga puede perder el control de sus músculos. Por esta razón, es posible que una persona que recibe una descarga no pueda soltar el conductor que la provoca.

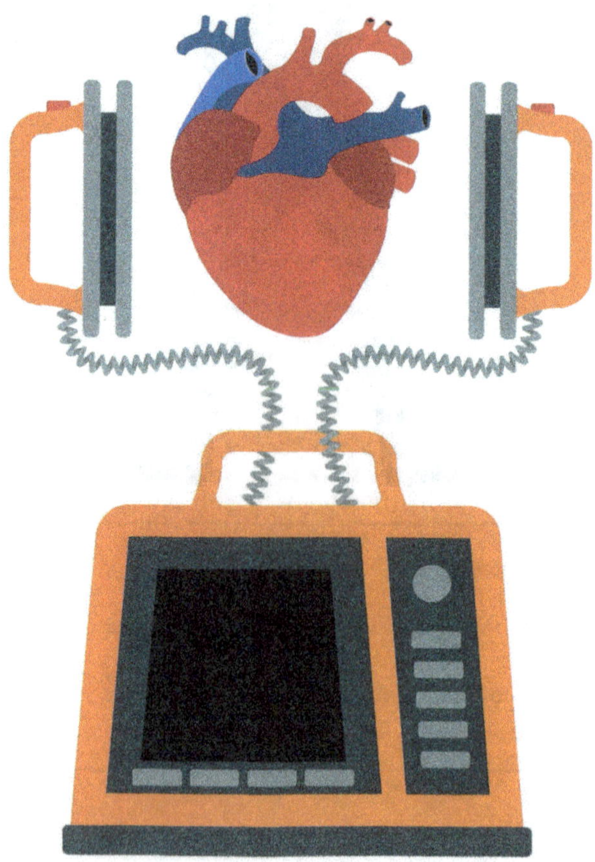

Figura 5 Los desfibriladores pueden restablecer el latido normal del corazón.

Una descarga también puede causar otro tipo de lesiones. Por ejemplo, una persona podría caer accidentalmente de una escalera y sufrir contusiones o fracturas o incluso fallecer.

1.1.3 Quemaduras

Las quemaduras son la lesión más común que causan las descargas eléctricas. Hay tres tipos de quemaduras por accidentes eléctricos:

- Quemaduras eléctricas
- Quemaduras por arco
- Quemaduras térmicas por contacto

Quemaduras eléctricas: se producen cuando la corriente circula por el cuerpo. El cuerpo se quema debido al calor producido por la corriente. Una quemadura eléctrica es una de las lesiones más graves que se pueden llegar a sufrir y empiezan de adentro hacia fuera. Puede que solo tenga quemaduras leves en la piel, pero podrían ser muy graves en el interior del cuerpo. Cualquier quemadura por electricidad debe recibir atención médica inmediata.

Quemaduras por arco: un arco eléctrico se produce cuando una corriente eléctrica "salta" por el aire de una parte a otra del circuito. Si entra en contacto con cualquier parte del arco, puede sufrir este tipo de quemadura.

La temperatura de un arco entre metales puede alcanzar los 35,000°F (20,000°C), es decir, cuatro veces más que la superficie del sol. Aunque esté a varios metros del arco, puedes sufrir una quemadura muy grave. La mayoría de las normas de seguridad eléctrica se centran solo en las descargas, así que aún si las cumple, podría sufrir una quemadura por arco eléctrico.

Los arcos eléctricos pueden producirse por un mal contacto o un aislamiento deficiente. También ocurren cuando fluye mucha corriente a través de un material terminal vaporizado, como metal o carbono.

¡ADVERTENCIA!

El calor depende de la corriente que proviene de la fuente en el punto del arco. También del tiempo que tarde el dispositivo de protección contra sobrecorriente en despejarse (abrirse). Por esta razón, los arcos procedentes de sistemas de baja tensión pueden ser tan peligrosos, o incluso más, que los arcos procedentes de tensiones más altas.

Ley de Ohm

La ley de Ohm, cuyo nombre se debe a un científico alemán llamado Georg Ohm, es una forma de averiguar una de las tres cosas de un circuito eléctrico:

1. Tensión o voltaje (E): medida de la diferencia de potencial eléctrico.
2. Corriente (I): desplazamiento de electrones.
3. Resistencia (R): oposición de un material al flujo de corriente eléctrica.

Si conoce dos de estos valores, puede averiguar el tercero.
Para hallar la tensión, multiplique la corriente por la resistencia con la siguiente fórmula:

$$I \times R = E$$

Para hallar la corriente, divida la tensión por la resistencia con la siguiente fórmula:

$$\frac{E}{R} = I$$

Para hallar la resistencia, divida la tensión por la corriente con la siguiente fórmula:

$$\frac{E}{I} = R$$

Aprenderá más sobre la ley de Ohm en el módulo 26103-23, *Introducción a los circuitos eléctricos*, de NCCER.

Quemaduras térmica por contacto: pueden producirse cuando una persona toca un objeto caliente expulsado durante la explosión de un arco eléctrico. Si está en la trayectoria de una pieza de metal fundido que sale despedida, puede sufrir una quemadura térmica por contacto.

¿Por qué salen objetos despedidos por el aire cuando se produce un arco? Hay dos causas. En primer lugar, el aire que rodea el arco se calienta mucho, lo que genera presión. En segundo lugar, el metal se expande al vaporizarse. Por ejemplo, el cobre puede expandirse más de 67,000 veces su tamaño original cuando se vaporiza. Una vez que se ha vaporizado, se puede llegar a inhalar partículas del metal.

El aumento de la presión y la expansión del metal pueden ser muy fuertes. Puede arrojarlo por los aires, detener su corazón, atravesar su cuerpo con piezas de metal, destruir su audición e incluso herir o lacerar extremidades. La *figura 6* muestra algunos de los principales peligros asociados a la explosión de un arco eléctrico.

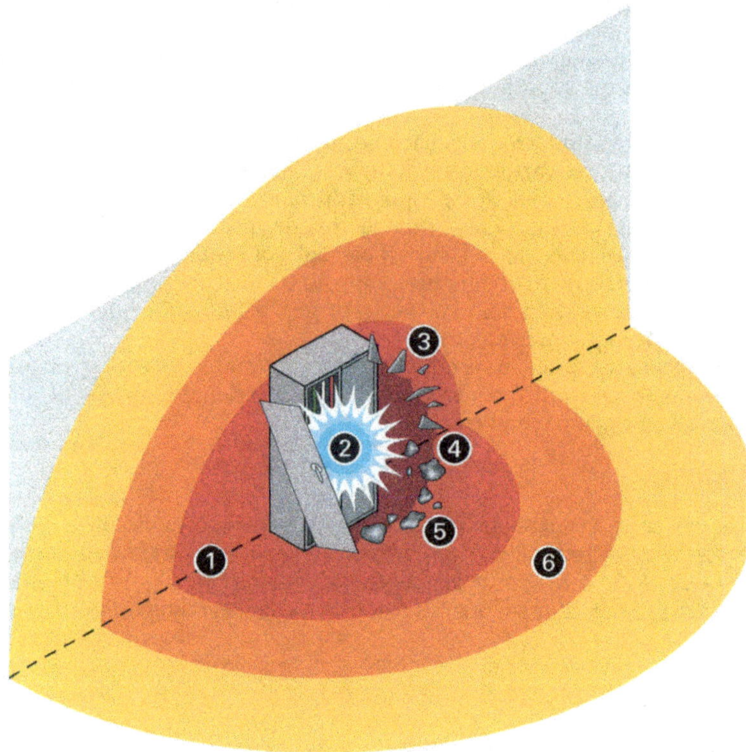

❶ Las **ondas sonoras y de presión** causan pérdida de audición y pueden romper los tímpanos.	❹ El **cobre vaporizado** puede inhalarse y causar quemaduras en boca, garganta y pulmones.
❷ La **luz intensa** puede alcanzar los 35,000 °F y causar quemaduras por arco eléctrico.	❺ El **metal fundido** se adhiere a la piel y a la ropa y causa quemaduras térmicas por contacto.
❸ La **metralla** puede clavarse, lacerar y causar quemaduras térmicas por contacto.	❻ El **aire caliente** se expande rápidamente, expulsándolo todo hacia el exterior.

Figura 6 Riesgos de arco eléctrico.

Personas calificadas (*qualified persons*): personas que tienen la capacitación o las certificaciones necesarias y han demostrado sus conocimientos y capacidad para resolver problemas relacionados con la obra o proyecto.

Personas competentes (*competent persons*): trabajadores que pueden identificar peligros y adoptar medidas correctivas para solucionarlos.

En lugares distintos a unidades de vivienda, la *sección 110.16 de NEC* exige que todos los tableros de distribución, tableros de potencia, paneles de distribución, tableros de control industriales, envolventes para medidores enchufables y centros de control de motores estén claramente marcados para advertir al **personas calificado** sobre los potenciales peligros del relámpago de arco eléctrico. Es importante recordar que las personas calificadas son diferentes de las **personas competentes**. La OSHA define a una persona competente como aquella que puede identificar peligros actuales o previsibles para otros empleados. Las personas competentes también tienen autoridad para eliminar los peligros mediante medidas correctivas.

Según la *sección 110.16(B) del NEC*, debe aplicarse una etiqueta permanente de relámpago de arco eléctrico de fábrica o en campo en los equipos de acometida o alimentados por un alimentador de 1,000 A o más.

1.1.4 Precauciones de seguridad eléctrica

Hay muchas medidas para reducir las probabilidades de sufrir una descarga. Siga siempre las normas de seguridad de su empresa y todas las demás normas y reglamentos aplicables, incluidas las normas del lugar de trabajo. Además, la OSHA publica el *Code of Federal Regulations* - CFR (Código de Reglamentos Federales). La *sección 1910 del CFR* cubre las normas de la OSHA para la industria general y la *sección 1926* abarca las normas de la OSHA para la industria de la construcción.

En la *tabla 2*, se muestra la distancia mínima segura a un componente fijo energizado. Se basa en la información proporcionada para CA en la *tabla 130.4(E)(a) de la NFPA 70E®*, la *Standard for Electrical Safety in the Workplace® (Norma para la Seguridad Eléctrica en el Lugar de Trabajo)*. Tenga en cuenta que esta tabla no incluye las líneas eléctricas aéreas. Si así fuera, las distancias serían aún mayores. No se acerque más de las distancias indicadas en la tabla, a menos que pueda comprobar que el conductor está desenergizado y debidamente bloqueado. Una persona competente también debe decir que es seguro. Sin embargo, recuerde que es posible que su empresa prefiera que mantenga una mayor distancia que las indicadas en la tabla.

TABLA 2 Fronteras limitadas de aproximación a piezas vivas (CA)

Rango de voltaje del sistema nominal (fase a fase)	Límite de aproximación del componente de circuito fijo
50 V-750 V	3' 6"
751 V-15 kV	5' 0"
15.1 kV-36 kV	6' 0"
36.1 kV-121 kV	8' 0"
138 kV-145 kV	10' 0"
161 kV-169 kV	11' 8"
230 kV-242 kV	13' 0"
345 kV-362 kV	15' 4"
500 kV-550 kV	19' 0"
765 kV-800 kV	23' 9"

Fuente: NFPA 70E®, *Tabla 130.4(E)(a)*

Hay medidas que puede tomar para que su trabajo sea aún más seguro:

- Use siempre los equipos de protección personal (EPP) adecuados.
- Retírese todos los objetos conductores, como joyas, antes de trabajar con equipos eléctricos.
- Trabajen en parejas en equipos energizados.
- Conozca bien los peligros y su trabajo. Si no entiende algo, pida que se lo aclaren.
- Identifique posibles peligros e interruptores de cierre antes de iniciar un proyecto. Planifique también una vía de evacuación en caso de emergencia.
- Siga todos los protocolos de bloqueo/etiquetado (LOTO).
- Conozca las personas de contacto en caso de emergencia.
- Hable con su supervisor si el trabajo se complica más de lo previsto.
- Planifique siempre con antelación y esté alerta ante peligros potenciales.
- Preste atención y elimine o evite otros peligros que puedan estar presentes.

Conozca el código

Advertencia de peligro de arco eléctrico
Sección 110.16 del NEC

NOTA

Consulte la edición más reciente de la NFPA 70E®, *Standard for Electrical Safety in the Workplace®*, para obtener información completa sobre las prácticas y requisitos laborales relacionados con la seguridad.

1.2.0 Verificación de la seguridad de los circuitos

NOTA

Solo una persona calificada con el EPP adecuado puede realizar este procedimiento.

Asuma siempre que *todos* los circuitos están energizados hasta que confirme lo contrario. Puede determinarlo con una prueba de *vivo-muerto-vivo*. Siga estos pasos para verificar que un circuito está desenergizado o muerto:

Paso 1 Verifique que el circuito está correctamente bloqueado y etiquetado. (secciones *1910.333/1926.417 del CFR*).

Paso 2 Confirme que el instrumento de prueba funciona correctamente probándolo en un elemento energizado que tenga un voltaje conocido (como una salida de 120 V). Puede utilizar una unidad de prueba (*figura 7*) para realizar esta tarea.

- Para utilizar una unidad de prueba, conecte los cables del instrumento de prueba a los terminales positivo y negativo del dispositivo. Luego, verifique que el instrumento de prueba muestra la tensión correcta.

¡ADVERTENCIA!

Confirme que su instrumento de prueba está ajustado para la tensión y corriente adecuadas.

Paso 3 Póngase el EPP adecuado. Ahora, con el instrumento de prueba, revise el circuito que cree que está muerto. La tensión debe ser cero. Realice una prueba de línea a línea, de línea a neutro y de línea a tierra, si la hay.

Paso 4 Verifique de nuevo que el instrumento de prueba funciona correctamente usándolo una vez más en una fuente energizada con un voltaje que usted conozca (como una salida de 120 V).

¡ADVERTENCIA!

En todos los casos, realice siempre una prueba antes de tocar cualquier conductor eléctrico, aunque esté bloqueado y se haya comprobado antes que está desenergizado.

Figura 7 Prueba de unidad de pruebas con medidor.
Fuente: Reproducido con autorización, Fluke Corporation

1.3.0 Incidentes eléctricos y controles de riesgos

Los incidentes eléctricos son inevitables. Sin embargo, conocer las situaciones de mayor probabilidad de estos incidentes sirve de ayuda.

1.3.1 Causas de los incidentes eléctricos

Hay tres causas principales de los incidentes eléctricos:

- Condiciones inseguras
- Equipos inseguros
- Acciones inseguras

Las normas de seguridad existen para ayudarle a identificar los equipos inseguros y a reducir las condiciones de trabajo peligrosas. También hay muchas tecnologías y prácticas nuevas que sirven para reducir los incidentes eléctricos. Algunas son:

- Capacitación adecuada para empleadores y empleados
- GFCI
- Terminales a prueba de contacto (revestidos)
- Herramientas aisladas

¿Por qué se producen tantos accidentes con la electricidad? La mayoría de las lesiones por electricidad se producen porque las personas no siguen prácticas laborales seguras o no reconocen un peligro. Según la OSHA, algunas de las causas más comunes de lesiones por electricidad son:

- No tomar medidas para que un circuito o equipo sea seguro (desenergizarlo y bloquearlo/etiquetarlo).
- Tocar líneas eléctricas energizadas con escaleras y equipos eléctricos de construcción.
- Utilizar herramientas manuales eléctricas, cordones de extensión, salidas de receptáculos y equipos eléctricos instalados sin protección GFCI.
- Trabajar con cordones de fuerza dañados o desgastados, incluidos aquellos a los que les faltan las clavijas de puesta a tierra.
- Usar equipos de forma inadecuada, lo que puede incluir fabricar cordones de extensión a partir de cajas de receptáculos múltiples, fabricar cordones de extensión con cables no metálicos (nonmetallic - NM), usar herramientas eléctricas con cables dañados o modificados y usar fusibles o interruptores automáticos demasiado grandes.

Prevención mediante el diseño

El NIOSH puso en marcha un programa nacional denominado *Prevention through Design - PD (Prevención a través del Diseño)).* El objetivo del programa es prevenir o reducir las lesiones, enfermedades y muertes en el lugar de trabajo al eliminar el peligro antes de empezar a trabajar. Por ejemplo, muchas herramientas eléctricas son tan ruidosas que pueden dañar el oído de los trabajadores. Aun cuando los trabajadores deben usar equipos para proteger sus oídos, el programa PtD promueve el uso de herramientas eléctricas más silenciosas.

En el mismo programa, el NIOSH también colabora con diseñadores, fabricantes y trabajadores para fabricar equipos más seguros y mejorar las normas de seguridad.

1.3.2 Jerarquía de los controles de riesgos

Una jerarquía de controles de riesgo (*figura 8*) es una lista de las mejores maneras de lograr que los sistemas sean más seguros. Cada uno de los controles de riesgo tiene por objeto reducir o eliminar los peligros. Cuando aplique la jerarquía, empiece por la parte más ancha del triángulo, la parte superior. Si no puede dar ese paso, debe bajar al siguiente nivel, y así sucesivamente. El objetivo final es emplear el mayor número posible de estos métodos de control de riesgos.

La eliminación, la sustitución y los controles de ingeniería son las mejores formas de reducir el riesgo. Estas medidas suelen aplicarse donde comienza el peligro. Por lo tanto, es menos probable que se vean afectadas por errores humanos.

La advertencia, los controles administrativos y los EPP son los métodos menos eficaces para reducir el riesgo. Esto se debe a que estos métodos no disminuyen ni eliminan el peligro.

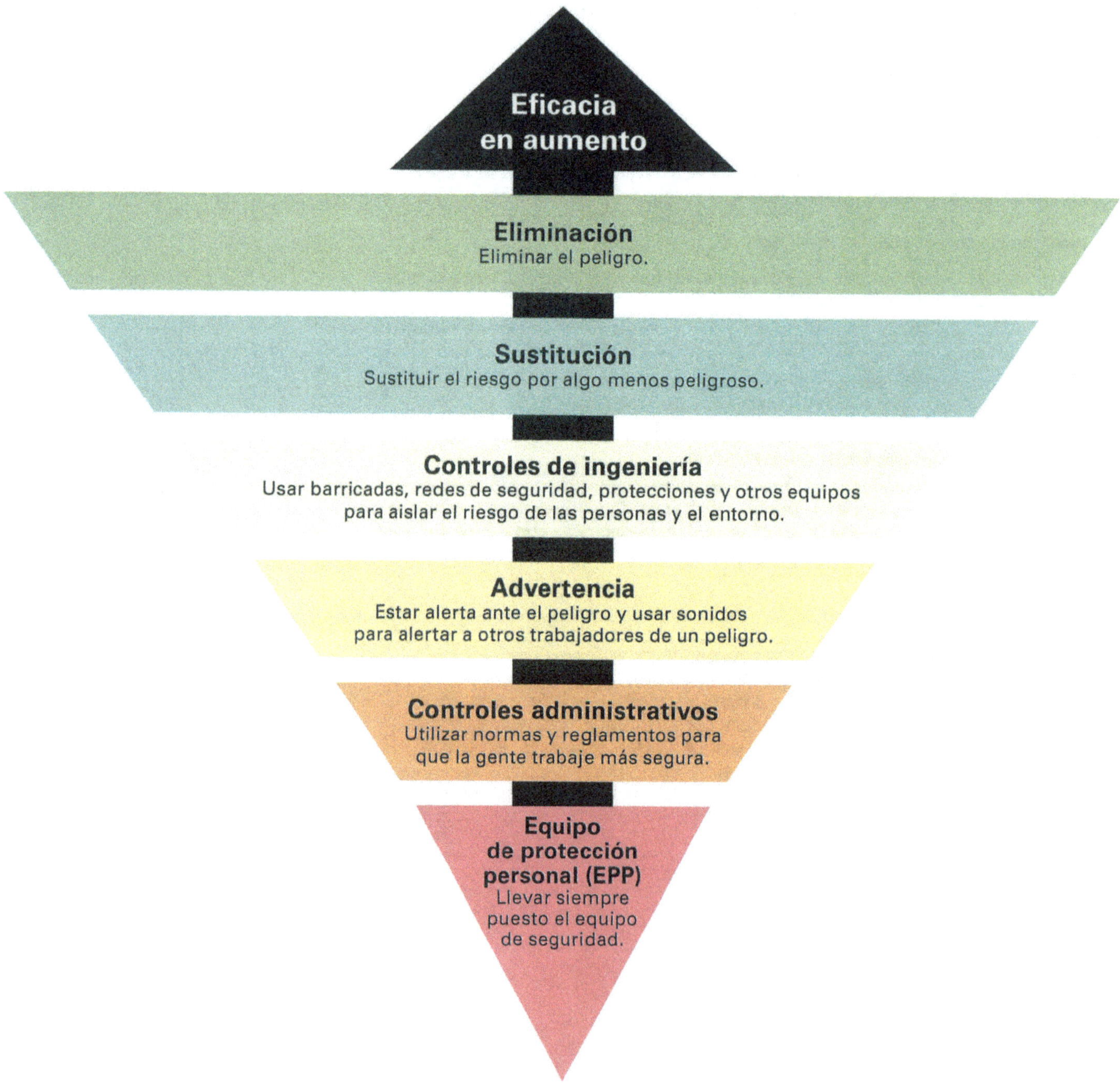

Figura 8 Jerarquía de los métodos de control de riesgos.

1.0.0 Repaso de la sección

1. ¿Cuál de las siguientes opciones es *verdadera* en relación con las descargas eléctricas?
   a. La mayoría de los incidentes eléctricos implican el contacto con conductores de alto voltaje (más de 1,000 V).
   b. Los trabajadores de la construcción no tienen más probabilidades de electrocutarse que los trabajadores de otros sectores.
   c. La RCP se puede utilizar para corregir la fibrilación cardíaca después de una descarga.
   d. La mayoría de los accidentes por electricidad que involucran herramientas eléctricas manuales ocurren cuando el bastidor o la carcasa de la herramienta están energizados.

2. Una prueba de vivo-muerto-vivo se usa para verificar _____.
   a. que un circuito está desenergizado
   b. que un circuito funciona correctamente
   c. si un motor funciona
   d. el voltaje de una fuente de alimentación conocida

3. Cuando las personas se lesionan con la electricidad, la *mayoría* de las veces se debe a que _____.
   a. no portan el EPP adecuado
   b. no siguen prácticas de trabajo seguras
   c. no revisar los accidentes al final de cada día
   d. no coordinan las actividades de trabajo

4. Los sonidos de advertencia en una obra son un ejemplo de _____.
   a. un control administrativo
   b. un control de ingeniería
   c. advertencia del trabajador
   d. eliminación de un peligro

2.0.0 Uso de EPP para reducir el riesgo de lesiones

Objetivo

Describir la manera en que el EPP reduce el riesgo de lesiones.

a. Identificar los requisitos de la OSHA sobre el EPP para trabajos eléctricos.

b. Describir la forma de seleccionar y utilizar el EPP para trabajos eléctricos.

Tarea práctica

1. Seleccionar y usar debidamente el EPP.

El Equipo de Protección Personal - EPP (*Personal Protection Equipment*) es la última línea de defensa contra las lesiones y la exposición a los peligros del trabajo eléctrico. Algunos de los EPP que más se usan en los trabajos de electricidad son los guantes y mangas aislantes de goma, la ropa resistente a los arcos eléctricos, las gafas y los protectores de seguridad, el calzado de seguridad y los cascos. Antes de elegir el EPP que va a usar, es importante que realice un Task Hazard Analysis - THA (análisis de peligros de la tarea). Un THA implica colaborar estrechamente con el personal de salud y seguridad para revisar *todas* las tareas y los peligros relacionados con una labor.

Después de repasar los peligros, formule preguntas para determinar cómo debe abordar cada uno. Por ejemplo, las preguntas relacionadas con los peligros eléctricos podrían incluir:

- ¿Hay un proceso administrativo, como una parada de mantenimiento, que proteja contra un peligro?
- ¿Existe algún método de protección física contra este peligro sin EPP?

En última instancia, un THA puede dar lugar a cambios en equipos, procesos o sistemas. También puede implicar el uso de EPP específico para protegerse de un peligro.

El EPP se utiliza como protección contra la exposición a muchos elementos. Puede protegerle contra peligros físicos, químicos, radiológicos, eléctricos, mecánicos o de otro tipo en el lugar de trabajo. Por ejemplo, se utilizan guantes de goma para evitar que la piel entre en contacto con circuitos energizados. Una funda de cuero separada (*figura 9*) protege el guante de goma de los pinchazos.

Figura 9 Protectores de cuero sobre guantes de goma.

2.1.0 Requisitos de la OSHA sobre equipos de protección

La OSHA cuenta con varias normas relacionadas con el uso de EPP en trabajos eléctricos. En las siguientes secciones, se presentan algunas de las principales normas de la OSHA sobre seguridad eléctrica y EPP.

2.1.1 EPP y peligros eléctricos

NOTA

Cuando vea las letras CFR, sabrá que está ante un reglamento de la OSHA.

La sección *1910.132(f) del CFR* de la OSHA establece varias normas para la capacitación en el uso y cuidado de los EPP. En la *tabla 3* figuran algunas de las reglas clave.

TABLA 3 Normas de la OSHA para la capacitación sobre EPP

Norma	Referencia de la OSHA
El empleador deberá impartir capacitación a cada empleado que, en virtud de esta sección, deba utilizar EPP. La capacitación de cada uno de tales empleados deberá incluir lo siguiente como mínimo:	*Sección 1910.132(f)(1) del CFR*
• Cuándo se necesita un EPP	*Sección 1910.132(f)(1)(i) del CFR*
• Qué EPP se necesita	*Sección 1910.132(f)(1)(ii) del CFR*
• Cómo ponerse, quitarse, ajustar y portar correctamente el EPP	*Sección 1910.132(f)(1)(iii) del CFR*
• Limitaciones del EPP	*Sección 1910.132(f)(1)(iv) del CFR*
• Cuidado, mantenimiento, vida útil y eliminación adecuados de los EPP	*Sección 1910.132(f)(1)(v) del CFR*

La sección *1910.137(a) del CFR* enumera los requisitos de diseño de los equipos de protección eléctrica. La sección *1910.335 del CFR* presenta las medidas de protección del EPP para trabajos donde existen peligros eléctricos potenciales. Estos requisitos se resumen en la *figura 10* e incluyen los siguientes:

¡ADVERTENCIA!

Por ningún motivo, instale o retire fusibles cuando estén energizados. Esto podría provocar un arco eléctrico que podría causar la muerte o lesiones graves.

- Use siempre sogas y cuerdas de mano no conductoras cerca de las partes energizadas expuestas.
- Utilice pantallas protectoras, barreras o materiales aislantes para protegerse de descargas, quemaduras u otras lesiones causadas por la electricidad. Deben utilizarse cuando se trabaje cerca de piezas energizadas expuestas, o donde pueda producirse un calentamiento o arco eléctrico peligroso.
- Proteja siempre las partes vivas expuestas. De esta manera, se evita que una **persona no calificada** entre en contacto si se expone durante un mantenimiento o reparación.

Persona no calificada (*unqualified person*): persona con poca o ninguna capacitación sobre cómo evitar peligros eléctricos cuando trabaja en partes energizadas expuestas o cerca de ellas.

Existen muchos tipos de equipos de seguridad eléctrica, prendas y herramientas de protección. Algunos de los equipos de seguridad más comunes son:

- Herramientas con aislamiento para alta tensión
- Equipos de protección de goma probados, incluidos guantes, mangas y mantas
- Vestimenta resistente al arco
- Ropa con forros internos de fibras naturales
- Pértigas dieléctricas
- Extractores de fusibles
- Calzado de protección contra riesgos eléctricos
- Gafas de seguridad
- Protector facial y capucha de traje de protección resistente al arco
- Cascos
- Protección auditiva

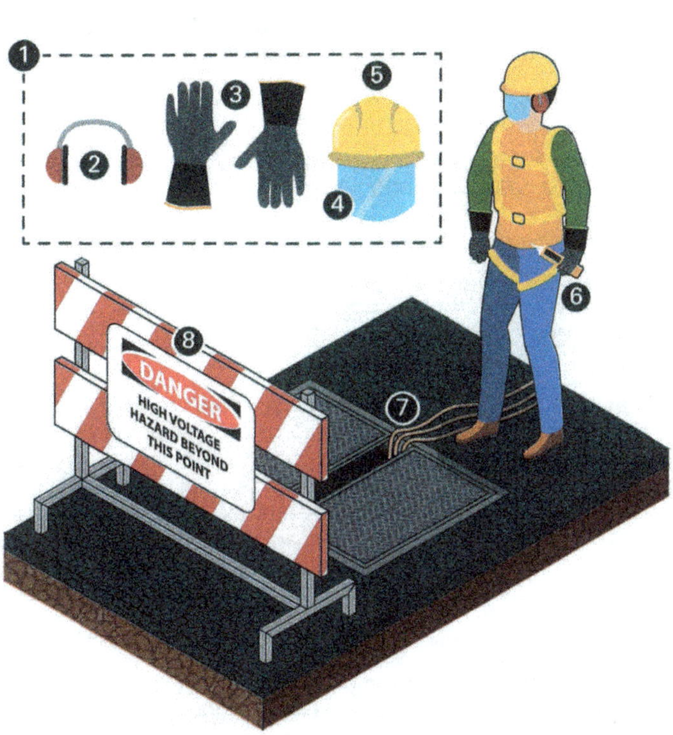

1

Los empleados que trabajen en zonas con peligros eléctricos potenciales deberán contar con el equipo de protección adecuado, tal y como se indica en la *CFR 1910.335(a)(1)(i)*. Este equipo también se mantendrá e inspeccionará según lo exigido por la sección *1910.137* y la *sección 1910.335(a)(1)(ii) del CFR*.

2

Se proporcionará y utilizará equipo personal de protección auditiva cuando los niveles de ruido superen los niveles indicados en la *sección 1910.95(b), tabla G-16, del CFR*. El equipo de protección auditiva debe reducir los niveles de ruido a los que se indican en la tabla.

3

Si el aislamiento del equipo de protección puede dañarse durante su uso, el material aislante se protegerá según lo dispuesto en la *sección 1910.335(a)(1)(iii) del CFR*.

4

Se utilizará protección para los ojos y el rostro cuando exista peligro de lesiones por arcos eléctricos, relámpagos u objetos voladores procedentes de explosiones eléctricas según la *sección 1910.335(a)(1)(v) del CFR*.

5

Se usará protección no conductora en la cabeza cuando exista peligro de descarga eléctrica o quemaduras debido al contacto con partes energizadas expuestas, tal como se indica en la *sección 1910.335(a)(1)(iv) del CFR*.

6

Se utilizarán herramientas con aislamiento de hasta 1,000 V (herramientas con clasificación V) cuando se trabaje cerca de conductores o partes de circuitos energizados expuestos, especialmente si las herramientas pueden entrar en contacto con conductores, tal y como se requiere en la *sección 1910.335(a)(2)(i) del CFR*.

7

Use siempre sogas y cuerdas de mano no conductoras cerca de las partes energizadas expuestas, de acuerdo con la *sección 1910.335(a)(2)(i)(B) del CFR*.

8

Utilice protectores, barreras protectoras o materiales aislantes para protegerse de descargas, quemaduras u otras lesiones relacionadas con la electricidad cuando se encuentre cerca de partes energizadas expuesta, de acuerdo con la *sección 1910.335(a)(2)(ii) del CFR*.

Figura 10 Requisitos de EPP de la OSHA.

2.2.0 Selección y uso de equipos de seguridad eléctrica

El EPP tradicional es obligatorio en todas las obras. Incluye protección auditiva, calzado de protección y protección para los ojos.

Los trabajadores del sector eléctrico necesitan EPP especializado para protegerse de la exposición a circuitos o equipos energizados, incluidos los cascos. Por regla general, los cascos deben sustituirse cada cinco años. Sin embargo, aquellos que se dañen por condiciones severas, como productos químicos, luz solar o altas temperaturas, deben sustituirse de inmediato.

La OSHA exige que todos los empleados que puedan estar expuestos a peligros de alta tensión utilicen cascos de protección eléctrica de clase E. Los cascos de clase E tienen la mayor protección y su resistencia se prueba a 20,000 VCA durante un período de tres minutos.

El otro casco de protección eléctrica es el de clase G. La resistencia del casco de clase G se prueba a 2,200 VCA durante un minuto.

También hay disponibles cascos para escalar de clase E y G. Estos cascos pueden contar con protección ocular, protectores faciales homologados (incluidos protectores faciales resistentes al arco eléctrico), correas para la barbilla, luces y protección auditiva.

NOTA

El ozono (O_3) es una forma de oxígeno producida por un campo eléctrico. Se encuentra en el aire que rodea a un conductor con altas tensiones. Por lo general, se encuentra ozono a tensiones de 10 kV o más. Tensiones tan altas se encuentran en los sistemas de transmisión y distribución de las compañías eléctricas.

Además de los cascos, hay otros dos tipos importantes de EPP para trabajos eléctricos. Son los guantes, las mangas y las mantas de goma aislantes. Estos artículos deben resistir la tensión nominal del circuito o equipo o una tensión mayor.

¡ADVERTENCIA!

Los equipos de protección de goma deben utilizarse, almacenarse, inspeccionarse y probarse correctamente. Pueden producirse lesiones graves o la muerte si fallan durante el uso.

Los equipos protectores de goma son de dos tipos, como se muestra en la *tabla 4*.

TABLA 4 Tipos de equipos de protección de goma

Tipo	Descripción	Explicación
Tipo 1	Equipos de protección fabricados con goma natural o sintética debidamente vulcanizada.	El efecto corona puede dañar los equipos de protección de tipo 1. Se trata de la acción de corte del ozono sobre la goma natural cuando se somete a esfuerzos mecánicos. Los rayos ultravioleta también pueden dañar los equipos de protección de goma de tipo 1. Sin embargo, hoy en día es muy importante que estos equipos sean de goma natural (tipo 1).
Tipo 2	Equipos resistentes al ozono fabricados con cualquier elastómero o combinación de compuestos elastoméricos.	Los equipos de protección de goma de tipo 2 son muy rígidos y son más difíciles de portar que los equipos de tipo 1.

2.2.1 Clases de equipos de protección

Los electricistas utilizan equipos de protección de goma para su protección personal. El *American National Standards Institute* - ANSI (Instituto Nacional Estadounidense de Estándares) y la *American Society for Testing and Materials International* - ASTM (Sociedad Estadounidense para Ensayos y Materiales) disponen de un sistema de clasificación específico para los equipos de protección de goma. La *Tabla 5* muestra la tensión máxima de CA que puede utilizarse en función del color de la etiqueta de clasificación de un equipo.

TABLA 5 Clasificación de los equipos de protección de goma

Clasificación (color de la etiqueta)	Tensión máx. CA/CC
Clase 00 (etiqueta beige)	500 VCA/750 VCC
Clase 0 (etiqueta roja)	1,000 VCA/1,500 VCC
Clase 1 (etiqueta blanca)	7,500 VCA/11,250 VCC
Clase 2 (etiqueta amarilla)	17,000 VCA/25,500 VCC
Clase 3 (etiqueta verde)	26,500 VCA/39,750 VCC
Clase 4 (etiqueta naranja)	36,000 VCA/54,000 VCC

Los equipos de protección de goma deben tener marcada la tensión nominal correcta y la fecha de la última prueba o el plazo para la próxima prueba de inspección (*figura 11*), *antes* de autorizar al personal en campo a portarlos.

También es importante que se prevea un factor de seguridad adecuado entre la tensión de uso y la tensión de prueba del equipo. Las marcas deben aplicarse de forma que no interfieran con la protección que el equipo proporciona.

¡ADVERTENCIA!

Nunca trabaje en (ni cerca de) algo que esté energizado sin instrucciones directas de su empleador y use el equipo de seguridad adecuado.

Historia de casos

Probar antes de tocar

Un electricista de Louisville, KY, estaba limpiando un armario de distribución de alta tensión. Quitó el candado que aseguraba la caja de interruptores y abrió la puerta. Tomó un multímetro para verificar que no hubiera tensión en las tres fases de carga de la parte posterior del armario. Sin embargo, no comprobó todas las partes posiblemente energizadas. Algunos componentes seguían energizados. Llevaba botas de trabajo normales y gafas de seguridad. No llevaba guantes de goma ni prendas de protección contra el arco eléctrico. Mientras utilizaba un pincel para limpiar el interruptor, se produjo un relámpago de arco, que duró apenas una sexta parte de segundo. El electricista fue derribado por la explosión, sufrió quemaduras de tercer grado y necesitó injertos de piel en brazos y manos. En la investigación se determinó que la causa del relámpago fueron restos, como una telaraña, que cayeron sobre el interruptor abierto.

Conclusión: Use siempre el EPP adecuado. Revise siempre los planos actualizados y los diagramas unifilares para saber si hay fuentes de alimentación adicionales. Revise siempre todos los componentes para comprobar que no haya tensión *antes* de trabajar en dispositivos eléctricos o cerca de ellos.

Figura 11 Fecha de la prueba de inspección.
Fuente: Willmar Electric

2.2.2 Guantes de goma

Los guantes de goma con protección contra la tensión son de tipo mosquetero y vienen en varios tamaños. Para obtener la mejor protección y vida útil, siga estas pautas y consideraciones generales cuando utilice guantes de goma en trabajos eléctricos:

- Lleve siempre protectores de cuero sobre los guantes de goma para protegerlos contra objetos afilados o puntiagudos. Estos también brindan protección contra quemaduras que no ofrecen los guantes de goma.
- Use siempre los guantes de goma por el lado correcto (el número de serie y la talla van hacia el exterior).
- Mantenga siempre extendida la manga de los guantes. Si los enrolla, expone una zona de protección importante. Introduzca las mangas de la camisa o traje de protección bajo los puños de los guantes. De este modo, evita que una ráfaga de arco entre en contacto con la piel bajo la ropa.
- Inspeccione y compruebe siempre los guantes antes de usarlos. Revise que no haya restos en el interior.
- Use una leve cantidad de polvo para guantes aprobado por el fabricante o forros de algodón con los guantes de goma. Esto absorbe parte de la transpiración que puede dañar los guantes con los años de uso.
- Lave los guantes de goma con agua tibia, limpia y fresca después de cada uso. Seque los guantes por dentro y por fuera antes de volver a guardarlos. Por ningún motivo, utilice soluciones de limpieza en los guantes.
- Guarde los guantes de goma en un lugar fresco, seco y oscuro, libre de ozono, productos químicos, aceites, disolventes u otros materiales que los puedan dañar. No guarde los guantes cerca de tuberías calientes ni a la luz directa del sol. Guarde los guantes y las mangas en su forma natural en una bolsa o caja dentro de sus protectores de cuero. Verifique que no estén deformados, que el lado correcto esté afuera y que estén extendidos. Si los guarda al revés, su vida útil se reducirá.
- No permita que los guantes entren en contacto con productos químicos, en particular productos derivados del petróleo, como aceites, gasolina, inhibidores de fluidos hidráulicos, cremas de manos, pastas y bálsamos. Esto puede dañar los guantes. Si entran en contacto con el contaminante, límpielos de inmediato. No use el equipo de protección si se detectan señales de daños físicos o deterioro por químicos (como dilatación, ablandamiento, endurecimiento, pegajosidad, deterioro por ozono o marcas de sol).
- Retírese relojes y anillos cuando utilice los guantes de goma, pues puede causar daños en su interior y echar a perder su propósito. Nunca porte objetos conductores.
- Los guantes de goma deben someterse a pruebas eléctricas cada seis meses en un laboratorio de pruebas certificado. Revise siempre la fecha de la prueba antes de utilizar los guantes. No use los guantes si la certificación está vencida.
- Use los guantes de goma solo para el fin previsto. No manipule productos químicos ni realice otros trabajos con los guantes. Esto también se aplica a los protectores de cuero.

Inspección y prueba de los guantes de goma

Antes de usar los guantes de goma, realice una inspección visual y una prueba de aire. Hágalo antes de utilizarlos y todas las veces que considere necesarias durante el día. Para realizar una inspección visual, estire una pequeña zona del guante. Verifique que no existen defectos. Algunos podrían ser:

- Materiales extraños incrustados
- Arañazos profundos
- Agujeros o perforaciones
- Rasguños o cortes

Además de la inspección visual, es importante realizar una prueba de aire. Los pasos generales se indican en la *figura 12* y en los siguientes pasos:

Paso 1 Como se muestra en la *figura 12* (A), verifique la fecha de inspección y la tensión nominal.

Paso 2 Realice una inspección visual del guante, como se muestra en la *figura 12* (B).

Paso 3 Apriete y enrolle la parte de la muñeca del guante para atrapar aire en el interior, como se muestra en la *figura 12* (C).

Paso 4 Una vez que tenga el aire atrapado, apriete el guante para descubrir cualquier grieta, corte o defecto como se muestra en la *figura 12* (D).

Paso 5 Sostenga el guante cerca de su oído para detectar cualquier fuga de aire, como se muestra en la *figura 12* (E).

NOTA

Es muy importante que no deje al revés los equipos de protección de goma, pues la goma preformada se someterá a estrés.

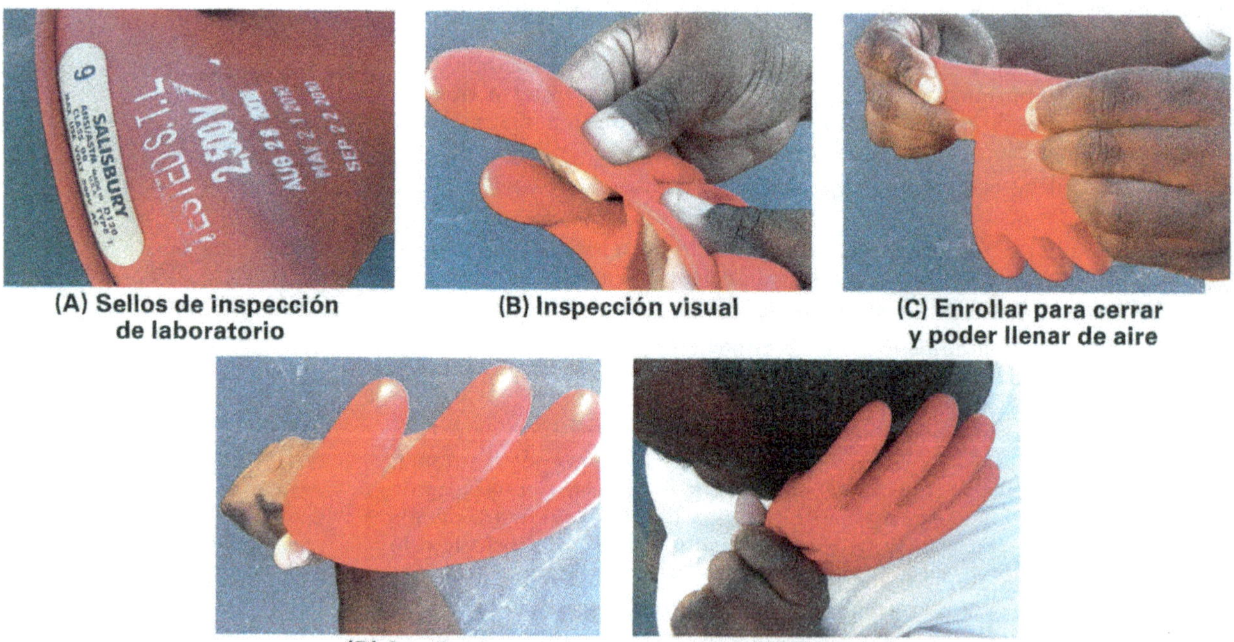

(A) Sellos de inspección de laboratorio

(B) Inspección visual

(C) Enrollar para cerrar y poder llenar de aire

(D) Apretar

(E) Escuchar

Figura 12 Inspección visual y prueba de aire.
Fuente: Tri-City Electrical Contractors Inc

Si el guante estuvo expuesto a productos derivados del petróleo, como aceite o grasa, es posible que la goma del guante haya empezado a deteriorarse. En este caso, pida que se realicen pruebas al guante. De hecho, si sospecha que es posible que los guantes no sean seguros por cualquier motivo, entréguelos para que se realicen evaluaciones y pruebas.

No deje nunca por ahí un guante dañado. Alguna persona puede pensar que está en buen estado y no inspeccionarlo antes de usarlo. Si determina que el guante está dañado, corte los dedos y deséchelo como corresponda.

También puede inspeccionar los guantes con un inflador de guantes (*figura 13*). Estos infladores ofrecen la ventaja de realizar pruebas de campo más precisas. Para utilizar un inflador de guantes, sujete el guante a la carcasa con una correa de nailon. Ínflelo bombeando el fuelle del inflador contra una superficie firme. Luego, revise si hay fugas en el guante inflado.

A fin de cuentas, mantener los guantes de goma protectores en óptimas condiciones es vital para su seguridad. No olvide inspeccionar los guantes con regularidad o sustituirlos cuando estén dañados.

PRECAUCIÓN

Nunca use gas comprimido para la prueba de aire ni infle los guantes más de lo que el fabricante recomiende. Esto puede dañar los guantes.

2.2.3 Mantas aislantes

Una manta aislante es un dispositivo para cubrirse. Los técnicos de mantenimiento las utilizan para protegerse del contacto accidental con equipos eléctricos energizados.

Las mantas aislantes están diseñadas únicamente para cubrir los equipos. No deben utilizarse en el suelo. Para el suelo deben utilizarse esteras de goma especiales, que se conocen como *esteras para tableros de distribución*. Tenga cuidado cuando las instale sobre bordes afilados o cubra objetos puntiagudos.

Las mantas aislantes deben probarse cada año e inspeccionarse cada vez antes de usarlas. Para revisar una manta de goma, colóquela sobre una superficie plana. Enrolle la manta desde una esquina hacia la esquina opuesta. Una vez que enrolle la manta desde cada esquina, dele la vuelta y repita el procedimiento. Si hay irregularidades en la goma, este método las dejará al descubierto.

Limpie las mantas aislantes igual que los guantes de goma. Después de limpiarlas, inspeccionarlas y probarlas, guárdelas correctamente en un lugar fresco, seco y oscuro. La zona debe estar libre de ozono, productos químicos, aceites, disolventes u otros materiales que puedan dañar el equipo. No guarde las mantas aislantes cerca de tuberías calientes o a la luz directa del sol. Deben enrollarse y almacenarse en contenedores diseñados para tal fin.

PRECAUCIÓN

Las mantas aislantes no proporcionan protección contra el arco eléctrico. Lleve puestos los EPP adecuados cuando las utilice.

2.2.4 Otras prendas de protección

Además de los guantes de goma, existen otras prendas de protección para aplicaciones especiales. Entre estas se encuentran los trajes con resistencia al arco, protectores faciales y mangas de goma.

Las plantas de producción deben disponer de otros tipos de equipos de protección para aplicaciones especiales, tales como mangas y botas para trabajos de alta tensión, cascos de protección no conductores, gafas y protección facial no conductores, y mantas y esteras aislantes para tableros de distribución.

Todos los equipos deben inspeccionarse antes y durante su uso, según sea necesario. Los equipos que se usan y el alcance de las precauciones que hay que tomar dependen de cada situación; sin embargo, es mejor sobreprotegerse cuando se trata de evitar descargas eléctricas, **arco elécrtrico** y quemaduras.

Use siempre guantes adecuados, protección para la cabeza, botas o zapatos de cuero, gafas de seguridad, casco y protección auditiva. Al trabajar con equipos energizados, también se pueden necesitar trajes resistentes al arco con protección nominal para la cara y la cabeza.

Seleccione cuidadosamente la ropa que lleva debajo de las prendas de protección contra el arco eléctrico. Nunca use fibras sintéticas como acrílico, poliéster o nailon durante trabajos energizados. Estos materiales se funden si se exponen a altas temperaturas y podrían aumentar la gravedad de una quemadura en caso de accidente. Para las capas inferiores, utilice fibras naturales (algodón) o tejidos que no se derritan.

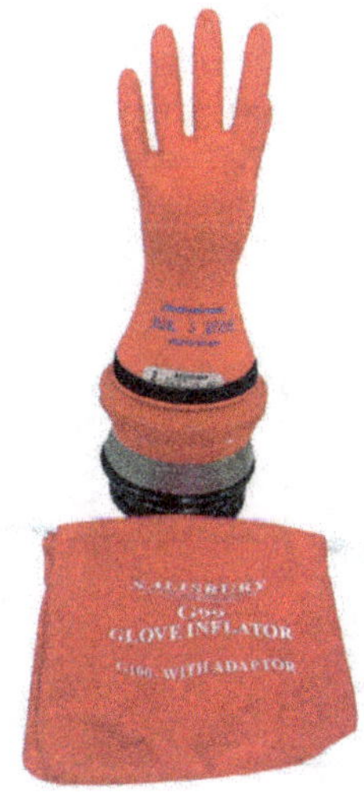

Figura 13 Inflador de guantes.

Arco eléctrico (arc flash): la luz y el calor que genera un arco eléctrico con suficiente energía eléctrica para causar daños importantes, incendios e incluso lesiones.

2.2.5 Pértigas dieléctricas

Pértiga dieléctrica (*hot stick*): herramienta manual con aislamiento que sirve para desconectar interruptores, retirar e insertar fusibles y aplicar y retirar puestas a tierra temporales.

Una **pértiga dieléctrica** es una herramienta manual con aislamiento que sirve para desconectar y conectar interruptores, retirar e insertar fusibles, y aplicar y retirar puestas a tierra temporales. Si se usa correctamente, una pértiga dieléctrica genera una distancia entre usted y la parte o línea energizada (*figura 14*).

Las pértigas dieléctricas constan de dos partes: el cabezal o gancho y el mango aislante. La cabeza suele ser de metal o de plástico endurecido. La sección aislante es de madera, plástico, madera laminada u otros materiales aislantes eficaces. También hay pértigas telescópicas.

Figura 14 Pértiga dieléctrica en uso.

Cerciórese de seleccionar una pértiga del tipo y el tamaño correctos para la aplicación. Inspecciónela antes de usarla. Busque señales de daños evidentes, arañazos profundos, polvo o contaminantes en la superficie. No utilice nunca una pértiga dieléctrica dañada.

Cuando guarde las pértigas dieléctricas, cuélguelas verticalmente en una pared para evitar que se dañen. Además, guárdelas lejos de la luz solar directa y de productos derivados del petróleo.

Según la sección *1910.269(j)(2)(i) de la norma de la OSHA*, cada herramienta para líneas vivas (como las pértigas dieléctricas) deben limpiarse e inspeccionarse en busca de defectos antes de cada uso. Estas herramientas deben retirarse del servicio cada dos años y someterse a pruebas de acuerdo con la sección *1910.269(j)(2)(iii) de la OSHA*.

2.2.6 Extractores de fusibles

El extractor de fusibles de plástico o fibra de vidrio sirve para extraer e instalar fusibles de cartucho de baja tensión. Lleve siempre el EPP adecuado cuando utilice un extractor de fusibles manual.

¡ADVERTENCIA!

Los fusibles solo deben instalarse o retirarse cuando estén correctamente desenergizados. De lo contrario, podrían causarse lesiones graves o incluso la muerte.

El mejor extractor de fusibles es el que tiene instalado un protector de separación. De este modo, se evita que el extractor se abra si hay resistencia al instalar los fusibles.

Uso de un de un comprobador de fases

Al usar un comprobador de fases u otro equipo de detección de tensión, puede exponerse a un riesgo considerable de arco eléctrico. Por lo tanto, es necesario que una persona calificada use este equipo. Siempre tómese el tiempo necesario para colocarse el EPP adecuado. Recuerde que solo tiene una oportunidad para protegerse.

Fuente: Tim Ely

2.2.7 Sondas de descarga

Es necesario tomar medidas de seguridad antes de empezar a trabajar en circuitos desenergizados con condensadores instalados. Primero, hay que descargar los condensadores con una sonda de descarga de seguridad. Este procedimiento requiere capacitación especial y únicamente lo pueden realizar personas calificadas.

2.2.8 Protección ocular, facial y auditiva

La NFPA 70E® y la OSHA exigen que use gafas de seguridad en todo momento cuando trabaje en circuitos energizados o cerca de ellos. También necesita usar un protector contra el arco sobre las gafas de seguridad. Asegúrese de llevarlo siempre que haya peligro de arcos o descargas eléctricas, o de que salgan volando o caigan objetos como consecuencia de una explosión eléctrica. Más adelante en este módulo, encontrará más información sobre la norma NFPA 70E®.

El nivel de decibelios (dB) de una explosión de arco típica puede superar por mucho los 140 dB. A modo de comparación, es similar al nivel de decibelios de un motor a reacción a 100 pies (30 m) de distancia. Sin protección auditiva, una explosión de arco puede causar un daño doloroso e irreversible en los oídos. Use siempre protección auditiva cuando trabaje en un circuito energizado o cerca de uno.

La protección auditiva se mide según su grado de reducción del ruido (NRR). Los NRR típicos oscilan entre 22 y 33 dB. Entre mayor sea el NRR, mejor protección tendrá el oído.

2.0.0 Repaso de la sección

1. La/el _____ exige inspecciones y pruebas periódicas de los equipos de protección personal.
   a. ANSI
   b. OSHA
   c. DOL
   d. NEMA

2. El equipo de protección de goma con una etiqueta blanca tiene un valor de resistencia para _____.
   a. 500 VCA
   b. 1,000 VCA
   c. 7,500 VCA
   d. 17,000 VCA

3.0.0 Normas de seguridad eléctrica

Objetivo

Identificar las normas relacionadas con la seguridad eléctrica.

a. Describir los requisitos de la OSHA en el lugar de trabajo.

b. Explicar el propósito del NFPA 70E®.

Tareas prácticas

Esta sección no contiene tareas prácticas.

Todos los electricistas deben conocer tanto las normas de seguridad nacionales como los requisitos locales. Las principales normas nacionales para trabajos eléctricos son el *National Electrical Code® (Código Eléctrico Nacional)* (NFPA 70®), la *Standard for Electrical Safety in the Workplace®* Norma pra la Seguridad Eléctrica en Lugares de Trabajo (NFPA 70E®), el *Recommended Practice for Electrical Equipment Maintenance* (Práctica Recomendada para el Mantenimiento de Equipos Eléctricos (NFPA 70B), la *sección 1910, título 29 del CFR* y la *sección 1926, título 29 del CFR*, que son normas de la OSHA. Este módulo presenta una descripción general de los requisitos de la NFPA 70E® y de la OSHA.

3.1.0 Aplicación de los requisitos de la OSHA en el lugar de trabajo

El objetivo de la OSHA es: "garantizar condiciones de trabajo seguras y saludables para los trabajadores". La OSHA vela por el cumplimiento de las normas y ayuda a los estados en sus iniciativas por propiciar condiciones de trabajo seguras y saludables. Para ello, ofrece investigación, información, formación y capacitación en el campo de la seguridad y la salud laboral.

En última instancia, todos tienen la responsabilidad de garantizar que no haya peligros en sus lugares de trabajo. Los empleadores deben capacitar adecuadamente a sus empleados. También deben suministrarles los EPP que necesiten. Los empleados deben seguir los procedimientos establecidos, seguir el plan de trabajo sin desviarse, inspeccionar y utilizar los EPP adecuados y evitar atajos.

La ley mediante la que se creó la OSHA especifica las obligaciones en materia de seguridad tanto del empleador como del empleado. En la siguiente sección se describen algunos de los principales requisitos. Tenga en cuenta que esta lista no es exhaustiva ni anula los procedimientos que su empleador o ciudad exijan.

3.1.1 Responsabilidades del empleador

La *sección 1910, título 29 del CFR* y la *sección 1926, título 29 del CFR*, que son normas de la OSHA, tratan de las normas de seguridad y salud ocupacional. Dentro de cada norma hay subapartados que tratan áreas específicas de la seguridad. Por ejemplo:

- La *norma OSHA secciones 1910.331 a 1910.335, título 29 del CFR*, tratan de las prácticas laborales relacionadas con la seguridad eléctrica.
- La *norma OSHA sección 1910.332, título 29 del CFR* exige que se capacite a todos los empleados expuestos a descargas eléctricas.

Si no se aborda una cuestión específica de seguridad en las normas individuales de la OSHA, queda cubierta por la *sección 5(a)(1)* de la Ley de Seguridad y Salud Ocupacional de 1970.

Esta sección, que en ocasiones se le llama 'Cláusula de Obligaciones Generalesla 'Clausula de obligaciones Generales' *(General Duty Clause)*, establece que cada empleador debe proporcionar un lugar de trabajo libre de peligros reconocidos que puedan causar la muerte o lesiones físicas graves. También establece que el empleador debe cumplir todas las normas de la OSHA en materia de seguridad y salud ocupacional.

Los inspectores de la OSHA examinan los registros de capacitación en seguridad cuando están verificando que una planta cumple las normas. También revisan los procedimientos operativos estándar (*Standard Operating Procedures* - SOP) u otras políticas de la empresa que garantizan la debida capacitación de sus empleados.

Si se presenta un incidente que debe informarse, en particular si tiene relación con trabajos de electricidad, los inspectores solicitarán determinados documentos. Por último, revisarán todos los registros de capacitación, procedimientos normalizados de trabajo, permisos de trabajo y demás documentos relacionados con el incidente.

Los empleadores tienen la responsabilidad de garantizar que sus empleados:

- Reciban la debida capacitación
- Trabajen en un entorno seguro
- Cuenten con el EPP necesario
- Tengan información de los peligros presentes en el lugar de trabajo
- Tengan instrucciones claras por escrito
- Reciban todas las herramientas necesarias para realizar su trabajo con seguridad
- Cumplan todas las políticas y procedimientos de seguridad

3.1.2 Responsabilidades del empleado

Las normas de la OSHA que cubren las responsabilidades de los empleados se dividen en varias secciones. Las dos secciones que más afectan a los empleados son:

- *Sección 1926 del CFR:* norma para la industria de la construcción
- *Sección 1910 del CFR:* norma para la industria en general

Pueden aplicarse una o ambas normas, dependiendo del lugar donde trabaje y de las labores que realice. Su empresa también puede tener sus propias políticas y procedimientos.

Algunas de las principales responsabilidades para todos los empleados son:

- Leer, entender y cumplir todas las políticas de seguridad de la empresa
- Inspeccionar, utilizar y almacenar correctamente todos los EPP necesarios
- Prestar atención al entorno de trabajo para identificar todos los peligros

PRECAUCIÓN

La OSHA establece que los empleados deben cumplir las normas de seguridad del empleador. Además, algunos estados reducen los beneficios que se le pagan a un empleado que sufre una lesión si este no cumplía las normas de seguridad establecidas y conocidas. Su empresa también puede despedirle si infringe una norma de seguridad establecida.

Anteriormente, los trabajadores solucionaban las situaciones según iban surgiendo. Esto ya no es aceptable. La NFPA 70E®, *Norma para la Seguridad Eléctrica en Lugares de Trabajo®*, exige que haya planes de seguridad laboral y sesiones informativas antes de iniciar cada tarea. Así pues, debe tener un objetivo específico en mente y realizar únicamente el trabajo planificado. Muchos incidentes eléctricos ocurren cuando los empleados intentan solucionar un problema que identifican mientras realizan otro trabajo. Por ejemplo, si está tomando una lectura de corriente en el arrancador de un motor y observa que hay una conexión suelta, ese no es el momento de apretarla. Entraría en contacto con una pieza energizada expuesta y aumentaría enormemente la probabilidad de iniciar un relámpago de arco. Todo trabajo debe realizarse en condiciones eléctricamente seguras.

PRECAUCIÓN

Mantenga siempre limpia la zona de trabajo cuando instale o retire equipos. Los restos de cable e incluso el aislamiento pueden provocar una falla o impedir que se activen los dispositivos de protección. Instale correctamente las puertas y cubiertas y tenga en cuenta todas las piezas y herramientas durante la instalación. Asimismo, no utilice nunca las superficies superiores de los recintos como zonas de almacenamiento o de trabajo, y mantenga el espacio de trabajo necesario delante del equipo, tal y como exige la ***sección 110.26 del NEC***.

Cuidado con los agujeros

Las aberturas descubiertas presentan varios peligros, tanto en interiores como en exteriores, como los siguientes:

- Los trabajadores pueden tropezar.
- Si son muy grandes, un trabajador puede caer dentro o a través de ellas.
- Si hay una zona de trabajo debajo, las herramientas u otros objetos pueden caer a través de ellas y causar lesiones graves a los trabajadores que estén debajo.

Los agujeros de más de 50 mm (2") en cualquier dirección debe protegerse con una tapa o barandillas, como se muestra en la imagen. La cubierta debe soportar el doble de la carga prevista, fijarse en su lugar y marcarse de forma clara.

Fuente: iStock@Akchamczuk

Conozca el código

Espacios alrededor de equipos eléctricos
Sección 110.26 del NEC

¿Sabías qué?

Aberturas sin cubrir

¿Sabía que la OSHA puede citar a su empresa por trabajar alrededor de una abertura en el suelo como la de la imagen? No importa si usted no la produjo. Si trabaja cerca de aberturas descubiertas, solo tiene dos opciones:

- Taparla correctamente. Usted se puede encargar o pedirle al contratista responsable que la tape.
- Después de informar a un supervisor, suspenda el trabajo y deje la obra hasta que se haya cubierto la abertura.

Fuente: iStock@Bargais

3.1.3 Requisitos de la OSHA sobre seguridad eléctrica

El sentido común es el elemento más importante del equipo de seguridad que se necesita cuando se trabaja en un entorno eléctrico. Todas las precauciones y prácticas de seguridad eléctrica dependen del sentido común y de la atención a los detalles. Una de las condiciones más peligrosas en una zona de trabajo eléctrico es una mala actitud respecto a la seguridad.

Las secciones 1910.333(a) y *1926.416 del CFR* establecen que deben utilizarse prácticas laborales seguras para evitar descargas eléctricas u otras lesiones por el contacto directo o indirecto con corriente al trabajar con equipos o circuitos que puedan estar energizados o cerca de ellos.

¡ADVERTENCIA!

Solo las personas calificadas pueden trabajar en equipos eléctricos energizados o cerca de ellos. Su empleador determina quiénes son personas calificadas. Recuerde que siempre deben cumplirse las normas de seguridad de su empresa. Lea y siga siempre las instrucciones del fabricante de las herramientas y equipos que utilice.

Estas son algunas de las actitudes básicas y precauciones de seguridad eléctrica que necesita un programa eficaz:

- En todos los trabajos de electricidad, cumpla las normas de la última versión del *NEC*®, la NFPA 70E® y la OSHA.
- La OSHA exige que se indiquen las zonas donde el uso de casco sea obligatorio. Preste atención a estas zonas y lleve siempre el casco con la visera hacia delante. Use casco cuando haya peligro de elementos suspendidos sobre la cabeza o cuando exista riesgo de exposición a descargas eléctricas o quemaduras.
- Use calzado de seguridad en todos los lugares de trabajo. Manténgalo en buen estado.
- Use ropa segura y bien ajustada. No use ropa con cremalleras, botones ni otros cierres metálicos expuestos. No use ropa holgada ni desgarrada.
- Utilice siempre gafas de seguridad con protección lateral completa. Además, el trabajo también puede requerir equipos de protección, como protectores faciales o gafas.
- Utilice una herramienta con doble aislamiento o debidamente **puesta a tierra**. Verifique que todas las partes metálicas no conductoras de corriente de los equipos fijos, portátiles y conectados a enchufes estén puestas a tierra.
- Utilice cordones de extensión trifilares seguros y protéjalos de posibles daños. Si se cuelgan, no los asegure con grapas ni de ninguna manera que pueda dañar la chaqueta exterior o el aislamiento. No pase nunca un cordón de extensión por una puerta o ventana que pueda pellizcarlo, ni permita que los vehículos pasen por encima de él.
- Utilice iluminación y lámparas seguras. Las lámparas para la iluminación temporal deben protegerse para evitar el contacto accidental. Sujete las luminarias temporales de acuerdo con las instrucciones de listado o etiquetado correspondientes.
- Todos los receptáculos para clavijas de conexión deben ser de un tipo aprobado y estar correctamente instalados.
- La ***sección 590.6 del NEC*** exige que todos los receptáculos monofásicos de 125 V, y de 15 A, 20 A y 30 A estén protegidos contra fallas a tierra. Esto se aplica tanto a la energía temporal como a la permanente que se utiliza temporalmente.
- Marque correctamente el propósito y el voltaje en todos los puntos. Los motores, aparatos, alimentadores de acometida y circuitos ramales deben marcarse en el punto donde se origina cada uno.
- Utilice cordones flexibles de tramos continuos. Los cordones no pueden tener empalmes (a menos que lo permita la ***sección 400.13 del NEC***) y deben ser de uno de los tipos señalados en la ***tabla 400.4 del NEC***.

Herramienta puesta a tierra (*grounded tool*): herramienta eléctrica que tiene un cordón de potencia con un enchufe de tres clavijas o algún otro mecanismo que proporciona una trayectoria a tierra de baja impedancia para que una corriente de falla a tierra regrese a su fuente. Esta configuración permite que un dispositivo de protección contra sobrecorriente funcione en caso de falla a tierra, lo que protege al usuario de una descarga eléctrica.

Conozca el código

Protección del personal contra fallas a tierra
Sección 590.6 del NEC

Conozca el código

Empalmes
Sección 400.13 del NEC

Conozca el código

Cordones flexibles y cables flexibles
Tabla 400.4 del NEC

- La *sección 590.6(B)(1) del NEC* establece que la protección GFCI es obligatoria. Si no utiliza la protección GFCI antes de los cordones de extensión, debe aplicar un programa de conductor de puesta a tierra de equipos asegurado para todas las herramientas y juegos de cordones, conforme a la *sección 590.6(B)(2) del NEC*. La *figura 15* muestra un receptáculo GFCI típico.

Un GFCI controla el desequilibrio de corriente entre el conductor no puesto a tierra (energizado) del circuito y el conductor puesto a tierra (neutro). Si el circuito funciona correctamente, la corriente que retorna a la fuente de alimentación debe ser igual a la que sale de ella. La corriente va a un sitio al que no debería ir si hay una diferencia que supera un nivel predeterminado. Cuando esto ocurre, el GFCI abre los contactos para desenergizar el circuito.

Todos los trabajos en equipos eléctricos deben realizarse con los circuitos desenergizados y despejados o conectados a tierra. En lo posible, deben evitarse los trabajos en equipos eléctricos energizados. La sección *1910.333(a)(1) del CFR* establece que cuando un empleado vaya a trabajar en partes vivas o cerca de ellas, estas se deben desenergizar antes. Esto debe aplicarse a menos que el empleador pueda demostrar que la desenergización genera peligros adicionales o mayores o que no es posible debido al diseño del equipo o a limitaciones operativas. Las partes vivas que operan a menos de 50 V a tierra no necesitan desenergizarse si no se va a aumentar la exposición a quemaduras eléctricas o explosión debido a arcos eléctricos.

Todos los conductores, barras conductoras y conexiones deben considerarse energizados hasta que se demuestre lo contrario o estén bloqueados y etiquetados de acuerdo con la sección*1910.333(b)(1) del CFR*. El funcionamiento de rutina de los interruptores automáticos e interruptores de desconexión al interior de un sistema de distribución de energía puede ser peligroso si no se aborda de la manera correcta.

Hay varias precauciones básicas que deben observarse en las operaciones de tableros de potencia, como se muestra en la *figura 16*.

El siguiente procedimiento es una guía para que los equipos y sistemas no resulten dañados al volver a cerrar los interruptores automáticos de baja tensión en caso de falla. Si un interruptor automático de baja tensión se abre sin una razón evidente, realice lo siguiente:

Paso 1 Verifique que el equipo o circuito alimentado no tenga daños físicos ni muestre signos evidentes de sobrecalentamiento o fuego.

Paso 2 Realice todas las pruebas necesarias para localizar posibles averías.

Paso 3 Ubíquese a un lado y vuelva a cerrar el interruptor del alimentador. En lo posible, trate de no ubicarse frente al dispositivo.

Paso 4 Si el interruptor automático vuelve a activarse, no intente volver a cerrarlo. En una planta, informe al Departamento de Ingeniería Eléctrica y aísle y repare la causa de la activación.

Hay que seguir el mismo procedimiento general para el reemplazo de fusibles, con la excepción de los fusibles del transformador.

¡ADVERTENCIA!

La excepción a este procedimiento de sustitución de fusibles es la sustitución de los fusibles del transformador. Si se funde un fusible de un transformador, inspeccione y revise el transformador y el cableado del alimentador antes de reenergizarlo. Por lo general, un fusible fundido en un transformador indica una falla interna. Las fallas de los transformadores pueden ser extremadamente peligrosas. Si corresponde, comuníquese con el Departamento de Ingeniería Eléctrica de planta antes de reenergizar un transformador.

Piénselo

Los GFCI

Explique cómo los GFCI protegen a las personas. ¿Dónde debe instalarse un GFCI en el circuito para que sea más eficaz?

Conozca el código

Protección GFCI
Sección 590.6(B)(1) del NEC

Conozca el código

Programa de conductor de puesta a tierra de equipos asegurado
Sección 590.6(B)(2) del NEC

Figura 15 Receptáculo GFCI.
Fuente: iStock@8ran

Historia de casos

Peligros potenciales

Un constructor independiente estaba utilizando una herramienta de corte en el tejado de metal de un garaje abierto y no estaba utilizando protección GFCI. Las clavijas macho y hembra del cordón de extensión se separaron parcialmente, y la lámina energizada entró en contacto con el tejado metálico. Cuando el constructor se apoyó en el canalón de un tejado adyacente, recibió una descarga mortal.

Conclusión: Use siempre la protección GFCI y esté atento a los peligros potenciales.

Piénselo

Trabajos en sistemas energizados

Algunos electricistas suelen trabajar en sistemas energizados porque piensan que es demasiado trabajo cortar la corriente. ¿Qué prácticas ha visto en su casa o lugar de trabajo que podrían ser mortales?

1 Use ropa adecuada de fibra natural o tejido resistente al arco eléctrico de acuerdo con la NFPA 70E®.

2 Use protección para los ojos, el rostro y la cabeza.

3 Ubíquese a un lado cuando accione interruptores automáticos o desconexiones en sistemas de voltaje bajo o medio. Al mismo tiempo, asegúrese de que la mínima parte de su cuerpo esté orientada hacia el interruptor automático o la desconexión. Además, voltee el rostro en dirección opuesta al interruptor o la desconexión.

4 Accione siempre los interruptores de desconexión y los interruptores automáticos sin carga.

5 Nunca fuerce o anule intencionadamente un enclavamiento de un sistema o interruptor automático.

Figura 16 Operación segura de un interruptor de desconexión.

Para sustituir los fusibles que sean parte de circuitos de *menos* de 1,000 V, siga estos pasos:

Paso 1 Colóquese el EPP adecuado, que puede incluir un traje con resistencia al arco y protección para manos, rostro y cabeza.

Paso 2 Desconecte la alimentación que va al interruptor de desconexión.

Paso 3 Verifique que los fusibles estén desenergizados.

Paso 4 Retire el fusible fundido.

Paso 5 Instale el fusible nuevo. Empújelo con firmeza y verifique que está bien asentado.

Paso 6 Vuelve a conectar la alimentación.

¡ADVERTENCIA!

Desconecte la alimentación de un circuito antes de retirar e instalar fusibles. Abra los interruptores de ruptura de aire (o interruptores rápidos) antes de quitar los fusibles del transformador. Se encuentran en el lado aguas arriba de un transformador grande. De lo contrario, puede causar arcos eléctricos graves al extraer o instalar el fusible. Este arco puede provocar lesiones personales y daños en los equipos.

¡ADVERTENCIA!

Cuando reemplace fusibles, lleve siempre el EPP adecuado, que puede incluir trajes con resistencia al arco y protección para manos, rostro, cabeza y oídos.

Para sustituir fusibles que sean parte de sistemas de *más* de 1,000 V, siga estos pasos:

Paso 1 Colóquese el EPP adecuado, que puede incluir trajes con resistencia al arco y protección para manos, rostro, cabeza y oídos.

Paso 2 Abra y bloquee los interruptores de desconexión.

Paso 3 Desbloquee el compartimento de fusibles.

Paso 4 Verifique que los fusibles estén desenergizados.

Paso 5 Coloque la pértiga dieléctrica de extracción de fusibles en el fusible y extráigalo.

Paso 6 Instale el fusible nuevo usando la pértiga dieléctrica.

Paso 7 Vuelve a conectar la alimentación.

3.1.4 Norma de bloqueo y etiquetado de la OSHA

La norma de LOTO (lockout/tagout) de la OSHA es el procedimiento para el "servicio y mantenimiento de máquinas y equipos en los que la energización o puesta en marcha inesperada de las máquinas o equipos, o la liberación de energía almacenada, podría causar lesiones a los empleados". Esta norma muestra los requisitos mínimos de desempeño para controlar la energía peligrosa.

Antes de trabajar en un circuito, aísle primero el equipo de la energía potencialmente peligrosa. Algunos ejemplos de energía peligrosa son la eléctrica, mecánica, hidráulica, neumática, química o térmica.

También debe bloquear y etiquetar los equipos antes de que los empleados realicen cualquier actividad de reparación o mantenimiento. Esta acción es importante cuando la energización, puesta en marcha o liberación inesperada de energía almacenada pueda causar lesiones a un empleado.

PRECAUCIÓN

Aunque el 99% de su trabajo puede ser eléctrico, también es posible que tenga que bloquear equipos mecánicos y de otros tipos de energía.

¡ADVERTENCIA!

El procedimiento de la OSHA solo establece los requisitos mínimos para el LOTO. Consulte siempre el procedimiento de LOTO de su empresa y de la planta u obra en la que trabaja. Recuerde que su vida podría depender del procedimiento de LOTO. Por norma del *NEC*®, las desconexiones de motores instalados a distancia deben tener una función de bloqueo de forma permanente.

Asegúrese de enseñar a todos los empleados el procedimiento de LOTO.

El procedimiento de LOTO de la OSHA tiene por objeto proteger al personal de la posible exposición a energía peligrosa. Esto puede ocurrir durante la construcción, instalación, servicio y mantenimiento de los sistemas de energía eléctrica.

A continuación se describe el procedimiento de LOTO de la OSHA tal y como lo describe la sección *1910.147 del CFR*. Todos los empleados deben seguir este procedimiento. Es peligroso exponerse al arranque o la liberación de energía inesperados.

Este procedimiento no se aplica a lo siguiente:

- Equipos de proceso o utilidad; y sistemas con fuentes de alimentación de cordón y clavija cuando el cordón y la clavija son las únicas fuentes de energía peligrosa, se retiran de la fuente y permanecen bajo el control del empleado autorizado.
- Equipos y sistemas eléctricos y procedimientos de resolución de problemas cuando la fuente de energía no se puede desenergizar porque el servicio debe ser continuo, o cuando apagar el sistema no funcionará.

Deberá llevar EPP adicional y seguir las prácticas laborales seguras que se indiquen en el caso de estas excepciones.

Estas son las definiciones que se aplican a este procedimiento:

- *Empleado afectado:* persona que trabaja en equipos o maquinaria (o cerca de ellos) durante condiciones de LOTO.
- *Empleado autorizado designado:* persona que el supervisor de la obra designa para coordinar y mantener la seguridad de una condición de LOTO de grupo.
- *Empleado autorizado:* persona que el supervisor de la obra autoriza para realizar los procedimientos de LOTO durante los trabajos con equipos eléctricos.
- *Supervisor autorizado:* persona asignada en la obra que supervisa la coordinación de los procedimientos y el mantenimiento de la seguridad de todas las operaciones de LOTO en la obra.
- *Dispositivo de aislamiento de energía:* interruptor de desconexión eléctrica aprobado que aísla y protege contra una fuente eléctrica peligrosa en una posición abierta o segura.
- *Elementos de LOTO:* combinación de candados, etiquetas de peligro y otros dispositivos diseñados para fijar y asegurar los dispositivos de aislamiento eléctrico.

Si usted es supervisor autorizado, empleado autorizado o empleado designado autorizado, debe recibir capacitación sobre los procedimientos de LOTO para identificar fuentes de energía peligrosas, conocer el tipo y la magnitud de las fuentes de energía y entender los procedimientos de aislamiento y control de la energía. Imparta cursos de actualización cuando se modifiquen los procedimientos de LOTO o evidencie que los procedimientos no se están siguiendo de forma correcta.

Al realizar este procedimiento, verifique que cuenta con el EPP y los elementos adecuados. Estas son las directrices de uso:

- Utilice dispositivos de LOTO únicamente para controlar fuentes de energía peligrosas.
- Numere los candados y asigne cada uno a un solo empleado.
- No entregue duplicados de llaves ni llaves maestras a nadie, excepto al supervisor de la obra.
- El supervisor de la obra debe mantener una lista actualizada con el número del candado y el nombre del empleado autorizado.
- Use únicamente etiquetas de peligro blancas, rojas y negras estándar que digan "PELIGRO — NO OPERAR". Las etiquetas deben incluir el nombre del empleado autorizado, la fecha y la empresa de la red correspondiente escritos con rotulador permanente.
- Use etiquetas de peligro con candados, como las que se muestran en la *figura 17*.

(A) Bloqueo eléctrico

(B) Bloqueo neumático

Figura 17 Dispositivos de LOTO.
Fuente: Brady Corporation (abajo)

A continuación, se detallan los procedimientos de LOTO.

Como preparación para el LOTO, revise los pasos del procedimiento para asegurarse de que no se han realizado cambios desde la última vez que se usó el LOTO. Identifique a todos los empleados autorizados y afectados que participen en el LOTO que se realizará.

Esta es la secuencia de pasos de un procedimiento de LOTO:

Paso 1 Antes de realizar el LOTO, informe a todo el personal autorizado y afectado.

Paso 2 Apague el equipo o sistema mediante los procedimientos normales de apagado o parada.

Paso 3 Bloquee las fuentes de energía. Pruebe que los interruptores de desconexión no se puedan mover a la posición de encendido. Abra el desconectador de control. Si no lo hay, bloquee el imán en la posición de "interruptor abierto". Realice esta acción antes de trabajar en equipos de operación eléctrica, como motores, relés, etc. Retire el cable de control.

Paso 4 Bloquee y etiquete los interruptores necesarios en posición "abierta". Cada empleado autorizado debe colocar un candado y una etiqueta por separado. Por lo tanto, puede haber varios candados y etiquetas a la vez, como se muestra en la *figura 18*.

Paso 5 Una vez que lleve puesto el EPP adecuado, pruebe el circuito con un voltímetro de la categoría adecuada en una fuente viva de tensión conocida. Pruebe la carga fase a fase, de fase a neutro y de fase a tierra. Verifique de nuevo que el voltímetro sigue funcionando.

Paso 6 Conecte el equipo o sistema a tierra. De este modo, se disipa la energía almacenada.

Paso 7 Si tiene que dejar la zona, vuelva a realizar la prueba cuando regrese para verificar que el equipo o sistema sigue desenergizado.

Una vez que termine el LOTO, siga estos pasos para restablecer la energía del dispositivo:

Paso 1 Tenga en cuenta a todo el personal y las herramientas, incluidas las sondas de cortocircuito. Retire todas las herramientas del equipo o sistema.

Paso 2 Vuelva a montar el equipo o sistema por completo y asegúrelo.

Paso 3 Sustituya o reactive todos los controles de seguridad.

Paso 4 Retire los candados y etiquetas de los interruptores de aislamiento. Los empleados autorizados deben retirar sus propios candados y etiquetas.

Paso 5 Informe a todo el personal afectado que el procedimiento de LOTO finalizó y que el equipo o sistema está a punto de ser reenergizado.

Paso 6 Accione o cierre los interruptores de aislamiento para restablecer la energía.

El supervisor autorizado puede retirar el dispositivo de LOTO si el personal deja alguno, el empleado autorizado no está presente o se pierde la llave. En tal caso, el supervisor autorizado debe informar al empleado autorizado que retiró el dispositivo de LOTO y registrar la acción en el diario de trabajo.

Historia de casos

Nunca ignore los procedimientos de LOTO

Según la Oficina de Estadísticas Laborales (BLS), dos electricistas fueron llamados a un lugar de trabajo para sustituir luces industriales antiguas por luces LED más modernas. Las luces estaban a unos 3 metros (10 pies) por encima del suelo de concreto, así que decidieron utilizar una escalera. Sin embargo, en vez de seguir los procedimientos de LOTO que el código y el contratista eléctrico exigían, ambos hombres decidieron simplemente apagar los interruptores correspondientes. Como no pudieron localizar los interruptores correctos, tomaron la decisión mortal de seguir cambiando las luces. Mientras uno de los empleados cableaba las luces LED en la escalera, entró en contacto con la parte eléctrica bajo tensión. El empleado sufrió una descarga y cayó de la escalera a la superficie de concreto. Cuando llegó el personal de urgencias, el empleado fue declarado muerto en el lugar. Posteriormente, se determinó que la causa de la muerte fue un paro cardíaco provocado por la descarga eléctrica.

Conclusión: Siga siempre los procedimientos de LOTO adecuados antes de realizar el trabajo. La omisión de estos procedimientos puede dejar víctimas mortales.

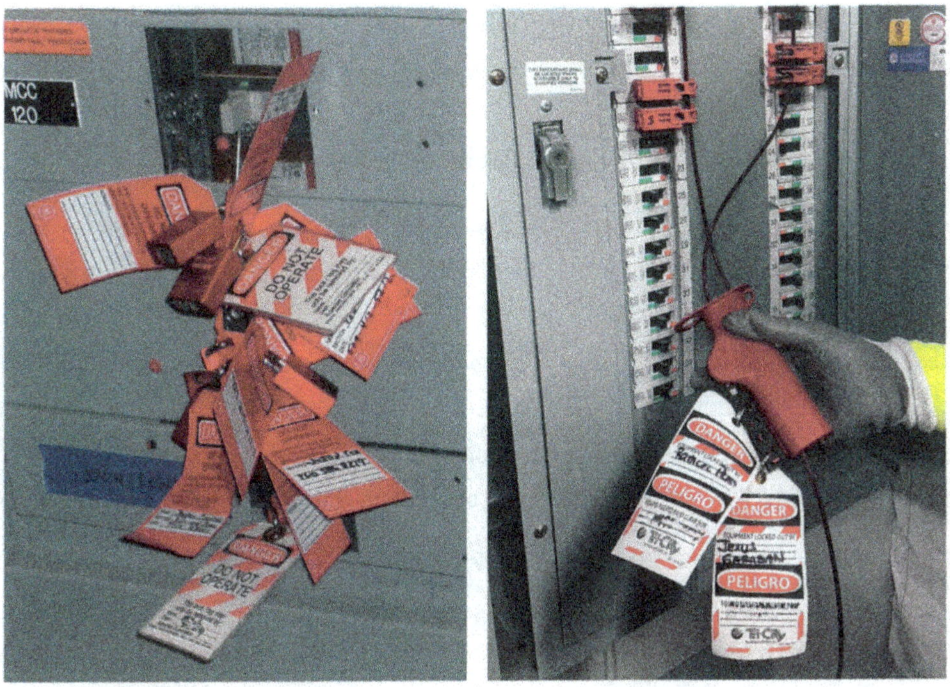

Bloqueo/etiquetado con candados separados

Dispositivo de cable para bloqueo/etiquetado

Figura 18 Varios dispositivos de LOTO.
Fuente: Tri-City Electrical Contractors Inc

3.2.0 NFPA 70E®

La Ley de Seguridad y Salud Ocupacional de 1970 (Occupational Safety and Health Act of 1970)estableció la OSHA como la agencia federal encargada de crear normas de seguridad para el lugar de trabajo. Esto significa que sus normas y reglas deben cumplirse en todos los sitios de trabajo. La OSHA también se basa en normas nacionales consensuadas para determinados requisitos.

Para la seguridad eléctrica, la OSHA reconoce varias normas de la *National Fire Protection Association*® - NFPA® (Asociación Nacional de Protección contra Incendios). El *Código Eléctrico Nacional*® (NFPA 70®) establece los requisitos mínimos para la instalación de sistemas eléctricos. Este tema se trata en profundidad en el módulo 26105-23 del NCCER, *Introducción al Código Eléctrico Nacional*®.

El Recommended Practice for Electrical Equipment Maintenance (Práctica recomendada para el mantenimiento de equipos eléctricos) (NFPA 70B) explica el mantenimiento preventivo de los equipos eléctricos. La *Norma para la Seguridad Eléctrica en Lugares de Trabajo*® (NFPA 70E®) establece los requisitos de seguridad laboral en relación con los riesgos que causan lesiones en el lugar de trabajo debido a descargas y arcos eléctricos.

La NFPA 70E® se divide en tres capítulos:

- *Capítulo 1: Prácticas de trabajo relacionadas con la seguridad*
- *Capítulo 2: Requisitos de mantenimiento relacionados con la seguridad*
- *Capítulo 3: Requisitos de seguridad para equipos especiales*

Cada capítulo se divide en artículos y secciones. También contiene muchos anexos con métodos de cálculo, formularios y otras referencias. Este módulo se centra

TABLA 6 Prácticas laborales relacionadas con la seguridad en el *capítulo 1* del NFPA 70E®

Artículo/Sección	Descripción
Artículo 90	Describe el alcance y la estructura de la norma.
Artículo 100.	Define los términos utilizados a lo largo de la norma. Tómese su tiempo para leer estas definiciones. Muchas de ellas se tratan específicamente de los peligros que se tratan en esta norma.
Artículo 105	Aborda la aplicación de prácticas y procedimientos laborales relacionados con la seguridad.
Sección 105.3	Repasa las responsabilidades del empleador y del empleado.
Artículo 110.	Abarca los requisitos generales para las prácticas laborales relacionadas con la seguridad eléctrica.
Sección 110.1	Establece que la eliminación de peligros será la primera prioridad en la aplicación de prácticas laborales relacionadas con la seguridad.
Sección 110.3	Trata de las condiciones de trabajo eléctricamente seguras. En particular, establece que los trabajadores deben trabajar únicamente en conductores y partes de circuitos desenergizadas.
Sección 110.6	Trata de los requisitos de capacitación en materia de seguridad para los empleados que podrían entrar en contacto con riesgos eléctricos.
Secciones 110.6(A)(1) y 110.6(A)(2)	Abordan los requisitos de capacitación y las características del personal calificado y no calificado. Es importante que no se emitan juicios de valor sobre estos términos. No se deben establecer asociaciones entre el estado de la licencia o el tiempo en el oficio.
Sección 110.6(A)(3)	Identifica los requisitos para la actualización de conocimientos. Su objetivo es abordar los cambios en la NFPA 70E®. También examina los cambios en las políticas y procedimientos del empleador en materia de seguridad eléctrica. El intervalo de cursos de actualización no debe superar los tres años.
Artículos 120 y 130	Tratan de los trabajos que implican peligros eléctricos. En estas secciones, se presentan los requisitos para crear condiciones de trabajo eléctricamente seguras, realizar una evaluación del riesgo eléctrico y usar equipos de pruebas.

en las prácticas laborales relacionadas con la seguridad que se tratan en el *capítulo 1* de la NFPA 70E®. Algunos artículos importantes se describen en la *tabla 6*.

3.2.1 Reconocimiento de los límites de peligro

En lo posible, desconecte la energía cuando realice trabajos en equipos eléctricos o cerca de ellos. De este modo, se crean *condiciones de trabajo eléctricamente seguras*. La NFPA 70E® establece procedimientos de seguridad especiales cuando se trabaja en circuitos con niveles de tensión de más de 50 V de línea a línea o cerca de ellos.

La distancia es la mejor protección contra los peligros de descarga eléctrica. La NFPA 70E® dispone límites específicos de aproximación a las partes energizadas expuestas, que se conocen como *fronteras de aproximación*. Se debe realizar una evaluación de los riesgos de descarga para determinar las fronteras de aproximación, el EPP y otras herramientas o equipos necesarios.

Cuando trabaje con equipos eléctricos, asuma que el equipo está energizado hasta que compruebe lo contrario. Como ya se mencionó, los equipos eléctricos pueden crear un posible riesgo de descarga, de arco eléctrico y de explosión. La *figura 19* es un diagrama de los límites de aproximación que se definen en la NFPA 70E®. Tenga en cuenta que la **arc flash boundary** se determina por separado y puede tener una distancia diferente de los límites de protección contra descargas.

La *sección 130.4(F)(1)* de la NFPA 70E® establece normas para las personas no calificadas que deban rebasar el **límite de aproximación limitada**. En la *sección 130.4(G)* de la NFPA 70E®, se indica que solo las personas calificadas que utilizan todo el EPP requerido están autorizadas a entrar y trabajar dentro de el **límite de aproximación restringida**.

Cuando exista un peligro de arco eléctrico, debe establecer una AFB. Esta frontera se basa en la distancia a la que tendría que estar una persona para evitar quemaduras graves en caso de arco eléctrico. Puede recibir quemaduras de segundo grado (ampollas) o peores si se encuentra dentro de la AFB. Por esta razón, debe usar prendas de protección contra el arco eléctrico. Consulte la **evaluación del riesgo de arco eléctrico** y otros EPP identificados en el *artículo 130* de la NFPA 70E®.

La parte energizada expuesta puede ser un cable o una pieza mecánica dentro del equipo eléctrico. Mida todas la distancias de las fronteras de aproximación desde ese punto. Al trazar las fronteras, trate los conductores móviles expuestos de forma

Límite de arco eléctrico (*arc flash boundary* - AFB): límite de distancia de aproximación a conductores y partes de circuitos eléctricos energizados expuestos dentro de la cual una persona podría sufrir quemaduras de segundo grado si se produjera un arco eléctrico.

Límite de aproximación limitada (*limited approach boundary*): límite de distancia de aproximación a conductores o partes de circuitos eléctricos energizados expuestos dentro de la cual existe un peligro de descarga.

Límite de aproximación restringida (*restricted approach boundary*): límite de distancia de aproximación a conductores o partes de circuitos eléctricos energizados expuestos dentro de la cual existe una mayor probabilidad de descarga eléctrica.

Evaluación de riesgo de arco eléctrico (*arc flash risk assessment*): estudio que un trabajador calificado lleva a cabo para investigar la posible exposición de un trabajador a la energía de un arco eléctrico, con el fin de prevenir lesiones y determinar las prácticas laborales seguras y los niveles adecuados de EPP.

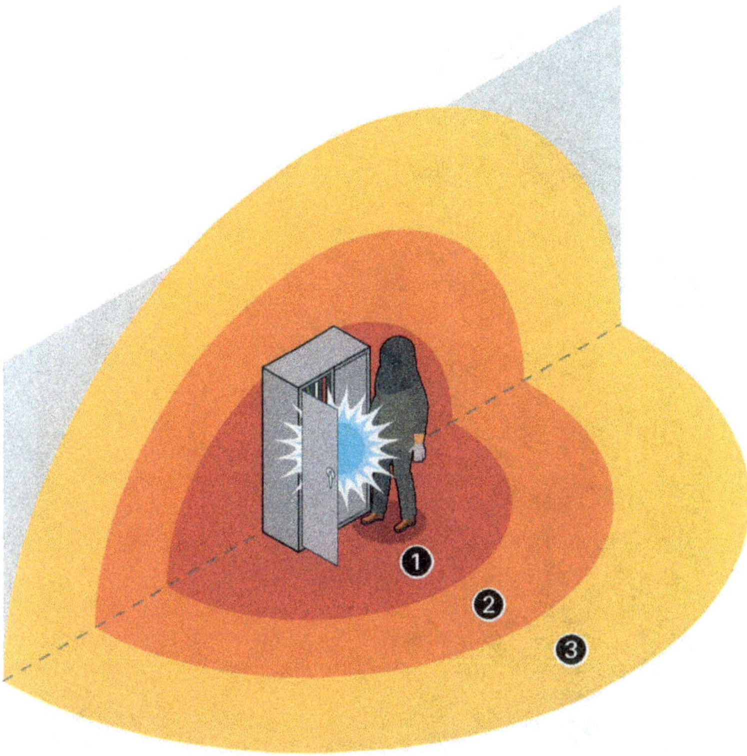

❶ Frontera de aproximación restringida (personas calificadas con EPP)

❷ Frontera de aproximación limitada (personas calificadas)

❸ Frontera de relámpago de arco (podría estar más cerca o más lejos, según la energía del incidente)

NOTA: Las fronteras de protección contra choque dependen del nivel de tensión del sistema y se refieren a la distancia de las partes energizadas expuestas

Figura 19 Límites de aproximación.

diferente a las piezas o conductores de circuitos fijos expuestos, dado que las distancias pueden aumentar.

Analice y documente todos los riesgos eléctricos posibles dentro de un área de trabajo (arco, explosión y descarga eléctricos). Use el EPP específico para cada situación de acuerdo con la información obtenida del análisis de cada peligro. Después de documentar todos los peligros, capacite a todo el personal que trabaje en la zona para que los reconozca y los evite.

Energía incidente (incident energy): cantidad de energía térmica impresa en una superficie a cierta distancia de la fuente de un arco eléctrico. Por lo general, se expresa en calorías por centímetro cuadrado (cal/cm^2).

La cantidad de **energía incidente** puede variar. Por lo tanto, una AFB puede estar dentro o fuera de una frontera de protección contra descargas. Muchos programas de seguridad eléctrica utilizan la distancia que sea mayor, que se determina mediante la evaluación de riesgos.

En ocasiones, una falla eléctrica provoca un arco eléctrico. Esta explosión produce tanto una bola de fuego como una onda expansiva, que se extiende fuera del lugar del arco eléctrico (el conductor o el circuito). Esta situación expone a un calor abrasador a cualquier persona dentro de la AFB. También genera una luz extremadamente brillante que puede causar dolor y pérdida de la visión temporales. A menudo, el calor de los arcos eléctricos es lo suficientemente intenso como para fundir los accesorios dentro del recinto. Como la mayoría de los equipos eléctricos están alojados en un recinto, los efectos de un arco eléctrico suelen concentrarse en el trabajador. La *figura 20* muestra a un trabajador con el EPP adecuado rodeado por un arco eléctrico.

Existe una AFB determinada para la energía térmica. La explosión del arco eléctrico crea una onda expansiva, que puede hacer estallar los equipos y alejar a las personas

Figura 20 Arco eléctrico.
Fuente: Honeywell | Salisbury

Relés de relámpago de arco

Un relé de relámpago de arco eléctrico utiliza sensores de luz o una combinación de sensores de luz y corriente para detectar la luz/corriente que produce un arco eléctrico y activar los dispositivos situados aguas arriba. De este modo, se reduce la energía incidente y se limita el posible daño al disminuir el tiempo de apertura del dispositivo de sobrecorriente. Véase el *anexo informativo 0.2.3(5)* de la NFPA 70E®.

Para calcular la energía descargada en un arco, multiplique la corriente de cortocircuito al cuadrado por el tiempo que tarda en desarrollarse el arco. Use esta fórmula:

$$\text{Energía} = I^2t$$

Por lo tanto, la energía, la potencia y el tamaño de un arco eléctrico están directamente relacionados con la corriente de cortocircuito y el tiempo. Cuanto mayor o más larga sea la duración de la corriente de arco, mayor será la probabilidad de que se produzcan daños.

de la explosión. La metralla, los gases tóxicos y el vapor de cobre explotan en todas direcciones. La explosión también genera ondas sonoras que pueden dañar la audición.

Existen dos *' límites de protección contra descarga eléctrica ' (shcok protection boundaries)* o límites de aproximación contra las descargas eléctricas. En la NFPA 70E®, se identifican de la siguiente manera:

- Frontera de aproximación limitada
- Frontera de aproximación restringida

En la *tabla 130.4(E)(a)* de la NFPA 70E®, encontrará las fronteras de aproximación a partes energizadas expuestas para la protección contra descargas eléctricas.

La frontera de aproximación limitada es una frontera de protección contra descargas eléctricas. Es una distancia específica desde una parte energizada expuesta. Solo personas calificadas pueden cruzar la frontera. Informe a todas las personas no calificadas que se encuentren en la zona de peligro y adviértales que no crucen la frontera. Use barreras u otros medios eficaces para mantener a las personas no calificadas fuera de la frontera de aproximación limitada, a menos que se permita en la tabla *130.4(E)(a)* de la NFPA 70E®.

¡ADVERTENCIA!

Todos los trabajadores expuestos a peligros eléctricos deben estar calificados para manejar el peligro y deben usar el EPP requerido. Todos los trabajadores deben recibir información sobre los posibles peligros eléctricos e instrucción sobre cómo evitarlos.

El límite de aproximación restringida es también una frontera de protección contra descargas eléctricas. Sin embargo, al estar cerca de partes energizadas expuestas, es necesario usar técnicas y equipos de protección contra descargas eléctricas cuando se cruza este límite. *Únicamente* personas calificadas que utilicen el EPP requerido pueden cruzar la frontera de aproximación restringida (*figura 21*).

El trabajo dentro del límite de aproximación restringida requiere el uso de equipos de goma aislantes. También es necesario usar herramientas aisladas y homologadas para las tensiones en las que se utilizan.

Consulte los límites de aproximación restringida en las tablas 130.4(E)(a) y (b) de la NFPA 70E®. La información de estas tablas incluye un margen de seguridad adicional en consideración de los movimientos involuntarios del trabajador.

Figura 21 Trabajador con el EPP adecuado.
Fuente: Honeywell | Salisbury

Cuando las partes energizadas expuestas y el equipo de prueba entran en contacto con las herramientas manuales, pueden producirse descargas e incluso un arco eléctrico. Esto ocurre cuando la herramienta o la sonda de prueba se convierte en parte de la trayectoria del circuito. La mayoría de los incidentes de arco comienzan de esta manera.

Parte de la responsabilidad del empleador es realizar una evaluación de todos los riesgos eléctricos en el lugar de trabajo. Estos análisis incluyen una evaluación del riesgo de descarga y de arco eléctrico. Una vez analizado y documentado cada peligro, se identifican los EPP para las tareas realizadas cerca del peligro o donde este se encuentra, y se colocan advertencias en el exterior del equipo según la *sección 130.5(H)* de la NFPA 70E®. Las etiquetas deben ser legibles desde fuera de cualquier límite e indicar la tensión nominal del sistema, la AFB y al menos uno de los siguientes datos:

- La energía incidente disponible y la respectiva distancia de trabajo, *o* la categoría del EPP contra arco eléctrico de la *tabla 130.7(C)(15)(a)* de la NFPA 70E® o de la *tabla 130.7(C)(15)(b)* de la NFPA 70E® para el equipo.
- Nivel mínimo de **resistencia al arco** de la vestimenta
- Nivel de EPP específico para la obra

PRECAUCIÓN

Trabaje siempre en equipos desenergizados. Recuerde que solo se puede considerar a personas calificadas para que trabajen en equipos energizados.

Resistencia al arco (*arc resistance*): la máxima resistencia a la energía incidente demostrada por un material (o un sistema de capas de materiales) antes de la desintegración del material o al comienzo de una quemadura cutánea de segundo grado. Se expresa en joules por centímetro cuadrado (J/cm²) o calorías por centímetro cuadrado (cal/cm²).

Figura 22 Etiqueta de advertencia de peligro eléctrico.

La *figura 22* muestra una etiqueta de advertencia típica. En ella, se indican las distancias y los niveles de exposición tanto para el arco eléctrico como para la descarga eléctrica. También recomienda el tipo de guantes que hay que utilizar. El nombre y el número en los equipos identifican la barra conductora que alimenta al equipo.

PRECAUCIÓN

Las herramientas aisladas protegen en caso de que una trayectoria accidental se convierta en una falla de arco. Tenga cuidado si trabaja cerca de partes energizadas. Sea consciente de sus movimientos y use solamente herramientas aisladas o aislantes dentro de la frontera de aproximación restringida.

3.2.2 Acciones humanas y seguridad eléctrica en el trabajo

Tenga siempre en cuenta las acciones de las personas cuando realice una evaluación de los riesgos eléctricos. El *anexo informativo* Q de la NFPA 70E® contiene información sobre las acciones humanas y la seguridad eléctrica en el lugar de trabajo. Los principios de las acciones humanas se basan en los siguientes conceptos:

- Todas las personas cometen errores.
- Un desempeño efectivo depende de la predicción, la gestión y la prevención de situaciones y condiciones propensas a errores (por ejemplo, trabajar cansado).
- Los procesos y valores organizativos afectan el desempeño individual.
- El refuerzo positivo proveniente de líderes, compañeros y subordinados se traduce en altos niveles de desempeño de los trabajadores.

- Identificar las razones de los errores ayuda a evitar que estos se repitan. Aplicar las lecciones aprendidas de incidentes pasados le ayudará a evitar incidentes futuros.

Al observar las acciones humanas, se pueden identificar posibles puntos de error. Los trabajadores operan en uno de los siguientes modos de desempeño humano:

- Basado en reglas
- Basado en habilidades
- Basado en conocimientos

Cada uno de estos modos, así como los errores asociados a ellos, se tratan en el *anexo informativo* Q.4 de la NFPA 70E® y se describen en las siguientes secciones.

Modo basado en reglas

Los trabajadores operan en modo basado en reglas cuando han realizado la tarea antes o conocen el procedimiento. Se denomina *'modo badado en reglas' (rule-based mode)* porque se basa en reglas o procedimientos conocidos. Debido a que las reglas y resultados son predecibles y están comprobados, el modo basado en reglas es el preferido.

Los errores más comunes en este modo son cuando una persona se desvía de un procedimiento aprobado o aplica el procedimiento correcto a una situación equivocada.

Modo basado en conocimientos

Los trabajadores operan en el modo basado en conocimientos (knowledge-based mode) cuando realizan una tarea que no han hecho antes. A menudo no hay un procedimiento específico. El trabajador debe utilizar sus conocimientos y su experiencia previa para tomar decisiones.

Los errores más comunes en este modo se presentan cuando una persona realiza una evaluación imprecisa de la situación o se centra en una sola parte del problema en lugar del panorama general.

Modo basado en habilidades

Los trabajadores operan en el modo basado en habilidades (skill-based mode) cuando realizan tareas comunes y familiares (p. ej., manejar un interruptor automático de baja tensión). Los errores más comunes en el modo basado en habilidades se cometen cuando una persona no presta atención a los riesgos.

Los **precursores de error** son situaciones que ponen en riesgo al trabajador debido a la tarea, las condiciones, la actitud del trabajador o el entorno. La *tabla Q.5 del anexo informativo* de la NFPA 70E® agrupa los precursores de errores en las siguientes categorías:

Precursores de error (error precursors): situaciones que ponen en riesgo a un trabajador debido a las exigencias de la tarea, las condiciones, la actitud del trabajador o el entorno.

- *Exigencias de la tarea:* alta carga laboral, monotonía (tareas aburridas y repetitivas), presión del tiempo, tareas múltiples y tareas críticas/irreversibles.
- *Ambiente de trabajo:* distracciones, interrupciones, soluciones provisionales, situaciones imprevistas y nuevas rutinas.
- *Capacidades individuales:* tarea o técnica nueva, actitud insegura y habilidades comunicativas insuficientes.
- *Naturaleza humana:* estrés, hábitos, suposiciones, complacencia, exceso de confianza y caminos fáciles.

Cada uno de estos precursores de error puede compensarse con una o varias herramientas de desempeño humano. Estas herramientas reducen la probabilidad de que ocurra un error cuando se aplican a los precursores de error. El *anexo informativo* Q.6 del NFPA 70E® indica las siguientes herramientas de desempeño humano:

- *Planificación y sesión informativa previa al trabajo:* en estas reuniones se identifica la forma en que cada trabajador realiza las tareas.
- *Revisión del sitio de trabajo:* en una revisión del sitio de trabajo, se identifican los peligros y los posibles obstáculos o retrasos. Puede realizarse en cualquier momento antes o durante el trabajo.
- *Revisión posterior al trabajo:* en una revisión posterior al trabajo, se presenta información que puede aplicarse a futuros trabajos para mejorar el desempeño.

- *Uso y adherencia del procedimiento:* el trabajador debe leer y comprender por completo cada paso de un procedimiento antes de llevarlo a cabo. Es útil llevar un registro del progreso marcando cada paso tras completarlo. De este modo, hay garantía de realizar cada paso en la secuencia especificada. Esto también garantiza que usted reinicie el procedimiento en el punto correcto si se interrumpe. Si no puede seguir un procedimiento tal como está escrito o predecir el resultado previsto, deténgase y solucione cualquier problema antes de continuar.
- *Autocomprobación con verbalización:* la autocomprobación verbal es una herramienta valiosa. Aplíquela cuando realice un procedimiento crítico o irreversible. El acrónimo en inglés es **STAR**: **S**top (Deténgase), **T**hink (Piense), **A**ct (Actúe) y **R**eview (Revise). Antes, durante y después de realizar una tarea que no tiene marcha atrás, el trabajador debe detenerse, pensar y expresar verbalmente la acción que busca realizar.
- *Comunicación de tres vías:* el emisor hace una declaración, el receptor la repite para asegurarse de que la entendió y, entonces, el emisor la confirma. En lo posible, las letras deben indicarse utilizando el alfabeto fonético. El alfabeto fonético utiliza palabras comunes que representan letras. Por ejemplo, en el alfabeto fonético, se diría "Alfa" para representar la letra A. Esto ayuda a reducir los errores por confusiones entre letras que suenan parecido, como S (Sierra) y F (Foxtrot).
- *Parar cuando no está seguro:* si un trabajador no puede seguir un procedimiento tal como está escrito, si se produce un suceso inesperado o si el trabajador tiene la sensación de que algo no va bien, debe interrumpir el trabajo de inmediato y obtener más instrucciones antes de continuar. Capacite a todos los trabajadores para que reconozcan frases peligrosas como "creo que..." o "estoy casi seguro de que...". Estas frases pueden tener efectos negativos en la seguridad.
- *Indicación y bloqueo:* las indicaciones se usan para marcar, etiquetar o identificar partes. De este modo, se garantiza que la parte correcta se opere en el momento correcto y en las condiciones requeridas. Use indicadores cuando maneje equipos similares, trabaje con varias partes, realice operaciones frecuentes en poco tiempo o interrumpa equipos críticos para el proceso. El bloqueo es un método para impedir el acceso físico a una zona o a los controles de un equipo. Algunos ejemplos son las barricadas, las vallas o las tapas con bisagras en interruptores o botones de control. Puede combinar el bloqueo con indicadores.

La reducción o eliminación de los incidentes eléctricos requiere que todos los miembros de una organización trabajen juntos para promover una cultura que valore la prevención de errores y el uso de herramientas de desempeño humano para identificar y prevenir situaciones y condiciones propensas a errores. La comunicación es clave.

3.0.0 Repaso de la sección

1. La norma de LOTO de la OSHA se aplica _____.
   a. solamente a los empleados que realizan trabajos eléctricos
   b. a la energía almacenada que pueda causar lesiones (eléctricas, mecánicas, hidráulicas, químicas, térmicas, cinéticas u otras)
   c. a equipos de proceso y de utilidad
   d. únicamente a sitios de trabajo en grandes contratos públicos

2. La NFPA 70E® abarca _____.
   a. los requisitos mínimos de instalación para los equipos eléctricos
   b. las especificaciones de fabricación para los equipos eléctricos
   c. los requisitos prácticos de trabajo seguro en relación con los peligros eléctricos
   d. las instrucciones de funcionamiento de los equipos eléctricos

4.0.0 Riesgos y requisitos de seguridad

Objetivo

Reconocer los requisitos de seguridad para diversos peligros eléctricos.

a. Identificar los peligros de seguridad asociados con escaleras, andamios y equipos de elevación.
b. Describir los procedimientos de ingreso a espacios confinados.
c. Explicar los procedimientos de seguridad que se emplean con materiales peligrosos.

Tarea práctica

2. Describir los requisitos de seguridad para una tarea proporcionada por un instructor, como reemplazar las luces en su salón de clases.
   - Hablar sobre el trabajo por realizar y los peligros que conlleva.
   - Si se requiere una escalera, realizarle una inspección visual y colocarla correctamente.
   - Asegurarse de que los números de teléfono de emergencia locales estén publicados o que usted y los demás empleados los conozcan.
   - Planificar una vía de escape del lugar en caso de un accidente.

En un sitio de trabajo hay muchos peligros. Entre ellos están los peligros de caída, los peligros de los equipos, los peligros químicos y los peligros de las herramientas. La mejor medida preventiva es la advertencia sobre la seguridad. Si ocurre un accidente, debe saber dónde obtener primeros auxilios. Siga siempre los procedimientos de la empresa para informar el incidente. Todas las personas en la obra deben poder acceder a los números de teléfono de primeros auxilios. Consulte la *sección 1910.151 del CFR*, así como las secciones *1926.23 y 1926.50 del CFR* para conocer los requisitos específicos.

4.1.0 Escaleras, andamios y equipos de elevación

Casi la mitad de las lesiones que se deben al contacto con componentes energizados están relacionadas con escaleras y andamios. Además de sufrir lesiones, una persona que recibe una descarga a veces tiene movimientos involuntarios, que la pueden hacer caer de una escalera o superficie elevada.

4.1.1 Escaleras

Muchos accidentes laborales se deben al mal uso de las escaleras. Según el American Ladder Institute, cada año miles de trabajadores que son hospitalizados en los Estados Unidos. estaban trabajando en escaleras. Aunque la mayoría de las lesiones no acaban en muerte, datos recientes del *Bureau of Labor Statistics* - BLS (Oficina de Estadísticas Laborales) indican que aproximadamente 160 personas mueren cada año al utilizar escaleras.

Las escaleras son tan peligrosas que muchos contratistas tienen una política de "las escaleras son la última opción", porque prefieren usar elevadores de personal, levantar andamios o trasladar el trabajo al nivel del suelo si es posible. Esto se debe a que no quieren que los empleados se expongan a los peligros de trabajar desde una escalera.

Las escaleras se abarcan en las secciones*1910.23* y *1926, Subparte X del CFR*. Para evitar lesiones graves o incluso una muerte, siga estas normas generales cada vez que use una escalera:

- *Seleccione la escalera correcta:* seleccione el tipo correcto de escalera para el trabajo (p. ej., recta, extensible, de tijera, de plataforma, etc.). También debe elegir el material correcto (fibra de vidrio o aluminio), la altura y el índice de carga (capacidad de carga máxima).
- *Inspeccione la escalera antes de usarla:* busque si faltan peldaños, anclajes, pernos o tornillos o si están sueltos. Revise también si los peldaños, anclajes o largueros están agrietados, curvados, rotos o muy desgastados. La *figura 23* es un ejemplo de un larguero dañado de una escalera de tijera de fibra de vidrio.
- *Retire los residuos que estén cerca de la base de la escalera:* esto es importante para no pisarlos o tropezar al descender.
- *No utilice una escalera en mal estado:* informe de ella y etiquétela para que la reparen o desechen. Retírela del sitio de trabajo.

Figura 23 Daños en los largueros de una escalera de tijera de fibra de vidrio.

- *Por ningún motivo modifique una escalera:* las escaleras no deben modificarse cortándolas o debilitando sus partes.
- *Ubique las escaleras en un lugar seguro para los demás:* no las coloque donde otras personas puedan tropezar con ellas. No coloque escaleras en puertas ni pasillos. Si necesita colocar una escalera en un lugar así, protéjala con barreras e instale señales para alertar a los demás del peligro.
- *No aumente el alcance de una escalera:* no la coloque sobre elevadores mecánicos, cajas, barriles ni cualquier otra cosa que no sea una superficie plana y sólida.
- *Antes de subirse a una escalera, revise que sus zapatos no tengan grasa, aceite ni barro:* estas sustancias pueden hacerle resbalar.
- *Manténgase de frente hacia la escalera y mantenga tres puntos de contacto:* tenga siempre los dos pies y una mano en la escalera o las dos manos y un pie mientras sube.
- *Nunca se asome fuera de la escalera:* la hebilla del cinturón debe estar en el centro entre los largueros. Si no puede alcanzar algo, bájese y mueva la escalera.
- *Nunca tire de una escalera:* si tira con una mano mientras se sujeta con la otra, perderá el equilibrio y podría caer. Tire de la escalera solo con ambos pies sobre una plataforma sólida.

¡ADVERTENCIA!

Cuando realice trabajos de electricidad, use siempre escaleras de un material no conductor para reducir el riesgo de descargas.

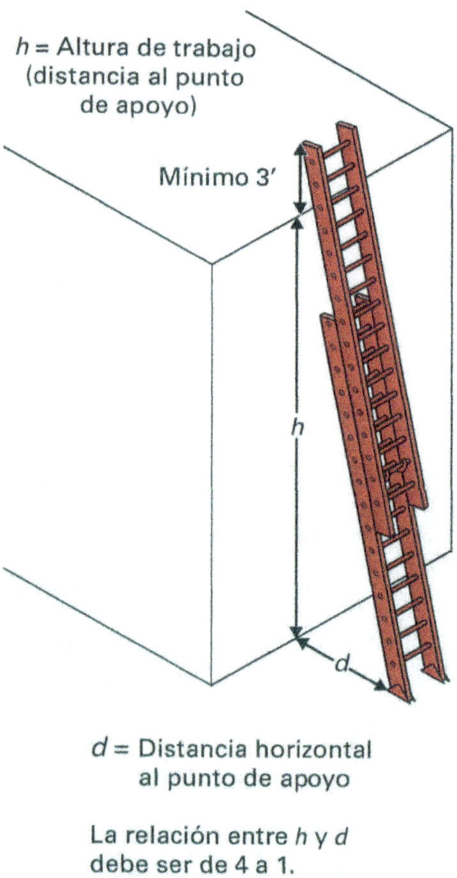

Figura 24 Ubicación de una escalera recta.

También hay ciertos peligros relacionados con las escaleras rectas y las extensibles. Siga estas normas cuando las utilice:

- *Coloque siempre una escalera recta en el ángulo adecuado:* la distancia horizontal entre las zapatas de la escalera y la base de la pared debe ser aproximadamente un cuarto de la altura de trabajo de la escalera (*figura 24*).
- *Sujete las escaleras rectas para evitar que resbalen:* use zapatas antideslizantes o ganchos en la parte superior e inferior. También puedes fijar una tabla en el suelo contra las zapatas de la escalera. En trabajos de corta duración, alguien puede sujetar la escalera recta.
- *Verifique que los largueros estén a la distancia correcta por encima del soporte superior:* los largueros deben sobresalir del punto de apoyo superior al menos 0,9 m (36″). De este modo, tendrá estabilidad y un punto de agarre al pasar alrededor de la escalera.
- *Siempre se necesitan dos personas para extender y elevar una escalera de forma segura:* extienda la escalera solo después de elevarla a una posición vertical. Nunca lleve una escalera extendida.
- *Nunca use dos escaleras empalmadas:* nunca deben combinarse dos escaleras para formar una escalera más larga. Esto no proporciona una base estable.
- *Las escaleras no deben pintarse:* la pintura puede ocultar defectos.

Al trabajar con escaleras de tijera deben seguirse estas normas específicas:

- Abra siempre la escalera por completo y bloquee las barras de tensión para evitar que se desplome accidentalmente.
- Use una escalera de altura suficiente para el trabajo. Esto es importante para que no tenga que estirarse. Se recomienda que alguien sujete la escalera si tiene más de 3 m (10′) de altura.
- Nunca use una escalera de tijera como escalera recta.
- Nunca se pare ni se siente a horcajadas sobre los dos peldaños superiores.
- No utilice las escaleras como estantes.

¡ADVERTENCIA!

No deje herramientas ni materiales en una escalera de tijera. Podrían caer sobre una persona o hacerla tropezar y caer si sube la escalera.

Regla del bombero

Para verificar el ángulo correcto de una escalera recta, siga la *regla del bombero.*

1. Coloque los pies contra los largueros.
2. Párese derecho.
3. Extienda los brazos en ángulo recto respecto al cuerpo, directamente frente a usted.
4. Si puede agarrar los largueros con ambas manos, la escalera está en el ángulo correcto.

Si usa una escalera que no esté recta, puede caerse o sufrir otras lesiones.

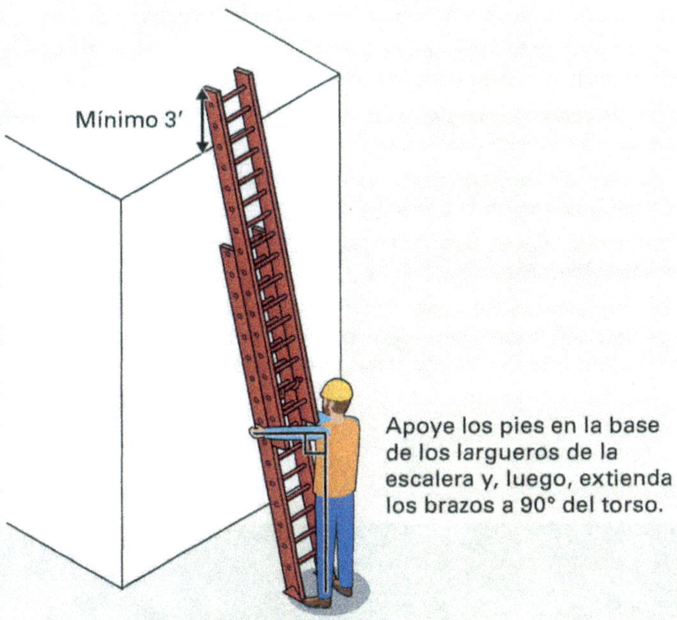

Regla del bombero para el ángulo adecuado de la escalera

En ocasiones, tendrá que mover o retirar elementos de protección para completar una tarea con una escalera. Use siempre la protección adecuada. Vuelva a colocar aquello que haya movido o retirado antes de dejar la zona.

4.1.2 Andamios

Al trabajar en andamios (*figura 25*), debe estar siempre seguro y alerta ante los peligros. Los andamios se abordan en la *sección 1926, Subparte L del CFR.*

Utilice solo materiales de andamiaje y entarimado fabricados y marcados para su uso específico. Cuando trabaje en un andamio, siga los requisitos específicos que la OSHA establece para la protección contra caídas. Si corresponde, use un arnés aprobado con una cuerda de amarre anclada a la estructura.

Mantenga las plataformas de los andamios libres de materiales innecesario o desechos; estos pueden convertirse en peligros mortales por tropiezo o caída de objetos.

Inspeccione detenidamente el andamio mientras lo erige. Su vida puede depender de ello. Los andamios improvisados han causado muchas lesiones y muertes en las obras.

Estas son algunas de las normas básicas de la OSHA para trabajar de forma segura en andamios:

- *Los andamios deben instalarse sobre bases firmes y rígidas:* esto se denomina *zapata de asiento.* Puede soportar la carga máxima prevista. Si el andamio no se instala sobre concreto u otra superficie firme, puede utilizar madera de 2 × 10 o 2 × 12 para andamios. Esto sostiene las placas base del andamio y evita que los pies se hundan en el barro.
- *Los andamios deben instalarse de forma recta sin piezas dobladas ni deformadas:* un andamio correctamente instalado será simétrico, con las mismas partes en ambos lados (a menos que tenga un estabilizador).
- *Deben instalarse barandillas y rodapiés:* deben colocarse en los lados abiertos y en los extremos de las plataformas situadas a más de 3 m (10′) del suelo. Tenga en cuenta que muchas empresas lo reducen a 1.8 m (6′) o incluso 1.2 m (4′).

NOTA

Estas normas representan una recopilación de los requisitos más estrictos tanto de las secciones *1910* y *1926* del CFR.

Historia de casos

Andamios y peligros eléctricos

Recuerde que los andamios son excelentes conductores de electricidad. Hace poco, un equipo de mantenimiento tuvo que mover un andamio. En la orden de trabajo, había tiempo para desarmar y rearmar el andamio, pero el equipo decidió empujarlo. No siguieron las recomendaciones de la OSHA para el despeje de andamios. Tampoco realizaron una inspección del sitio de trabajo. Durante el traslado, el andamio de cinco niveles entró en contacto con una línea eléctrica aérea de 12,000 V. Los cuatro miembros del equipo murieron y el jefe sufrió heridas graves.

Conclusión: Nunca tome un atajo cuando se trate de su seguridad y la de los demás. El personal de seguridad capacitado debe inspeccionar cada sitio de trabajo en busca de peligros potenciales antes de empezar a trabajar. Mantenga una distancia de trabajo segura entre los andamios y las líneas eléctricas.

- *Debe haber una malla:* deben utilizarse mallas cuando los trabajadores tengan que trabajar o pasar por debajo de un andamio. La malla debe tener un espacio máximo de 13 mm ($\frac{1}{2}$") entre el rodapié y el tubo central de la baranda.
- *Asegúrese de que la plataforma esté correctamente instalada:* cada extremo de una plataforma debe extenderse por encima de la línea central de su soporte, a menos que esté sujeto con anclajes o ganchos o algo similar. Debe ser de al menos 150 mm (6"), pero no superior a 300 mm (12") para una plataforma de 3 m (10') o menos de longitud. Debe ser de 460 mm (18") para una plataforma de más de 3 m (10').
- *Use una escalera de acceso adjunta cuando sea necesario:* Si el andamio no tiene escaleras incorporadas que cumplan la norma, debe tener un acceso adjunto de escaleras.
- *Capacite a los empleados que instalan o desinstalan andamios:* Todos los empleados que usen un andamio deben recibir capacitación sobre su uso seguro.
- *Lleve protección contra caídas:* s menos que sea imposible, debe usar protección contra caídas cuando construya o desarme un andamio.
- *Las plataformas de trabajo deben estar completamente cubiertas:* de este modo, los empleados pueden utilizarlas.
- *Use contenedores de basura para evitar que caigan escombros:* por ningún motivo arroje o barra material desde arriba.
- *Inspeccione los andamios en busca de defectos visibles:* antes de cada turno de trabajo y después de cualquier suceso que pueda afectar la integridad de un andamio, una persona competente deberá inspeccionar el andamio en busca de defectos.

Figura 25 Andamiaje.
Fuente: iStock@marpalusz

4.1.3 Equipos de elevación

Puede tener que trabajar en elevadores, polipastos o grúas (*figura 26*). Estas normas de seguridad son para quienes trabajan cerca de equipos aéreos, pero no participan directamente en su funcionamiento:

- Para manejar cualquier montacargas debe tener la capacitación y licencia respectivas.
- Manténgase alerta. Siempre preste atención a las señales de advertencia de los operarios.
- Nunca se pare o camine debajo de una carga, así esté en movimiento o esté detenida.
- Advierta siempre a los demás de cargas aéreas en movimiento o que se aproximen.
- Nunca distraiga a las personas encargadas de la señalización ni a los operadores de equipos aéreos.
- Obedezca las señales de advertencia.
- No use equipos si no está calificado para hacerlo
- Revise que haya barricadas en las zonas donde las personas puedan quedar atrapadas o aprisionadas. Se deben instalar barricadas alrededor de las grúas para advertir a los trabajadores de su presencia.
- Asegure los polipastos para evitar que los derriben.
- No sobrecargue nunca un polipasto, un elevador ni una grúa. Respete siempre los valores de la categoría de elevación: no existe ningún factor de seguridad que pueda utilizarse para "hacerle trampa" a una carga.
- Inspeccione a diario las grúas, los elevadores y los polipastos.
- Nunca levante a una persona en una grúa, polipasto o elevador de materiales.
- Nunca use el equipo de forma indebida. Por ejemplo, nunca manipule un elevador para izar una carga.
- Capacite a las personas que usarán e instalarán los aparejos. Es muy fácil que una carga se caiga de un elevador mal instalado. No supere los límites de los equipos de aparejo.
- Los elevadores de personal deben tener puertas. Utilice puertas en cada rellano que puedan abrirse desde el lado del elevador para que no se abran y creen un peligro de caída.

Figura 26 Las grúas presentan peligros aéreos.
Fuente: iStock@Sundry Photography

4.2.0 Procedimientos de ingreso a espacios confinados

Como electricista, puede haber ocasiones en las que tenga que trabajar en un espacio confinado. Consulte la *sección 1926, Subparte AA del CFR* sobre espacios confinados en la construcción. Si está en un espacio confinado, debe tener en cuenta algunas consideraciones de seguridad especiales. Para obtener información sobre el trabajo en cámaras o bóvedas, consulte las *secciones 1926.1200 a 1926.1213 del CFR*. En las siguientes secciones, se indican las precauciones generales para trabajar en espacios confinados.

4.2.1 Pautas generales

La figura 27 es un ejemplo de espacio confinado en el que podría trabajar un electricista. Tenga en cuenta las características del espacio confinado que se identifican en la imagen.

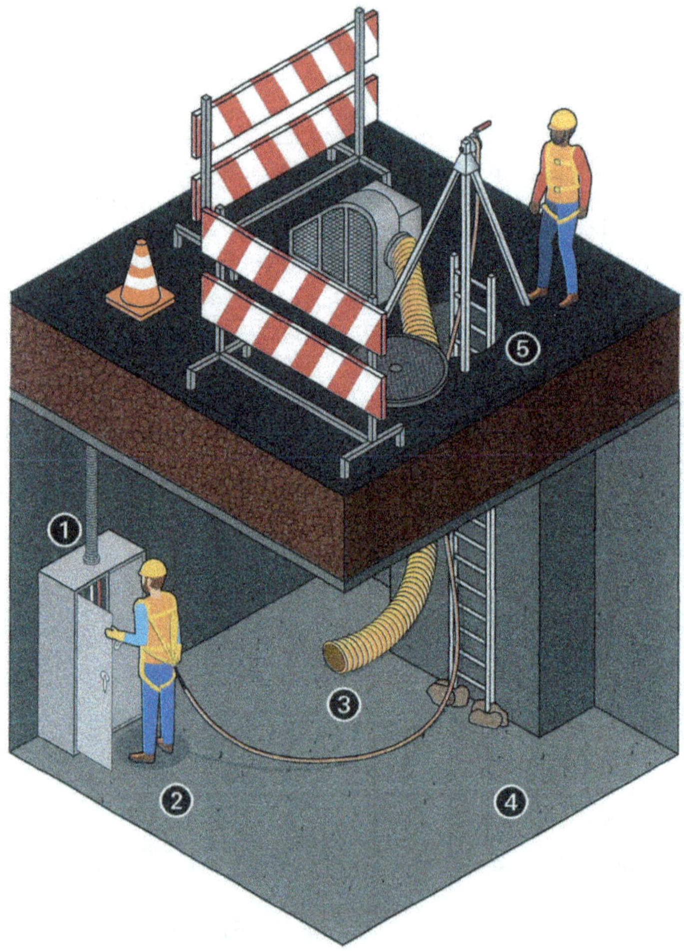

❶ Potencial de riesgos eléctricos o explosivos

❷ Potencial de atrapamiento/enterramiento

❸ Potencial de acumulación de atmósfera peligrosa

❹ No destinado a la ocupación humana

❺ Entrada y salida restringidas

Figura 27 Peligros de espacios confinados.

Algunos ejemplos de espacios confinados, entre otros, son:

- Cámaras
- Calderas
- Tanques
- Túneles
- Tolvas
- Recipientes
- Alcantarillas
- Contenedores
- Oleoductos
- Bóvedas
- Ductos de aire
- Depósitos

El ingreso a un espacio confinado ocurre cuando una parte del cuerpo cruza el plano de entrada. Nadie debe ingresar a un espacio confinado a menos que haya recibido capacitación sobre los procedimientos de ingreso. Estos son otros requisitos para los espacios confinados:

- Hay que eliminar o controlar todos los peligros antes de ingresar a un espacio confinado.
- Debe controlarse la calidad del aire en el espacio confinado.
- Al ingresar y trabajar en un espacio confinado, se debe usar siempre todo el EPP adecuado.
- Las escaleras para ingresar al espacio deben estar aseguradas.
- Utilice un sistema de recuperación de rescate al entrar y trabajar en espacios confinados que requieran permiso de ingreso. Un asistente capacitado debe estar presente en todo momento y asegurarse de que haya un equipo de rescate disponible con EPP que pueda dar respuesta inmediata.
- Coloque barricadas fuera del espacio confinado. Coloque señales de advertencia. La *figura 28* muestra una señal de advertencia típica de espacio confinado.
- Los supervisores de la obra deben expedir y firmar los permisos de ingreso, los cuales deben conservarse en el espacio confinado mientras se realizan los trabajos. Al final del turno, coloque los permisos de ingreso en el diario de trabajo y guárdelos durante un año.

Figura 28 Señal de advertencia de espacio confinado.
Fuente: iStock@CTRPhotos

4.2.2 Repaso de los peligros en espacios confinados

Realice una evaluación de riesgos para decidir el procedimiento adecuado para el ingreso a espacios confinados. La evaluación del riesgo de peligro debe incluir las siguientes condiciones:

- Los usos previos y actuales del espacio confinado.
- Las características físicas del espacio: tamaño, forma, circulación del aire, etc.
- Proximidad del espacio a otros peligros.
- Peligros existentes o potenciales en el espacio confinado, tales como las condiciones atmosféricas (nivel de oxígeno, de sustancias inflamables o explosivas y de sustancias tóxicas), presencia real o posible de líquidos, partículas o potencial de inmersión.
- Posibles peligros mecánicos/eléctricos en el espacio confinado (incluido el trabajo que se va a realizar).

Una vez que finalice la evaluación de riesgos de peligros, el supervisor, en consulta con los directores de proyecto o el director de seguridad, clasificará el espacio confinado como uno de los siguientes:

- Espacio confinado sin permiso de ingreso
- Espacio confinado que requiere permiso de ingreso

Los espacios confinados que requieren permiso de ingreso deben estar señalizados. Una vez que el espacio confinado se clasifique como corresponda, deben seguirse los respectivos procedimientos de ingreso y trabajo.

El contratista debe enumerar todos los espacios confinados en el lugar y designarlos como espacios confinados con permiso o sin permiso de ingreso.

¡ADVERTENCIA!

Únicamente las personas calificadas y capacitadas pueden ingresar a un espacio confinado o actuar como asistentes.

4.3.0 Materiales peligrosos

En la sección 1910.1200 del CFR, se indican los requisitos de comunicación de riesgos de materiales peligrosos. Es importante prepararse en caso de que ocurra un accidente en la obra. La capacitación en primeros auxilios es el mejor seguro para usted y sus compañeros, e incluye clases de certificación en RCP y respiración artificial. Averigüe dónde obtener primeros auxilios en la obra. También debe conocer el procedimiento para informar los accidentes. Cada obra debe contar con un manual o folleto de primeros auxilios con información fácil de encontrar sobre los procedimientos para tratar diversas lesiones de emergencia. Además, los números de teléfono de primeros auxilios deben estar a disposición de todas las personas presentes en la obra. Consulte la *sección 1910.151*, así como las *secciones 1926.23 y 1926.50 del CFR* para conocer los requisitos específicos de primeros auxilios.

4.3.1 Solventes

Los solventes que usan los electricistas pueden emanar vapores que pueden ser de toxicidad suficiente como para causar enfermedades o incluso lesiones permanentes. Muchos solventes irritan la piel y los ojos. También pueden ser tóxicos si se ingieren o se absorben a través de la piel.

Los solventes en spray o aerosol contienen pequeñas partículas o vapores que pueden mezclarse con el oxígeno del aire. Cuando esto ocurre, se puede producir un vapor altamente combustible. En esta situación, hasta la chispa más pequeña podría provocar una explosión en un espacio reducido.

Existen procedimientos y métodos específicos para usar, almacenar y eliminar solventes y productos químicos. Puede encontrar estos procedimientos en las hojas de datos de seguridad (SDS) que encontrará en sus instalaciones. Las SDS deben estar en un lugar accesible de la obra.

Se necesita una SDS para todos los materiales que puedan ser peligrosos para el personal o los equipos. Estas hojas contienen información sobre el material, como el fabricante y la composición química. Conserve toda la información posible sobre el material peligroso para evitar una situación peligrosa. Si ocurre un suceso peligroso, la información puede servir para corregir el problema. Consulte la *figura 29* para ver un ejemplo de la información de una SDS que puede encontrar en el trabajo.

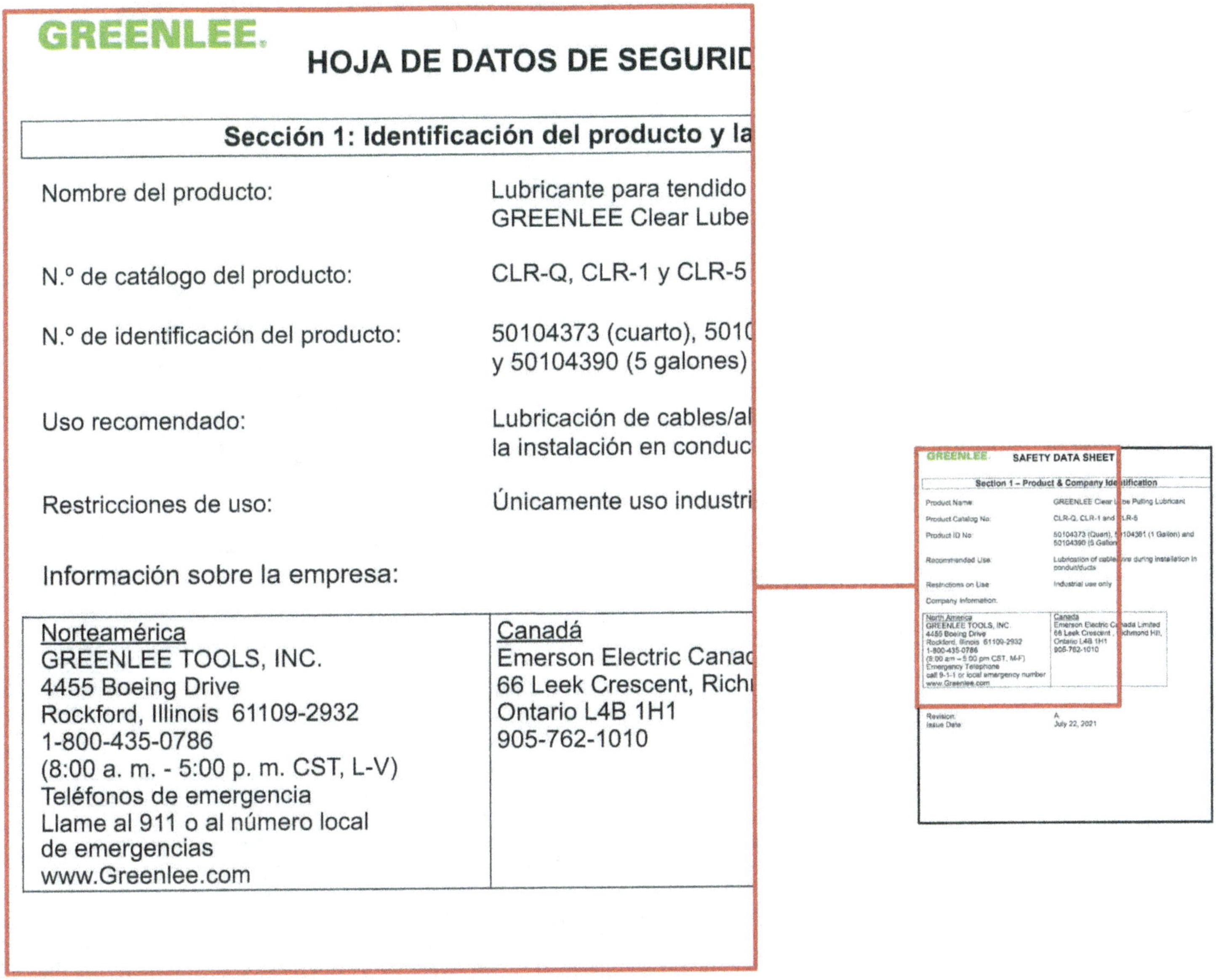

GREENLEE.

HOJA DE DATOS DE SEGURID

Sección 1: Identificación del producto y la

Nombre del producto:	Lubricante para tendido GREENLEE Clear Lube
N.º de catálogo del producto:	CLR-Q, CLR-1 y CLR-5
N.º de identificación del producto:	50104373 (cuarto), 501(y 50104390 (5 galones)
Uso recomendado:	Lubricación de cables/al la instalación en conduc
Restricciones de uso:	Únicamente uso industri

Información sobre la empresa:

Norteamérica	Canadá
GREENLEE TOOLS, INC. 4455 Boeing Drive Rockford, Illinois 61109-2932 1-800-435-0786 (8:00 a. m. - 5:00 p. m. CST, L-V) Teléfonos de emergencia Llame al 911 o al número local de emergencias www.Greenlee.com	Emerson Electric Canac 66 Leek Crescent, Richi Ontario L4B 1H1 905-762-1010

Figura 29 Sección de una SDS.
Fuente: Ridge Tool Company

En lo posible, use siempre un solvente que no sea inflamable ni tóxico. Si usa un solvente, ventile la zona de trabajo y utilice el EPP adecuado, como se muestra en la *figura 30*.

¡ADVERTENCIA!

Los filtros de papel de las mascarillas pueden detener las partículas de polvo más grandes, pero no impiden que los vapores peligrosos entren en los pulmones. Use siempre respiradores de cartucho químico en situaciones en las que pueda entrar en contacto con vapores peligrosos. En las zonas donde la ventilación también sea un problema, utilice un aparato respiratorio autónomo.

Figura 30 EPP utilizados con solventes.

Si es posible, evite los peligros que puedan causar dificultades respiratorias. El trabajo en horario extralaboral, la ventilación y los horarios de trabajo flexibles pueden ayudar a evitar situaciones en las que se vea obligado a trabajar en zonas con mala calidad del aire.

Por ejemplo, si se usan solventes en una zona determinada, los trabajos de electricidad pueden realizarse fuera del horario. De este modo, se puede evitar que los trabajos con solventes y electricidad coincidan. Si no puede seguir este método, use respiradores para protegerse de las altas concentraciones de polvo, niebla, humos, vapores y gases.

¡ADVERTENCIA!

Lea y siga siempre las instrucciones del envase del producto químico para evitar la exposición al producto. Recuerde que cada persona presenta reacciones diferentes a las sustancias químicas. Si es sensible a un producto químico en particular, deje la zona al primer síntoma de reacción alérgica. Si es necesario, busque atención médica.

Use protección respiratoria adecuada para el material peligroso en cuestión. Use también los dispositivos de protección respiratoria adecuados según el ámbito y la naturaleza del trabajo. Hay tres categorías de respiradores purificadores de aire:

- *Respiradores con eliminación de partículas (filtro mecánico):* protegen contra la inhalación de partículas en la atmósfera. Protegen contra un solo tipo de partículas, como el polvo que produce neumoconiosis, el polvo molesto, el polvo tóxico, los humos de metales o la niebla. También pueden proteger contra diversas combinaciones de estas partículas.
- *Respiradores con eliminación de gases y vapores (filtro químico):* protegen contra la inhalación de gases o vapores en la atmósfera. Algunos ejemplos son las máscaras antigás, los respiradores con cartucho químico (respiradores antigás que no son de emergencia) y respiradores de autorrescate. Protegen contra un solo gas, como el cloro; un solo tipo de gas, como los gases ácidos; o una combinación de tipos de gases, como los gases ácidos y los vapores orgánicos.

- *Combinación de respiradores de eliminación de partículas y de gases y vapores:* en algunos casos, los respiradores purificadores de aire consisten en una combinación de respiradores de eliminación de partículas y de gases y vapores.

Si debe usar un dispositivo de protección respiratoria, recuerde que un médico debe evaluarle para confirmar que tiene las condiciones físicas para usar un respirador. Luego, se colocará el respirador y se le darán instrucciones detalladas sobre su uso. Los empleados que necesiten un respirador por su trabajo deben mantener afeitada la zona facial de sello.

¡ADVERTENCIA!

No use ningún respirador a menos que se lo hayan ajustado y comprenda perfectamente su uso. Como con todas las normas de seguridad, siga el programa y las políticas respiratorias de su empresa.

Inspeccione periódicamente todos los equipos de protección respiratoria. Realice mantenimiento a los equipos y consérvelos en buen estado. Limpie los equipos respiratorios con regularidad. Guárdelos en un recipiente higiénico y a prueba de polvo.

4.3.2 Asbesto

El asbesto es un material mineral. Resiste el calor y los productos químicos corrosivos. Dependiendo de la composición química, las fibras de asbesto pueden tener una textura de gruesa a fina. Las fibras de asbesto son valoradas en la industria debido a su gran resistencia a la tracción, flexibilidad, resistencia al calor y a los productos químicos, así como por sus buenas propiedades de fricción.

Sin embargo, el asbesto puede causar muchos peligros para la salud. Sus fibras penetran en el organismo por inhalación de partículas suspendidas en el aire o por ingestión. Luego se incrustan en los tejidos de los sistemas respiratorio o digestivo. La exposición al asbesto puede causar muchas enfermedades discapacitantes o mortales, tales como la asbestosis (una afección similar al enfisema), el cáncer de pulmón, el mesotelioma (un tumor canceroso que se propaga rápidamente en las células de las membranas que recubren los pulmones y otros órganos) y el cáncer gastrointestinal. Por estas razones, el asbesto se prohibió en 1978.

El asbesto siguió siendo parte de la fabricación por un tiempo después de su prohibición. Por lo tanto, debe asumir que cualquier planta construida antes de 1980 contiene asbesto. Algunos productos que pueden contener asbesto son el aislamiento térmico de tuberías, la masilla para conductos y aislamiento, ignífugos pulverizados, baldosas de suelos y techos, aislamiento de tejados, revestimiento exterior de edificios, aislamiento de cables antiguos e incluso las tuberías. El propietario de una instalación que contenga asbesto debe disponer de un estudio con las normas de trabajo necesarias para trabajar de forma segura cerca del asbesto.

Como electricista, no perfore, altere ni trabaje con asbesto a menos que haya recibido la capacitación adecuada y pueda realizar el trabajo de forma segura. El trabajo con asbesto requiere una capacitación y equipos de protección especiales.

La señal que se muestra en la *figura 31* debe colocarse en las zonas que contengan asbesto.

Figura 31 Señal de peligro para las zonas que contienen asbesto.
Fuente: iStock@Bronwyn8

Historia de casos

Alteración de equipo respiratorio

Un trabajador independiente aplicó un revestimiento a base de solvente en el interior de un depósito. En lugar de llevar el respirador adecuado, usó mangueras de suministro de aire no estándar y alteró la mascarilla. Todas las juntas y ranuras de exhalación estaban selladas con cinta adhesiva. El trabajador se desplomó y nadie lo encontró por varias horas.

Conclusión: No altere ni improvise nunca el equipo de seguridad.

4.3.3 Baterías

Trabajar cerca de baterías húmedas puede ser peligroso. Es importante tomar las debidas precauciones. Puesto que algunas baterías pueden desprender gas hidrógeno como subproducto, el hidrógeno se mezcla con el aire y esta mezcla, en ocasiones, puede ser explosiva.

Las baterías de iones de litio plantean otros peligros. Tienen una densidad de energía mucho mayor que los tipos de baterías más antiguos. Cuando se combinan con la mezcla inflamable de electrolitos de una batería de iones de litio, basta un cortocircuito, una sobrecarga o un aumento de temperatura para que se produzca un fenómeno conocido como *fuga térmica*. La fuga térmica es una reacción en cadena dentro de la batería que es muy difícil de detener una vez que inicia. Cuando se produce esta reacción, puede intensificarse en cuestión de segundos y generar temperaturas extremas e incendios difíciles de extinguir.

Por estas razones, está estrictamente prohibido fumar en las salas de baterías. En este tipo de zonas, también se necesitan herramientas aisladas. Una ventilación adecuada puede reducir las posibilidades de explosión en zonas de baterías, como la que se muestra en la *figura 32*. Siga las directrices de su empresa para trabajar con baterías o cerca de ellas.

¡ADVERTENCIA!

Las plataformas elevadoras pueden funcionar con baterías no selladas en las que el nivel del agua se debe revisar y llenar con regularidad. Nunca use una llama para mirar dentro de una batería, pues puede provocar una explosión. Cargar baterías con un nivel bajo de agua puede dañarlas.

Figura 32 Las zonas de baterías necesitan una ventilación adecuada.
Fuente: iStock@Baloncici

4.3.4 Ácidos

El ácido de batería es una sustancia que puede corroer la piel humana y muchos otros materiales. El EPP para trabajar con baterías suelen incluir delantales químicos, mangas, guantes, protectores faciales y gafas. Así se evita que el ácido entre en contacto con la piel y los ojos. Siga los procedimientos de su sitio de trabajo para el manejo de derrames de estos materiales. Además, conozca la ubicación de los botiquines de primeros auxilios.

Existe la posibilidad de que el ácido de una batería salpique los ojos o entre en contacto con la piel de una persona. Por ello, las estaciones de lavado se encuentran cerca de las salas de baterías. No conecte ni desconecte las baterías sin la formación y supervisión adecuadas. Las personas que trabajen en la zona deben saber dónde está el lavaojos más cercano y cómo utilizarlo. Enjuague el ácido de la batería de la piel y los ojos con abundante agua o con una solución neutralizante.

PRECAUCIÓN

Si entra en contacto con el ácido de una batería, lave la zona afectada con agua e informe a su supervisor de inmediato.

4.3.5 PCB y lámparas de vapor

Los **bifenilos policlorados (PCB)** son productos químicos que se comercializan con nombres diversos como aislador/refrigerante líquido en transformadores antiguos. Además de utilizarse en transformadores antiguos, los PCB suelen encontrarse en algunos condensadores de gran tamaño. En ocasiones, aparecen incluso en pequeños transformadores de balasto que se usan en el alumbrado público y en las lámparas fluorescentes ordinarias. La eliminación de PCB está regulada por la *Environmental Protection Agency* - EPA (Agencia de Protección Ambiental) y debe realizarse a través de una empresa de eliminación regulada. Extreme las precauciones y siga los procedimientos de sus instalaciones cuando trabaje con PCB.

Bifenilos policlorados (*polychlorinated biphenyls* - PCB): sustancias químicas tóxicas que pueden encontrarse en los líquidos que se usan para enfriar algunos tipos de transformadores, condensadores e interruptores de gran tamaño.

¡ADVERTENCIA!

No entre en contacto con los PCB. Presentan diversos riesgos graves para la salud, como daños pulmonares y cáncer.

Recicle las lámparas de vapor, como las fluorescentes, las de halogenuros metálicos, las de sodio de alta presión o las de vapor de mercurio, porque contienen mercurio. Empaquete los tubos y las lámparas HID y manipúlelos con cuidado para evitar que se rompan.

4.3.6 Seguridad del plomo

En 2010, la EPA promulgó la norma sobre renovación, reparación y pintura (RRP), que busca proteger a los niños pequeños que viven o pasan tiempo en edificios que contienen pintura a base de plomo. Ésta exige una certificación y unas prácticas laborales seguras con el plomo. Estas prácticas laborales deben seguirse durante las obras de renovación de todas las viviendas u otras instalaciones ocupadas por niños que fueron construidas antes de 1978.

La norma se aplica cuando se alteran más de 0.6 m^2 (6 $pies^2$) por habitación de una superficie interior pintada o más de 1.8 m^2 (20 $pies^2$) de una superficie exterior pintada.

La norma se aplica a los proyectos del Housing and Urban Development - HUD (Departamento de Vivienda y Desarrollo Urbano) que impliquen únicamente 0.2 m^2 (2 $pies^2$) de pintura a base de plomo en interiores, más de 1.8 m^2 (20 $pies^2$) de pintura a base de plomo en exteriores, o el 10% de la superficie total en un componente interior o exterior con pintura a base de plomo. Esto puede incluir zonas relativamente pequeñas, como alféizares, zócalos y molduras.

La norma RRP contiene los siguientes requisitos básicos:

- Cada sitio de trabajo debe contar con al menos un experto en renovaciones con certificación de RRP. Esta certificación conlleva una capacitación sobre el trabajo seguro con plomo impartida por una institución educativa acreditada por la EPA.
- Además de la certificación individual, la empresa o agencia contratante también debe certificarse.
- Los contratistas deben entregar al cliente una copia del folleto "Renovate Right" (se puede descargar en **www.epa.gov**).

4.3.7 Seguridad de la sílice

El polvo de sílice se genera al cortar o perforar concreto, mampostería y roca. La exposición prolongada al polvo de sílice puede causar cáncer de pulmón, silicosis, enfermedad pulmonar obstructiva crónica y enfermedad renal. Consulte las *secciones 1926.1153* y *1910.1053 del CFR*. Según la OSHA, la exposición al polvo de sílice respirable afecta cada año a unos dos millones de trabajadores de la construcción.

La OSHA introdujo la norma sobre la sílice para combatir los efectos negativos para la salud de la exposición ocupacional. Esta norma reduce el límite de exposición permitido (PEL) para la sílice cristalina respirable a 50 microgramos por metro cúbico ($\mu g/m^3$) de aire en promedio por turno de ocho horas.

También exige que los empleadores usen los siguientes controles para limitar la exposición de los trabajadores:

- Aplicar controles técnicos. Por ejemplo, las herramientas con cubiertas o sistemas de recolección de polvo (*figura 33*) y con sistemas integrados de suministro de agua ayudan a evitar que el trabajador alcance el PEL.
- Proporcionar respiradores cuando los controles de ingeniería no puedan limitar adecuadamente la exposición.
- Limitar el acceso de los trabajadores a las zonas de alta exposición.
- Redactar un plan de control de la exposición.
- Ofrecer exámenes médicos para controlar a los trabajadores muy expuestos y facilitar información sobre su salud pulmonar.
- Capacitar a los trabajadores sobre los riesgos de la sílice y cómo limitar las exposiciones.

La OSHA calcula que esta norma salvará más de 600 vidas y evitará más de 900 casos nuevos de silicosis cada año. La *tabla 7A* y la *tabla 7B* proporcionan los controles de exposición OSHA para varios tipos de equipos/tareas. El seguimiento de las directrices de estas tablas garantizará que se cumpla la norma.

Figura 33 Herramienta eléctrica con dispositivo de recolección de sílice.
Fuente: DeWalt Industrial Tool Co.

TABLA 7A Controles de la OSHA para la exposición a la sílice (1 de 2)

Equipo/Tarea	Métodos de control de ingeniería y de prácticas de trabajo	Protección respiratoria obligatoria y factores de protección mínima asignados (APF)	
		Inferior o igual a cuatro horas/turno	**Más de cuatro horas por turno**
Sierras fijas para albañilería	Utilice una sierra equipada con un sistema integrado de liberación de agua que suministre agua a la hoja continuamente. Accione y mantenga la herramienta de acuerdo con las instrucciones del fabricante a fin de minimizar la generación de polvo.	Ninguno	Ninguno
(ii) Sierras eléctricas de mano (cualquier diámetro de hoja)	Utilice una sierra equipada con un sistema integrado de liberación de agua que suministre agua a la hoja continuamente. Accione y mantenga la herramienta de acuerdo con las instrucciones del fabricante a fin de minimizar la generación de polvo.	Ninguno	Ninguno
Sierras eléctricas de mano para cortar placas de fibrocemento (con un diámetro de hoja de 20 cm [8"] o menos)	Estos métodos solamente deben utilizarse para tareas realizadas al aire libre. Utilice una sierra equipada con un sistema de recolección de polvo disponible en el mercado. Accione y mantenga la herramienta de acuerdo con las instrucciones del fabricante a fin de minimizar la generación de polvo. El colector de polvo debe tener una circulación de aire igual o superior a la recomendada por el fabricante de la herramienta y un filtro con una eficacia del 99 % o superior.	Ninguna si se utiliza en el exterior; APF 10 si se utiliza en el interior o en un recinto cerrado.	Ninguna si se utiliza en el exterior; APF 10 si se utiliza en el interior o en un recinto cerrado.
Sierras de empuje	Utilice una sierra equipada con un sistema integrado de liberación de agua que suministre agua a la hoja continuamente. Accione y mantenga la herramienta de acuerdo con las instrucciones del fabricante a fin de minimizar la generación de polvo.	Ninguno	Ninguno
Sierras o equipos de perforación con extracción de testigo montados en plataformas	Utilice una herramienta equipada con un sistema integrado de liberación de agua que suministre agua a la superficie de corte. Accione y mantenga la herramienta de acuerdo con las instrucciones del fabricante a fin de minimizar la generación de polvo.	Ninguno	Ninguno
Taladros de mano y de pie (incluidos taladros percutores de impacto y rotativos)	Utilice taladros con cubiertas o capós disponibles en el mercado, con sistema de recolección de polvo. Accione y mantenga la herramienta de acuerdo con las instrucciones del fabricante a fin de minimizar la generación de polvo. El colector de polvo debe tener una circulación de aire igual o superior a la recomendada por el fabricante de la herramienta, un filtro con una eficacia del 99% o superior y un mecanismo de limpieza del filtro. Utilice una aspiradora con filtro HEPA para limpiar los orificios.	Ninguno	Ninguno

TABLA 7B Controles de la OSHA para la exposición a la sílice (2 de 2)

Equipo/Tarea	Métodos de control de ingeniería y de prácticas de trabajo	Protección respiratoria obligatoria y factores de protección mínima asignados (APF)	
		Inferior o igual a cuatro horas/turno	**Más de cuatro horas por turno**
Martillos perforadores y herramientas eléctricas manuales para rebajar	Utilice una herramienta equipada con un sistema de suministro de agua en chorro o pulverizada en el punto de impacto. O Utilice una herramienta equipada con un capó y un sistema de recolección de polvo disponibles en el mercado. Accione y mantenga la herramienta de acuerdo con las instrucciones del fabricante a fin de minimizar la generación de polvo. El colector de polvo debe tener una circulación de aire igual o superior a la recomendada por el fabricante de la herramienta, un filtro con una eficacia del 99% o superior y un mecanismo de limpieza del filtro.	Ninguna si se utiliza en el exterior; APF 10 si se utiliza en el interior o en un recinto cerrado.	APF 10 si se utiliza en el interior o exterior o en un recinto cerrado.
Amoladoras de mano para usos distintos de la eliminación de argamasa	Estos métodos solamente deben utilizarse para tareas realizadas al aire libre. Utilice una amoladora equipada con un sistema integrado de liberación de agua que suministre agua a la superficie de esmerilado continuamente. Accione y mantenga la herramienta de acuerdo con las instrucciones del fabricante a fin de minimizar la generación de polvo. O Utilice amoladoras equipadas con una cubierta y un sistema de recolección de polvo disponibles en el mercado. Accione y mantenga la herramienta de acuerdo con las instrucciones del fabricante a fin de minimizar la generación de polvo. El colector de polvo debe permitir una circulación de aire de 25 pies cúbicos por minuto (cfm) o más por pulgada de diámetro de la rueda, además de tener un filtro con una eficacia del 99 % o superior y un preseparador ciclónico o un mecanismo de limpieza del filtro.	Ninguno	Ninguna si se utiliza en el exterior; APF 10 si se utiliza en el interior o en un recinto cerrado.
Maquinaria pesada y vehículos utilitarios para tareas como nivelación y excavación, pero sin incluir la demolición, abrasión o fracturación de materiales que contengan sílice.	Aplique agua o supresores de polvo según sea necesario para minimizar la generación de polvo. O Cuando el operador del equipo sea el único empleado que realiza la tarea, accione el equipo desde una cabina cerrada.	Ninguno	Ninguno

4.0.0 Repaso de la sección

1. Mantener un contacto de tres puntos en una escalera significa que _____.
   a. al menos tres de los cuatro puntos del larguero (dos largueros y dos pies) deben descansar sobre una superficie sólida
   b. usted puede estirarse a la izquierda o la derecha todo lo que sea necesario, siempre que tenga una mano y ambos pies en la escalera
   c. usted debe tener ambos pies y una mano en la escalera o ambas manos y un pie mientras sube
   d. todos los empalmes deben unirse en tres puntos

2. ¿Cuál de los siguientes se considera un espacio confinado?
   a. Callejón estrecho entre edificios
   b. Tolvas
   c. Zanja poco profunda
   d. Establo

3. Las lámparas fluorescentes pueden contener _____.
   a. ácido
   b. plomo
   c. CFC
   d. PCB

Módulo 26102-23 Preguntas de repaso

1. ¿Cuál de los siguientes *no* es uno de los cuatro principales peligros de enfoque en una obra?
   a. Caídas
   b. Choque eléctrico
   c. Ser aplastado o golpeado por objetos que caen o que salen despedidos
   d. Quemaduras químicas

2. Los conductores de baja tensión _____.
   a. no tienen potencia suficiente como para causar la muerte por electrocución
   b. deben superar los 480 V para causar la muerte
   c. son la principal causa de las muertes por electrocución debido a la frecuencia de contacto
   d. no tienen mucha probabilidad de causar lesiones si se usa calzado con suela de goma

3. Una descarga de 5 mA puede causar lesiones por _____.
   a. paro respiratorio
   b. asfixia
   c. movimiento involuntario
   d. quemaduras eléctricas

4. Si el corazón de una persona comienza a fibrilarse debido a una descarga eléctrica, la solución es _____.
   a. dejar a la persona sola hasta que cese la fibrilación
   b. que una persona calificada utilice un desfibrilador
   c. sumergir a la persona en agua helada
   d. utilizar la maniobra de Heimlich

5. Un protector de máquina es un tipo de _____.
   a. eliminación de un peligro
   b. control de ingeniería
   c. sustitución del peligro
   d. control administrativo

6. Un permiso de trabajo es un tipo de _____.
   a. eliminación de un peligro
   b. control de ingeniería
   c. sustitución del peligro
   d. control administrativo

7. El método *menos* eficaz para prevenir el riesgo es el uso de _____.
   a. eliminación
   b. sustitución
   c. controles de ingeniería
   d. EPP

8. El tipo de casco que puede soportar una tensión de 20,000 VCA durante tres minutos es de _____.
   a. Clase A
   b. Clase C
   c. Clase E
   d. Clase G

9. Los guantes de goma de clase 0 se utilizan cuando se trabaja con tensiones *inferiores a* _____.
   a. 500 VCA
   b. 1,000 VCA
   c. 5,000 VCA
   d. 7,500 VCA

10. Un uso importante de una pértiga dieléctrica es _____.
    a. sustituir las barras colectoras
    b. probar el aislamiento
    c. sustituir fusibles
    d. probar la continuidad

11. ¿Cuál de estas afirmaciones describe correctamente una herramienta eléctrica con doble aislamiento?
    a. Aislamiento doble en el cordón de potencia.
    b. Puede utilizarse de forma segura en lugar de una herramienta con puesta a tierra.
    c. Está hecha totalmente de plástico u otro material no conductor.
    d. Toda la herramienta está recubierta de goma.

12. ¿Cuál de las siguientes opciones se aplica en un procedimiento de LOTO?
    a. Únicamente el supervisor puede instalar dispositivos de LOTO.
    b. Si participan varios empleados, el equipo de LOTO solamente lo aplica el primer empleado que llega a la desconexión.
    c. Otro empleado puede retirar los dispositivos de LOTO que aplica un empleado siempre que pueda verificarse que el primer empleado se marchó ese día.
    d. Cada empleado que participa en el trabajo instala los dispositivos LOTO.

13. El *NEC*® abarca _____.
    a. los requisitos mínimos para la instalación de sistemas eléctricos
    b. las especificaciones de fabricación para los equipos eléctricos
    c. los riesgos laborales asociados a los equipos eléctricos
    d. las instrucciones de funcionamiento de los equipos eléctricos

14. ¿Cuál es la distancia adecuada entre la base de una escalera recta y la pared?
    a. Un cuarto de la altura de trabajo de la escalera
    b. La mitad de la altura de la escalera
    c. Una distancia igual a la altura de los tres primeros peldaños
    d. Un cuarto de la raíz cuadrada de la altura de la escalera

15. ¿Cuáles son las distancias mínima y máxima a las que puede extenderse el entarimado de un andamio más allá del soporte del extremo?
    a. 4"; 8"
    b. 6"; 10"
    c. 6"; 12"
    d. 8"; 12"

16. ¿Qué ocurre con los permisos utilizados para ingresar a un espacio confinado?
    a. Se revisan al final de cada turno y se desechan al finalizar el trabajo.
    b. Se anotan en el diario de trabajo al final de cada turno y se conservan durante un año.
    c. Se registran en el diario de trabajo al final de cada turno y se presentan a la OSHA.
    d. Se revisan al final de cada turno y se conservan durante tres meses.

17. La *mejor* forma de protegerse de los peligros de los solventes es _____.
    a. usar siempre guantes de vinilo y mascarilla con filtro de papel
    b. pedir instrucciones a un compañero de trabajo
    c. preguntar al proveedor
    d. leer y seguir todas las instrucciones de la SDS del producto

18. Es seguro suponer que puede haber asbesto en cualquier construcción de antes del año _____.
    a. 1980
    b. 1985
    c. 1990
    d. 1995

Las respuestas a las preguntas de repaso impares del módulo se encuentran en el *Apéndice A*.

Módulo 26102-23 Ejercicios suplementarios

1. La *sección 1910 del CFR* trata de

   ____

   ____

2. La *sección 1926 del CFR* trata de

   ____

   ____

3. ¿Verdadero o falso? Se debe usar un compresor para realizar una prueba de aire en guantes para tensiones altas porque tiene más presión y es mucho más rápido.

4. Existen seis clases de equipos de protección de goma. Escriba las seis clases y las tensiones nominales.

   ____

   ____

5. Todos los conductores, barras conductoras y conexiones deben considerarse _________ hasta que se compruebe lo contrario.

6. La distancia entre la zapatas de una escalera y la base de la pared o soporte debe ser aproximadamente _________ de la distancia vertical desde la parte inferior hasta la parte superior de la escalera.

7. A medida que se vaya montando, cada parte de un andamio deberá ser cuidadosamente _________.

8. Enumere las directrices generales que se usan para identificar un espacio confinado.

   ____

   ____

9. Antes de determinar el procedimiento adecuado para ingresar a espacios confinados, debe realizarse un(a) _________.

Las respuestas a los ejercicios suplementarios impares se encuentran en el *Apéndice B*.

Piedra angular del oficio

Fuente: Willmar Electric

Scott Robertson
Willmar Electric
Instructor de aprendices

¿Cómo eligió una carrera en el campo de la electricidad?

Al principio estudié Ingeniería Eléctrica. Después de unos cuantos años perdidos, me di cuenta de que no podía pasarme el día sentado detrás de un escritorio. Quería ir de un lado a otro y hacer trabajos manuales.

¿Quién lo inspiró para entrar en la industria?

Ninguna persona de mi familia era electricista. Desde temprana edad, mi padre me enseñó que uno trabaja duro por lo que quiere, así que hay que hacer lo que a uno le guste. Me gustaba la electricidad y me dediqué a este campo en las clases de ciencias que tomé en secundaria y la preparatoria.

¿Qué tipos de capacitación ha recibido?

Cursé un programa de educación técnica que era algo parecido a lo que ofrece NCCER. Sinceramente, pensé que estaba perdiendo el tiempo porque habría aprendido mucho más en el trabajo y también habría podido recibir la formación que ofrece NCCER.

¿Qué importancia tienen la educación y la capacitación en la construcción?

La educación es la piedra angular de la construcción. Para convertirse en un obrero especializado y profesional, es necesario conocer todo aquello con lo que puede trabajar o encontrarse en su campo concreto. Ese tipo de información nos convierte en personas más integrales.

¿Qué importancia tienen las credenciales de NCCER para su carrera profesional?

En nuestra empresa, utilizamos el avance de NCCER como referencia para el aumento salarial de nuestros aprendices. Cuando completan seis módulos, reciben un aumento. Consiguen otro aumento cuando completan el nivel. En realidad, pocos estudiantes terminan el plan de estudios porque pueden dejar el programa luego de aprobar el examen de oficial.

¿Cómo ha influido la capacitación o la construcción en su vida?

Cuando estaba en el instituto, ni en un millón de años habría dicho que me dedicaría a enseñar. Apenas podía estar delante de otros alumnos durante la clase de expresión oral, y mucho menos enseñar a más de 60 alumnos como ahora. Al trabajar en la construcción, tengo que comunicarme regularmente con personas de otros oficios y compañeros de trabajo, y eso me permite formarme sobre la marcha. He crecido como persona y como trabajador especializado. Ahora puedo compartir mis conocimientos del oficio y algunas de las lecciones de vida que he aprendido. También puedo enseñarles a no cometer algunos de los mismos errores que yo cometí en el pasado.

¿Qué tipos de trabajo ha realizado en su carrera?

He hecho muchos trabajos eléctricos en los años que llevo en el sector. También he realizado trabajos residenciales, comerciales, industriales, de datos, alarmas contra incendios, hospitales y correccionales. He disfrutado con casi todo, y me encanta incursionar en los campos más recientes, como la energía solar.

Háblenos de su trabajo actual.

En la actualidad, soy instructor de aprendices a tiempo completo para Willmar Electric e instructor a tiempo parcial para la sección ABC de Nebraska/Dakota del Sur. En estas funciones, puedo ayudar a NCCER en todo lo que puedo y seguir ayudando a los estudiantes más allá de la ciudad de Lincoln.

¿Qué es lo que más disfruta de su trabajo?

Me encanta poder ver a los electricistas crecer en el oficio y convertirse en personas y electricistas íntegros.

¿Qué factores han contribuido más a su éxito?

Atribuyo mi éxito a mi deseo de saber el porqué de las cosas. Esto va más allá de hacer una tarea solamente porque alguien me dice que la haga. También les enseño a mis alumnos a preguntarse por qué. Nunca se entenderá el oficio si no se formulan preguntas o se buscan respuestas en el libro de códigos.

¿Sugeriría la construcción como carrera profesional a otras personas?

Definitivamente le recomendaría a la gente que incursionara en el sector de la construcción. Si uno se esfuerza y se capacita, las posibilidades de ganar más dinero a largo plazo son mayores. Si uno empieza a ganar dinero al salir del instituto y a trabajar en una buena empresa que ofrezca formación gratis, se logra una gran ventaja.

¿Qué consejo les daría a quienes son nuevos en este campo?

Hagan preguntas. Solo es posible crecer como persona si se hacen preguntas cuando uno no entiende algo o se quiere saber por qué una determinada tarea se hace de una forma en particular.

¿Cómo define ser especialista en este oficio?

Como calidad con especialización y profesionalismo.

Respuestas a las preguntas de repaso de la sección

Respuesta	Referencia de la sección	Objetivo
Sección 1.0.0		
1. d	1.1.1	1a
2. a	1.2.0	1b
3. b	1.3.1	1c
4. c	1.3.2; *Figura 8*	1c
Sección 2.0.0		
1. b	2.1.1	2a
2. c	2.2.1	2b
Sección 3.0.0		
1. b	3.1.4	3a
2. c	3.2.0	3b
Sección 4.0.0		
1. c	4.1.1	4a
2. b	4.2.1	4b
3. d	4.3.5	4c

Actualización por los usuarios

¿Encontró algún error? Visite **https://www.nccer.org/olf** o escanee el código QR con su dispositivo móvil para enviar su corrección.

ESCANEAR

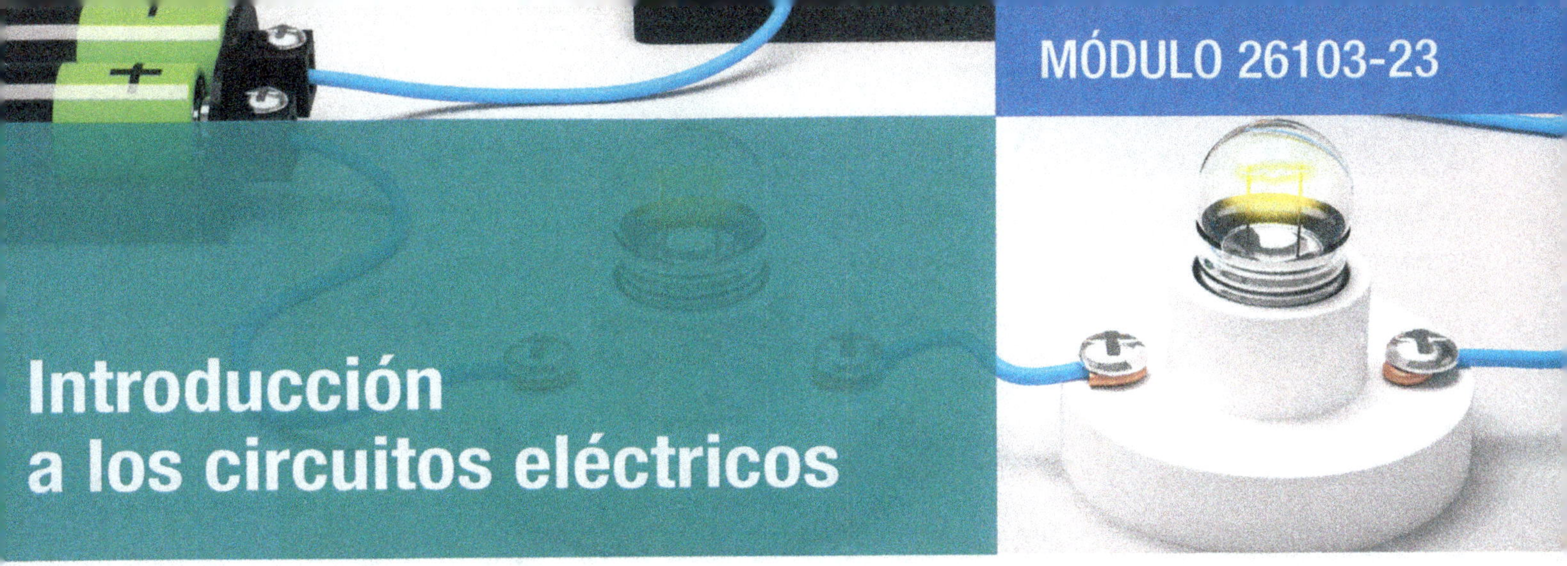

MÓDULO 26103-23

Introducción a los circuitos eléctricos

Fuente: ©harunyigit/Adobe Stock

Objetivos

La exitosa finalización de este módulo te prepara para realizar lo siguiente:

1. Describir la estructura atómica en relación con la electricidad.
   a. Identificar las partes de un átomo.
   b. Comparar las estructuras atómicas de conductores y aisladores.
   c. Identificar la función del magnetismo en los dispositivos eléctricos.
2. Determinar los valores de un circuito mediante ecuaciones.
   a. Definir los diversos valores de un circuito.
   b. Explicar cómo se usa la ley de Ohm para resolver valores desconocidos de un circuito.
   c. Explicar cómo calcular la potencia eléctrica.
3. Leer diagramas esquemáticos sencillos.
   a. Identificar el símbolo de una resistencia y determinar su valor según los códigos de color.
   b. Distinguir entre circuitos en serie y en paralelo.
   c. Identificar los instrumentos utilizados para medir los valores de un circuito.

Tareas prácticas

Este es un módulo de conocimiento teórico. Este módulo no contiene tareas prácticas.

Visión general

Los circuitos eléctricos se usan en todo tipo de instrumentos para que estos funcionen. En este módulo se explica la teoría atómica básica y la teoría eléctrica. Estas son las ideas que subyacen a la electricidad en todos los ámbitos. También aprenderá las unidades de medida de la electricidad. Aprenderá a usar la ley de Ohm y la ecuación de la potencia para hallar valores desconocidos.

NOTA

NFPA 70®, *National Electrical Code*®, y *NEC*® son marcas registradas de la National Fire Protection Association, Quincy, MA.

NCCER Credenciales reconocidas en el sector

Si se está capacitando a través de un patrocinador acreditado por NCCER, puede ser elegible para obtener credenciales del NCCER. El número de identificación de este módulo es 26103-23. Tenga en cuenta que este módulo puede haber sido utilizado en otros planes de estudios de NCCER y puede aplicarse a la realización de otros niveles. Comuníquese con NCCER al 1.888.622.3720 o visite **www.nccer.org** para obtener más información.

También puede mostrar en línea sus credenciales reconocidas por el sector con las insignias digitales de NCCER. Transforme sus conocimientos, habilidades y logros en insignias que puede compartir en las plataformas de redes sociales, enviar a su red y agregar a su currículum. Para obtener más información, visite **www.nccer.org**.

Recursos digitales sobre Electricidad

ESCANEAR

Escanee este código con la cámara de su celular o dispositivo móvil para ver los recursos digitales relacionados con este oficio.

1.0.0 Estructura atómica y electricidad

Tareas prácticas

Esta sección no contiene tareas prácticas.

Objetivo

Describir la estructura atómica en relación con la electricidad.

a. Identificar las partes de un átomo.
b. Comparar las estructuras atómicas de conductores y aisladores.
c. Identificar la función del magnetismo en los dispositivos eléctricos.

Batería (*battery*): fuente de voltaje de corriente continua (CC) que consta de dos o más celdas que convierten la energía química en energía eléctrica.

Circuito (*circuit*): trayectoria completa para el flujo de corriente.

La electricidad es una forma de energía que hace funcionar los dispositivos eléctricos, tales como motores, luces y calefactores, entre muchos otros.

La electricidad también sirve para controlar aparatos no eléctricos. Por ejemplo, el motor de un automóvil que funciona con gasolina, pues no sería posible arrancar ni apagar el auto sin el sistema eléctrico y una **batería**.

Para entender la teoría eléctrica, primero hay que entender la teoría atómica. La teoría atómica describe la composición de los átomos y explica cómo se comportan en un **circuito**.

1.1.0 Análisis de los componentes de un átomo

Átomo (*atom*): la partícula más pequeña en la que se puede dividir un elemento sin perder las propiedades de ese elemento.

Protón (*proton*): la partícula de carga positiva
más pequeña de un átomo. Los protones se encuentran en el núcleo de un átomo.

Carga (*charge*): cantidad de electricidad que es positiva o negativa.

Electrón (*electron*): partícula con carga negativa que orbita el núcleo de un átomo.

Neutrón (*neutron*): partícula eléctricamente neutra (ni positiva ni negativa) que tiene la misma masa que un protón y se encuentra en el núcleo de un átomo.

Núcleo (*nucleus*): el centro de un átomo. Contiene los protones y neutrones del átomo.

Un **átomo** es la partícula más pequeña en la que se puede dividir un elemento sin perder las propiedades de ese elemento. Los átomos contienen los siguientes tipos de partículas subatómicas:

- **Protón** (**carga** positiva)
- **Electrón** (carga negativa)
- **Neutrón** (sin carga)

La carga negativa de un electrón es igual a la carga positiva de un protón. Estas cargas se denominan 'cargas electrostáticas' *(electrostatic charges)*. Cada átomo tiene una combinación específica de protones, neutrones y electrones.

El de hidrógeno es el más simple de todos los átomos. Existe en varias formas conocidas como 'isotopos' *(isotopes)*. El hidrógeno ligero solo contiene un protón y un electrón. El hidrógeno pesado contiene un protón, un neutrón y un electrón (*figura 1*). Los protones y neutrones se encuentran en el centro, o **núcleo**, de un átomo. Los electrones viajan alrededor del núcleo en una órbita conocida como *corteza*, que está compuesta por capas. El hidrógeno solo tiene una capa. Otros átomos tienen hasta siete capas.

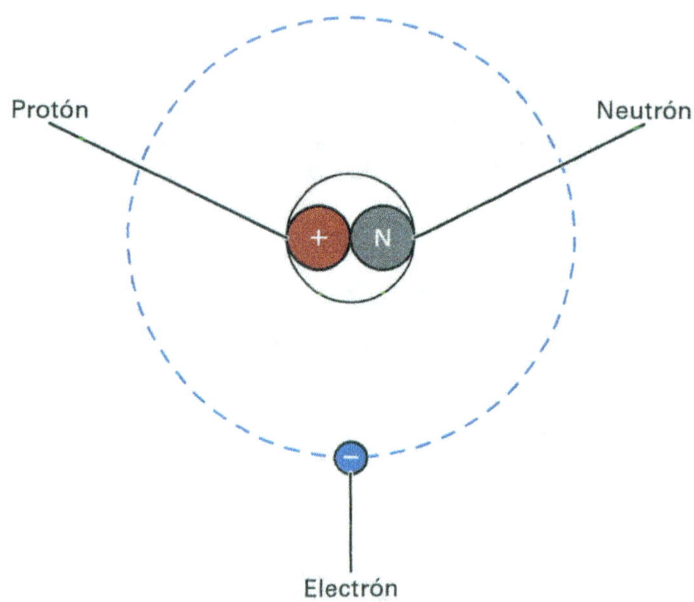

Figura 1 Átomo de hidrógeno.

Cada capa del átomo tiene un nivel de energía diferente y las que están más alejadas del núcleo son las que tienen más energía. Cada capa tiene también un número máximo de electrones. Por ejemplo, la primera tiene dos electrones como máximo y la segunda, ocho electrones. Los electrones tienden a viajar en parejas en la corteza.

1.1.1 Capa de valencia

La capa más externa de un átomo se denomina **capa de valencia**. Los electrones de esta capa se llaman 'electrones de valencia *(valence electrons)*.

El número de electrones de la capa de valencia determina si el átomo ganará o perderá electrones con facilidad. Recuerde lo siguiente:

- Cuantos menos electrones haya en la capa de valencia, más probable es que el átomo pierda electrones.
- Cuantos más electrones haya en la capa de valencia, más probable es que el átomo gane electrones.

Los átomos con una capa de valencia completa son los de mayor estabilidad química. Los átomos que están cerca de tener una capa de valencia completa sienten una fuerte atracción por ganar electrones para completar esa capa.

La capa de valencia del átomo de sodio de la *figura 2* solo tiene un electrón y lo liberará fácilmente. Esto significa que el sodio es altamente reactivo.

Capa de valencia *(valence shell)*: La capa más externa de electrones que orbitan alrededor del núcleo de un átomo.

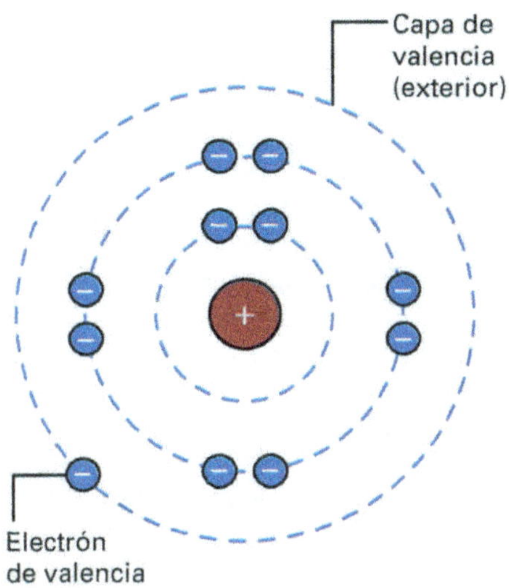

Figura 2 Capa de valencia del átomo de sodio.

1.1.2 Iones

Veamos ahora qué ocurre cuando ponemos en contacto el átomo de sodio con un átomo de flúor (*figura 3*). El átomo de flúor tiene siete electrones en su capa de valencia. Como tiene una gran atracción por ganar electrones y completar su capa de valencia, también es muy reactivo. Le quita con facilidad el electrón de valencia al átomo de sodio.

Un átomo que gana o pierde electrones se conoce como **ion**. Existen dos tipos de iones: positivos y negativos. Cuando un átomo gana un electrón, se convierte en un *ion negativo*. Cuando pierde un electrón, se convierte en un *ion positivo*.

En la *figura 3*, el átomo de sodio ha perdido un electrón y se convierte en un ion positivo. Es positivo porque ahora tiene más protones (+11) que electrones (-10). El átomo de flúor ha ganado un electrón y se convierte en un ion negativo. Es negativo porque ahora tiene más electrones (-10) que protones (+9).

Los iones con la misma carga se repelen, mientras que los iones con cargas diferentes se atraen (*figura 4*). Esto se deriva de la *ley de Coulomb* y constituye uno de los principios básicos de la electricidad. Los electrones viajan de negativo a positivo en un circuito eléctrico.

Ion *(ion)*: átomo con carga negativa o positiva debido a la ganancia o pérdida de electrones.

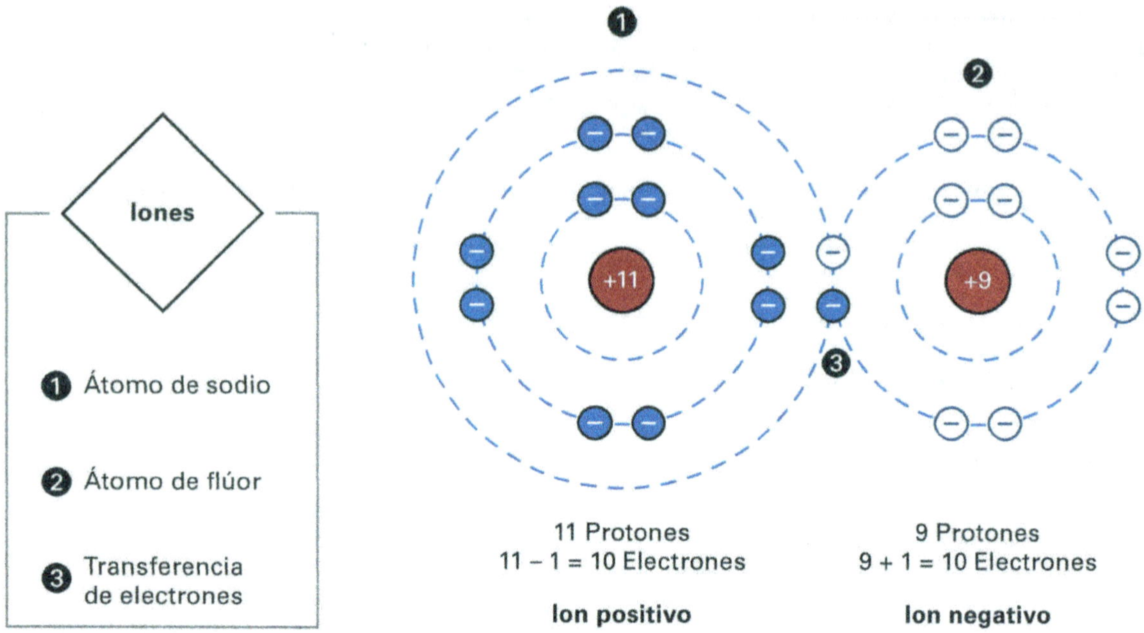

Figura 3 Iones positivos y negativos.

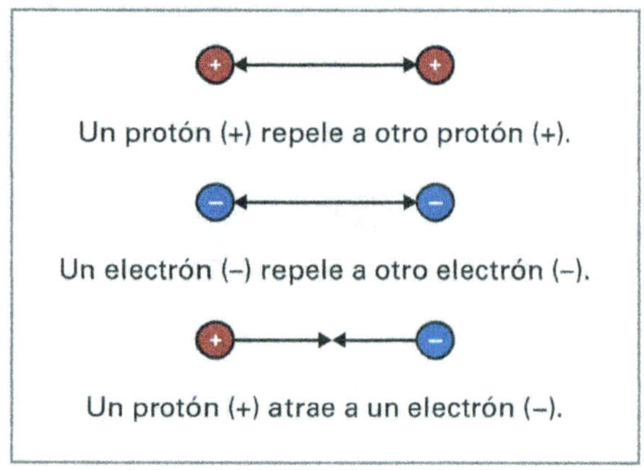

Figura 4 Ley de Coulomb.

1.2.0 Estructuras atómicas de conductores y aisladores

El número de electrones en la capa de valencia de un átomo es fundamental para el desempeño de ese elemento en un circuito. Los elementos pueden clasificarse en una de las tres categorías de la *tabla 1*. Un **conductor** debe poder transferir electrones con libertad, por lo que tiene pocos electrones de valencia. Un **aislador** debe impedir el flujo de electrones, por lo que tiene más electrones de valencia. Un **semiconductor** es una categoría especial que se sitúa entre las otras dos. Puede comportarse tanto como aislador y como conductor, dependiendo de las condiciones del circuito. Más adelante aprenderá más sobre los semiconductores.

Conductor (*conductor*): material a través del cual es relativamente fácil mantener una corriente eléctrica.

Aislador (*insulator*): material a través del cual es difícil conducir una corriente eléctrica.

Semiconductor (*semiconductor*): material con propiedades eléctricas intermedias entre las de un conductor y un aislador. Los semiconductores se usan para controlar el flujo de corriente en equipos electrónicos y otras aplicaciones, como los sistemas solares fotovoltaicos.

TABLA 1 Categorías de elementos

Categoría	Descripción	Ejemplos
Conductor	Un conductor tiene tres electrones de valencia o menos. Los conductores permiten fácilmente el flujo de electrones. Los conductores se utilizan para transferir energía eléctrica de un punto a otro.	Cobre y aluminio
Semiconductor	Un semiconductor tiene cuatro electrones de valencia. No son buenos conductores, pero tampoco pueden utilizarse como aisladores. Sus cualidades eléctricas están entre las de los conductores y las de los aisladores. Los semiconductores se usan para controlar el flujo de corriente en sistemas solares fotovoltaicos y circuitos electrónicos.	Germanio y silicio
Aislador	Un aislador tiene cinco o más electrones de valencia. Los aisladores no conducen bien la electricidad. Los aisladores se utilizan para impedir el paso de la electricidad.	Porcelana y plástico

1.3.0 Magnetismo en dispositivos eléctricos

Otro método de transferencia de energía que se basa en la oposición de cargas diferentes es el magnetismo. Todo imán tiene un polo norte (+) y un polo sur (-). Consulte la *figura 5*. Los polos se repelen y esto crea un campo magnético formado por líneas magnéticas de flujo o fuerza que fluyen desde los polos positivo y negativo.

1 Polo norte 2 Polo sur 3 Líneas de flujo magnético

Figura 5 Magnetismo.
Fuente: © New Africa/Adobe Stock

Los objetos magnéticos dentro del campo serán atraídos o repelidos por los polos. Cuanto más potente sea el imán, más potente será el campo magnético.

La electricidad también produce magnetismo. La corriente que circula por un conductor genera un campo magnético débil alrededor del conductor. Si el conductor se enrolla alrededor de una barra de hierro, el resultado se multiplica, creando un potente electroimán (*figura 6*). Este atrae y repele otros objetos magnéticos igual que un imán de hierro. Si el campo magnético está girando, también hará girar cualquier objeto magnético cercano (por ejemplo, el eje de un motor) al ser atraído alternativamente por los polos positivo y negativo. Esta es la base del funcionamiento de los motores eléctricos. Más adelante aprenderá más sobre el funcionamiento de los motores.

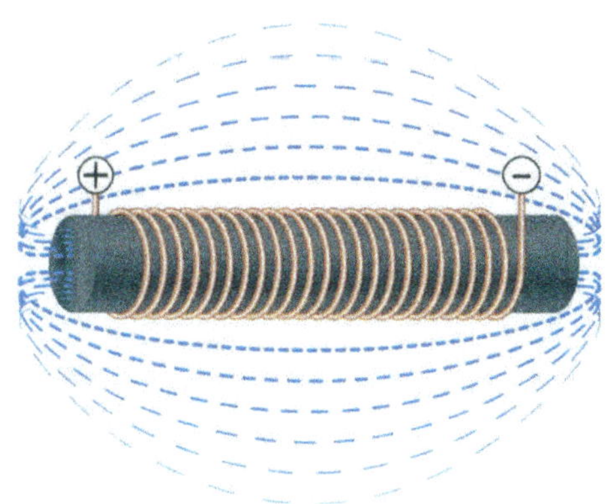

Figura 6 Electroimán.

1.0.0 Repaso de la sección

1. Un protón repele un _____.
   a. electrón
   b. protón
   c. neutrón
   d. ion negativo

2. Lo *más* probable es que un átomo con siete electrones de valencia sea un _____.
   a. aislador
   b. conductor
   c. condensador
   d. semiconductor

3. La corriente que fluye a través de un conductor enrollado alrededor de una barra de hierro produce un(a) _____.
   a. aislador
   b. condensador
   c. electroimán
   d. turbina

2.0.0 Cálculos eléctricos

Tareas prácticas

Esta sección no contiene tareas prácticas.

Objetivo

Determinar los valores de un circuito mediante ecuaciones.

a. Definir los diversos valores de un circuito.
b. Explicar cómo se usa la ley de Ohm para resolver valores desconocidos de un circuito.
c. Explicar cómo calcular la potencia eléctrica.

Voltaje (voltage): la fuerza impulsora que hace fluir la corriente en un circuito. El voltaje o tensión, que a menudo se representa con la letra *E*, también se denomina *fuerza electromotriz (fem), diferencia de potencial* o *presión eléctrica*.

Corriente (*current*): movimiento o *flujo* de electrones en un circuito. La corriente o intensidad de flujo (*I*) se mide en amperios (A).

Resistencia (*resistance*): propiedad eléctrica que se opone al flujo de corriente a través de un circuito. La resistencia se representa con la letra *R* y se mide en ohmios (Ω).

Potencia (*power*): la tasa a la que se realiza un trabajo, o la tasa a la que se utiliza o disipa la energía. La potencia eléctrica se mide en vatios (W).

Se pueden medir varios valores del circuito, como el **voltaje o tensión**, la **corriente o intensidad** y la **resistencia**, para determinar las características del circuito. Estos valores tienen relaciones entre sí que podrá apreciar usando las matemáticas básicas que aprenderá en esta sección. También aprenderá cómo se genera la electricidad y cómo se calcula la **potencia**.

2.1.0 Definición de los valores de un circuito

Un circuito eléctrico básico tiene una fuente de tensión, una carga y conductores (cables) para transportar la corriente eléctrica (*figura 7*). Un circuito también necesita un interruptor u otra forma de detener e iniciar el flujo de corriente.

2.1.1 Voltaje

Una carga eléctrica puede realizar el trabajo de mover otra carga utilizando las fuerzas de atracción o repulsión. La capacidad de una carga para realizar un trabajo se denomina *potencial*. Cuando una carga es diferente a otra, existe una diferencia de potencial entre ellas. La suma de la diferencia de potencial de todas las cargas en un campo electrostático se denomina 'diferencia de potencial' *(potential difference)*, 'fuerza electromotriz - fem' *(electromotive force - emf)* o *voltaje*.

La *figura 8* muestra electrones libres en un conductor de cobre. Estos electrones pueden ser forzados a moverse en la misma dirección introduciendo una diferencia de potencial en cada extremo del conductor. El flujo de electrones se conoce como *corriente*.

La unidad de medida del voltaje o tensión es el **voltio (V)**. En las ecuaciones, el voltaje o tensión suele representarse con la letra *E* de fuerza electromotriz. En términos científicos, un voltio es la diferencia de potencial entre dos puntos cuando un **culombio (C)** de electricidad realiza un **joule (J)** de trabajo. En términos prácticos, un voltio es la fuerza electromotriz necesaria para impulsar un **amperio (A)** de corriente a través de una resistencia de un **ohmio (Ω)**.

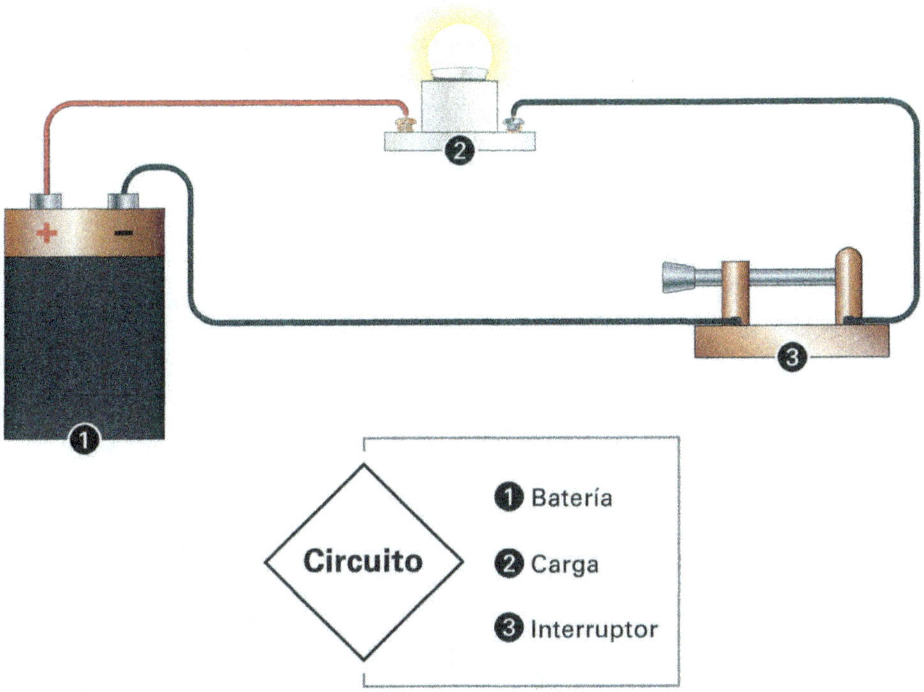

Figura 7 Circuito eléctrico básico.

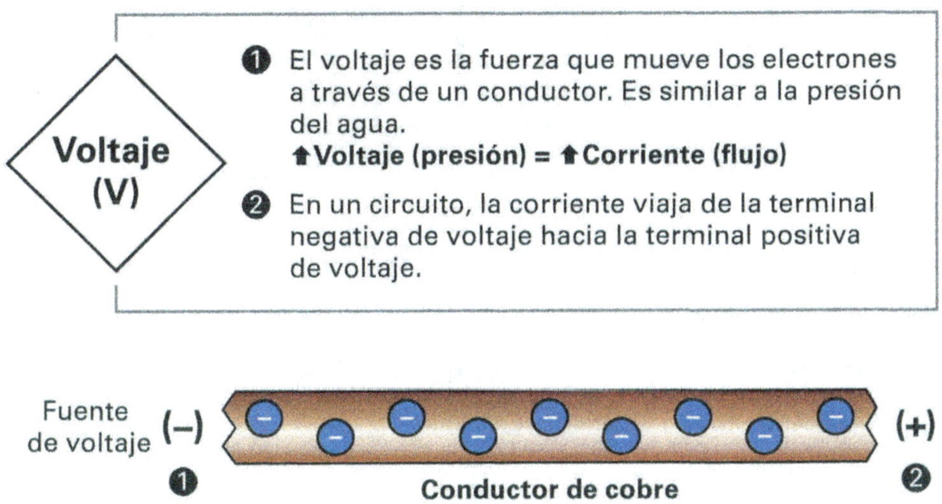

Figura 8 Voltaje.

Voltio (*volt* - V): unidad de medida del voltaje, representada por la letra V. Un voltio es la fuerza electromotriz necesaria para impulsar un amperio de corriente a través de una resistencia de un ohmio.

Culombio (*coulomb* - C): unidad de carga eléctrica igual a 6.24 × 10^{18} electrones (o 6.24 trillones de electrones). Un culombio es la unidad común de cantidad utilizada para especificar el tamaño de una carga dada.

Joule (*Joule* - J): unidad de medida de la energía para realizar trabajo, representada por la letra J. Un joule es igual a un newton-metro (Nm).

Amperio (*ampere* - A): unidad básica de medida de la corriente eléctrica, representada por la letra A.

Ohmio (*ohm* - Ω): unidad básica de medida de la resistencia, representada por el símbolo Ω.

Una batería es una forma de suministrar tensión, como se muestra en la *figura 9*. Una batería convierte la energía química almacenada en energía eléctrica. En una pila, el cátodo tiene carga positiva (+) y el ánodo carga negativa (-). Una batería crea químicamente una gran reserva de electrones libres en el terminal del ánodo (-). En el terminal del cátodo (+), los electrones se eliminaron por medios químicos y, por lo tanto, aceptará electrones si se proporciona una vía externa a través de un circuito.

NOTA

Existen dos teorías sobre la dirección del flujo de corriente: la teoría convencional del flujo de corriente (en la que la corriente fluye de positivo a negativo) y la teoría del flujo de electrones (en la que los electrones fluyen de negativo a positivo). Este plan de estudios utiliza la teoría del flujo de electrones al hablar del flujo de corriente.

Cuando una batería ya no puede depositar químicamente electrones en el terminal del ánodo, se dice que está *muerta*, o que necesita recargarse. Las baterías se suelen clasificar en voltios. Las baterías grandes también se clasifican en amperios-hora. Un amperio-hora es una corriente de un amperio suministrada durante una hora.

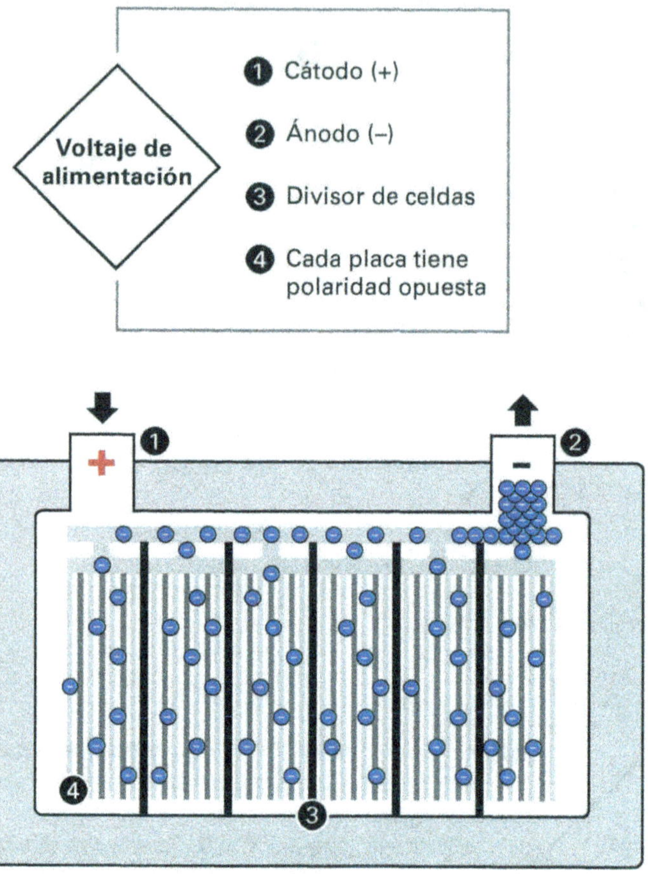

Figura 9 Suministro de voltaje con una batería.

2.1.2 Corriente

La corriente es el flujo de electrones a lo largo de un conductor (*figura 10*). La unidad de medida de la corriente es el amperio (A) o *amp*. En las ecuaciones, la corriente suele representarse con la letra *I*. Esto se debe a que la corriente recibió su nombre original en francés, *intensité de courant*, del científico Andre-Marie Ampere.

Los siguientes factores afectan a la corriente:

- Tensión aplicada
- Tamaño del cable (sección transversal)
- Material del conductor (p. ej., cobre o aluminio)
- Temperatura
- Longitud del conductor

Obtendrá más información sobre cada uno de estos factores en el Módulo 26109 -23, *Conductores y cables*.

2.1.3 Resistencia

La resistencia es la oposición al flujo de corriente (*figura 11*). Los conductores tienen una resistencia baja, mientras que los aislantes tienen una resistencia alta.

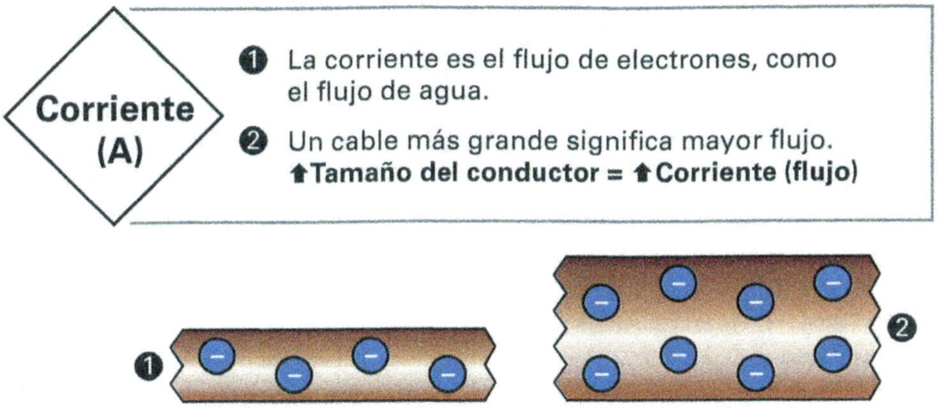

Figura 10 Corriente.

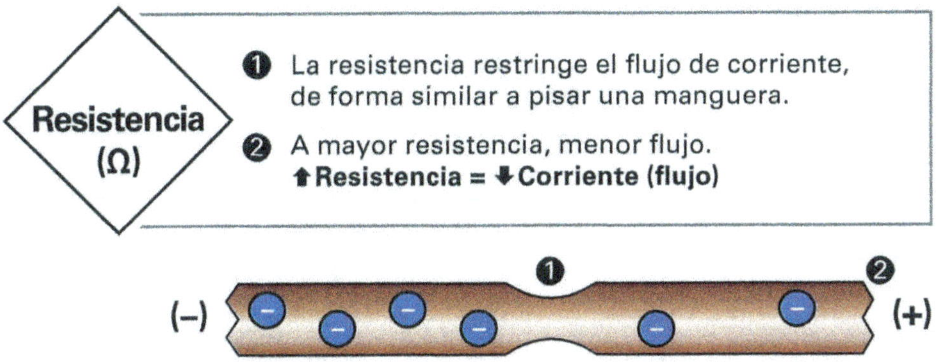

Figura 11 Resistencia.

Una **resistencia** es un dispositivo que tiene una resistencia conocida y especificada al flujo de corriente. La resistencia se mide en ohmios (Ω) y se representa con la letra R en las ecuaciones. Un ohmio equivale a la cantidad de resistencia que limitará la corriente en un conductor a un amperio cuando el voltaje aplicado al conductor sea de un voltio.

Resistencia (*resistance*): dispositivo de un circuito que restringe o se opone al flujo de electrones.

La resistencia se ve afectada por los siguientes factores:

- *Longitud del conductor:* a medida que aumenta la longitud del cable, también aumenta la resistencia.
- *Tamaño del cable (área de la sección transversal):* la resistencia disminuye a medida que aumenta el tamaño del cable.
- *Material conductor (p. ej., cobre o aluminio):* la resistencia específica de un material es una constante. La resistencia de 1 mil circular (CM) de alambre de cobre es de 12.9 ohm-CM/pie a una temperatura de hasta 167°F (75°C). La resistencia de 1 CM de aluminio es de 21.2 ohm-CM/pie hasta 167°F (75°C). La resistencia aumenta al aumentar la temperatura.

NOTA

El *Código Eléctrico Nacional® (NEC®)*, en su *capítulo 9, tabla 8*, *Propiedades de los conductores*, presenta las resistencias y otras propiedades de los conductores.

2.2.0 Cálculo de los valores de un circuito mediante la ley de Ohm

La ley de Ohm establece que la corriente en un circuito es directamente proporcional al voltaje e inversamente proporcional a la resistencia. Esto significa que si el voltaje aumenta, también aumenta la corriente. (Recuerde: más presión equivale a mayor flujo). También significa que a medida que aumenta la resistencia, disminuye la corriente. (Una mayor resistencia equivale a un menor flujo). Así se expresa como ecuación:

$$\text{Corriente } (I) = \frac{\text{Voltaje } (E)}{\text{Resistencia } (R)}$$

Esta es la primera forma de la ley de Ohm, y se puede utilizar para resolver la corriente cuando se conocen tanto el voltaje como la resistencia.

Ejemplo:

Supongamos que tenemos un voltaje de 120 V y una resistencia de 12 Ω. ¿Cuál es la corriente?

$$I = \frac{E}{R}$$

$$I = \frac{120V}{12\Omega}$$

$$I = 10A$$

La ley de Ohm también puede reordenarse para resolver la tensión y la resistencia.

2.2.1 Reorganización de la ley de Ohm para calcular el voltaje

Supongamos que conocemos la corriente y la resistencia, pero necesitamos hallar el voltaje o tensión. Para calcular el voltaje (*E*), tenemos que reorganizar la ecuación original:

$$I = \frac{E}{R}$$

Multiplique ambos lados de la ecuación por *R*:

$$I \times R = \frac{E}{R} \times \frac{R}{1}$$

Cancele las *R*:

$$I \times R = \frac{E}{\cancel{R}} \times \frac{\cancel{R}}{1}$$

$$I \times R = E \text{ o } E = I \times R$$

Por lo tanto, el voltaje (*E*) es igual a la corriente (*I*) por la resistencia (*R*):

$$E = I \times R$$

Esta es la segunda forma de la ley de Ohm, y se puede utilizar para calcular el voltaje o tensión cuando se conocen tanto la corriente como la resistencia.

Ejemplo:

Dada una corriente de 10 A y una resistencia de 12 Ω, ¿cuál es el voltaje aplicado?

$$E = I \times R$$

$$E = 10 \text{ A} \times 12 \ \Omega$$

$$E = 120 \text{ V}$$

2.2.2 Reorganización de la ley de Ohm para calcular la resistencia

Supongamos ahora que conocemos el voltaje y la corriente, pero necesitamos hallar la resistencia. Para calcular la resistencia, podemos reorganizar la segunda forma de la ecuación:

$$E = I \times R$$

Divide ambos lados de la ecuación por *I*:

$$\frac{E}{I} = \frac{I \times R}{I}$$

Cancele las *I*:

$$\frac{E}{I} = \frac{\cancel{I} \times R}{\cancel{I}}$$

$$\frac{E}{I} = R \text{ or } R = \frac{E}{I}$$

Por lo tanto, la resistencia (*R*) es igual al voltaje (*E*) dividido por la corriente (*I*):

$$R = \frac{E}{I}$$

Esta es la tercera forma de la ley de Ohm, y se puede utilizar para resolver la resistencia cuando se conocen tanto el voltaje (o tensión) como la corriente.

Ejemplo:

Supongamos que tenemos un voltaje de 120 V y una corriente de 10 A. ¿Cuál es la resistencia?

$$R = \frac{E}{I}$$

$$R = \frac{120V}{10A}$$

$$R = 12\Omega$$

Un círculo de la ley de Ohm muestra las tres ecuaciones en un sencillo gráfico circular (*figura 12*). Para hallar la ecuación de *E*, *I* o *R* cuando se conocen dos valores, cubra el tercer valor desconocido. Los otros dos valores del círculo indicarán cómo se puede hallar el valor cubierto.

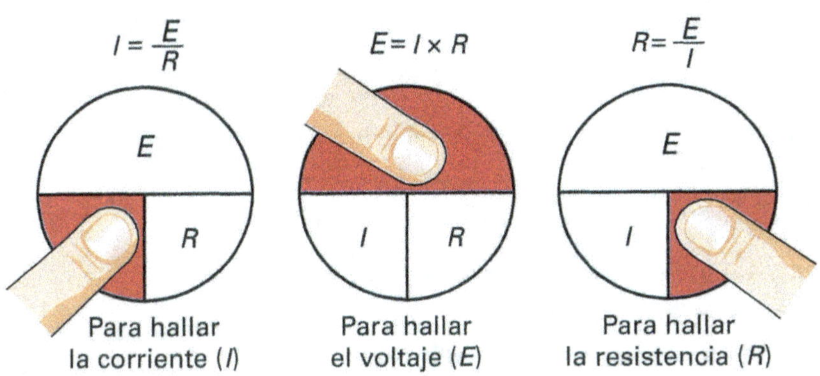

	Letra de símbolo	Unidad de medida
Corriente	*I*	Amperios (A)
Voltaje	*E*	Voltios (V)
Resistencia	*R*	Ohmios (Ω)

Figura 12 Círculo de la ley de Ohm.

2.3.0 Cálculo de la potencia eléctrica

La electricidad suele proceder de centrales eléctricas. Estas centrales utilizan diversas fuentes de energía para generar electricidad (p. ej., vapor de la combustión de combustibles fósiles, energía solar, eólica, hidroeléctrica o nuclear). La *figura 13* muestra cómo se distribuye la electricidad desde una central generadora hasta los usuarios finales de residencias, comercios e industrias.

La potencia se define como la tasa de realización de trabajo. Equivale a la tasa a la que la energía se utiliza para realizar un trabajo o se pierde debido al calor. Los electrones que pasan por una resistencia disipan (pierden) energía en forma de calor.

Vatio (*watt* -W): unidad básica de medida de la potencia eléctrica, que se representa con la letra W.

En los circuitos eléctricos, la potencia se mide en **vatios (W)**. La potencia en vatios es igual a la tasa de conversión de energía.

Un vatio de potencia es la energía que usa un voltio para mover una carga eléctrica a una tasa de un culombio por segundo. Un culombio por segundo equivale a un amperio. Por lo tanto:

Vatios = voltios × amperios

Un vatio es la potencia utilizada cuando un amperio de corriente fluye a través de una diferencia de potencial de un voltio. Consulte la *figura 14*.

NOTA

El trabajo realizado en un circuito eléctrico puede ser útil o inútil. En ambos casos, la tasa a la que se realiza el trabajo se mide en potencia. Por ejemplo, la rotación de un motor eléctrico es trabajo útil. Sin embargo, el calentamiento de una resistencia es trabajo inútil porque el calor no realiza ninguna función útil.

La unidad de trabajo eléctrico es el joule, que es la cantidad de trabajo realizado por un culombio que fluye a través de una diferencia de potencial de un voltio. Si cinco culombios fluyen a través de una diferencia de potencial de un voltio, se realizan cinco joules de trabajo. El tiempo que tardan los culombios en fluir a través de la diferencia de potencial no afecta la cantidad de trabajo realizado.

Los amperios son una medida de la corriente, que es la tasa de flujo de la corriente. Esta tasa mide cuánta carga eléctrica pasa por un punto en una cantidad de tiempo determinada. Un amperio de corriente se define como el movimiento de un culombio de carga más allá de cualquier punto de un conductor durante un segundo.

La potencia mecánica normalmente se mide en caballos de fuerza (horsepower - hp).

- Para convertir de caballos de fuerza a vatios, multiplique el número de caballos de fuerza por 746.
- Para convertir los vatios a caballos de fuerza, divida el número de vatios por 746.

La *tabla 2* indica las conversiones de las unidades de potencia más comunes.

TABLA 2 Tabla de conversión

Conversiones
1,000 vatios (W) = 1 kilovatio (kW)
1,000,000 vatios (W) = 1 megavatio (MW)
1,000 kilovatios (kW) = 1 megavatio (MW)
1 vatio (W) = 0.00134 caballo de fuerza (hp)
1 caballo de fuerza (hp) = 746 vatios (W)

Mega: prefijo que se usa para indicar un millón (por ejemplo, un megavatio es igual a un millón de vatios).

El kilovatio-hora (kWh) se utiliza para expresar grandes cantidades de trabajo eléctrico o energía utilizada. El prefijo **kilo** significa mil:

1 kilovatio (kW) = 1,000 vatios (W)

Para convertir de vatios a kilovatios, divida los vatios entre 1,000. Por ejemplo, 3,000 W divididos por 1,000 equivalen a 3 kW.

El número de kilovatios-hora se calcula multiplicando la potencia en kilovatios por el número de horas durante las que se utiliza la energía.

Por ejemplo, si una bombilla consume 300 W o 0.3 kW durante 4 horas, la cantidad de energía utilizada es de 1.2 kWh.

Kilo: prefijo que se usa para indicar mil (por ejemplo, un kilovatio es igual a mil vatios).

Las cantidades muy grandes de trabajo o energía eléctrica se miden en megavatios (MW). El prefijo **mega** significa un millón:

1 megavatio (MW) = 1 millón de vatios

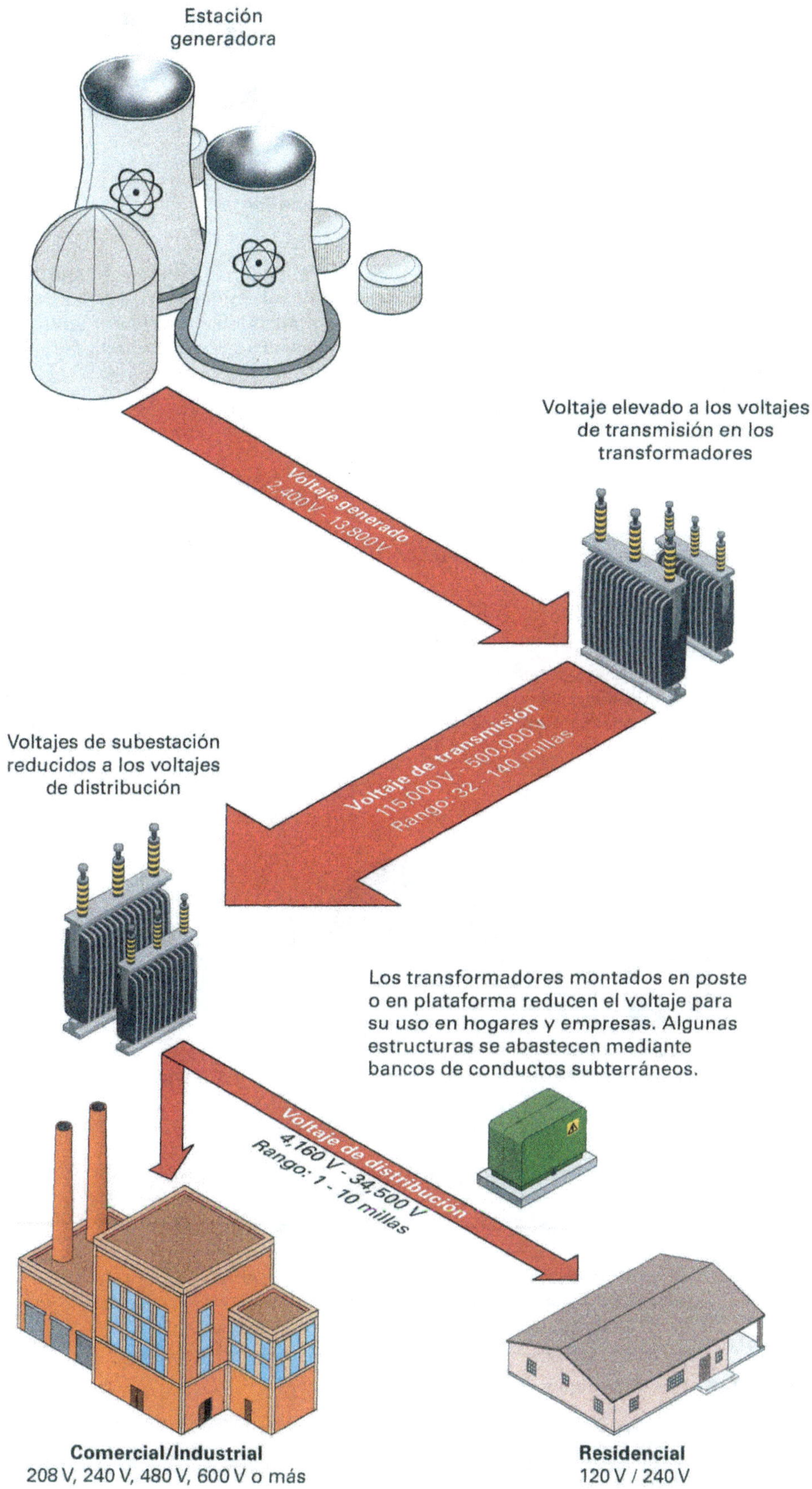

Figura 13 Distribución de energía eléctrica.

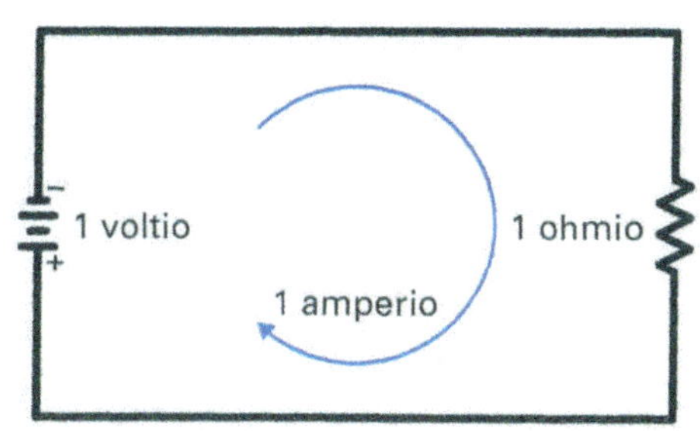

Figura 14 Un vatio.

2.3.1 Ecuación de la potencia

La potencia en vatios es el producto de la corriente y el voltaje aplicado. Se denomina *ecuación de potencia* y se expresa de la siguiente manera:

$$P = I \times E$$

Donde:

P = potencia en vatios
I = corriente en amperios
E = voltaje

La ecuación se denomina a veces *ley de Ohm para la potencia*, debido a su similitud con la ley de Ohm. Con esta ecuación, se puede hallar la potencia que se consume en un circuito o una carga cuando se conocen los valores de la corriente y el voltaje. Al igual que la ley de Ohm, también se puede reorganizar la ecuación de la potencia para calcular cualquier valor desconocido:

- Utilice esta ecuación para hallar la intensidad cuando conozca la potencia y el voltaje:

$$I = \frac{P}{E}$$

- Utilice esta ecuación para hallar el voltaje cuando conozca la potencia y la corriente:

$$E = \frac{P}{I}$$

Un círculo de potencia muestra las tres ecuaciones en un sencillo gráfico circular (*figura 15*). Para hallar la ecuación de *P*, *I* o *E* cuando se conocen dos valores, cubra el tercer valor desconocido. Los otros dos valores del círculo indicarán cómo se puede hallar el valor cubierto.

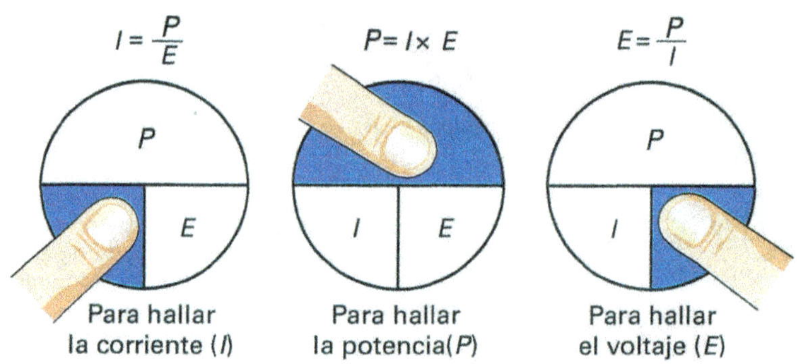

	Letra de símbolo	Unidad de medida
Corriente	I	Amperios (A)
Potencia	P	Vatios (W)
Voltaje	E	Voltios (V)

Figura 15 Círculo de potencia.

Ejemplo 1:

Supongamos que la corriente en un circuito de 120 V es de 20 A. Se puede calcular la potencia en vatios de la siguiente manera:

$$P = I \times E$$
$$P = 20 \text{ A} \times 120 \text{ V}$$
$$P = 2{,}400 \text{ W o } 2.4 \text{ kW}$$

Si esta potencia se utiliza durante cinco horas, los kilovatios-hora (kWh) pueden calcularse del siguiente modo:

$$2.4 \text{ kW} \times 5 \text{ horas} = 12 \text{ kWh}$$

Ejemplo 2:

Calcule el voltaje de la fuente en un circuito que consume 1,200 W a una corriente de 5 A.

$$E = \frac{P}{I}$$

$$E = \frac{1{,}200\text{W}}{5\text{A}}$$

$$E = 240\text{V}$$

Ejemplo 3:

Calcule la corriente en un circuito que consume 600 W con un voltaje de la fuente de 120 V.

$$I = \frac{P}{E}$$

$$I = \frac{600\text{W}}{120\text{V}}$$

$$I = 5\text{A}$$

Los componentes que utilizan la potencia disipada en su resistencia se clasifican generalmente en términos de potencia. La potencia es nominal al voltaje normal de funcionamiento, que suele ser de 120 V. Por lo tanto, un artefacto que consume 5 A a 120 V disiparía 600 W. La potencia nominal del artefacto sería de 600 W/120 V.

La *figura 16* es una ampliación del círculo de la ley de Ohm. Como se puede ver, la ley de Ohm ($E = I/R$) y la fórmula de la potencia ($P = I \times E$) pueden reorganizarse en un total de 12 combinaciones.

Con estas nueve ecuaciones, se puede calcular la potencia, el voltaje (o tensión), la corriente o la resistencia de un circuito siempre que se conozcan dos de sus valores.

2.3.2 Potencia nominal de las resistencias

Si circula demasiada corriente por una resistencia, el calor generado la dañará o destruirá. Esto se debe al calentamiento I^2R, que es una pérdida de potencia expresada en vatios. Se puede calcular de la siguiente manera:

$$P = I^2R$$

Donde:

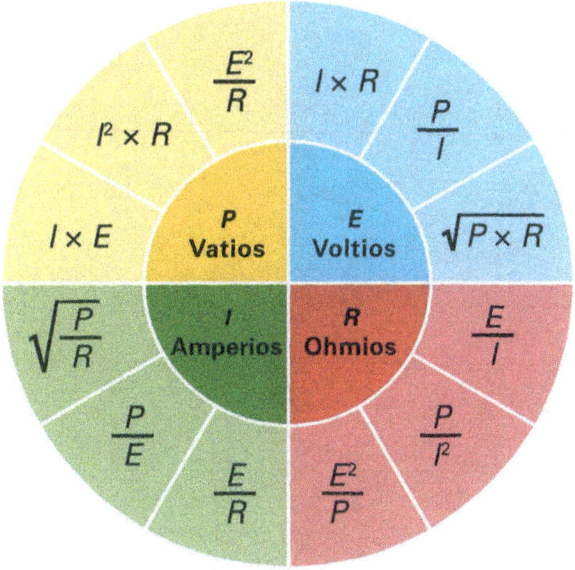

Figura 16 Ampliación del círculo de la ley de Ohm.

P = potencia en vatios

I = corriente en amperios

R = resistencia

Cada resistencia tiene una potencia nominal, que indica la cantidad de calentamiento I^2R que puede soportar antes de quemarse. Por ejemplo, una resistencia con una potencia nominal de 1 W se quemará si se utiliza en un circuito en el que la corriente le haga disipar calor a una tasa superior a 1 W.

Si se conoce la potencia nominal de una resistencia, se puede hallar la corriente máxima que puede transportar utilizando una ecuación derivada de $P = I^2R$.

Divida ambos lados de la ecuación por R:

$$\frac{P}{R} = \frac{I^2R}{R}$$

Cancele las R:

$$\frac{P}{R} = \frac{I^2\cancel{R}}{\cancel{R}}$$

Calcule la raíz cuadrada de cada lado para eliminar el exponente y reduzca I^2 a I:

$$I = \sqrt{P/R} = \sqrt{I^2}$$

Esta es la ecuación utilizada para hallar la corriente:

$$I = \sqrt{P/R}$$

Por ejemplo, halle la corriente máxima que puede transportar una resistencia de 1 Ω con una potencia nominal de 4 W:

$$I = \sqrt{P/R}$$

$$I = \sqrt{4/1}$$

$$I = 2$$

Si esta resistencia conduce más de 2 A, disipará más de su potencia nominal y se quemará.

Los fabricantes de las resistencias asignan la potencia nominal. Por lo general, se basan en que la resistencia se instale en un lugar abierto que permita la libre circulación del aire con una temperatura no superior a 40°C (104°F).

Si una resistencia se instala en un espacio cerrado o saturado o donde la temperatura es superior a 40°C (104°F), es muy probable que se queme incluso antes de superar su potencia nominal. Algunas resistencias están diseñadas para fijarse a un chasis o bastidor que disipará el calor.

Iniciativa Verde

Energía renovable

Al igual que en el pasado, la mayor parte de la energía producida hoy en día se genera utilizando combustibles fósiles, como el carbón, el petróleo y el gas natural. Los combustibles fósiles no son renovables, lo que significa que terminarán por agotarse.

Las fuentes de energía renovables no se agotan, tales como la energía solar, la eólica y la hidráulica. Cada vez más, tanto la industria de generación de energía como las personas recurren a fuentes de energía renovables para generar electricidad.

La luz del sol, también conocida como *radiación solar* o *radiación electromagnética*, puede convertirse en energía eléctrica. Algunos sistemas utilizan módulos fotovoltaicos, que quizá haya visto en casas o parques solares. Otros utilizan espejos para recoger la energía solar y convertirla en calor.

El viento puede aprovecharse para hacer girar turbinas y generar electricidad. Las centrales hidroeléctricas utilizan la fuerza del agua corriente para hacer girar las turbinas y producir electricidad.

2.0.0 Repaso de la sección

1. ¿Cuál de las siguientes opciones *no* afecta la resistencia de los cables?
   a. Tamaño del cable
   b. Tipo de energía
   c. Longitud del cable
   d. Material

2. Halle el voltaje aplicado cuando la corriente es de 30 A y la resistencia es de 4 Ω.
   a. 30 V
   b. 60 V
   c. 120 V
   d. 180 V

3. Calcule la potencia en un circuito donde la fuente de 240 V produce 10 A.
   a. 12 W
   b. 240 W
   c. 1,200 W
   d. 2,400 W

3.0.0 Lectura de diagramas esquemáticos

Tareas prácticas

Esta sección no contiene tareas prácticas.

Objetivo

Leer diagramas esquemáticos sencillos.

a. Identificar el símbolo de una resistencia y determinar su valor según los códigos de color.

b. Distinguir entre circuitos en serie y en paralelo.

c. Identificar los instrumentos utilizados para medir los valores de un circuito.

Diagrama esquemático (*schematic diagram*): tipo de dibujo en el que se utilizan símbolos para representar los componentes de un sistema. También se llama simplemente *esquema*.

Un **diagrama esquemático** ilustra un sistema utilizando símbolos en lugar de imágenes realistas. En esta sección, aprenderá a identificar los símbolos que se usan en los diagramas esquemáticos de circuitos. También aprenderá a reconocer los distintos tipos de circuitos y los instrumentos de prueba que miden los valores de los circuitos.

Piense en el circuito sencillo que se mostró antes en este módulo. Ahora, observa la *figura 17*. Esta figura muestra la misma ilustración junto a un esquema o diagrama *lineal* del circuito. Observe que en ambos diagramas se muestran los mismos componentes del sistema.

Los diagramas esquemáticos contienen símbolos gráficos estándar para los componentes eléctricos y electrónicos comunes. De este modo, resulta más fácil identificar lo que se está viendo. Consulte la *figura 18* para ver algunos de los símbolos esquemáticos estándar.

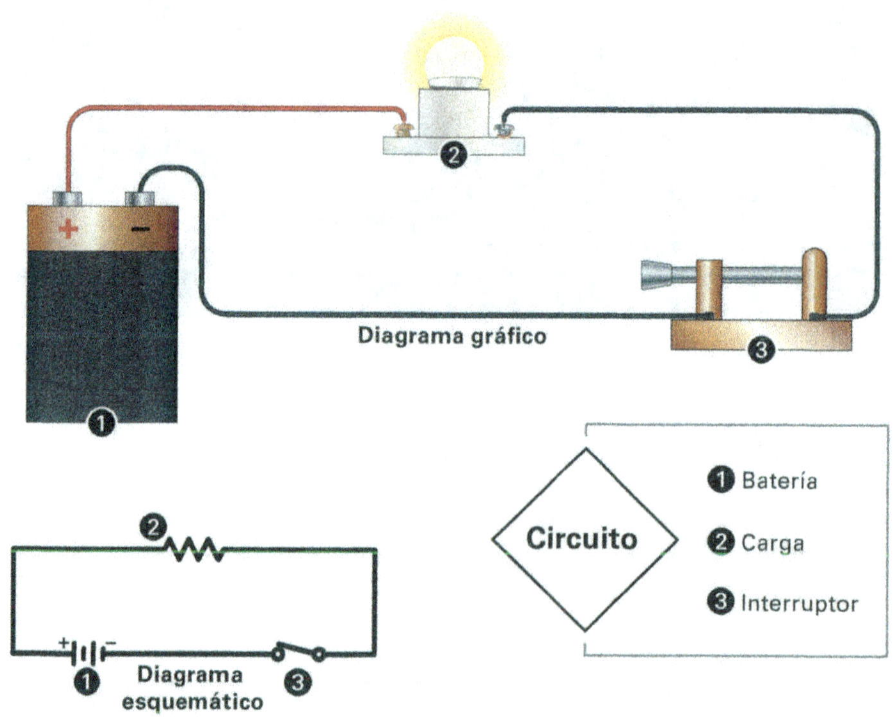

Figura 17 Ilustración y esquema de circuito.

Utilice su intuición

Aprender los significados de los distintos símbolos eléctricos puede parecer abrumador, pero si se toma un momento para estudiar la *figura 18*, verá que la mayoría de ellos son intuitivos, es decir, tienen forma (simbólica) de representar el objeto real. Por ejemplo, el símbolo de la batería muestra + y -, como una batería real. Los cables conectados tienen un punto negro que nos recuerda a la soldadura. Los cables no conectados simplemente se cruzan. El interruptor automático muestra una línea con un corte. La resistencia variable tiene una flecha como la aguja de una brújula. Cuando aprenda a leer diagramas esquemáticos, procure establecer conexiones mentales entre los símbolos y los objetos que representan.

3.1.0 Resistencias

La función de una resistencia es ofrecer una resistencia específica al paso de la corriente. Los dos tipos más comunes de resistencias electrónicas son los bobinados y las de carbono. En la *figura 19*, se muestran los dos tipos de resistencias.

La mayoría de las resistencias son fijas y tienen valores estándar. Las resistencias variables, también llamadas *resistencias ajustables*, se utilizan en electrónica. En la *figura 20*, se muestra dos símbolos comunes para una resistencia variable.

Las resistencias de composición de carbono son muy pequeñas. Algunas miden menos de 1 cm (0.4") de longitud. Por ello, no es conveniente imprimir el valor de la resistencia en el lateral, como en las resistencias de bobinado, sino que se usa un código de colores para identificar el valor y la tolerancia. Consulte la *figura 21*.

La *figura 22* muestra cómo puede utilizar los códigos de colores para determinar el rango de valores de una resistencia de carbono fija.

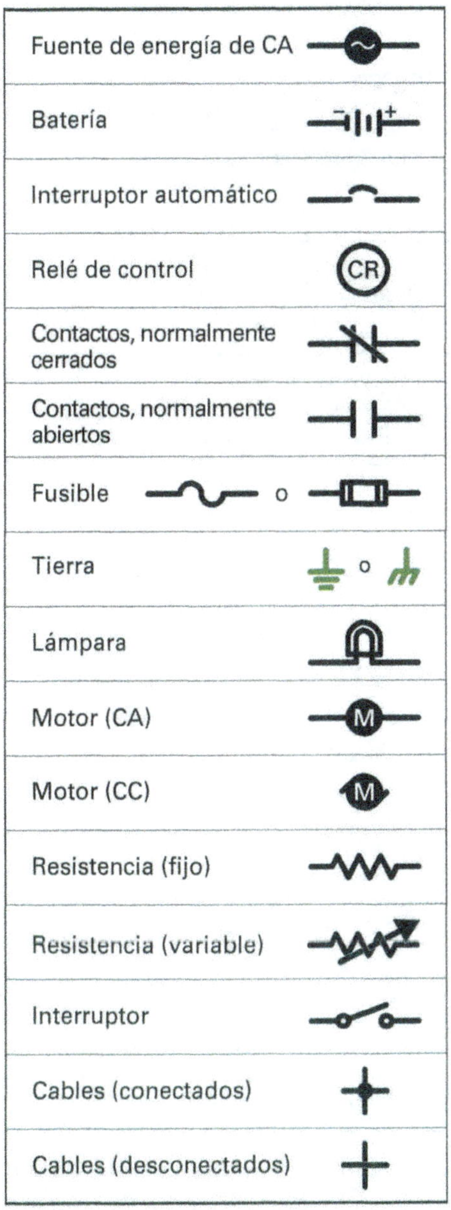

Figura 18 Símbolos esquemáticos estándar.

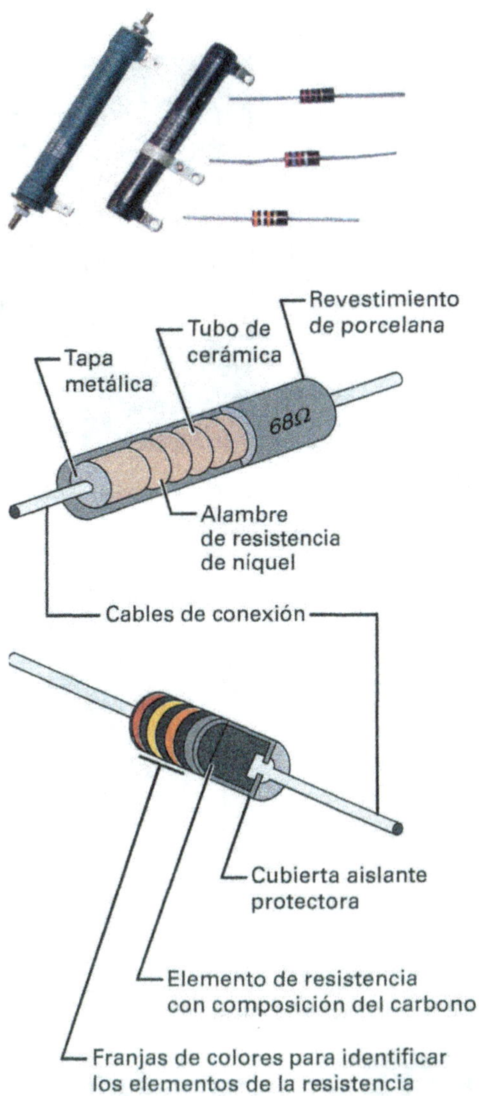

Figura 19 Resistencias comunes.

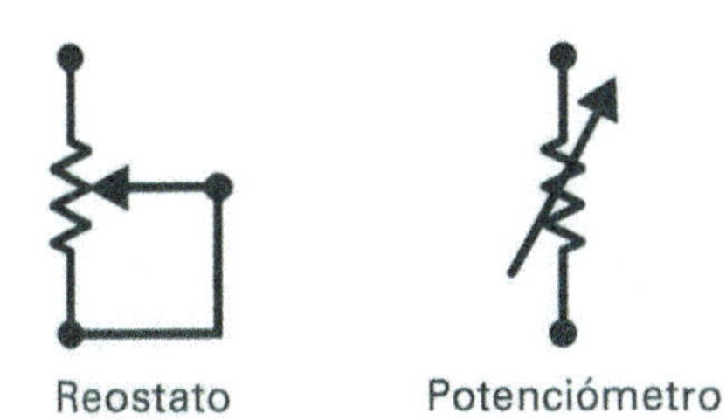

Figura 20 Símbolos usados para las resistencias variables.

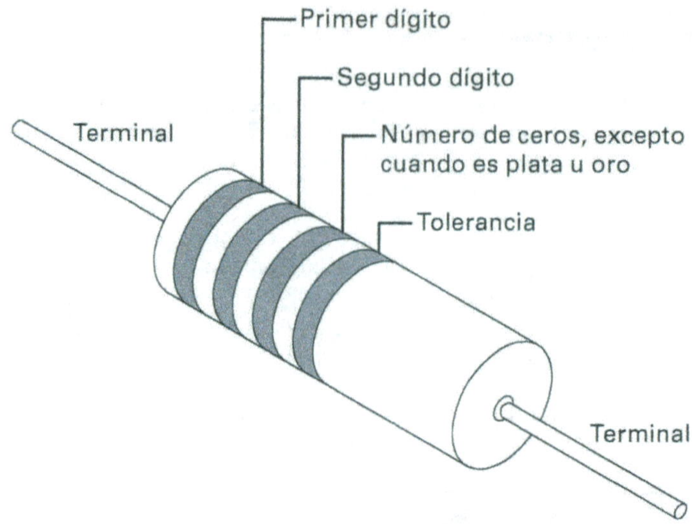

0	Negro	7	Violeta
1	Marrón	8	Gris
2	Rojo	9	Blanco
3	Naranja	0.1	Dorado
4	Amarillo	0.01	Plateado
5	Verde	5%	Dorado: tolerancia
6	Azul	10%	Plateado: tolerancia

Figura 21 Códigos de colores de las resistencias.

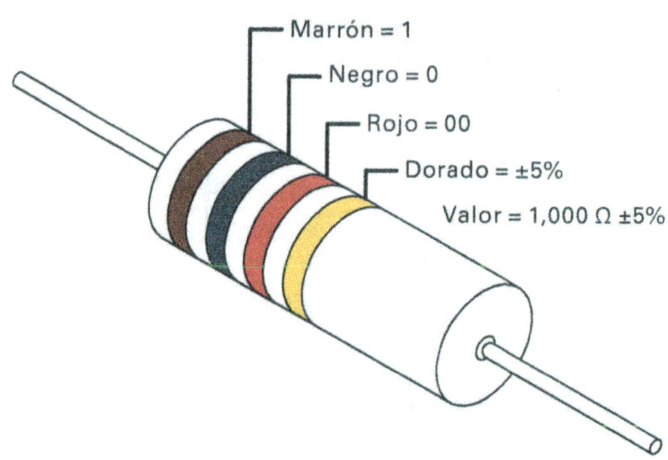

Figura 22 Códigos de colores en una resistencia fija.

3.2.0 Circuitos en serie y en paralelo

Durante la capacitación, a menudo, escuchará los términos **circuito en serie** y **circuito en paralelo**. Estos términos se refieren a la forma en que se conectan las cargas en un circuito.

Circuito en serie (*series circuit*): circuito con un solo trayecto para el flujo de corriente.

Circuito en paralelo (*parallel circuit*): circuito en el que cada carga está conectada directamente a la fuente de voltaje; por lo tanto, la caída de tensión a través de cada una de las cargas es la misma, y la corriente se divide entre las cargas.

3.2.1 Trabajo con circuitos en serie

Un circuito en serie proporciona una sola vía para el flujo de corriente y es un divisor de voltaje. La resistencia total (R_T) de un circuito en serie es igual a la suma de las resistencias individuales del circuito.

El circuito en serie de 12 V en la *figura 23* tiene dos cargas de 30 Ω. La resistencia total puede calcularse de la siguiente manera:

$$\text{Resistencia total } (R_T) = R_1 + R_2$$
$$\text{Resistencia total } (R_T) = 30\ \Omega + 30\ \Omega = 60\ \Omega$$

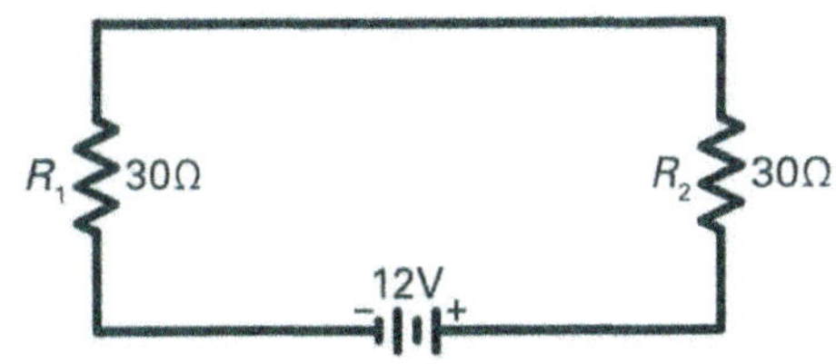

Figura 23 Circuito en serie con dos cargas.

Como ahora conoce tanto la resistencia total como el voltaje aplicado, puede utilizar la siguiente forma de la ley de Ohm para determinar el flujo de corriente en este circuito:

$$I = \frac{E}{R}$$
$$I = \frac{12V}{60\Omega}$$
$$I = 0.2A$$

El flujo de corriente en este circuito es de 0,2 A.

La **caída de voltaje** es el voltaje medido a través de cualquiera de las cargas. Depende de la resistencia de esa carga y puede hallarse utilizando la siguiente forma de la ley de Ohm:

Caída de voltaje (*voltage drop*): el cambio de voltaje a través de un componente causado por la corriente que fluye a través de él y la cantidad de resistencia que se le opone.

$$E = I \times R$$
$$E = 0.2\ A \times 30\ \Omega$$
$$E = 6\ V$$

Esto demuestra que un circuito en serie es un divisor de voltaje, ya que divide la tensión aplicada de 12 V en 6 V a través de cada resistencia. La suma de todas las caídas de voltaje en un circuito en serie es igual al voltaje total aplicado al circuito. En este caso:

$$E = 6\ V + 6\ V$$
$$E = 12\ V$$

Si hubiera cuatro cargas de 30 Ω, la resistencia total sería de 120 Ω. Consulte la *figura 24*.

$$\text{Resistencia total } (R_T) = R_1 + R_2 + R_3 + R_4$$
$$\text{Resistencia total } (R_T) = 30\ \Omega + 30\ \Omega + 30\ \Omega + 30\ \Omega = 120\ \Omega$$

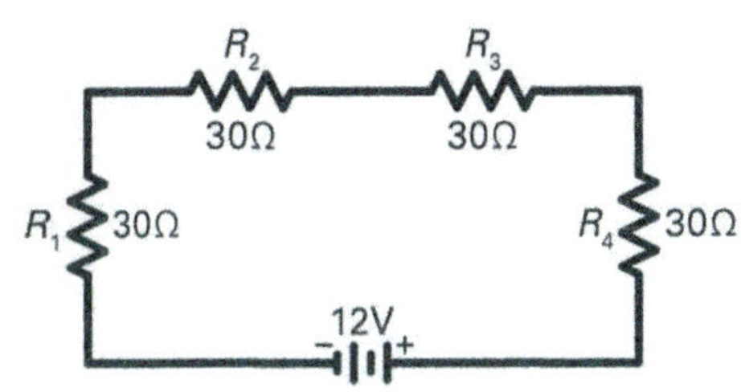

Figura 24 Circuito en serie con cuatro cargas.

El flujo de corriente bajaría a 0,1 A y sería el mismo en todas las cargas. Se puede calcular de la siguiente manera:

$$I = \frac{E}{R}$$
$$I = \frac{12\ V}{120\ \Omega}$$
$$I = 0.1\ A$$

La caída de voltaje sería de 3 V a través de cada carga. Se calcula de la siguiente manera:

$$E = I \times R$$
$$E = 0.1\ A \times 30\ \Omega$$
$$E = 3\ V$$

La suma de todas las caídas de voltaje en el circuito es igual al voltaje total aplicado al circuito. En este caso, el voltaje se divide por las cuatro resistencias:

$$E = 3\ V + 3\ V + 3\ V + 3\ V = 12\ V$$

NOTA

Los circuitos con cargas en serie son poco comunes. Una característica importante de un circuito en serie es que si el circuito está abierto en algún punto, no fluirá corriente. Por ejemplo, las luces navideñas antiguas se conectaban en serie. Si se quemaba una de las luces, se apagaba toda la cadena.

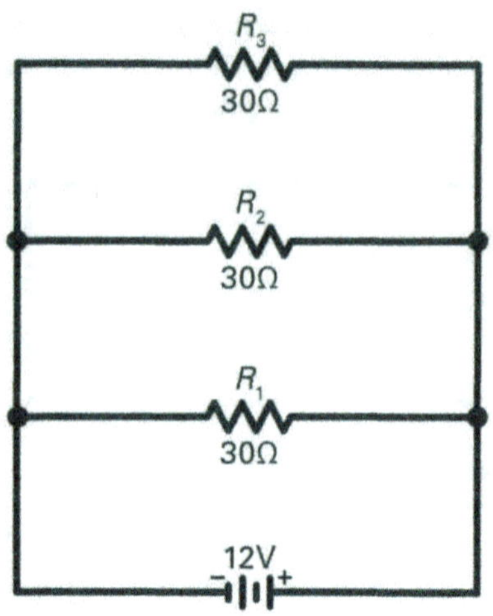

Figura 25 Circuito en paralelo.

3.2.2 Trabajo con circuitos en paralelo

En un circuito en paralelo, cada carga está directamente conectada a la fuente de voltaje (*figura 25*). Por lo tanto, la caída de voltaje a través de cada una de las cargas es la misma.

La corriente se divide entre las cargas. La cantidad de corriente a través de cada carga depende de su resistencia. La fuente ve el circuito como dos circuitos individuales que contienen una carga cada uno.

La resistencia total de un circuito en paralelo se calcula de forma diferente a la de un circuito en serie. En un circuito en paralelo, la resistencia total es inferior a la menor de las resistencias individuales.

Por ejemplo, cada una de las cargas de 30 Ω de la *figura 25* consume 0.4 A a 12 V. La corriente total se calcula utilizando la siguiente forma de la ley de Ohm:

$$I = \frac{E}{R}$$

$$I = \frac{12\ \text{V}}{30\ \Omega}$$

$$I = 0.4\ \text{A}$$

$$0.4\ \text{A por cada ramal} \times 3\ \text{ramales} = 1.2\ \text{A}$$

La corriente total es de 1.2 A. Ahora, puede usar la siguiente forma de la ley de Ohm para calcular la resistencia total:

$$R = \frac{E}{I}$$

$$R = \frac{12\ \text{V}}{1.2\ \text{A}}$$

$$R = 10\ \Omega$$

Este ejemplo era sencillo porque todas las resistencias tenían el mismo valor. El proceso es el mismo cuando las resistencias son diferentes, pero es necesario calcular la corriente de cada carga. Las corrientes individuales se suman para hallar la corriente total.

A diferencia de los circuitos en serie, los circuitos en paralelo siguen funcionando aunque se abra uno de ellos. Los circuitos domésticos están cableados en paralelo. De hecho, casi todos los circuitos de carga que encontrará serán circuitos en paralelo.

Puede usar las siguientes fórmulas para convertir resistencias en paralelo a un valor de resistencia total (R_T).

- Utilice esta fórmula únicamente para dos resistencias:

$$R_T = \frac{R_1 \times R_2}{R_1 + R_2}$$

- Utilice esta fórmula para tres o más resistencias:

$$R_T = \frac{1}{\frac{1}{R_1} + \frac{1}{R_2} + \frac{1}{R_3}}$$

- Utilice esta fórmula únicamente para cualquier número de resistencias que sean iguales:

$$R_T = \frac{\text{valor de resistencia de una sola resistencia}}{\text{número total de resistencias}}$$

Ejemplo 1:

Calcule la resistencia total del circuito de la *figura 26*.

$$R_T = \frac{R_1 \times R_2}{R_1 + R_2}$$

$$R_T = \frac{10\Omega \times 15\Omega}{10\Omega + 15\Omega}$$

$$R_T = \frac{150\Omega}{25\Omega} = 6\Omega$$

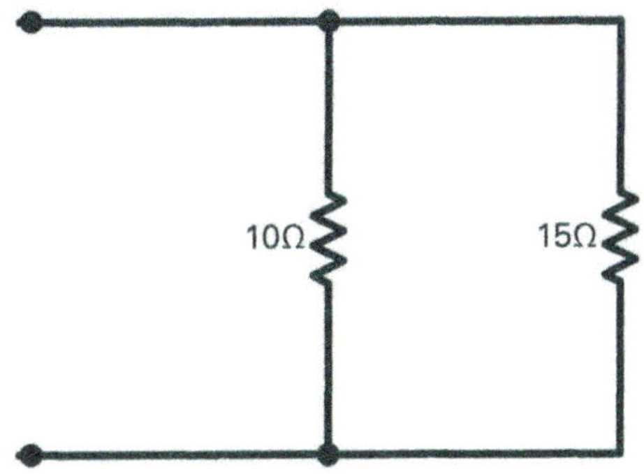

Figura 26 Dos resistencias en paralelo.

Ejemplo 2:

Calcule la resistencia total del circuito de la *figura 27*.

$$R_T = \frac{1}{\frac{1}{R_1} + \frac{1}{R_2} + \frac{1}{R_3}}$$

$$R_T = \frac{1}{\frac{1}{10\Omega} + \frac{1}{15\Omega} + \frac{1}{20\Omega}}$$

$$R_T = \frac{1}{0.1\Omega + 0.07\Omega + 0.05\Omega}$$

$$R_T = \frac{1}{0.22\Omega} = 4.5\Omega$$

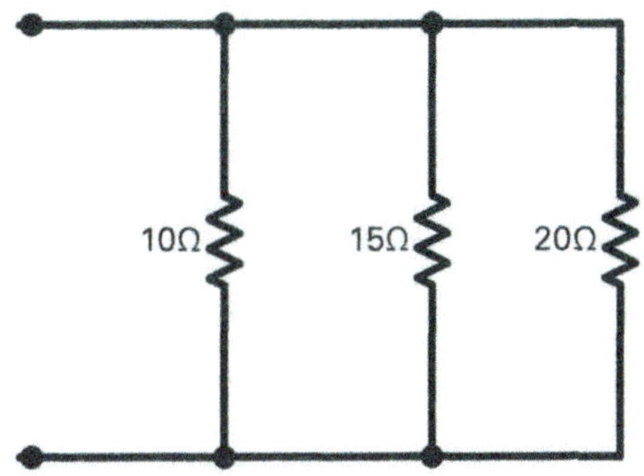

Figura 27 Tres resistencias en paralelo.

Ejemplo 3:

Supongamos que tiene tres resistencias de 30 Ω en paralelo. ¿Cuál es la resistencia total?

$$R_T = \frac{\text{valor de resistencia de una sola resistencia}}{\text{número total de resistencias}}$$

$$R_T = \frac{30\Omega}{3}$$

$$R_T = 10\Omega$$

3.2.3 Trabajo con circuitos mixtos (en serie y en paralelo)

En ocasiones, los circuitos electrónicos contienen una disposición híbrida conocida como *circuito mixto*. Esto se muestra en la *figura 28*. Sin embargo, rara vez encontrará cargas conectadas de esta forma.

Para determinar la resistencia total de un circuito mixto, las cargas en paralelo deben convertirse a sus resistencias equivalentes en serie. Luego, se suman las resistencias de las cargas para determinar la resistencia total del circuito.

3.2.4 Identificación de circuitos

Los términos *circuito en serie*, *circuito en paralelo* y *circuito mixto* se refieren a la forma en que están conectadas las cargas. Es raro encontrar cargas conectadas en serie o en una disposición mixta. El circuito sencillo de la *figura 29* ilustra este punto. A primera vista, podría pensarse que se trata de un circuito mixto. Un examen más detallado permite ver que solo hay dos cargas: el relé y el contactor. Por lo tanto, es un circuito en paralelo.

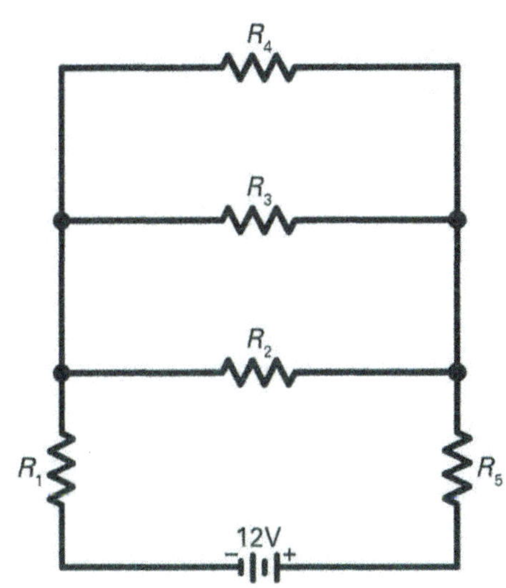

Figura 28 Circuito mixto.

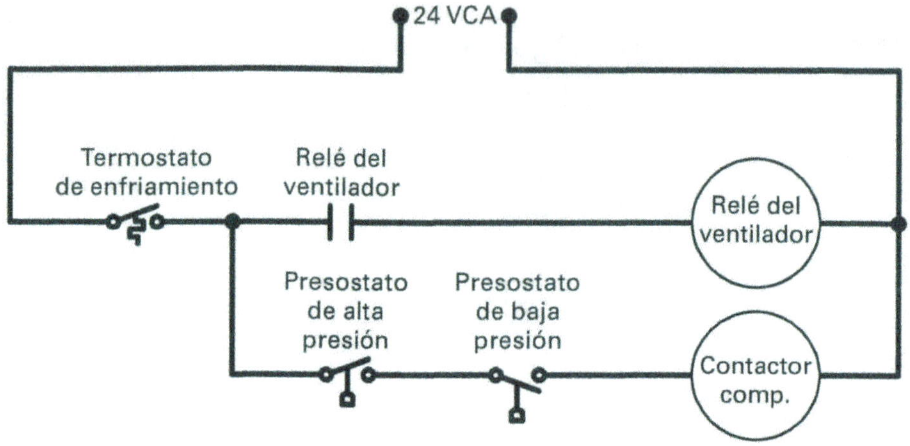

Figura 29 Otro tipo de circuito paralelo.

3.3.0 Medidores eléctricos

Los electricistas suelen utilizar medidores de prueba para medir el voltaje, la corriente y la resistencia. (El módulo 26112-23, *Equipos de pruebas eléctricas,* trata de los equipos de prueba en mayor detalle.)

El medidor de prueba más común es el voltio-ohmio-miliamperímetro (VOM). También se denomina *multímetro*. En la *figura 30* se muestra un multímetro digital y uno analógico.

Los multímetros se utilizan para medir el voltaje de la CA y la CC, la corriente CC y la resistencia. También pueden utilizarse para medir CA en el rango de miliamperios.

¡ADVERTENCIA!

Solo personas calificadas que lleven el equipo de protección personal (EPP) adecuado pueden usar los equipos de prueba. Consulte en la política de seguridad de su empresa las normas pertinentes.

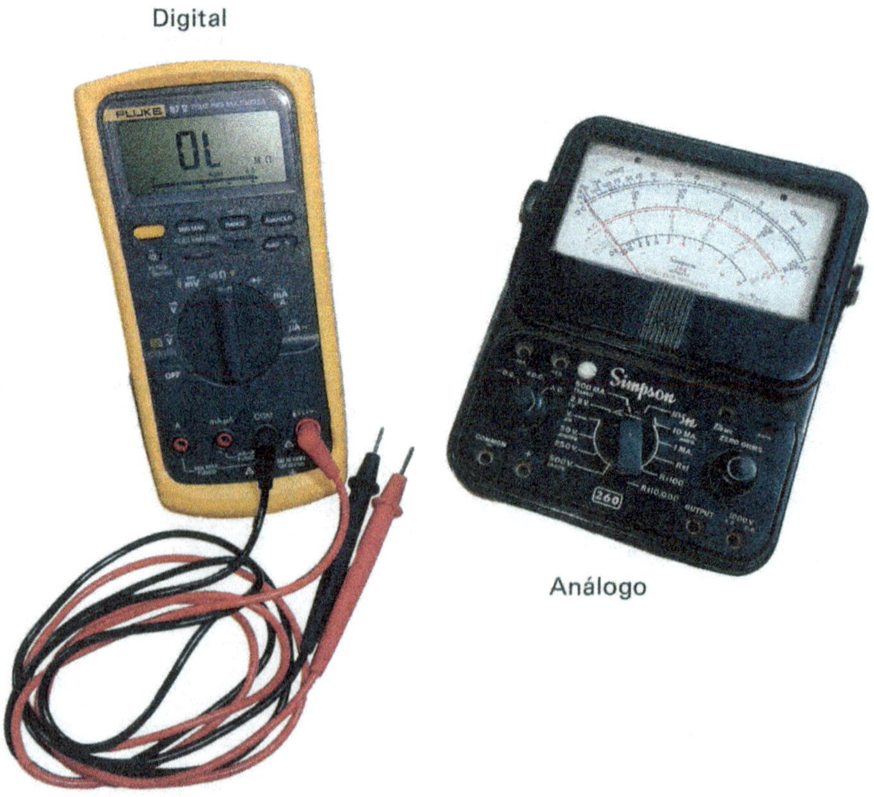

Figura 30 Multímetros: digital y analógico.
Fuente: Paul Asselin Elm Electrical inc.

3.3.1 Medición de la corriente

Para valores de corriente mayores, puede utilizar una pinza **amperimétrica** como la que se muestra en la *figura 31*.

Amperímetro (*ammeter*): instrumento para medir la corriente eléctrica.

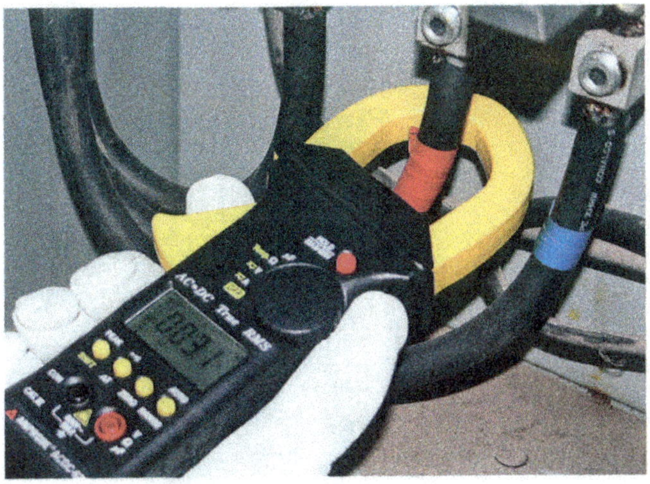

Figura 31 Pinza amperimétrica en uso.

Use siempre todo el EPP necesario cuando utilice un medidor. Asimismo, siga las instrucciones del fabricante y los procedimientos de seguridad de su empresa. Tenga en cuenta las siguientes precauciones cuando utilice una pinza amperimétrica:

- Si las mordazas del amperímetro están sucias o desalineadas, el medidor no leerá correctamente.
- Los medidores son instrumentos de precisión y deben manipularse con cuidado para evitar daños.
- Un medidor analógico puede dañarse cuando la corriente supera por mucho la escala seleccionada. Cuando use un medidor analógico, empiece siempre por el rango más alto del medidor y vaya bajando.
- No sujete las mordazas del medidor alrededor de dos conductores diferentes al mismo tiempo. Esto podría dar lugar a una lectura inexacta.

Los amperímetros en línea, como el de la *figura 32*, son menos comunes. Estos medidores deben colocarse en serie con la carga.

3.3.2 Medición del voltaje

Si una función del circuito no se está realizando, puede utilizarse un **voltímetro** para determinar si se dispone de la tensión correcta. Debe conectarse un voltímetro en paralelo con el componente o circuito que se va a comprobar (*figura 33*). El voltaje debe comprobarse con la alimentación conectada.

Voltímetro (*voltmeter*): instrumento para medir el voltaje. La resistencia de un voltímetro es fija. Cuando el voltímetro está conectado a un circuito, la corriente que pasa por el medidor será directamente proporcional al voltaje en los puntos de conexión.

3.3.3 Medición de la resistencia

Un **ohmímetro** contiene una batería interna que actúa como fuente de voltaje. Por lo tanto, siempre debe realizar las mediciones de resistencia con el sistema apagado.

A veces, un ohmímetro u óhmetro se usa para medir la resistencia de una carga. Los bobinados de los motores son un buen ejemplo.

Por lo común, se utiliza un óhmetro para comprobar la continuidad del circuito. La continuidad significa que el circuito es continuo, sin interrupciones en el cable. Un cable o un interruptor cerrado ofrecen muy poca resistencia. La *figure 34* es una conexión típica de un óhmetro.

También se puede comprobar un circuito con un probador de continuidad. Este sencillo dispositivo contiene una pila y un indicador acústico o visual. Puede utilizarse para comprobar la continuidad, como se muestra en la *figura 35*. También puede utilizarse para identificar cables individuales en un conducto u otra canalización.

Ohmímetro (*ohmmeter*): instrumento que se usa para medir la resistencia.

NOTA

El proceso de la *figura 35* solo muestra la continuidad entre los dos puntos que se prueban. No indica el valor de la resistencia.

Voltímetro

Debe revisarse el voltaje con la alimentación aplicada y los terminales de prueba conectados en paralelo con el componente en cuestión.

Amperímetros en línea

Los amperímetros en línea deben conectarse en serie con el circuito.

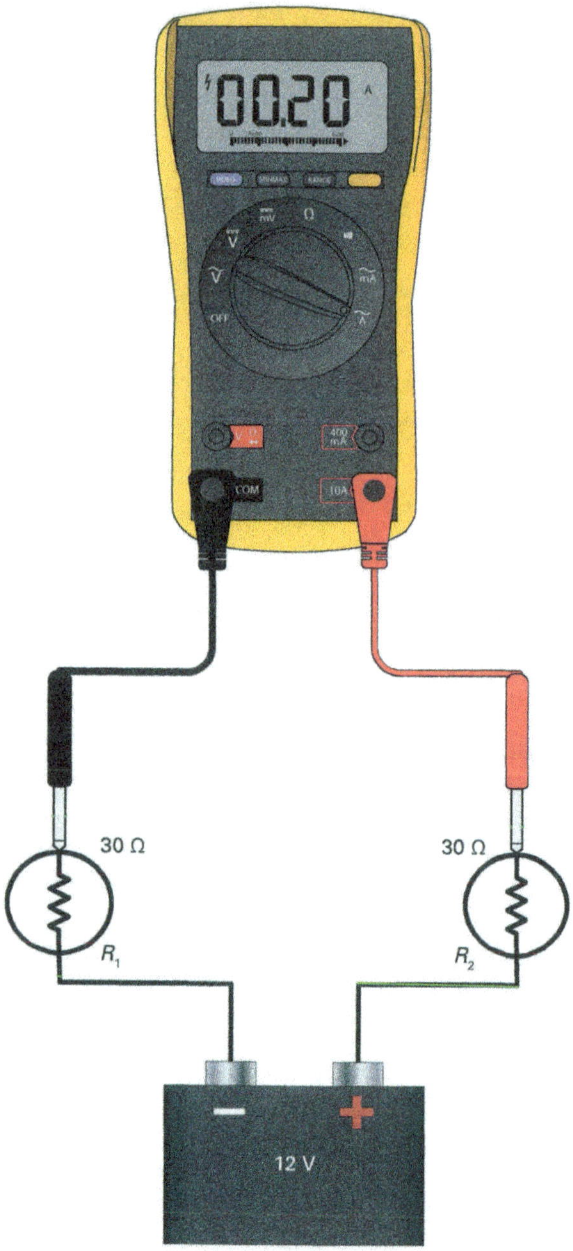

Figura 32 Configuración de prueba del amperímetro en línea.

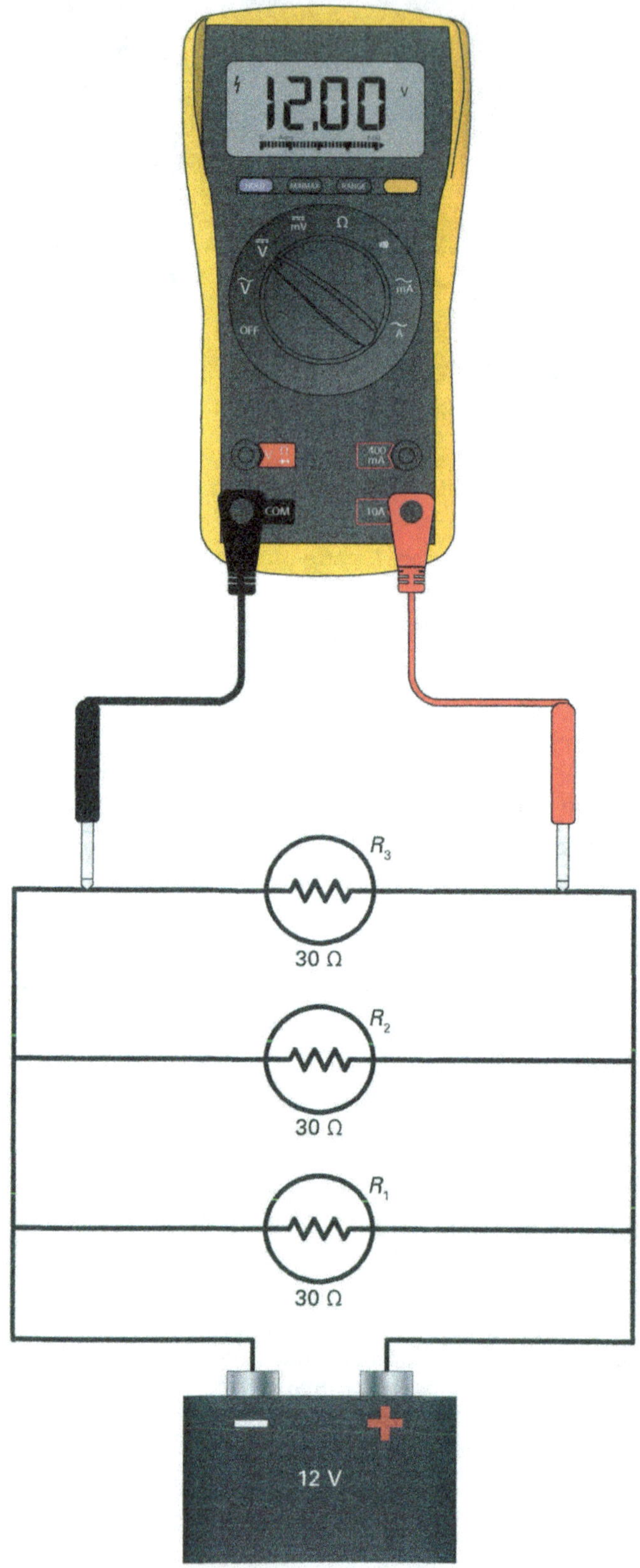

Figura 33 Conexión del voltímetro.

Prueba de continuidad

1. Retire el aislamiento del cable que se va a comprobar en ambos extremos del conducto.
2. Con una pinza de cocodrilo, conecte el cable a un conductor de puesta a tierra del equipo (ya sea un conducto metálico, como se muestra aquí, o un conductor de puesta a tierra desnudo).
3. En el otro extremo del conducto, conecte la pinza de cocodrilo del probador al conducto o al conductor de puesta a tierra.
4. Luego, toque con la sonda el extremo del cable sometido a prueba. Si suena la alarma audible del probador o se enciende la luz indicadora, hay continuidad.

Continuidad del óhmetro

1. Los interruptores están cerrados y la corriente producida por la batería del óhmetro fluirá sin oposición.
2. El circuito no muestra resistencia y, por tanto, es continuo.

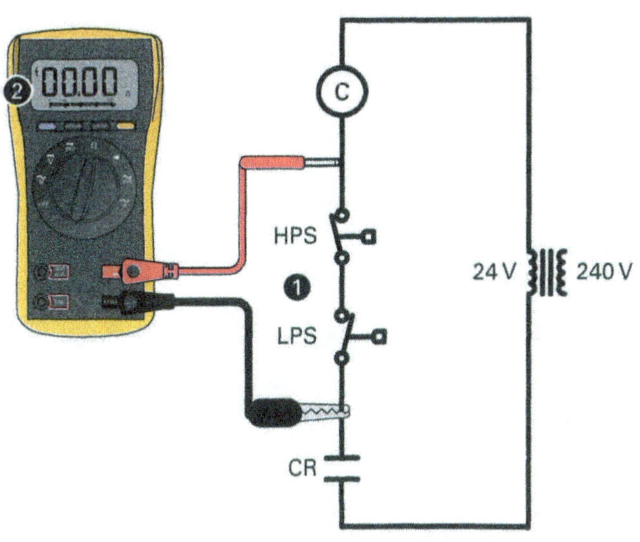

Figura 34 Conexión de óhmetro para pruebas de continuidad.

Figura 35 Utilización de un probador de continuidad.

3.0.0 Repaso de la sección

1. Una resistencia con una banda dorada en la cuarta posición tiene una tolerancia de _____.
   a. ±1%
   b. ±5%
   c. ±10%
   d. ±20%

2. La resistencia total en un circuito en serie de 120 V con tres resistencias de 10 Ω es _____.
   a. 1.2 Ω
   b. 12 Ω
   c. 30 Ω
   d. 120 Ω

3. ¿Cuál de lo siguiente es *verdadero* en relación con una pinza amperimétrica?
   a. Se colocan las pinzas alrededor de un solo conductor a la vez.
   b. Se colocan las pinzas alrededor de un número par de conductores únicamente.
   c. Se comienza en el rango de medición más bajo y se va aumentando.
   d. Las pinzas desalineadas del medidor se pueden corregir golpeándolas con un martillo.

Módulo 26103-23 Preguntas de repaso

1. Un tipo de partícula subatómica con carga positiva es un _____.
   a. protón
   b. neutrón
   c. electrón
   d. núcleo

2. ¿Cuál de las siguientes sustancias se considera un buen aislante?
   a. Oro
   b. Cobre
   c. Plata
   d. Porcelana

3. Un circuito eléctrico contiene, como *mínimo*, _____.
   a. una fuente de voltaje, carga y dispositivo de sobrecorriente
   b. un amperímetro, carga y fuente de voltaje
   c. fuente de voltaje, carga y conductores
   d. resistencia, conductores y carga

4. Otro término utilizado para el voltaje es _____.
   a. fem
   b. culombio
   c. corriente
   d. joule

5. Los joules son _____.
   a. unidades de trabajo
   b. la diferencia de potencial entre dos puntos
   c. la diferencia entre voltaje y corriente
   d. la tasa de flujo de la corriente

6. La corriente se mide en unidades denominadas _____.
   a. joules
   b. voltios
   c. amperios
   d. vatios

7. La oposición al flujo de corriente se conoce como _____.
   a. fem
   b. resistencia
   c. potencia
   d. voltaje

8. La resistencia se mide en _____.
   a. ohmios
   b. amperios
   c. voltamperios
   d. culombios

9. Para calcular la corriente que circula por un circuito, *hay que* _____.
   a. multiplicar el voltaje por la resistencia ($E \times R$)
   b. dividir la resistencia por la potencia (R/P)
   c. multiplicar la potencia por la resistencia ($P \times R$)
   d. dividir el voltaje por la resistencia (E/R)

10. El voltaje que una compañía eléctrica local suministra habitualmente a una vivienda es de _____.
   a. 120 V/240 V
   b. 208 V/230 V
   c. 360 V/480 V
   d. 480 V/600 V

11. La potencia en un circuito de 120 V con una corriente de 5 A es de _____.
   a. 5 W
   b. 120 W
   c. 240 W
   d. 600 W

12. Una resistencia tiene un código de colores negro, marrón, marrón y plateado. ¿Cuál es el valor de su resistencia y su tolerancia?
   a. 10 Ω ±5%
   b. 10 Ω ±10%
   c. 12 Ω ±5%
   d. 12 Ω ±10%

13. En un circuito en paralelo, la resistencia total es _____.
   a. mayor que la resistencia más pequeña
   b. igual a la resistencia más pequeña
   c. menor que la resistencia más pequeña
   d. proporcional a la resistencia más pequeña

14. Un amperímetro se usa para medir _____.
   a. voltaje
   b. resistencia
   c. corriente
   d. potencia

15. La continuidad del circuito puede comprobarse utilizando un _____.
   a. amperímetro
   b. voltímetro
   c. ohmímetro
   d. potenciómetro

Las respuestas a las preguntas de repaso impares del módulo se encuentran en el *Apéndice A*.

Módulo 26103-23 Ejercicios suplementarios

1. Un átomo que gana o pierde electrones se conoce como _________.
2. Los conductores tienen _________ o menos electrones de valencia.
3. Un átomo que tiene cuatro electrones de valencia se conoce como _________.
4. La suma de la diferencia de potencial de todas las cargas en un campo electrostático se denomina _________.
5. ¿Cuál es la corriente en un circuito de 240 V con una resistencia de 10 Ω?

   ____

   ____
6. La fórmula para hallar el voltaje cuando se conocen la corriente y la resistencia es _________.
7. ¿Cuál es la resistencia cuando el voltaje es de 120 V y la corriente de 6 A?

   ____

   ____
8. ¿Cuál es la potencia en un circuito de 120 V con una corriente de 12.5 A?

   ____

   ____
9. Si un calefactor consume 1,500 W, ¿cuántos kilovatios-hora de energía consumirá en 3 horas?

   ____

   ____
10. ¿Cuál es el voltaje en un circuito de 10 Ω con una potencia nominal de 1,200 W?

    ____

    ____
11. Una resistencia con un código de colores amarillo, naranja, rojo y plata tiene una tolerancia de _________.
12. ¿Verdadero o falso? Un circuito en serie ofrece varias trayectorias para el flujo de corriente.
13. ¿Verdadero o falso? La resistencia total (R_T) de un circuito en serie es igual a la suma de las resistencias individuales del circuito.
14. Cuando se utiliza un amperímetro en línea, es importante conectar el medidor en _________ .
15. Un ohmímetro se utiliza para medir la resistencia y comprobar si hay _________.

Las respuestas a los ejercicios suplementarios impares se encuentran en el *Apéndice B*.

Piedra angular del oficio

John Lupacchino
Ingeniero de diseño sénior
Gaylor Electric, Inc.

¿Cómo eligió una carrera en el sector?

Supe que esto era lo que quería hacer desde que estaba en 7.º grado.

¿Quién lo inspiró para entrar en la industria?

Mi abuelo, que era electricista, me inspiró para que yo también lo fuera.

¿Qué tipos de capacitación ha recibido?

Fui a una escuela técnica profesional de bachillerato y estudié electricidad. Luego completé un programa de formación práctica en el estado de Connecticut.

¿Qué importancia tienen la educación y la capacitación en la construcción?

La capacitación y la educación son muy importantes en el sector de la construcción. Los trabajadores especializados deben participar en cursos de formación continua para ir a la par con los avances tecnológicos.

¿Qué importancia tienen las credenciales de NCCER para su carrera profesional?

Las credenciales NCCER son muy importantes porque permiten demostrar las habilidades y capacidades de forma estandarizada.

¿Cómo ha influido la capacitación o la construcción en su vida?

La capacitación me permitió tener éxito en mi carrera en la industria eléctrica. No estaría donde estoy hoy sin ella.

¿Qué tipos de trabajo ha realizado en su carrera?

He trabajado en todos los ámbitos de la electricidad: residencial, comercial e industrial. Algunos de los tipos de instalaciones en los que he trabajado son casas, tiendas, fábricas, almacenes, hospitales, correccionales, acerías, instalaciones solares, cementeras y muchos otros.

Háblenos de su trabajo actual.

En mi trabajo actual, como ingeniero de diseño sénior, soy responsable de calcular, diseñar y gestionar proyectos de construcción eléctrica. También tengo la responsabilidad de interpretar y cumplir el código eléctrico.

¿Qué es lo que más disfruta de su trabajo?

Mi trabajo trae desafíos y cambios constantemente. Nunca es aburrido. Me parece estupendo participar en una construcción que beneficia a los demás.

¿Qué factores han contribuido más a su éxito?

Aprovecho las oportunidades que se me presentan, sobre todo la capacitación. Aplicar mis habilidades y esforzarme al máximo ha sido sin duda un aporte para mi éxito.

¿Sugeriría la construcción como carrera profesional a otras personas? ¿Por qué?

¡Sí! El sector de la construcción ofrece oportunidades ilimitadas. Siempre será necesario construir y realizar el mantenimiento de instalaciones, lo que significa que siempre se necesitarán trabajadores especializados.

¿Qué consejo les daría a quienes son nuevos en este campo?

Aprovechen todas las oportunidades de capacitación que encuentren. Sean puntuales en su trabajo y tengan la mentalidad de "manos a la obra". Hagan todo lo posible por ser los mejores.

¿Cuál es un hecho o logro interesante relacionado con su carrera?

He podido adquirir licencias en todo el país para poder trabajar en distintos lugares. También he tenido la oportunidad de ser instructor en el programa local de formación práctica de ABC durante más de 20 años.

¿Cómo define ser especialista en este oficio?

La especialización en este oficio es la calidad que surge de la pasión, el cuidado y la atención al detalle en nuestras creaciones.

Respuestas a las preguntas de repaso de la sección

Respuesta	Referencia de la sección	Objetivo
Sección 1.0.0		
1. b	1.1.2; *Figura 4*	1a
2. a	1.2.0; *Tabla 1*	1b
3. c	1.3.0	1c
Sección 2.0.0		
1. b	2.1.3	2a
2. c	2.2.1	2b
3. d	2.3.1	2c
Sección 3.0.0		
1. b	3.1.0; *Figura 21*	3a
2. c	3.2.1	3b
3. a	3.3.1	3c

Cálculos del repaso de la sección

Sección 2.0.0

Pregunta 2

Con la ley de Ohm, halle el voltaje (E) utilizando los valores de corriente y resistencia:

$E = I \times R$

$E = 30\ \text{A} \times 4\ \Omega$

$E = \mathbf{120\ V}$

Pregunta 3

Con la ecuación de potencia, multiplique la corriente por el voltaje para hallar la potencia:

$P = I \times E$

$P = 10\ \text{A} \times 240\ \text{V}$

$P = \mathbf{2{,}400\ W}$

Sección 3.0.0

Pregunta 2

Halle la suma de las resistencias:

$10\ \Omega + 10\ \Omega + 10\ \Omega = \mathbf{30\ \Omega}$

Actualización por los usuarios

¿Encontró algún error? Visite **https://www.nccer.org/olf** o escanee el código QR con su dispositivo móvil para enviar su corrección.

ESCANEAR

MÓDULO 26104-23

Teoría eléctrica

Objetivos

La exitosa finalización de este módulo te prepara para realizar lo siguiente:

1. Calcular los valores en circuitos resistivos.
   a. Identificar resistencias en serie.
   b. Identificar resistencias en paralelo.
   c. Simplificar circuitos mixtos (en serie y en paralelo).
2. Aplicar las leyes de Ohm y Kirchhoff a los diversos tipos de circuitos.
   a. Usar la ley de Ohm para resolver valores de circuitos desconocidos.
   b. Explicar las leyes de corriente y de voltaje de Kirchhoff.
   c. Aplicar las leyes de Ohm y de Kirchhoff para calcular valores desconocidos de circuitos.

Tareas prácticas

Este es un módulo de conocimiento teórico. Este módulo no contiene tareas prácticas.

Visión general

Para instalar sistemas eléctricos seguros y fiables, debe comprender los circuitos eléctricos. En este módulo repasará cómo calcular valores de resistencia equivalentes y aplicar la ley de Ohm a circuitos en serie, en paralelo y mixtos. También aprenderá las leyes de voltajey de corriente de Kirchhoff.

NCCER Credenciales reconocidas en el sector

Si se está capacitando a través de un patrocinador acreditado por NCCER, puede ser elegible para obtener credenciales del NCCER. El número de identificación de este módulo es 26104-23. Tenga en cuenta que este módulo puede haber sido utilizado en otros planes de estudios de NCCER y puede aplicarse a la realización de otros niveles. Comuníquese con NCCER al 1.888.622.3720 o visite **www.nccer.org** para obtener más información

También puede mostrar en línea sus credenciales reconocidas por el sector con las insignias digitales de NCCER. Transforme sus conocimientos, habilidades y logros en insignias que puede compartir en las plataformas de redes sociales, enviar a su red y agregar a su currículum. Para obtener más información, visite **www.nccer.org**.

NOTA

NFPA 70®, *National Electrical Code®* y *NEC®* son marcas registradas de la *National Fire Protection Association*, Quincy, MA.

Recursos digitales sobre Electricidad

Escanee este código con la cámara de su celular o dispositivo móvil para ver los recursos digitales relacionados con este oficio.

ESCANEAR

1.0.0 Circuitos resistivos

Tareas prácticas

Esta sección no contiene tareas prácticas.

Objetivo

Calcular los valores en circuitos resistivos.

a. Identificar resistencias en serie.
b. Identificar resistencias en paralelo.
c. Simplificar circuitos mixtos (en serie y en paralelo).

Circuito mixto (*series-parallel circuit*): circuito que contiene trayectos para corriente en serie y en paralelo.

Resistencia: propiedad eléctrica que se opone al flujo de corriente a través de un circuito y que se mide en ohmios (Ω). La resistencia se calcula de diferentes maneras dependiendo de si se trata de un circuito en serie, en paralelo o **mixto**. En esta sección aprenderá a identificar circuitos resistivos y a calcular las resistencias desconocidas.

1.1.0 Identificación de resistencias en serie

NOTA

Existen dos teorías sobre la dirección del flujo de corriente: la teoría convencional del flujo de corriente (en la que la corriente fluye de positivo a negativo) y la teoría del flujo de electrones (en la que los electrones fluyen de negativo a positivo). Este plan de estudios utiliza la teoría del flujo de electrones al hablar del flujo de corriente.

Un circuito en serie solo tiene un trayecto para el flujo de corriente. En el circuito en serie que se muestra en la *figura 1*, la corriente total (I_T) es la misma en todas las partes del circuito. Esto significa que la corriente que fluye a través de R_1 es la misma que la corriente que fluye a través de R_2 y R_3, y también es la misma que la corriente suministrada por la batería.

Puede encontrar valores desconocidos en un circuito en serie utilizando cualquier variación de la ley de Ohm o la ecuación de potencia. Este es un repaso de las tres formas de la ley de Ohm para hallar el voltaje, la corriente y la resistencia.

- Para hallar el voltaje:

$$E = I \times R$$

- Para hallar la corriente:

$$I = \frac{E}{R}$$

- Para hallar la resistencia:

$$R = \frac{E}{I}$$

Donde:

E = voltaje en voltios (V)
I = corriente en amperios (A)
R = resistencia en ohmios (Ω)

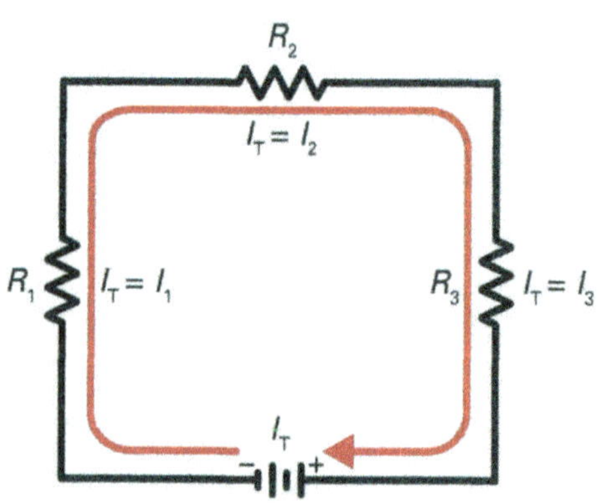

Figura 1 Circuito en serie.

Este es un repaso de las tres formas de la ecuación de potencia para hallar la potencia, el voltaje o la corriente.

- Para hallar la potencia:

$$P = I \times E$$

- Para hallar el voltaje:

$$E = \frac{P}{I}$$

- Para hallar la corriente:

$$I = \frac{P}{E}$$

Donde:

P = potencia en vatios (W)
I = corriente en amperios (A)
E = voltaje en voltios (V)

La resistencia total de un circuito en serie es igual a la suma de todas las resistencias del circuito:

$$R_T = R_1 + R_2 + R_3 + R_n$$

Donde:

R_T = resistencia total
R_1, R_2, R_3, R_n = cada una de las resistencias de la serie
(R_n representa cualquier resistencia adicional en la serie).

Ejemplo:

El circuito que se muestra en la *figura 2* tiene resistencias de 50 Ω, 75 Ω y 100 Ω en serie. Para hallar la resistencia total del circuito, sume los valores de las tres resistencias en serie:

$$R_T = R_1 + R_2 + R_3$$
$$R_T = 50\ \Omega + 75\ \Omega + 100\ \Omega$$
$$R_T = 225\ \Omega$$

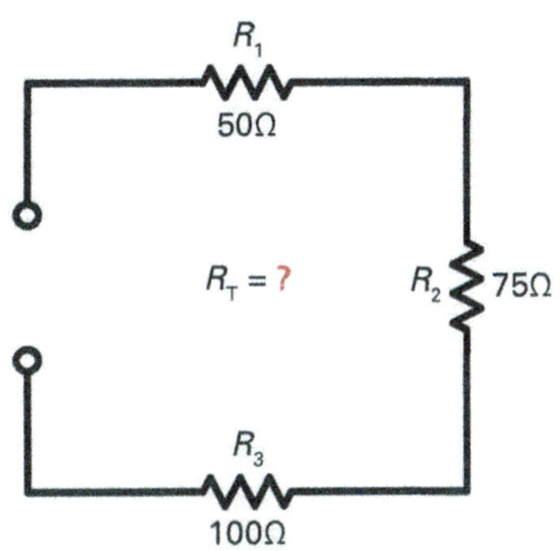

Figure 2 Ejemplo de circuito en serie.

1.2.0 Identificación de resistencias en paralelo

Un circuito que contiene dos o más trayectos por los que puede circular corriente se denomina *circuito en paralelo*. La mayoría de los circuitos prácticos se conectan en paralelo, como las luces de baja tensión que se muestran en la *figura 3*.

Existen tres métodos para calcular resistencias en circuitos en paralelo, que son el método recíproco, el método del producto sobre la suma y un método solo para resistencias iguales.

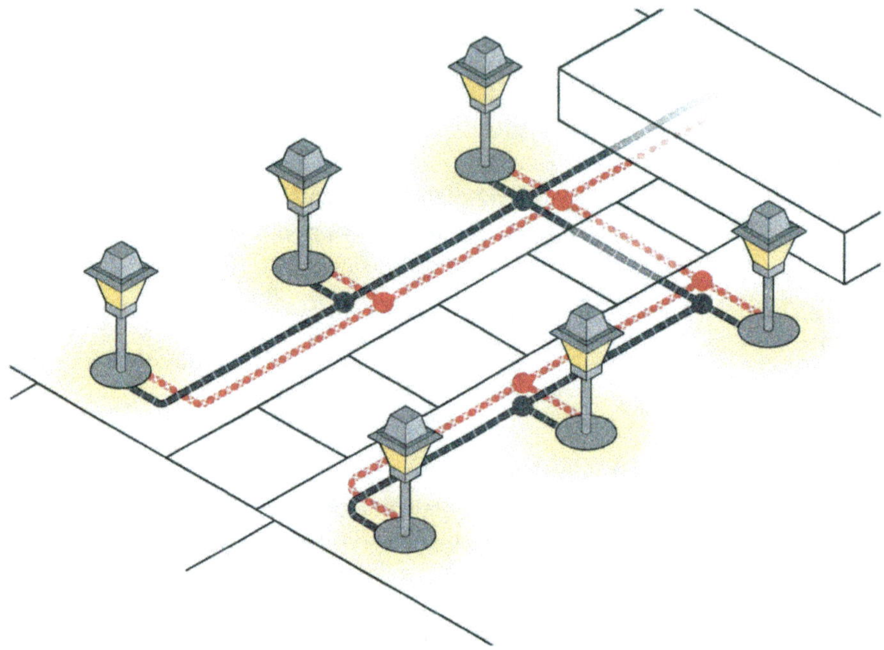

Figura 3 Luces conectadas en paralelo.

1.2.1 Fórmula recíproca

La resistencia total de un circuito en paralelo puede hallarse mediante la siguiente fórmula:

$$R_T = \frac{1}{\frac{1}{R_1} + \frac{1}{R_2} + \frac{1}{R_n}}$$

Donde:

R_T = resistencia total en paralelo

R_1, R_2, R_n = cada una de las resistencias de derivación

(R_n representa cualquier resistencia adicional de derivación).

Por ejemplo, la *figura 4* muestra cómo hallar la resistencia total de una resistencia de 4 Ω (R_1), una de 5 Ω (R_2) y una de 20 Ω (R_3) en paralelo. En este caso, la resistencia total es de 2 Ω.

Estudie este procedimiento y luego trabaje con los siguientes ejemplos.

Ejemplo 1:

Halle la resistencia total de las resistencias de 2 Ω, 4 Ω y 8 Ω en paralelo que se muestran en la *figura 5*.

Reciprocal Method

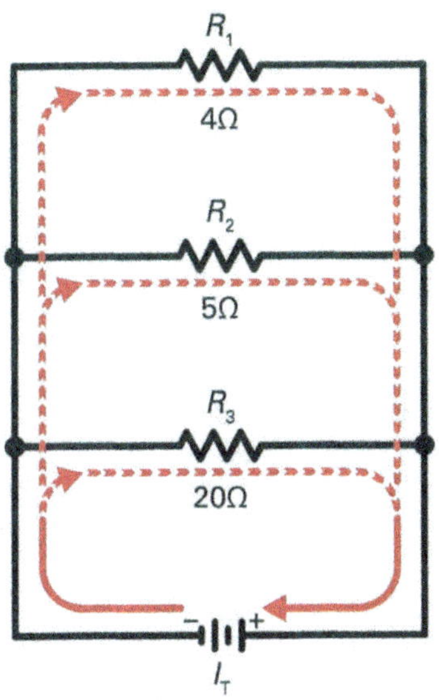

1 Write the Formula

$$R_T = \frac{1}{\frac{1}{R_1} + \frac{1}{R_2} + \frac{1}{R_3}}$$

2 Substitute the Resistance Values

$$R_T = \frac{1}{\frac{1}{4\Omega} + \frac{1}{5\Omega} + \frac{1}{20\Omega}}$$

3 Complete the Calculation

$$R_T = \frac{1}{0.25\Omega + 0.20\Omega + 0.05\Omega} = \frac{1}{0.5\Omega} = 2\Omega$$

Figura 4 Resolución de resistencias en paralelo mediante el método recíproco.

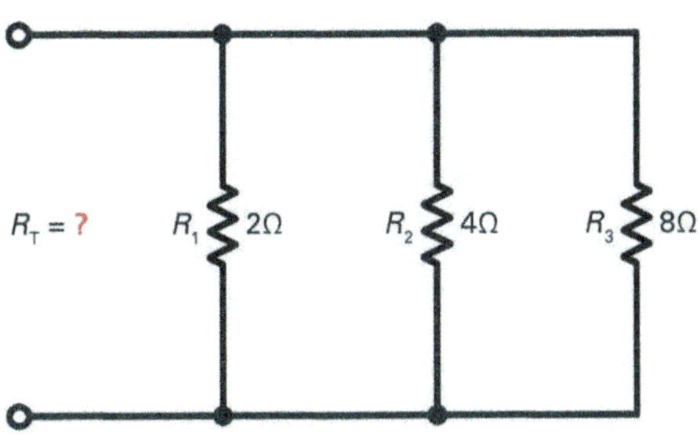

Figura 5 Ejemplo de circuito en paralelo.

Siga estos pasos para hallar la resistencia total:

Paso 1 Escriba la fórmula para las tres resistencias en paralelo:

$$R_T = \frac{1}{\frac{1}{R_1} + \frac{1}{R_2} + \frac{1}{R_3}}$$

Paso 2 Sustituya los valores de las resistencias (consulte la *figura 5*).

$$R_T = \frac{1}{\frac{1}{2\Omega} + \frac{1}{4\Omega} + \frac{1}{8\Omega}}$$

Paso 3 Cambie los valores de las resistencias a decimales y realice el cálculo.

$$R_T = \frac{1}{0.5\Omega + 0.25\Omega + 0.125\Omega}$$

$$R_T = \frac{1}{0.875\Omega}$$

$$R_T = 1.14\Omega$$

Cuando las resistencias se conectan en paralelo, la resistencia total es siempre menor que la resistencia individual más pequeña. En este ejemplo:

$$R_T = 1.14\ \Omega < R_1 = 2\ \Omega$$

Ejemplo 2:

Suponga que agrega una cuarta resistencia en paralelo de 2 Ω al circuito de la *figura 5*. ¿Cómo afecta eso a la resistencia total?

$$R_T = \frac{1}{\frac{1}{R_1} + \frac{1}{R_2} + \frac{1}{R_3} + \frac{1}{R_4}}$$

Paso 1 Escriba la fórmula para las cuatro resistencias en paralelo.

$$R_T = \frac{1}{\frac{1}{2\Omega} + \frac{1}{4\Omega} + \frac{1}{8\Omega} + \frac{1}{2\Omega}}$$

Paso 2 Sustituya los valores de las resistencias añadiendo la cuarta resistencia en paralelo de 2 Ω.

$$R_T = \frac{1}{0.5\Omega + 0.25\Omega + 0.125\Omega + 0.5\Omega}$$

$$R_T = \frac{1}{1.375\Omega}$$

$$R_T = 0.73\Omega$$

Paso 3 Cambie los valores de las resistencia a decimales y realice el cálculo.

El efecto de agregar otra resistencia en paralelo es una reducción de la resistencia total de 1.14 Ω en el *Ejemplo 1* a 0.73 Ω en el *Ejemplo 2*. La razón es que agregamos otro trayecto para que fluya la corriente, reduciendo así la resistencia total del circuito.

1.2.2 Fórmula del producto sobre la suma

Puede utilizar esta fórmula para hallar la resistencia total cuando solo hay dos resistencias en un circuito en paralelo:

$$R_T = \frac{R_1 \times R_2}{R_1 + R_2}$$

Esto se conoce como el *método del producto sobre la suma*. *Producto* significa multiplicar, *sobre* significa dividir y *suma* significa sumar.

La *figura 6* muestra cómo hallar la resistencia total de una resistencia de 6 Ω (R_1) y una de 18 Ω (R_2) en paralelo. En este caso, la resistencia total es de 4.5 Ω.

Estudie este procedimiento y luego trabaje con los siguientes ejemplos.

Ejemplo 1:

Halle la resistencia total de las resistencias de 5 Ω y 10 Ω en paralelo.

$$R_T = \frac{R_1 \times R_2}{R_1 + R_2}$$

Paso 1 Escriba la fórmula para dos resistencias en paralelo:

$$R_T = \frac{5\Omega \times 10\Omega}{5\Omega + 10\Omega}$$

Paso 2 Sustituya los valores de las resistencias.

$$R_T = \frac{50\Omega}{15\Omega}$$

$$R_T = 3.33\Omega$$

Paso 3 Realice el cálculo:

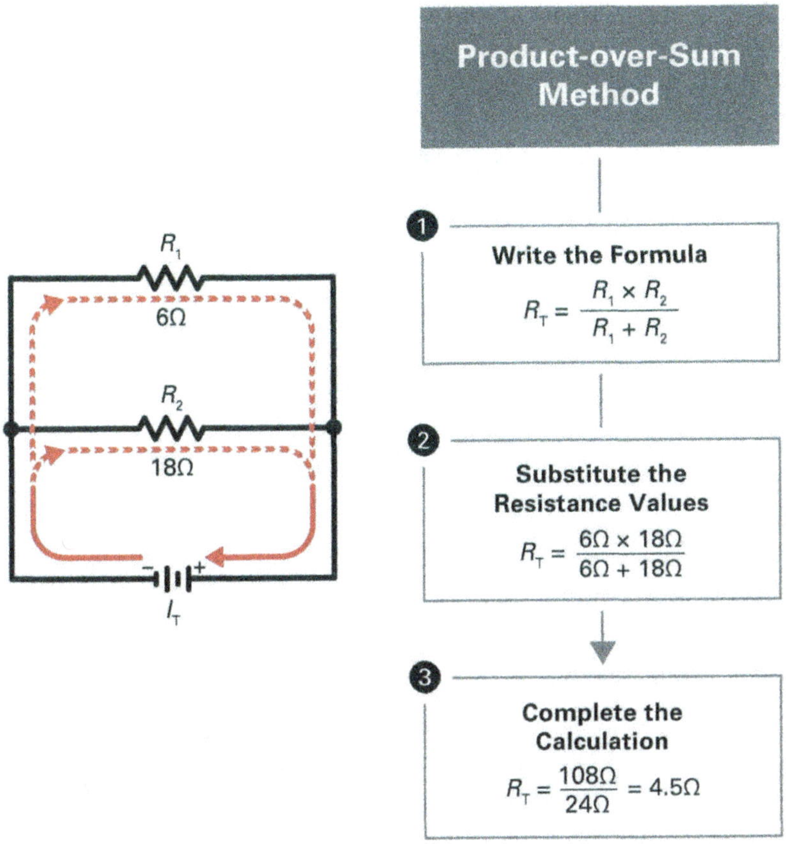

Figura 6 Resolución de resistencias en paralelo mediante el método del producto sobre la suma.

Ejemplo 2:

¿Qué cree que ocurriría si multiplicáramos por diez cada una de las resistencias del ejemplo anterior? Averigüémoslo. Halle la resistencia total de las resistencias de 50 Ω y 100 Ω en paralelo.

Paso 1 Escriba la fórmula para dos resistencias en paralelo:	$R_T = \frac{R_1 \times R_2}{R_1 + R_2}$
Paso 2 Sustituya los valores de las resistencias.	$R_T = \frac{50\Omega \times 100\Omega}{50\Omega + 100\Omega}$
Paso 3 Realice el cálculo.	$R_T = \frac{5{,}000\Omega}{150\Omega}$ $R_T = 33.33\Omega$

Al aumentar diez veces las resistencias individuales también se aumenta diez veces la resistencia total.

1.2.3 Fórmula para resistencias equivalentes en paralelo

Existe una fórmula aún más sencilla que puede utilizarse si las resistencias son iguales. En este caso, la resistencia total es igual al valor de una resistencia dividido por el número de resistencias que hay en el circuito.

$$R_T = \frac{\text{valor de una resistencia}}{\text{número total de resistencias}}$$

Por ejemplo, las resistencias que se muestran en la *figura 7* tienen los siguientes valores equivalentes:

- Las dos resistencias de 200 Ω en paralelo son el equivalente a una resistencia de 100 Ω.

$$R_T = \frac{\text{valor de una resistencia}}{\text{número total de resistencias}}$$

$$R_T = \frac{200\Omega}{2}$$

$$R_T = 100\Omega$$

- Las dos resistencias de 100 Ω son el equivalente a un resistencia de 50 Ω.

$$R_T = \frac{\text{valor de una resistencia}}{\text{número total de resistencias}}$$

$$R_T = \frac{100\Omega}{2}$$

$$R_T = 50\Omega$$

- Las dos resistencias de 50 Ω son el equivalente a una resistencia de 25 Ω.

$$R_T = \frac{\text{valor de una resistencia}}{\text{número total de resistencias}}$$

$$R_T = \frac{50\Omega}{2}$$

$$R_T = 25\Omega$$

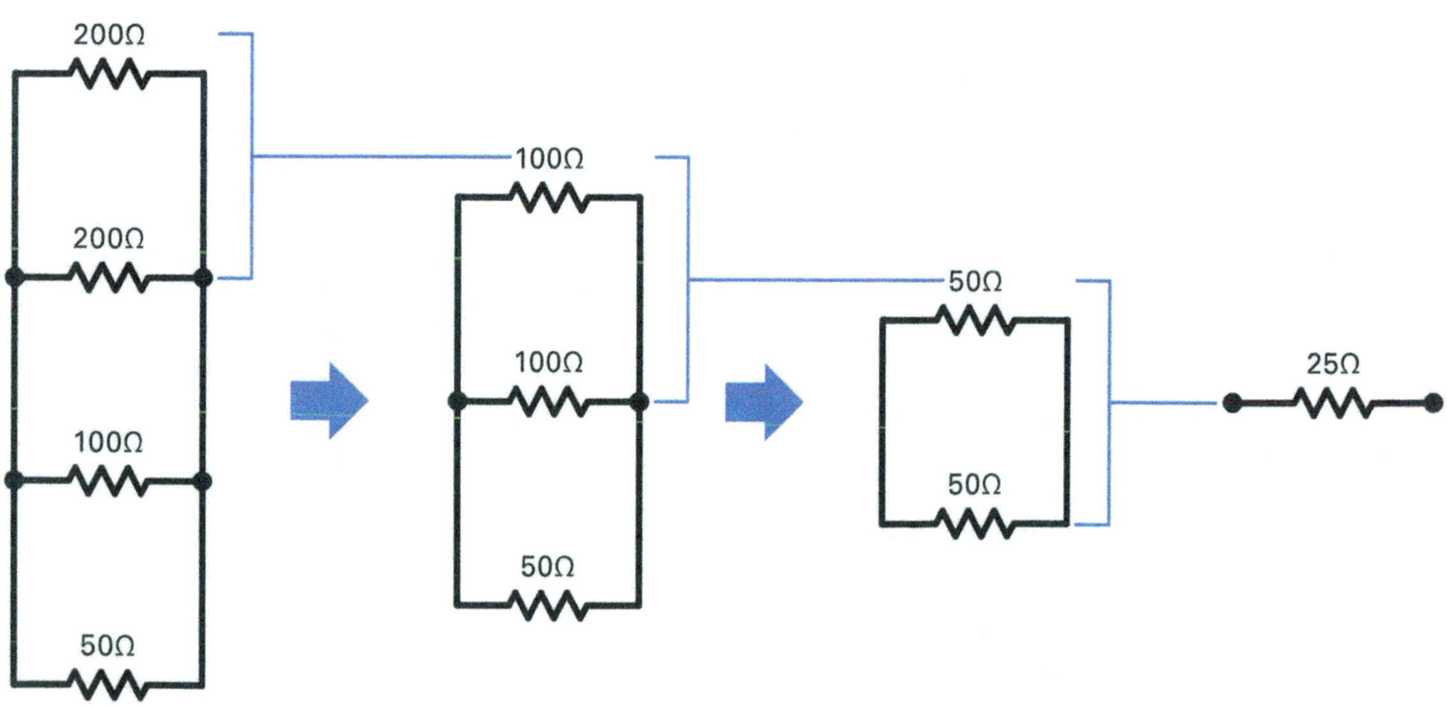

Figura 7 Resistencias iguales en paralelo.

1.3.0 Trabajo con circuitos mixtos (en serie y en paralelo)

Para hallar la corriente, el voltaje y la resistencia en circuitos en serie o en paralelo, se utilizan las reglas que se aplican al tipo específico de circuito. En un circuito mixto, algunas partes están conectadas en serie y otras en paralelo, así que debe aplicar las reglas correctas para cada parte del circuito.

1.3.1 Identificación de combinaciones en serie y en paralelo

¿Cómo reconoce qué partes de un circuito están conectadas en serie y cuáles en paralelo? Esto puede ser obvio en un dibujo si el circuito es sencillo. Sin embargo, es posible que tenga que volver a dibujar circuitos más complejos en una forma que sea más fácil de reconocer.

La figura 8 muestra circuitos simples en serie, en paralelo y mixtos.

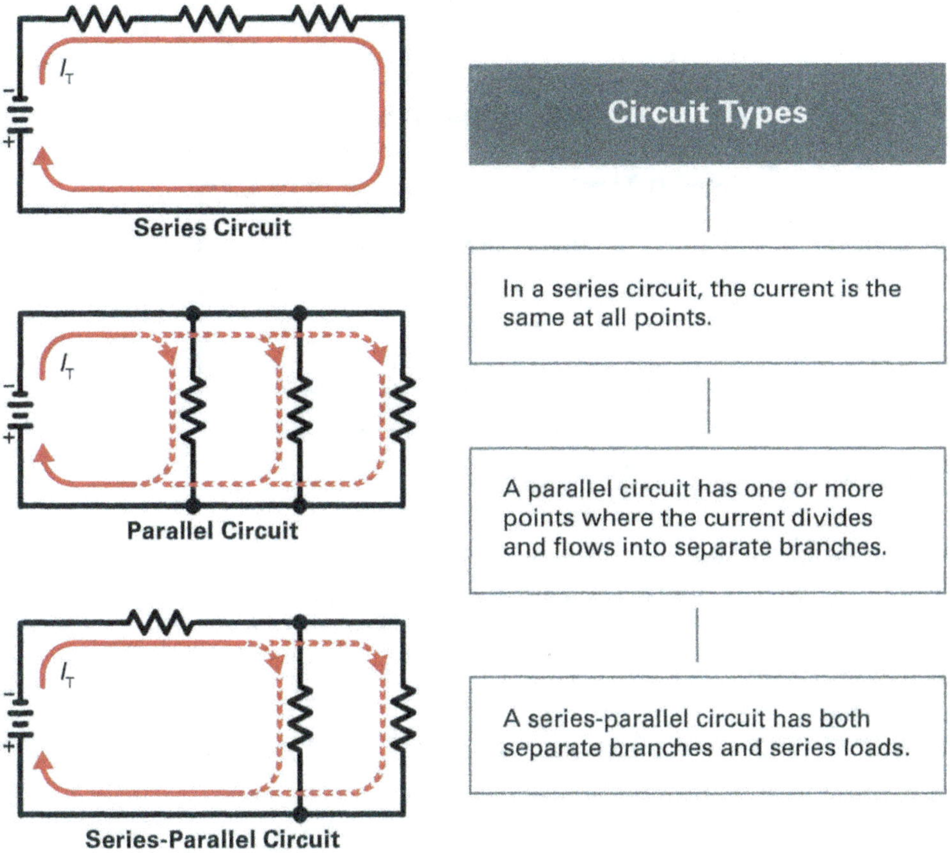

Figura 8 Circuitos en serie, en paralelo y mixtos.

Para averiguar si un circuito está conectado en serie, en paralelo o si es mixto, trace el trayecto de la corriente como se indica a continuación:

- Comience por el terminal negativo de la fuente de alimentación.
- Trace el trayecto de la corriente a través del circuito hasta el terminal positivo de la fuente de alimentación.
- Si la corriente no se divide en ningún punto, se trata de un circuito en serie.
- Si la corriente se divide en derivaciones separadas, pero no hay cargas en serie, se trata de un circuito en paralelo.
- Si la corriente se divide en derivaciones separadas y también hay cargas en serie, es un circuito mixto.

Una vez que sepa que un circuito es mixto, puede volver a dibujarlo si es necesario. Volver a dibujar facilita la identificación de las derivaciones y la separación de las cargas en serie y en paralelo. Esto lo ayudará a calcular la resistencia total del circuito.

La *figura 9* muestra resistencias conectadas en un circuito mixto y el mismo circuito dibujado de forma más sencilla. La nueva versión muestra de manera más obvia que R_1 y R_3 están conectados en serie, mientras que R_2, R_4 y R_5 están conectados en paralelo.

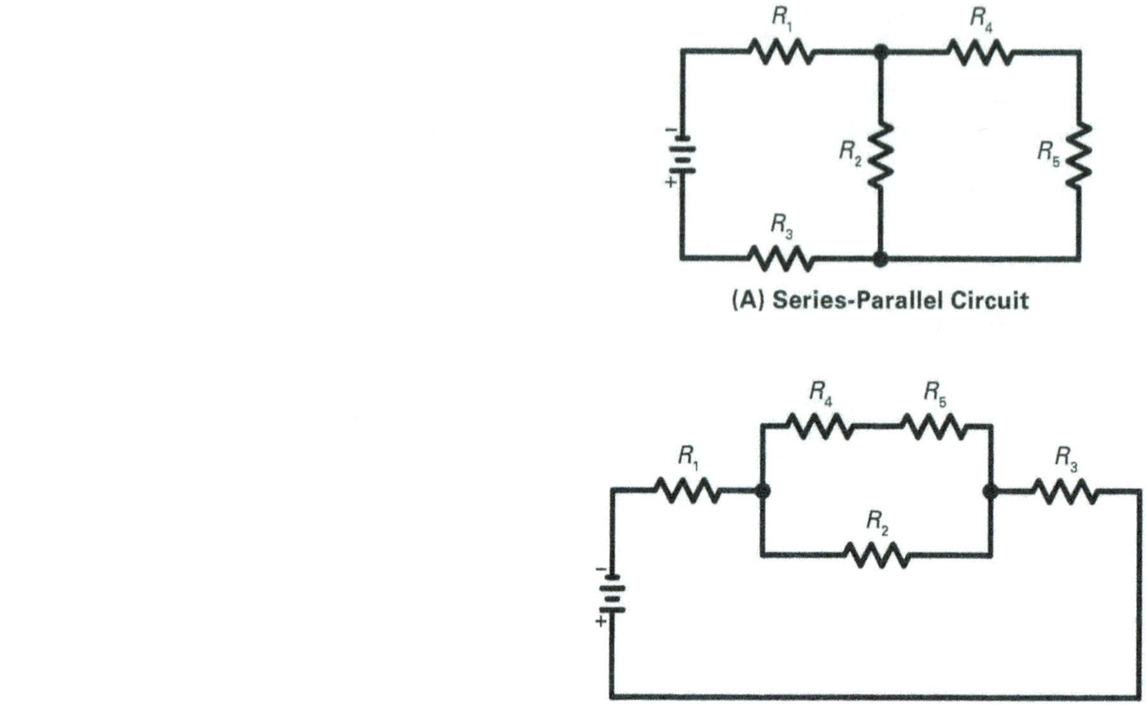

(B) Redrawn Version of the Circuit

Figura 9 Volver a dibujar un circuito mixto.

1.3.2 Reducción de circuitos mixtos

La mayoría de las veces, todo lo que se sabe sobre un circuito mixto es el voltaje aplicada y los valores de las resistencias individuales. Para hallar la resistencia total, debe reducir el circuito a su forma más simple. Esto significa aplicar las reglas de los circuitos en serie y en paralelo para combinar los valores de todas las resistencias en un único valor equivalente.

Si es necesario, vuelva a dibujar el circuito para que pueda reconocer todas las resistencias en serie y en paralelo. Para cada combinación paralela de resistencias, calcule la resistencia efectiva (la resistencia en serie equivalente). Se obtiene así un circuito con todas las cargas en serie. Luego puede hallar la resistencia total sumando las resistencias de todas las cargas en serie.

La *figura 10* muestra cómo reducir un circuito mixto. En este circuito, las resistencias R_2 y R_3 están conectadas en paralelo. La resistencia R_1 está en serie tanto con la batería (voltaje aplicado) como con la combinación en paralelo de R_2 y R_3. Utilice la fórmula para resistencias iguales en paralelo para hallar la resistencia de R_2 y R_3 ($20\ \Omega \div 2 = 10\ \Omega$). Luego, súmela a la resistencia en serie R_1 ($5\ \Omega$) para hallar la resistencia total del circuito, R_T ($15\ \Omega$).

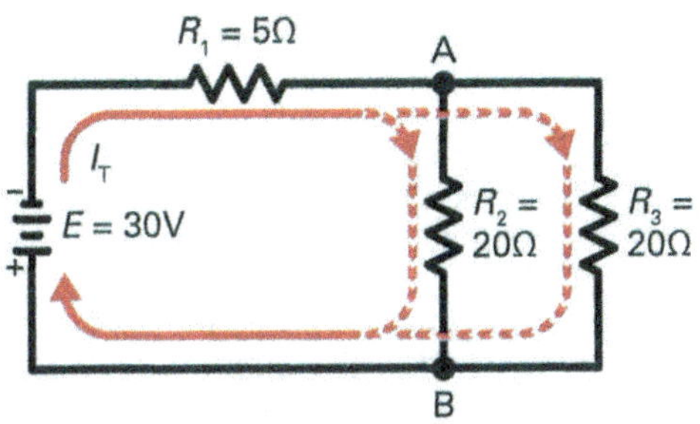

Reducing a Series-Parallel Circuit

1 Find the resistance of R_2 and R_3 in parallel.

$$R_{2+3} = \frac{20\Omega}{2} = 10\Omega$$

2 The total resistance is the sum of R_1 and R_{2+3}.

$$R_T = R_1 + R_{2+3}$$
$$R_T = 5\Omega + 10\Omega$$
$$R_T = 15\Omega$$

Figura 10 Reducción de un circuito mixto.

1.0.0 Repaso de la sección

1. Puede utilizar la ley de Ohm para hallar el valor de la corriente de cada derivación en un circuito paralelo.
   a. Verdadero
   b. Falso

2. ¿Cuál de las siguientes opciones es *verdadera* en relación con un circuito en paralelo?
   a. Tiene más de un trayecto para el flujo de corriente.
   b. La resistencia es igual a través de todos los componentes del circuito.
   c. La resistencia total es igual a la suma de las resistencias individuales.
   d. El flujo de corriente a través de cada resistencia es siempre inferior a la resistencia total.

3. ¿Cuál de las siguientes opciones es *verdadera* en relación con un circuito mixto?
   a. Solo hay un trayecto para el flujo de corriente.
   b. La resistencia es igual a través de todos los componentes del circuito.
   c. Una vez reducido a un circuito en serie equivalente, la resistencia total se obtiene sumando las cargas en serie.
   d. El flujo de corriente a través de cada resistencia es siempre inferior a la mitad del valor de la resistencia total.

2.0.0 Leyes de Ohm y de Kirchhoff

Tareas prácticas

Esta sección no contiene tareas prácticas.

Objetivo

Aplicar las leyes de Ohm y Kirchhoff a los diversos tipos de circuitos.

a. Usar la ley de Ohm para resolver valores de circuitos desconocidos.
b. Explicar las leyes de corriente y de voltaje de Kirchhoff.
c. Aplicar las leyes de Ohm y de Kirchhoff para calcular valores desconocidos de circuitos.

Esta sección se basa en la discusión de la ley de Ohm en el módulo 26103-23 de NCCER, *Introducción a los circuitos eléctricos*. Recordará que la ley de Ohm puede utilizarse para calcular un valor desconocido del circuito (voltaje, corriente o resistencia) cuando se conocen los otros dos valores.

Además de repasar la ley de Ohm, esta sección también presenta las leyes de Kirchhoff. Gustav Kirchhoff fue un físico alemán. En 1845, describió las leyes que se aplican a el voltaje y la corriente. Las leyes de Kirchhoff proporcionan un método sencillo y práctico para resolver valores desconocidos en un circuito.

2.1.0 Ley de Ohm

La ley de Ohm permite hallar los valores de voltaje, corriente y resistencia en los circuitos. Recuerde que si conoce dos de los valores, puede utilizar la ley de Ohm para hallar el tercero. En los circuitos resistivos, los valores desconocidos del circuito pueden calcularse combinando la ley de Ohm con los métodos para determinar la resistencia equivalente.

2.1.1 Aplicación de la ley de Ohm en los circuitos en serie

Puede aplicar la ley de Ohm a todo un circuito en serie o a las partes individuales. Cuando la utiliza en una parte de un circuito, el voltaje que pasa por esa parte es igual a la corriente de esa parte multiplicada por la resistencia de esa parte.

Utilizando la información de la *figura 11*, calcule la resistencia total (R_T) y la corriente total (I_T).

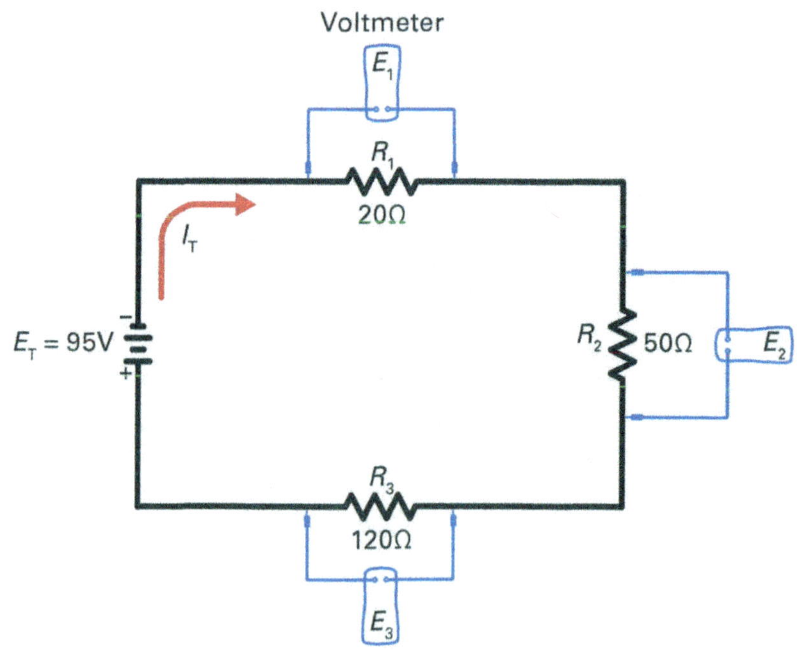

Figura 11 Cálculo de caídas de voltaje.

Para hallar R_T:

$$R_T = R_1 + R_2 + R_3$$
$$R_T = 20\ \Omega + 50\ \Omega + 120\ \Omega$$
$$R_T = 190\ \Omega$$

Para hallar I_T mediante la ley de Ohm:

$$I_T = \frac{E_T}{R_T}$$

$$I_T = \frac{95V}{190\Omega}$$

$$I_T = 0.5A$$

En un circuito en serie, la corriente es la misma a través de cada resistencia (0.5 A). Ahora que conoce la corriente total, puede utilizar la ley de Ohm para hallar la caída de voltaje a través de cada resistencia individual.

Es importante conocer la caída de voltaje a la hora de dimensionar los componentes del circuito por seguridad y para evitar daños en los equipos. Las caídas de voltaje E_1, E_2, y E_3 en la *figura 11* pueden calcularse utilizando la ley de Ohm:

$$E_1 = I_1 \times R_1$$
$$E_1 = 0.5\ A \times 20\ \Omega$$
$$E_1 = 10\ V$$

$$E_2 = I_2 \times R_2$$
$$E_2 = 0.5\ A \times 50\ \Omega$$
$$E_2 = 25\ V$$

$$E_3 = I_3 \times R_3$$
$$E_3 = 0.5\ A \times 120\ \Omega$$
$$E_3 = 60\ V$$

Las caídas de voltaje también se conocen como *caídas IR*. Su efecto es reducir el voltaje disponible para el resto de los componentes del circuito.

La suma de las caídas de voltaje en cualquier circuito en serie es siempre igual al voltaje que se aplica al circuito. (El voltaje total, E_T, es el mismo que el voltaje aplicado).

En este ejemplo:

$$E_T = 10\ V + 25\ V + 60\ V$$
$$E_T = 95\ V$$

2.1.2 Aplicación de la ley de Ohm en los circuitos en paralelo

Recordará que un circuito en paralelo es un circuito en el que dos o más componentes se derivan de la misma fuente de voltaje. Las derivaciones son como sus propios circuitos en serie individuales, pero todas se conectan a la misma fuente de voltaje, como se muestra en la *figura 12*.

Cuando la corriente total I_T sale de la fuente de voltaje E_T, la parte I_1 de la corriente total fluye a través de R_1, I_2 fluye a través de R_2 y I_3 fluye a través de R_3.

La corriente total I_T es igual a la suma de todas las corrientes de derivación. Esta fórmula es válida para cualquier número de derivaciones en paralelo, independientemente de que las resistencias sean iguales o no.

Según la ley de Ohm, la corriente de una derivación es igual al voltaje de esa derivación dividida por la resistencia total de esa derivación.

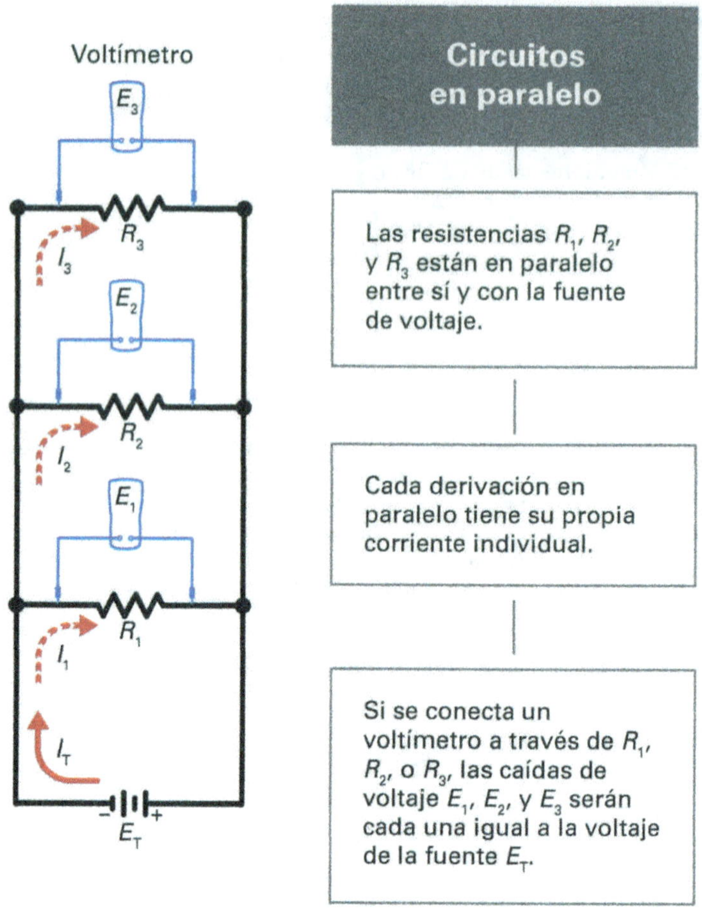

Figura 12 Circuito en paralelo.

Dado que la caída de voltaje en cada derivación de un circuito paralelo es igual al voltaje aplicado, no es necesario calcular las caídas de voltaje individuales de cada derivación. Las siguientes ecuaciones ilustran esto para las tres derivaciones de la *figura 12* .

Derivación 1:

$$I_1 = \frac{E_1}{R_1} = \frac{E_T}{R_1}$$

Derivación 2:

$$I_2 = \frac{E_2}{R_2} = \frac{E_T}{R_2}$$

Derivación 3:

$$I_3 = \frac{E_3}{R_3} = \frac{E_T}{R_3}$$

Con el mismo voltaje aplicado, cualquier derivación que tenga menos resistencia deja pasar más corriente que una derivación con mayor resistencia. La suma de las corrientes de derivación en un circuito paralelo es igual a la corriente total (I_T).

Ejemplo 1:

Consulte la *figura 13*. Las dos derivaciones R_1 y R_2 consumen una corriente de línea total de 20 A a través de una fuente de alimentación de 110 V. R_1 y R_2 están en paralelo. La derivación R_1 toma 12 A (I_1). ¿Cuál es la corriente I_2 en la derivación R_2?

Como sabemos que la corriente total (I_T) es igual a la suma de las corrientes de derivación, podemos reordenar la fórmula para hallar I_2 y luego sustituir los valores dados de la siguiente manera:

$$I_T = I_1 + I_2$$
$$I_2 = I_T - I_1$$
$$I_2 = 20\text{ A} - 12\text{ A}$$
$$I_2 = 8\text{ A}$$

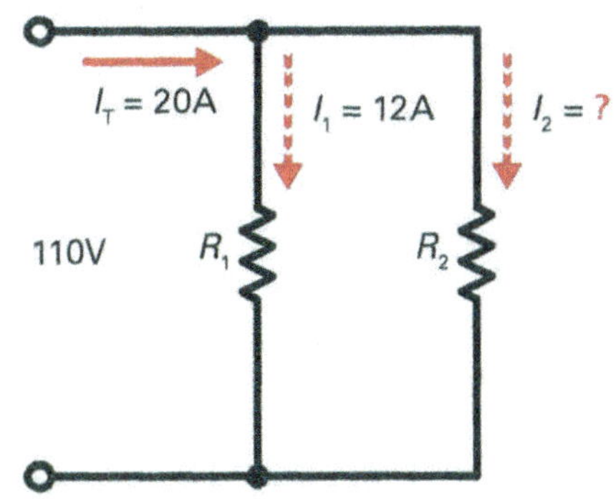

Figura 13 Resolución de una corriente desconocida, ejemplo 1.

Ejemplo 2:

En la *figura 14*, las dos derivaciones R_1 y R_2 a través de una fuente de alimentación de 240 V consumen una corriente de línea total de 35 A. La derivación R_2 consume 20 A. ¿Cuál es la corriente I_1 en la derivación R_1?

Reordene la fórmula para hallar I_1 y luego sustituya los valores dados:

$$I_T = I_1 + I_2$$
$$I_1 = I_T - I_2$$
$$I_1 = 35\text{ A} - 20\text{ A}$$
$$I_1 = 15\text{ A}$$

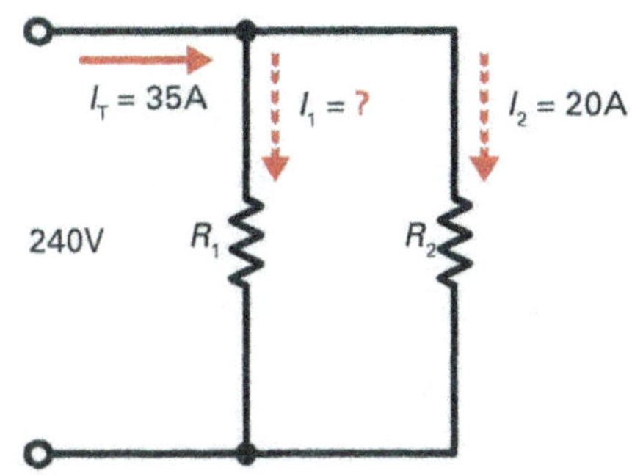

Figura 14 Resolución de una corriente desconocida, ejemplo 2.

2.1.3 Aplicación de la ley de Ohm en los circuitos mixtos

Recuerde que los circuitos mixtos combinan los elementos y las características de los circuitos en serie y en paralelo. Puede aplicar las mismas ecuaciones que utiliza para los circuitos en serie y en paralelo para hallar los valores de los trayectos individuales en un circuito mixto.

Puede utilizar el siguiente procedimiento para analizar circuitos mixtos. Después de seguir los pasos, sabrá cuál es la caída de voltaje en cada resistencia, la corriente que fluye a través de cada resistencia, la corriente total y la resistencia total del circuito.

La figura 15 muestra un circuito mixto sencillo con una batería de 1.5 V. Siga estos pasos para realizar los cálculos.

NOTA

La forma de aplicar estos pasos a un circuito determinado dependerá de la disposición de sus componentes.

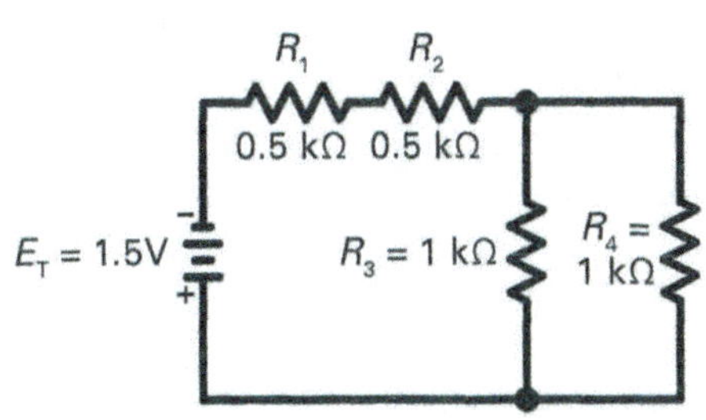

Figura 15 Circuito mixto.

Paso 1 Si es necesario, vuelva a dibujar el circuito para que pueda reconocer las cargas en serie y en paralelo. ¡Tenga cuidado! Es importante que mantenga los valores y las relaciones del circuito original. Puede dividir el circuito de la *figura 15* en dos componentes: las resistencias en serie de R_1 y R_2, y las resistencias en paralelo de R_3 y R_4.

Paso 2 Sume R_1 y R_2 para formar la resistencia en serie equivalente R_{1+2}.

$$R_{1+2} = R_1 + R_2$$
$$R_{1+2} = 0.5\ \text{k}\Omega + 0.5\ \text{k}\Omega$$
$$R_{1+2} = 1\ \text{k}\Omega$$

Paso 3 Reduzca las resistencias en paralelo a un único valor equivalente. Puede totalizar R_3 y R_4 utilizando la fórmula recíproca general o, puesto que hay dos resistencias en paralelo, el método del producto sobre la suma. En este ejemplo se utilizará la fórmula recíproca.

$$R_{3+4} = \frac{1}{\frac{1}{R_3} + \frac{1}{R_4}}$$
$$R_{3+4} = \frac{1}{\frac{1}{1\ \text{k}\Omega} + \frac{1}{1\ \text{k}\Omega}}$$
$$R_{3+4} = \frac{1}{\frac{1}{1{,}000\Omega} + \frac{1}{1{,}000\Omega}}$$
$$R_{3+4} = \frac{1}{0.001\Omega + 0.001\Omega}$$
$$R_{3+4} = \frac{1}{0.002\Omega}$$
$$R_{3+4} = 500\Omega$$

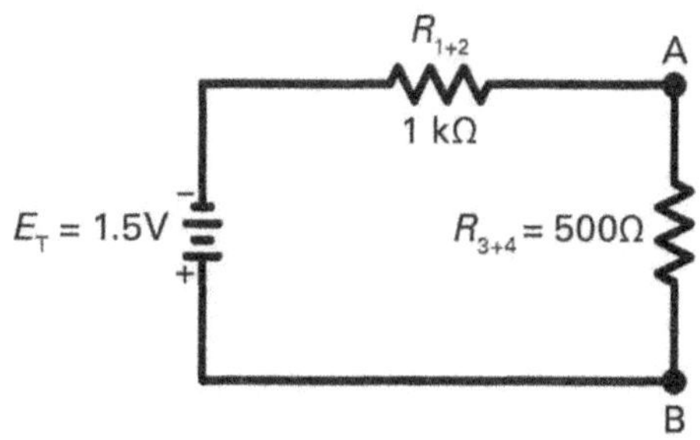

Figura 16 Circuito mixto simplificado.

El circuito debería ser ahora un simple circuito en serie. El circuito equivalente que contiene la resistencia R_{1+2} de 1 kΩ y la resistencia R_{3+4} de 500 Ω se muestra en la *figura 16*.

NOTA

El valor de 0.001 A puede convertirse a miliamperios (mA) multiplicándolo por 1,000. Por lo tanto, 0.001 × 1,000 = 1, así que 0.001 A = 1 mA.

Paso 4 Determine la resistencia total del circuito (R_T) sumando todas las resistencias.

$$R_T = R_{1+2} + R_{3+4}$$
$$R_T = 1\ \text{k}\Omega + 0.5\ \text{k}\Omega$$
$$R_T = 1.5\ \text{k}\Omega$$

Paso 5 Determine la corriente total (I_T) utilizando el voltaje de alimentación (E_T), la resistencia total del circuito (R_T) y la forma correcta de la ley de Ohm ($I_T = E_T \div R_T$).

$$I_T = \frac{E_T}{R_T}$$
$$I_T = \frac{1.5\text{V}}{1.5\ \text{k}\Omega}$$
$$I_T = 0.001\text{A, or } 1\ \text{mA}$$

NOTA

El valor de 500 Ω se puede convertir a kΩ dividiéndolo por 1,000. Por lo tanto, 500 ÷ 1,000 = 0.5, así que 500 Ω = 0.5 kΩ.

Paso 6 Determine la caída de voltaje (E_n) a través de cada resistencia en serie utilizando la corriente total (I_T), el valor de la resistencia (R_n) y la forma correcta de la ley de Ohm ($E_n = I_T \times R_n$).

Para R_1:

$$E_1 = I_T \times R_1$$
$$E_1 = 1 \text{ mA} \times 0.5 \text{ k}\Omega$$
$$E_1 = 0.5 \text{ V}$$

Para R_2:

$$E_2 = I_T \times R_2$$
$$E_2 = 1 \text{ mA} \times 0.5 \text{ k}\Omega$$
$$E_2 = 0.5 \text{ V}$$

Para R_{3+4}:

$$E_{3+4} = I_T \times R_{3+4}$$
$$E_{3+4} = 1 \text{ mA} \times 0.5 \text{ k}\Omega$$
$$E_{3+4} = 0.5 \text{ V}$$

2.2.0 Leyes de corriente y de voltaje de Kirchhoff

El físico alemán Gustav Kirchhoff desarrolló dos leyes relacionadas con la corriente y la tensión en los circuitos eléctricos. Estas son la **ley de corriente de Kirchhoff** y la **ley de voltaje de Kirchhoff**.

Ley de corriente de Kirchhoff (*Kirchhoff's current law*): la afirmación de que la cantidad total de corriente que fluye a través de un circuito en paralelo es igual a la suma de las cantidades de corriente que fluyen a través de cada trayecto de corriente.

Ley de voltaje de Kirchhoff (*Kirchhof's voltage law*): la afirmación de que la suma de las caídas de tensión en un circuito es igual al voltaje de la fuente del circuito.

2.2.1 Ley de corriente de Kirchhoff

En general, la ley de Corriente de Kirchhoff establece que en cualquier nodo de un circuito, la suma de las corrientes que entran en ese nodo debe ser igual a la suma de las corrientes que salen de ese nodo. Esta es la base de la regla práctica en circuitos en paralelo de que la corriente de línea total debe ser igual a la suma de las corrientes de derivación.

Cuando utiliza las leyes de Kirchhoff para resolver circuitos, debe utilizar métodos algebraicos para determinar si los términos de corriente y voltaje son positivos o negativos. Un sistema útil es considerar toda la corriente que fluye hacia un nodo como positiva y toda la corriente que fluye desde ese nodo como negativa.

Consulte la *figura 17*. La corriente total que entra en un nodo (N) debe ser igual a la corriente total que sale de ese nodo.

Las corrientes I_A y I_B son positivas porque entran en el nodo P. La corriente I_C sale del nodo P y es negativa. Esto puede escribirse de la siguiente manera:

$$I_A + I_B - I_C = 0$$
$$5 \text{ A} + 3 \text{ A} - 8 \text{ A} = 0$$

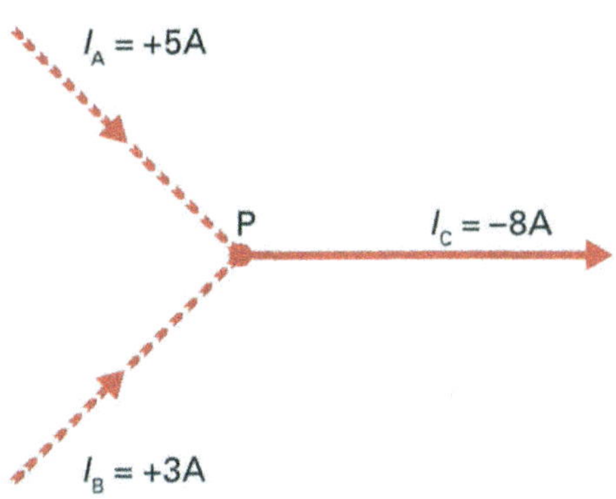

Figura 17 Ley de corriente de Kirchhoff.

NOTA

Una suma algebraica es cuando se tienen números positivos (regulares) y números negativos en el mismo problema de suma. En otras palabras, sumar algebraicamente significa que se utilizan tanto la suma como la resta en el mismo problema. En una suma algebraica, sumar -2 es lo mismo que restar 2.

NOTA

Para facilitar el etiquetado, se utilizan subíndices de letras para las fuentes de tensión y subíndices numéricos para las caídas de tensión.

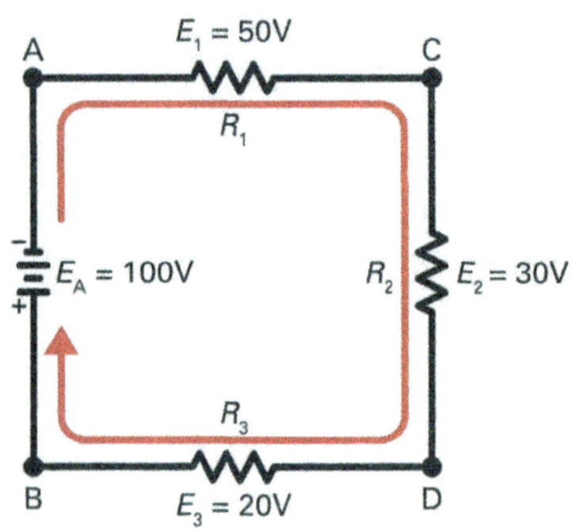

Figura 18 Ley de tensión de Kirchhoff.

2.2.2 Ley de voltaje de Kirchhoff

La ley de voltaje de Kirchhoff establece que la suma algebraica de los voltajes alrededor de cualquier trayecto cerrado es cero.

Consulte la *figura 18*. La suma de las caídas de tensión alrededor del circuito debe ser igual al voltaje aplicada al circuito:

$$E_A = E_1 + E_2 + E_3$$

Donde:

E_A = voltaje aplicado al circuito

E_1, E_2 y E_3 = caídas de voltaje en el circuito

Otra forma de enunciar esta ley es que la suma algebraica de los aumentos y las caídas de voltaje debe ser igual a cero. Una fuente de voltaje se considera un aumento de voltaje; un voltaje a través de una resistencia es una caída de voltaje. En la *figura 18*, la batería crea el aumento y las resistencias crean las caídas. Esta forma de la ley se puede escribir de la siguiente manera:

Voltaje aplicado - suma de las caídas de voltaje = 0

$$E_A - E_1 - E_2 - E_3 = 0$$

o

$$E_A - (E_1 + E_2 + E_3) = 0$$

Consulte de nuevo la *figura 18*:

$$E_A - E_1 - E_2 - E_3 = 0$$
$$100\text{ V} - 50\text{ V} - 30\text{ V} - 20\text{ V} = 0$$

La ley de voltaje de Kirchhoff puede aplicarse mediante una ecuación de bucle. Todo trayecto de circuito cerrado para el flujo de corriente se llama *bucle*. Una ecuación de bucle especifica las tensiones alrededor del bucle:

En su forma más general, la ley de voltaje de Kirchhoff establece que la suma algebraica de todas las diferencias de potencial en un bucle cerrado es igual a cero. Un bucle cerrado significa cualquier trayecto completamente cerrado formado por cables, resistencias, baterías u otros componentes. En el caso de los circuitos en serie, esto implica que la suma de las caídas de tensión alrededor del circuito es igual a la tensión aplicada. En el caso de los circuitos en paralelo, esto implica que las caídas de voltaje en todas las derivaciones son iguales.

Antes de escribir las ecuaciones de bucle es necesario elaborar una convención para decidir si un componente del bucle es un aumento de voltaje (+) o una caída de tensión (-). No suponga que todas las fuentes son aumentos y todas las resistencias caídas, ya que esta convención puede ser errónea. Además, no funciona si tiene un bucle con nada más que resistencias y sin fuentes.

Recorra el bucle en la dirección que desee. Siempre que se encuentre con un componente, observe la polaridad (signo positivo o negativo) que encuentra en primer lugar.

- Si el signo es positivo, trate el componente como un aumento de voltaje.
- Si el signo es negativo, trate el componente como una caída de voltaje.

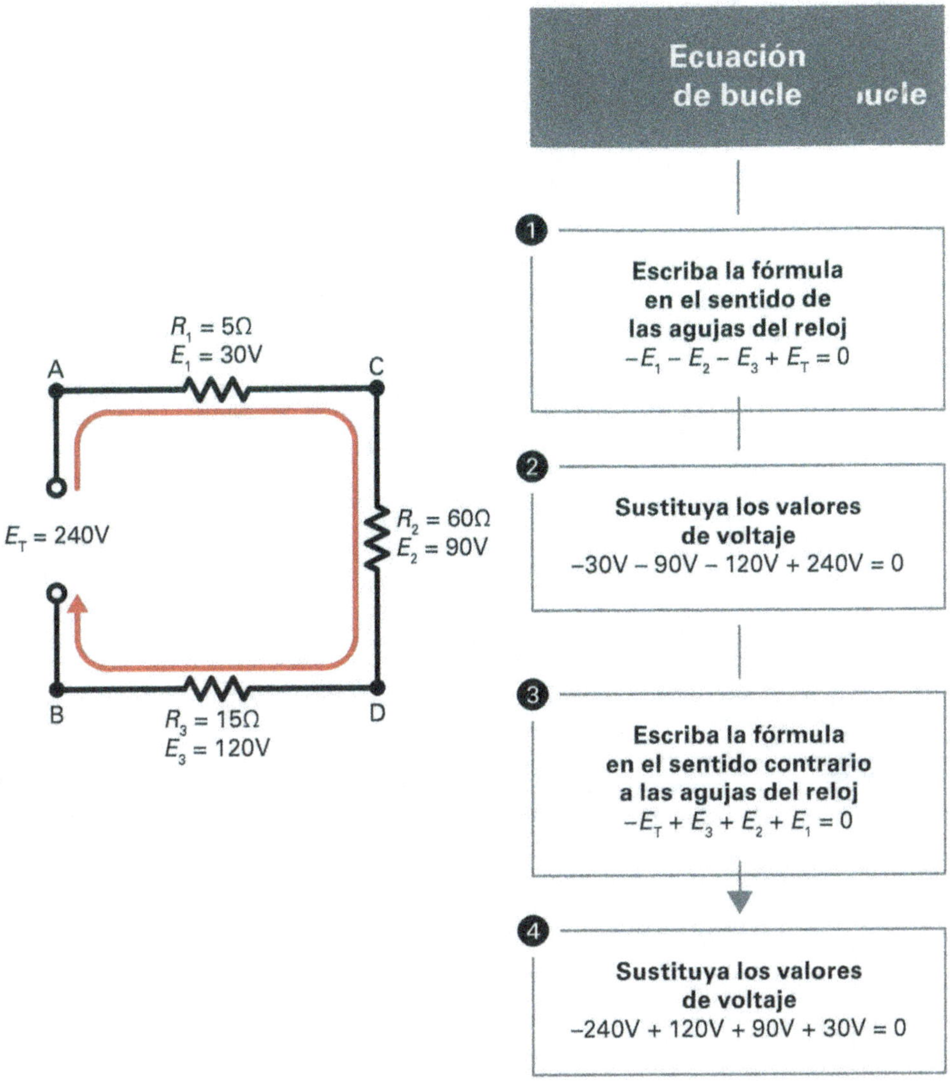

Figura 19 Ecuación de bucle.

Considere el bucle interior a través de A, C, D y B en la *figura 19*. Esto incluye la fuente E_T y las caídas de tensión E_1, E_2 y E_3.

En el sentido de las agujas del reloj, partiendo del punto A, la suma algebraica de los voltajes es:

$$-E_1 - E_2 - E_3 + E_T = 0$$
$$-30\text{ V} - 90\text{ V} - 120\text{ V} + 240\text{ V} = 0$$

Los voltajes E_1, E_3, y E_2 tienen un valor negativo porque se observa una disminución de la tensión a través de cada una de las resistencias en el sentido de las agujas del reloj.

La fuente E_T es un término positivo porque se observa un aumento de voltaje en esa misma dirección.

Para la dirección opuesta, yendo en sentido contrario a las agujas del reloj en el mismo bucle desde el punto B, E_T es negativo mientras que E_1, E_2 y E_3 tienen valores positivos. Por lo tanto:

$$-E_T + E_2 + E_3 + E_1 = 0$$
$$-240\text{ V} + 120\text{ V} + 90\text{ V} + 30\text{ V} = 0$$

En esta forma, la ecuación del bucle muestra que la ley de voltaje de Kirchhoff es la base de la regla práctica en los circuitos en serie de que la suma de las caídas del voltaje debe ser igual al voltaje aplicada.

Por ejemplo, determine el voltaje E_B para el circuito que se muestra en la *figura 20*. La flecha indica el sentido de la corriente.

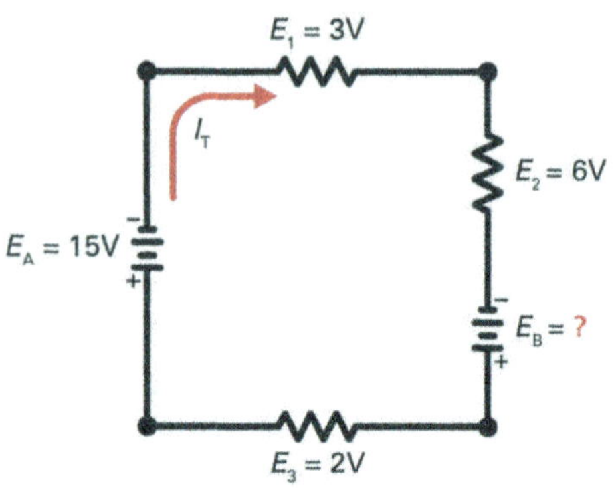

Figura 20 Aplicación de la ley de voltaje de Kirchhoff.

En primer lugar, marque la polaridad de las caídas de voltaje a través de las resistencias y trace el circuito en la dirección del flujo de corriente a partir del punto A. Después, escriba la ecuación del bucle alrededor del circuito:

$$-E_3 - E_B - E_2 - E_1 + E_A = 0$$

Ahora calcule E_B:

$$E_B = E_A - E_3 - E_2 - E_1$$
$$E_B = 15\text{ V} - 2\text{ V} - 6\text{ V} - 3\text{ V}$$
$$E_B = 4\text{ V}$$

Dado que E_B es positivo, la dirección supuesta de la corriente es, de hecho, la dirección real de la corriente.

2.3.0 Aplicación de las leyes de Ohm y de Kirchhoff

PRECAUCIÓN

Al simplificar la información dentro de un circuito, es importante asegurarse de que todos los valores simplificados sigan siendo equivalentes a los valores originales del circuito. Cualquier error dará lugar a cálculos finales erróneos.

Ahora podemos tomar todo lo que ha aprendido hasta ahora y aplicarlo a un circuito. Consulte la *figura 21*.

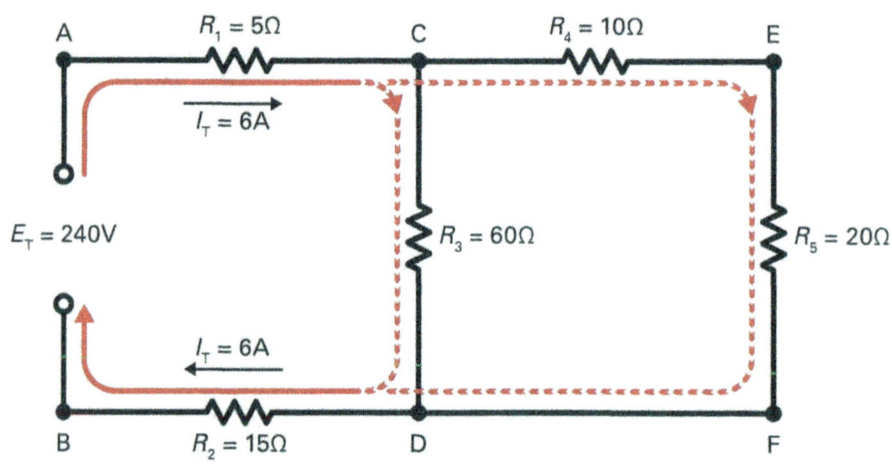

Figura 21 Aplicación de las leyes de Ohm y de Kirchhoff.

Antes de calcular la corriente que circula por el circuito, debe calcular la resistencia total. Para ello, utilice la fórmula de las resistencias en serie para hallar la resistencia equivalente de las dos resistencias del bucle de la derecha:

$$R_{4+5} = R_4 + R_5$$
$$R_{4+5} = 10\ \Omega + 20\ \Omega$$
$$R_{4+5} = 30\ \Omega$$

Luego, utilice la fórmula para resistencias en paralelo para calcular la resistencia equivalente para el bucle de la derecha (R_{3+4+5}):

$$R_{3+4+5} = \frac{1}{\frac{1}{R_3} + \frac{1}{R_{4+5}}}$$

$$R_{3+4+5} = \frac{1}{\frac{1}{60} + \frac{1}{30}}$$

Ambas fracciones deben tener el mismo denominador (el número de abajo), de modo que se convierte en:

$$R_{3+4+5} = \frac{1}{\frac{1}{60} + \frac{2}{60}} = \frac{1}{\frac{3}{60}}$$

$$R_{3+4+5} = \frac{1}{0.05}$$

$$R_{3+4+5} = 20\Omega$$

A continuación, utilice la fórmula para resistencias en serie para hallar la resistencia total:

$$R_T = R_1 + R_2 + R_{3+4+5}$$
$$R_T = 5\ \Omega + 15\ \Omega + 20\ \Omega$$
$$R_T = 40\ \Omega$$

Ahora puede utilizar la Ley de Ohm para calcular el flujo total de corriente:

$$I_T = \frac{E_T}{R_T}$$

$$I_T = \frac{240V}{40\Omega}$$

$$I_T = 6A$$

La corriente se divide en el punto C, pero no sabe cuánto entra en cada parte. Sin embargo, puede calcular las caídas de voltaje a través de las dos resistencias, R_1 y R_2 utilizando la Ley de Ohm (*figura 22*).

Recuerde que según la ley de corriente de Kirchhoff, el flujo de corriente que pasa por R_1 es el mismo que el flujo de corriente que pasa por R_2. Por lo tanto:

$$E_1 = 6\ A \times 5\ \Omega$$
$$E_1 = 30\ V$$
$$E_2 = 6\ A \times 15\ \Omega$$
$$E_2 = 90\ V$$

Utilizando la ley de voltaje de Kirchhoff, se puede calcular la caída de voltaje a través de R_3:

$$E_3 = E_{IN} - E_1 - E_2$$
$$E_3 = 240\ V - 30\ V - 90\ V$$
$$E_3 = 120\ V$$

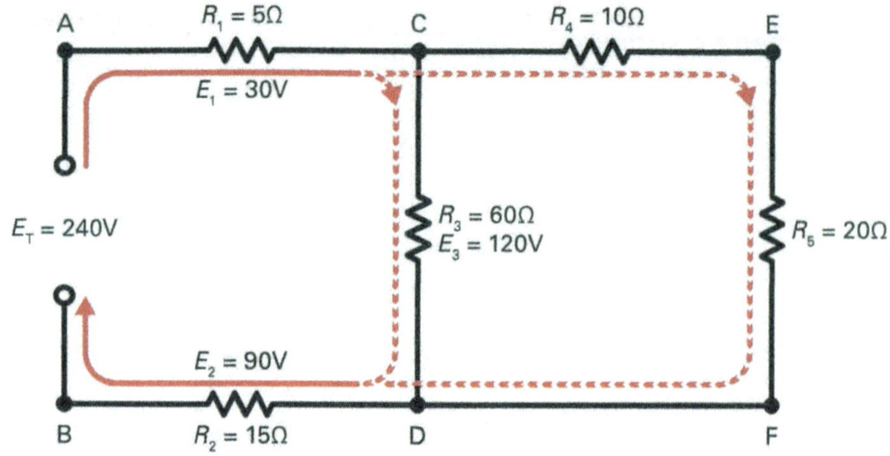

Cálculo de caídas de voltaje

1 Utilice la ley de Ohm para hallar las caídas de voltaje a través de R_1 y R_2.

$$E_1 = 6A \times 5\Omega = 30V$$

$$E_2 = 6A \times 15\Omega = 90V$$

2 Utilice la ley de voltaje de Kirchhoff para hallar la caída de voltaje a través de R_3.

$$E_3 = E_{IN} - E_1 - E_2 = 240V - 30V - 90V = 120V$$

Figura 22 Uso de la ley de Ohm para calcular las caídas de voltaje.

Finalmente, el flujo de corriente a través de R_3 puede calcularse utilizando la Ley de Ohm (*figura 23*):

$$I_3 = \frac{E_3}{R_3}$$

$$I_3 = \frac{120V}{60\Omega}$$

$$I_3 = 2A$$

La corriente total I_T en el punto C es de 6 A. Luego se divide en dos corrientes, I_3 (2A) y I_{4+5}, ambas dirigidas hacia afuera del punto C. Observe que I_{4+5} es la corriente que atraviesa R_4 y R_5. Esto puede escribirse de la siguiente manera:

$$I_T - I_3 - I_{4+5} = 0$$

$$6A - 2A - I_{4+5} = 0$$

$$I_{4+5} = 6\ A - 2\ A$$

$$I_{4+5} = 4\ A$$

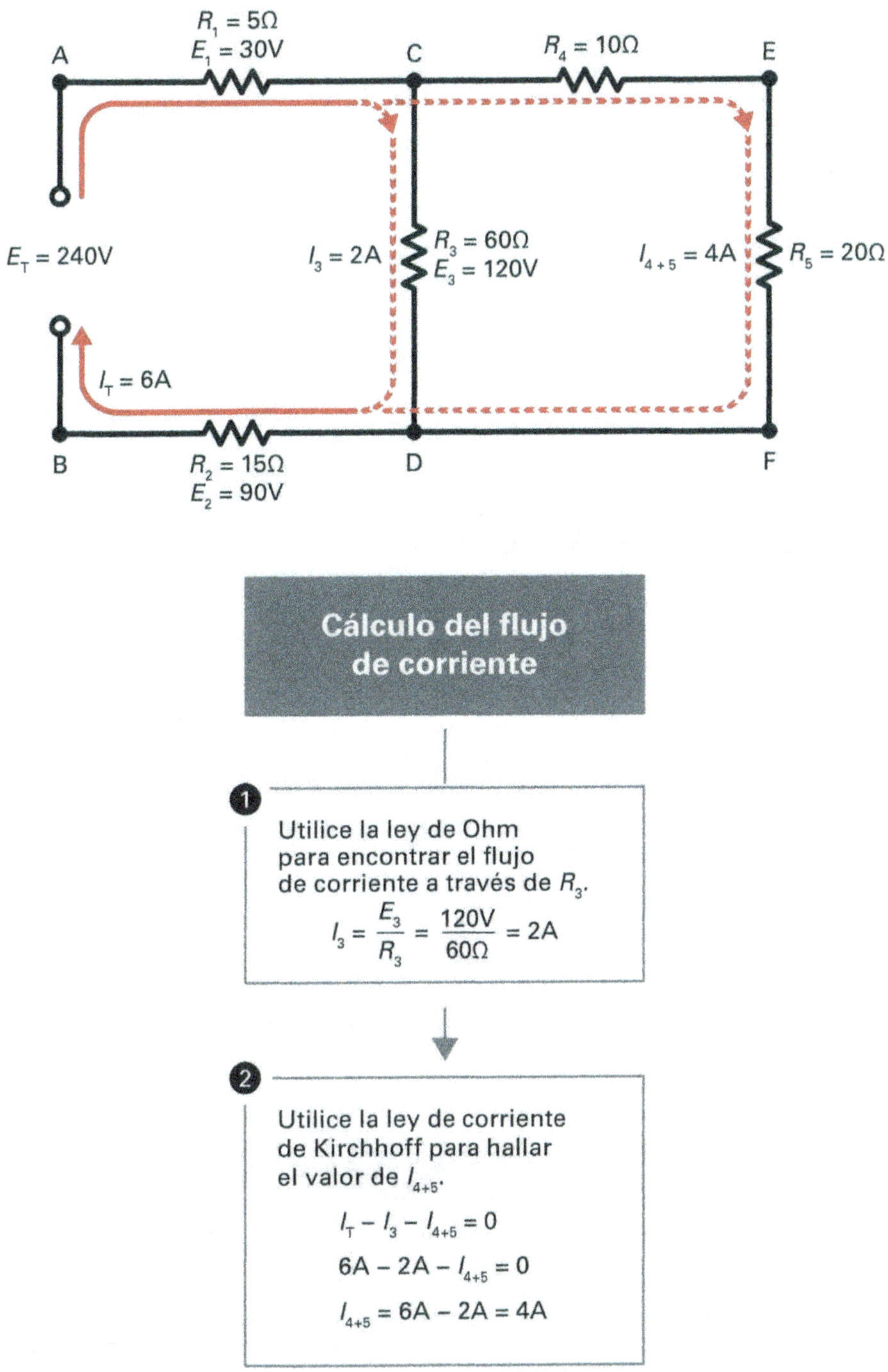

Figura 23 Uso de las leyes de Ohm y de Kirchhoff para calcular el flujo de corriente.

Para la dirección opuesta, consulte el punto D en la parte inferior de la *figura* 23.

Las corrientes de derivación en el punto D se combinan para igualar la corriente I_T que vuelve a la fuente de voltaje. I_T se dirige hacia afuera del punto D y I_3 y I_{4+5} se dirigen hacia adentro. Esto puede expresarse de la siguiente manera:

$$I_3 + I_{4+5} - I_T = 0$$
$$2A + 4\,A - 6\,A = 0$$

Tenga en cuenta que tanto en el punto C como en el punto D, la suma de las corrientes de derivación debe ser igual a la corriente total. Por lo tanto, otra forma de enunciar la ley de corriente de Kirchhoff es:

$$I_{ENTRADA} = I_{SALIDA}$$

Terminemos ahora calculando la caída de voltaje a través de las resistencias R_4 y R_5. Como el punto E solo tiene un único trayecto de corriente de entrada o salida, el flujo de corriente que pasa tanto por R_4 como por R_5 es el mismo, 4 A. La Ley de Ohm dará la caída de voltaje a través de las resistencias R_4 y R_5:

$$E_4 = I_4 \times R_4$$
$$E_4 = 4\ \text{A} \times 10\ \Omega$$
$$E_4 = 40\ \text{V}$$
$$E_5 = I_5 \times R_5$$
$$E_5 = 4\ \text{A} \times 20\ \Omega$$
$$E_5 = 80\ \text{V}$$

Por último, compruebe los cálculos para este bucle aplicando la ley de voltaje de Kirchhoff alrededor del bucle:

$$E_3 - E_4 - E_5 = 0\ \text{V}$$
$$120\ \text{V} - 40\ \text{V} - 80\ \text{V} = 0\ \text{V}$$

2.0.0 Repaso de la sección

1. Dos derivaciones de un circuito (R_1 y R_2) en una línea de alimentación de 120 V consume una corriente de línea total de 30 A. La derivación R_1 toma 15 A. ¿Cuál es la corriente I_2 en la derivación R_2?
   a. 12 A
   b. 15 A
   c. 17 A
   d. 30 A

2. ¿Quién dijo que la corriente que entra en un nodo *debe* ser igual a la corriente total que sale de ese nodo?
   a. Kirchhoff
   b. Joule
   c. Pascal
   d. Ohm

3. La ley de voltaje de Kirchhoff puede utilizarse para comprobar los cálculos realizados mediante la Ley de Ohm.
   a. Verdadero
   b. Falso

Módulo 26104-23 Preguntas de repaso

1. ¿Cuál de las siguientes opciones es *verdadera* en relación con un circuito en serie?
   a. Tiene más de un trayecto para el flujo de corriente.
   b. El flujo de corriente es igual a través de todas las resistencias.
   c. El flujo de corriente varías según la fuerza de la resistencia.
   d. El flujo de corriente a través de las resistencias siempre es menor que la corriente de la fuente.

2. Calcule la resistencia total de un circuito en serie con tres resistencias de 10 Ω, 20 Ω y 30 Ω.
   a. 1 Ω
   b. 15 Ω
   c. 20 Ω
   d. 60 Ω

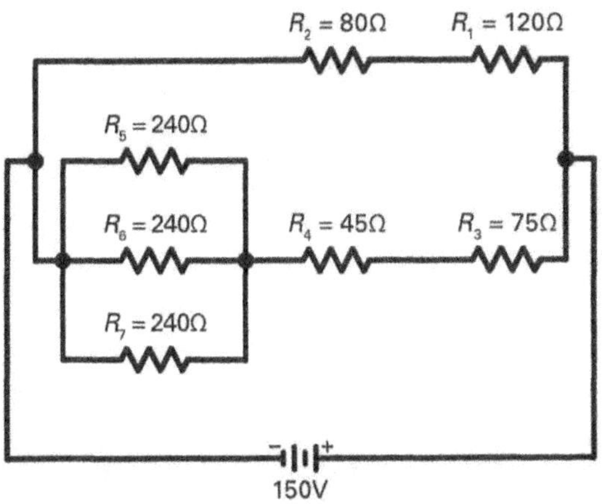

Figura RQ01

3. La resistencia total en la *figura RQ01* es de _____.
   a. 100 Ω
   b. 129 Ω
   c. 157 Ω
   d. 1,040 Ω

4. La corriente total en la *figura RQ01* es de _____.
   a. 1 A
   b. 1.5 A
   c. 2 A
   d. 2.5 A

5. En un circuito en paralelo, el voltaje en cada trayectoria es igual a la _____.
   a. resistencia total del circuito por la corriente de la trayectoria
   b. voltaje de la fuente menos el voltaje del trayecto
   c. resistencia del trayecto por la corriente total
   d. voltaje aplicada

6. El valor de la resistencia total en la *figura RQ02* es de _____.
   a. 10 Ω
   b. 20 Ω
   c. 40 Ω
   d. 80 Ω

7. El valor de la corriente total en la *figura RQ02* es de _____.
   a. 1.25 A
   b. 2.50 A
   c. 5 A
   d. 10 A

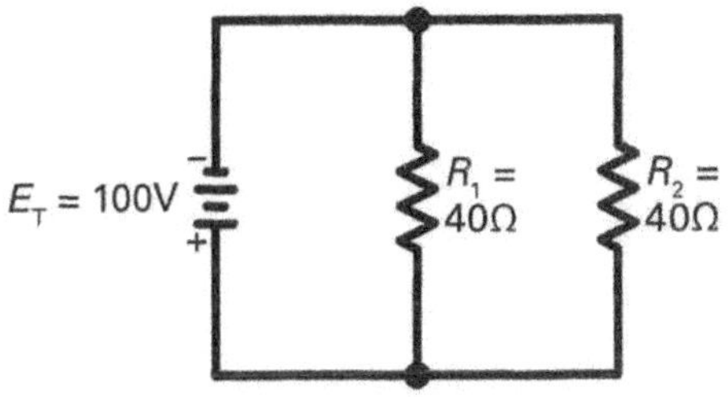

Figura RQ02

8. La ley de corriente de Kirchhoff establece que _____.
   a. la corriente de línea es siempre el doble de la suma de las corrientes de derivación
   b. la corriente total que entra en un nodo debe ser igual a la corriente total que sale de un nodo
   c. la corriente total de línea debe ser menor que la suma de las corrientes de derivación
   d. solo puede utilizarse la Ley de Ohm para calcular valores desconocidos de un circuito

9. La ley de voltaje de Kirchhoff establece que la suma algebraica de los voltajea alrededor de cualquier trayecto cerrado de corriente es _____.
   a. infinita
   b. cero
   c. dos veces la corriente
   d. menor que las tensiones individuales

10. Halle la caída de voltaje desconocida para E_3 en un circuito con un voltaje aplicada de 10 V y caídas de voltaje de $E_1 = 2$ V y $E_2 = 5$ V.
    a. 3 V
    b. 7 V
    c. 12 V
    d. 17 V

> Las respuestas a las preguntas de repaso impares del módulo se encuentran en el *Apéndice A*.

Módulo 26104-23 Ejercicios suplementarios

1. ¿Cuál es la fórmula para calcular la resistencia total en un circuito en serie con tres resistencias?

   ____
   ____

2. ¿Cuál es la fórmula para calcular la resistencia total en un circuito en paralelo con tres resistencias?

   ____
   ____

3. Si se conectan dos o más resistencias en paralelo, la resistencia total es siempre _________.
4. ¿Verdadero o falso? Los circuitos en paralelo son divisores de corriente.
5. Al calcular circuitos combinados en serie y en paralelo, ¿cuál de las siguientes opciones es importante?
   a. Reducir a cargas en serie y luego sumar las cargas.
   b. Sustituir las combinaciones en paralelo por un valor.
   c. Reducir a circuitos más simples siempre que sea posible.
   d. Todas las anteriores.
6. ¿Verdadero o falso? En un circuito en serie, E_T debe ser igual a la suma de las caídas de voltaje individuales.
7. ¿Verdadero o falso? La Ley de Kirchhoff puede utilizarse para determinar las caídas de voltaje.
8. Dos resistencias están conectadas en paralelo; R_1 es de 90 Ω y R_2 es de 45 Ω. ¿Cuál es la resistencia total?

   ____
   ____

9. Suponga que añadió una resistencia de 20 Ω (R_3) en serie con las dos resistencias conectadas en paralelo ($R_1 = 90$ Ω y $R_2 = 45$ Ω) en la pregunta 8. ¿Cuál es la resistencia total (R_T) de este circuito? (Sugerencia: esboce el circuito antes de resolver).

   ____
   ____

> Las respuestas a los ejercicios suplementarios impares se encuentran en el *Apéndice B*.

10. Si la fuente de voltaje del circuito de la pregunta 9 es de 150 V, ¿cuál es el flujo total de corriente?

   ____
   ____

Piedra angular del oficio

Paul Asselin

Instructor/Director de proyecto sénior

Elm Electrical, Inc.

¿Cómo eligió una carrera en el sector?

Mi hermano mayor, Dave, me sugirió que fuera a la escuela vocacional y estudiara un oficio.

¿Quién lo inspiró para entrar en el sector?

Mi tío Tony era electricista e instructor de electricidad en nuestra escuela de oficios local.

¿Qué tipos de capacitación ha recibido?

He asistido a múltiples cursos, entre ellos, de códigos y teoría, varias clases de seguridad, capacitación de NFPA 70E®, capacitación de instructores, capacitación en software SKM y capacitación en gestión. Hoy en día sigo recibiendo capacitación adicional.

¿Qué importancia tienen la educación y la capacitación en la construcción?

Si quiere tener éxito en la construcción, la educación es clave. Cuanto más aprenda sobre su oficio, verá cuántas oportunidades tiene a su disposición si se esfuerza y trabaja en ello. Destáquese de forma positiva para que pueda recibir más oportunidades de parte de su empleador. Aprenda nuevos métodos y materiales para hacer su trabajo más fácil y rentable.

¿Qué importancia tienen las credenciales de NCCER para su carrera profesional?

Tener las credenciales de NCCER me ha abierto puertas que no sabía que eran opciones. Estas credenciales me permiten capacitar a otras personas en mi oficio y han sido una parte gratificante de mi carrera. Las credenciales demuestran que ha trabajado y se ha capacitado en su oficio.

¿Cómo han influido en su vida la capacitación y el sector de la construcción?

La construcción me ha permitido ser propietario de mi casa y cuidar financieramente de mi familia. Nunca me ha preocupado no tener trabajo para mantener a mi familia.

¿Qué tipos de trabajo ha realizado en su carrera?

He realizado servicios eléctricos, construcción eléctrica en la industria, he cableado y reparado maquinarias, he diseñado sistemas eléctricos, he estimado proyectos, he realizado estudios de arco eléctrico, he desarrollado procedimientos y formularios de seguridad y he capacitado a estudiantes en seguridad y códigos y teoría eléctricos.

Háblenos de su trabajo actual.

Actualmente, participo en el comité de seguridad de nuestra empresa, en la capacitación sobre seguridad y en el desarrollo y la capacitación de aprendices.

¿Qué es lo que más disfruta de su trabajo?

Disfruto oyendo la emoción en la voz de mis alumnos cuando aprueban el examen estatal de jornalero.

¿Qué factores han contribuido más a su éxito?

Trabajo duro y compromiso.

¿Sugeriría la construcción como carrera profesional a otras personas? ¿Por qué?

Sí, hay muchas oportunidades disponibles para hombres y mujeres en los oficios que pagan muy bien. A diferencia de los licenciados universitarios, que se verán atados a deudas de préstamos durante muchos años, los obreros ganan mientras aprenden y suelen tener muy pocas deudas o ninguna. También reciben una licencia que les servirá para el resto de sus vidas.

¿Qué consejo les daría a quienes son nuevos en este campo?

Llegar a tiempo, vestirse adecuadamente, venir preparados para trabajar, hacer preguntas cuando no estén seguros, mantener la concentración, no utilizar el teléfono móvil, trabajar con seguridad y ser ellos mismos.

¿Cuál es un hecho o logro interesante relacionado con su carrera?

Gané el premio al Instructor del Año del *ABC Massachusetts George W. Gould Construction Institute* (Instituto de la Construcción George W. Gould de Massachusetts). También fui el primer galardonado con el Premio Paul McDonald al Profesor Distinguido.

¿Cómo se marca la diferencia en este oficio?

Tomando las materias primas y, con sus propias manos y conocimientos, enorgullecerse de convertir esas materias primas en algo que sea útil y mejore la vida de las personas. Y también utilizando herramientas y métodos especializados que la persona promedio no comprende y de una manera que la persona promedio no puede hacer.

Respuestas a las preguntas de repaso de la sección

Respuesta	Referencia de la sección	Objetivo
Sección 1.0.0		
1. a	1.1.0	1a
2. a	1.2.0	1b
3. c	1.3.2	1c
Sección 2.0.0		
1. b	2.1.2	2a
2. a	2.2.1	2b
3. a	2.3.0	2c

Cálculos del repaso de la sección

Sección 2.0.0

Pregunta 1

Dado que la corriente total (I_T) es igual a la suma de las corrientes de derivación, puede utilizar esta ecuación para encontrar la corriente de derivación desconocida (I_2) de la siguiente manera:

$I_T = I_1 + I_2$

$I_2 = I_T - I_1$

$I_2 = 30\ \text{A} - 15\ \text{A}$

$I_2 = \mathbf{15\ A}$

Actualización por los usuarios

¿Encontró algún error? Visite **https://www.nccer.org/olf** o escanee el código QR con su dispositivo móvil para enviar su corrección.

ESCANEAR

MÓDULO 26105-23

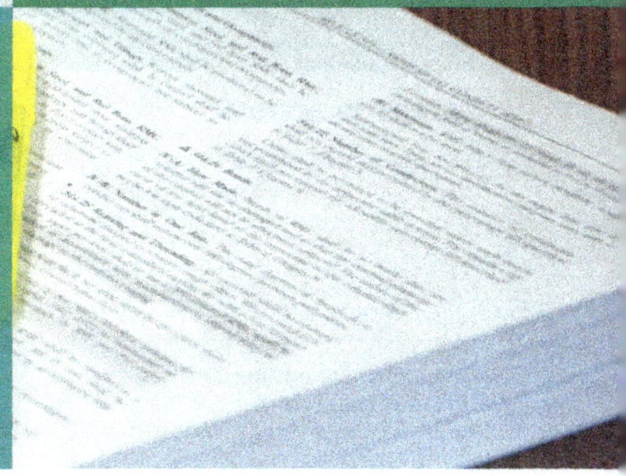

Introducción al *National Electrical Code®*

NOTA

NFPA 70®, *National Electrical Code®* y *NEC®* son marcas registradas de la National Fire Protection Association, Quincy, MA.

Objetivos

La exitosa finalización de este módulo te prepara para realizar lo siguiente:

1. Explicar el propósito y la historia del *NEC®*.
   a. Identificar las fechas claves en la historia del *NEC®*.
   b. Describir cómo se hacen cambios en el *NEC®*.
   c. Identificar las otras organizaciones que producen normas para la fabricación y el uso de productos eléctricos.
2. Explorar el *NEC®*.
   a. Explicar la disposición del *NEC®*.
   b. Utilizar el *NEC®* para encontrar requisitos de instalación específicos.

Tareas prácticas

Bajo supervisión, deberías poder hacer lo siguiente:

1. Utilizar el ***artículo 90 del NEC*** para determinar el alcance del *NEC®*. Indicar qué cubre y qué no cubre el *NEC®*.
2. Encontrar la definición del término *alimentador* en el *NEC®*.
3. Buscar los requisitos del *NEC®* para instalar un tomacorriente cerca de una piscina.
4. Encontrar el espacio mínimo para doblar cables requerido para dos conductores 1/0 AWG instalados en una caja de conexiones o un gabinete y que ingresan frente a la terminal.

Visión general

El *National Electrical Code®* (Código Nacional de Electricidad)o *NEC®*, establece normas mínimas para la instalación segura de cableado y equipos eléctricos. En este módulo aprenderá el propósito y la historia del *NEC®*. También aprenderá a explorar el *NEC®* para encontrar requisitos de instalación específicos.

NCCER **Credenciales reconocidas en el sector**

Si se está capacitando a través de un patrocinador acreditado por NCCER, puede ser elegible para obtener credenciales del NCCER. El número de identificación de este módulo es 26105-23. Tenga en cuenta que este módulo puede haber sido utilizado en otros planes de estudios de NCCER y puede aplicarse a la realización de otros niveles. Comuníquese con NCCER al 1.888.622.3720 o visite **www.nccer.org** para obtener más información

También puede mostrar en línea sus credenciales reconocidas por el sector con las insignias digitales de NCCER. Transforme sus conocimientos, habilidades y logros en insignias que puede compartir en las plataformas de redes sociales, enviar a su red y agregar a su currículum. Para obtener más información, visite **www.nccer.org**.

Recursos digitales sobre Electricidad

Escanee este código con la cámara de su celular o dispositivo móvil para ver los recursos digitales relacionados con este oficio.

ESCANEAR

1.0.0 Propósito e historia del *NEC®*

Tareas prácticas

Esta sección no contiene tareas prácticas.

Objetivo

Explicar el propósito y la historia del *NEC®*.

a. Identificar las fechas claves en la historia del *NEC®*.
b. Describir cómo se hacen cambios en el *NEC®*.
c. Identificar las otras organizaciones que producen normas para la fabricación y el uso de productos eléctricos.

***National Fire Protection Association* (NFPA)**: Organización que publica el *NEC®*. La NFPA desarrolla códigos y normas para minimizar la posibilidad y los efectos de un incendio.

NOTA

Este módulo no sustituye al *NEC®*. A lo largo del texto de este curso, encontrará referencias a artículos, secciones y tablas específicas del *NEC®*, junto con una instrucción para buscar la información específica del código. Debe adquirir una copia de la edición más reciente y tenerla siempre a mano. Cuanto más sepa sobre el *NEC®*, mejor electricista será.

El NFPA 70®, también conocido como *National Electrical Code®* (*NEC®*), es publicado por la ***National Fire Protection Association* - NFPA (Asociación Nacional de Protección contra Incendios)**. El *NEC®* es una de las herramientas más importantes que usted tiene como electricista. Describe los requisitos mínimos para un sistema eléctrico seguro.

Todos los trabajos eléctricos deben cumplir con las normas *NEC®* actualmente adoptadas y con todas las ordenanzas locales. Le resultará más fácil trabajar con el *NEC®* una vez que comprenda la terminología y cómo está organizada la información. Esta sección le presenta el *NEC®*.

1.1.0 Presentación del *NEC®*

El *NEC®* puede que sea el código más utilizado y generalmente aceptado del mundo. Está disponible en muchos idiomas. Los electricistas de los Estados Unidos lo utilizan como guía de instalación, seguridad y referencia. El cumplimiento de los requisitos del *NEC®* aumenta la seguridad de sus instalaciones eléctricas.

La *sección 90.2(A) del NEC* establece que el propósito principal del *NEC®* es salvaguardar en la práctica a las personas y los bienes de los peligros derivados del uso de la electricidad. Esto significa que su propósito es mantener a las personas y los bienes a salvo de los peligros de la electricidad. Uno de los primeros requisitos para convertirse en electricista cualificado es conocer en profundidad el *NEC®*.

La mayoría de las veces, debe utilizar la última edición del *NEC®* como referencia práctica. La única excepción es si las leyes locales especifican una edición diferente. En ese caso, su empleador le dirá qué edición debe utilizar. Tenga en cuenta que el *NEC®* solo especifica los requisitos mínimos. Consulte siempre los requisitos locales o del puesto de trabajo, que pueden ser más estrictos.

1.1.1 Evolución del NEC®

El *NEC®* tiene una rica historia desde 1881 hasta hoy, como se muestra en la *figura 1*.

1.1.2 Funciones del Comité de Correlación Técnica del NEC® y de los paneles de redacción de códigos

Dos grupos importantes que trabajan para producir el *NEC®* son el Comité de Correlación Técnica y los *Code-Making Panels* - CMP (paneles de redacción de códigos).

El propósito del Comité de Correlación Técnica es garantizar lo siguiente:

- Que no haya conflictos entre requisitos.
- Que se haya logrado la correlación (en otras palabras, si se cambia un requisito en un lugar, que se cambie el mismo requisito en todos los demás lugares donde aparece).
- Que se hayan seguido los reglamentos de la NFPA que rigen los proyectos del comité.
- Que se establezca y mantenga un calendario práctico de revisión y publicación.

Artículos (*articles*): Los temas principales del *NEC®*, que comienzan con el ***artículo 90 del NEC***, *Introducción* y terminan con el ***artículo 840 del NEC***, *Sistemas de comunicaciones de banda ancha alimentados con la instalación del edificio*.

Los miembros del Comité de Correlación Técnica y los CMP supervisan y revisan **artículos** con base en sus áreas de especialización. Los miembros de los CMP proceden de los siguientes grupos de interés:

- Asociaciones comerciales
- Contratistas eléctricos

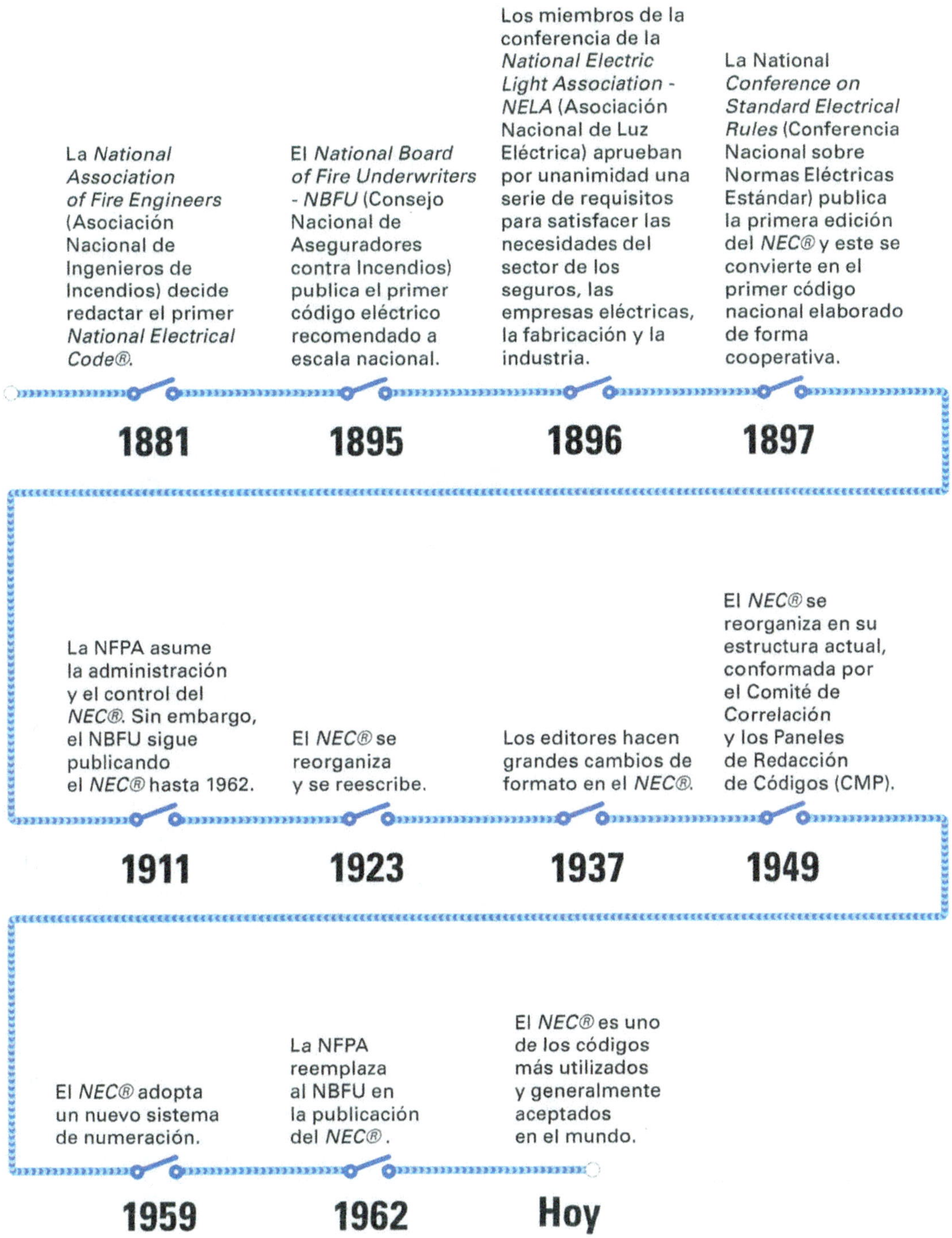

Figura 1 Historia del *NEC*®.

- Diseñadores e ingenieros eléctricos
- Inspectores eléctricos
- Fabricantes y proveedores eléctricos
- Laboratorios de pruebas eléctricas
- Organizaciones de seguros
- Membresía de la NFPA de los mismos campos

Cada panel se constituye de modo que no más de un tercio de sus miembros pertenezcan a un único grupo de interés. Los CMP crean o revisan los requisitos del *NEC*® mediante la investigación, el debate, el análisis, la ponderación y la revisión de nuevos aportes. La Comisión de Correlación Técnica revisa los cambios propuestos. Este proceso garantiza que los cambios sean coherentes entre los artículos del *NEC*®, así como con otros códigos y otras normas de la NFPA.

1.1.3 Funciones de la NFPA

La NFPA publica el *NEC®*. La NFPA desempeña muchas funciones (*figura 2*), pero su misión principal es proporcionar información y capacitación para minimizar los riesgos asociados al fuego y la electricidad, entre otros.

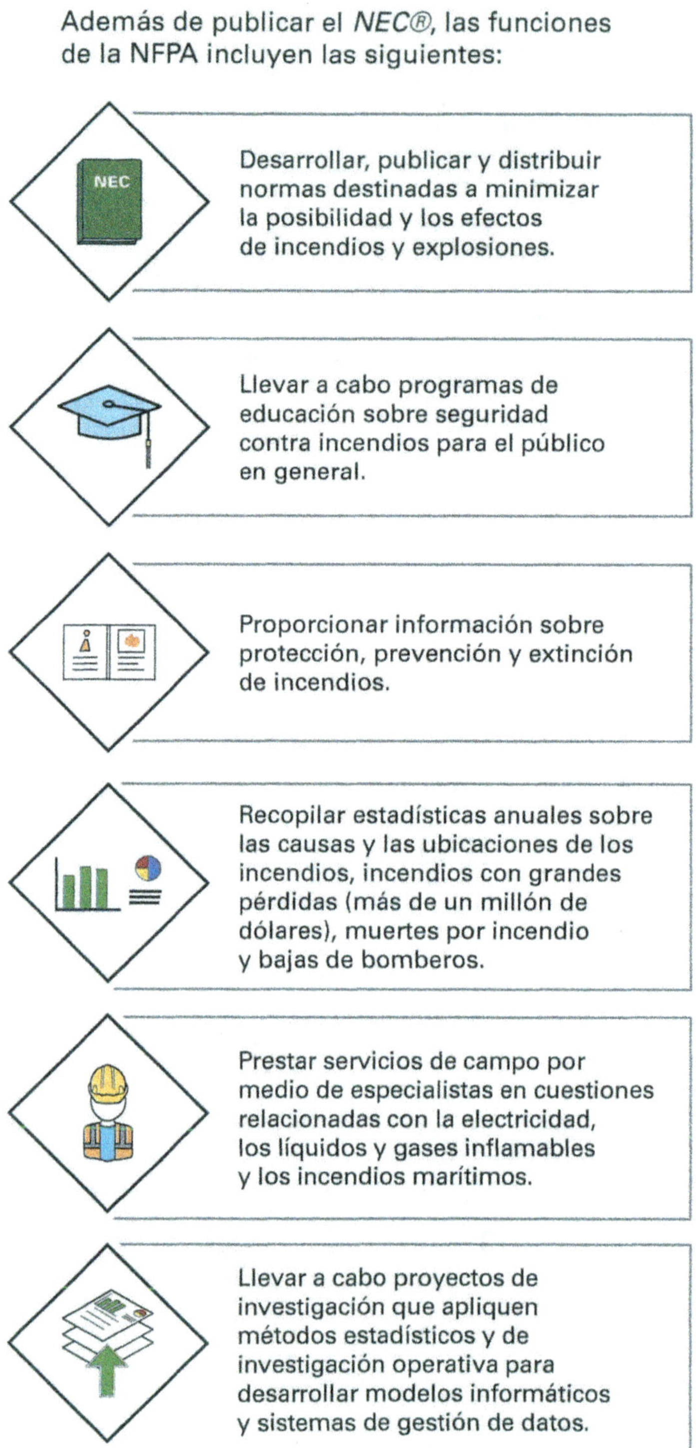

Figura 2 Funciones de la NFPA.

1.2.0 Proceso de revisión del *NEC®*

EL *NEC®* se actualiza cada tres años. No tiene que pertenecer a un comité formal de la NFPA o del *NEC®* para participar en el proceso de desarrollo y cambio de este último.

Puede presentar una propuesta a través del sitio web de la NFPA en **www.nfpa.org**. Las propuestas las revisan comités técnicos expertos en las áreas relacionadas. Cada propuesta sigue los cuatro pasos del proceso de desarrollo de normas de la NFPA (*figura 3*):

Figura 3 Proceso de elaboración de normas del *NEC*®.

Paso 1 La fase *de 'aportes públicos' (public input stage)* es cuando la NFPA acepta aportes a través de su sitio web en **www.nfpa.org**.

Paso 2 En la fase de *'comentarios públicos' (public comment stage)*, se presentan los comentarios relacionados con la primera propuesta. Estos comentarios los revisa el Comité Técnico durante su segunda reunión de propuestas. Después de este período, se pueden presentar mociones de enmienda a cualquier comentario presentado previamente mediante el procedimiento de *Notice of Intent to Make a Motion - NITMAM* (notificación de intención de presentar una moción).

Paso 3 La *'reunión técnica de la NFPA' (NFPA Technical Meeting)* tiene lugar después de las fases de aportes y comentarios públicos. Se lleva a cabo un debate adicional sobre la norma en la Reunión Técnica de la NFPA, que tiene lugar en la conferencia y exposición anual de la NFPA.

Paso 4 *'Apelaciones del consejo y la emisión de la norma' (Council Appeals and Issuance of Standards)* tienen lugar cuando se reúne el consejo. Este considera cualquier apelación y determina si emite la norma. Si se decide proceder, la norma entra en vigencia 20 días después de su emisión.

1.3.0 Otras organizaciones y laboratorios

La NFPA es solo una de las muchas organizaciones que establecen normas para la fabricación o el uso de productos eléctricos.

1.3.1 Laboratorios de pruebas reconocidos en todo el país

Laboratorios de pruebas reconocidos en todo el país (*Nationally recognized testing laboratories* - NRTL): laboratorios de certificación de seguridad de productos que se encargan de probar y certificar equipos eléctricos.

Los Laboratorios de pruebas reconocidos en todo el país (NRTL) son laboratorios de certificación de la seguridad de los productos. Estos laboratorios prueban los nuevos productos para asegurarse de que están fabricados para cumplir las normas aplicables en materia de seguridad eléctrica y contra incendios. Si un producto supera las pruebas, puede exhibir la marca de certificación.

Los NRTL establecen y gestionan programas de certificación de la seguridad de los productos. Los programas garantizan que los artículos producidos bajo el servicio cumplan las normas que protegen contra los riesgos razonablemente previsibles. Los NRTL gestionan una red mundial de representantes de campo. Los representantes hacen visitas sin previo aviso a las fábricas para comprobar los productos que han sido certificados.

La OSHA publica una lista de NRTL. Con la que probablemente esté más familiarizado es UL Solutions, antes conocida como Underwriters Laboratories, Inc. (*Figura 4*). Algunas de las otras son las siguientes:

- *Canadian Standards Association - CSA* (Asociación Canadiense de Normalización); también conocida como *CSA International*)
- *Eurofins MET Labs* (anteriormente MET Laboratories, Inc.)
- *Intertek Testing Services NA, Inc.* (anteriormente ETL)

1.3.2 National Electrical Manufacturers Association

La ***National Electrical Manufacturers Association* - NEMA (Asociación Nacional de Fabricantes Eléctricos)** se fundó en 1926. Está formada por empresas que fabrican equipos de generación, transmisión, distribución, control y utilización de energía eléctrica. Los objetivos de la NEMA incluyen los siguientes:

- Mantener y mejorar la calidad y la fiabilidad de los productos.
- Garantizar las normas de seguridad en la fabricación y el uso de los productos.
- Desarrollar normas de productos en ámbitos como la denominación, las clasificaciones, el rendimiento, las pruebas y las dimensiones.
- Ayudar a desarrollar el *NEC®* y promover su uso por parte de las autoridades estatales y locales.

1.3.3 Normas y globalización

El proceso de fabricación de productos electrónicos implica la fabricación, la distribución y el montaje de partes procedentes de muchos países. Esto significa que hay una necesidad de normas internacionales, que aportan beneficios a todos los países, entre ellos:

- Proteger la seguridad de los consumidores.
- Crear un marco para compartir conocimientos.
- Promover el comercio.
- Aumentar el progreso económico.

Dos organizaciones que desempeñan un papel fundamental en las normas eléctricas mundiales son:

International Electrotechnical Commission **(IEC):** organización internacional que desarrolla normas de consenso para todas las tecnologías eléctricas y electrónicas.

Institute for Electrical and Electronics Engineers **(IEEE):** organización profesional que desarrolla normas internacionales para la electrónica, las telecomunicaciones, la tecnología de la información y los productos y servicios de generación de energía.

- La ***International Electrotechnical Commission*** - *IEC* **(Comisión Electrotécnica Internacional)**, que elabora y publica normas internacionales para las tecnologías eléctricas y electrónicas.
- El ***Institute for Electrical and Electronics Engineers*** - *IEEE* **(Instituto de Ingenieros Eléctricos y Electrónicos)**, que es una organización profesional que desarrolla normas internacionales que afectan la electrónica, las telecomunicaciones, la tecnología de la información y los productos y servicios de generación de energía.

Historia de UL

1. La Exposición Mundial de Chicago se inauguró en 1893. Gracias a la introducción de la bombilla eléctrica por parte de Edison, se incluyó una pantalla luminosa denominada Palacio de la Electricidad. Pero hubo problemas. Los cables chisporroteaban y crujían. ¡El Palacio de la Electricidad se incendió!

2. La aseguradora de la exposición contrató a William Henry Merrill, un ingeniero especializado en la resolución de problemas.

3. Merrill encontró aislamientos defectuosos y quebradizos, cables desnudos, cableado desgastado y deteriorado, y circuitos sobrecargados.

4. Merrill pidió normas para el sector eléctrico. Instaló un laboratorio de pruebas en un parque de bomberos de Chicago donde nació una organización de pruebas independiente conocida como Underwriters Electrical Bureau.

5. La organización se convirtió luego en Underwriters Laboratories, Inc., una autoridad reconocida internacionalmente en pruebas de seguridad de productos, certificación de seguridad y desarrollo de normas. En 2022, UL cambió de marca y ahora se conoce como UL Solutions.

Figure 4 Historia de UL Solutions.
Fuente: UL y el logo de UL son marcas comerciales de UL LLC

1.0.0 Repaso de la sección

1. Actualmente, el *NEC*® es administrado por el (la) _____.
   a. ABC
   b. OSHA
   c. NFPA
   d. ANSI

2. *No* tiene que pertenecer a un comité formal de la NFPA o del *NEC*® para participar en el proceso de desarrollo y cambio de este último.
   a. Verdadero
   b. Falso

3. Dos organizaciones que trabajan para la globalización de las normas de la electrónica son _____.
   a. IEC e IEEE
   b. IEEE y NELA
   c. NFPA y OSHA
   d. IEC y NBFU

2.0.0 Cómo explorar el *NEC*®

Tareas prácticas

1. Utilizar el ***artículo 90 del NEC*** para determinar el alcance del *NEC*®. Indicar qué cubre y qué no cubre el *NEC*®.
2. Encontrar la definición del término *alimentador* en el *NEC*®.
3. Buscar los requisitos del *NEC*® para instalar un tomacorriente cerca de una piscina.
4. Encontrar el espacio mínimo para doblar cables requerido para dos conductores 1/0 AWG instalados en una caja de conexiones o un gabinete y que ingresan frente a la terminal.

Objetivo

Explorar el *NEC*®.

a. Explicar la disposición del *NEC*®.

b. Utilizar el *NEC*® para encontrar requisitos de instalación específicos.

Para sacar el máximo partido del *NEC*®, debe comprender cómo está organizado. En esta sección, explorará los artículos, los capítulos, las partes y las secciones que componen la mayor parte del *NEC*®.

2.1.0 Cómo leer el *NEC*®

Tener el *NEC*® para mirarlo mientras lee esta sección, le será de gran ayuda. Hay tres formas en las que puede acceder al *NEC*®:

- Hay acceso gratuito en línea a la edición de 2023 en **https://www.nfpa.org/codes-and-standards/all-codes-and-standards/list-of-codes-and-standards/detail?code=70**. Tendrá que aceptar los términos y es posible que tenga que registrarse con un nombre de usuario y una dirección de correo electrónico. Esta versión en línea no permite realizar búsquedas, pero puede utilizar el índice para ir a un capítulo o una sección.
- Existe una versión en línea por suscripción en **https://link.nfpa.org/**. Si se suscribe a NFPA LiNK, obtendrá acceso a los códigos y las normas de la NFPA junto con comentarios adicionales, ayudas visuales y referencias. El contenido del NFPA LiNK permite hacer búsquedas.
- Puede adquirir una edición impresa del *NEC*®.

A primera vista, podría pensar que el *NEC*® será difícil de utilizar. Sin embargo, utiliza una secuencia muy ordenada y lógica. Una vez que se familiarice con ella, no le costará encontrar la información que necesita.

El *NEC*® comienza con el ***artículo 90**, Introducción*, que ofrece una descripción general del *NEC*®. Hay nueve **capítulos** en el *NEC*®, numerados del 1 al 9. Se agrupan en las siguientes categorías de aplicación eléctrica:

Capítulos (*chapters*): contienen un grupo de artículos relacionados con una amplia categoría. Nueve capítulos forman la estructura general del *NEC*®.

- *Capítulos 1, 2, 3 y 4 del NEC*: los cuatro primeros capítulos presentan las normas para el diseño y la instalación de sistemas eléctricos. En general, se aplican a todas las instalaciones eléctricas.
- *Capítulos 5, 6 y 7 del NEC*: estos capítulos tratan sobre ocupaciones, equipos y condiciones especiales. Las normas de estos capítulos pueden modificar o enmendar las de cualquiera de los siete primeros capítulos.
- *Capítulo 8 del NEC*: en este capítulo se tratan diversos tipos de sistemas de comunicaciones. No está sujeto a los requisitos de los *capítulos del 1 al 7 del NEC*, a menos que se haga referencia específica a los requisitos del *capítulo 8 del NEC*.
- *Capítulo 9 del NEC*: este capítulo contiene tablas a las que se hace referencia en otros capítulos del *NEC*®. Identifican cuándo deben aplicarse determinadas normas o cómo hacerlo.
- *Anexos informativos de la A a la K*: estos anexos contienen información útil que no es obligatoria.

La *sección 90.3 del NEC*, *Disposición del código*, explica cómo se divide el código en capítulos. La *figura 90.3* del NEC, *Disposición del código*, ilustra las secciones. Ahora que ya sabe qué capítulos se incluyen en el *NEC®*, es importante reconocer cómo están organizados y divididos cada uno de ellos. Cada capítulo está dividido en artículos, partes y secciones:

- *Artículos*: los *capítulos del 1 al 8 del NEC* están divididos en artículos, los cuales están numerados. El primer número es el del capítulo. Por lo tanto, el *artículo 250* del NEC, *Puesta a tierra y unión equipotencial*, se encuentra en el *capítulo 2 del NEC*.
- *Partes*: cada artículo se divide en **partes**, las cuales se indican con números romanos. Así, el *artículo 250, parte II*, *Puesta a tierra del sistema*, es la segunda parte del *artículo 250*.
- *Secciones*: cada parte se divide en **secciones**, las cuales se numeran utilizando el número del artículo, un punto y seguido, y luego el número de la sección. Las secciones pueden dividirse en subsecciones utilizando letras y las subsecciones pueden dividirse utilizando números. En este libro y en otros lugares verá esto escrito de la siguiente manera: *Sección 250.20(A)(3) del NEC*. Dentro de cada sección encontrará el texto de la norma específica. El *NEC®* define las normas como *obligatorias* o *permisivas*. Las normas obligatorias contienen las palabras "deberá" o "no deberá" y deben cumplirse. Las normas permisivas son aquellas que identifican acciones permitidas pero no obligatorias.

  Además, para ayudarlo a encontrar lo que necesita, el *NEC®* utiliza un sistema de numeración paralela consistente. Eso significa que, de un capítulo a otro, las secciones similares tienen el mismo número.

  - Las **excepciones** le indican cuándo un código no es aplicable y están en cursiva.
  - Las **notas informativas** le ofrecen una explicación, le remiten a otra sección o le dan consejos. Son informativas, no requisitos. Pueden estar sombreados en gris o con sangría.
  - Las tablas proporcionan información específica sobre los requisitos de la aplicación, como tamaños de cable o de caja, o tipos de motor.
  - Las ilustraciones suelen ser diagramas que explican una norma.
  - Pueden incluirse figuras para ayudarlo a visualizar una aplicación.
  - En el *Anexo informativo D* se dan ejemplos.
- *Símbolos de revisión*: también observará que parte del texto tiene un formato diferente o símbolos junto a él. Estas señales visuales indican los cambios con respecto a la edición anterior. Consulte la *figura 5*.

Conozca el código

Disposición del código
Sección 90.3 del NEC

Partes (*parts*): ciertos artículos en el *NEC®* se subdividen en partes que cubren un tema específico. Las partes están numeradas con números romanos (p. ej., *artículo 250 del NEC, parte IX*, *Instrumentos, medidores y relés*).

Secciones (*sections*): en el *NEC®*, las partes y los artículos se dividen en secciones. Cada sección se numera utilizando el número del artículo, un punto y seguido y luego el número de la sección. Por ejemplo, *Sección 501.20 del NEC*.

Excepciones (*exceptions*): las excepciones siguen las secciones correspondientes del *NEC®* y permiten el uso de métodos alternativos bajo condiciones específicas.

Notas informativas (*informational notes*): material explicativo que sigue secciones específicas del *NEC®*.

2.1.1 Cómo usar el *NEC®*

Ahora es un buen momento para empezar a buscar información en el *NEC®*. En la *sección 90.5 del NEC*, encontrará información sobre las normas obligatorias, las normas permisivas y el material explicativo. Esta es información importante que lo ayudará a entender cómo utilizar el código en su trabajo.

Si tiene acceso al *NEC®* en línea, utilice el índice o el cuadro de búsqueda para localizar la *sección 90.5 del NEC*. En la versión impresa, busque la sección en la parte superior de la página. Cuando la encuentre, lea el código:

- *Sección 90.5(A)* del NEC: las normas obligatorias utilizan las palabras "deberá" o "no deberá". Deben seguirse exactamente como están escritas.
- *Sección 90.5(B)* del NEC: las normas permisivas incluyen frases como "se permitirá" o "no se exigirá". Se permiten, pero no se exigen. Suelen cubrir opciones o métodos alternativos.
- *Sección 90.5(C)* del NEC: el material explicativo se refiere a las notas informativas.

NOTA

Tenga en cuenta que las ordenanzas locales pueden enmendar los requisitos del *NEC®*. Esto significa que un estado, una ciudad o un condado pueden tener requisitos, excepciones o prohibiciones adicionales que deben cumplirse en esa jurisdicción. Consulte siempre los reglamentos locales con la *Authority Having Jurisdiction* - AHJ (autoridad que tenga jurisdicción).

Símbolos y formato de revisión del *NEC®*	
Texto sombreado	El texto sombreado identifica las revisiones con respecto a la edición anterior.
△ 240.21	Cuando este símbolo aparece antes de un número de sección, significa que la sección fue revisada.
△ *Figura 250.1*	Cuando este símbolo aparece a la izquierda del número de una tabla o figura, significa que estas fueron revisadas.
•	Indica dónde se han borrado uno o más párrafos de una sección.
N	Indica nuevos artículos, secciones, tablas y figuras.

Figura 5 Símbolos de revisión.

2.1.2 Exploración del *Capítulo 1 del NEC, Generalidades*

El *NEC®*, aunque cuidadosamente organizado, es muy técnico. Utiliza muchas palabras y frases técnicas. Para comprender las normas, debe comprender los términos. Encontrará las definiciones de todos los términos en el ***artículo 100 del NEC***.

Utilice el ***artículo 100 del NEC*** para buscar el término *carga continua*. Verá que una carga continua es aquella en la que se espera que la corriente máxima continúe durante tres horas o más.

Ahora, utilice el ***artículo 100 del NEC*** para buscar las definiciones de los siguientes dos términos importantes:

- Etiquetado
- Listado

Estas definiciones explican cómo puede identificar el tipo y la calidad de los materiales de los sistemas de cableado eléctrico. Los NRTL, como UL, son laboratorios de certificación de la seguridad de los productos. Listan y etiquetan los productos que cumplen normas de seguridad específicas. Cuando ve una etiqueta como UL, sabe que el producto cumple los requisitos de seguridad.

El ***capítulo 1 del NEC*** también incluye el ***artículo 110 del NEC***, que establece los requisitos generales para las instalaciones eléctricas. Contiene información sobre los requisitos de marcado, el espacio de trabajo necesario alrededor de los equipos eléctricos, etc.

Una sección de la que oirá hablar mucho es la ***sección 110.12 del NEC***. Esta sección exige que todos los equipos eléctricos se instalen de forma profesional y competente. En otras palabras, una instalación descuidada es una infracción del *NEC®*.

Conozca el código

Definiciones
Artículo 100 del NEC

Conozca el código

Requisitos generales de las instalaciones eléctricas
Artículo 110 del NEC

2.1.3 Exploración del *Capítulo 2 del NEC, Cableado y protección*

El ***capítulo 2 del NEC*** trata sobre el diseño y la protección del cableado (*tabla 1*). Necesitará esta información a menudo. Si se le plantea alguna pregunta relacionada con la instalación de un sistema eléctrico convencional, este capítulo debería proporcionarle la solución. Consulte la *figura 6*.

Conozca el código

Uso e identificación de conductores conectados a tierra
Artículo 200 del NEC

2.1.4 Exploración del *Capítulo 3 del NEC, Métodos y materiales de cableado*

El ***capítulo 3 del NEC*** enumera las normas sobre métodos y materiales de cableado (*tabla 2*). Los materiales y procedimientos utilizados en un sistema determinado dependen del tipo de construcción del edificio, del tipo de ocupación, de la ubicación del cableado en el edificio, del tipo de atmósfera en el edificio o en el área que lo rodea y de factores mecánicos. Tenga en cuenta que los requisitos generales para conductores y métodos de cableado que forman parte integral de equipos fabricados no están incluidos en los requisitos del código según la ***sección 300.1(B) del NEC***.

Conozca el código

Requisitos generales sobre métodos y materiales de cableado
Artículo 300 del NEC

TABLA 1 Cableado y protección

Artículo del NEC®	Descripción
Artículo 200 del NEC	Información sobre el uso e identificación de conductores conectados a tierra
Artículos 210 y 215 del NEC	Las disposiciones y los requisitos de los circuitos ramales, sus valores nominales y las tomas de corriente necesarias, así como los requisitos de instalación y protección contra sobrecorriente de los alimentadores.
Artículo 220 del NEC	Requisitos para calcular las cargas de circuitos ramales, alimentadores y acometidas. Incluye los métodos de cálculo de las cargas para granjas.
Artículos 225 y 230 del NEC	Requisitos de instalación de circuitos ramales, alimentadores y acometidas exteriores.
Artículo 235 del NEC	Circuitos ramales, alimentadores y acometidas de más de 1,000 voltios de corriente alterna (VCA) o 1,500 voltios de corriente directa (VCD), nominales.
Artículo 240 del NEC	Requisitos para la protección contra sobrecorriente y dispositivos de protección contra sobrecorriente. Incluye los valores nominales estándar para fusibles e interruptores automáticos de disparo fijo. El *artículo 240, parte IX del NEC* trata de la protección contra sobrecorriente para instalaciones de más de 1,000 V nominales.
Artículo 242 del NEC	Requisitos de los dispositivos de protección contra sobretensiones (1,000 V o menos) y disipadores de sobretensiones (más de 1,000 V), nominales.
Artículo 245 del NEC	Protección contra sobrecorriente para sistemas de más de 1,000 VCA o 1,500 VCD nominales.
Artículo 250 del NEC	Requisitos para la puesta a tierra y unión equipotencial de los sistemas eléctricos. Enumera los sistemas cuya puesta a tierra es obligatoria, permitida y no permitida y establece los requisitos para las ubicaciones de la puesta a tierra. También trata de los métodos aceptados de puesta a tierra y unión equipotencial, incluidos los tipos y tamaños de conductores y electrodos de puesta a tierra y unión equipotencial.

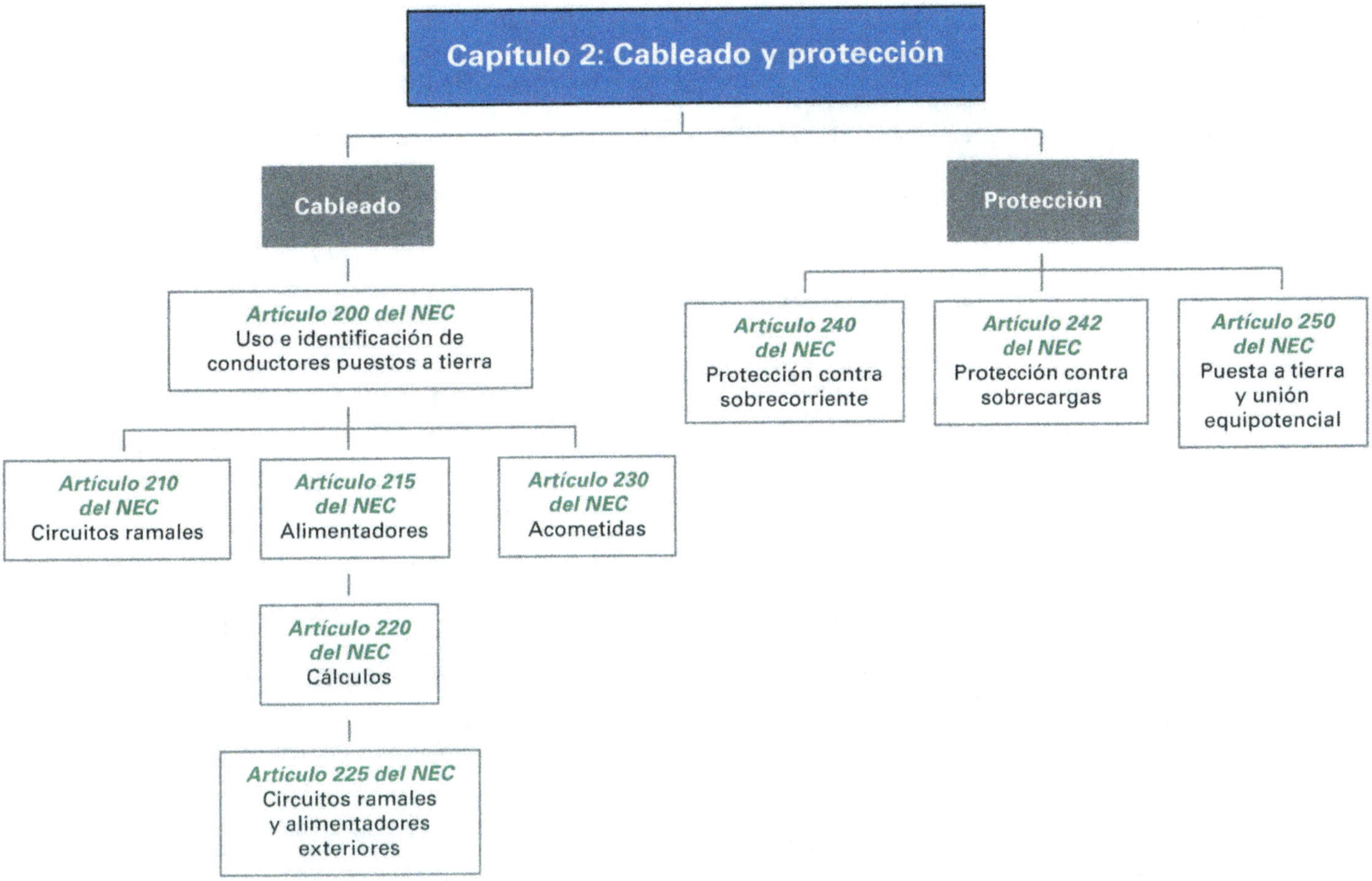

Figura 6 Desglose del *capítulo 2 del NEC*.

2.1.5 Exploración del *Capítulo 4 del NEC, Equipos de uso general*

El *capítulo 4 del NEC* enumera las normas de uso e instalación de equipos, como cordones, cables y alambres (*tabla 3*). También trata de los receptáculos, los interruptores y los electrodomésticos.

Conozca el código

Cordones flexibles y cables flexibles
Artículo 400 del NEC

TABLA 2 Métodos y materiales de cableado

Artículo del NEC®	Descripción
Artículo 300 del NEC	Requisitos generales para todos los métodos y materiales de cableado, incluida información como los requisitos mínimos de cobertura y los métodos de cableado permitidos para áreas situadas por encima de falsos techos.
Artículo 305 del NEC	Requisitos generales de los métodos y materiales de cableado para sistemas de más de 1,000 VCA o 1,500 VCD nominales.
Artículo 310 del NEC	Describe los conductores aceptables para los métodos de cableado que figuran en el *capítulo 3 del NEC*.
Artículos 312 y 314 del NEC	Normas para cajas, gabinetes, cajas *conduit*, recintos de tomas de contadores y accesorios de canalizaciones. Las cajas de salida varían en tamaño y forma, dependiendo de su uso, el tamaño de la canalización, el número de conductores que entran en la caja, el tipo de construcción del edificio y las condiciones atmosféricas del área. Estos artículos deberían responder a la mayoría de las preguntas sobre la selección y el uso de estos elementos.
Artículo 315 del NEC	Conductores, cables, empalmes y terminaciones de cables de tensión media.
Artículos del 320 al 340 del NEC	Cables de uno o varios conductores, como los cables con cubierta envolvente no metálica y los cables con cubierta metálica.
Artículos del 342 al 356 del NEC	Sistemas de cableado con conductos, como conductos rígidos y flexibles metálicos y no metálicos.
Artículos del 358 al 362 del NEC	Métodos de cableado con tubería, como tubería eléctrica metálica y no metálica.
Artículos del 366 al 398 del NEC	Otros métodos de cableado, como barras canalizadas y ductos. El *artículo 392 del NEC* trata de las bandejas portacables. El *artículo 393 del NEC* trata de los sistemas de distribución de energía en falsos techos de baja tensión.

TABLE 3 Equipos para uso general

Artículo del NEC®	Descripción
Artículo 400 del NEC	Uso e instalación de cordones y cables flexibles, incluido el nombre comercial, la letra del tipo, el calibre, el número de conductores, el aislamiento de los conductores, el revestimiento exterior y el uso de cada tipo.
Artículo 402 del NEC	Uso e instalación de los cables de luminarias, incluido el nombre comercial, la letra del tipo y otros detalles importantes.
Artículo 404 del NEC	Requisitos para el uso y la instalación de interruptores, dispositivos de conmutación e interruptores automáticos cuando se utilizan como interruptores.
Artículo 406 del NEC	Requisitos para la instalación de receptáculos, conectores de cable y enchufes de conexión (tapas de cables).
Artículo 408 del NEC	Requisitos para tableros de distribución, equipo de distribución y paneles de distribución utilizados para controlar circuitos de luz y electricidad.
Artículo 410 del NEC	Requisitos de instalación de luminarias en distintos lugares.
Artículo 422 del NEC	Uso de electrodomésticos en cualquier ocupación, incluidos electrodomésticos de cocina, electrodomésticos de calefacción, equipos conectados por cable y enchufe, y otros.
Artículo 424 del NEC	Trata de los equipos eléctricos fijos de calefacción de espacios, incluidos los cables calefactores, los calefactores unitarios, las calderas, los sistemas centrales y otros equipos aprobados.
Artículo 430 del NEC	Motores eléctricos, incluidas las conexiones eléctricas, los controles de motores y la protección contra sobrecarga.
Artículos del 440 al 460 del NEC	Equipos de aire acondicionado y refrigeración, generadores, transformadores, convertidores de fase y capacitores.
Artículo 480 del NEC	Requisitos relacionados con los sistemas eléctricos que funcionan con baterías, incluidas las baterías de almacenamiento utilizadas en los sistemas de alumbrado de emergencia de reserva. Estos sistemas eléctricos también alimentan los dispositivos de seguridad, pero son distintos del sistema eléctrico primario de CA.
Artículo 495 del NEC	Paneles de control industrial, iluminación de baja tensión, equipos de calefacción de procesos industriales y tuberías, fusión de hielo, resistencias y reactores, y equipos de más de 1,000 VCA o 1,500 VCC nominales.

Conozca el código

Lugares peligrosos (clasificados), clases I, II y III, divisiones 1 y 2
Artículo 500 del NEC

Conozca el código

Anuncios luminosos eléctricos e iluminación de contorno
Artículo 600 del NEC

2.1.6 Exploración del *capítulo 5 del NEC, Ocupaciones especiales*

El *capítulo 5 del NEC* trata de las áreas de ocupación especial (*tabla 4*). Estas son áreas donde las chispas o el calor generados por los equipos eléctricos pueden provocar una explosión o un incendio. El peligro puede deberse a la atmósfera del área o a la presencia de un material volátil. Los garajes comerciales, los hangares de aviones y las estaciones de servicio son lugares típicos de ocupación especial.

2.1.7 Exploración del *capítulo 6 del NEC, Equipos especiales*

El *capítulo 6 del NEC*indica los requisitos para varios tipos de equipos especiales no cubiertos en otros capítulos del *NEC®*. Consulte la *tabla 5*.

TABLA 4 Ocupaciones especiales

Artículo del NEC®	Descripción
Artículo 500 del NEC	Tipos de atmósferas de ocupación especial en las que es posible una explosión. Los grupos atmosféricos enumerados en este artículo se establecieron para facilitar las pruebas y la aprobación de equipos para distintos tipos de usos.
Artículo 501 del NEC	*Clase I*: áreas que contienen gases o vapores inflamables en el aire. Las áreas de clase I incluyen las cabinas de pulverización de pintura, las plantas de teñido en las que se utilizan líquidos peligrosos y las salas de generadores de gas (*artículo 501 del NEC*).
Artículo 502 del NEC	*Clase II*: áreas con presencia de polvo combustible, como plantas de gestión y almacenamiento de grano, áreas de captación de polvo y material y plantas de pulverización de azúcar (*artículo 502 del NEC*). Estas son áreas donde, en condiciones operativas normales, puede haber suficiente polvo combustible en el aire como para producir mezclas explosivas o inflamables.
Artículo 503 del NEC	*Clase III*: áreas peligrosas debido a la presencia en el aire de fibras u otras partículas fácilmente inflamables, aunque no en cantidades lo suficientemente grandes como para producir mezclas inflamables (*artículo 503 del NEC*). Los lugares de clase III incluyen fábricas de algodón, fábricas de rayón y plantas de fabricación de prendas de vestir.
Artículos 511 y 514 del NEC	Regulan los garajes y los lugares de suministro de combustible en los que se utilicen líquidos volátiles o inflamables.
Artículo 520 del NEC	Regula los teatros y lugares similares donde el fuego y el pánico pueden crear peligros para la vida y los bienes. Las salas de proyección y las áreas adyacentes deben estar adecuadamente ventiladas y cableadas para la protección del personal de operaciones y otras personas que utilicen el área.
Artículo 590 del NEC	Orientación para todas las instalaciones temporales de construcción.

TABLA 5 Equipos especiales

Artículo del NEC®	Descripción
Artículo 600 del NEC	Trata de la instalación de conductores, equipos y cableado de campo para anuncios luminosos eléctricos, kits de retrofit e iluminación de contorno.
Artículo 604 del NEC	Enumera los requisitos para los sistemas de cableado fabricados.
Artículo 610 del NEC	Trata de la instalación de equipos eléctricos y cableado utilizados con grúas y montacargas.
Artículo 620 del NEC	Trata de la instalación de equipos eléctricos y cableado utilizado con ascensores, montaplatos, escaleras eléctricas y pasillos móviles. El fabricante es responsable de la mayor parte de este trabajo. El electricista suele proporcionar un alimentador que termina en un medio de desconexión en la sala de equipos del ascensor. También puede ser responsable de un circuito de iluminación a una caja de conexiones a mitad del hueco del ascensor para conectar el cable de iluminación de la caja del ascensor y los extractores.
Artículo 630 del NEC	Regula los equipos de soldadura eléctrica. Normalmente se trata como una pieza de equipo de potencia industrial que requiere un tomacorriente especial, pero hay condiciones especiales que se aplican a los circuitos que alimentan equipos de soldadura que se describen en este artículo.
Artículo 640 del NEC	Cableado para equipos de grabación de sonido y similares. Este tipo de equipos requiere normalmente cableado de baja tensión. Por lo general, los equipos se suministran con cajas de salida o gabinetes especiales, pero algunos elementos pueden montarse en (o sobre) cajas de salida estándar. Algunos sistemas de grabación de sonido requieren corriente continua, que se suministra mediante equipos rectificadores, baterías o generadores de motores. La corriente alterna de baja tensión procede de transformadores relativamente pequeños conectados por el lado primario a un circuito de 120 V dentro del edificio.

2.1.8. Exploración del *capítulo 7 del NEC, Condiciones especiales*

En la mayoría de los edificios comerciales, el *NEC*® y las ordenanzas locales exigen un medio para iluminar las salas públicas, los vestíbulos, las escaleras y las entradas. Debe haber luz suficiente para que los ocupantes puedan salir del edificio si se interrumpe la iluminación general. Las puertas de salida deben estar claramente indicadas mediante señales de salida iluminadas. El *capítulo 7 del NEC* trata de la instalación de los sistemas de emergencia y de reserva exigidos por la ley.

Los circuitos de emergencia y de reserva están dispuestos de forma que puedan transferirse automáticamente a una fuente alternativa de corriente, normalmente baterías de almacenamiento o generadores accionados por motor. Una alternativa en algunos lugares es conectarlos al lado del suministro de la acometida principal. Al hacerlo, la desconexión del interruptor de la acometida principal no desconectará los circuitos de emergencia. El *capítulo 7 del NEC* también trata de las alarmas contra incendios y de una variedad de otros equipos, sistemas y condiciones que no son fáciles de clasificar en otras partes del *NEC*®.

Conozca el código

Sistemas de emergencia
Artículo 700 del NEC

Conozca el código

Requisitos generales de los sistemas de comunicaciones
Artículo 800 del NEC

Conozca el código

Tablas
Capítulo 9 del NEC

2.1.9 Exploración del *capítulo 8 del NEC, Sistemas de comunicaciones*

El *capítulo 8 del NEC* es una categoría especial para el cableado asociado a los sistemas de comunicaciones electrónicas, incluidos los teléfonos, las radios, la televisión, las antenas parabólicas, los sistemas de banda ancha alimentados por red y los sistemas de distribución de radio y televisión por antena comunitaria.

2.1.10 Exploración del *capítulo 9 del NEC, Tablas*

El *capítulo 9 del NEC* contiene tablas detalladas junto con notas explicativas. Estas tablas tratan temas como los dobleces de los conductos, el relleno de las canalizaciones y las dimensiones de los conductores. Se familiarizará mucho con estas tablas a medida que avance en su capacitación en electricidad.

2.1.11 Exploración de los *Anexos informativos A a K*

Los *anexos informativos A a K* proporcionan material informativo y ejemplos que le resultarán útiles para aplicar los requisitos del *NEC*®. Consulte la *tabla 6*.

TABLA 6 Material informativo

NEC® Anexos	Descripción
Anexo informativo A	Lista de normas de seguridad de los productos. Estas normas proporcionan referencias adicionales para requisitos que se suman a los requisitos del *NEC*® para los componentes eléctricos mencionados.
Anexo informativo B	Información para determinar las ampacidades de los conductores bajo supervisión técnica.
Anexo informativo C	Tablas de llenado de conductos para múltiples conductores del mismo tamaño y tipo dentro de las canalizaciones aceptadas.
Anexo informativo D	Ejemplos de cálculos para circuitos ramales, alimentadores, acometidas y cargas.
Anexo informativo E	Información sobre tipos de construcción de edificios.
Anexo informativo F	Información sobre sistemas de energía para operaciones críticas.
Anexo informativo G	Información sobre sistemas de control de supervisión y adquisición de datos (SCADA).
Anexo informativo H	Requisitos para la administración y aplicación del *NEC*®. El texto de este anexo es una “ley modelo” que puede utilizar una jurisdicción local.
Anexo informativo I	Tablas de par de apriete recomendado por la norma *UL 486A-B*.
Anexo informativo J	Requisitos de la ADA para el diseño accesible.
Anexo informativo K	Uso de equipos eléctricos médicos en viviendas y residencias geriátricas.

2.2.0 Cómo buscar los requisitos específicos de instalación

Para encontrar información para una instalación específica, siga estos pasos:

Paso 1 Familiarícese con los *artículos 90, 100 y 110 del NEC*. Esto lo ayudará a comprender el material del *NEC*® y las definiciones de los términos.

Paso 2 Abra el índice que está al principio del *NEC*®.

Paso 3 Localice el capítulo que se centra en la categoría que necesita.

Paso 4 Encuentre el artículo sobre su aplicación específica.

Paso 5 Vaya a la página indicada. Cada aplicación comenzará con un título en negrita.

NOTA

Un índice al final del *NEC*® enumera temas específicos y da una referencia de la ubicación del material en el *NEC*®. El índice es útil cuando se busca un tema específico en lugar de una categoría general.

2.2.1 Cómo buscar las normas para instalar el cable tipo SE

Suponga que está instalando un cable tipo SE (acometida-entrada) al lado de una vivienda. Sabe que el cable debe estar sujeto, pero no está seguro de la separación entre las abrazaderas. Para localizar esta información, siga estos pasos:

Paso 1 Abra el índice del *NEC*® y siga la lista hasta encontrar una categoría adecuada, como el *artículo 230 del NEC, Acometidas*. Como alternativa, utilice el índice que está al final del *NEC*®.

Paso 2 Vaya a la página donde comienza el artículo.

Paso 3 Localice la *sección 230.51 del NEC, Soportes de montaje*.

Paso 4 Localice la subsección (A), *Cables de acometida*. Esta establece que los cables de acometida deben estar sujetos por correas u otros medios aprobados a una distancia de 12" de cada cabezal de servicio, cuello de cisne o conexión a una canalización o un recinto y a una distancia no superior a 30".

2.2.2 Cómo buscar las normas para instalar rieles de iluminación

Puede utilizar el *NEC*® para determinar si está infringiendo el código, independientemente del tipo de instalación. Por ejemplo, suponga que está instalando rieles de iluminación en una vivienda. Los propietarios quieren que los rieles estén situados detrás de la cortina de sus puertas correderas de cristal. Para determinar si se trata de una infracción, siga estos pasos:

Paso 1 Busque la definición de rieles de iluminación bajo *Iluminación en rieles* en el ***artículo 100 del NEC***.

Paso 2 Abra el índice del *NEC*® y busque el capítulo que contiene información sobre la aplicación general en la que está trabajando. El ***capítulo 4 del NEC***, *Equipos de uso general*, cubre el tema de los rieles de iluminación.

Paso 3 Ahora busque el artículo que se ajuste a la categoría específica en la que está trabajando. En este caso, el ***artículo 410 del NEC*** trata de las luminarias, los portalámparas y las lámparas.

Paso 4 Localice la parte del ***artículo 410 del NEC*** que trata de la aplicación específica. Para este ejemplo, consulte la ***parte XIV***, *Iluminación en rieles*.

Paso 5 Vaya a la página indicada.

Paso 6 Vaya a la ***sección 410.150 del NEC*** y lea la información. Tenga en cuenta que la ***sección 410.150(C) del NEC***, *Lugares no permitidos*, establece que el riel de iluminación no puede instalarse en lugares ocultos. Dado que los rieles de iluminación se instalarán detrás de una cortina, esto parece una infracción del *NEC*®. Debe comprobarlo más a fondo.

Paso 7 Busque el término*oculto* en el ***artículo 100 del NEC***. Dice que oculto significa hecho inaccesible por la estructura o el acabado del edificio. Aunque los rieles de iluminación no estén a la vista si se corre la cortina, seguirán siendo fácilmente accesibles para su mantenimiento. En consecuencia, los rieles de iluminación no están ocultos según la definición del *NEC*®.

Cuando utilice el *NEC*® para determinar los requisitos de instalación eléctrica, recuerde que normalmente necesitará consultar más de una sección. A veces, el propio *NEC*® lo remite a otros artículos y secciones.

Con el tiempo, se familiarizará lo suficiente con el *NEC*® como para saber qué otras secciones corresponden a la instalación en cuestión. Puede ser confuso, pero el tiempo y la experiencia utilizando el *NEC*® lo harán mucho más fácil. En la *figura 7*, se muestra una hoja de ruta pictórica de algunos temas del *NEC*®.

Otros códigos de la NFPA

Además del *NEC*®, la NFPA también publica muchos otros códigos. Dos que le pueden interesar son NFPA 70E®, *Norma para la seguridad eléctrica en el lugar de trabajo*® y NFPA 70B, *Práctica recomendada para el mantenimiento de equipos eléctricos*.

La NFPA 70E® proporciona prácticas de trabajo seguras para evitar choques eléctricos, electrocución, arcos eléctricos y ráfagas de arco.

La NFPA 70B proporciona instrucciones para realizar pruebas eléctricas, inspecciones y procedimientos de mantenimiento. Ambos documentos son excelentes recursos para el profesional de la electricidad.

Si tiene una suscripción a NFPA LiNK, puede acceder a estos códigos en línea.

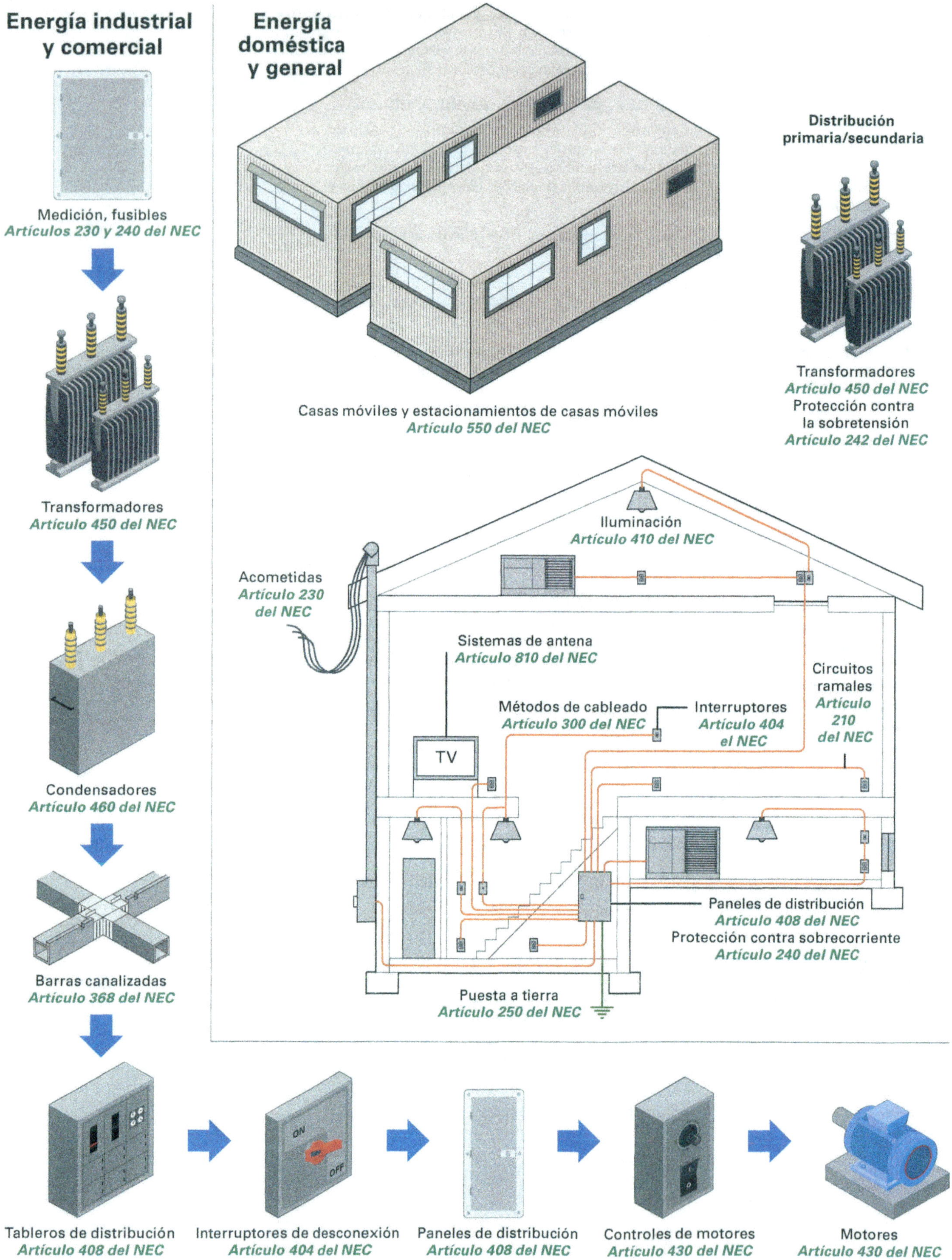

Figura 7 Referencias del *NEC®* para energía industrial, comercial y residencial.

2.0.0 Repaso de la sección

1. Puede encontrar información sobre el cálculo de cargas de circuitos ramales en _____.
   a. *Artículo 110 del NEC*
   b. *Artículo 220 del NEC*
   c. *Artículo 342 del NEC*
   d. *Artículo 404 del NEC*

2. ¿En qué parte del *artículo 406 del NEC* puede encontrar información sobre la instalación de receptáculos en lugares húmedos o mojados?
   a. *Sección 406.3 del NEC*
   b. *Sección 406.9 del NEC*
   c. *Sección 406.5 del NEC*
   d. *Sección 406.12 del NEC*

Módulo 26105-23 Preguntas de repaso

1. ¿Qué palabra o frase describe *mejor* los requisitos del *NEC*® para la instalación de sistemas eléctricos?
   a. Mínimos
   b. Los más estrictos
   c. Especificación de diseño
   d. Completos

2. ¿Cuál de los siguientes grupos *no* suele estar representado en los paneles de redacción de códigos?
   a. Asociaciones comerciales
   b. Inspectores eléctricos
   c. Organizaciones de seguros
   d. Cabilderos gubernamentales

3. El diseño general y la instalación de sistemas eléctricos se tratan en los _____.
   a. *capítulos 1, 2 y 7 del NEC*
   b. *capítulos 1, 2, 3 y 4 del NEC*
   c. *capítulos 6, 7 y 8 del NEC*
   d. *capítulos 5, 6, 7 y 9 del NEC*

4. Las normas obligatorias y permisivas se definen en el _____.
   a. *Artículo 90 del NEC*
   b. *Artículo 100 del NEC*
   c. *Artículo 110 del NEC*
   d. *Artículo 200 del NEC*

5. El *artículo 110* del NEC trata de _____.
   a. los circuitos ramales
   b. las definiciones
   c. los requisitos generales de las instalaciones eléctricas
   d. el diseño y la protección del cableado

6. Las bandejas portacables se tratan en el _____.
   a. *Artículo 330 del NEC*
   b. *Artículo 342 del NEC*
   c. *Artículo 368 del NEC*
   d. *Artículo 392 del NEC*

7. Encontrará información sobre los conductores para el cableado general en el _____.
   a. ***Artículo 280 del NEC***
   b. ***Artículo 310 del NEC***
   c. ***Artículo 404 del NEC***
   d. ***Artículo 340 del NEC***

8. Los procedimientos de instalación de las luminarias se indican en el _____.
   a. ***Artículo 410 del NEC***
   b. ***Artículo 408 del NEC***
   c. ***Artículo 366 del NEC***
   d. ***Artículo 460 del NEC***

9. Encontrará información sobre paneles de distribución y tableros de distribución en el _____.
   a. ***Artículo 285 del NEC***
   b. ***Artículo 300 del NEC***
   c. ***Artículo 408 del NEC***
   d. ***Artículo 540 del NEC***

10. Los teatros se tratan en el _____.
    a. ***Artículo 110 del NEC***
    b. ***Artículo 338 del NEC***
    c. ***Artículo 430 del NEC***
    d. ***Artículo 520 del NEC***

11. El ***artículo 600*** de NEC trata de _____.
    a. los rieles de iluminación
    b. los anuncios luminosos eléctricos y la iluminación de contorno
    c. los equipos de rayos X
    d. los sistemas de iluminación de emergencia

12. Los requisitos para radios, televisores y sistemas de distribución telefónica se tratan en el _____.
    a. ***capítulo 8 del NEC***
    b. ***capítulo 7 del NEC***
    c. ***capítulo 6 del NEC***
    d. ***capítulo 5 del NEC***

13. Encontrará ejemplos de cálculos en el _____.
    a. ***anexo informativo A del NEC***
    b. ***anexo informativo C del NEC***
    c. ***anexo informativo D del NEC***
    d. ***anexo informativo G del NEC***

14. Dentro del ***artículo 310 del NEC***, localice información sobre conductores trenzados. ¿Qué tamaño de conductores *deben* ser trenzados cuando se instalan en canalizaciones?
    a. 14 AWG o mayor
    b. 12 AWG o mayor
    c. 10 AWG o mayor
    d. 8 AWG o mayor

15. Dentro del ***artículo 408 del NEC***, busque la sección que trata de las distancias de los tableros de distribución. Suponiendo que el tablero de distribución no tenga una pantalla incombustible, ¿cuál es la distancia *mínima* entre la parte superior del tablero de distribución y un techo combustible?
    a. 1'
    b. 2'
    c. 3'
    d. 4'

Las respuestas a las preguntas de repaso impares del módulo se encuentran en el *Apéndice A*.

Módulo 26105-23 Ejercicios suplementarios

1. El *NEC*® indica los requisitos ________ para la instalación de sistemas eléctricos.
2. El *NEC*® se compone de ________ capítulos.
3. El ***capítulo 2 del NEC*** trata de ________.
4. Las definiciones se tratan en el ________.
5. El capítulo del *NEC*® que trata de los métodos de cableado es el ________.
6. ¿Verdadero o falso? El ***artículo 430 del NEC*** trata de los motores eléctricos.
7. El ***artículo 520 del NEC*** trata de ________ y ocupaciones similares en las que el fuego y el pánico pueden causar peligros para la vida y los bienes.
8. Para dimensionar los conductores de puesta a tierra de los equipos, consulte el ________.
   a. ***capítulo 1 del NEC***
   b. ***capítulo 2 del NEC***
   c. ***capítulo 3 del NEC***
   d. ***capítulo 4 del NEC***
9. El capítulo del *NEC*® que trata de las estaciones de gasolina es el ________.
10. El capítulo del *NEC*® que contiene tablas a las que hacen referencia otros capítulos es el ________.

Las respuestas a las preguntas de los ejercicios suplementarios impares se encuentran en el *Apéndice B*.

Piedra angular del oficio

Jason Canarr
Instructor eléctrico
Cianbro Corporation

¿Cómo se inició en la industria de la construcción?

Fue por pura casualidad. Todas las demás opciones del programa técnico de mi escuela secundaria estaban cubiertas excepto la de electricidad, así que eso fue lo que elegí. Disfruté de la clase y acabé quedándome con esa opción.

¿Quién lo inspiró para entrar en el sector? ¿Por qué?

No se trata de una sola persona, sino de un conjunto de personas con las que trabajé en mis primeros años en el sector.

¿Qué tipos de capacitación ha recibido?

Me gradué en electricidad residencial y comercial en la universidad local. He recibido numerosos cursos de capacitación de fabricantes para diversos kits de empalme y terminación de media tensión, junto con capacitación para NFPA 70E®.

¿Qué importancia tienen la educación y la capacitación en la construcción?

Mucha importancia. Las cosas cambian constantemente y hay que mantenerse al día. No se aprende un determinado plan de estudios y, una vez que se termina, nunca se mejora. Siempre se debe tratar de llenar las lagunas de conocimiento.

¿Qué importancia tienen las credenciales de NCCER para su carrera profesional?

Es bastante importante tener una base sólida de aprendizaje para iniciar una carrera en la dirección correcta y NCCER sin duda la brinda.

¿Cómo ha influido la capacitación o la construcción en su vida?

Cuando se aprende el oficio por primera vez, se aprende a aplicar esas lecciones en el contexto del trabajo que se está realizando. Con el tiempo, todos esos trabajos se mezclan para formar la experiencia que se tiene en el campo que se eligió. Cuando empecé a dar clases, eso me obligó a ver las cosas de otra manera y a plantearme otras formas de enfocar las tareas, lo que a la larga me ayudó en otras áreas.

¿Qué tipos de trabajo ha realizado en su carrera?

Empecé en el sector residencial y luego pasé al comercial y a la industria pesada. Al cabo de unos años empecé a dirigir equipos y trabajé en todo tipo de proyectos, desde instalaciones comerciales hasta mejoras de instalaciones de fabricación. Más recientemente, antes de dedicarme a la enseñanza a tiempo completo, instalé sistemas de control de HVAC de baja tensión.

Háblenos de su trabajo actual.

Actualmente enseño los cuatro niveles del plan de estudios de *Electricidad* de NCCER para nuestro programa de formación práctica. Tenemos varios grupos en distintas fases del curso, todos trabajando para completarlo.

¿Qué es lo que más disfruta de su trabajo?

Cuando alguien que tiene dificultades con un concepto por fin lo comprende, ver cómo se le enciende la bombilla en la cabeza no tiene precio. Lo mejor es ver a esa persona aprender la lección, aplicarla con éxito y desarrollarla.

¿Qué factores han contribuido más a su éxito?

Estoy dispuesto a realizar el trabajo que se me proponga. Además, he tenido la gran suerte de trabajar con personas increíbles que me han demostrado cómo es realmente un gran electricista, ***foreman***, maestro y persona.

¿Qué consejo les daría a quienes son nuevos en este campo?

Que se esfuercen siempre por continuar su educación. Aunque sea en su tiempo libre, inviertan en ustedes mismos aprendiendo todo lo que puedan sobre su profesión. Un maestro electricista es en realidad un estudiante experto que ha seguido aprendiendo.

¿Cuál es un hecho o logro interesante relacionado con su carrera?

Una vez me preguntaron un jueves por la tarde si quería ser voluntario para un cierre el lunes siguiente en una planta a 1,300 millas de distancia. Un amigo y yo volamos hasta allí y pasamos una semana trabajando con gente que no conocíamos, nos lo pasamos genial y ayudamos a terminar las obras antes de lo previsto, ¡por medio turno!

¿Cómo se marca la diferencia en este oficio?

Con la capacidad de hacer el trabajo con precisión para que, una vez terminado, no haya problemas y la gente que pase por allí piense: "Se ve muy bien".

Respuestas a las preguntas de repaso de la sección

Respuesta	Referencia de la sección	Objetivo
Sección 1.0.0		
1. c	1.1.1; *Figura 1*	1a
2. a	1.2.0	1b
3. a	1.3.3	1c
Sección 2.0.0		
1. b	2.1.3; *Tabla 1*	2a
2. b	2.2.0; *sección 406.9 del NEC*	2b

MÓDULO 26106-23

Cajas de salida, de dispositivos, de paso y de conexiones

Fuente: Willmar Electric

Objetivos

La exitosa finalización de este módulo te prepara para realizar lo siguiente:

1. Explicar cómo determinar el tamaño de las cajas de salida y cómo instalarlas.
   a. Identificar las cajas de salida y sus aplicaciones.
   b. Resumir los requisitos del *NEC*® para el dimensionamiento de las cajas de salida.
   c. Resumir los requisitos del *NEC*® para la instalación de cajas de salida.
2. Explicar cómo determinar el tamaño de las cajas de paso y de conexiones y cómo instalarlas.
   a. Resumir los requisitos del *NEC*® para el dimensionamiento de las cajas de paso y de conexiones.
   b. Resumir los requisitos del *NEC*® para la instalación de cajas de paso y de conexiones.

Tareas prácticas

Bajo supervisión, deberías poder hacer lo siguiente:

1. Seleccionar el tipo y el tamaño de caja adecuado para una aplicación determinada.
2. Seleccionar el tamaño mínimo de la caja de paso o de conexiones para las siguientes aplicaciones:
   - Entrada y salida de un conducto en un paso recto.
   - Entrada y salida de un conducto en ángulo.

Visión general

Los electricistas trabajan con cajas eléctricas casi a diario en todos los proyectos. Las cajas eléctricas son recintos que contienen y protegen el cableado de dispositivos eléctricos como interruptores, salidas y lámparas. Para instalar de forma segura y adecuada un sistema eléctrico completo, debe saber cómo seleccionar, ajustar el tamaño e instalar todos los tipos de cajas eléctricas. En este módulo explorará la aplicación de diferentes cajas eléctricas. También aprenderá a calcular los requisitos de llenado del *NEC*® para cajas de salida y de conexiones de menos de 100 pulgadas cúbicas (in^3).

NOTA

NFPA 70®, *National Electrical Code*® y *NEC*® son marcas registradas de la *National Fire Protection Association*, Quincy, MA.

NCCER Credenciales reconocidas en el sector

Si se está capacitando a través de un patrocinador acreditado por NCCER, puede ser elegible para obtener credenciales del NCCER. El número de identificación de este módulo es 26106-23. Tenga en cuenta que este módulo puede haber sido utilizado en otros planes de estudio de NCCER y puede aplicarse a la realización de otros niveles. Comuníquese con NCCER al 1.888.622.3720 o visite **www.nccer.org** para obtener más información

También puede mostrar en línea sus credenciales reconocidas por el sector con las insignias digitales de NCCER. Transforme sus conocimientos, habilidades y logros en insignias que puede compartir en las plataformas de redes sociales, enviar a su red y agregar a su currículum. Para obtener más información, visite **www.nccer.org**.

Recursos digitales sobre Electricidad

ESCANEAR

Escanee este código con la cámara de su celular o dispositivo móvil para ver los recursos digitales relacionados con este oficio.

1.0.0 Uso de cajas eléctricas más pequeñas

Tarea práctica

1. Seleccionar el tipo y el tamaño de caja adecuado para una aplicación determinada.

Objetivo

Explicar cómo determinar el tamaño de las cajas de salida y cómo instalarlas.

a. Identificar las cajas de salida y sus aplicaciones.
b. Resumir los requisitos del *NEC*® para el dimensionamiento de las cajas de salida.
c. Resumir los requisitos del *NEC*® para la instalación de cajas de salida.

Cajas eléctricas (*electrical boxes*): cajas metálicas o no metálicas instaladas en un sistema de cableado eléctrico para alojar con seguridad componentes eléctricos o montar con seguridad dispositivos y cables eléctricos. Los usos específicos incluyen cajas de salida, cajas de conexiones, cajas de dispositivos, cajas de empalme y cajas de paso.

Conozca el código

Cajas de salida, de dispositivos, de paso y de conexiones; cajas de conductos; accesorios y cajas de registro. *Artículo 314 del NEC*

En toda obra se necesitan **cajas eléctricas** para encerrar el cableado necesario para los dispositivos, y el tamaño, la instalación y el soporte para todas estas cajas deben cumplir los requisitos actuales del *NEC*®. El *artículo 314 del NEC* limita el número de conductores, accesorios y dispositivos que se permiten en cada tamaño de caja eléctrica, dependiendo de factores como el material y el uso.

Según el código, debe elegir e instalar cajas del tamaño adecuado para alojar todos los conductores que deban empalmarse o pasar por ellas. Los procesos de selección e instalación de cajas eléctricas se tratan en las siguientes secciones.

1.1.0 Identificación de las cajas y sus aplicaciones

Las cajas eléctricas vienen en muchos tamaños y tipos (*Figura 1*). Su tamaño y forma dependen de diversos factores, entre ellos:

- Aplicación
- Tamaño de la canalización
- Número de conductores que entran en la caja
- Tipo de construcción del edificio
- Condiciones climáticas del área
- Otros requisitos especiales

La *sección 314 del NEC* indica las normas sobre tamaños y formas de las cajas eléctricas.

Como electricista, debe saber seleccionar el tamaño y el tipo de caja que necesita para cada trabajo. También debe conocer los componentes necesarios para terminar el cableado en estas cajas.

Antes de poder planificar y dirigir los conductores hasta sus puntos de terminación, así como elegir e instalar los tipos y tamaños de cajas adecuados, debe conocer la siguiente información:

- Propósito de la caja
- Tamaño de los conductores
- Número de conductores
- Ubicación de la caja
- Ampacidades de los conductores
- Previsión de caídas de tensión

Las cajas eléctricas suelen pertenecer a una de estas tres categorías:

- Cajas de acero prensado con orificios ciegos de diferentes tamaños para canalizaciones de metal en superficie o con conductos, tubos metálicos eléctricos y entradas de cables.
- Cajas de hierro fundido, aluminio o latón con bujes roscados de diferentes tamaños y ubicaciones para las entradas de las canalizaciones.
- Cajas no metálicas

PRECAUCIÓN

Las cajas de metal son buenas conductoras. Por lo tanto, cuando las utilice, deben estar conectadas al sistema de puesta a tierra del circuito.

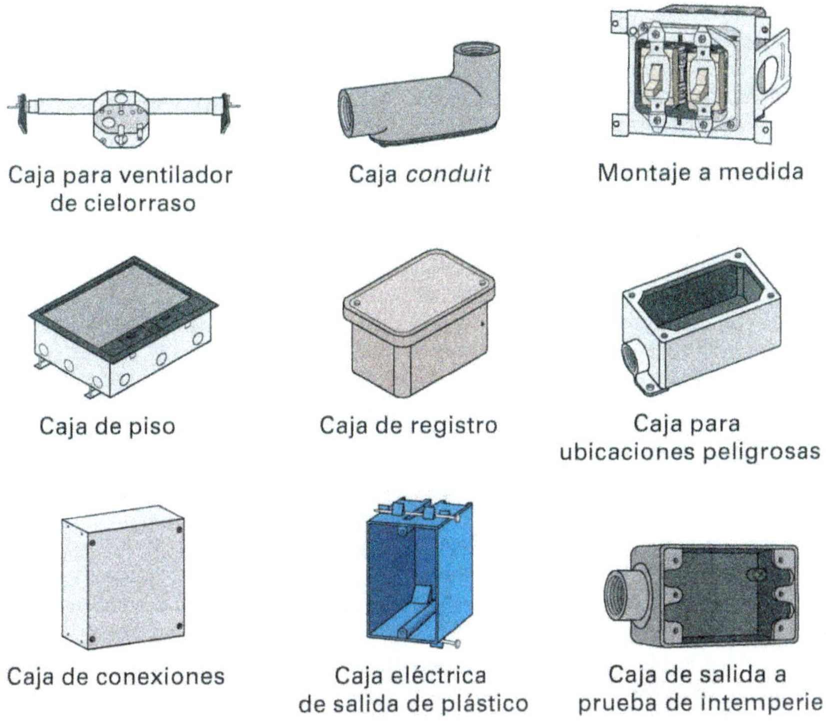

Figura 1 Tipos de cajas eléctricas de salida.

Las cajas metálicas utilizadas en las partes de concreto de una cubierta son diferentes de las cajas utilizadas en edificios residenciales o comerciales. También existen diferentes cajas para soportar las lámparas, conocidas como *luminarias* y asegurar los equipos que están en el exterior. Para lugares peligrosos, puede que incluso necesite una caja especial clasificada como **a prueba de explosiones.**

A la hora de elegir la **caja de salida** correcta, es importante comprender el uso específico y el entorno en el que se va a instalar. Esto lo ayudará a seleccionar la caja más adecuada y reducirá la posibilidad de perder tiempo y dinero.

Por ejemplo, una caja de salida diseñada para utilizar cables NM o UF a menudo contendrá abrazaderas incorporadas, como la que se muestra en la *Figura 2*.

Las cajas eléctricas se piden a menudo solo con orificios ciegos (*Figura 3*). En este caso, tendrá que utilizar **conectores** extra. Independientemente de la caja seleccionada, es importante que sea la correcta desde el principio.

A prueba de explosiones (*explosion proof*): diseñado y construido para resistir una explosión en el interior sin crear una explosión o un incendio en el exterior.

Caja de salida (*outlet boxes*): caja metálica o no metálica instalada en un sistema de cableado eléctrico. La corriente se toma de la caja de salida para alimentar un dispositivo o una máquina.

Conectores (*connectors*): dispositivos utilizados para conectar físicamente conductos o cables a una caja de salida, un gabinete u otro recinto.

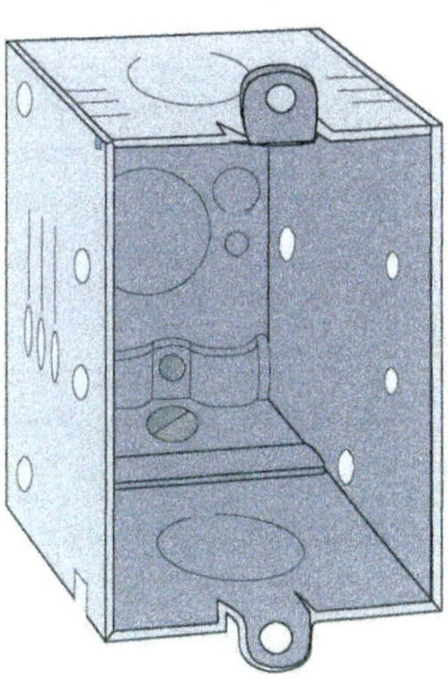

Figura 2 Caja de salida con abrazaderas incorporadas.

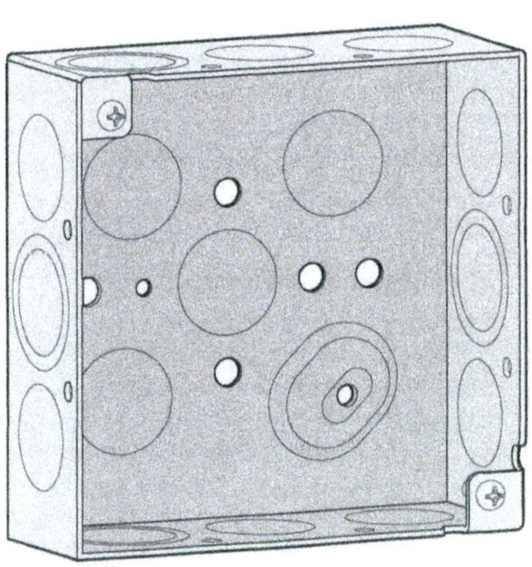

Figura 3 Caja de salida solo con orificios ciegos.

NOTA

Las conversiones métricas pueden variar dependiendo del redondeo y de si la dimensión coincide con un tamaño métrico estándar para una caja, un conductor, una canalización u otro producto en particular. Todas las conversiones métricas de este módulo se toman del *NEC*®.

A prueba de intemperie (*weatherproof*): algo que está construido o protegido de forma que la intemperie no interfiera en su operación.

Caja de conexiones (*junction box*): caja en la que entran una o varias canalizaciones o cables. Los conductores eléctricos se empalman (o pueden empalmarse) dentro de esta caja.

Conozca el código

Cajas de salida
Sección 314.27 del NEC

Figura 4 Caja típica que muestra un sello de UL.

NOTA

Si tiene conductos que deben entrar por el lado de la caja, no utilice una caja redonda. Es difícil hacer una buena conexión con una contratuerca o un pasacables en una superficie redonda.

Conozca el código

Cajas redondas
Sección 314.2 del NEC

En muchos casos, utilizará el mismo tipo de caja para distintos propósitos. Para que la caja funcione para un propósito específico, debe seleccionar la tapa de caja correcta. Puede utilizar una caja cuadrada de 4" (100 mm) para interruptores o receptáculos de uno o dos segmentos seleccionando una tapa de dispositivo elevada de una o dos segmentos. También puede utilizar una caja de buje de fundición de un solo segmento con un interruptor **a prueba de intemperie** o una tapa de receptáculo a prueba de intemperie.

Las cajas utilizadas para sostener accesorios o proteger dispositivos, como interruptores, receptáculos y otros equipos, vienen en diferentes tamaños y formas. Estas cajas pueden ser de uno, dos, tres o cuatro segmentos. Las cajas de salida de techo están disponibles en una variedad de formas.

Las cajas de dispositivos suelen instalarse para soportar receptáculos e interruptores. La mayoría de las cajas de dispositivos no están diseñadas ni catalogadas para soportar luminarias. El uso de cajas de dispositivos para soportar luminarias se trata en la *sección 314.27(A) del NEC*. La *figura 4* muestra un ejemplo de un típico sello UL impreso en el interior de una **caja de conexiones** de metal.

La *sección 314.27(B) del NEC* establece que cualquier caja instalada en un piso debe estar catalogada para ese propósito. Las cajas de piso catalogadas tienen tapas y juntas para impedir la entrada de agua y productos de limpieza de la superficie.

La *sección 314.27 del NEC (C)* trata del uso de cajas para soportar un ventilador suspendido del techo (de paletas). Cuando la caja se utilice como único soporte de un ventilador de paletas, la caja deberá estar catalogada para la aplicación y para el peso del ventilador que deba soportar. La *sección 314.27 del NEC(C)* también exige que toda caja construida para soportar ventiladores de paletas que pesen más de 35 lb (16 kg) lleve una etiqueta que indique el peso máximo que puede soportar.

Una parte estructural del edificio debe soportar rígidamente este tipo de caja. En la *figura 5* se muestra una caja de ventilador de paletas y sus accesorios relacionados.

La *sección 314.27(D) del NEC* establece que las cajas utilizadas para soportar equipos que no sean ventiladores de paletas deberán cumplir los requisitos de la *sección 314.27(A) del NEC* para el soporte de una luminaria del mismo tamaño y peso.

1.1.1 Selección de cajas octogonales y redondas

Las cajas octogonales y redondas suelen utilizarse para montar luminarias en paredes. Existen tapas y anillos de ajuste para cajas octogonales que soportan receptáculos e interruptores. Si la caja se utiliza como caja de conexiones, puede conseguir una tapa ciega para ella.

Las cajas octogonales están disponibles en varios estilos. Pueden incluir orificios ciegos, como el que se muestra en la *figura 6* (A) o abrazaderas de cables tipo AC y NM, como se muestra en la *figura 6* (B). La mayoría de las cajas octogonales tienen un ancho de 4" (100 mm). Sin embargo, pueden tener diferentes profundidades, como $1\frac{1}{4}$" (32 mm), $1\frac{1}{2}$" (38 mm) o $2\frac{1}{8}$" (54 mm). También puede obtener anillos de extensión para hacer la caja más profunda, como se muestra en la *figura 6* (C).

Las cajas redondas están disponibles en las mismas dimensiones que las cajas octogonales, pero la *sección 314.2 del NEC* impide el uso de cajas redondas en lugares donde los conductos o conectores (que requieren contratuercas y pasacables) estén conectados a los lados. Los conectores de conductos o cajas deben terminar en la parte posterior de estas cajas. La *tabla 1* contiene las normas del *NEC*® para las profundidades de las cajas octogonales y redondas.

Etiquetado de las cajas durante la construcción

Después de instalar todas las cajas en un trabajo complicado, es una buena idea etiquetar la ubicación de cada caja. Con una lata de pintura en aerosol, pinte pequeños puntos en el suelo debajo de cada caja. Utilice un punto para un receptáculo de enchufe, dos puntos para una caja de interruptores y tres puntos para una luz de pared. Esto lo ayudará a identificar rápidamente el propósito de cada caja después de que los instaladores de paneles de yeso hayan terminado, incluso si entierran accidentalmente una caja. Este sencillo procedimiento también puede ahorrarle mucho tiempo y problemas a la hora de instalar los dispositivos.

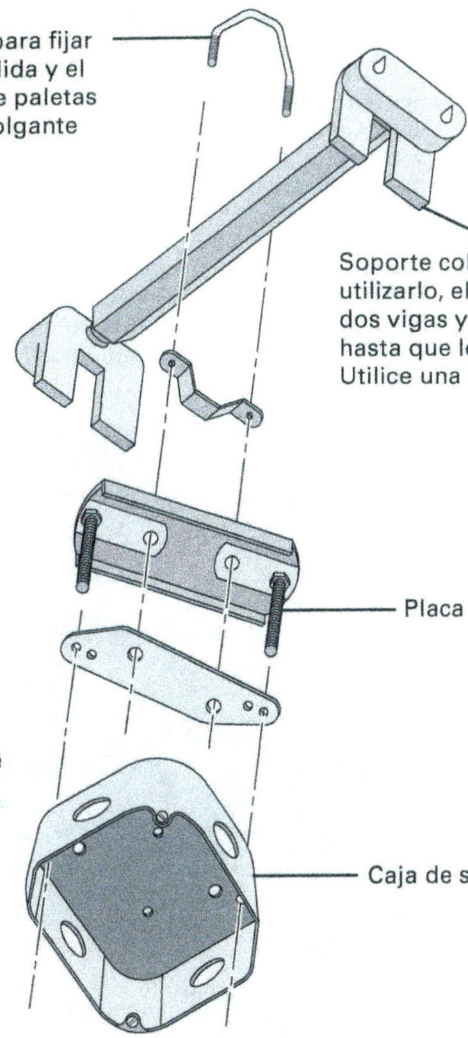

Figure 5 Caja de ventilador típica para instalación en un techo existente.

TABLA 1 Reglamentos del *NEC*® para profundidades de cajas octogonales y redondas

Sección del NEC®	Norma
Sección 314.24(A) del NEC	Todas las cajas deben tener una profundidad interna mínima de ½" (12.7 mm).
Sección 314.24(B)(1) del NEC	Las cajas que encierren equipos o dispositivos que sobresalgan más de 1⅞" (48 mm) dentro de la caja tendrán una profundidad no menor a la profundidad del equipo más ¼" (6 mm).
Sección 314.24 del NEC	Las cajas que vayan a alojar dispositivos empotrados no deben tener una profundidad de menos de 15/16" (23.8 mm) para conductores de 14 AWG y más pequeños según la *sección 314.24(B)(5) del NEC*.
	No deben tener una profundidad de menos de 1 3/16" (30.2 mm) para conductores de 12 AWG o 10 AWG según la *sección 314.24(B)(4) del NEC*.
	No deben tener una profundidad de menos de 2 1/16" (52.4 mm) para conductores de 8 AWG, 6 AWG o 4 AWG según la *sección 314.24(B)(3) del NEC*.

Conozca el código

Dimensiones de las cajas
Sección 314.24 del NEC

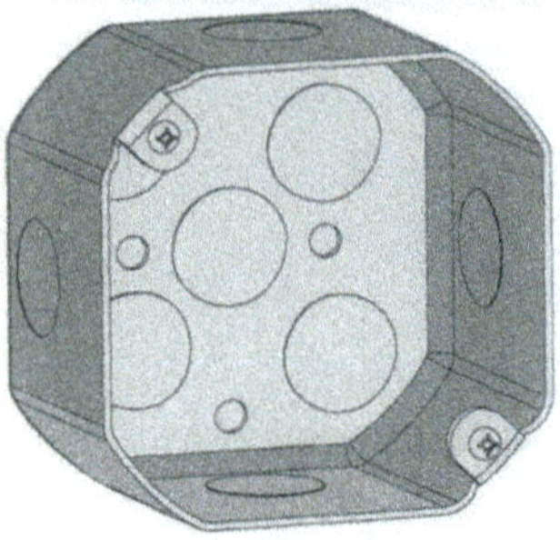

(A)

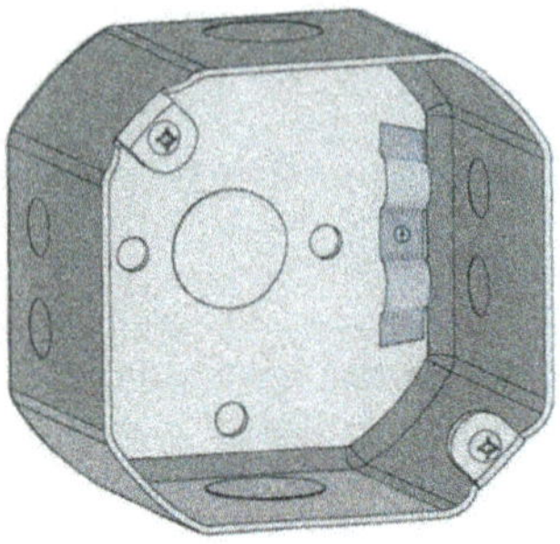

(B)

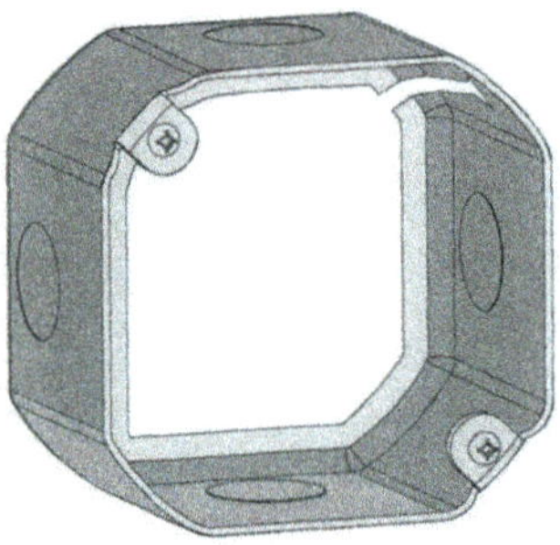

(C)

Figura 6 Cajas octogonales típicas y anillo de extensión octogonal.

Se permite el uso de cajas redondas con abrazaderas de cables de tipo AC y NM que entren por el lado o por la parte superior de las cajas.

Cuando esté trabajando en la construcción de edificios con armazón, es posible que necesite colgadores especiales para cajas que lo ayuden a instalar cajas en distintas ubicaciones. Por ejemplo, podría utilizar un colgador de barra resistente para instalar una caja de ventilador en un techo existente o una caja redonda no metálica y un anillo de fijación con un colgador de barra para montar una caja entre montantes o vigas (*figura 7*).

La *sección 314.3 del NEC* solo permite el uso de cajas no metálicas con cableado abierto en aisladores, cableado sobre aisladores y pasacables, cable tipo NM, cordones flexibles y canalizaciones no metálicas.

La figura 8 muestra una sección transversal de una caja redonda de poca profundidad utilizada para soportar luminarias con espacio integral para la terminación de cables.

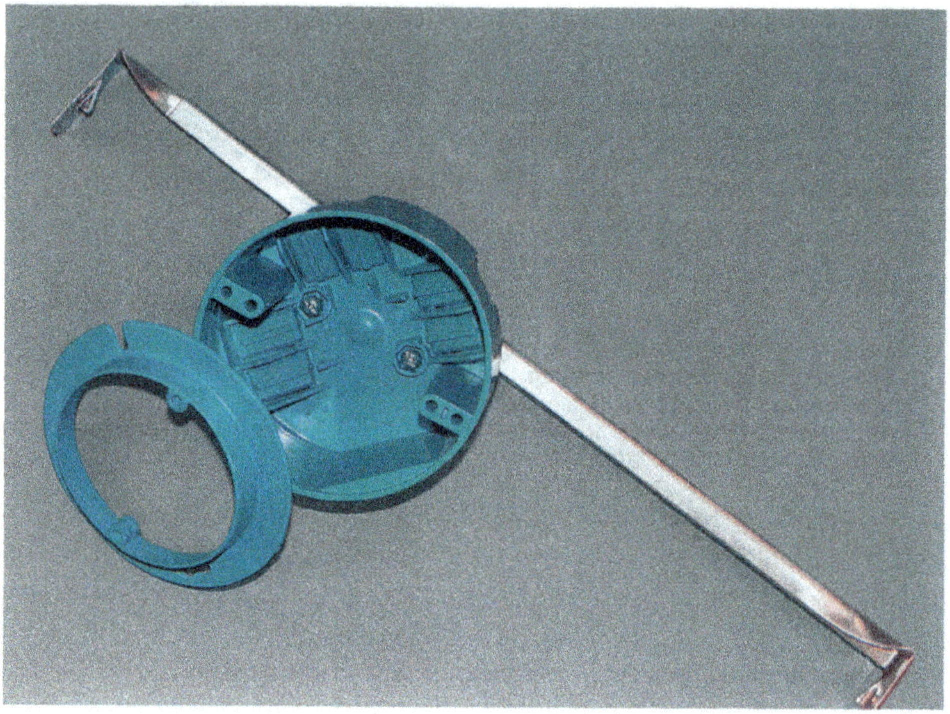

Figura 7 Caja redonda no metálica y anillo de fijación con soporte colgante de barra.

1.1.2 Selección de cajas cuadradas

Las cajas cuadradas pueden utilizarse como cajas de conexiones. También pueden utilizarse cuando se tienen muchos conductores y se necesita más volumen.

Las cajas cuadradas suelen estar disponibles en dos tamaños: 4" (100 mm) y $4^{11}/_{16}$" (120 mm). Ambos tamaños están disponibles en tres profundidades: $1^{1}/_{4}$" (32 mm), $1^{1}/_{2}$" (38 mm) y $2^{1}/_{8}$" (54 mm). Si se necesita una caja más profunda, se puede utilizar un anillo de extensión cuadrado (*figura 9*) para llevar la caja a la superficie acabada.

Las cajas cuadradas vienen con o sin soportes de montaje. Estos soportes sujetan la caja a un montante de pared u otra estructura. Las cajas fabricadas para utilizar con cables pueden tener abrazaderas de tipo AC/MC o NM para asegurar los cables donde van dentro de la caja. Puede utilizar un anillo de dispositivo de uno o dos segmentos (como un anillo de yeso o un anillo de baldosa) si necesita montar un receptáculo o un interruptor. Si necesita montar una luminaria, puede utilizar un anillo con una abertura redonda. Si la caja se va a utilizar como caja de conexiones, puede añadirle una tapa ciega.

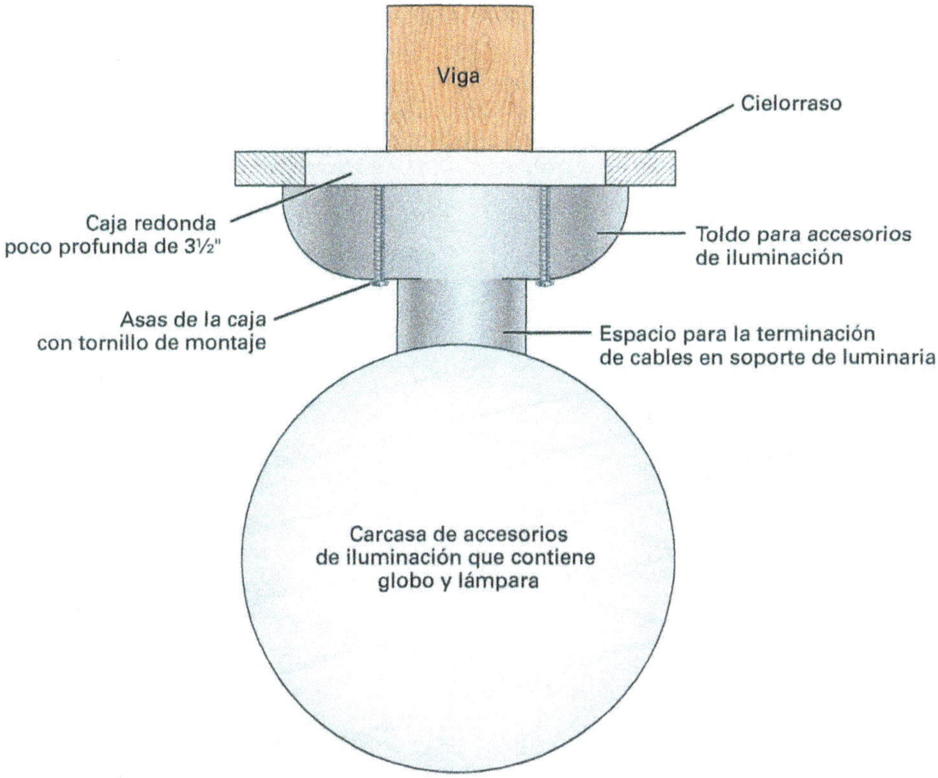

Figura 8 Caja redonda poco profunda utilizada para montar una luminaria.

Figura 9 Anillo de extensión cuadrado.

1.1.3 Selección de cajas de dispositivos

Las cajas de salida y de dispositivos son cajas eléctricas que alojan interruptores y receptáculos. Se fabrican para montajes a ras, principalmente en trabajos residenciales. En algunos casos, también pueden utilizarse en trabajos comerciales.

Las cajas eléctricas de salida están disponibles con o sin abrazaderas de cables y soportes para montaje en elementos estructurales de madera. Este tipo de caja también está disponible con asas de yeso para su instalación en tabiques acabados. La *figura 10* muestra tres tipos de cajas de dispositivos.

Si necesita fijar una caja a un montante de metal, utilice tornillos autorroscantes para chapa de metal. Si necesita instalar una caja sobre concreto, utilice elementos de sujeción para concreto, como los especiales accionados por pólvora.

Se denomina **caja para cables** o *caja de servicios* (*figura 11*) a una caja especial de un solo segmento con las asas de montaje del dispositivo en el interior de la caja. Estas cajas pueden tener profundidades de $1\frac{1}{2}$" (38 mm), $1\frac{7}{8}$" (48 mm) o $2\frac{1}{8}$" (54 mm). Tenga cuidado cuando utilice estas cajas, ya que son más pequeñas y no admiten muchos conductores.

Caja para cables (*handy box*): caja de un solo segmento, también denominada *caja de servicios (utility box)*. Encierra receptáculos o interruptores de pared en la construcción de bloques de concreto y no es conectable. Suele montarse en superficies de mampostería, como las que se utilizan en edificios industriales y comerciales, pero también puede empotrarse.

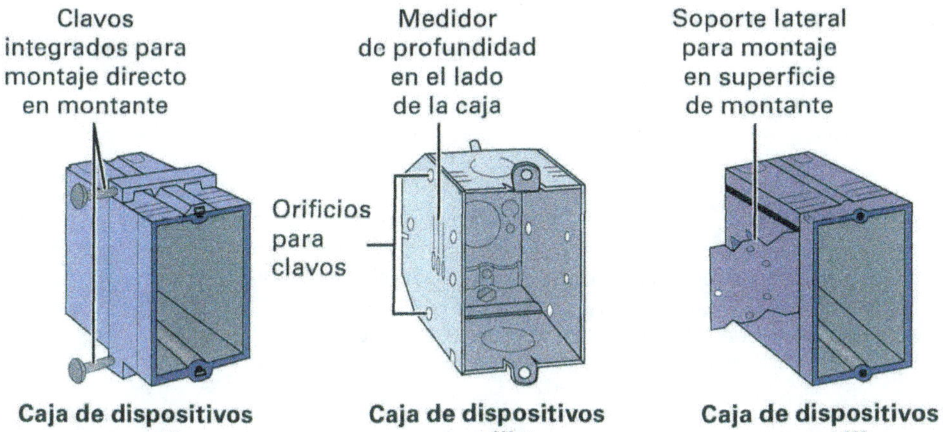

Figura 10 Cajas de dispositivos típicas.

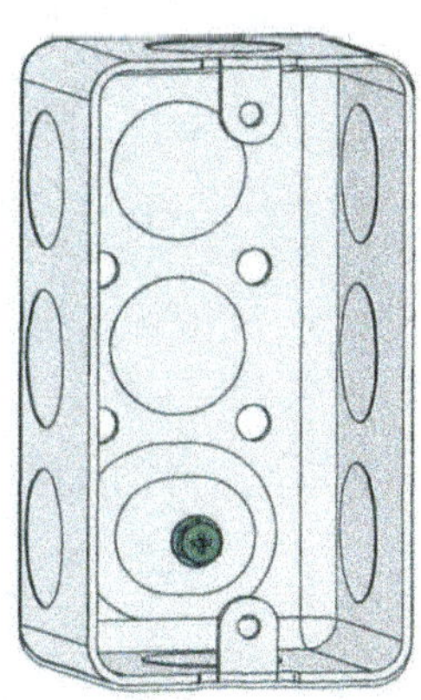

Figura 11 Caja para cables con asas internas de montaje de dispositivos.

1.1.4 Selección de cajas de mampostería

Las cajas de mampostería, también conocidas como 'cajas de concreto' *(concrete boxes)*, vienen en una variedad de alturas. Este tipo especial de caja se utiliza normalmente en trabajos de construcción de losas planas (*figura 12*). Cuando utilice una caja de mampostería en una obra, asegúrese de que la caja sea lo suficientemente alta como para garantizar que los orificios ciegos queden muy por encima de las varillas de refuerzo.

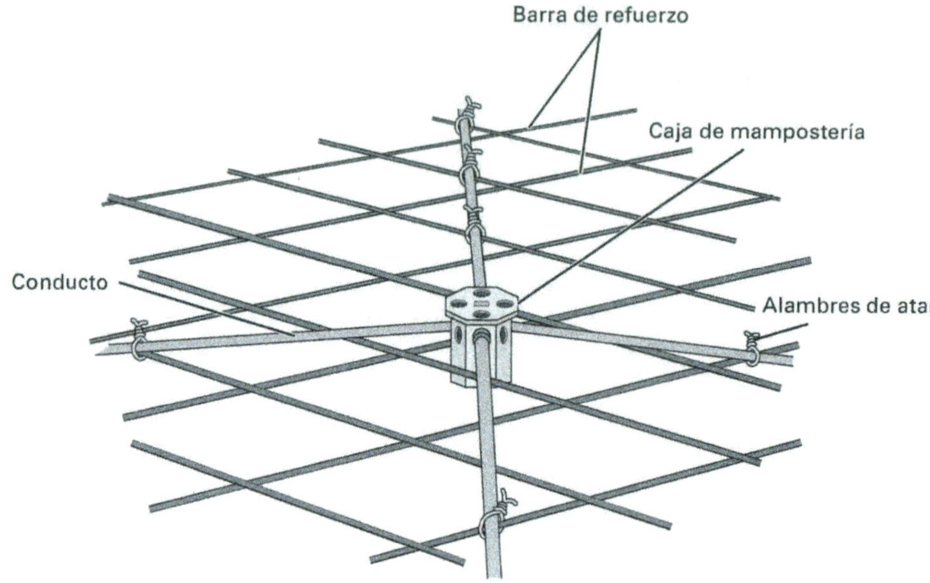

Figura 12 Caja de mampostería.

Este enfoque puede evitar que tenga que utilizar compensaciones en los conductos que entran en una caja.

1.1.5 Selección de cajas para lugares mojados y húmedos

En lugares húmedos o mojados, es importante evitar que entre agua en la caja. Para ello, utilice la caja correcta y los accesorios para lugares mojados catalogados.

La *sección 314.15 del NEC* exige que las cajas instaladas en lugares mojados estén catalogadas para este uso. En lugares donde pueda haber agua, utilice cajas aprobadas de material no corrosivo. También debe utilizar un conducto de metal galvanizado o un conducto no metálico aprobado con la caja.

Los **equipos impermeables a la lluvia** o **equipos impermeables al agua** (incluidos los accesorios) pueden satisfacer los requisitos de los equipos a prueba de intemperie. Las cajas con bujes de conductos roscados y tapas con juntas normalmente impedirán la entrada de agua, excepto en el caso de condensación dentro de las cajas.

La *sección 314.15 del NEC* establece que se permite la instalación en campo de aberturas de drenaje aprobadas con un diámetro de entre $\frac{1}{8}$" y $\frac{1}{4}$" para posibilitar el drenaje del agua acumulada por condensación.

Conozca el código

Lugares húmedos o mojados
Sección 314.15 del NEC

Impermeable a la lluvia (*raintight*): algo que está construido o protegido para impedir la entrada de agua durante lluvias intensas en condiciones específicas.

Impermeable al agua (*watertight*): algo que está construido para que el agua no penetre en su interior en determinadas condiciones.

Cableado exterior

El cableado exterior debe resistir la entrada de agua. Las cajas exteriores son *impermeables al goteo*, lo que significa que están selladas contra la caída de agua desde arriba o *impermeables al agua*, lo que significa que están selladas contra el agua desde cualquier dirección. Las cajas impermeables al goteo tienen tapas que desvían la lluvia, pero no son a prueba de agua. Las cajas impermeables al agua están selladas con juntas para impedir la entrada de agua desde cualquier ángulo.

Un lugar *mojado* es cualquier lugar sujeto a saturación con agua u otros líquidos. Un lugar *húmedo* es un lugar sujeto a cierto grado de humedad, incluidos los lugares al aire libre parcialmente protegidos y los lugares interiores sujetos a un grado moderado de humedad. Consulte la *tabla 2* para ver ejemplos de lugares mojados y húmedos.

Tenga cuidado al elegir tapas a prueba de intemperie para receptáculos exteriores. Si está utilizando un receptáculo de 15 A o 20 A, 125 V-250 V en un lugar mojado, debe utilizar una tapa a prueba de intemperie que siga siéndolo incluso cuando se esté utilizando el receptáculo. Esta tapa también debe identificarse como "Servicio extra". Las *secciones 406.9(A) y 406.9(B)(1) del NEC* tratan de la instalación de receptáculos en lugares húmedos o mojados.

Conozca el código

Lugares húmedos
Sección 406.9(A) del NEC

Conozca el código

Lugares mojados
Sección 406.9(B) del NEC

TABLA 2 Ejemplos de lugares mojados y húmedos

Lugares mojados	Lugares húmedos
Instalaciones subterráneas en contacto directo con la tierra	Debajo de toldos
Instalaciones en losas de concreto o mampostería en contacto directo con la tierra	Debajo de marquesinas
Lugares expuestos a la intemperie o al agua	Porches abiertos con tejado
Garajes	Algunos sótanos
Cuartos de aseo	Algunos graneros
Interiores que pueden limpiarse con manguera	Bodegas frigoríficas

1.2.0 Dimensionamiento de las cajas de salida

En general, la cantidad máxima de conductores permitidos en cajas eléctricas estándar se enumera en la *tabla 314.16(A) del NEC*. Esta cantidad se basa en el tamaño comercial de la caja, el volumen mínimo y el tamaño AWG.

Conozca el código

Cajas de metal
Tabla 314.16(A) del NEC

Los valores de la tabla se aplican cuando la caja no contiene accesorios ni dispositivos tales como pernos de fijación, abrazaderas de cables, interruptores o receptáculos. El *NEC®* reconoce que en todos los sistemas modernos de cableado residencial habrá uno o más de estos elementos en la caja. Por lo tanto, para encontrar la cantidad máxima correcta de conductores permitidos, usted debe:

- Reducir la cantidad máxima de conductores en uno por cada tipo de accesorio de la caja.
- Reducir la cantidad máxima de conductores en dos por cada correa de dispositivo.
- Contar cada conductor en bucle de más de 12" (300 mm) en la caja como dos conductores.
- Contar hasta cuatro conductores de puesta a tierra como un solo conductor.

Los siguientes ejemplos demuestran cómo encontrar la cantidad máxima de conductores utilizando escenarios de la vida real.

Ejemplo 1:

Está instalando una caja que mide 3" × 2" × $3^1/_2$" (75 mm × 50 mm × 90 mm). La caja también tiene una abrazadera de cables interna y un receptáculo dúplex (correa de dispositivo). Para determinar la cantidad máxima de conductores de 12 AWG permitidos para la caja, realice los siguientes pasos:

Paso 1 Busque en la *tabla 314.16(A) del NEC* y encontrará que la cantidad máxima de conductores de 12 AWG permitidos para la caja de 3" × 2" × $3^1/_2$" es de 8.

Paso 2 Reste dos conductores para la correa de dispositivo según la *tabla 314.16(B)(4) del NEC* .
Esto lo deja con seis conductores de 12 AWG.

8 − 2 = 6

Paso 3 Reste un conductor para las abrazaderas de cables internas según la *tabla 314.16(B)(2) del NEC* .
Por lo tanto, cinco conductores de 12 AWG sería la cantidad máxima de conductores permitidos.

6 − 1 = 5

Conozca el código

Cálculos de llenado de cajas
Sección 314.16(B) del NEC

Conozca el código

Tolerancia de volumen requerida por conductor
Tabla 314.16(B)(1) del NEC

NOTA

Los puentes de unión que se originan y terminan en la caja no necesitan ser contados como conductores de puesta a tierra de equipos.

Ejemplo 2:

Está instalando la caja de 3" × 2" × 3½" del *ejemplo 1*, pero esta caja también tiene un cable de tres hilos con un conductor de puesta a tierra de equipos que alimenta un interruptor de pared de tres vías. Debido al conductor de puesta a tierra de equipos, debe deducir otro conductor según la ***tabla 314.16(B)(5) del NEC***.

$$5 - 1 = 4$$

Ahora, solo puede haber cuatro conductores de 12 AWG en la caja.

Hay dispositivos y componentes que aumentan la cantidad de espacio utilizable en una caja, incluidos los anillos de extensión y las tapas de salida elevadas (*figura 13*). Cada tipo de tapa y extensión de caja está marcado con su capacidad, que puede sumarse a los valores de la ***tabla 314.16(B) del NEC*** para calcular los conductores adicionales permitidos.

La *figura 14* proporciona información adicional sobre los ajustes necesarios para calcular la capacidad total para montajes de cableado y dispositivos típicos. Reste la cantidad de conductores especificada en el código de la cantidad máxima de conductores permitida en la ***tabla 314.16(A) del NEC*** .

Cuando cuatro o menos conductores de puesta a tierra de equipos o puentes de unión de equipos entran en una caja, se debe hacer una tolerancia de volumen único de acuerdo con la ***tabla 314.16(B)(1)del NEC***. Esta tolerancia debe basarse en el mayor conductor de puesta a tierra de equipos o puente de unión de equipos que entre en la caja. Por cada conductor adicional de puesta a tierra de equipos o puente de unión de equipos que entre en la caja, asegúrese de hacer una tolerancia de volumen de ¼.

La figura 15 muestra componentes adicionales que pueden utilizarse en cajas eléctricas sin afectar a la cantidad total de conductores.

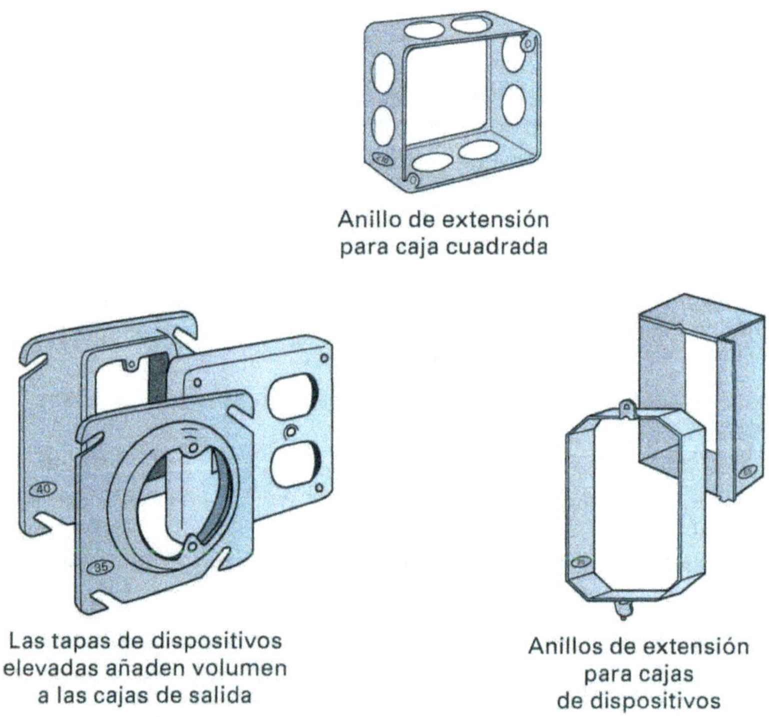

Figura 13 Dispositivos o componentes que aumentan la capacidad de una caja.

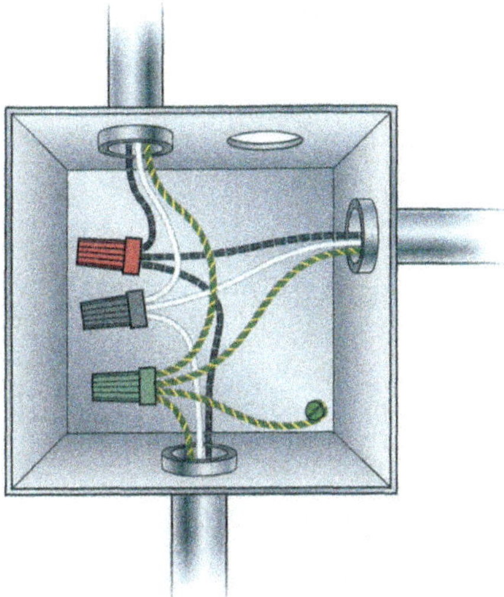

Aunque se muestran varios conductores de puesta a tierra de equipos, cuentan como un solo conductor basado en el conductor más grande.
Sección 314.16(B)(5) del NEC

Dado que estos conductores están empalmados dentro de la caja, deben contarse como seis conductores.
Sección 314.16(B)(1) del NEC

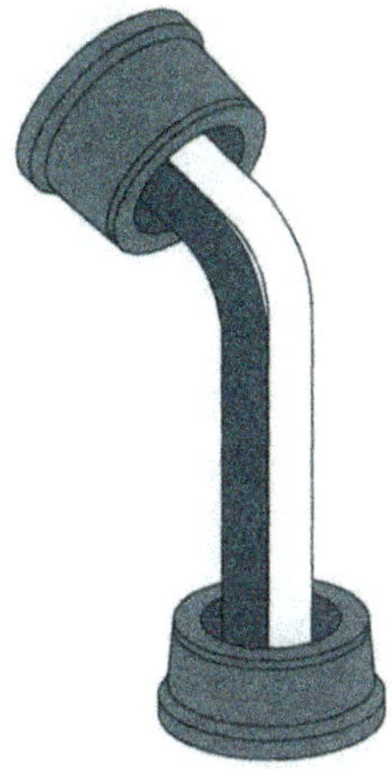

Un conductor que atraviesa la caja cuenta como un conductor. Como aquí se muestran dos conductores, cuentan como dos.
Sección 314.16(B)(1) del NEC

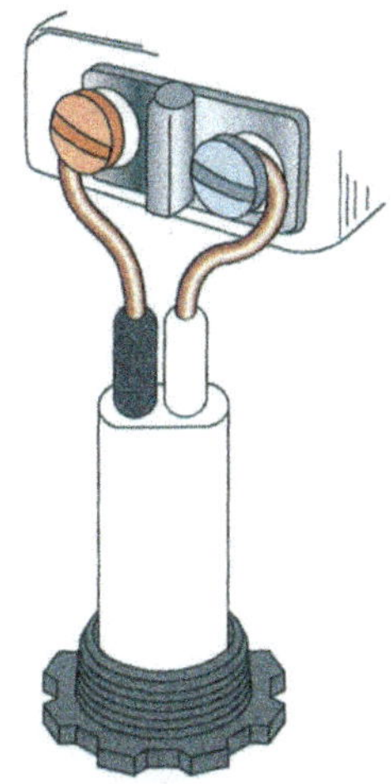

Cada conductor que se origina fuera de la caja y termina dentro de ella se clasifica como un conductor. Aquí se muestran dos; por lo tanto, se debe hacer una deducción de dos conductores.
Sección 314.16(B)(1) del NEC

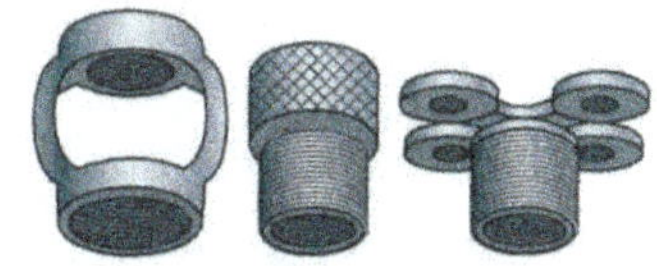

Cada perno de fijación o acople cuenta como un conductor basado en el conductor más grande de la caja.
Sección 314.16(B)(3) del NEC

Los interruptores cuentan como dos conductores.
Sección 314.16(B)(4) del NEC

Los receptáculos cuentan como dos conductores basándose en el conductor más grande conectado a un dispositivo.
Sección 314.16(B)(4) del NEC

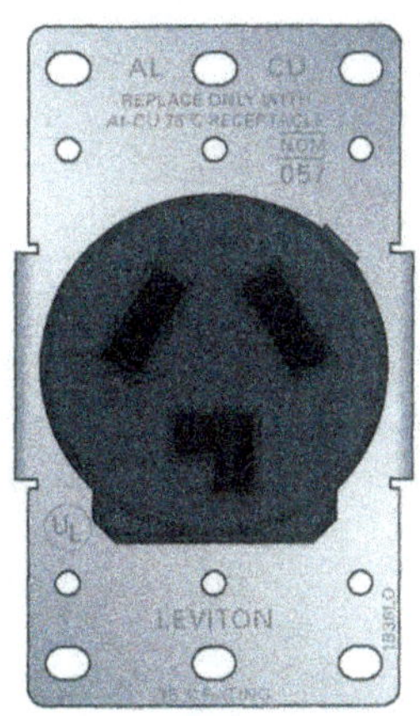

Los receptáculos de secadoras/hornos cuentan como cuatro conductores.
Sección 314.16(B)(4) del NEC

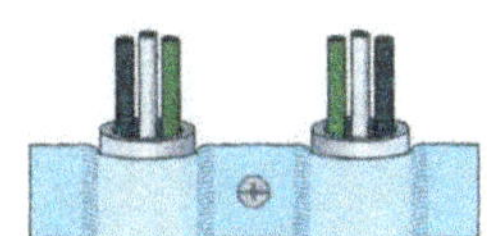

Una o más abrazaderas de cables cuentan como un conductor.
Sección 314.16(B)(2) del NEC

Figura 14 Dispositivos y componentes que requieren deducciones en la capacidad de una caja.

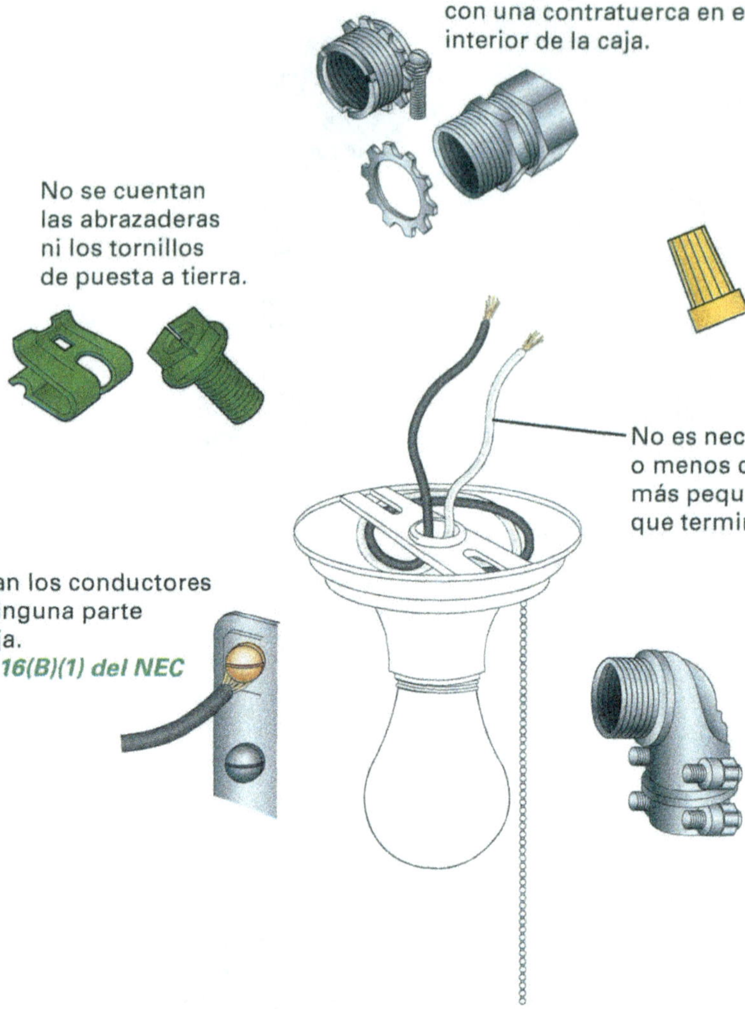

Figura 15 Elementos que no se tienen en cuenta al calcular la capacidad de una caja.

Los siguientes ejemplos muestran cómo dimensionar las cajas de salida.

Ejemplo 1:

Dos conductores de 12 AWG se instalan en un conducto EMT (DM 12) de tamaño comercial de ½". Ambos terminan en una caja metálica que tiene un receptáculo dúplex. ¿Qué tamaño de caja cumplirá los requisitos del *NEC*® utilizando el siguiente ejemplo paso a paso?

1 receptáculo = 2 conductores

2 conductores + 2 conductores

n° 12 AWG = 4

Paso 1 Cuente la cantidad total de conductores y otras partes que se utilizarán en la caja (*sección 314.16 del NEC*).

Así, el total equivale a cuatro conductores de 12 AWG.

Medida de los Estados Unidos:

12 AWG = 2.25 in^3

Métrica:

12 AWG = 36.9 cm^3

Paso 2 Determine cuánto espacio necesita para cada conductor. Observe la *tabla 314.16(B)(1) del NEC*. Esta le indicará el volumen de caja necesario para cada conductor.

Paso 3 Calcule el espacio de caja requerido multiplicando el volumen necesario para cada conductor por la cantidad de conductores que contó en el *paso 1*.

Medida de los Estados Unidos:

$4 \times 2.25 \text{ in}^3 = 9 \text{ in}^3$

Métrica:

$4 \times 36.9 \text{ cm}^3 = 147.6 \text{ cm}^3$

Paso 4 Una vez que haya averiguado el tamaño de caja que necesita, consulte la ***tabla 314.16(A) del NEC***. Verá que una caja de dispositivos de 3" × 2" × 2" (75 mm × 50 mm × 50 mm) es el tamaño más cercano que funcionará. Este tamaño de caja está clasificado para 10 in^3 (164 cm^3).

Ejemplo 2:

Digamos que también entran en la caja cuatro conductores de 12 AWG. Si este es el caso, añada dos conductores más de 12 AWG a su último conteo. Esto le dará un total de seis conductores.

Medida de los Estados Unidos:

$6 \times 2.25 \text{ in}^3 = 13.5 \text{ in}^3$

Métrica:

$6 \times 36.9 \text{ cm}^3 = 221.4 \text{ cm}^3$

Observe la ***tabla 314.16(A) del NEC***. Tenga en cuenta que una caja de dispositivos de 3" × 2" × 2¾" (75 mm × 50 mm × 70 mm) tiene una capacidad nominal de 14 in^3 (230 cm^3). Esta es la caja de dispositivos más cercana que cumple los requisitos del *NEC*®. Por supuesto, podría utilizar una caja más grande.

Asignación de espacio en una caja

La siguiente tabla repasa las normas del *NEC*® para calcular el tamaño de caja adecuado. Para cada una de las partes de la lista, sume el número que aparece en la columna de la derecha.

Dispositivo	Número de conductores equivalentes
Cada conductor	1
Cada conductor en bucle de más de 12" (300 mm)	2
Cada dispositivos montado con correa	2
Cada perno de fijación o doblador de tubos	1
Hasta cuatro conductores de puesta a tierra de equipos	1
Una o más abrazaderas de cables internas	1

Si tiene conductores de puesta a tierra de equipos adicionales o puentes de unión de equipos que entran en la caja (más de cuatro), también deberá añadir más espacio a la caja. Deberá añadir ¼ de tolerancia por cada conductor de puesta a tierra de más de cuatro para calcular el volumen necesario de la caja.

1.3.0 Instalación de cajas de salida

Cuando sea el momento de instalar una caja, tenga en cuenta los requisitos del *NEC*® y los pasos para hacer las conexiones reales del cableado. Algunos de los requisitos generales del *NEC*® son:

- La caja seleccionada debe estar catalogada para la condición de uso. Por ejemplo, una caja que se utilice en un lugar mojado debe estar catalogada para utilizarse en ese lugar.
- La caja debe tener suficiente volumen, como se indica en la ***tabla 314.16(A) del NEC***.
- La caja debe dejar suficiente espacio libre para los conductores. Esta información se indica en la ***tabla 314.16(B)(1) del NEC***.
- Los conductores que entran en cajas y accesorios deben estar protegidos contra la abrasión.

Conozca el código

Instalación
Artículo 314 del NEC, parte II

Conozca el código

Aberturas que se deben cerrar
Sección 314.17(A) del NEC

Conozca el código

Salidas de receptáculos para unidad de vivienda
Sección 210.52 del NEC

- Las cajas deben instalarse y sujetarse adecuadamente. Una vez terminado el trabajo, la caja debe ser accesible para su posterior reparación o mantenimiento.
- Debe seleccionar el tipo correcto de caja, tapa de caja o toldo de caja. Consulte el ***artículo 314 del NEC, parte II***, *Instalación*.

A veces, los electricistas dedican tiempo extra a eliminar obstrucciones de objetos que se introducen en las canalizaciones eléctricas durante la construcción. Al instalar cajas eléctricas en estructuras de concreto vertido, es importante evitar que este penetre en el sistema de canalizaciones. Todas las aberturas de las cajas deben cerrarse de manera aprobada, según lo especificado por la ***sección 314.17(A) del NEC***. Para ello se utilizan los cierres de orificios ciegos.

1.3.1 Requisitos del *NEC*® para las ubicaciones de receptáculos

La ***sección 210.52 del NEC*** establece los requisitos mínimos para la ubicación de receptáculos en unidades de vivienda (*figura 16*).

En cada cocina, habitación familiar, comedor, sala de estar, salón, biblioteca, estudio, terraza acristalada, dormitorio, sala de recreo o habitación o área similar, las salidas de receptáculos se instalarán de modo que ningún punto a lo largo de la línea del suelo en cualquier espacio de pared esté a más de 6' (1.8 m), medidos horizontalmente a partir de una salida en ese espacio. Esto incluye cualquier espacio de pared de 2' (600 mm) o más de ancho y el espacio de pared ocupado por paneles fijos, excepto paneles deslizantes (*figura 16*). Consulte la ***sección 210.52(A)(2) del NEC***.

Cuando se espacia de esta manera, un cable de 6' (1.8 m) alcanzará un receptáculo desde cualquier punto a lo largo de la línea de la pared. En la medida de lo posible, las salidas de receptáculo deberán estar separadas por distancias iguales. Las salidas de receptáculo en pisos no se contarán como parte de la cantidad requerida de salidas de receptáculo, a menos que estén ubicadas a menos de 18" (450 mm) de la pared. Consulte la ***sección 210.52(A)(3) del NEC***.

El *NEC*® define espacio de pared como una pared que no está interrumpida a lo largo de la línea del suelo por puertas, chimeneas ni aberturas similares. Cada espacio de pared de 2' (600 mm) o más de ancho debe tratarse por separado de otros espacios de pared dentro de la habitación. Esto minimiza el uso de cables a través de puertas, chimeneas y aberturas similares. Consulte la ***sección 210.52(A)(1) del NEC***.

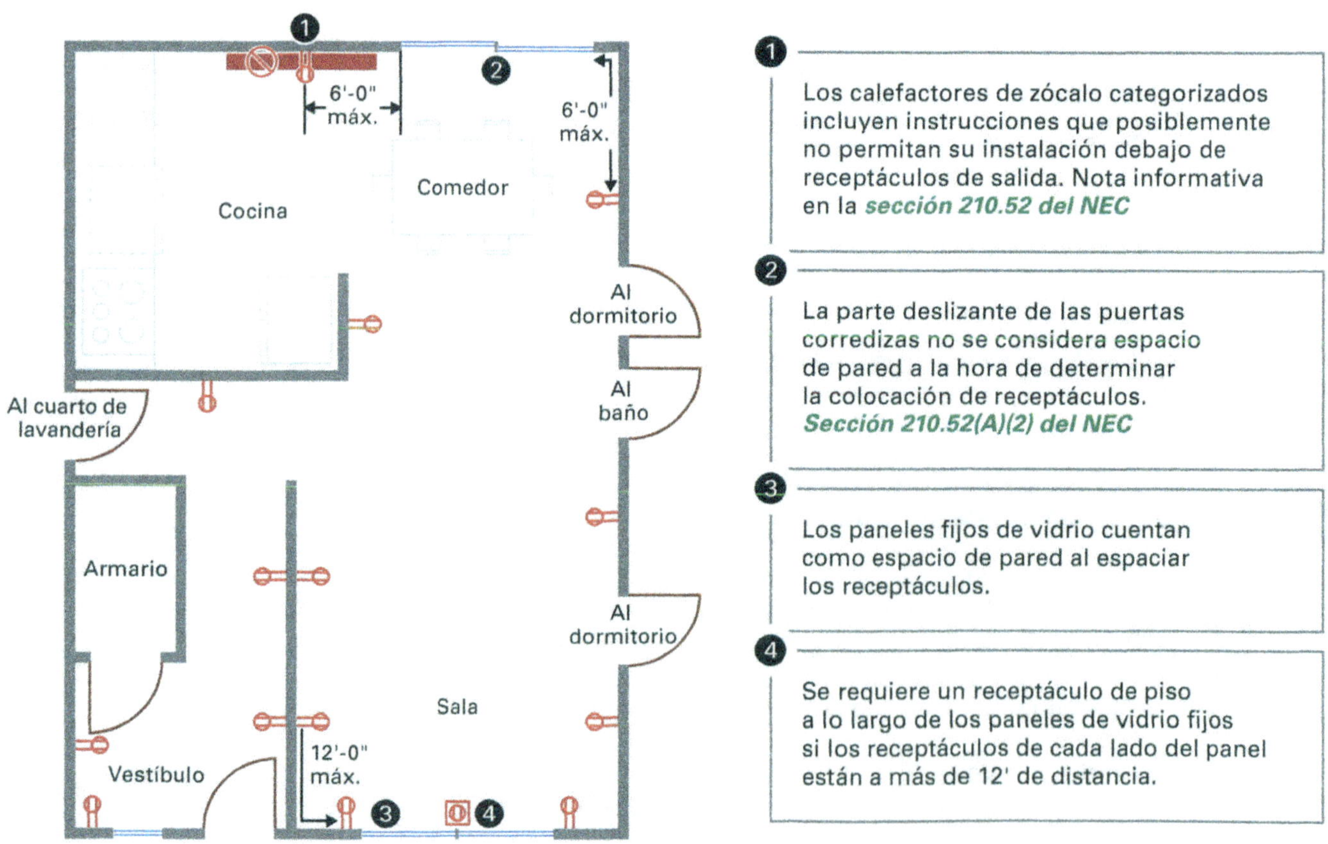

Figura 16 Requisitos del *NEC*® para las ubicaciones de los receptáculos en las viviendas.

Se requiere al menos un receptáculo:

- En cada área de lavandería.
- A menos de 3' (900 mm) de los lavabos de los cuartos de baño.
- En el exterior del edificio, en la parte delantera y trasera (con protección GFCI).
- En cualquier balcón, terraza o porche accesible desde el interior de la casa.
- En cada sótano.
- En cada garaje adjunto o independiente con energía eléctrica o en una bahía para vehículos.
- En cada pasillo de 10' (3 m) o más de longitud.
- En cada vestíbulo de más de 60 pies^2 (5.6 m^2).
- En cada lugar accesible para el mantenimiento de cualquier equipo de HVAC.

No hay normas del *NEC*® sobre la altura a la que se pueden instalar los receptáculos o dónde se pueden colocar, aparte de la referencia de la ***sección 210.52(4) del NEC*** para las salidas de receptáculos a 5½' (1.7 m) por encima del suelo.

Sin embargo, si se instala una salida de receptáculo en un mesón, se aplican varias normas del *NEC*®. Por ejemplo, la ***sección 210.52(C)(3) del NEC*** establece que los receptáculos no deben estar a más de 20" (500 mm) sobre el mesón de una cocina. Además, la ***sección 406.5(G)(1) del NEC*** exige que los receptáculos se instalen boca arriba en una aplicación de mesón o superficie de trabajo.

Además de estas normas del *NEC*®, algunos métodos de instalación de receptáculos se han convertido en estándar en el sector eléctrico. La *figura 17* muestra las alturas de montaje comunes de los receptáculos dúplex utilizados en instalaciones residenciales convencionales y comerciales pequeñas. Estas dimensiones suelen variar para adaptarse a la estructura del edificio.

Por ejemplo, las baldosas cerámicas suelen ir encima del mesón de la cocina o el baño. Si utiliza las alturas indicadas en la *figura 17* y el receptáculo acaba estando parcialmente fuera de la baldosa, deberá moverlo. Fíjelo de modo que el receptáculo quede completamente dentro de la baldosa o completamente fuera de ella (*figura 18*).

Observe la *figura 17* de nuevo. La altura se mide desde el suelo hasta la parte inferior de la caja de salida. Muchos planos eléctricos dan alturas que van hasta el centro de la caja o del receptáculo. Cuando los instale, alinee la parte inferior de la caja con una marca de tiza. Esto será más rápido y preciso que intentar adivinar dónde se encuentra el centro de la caja.

En el pasado, la mayoría de los electricistas instalaban las salidas de los receptáculos a 12" (300 mm) desde el suelo acabado hasta el centro de la caja. Pero encuestas recientes entre propietarios de viviendas muestran que prefieren una altura de montaje de 15" (380 mm) desde el suelo acabado hasta la parte inferior de la caja. Esto facilita enchufar y desenchufar los dispositivos.

Compruebe siempre las medidas requeridas en los planos de trabajo, las especificaciones escritas, los detalles de construcción y los códigos locales. Esto podría influir en el lugar en el que debe montar una salida de receptáculo específica. Por ejemplo, las personas que utilizan sillas de ruedas pueden necesitar que los receptáculos se instalen a una altura mínima de 15" (380 mm) del suelo acabado, pero no superior a 48" (1,200 mm).

Si se instala una caja eléctrica en una pared o un techo de concreto, azulejo, yeso, paneles de yeso u otro material incombustible, se aplican normas especiales. La ***sección 314.20 del NEC*** dice que el borde delantero de la caja no debe estar retranqueado de la superficie acabada más de ¼" (6 mm). Si se instala una caja en una pared o un techo de madera o de otro material combustible, debe quedar nivelada con la superficie acabada de la pared.

Si una superficie de la pared tiene huecos anchos o está rota, dentada o dañada de alguna manera (*figura 19*), debe repararse. En estos casos, debe fijarse de forma que no queden huecos o espacios abiertos mayores de ⅛" (3 mm) entre la caja y el material de la pared (***sección 314.21 del NEC***). Haga estas reparaciones antes de instalar la placa frontal. Lo mejor es utilizar un compuesto de calafateo o masilla incombustible.

Conozca el código

Ubicación de la salida de receptáculo
Sección 210.52(C)(3) del NEC

Conozca el código

Instalaciones empotradas
Sección 314.20 del NEC

Conozca el código

Reparación de superficies incombustibles
Sección 314.21 del NEC

NOTA

Muchas cajas eléctricas industriales o comerciales se montan en superficie y se conectan directamente a la canalización eléctrica. A menudo, estas cajas se montan en el acero del edificio. También pueden montarse en un accesorio, como un puntal, que se suelda o se sujeta al acero. Asegúrese de hablar con los otros trabajadores antes de instalar cajas eléctricas. No querrá que las cajas se interpongan en el camino de tuberías, conductos, material ignífugo u otros elementos que estén instalados o vayan a instalarse pronto.

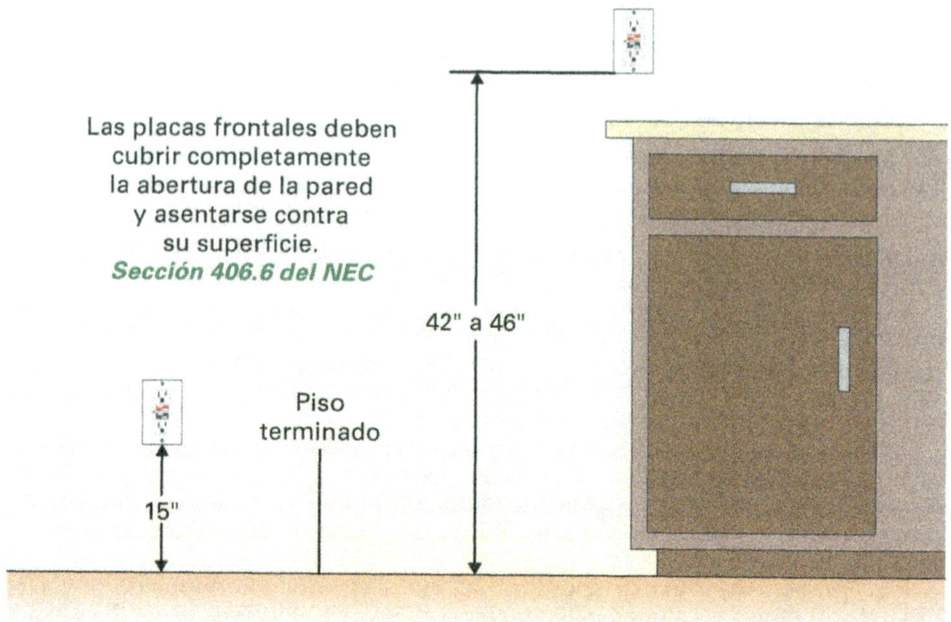

Figura 17 Alturas de montaje de receptáculos dúplex.

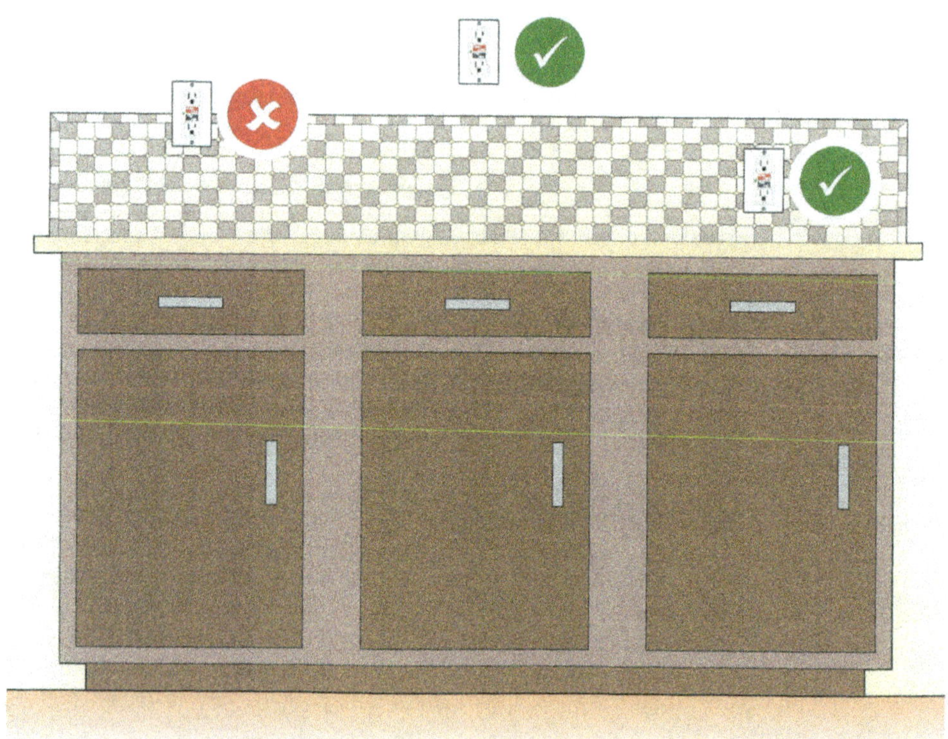

Figura 18 Ajuste de alturas de montaje.

Ubicación de cajas en paredes

El *Uniform Building Code®* (*UBC®*) exige que las cajas situadas en lados opuestos de paredes con clasificación de resistencia al fuego entre habitaciones estén separadas al menos 24" (600 mm) para mantener dicha clasificación. (Consulte la nota informativa en la ***sección 300.21 del NEC***.)

Los huecos o las aberturas que haya alrededor de la caja de salida no deben ser superiores a 1/8"; repárelos si es necesario. ***Sección 314.21 del NEC***

Figura 19 Los huecos o las aberturas que estén alrededor de las cajas eléctricas deben repararse.

1.3.2 Cómo hacer conexiones

Antes de empezar a instalar cualquier cosa, estudie el plano de planta eléctrico. Consulte al constructor o arquitecto para asegurarse de que no se hayan hecho cambios de última hora en el sistema eléctrico.

Estas son algunas normas generales para la instalación de cajas:

- Siga los planos eléctricos.
- Sepárelas lo más uniformemente posible.
- Puede encontrar el centro de la caja hallando su punto medio vertical.
- Revise la dirección de giro de la puerta. No querrá instalar interruptores detrás de una puerta.
- Mida la distancia entre las cajas de interruptores y el suelo. Deben estar a la altura correcta cuando se instalen.

Después de instalar las cajas, deben empalmarse los cables.

Los conectores de resorte aislados a veces se denominan *conectores de cable* o *Wirenuts®*. Estos conectores sin soldadura vienen en una variedad de tamaños y colores, como los que se muestran en la *figura 20*. Otro estilo de conectores son los *WAGO Lever-Nuts®*.

Estos conectores les permiten a los electricistas empalmar diferentes cables rígidos o flexibles. Las combinaciones de cables suelen utilizarse en trabajos de empalme de circuitos ramales y artefactos. Existe una gran variedad de conectores para cables, pero los que se utilizan con más frecuencia son los siguientes:

- Conectores de cable utilizados en sistemas de cableado de 300 V o menos.
- Conectores de cables utilizados en sistemas de cableado de 600 V o menos (1,000 V en luminarias y anuncios).

Antes de utilizar conectores de cables, consulte siempre los requisitos que se indican en el paquete. Algunos conectores de cables solo están catalogados para trabajos específicos. Por ejemplo, los conectores de cobre a cobre solo pueden utilizarse a temperaturas de hasta 105°C (221°F).

El procedimiento general para empalmar cables con conectores de cables es el siguiente:

Paso 1 Elija el conector de cable de tamaño correcto para los cables que va a empalmar. Los paquetes de conectores de cables tienen tablas que indican las distintas combinaciones de cables que se pueden utilizar con ellos. Consulte esta información en la etiqueta de la caja o el contenedor del conector de cables.

Paso 2 Elija la herramienta para pelar cable adecuada (*figura 21*).

Paso 3 Retire el aislamiento de los extremos de los cables que se van a empalmar. Por lo general, retirará aproximadamente $\frac{1}{2}$" (13 mm) de aislamiento (*figura 22*). Pero esto puede cambiar dependiendo del tamaño del cable y el conector que se utilice. Siga las instrucciones del fabricante que se indican en el paquete de los conectores de cables.

Paso 4 Inserte los extremos de los cables en el conector y gírelos en el sentido de las agujas del reloj hasta que queden apretados. El conector de cables introduce los conductores y el aislamiento en el cuerpo del conector (*figura 23*).

Paso 5 Revise que todas las porciones peladas de los conductores estén cubiertas por el conector de cables y que ningún cable esté suelto.

Paso 6 Después de hacer las conexiones dentro de una caja, meta los cables ordenadamente en la parte posterior. De este modo, cuando los pintores y enlucidores vengan a terminar las paredes, los cables no quedarán cubiertos por el compuesto de paneles de yeso o la pintura.

NOTA

Algunos fabricantes de conectores de cables piden que se retuerzan previamente los cables antes de atornillar la tuerca. Además, algunos fabricantes recomiendan utilizar una llave de tuercas para apretar el conector de cables. Siga siempre las instrucciones del fabricante.

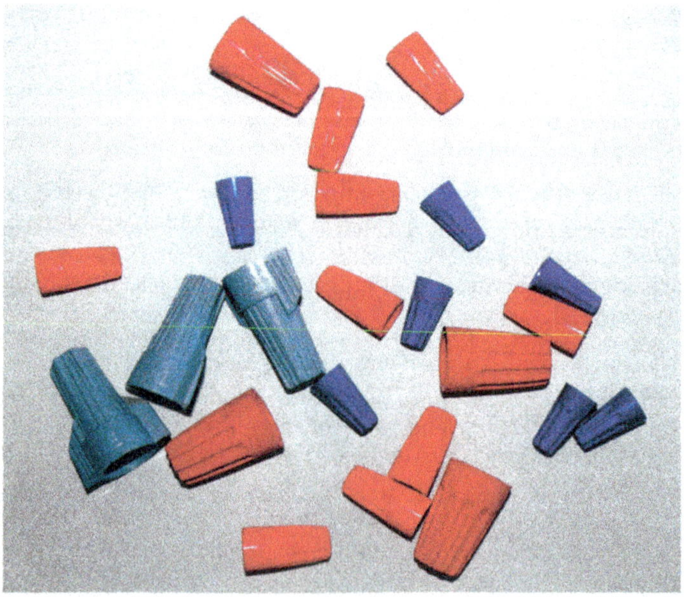

Figure 20 Conectores de cables.

Figura 21 Herramientas para pelar cables.

Figura 22 Remoción de aislamiento.

Conectores de cables para lugares mojados

Algunos conectores de cables están especialmente diseñados para utilizarse en lugares mojados o aplicaciones de enterrado directo. Estos conectores de cables tienen un material especial en el interior del cuerpo que sella completamente la humedad y protege los conductores contra los hongos y la corrosión. El material especial es un gel diseñado para no fundirse ni salirse del cuerpo del conector de cables. A diferencia de otros tipos de conectores de cables, este solo puede utilizarse una vez; no pude reutilizarse. Si alguna vez se retira, debe desecharse. Los conectores de cables pueden retirarse, de modo que no es necesario cortar los cables para aplicaciones futuras o de retroadaptación.

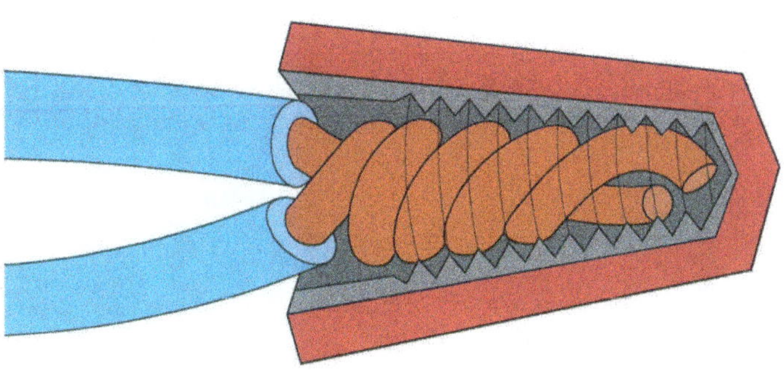

Figura 23 Cables instalados en un conector de cables.

Cómo hacer conexiones

Puede hacer las conexiones de los conductores con conectores a presión o enroscables, como se muestra en la imagen. Acostúmbrese a hacer sus conexiones en el siguiente orden:

1. El conductor de puesta a tierra de los equipos.
2. Los conductores puestos a tierra.
3. Los conductores no puestos a tierra.

Si utiliza el mismo sistema para cada trabajo, se convertirá en algo natural para usted. Así, será menos probable que cometa errores.

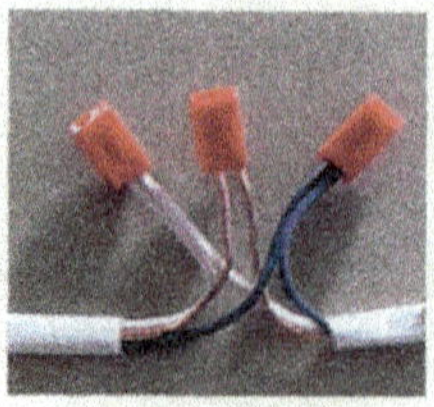

(A) Cable NM-B n.° 14/2 con conectores de cables a presión

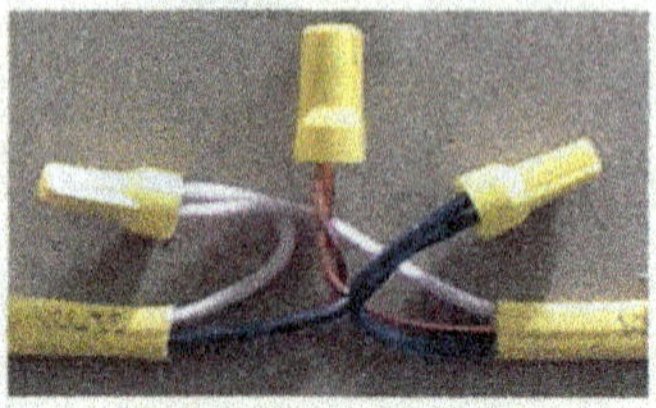

(A) Cable NM-B n.° 12/2 con conectores de cables de torsión

1.0.0 Repaso de la sección

1. Las cajas octogonales y redondas suelen utilizarse para montar _____.
   a. interruptores
   b. receptáculos
   c. luminarias
   d. cables sumergidos

2. Un receptáculo suele estar ubicado en una _____.
   a. caja de dispositivos
   b. caja de paso
   c. caja redonda
   d. caja de conexiones

3. Si una caja puede contener ocho conductores de 12 AWG y contiene una abrazadera de cables, un interruptor y un conductor en bucle de 13" (330 mm) de longitud, el número final de conductores de 12 AWG permitidos en la caja es _____.
   a. dos
   b. tres
   c. cuatro
   d. cinco

4. Una caja instalada en un lugar húmedo *debe* _____.
   a. instalarse al revés
   b. ser de plástico
   c. sellarse con masilla
   d. estar catalogada para la aplicación

2.0.0 Cajas de paso y de conexiones

Objetivo

Explicar cómo determinar el tamaño de las cajas de paso y de conexiones y cómo instalarlas.

a. Resumir los requisitos del *NEC*® para el dimensionamiento de las cajas de paso y de conexiones.

b. Resumir los requisitos del *NEC*® para la instalación de cajas de paso y de conexiones.

Tarea práctica

2. Seleccionar el tamaño mínimo de la caja de paso o de conexiones para las siguientes aplicaciones:
   - Entrada y salida de un conducto en un paso recto.
   - Entrada y salida de un conducto en ángulo.

Una **caja de paso** o una caja de conexiones es un tipo de caja eléctrica que facilita la instalación de conductores. También proporcionan un punto de conexión para los conductores. En algunos casos, los planos eléctricos le indicarán su tamaño y dónde instalarlas. La mayoría de las veces, sin embargo, los electricistas de la obra deben decidir qué tamaño deben tener y cuántas cajas de paso o de conexiones se necesitan.

Caja de paso (*pull box*): recinto en forma de caja hecho de chapa de metal. Se utiliza en tramos de conductos para facilitar el paso de cables de un punto a otro en tramos largos. También puede ayudarlo a instalar pasacables de soporte de conductos. Esta pieza soporta el peso de cables verticales largos o ayuda a crear giros en tramos de conductos múltiples.

2.1.0 Dimensionamiento de las cajas de paso y de conexiones

Las cajas de paso deben ser lo más grandes posible, ya que necesitará espacio para ambas manos dentro de ellas. Si está trabajando con tamaños de cable más grandes, también necesitará espacio para los brazos de modo que pueda alimentar el cable. Las *secciones 314.28(A) a (E) del NEC* especifican que las cajas de paso y de conexiones deben proporcionar el espacio y las dimensiones adecuados para la instalación de los conductores.

En el caso de las canalizaciones que contengan conductores de 4 AWG o más, y de los cables que contengan conductores de 4 AWG o más, las dimensiones mínimas de las cajas de paso o de conexiones instaladas en una canalización o un tramo de cables deberán ajustarse a lo siguiente:

- En tendidos rectos, la longitud de la caja debe ser al menos ocho veces el tamaño comercial o designador métrico (DM) de la canalización más grande (*figura 24*). El DM no es una conversión directa entre pulgadas y milímetros, pero se acerca mucho a las medidas comerciales.
- Cuando se hacen tendidos en ángulo o en U, la distancia entre cada entrada de canalización dentro de la caja y la pared opuesta de la caja debe ser al menos seis veces el tamaño comercial/DM de la canalización más grande de una fila (*figura 25*). Esta distancia aumenta para entradas adicionales por la suma de los tamaños comerciales/DM de todas las demás entradas de canalización en la misma fila y en la misma pared de la caja. Cada fila debe calcularse por separado y debe utilizarse la que tenga la distancia más larga.
- Cuando se hagan tendidos en ángulo o en U, la distancia entre las entradas de la canalización que encierren el mismo conductor no será menor que seis veces el tamaño comercial/DM de la canalización más grande (*figura 26*).
- Al transponer el tamaño del cable al tamaño de la canalización, se utilizará el tamaño mínimo comercial/DM de canalización requerido para la cantidad y el tamaño de los conductores del cable (*figura 27*).

Conozca el código

Cajas de paso y de conexiones, y cajas de conductos
Sección 314.28 del NEC

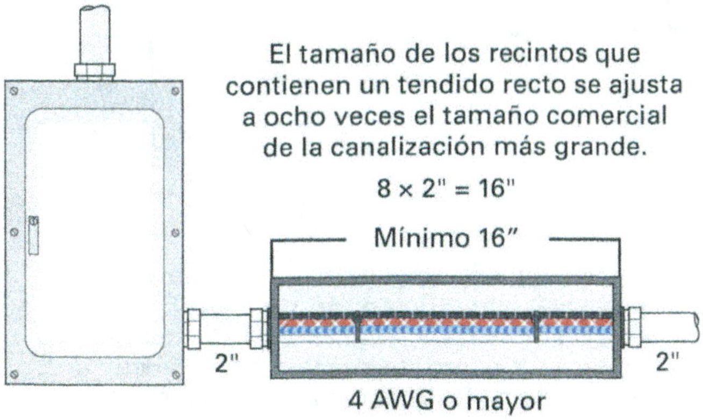

Figura 24 Cálculo de la longitud de una caja en tendidos rectos.

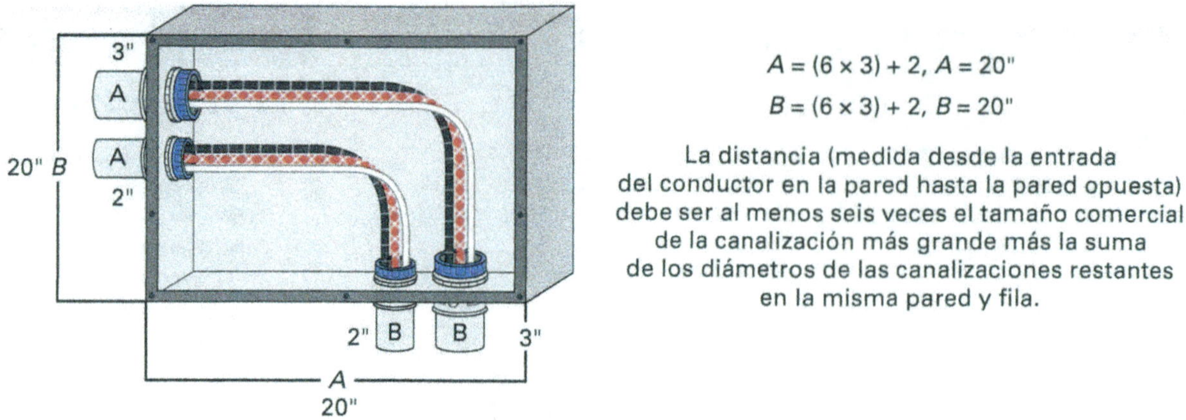

Figura 25 Cálculo de la longitud de una caja para tendidos en ángulo o en U.

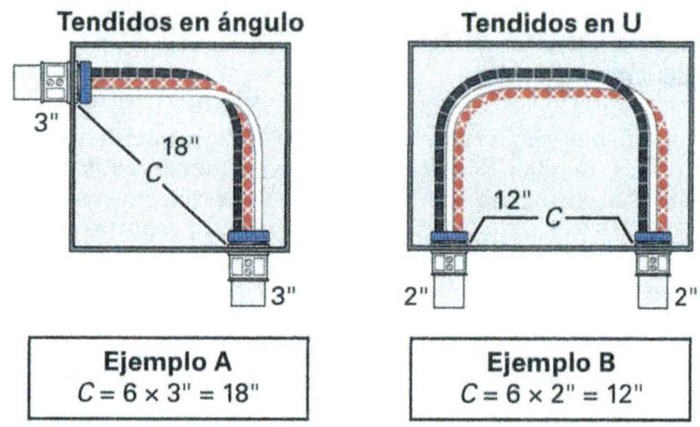

Figura 26 Cálculo de la longitud de una caja para tendidos en ángulo o en U.

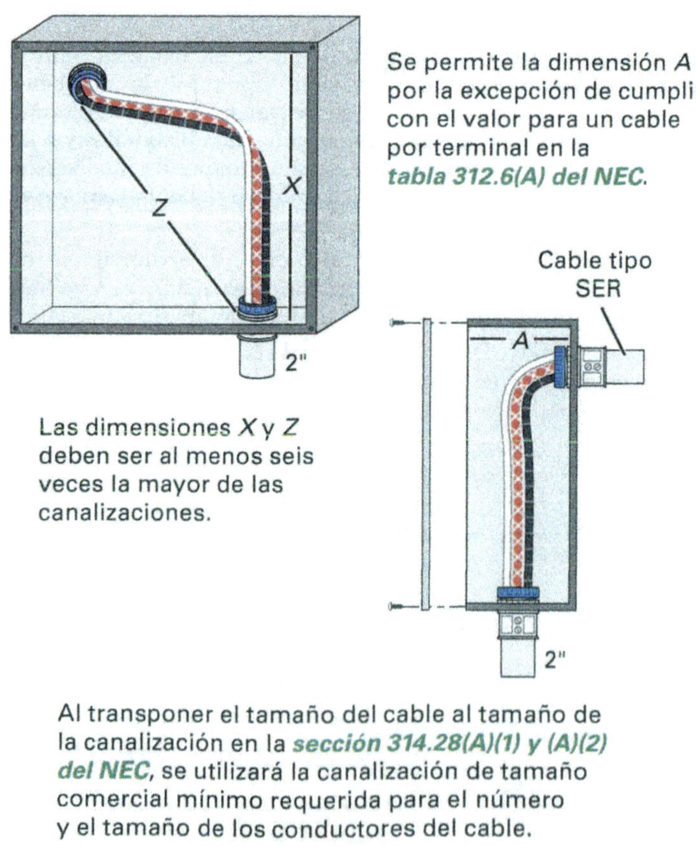

Figura 27 Transposición del tamaño de un cable al tamaño de una canalización.

Veamos un par de ejemplos para conocer más detalles relacionados con este tipo de cálculos.

Ejemplo 1:

La *figura 28* muestra una caja de conexiones con cuatro tramos de conducto en tendido recto. El conducto más grande del grupo es de tamaño comercial de 4" (DM 103).

Utilice la siguiente fórmula para determinar la longitud mínima requerida para la caja según la *sección 314.28(A)(1) del NEC* :

Tamaño comercial del conducto × 8 = longitud mínima de la caja

Al calcular el tamaño de la caja, utilice siempre el mayor tamaño de conducto del grupo. Para el ejemplo que se muestra en la *figura 28*, realizaría el cálculo de la siguiente manera:

Medida de los Estados Unidos.:

Tamaño comercial de 4" × 8 = 32"

Métrica:

DM 103 × 8 = 824 mm

Por lo tanto, la caja de paso debe tener una longitud mínima de 32" (824 mm). Sin embargo, la caja solo tiene que ser lo suficientemente ancha para que se puedan instalar contratuercas y pasacables en todos los conductos o conectores que entren en ella.

Conozca el código

Tendidos rectos
Secciones 314.28(A)(1) del NEC

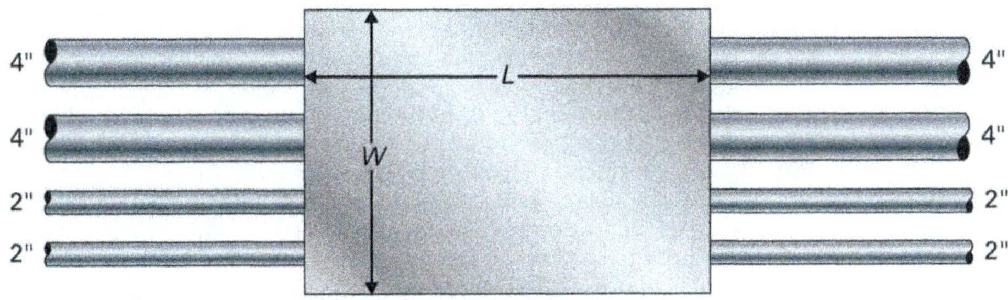

Figura 28 Caja de paso con conductos rectos.

Ejemplo 2:

En este ejemplo, dado que los conductores se tienden en ángulo, consulte la *sección 314.28(A)(2)del NEC* . Las cajas de conexiones o de paso que contengan conductores de 4 AWG o más tendidos en ángulo (*figura 29*) deben tener una distancia de no menos seis veces el tamaño comercial del conducto más grande.

La distancia también debe aumentarse para entradas de conductos adicionales según la suma de los diámetros de todos los demás conductos que entren en la caja por el mismo lado.

La distancia entre las entradas de la canalización que encierran los mismos conductores no debe ser de menos de seis veces el tamaño comercial del conducto más grande.

Dado que el conducto de 4" (DM 103) es el de mayor tamaño, su cálculo sería:

Medida de los Estados Unidos:

L_1 = 6 × 4" + (3" + 2") = 29"

Métrica:

L_1 = 6 × 103 mm + (78 mm + 53 mm) = 749 mm

Dado que los mismos tramos de conducto están situados en la pared adyacente de la caja, L_2 se calcula de la misma manera. Por lo tanto, L_2 = 29" (749 mm).

La distancia (*D*) = 6 × 4" = 24" (o 6 × 103 mm = 618 mm). Esta es la distancia mínima permitida entre entradas de conductos que encierran el mismo conductor.

Recuerde que la caja solo debe tener la profundidad suficiente para permitir la instalación de las contratuercas y los pasacables. En este caso, funcionaría una caja de 6" (152 mm) de profundidad.

Conozca el código

Tendidos en ángulo o en U, o empalmes
Secciones 314.28(A)(2) del NEC

NOTA

Es una buena idea etiquetar cada tapa de conexiones con el número de circuito, el panel del que procede y a dónde va. Esto ayudará a la siguiente persona que trabaje en la caja de conexiones.

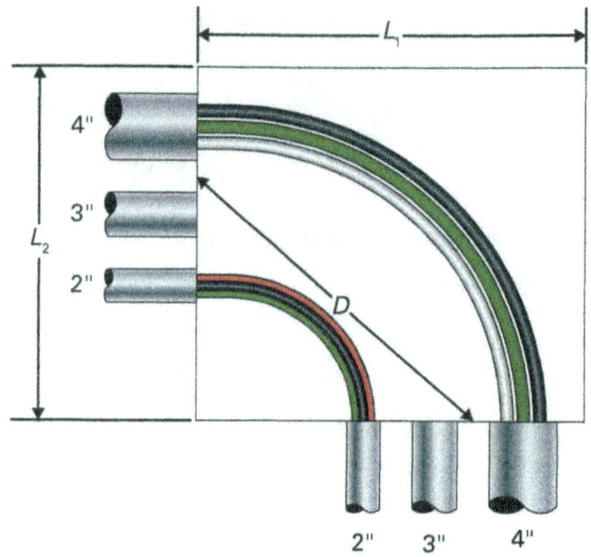

Figura 29 Caja de paso con conductos que entran en ángulo recto.

2.2.0 Instalación de cajas de paso y de conexiones

Los tramos largos de conductores no deben hacerse en un solo tendido. Las cajas de paso instaladas a intervalos adecuados evitarán que los conductores se estiren. A menudo, los trabajadores o su supervisor deciden en la obra la longitud del tendido. Las condiciones de la obra también desempeñan un papel importante. Puede parecer que las cajas de paso añaden trabajo extra y cuestan más dinero, pero ahorran mucho tiempo y trabajo a la hora de tender conductores.

Si es posible, instale cajas de paso en lugares que les permitan a los electricistas trabajar con facilidad. Por ejemplo, si tiene una instalación en la que el conducto sube por la esquina de una pared y cambia de dirección en el techo, una caja de paso instalada demasiado alta obligará al electricista a subirse a una escalera para alimentar los conductores. Además, no deja espacio para soportar el peso del bucle de cables ni para las herramientas de tendido de cables.

A menos que los planos del contrato o el ingeniero del proyecto le indiquen lo contrario, es igual de fácil que las cajas de paso se coloquen a la altura del pecho o en otro lugar que les permita a los trabajadores estar de pie en el suelo con espacio suficiente tanto para el bucle de cables como para las herramientas.

En algunas instalaciones eléctricas, tendrá que instalar muchas cajas de conexiones para poder orientar el conducto de la forma más corta y económica. El *NEC*® exige que todas las cajas de conexiones sean de fácil acceso. Esto significa que una persona debe poder acceder a los conductores del interior de la caja sin quitar el yeso, el revestimiento de la pared ni ninguna otra parte de la construcción.

Asegúrese de fijar bien las cajas de conexiones o las cajas de paso en la pared. También pueden suspenderse de forma segura. Todas las aberturas que no se utilicen, como los orificios ciegos, deben cubrirse de forma segura.

Algunas cajas construidas en fábrica tendrán orificios ciegos en forma de círculo, así que puede elegir el que necesite. En algunos casos, sin embargo, tendrán que construirse a medida para cumplir los requisitos del trabajo.

Cuando no es posible prever con exactitud los requisitos de entrada de la canalización, puede ser necesario hacer los orificios ciegos que se requieren en la obra. Esto puede lograrse con un kit de perforación de orificios ciegos (*figura 30*).

Si está trabajando con grandes cajas de paso y canaletas, tenga listos los planos de taller antes de empezar a trabajar en ellas. Hay que marcar todos los orificios ciegos necesarios en ellos.

Figura 30 Kit de perforación de orificios ciegos.
Fuente: Ridge Tool Company

2.0.0 Repaso de la sección

1. Un tendido recto contiene dos canalizaciones. Una de las canalizaciones tiene un tamaño comercial de 3" y la otra de 2". La longitud de la caja *debe* ser de _____.
   a. 16"
   b. 24"
   c. 26"
   d. 32"

2. Cuando se hagan tendidos en ángulo o en U, para determinar la distancia entre entradas de la canalización que encierren el mismo conductor, hay que multiplicar el tamaño comercial de la canalización más grande por _____.
   a. dos
   b. cuatro
   c. seis
   d. ocho

3. Si es posible, las cajas de paso se deben instalar _____.
   a. alto en la pared por seguridad
   b. a una altura o en un lugar que facilite el tendido de los conductores
   c. detrás de los revestimientos de la pared para un aspecto más ordenado
   d. con orificios ciegos adicionales abiertos para el flujo de aire

Módulo 26106-23 Preguntas de repaso

1. El *máximo* peso permitido por el *NEC*® cuando los ventiladores de techo se montan directamente en una caja aprobada y no marcada es de _____.
   a. 25 lb
   b. 35 lb
   c. 45 lb
   d. 55 lb

2. Las cajas de metal cuadradas están disponibles en 4" y _____.
   a. $4^{11}/_{16}$"
   b. 5"
   c. $5^{1}/_{4}$"
   d. 6"

3. Una caja instalada bajo un porche abierto con tejado se considera un _____.
   a. lugar seco
   b. lugar mojado
   c. lugar húmedo
   d. lugar a prueba de intemperie

4. ¿Cuántos conductores *deben* retirarse por cada correa de dispositivo?
   a. Uno
   b. Dos
   c. Tres
   d. Cuatro

5. Puede aumentar la capacidad de una caja eléctrica utilizando _____.
   a. pernos de fijación
   b. dispositivos montados con correas
   c. conectores de cables
   d. tapas de salida elevadas

6. Un conductor de menos de 12" (300 mm) de longitud que atraviese una caja cuenta como el conductor equivalente de _____.
   a. 0
   b. 1
   c. 2
   d. 12

7. Si hay cuatro conductores de puesta a tierra de equipos en una caja, ¿cuántos conductores *debe* restar del total permitido?
   a. Uno
   b. Dos
   c. Tres
   d. Cuatro

8. Las normas para la instalación de cajas están en el _____.
   a. ***Artículo 314 del NEC, parte I***
   b. ***Artículo 314 del NEC, parte II***
   c. ***Artículo 314 del NEC, parte III***
   d. ***Artículo 314 del NEC, parte IV***

9. Si el mayor tamaño comercial de conducto que entra en una caja de paso es de 3" y se trata de un tendido recto, la longitud *mínima* de caja permitida es de _____.
   a. 20"
   b. 24"
   c. 30"
   d. 36"

10. Si tiene una caja de paso con conductos que entran en ángulo recto, ¿qué profundidad debe tener?
    a. Solo tiene que ser lo suficientemente profunda para permitir la correcta instalación de las contratuercas y los pasacables.
    b. Debe ser ocho veces el diámetro del conducto más pequeño.
    c. Debe ser seis veces el diámetro del conducto más pequeño.
    d. Debe ser cuatro veces el diámetro del conducto más grande.

Las respuestas a las preguntas de repaso impares del módulo se encuentran en el *Apéndice A*.

Módulo 26106-23 Ejercicios suplementarios

1. El tamaño, la instalación y el soporte de todas las cajas deben cumplir los requisitos actuales del ________.
2. Las tapas ciegas se utilizan cuando las cajas se usan como ________.
3. Cada conductor que comienza fuera de la caja y termina dentro de ella cuenta como conductor ________.
4. Al dimensionar las cajas eléctricas, elimine ________ conductor(es) por cada interruptor.
5. En el caso de un tendido recto, la caja debe ser al menos ________ veces el tamaño comercial de la canalización más grande.
6. Digamos que tiene una caja de conexiones que tiene conductores tendidos en ángulo. Tienen dos conductos de tamaño comercial de 3" y uno de 4" entrando por cada lado. ¿Cuál es la longitud mínima de la caja?

   ____

   ____
7. Las cajas octogonales y redondas se utilizan sobre todo para ________.
8. Al dimensionar las cajas de salida, debe retirar ________ conductor(es) por cada correa de dispositivo.
9. Un anillo de extensión se utiliza para aumentar la ________ de la caja.
10. ¿Cuál es la distancia máxima que se puede poner entre salidas de receptáculos a lo largo de la línea del suelo en cualquier espacio de pared?

    ____

    ____

Las respuestas a los ejercicios suplementarios impares se encuentran en el *Apéndice B*.

Piedra angular del oficio

Lowell Reith
Interstates, Inc.

¿Cómo eligió una carrera en el sector?

Creo que la carrera me eligió a mí. Siempre me interesó la electricidad y he trabajado en este campo de varias maneras: enseñando, trabajando sobre el campo y ayudando a hacer códigos.

¿Quién lo inspiró para entrar en el sector?

De niño, veía a mi padre hacer de todo en la granja, incluido el cableado de pequeños proyectos. También tenía un tío carpintero que trabajaba en la construcción. Tuve la oportunidad de ayudarlos a ambos mientras crecía, lo que me ayudó a orientarme en el sector.

¿Qué tipos de capacitación ha recibido?

Empecé asistiendo a un programa de dos años en el *North Central Kansas Technical College* (Colegio Técnico de Kansas Central Norte). Desde entonces, he seguido asistiendo a clases de código y a menudo imparto capacitación técnica sobre los equipos que utilizamos en nuestros proyectos.

¿Qué importancia tienen la educación y la capacitación en la construcción?

Hay gente que piensa que para trabajar en la construcción solo hace falta una espalda fuerte y una mente débil. Eso está muy lejos de la verdad. El sector de la construcción actual no solo exige una educación técnica, sino que ahora los trabajadores deben conocer los computadores y los programas que se utilizan en el proyecto. Los equipos ya no son los mismos y siguen haciéndose más complejos. Mantenerse al día en capacitación y educación es indispensable.

¿Qué importancia tienen las credenciales de NCCER para su carrera profesional?

Tener credenciales abre más oportunidades. Siempre he visto las credenciales como un abrepuertas, sobre todo cuando las empresas comparan a las personas para los puestos.

¿Cómo ha influido la capacitación o la construcción en su vida?

La construcción y el trabajo en el área de la capacitación nos han proporcionado una gran vida a mí y a mi familia. Me ha proporcionado todo lo que he querido sin tener que endeudarme.

¿Qué tipos de trabajo ha realizado en su carrera?

He hecho de todo, desde trabajo residencial e industrial, e incluso trabajos de servicio. Pero los últimos 30 años se han centrado en la capacitación de aprendices para el sector.

¿Qué es lo que más disfruta de su trabajo?

Disfruto trabajando con muchas personas diferentes en distintos proyectos, a la vez que ayudo a proporcionar el siguiente grupo de trabajadores a los que están en el campo.

¿Qué factores han contribuido más a su éxito?

Tener el deseo de seguir aprendiendo y querer ayudar a los que vienen detrás de mí. Es importante capacitar a alguien para que lo reemplace a uno.

¿Sugeriría la construcción como carrera profesional a otras personas? ¿Por qué?

Por supuesto. Yo sugeriría firmemente una carrera en la construcción, porque ofrece una gran vida y permite aprender mientras se trabaja a través de programas de formación práctica. El orgullo que se siente al ver un proyecto terminado lo impulsa a uno a hacer el siguiente.

¿Qué consejo les daría a quienes son nuevos en este campo?

Muéstrense abiertos a probar diferentes áreas de la carrera que eligieron. Sigan aprendiendo, nunca lo sabrán todo.

¿Cuál es un hecho o logro interesante relacionado con su carrera?

Formo parte del panel de redacción de códigos 14 del *National Electric Code®* de la NFPA. También escribí un libro sobre preparación de exámenes de electricidad. Y tengo licencia en más de 40 estados.

¿Cómo se marca la diferencia en este oficio?

Hágase siempre estas preguntas sobre su trabajo: "¿Le gustaría que lo viera su madre?" y "¿Usted pagaría por ese trabajo?" Si la respuesta a cualquiera de estas preguntas es "no", entonces ¿por qué alguien consideraría que se trata de una buena instalación?

Háblenos de su trabajo actual.

Como responsable de capacitación y licencias de Interstates, superviso el programa de formación práctica. Tenemos una plantilla de cuatro instructores a tiempo completo en un par de sedes. También trabajo con nuestro programa de licencias, ya que es uno de los salvavidas que le permitirán a la empresa trabajar en muchos estados diferentes. Además imparto capacitación continua a la mayoría de nuestros profesionales del oficio en el campo.

Respuestas a las preguntas de repaso de la sección

Respuesta	Referencia de la sección	Objetivo
Sección 1.0.0		
1. c	1.1.1	1a
2. a	1.1.3	1a
3. b	1.2.0; *figura 14*	1b
4. d	1.3.0	1c
Sección 2.0.0		
1. b	2.1.0	2a
2. c	2.1.0	2a
3. b	2.2.0	2b

Cálculos del repaso de la sección

Sección 1.0.0

Pregunta 3

Según la *sección 314.16 del NEC*, reste los valores del contenido de la caja para hallar la cantidad máxima de conductores permitidos para la caja.

Capacidad total de la caja - abrazadera de cables - interruptor - conductor en bucle de 13" = conductores permitidos

8 cables – 1 – 2 – 2 = 3 cables

En la caja cabe un máximo de **tres** conductores de 12 AWG.

Sección 2.0.0

Pregunta 1

Utilice la fórmula para determinar el tamaño de la caja.

Tamaño comercial del conducto × 8 = longitud mínima de la caja

Utilice el tamaño comercial más grande para determinar la longitud de la caja.

3" × 8 = 24"

La longitud de la caja debe ser de **24"**.

Doblado manual

Fuente: iStock@coffeekai

Objetivos

La exitosa finalización de este módulo te prepara para realizar lo siguiente:

1. Identificar los métodos para corte, escariado y roscado de conductos.
   a. Describir las herramientas y los pasos utilizados para cortar, escariar y roscar conductos.
2. Identificar los métodos para doblar a mano conductos EMT y PVC.
   a. Describir los pasos y las herramientas utilizados para doblar EMT y PVC.
   b. Explicar cómo hacer dobleces de 90° y en paralelo.
   c. Describir cómo calcular y hacer un doblez desplazado.

Tareas prácticas

Bajo supervisión, deberías poder hacer lo siguiente:

1. Cortar, escariar y roscar conductos.
2. Hacer dobleces de 90°, dobleces en paralelo, dobleces desplazados y dobleces de ensillado con una dobladora manual.

Visión general

El arte de doblar conductos depende de las habilidades del electricista. También requiere el conocimiento de los materiales, los términos y los procedimientos básicos de los conductos. La práctica, el conocimiento y la capacitación lo ayudarán a adquirir las habilidades necesarias para el doblado y la instalación adecuados de los conductos. En este módulo se describen métodos para doblar conductos a mano. Se incluye cómo hacer dobleces de 90°, dobleces en paralelo, desplazamientos y dobleces de ensillado. También se describe cómo cortar, escariar y roscar conductos.

NCCER Credenciales reconocidas en el sector

Si se está capacitando a través de un patrocinador acreditado por NCCER, puede ser elegible para obtener credenciales del NCCER. El número de identificación de este módulo es 26107-23. Tenga en cuenta que este módulo puede haber sido utilizado en otros planes de estudio de NCCER y puede aplicarse a la realización de otros niveles. Comuníquese con NCCER al 1.888.622.3720 o visite **www.nccer.org** para obtener más información

También puede mostrar en línea sus credenciales reconocidas por el sector con las insignias digitales de NCCER. Transforme sus conocimientos, habilidades y logros en insignias que puede compartir en las plataformas de redes sociales, enviar a su red y agregar a su currículum. Para obtener más información, visite **www.nccer.org**.

NOTA

NFPA 70®, *National Electrical Code®* y *NEC®* son marcas registradas de la National Fire Protection Association, Quincy, MA.

Recursos digitales sobre Electricidad

Escanee este código con la cámara de su celular o dispositivo móvil para ver los recursos digitales relacionados con este oficio.

ESCANEAR

1.0.0 Corte, escariado y roscado de conductos

Tarea práctica

1. Cortar, escariar y roscar conductos.

Objetivo

Identificar los métodos para corte, escariado y roscado de conductos.

a. Describir las herramientas y los pasos utilizados para cortar, escariar y roscar conductos.

Los electricistas utilizan varios tipos de conductos. Los conductos de metal rígido (RMC), los conductos de metal intermedio (IMC) y la tubería metálica eléctrica (EMT) son los materiales más comunes. Estos tipos de conductos están disponibles en longitudes estándar de 10'. También se utilizan conductos de cloruro de polivinilo (PVC), disponibles en una gran variedad de longitudes.

1.1.0 Corte, escariado y roscado de conductos

Antes de doblar un conducto, los electricistas normalmente deben cortarlo a una longitud específica. Aunque pueda parecer una tarea sencilla, hay algunos pasos básicos que le permitirán hacerlo de forma segura y eficiente.

1.1.1 Corte de conductos con segueta para metales

Los conductos suelen cortarse con una sierra para metales. Para hacerlo, siga estos pasos:

Paso 1 Inspeccione la hoja de la sierra para metales y reemplácela si es necesario. Para conductos se recomienda una hoja con 18, 24 o 32 dientes de corte por pulgada. Utilice un número de dientes mayor para EMT y menor para RMC e IMC. Si es necesario cambiar la hoja, apunte los dientes hacia la parte delantera de la sierra cuando instale la nueva hoja.

Paso 2 Fije el conducto en una prensa de banco para tubos.

Paso 3 Apoye el centro de la hoja de la sierra para metales en el conducto donde se va a hacer el corte. Coloque la sierra de modo que el extremo de la hoja apunte ligeramente hacia abajo y el mango apunte ligeramente hacia arriba. Empuje suavemente hacia delante hasta que se inicie el corte. Haga movimientos uniformes hasta terminar el corte.

¡ADVERTENCIA!

Para evitar magullarse los nudillos en el tubo recién cortado, haga movimientos suaves para el corte final. Además, asegúrese de utilizar el EPP adecuado cuando corte conductos.

Paso 4 Revise el corte. El extremo del conducto debe ser recto y liso. La *figura 1* muestra cortes correctos e incorrectos. Escarie el conducto y bisele el extremo exterior con una lima según sea necesario para eliminar las rebabas.

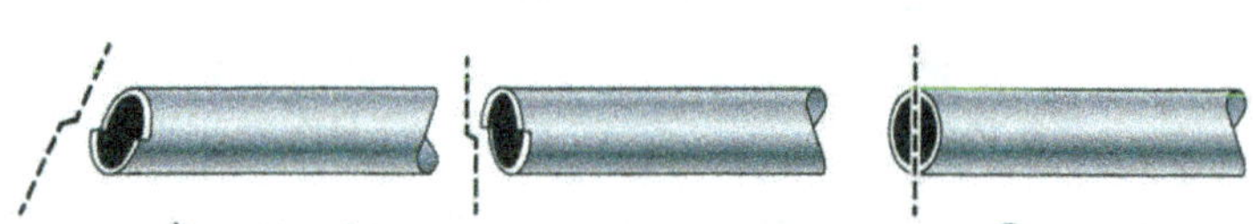

Figura 1 Extremos de conductos después de un corte.

Uso del cabezal de su dobladora para fijar el conducto

Para fijar el conducto durante el corte, insértelo en el cabezal de la dobladora, apoye el pie contra la dobladora para fijarlo y luego proceda a cortar el conducto.

1.1.2 Corte de conductos RMC e IMC con cortatubos

También puede utilizarse un cortatubos para RMC e IMC. Para hacerlo, siga estos pasos:

Paso 1 Fije el conducto en una prensa de banco para tubos y marque un lugar para el corte.

Paso 2 Abra el cortador y colóquelo sobre el conducto con la rueda de corte en la marca.

Paso 3 Apriete el cortador girando el mango del tornillo.

Paso 4 Gire el cortador en el sentido contrario a las agujas del reloj para iniciar el corte. La *figura 2* muestra la forma correcta de girar el cortador.

Paso 5 Apriete el mango del cortador un cuarto de vuelta por cada vuelta completa alrededor del conducto. De nuevo, asegúrese de no apretarlo demasiado.

Paso 6 Añada unas gotas de aceite de corte en la ranura y continúe cortando. Evite el contacto de la piel con el aceite.

Paso 7 Cuando el corte esté casi terminado, deje de cortar y quiebre el conducto para terminar el corte. Esto reduce la cresta que puede formarse en el interior del conducto.

Paso 8 Limpie el conducto y el cortador con una toalla de taller o un trapo.

Paso 9 Escarie el conducto.

PRECAUCIÓN

No apriete demasiado el cortador. Esto puede romper la rueda de corte y deformar la pared del conducto.

Escariador (*reamer*): herramienta utilizada para alisar los bordes de los conductos después de cortarlos.

Figura 2 Giro de un cortador.

1.1.3 Escariado de conductos EMT

Después de cortar un conducto EMT, el borde interior queda afilado y dañará el aislamiento del cable cuando este se hale a través del conducto. Para evitar este daño, debe utilizarse un **escariador** manual (*figura 3*) para quitarle el borde al conducto cortado. Para escariar el borde interior de una pieza de conducto utilizando un escariador manual, proceda de la siguiente manera:

Paso 1 Coloque el conducto en una prensa de banco para tubos.

Paso 2 Inserte la punta del escariador en el conducto.

Paso 3 Aplique una ligera presión hacia delante y comience a girar el escariador. La *figura 4* muestra la dirección correcta para girar el escariador. Debe girarse con un movimiento hacia abajo y puede dañarse si se gira en la dirección equivocada. El escariador debería sujetar en cuanto aplique la presión adecuada.

Paso 4 Retire el escariador tirando de él hacia atrás mientras continúa girándolo. Revise el progreso y vuelva a insertar el escariador. Gire el escariador hasta que el borde interior esté liso y se hayan eliminado todas las rebabas.

Figura 3 Escariador de RMC.

Uso de cinta

Para garantizar un corte recto, utilice un trozo de cinta adhesiva como guía para marcar las líneas de corte alrededor del conducto.

Herramientas de desbarbado

Existen herramientas especiales para desbarbar EMT y PVC. La foto de arriba muestra un ejemplo de herramienta de desbarbado de EMT. Esta herramienta se desliza en portabrocas y adaptadores de liberación rápida. Una vez fijada, se inserta en el extremo del EMT y se utiliza el taladro para girar la herramienta hasta que se desbarba el conducto.

La foto de abajo muestra una herramienta manual de desbarbado de PVC. Estas herramientas son útiles cuando se utiliza una sierra para cortar PVC de mayor tamaño. Este tipo de corte suele dejar bordes ásperos en el interior y el exterior del conducto de PVC. Antes de conectar el PVC, estos bordes ásperos pueden eliminarse con este tipo de herramienta.

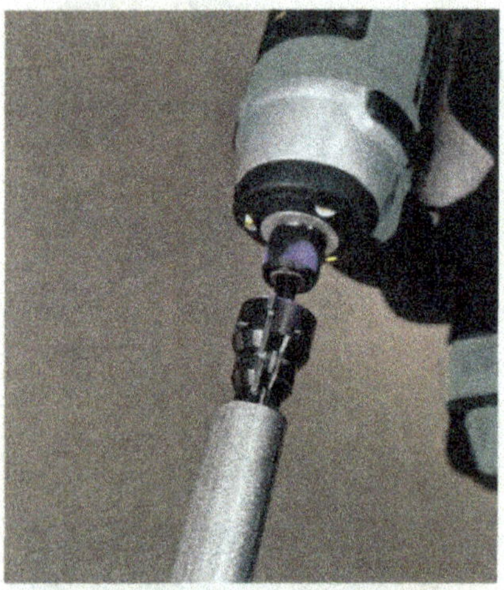

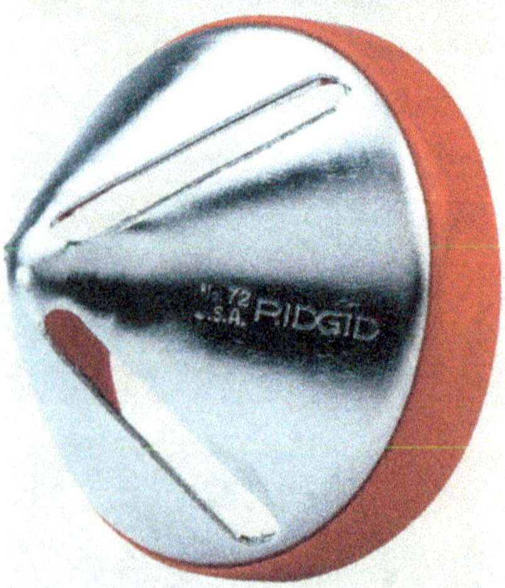

Fuente: Klein Tools (arriba); Ridge Tool Company (abajo)

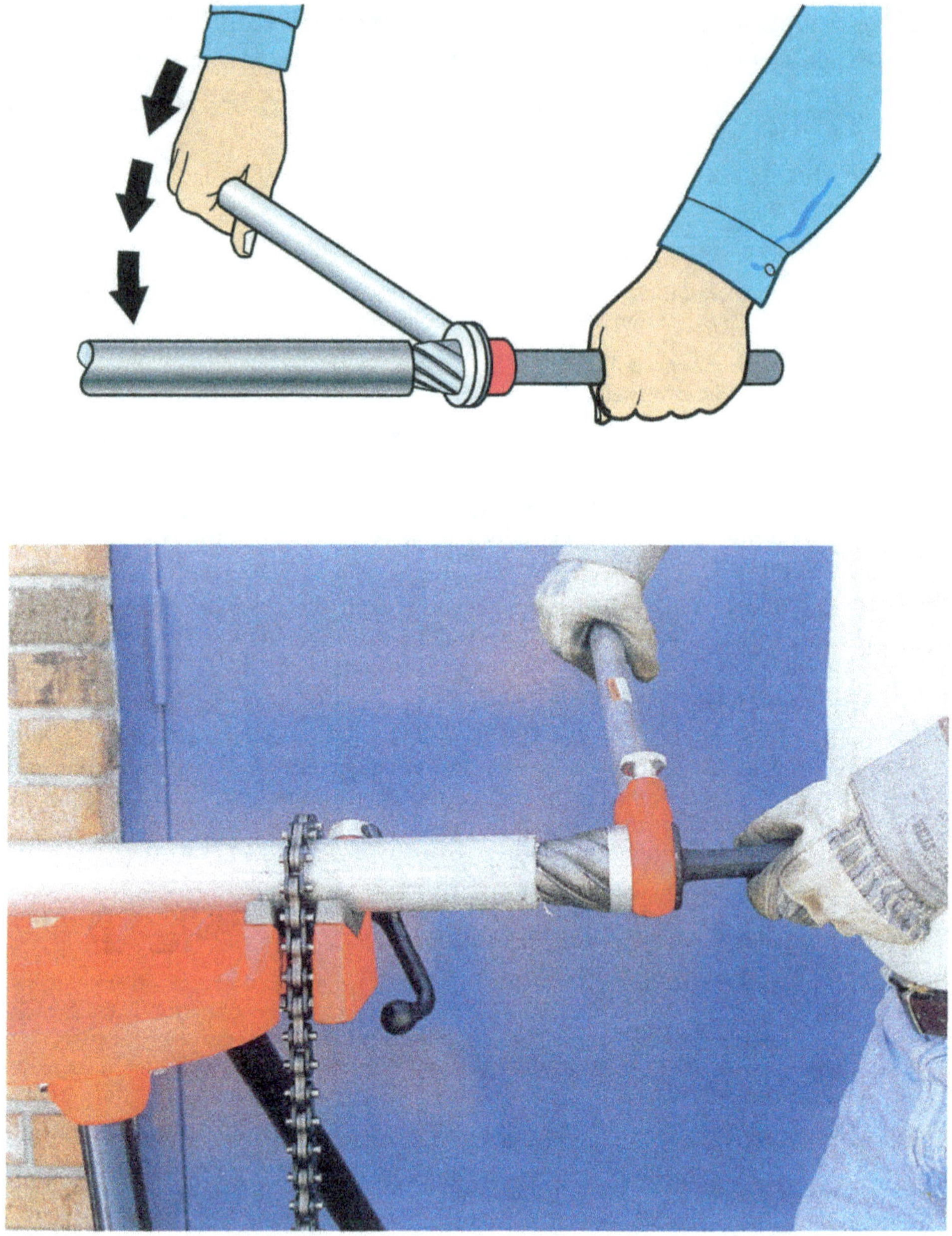

Figura 4 Giro de un escariador.

1.1.4 Roscado de conductos

Una vez cortado y escariado, el conducto suele roscarse para que pueda unirse adecuadamente. Solo el RMC y el IMC tienen paredes suficientemente gruesas para el roscado.

La herramienta utilizada para cortar roscas en conductos se denomina *'troquel' (die)*. Los troqueles para conductos están hechos para cortar un cono de $^3/_4$" por pie. El número de hilos por pulgada varía de 8 a 18, dependiendo del diámetro del conducto. Se utiliza un calibrador de roscas para medir cuántas roscas por pulgada se cortan.

Los troqueles de roscado están alojados en un cabezal, que puede utilizarse con una roscadora de trinquete de operación manual (*figura 5*) o con un accionamiento eléctrico portátil. Para roscar conductos con una roscadora manual, siga estos pasos:

Paso 1 Inserte el conducto en una prensa de banco para tubos. Asegúrese de que esta última esté sujeta a una superficie resistente. Coloque soportes, si es necesario, para ayudar a asegurar el conducto.

Paso 2 Determine el troquel y el cabezal correctos. Inspeccione el troquel en busca de daños, como dientes rotos. Nunca utilice un troquel dañado.

Paso 3 Inserte el troquel firmemente en el cabezal. Asegúrese de que el troquel adecuado esté en la ranura numerada correspondiente del cabezal.

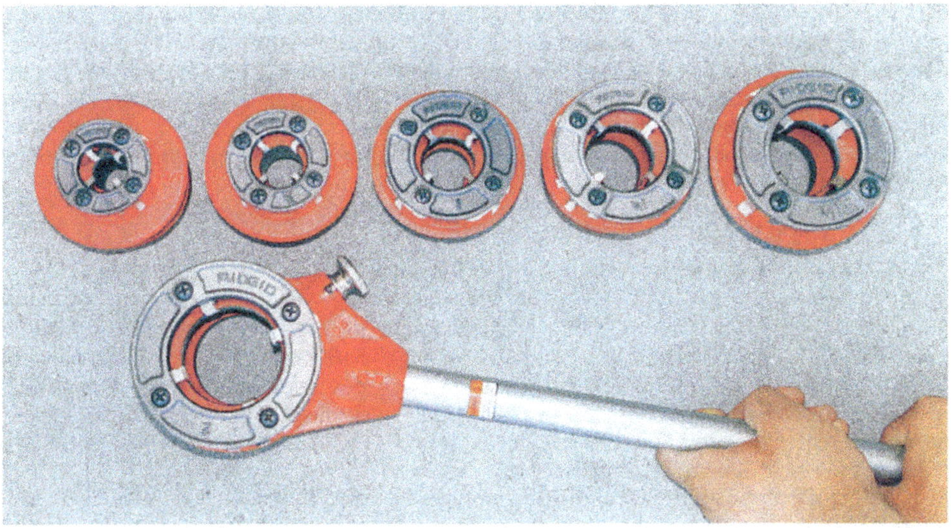

Figura 5 Roscadora de trinquete de operación manual.

Paso 4 Determine la longitud de rosca correcta que se va a cortar para el tamaño del conducto utilizado (que coincida con la longitud de rosca del fabricante).

Paso 5 Lubrique el troquel con aceite de corte al principio y durante toda la operación de roscado (*figura 6*). Evite el contacto de la piel con el aceite.

Paso 6 Corte las roscas a la longitud adecuada. Asegúrese de que el conducto entre por el lado cónico del troquel. Aplique presión y empiece a girar el cabezal. Debe retroceder el cabezal cada cuarto de vuelta para eliminar las virutas.

Paso 7 Retire el troquel cuando haya hecho el corte adecuado. Las roscas deben cortarse solo a la longitud del troquel. Un corte excesivo dejará las roscas expuestas a la corrosión.

Paso 8 Inspeccione las roscas para asegurarse de que estén limpias, afiladas y bien hechas. Utilice un calibrador para medir las roscas. El extremo acabado debe permitir un ajuste apretado con llave con una o dos roscas expuestas.

NOTA

Utilice un cajón de arena o una bandeja de goteo debajo del roscador para recoger los goteos y las virutas. El conducto debe escariarse de nuevo después del roscado para eliminar rebabas y bordes. Se debe limpiar el aceite de corte por dentro y por fuera del conducto.

Figura 6 Aplicación de aceite en la roscadora.

Roscado de conductos

La clave para roscar conductos es empezar con un corte recto. Si no lo hace bien, el conducto no se roscará correctamente.

Los cabezales de troqueles también pueden utilizarse con accionamientos eléctricos portátiles. Siga los mismos pasos cuando utilice un accionamiento eléctrico portátil. Las máquinas roscadoras se utilizan a menudo en conductos más grandes y donde se requiere un roscado frecuente. Estas sujetan y hacen girar los conductos mientras los troqueles se introducen en ellos para cortarlos. Cuando utilice una máquina roscadora, asegúrese de fijar las patas correctamente y de seguir las instrucciones del fabricante.

1.1.5 Corte y unión de conductos de PVC

Puede cortar fácilmente un conducto de PVC con una sierra manual de dientes finos (*figura 7*) o un cortador de PVC manual. Los cortadores manuales solo deben utilizarse para cortar PVC del tamaño comercial más pequeño. Para garantizar cortes rectos, utilice una caja de ingletes o un dispositivo similar para cortar PVC de 2" o más. Los conductos de PVC de menor diámetro (hasta $1\frac{1}{2}$") pueden cortarse con un cortador de PVC. Cuando se utiliza una sierra para cortar PVC, puede quedar un borde áspero en el interior y el exterior del conducto. Según el *NEC*®, estos bordes ásperos deben eliminarse antes de conectarlo a otro trozo de conducto.

Siga estos pasos para cortar y unir secciones de conducto de PVC o accesorios a cajas de plástico:

¡ADVERTENCIA!

Los solventes y cementos utilizados con el PVC son peligrosos. Utilice guantes y protección ocular, y siga siempre las instrucciones del producto. Asegúrese de que el área esté bien ventilada.

Paso 1 Corte el conducto de PVC a la longitud adecuada y elimine las rebabas que queden en los bordes interior y exterior del conducto cortado.

Paso 2 Limpie y seque todas las superficies de contacto.

Paso 3 Aplique una capa uniforme de cemento de PVC en el extremo del conducto y en el accesorio o borde acampanado de otro conducto.

Paso 4 Presione el conducto y el accesorio con un movimiento giratorio hasta que toque fondo. Luego gire aproximadamente media vuelta para distribuir uniformemente el cemento. Evite cualquier acumulación de cemento en el interior del conducto.

NOTA

La cementación del PVC debe hacerse rápidamente. El fabricante de PVC suele suministrar los botes de cemento en aerosol o la combinación de cemento y brocha. Asegúrese de utilizar el cemento recomendado.

NOTA

Si no tiene a su disposición un escariador de conductos, utilice una lima de media caña (con un mango unido a la espiga). El EMT puede escariarse utilizando la punta de cortadores diagonales o pequeños escariadores manuales.

Para formar PVC en el campo se necesita una herramienta especial llamada *caja caliente* u otros métodos especializados. El PVC no puede roscarse cuando se utiliza para aplicaciones eléctricas.

Figura 7 Sierra manual de dientes finos.
Fuente: Ridge Tool Company

1.0.0 Repaso de la sección

1. Cuando se corta un conducto EMT, *debe* _____.
   a. escariarse
   b. medirse
   c. fijarse
   d. roscarse

2. ¿Qué tipo de conducto puede roscarse para instalaciones eléctricas?
   a. PVC
   b. FMC
   c. RMC
   d. ENT

2.0.0 Cómo doblar conductos manualmente

Objetivo

Identificar los métodos para doblar a mano conductos EMT y PVC.

a. Describir los pasos y las herramientas utilizados para doblar EMT y PVC.
b. Explicar cómo hacer dobleces de 90° y en paralelo.
c. Describir cómo calcular y hacer un doblez desplazado.

Tarea práctica

2. Hacer dobleces de 90°, dobleces en paralelo, dobleces desplazados y dobleces de ensillado con una dobladora manual.

El doblado de conductos es una habilidad esencial para los electricistas. Mediante el uso de dobladoras manuales, los electricistas pueden instalar conductos en curvas y esquinas. Las técnicas de doblado adecuadas son importantes porque el conducto debe mantener su forma redonda incluso cuando se dobla. Si el conducto no es redondo, no podrá pasar cables a través de él. Si el doblado se realiza de forma inadecuada, el conducto puede incluso aplanarse o doblarse. En esta sección aprenderá las habilidades necesarias para doblar e instalar conductos adecuadamente.

Las herramientas de doblado varían según el tipo de conducto. La *tabla 1* identifica las secciones del *NEC®* donde se encuentran los requisitos para hacer dobleces en diferentes tipos de conductos. Consulte los artículos del *NEC®* para obtener más información.

Las dobladoras manuales son prácticas porque son portátiles y no necesitan energía eléctrica. La mayoría de las dobladoras manuales están dimensionadas para doblar RMC y EMT a los tamaños correspondientes. La *figura 8* muestra dobladoras manuales de EMT de diversos tamaños.

TABLA 1 Secciones del *NEC®* sobre doblado de conductos

Tipo de conducto	*Sección del NEC®*
Tipo IMC	*Sección 342.24 del NEC*
Tipo RMC	*Sección 344.24 del NEC*
Tipo PVC	*Sección 352.24 del NEC*
Tipo EMT	*Sección 358.24 del NEC*

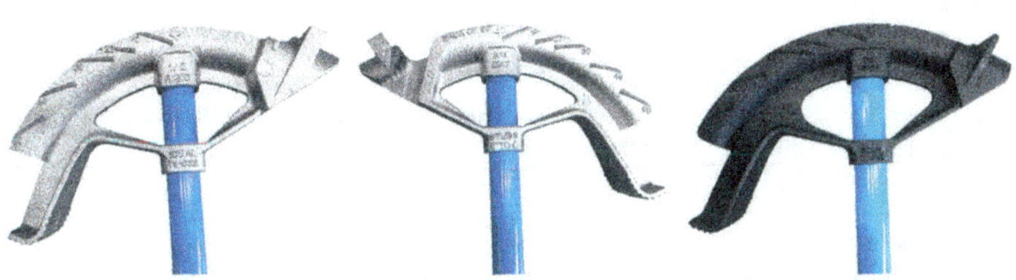

Figura 8 Dobladoras manuales.

2.1.0 Cómo doblar conductos de EMT y PVC

Trabajo con conductos

Los cables eléctricos sin protección son susceptibles a la humedad y a los daños físicos; por lo tanto, proteja el cableado con conductos.

Las dobladoras manuales tienen una forma que soporta las paredes del conducto EMT mientras se está doblando. Las unidades de calentamiento permiten que los conductos de PVC se vuelvan maleables para doblarlos.

2.1.1 EMT

Las dobladoras se utilizan para hacer varios dobleces en conductos de menor tamaño ($\frac{1}{2}$" a $1\frac{1}{4}$" o tamaños de designador métrico DM 16 a DM 35). Dado que el diámetro exterior de RMC es ligeramente mayor que el tamaño correspondiente de EMT, una dobladora de una sola mano puede doblar tanto un EMT de $\frac{3}{4}$" o un RMC de $\frac{1}{2}$". Del mismo modo, el siguiente tamaño más grande de dobladoras de mano doblará un EMT de 1" o un RMC de $\frac{3}{4}$". La *tabla* 2 muestra las medidas del diámetro exterior para los diferentes tipos de conductos.

NOTA

Cuantos más codos haya entre los puntos de tendido, más difícil será tender los cables a través del conducto. Por lo tanto, planifique los dobleces con antelación, evite los dobleces pronunciados y haga el menor número posible de dobleces.

TABLA 2 Tamaños de conductos

Tamaño comercial	Diámetro exterior de EMT	Diámetro exterior de RMC	Diámetro exterior de IMC
$\frac{1}{2}$"	0.706	0.840"	0.815"
$\frac{3}{4}$"	0.922"	1.050"	1.029"
1"	1.163"	1.315"	1.290"
$1\frac{1}{4}$"	1.509"	1.660"	1.638"

Antes de doblar EMT, es importante familiarizarse con la dobladora. El fabricante de la dobladora suele proporcionar documentación que indica lo siguiente:

- Puntos iniciales
- Distancia entre **desplazamientos**
- Ganancias
- Otros valores importantes asociados al modelo de dobladora

Desplazamientos (*offset*): dos dobleces colocados en un trozo de conducto para evitar obstrucciones o para una entrada adecuada en cajas, gabinetes, etc. También se denomina *desvío*.

Asegúrese de revisar esta información. Al hacerlo, el trabajo será más rápido y creará mejores dobleces.

¡ADVERTENCIA!

Al hacer dobleces, asegúrese de agarrar firmemente el mango para evitar deslizamientos y posibles lesiones.

Siga estos pasos para hacer un doblez sencillo en un conducto de EMT:

Paso 1 Mantenga el conducto sobre una superficie estable, firme y plana durante todo el doblado. Las dobladoras manuales están diseñadas para que la fuerza se aplique utilizando un pie y ambas manos (*figura 9*).

Paso 2 Aplique una presión y una fuerza constantes con el pie en el mango mientras dobla. Esto crea dobleces uniformes.

PRECAUCIÓN

No permita que el conducto se levante y no lo doble sobre suelo blando. Cualquiera de estas acciones puede dar lugar a la distorsión del conducto fuera del dobladora.

Doblado de conductos

Una buena forma de practicar el doblado de conductos es utilizar un trozo de alambre macizo del n° 10 o 12 y doblarlo para que se asemeje a los dobleces que necesita. Esto le dará cierta perspectiva sobre cómo doblar el conducto y también lo ayudará a anticiparse a cualquier problema con los dobleces.

Barra dobladora de tubos (*hickey bender*): se utiliza para doblar conductos, pero forma el doblez además del radio.

Doblez de segmento (*segment bend*): un doblez grande formado por múltiples dobleces o pasos cortos.

Codos de 90° (*stub-ups*): otro nombre para la elevación en una sección de un conducto. También, un término que se usa para conductos que penetran una losa o el suelo.

Cómo utilizar una barra dobladora de tubos

Una herramienta que a veces se confunde con la dobladora manual se denomina **barra dobladora de tubos**. Aunque las barras dobladoras de tubos (*figura 10*) son similares a las dobladoras manuales, se utilizan con fines diferentes. Una barra dobladora de tubos está diseñada para crear un **doblez de segmento**. También puede utilizarse para **codos de 90°** de conductos en losas y cubiertas. Sin embargo, las barras dobladoras de tubos funcionan de forma diferente y solo se utilizan con RMC e IMC.

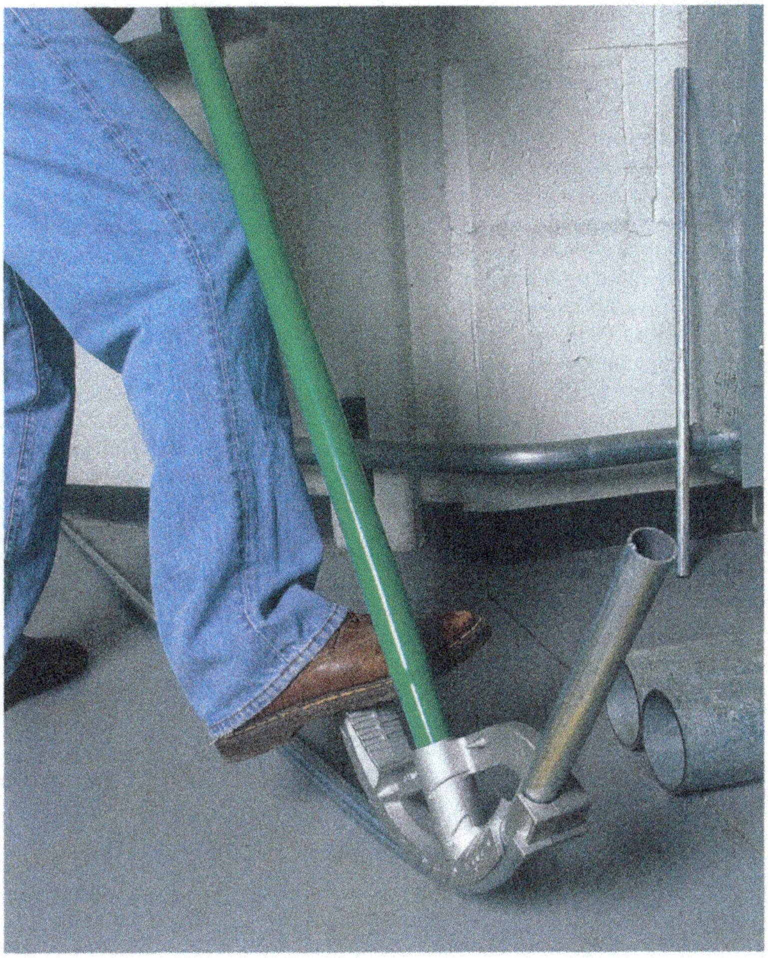

Figura 9 Presión hacia abajo en el doblador para terminar el doblez.

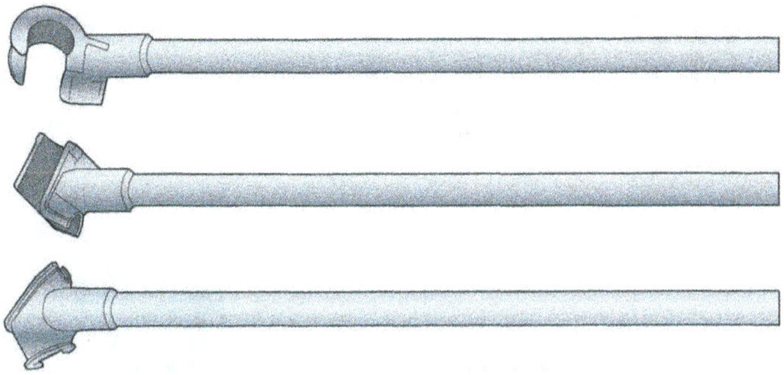

Figura 10 Barras dobladoras de tubos.

Figura 11 Torcedura creada por el uso inadecuado de una barra dobladora de tubos.

Cuando se utiliza una barra dobladora de tubos para doblar conductos, se forma el doblez *y* el radio. Al utilizar una barra dobladora de tubos, tenga cuidado de no aplanar ni doblar el conducto (*figura 11*). Se crean torceduras al intentar doblar un radio demasiado pequeño. Recuerde que las barras dobladoras de tubos solo deben usarse con RMC e IMC porque se da muy poco soporte a las paredes del conducto al doblar.

Para utilizar una barra dobladora de tubos, siga estos pasos:

Paso 1 Haga un pequeño doblez de unos 10°.

Paso 2 Mueva la barra dobladora de tubos a una nueva posición y haga otro pequeño doblez de igual dimensión.

Paso 3 Continúe este proceso hasta completar el doblez.

2.1.2 Cómo doblar PVC

Los conductos de PVC, incluidos los accesorios, suelen estar disponibles en tamaños de $^1/_2$" a 6". En muchos casos, el conducto de PVC se utiliza con codos rígidos cementados disponibles en ángulos de $11^1/_4$°, $22^1/_2$°, 30°, 45° y 90°. Los codos con radios más largos se denominan 'dobleces de ángulo amplio' *(sweeps)*. También hay disponible un codo flexible impermeable al agua en tamaños de $^1/_2$" a 6". Al igual que los conductos, los codos están disponibles con uno o ambos extremos acampanados o lisos. Los extremos acampanados eliminan la necesidad de utilizar acoplamientos.

Tanto las secciones de conducto de extremo liso como los codos de extremo liso requieren acoplamientos para unirse. Las cajas de conductos, las cajas, los adaptadores, los desplazamientos y otros accesorios (*figura 12*) se utilizan con los conductos y codos de PVC. En otras situaciones, el conducto de PVC se puede doblar para curvas, desvíos, ensillados o desplazamientos.

Doble el conducto de PVC utilizando una unidad de calentamiento (*figura 13*). Gire regularmente el PVC mientras esté en el calentador para que se caliente uniformemente. Después de calentar el PVC, retírelo y dóblelo a mano. Algunas unidades utilizan un elemento de calentamiento eléctrico, mientras que otras utilizan propano líquido (PL). Tenga cuidado de no sobrecalentar el conducto. Los conductos de PVC expuestos a temperaturas excesivamente altas pueden adquirir un color parduzco. Las secciones que muestren signos de abrasión deben desecharse. Después del doblado, se suele utilizar una esponja o un paño húmedo para que el PVC se enfríe más rápidamente (*figura 14*).

PRECAUCIÓN

Evite el contacto con la carcasa de la unidad de calentamiento, ya que esta puede calentarse mucho y provocar quemaduras. Además, para evitar el peligro de incendio, asegúrese de enfriar la unidad antes de guardarla. Si utiliza una unidad de PL, tenga cerca un extintor de incendios.

¡ADVERTENCIA!

Utilice siempre guantes de aislamiento térmico cuando trabaje con calor.

Al doblar PVC de 2" (DM 53) o más de diámetro, el doblez puede arrugarse o aplanarse. Un juego de tapones como el que se muestra en la *figura 15* elimina este problema. Para utilizar un juego de tapones, siga estos pasos:

Paso 1 Inserte un tapón en cada extremo del PVC que desee doblar.

Paso 2 Con una bomba manual, presurice el conducto a una presión de entre 3 y 5 psi (entre 7 kPa y 21 kPa) antes de aplicar calor.

Paso 3 Mantenga los tapones en su sitio hasta que el tubo se haya enfriado y endurecido.

Es posible que deba tener en cuenta la expansión y la contracción en instalaciones en las que los tramos son largos y las temperaturas cambian constantemente. Cuando la expansión y la contracción son factores, puede instalarse un acoplamiento telescópico de expansión cerca del extremo fijo del tramo o accesorio para absorber cualquier expansión o contracción que pueda ocurrir. Confirme las longitudes de expansión y contracción disponibles en los accesorios, ya que pueden variar según el fabricante. La *tabla 3* muestra los coeficientes de expansión estándar de los conductos de PVC a distintas temperaturas.

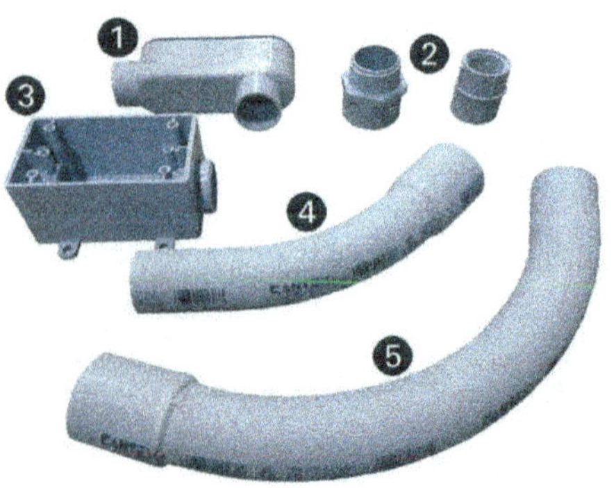

1. Caja *conduit*
2. Adaptadores macho y hembra
3. Caja de salida
4. Codo de 45°
5. Codo de 90° (o de doblez de ángulo amplio)

Figura 12 Accesorios típicos de PVC.

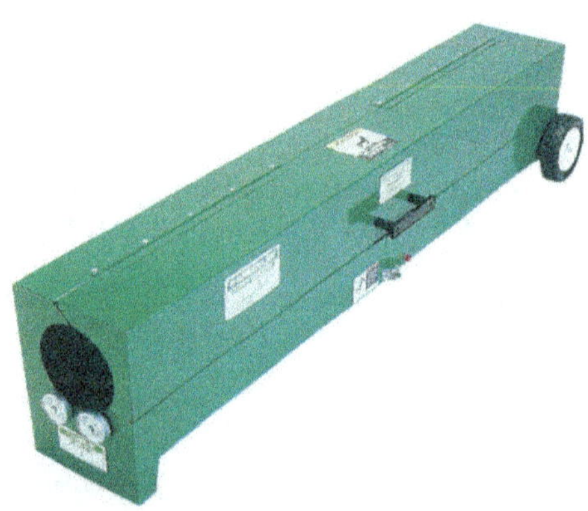

Figura 13 Unidades de calentamiento de PVC.
Fuente: Ridge Tool Company

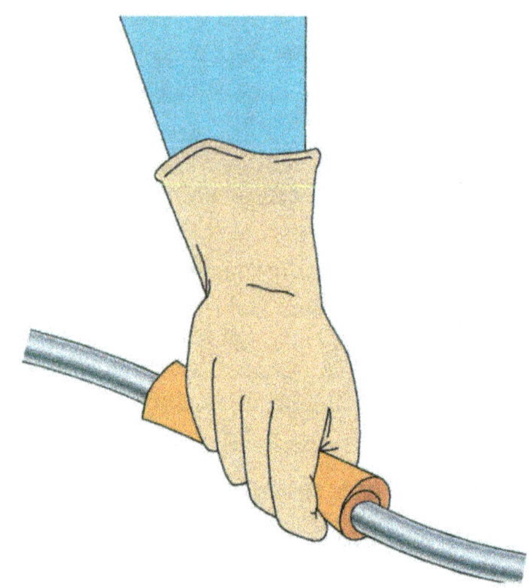

Figura 14 Limpie el PVC con una esponja o un paño húmedo.

Figura 15 Conjunto típico de tapones.
Fuente: Ridge Tool Company

¿Qué está incorrecto en esta imagen?

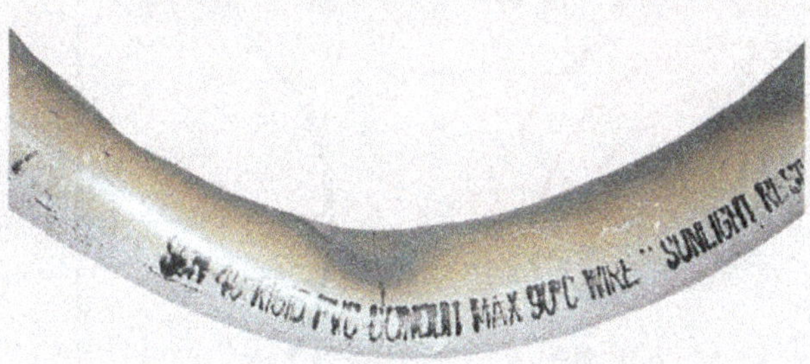

2.2.0 Uso de la geometría para hacer un doblez

Doblar conductos requiere utilizar cierta geometría básica. Es posible que ya esté familiarizado con la mayoría de los conceptos, pero este repaso lo ayudará a aplicarlos directamente a las tareas de doblado.

2.2.1 Cálculo del doblez

Un triángulo rectángulo como el de la *figura 16* se define como cualquier triángulo con un ángulo de 90°. Los conceptos importantes relacionados con los componentes de los triángulos rectángulos pueden ayudarlo a crear dobleces desplazados.
A continuación se indican los principales componentes de un triángulo rectángulo:

- La hipotenusa es el lado directamente opuesto al ángulo de 90°.
- La base es el lado sobre el que se asienta el triángulo.
- La altura es el lado vertical.
- El desplazamiento (*figura 16*) forma la hipotenusa de un triángulo rectángulo.

En el *apéndice 26107-23B* se encuentran disponibles tablas de referencia para dimensionar los dobleces desplazados con base en estas relaciones.

TABLA 3 Tasas de expansión del PVC

Cambio de temperatura	Cambio de longitud por 100' de conducto de PVC
5°F	0.2"
10°F	0.4"
15°F	0.6"
20°F	0.8"
25°F	1.0"
30°F	1.2"
35°F	1.4"
40°F	1.6"
45°F	1.8"
50°F	2.0"
55°F	2.2"
60°F	2.4"
65°F	2.6"
70°F	2.8"
75°F	3.0"
80°F	3.2"
85°F	3.4"
90°F	3.6"
95°F	3.8"
100°F	4.1"

Cortadores de PVC

Utilice cortadores de PVC para tamaños comerciales más pequeños. En espacios incómodos o estrechos, utilice una cuerda de nailon para cortar PVC.

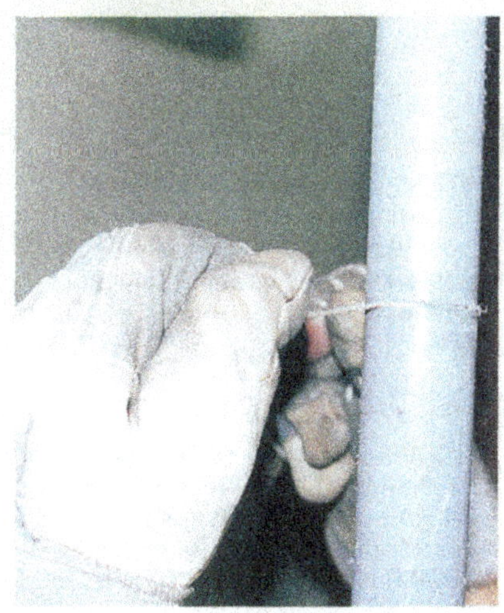

Fuente: Ridge Tool Company (arriba)

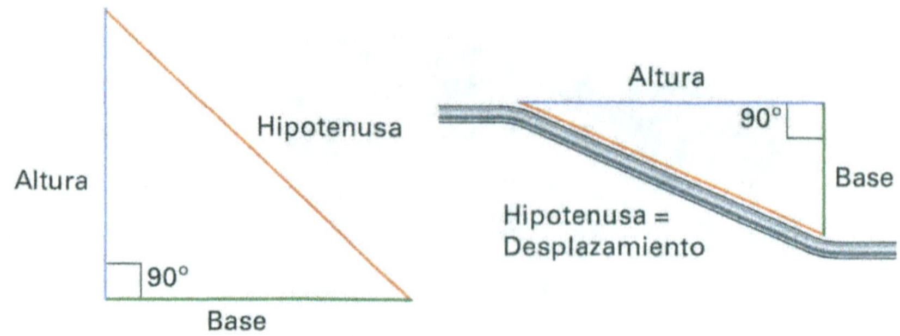

Figura 16 Triángulo rectángulo y doblez desplazado.

Un círculo es una línea curva cerrada cuyos puntos están todos a la misma distancia de su centro (*figura 17*). Al trabajar con círculos y dobleces, es importante comprender varias características clave de un círculo. Entre ellas se incluyen las siguientes, tal y como se definen en la *figura 17*:

- Radio
- Diámetro
- Circunferencia

Doblez de 90° (*90° bend*): un doblez que cambia la dirección del conducto en 90°.

Dobleces concéntricos (*concentric bends*): realización de dobleces de 90° en dos o más tramos paralelos de conducto y aumento del radio de cada conducto desde el interior del tramo hacia el exterior.

Un círculo puede dividirse en cuatro cuadrantes iguales. Cada cuadrante representa 90°, lo que hace un total de 360°. Cuando se hace un **doblez de 90°**, se utiliza $\frac{1}{4}$ de un círculo o un cuadrante.

Los círculos concéntricos son círculos que tienen un centro común pero radios diferentes. Al doblar conductos, se puede aplicar el concepto de círculos concéntricos al crear **dobleces concéntricos**. El ángulo de cada doblez es de 90°. Estos tipos de dobleces tienen el mismo punto central, pero el radio de cada uno es diferente.

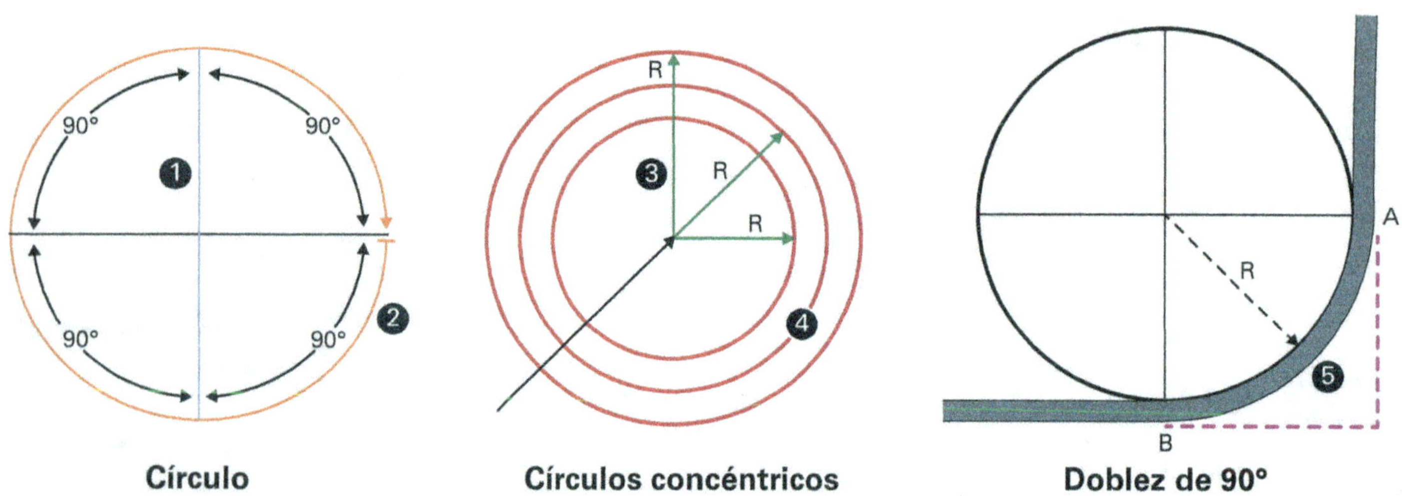

1 La longitud desde un borde del círculo hasta el otro borde pasando por el punto central se denomina diámetro, que es siempre el doble de la longitud del radio.

2 La circunferencia es la distancia alrededor del círculo. Se puede dividir un círculo en cuatro cuadrantes iguales. Cada cuadrante representa 90°, lo que hace un total de 360°.

3 La distancia desde el punto central hasta el borde del círculo se denomina radio.

4 Los círculos concéntricos son círculos que tienen un centro común, pero radios diferentes.

5 Puede aplicar el concepto de círculos concéntricos a los dobleces concéntricos en conductos. El ángulo de cada doblez es de 90°. Dichos dobleces tienen el mismo punto central, pero el radio de cada uno es diferente.

Figura 17 Círculos y dobleces de 90°.

Para calcular la circunferencia, utilice la siguiente fórmula:

$$C = \pi \times d \text{ o } C = \pi d$$

En esta fórmula, C = circunferencia, d = diámetro y π = 3.14. Otra forma de expresar la fórmula de la circunferencia es $C = 2\pi r$, donde r = radio o la mitad del diámetro.

Para calcular el arco de un cuadrante, utilice:

$$\text{Longitud del arco} = (0.25)2\pi r = 1.57r$$

Para esta fórmula, el arco de un cuadrante es igual a un cuarto de la circunferencia o 1.57 veces el radio.

En el *apéndice 26107-23B* se incluye una tabla de radios de doblado.

Doblado práctico

Cuando se hacen dobleces desplazados de 45° para subir un conducto a otro nivel, las baldosas cuadradas del suelo sirven de cuadrícula para medir la distancia y los ángulos.

2.2.2 Cómo hacer un doblez de 90°

Un doblez de 90° es probablemente el más básico de todos. La mayoría de las veces utilizará el codo, independientemente del tipo de conducto que instale.

Cuando solo se necesita un único codo de 90° para formar el doblez del conducto, se denomina 'odo de un solo paso (one-shot bend). Una serie de dobleces se denomina doblez de segmento. Los dobleces de segmento son de unos pocos grados cada uno, en lugar de un único doblez. Un paso es en realidad un doblez en un doblez de segmento. Los dobleces de ángulo amplio son necesarios cuando se tienden cables de fibra óptica. Este tipo de cable requiere un radio mayor para evitar que se doble durante el tendido. Los dobleces de segmento y de ángulo amplio deberán cumplir con las disposiciones del *capítulo 9 del NEC, tabla 2*.

Conozca el código

Radio de dobleces de conductos y tuberías
Capítulo 9, tabla 2 del NEC

Antes de empezar a hacer el doblez, necesita saber dos medidas:

- La **elevación** o el codo deseados.
- La **distancia de longitud de curva** de la dobladora.

La elevación deseada es la altura del codo. La longitud de la curva es la cantidad de conducto que la dobladora utilizará para formar el doblez. Las distancias de longitud de curva suelen indicarse en el manual de instrucciones del fabricante. Las distancias típicas de longitud de curva de una dobladora se muestran en la *tabla 4*.

Ahora que ya determinó la longitud de la curva, está listo para hacer su doblez de 90°. Siga los pasos que se indican a continuación para hacer el doblez:

Elevación (*rise*): longitud de la sección doblada del conducto medida desde la parte inferior, la línea central o la parte superior de la sección recta hasta el extremo de la sección doblada.

Longitud de la curva (*take up*): la cantidad de conducto utilizado para formar un doblez.

TABLA 4 Distancias típicas de longitud de curva de una dobladora

EMT	RMC/IMC	Longitud de la curva
½"	–	5"
¾"	½"	6"
1"	¾"	8"
1¼"	1"	11"

Paso 1 Reste la longitud de la curva de la altura del codo.

Paso 2 Marque esa distancia en el conducto (todo alrededor) a esa distancia del extremo. La marca indicará el punto en el que comenzará a doblar el conducto.

Paso 3 Alinee el punto inicial del conducto con el punto inicial del doblador. La mayoría de los dobladores tienen una marca, como una flecha (*figura 18*), para indicar este punto. La *figura 19* muestra la longitud de la curva requerida para lograr un codo de 18" en un trozo de EMT de ½".

Paso 4 Cuando haya alineado la dobladora, utilice un pie para mantener fijo el conducto. Mantenga el talón en el suelo para mantener el equilibrio. Aplique presión sobre el pedal de la dobladora con el otro pie. Asegúrese de sujetar el mango de la dobladora recto y lo más arriba posible para obtener el máximo apalancamiento.

Paso 5 Doble el conducto con un movimiento suave, tirando de él lo más firmemente posible. Evite un estiramiento excesivo. Además, al tirar, tenga cuidado de no colocar la cara o la cabeza donde pudiera golpearlas con la dobladora.

NOTA

Al doblar conductos utilizando el método de la longitud de la curva, coloque siempre la dobladora sobre el conducto y haga el doblez mirando hacia el gancho del conducto desde el que se tomaron las medidas.

Método de la longitud de la curva

Es útil hacer una marca estrecha con un lápiz de mina blanda o un marcador alrededor de todo el conducto para garantizar dobleces rectos.

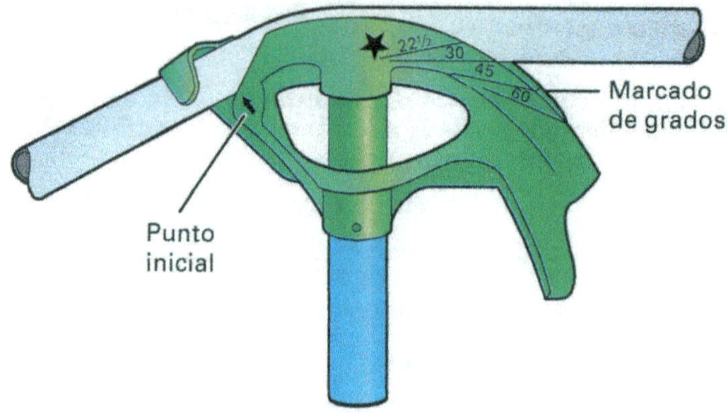

Figura 18 Punto de inicio en una dobladora.

Igualación de dobleces en tramos paralelos

Suponga que está instalando un RMC de 1" junto con un RMC de 2" en un bastidor y llega a un doblez de 90°. Si utilizara una zapata de 1", el radio no coincidiría con el del doblez del conducto de 2". Para igualar el doblez de 90° de 2", tome el conducto de 1" y colóquelo en la zapata de 2" del doblador. Luego doble como siempre. Este doblez de 90° de 1" tendrá ahora el mismo radio que el doblez de 90° de 2". Este truco solo funcionará en RMC. Si se hace con EMT, se aplanará la tubería.

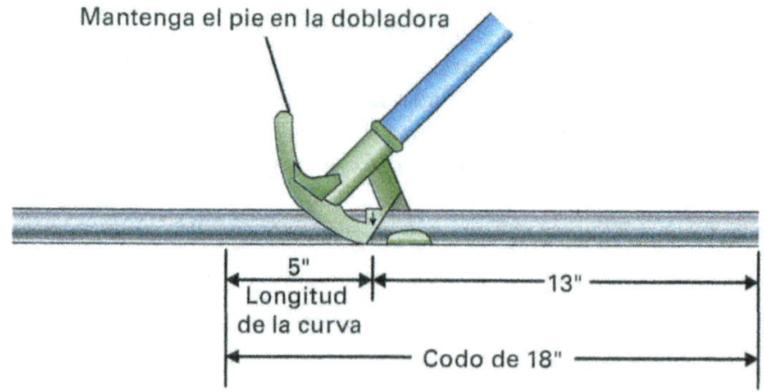

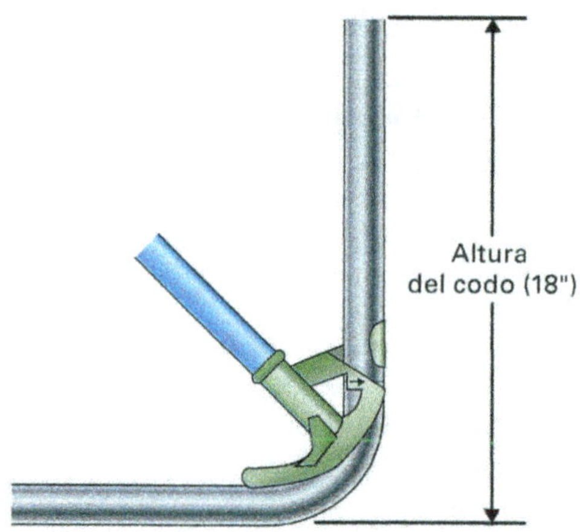

Figura 19 Doblado de un codo.
Fuente: John Traister

Piénselo

Dobleces lisos

¿Por qué son tan importantes los dobleces lisos?

NOTA

Si el conducto se dobla ligeramente en exceso o demasiado poco, puede utilizar la dobladora para doblar el tubo en el ángulo correcto.

Después de terminar el doblez, compruebe que el ángulo y la medida sean correctos. Siga estos pasos para revisar un doblez de 90°:

Paso 1 Con la parte posterior del doblez en el suelo, mida hasta el final del conducto para asegurarse de que tenga la longitud correcta.

Paso 2 Revise el ángulo de 90° del doblez con una escuadra o el ángulo formado por el suelo y una pared. También puede utilizarse un nivel de torpedo.

Este procedimiento producirá un doblez de 90° de un solo paso.

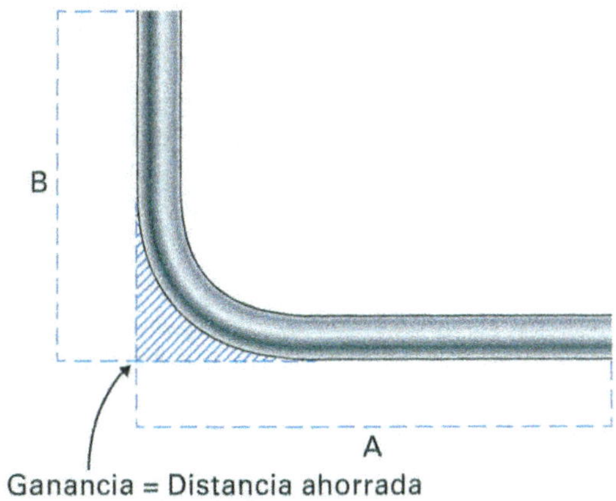

Figura 20 Ganancia.
Fuente: John Traister

Tamaño del conducto	Radio del *NEC®*	Ganancia para 90°
1/2"	4"	2 5/8"
3/4"	5"	3 1/4"
1"	6"	4"
1 1/4"	8"	5 5/8"

Tabla de ganancia típica

2.2.3 Cómo determinar la ganancia

Para doblar conductos adecuadamente, es necesario saber cómo determinar la **ganancia** de la dobladora en uso. La ganancia es la distancia que se ahorra por el arco de un doblez de 90° (*figura 20*).

Ganancia (*gian*): la distancia ahorrada por el arco de un doblez de 90° debido a que el conducto se dobla en un radio y no en ángulo recto.

Para hallar la ganancia, sume la longitud del codo (*A*) a la longitud medida restante del conducto después de haber hecho el doblez (*B*) y luego reste la longitud inicial del conducto.

$$\text{Ganancia} = (A + B) - \text{longitud inicial}$$

Por ejemplo, un codo de 14" en un EMT de 1/2" de 48" de longitud se calcularía de la siguiente manera, reemplazando *A* por 14" y *B* por 36 1/2".

$$\text{Ganancia} = (14" + 36\ 1/2") - 48"$$

$$\text{Ganancia} = 50\ 1/2" - 48"$$

$$\text{Ganancia} = 2\ 1/2"$$

Conocer la ganancia puede ayudarlo a precortar, escariar y prerroscar ambos extremos del conducto antes de doblarlo. Esto hará que su trabajo sea más rápido porque es más fácil trabajar con el conducto mientras está recto.

La *figura 20* muestra también la **longitud desarrollada** total de un trozo de conducto con un doblez de 90°. Tenga en cuenta que es menor que la suma de las distancias horizontal y vertical cuando se mide a escuadra de la esquina. Esto se muestra mediante la siguiente ecuación:

Longitud desarrollada (*developed length*): la longitud real del conducto que se doblará.

$$\text{Longitud desarrollada} = (A + B) - \text{ganancia}$$

Puede trabajar el mismo ejemplo anterior a la inversa para encontrar la longitud de conducto con la que comenzó de la siguiente manera:

$$\text{Longitud desarrollada} = (14" + 36\ 1/2") - 2\ 1/2"$$

$$\text{Longitud desarrollada} = 50\ 1/2" - 2\ 1/2"$$

$$\text{Longitud desarrollada} = 48"$$

Piénselo

Ganancia

¿Cuál es la diferencia entre la ganancia y la longitud de la curva de un doblez?

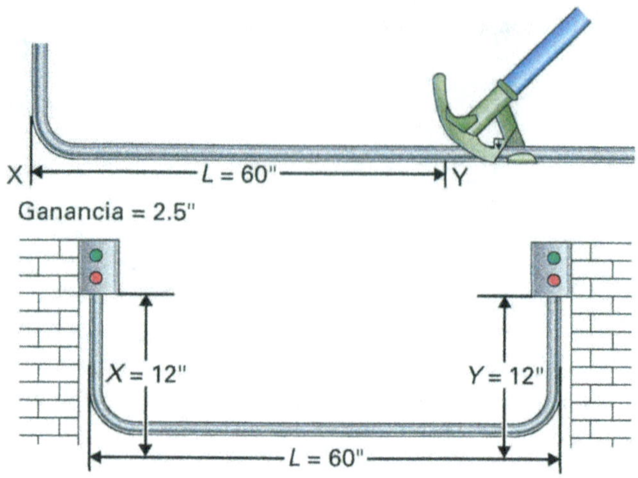

Figura 21 Dobleces en paralelo.
Fuente: John Traister

2.2.4 Dobleces en paralelo de 90°

Doblez en paralelo (*back-to-back bend*): un doblez formado por dos codos de 90° con una sección recta de conducto entre los codos.

Un **doblez en paralelo** consiste en dos dobleces de 90° hechos en el mismo trozo de conducto y colocados uno en paralelo al otro, como el que se muestra en la *figura 21*.

Utilizando las medidas que se muestran en la *figura 21*, puede hacer un doblez en paralelo siguiendo estos pasos:

Paso 1 Comience por calcular la longitud desarrollada, donde 2 es igual al número de dobleces de 90°.

Longitud desarrollada = $X + Y + L$ - (número de dobleces de 90° × ganancia)

Longitud desarrollada = 12" + 12" + 60" – (2 × $2\frac{1}{2}$")

Longitud desarrollada = 84" – 5"

Longitud desarrollada = 79"

Paso 2 Haga el primer doblez (etiquetado X en la *figura 21*) como se describió anteriormente en el módulo.

Paso 3 Para hacer el segundo doblez, mida la distancia requerida (*L*) entre los dobleces desde la parte posterior del primer doblez.

Paso 4 Invierta el doblador en el conducto.

Paso 5 Coloque la marca indicadora de la dobladora en paralelo en el punto Y del conducto. Tenga en cuenta que utiliza las medidas exteriores del punto X al punto Y.

Paso 6 Sujete la dobladora en la posición contraria y asegúrese de alinearla adecuadamente.

Paso 7 Aplique presión con el pie y complete el segundo doblez.

NOTA

Al hacer el segundo doblez de 90°, debe asegurarse de que el primer doblez de 90° esté debidamente alineado.

2.3.0 Cómo hacer dobleces desplazados

Muchas situaciones requieren que el conducto se doble para que pueda pasar por encima de objetos como vigas y otros conductos o entrar en bastidores y cajas de conexiones. Los dobleces utilizados para este fin se denominan desplazamientos o desvíos. Para producir un desplazamiento, se necesitan dos dobleces iguales de menos de 90° a una distancia específica, como se muestra en la *figura 22*.

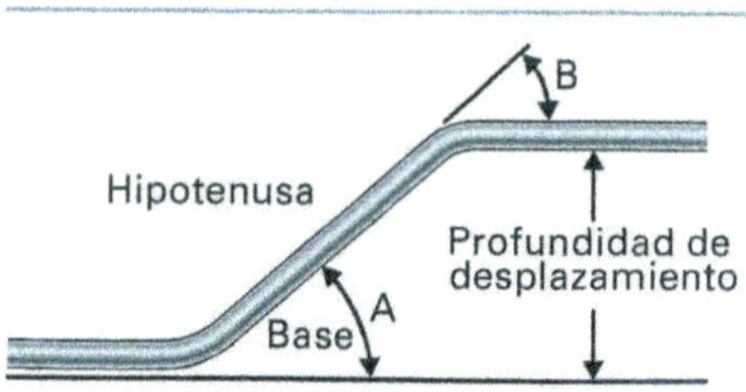

Figura 22 Desplazamiento.

2.3.1 Cálculos de desplazamiento

Los desplazamientos son una compensación entre el espacio y el esfuerzo necesario para tender cables. Cuanto mayor sea el grado de doblado, más difícil será tender cables. Cuanto menor sea el grado de doblado, más fácil será tender cables. Utilice el grado de doblado menos profundo que le permita al conducto sortear la obstrucción y encajar en el espacio disponible.

Cuando el conducto se desplaza, se utiliza parte de su longitud. Si el desplazamiento se realiza en el área, debe tenerse en cuenta esta reducción. Si el ángulo de desplazamiento está alejado de la obstrucción, la reducción puede ignorarse. La *tabla 5* muestra la cantidad de reducción por pulgada de elevación para ángulos de desplazamiento comunes.

TABLA 5 Cálculo de reducciones

Ángulo de desplazamiento	Multiplicador	Reducción (por pulgada de elevación)
10° × 10°	6.0	$\frac{1}{16}$"
$22\frac{1}{2}$° × $22\frac{1}{2}$°	2.6	$\frac{3}{16}$"
30° × 30°	2.0	$\frac{1}{4}$"
45° × 45°	1.4	$\frac{3}{8}$"
60° × 60°	1.2	$\frac{1}{2}$"

Piénselo

Cálculo de reducciones

Está haciendo un desplazamiento de 30° × 30° para evitar un obstáculo de 6". ¿Cuál será la distancia entre dobleces? ¿Cuál será la reducción de la longitud desarrollada? Haga los mismos cálculos para un desplazamiento de 10" con dobleces de 45°.

La fórmula para calcular la distancia entre dobleces es la siguiente:

Distancia entre dobleces = profundidad del desplazamiento × multiplicador

Puede hallar la distancia entre los dobleces desplazados en la documentación del fabricante del doblador. La *tabla 6* muestra la distancia entre dobleces para los ángulos de desplazamiento más comunes.

Puede realizar los cálculos relacionados con los desplazamientos utilizando la trigonometría (trig.). Los multiplicadores que se muestran en la *tabla 5* representan la cosecante (csc) del ángulo de desplazamiento relacionado. Para determinar el multiplicador, divida la hipotenusa del triángulo creado por el desplazamiento entre la profundidad del desplazamiento (*figura 22*).

El *apéndice 26107-23A* muestra brevemente las funciones trigonométricas básicas. Como verá en la siguiente sección, la tangente (tan) del ángulo de desplazamiento se utiliza para calcular los desplazamientos paralelos. Comprender las funciones trigonométricas lo ayudará a saber cómo determinar los desplazamientos. Si tiene una calculadora científica y comprende estas funciones, podrá calcular ángulos de desplazamiento. Puede calcular estos ángulos cuando conozca las dimensiones del triángulo creado por el desplazamiento y el obstáculo.

NOTA

También puede utilizarse un nivel de torpedo magnético para determinar el final del segundo doblez. Doble el conducto hasta que el nivel muestre que está paralelo al primer doblez.

Piénselo

Ángulos iguales

¿Por qué es importante que los ángulos sean idénticos al hacer un doblez desplazado?

TABLA 6 Factores de desplazamiento comunes (en pulgadas)

	$22\frac{1}{2}$°		30°		45°		60°	
Profundidad de desplazamiento	Entre dobleces	Reducción	Entre dobleces	Reducción	Entre dobleces	Reducción	Entre dobleces	Reducción
2	$5\frac{1}{4}$	$\frac{3}{8}$	—	—	—	—	—	—
3	$7\frac{3}{4}$	$\frac{9}{16}$	6	$\frac{3}{4}$	—	—	—	—
4	$10\frac{1}{2}$	$\frac{3}{4}$	8	1	—	—	—	—
5	13	$\frac{15}{16}$	10	$1\frac{1}{4}$	7	1.88	—	—
6	$15\frac{1}{2}$	$1\frac{1}{8}$	12	$1\frac{1}{2}$	8.5	2.25	7.25	3
7	$18\frac{1}{4}$	$1\frac{5}{16}$	14	$1\frac{3}{4}$	9.75	2.63	8.38	3.5
8	$20\frac{3}{4}$	$1\frac{1}{2}$	16	2	11.25	3	9.63	4
9	$23\frac{1}{2}$	$1\frac{3}{4}$	18	$2\frac{1}{4}$	12.5	3.38	10.88	4.5
10	26	$1\frac{7}{8}$	20	$2\frac{1}{2}$	14	3.75	12	5

2.3.2 Cómo hacer desplazamientos paralelos

Habrá ocasiones en las que deberá doblar varios trozos de conducto alrededor de una obstrucción común. En este caso, creará desplazamientos paralelos. Como los dobleces están dispuestos a lo largo de un radio común, haga un ajuste para asegurarse de que los extremos no salgan desiguales, como se muestra en la *figura 23*.

Primero, encuentre el centro del primer doblez del conducto más interno, como se muestra en la *figura 24*. Cada conducto sucesivo debe tener su línea central más alejada del extremo de la tubería, como se muestra en la *figura 25*. Calcule la cantidad que se va a adicionar de la siguiente manera:

$$\text{Cantidad adicionada} = \text{distancia entre centros} \times \tan(\tfrac{1}{2}\ \text{ángulo de desplazamiento})$$

Las tangentes pueden hallarse utilizando las tablas trigonométricas proporcionadas en el *apéndice 26107-23B*.

Por ejemplo, la *figura 26* muestra tres tuberías dispuestas en paralelo y desplazadas. El ángulo del desplazamiento es de 30°. El espaciado entre centros es de 3". El inicio del primer doblez de la tubería más interior es de 12".

La ecuación de la cantidad que se debe adicionar puede sumarse al inicio del primer doblez para hallar el punto inicial de la segunda tubería:

$$12'' + [\text{espaciado entre centros} \times \tan(\tfrac{1}{2}\ \text{ángulo de desplazamiento})].$$

$$12'' + [3'' \times \tan(15°)] =$$

$$12'' + (3'' \times 0.2679) =$$

$$12'' + 0.8037'' = 12.8037''$$

El punto inicial de la segunda tubería es de aproximadamente $12^{13}/_{16}''$. La cantidad adicionada puede sumarse a este valor para hallar el punto inicial de la tubería más exterior:

$$12^{13}/_{16}'' + {}^{13}/_{16}'' = 13^{5}/_{8}''$$

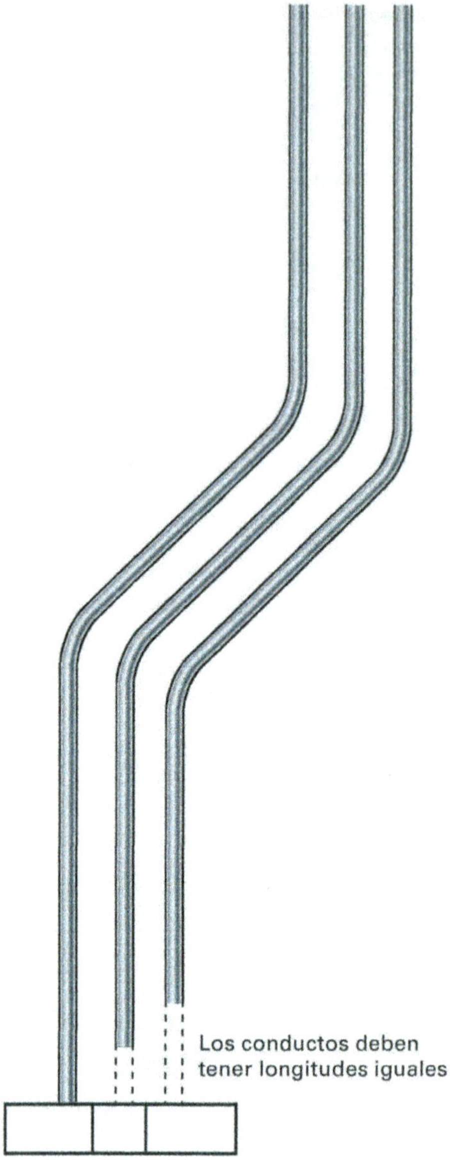

Figura 23 Desplazamientos paralelos incorrectos.

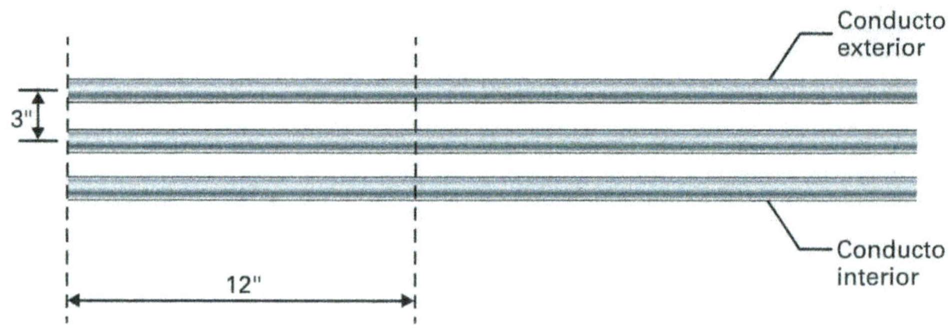

Figura 24 Centro del primer doblez.

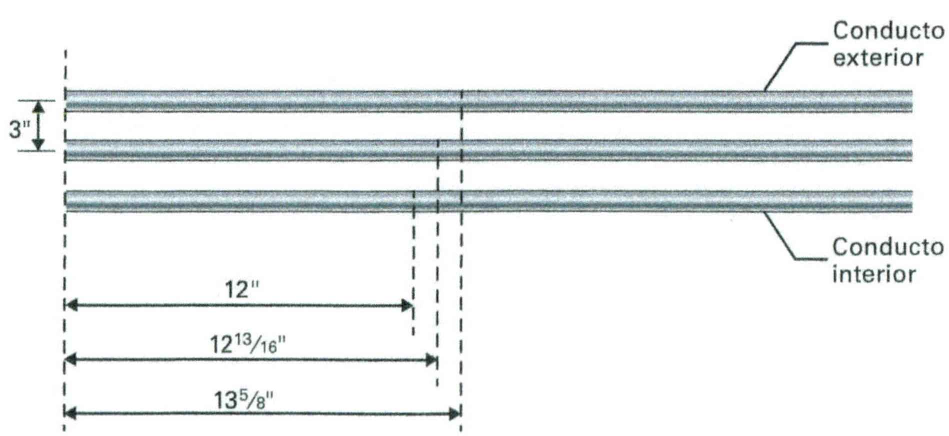

Figura 25 Líneas centrales sucesivas.

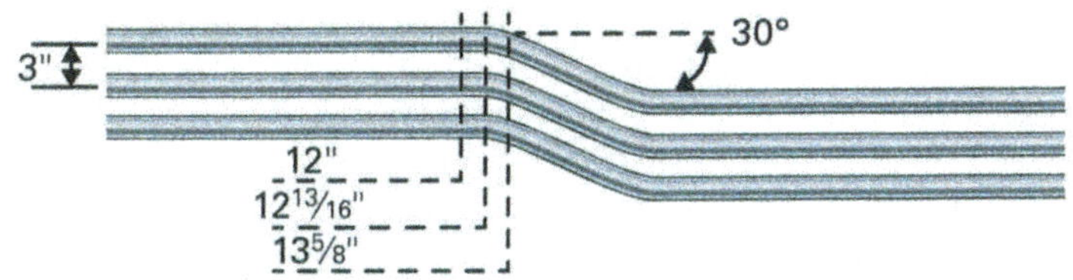

Figura 26 Tuberías de desplazamiento paralelo.

2.3.3 Cómo hacer dobleces de ensillado

Los dobleces de ensillado se utilizan para rodear obstrucciones y superar obstáculos como conductos existentes o tuberías que van perpendiculares a la instalación de conductos prevista.

La *figura 27* es un ejemplo de un doblez de ensillado que evita la obstrucción de una tubería. Hacer un doblez de ensillado hace que el centro del ensillado se acorte en $^3/_{16}$" (4.8 mm) por cada pulgada de profundidad de ensillado (*tabla 7*).

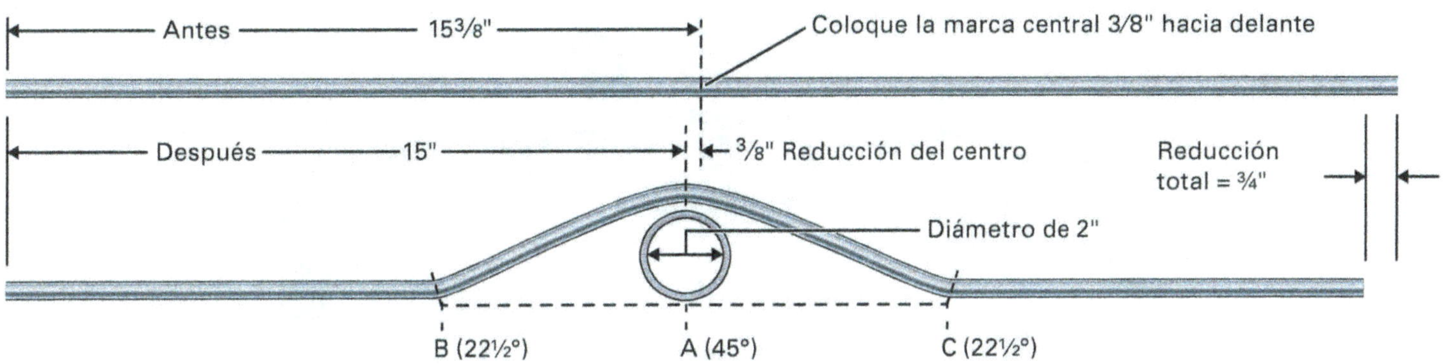

Figura 27 Medida de un ensillado.

TABLA 7 Cuadro de reducciones para dobleces de ensillado con un doblez central de 45° y dos dobleces de 22 $^1/_2$°.

Profundidad de obstrucción	Cantidad de reducción (mover la marca central hacia delante)	Hacer marcas exteriores a partir de la nueva marca central
1"	$^3/_{16}$"	2$^1/_2$"
2"	$^3/_8$"	5"
3"	$^9/_{16}$"	7$^1/_2$"
4"	$^3/_4$"	10"
5"	$^{15}/_{16}$"	12$^1/_2$"
6"	1$^1/_8$"	15"

Nota: Por cada pulgada adicional, añada $^3/_{16}$" por la cantidad de reducción y 2$^1/_2$" por las marcas exteriores.

Por ejemplo, si el diámetro de la obstrucción de la tubería es de 2" (DM 53), esto causa un acortamiento de $^3/_8$" (9.5 mm) del conducto a cada lado del doblez.

Para hacer dobleces de ensillado, siga estos pasos:

Paso 1 Localice la marca central (A) en el conducto utilizando el tamaño de la obstrucción (diámetro de la tubería, por ejemplo) y calcule el índice de reducción de la obstrucción. Por ejemplo, si el diámetro de la tubería es de 2", se perderá $^3/_8$" de conducto a cada lado del doblez para una reducción total de $^3/_4$". Esta cifra se sumará a la medida desde el extremo del conducto hasta la línea central de la obstrucción. Por ejemplo, si la distancia medida desde el extremo del conducto y la línea central de obstrucción fuera de 15", la distancia hasta A sería de 15 $^3/_8$".

NOTA

Al hacer el segundo y tercer doblez de ensillado (los dobleces exteriores de la *figura 26*), es importante mantener el gancho de la dobladora apuntando hacia el primer doblez (central).

Paso 2 Localice las marcas B y C en el conducto midiendo $2\frac{1}{2}$" por cada 1" de profundidad del ensillado desde la marca A. Por ejemplo, para una profundidad de ensillado de 2", la marca B estaría 5" antes de la marca A y la marca C estaría 5" después de la marca A (*figura 28*).

Paso 3 Consulte la *figura 29* y haga un doblez de 45° en el punto A, uno de $22\frac{1}{2}$° en el punto B, y uno de $22\frac{1}{2}$° en el punto C. Asegúrese de consultar las especificaciones del fabricante.

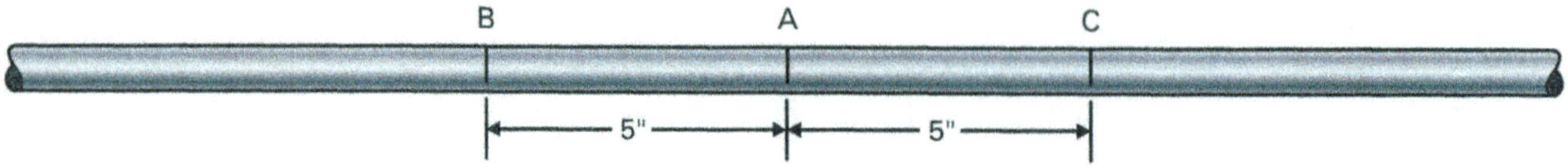

Figura 28 Ubicaciones de las mediciones.

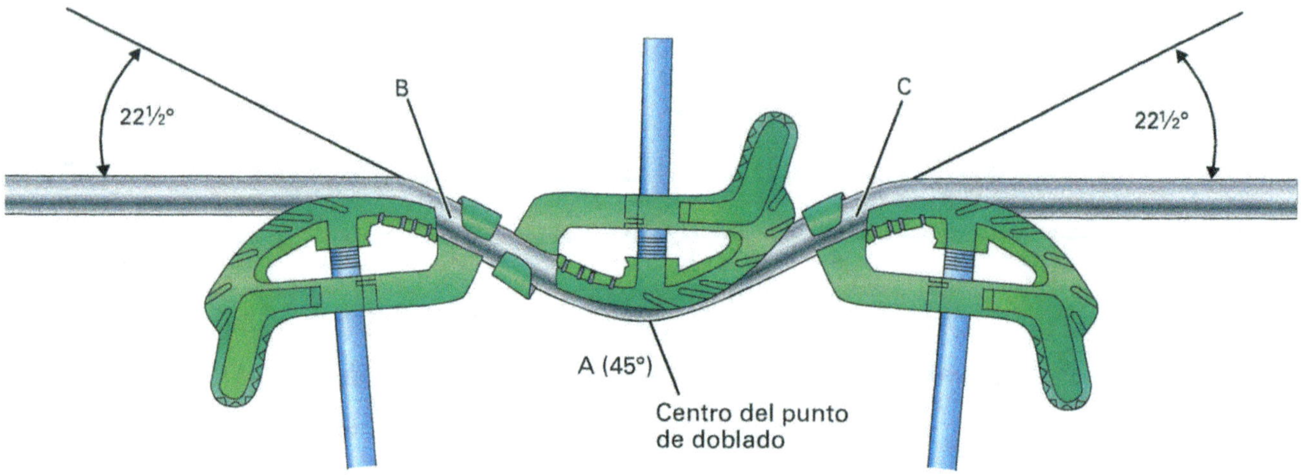

Figura 29 Ubicación de dobleces.

NOTA

El *NEC*® permite que los dobleces de un único tramo de conducto alcancen un total de 360° entre los puntos de tendido. 360° no es tanto como podría pensar. Por ejemplo, si dobla el conducto 90° en dos esquinas de una habitación, con dos desplazamientos de 45° donde el conducto se conecta a un panel de distribución y a una caja de conexiones, habrá agotado sus 360°.

2.3.4 Cómo hacer ensillados de cuatro dobleces

Si necesita rodear un obstáculo de 3" o más, es posible que necesite un ensillado de cuatro dobleces. Los ensillados de cuatro dobleces pueden ser difíciles porque hay que alinear los cuatro dobleces exactamente en el mismo plano. Es beneficioso dedicar más tiempo a su colocación y a la realización de los dobleces. Así no tendrá que desechar todo el trozo y empezar de nuevo.

La figura 30 ilustra que el ensillado de cuatro dobleces son dos desplazamientos formados en paralelo. De izquierda a derecha, siga estos pasos para formar el ensillado:

Paso 1 Determine la altura del desplazamiento.

Paso 2 Determine el espaciado correcto para el primer desplazamiento y marque el conducto.

Paso 3 Doble el primer desplazamiento.

Paso 4 Marque el punto inicial del segundo desplazamiento en el extremo trasero de la obstrucción.

Paso 5 Marque el espaciado para el segundo desplazamiento.

Paso 6 Doble el segundo desplazamiento.

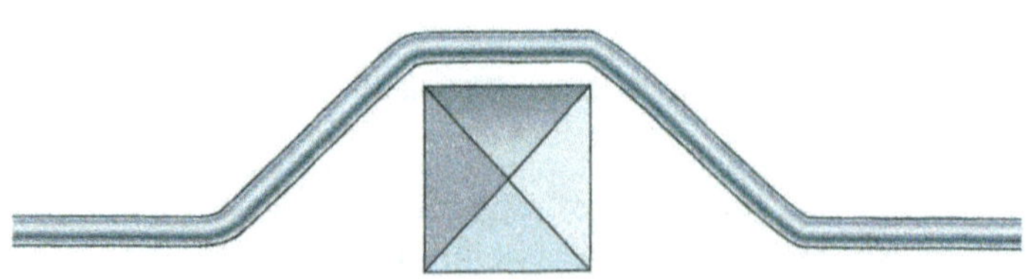

Figura 30 Ensillado típico de cuatro dobleces.

Tomando la *figura 31* como ejemplo, un ensillado de cuatro dobleces que utiliza un EMT de $\frac{1}{2}$" se dispone de la siguiente manera:

- Altura del conducto = 6"
- Ancho del conducto = 8"
- Distancia a la obstrucción = 36

Se utilizan dos desplazamientos de 30° para formar el ensillado. Los siguientes pasos describen cómo crear un ensillado de cuatro dobleces.

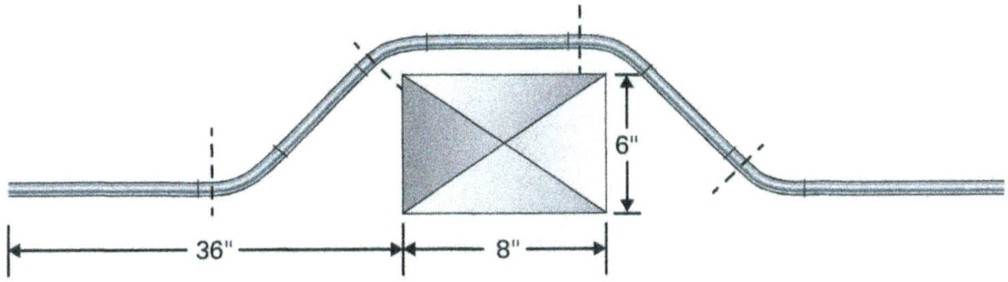

Figura 31 Ensillado de cuatro dobleces.

Paso 1 Consulte la *figura 32*. De izquierda a derecha, calcule el punto inicial del primer doblez. La distancia a la obstrucción es de 36", el desplazamiento es de 6" y el multiplicador de 30° de *tabla 3* es 2.

Distancia a la obstrucción - (desplazamiento × constante para el ángulo) + reducción = distancia al primer doblez

36" – (6" × 2) + $1\frac{1}{2}$" = $25\frac{1}{2}$"

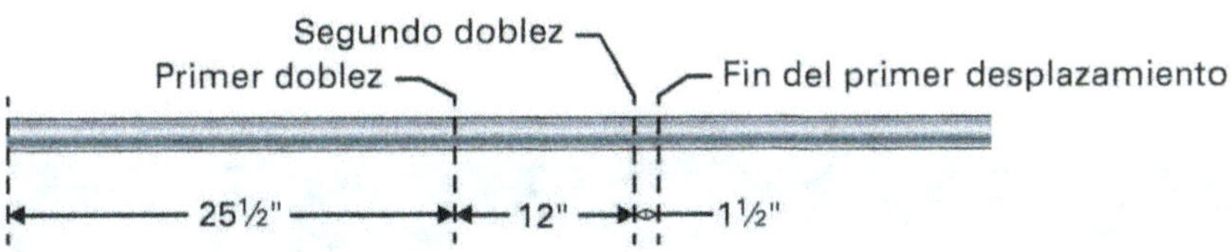

Figura 32 Mediciones de ensillado de cuatro dobleces.

Paso 2 Determine dónde terminará el segundo doblez para garantizar que el conducto evite la obstrucción (*figura 33*).

Distancia al primer doblez + distancia al segundo doblez + reducción = longitud total del primer desplazamiento

$25\frac{1}{2}$" + 12" + $1\frac{1}{2}$" = 39"

Paso 3 Determine el punto inicial del segundo desplazamiento. El ancho de la caja es de 8"; por lo tanto, el punto inicial del segundo desplazamiento debe estar 8" más allá del final del primero:

8" + 39" = 47"

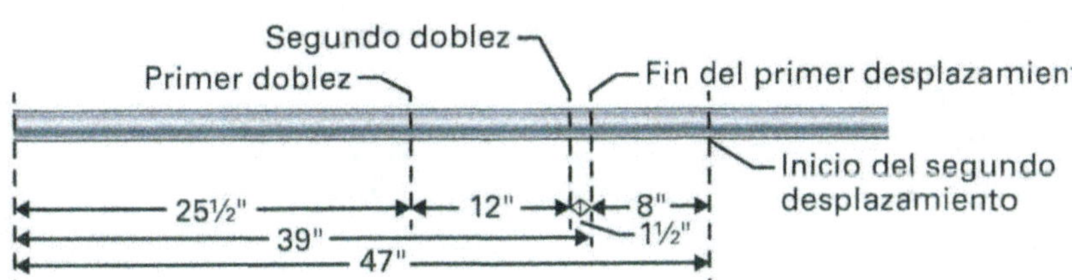

Figura 33 Mediciones de doblado y desplazamiento.

Paso 4 Determine el espaciado para el segundo desplazamiento. Dado que el primer y el segundo desplazamiento tienen la misma elevación y el mismo ángulo, la distancia entre dobleces será la misma, es decir, 12".

2.0.0 Repaso de la sección

1. Las dobladoras manuales están diseñadas para que la fuerza se aplique utilizando _____.
   a. ambas manos y una superficie de pared
   b. ambos pies y ambas manos
   c. un pie y ambas manos
   d. ambos pies y una mano

2. El primer doblez hecho con una barra dobladora de tubos debe ser de aproximadamente _____.
   a. 10°
   b. 20°
   c. 30°
   d. 45°

3. Un codo de 90° también se conoce como _____.
   a. desviación
   b. codo
   c. desvío
   d. ensillado

4. Un doblez de ensillado alrededor de una obstrucción de 4" hará que el centro del ensillado se reduzca _____.
   a. $^3/_{16}$"
   b. $^3/_8$"
   c. $^9/_{16}$"
   d. $^3/_4$"

Módulo 26107-23 Preguntas de repaso

1. Al iniciar el corte inicial con un cortatubos, gírelo siempre _____.
   a. en el sentido contrario a las agujas del reloj
   b. en el sentido de las agujas del reloj
   c. a favor de la veta
   d. en contra de la veta

2. El número de roscas por pulgada para troqueles de conductos oscila entre _____.
   a. 2 y 8
   b. 8 y 18
   c. 18 y 24
   d. 24 y 32

3. Puede utilizar una barra dobladora de tubos para doblar _____.
   a. RMC
   b. EMT
   c. PVC
   d. HDPE

4. ¿Cuál es la clave para un doblado uniforme con una dobladora manual?
   a. Tamaño y longitud correctos del mango
   b. Presión constante del pie sobre el mango
   c. Uso únicamente de la marca correcta del doblador
   d. Inversión correcta de la dobladora de conductos

5. El doblado de PVC en campo requiere _____.
   a. una barra dobladora de tubos
   b. un doblador segmentado
   c. un doblador de un solo paso
   d. una unidad de calentamiento

6. Al doblar PVC, un juego de tapones evita que el PVC se _____.
   a. presurice en exceso
   b. agriete
   c. arrugue
   d. derrita

7. En un triángulo rectángulo, el lado directamente opuesto al ángulo de 90° se denomina _____.
   a. lado recto
   b. hipotenusa
   c. lado largo
   d. pata

8. Antes de hacer un doblez de 90°, ¿cuáles son las dos medidas que debe conocer?
   a. Longitud y tamaño del conducto
   b. Altura deseada y longitud del conducto
   c. Tamaño de la dobladora y del conducto
   d. Longitud de curva y elevación deseada

9. Un doblez en paralelo es _____.
   a. un doblez de dos pasos de 90°
   b. dos dobleces de 90° hechos en paralelo en un solo trozo de conducto
   c. un desplazamiento con cuatro dobleces en paralelo
   d. un doblador segmentado

10. Al hacer un doblez de ensillado, ¿cuánta distancia se acorta el doblez central por cada pulgada de profundidad de ensillado?
   a. 3/8"
   b. 3/16"
   c. 3/4"
   d. 3/32"

Las respuestas a las preguntas de repaso impares del módulo se encuentran en el *Apéndice A*.

Módulo 26107-23 Ejercicios suplementarios

1. Los tamaños de conducto que pueden doblarse con una dobladora manual son _________.
   a. 1/2" a 3/4"
   b. 1/2" a 1 1/4"
   c. 1/2" a 1 1/2"
   d. 1/2" a 2"

2. Si una dobladora puede utilizarse para doblar RMC de 3/4", entonces también puede utilizarse para doblar EMT de _________.
   a. 1"
   b. 2"
   c. 2 1/2"
   d. 3"

3. La longitud de la curva en un EMT de 1" es de _________.

4. La longitud de la curva de un RMC de 1/2" es _________.

5. La ganancia típica en un RMC de 1/2" doblado a 90° es de _________.

6. En un desplazamiento que utiliza dobleces de 30° y una profundidad de 6", la reducción del conducto es de _________.
   a. 1/16"
   b. 1 1/2"
   c. 1"
   d. 2 1/4"

7. En un desplazamiento que utiliza dobleces de 30° y una profundidad de 6", la distancia entre dobleces es de __________.
   a. 6"
   b. 7"
   c. 10"
   d. 12"

8. La reducción del conducto es de __________ por pulgada de desplazamiento cuando se utilizan dobleces de 30°.
   a. $\frac{1}{16}$"
   b. $\frac{1}{8}$"
   c. $\frac{1}{4}$"
   d. $\frac{1}{2}$"

9. El multiplicador para determinar la distancia entre dobleces es __________ cuando se doblan desplazamientos que utilizan dobleces de 30°.
   a. 1.4
   b. 2
   c. 2.6
   d. 6

10. El multiplicador para determinar la distancia entre dobleces es __________ cuando se doblan desplazamientos que utilizan dobleces de 45°.
    a. 1.2
    b. 1.4
    c. 2.6
    d. 2.8

Las respuestas a los ejercicios suplementarios impares se encuentran en el *Apéndice B*.

Piedra angular del oficio

Larry Meeks
Director de Seguridad y Capacitación
Delta Electrical, Inc.

¿Cómo eligió una carrera en el sector?

Estaba cansado de los trabajos sin futuro y quería un desafío.

¿Quién lo inspiró para entrar en el sector?

Tenía familia en el oficio. Ellos fueron mi inspiración.

¿Qué tipos de capacitación ha recibido?

Instructor autorizado de la OSHA del programa de formación práctica de la IEC

¿Qué importancia tienen la educación y la capacitación en la construcción?

Al crecer en el campo, nunca tuve contacto con una capacitación formal. Se trataba de aprender por mí cuenta a medida que avanzaba. Nadie nos enseñaba por miedo a que les quitáramos el trabajo. Sin embargo, la capacitación es esencial para los jóvenes trabajadores de hoy que quieren destacarse en el sector.

¿Qué importancia tienen las credenciales de NCCER para su carrera profesional?

La obtención de credenciales es especialmente importante. La gente valora el reconocimiento. He entrevistado a muchos candidatos a puestos que exponían sus conocimientos sin ningún tipo de certificación. Muchas veces descubrí que no eran tan especializados como me habían dicho.

¿Cómo ha influido la capacitación o la construcción en su vida?

La capacitación de trabajadores jóvenes me ha dado un nuevo punto de vista sobre cómo cambia constantemente el sector. Si no se mantiene al día en este sector, se queda atrás.

¿Qué tipos de trabajo ha realizado en su carrera?

He trabajado en una amplia gama de trabajos de construcción, que incluyen residencial, comercial, baja tensión, fibra óptica, y el servicio de alarma contra incendios y la enseñanza.

Háblenos de su trabajo actual.

Estoy a cargo de los programas de seguridad y de formación práctica de nuestra empresa. Durante el día, actualizo las credenciales pertinentes para los estudiantes inscritos actualmente en las clases. Mis funciones diurnas también incluyen inspecciones sorpresa de seguridad en las obras, en las que busco riesgos para la seguridad de todos los trabajadores. Por la noche, formo parte de un programa de capacitación rotativa de ocho instructores para los cuatro niveles de instrucción eléctrica.

¿Qué es lo que más disfruta de su trabajo?

Me gusta la flexibilidad y el hecho de que siempre haya algo nuevo cada día.

¿Qué factores han contribuido más a su éxito?

El reconocimiento de que el trabajo duro y la perseverancia darán sus frutos a largo plazo.

¿Sugeriría la construcción como carrera profesional a otras personas?

Sí. Los oficios sufren una escasez extrema de mano de obra. El aprendizaje ofrece una habilidad prácticamente sin deudas al finalizarlo. Una carrera en la construcción también ofrece estabilidad.

¿Qué consejo les daría a quienes son nuevos en este campo?

No pierdan el tiempo. Empiecen a capacitarse pronto y asegúrense de que el campo que hayan elegido es lo que quieren hacer a largo plazo. Además, capacítense todo lo que puedan.

¿Cuál es un hecho o logro interesante relacionado con su carrera?

Actualmente tengo licencia de maestro electricista en ocho estados.

¿Cómo se marca la diferencia en este oficio?

Los que marcan la diferencia son los expertos que se enorgullecen de su oficio y trabajan para instalar el mejor producto posible. Hay una gran diferencia entre un instalador y un trabajador especializado.

Respuestas a las preguntas de repaso de la sección

Respuesta	Referencia de la sección	Objetivo
Sección 1.0.0		
1. a	1.1.3	1a
2. c	1.1.4	1a
Sección 2.0.0		
1. c	2.1.1	2a
2. a	2.1.1	2a
3. b	2.2.2	2b
4. d	2.3.3; *Tabla 7*	2c

Actualización por los usuarios

ESCANEAR

¿Encontró algún error? Visite **https://www.nccer.org/olf** o escanee el código QR con su dispositivo móvil para enviar su corrección.

MÓDULO 26108-23

Ductos, canalizaciones y accesorios

Fuente: Ridge Tool Company

NOTA

NFPA 70®, *National Electrical Code®* y *NEC®* son marcas registradas de la National Fire Protection Association, Quincy, MA.

Objetivos

La exitosa finalización de este módulo te prepara para realizar lo siguiente:

1. Explicar cómo se seleccionan e instalan los sistemas de canalizaciones.
    a. Identificar los tipos de conductos y sus aplicaciones.
    b. Describir el proceso para unir correctamente los conductos y usarlos como trayectoria a tierra.
    c. Describir el proceso para instalar accesorios para conductos metálicos.
    d. Describir el proceso para realizar conexiones de conducto a caja.
    e. Identificar soportes de canalización.
    f. Identificar los requisitos de instalación para diversos métodos de construcción.
2. Explicar el proceso para seleccionar elementos de sujeción y de anclaje para la instalación de sistemas de canalización.
    a. Describir el proceso para seleccionar e instalar amarres.
    b. Describir el proceso para seleccionar e instalar tornillos.
    c. Describir el proceso para seleccionar e instalar pasadores y espárragos de impulsión.
    d. Identificar los requisitos de seguridad para pistolas tipo espárrago.
    e. Describir el proceso para seleccionar e instalar anclajes de mampostería.
    f. Describir el proceso para seleccionar e instalar anclajes para paredes huecas.
    g. Describir el proceso para seleccionar e instalar sistemas de anclaje epoxi.
3. Describir el proceso para seleccionar e instalar ductos de cables y otras canalizaciones especializadas.
    a. Identificar los tipos de ductos de cables y sus componentes.
    b. Describir el proceso para instalar soportes de ductos de cables.
    c. Describir el proceso para instalar canalizaciones especiales.
4. Explicar el proceso para seleccionar e instalar bandejas portacables.
    a. Identificar los tipos de bandejas portacables y sus accesorios.
    b. Describir el proceso para instalar soportes de bandejas portacables.
5. Describir el proceso para manipular y almacenar canalizaciones.
    a. Explicar cómo manipular las canalizaciones.
    b. Explicar cómo almacenar las canalizaciones.

Tareas prácticas

Bajo supervisión, deberías poder hacer lo siguiente:

1. Identificar la caja conduit adecuada para una aplicación determinada.
2. Identificar y seleccionar diversos tipos y tamaños de canalizaciones, accesorios y elementos de sujeción para una aplicación determinada.
3. Demostrar cómo instalar un sistema de canalización.
4. Terminar un sistema de canalización seleccionado.

Recursos digitales sobre Electricidad

Escanee este código con la cámara de su celular o dispositivo móvil para ver los recursos digitales relacionados con este oficio.

ESCANEAR

Visión general

Los sistemas de canalización eléctrica protegen cables, alambres y barras colectoras. Es importante saber seleccionar e instalar correctamente los sistemas por muchas razones de seguridad. Con la práctica, los conocimientos y la capacitación, podrá aprender a instalar correctamente los sistemas de canalización. Además de describir varios sistemas disponibles, en este módulo aprenderá a seleccionar e instalar los sistemas con base en los requisitos del *NEC*®. Este módulo también describe cómo se utilizan los distintos tipos de conductos para las canalizaciones.

NCCER Credenciales reconocidas en el sector

Si se está capacitando a través de un patrocinador acreditado por NCCER, puede ser elegible para obtener credenciales del NCCER. El número de identificación de este módulo es 26108-23. Tenga en cuenta que este módulo puede haber sido utilizado en otros planes de estudios de NCCER y puede aplicarse a la realización de otros niveles. Comuníquese con NCCER al 1.888.622.3720 o visite **www.nccer.org** para obtener más información

También puede mostrar en línea sus credenciales reconocidas por el sector con las insignias digitales de NCCER. Transforme sus conocimientos, habilidades y logros en insignias que puede compartir en las plataformas de redes sociales, enviar a su red y agregar a su currículum. Para obtener más información, visite **www.nccer.org**.

1.0.0 Sistemas de canalización

Tarea práctica

1. Identificar la caja conduit adecuada para una aplicación determinada.

Objetivo

Explicar cómo se seleccionan e instalan los sistemas de canalizaciones.

a. Identificar los tipos de conductos y sus aplicaciones.
b. Describir el proceso para unir correctamente los conductos y usarlos como trayectoria a tierra.
c. Describir el proceso para instalar accesorios para conductos metálicos.
d. Describir el proceso para realizar conexiones de conducto a caja.
e. Identificar soportes de canalización.
f. Identificar los requisitos de instalación para diversos métodos de construcción.

Canalizaciones (*raceways*): canales cerrados diseñados expresamente para sostener alambres, cables o barras colectoras, con funciones adicionales según lo permitido en el *NEC*®.

Ductos de cables (*wireways*): canales de acero para alojar cables y alambres eléctricos.

El término **canalizaciones** se refiere a los canales cerrados donde se aloja el cableado eléctrico. Las canalizaciones pueden ser metálicas o no metálicas y de distintas formas. En esta sección, aprenderá acerca de los tipos de canalizaciones, incluidos los recintos tales como conductos metálicos flexibles, tuberías, **ductos de cables**, canalizaciones metálicas superficiales y canalizaciones no metálicas superficiales. También conocerá los sistemas de soporte, como las bandejas portacables.

1.1.0 Tipos de conductos y sus aplicaciones

Conducto (conduit): una canalización redonda, similar a un tubo, que alberga conductores.

Conozca el código

Porcentaje de la sección transversal de conductos y tubos para conductores y cables
Capítulo 9, Tabla 1 del NEC

Conozca el código

Dimensiones y superficie porcentual de conductos y tuberías
Capítulo 9, Tabla 4 del NEC

Un **conducto** es una canalización de sección circular, similar a una tubería, que contiene alambres o cables. Los conductos se utilizan para proteger los conductores y llevarlos de un lugar a otro. Los conductos metálicos también proporcionan una trayectoria eléctrica permanente a tierra. Este equipo debe estar homologado de acuerdo con el *NEC*®.

En el sector de la construcción se utilizan muchos tipos de conductos. Las especificaciones de ingeniería, los códigos locales y el *NEC*® determinan el tamaño del conducto. Consulte las ***tablas 1, 4, 5 y 5A del capítulo 9*** y el ***anexo informativo C del NEC*** para conocer los diversos conductores con que se utilizan los conductos.

1.1.1 Identificación de tuberías metálicas eléctricas

La tubería metálica eléctrica (EMT) es la tubería para el servicio más ligero disponible para proteger el cableado eléctrico. La tubería EMT se utiliza bastante en sistemas de cableado residencial, comercial e industrial. Es liviana, fácil de doblar y de cortar o moldear. También es el tipo de conducto metálico más económico.

Puesto que el espesor de la pared de la tubería EMT es menor que el del conducto rígido, a menudo se denomina 'conducto de pared delgada' *(thin walled conduit)*. En la *figura 1*, se muestra una comparación de los diámetros interior y exterior de la tubería EMT, el conducto metálico rígido (RMC) y el conducto metálico intermedio (IMC).

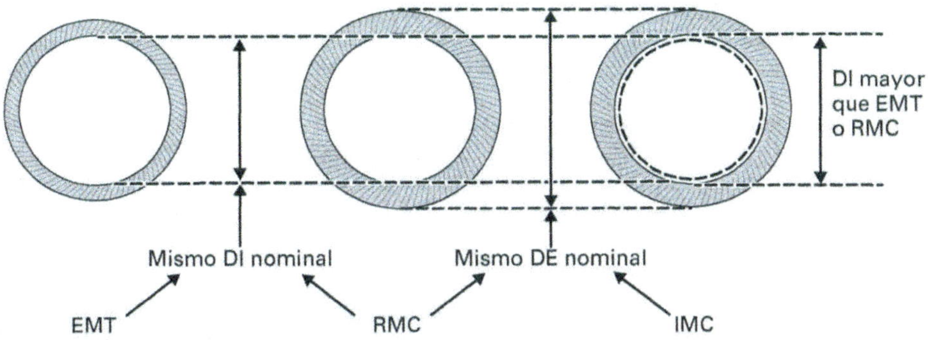

Figura 1 Comparación de los diámetros interior y exterior de EMT, RMC e IMC.

El *artículo 358 del NEC*, contiene los requisitos sobre la tubería EMT. En particular, la *sección 358.10 del NEC* abarca los requisitos de instalación de la EMT.

La *sección 358.10(A) del NEC* trata del uso permitido de la tubería EMT en instalaciones expuestas u ocultas.

De acuerdo con la *sección 358.10(B)(1) del NEC*, las tuberías EMT, los codos y los accesorios de acero galvanizado y acero inoxidable pueden instalarse en concreto, en contacto directo con la tierra o en zonas propensas a la corrosión siempre que estén protegidos contra la corrosión y **aprobados** como adecuados para la condición.

Según la *sección 358.10(D) del NEC*, cuando se instale EMT en lugares mojados, los soportes, pernos, correas y tornillos deben ser de materiales resistentes a la corrosión o estar protegidos contra la corrosión por materiales resistentes a la corrosión.

La *sección 358.12 del NEC* trata de los usos no permitidos de la tubería EMT. Establece que la EMT no debe utilizarse en lugares que puedan estar expuestos a daños físicos graves. Además, no puede utilizarse para soportar luminarias u otros equipos, excepto cajas conducto no mayores que el mayor tamaño comercial de la tubería.

En una zona húmeda, debe instalarse EMT y otros conductos metálicos para evitar que entre agua en el sistema de conductos. Según la *sección 300.6(D) del NEC*, en lugares donde las paredes se lavan con frecuencia, todo el sistema de conductos debe instalarse para proporcionar un espacio de aire de $\frac{1}{4}$" (6 mm) entre él y la pared o superficie de apoyo. Se considera que todo el sistema de conductos incluye conductos, cajas y accesorios. A efectos de resistencia a la corrosión debido a entornos húmedos, la EMT está galvanizada. El término *'galvanizado' (galvanized)* se utiliza para describir el procedimiento por el cual el interior y el exterior del conducto se recubren con un compuesto de zinc resistente a la corrosión.

Dado que la EMT es un buen conductor de la electricidad, puede utilizarse como conductor de puesta a tierra de equipos según la *sección 250.118(A)(4) del NEC*. El sistema de conductos debe estar firmemente conectado en cada unión y proporcionar una trayectoria continua de puesta a tierra desde cada carga eléctrica hasta el equipo de acometida. Los conectores y acoples utilizados en un sistema EMT garantizan la continuidad eléctrica y mecánica en todo el sistema (véanse las *secciones 250.96, 300.10 y 358.42 del NEC*).

Puesto que la EMT es demasiado fina para roscarla, se deben utilizar accesorios como conectores y acoples catalogados para EMT. Cuando se usen conectores y acoples de compresión para EMT, deben apretarse de forma segura.

Cuando instale conectores y acoples de compresión para EMT en mampostería o concreto, estos deben estar catalogados para su uso en concreto según la *sección 358.42 del NEC*. Cuando instale conectores y acoples de compresión para EMT en un lugar mojado, deben estar catalogados para su uso en lugares mojados según la *sección 314.15 del NEC*.

Conozca el código

Dimensiones de conductores aislados y cables para artefactos
Capítulo 9, tabla 5 del NEC

Conozca el código

Dimensiones y áreas nominales de conductores compactos de aluminio y cobre para edificios
Capítulo 9, tabla 5A del NEC

Conozca el código

Tablas de ocupación de conductos, tubería y bandeja portacables para conductores y cables de artefactos del mismo calibre
anexo informativo C del NEC

Conozca el código

Tubería eléctrica metálica (EMT)
Artículo 358 del NEC

Aprobado *(approved)*: que cumple los requisitos de una agencia normativa pertinente.

Conozca el código

Lugares mojados interiores
Sección 300.6(D) del NEC

Conozca el código

Tipos de conductores de puesta a tierra de equipos
Sección 250.118 del NEC

Conozca el código

Unión equipotencial de otros recintos
Sección 250.96 del NEC

Conozca el código

Continuidad eléctrica de canalizaciones, armaduras de cables y recintos metálicos
Sección 300.10 del NEC

Conozca el código

Acoples y conectores
Sección 358.42 del NEC

Conozca el código

Lugares húmedos o mojados
Sección 314.15 del NEC

El *artículo 100 del NEC* define 'impermeable a la lluvia' *(raintight)* como "construido o protegido de tal manera que la exposición a la lluvia directa no dé como resultado la entrada de agua bajo las condiciones de prueba especificadas". Define un 'lugar mojado' *(wet location)* como un lugar que cumple una o más de las siguientes características:

- Está sin protección o expuesto a la intemperie
- Está expuesto a la saturación con agua u otros líquidos
- Está bajo tierra
- Está en losas de concreto o mampostería en contacto directo con la tierra

Puede utilizar accesorios para lugares mojados en lugares secos, pero no puede utilizar accesorios para lugares secos en lugares mojados. Para lugares mojados o húmedos, utilice accesorios de compresión homologados, como los de la *figura 2*. Estos accesorios contienen un anillo de compresión metálico que forma un sello impermeable a la lluvia.

En lugares secos, los accesorios para EMT pueden ser de tipo tornillo prisionero, de compresión o de presión. Los accesorios a presión no necesitan apretarse y se pueden desmontar con una herramienta especial. Para utilizar accesorios de tornillo prisionero (*figura 3*), se introducen los extremos de la EMT en el manguito y se aprietan los tornillos prisioneros para realizar la conexión.

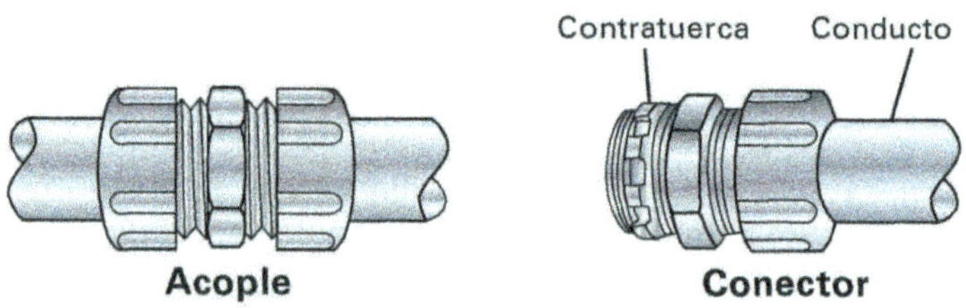

Figura 2 Acople de compresión y conector.

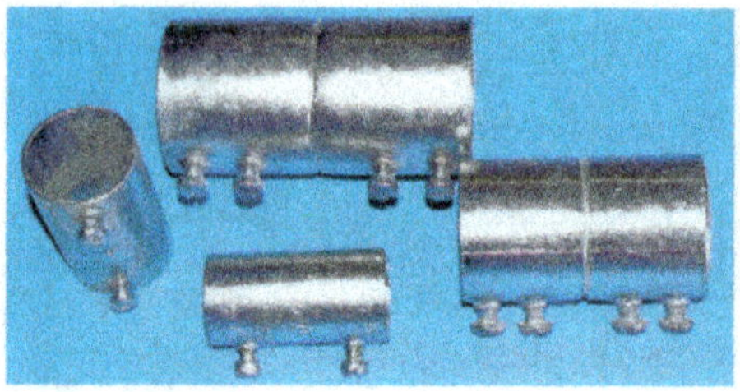

Figura 3 Acoples de tornillo prisionero para lugares secos.

NOTA

Los conectores EMT de menos de $2^1/_2$" (MD 63), aunque son del mismo tamaño que los conectores sin rosca para RMC, no pueden utilizarse para conectar RMC.

La EMT de tamaño de $2^1/_2$" o de designador métrico (MD) 63 o más tienen el mismo diámetro exterior que los tamaños correspondientes de RMC galvanizado. Los conectores sin rosca para RMC pueden utilizarse para conectar EMT.

Tanto los acoples de tornillo prisionero como los de compresión están disponibles en fundición a troquel o acero. Los acoples de acero son más resistentes que los de fundición a troquel.

En la *sección 358.30 del NEC*, se presentan los requisitos para los soportes de EMT.

Al igual que con la mayoría de los demás conductos metálicos, la EMT debe asegurarse a intervalos no superiores a 10' (3 m) y a menos de 3' (900 mm) de cada caja de salida, caja de conexiones, gabinete, accesorio o terminación del conducto.

La excepción nº 1 de la *sección 358.30(A) del NEC* permite aumentar la distancia de sujeción de tramos continuos de EMT a 5' (1.5 m) cuando los elementos estructurales no permiten una sujeción fácil a una distancia menor de 3' (900 mm).

También hay disponibles tubería eléctrica no metálica (ENT). Es una alternativa económica a la EMT, pero solo puede utilizarse en determinadas aplicaciones, según el *artículo 362 del NEC*.

Conozca el código

Sujeción y soporte
Sección 358.30 del NEC

Conozca el código

Tubería eléctrica no metálica (ENT)
Artículo 362 del NEC

1.1.2 Identificación de conductos metálicos rígidos

El RMC es un conducto metálico de espesor suficiente para permitir el corte de roscas en cada extremo del tubo. Encontrará información específica sobre el RMC en el *artículo 344 del NEC*. El RMC proporciona la mejor protección física para los conductores de cualquiera de los diversos tipos de conductos. El RMC viene en tramos de 10' (3 m) e incluye un acoplamiento roscado en un extremo.

El RMC puede ser de acero o aluminio y puede ser inoxidable, galvanizado o esmaltado por dentro y por fuera. Gracias a sus accesorios roscados, el RMC es un excelente conductor de puesta a tierra de equipos, tal como se define en la *sección 250.118(2) del NEC*. En la *figura 4* (A) se muestra una pieza de RMC. Los requisitos para el soporte de RMC se presentan en la *sección 344.30 del NEC* y en la *tabla 344.30(B) del NEC*.

Conozca el código

Conducto metálico rígido (RMC)
Artículo 344 del NEC

Conozca el código

Tipos de conductores de puesta a tierra de equipos
Sección 250.118 del NEC

(A) Conducto metálico rígido (RMC)

(B) RMC con recubrimiento de plástico

Figura 4 Conducto metálico rígido (RMC).
Fuente: Tim Dean

DI de tubo roscado

1. El azul representa una tubería de tamaño uniforme (1", 2", etc.)
2. El rojo representa un cuarto de pulgada (¾" o 1¼")
3. El negro representa los tamaños de media pulgada (1½", 2½", etc.)

1.1.3 Identificación de RMC con recubrimiento de plástico

El RMC con recubrimiento de plástico tiene una fina capa de cloruro de polivinilo (PVC), como se muestra en la *figura 4* (B). Esta combinación es útil cuando un entorno requiere la robustez del RMC junto con la resistencia a la corrosión del conducto rígido no metálico (RNC).

El RMC con recubrimiento de plástico requiere técnicas especiales de roscado y doblado. Estas son algunas instalaciones típicas en las que se puede necesitar RMC con recubrimiento de plástico:

- Plantas químicas
- Plantas de alimentos
- Refinerías
- Plantas de fertilizantes
- Fábricas de papel
- Plantas de tratamiento de aguas residuales

1.1.4 Identificación de conductos de aluminio

Los conductos de aluminio resisten mejor la corrosión que los de acero. Son adecuados para zonas donde puede haber humedad o productos químicos, como plantas de tratamiento de aguas residuales, alrededor de torres de refrigeración y en zonas de servicios alimentarios. También son adecuados para fines especiales, como líneas de alto número de ciclos (400 ciclos o más) y en lugares con inducción magnética, como cerca de equipos de resonancia magnética en hospitales.

Según la *sección 300.6(B) del NEC*, los conductos de aluminio en concreto o en contacto directo con el suelo deben tener una protección suplementaria contra la corrosión. Algunos ejemplos de protección suplementaria son los siguientes:

- Pinturas aprobadas para el propósito
- Cinta adhesiva de envoltura aprobada para el propósito
- Conducto revestido de PVC

Conozca el código

Equipos metálicos de aluminio
Sección 300.6(B) del NEC

PRECAUCIÓN

No entierre conductos de aluminio en suelos o concreto que contengan cloruro de calcio, pues esta sustancia puede afectar su resistencia a la corrosión. El cloruro de calcio y materiales similares pueden añadirse al concreto para acelerar el fraguado. Antes de instalar conductos de aluminio, averigüe si se agregarán cloruros al concreto. Consulte las normas locales para este uso con la Authority Having Jurisdiction - AHJ (autoridad competente).

1.1.5 Identificación de conductos de acero con esmalte negro

El conducto rígido de acero con esmalte negro (o *conducto negro*, como se le llama a menudo) es un conducto de acero recubierto de esmalte negro. En el pasado, este tipo de conducto se utilizaba exclusivamente para el cableado interior. Los conductos de acero con esmalte negro ya no se fabrican para su venta en los Estados Unidos. Cabe mencionar esto solo porque aún puede encontrarse en instalaciones construidas.

1.1.6 Identificación de conductos metálicos intermedios

Conozca el código

Conducto intermedio metálico (IMC)
Artículo 342 del NEC

El IMC es un tipo de conducto rígido de acero. Tiene un espesor de pared inferior al del RMC pero superior al de la EMT. El peso del IMC es aproximadamente $^2/_3$ el del RMC. Debido a su menor precio de compra, peso más ligero y paredes más delgadas, las instalaciones de IMC generalmente son menos costosas que las instalaciones similares de RMC. Sin embargo, las instalaciones de IMC siguen teniendo una alta resistencia. Encontrará más información sobre el IMC en el ***artículo 342 del NEC***.

El diámetro exterior de un tamaño determinado de IMC es el mismo que el del tamaño comparable de RMC. Por lo tanto, los accesorios de RMC pueden utilizarse con IMC. Dado que las roscas de IMC y RMC son del mismo tamaño, no se necesitan herramientas de roscado especiales para roscar IMC. Algunos electricistas consideran que el roscado de IMC es más difícil que el de RMC porque el IMC es un poco más duro.

Conozca el código

Marcado de equipos
Sección 110.21(A) del NEC

El diámetro interno de un tamaño determinado de IMC es un poco mayor que el del mismo tamaño de RMC debido a la diferencia de espesor de las paredes. El doblado de IMC requiere zapatos especiales para sujetar el conducto y evitar que colapse.

El *NEC*® requiere identificar el IMC en toda su longitud a intervalos de 5' (1.5 m) con las letras IMC. En las ***secciones 110.21(A)(1) y 342.120 del NEC***, se describe este requisito de marcado.

Conozca el código

Tipos de conductores de puesta a tierra de equipos
Sección 250.118 del NEC

Al igual que el RMC, el IMC puede actuar como conductor de puesta a tierra de equipos, tal como se define en la ***sección 250.118(A)(3) del NEC***. Sin embargo, el uso de IMC puede estar restringido en algunas jurisdicciones. Es importante investigar los requisitos de cada autoridad competente antes de seleccionar cualquier material.

1.1.7 Identificación de conductos rígidos de cloruro de polivinilo

Conozca el código

Conducto rígido de cloruro de polivinilo (PVC)
Artículo 352 del NEC

El tipo más común de RNC se fabrica con PVC. Las normas que rigen el PVC están en el ***artículo 352 del NEC***.

El PVC no es corrosivo, es químicamente inerte y no envejece. Suele utilizarse en instalaciones en zonas húmedas o corrosivas. El PVC no tiene los mismos problemas de corrosión que el acero y el aluminio. Sin embargo, puede deteriorarse bajo ciertas condiciones, como la luz solar extrema. El PVC se marca de acuerdo con las normas establecidas por la *National Electrical Manufacturers Association* - NEMA (Asociación Nacional de Fabricantes Eléctricos) o **UL Solutions**, antes conocida como Underwriters Laboratories, Inc, como se muestra en la *figura 5*. Observe que el PVC de la figura está marcado como resistente a la luz solar.

UL Solutions (*UL solutions*): organismo que evalúa y aprueba los componentes y equipos eléctricos.

Puesto que el PVC es más liviano que el RMC, el IMC o la EMT de acero o aluminio, se considera más fácil de manejar. La instalación del PVC suele ser mucho más rápida que otros tipos de conductos, ya que las juntas se realizan con cemento y no requieren roscado.

El PVC no contiene metal. Esta característica reduce la caída de tensión de los conductores que transportan corriente alterna en PVC en comparación con conductores idénticos en conductos de acero.

Conozca el código

Tamaño mínimo de los conductores de puesta a tierra de equipos para canalizaciones y equipos de puesta a tierra
Tabla 250.122 del NEC

Dado que el PVC no es conductor, no puede utilizarse como conductor de puesta a tierra de equipos. En cada tramo de conductores de PVC (excepto en el caso de los conductores subterráneos de entrada de acometida) debe tenderse un conductor de puesta a tierra de equipos dimensionado de acuerdo con la ***tabla 250.122 del NEC***.

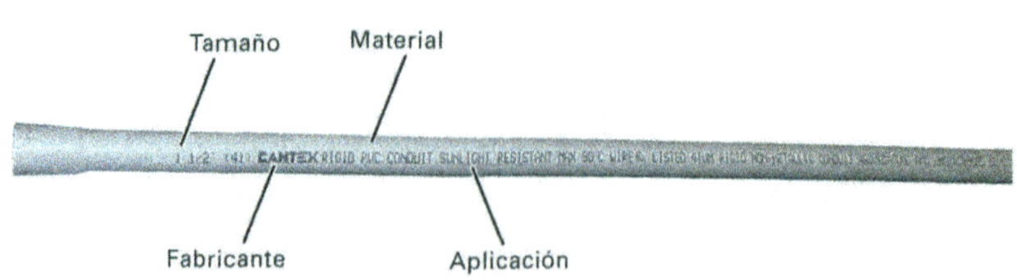

Figura 5 El PVC es el tipo más común de RNC.

El PVC viene en varias longitudes. Para algunas áreas, es necesario cortarlo a 10' (3 m) antes de instalarlo. El PVC se puede dilatar y contraer por las diferencias de temperatura, además de los efectos de radiación sobre el conducto.

En climas moderados, incluso una instalación de PVC de 10' (3 m) requeriría una junta de expansión según el *NEC®*. Cada tramo recto de conducto debe tratarse independientemente de los demás tramos cuando se conecten mediante codos.

El PVC se ve afectado cuando la temperatura ambiente es mayor de lo habitual. Para evitar daños en el PVC debido a los cambios de temperatura, se utilizan acoples de expansión. La *figura 6* muestra varios accesorios de PVC. El interior del acople está sellado con una o varias juntas tóricas. Este tipo de acople puede permitir un movimiento de hasta 6" (150 mm). Revise los requisitos de la autoridad competente antes de instalar PVC.

Consulte la *tabla 1* para obtener información sobre los dos tipos de PVC y sus principales usos.

TABLA 1 Detalles sobre los dos tipos de PVC

Tipo	Descripción	Espesores de pared disponibles
Enterramiento en caja (EB) o tipo I	Solo para uso subterráneo si está revestido de concreto	Pared delgada
Enterramiento directo (DB) o tipo II	Para uso subterráneo sin revestimiento de concreto	Schedule 40: Pared gruesa para enterramiento directo en la tierra e instalaciones sobre el suelo
		Schedule 80: Pared extra gruesa para enterramiento directo en la tierra, instalaciones sobre el suelo para aplicaciones generales e instalaciones en las que el conducto está expuesto a daños físicos.

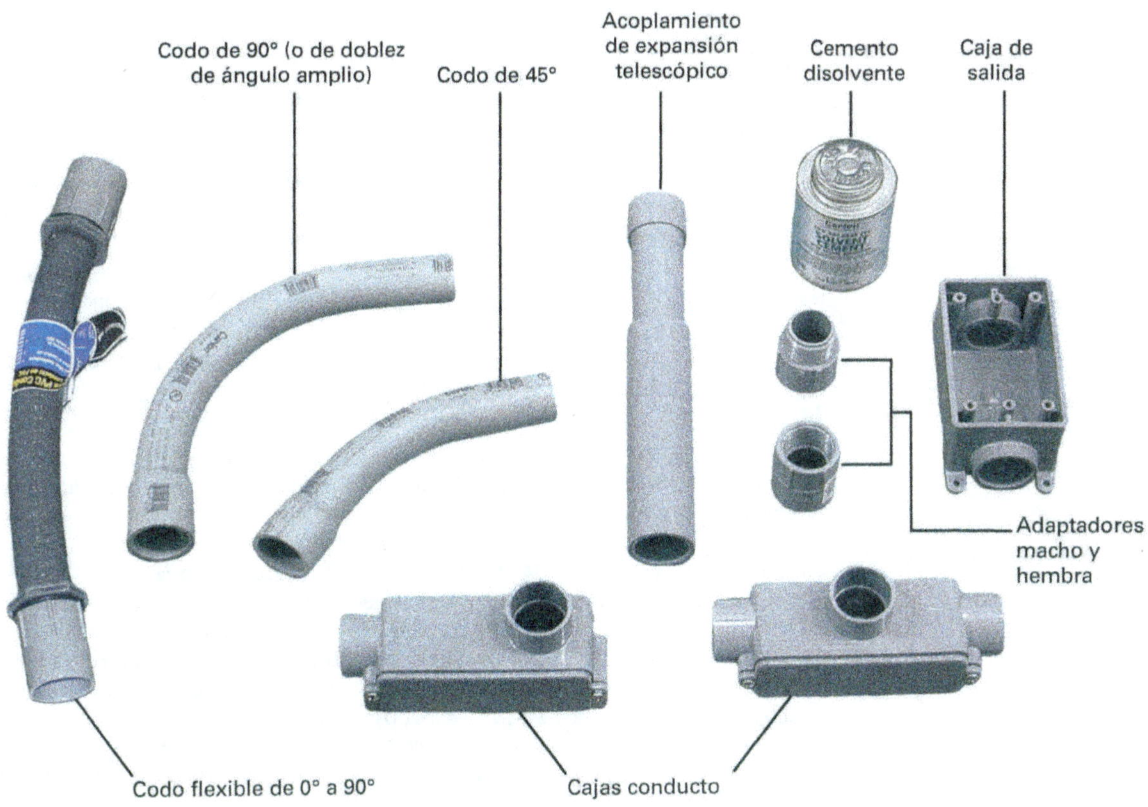

Figura 6 Accesorios de PVC.

Conozca el código

Tamaño
Sección 352.20 del NEC

Conozca el código

Soportes para conducto rígido de cloruro de polivinilo (PVC)
Tabla 352.30(B) del NEC

Los requisitos de soporte del PVC se pueden encontrar en la *sección 352.20 del NEC* y en la *tabla 352.30(B) del NEC*.

Al igual que otros tipos de conductos, el PVC debe sujetarse a menos de 3′ (900 mm) de cada dispositivo o caja de salida, caja de conexiones, caja conduit u otra terminación. La separación máxima entre soportes depende del tamaño del conducto. En la *tabla 2*, figuran algunas de los reglamentos sobre la distancia máxima entre soportes.

TABLA 2 Algunos reglamentos sobre la distancia máxima entre soportes

Tamaño del conducto	Separación máxima
Conducto de ½" a 1" (MD 16 a MD 27)	Cada 3' (900 mm)
Conducto de 1¼" a 2" (MD 35 a MD 53)	Cada 5' (1.5 m)
Conducto de 2½" a 3" (MD 63 a MD 78)	Cada 6' (1.8 m)
Conducto de 3½" a 5" (MD 91 a MD 129)	Cada 7' (2.1 m)
Conducto de 6" (MD 155)	Cada 8' (2.5 m)

1.1.8 Identificación de conductos de polietileno de alta densidad

Conozca el código

Conducto de polietileno de alta densidad (conducto de HDPE)
Artículo 353 del NEC

Los conductos de polietileno de alta densidad (HDPE) son un RNC homologado para instalaciones subterráneas. Es apto para enterramiento directo o donde esté revestido de concreto. En muchas aplicaciones de señalización y comunicaciones, se suministra en bobinas con los conductores preinstalados y puede colocarse en una zanja o enterrarse. No está homologado para usarse en superficies a menos que esté revestido de 2″ (50 mm) de concreto. Consulte el *artículo 353.10(5) del NEC*.

1.1.9 Identificación de conductos no metálicos flexibles impermeables a los líquidos

Conozca el código

Conducto flexible no metálico impermeable a los líquidos (LFNC)
Artículo 356 del NEC

El conducto flexible no metálico impermeable a líquidos (LFNC) se desarrolló como canalización para equipos industriales. Protege a los conductores de vapores, líquidos y sólidos. En algunos casos, el *NEC*® permite LFNC para uso en exteriores y de enterramiento directo. Consulte el *artículo 356.10 del NEC*.

La tabla 3 identifica tres tipos de LFNC para las canalizaciones. Cada diseño debe ser resistente a las llamas con accesorios aprobados para la instalación de conductores eléctricos.

TABLA 3 Tres tipos de LFNC permitidos

Tipo LFNC	Información sobre el producto
LFNC-A	Este tipo se conoce comúnmente como *manguera*. Consta de una capa interior y otra exterior de neopreno con una red de refuerzo de nailon entre las capas.
LFNC-B	Es el más utilizado. Consta de una pared lisa de PVC flexible con una varilla de refuerzo integral de PVC rígido.
LFNC-C	Este tipo tiene una forma ondulada de nailon sin refuerzos integrales.

Algunos conectores se adaptan tanto a conductos flexibles metálicos como no metálicos impermeables a los líquidos utilizando un conector de doble homologación o doble propósito.

El LFNC es resistente a la luz solar y adecuado para su uso a temperaturas de 80°C (176°F) en seco y 60°C (140°F) en húmedo. Viene en tamaños de ⅜″ a 4″ (MD 12 a MD 103). La *sección 356.12 del NEC* establece que el LFNC no puede utilizarse en lugares expuestos a daños físicos. La longitud del LFNC también se limita a no más de 6′ (1.8 m), excepto cuando esté sujetado adecuadamente, cuando se requiera flexibilidad o cuando lo permita la *sección 356.10 del NEC*. Además, no puede utilizarse en lugares peligrosos (clasificados), excepto según se especifica en otros artículos del *NEC*®.

Los conectores de compresión se utilizan para conectar conductos flexibles impermeables a los líquidos a cajas o equipos. Vienen en configuraciones rectas de 45° y 90° (*figura 7*).

Figura 7 Conectores flexibles impermeables a los líquidos.

1.1.10 Identificación de conductos metálicos flexibles

Por lo general, el conducto metálico flexible (FMC), denominado *flex*, está disponible en dos tipos: impermeable y no impermeable a los líquidos. El FMC puede usarse en muchos tipos de sistemas de cableado. El código sobre el FMC se encuentra en el *artículo 348 del NEC*. Los conductos metálicos flexibles herméticos a los líquidos (LFMC) se tratan en el *artículo 350 del NEC*.

El FMC se fabrica a partir de una única tira de acero o aluminio, enrollada y entrelazada (*figura 8*). Por lo general, el FMC vienen en diámetros de $\frac{3}{8}$" a 4" (MD 12 a MD 103).

El FMC se utiliza a menudo para conectar equipos o máquinas que vibran o se mueven ligeramente durante su funcionamiento. También se utiliza para realizar una conexión final a equipos con un punto de conexión eléctrica marginalmente **accesible**.

El FMC se dobla fácilmente, pero el radio mínimo de curvatura es el mismo que para otros tipos de conductos. Según el *artículo 348.24(B) del NEC*, no debe doblarse más del equivalente a cuatro cuartos de curva (360° en total) entre puntos de cableado (por ejemplo, cajas conducto y cajas). Puede conectarse a cajas con un conector de conducto flexible y a RMC o EMT mediante un acople combinado. En la *figura 9* se muestra un acople combinado flexible-rígido.

El LFMC tiene una cubierta exterior de material flexible impermeable a los líquidos y resistente a la luz solar que actúa como sello contra la humedad. Está diseñado para su uso en lugares mojados. Por lo general, se usa con conexiones de equipos y motores cuando es probable que se produzca movimiento del equipo. Los requisitos en cuanto a número de curvas, tamaño y soporte de los conductos impermeables a los líquidos son los mismos que para todos los conductos flexibles. Los accesorios utilizados con los conductos LFMC también deben ser del tipo impermeable a los líquidos.

Si no se proporciona un soporte adecuado para el conducto flexible, puede dificultar el tendido de los conductores. Los requisitos de sujeción para FMC y LFMC se encuentran en las *secciones 348.30 y 350.30 del NEC*. Estos son los algunos de los requisitos de sujeción:

- Las correas u otros medios de sujeción del FMC deben separarse cada $4\frac{1}{2}$' (1.4 m) y a menos de 12" (300 mm) de cada extremo. Esta separación es menor que la utilizada para los conductos rígidos.
- En los terminales en los que se necesita flexibilidad, se permiten longitudes mayores según la *sección 348.30 del NEC* y las excepciones de la *sección 350.30 del NEC*. Por ejemplo, cuando se requiere flexibilidad para tamaños de conductos de $\frac{1}{2}$" a $1\frac{1}{4}$" (MD 16 a MD 35), se permiten longitudes de hasta 36" (900 mm) sin soporte.

Figura 9 Acoples combinados.
Fuente: Eaton's Crouse-Hinds Business

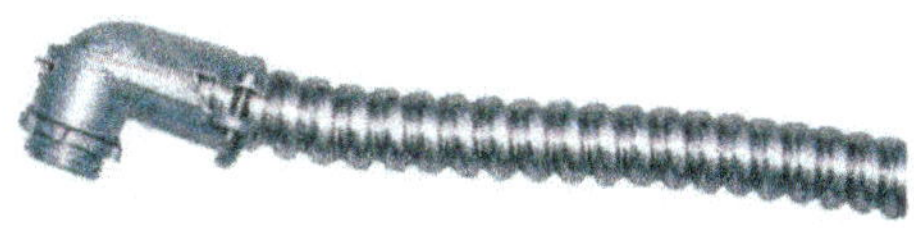

Figura 8 Conducto metálico flexible (FMC)

Conozca el código

Conducto metálico flexible (FMC)
Artículo 348 del NEC

Conozca el código

Conducto metálico flexible impermeable a los líquidos (LFMC)
Artículo 350 del NEC

Accesible (*accessible*): al que se puede acceder, por ejemplo, para servicio o reparación.

1.2.0 Unión equipotencial de conductos

Por motivos de seguridad, la mayoría de los equipos que reciben energía eléctrica y tienen un bastidor metálico llevan unión equipotencial. Para ello, se realiza una conexión eléctrica desde el bastidor metálico hasta el punto de puesta a tierra en el equipo de entrada de acometida.

El propósito del conductor de puesta a tierra del equipo es proporcionar una trayectoria de baja resistencia a tierra para todos los equipos que reciben energía. El objetivo es que, si un conductor sin puesta a tierra entra en contacto con el bastidor de una pieza del equipo, el dispositivo de protección contra sobrecorriente del circuito abra inmediatamente el circuito. También reduce el voltaje a tierra que habría en el equipo defectuoso si una persona entrara en contacto con el bastidor del equipo.

Este tipo de unión equipotencial suele realizarse de una o ambas de las siguientes maneras:

- El bastidor del equipo se conecta a un cable (conductor de puesta a tierra del equipo). El cable se conecta directamente al punto de tierra en el terminal de puesta a tierra.
- El bastidor del equipo se conecta a un conducto metálico u otro tipo de sistema de canalización. Esto proporciona un circuito continuo y de baja impedancia al punto de tierra en el equipo de entrada de acometida. La canalización o conducto metálico actúa como conductor de puesta a tierra del equipo.

Conozca el código

Unión equipotencial de otros recintos
Sección 250.96 del NEC

De acuerdo con la *sección 250.96 del NEC*, las canalizaciones metálicas, bandejas portacables, armadura de cables, blindaje de cables, recintos, bastidores, herrajes y otras partes metálicas no portadoras de corriente que están destinadas para uso como conductores de puesta a tierra de equipos, con o sin el uso de conductores de puesta a tierra de equipos suplementarios, deben llevar unión equipotencial cuando sea necesario. De este modo, se asegura la continuidad eléctrica y la capacidad de conducir en forma segura cualquier corriente de falla que probablemente les sea impuesta. Cualquier pintura, esmalte o recubrimiento similar no conductor se debe remover de las roscas, puntos de contacto y superficies de contacto, o las conexiones se deben hacer por medio de herrajes diseñados para lograr que esta remoción sea innecesaria.

1.3.0 Accesorios de conductos metálicos

Conozca el código

Cajas, cajas conducto o accesorios; cuando se requieren
Sección 300.15 del NEC

Hay muchos accesorios de conductos disponibles para los trabajos eléctricos. El tipo de accesorio utilizado en una aplicación concreta depende de lo siguiente:

- El tamaño y el tipo de conducto
- El tipo de accesorio que se necesita para la aplicación
- La ubicación del accesorio
- El método de instalación

Los requisitos y las aplicaciones adecuadas de cajas, cajas conducto o accesorios se encuentran en la *sección 300.15 del NEC*. Algunos de los tipos de accesorios más comunes se tratan en las siguientes secciones.

NOTA

Cuando utilice un acople combinado, asegúrese de introducir al máximo posible el conducto flexible en el acople. De este modo, se cubre el extremo y se protege a los conductores de posibles daños.

1.3.1 Acoples

Los acoples son accesorios en forma de manguito roscados en el interior para unir dos piezas de RMC o IMC con rosca macho. La *figura 10* ilustra una variedad de acoples para conductos metálicos.

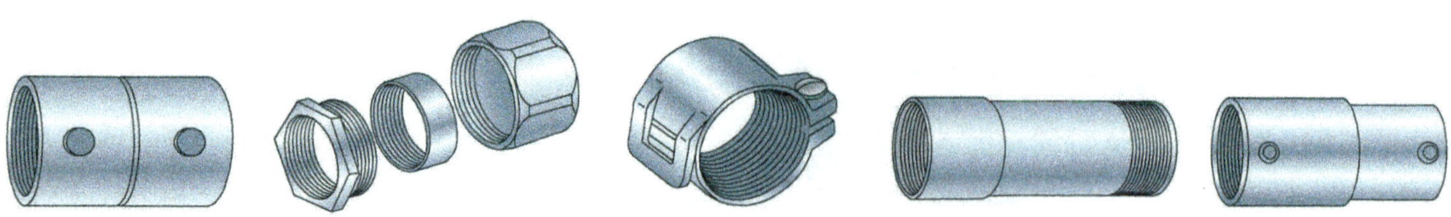

Tornillo prisionero para concreto | Acople de tres piezas | Acoples articulados | Acople de conductos | EMT a RMC

Figura 10 Acoples para conductos metálicos.

1.3.2 Pasacables aisladores

Un pasacables aislador o no es metálico o tiene una garganta aislada. Los pasacables aisladores se instalan en el extremo roscado del conducto que entra en un recinto. Los pasacables pueden tener o no puesta a tierra.

Los pasacables aisladores sin puesta a tierra protegen a los conductores de los daños provocados por los bordes afilados del extremo roscado del conducto.

De acuerdo con la *sección 300.15(C) del NEC*, en la entrada de un conducto a una caja, accesorio, recinto o terminación de conducto, debe haber un accesorio que proteja el cable de la abrasión.

La sección 312.6(C) del NEC hace referencia *a la sección 300.4(G) del NEC*, que establece que cuando los conductores sin puesta a tierra de calibre AWG nº 4 o más entran en una canalización en un gabinete, caja o recinto, se deben proteger los conductores mediante acoples o boquillas roscadas integrales o un accesorio metálico identificado/homologado que proporcione una superficie aislante lisa y redondeada, a menos que los conductores estén separados del accesorio de la canalización por un material aislante sustancial que esté bien sujeto en su lugar.

Se exceptúan los acoples o boquillas roscados que sean parte integral del gabinete, caja, recinto o canalización que ofrezcan una entrada suavemente redondeada o acampanada para los conductores. Los pasacables aisladores se muestran en la *figura 11*.

Para proteger los conductores se utilizan pasacables aisladores de puesta a tierra o pasacables de puesta a tierra. También hay disposiciones para la conexión de un conductor de puesta a tierra de equipos. El cable de tierra, una vez conectado al pasacables de puesta a tierra, puede conectarse al recinto al que está conectado el conducto. Los pasacables aisladores de puesta a tierra se muestran en la *figura 12*.

Conozca el código

Protección
Sección 300.15(C) del NEC

Conozca el código

Conductores de 4 AWG o más
Sección 312.6(C) del NEC

Conozca el código

Accesorios
Sección 300.4(G) del NEC

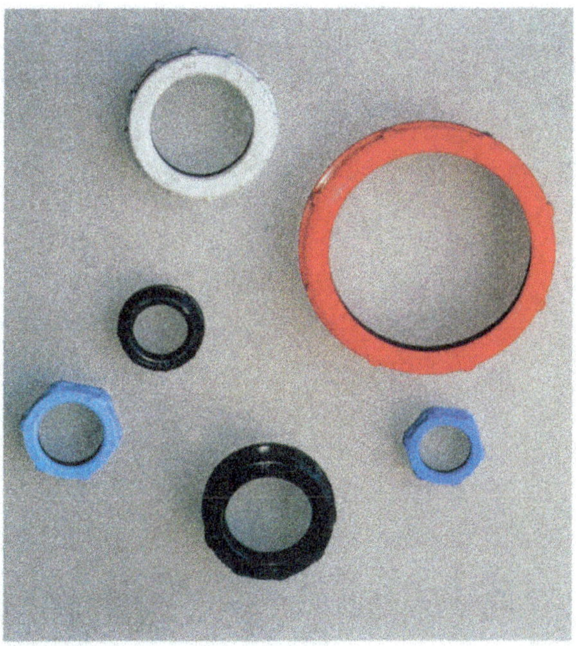

Figura 11 Pasacables aisladores.

Figura 12 Pasacables aisladores de puesta a tierra.

1.3.3 Bujes roscados a prueba de la intemperie

Los bujes roscados a prueba de agua, también conocidos como *bujes Myers*, se utilizan para conductos que ingresan a una caja en un lugar mojado. La *figura 13* muestra los bujes roscados típicos resistentes a la intemperie.

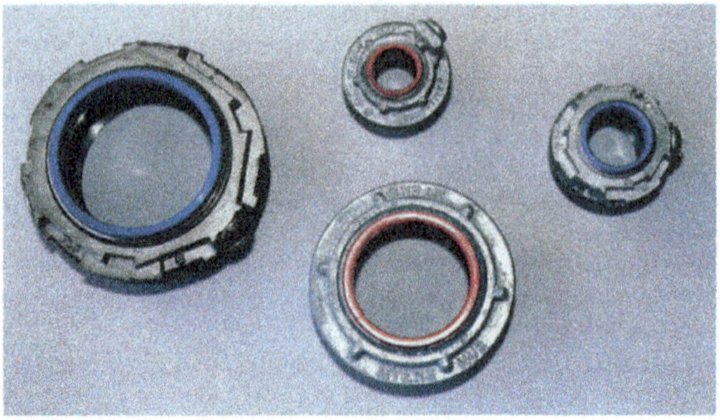

Figura 13 Bujes roscados resistentes a la intemperie.

1.3.4 Niples desplazados

Los niples desplazados (*figura 14*) se utilizan para conectar dos piezas cercanas de equipos eléctricos cuando se requiere un leve desplazamiento. Vienen en tamaños que van desde $\frac{1}{2}$" a 2" (MD 16 a MD 53) de diámetro.

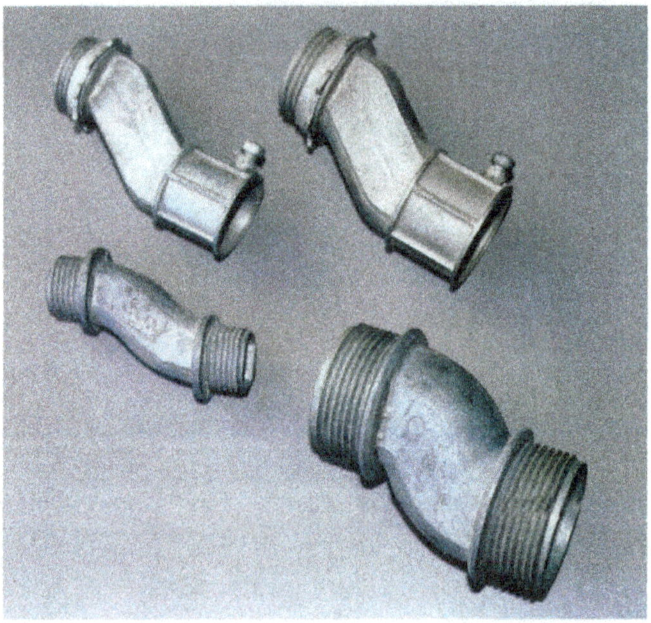

Figura 14 Niples desplazados.

1.3.5 Cajas conducto

Las cajas conducto, también llamadas *condulets*, son accesorios que permiten acceder al conducto a través de una tapa desmontable. A través de una caja conduit, puede acceder al interior del sistema en una unión de dos o más secciones del sistema, un punto de tracción o en un punto terminal del sistema.

Las cajas conduit suelen ser de fundición y cuestan mucho más que las cajas de acero estampado que se permiten con EMT. A diferencia de las cajas de paso y de conexiones de acero estampado, las cajas conduit no necesitan soporte.

Algunas de las situaciones en las que se preferirían las cajas conduit son:

- Uso en exteriores
- Para favorecer la apariencia **en un lugar expuesto**
- Para cambiar los tipos o tamaños de las canalizaciones
- Cuando los codos o las curvas no sean apropiados

Lugar expuesto (*exposed location*): área que no está cerrada permanentemente por la estructura o el acabado de un edificio; se pueden instalar o retirar equipos sin dañar la estructura.

La *sección 314.16(C)(2) del NEC* establece que las cajas conducto no pueden contener un **empalme**, **derivación** o dispositivo a menos que el fabricante los marque de forma duradera y legible con su capacidad volumétrica.

El número máximo de conductores permitidos en una caja conduit se encuentra en la *sección 314.16(B)(1) del NEC*. Esta información se resume en la *tabla 314.16(B)(1) del NEC*.

Las cajas conduit tipo C se utilizan para proporcionar un punto de tracción en un tramo largo de conducto o en un tramo de conducto con curvas que sumen más de 360°. En la *figura 15* se muestra una caja conduit de tipo C.

Conozca el código

Con empalmes, derivaciones o dispositivos
Sección 314.16(C)(2) del NEC

Empalme (*splice*): conexión de dos o más conductores.

Derivación (*tap*): punto intermedio en un circuito principal donde se conecta otro cable para suministrar corriente eléctrica a otro circuito.

Conozca el código

Tolerancia de volumen requerida por conductor
Tabla 314.16(B)(1) del NEC

Figura 15 Caja conduit tipo C.

Cuando se hace referencia a las cajas conduit, la letra L representa un codo. Una caja conduit tipo L se utiliza como punto de cableado para conductos que requieren un cambio de dirección de 90°. Se retira la tapa, se saca el cable, se enrolla en el suelo o en el piso, se vuelve a introducir en la abertura de otra caja conduit y se tira de él. Luego, se sustituye la tapa y la junta correspondiente. Las cajas conduit tipo L están disponibles con la tapa en la parte posterior (tipo LB), en los laterales (tipo LL o LR) o en ambos lados (tipo LRL). En la *figura 16*, hay varios de estos tipos de caja conduit de tipo L.

Para identificar las cajas conduit tipo L, utilice el siguiente método:

Paso 1 Sujete la caja conduit como una pistola.

Paso 2 Localice la abertura en la caja:

- Si la abertura está a la izquierda, es de tipo LL.
- Si la abertura está a la derecha, es de tipo LR.
- Si la abertura está en la parte superior (posterior), es de tipo LB.
- Si hay aberturas tanto a la izquierda como a la derecha, es de tipo LRL.

NOTA

La tapa y la junta de una caja conduit deben pedirse por separado.

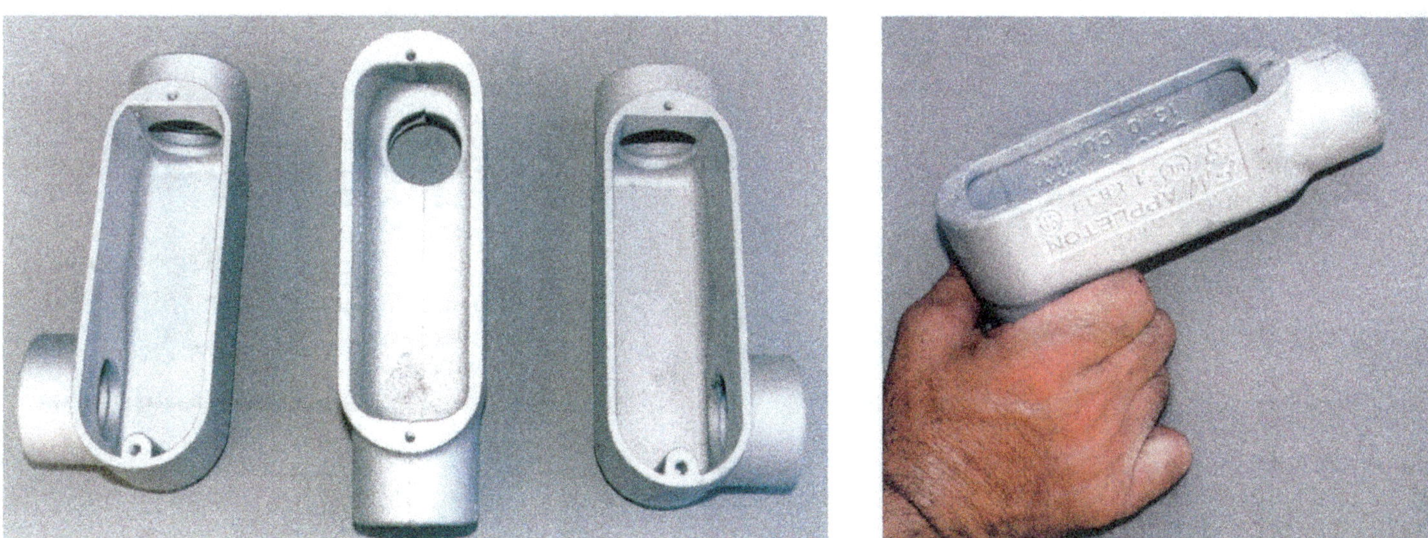

Tipo LL **Tipo LB** **Tipo LR** **Tipo LB**

Figura 16 Cajas conducto tipo L.

Las cajas conduit tipo T proporcionan un punto de unión para tres conductos que se intersecan y se usan bastante en los sistemas de conductos. En la *figura 17* se muestra una caja conduit de tipo T.

Las cajas conduit tipo X proporcionan un punto de unión para cuatro conductos que se intersecan. La tapa desmontable permite acceder al interior de la X para poder tirar y empalmar cables. En la *figura 18* se muestra una caja conduit de tipo X.

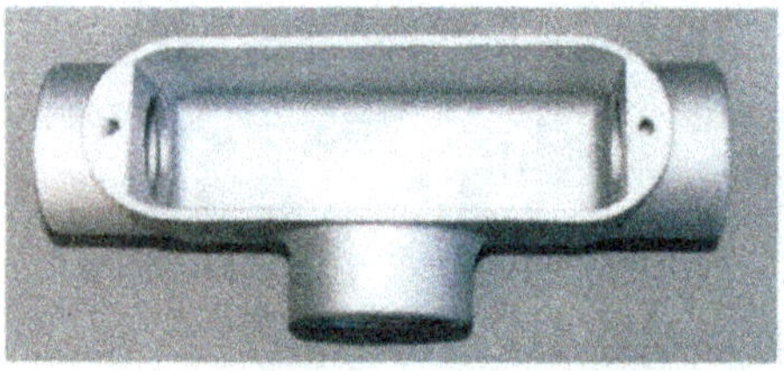

Figura 17 Caja conduit tipo T.

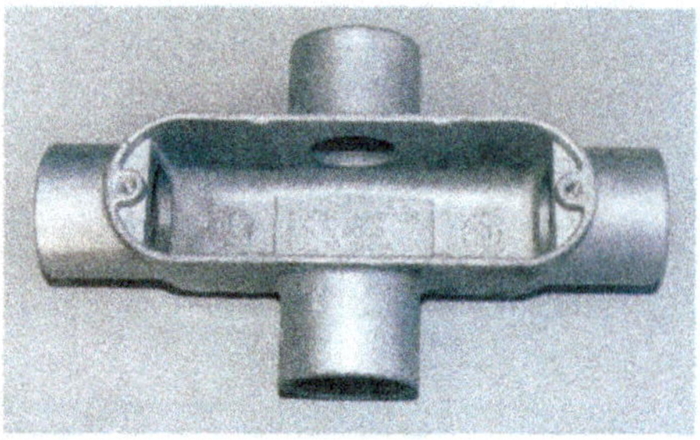

Figura 18 Caja conduit tipo X.

1.3.6 Accesorios de sellado

Conozca el código

Sellado y drenaje

Sección 501.15 del NEC

Conozca el código

Sellado, Clase II, Divisiones 1 y 2

Sección 502.15 del NEC

Las *secciones 501.15 y 502.15 del NEC* requieren accesorios de sellado para conductos en lugares peligrosos donde puedan producirse explosiones. El *NEC*® también los requiere donde el conducto pasa de un lugar peligroso de una clasificación a otra o a un lugar no clasificado. Los lugares peligrosos de las instalaciones industriales pueden tener gases y vapores inflamables, así como polvos inflamables. Los accesorios de sellado se instalan en tramos de conductos para minimizar el paso de gases, vapores o llamas a través del conducto y reducir la acumulación de humedad.

Los accesorios se sellan después de tender los cables. En primer lugar, se coloca un dique de fibra en la base del accesorio entre los conductores y alrededor de ellos; luego, se vierte el compuesto sellante líquido en el accesorio. También existen materiales de sellado rápido que eliminan la necesidad de insertar un dique de fibra. En la *figura 19*, se muestran varios tipos de accesorios de sellado.

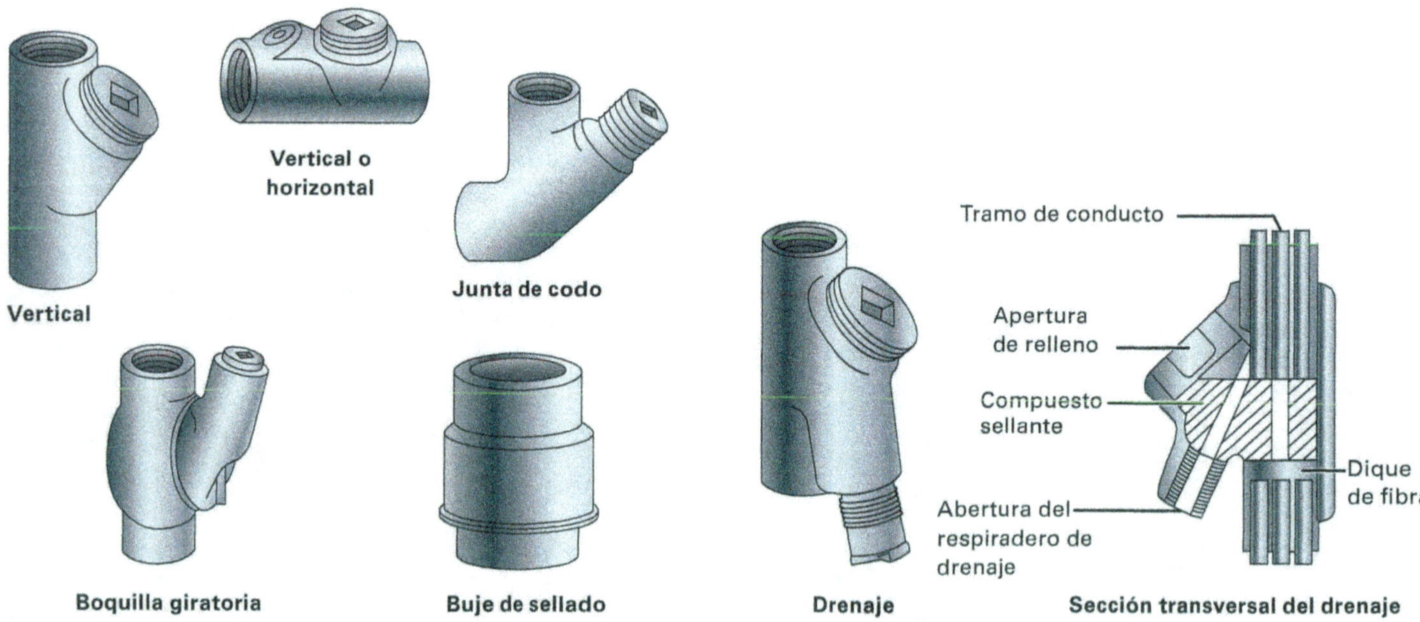

Figura 19 Accesorios de sellado.

1.4.0 Conexión de un conducto a una caja

Los conductos se unen a las cajas mediante conectores, adaptadores, bujes roscados o contratuercas.

En cada caja metálica debe proporcionarse un medio para la conexión de un conductor de puesta a tierra de equipos. Se debe permitir que este medio sea un orificio roscado o equivalente según la *sección 314.100(D) del NEC*. En la *figura 20*, se muestra una conexión adecuada entre el conducto y la caja.

Conozca el código

Disposiciones sobre los conductores de puesta a tierra de equipos
Sección 314.100(D) del NEC

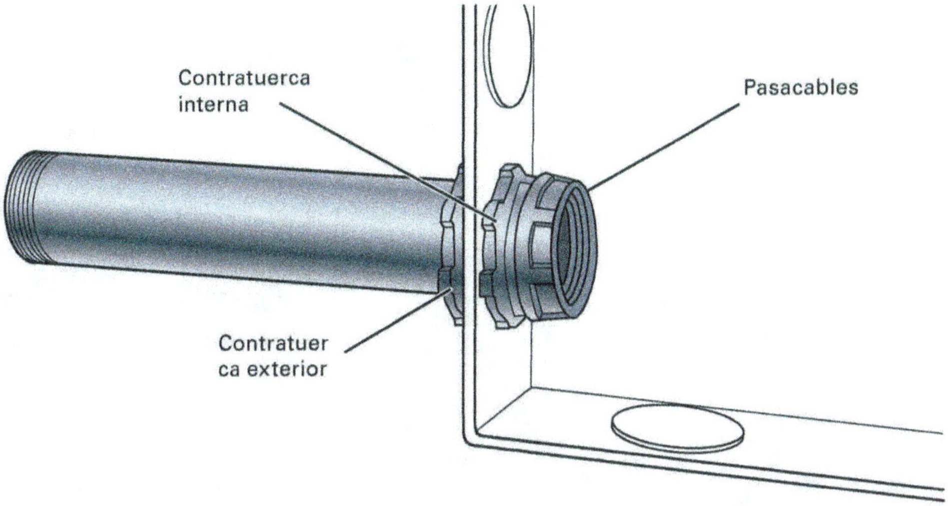

Figura 20 Conexión de conducto a caja

Los pasacables protegen los cables de los bordes afilados del conducto. Como ya se ha dicho, los pasacables suelen ser de plástico o metal. Algunos pasacables metálicos tienen un tornillo de puesta a tierra para poder instalar un alambre de unión equipotencial.

Las contratuercas se utilizan en las paredes interior y exterior de la caja a la que se conecta el conducto. Es posible que necesite una contratuerca de puesta a tierra si se va a instalar un **cable de unión equipotencial**. También se utilizan contratuercas de sellado especiales en lugares mojados.

Es importante que los pasacables y las contratuercas queden bien ajustados. Por tal motivo, el conducto debe entrar de forma recta en la caja. De lo contrario, sería necesario realizar un doblez desplazado o **desvío** en el conducto.

Para realizar una buena conexión, siga este procedimiento:

Paso 1 Enrosque la contratuerca externa en el conducto. Corra la contratuerca hasta el final de la rosca.

Paso 2 Introduzca el conducto en la abertura de la caja.

Paso 3 Si se requiere una contratuerca interior o una contratuerca de puesta a tierra, atorníllela al conducto dentro de la abertura de la caja.

Paso 4 Atornille el pasacables en las roscas que sobresalen de la abertura de la caja. Asegúrese de que el pasacables esté lo más apretado posible.

Paso 5 Apriete la contratuerca externa para fijar el conducto a la caja.

Cable de unión equipotencial (*bonding wire*): cable que se usa para crear una trayectoria continua de puesta a tierra entre el equipo y la tierra.

Desvío (*kick*): doblez de un tramo de conducto, normalmente inferior a 45°, para cambiar la dirección del conducto.

1.5.0 Soportes para canalizaciones

Existen muchos tipos y configuraciones de soportes de canalizaciones. Esta sección trata de los soportes más comunes en las instalaciones eléctricas. La *sección 300.11(B) del NEC* cubre los requisitos para el cableado de circuitos ramales soportados desde cielorrasos suspendidos. Los equipos eléctricos y las canalizaciones deben tener sus propios métodos de sujeción. No pueden sujetarse con los herrajes de soporte de un ensamblaje de techo/cielorraso a prueba de fuego.

Conozca el código

Sistemas de cableado instalados sobre cielorrasos suspendidos
Sección 300.11(B) del NEC

1.5.1 Abrazaderas

Las abrazaderas (*figura 21*) se utilizan para sujetar el conducto a una superficie. La separación de estos soportes debe cumplir con los requisitos mínimos de separación de soportes para cada tipo de conducto, como se indica a continuación:

- Las abrazaderas de uno y dos orificios se utilizan para EMT, RMC, IMC, PVC y FMC. Las abrazaderas pueden ser flexibles o rígidas.
- Las abrazaderas de dos piezas se utilizan para sujetar el conducto a los canales de entramado eléctrico (puntales).
- Las abrazaderas para vigas paralelas y en ángulo recto también se utilizan para sujetar conductos desde los elementos estructurales.
- Las abrazaderas de mordaza posterior se pueden usar con una placa posterior para mantener la separación de $^{1}/_{4}''$ (6 mm) de la superficie requerida para instalaciones en lugares mojados.

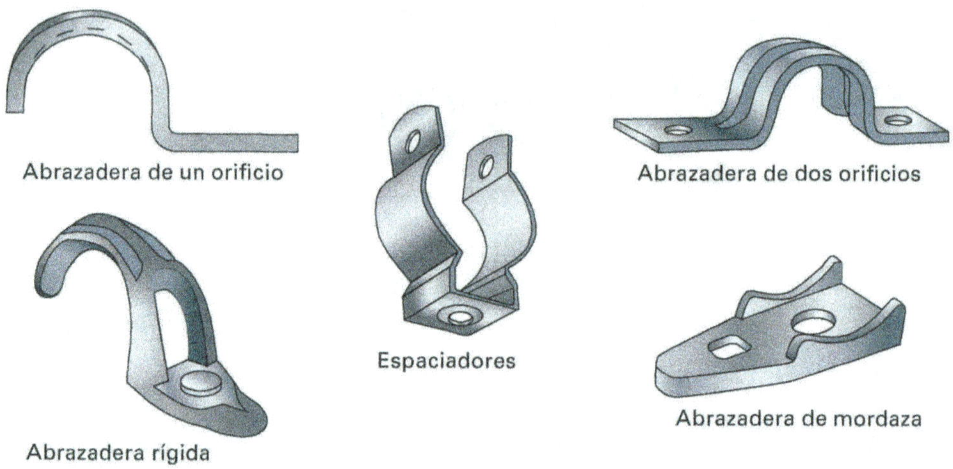

Figura 21 Abrazaderas.

1.5.2 Espaciadores

Los espaciadores se usan para separar el conducto de la estructura. Sele denominarse *Minerallac®*, que es el nombre de un fabricante de este tipo de soporte.

En el caso de las abrazaderas de uno y dos orificios, el conducto debe desplazarse siempre que haya un accesorio. Si se usan espaciadores, el conducto se mantiene alejado de la superficie de apoyo y no se requieren desviaciones en el conducto en los accesorios.

Los espaciadores pueden utilizarse para soportar RMC, IMC, EMT, PVC y flex, así como instalaciones de tuberías. En la *figura 22* se muestra un espaciador.

Figura 22 Espaciador.

1.5.3 Canales estructurales eléctricos

Los canales estructurales eléctricos u otros materiales de entramado similares se utilizan junto con las abrazaderas de conductos Unistrut® para soportar los conductos (*figura 23*). Pueden fijarse al cielorraso, a la pared o a otra superficie, o sostenerse de un soporte colgante trapezoidal.

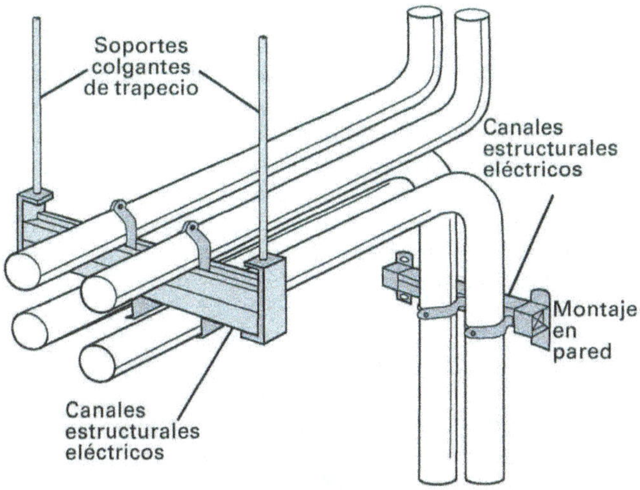

Figura 23 Canales estructurales eléctricos.

NOTA

Los sistemas de puntales se denominan a veces sistemas Unistrut®. Unistrut® es un fabricante de estos sistemas. Otro fabricante de sistemas de puntales es B-Line. Ambos son similares.

1.5.4 Abrazaderas de vigas

Las abrazaderas para vigas se utilizan con soportes colgantes. La canalización se fija o se coloca en el soporte colgante. El soporte colgante se sostiene de una varilla roscada. Un extremo de la varilla roscada se fija al soporte colgante y el otro a una abrazadera de viga. Luego, la abrazadera se fija a una viga. En la *figura 24*, se muestra una abrazadera de viga con conjunto de sujeción de ductos.

NOTA

Cuando los conductores están agrupados en un ducto, los campos magnéticos tienden a anularse, lo que minimiza el calentamiento inductivo de los conductores.

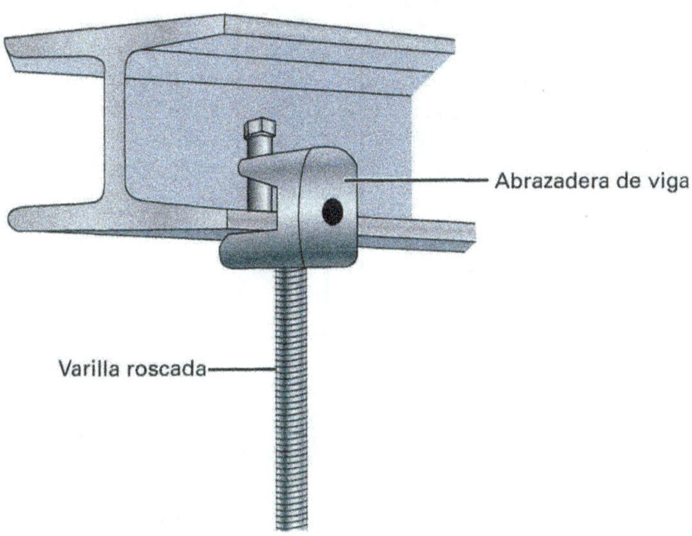

Figura 24 Abrazadera de viga.

1.6.0 Requisitos de instalación para distintos métodos de construcción

La instalación de conductos y cajas varía según el tipo de construcción. En las secciones siguientes se tratan los requisitos especiales para las construcciones de mampostería y concreto, estructuras metálicas, madera y acero estructural.

1.6.1 Trabajos en construcciones empotradas de mampostería y concreto

En un entorno de construcción de concreto reforzado, el conducto y las cajas deben incrustarse en el concreto para conseguir una superficie enrasada. Se pueden usar cajas normales, pero es preferible usar cajas especiales de concreto, que vienen en profundidades de hasta 6" (150 mm). Estas cajas tienen unas orejas especiales desmontables que permiten clavar las cajas a los encofrados de madera para el concreto. Cuando las instale, rellene bien las cajas con papel para evitar que se filtre concreto. La *figura 25* muestra una caja instalada.

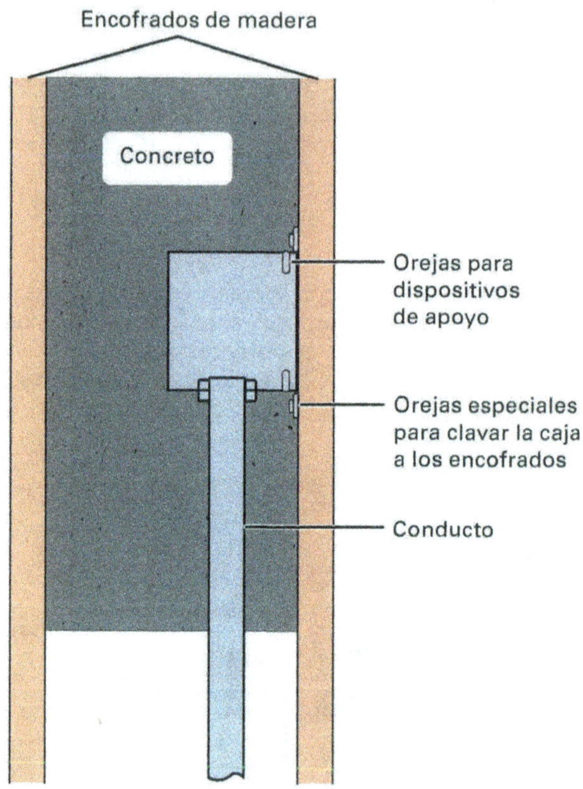

Figura 25 Instalación empotrada en concreto.

La construcción enrasada también puede realizarse en muros de concreto existentes, pero para ello es necesario cincelar un canal y una abertura para la caja, anclar la caja y el conducto y volver a sellar el muro.

Para realizar una construcción enrasada en muros de mampostería, el método más aceptable es el trabajo colaborativo entre el electricista y el albañil que coloca los bloques. Juntos, pueden garantizar que la caja esté correctamente rejuntada y sellada.

Cuando los bloques de construcción alcanzan la cota de salida adecuada, se construyen las cajas, como se muestra en la *figura 26*. Luego, las secciones de conducto se acoplan en tramos cortos, de aproximadamente 3' a 5' (900 mm a 1.5 m), pues resulta poco práctico para el albañil manejar bloques sobre secciones de 10' (3 m) de conducto.

La *figura 27* muestra una caja de mampostería que no necesita extensión ni anillo de yeso profundo para salir a la superficie.

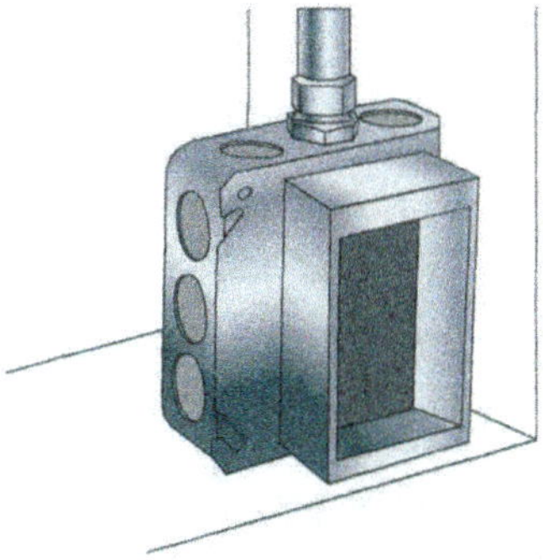

Figura 26 Caja con anillo en relieve.

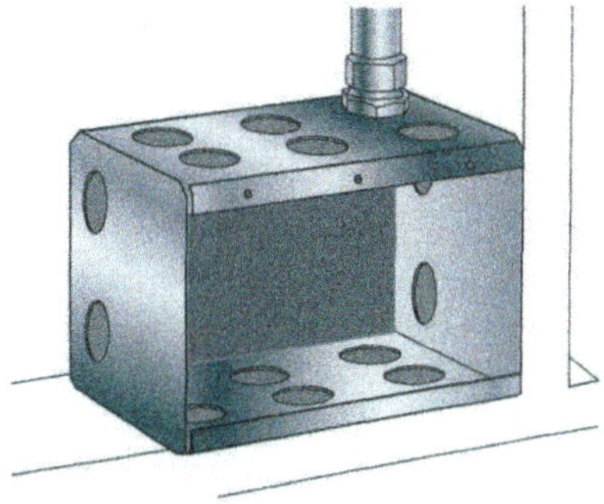

Figura 27 Caja eléctrica para concreto de conexión triple.

1.6.2 Trabajos en un entorno de montantes metálicos

Las paredes de montantes metálicos son un método de construcción popular para las paredes interiores de edificios comerciales. El entramado de montantes metálicos utiliza montantes de canal metálico relativamente finos. Por lo general, los montantes son de acero galvanizado y tienen las mismas dimensiones que los montantes de madera estándar. El cableado en este tipo de construcción es fácil en comparación con la mampostería.

¡ADVERTENCIA!

El corte o perforación de montantes metálicos puede dejar bordes afilados. Evite el contacto con partes que puedan causar cortes.

El conducto EMT y el cable con cubierta metálica (MC) son los métodos de cableado más comunes para entornos con montantes metálicos. Los montantes metálicos suelen tener un cierto número de orificios preperforados (*figura 28*) que pueden utilizarse para dirigir el conducto. Si un orificio preperforado no se encuentra donde debe estar, se pueden perforar fácilmente orificios en el montante metálico con un sacabocados o un perforador de orificios ciegos. Las cajas pueden sujetarse al montante metálico mediante tornillos autorroscantes o uno de los muchos tipos de soportes para cajas disponibles.

El conducto EMT se sujeta a montantes metálicos mediante abrazaderas para conductos u otros métodos aprobados. Es importante que el conducto esté bien fijado para facilitar el paso de los conductores a través de la tubería.

Figura 28 Orificios preperforados en montantes metálicos.

Es importante saber cuál será el grosor de la pared acabada para fijar correctamente las cajas a los montantes metálicos. Por ejemplo, si la pared acabada serán paneles de yeso de $^{5}/_{8}$" (16 mm), la caja debe sobre salir $^{5}/_{8}$" (16 mm) del montante metálico en el momento de fijarla.

¡ADVERTENCIA!

Cuando se use un destornillador eléctrico o un taladro inalámbrico para instalar cajas en montantes, sujete la caja con la mano lejos del destornillador o taladro para evitar lesiones.

Conozca el código

Cable con cubierta no metálica
Sección 300.4(B)(1) del NEC

De acuerdo con la *sección 300.4(B)(1) del NEC*, los cables con cubierta no metálica (NM) que pasen a través de montantes metálicos deben estar protegidos por pasacables o anillos homologados (*figura 29*). De este modo, los cables se protegen de la fricción al tirar de ellos durante la instalación y del peso del cable y las vibraciones tras la instalación.

Figura 29 Cable NM protegido con anillos.

1.6.3 Trabajos en un entorno de entramado de madera

En otros tiempos, usar conductos rígidos en divisiones y cielorrasos era una operación que tomaba mucho tiempo. Ahora, con los conductos de pared delgada, el trabajo es más fácil y rápido, en gran medida gracias a los tipos de accesorios especialmente adaptados a ellos.

La figura 30 muestra dos métodos para tender conductos de pared delgada en estos lugares: taladrar y crear muescas en maderos. El código que trata del soporte, la sujeción y la perforación se indica en cada uno de los respectivos lugares.

Al taladrar, los agujeros deben ser de tamaño suficiente como para que la tubería se inserte entre los montantes. La tubería se corta en tramos bastante cortos, por lo que se necesitan varios acoples. La EMT se puede doblar bastante al pasar por los orificios de los montantes.

¡ADVERTENCIA!

Use siempre gafas de seguridad cuando taladre madera.

Conozca el código

Protección contra daños físicos
Sección 300.4 del NEC

En la *sección 300.4 del NEC*, están los requisitos para evitar daños físicos a los conductores y el cableado en los elementos de madera. Al dejar una distancia de $1^{1}/_{4}$" (32 mm) entre el borde del orificio y el borde más próximo del montante, es poco probable que los clavos penetren en el montante lo suficiente como para dañar los cables. Los códigos de construcción establecen requisitos máximos para la perforación de orificios o muescas en los montantes.

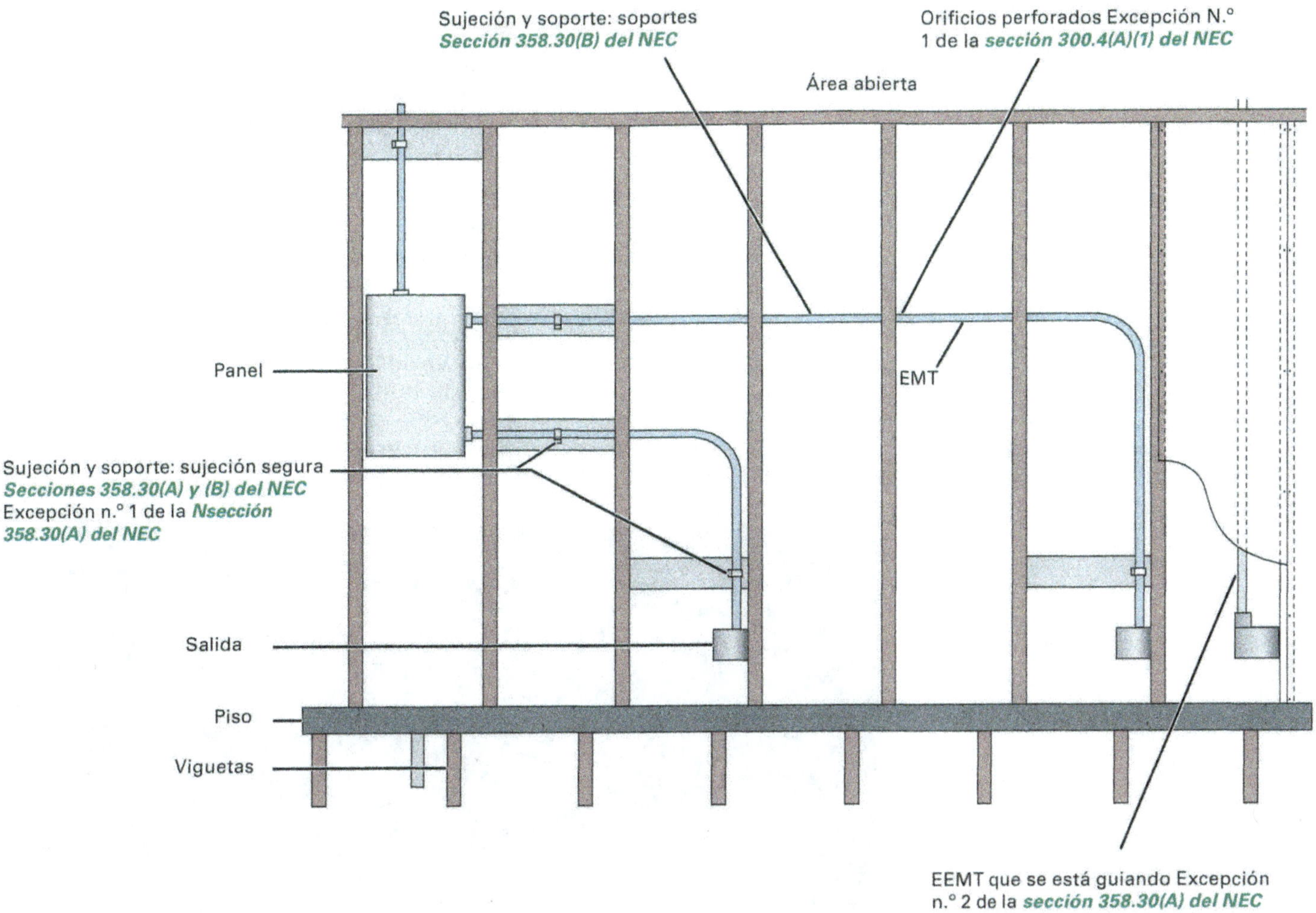

Figura 30 Instalación de cables o conductos en un edificio con estructura de madera.

La *sección 300.4(A)(1) del NEC* dispone el uso de una placa o pasacables de acero de al menos $^1/_{16}$" (1.6 mm) de espesor o una placa clavada de acero homologada si se instala cableado a través de elementos de madera perforados a menos de $1^1/_4$" (32 mm) del borde más cercano. También se requieren placas de clavos para proteger los conductores en todos los elementos de madera con muescas según la *sección 300.4(A)(2) del NEC*.

Las excepciones en estas secciones del *NEC*® permiten instalar IMC, RMC, PVC y EMT a través de perforaciones o en muescas a menos de $1^1/_4$" (32 mm) del borde más cercano sin una placa de acero o pasacables.

Debido a que las muescas tienden a debilitar la estructura, solo deben usarse cuando sea absolutamente necesario. Las muescas también deben ser lo más estrechas posible y su profundidad nunca debe superar $^1/_{16}$ del perfil de un madero portante. Los maderos portantes soportan las viguetas del suelo u otro peso.

Algunas vigas en I de madera se fabrican con orificios perforados en el alma, con una separación aproximada de 12" (300 mm). Nunca haga muescas ni perfore a través del ala de la viga ni corte otras aberturas en el alma sin consultar la hoja de especificaciones del fabricante. No taladre ni haga muescas en otros tipos de madera industrializada sin consultar antes las hojas de especificaciones.

1.6.4 Trabajos en edificios metálicos

Muchos edificios comerciales e industriales son estructuras prefabricadas con soportes estructurales de acero y cubiertas y revestimientos de chapas metálicas de calibre delgado.

Conozca el código

Cables y canalizaciones a través de elementos de madera
Sección 300.4(A) del NEC

NOTA

Consulte siempre con el arquitecto antes de hacer muescas o perforaciones.

Conozca el código

Cables, canalizaciones o cajas instalados en o bajo cubiertas de lámina acanalada
Sección 300.4(E) del NEC

NOTA

Los sistemas de puntales se denominan a veces sistemas Unistrut®. Unistrut® es un fabricante de estos sistemas. Otro fabricante de sistemas de puntales es B-Line. Ambos son similares.

Los conductos pueden tenderse a través de los elementos estructurales que sostienen el tejado. La ***sección 300.4(E) del NEC*** establece que un cable, canalización o caja en lugares expuestos u ocultos bajo cubiertas de lámina acanalada debe instalarse y sujetarse de modo que la superficie exterior más cercana del cable o canalización no esté a menos de $1\frac{1}{2}''$ (38 mm) de la superficie más cercana de la cubierta del tejado. La estructura del tejado puede consistir en vigas y correas o viguetas de acero de alma abierta (*figura 31*).

Evite taladrar a través de vigas y correas; en su lugar, el conducto debe apoyarse en las vigas metálicas mediante dispositivos de anclaje diseñados específicamente para ese fin. Los soportes se fijan a las vigas o soportes y disponen de abrazaderas para fijar el conducto a la estructura. Todos los conductos se deben tender a plomo, ya que están expuestos. Los dobleces deben ser correctos y tener un aspecto limpio y ordenado.

A menudo, el RMC se necesita en edificios metálicos. Si se tienden un gran número de conductos por el mismo trayecto, se suelen utilizar sistemas de puntales.

Los sistemas de puntales utilizan un elemento de tipo canal para sujetar los conductos desde el cielorraso mediante soportes de varilla roscada para el canal, como se muestra en la *figura 32*. También pueden fijarse a muros de mampostería para soportar tendidos verticales de conductos, ductos y diversos tipos de cajas.

Figura 31 Soportes de techo de viguetas de acero de alma abierta.

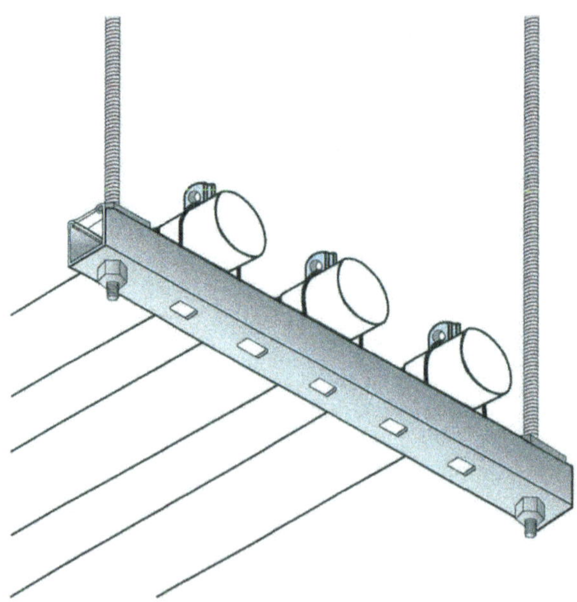

Figura 32 Sistema de puntales de acero.

1.0.0 Repaso de la sección

1. Se puede encontrar información sobre el relleno de conductos con distintos conductores en el _____.
   a. *anexo informativo A del NEC*
   b. *anexo informativo B del NEC*
   c. *anexo informativo C del NEC*
   d. *anexo informativo D del NEC*

2. Las canalizaciones metálicas y otros recintos llevan unión equipotencial para _____.
   a. evitar fugas en cualquier sistema eléctrico debajo
   b. garantizar la continuidad eléctrica y conducir de manera segura cualquier corriente de falla
   c. garantizar la continuidad eléctrica y evitar fugas
   d. garantizar la continuidad mecánica

3. Un accesorio que *no* requiere soporte es _____.
   a. la caja de salida
   b. la caja de paso
   c. la caja de conexiones
   d. la caja conduit

4. Si el conducto *no* entra de forma recta en la caja, _____.
   a. puede causar una caída de voltaje
   b. los accesorios estarán demasiado apretados
   c. se requiere un desvío
   d. recorta el conducto

5. Las abrazaderas de vigas se usan con _____.
   a. abrazaderas
   b. espaciadores
   c. canales estructurales
   d. soportes colgantes

6. Cuando el albañil está construyendo un muro de bloques y el electricista está instalando conductos dentro de los huecos del muro de bloques, ¿qué longitudes de conducto serán las *mejores* para que el albañil pueda maniobrar los bloques sobre las secciones de conducto?
   a. longitudes de conductos de 3′ a 5′ (900 m a 1.5 m)
   b. longitudes de conductos de 6′ (1.8 m)
   c. longitudes de conductos de 8′ a 10′ (2.4 m a 3 m)
   d. longitudes de conductos de 20′ (6 m)

2.0.0 Elementos de sujeción y anclajes para sistemas de canalización

Tareas prácticas

2. Identificar y seleccionar diversos tipos y tamaños de canalizaciones, accesorios y elementos de sujeción para una aplicación determinada.
3. Demostrar cómo instalar un sistema de canalización.
4. Terminar un sistema de canalización seleccionado.

Objetivo

Explicar el proceso para seleccionar elementos de sujeción y de anclaje para la instalación de sistemas de canalización.

a. Describir el proceso para seleccionar e instalar amarres.
b. Describir el proceso para seleccionar e instalar tornillos.
c. Describir el proceso para seleccionar e instalar pasadores y espárragos de impulsión.
d. Identificar los requisitos de seguridad para pistolas tipo espárrago.
e. Describir el proceso para seleccionar e instalar anclajes de mampostería.
f. Describir el proceso para seleccionar e instalar anclajes para paredes huecas.
g. Describir el proceso para seleccionar e instalar sistemas de anclaje epoxi.

Los conductos y otros tipos de canalizaciones que portan cables deben sujetarse bien. Es posible que tenga que fijar las canalizaciones a madera, concreto o metal. Debe usar elementos de sujeción diseñados para usarse con el tipo específico de material. Usar un elemento de sujeción incorrecto o instalarlo de forma incorrecta puede provocar el fallo del soporte de la canalización.

En las especificaciones del proyecto y las instrucciones de instalación del fabricante, se pueden indicar el tipo y tamaño de los elementos de sujeción y el proceso de instalación. De lo contrario, el electricista debe seleccionar el tipo de elemento de sujeción adecuado. En esta sección, aprenderá sobre los diferentes tipos de elementos de sujeción, sus usos y sus limitaciones.

2.1.0 Cinchas

Una cincha es una sola pieza con cierre automático que se utiliza para sujetar un grupo de alambres y cables. Suelen ser de nailon y pueden denominarse 'cinchas de cremallera o amarracables' *(zip ties o tie wraps)*. Las cinchas se fabrican en varias configuraciones: estándar, correas y abrazaderas, y para identificación (*figura 33*). Los amarres pueden instalarse rápidamente de forma manual o con una herramienta de instalación especial. Se recomienda el uso de cinchas resistentes a la luz ultravioleta (UV) en exteriores. También pueden necesitarse cinchas de clasificación especial para su uso en cielorrasos de aire de retorno; para estos casos, consulte los requisitos locales.

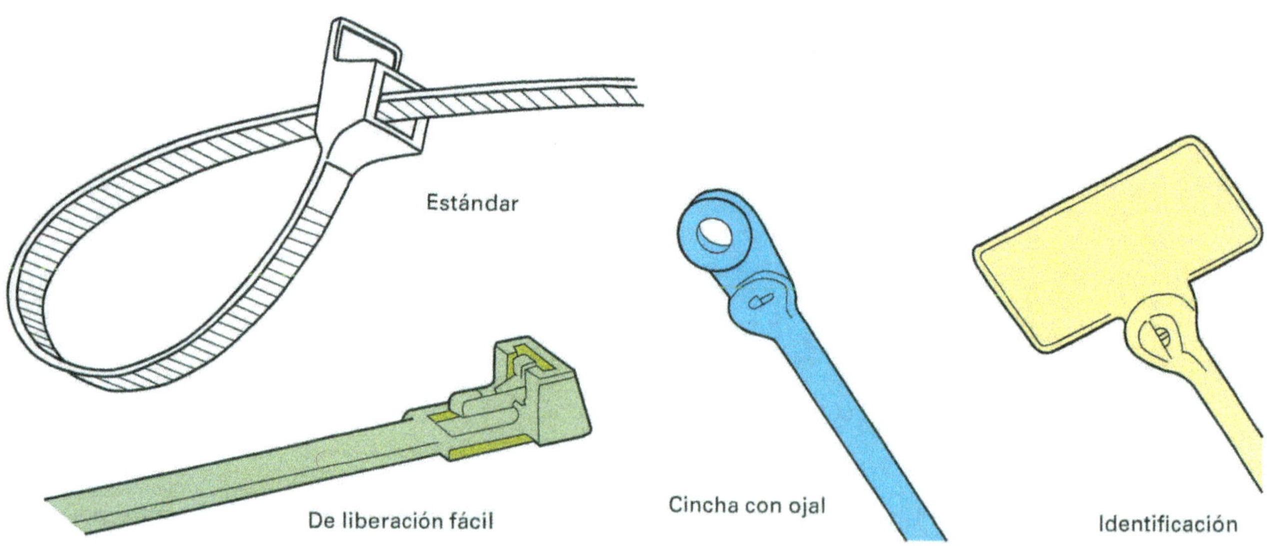

Figura 33 Cinchas.

También hay disponible una versión de amarracables de liberación fácil. Se trata de una brida no permanente que sirve para agrupar alambres o cables que pueden requerir adiciones o supresiones frecuentes. Las cinchas para cables se fabrican en varias longitudes y colores. Las cinchas también pueden sujetarse a varias bases de montaje adhesivas fabricadas con tal fin. Revise siempre las especificaciones del trabajo para asegurarse de que está utilizando la brida o amarre correcto para los cables.

PRECAUCIÓN

No apriete en exceso ninguna brida o amarracables, pues podría provocar interferencias eléctricas entre los conductores o daños en el cable.

2.2.0 Pernos y tornillos

Los pernos y tornillos se fabrican en una gran variedad de formas y tamaños para diferentes trabajos de sujeción. El acabado o revestimiento de un perno o tornillo determina si es para uso en interiores o exteriores, si es resistente a la corrosión, etc. Los pernos y tornillos de todo tipo tienen cabezas con diferentes formas y ranuras. Algunos tienen roscas maquinadas y son autoperforantes. Consulte en la *tabla 4* los tamaños métricos y SAE (o Sociedad de Ingenieros de Automoción) de tornillos y pernos.

TABLA 4 Tamaños métricos y SAE de tornillos y pernos

SAE		Métrico		Conversión (diámetro)	
Gruesa (UNC)	Fina (UNF)	Gruesa (UNC)	Fina (UNF)	Pulgadas	Métrico
1/4"-20	1/4"-28	M6-1.00	M6-0.75	1/4"	M6
5/16"-18	5/16"-24	M8-1.25	M8-1.00	5/16"	M8
3/8"-16	3/8"-24	M10-1.50	M10-1.25	3/8"	M10
7/16"-14	7/16"-20	M12-1.75	M12-1.50	1/2"	M12
1/2"-13	1/2"-20	M14-2.00	M14-1.50	5/8"	M16
9/16"-12	9/16"-18	M16-2.00	M16-1.50	3/14"	M20
5/8"-11	5/8"-18	M20-2.50	M20-1.50	7/8"	M22
3/4"-10	3/4"-16	M22-2.50	M22-1.50	1"	M24
7/8"-9	7/8"-14	M24-3.00	M24-2.00	1 1/8"	M27
1"-8	1"-14	M27-3.00	M27-2.00	1 1/4"	M30
1 1/8"-7	1 1/8"-12	M30-3.50	M30-2.00	1 3/8"	M33
1 1/4"-7	1 1/4"-12	M36-4.00	M36-2.00	1 1/2"	M36
1 3/8"-6	1 3/8"-12	M42-4.50	M42-2.00	1 3/4"	M42
1 1/2"-6	1 1/2"-12	M48-5.00	M48-2.00	2"	M48

El tamaño o diámetro del cuerpo o vástago se indica en números de calibre que van del nº 0 al nº 24 y en fracciones de pulgada para tornillos de diámetros superiores a 1/4" (tamaño métrico M6). Cuanto mayor sea el número de calibre, mayor será el diámetro del vástago. Las longitudes se miden desde la punta hasta la parte de la cabeza a ras de la superficie cuando se clava.

Al seleccionar un elemento de sujeción para una aplicación, hay que tener en cuenta el tipo y el espesor de los materiales que se van a sujetar, el tamaño del elemento de sujeción, el material del que está hecho, la forma de su cabeza y el tipo de tornillo.

El tamaño de los elementos de sujeción métricos es diferente que el de los estadounidenses estándar. Por ejemplo, un tamaño típico de elemento de sujeción métrico es M8 × 1. Esto significa que el diámetro de las roscas es de 8 mm y el paso de rosca (espacio entre las roscas) es de 1 mm. La longitud se indica en centímetros. En la *figura 34*, se comparan los dos tipos de elementos de sujeción.

PRECAUCIÓN

Debido a la gran variedad de elementos de sujeción y aplicaciones, siga siempre las recomendaciones del fabricante para seleccionar el elemento adecuado para cada trabajo. Para evitar daños en la cabeza del elemento de sujeción o el material, use siempre una herramienta con la punta del tamaño y forma adecuados para el elemento de sujeción.

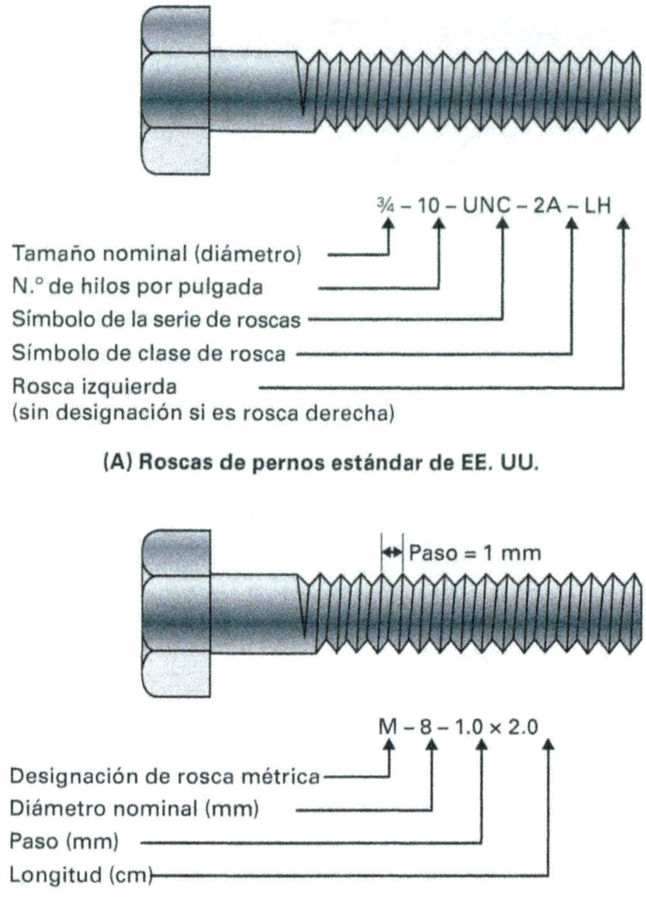

(A) Roscas de pernos estándar de EE. UU.

(B) Roscas métricas de perno

Figura 34 Tamaños de pernos métricos y estándar de los Estados Unidos.

2.2.1 Pernos máquina

Los pernos máquina se utilizan para ensamblar piezas que no requieren tolerancias estrechas. La tolerancia es la cantidad de variación permitida con respecto a una norma. Los pernos máquina se fabrican en varios diámetros y longitudes. Un perno máquina se ajusta y afloja girando la tuerca de unión que normalmente viene junto con el perno.

NOTA

En la mayoría de las aplicaciones, pueden utilizarse elementos de sujeción con o sin rosca, como los clavos. Sin embargo, a veces se prefieren los que tienen rosca (tornillos) porque se pueden apretar y retirar sin dañar el material que los rodea.

2.2.2 Tornillos para madera

Los tornillos para madera se utilizan normalmente para sujetar cajas, paneles, recintos u otros materiales a entramados o estructuras de madera cuando se necesita una mayor fuerza de sujeción que la que pueden proporcionar los clavos. También sirven para sujetar equipos a la madera en aplicaciones en las que puede ser necesario soltarlos y retirarlos.

Por lo común, el tamaño del vástago seleccionado se determina según tamaño del orificio previsto en el objeto que se va a fijar. Al determinar la longitud de un tornillo para madera, una regla general es seleccionar tornillos de longitud suficiente de tal forma que aproximadamente $^2/_3$ de la longitud del tornillo penetre en la pieza de madera que se está sujetando.

Para mantener la capacidad de sujeción de los tornillos para madera, tenga cuidado de no taladrar un orificio piloto demasiado grande. Es aconsejable taladrar un orificio de profundidad suficiente que equivalga a dos tercios de la longitud de la rosca del tornillo. La *figura 35* ilustra los tamaños habituales de tornillos para madera.

2.2.3 Tirafondos y tarugos

Los tirafondos (*figura 36*) son tornillos de alta resistencia para madera con cabeza cuadrada o hexagonal que ofrecen una mayor fuerza de sujeción. Vienen en gran variedad de tamaños y diámetros. Suelen utilizarse para sujetar equipo pesado a la madera, pero también al concreto cuando se utiliza un tarugo o taquete.

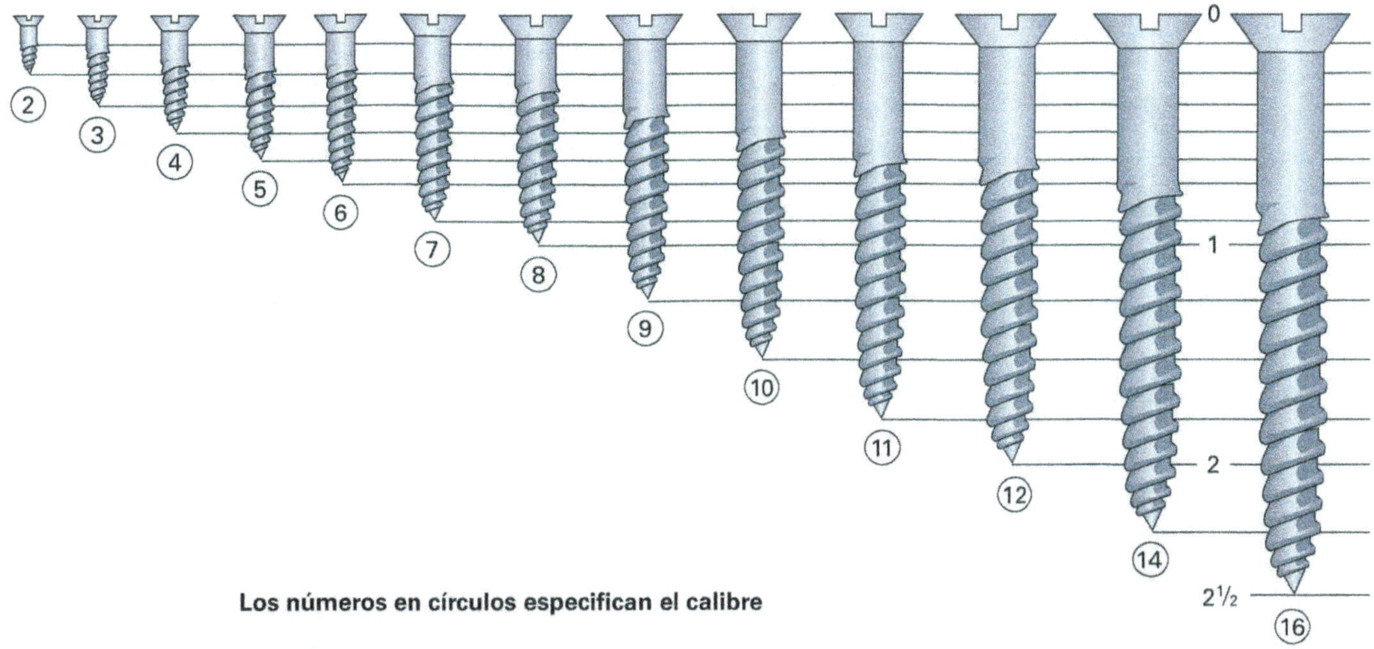

Figura 35 Tornillos para madera.

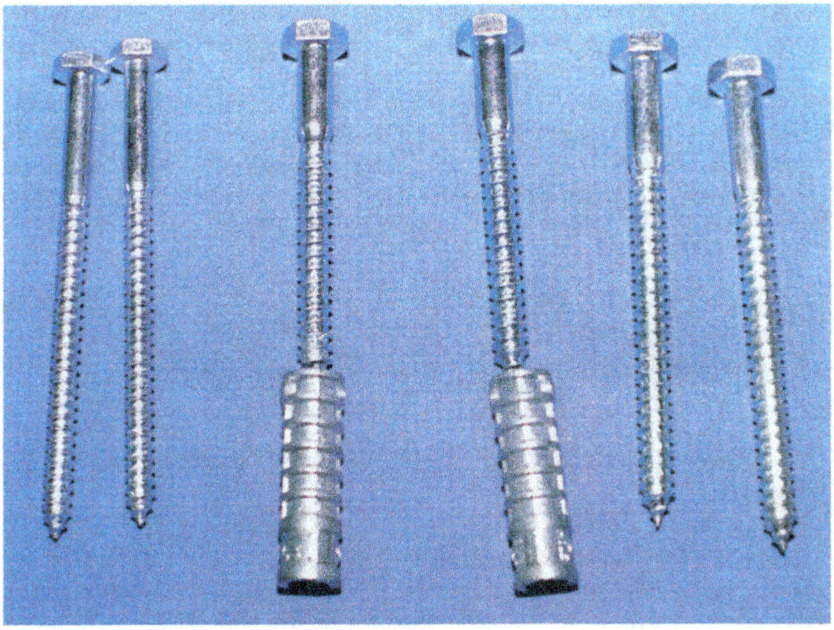

Figura 36 Tirafondos y tarugos.

Un tarugo es un cilindro dividido longitudinalmente que está unido en un extremo. Se coloca en un orificio previamente perforado en el concreto. Cuando un tirafondos se atornilla en el tarugo, este se expande en el orificio para asegurar el tirafondos de manera firme.

En mampostería dura, se pueden utilizar tarugos cortos para reducir el tiempo de perforación. En mampostería blanda o débil, se deben utilizar tarugos más largos para lograr la máxima fuerza de sujeción.

Use siempre tirafondos de la longitud adecuada para lograr la expansión correcta. La longitud del tornillo tirafondos debe ser igual al grosor de la pieza que se va a fijar, más la longitud del tarugo. Taladre el orificio en la mampostería a una profundidad un poco mayor que la del tarugo, de acuerdo con las instrucciones del fabricante.

Si la cabeza de un tirafondos descansa directamente sobre la madera al instalarlo, coloque una arandela plana debajo de la cabeza para evitar que ésta se clave en la madera al apretar el tirafondos. Tenga en cuenta el grosor de las arandelas cuando seleccione la longitud del tornillo.

2.2.4 Tornillos para concreto/mampostería

Los tornillos para concreto/mampostería (*figura 37*), también llamados *anclajes autorroscantes*, se usan para fijar un dispositivo o accesorio al concreto, bloque o ladrillo. No necesitan anclaje. Para obtener un sistema de anclaje de tolerancia ajustada, instale los tornillos utilizando brocas de carburo de diseño especial y herramientas de instalación para usarlas con los tornillos. Estas herramientas suelen utilizarse con un taladro percutor estándar.

Con herramienta de instalación, y el vaso de llave o la broca adecuados, se puede insertar los tornillos directamente en los orificios previamente taladrados. Los orificios tienen el diámetro y la profundidad que el fabricante del tornillo especifica. Al introducir estos tornillos en el concreto, los hilos de las roscas, que están bien separados, cortan las paredes del orificio para lograr un buen ajuste por la fricción. La mayoría de los tornillos para concreto/mampostería pueden retirarse y volver a instalarse para lograr el calce y la nivelación del dispositivo que se va a sujetar.

¡ADVERTENCIA!

Siga las normas de la empresa sobre protección contra la sílice durante la perforación de concreto.

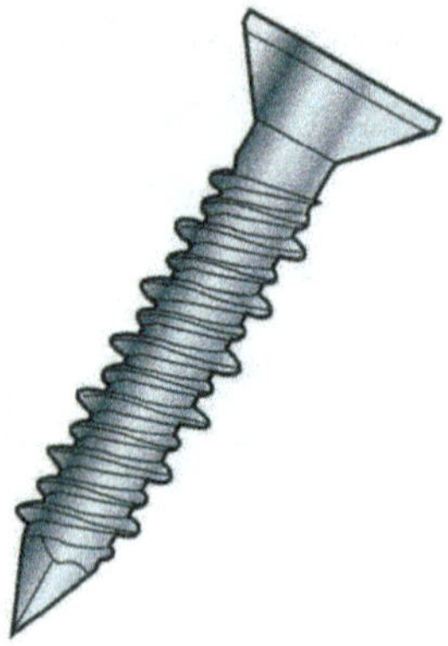

Cabeza plana Phillips

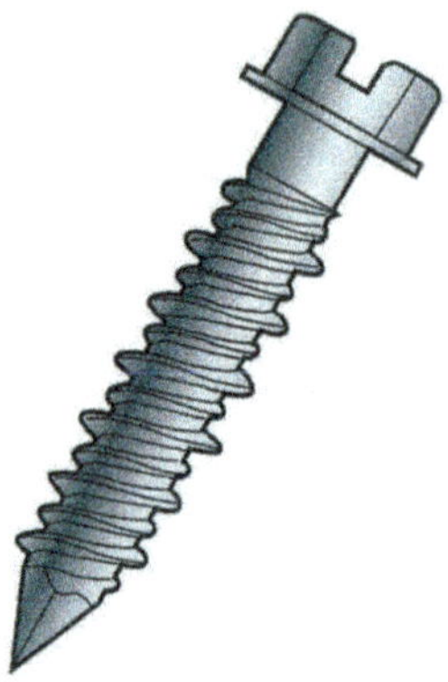

Cabeza hexagonal con brida

Figura 37 Tornillos para concreto/ mampostería.

2.2.5 Tornillos autorroscantes y de rosca cortante

Los tornillos autorroscantes (*figura 38*), comúnmente llamados *tornillos para lámina de metal*, son de metal duro. Forman una rosca a medida que se insertan en la pieza. Esta acción autorroscante elimina la necesidad de roscar un orificio antes de instalar el tornillo.

Para lograr la sujeción adecuada, es importante utilizar la broca del tamaño adecuado al taladrar los orificios piloto para los tornillos autorroscantes. El tamaño correcto de la broca para un tornillo específico suele estar marcado en la caja que contiene los tornillos. Algunos tornillos autorroscantes también taladran sus propios agujeros, eliminando la necesidad de taladrar, perforar y alinear las piezas.

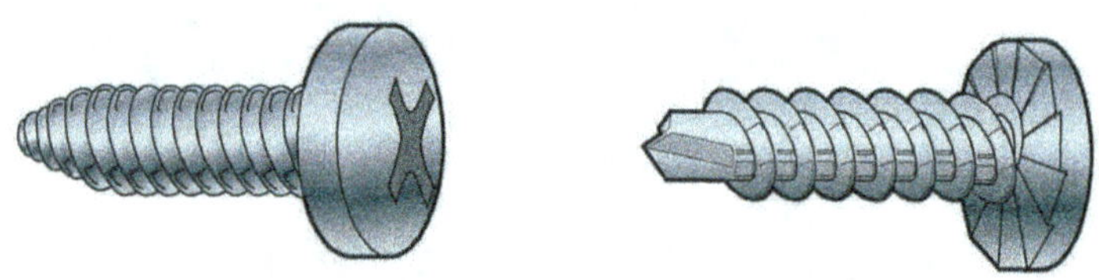

Tornillo roscador estándar — Tornillo autoperforante

Figura 38 Tornillos roscadores.

Los tornillos autorroscantes se usan principalmente para unir piezas metálicas delgadas. Se fabrican en los mismos diámetros y longitudes que los tornillos para madera.

Para unir metales de calibre grueso, metales de diferentes calibres y metales no ferrosos, se utilizan tornillos para metales de rosca cortante de acero endurecido con punta roma y rosca fina (*figura 39*). También se usan para unir láminas metálicas a elementos estructurales de edificios. Estos tornillos son de acero endurecido, que es más duro que el metal que se está roscando. Forman roscas al eliminar y cortar una parte del metal a medida que se introducen en un orificio piloto y atraviesan el material.

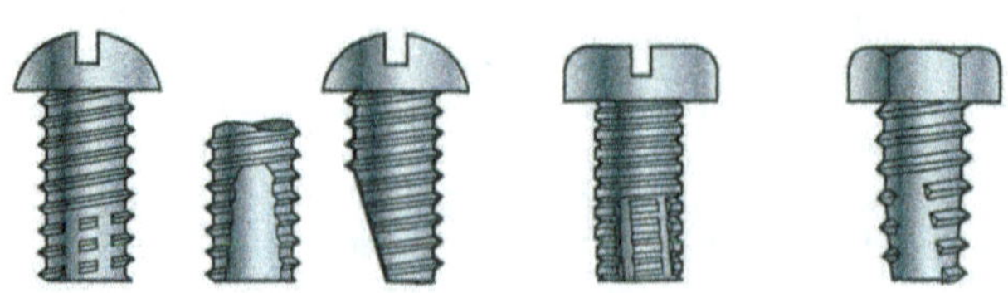

Cabeza redonda — Cabeza de panel — Cabeza hexagonal

Figura 39 Tornillos de rosca cortante.

2.2.6 Tornillos para placas de yeso

Los tornillos para placas de yeso (*figura 40*) son tornillos finos y autoperforantes con cabeza en forma de trompeta. Según su tipo, estos tornillos atraviesan el panel de yeso y se anclan a los montantes de madera o metal para sujetar el panel firmemente al montante.

Los tornillos de rosca gruesa se suelen usar para fijar paneles de yeso a los montantes de madera. Los tipos de rosca fina y de rosca alta y baja generalmente se usan para la sujeción a montantes metálicos. Algunos tornillos se fabrican tanto para madera como para metal. Los tornillos de cabeza Phillips o Robertson se pueden encastrar en los paneles de yeso sin rasgar la superficie del panel.

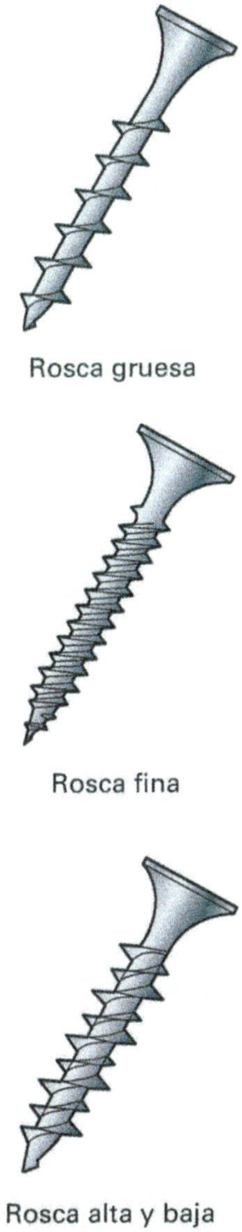

Figura 40 Tornillos para placas de yeso.

2.2.7 Tornillos sinfín

Los tornillos sinfín (*figura 41*) no requieren que el orificio esté roscado. Se instalan martillándolos en un orificio taladrado o perforado del tamaño adecuado. Los tornillos sinfín se usan sobre todo para fijar piezas que no estarán expuestas a mucha presión. Un uso típico de los tornillos sinfín es sujetar placas de características permanentes en motores eléctricos y otros equipos.

2.3.0 Pasadores de impulsión y espárragos

Los pasadores de impulsión o espárragos roscados (*figura 42*) se pueden usar para fijar madera o acero al concreto o bloques sin necesidad de taladrar antes. Para ello, hay que seguir estos pasos:

Paso 1 Inserte el pasador o espárrago roscado en la herramienta percutora para tal fin. El pasador o espárrago se introduce en la herramienta con la punta hacia fuera y la arandela asentada en el hueco.

Paso 2 Coloque el pasador o espárrago contra el material base donde se va a fijar.

Paso 3 Golpee un poco la varilla de accionamiento de la herramienta hasta que el pasador del percutor entre en contacto con el pasador o el espárrago.

Paso 4 Golpee con fuerza la varilla de accionamiento con un martillo mecánico de unas dos libras. La fuerza de los golpes se transmite a través de la herramienta directamente a la cabeza del elemento de sujeción y, de este modo, se clava en el concreto o el bloque.

Para lograr los mejores resultados, el pasador o espárrago debe empotrarse un mínimo de $\frac{1}{2}$" (13 mm) en concreto duro o de $1\frac{1}{4}$" (32 mm) en bloque de concreto más blando.

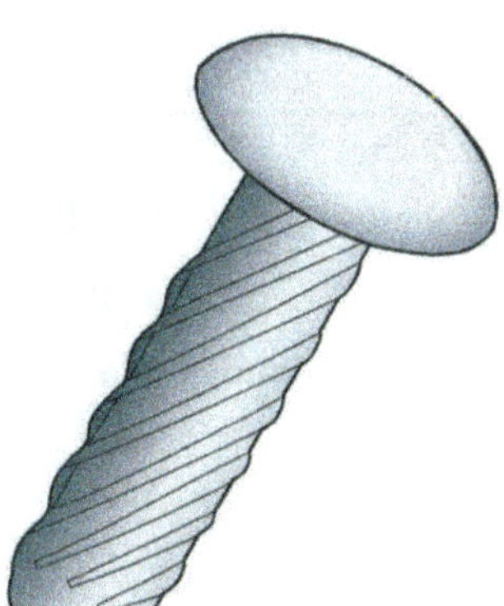

Figure 41 Tornillo sinfín.

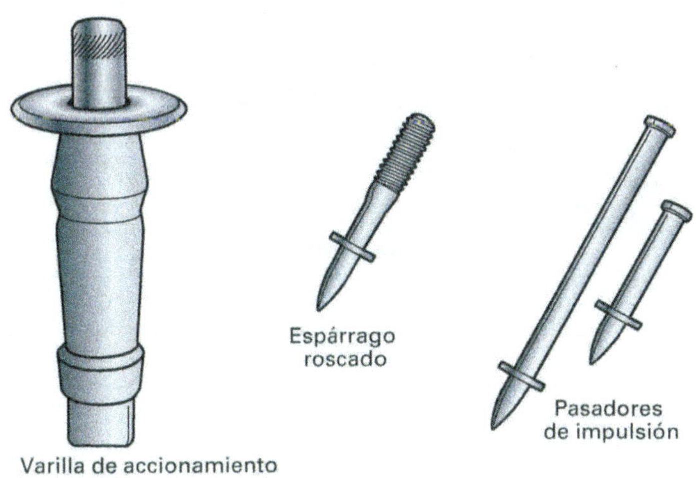

Figura 42 Pasadores de impulsión, espárragos roscados y herramienta de instalación.

2.4.0 Requisitos de seguridad para pistolas tipo espárrago

Las pistolas tipo espárrago accionadas por pólvora, gas o resorte (*figura 43*) pueden clavar una gran variedad de pasadores y espárragos roscados especialmente diseñados en mampostería y acero. Las herramientas accionadas por pólvora tienen el aspecto de una pistola y, al dispararla, detona una carga de pólvora para clavar el elemento de sujeción en el material. La carga suele ser de calibre .22, .25 o .27. La profundidad a la que se clava el pasador o espárrago se controla mediante la densidad del material base y el nivel de potencia o fuerza de la carga de pólvora en el cartucho.

Las cargas de pólvora y sus cartuchos se debe usar con tipos y/o modelos específicos de herramientas accionadas por pólvora. No se pueden intercambiar. Normalmente, las cargas de pólvora se aumentan en 12 niveles de potencia o de carga para lograr la penetración adecuada. Los niveles de potencia se identifican mediante un sistema de códigos de colores y tipos de cartuchos. Tenga en cuenta que los distintos fabricantes pueden usar códigos de color diferentes para identificar la fuerza de la carga.

El nivel de potencia 1 es el más bajo, mientras que el 12 es el más alto. Los niveles de potencia numérica más altos se usan para penetrar materiales duros o cuando se necesita una penetración más profunda. Las cargas de pólvora vienen en unidades de un solo disparo y se usan en herramientas de un solo disparo. También se fabrican en tiras o discos multidisparo para herramientas semiautomáticas.

¡ADVERTENCIA!

Solo los operarios capacitados y certificados pueden usar herramientas de fijación accionadas por pólvora. El operario debe seguir estrictamente el manual de instrucciones de la herramienta. Si tiene certificación, debe portarla siempre que utilice una herramienta accionada por pólvora.

Es posible que no necesite certificación para otros tipos de herramientas de pistola de tipo espárrago, pero los peligros son muy similares y pueden requerir una capacitación especial por parte de su empresa.

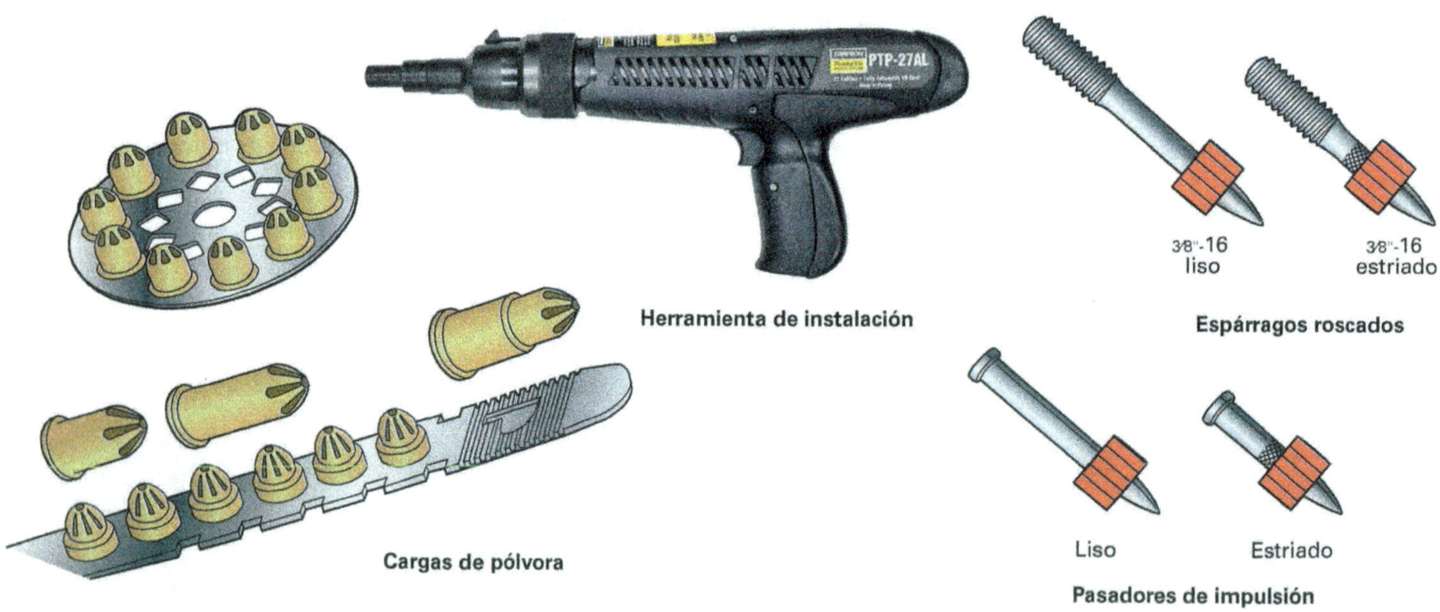

Figura 43 Herramienta de instalación accionada por pólvora y elementos de sujeción.

La sección 1926.302(e), título 29 del CFR de OSHA abarca las herramientas accionadas por pólvora. Establece que solo las pueden operar las personas capacitadas en estas herramientas en particular. Los fabricantes de herramientas activadas por pólvora pueden haber autorizado a otros a impartir capacitación y conceder certificaciones. Los operarios capacitados deben tomar las siguientes precauciones, entre otras, para protegerse a sí mismos y a los demás cuando usen herramientas accionadas por pólvora:

- Use siempre la herramienta de acuerdo con las instrucciones de operación publicadas. Conserve las instrucciones junto con la herramienta.
- Jamás trate de desactivar los dispositivos de seguridad de la herramienta.
- Nunca coloque la mano u otras partes del cuerpo sobre el extremo delantero de la boca de la herramienta.
- Use solo elementos de sujeción, cargas de pólvora y piezas fabricadas específicamente para la herramienta. Usar otros materiales puede causar problemas de funcionamiento o de seguridad de la herramienta.
- Los operarios y personas cercanas deben usar protección ocular y auditiva, así como cascos. Pueden necesitarse otros equipos de seguridad personal.
- Coloque siempre señales de advertencia que indiquen "Herramienta accionada por pólvora en uso" a menos de 50' (15 m) de la zona donde se utilicen.
- Antes de usar una herramienta, verifique que está descargada y realice una prueba de funcionamiento adecuada. Revise el funcionamiento de la herramienta descargada tal y como se describe en las instrucciones de operación publicadas.
- No adivine antes de fijar elementos en un material base; realice siempre una prueba de perforación central.
- Realice siempre un disparo de prueba en un material base adecuado con el menor nivel de potencia recomendado para la herramienta utilizada. Si el elemento de sujeción no se fija, pruebe con el siguiente nivel de potencia. Siga este procedimiento hasta obtener la penetración adecuada del elemento de sujeción.
- Apunte siempre lejos de operarios u otras personas.
- Jamás use la herramienta en una zona con explosivos o inflamables.
- Nunca descuide una herramienta cargada.
- No cargue la herramienta hasta que esté preparado para fijar los elementos. Si decide no realizar la operación después de cargar la herramienta, retire siempre primero la carga de pólvora y después el elemento de sujeción.
- Descargue siempre la herramienta antes de limpiarla o revisarla, al cambiar piezas, antes de los recesos y al guardarla.
- Sujete siempre la herramienta perpendicularmente a la superficie de trabajo y, en lo posible, use protector contra fragmentos (virutas o esquirlas) o un bloqueo contra astillas.
- Respete siempre los requisitos de separación, distancia entre bordes y espesor del material base.
- Jamás dispare a través de un orificio existente o en una zona de soldadura.
- En caso de falla de un disparo, mantenga la herramienta presionada contra la superficie de trabajo durante al menos 30 segundos. Si la herramienta aún no se dispara, siga las instrucciones publicadas.
- Nunca deseche ni arroje por descuido cargas de pólvora sin disparar a un contenedor de basura.
- Guarde siempre las cargas de pólvora y la herramienta descargada bajo llave.

Historia de casos

Herramientas accionadas por pólvora

Un aprendiz de 22 años falleció tras el impacto en la cabeza de un clavo disparado por una herramienta accionada por pólvora de alta velocidad en una habitación contigua. El operario de la herramienta trataba de anclar madera contrachapada a una pared hueca; disparó la pistola, el clavo atravesó la pared y recorrió casi 30' (9 m) antes de golpear a la víctima. El operario nunca había recibido capacitación en el uso correcto de la herramienta, y ninguno de los empleados de la zona llevaba equipo de protección personal.

Conclusión: Nunca use una herramienta accionada por pólvora en materiales que se puedan perforar fácilmente, pues su propósito principal es instalar elementos de sujeción en mampostería. El uso de herramientas accionadas por pólvora requiere una capacitación y certificación especiales. Además, el personal que esté en la zona debe saber que alguien está usando la herramienta y usar el equipo de protección personal adecuado.

2.5.0 Anclajes de mampostería

Los anclajes mecánicos son dispositivos que proporcionan un agarre firme a los elementos de sujeción en diversos materiales, donde por sí solos tenderían a salirse. Los diferentes fabricantes pueden clasificar los anclajes de muchas maneras. En este módulo, los dividimos en cuatro categorías generales:

- Anclajes de un solo paso
- Anclajes de perno
- Anclajes de tornillo
- Anclajes autoperforantes

2.5.1 Anclajes de un solo paso

Los anclajes de un solo paso (*figura 44*) están diseñados para que puedan instalarse a través de los orificios de montaje del componente al que se van a fijar. Esto se debe a que el anclaje y el orificio tienen el mismo diámetro. Vienen en varios diámetros y longitudes. Los tipos comunes de anclajes de un solo paso son los siguientes:

- *Anclajes acuñados:* son anclajes resistentes que vienen con tuercas y arandelas. La broca para taladrar el orificio tiene el mismo diámetro que el anclaje. La profundidad del orificio no es esencial si se taladra la longitud mínima que el fabricante recomienda. Después de limpiar el polvo y otros materiales del orificio, el anclaje se inserta y se clava con un martillo lo suficiente para que al menos seis hilos queden por debajo de la superficie superior del componente. Luego, el componente se fija apretando la tuerca de anclaje para expandir el anclaje y apretarlo en el orificio.
- *Anclaje espárrago:* los anclajes espárrago son anclajes roscados muy resistentes. Como este tipo de anclaje toca el fondo del orificio de montaje, es una buena opción cuando se necesita elevar o nivelar el componente fijado. La profundidad de la perforación en la mampostería debe ser la que especifique el fabricante para lograr una expansión adecuada. Después de limpiar el orificio, el anclaje se inserta con el extremo del tapón expansor hacia abajo. Luego, el anclaje se introduce en el orificio con un martillo (o herramienta de ajuste) para expandirlo y apretarlo en el orificio. El anclaje está completamente asentado cuando ya no puede introducirse en el orificio. El componente se fija usando el perno de rosca y tamaño correctos para el espárrago de anclaje.
- *Anclajes con manguito:* los anclajes con manguito son anclajes multiuso. La profundidad del orificio de anclaje no es esencial si se taladra la longitud mínima que el fabricante recomienda. Después de limpiar el orificio, el anclaje se inserta y se golpea hasta que quede a ras con el componente. Luego, la tuerca o el tornillo del anclaje se aprietan para expandirlo y apretarlo en el orificio.
- *Anclajes de una pieza:* estos son anclajes multiusos. Funcionan según el principio de que, al introducir el anclaje en el orificio, la fuerza del muelle del mecanismo de expansión se comprime y flexiona para adaptarse al tamaño del orificio. Una vez fijado, intenta recuperar su forma original. La perforación en la mampostería debe ser igual o más profunda que la incrustación requerido (siga las instrucciones del fabricante). La profundidad adecuada es esencial. Una perforación excesiva es tan mala como una insuficiente. Después de limpiar el orificio, se inserta el anclaje a través del componente y se introduce con un martillo hasta que la cabeza quede firmemente asentada contra el componente. Es importante clavar el anclaje a la profundidad adecuada. Los fabricantes también fabrican destornilladores especiales y herramientas manuales que se usan en lugar de un martillo al clavar anclajes de una pieza. Estas herramientas sirven para instalar los anclajes en espacios reducidos y evitar daños en el componente por martillazos desviados.

- *Anclajes de ajuste con martillo:* estos anclajes se usan en concreto y mampostería. Existen dos tipos: para clavos y tornillos. Una ventaja de los anclajes de tornillo es que son desmontables. Ambos tienen el mismo diámetro que el orificio de anclaje. En ambos tipos de anclaje, el orificio debe taladrarse según el diámetro del anclaje y a una profundidad de al menos $^1/_4$" (6 mm) más que la requerida para la incrustación (siga las instrucciones del fabricante). Después de limpiar el orificio, el anclaje se inserta a través de los orificios de montaje del componente que se va a fijar; luego, se introduce el tornillo o clavo en el cuerpo del anclaje para expandirlo. Es importante que la cabeza esté firmemente asentada contra el componente y que la incrustación sea la adecuada.
- *Anclajes de varilla roscada:* estos anclajes, como el de Sammy®, son para concreto, acero o madera. El anclaje está diseñado para soportar una varilla roscada, que se enrosca en la cabeza del anclaje después de instalarlo. Para instalar los tornillos se dispone de una llave especial para tuercas.

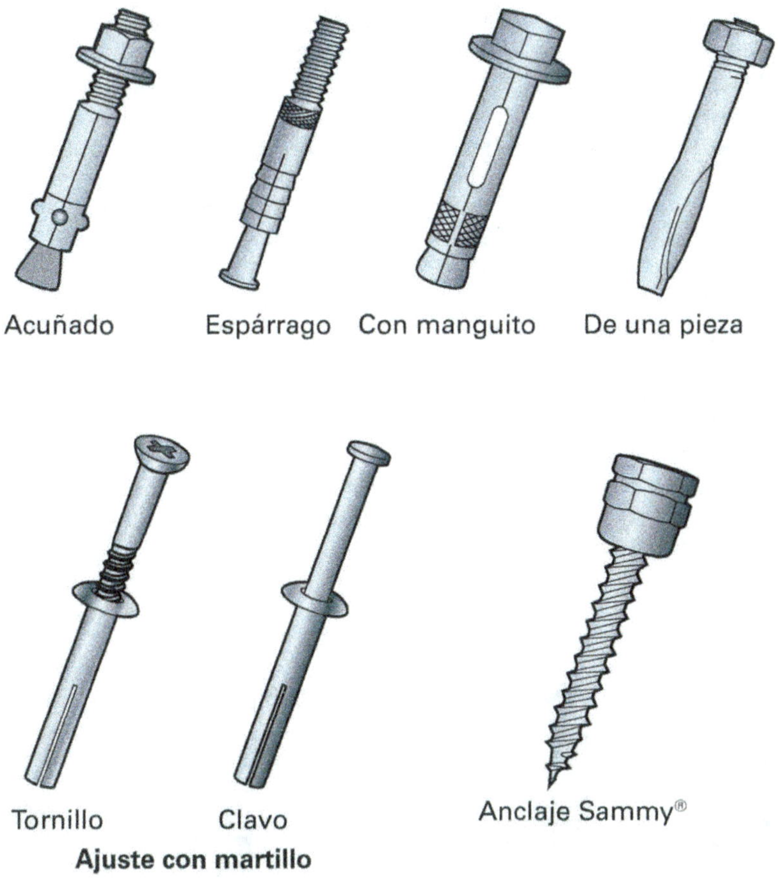

Figura 44 Anclajes de un solo paso.

2.5.2 Anclajes de perno

Los anclajes de perno (*figura 45*) están diseñados para instalarse a ras de la superficie del material base. Se usan en conjunto con pernos máquina o tornillos roscados. En algunos tipos, pueden utilizarse con varilla roscada. Algunos tipos de anclajes de perno que se usan habitualmente son los anclajes de inserción con rosca interna, así como los anclajes de expansión simple y doble.

Los anclajes de inserción suelen utilizarse para cargas pesadas y hay de dos tipos. El primero es un *anclaje de inserción estándar* para concreto y mampostería macizos que tiene un anclaje de expansión de rosca interna con un tapón expansor interno preinstalado. El orificio de anclaje debe perforarse según el diámetro y la profundidad que el fabricante especifique. Después de limpiar el orificio, el anclaje se inserta y se golpea hasta que quede a ras con la superficie. Luego, se introduce una herramienta de ajuste que viene con el anclaje para expandirlo. El componente que se va a fijar se coloca en su lugar y se fija enroscando y apretando el perno o tornillo de máquina del tamaño correcto en el anclaje.

El segundo tipo, denominado *anclaje de inserción hueco*, se usa en concreto hueco y materiales de base de mampostería. Estos anclajes tienen un manguito de expansión cónico ranurado y un cono de expansión dentado. Vienen en varias longitudes compatibles con el grosor de la pared exterior de la mayoría de los materiales base huecos. También pueden usarse en concreto y mampostería macizos. El orificio de anclaje debe perforarse según el diámetro que el fabricante especifique. Cuando se instala en materiales base huecos, el orificio se taladra en la celda o el hueco. Después de limpiar el orificio, el anclaje se inserta y se golpea hasta que quede a ras con la superficie. Luego, el componente que se va a fijar se coloca en su lugar; después, el perno de máquina o tornillo de tamaño adecuado se enrosca en el anclaje y se aprieta para expandirlo en el orificio.

Los anclajes de expansión simple y doble son para usarlos en concreto y otros tipos de mampostería. El anclaje de expansión doble se usa principalmente cuando se fija en concreto o mampostería de dudosa resistencia. En ambos tipos, el orificio de anclaje debe perforarse según el diámetro y la profundidad que el fabricante especifique. Después de limpiar el orificio, el anclaje se inserta, primero el extremo del cono roscado. Luego, se golpea hasta que quede a ras con la superficie. Luego, el componente que se va a fijar se coloca en su lugar; después, el perno de máquina o tornillo de tamaño adecuado se enrosca en el anclaje y se aprieta para expandirlo en el orificio.

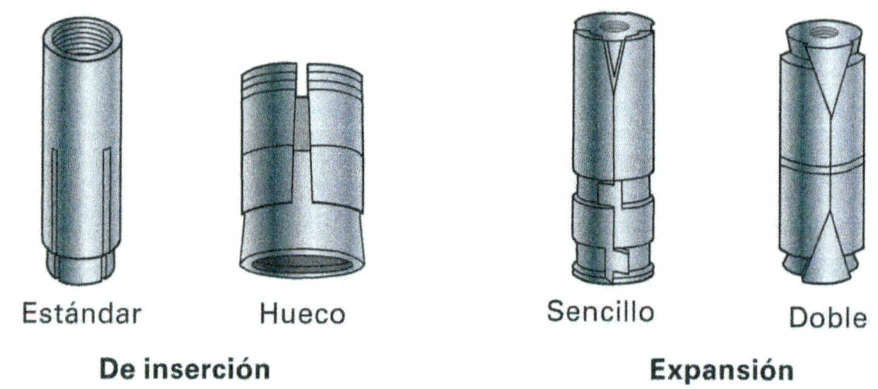

Figura 45 Anclajes de perno.

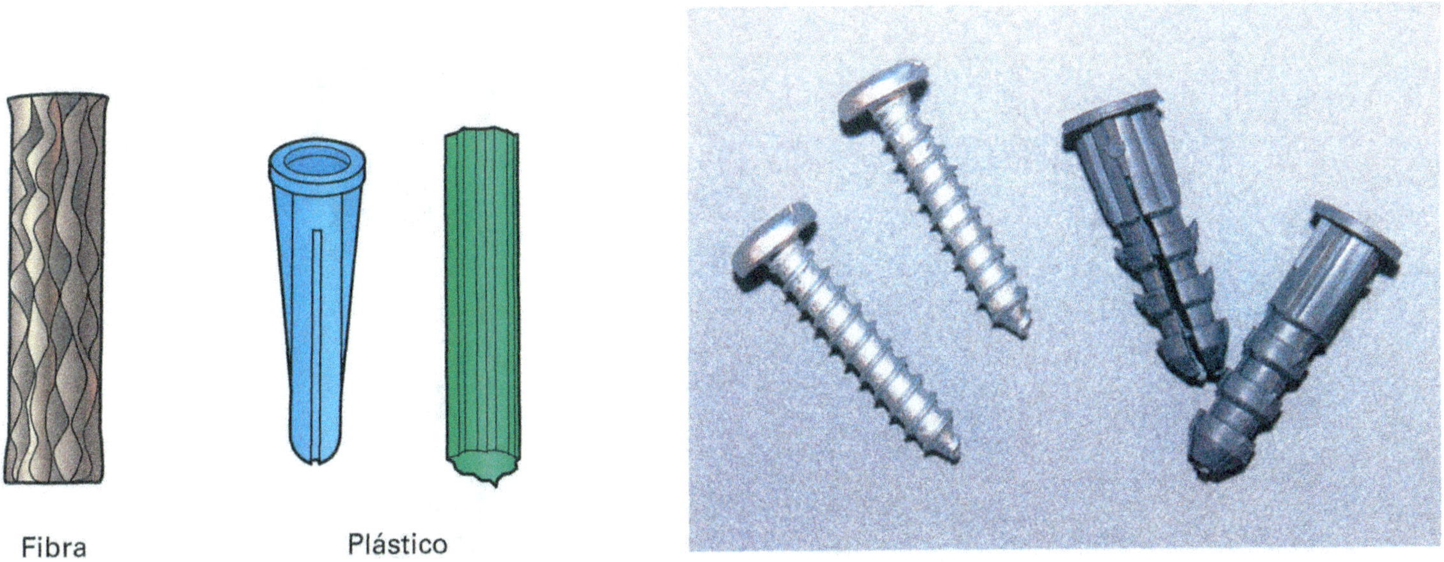

(A) Anclajes de tornillo

(B) Tornillos

Figura 46 Anclajes de tornillo y tornillos.

2.5.3 Anclajes de tornillo

Los anclajes de tornillo son más ligeros y se instalan a ras de la superficie del material base. Se utilizan junto con tornillos para lámina, madera o tirafondos, según el tipo de anclaje. Los anclajes de fibra y plástico son tipos comunes de anclajes de tornillo (*figura 46*). Ya describimos en este módulo el tarugo que se usa con el tirafondos.

Los anclajes de fibra y plástico suelen usarse en concreto y mampostería. Los anclajes de plástico también se usan comúnmente en paneles de yeso y materiales base similares. La instalación de todos los tipos es sencilla. El orificio de anclaje debe perforarse según el diámetro que el fabricante especifique. La profundidad mínima del orificio debe ser igual a la longitud del anclaje. Después de limpiar el orificio, el anclaje se inserta y se golpea hasta que quede a ras con la superficie. Luego, el componente que se va a fijar se coloca en su lugar; después, el tornillo del tipo y tamaño adecuados se introduce a través del orificio de montaje del componente y dentro del anclaje para expandirlo en el orificio.

2.5.4 Anclajes autoperforantes

Algunos anclajes para mampostería son autoperforantes. El de la *figura 47* es de los más comunes. Este elemento de sujeción tiene un manguito cortante que primero se utiliza como broca y después se convierte en el elemento de sujeción expansible como tal. Para perforar el concreto, se usa un taladro percutor y el manguito de anclaje como broca. Una vez perforado el orificio, se extrae el anclaje y se limpia el orificio. A continuación, se inserta el tapón expansor del anclaje en el extremo cortante del manguito. El manguito de anclaje y el tapón expansor se vuelven a introducir en el orificio con el taladro percutor hasta que queden a ras con la superficie del concreto. Al martillar hacia abajo, el elemento de fijación golpea la parte inferior, donde el expansor cónico expande el elemento y lo bloquea en el orificio. Luego, el anclaje se rompe en el punto de corte con un rápido movimiento lateral del martillo. El componente que se va a fijar puede sujetarse al anclaje con el perno del tamaño adecuado.

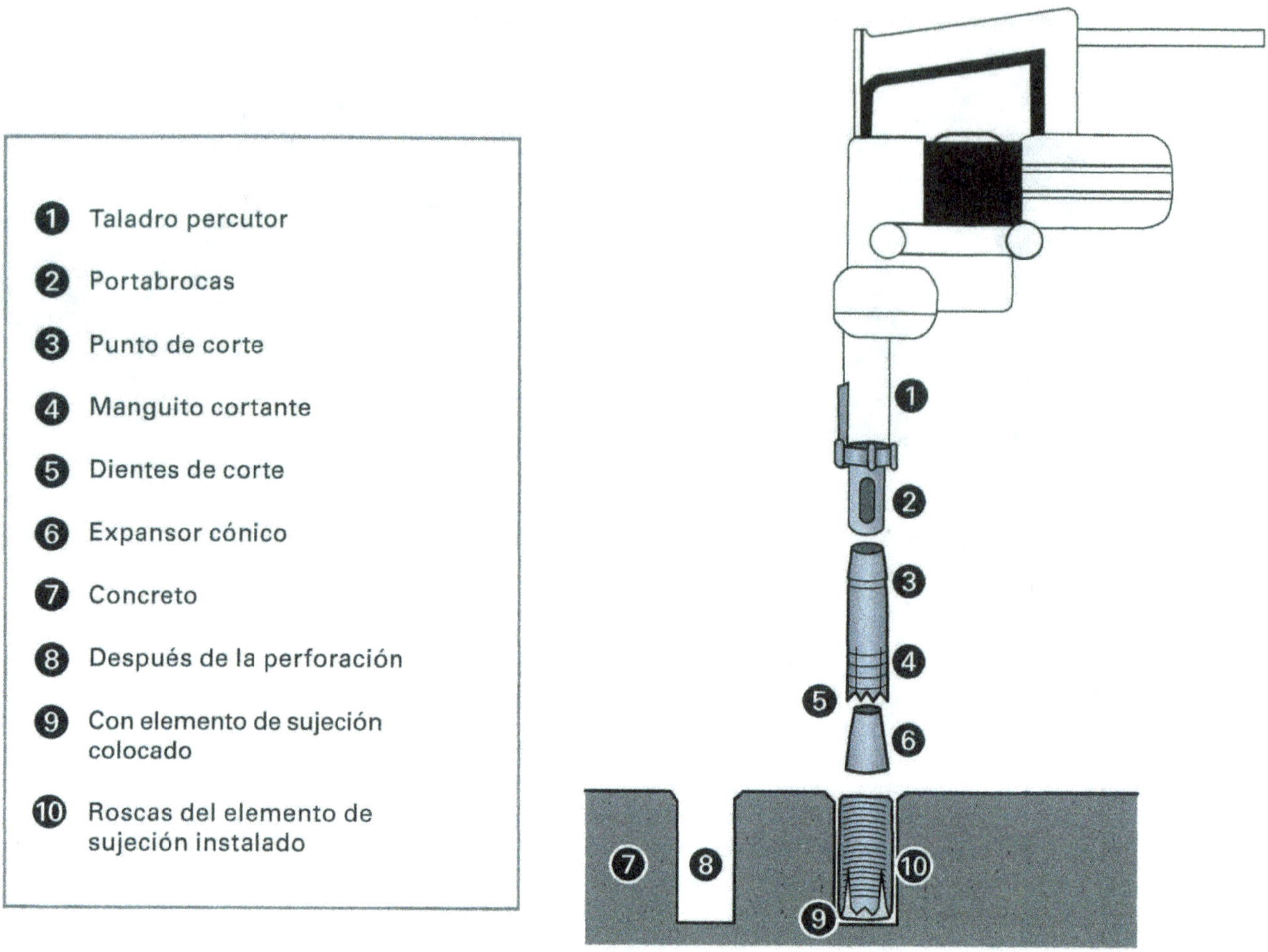

Figura 47 Anclaje autoperforante.

2.5.5 Perforación de orificios de anclaje en concreto endurecido o mampostería

Al seleccionar los anclajes para mampostería, independientemente del tipo, tenga siempre en cuenta y siga las recomendaciones del fabricante sobre el diámetro y la profundidad del orificio, la incrustación mínima en el concreto, el grosor máximo del material que se va a fijar y las capacidades de carga de tracción y cizalladura.

Al instalar anclajes o pernos de anclaje en concreto endurecido, revise que la zona donde se va a fijar el equipo o componente es lisa para que tenga una base sólida. Una base irregular puede torcer, deformar o impedir un ajuste adecuado del equipo o causar vibraciones durante el funcionamiento. Antes de empezar, inspeccione detenidamente que el martillo rotativo o taladro percutor y las brocas estén en buenas condiciones. Use el tipo de brocas para mampostería o de percusión con punta de carburo que el fabricante del taladro/martillo o del anclaje recomiende, ya que estas brocas soportan el mayor impacto de los materiales de mampostería. Además, se recomienda ajustar el calibrador de profundidad del taladro o del percutor a la profundidad del orificio necesaria. El truco para utilizar brocas de mampostería es no forzarlas contra el material presionando con fuerza sobre la broca. Ejerza un poco de presión y deje que el taladro haga el trabajo. En orificios grandes, empiece con una broca más pequeña y luego cambie a una más grande.

Se han descrito brevemente los métodos de instalación de los distintos tipos de anclajes en concreto endurecido o mampostería. Instale siempre los anclajes seleccionados de acuerdo con las instrucciones del fabricante. La *figura 48* y los siguientes pasos describen el procedimiento típico para instalar muchos tipos de anclajes de expansión en concreto endurecido o mampostería:

¡ADVERTENCIA!

La perforación en concreto genera ruido, polvo y partículas despedidas. Use siempre gafas de seguridad, protectores auditivos y guantes. Asegúrese de que los demás trabajadores de la zona también usen equipo de protección. Siga las normas de su empresa sobre sílice para evitar la exposición al polvo de concreto.

Paso 1 Perfore un orificio del mismo tamaño que el perno de anclaje. El orificio debe tener profundidad suficiente para que seis hilos de la rosca del perno queden por debajo de la superficie del concreto. Limpie el orificio con una bomba sopladora.

Paso 2 Inserte el perno de anclaje en el orificio con un martillo. Proteja las roscas del perno con una tuerca sin dejar ninguna rosca al descubierto.

Paso 3 Coloque una arandela y una tuerca en el perno y apriete la tuerca con una llave hasta que el anclaje quede bien sujeto en el concreto.

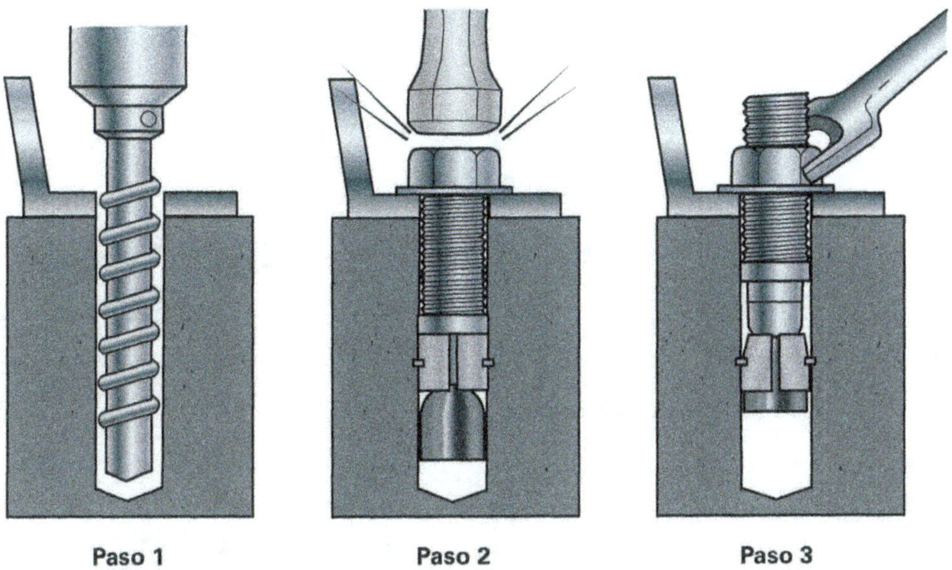

Figura 48 Instalación de un perno de anclaje en concreto endurecido.

2.6.0 Anclajes para paredes huecas

Cuando deba fijar elementos a materiales huecos, use anclajes para paredes huecas. Estas son algunas instalaciones en que se usan estos anclajes:

- Plancha de concreto
- Bloques
- Acero estructural
- Paneles de yeso
- Yeso

Los anclajes de pared hueca más comunes son:

- Anclajes mariposa
- Anclajes de pared tipo manguito
- Anclajes para paneles
- Anclajes metálicos de inserción

Al instalar anclajes en paredes huecas o cielorrasos, independientemente del tipo, siga siempre las recomendaciones del fabricante en cuanto a uso, diámetro del orificio, grosor de la pared, rango de agarre (espesor del material de anclaje) y capacidades de carga de tracción y cizalladura. Algunos anclajes para paredes huecas también pueden usarse en materiales macizos.

2.6.1 Instalación de anclajes mariposa

Los anclajes mariposa (*figura 49*) se utilizan para fijar equipos, soportes colgantes, soportes y elementos similares en superficies huecas como paredes y cielorrasos. Constan de un perno o tornillo ranurado y unas aletas resortadas. Cuando el perno se inserta a través del elemento que se va a fijar y, luego, a través de un orificio previamente taladrado en la pared o cielorraso, las aletas se separan y brindan una sujeción firme en el interior de la pared hueca o el techo a medida que se aprieta el perno. Tenga en cuenta que el orificio en la pared o el techo debe ser lo suficientemente grande para que pase la cabeza de aletas comprimida.

Una vez instalado el anclaje mariposa, tenga cuidado de no desenroscarlo completamente, ya que las aletas se caerían y ya no serviría. También se fabrican anclajes mariposa de plástico accionados por tornillo. Son similares a los metálicos, pero vienen con un tornillo puntiagudo y no requieren un orificio tan grande. A diferencia de la versión metálica, las aletas de plástico permanecen en su sitio si se retira el tornillo.

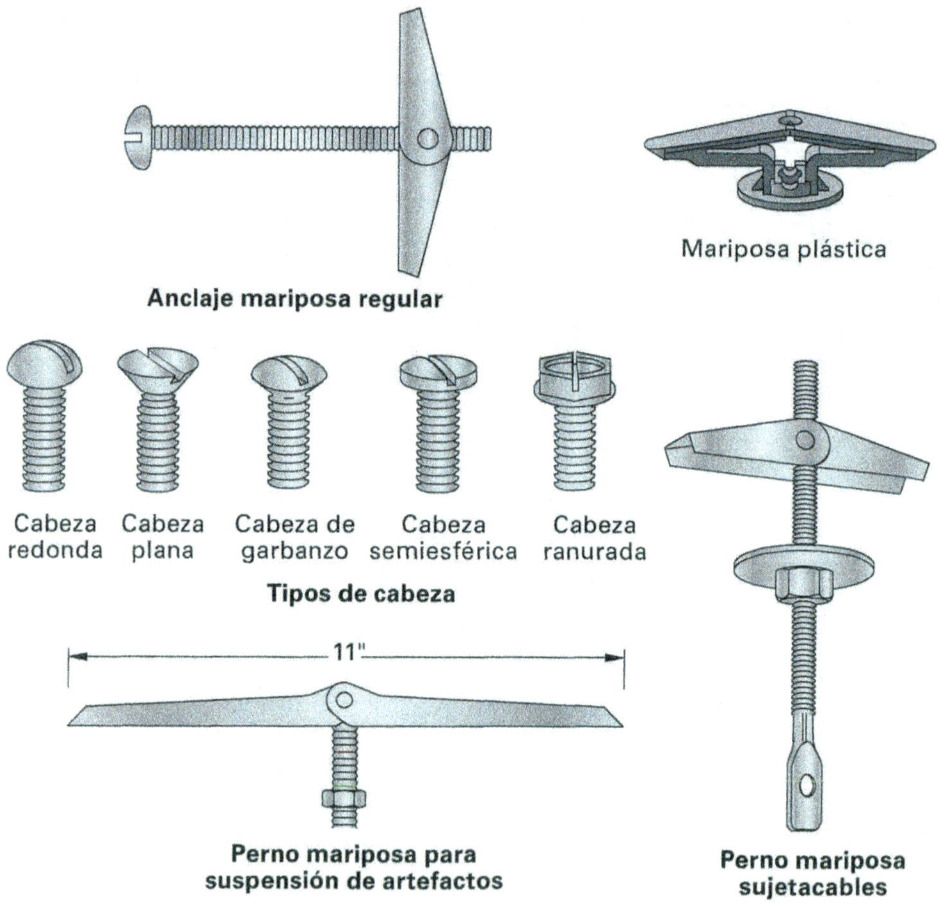

Figura 49 Anclajes mariposa.

Los anclajes mariposa se usan para fijar una pieza a un bloque hueco, un panel de yeso, un panel o una baldosa. Siga estos pasos para instalar un anclaje mariposa.

¡ADVERTENCIA!

Siga todas las precauciones de seguridad cuando use un taladro eléctrico.

Paso 1 Seleccione el tamaño adecuado de broca o punzón y anclaje mariposa para el trabajo.

Paso 2 Revise que el anclaje mariposa no tenga daños ni suciedad en la rosca y que el mecanismo de las aletas funcione correctamente.

Paso 3 Perfore un orificio que atraviese completamente la superficie a la que se va a fijar la pieza.

Paso 4 Inserte el anclaje mariposa a través de la abertura del elemento que se va a fijar.

Paso 5 Atornille la aleta en el extremo del anclaje, asegurándose de que el lado plano de la aleta esté orientado hacia la cabeza del anclaje.

Paso 6 Doble las aletas por completo hacia atrás y empújelas a través del orificio hasta que se abran.

Paso 7 Tire hacia atrás del elemento que va a fijar para mantener las aletas firmemente contra la superficie interior a la que se está sujetando el elemento.

Paso 8 Apriete el anclaje mariposa con un destornillador hasta que quede ajustado.

Piénselo

Anclajes mariposa

¿Qué ocurrirá si aprieta demasiado un anclaje mariposa?

2.6.2 Instalación de anclajes de pared tipo manguito

Los anclajes de pared tipo manguito (*figura 50*) son adecuados para concreto, bloques, madera contrachapada, paneles de yeso, baldosas huecas y materiales similares. Hay dos tipos: estándar y guía. El estándar se utiliza habitualmente en paredes y techos. Siga estos pasos para instalar un anclaje de pared tipo manguito:

Paso 1 Para un tipo estándar, taladre un orificio de montaje del diámetro requerido. El anclaje tipo guía no requiere orificio de montaje.

Paso 2 Inserte el anclaje en el orificio y golpee hasta que las estrías de agarre se incrusten en el material base.

Paso 3 Apriete el tornillo del anclaje para que quede bien apretado contra el interior de la pared o el cielorraso.

Paso 4 Una vez instalado el anclaje, retire el tornillo del anclaje.

Paso 5 Coloque en su sitio el componente que se va a fijar.

Paso 6 Vuelva a instalar el tornillo a través del orificio de montaje en el componente y en el anclaje.

Paso 7 Apriete el tornillo en el anclaje para sujetar el componente.

Figura 50 Anclajes tipo manguito, para paneles y metálicos de inserción.

Historia de casos

Requisitos de instalación

En una residencia universitaria, las luces de emergencia de baterías estaban ancladas a los techos de los pasillos de placas de yeso laminado con tornillos para placas de yeso laminado, sin ningún soporte adicional. Estas luminarias pesan de 8 a 10 libras (de 3.5 a 4.5 kilos) cada una y podrían haberse caído fácilmente del techo, causando lesiones graves. Cuando se descubrió la situación, el contratista tuvo que retirar y sustituir docenas de luminarias.

Conclusión: Los métodos de anclaje incorrectos pueden ser costosos y peligrosos.

2.6.3 Instalación de anclajes para paneles

Los anclajes para paneles son autoperforantes para trabajo medio y pesado y se usan para sujetar paneles de yeso. Siga estos pasos para instalar un anclaje para paneles:

Paso 1 Inserte el anclaje en la pared con un destornillador manual o inalámbrico de cabeza Phillips hasta que la cabeza del anclaje quede a ras de la superficie de la pared o del cielorraso.

Paso 2 Coloque sobre el anclaje el componente que se va a sujetar.

Paso 3 Fije el componente con el tornillo para láminas de metal del tamaño adecuado introducido en el anclaje.

Piénselo

Anclajes de inserción tipo manguito

¿Qué sucede cuando se retira el tornillo con un anclaje de inserción tipo manguito?

2.6.4 Instalación de anclajes metálicos de inserción

Los anclajes metálicos de inserción, como los de la *figura 50*, se usan para sujetar cargas ligeras o medias a los paneles de yeso. Tienen dos patas puntiagudas que se mantienen juntas cuando el anclaje se clava en una pared y se extienden contra el interior de la pared cuando se introduce un tornillo para lámina de metal.

2.7.0 Sistemas de anclaje epoxi

Puede utilizar compuestos de resina epoxi para anclar varillas roscadas, espigas y elementos de sujeción similares en concreto macizo, paredes huecas y ladrillo. Un epoxi de dos componentes suele envasarse en un cartucho de dos cámaras que mantiene separados los ingredientes de resina y endurecedor hasta que se usan. Este cartucho se coloca en una herramienta especial similar a una pistola de calafateo. Al bombear la empuñadura de la pistola, la resina epoxi y los componentes del endurecedor se mezclan en su interior y, luego, la resina epoxi sale expulsada por la boquilla.

Una vez mezclada, la resina epoxi funciona por un tiempo limitado. Siempre hay que mezclar exactamente la cantidad necesaria y trabajar con rapidez. La resina epoxi también requiere un tiempo de curado específico y siempre hay que darle el tiempo recomendado. Debido a que la resina epoxi es tan fuerte y fragua tan rápido, puede resultar tentador forzar la unión antes de que esté completamente curada.

Siga estos pasos para usar resina epoxi al instalar un anclaje en concreto macizo (*figura 51*):

Paso 1 Perfore un orificio de tamaño adecuado en el concreto.

Paso 2 Limpie el orificio con un cepillo de nailon (no metálico).

Paso 3 Dispense una pequeña cantidad de resina epoxi de la pistola para asegurarse de que la resina y el endurecedor se mezclaron correctamente, lo que notará porque la resina epoxi será de un solo color.

Paso 4 Coloque la boquilla de la pistola en el orificio y dispense la resina epoxi para rellenar el orificio hasta la mitad.

Paso 5 Empuje el elemento de sujeción en el orificio girándolo lentamente para que la resina epoxi rellene todos los espacios y hendiduras y, luego, se coloque en la posición de plomada (o nivel) requerida.

Paso 6 Una vez transcurrido el tiempo de curado recomendado, apriete la tuerca para asegurar el componente o artefacto en su lugar.

El procedimiento para instalar un elemento de sujeción en una pared hueca o de ladrillo con resina epoxi es básicamente el mismo que para el concreto macizo. La diferencia es que la resina epoxi se inyecta primero en una malla de anclaje que se rellena y, luego, la malla se instala en el orificio. La malla se necesita para mantener la resina epoxi intacta en el orificio hasta que se inserte el anclaje en la resina epoxi.

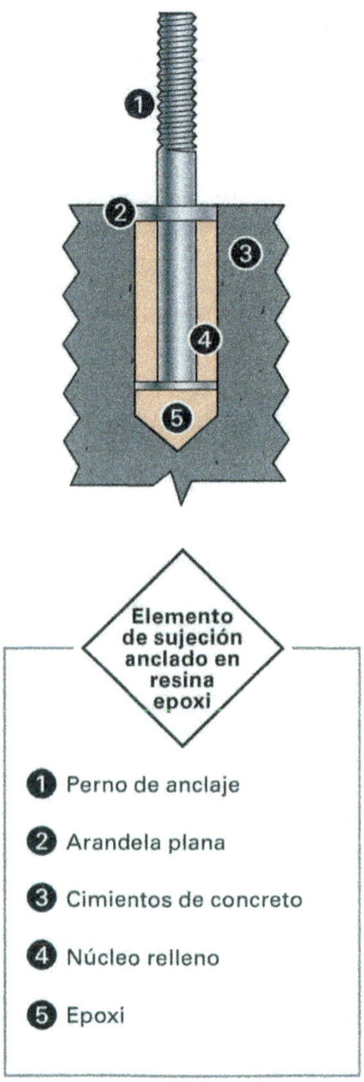

Figura 51 Elemento de sujeción anclado en resina epoxi.

2.0.0 Repaso de la sección

1. Se recomienda que los amarres que vayan a utilizarse en exteriores sean _____.
   a. blancos
   b. amarillos
   c. de liberación fácil
   d. resistentes a los rayos UV

2. ¿Cuál de las siguientes opciones es *verdadera* en relación con los calibres de tornillos y tamaños de vástagos?
   a. Cuanto menor sea el número de calibre, mayor será el diámetro del vástago.
   b. Cuanto menor sea el número de calibre, mayor será la longitud del vástago.
   c. Cuanto mayor sea el número de calibre, mayor será el diámetro del vástago.
   d. Cuanto mayor sea el número de calibre, mayor será la longitud del vástago.

3. Al instalar pasadores y espárragos con martillo, _____.
   a. el orificio previamente perforado debe ser un poco más pequeño que el pasador o el espárrago
   b. el orificio previamente perforado debe ser del mismo tamaño que el pasador o el espárrago
   c. el orificio previamente perforado debe ser un poco más grande que el pasador o el espárrago
   d. no es necesario perforar previamente

4. Al usar una herramienta accionada por pólvora, _____.
   a. coloque señales de advertencia dentro de los 50′ (15 m) de uso
   b. el nivel de potencia 12 es el más bajo
   c. a menudo se utilizan códigos de color para indicar el fabricante
   d. todas las cargas son intercambiables entre marcas y modelos

5. Un tipo de elemento de sujeción que usa el anclaje como una broca es un _____.
   a. anclaje en forma de cuña
   b. anclaje de espárrago
   c. anclaje de una pieza
   d. anclaje autoperforante

6. Un tipo de elemento de sujeción con aletas accionadas por resorte es un _____.
   a. anclaje mariposa
   b. anclaje tipo manguito
   c. anclaje de inserción
   d. anclaje de espárrago

7. Los sistemas de anclaje de resina epoxi se usan comúnmente para anclar elementos de sujeción en _____.
   a. madera
   b. paneles de yeso
   c. yeso
   d. ladrillo

3.0.0 Ductos y otras canalizaciones especializadas

Tareas prácticas

Esta sección no contiene tareas prácticas.

Objetivo

Describir el proceso para seleccionar e instalar ductos de cables y otras canalizaciones especializadas.

a. Identificar los tipos de ductos de cables y sus componentes.
b. Describir el proceso para instalar soportes de ductos de cables.
c. Describir el proceso para instalar canalizaciones especiales.

Canaleta (*trough*): caja larga y estrecha que sirve para albergar conexiones eléctricas que podrían estar expuestas al medio ambiente.

Un ducto es una **canaleta** de lámina metálica con una tapa desmontable con bisagras o tornillos. Al igual que otros tipos de canalizaciones, los ductos de cables sirven para alojar cables eléctricos. Los ductos vienen en varias longitudes que permiten hacer tendidos de diferentes longitudes sin cortarlos.

Como se puede ver en la *figura 52*, se necesita una gran variedad de accesorios para conectar los ductos entre sí y a instalaciones como tableros de distribución, paneles eléctricos y conductos. El *NEC*® tiene muchos artículos y secciones que abarcan los ductos de cables, otras canalizaciones especiales y sus accesorios.

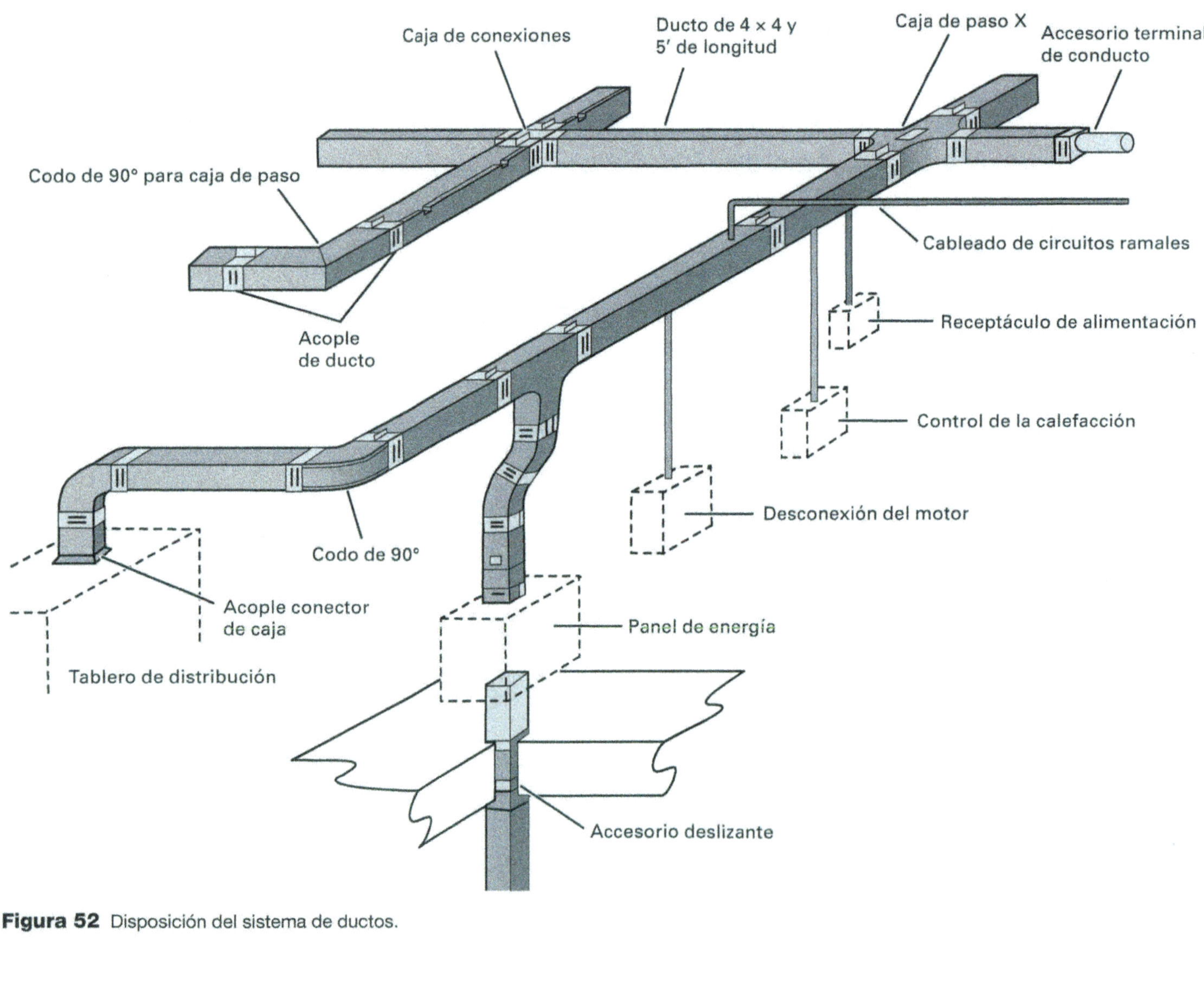

Figura 52 Disposición del sistema de ductos.

3.1.0 Tipos de ductos y sus componentes

Los ductos rectangulares vienen como canaletas con tapa abatible o atornillada. Están disponibles en varias longitudes, para evitar cortarlos.

Las canaletas a prueba de lluvia se usan en entornos en los que no se permite la humedad dentro de la canalización. Sin embargo, no hay que confundir esta canaleta con el ducto a prueba de lluvia tipo *lay-in*, que tiene una tapa con bisagras. La *figura 53* muestra una canaleta a prueba de lluvia con una tapa lateral desmontable.

Las canaletas de ductos quedan expuestas cuando se instalan por primera vez. En lo posible, se montan en los cielorrasos o paredes, aunque a veces pueden estar suspendidas del techo. Observe en la *figura 54*, que la canaleta tiene orificios ciegos similares a los de las cajas de conexiones. Después de instalar el sistema de ductos, los circuitos ramales se llevan desde los paneles de distribución a través de conductos. El conducto se une al ducto en el orificio más conveniente posible.

Los componentes de los ductos, como las canaletas en cruz, los codos internos de 90° y los conectores en T, cumplen la misma función que los accesorios de otros tipos de canalizaciones. Los accesorios se unen al ducto mediante conectores deslizantes. Todas las sujeciones se realizan con tuercas y pernos o tornillos.

Al ensamblar los ductos, siempre hay que colocar la cabeza del perno en el interior y la tuerca en el exterior para que los conductores no queden apoyados sobre un borde afilado. Por lo general, es mejor ensamblar las secciones del sistema de ductos en el suelo y, luego, elevarlas hasta su posición. En la *figura 55*, se muestran las piezas de una sección de un ducto. Tanto los accesorios como los ductos vienen con tapas atornillables, abatibles o de ajuste por presión para permitir el paso de los conductores.

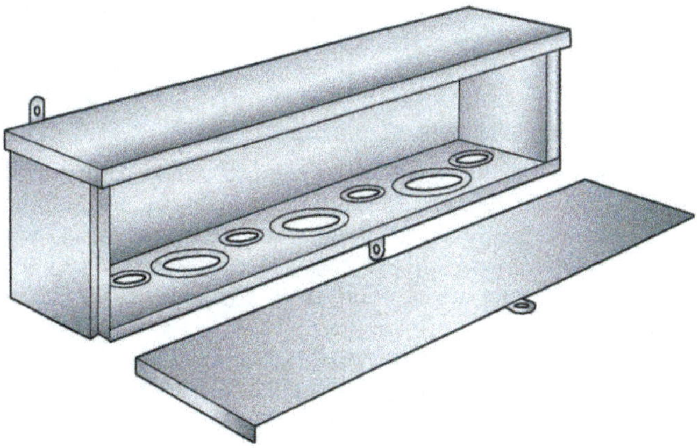

Figura 53 Canal a prueba de lluvia.

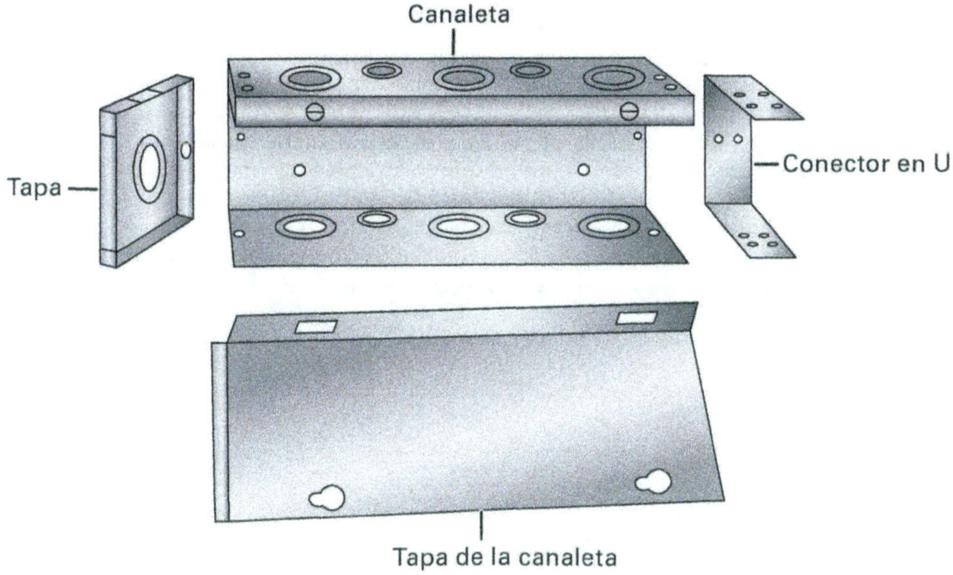

Figura 54 Canal.

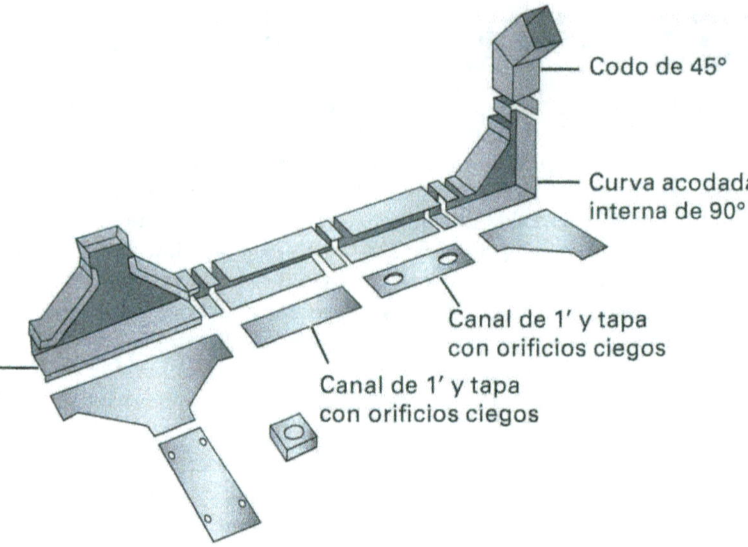

Figura 55 Secciones de un ducto.

El *NEC*® especifica que los ductos solo pueden utilizarse para trabajos expuestos. Por lo tanto, no pueden utilizarse en instalaciones subterráneas. Cuando se usen en trabajos al aire libre, deben ser de una construcción aprobada a prueba de lluvia. Es importante señalar que los ductos no deben instalarse en lugares expuestos a daños físicos graves, vapores corrosivos o lugares peligrosos.

Las canaletas deben instalarse sujetándolas a distancias no superiores a 5' (1.5 m). Cuando se utilicen soportes especiales aprobados, la distancia entre estos no debe superar los 10' (3 m).

3.1.1 Exploración de los reglamentos sobre ductos

Para instalar ductos de forma correcta y segura, debe conocer los respectivos reglamentos del *NEC*®. El *artículo 376 del NEC* trata de los ductos metálicos. El *artículo 378 del NEC* trata de los ductos no metálicos. Como se indica en la *sección 376.22(A) del NEC*, la suma de las áreas transversales de todos los conductores y cables contenidos en cualquier sección transversal de un ducto no debe exceder el 20 % del área transversal interior del ducto.

Los factores de corrección de la *tabla 310.15(C)(1) del NEC* se aplicarán a los ductos solo cuando el número de conductores portadores de corriente sea superior a 30, incluidos los conductores neutros clasificados como portadores de corriente según las disposiciones de la *sección 310.15(E) del NEC*. Los conductores para circuitos de señalización o del controlador entre un motor y su arrancador y que se usen solo para el trabajo de arranque no se consideran conductores portadores de corriente.

La sección 376.56(A) del NEC indica que los conductores, incluidos empalmes y derivaciones, no deben ocupar más del 75 % del área transversal del ducto. En ningún ducto, se deben instalar conductores de mayor calibre que el del diseño del ducto.

La sección 376.23(A) del NEC exige que se apliquen las dimensiones de la *tabla 312.6(A) del NEC* cuando se doblen conductores aislados en un ducto.

La *sección 376.23(B) del NEC* requiere que se apliquen las disposiciones de la *sección 314.28(A) del NEC* cuando se utilicen ductos metálicos como cajas de paso.

Los canales se tratan en el *artículo 366 del NEC*. Tal y como se define en el *artículo 100 del NEC*, un canal auxiliar de metal es un ducto que tiene como fin aumentar el espacio para el cableado en tableros de distribución, contadores y otros lugares de distribución.

Conozca el código

Ductos metálicos
Artículo 376 del NEC

Conozca el código

Ductos no metálicos
Artículo 378 del NEC

Conozca el código

Más de tres conductores portadores de corriente
Tabla 310.15(C)(1) del NEC

Conozca el código

Conductor neutro
Sección 310.15(E) del NEC

Conozca el código

Espacio mínimo para doblar el cable en los terminales y ancho mínimo de los canales para alambrado
Tabla 312.6(A) del NEC

Conozca el código

Tamaño mínimo
Sección 314.28(A) del NEC

Conozca el código

Canales auxiliares
Artículo 366 del NEC

Aunque los componentes de los ductos y los canales auxiliares son idénticos, debe conocer las diferencias en cuanto al uso. Los canales auxiliares sirven como partes de conjuntos completos de aparatos como tableros de distribución, centros de distribución y equipos de control. Sin embargo, un canal auxiliar solo puede contener conductores o barras colectoras, aunque tenga el aspecto de una canalización metálica superficial que puede contener dispositivos y equipos. A diferencia de los canales auxiliares, los ductos representan un tipo de cableado porque se utilizan para portar conductores entre puntos situados a distancias considerables.

Las ampacidades permitidas para conductores aislados en ductos y canales se indican en las *tablas 310.16 y 310.18 del NEC*. Hay que tener en cuenta que estas tablas se utilizan para canalizaciones en general. Estas tablas del *NEC®* y las notas se usan a menudo para determinar si se dispone de los materiales correctos para una instalación. También sirven para determinar si es posible añadir conductores a un ducto o canal existente.

En muchas situaciones, es necesario realizar extensiones desde los ductos hasta los receptáculos de pared y los dispositivos de control. En tales casos, la *sección 376.70 del NEC* especifica que estas extensiones se realicen usando cualquier método de cableado del *capítulo 3 del NEC* que incluya un medio para la puesta a tierra del equipo.

Por último, tal y como se exige en la *sección 376.120 del NEC*, los ductos se deben marcar de modo que se pueda ver el nombre del fabricante o la marca comercial.

3.1.2 Accesorios y conectores de ductos

Existen muchos tipos diferentes de accesorios para los ductos, en particular cuando se usan en lugares expuestos y secos.

Los *conectores* (*figura 56*) sirven para unir secciones de ductos y accesorios. Se introducen en el extremo de una sección del ducto y se sujetan con pequeños tornillos y tuercas. Las ranuras de alineación permiten mover el conector hasta que quede a ras con la superficie interior del ducto. Una vez en su posición, el conector puede atornillarse al ducto. De este modo, se logra una conexión fuerte y rígida. Los conectores tienen una bisagra de fricción que ayuda a mantener abierta la tapa del ducto cuando se necesita.

Las placas terminales o *placas de cierre* (*figura 57*) se usan para cerrar los extremos de los ductos. Se insertan en el extremo del ducto y se fijan con tornillos y pernos. Las placas terminales tienen orificios ciegos para poder extender conductos o cables desde el ducto.

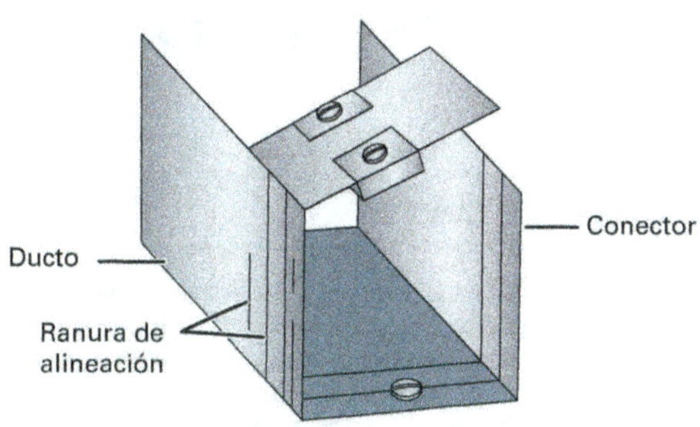

Figura 56 Conector.

Los *accesorios en T* (*figura 58*) se utilizan cuando se necesita una conexión en T en un sistema de ductos. Se usan cuando los conductores del circuito pueden derivarse en varias direcciones. Las tapas y los laterales del accesorio en T pueden desmontarse para acceder a los empalmes y las derivaciones. Los accesorios en T se unen a otras secciones del ducto mediante conectores estándar.

Conozca el código

Ampacidades de conductores aislados con no más de tres conductores de corriente en canalización, cable o tierra (directamente enterrados)
Tabla 310.16 del NEC

Conozca el código

Ampacidades de conductores aislados con no más de tres conductores portadores de corriente en canalizaciones o cable
Tabla 310.18 del NEC

Conozca el código

Extensiones desde ductos metálicos
Sección 376.70 del NEC

Conozca el código

Métodos y materiales de cableado
Capítulo 3 del NEC

Conozca el código

Marcado
Sección 376.120 del NEC

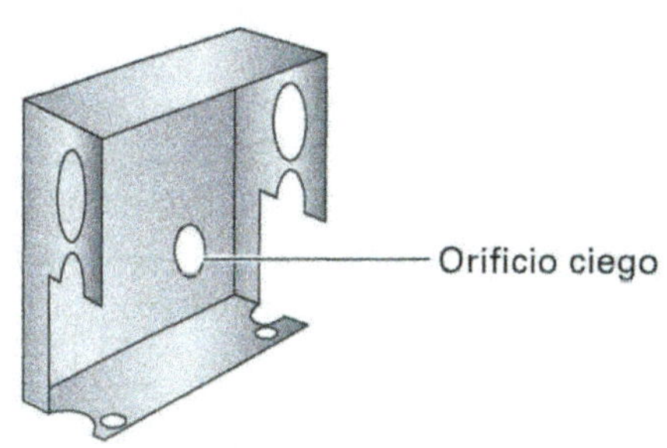

Figura 57 Placa terminal.

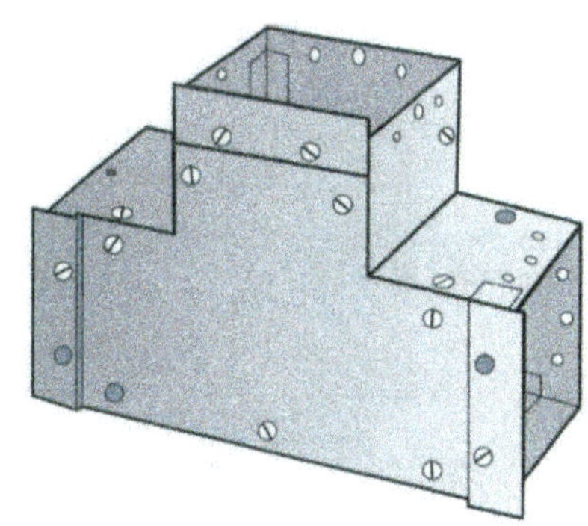

Figura 58 Accesorio en T.

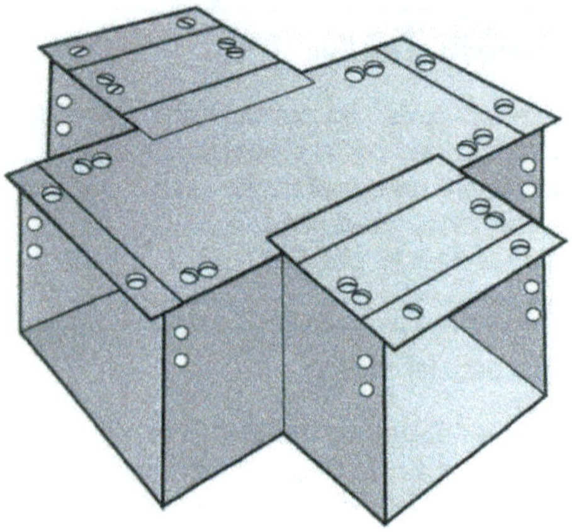

Figura 59 Accesorio en cruz.

Los *accesorios en cruz* (*Figura 59*) tienen cuatro aberturas y se unen a otras secciones del ducto con conectores estándar. La tapa se sujeta con tornillos y se puede retirar fácilmente para colocar los cables o hacer conexiones.

Los *codos* se usan para hacer dobleces en el ducto. Vienen en ángulos de 22½°, 45° o 90° y son internos o externos. Se fijan a las secciones del ducto con conectores estándar. Las tapas y los laterales del codo se pueden desmontar para instalar los cables. Las esquinas interiores están redondeadas para evitar daños en el aislamiento de los conductores. En la *figura 60* se muestra un codo interior.

Los *accesorios telescópicos*, o *deslizantes*, son de longitud ajustable y pueden usarse entre dos tramos de ducto. Los accesorios deslizantes se fijan a los tramos estándar mediante tornillos prisioneros y suelen ajustarse de ½" a 11½" (12.7 mm a 292.1 mm). Los accesorios deslizantes tienen una tapa desmontable para instalar los cables y se parecen a un niple. Los accesorios deslizantes se utilizan cuando la longitud del ducto que se necesita no se ajusta a una longitud estándar.

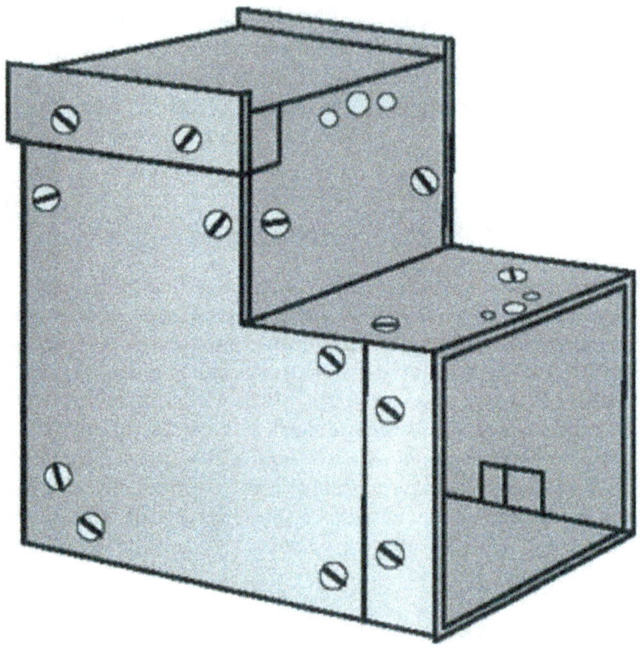

Figura 60 Codo interior de 90°.

3.2.0 Soportes para ductos

Los tramos horizontales de ductos deben sujetarse firmemente en cada extremo y a intervalos no superiores a 5′ (1.5 m). Los tramos individuales de más de 5′ (1.5 m) de longitud deben sujetarse en cada extremo o junta. Deben seguirse estas directrices a menos que los ductos estén homologados para otros intervalos de sujeción. En ningún caso la distancia de sujeción será superior a 10′ (3 m), de acuerdo con la *sección 376.30(A) del NEC*. Si es posible, los ductos pueden montarse de forma directa en la superficie. De lo contrario, los ductos se sujetan mediante soportes colgantes o ménsulas.

En muchos casos, el ducto se sujeta de un cielorraso, una viga u otro elemento estructural. En estas instalaciones, puede utilizarse un *soporte colgante suspendido* (*figura 61*) para sostener el ducto.

El ducto se fija o se coloca en el soporte colgante. El soporte colgante se sostiene de una varilla roscada. Un extremo de la varilla se fija al soporte con tuercas hexagonales. El otro extremo se fija a una abrazadera o anclaje de viga.

Otro tipo de soporte para ductos son las *ménsulas con refuerzo* (*figura 62*). Se trata de un soporte en forma de L que se monta en la pared. El ducto se apoya en la ménsula y se fija mediante tornillos o pernos.

Conozca el código

Soporte horizontal
Sección 376.30(A) del NEC

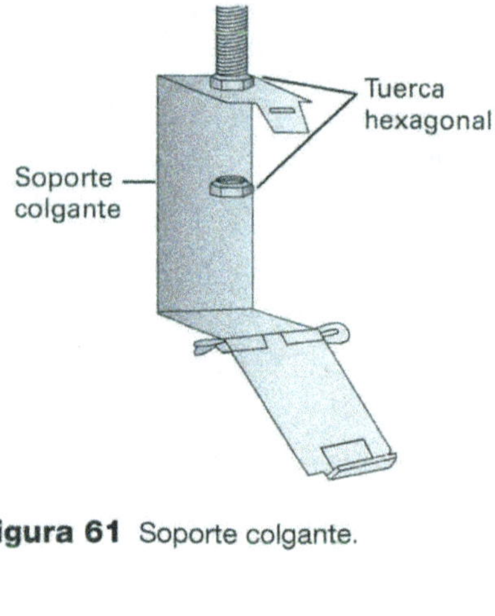

Figura 61 Soporte colgante.

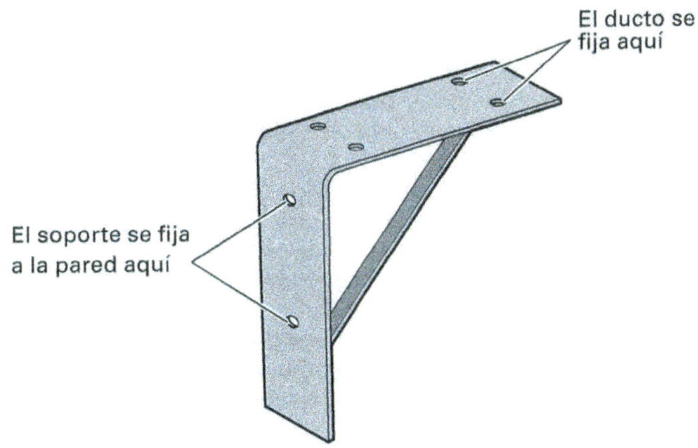

Figura 62 Ménsula con refuerzo.

Figura 63 Soporte colgante estándar.

Los soportes colgantes estándar (*figura 63*) son de dos piezas, que se combinan de diferentes formas según los requisitos de instalación. El ducto se fija al soporte mediante pernos y tuercas.

Cuando hay que sostener un ducto más grande, se puede utilizar un *soporte de suspensión de ductos*. Consiste en suspender un puntal desde un cielorraso, viga u otro elemento estructural mediante varillas roscadas sujetas a abrazaderas u otros anclajes de techo, como se muestra en la *figura 64*.

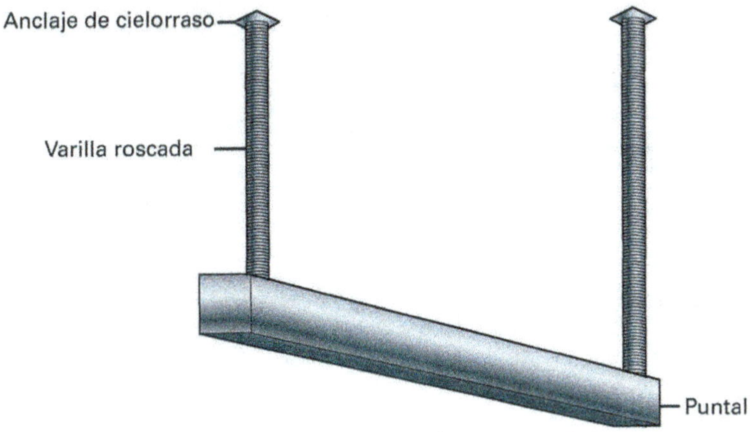

Figura 64 Soporte de suspensión de ductos.

3.3.0 Canalizaciones especiales

Las canalizaciones especiales incluyen recintos como las canalizaciones metálicas y no metálicas de superficie, las canalizaciones bajo el piso y los ductos subterráneos.

3.3.1 Canalizaciones superficiales metálicas y no metálicas

Las canalizaciones metálicas superficiales incluyen canalizaciones de diseño especial para llevar el cableado de alimentación y comunicaciones a lugares en la superficie de cielorrasos o paredes de interiores de edificios. Uno de los usos de las canalizaciones metálicas superficiales es proteger los conductores que van a salidas no accesibles.

Estas canalizaciones se deben instalar en lugares secos e interiores. El ***artículo 386 del NEC*** trata de la instalación de canalizaciones metálicas superficiales. El ***artículo 388 del NEC*** trata de las canalizaciones no metálicas superficiales.

Las tablas 310.16 y 310.18 del NEC y ***los artículos 386 y 388 del NEC*** también presentan los reglamentos en cuanto:

- Número de conductores
- Amperaje
- Área transversal permitida de los conductores
- Canalizaciones combinadas

Conozca el código

Canalizaciones metálicas superficiales
Artículo 386 del NEC

Conozca el código

Canalizaciones no metálicas superficiales
Artículo 388 del NEC

Conozca el código

Ampacidades de conductores aislados con no más de tres conductores de corriente en canalización, cable o tierra (directamente enterrados)
Tabla 310.16 del NEC

Conozca el código

Ampacidades de conductores aislados con no más de tres conductores portadores de corriente en canalizaciones o cable
Tabla 310.18 del NEC

Las canalizaciones metálicas y no metálicas superficiales se dividen en subgrupos según su función. Hay tres canalizaciones superficiales pequeñas que se utilizan principalmente para extender los circuitos de alimentación de un punto a otro. La *figura 65* muestra las secciones transversales típicas de las tres canalizaciones más pequeñas. Hay seis canalizaciones superficiales de mayor tamaño que tienen una gama de aplicaciones mucho más amplia.

Algunos diseños de canalizaciones metálicas superficiales se denominan *'pisocanal' (pankcake raceway)* y sus secciones transversales planas se parecen a panqueques (*figura 66*). Su uso principal es extender cables de alimentación, iluminación, teléfono o señal a través de un suelo hasta lugares alejados de las paredes de una habitación sin empotrarlos bajo el suelo.

También existen canalizaciones metálicas superficiales que alojan dos o tres canalizaciones de conductores diferentes. Se denominan canalizaciones dobles o triples. Se utilizan para colocar diferentes circuitos, como el de alimentación y el de señal, en la misma canalización.

Las canalizaciones no metálicas son de muchos estilos. Las canalizaciones no metálicas perimetrales de la *figura 67* vienen en tamaños que van desde $\frac{3}{4}''$ (20 mm)

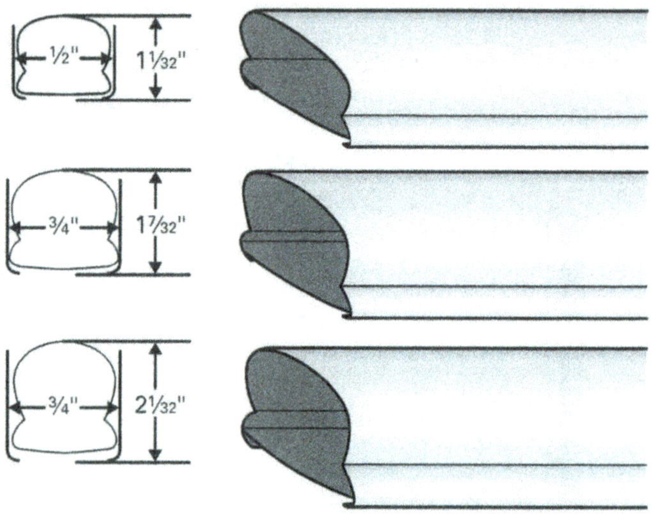

Figura 65 Secciones transversales de canalizaciones superficiales más pequeñas.

Figura 66 Canalizaciones de pisocanal.
Fuente: Wiremold de Legrand

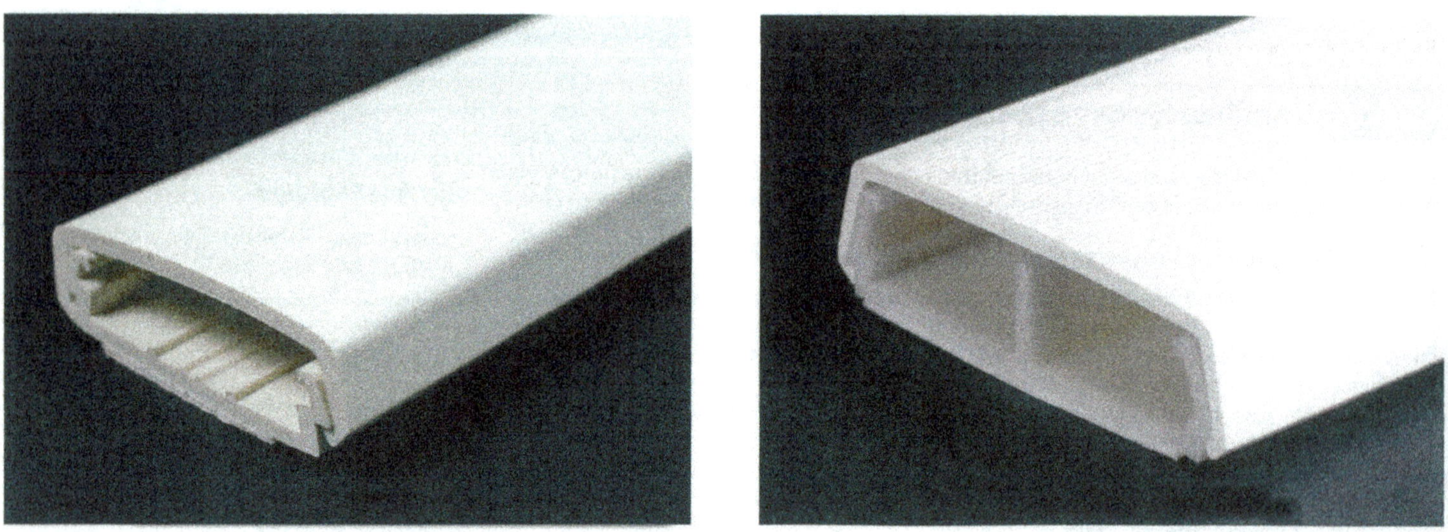

(A) Canal sencillo **(B) Canal doble**

Figura 67 Ejemplos de canalizaciones no metálicas superficiales.
Fuente: Wiremold de Legrand

hasta más de 7" (180 mm) de ancho. Muchas de estas canalizaciones contienen barreras que les permiten transportar tanto cables de baja tensión como de alimentación.

El número y los tipos de conductores que pueden instalarse y la capacidad de una canalización superficial concreta deben calcularse y ajustarse a los requisitos del *NEC®*, como se ha comentado anteriormente.

Para instalaciones de canalizaciones superficiales con más de tres conductores, consulte la *tabla 310.15(C)(1) del NEC*.

Conozca el código

Factores de ajuste para más de tres conductores portadores de corriente
Tabla 310.15(C)(1) del NEC

3.3.2 Ensambles de multisalida

Los fabricantes ofrecen muchos tipos de canalizaciones superficiales de multisalida. Su función es sostener los receptáculos y otros dispositivos dentro de la canalización. Cuando se utilizan canalizaciones superficiales de este modo, el conjunto se denomina *'ensamble multicalida' (multioutlet assembly)*. Los sistemas multisalida se cablean en campo o vienen precableados de fábrica Los ensambles multisalida (*figura 68*) se tratan en el *artículo 380 del NEC*.

Conozca el código

Ensambles multisalida
Artículo 380 del NEC

Figura 68 Ensamble multisalida.
Fuente: Tim Dean

3.3.3 Sistemas de postes

En ocasiones, es necesario llevar la corriente y otros circuitos eléctricos desde los sistemas de cableado aéreo hasta los dispositivos que no están cerca de las salidas de pared o los circuitos de control existentes. Por ejemplo, este tipo de cableado puede encontrarse en espacios de oficina abiertos donde se crean cubículos con divisores temporales. Para ello se utilizan postes. Los postes suelen tener longitudes adecuadas para diferentes alturas de cielorraso. La *figura 69* muestra una base de poste típica.

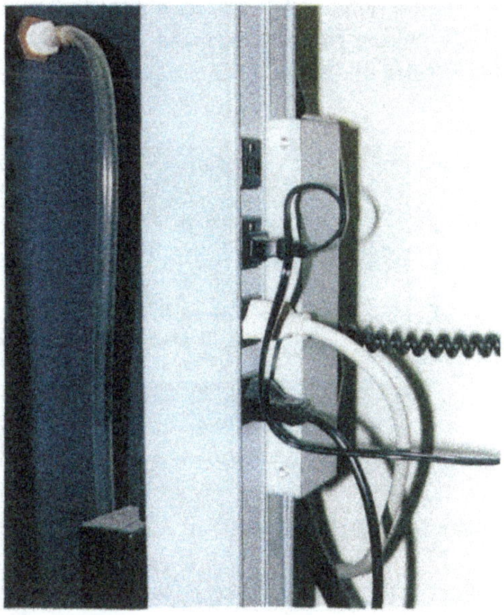

Figura 69 Poste eléctrico.

3.3.4 Sistemas bajo el piso

Los sistemas de canalización bajo el piso se crearon como un medio práctico de llevar los conductores de iluminación, alimentación y señalización a los gabinetes y consolas. El *artículo 390 del NEC* trata de la instalación de canalizaciones bajo el piso.

Las canalizaciones bajo el piso vienen en longitudes de 10′ (3 m) y anchos de 4″ y 8″ (100 mm y 200 mm). Las secciones se fabrican con insertos separados cada 24″ (600 mm). Los insertos se pueden quitar para instalar la salida y se deben instalar de modo que queden a ras con el nivel de acabado del suelo.

Las cajas de conexiones sirven para unir tramos de canalizaciones bajo el piso. Los conductos también se utilizan con canalizaciones bajo el piso utilizando un conector de canalización a conducto (adaptador de conducto). En la *figura 70*, se muestra un ducto de canalización bajo el piso típico con accesorios.

El método de cableado para la iluminación y la alimentación entre los gabinetes y el empalme de la canalización puede incluir lo siguiente:

- Conducto
- Canalización bajo el piso
- Codos de pared
- Conectores para gabinetes

Conozca el código

Canalizaciones bajo el piso
Artículo 390 del NEC

NOTA

El método para retirar salidas y conductores abandonados o discontinuados se explica en la *sección 390.57 del NEC*, *Salidas discontinuadas*.

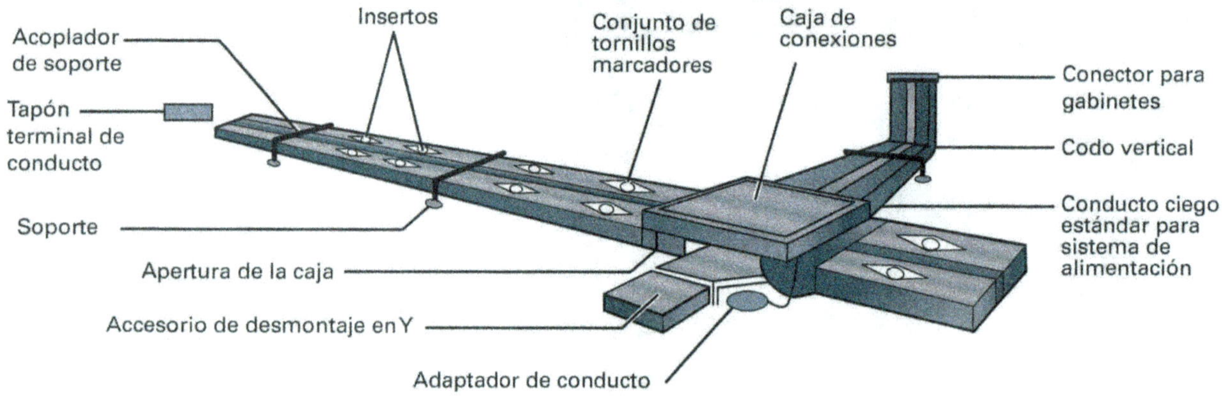

Figura 70 Ducto de canalización bajo el piso.

3.3.5 Canalizaciones de pisos metálicos celulares

Tal y como se define en el *artículo 100 del NEC*, una canalización de piso metálico celular es un tipo de construcción de piso creada para usarse en edificios con estructura de acero. En estos edificios, los elementos que sostienen el suelo entre las vigas son chapas de acero laminadas. El *artículo 374 del NEC* trata sobre la instalación de canalizaciones de pisos metálicos celulares.

Estas formas se combinan para formar celdas o pasillos cerrados, que se extienden por todo el edificio. Las celdas tienen diversas formas y tamaños, según la resistencia estructural requerida. Las celdas de este tipo de construcción de piso forman las canalizaciones, como se muestra en la *figura 71*.

Conozca el código

Canalizaciones de pisos metálicos celulares
Artículo 374 del NEC

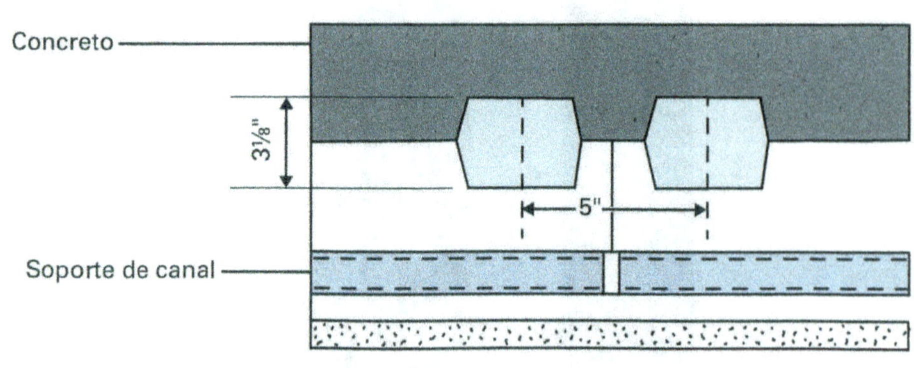

Figura 71 Sección transversal de un piso celular.

Las conexiones a las celdas se realizan mediante cabezales que se extienden a través de las celdas. Un cabezal se conecta solamente a las celdas que se utilizan como canalización. Se necesita una caja de conexiones o un accesorio de acceso en cada unión donde un cabezal se conecta a una celda. Se pueden utilizar dos o tres cabezales separados conectados a diferentes conjuntos de celdas para diferentes sistemas. Por ejemplo, la luz y la electricidad, los sistemas de señalización y los teléfonos públicos tendrían cada uno un cabezal distinto. Con un codo especial, los cabezales se extienden hasta el equipo de distribución en una pared o columna.

3.3.6 Canalizaciones en pisos celulares de concreto

El término 'piso prefabricado celular de concreto' *(precast cellular concrete floor)* se refiere a un tipo de piso que se emplea en construcciones con estructura de acero y de concreto y muros portantes. En este tipo de sistema, los elementos del piso se prefabrican con espacios huecos que forman celdas lisas y redondas. Las celdas forman canalizaciones que pueden adaptarse, mediante accesorios, para usarlas como canalizaciones bajo el piso.

Un piso prefabricado de concreto celular es resistente al fuego y no requiere ningún otro tipo de ignifugación. Los elementos del piso de concreto reforzado prefabricado componen el piso estructural y se apoyan en vigas o muros portantes. Las conexiones a las celdas se realizan con cabezales que se fijan al piso prefabricado de concreto. El *artículo 372 del NEC* trata sobre la instalación de canalizaciones en pisos celulares de concreto.

Conozca el código

Canalizaciones en pisos celulares de concreto
Artículo 372 del NEC

3.3.7 Sistemas de ductos

En el vocabulario común del sector eléctrico, un ducto es una sola canalización cerrada por la que pueden pasar conductores o cables. Sin embargo, los sistemas de ductos subterráneos también incluyen bocas de inspección, bóvedas para transformadores y ductos verticales.

Hay varias razones para tender líneas eléctricas subterráneas en lugar de aéreas, tales como:

- En algunas situaciones, una línea aérea de alta tensión sería peligrosa, o el espacio puede ser inadecuado.
- Por razones estéticas, los planos arquitectónicos pueden requerir líneas enterradas en toda una subdivisión o comunidad planificada.
- Es posible que ya existan o se hayan proyectado túneles para transportar tuberías de vapor o agua.

En construcciones subterráneas, un sistema de ductos proporciona un paso seguro para líneas eléctricas, cables de comunicación o ambos. Un ducto consiste en un conducto o un sistema de ductos aprobado (como el HDPE) colocado en una zanja y cubierto con tierra o concreto. La profundidad mínima a la que se colocará el ducto se determina utilizando la *tabla 300.5(A) del NEC*.

Conozca el código

Requisitos mínimos de la cubierta, 0 a 1000 voltios CA, 1500 voltios CC, nominal, enterrado en milímetros (pulgadas)
Tabla 300.5(A) del NEC

Los cables subterráneos pueden enterrarse directamente en el suelo o pasar por túneles o canalizaciones, incluidos conductos y ductos reconocidos. Revestir el conducto con concreto u otros materiales proporciona resistencia mecánica y ayuda a disipar el calor. La *figura* 72 muestra un banco de ductos colocado y listo para el relleno. En este caso, se cubrirá de concreto.

La OSHA define una boca de inspección como un espacio confinado. Hay ciertos requisitos o directrices de la OSHA para entrar en una boca de inspección. Por ejemplo, solo trabajadores calificados pueden entrar y otro trabajador debe estar en la zona exterior de la boca de inspección. Las bocas de inspección se colocan a intervalos en un tramo de ducto subterráneo. La *figura* 73 muestra una boca de inspección con varios conductores tendidos a través del conducto.

Las bocas de inspección brindan acceso a través de *gargantas* (que a veces se denominan *chimeneas*). A nivel del suelo o de la superficie de la calle, una tapa cierra herméticamente la zona de la boca de inspección. Una línea de ductos puede constar de un solo conducto o de varios, cada uno de los cuales transporta un tramo de cable de una boca de inspección a la siguiente. Las bocas de inspección ofrecen espacio para la instalación y el mantenimiento de los conductores. Trabajadores acceden a una boca de inspección desde arriba. En una boca de inspección bidireccional, los cables entran y salen solo en dos direcciones. También hay bocas de inspección de tres y cuatro vías.

Figura 72 Banco de ductos.
Fuente: Jim Mitchem

Figura 73 Boca de inspección.

A menudo, las bocas de inspección se sitúan en la intersección de dos calles para poder utilizarlos para cables que salen en cuatro direcciones. Por lo general, las bocas de inspección son de ladrillo o concreto. Su diseño debe dejar espacio para el desagüe y para que los trabajadores puedan moverse en su interior. En ocasiones, se proporciona una abertura similar, conocida como *'orificio de inspección manual' (handhole)*, para realizar empalmes en ductos bidireccionales laterales.

Las bóvedas de transformadores albergan transformadores de potencia, reguladores de tensión, protectores de red, contadores e interruptores automáticos. Un cable puede terminar en la bóveda de un transformador. Otros cables terminan en la subestación de un cliente o como ductos verticales que conectan con líneas aéreas.

Los ductos subterráneos pueden ser de fibra, baldosa vitrificada, conducto rígido metálico o no metálico o concreto vertido. El diámetro interior del ducto para un trabajo específico se determina según el tamaño del cable que se introducirá en él. La mayoría de los ductos tienen diámetros interiores de 2" a 6" (MD 53 a MD 155).

¡ADVERTENCIA!

Tenga cuidado al trabajar con materiales de ductos desconocidos. En instalaciones antiguas, es posible que se hayan empleado ductos de asbesto y cemento. Debe tener certificación para retirar o alterar el asbesto.

Los RNC pueden ser de PVC, PE (polietileno) o estireno. Puesto que este tipo de conducto viene en longitudes mayores, se necesitan menos acoples que con otros tipos de ductos. El PVC es popular porque es fácil de instalar, requiere menos mano de obra que otros tipos de conductos y es barato.

Los ductos de concreto monolítico se vierten en la obra. Se pueden formar ductos múltiples con núcleos de tubería de goma sobre espaciadores. Los núcleos pueden retirarse una vez que el concreto fragüe. También se puede utilizar una matriz con tubos de acero, conocida como *bote*, para formar ductos. Se tienden lentamente por la zanja sobre un riel mientras se vierte concreto desde arriba. Los ductos de concreto vertido fabricados por cualquiera de los dos métodos son relativamente costosos, pero ofrecen la ventaja de un interior limpio sin residuos que puedan pudrirse. El método del núcleo de goma es especialmente útil para curvar o girar parte de un sistema de ductos.

Uno de los tipos de ductos más populares es el precableado. Este tipo de ducto viene con los cables ya instalados de fábrica. El ducto viene en una bobina y puede colocarse en la zanja con facilidad. Los cables instalados pueden retirarse en el futuro si es necesario. Debido a su forma, este tipo de ducto reduce la necesidad de accesorios y acoples. Se utiliza sobre todo en sistemas de alumbrado público.

3.0.0 Repaso de la sección

1. ¿Cuál de las siguientes opciones es *verdadera* en relación con los ductos?
   a. Hay que dejar orificios ciegos abiertos en las canaletas a prueba de lluvia para permitir el drenaje.
   b. Los ductos a prueba de lluvia tipo *lay-in* tienen una tapa con bisagras.
   c. Los ductos a prueba de lluvia tipo *lay-in* son iguales a las canaletas a prueba de lluvia.
   d. Las canaletas no requieren orificios ciegos porque los conductores están completamente encerrados.

2. La distancia *máxima* entre los soportes de los ductos de cables es _____.
   a. 5′ (1.5 m)
   b. 10′ (3 m)
   c. 15′ (4.5 m)
   d. 20′ (6 m)

3. ¿Cuál de las siguientes opciones es *verdadera* en relación con las canalizaciones metálicas superficiales?
   a. Normalmente se usan para portar cables de entrada de acometida.
   b. Se pueden usar al aire libre o en interiores.
   c. Se usan solamente en lugares interiores secos.
   d. Normalmente se instalan sobre los pisos.

4.0.0 Bandejas portacables

Tareas prácticas

Esta sección no contiene tareas prácticas.

Objetivo

Explicar el proceso para seleccionar e instalar bandejas portacables.

a. Identificar los tipos de bandejas portacables y sus accesorios.
b. Describir el proceso para instalar soportes de bandejas portacables.

Bandejas portacables (*cable trays*): estructuras rígidas que se usan para sujetar conductores eléctricos.

Las **bandejas portacables** sirven de soporte de conductores y tuberías. Se describen en el *artículo 392 del NEC*. Una bandeja portacables facilita el acceso a los conductores, por lo que son adecuadas en instalaciones en las que se añaden o retiran muchos conductores.

4.1.0 Tipos de bandejas portacables y sus accesorios

Las bandejas portacables se fabrican en aluminio, acero y fibra de vidrio y están disponibles en dos formas básicas:

- Bandeja tipo escalerilla, que consta de dos canales paralelos conectados por travesaños.
- Canaleta, formada por dos canales paralelos (carriles laterales) con fondo ondulado y ventilado o macizo.

También hay una bandeja portacables especial de riel central que se usa en aplicaciones livianas, como cableado telefónico y de sonido (*figura 74*). Las bandejas portacables tienen varias longitudes, anchuras y profundidades de carga para adaptarse a diferentes aplicaciones, tales como:

- La mayoría de las instalaciones eléctricas
- Espacio de cielorraso para ventilación, pero solo para sujetar los métodos de cableado permitidos en dichos espacios de acuerdo con la *sección 300.22(C)(2) del NEC*
- Lugares de Clase 1, División 2, según la *sección 501.10(B)(1)(5) del NEC*
- Sobre cielorrasos suspendidos que no se usen como espacios de ventilación
- Bandeja portacables de aluminio recubierta de PVC para instalaciones en ambientes cáusticos

Conozca el código

Sistemas de bandejas portacables
Sección 300.22(C)(2) del NEC

Conozca el código

Clase I, División 2
Sección 501.10(B) del NEC

Los accesorios para bandejas portacables forman parte del sistema de bandejas portacables. Permiten cambiar la dirección o la dimensión de las distintas bandejas. En la *figura 75* se muestra un sistema típico de bandejas portacables con accesorios.

Figura 74 Bandeja portacables para servicio liviano.

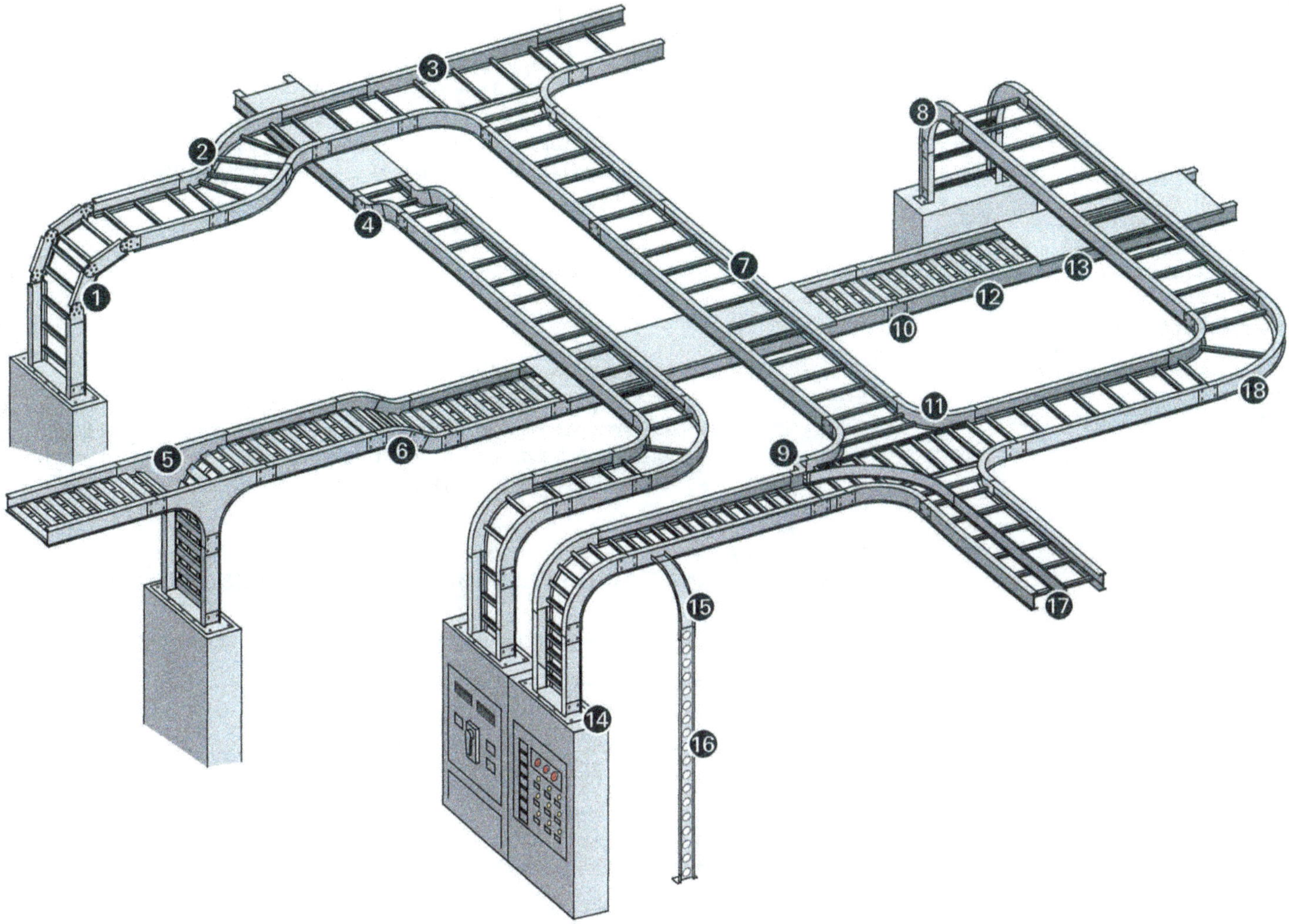

1. Segmento de curva vertical (VBS)
2. Curva horizontal de 45°, bandeja portacables tipo escalerilla
3. Te horizontal, bandeja portacables tipo escalerilla
4. Curva interior vertical de 30°, bandeja portacables de escalerilla
5. Te vertical descendente, bandeja portacables de canaleta ventilada
6. Curva exterior vertical de 45°, bandeja portacables ventilada
7. Bandeja portacables de escalerilla
8. Codo exterior vertical de 90°, bandeja portacables de escalerilla
9. Reductor izquierdo, bandeja portacables de escalerilla
10. Placa de empalme recta
11. Cruz horizontal, bandeja portacables de escalerilla
12. Cable para canaleta ventilada
13. Tapa de bandeja con brida maciza
14. Conector de caja tipo bastidor
15. Bandeja portacables de canal, curva exterior vertical de 90°
16. Sección recta de canal ventilado
17. Sección recta de serie de separadores
18. Curva horizontal de 90°, bandeja portacables tipo escalerilla

Figura 75 Sistema de bandejas portacables.

Conozca el código

Bandejas portacables
Artículo 392 del NEC

Conozca el código

Puesta a tierra y unión equipotencial
Artículo 250 del NEC

Conozca el código

Sistemas de bandejas portacables de acero o aluminio
Sección 392.60(B) del NEC

La instalación de alambres y cables en bandejas portacables se define en el *artículo 392 del NEC*. Cubre los requisitos y restricciones establecidos por el *NEC®* en cuanto a la instalación segura de alambres y cables en una bandeja portacables.

Las bandejas portacables metálicas que sostienen conductores eléctricos deben estar puestas a tierra según lo dispuesto en el *artículo 250 del NEC*. Cuando utilice sistemas de bandejas portacables de acero y aluminio como conductor de puesta a tierra de equipos, deberá cumplir todas las disposiciones de la *sección 392.60(B) del NEC*.

¡ADVERTENCIA!

No se pare, suba ni camine sobre una bandeja portacables.

Sistemas de bandejas portacables

Los sistemas de bandejas portacables deben ser continuos y con puesta a tierra Una de las ventajas de utilizar un sistema de bandejas portacables es que facilita la ampliación o modificación del sistema de cableado tras la instalación. A diferencia de los sistemas de conductos, pueden añadirse o cambiarse cables simplemente colocándolos en la bandeja (o retirándolos).

4.2.0 Instalación de soportes de bandejas portacables

Las bandejas portacables suelen sujetarse de una de estas cinco formas:

- Suspensión de varilla directa
- Montaje en trapecio
- Colgado en el centro
- Montaje en pared
- Montaje en bastidor de tubos

4.2.1 Suspensión de varilla directa

El método de suspensión de varilla directa para el soporte de bandejas portacables utiliza varillas roscadas y abrazaderas de suspensión (*figura 76*).

Un extremo de la varilla roscada se conecta al techo o a otra estructura aérea. El otro se conecta a las abrazaderas de suspensión fijadas a los rieles laterales de la bandeja portacables.

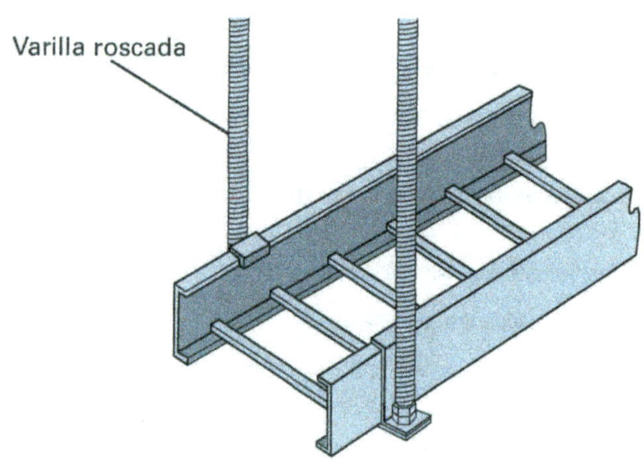

Figura 76 Suspensión de varilla directa.

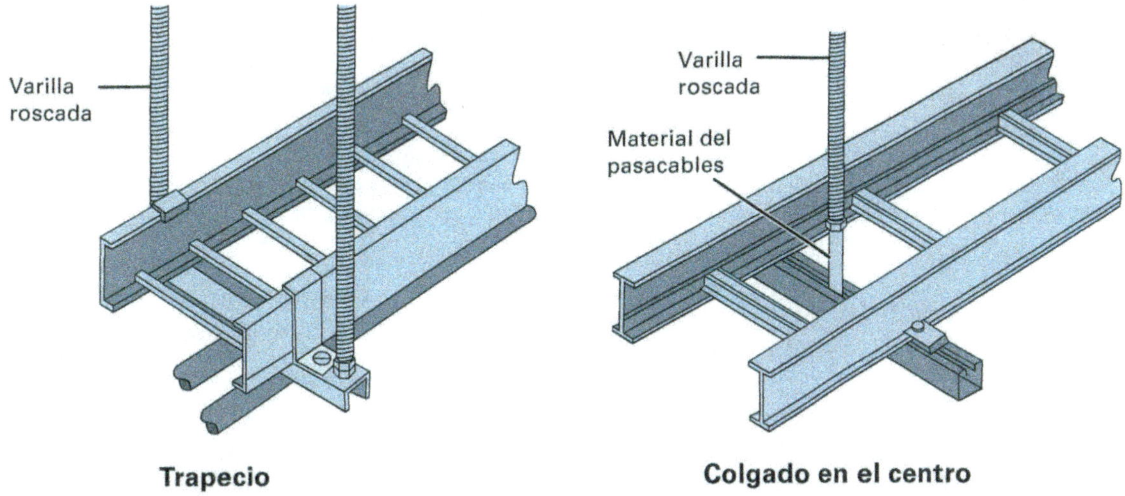

Figura 77 Montaje en trapecio y soporte de suspensión central.

4.2.2 Montaje en trapecio y soporte de suspensión central

El montaje en trapecio de una bandeja portacables es similar al montaje en suspensión de varilla directa. La diferencia radica en el método de fijación de la bandeja portacables a las varillas roscadas. En la *figura 77*, se muestra un montaje en trapecio.

Un elemento estructural, normalmente un canal o puntal de acero, se conecta a los soportes verticales para dar una apariencia similar a la de un columpio o trapecio. La bandeja portacables se monta en el elemento estructural. A menudo, la parte inferior del canal o puntal se utiliza para sujetar conductos.

Un método similar al montaje en trapecio es el soporte de bandeja colgado en el centro. En este caso, solo se utiliza una varilla centrada entre los rieles laterales de la bandeja portacables.

4.2.3 Montaje en pared

En el método de montaje en pared, los elementos estructurales fijados a la pared sostienen la bandeja portacables (*figura 78*). Este método se utiliza a menudo en túneles y otras instalaciones subterráneas o protegidas en las que un gran número de conductores interconectan equipos separados por largas distancias.

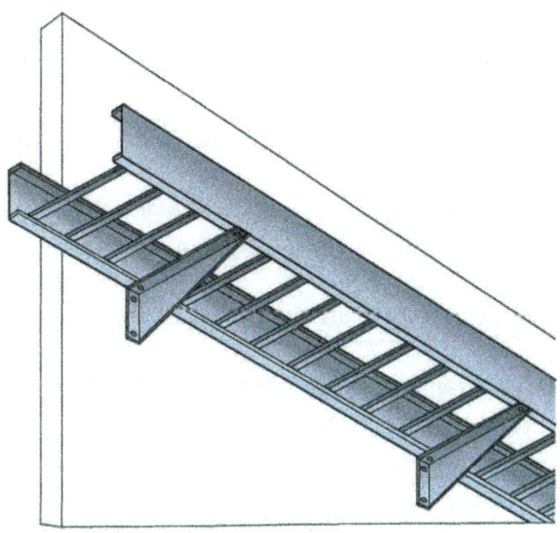

Figura 78 Montaje en pared.

4.2.4 Montaje en bastidor de tubos

Los bastidores de tubos son armazones estructurales utilizados para sujetar las tuberías que interconectan los equipos en instalaciones industriales al aire libre. Normalmente, se reserva algo de espacio en el bastidor para conductos y bandejas portacables. El montaje en bastidores de bandeja portacables se utiliza a menudo cuando la distribución de energía y el cableado eléctrico se extienden por una gran superficie.

4.0.0 Repaso de la sección

1. La bandeja portacables de riel central para servicio liviano especial se usa con frecuencia para _____.
   a. requisitos de energía industrial
   b. cableado para teléfono o sonido
   c. distribución de energía en exterior
   d. conductores grandes

2. El tipo de soporte de bandeja portacables que es *más* probable que se use cuando la distribución de energía y el cableado eléctrico se tienda sobre un área exterior grande es _____.
   a. montaje en trapecio
   b. montaje en la pared
   c. montaje en tarima para tuberías
   d. suspensión de varilla directa

5.0.0 Manejo y almacenamiento de canalizaciones

Tareas prácticas

Esta sección no contiene tareas prácticas.

Objetivo

Describir el proceso para manipular y almacenar canalizaciones.

a. Explicar cómo manipular las canalizaciones.
b. Explicar cómo almacenar las canalizaciones.

Es importante contar con métodos adecuados y seguros para almacenar conductos, ductos, canalizaciones y bandejas portacables. Las técnicas de almacenamiento inadecuadas pueden causar pérdidas de tiempo y daños en las canalizaciones. También pueden provocar lesiones personales. Esta sección trata del manejo y el almacenamiento correctos de las canalizaciones.

5.1.0 Manejo de canalizaciones

Las canalizaciones se fabrican siguiendo especificaciones estrictas. Si no se tiene cuidado, se pueden dañar con facilidad. Desde el momento en que la canalización se entrega en la obra hasta que se instala, hay que seguir técnicas adecuadas y seguras de manejo. Estas son algunas pautas básicas para manejar las canalizaciones sin dañarlas ni contaminarlas:

- Nunca arrastre una canalización para retirarla del camión de entrega o de otras canalizaciones.
- Nunca arrastre una canalización por el piso, pues puede dañar los extremos.
- Mantenga las tapas de protección de roscas en su lugar cuando manipule o transporte canalizaciones.
- Mantenga la canalización lejos de cualquier material que pueda contaminarla durante el manejo.
- Marque los extremos de canalizaciones largas cuando las transporte a la obra.
- Cuando maneje canalizaciones, nunca las deje caer ni las tire.
- No golpee nunca la canalización contra otros objetos al transportarla.
- Siempre se necesitan dos personas para transportar las canalizaciones largas. Ambas personas deben estar en el mismo lado de la canalización, con la carga equilibrada y cada una debe ubicarse a un cuarto de la longitud desde el extremo. También deben levantar y bajar la canalización al mismo tiempo.

5.2.0 Almacenamiento de canalizaciones

Los bastidores de tubos se utilizan habitualmente para almacenar conductos. Sirven de soporte para evitar que las superficies de los conductos se doblen, hundan, deformen, rayen o estropeen. La siguiente lista proporciona información adicional sobre los bastidores para tuberías:

- La mayoría de los bastidores tienen compartimentos donde se pueden separar varios conductos por tipo y tamaño para que sea fácil identificarlos y elegir el que se necesita.
- Algunos bastidores tienen ruedas para transportar los conductos por toda la obra con facilidad.
- Los compartimentos de almacenamiento de los bastidores suelen estar elevados para evitar los daños que podrían sufrir al nivel del suelo por personas y otros materiales o equipos en la zona.
- Los extremos de los conductos almacenados deben sellarse para evitar la contaminación y los daños. Los extremos de los conductos pueden taparse, encintarse o taponarse.

Estas son algunas pautas básicas para almacenar las canalizaciones sin dañarlas ni contaminarlas:

- Inspeccione siempre la canalización antes de guardarla. Revise que esté limpia y que no tenga daños. Es decepcionante llevar una canalización sucia o dañada para un trabajo.
- Guarde la canalización de forma segura para que, cuando alguien venga a buscarla para un trabajo, no se caiga y provoque lesiones.
- Para evitar la contaminación y la corrosión, cubra la canalización con una lona u otra cubierta adecuada.
- Mantenga la canalización separada de materiales no compatibles, como productos químicos peligrosos.
- Guarde los ductos, las canalizaciones metálicas superficiales y las bandejas portacables sobre tablones retirados del suelo, en una zona donde las personas y los equipos no puedan dañarlos. Al pisar o pasar por encima de una canalización, el metal se dobla y ya no serviría.

5.0.0 Repaso de la sección

1. Al transportar canalizaciones largas, es *mejor* ____.
   a. arrastrarlas
   b. usar dos personas
   c. sacar las tapas
   d. usar un montacargas

2. Al almacenar una canalización, es *mejor* ____.
   a. dejarla sin cubrir
   b. almacenarla a nivel del suelo
   c. separarla de materiales incompatibles
   d. usarla como pasarela temporal

Módulo 26108-23 Preguntas de repaso

1. El tipo de conducto metálico de servicio más liviano y menos costoso es _____.
   a. EMT
   b. RMC
   c. conducto de aluminio
   d. RMC con recubrimiento de plástico

2. ¿Cuál de las siguientes opciones suele denominarse *conducto de pared delgada*?
   a. IMC
   b. EMT
   c. RMC
   d. Conducto rígido de acero galvanizado

3. ***El artículo 358*** del NEC trata de _____.
   a. RMC
   b. IMC
   c. EMT
   d. ENT

4. Para resistir la corrosión en entornos mojados, el EMT es _____.
   a. galvanizado
   b. recubierto con goma
   c. recubierto con esmalte
   d. sumergido en aluminio

5. El RMC puede fabricarse en _____.
   a. hierro fundido
   b. acero o aluminio
   c. cobre o aluminio
   d. PVC

6. Un tipo de conducto no corrosivo, químicamente inerte y que no envejece es _____.
   a. PVC
   b. conducto de acero con esmalte negro
   c. IMC
   d. RMC

7. ¿Cuál de las siguientes opciones es *verdadera* con respecto al PVC?
   a. Puede utilizarse como conductor de puesta a tierra de equipos.
   b. Aumenta la caída de tensión de los conductores.
   c. Requiere el uso de juntas de dilatación para evitar daños debidos a los cambios de temperatura.
   d. Debe ser roscado.

8. ¿Qué conducto de PVC de Tipo II se utilizaría cuando deba enterrarse y pueda sufrir daños físicos?
   a. Schedule 80
   b. Schedule 40
   c. LFNC
   d. EB

9. Un tipo de conducto utilizado para conectar máquinas que vibran durante su funcionamiento es _____.
   a. de aluminio
   b. conducto de acero con esmalte negro
   c. FMC
   d. RMC

10. ¿Cuál de las siguientes es una combinación aceptable de dobleces de conducto entre los puntos de cableado?
    a. Cuatro curvas de 90°
    b. Tres curvas de 90° y tres curvas de 45°
    c. Seis curvas de 45° y dos curvas de 90°
    d. Ocho curvas de 30° y dos curvas de 90°

11. El accesorio que se usa para proteger a los conductores de los bordes afilados del conducto cuando entra en una caja se denomina _____.
    a. pasacables
    b. contratuerca
    c. acople
    d. niple

12. Los conductores sin puesta a tierra que entren en una canalización deben protegerse mediante pasacables cuando tengan un tamaño de _____.
    a. Nº 10 AWG o mayor
    b. Nº 8 AWG o mayor
    c. Nº 6 AWG o mayor
    d. Nº 4 AWG o mayor

13. Para conectar dos equipos eléctricos muy próximos que requieren un leve desplazamiento, se usa un accesorio denominado _____.
    a. niple desplazado
    b. caja conduit
    c. pasacables
    d. buje

14. Una caja conduit tipo LB tiene una tapa en _____.
    a. la izquierda
    b. la derecha
    c. la parte posterior
    d. ambos lados

15. Un tipo de caja conduit que ofrece un punto de tracción en un tramo recto de conducto es _____.
    a. tipo C
    b. tipo L
    c. tipo T
    d. tipo X

16. Un tipo de caja conduit que se usa en cuatro conductos que se cruzan es _____.
    a. tipo LR
    b. tipo LL
    c. tipo T
    d. tipo X

17. Una caja conduit de tipo L que tiene una tapa en ambos lados es _____.
    a. tipo LL
    b. tipo LRL
    c. LB
    d. LX

18. Cuando se vaya a instalar un conducto metálico en un lugar mojado, se puede utilizar una abrazadera de mordaza posterior para mantener la distancia mínima requerida desde la superficie de la pared, que es _____.
    a. ¼″
    b. ½″
    c. ¾″
    d. 1″

19. La profundidad *máxima* de una caja fabricada especialmente para su uso en la construcción de concreto es _____.
    a. 3″
    b. 4″
    c. 5″
    d. 6″

20. ¿Cuál de las siguientes afirmaciones es *verdadera* cuando se instalan cajas en un entorno de montantes metálicos?
    a. Las cajas se montan siempre a ras de los montantes.
    b. Hay que conocer el espesor de la superficie acabada antes de instalar las cajas.
    c. El PVC es el tipo de conducto más utilizado en entornos con montantes metálicos.
    d. El cable MC no se utiliza en entornos con montantes metálicos.

21. ¿Qué exige la ***sección 300.4(A)(2) del NEC*** para proteger los conductores en los elementos de madera con muescas?
    a. Placas de clavos
    b. Pasacables
    c. Conducto de PVC
    d. Orificios con un diámetro de al menos la mitad de la profundidad de la viga o vigueta

22. Los anclajes de ajuste con martillo se usan en _____.
    a. madera
    b. montantes metálicos
    c. concreto
    d. acero estructural

23. La ***sección 376.56(A) del NEC*** limita la ocupación del ducto a *no* más del _____.
    a. 40 % del área transversal del ducto
    b. 60 % del área transversal del ducto
    c. 75 % del área transversal del ducto
    d. 90 % del área transversal del ducto

24. Las áreas transversales de todos los conductores en cualquier sección transversal de un ducto *no* excederán _____.
    a. el 20 % del área transversal interior del ducto
    b. el 35 % del área transversal interior del ducto
    c. el 40 % del área transversal interior del ducto
    d. el 75 % del área transversal interior del ducto

25. Las canalizaciones diseñadas para extender los conductores por el suelo sin empotrarlos en él se denominan _____.
    a. canalizaciones celulares
    b. ductos de canalización
    c. ductos celulares
    d. canalizaciones de pisocanal

Las respuestas a las preguntas de repaso impares del módulo se encuentran en el *Apéndice A*.

Módulo 26108-23 Ejercicios suplementarios

1. La mayoría de los equipos eléctricos con un bastidor metálico se deben __________.

2. Cuando se instala EMT en un lugar mojado, ¿qué tipo de accesorios deben utilizarse?
   a. Tornillo prisionero
   b. Compresión
   c. A prueba de lluvia
   d. Acero

3. Los conductores, incluidos empalmes y derivaciones, *no* deben ocupar más del __________ del área transversal del ducto.
   a. 20 %
   b. 30 %
   c. 75 %
   d. 90 %

4. ¿Cuál de las siguientes opciones abarca los requisitos de instalación de las bandejas portacables?
   a. *Artículo 333 del NEC*
   b. *Artículo 338 del NEC*
   c. *Artículo 392 del NEC*
   d. *Artículo 394 del NEC*

5. ¿Verdadero o falso? El conducto IMC tiene el mismo diámetro interior que el RMC.

6. Todas las siguientes opciones se pueden usar como conductores de puesta a tierra de equipos, *excepto* __________.
   a. RMC
   b. RNC
   c. EMT
   d. IMC

7. El FMC puede conectarse al RMC mediante un acople de __________.

8. ¿Cuál de las siguientes disposiciones se refiere a la puesta a tierra de las cajas metálicas?
   a. *Sección 500.8(A) del NEC*
   b. *Sección 250.30(A) del NEC*
   c. *Sección 250.53(C) del NEC*
   d. *Sección 314.100(D) del NEC*

9. ¿Qué tipo de PVC puede instalarse en lugares expuestos a daños físicos?
   a. Tipo DB Schedule 80
   b. Tipo DB Schedule 40
   c. Tipo EB
   d. Tipo I

10. ¿Qué tipo de caja conduit se utiliza para proporcionar un punto de unión para tres conductos que se intersecan?
    a. tipo LL
    b. tipo LR
    c. tipo C
    d. tipo T

11. Cuando se instale un conducto metálico en una zona húmeda, debe dejarse un espacio de aire de __________ entre el conducto y la superficie de apoyo.

12. Los conductores instalados en PVC están expuestos a ________.
    a. un aumento de la temperatura de funcionamiento
    b. una disminución de la temperatura de funcionamiento
    c. un aumento de la ampacidad
    d. una menor caída de tensión

13. El conducto metálico flexible debe sujetarse a una distancia máxima de ________ de cada extremo.

14. Al instalar un sistema de cables cerca de una cubierta de lámina acanalada, debe mantenerse una separación mínima de ________ desde cualquier punto del sistema de techo.

Las respuestas a los ejercicios suplementarios impares se encuentran en el *Apéndice B.*

Piedra angular del oficio

Karl Segner

Ingeniero de seguridad eléctrica

M. Davis Inc.

¿Cómo eligió una carrera en el sector?

La elegí por todas las oportunidades y rumbos que ofrece el campo de la electricidad.

¿Qué tipos de capacitación ha recibido?

Tomé formación práctica en electricidad, instrumentación y HVAC.

¿Qué importancia tienen la educación y la capacitación en la construcción?

Sin educación y capacitación, no habría oportunidades de ascenso y la calidad actual de los trabajadores de la industria disminuiría.

¿Qué importancia tienen las credenciales de NCCER para su carrera profesional?

NCCER es la opción de nuestro estado en cuanto a formación práctica y certificación. Sin su programa, la única vía para obtener la licencia serían las horas de trabajo en el campo y los exámenes.

¿En qué consiste su trabajo actual?

Mi cargo actual es Ingeniero de Seguridad Eléctrica. Ofrezco capacitación interna en electricidad, así como orientación en temas y cálculos del *NEC*®. También reviso las paradas eléctricas con el personal de campo, expido permisos de trabajo y realizo inspecciones eléctricas para garantizar la calidad y la seguridad.

¿Sugeriría la construcción como carrera profesional a otras personas?

Sí. La imagen actual de los trabajadores de la construcción es diferente a la de años atrás. En la actualidad, muchos de los oficios requieren licencias profesionales, la demanda es alta y siempre habrá perspectivas de trabajadores especializados de calidad.

¿Qué consejo les daría a quienes son nuevos en este campo?

Para que no se queden atrás, deben actualizarse con capacitaciones y la formación que exige su trayectoria profesional.

¿Cómo se marca la diferencia en este oficio?

Es la capacidad de fabricar productos de calidad de forma segura y a tiempo, y de dirigir a su equipo hacia la excelencia.

Respuestas a las preguntas de repaso de la sección

Respuesta	Referencia de la sección	Objetivo
Sección 1.0.0		
1. c	1.1.0	1a
2. b	1.2.0	1b
3. d	1.3.5	1c
4. c	1.4.0	1d
5. d	1.5.4	1e
6. a	1.6.1	1f
Sección 2.0.0		
1. d	2.1.0	2a
2. c	2.2.0	2b
3. d	2.3.0	2c
4. a	2.4.0	2d
5. d	2.5.4	2e
6. a	2.6.1	2f
7. d	2.7.0	2g
Sección 3.0.0		
1. b	3.1.0	3a
2. b	3.2.0	3b
3. c	3.3.1	3c
Sección 4.0.0		
1. b	4.1.0	4a
2. c	4.2.4	4b
Sección 5.0.0		
1. b	5.1.0	5a
2. c	5.2.0	5b

Actualización por los usuarios

NCCER

ESCANEAR

¿Encontró algún error? Visite **https://www.nccer.org/olf** o escanee el código QR con su dispositivo móvil para enviar su corrección.

MÓDULO 26109-23

Conductores y cables

Fuente: Southwire

Objetivos

La exitosa finalización de este módulo te prepara para realizar lo siguiente:

1. Clasificar los conductores por tamaño del alambre, aislamiento y aplicación.
   a. Identificar los tamaños de los alambres.
   b. Determinar las ampacidades de los conductores.
   c. Identificar los materiales de los conductores.
   d. Identificar el aislamiento de los conductores.
   e. Cableado para artefactos.
   f. Identificar los tipos de cables y sus aplicaciones.
   g. Identificar el cableado de control de instrumentación.
2. Explicar cómo se instalan conductores en un sistema de conductos.
   a. Describir cómo se instalan conductores con cinta guía.
   b. Describir cómo se instalan conductores con equipos de tracción.

Tarea práctica

Bajo supervisión, deberías poder hacer lo siguiente:

1. Instalar conductores en un sistema de canalización.

Visión general

Como electricista, debe seleccionar el alambre o cable correcto para cada trabajo. También es posible que tenga que tirar de este alambre o cable a través de conductos para terminarlo. En este módulo, aprenderá sobre los tipos de conductores, las marcas de los cables, los códigos de color y la reducción de la ampacidad. También aprenderá a instalar conductores con cinta guía y sistemas de pesca de conductos eléctricos.

NOTA

NFPA 70®, *National Electrical Code®* y *NEC®* son marcas registradas de la National Fire Protection Association, Quincy, MA.

NCCER Credenciales reconocidas en el sector

Si se está capacitando a través de un patrocinador acreditado por NCCER, puede ser elegible para obtener credenciales del NCCER. El número de identificación de este módulo es 26109-23. Tenga en cuenta que este módulo puede haber sido utilizado en otros planes de estudios de NCCER y puede aplicarse a la realización de otros niveles. Comuníquese con NCCER al 1.888.622.3720 o visite **www.nccer.org** para obtener más información.

También puede mostrar en línea sus credenciales reconocidas por el sector con las insignias digitales de NCCER. Transforme sus conocimientos, habilidades y logros en insignias que puede compartir en las plataformas de redes sociales, enviar a su red y agregar a su currículum. Para obtener más información, visite **www.nccer.org**.

Recursos digitales sobre Electricidad

Escanee este código con la cámara de su celular o dispositivo móvil para ver los recursos digitales relacionados con este oficio.

ESCANEAR

1.0.0 Conductores

Tareas prácticas

Esta sección no contiene tareas prácticas.

Objetivo

Clasificar los conductores por tamaño del alambre, aislamiento y aplicación.

a. Identificar los tamaños de los alambres.
b. Determinar las ampacidades de los conductores.
c. Identificar los materiales de los conductores.
d. Identificar el aislamiento de los conductores.
e. Cableado para artefactos.
f. Identificar los tipos de cables y sus aplicaciones.
g. Identificar el cableado de control de instrumentación.

El término *conductor (escrito igual en inglés - conductor)* se utiliza de dos formas: para describir la parte de un alambre o cable que lleva la corriente y para describir un alambre o cable formado por la parte que lleva la corriente y la cubierta exterior o aislador. A menos que se indique lo contrario, este módulo utiliza el término *conductor* para describir el ensamblaje que incluye el aislamiento y la parte conductora de corriente del cable.

Los factores utilizados para identificar los conductores son el tamaño del cable, el tipo de aislamiento y la aplicación. En esta sección, aprenderá a utilizar estas características para clasificar los conductores.

1.1.0 Tamaños de alambres

Ampacidad (*ampacity*): a corriente máxima en amperios que un conductor puede transportar continuamente bajo las condiciones de uso sin exceder su temperatura nominal.

El tamaño del conductor se refiere al área de la sección transversal de la parte del alambre que lleva corriente. La **ampacidad** del conductor se ve afectada por el material y el tamaño del conductor, el aislamiento y la ubicación de la instalación.

.Los tamaños de los alambres se expresan en números de calibre. El sistema estándar de tamaños de alambres en los Estados Unidos es el sistema American Wire Gauge - AWG (calibre de alambre estadounidense).

1.1.1 Sistema AWG

El sistema AWG utiliza números para identificar los distintos tamaños de alambres y cables (*figura 1*). Los tamaños de alambre AWG más comunes empiezan en 40 (el más pequeño) y van hasta 4/0 (el más grande). Cuando se usa un 0 con tamaños de alambres superiores a 1, se pronuncia como *"aught"*. Por ejemplo, 4/0 se pronuncia *"four aught"*.

Una mayor área de la sección transversal de la parte que lleva la corriente de un conductor permite transportar una mayor cantidad de corriente por el alambre. Cualquier alambre de tamaño superior a 0000 se identifica por su área en miles de milipulgadas circulares (kcmil). Los tamaños de alambres inferiores al N° 18 AWG suelen ser sólidos, pero en algunos casos pueden ser trenzados. Los tamaños de alambres N° 6 AWG o superiores son trenzados cuando se instalan en conductos, pero pueden ser sólidos cuando se utilizan para puesta a tierra e interconexión. Para tamaños de alambre mayores que el N° 16 AWG, el tamaño del alambre está marcado en el aislamiento (*figura 2*).

Conozca el código

Propiedades de los conductores
Capítulo 9, tabla 8 del NEC

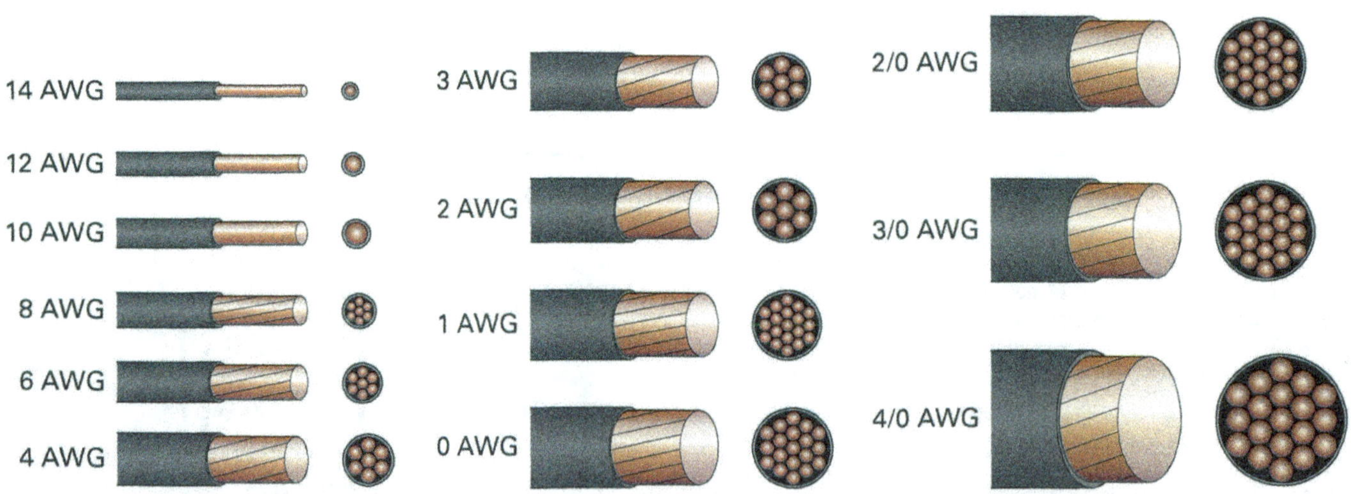

Figura 1 Comparación de los tamaños de los alambres (ampliada) del N° 14 AWG al N° 4/0 AWG.

Figura 2 Marcado de tamaño de alambres.

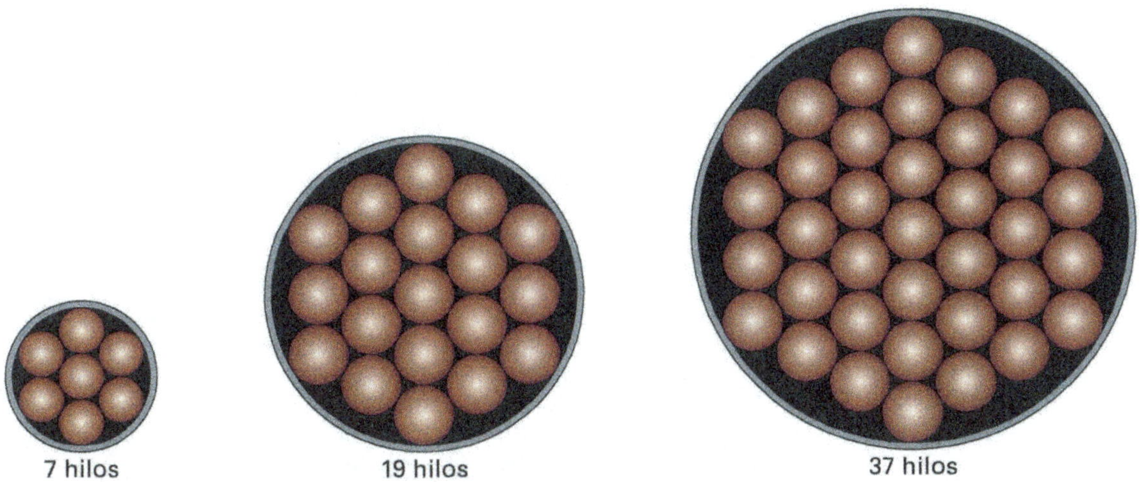

Figura 3 Configuraciones de hilos.

Para obtener información descriptiva sobre los tamaños de los alambres, incluida el área de un alambre determinado, el trenzado y la resistencia de CC, consulte el *capítulo 9 del NEC , tabla 8, Propiedades de los conductores.*

1.1.2 Trenzado

Los conductores sólidos están hechos de una sola pieza de metal. Los conductores trenzados están hechos por varios alambres agrupados. Si bien los alambres sólidos son algo rígidos, los trenzados son más flexibles y fáciles de trabajar.

Es muy difícil utilizar tamaños de alambre sólido superiores al Nº 8 AWG para aplicaciones como el tendido de conductos en dobleces o la terminación en cajas de paso, interruptores de desconexión y paneles. También puede causar daños en los equipos y el aislamiento del alambre.

Según la *tabla 8 del capítulo 9 del NEC*, los tamaños de alambre del Nº 18 al Nº 2 tienen 7 hilos, los tamaños de alambre del Nº 1 al Nº 4/0 tienen 19 hilos y los tamaños de alambre entre 250 kcmil y 500 kcmil tienen 37 hilos. El uso de 7, 19 y 37 hilos proporciona un conductor flexible, casi redondo. La *figura 3* muestra secciones transversales de alambre con 7, 19 y 37 hilos dispuestos dentro del aislador exterior.

Los conductores de aluminio están diseñados con trenzado compacto, es decir, comprimido (*figura 4*).

Piénselo

Tamaño del cable

¿Por qué el tamaño de los alambres es un factor crítico en un sistema de cableado?
Además de la carga, ¿qué otros factores pueden determinar el tamaño del alambre?
¿Qué puede ocurrir cuando un alambre no está correctamente dimensionado para la carga?

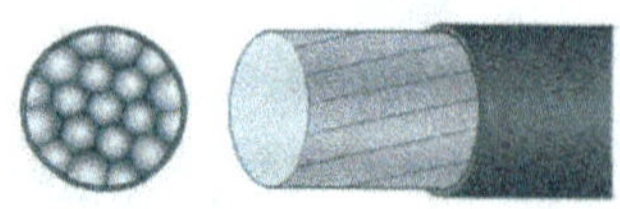

Figura 4 Conductores de aluminio.

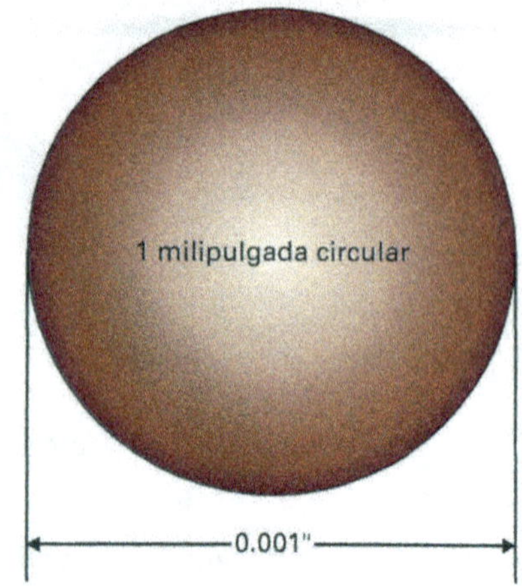

Figura 5 Milipulgada circular.

1.1.3 Milipulgadas circulares

Una *milipulgada circular o mil circular* es un círculo que tiene un diámetro de 1 milipulgada (*figura 5*). Una milipulgada o mil es 0.001". Una kcmil equivale a 1,000 milipulgadas o mils. Cuando el tamaño de un alambre es de 250 kcmil, el área de la sección transversal de la parte del alambre que lleva la corriente es igual a 250,000 círculos con un diámetro de 0.001". Al principio, puede parecer una forma bastante torpe de dimensionar el alambre; sin embargo, la alternativa sería dimensionar el alambre en función de su área de sección transversal expresada en pulgadas cuadradas.

Según la ***tabla 8 del capítulo 9 del NEC***, el área de la sección transversal de un conductor de 250 kcmil es de 0.260 pulgadas cuadradas, in^2.

Cuando un conductor se dimensiona por el área de la sección transversal, es mucho más fácil expresar el tamaño del alambre en milipulgadas circulares (o miles de milipulgadas circulares) que en pulgadas cuadradas.

1.2.0 Ampacidades de los conductores

La ampacidad del espacio de inserción de un conductor está relacionada con la cantidad máxima de corriente que puede transportar de forma continua sin superar su temperatura nominal.

La ampacidad del conductor se ve afectada por el material y el tamaño del conductor, el aislamiento y la ubicación de la instalación. La ampacidad máxima de los conductores para determinadas condiciones se indica en las ***tablas 310.16 a 310.21 del NEC***. Un paso importante en el diseño de circuitos es seleccionar el tipo de aislamiento adecuado que se va a utilizar (TW, THW, THWN, RHH, THHN, XHHW, etc.). Consulte la *tabla 1* para obtener más información sobre la selección de la tabla del *NEC*® adecuada para consultar las ampacidades máximas.

Utilice la tabla 310.16 del *NEC* en el siguiente ejemplo.

Conozca el código

Ampacidades de los conductores
Tablas del NEC 310.16 a 310.21

Ejemplo:

Determine la ampacidad de un conductor THW Nº 8 Cu (cobre) instalado en una canalización en un ambiente de 167°F (75°C).

Solución:

La ampacidad es de 50 amperios (A), según la ***tabla 310.16 del NEC***.

Piénselo

Sobrecalentamiento

¿Qué ocurre cuando el aislamiento se sobrecalienta? ¿Qué afecta la ampacidad de un conductor aislado?

TABLA 1 Tablas del *NEC®* que presentan la ampacidad máxima de los conductores

Tabla del *NEC®*	Condiciones dadas
Tabla 310.16 del NEC	• Conductores de cobre y conductores de aluminio o aluminio revestido de cobre • Clasificación de 2,000 V e inferior • No más de tres conductores que llevan la corriente instalados en una canalización o cable o directamente enterrados en la tierra • Con base en una temperatura ambiente de 86°F (30°C)
Tabla 310.17 del NEC	• Conductores de cobre y conductores de aluminio o aluminio revestido de cobre • 2,000 V e inferior • Conductores utilizados como conductores individuales en aire libre • Con base en una temperatura ambiente de 86°F (30°C)
Tabla 310.18 del NEC	• Conductores aislados en canalizaciones o cables • Clasificados a 302°F (150°C), 392°F (200°C) o 482°F (250°C) • No más de tres conductores que llevan la corriente • Con base en una temperatura ambiente de 104°F (40°C)
Tabla 310.19 del NEC	• Conductores con aislamiento individual • Clasificados hasta 482°F (250°C) • Se usa al aire libre • Con base en una temperatura ambiente de 104°F (40°C)
Tabla 310.20 del NEC	• Conductores apoyados en un mensajero • Clasificados a 167°F (75°C) o 194°F (90°C) • No más de tres conductores con aislamiento individual • Con base en una temperatura ambiente de 104°F (40°C)
Tabla 310.21 del NEC	• Conductores desnudos o cubiertos al aire libre • La temperatura total del conductor es de 176°F (80°C) • Con base en una temperatura ambiente de 104°F (40°C)

1.3.0 Materiales de los conductores

El material conductor más habitual es el cobre. El cobre proporciona una excelente conductividad (baja resistencia), facilidad de uso y valor. El valor de un material como componente del alambre viene determinado por varios factores, como la conductividad, el costo y la maleabilidad. Los electricistas que seleccionan un conductor deben tener en cuenta estos factores, así como los planos y especificaciones del edificio.

1.3.1 Conductividad

La conductividad es una palabra que describe la facilidad (o dificultad) con la que una corriente eléctrica viaja a través de un conductor. Si un conductor tiene una resistencia baja, tiene una conductividad alta. La plata es uno de los mejores conductores, ya que tiene muy baja resistencia y alta conductividad. El cobre también tiene alta conductividad y el aluminio tiene buena conductividad. La conductividad del aluminio es aproximadamente dos tercios de la del cobre.

1.3.2 Costo

El costo siempre es un factor que se debe tener en cuenta al seleccionar los materiales para un trabajo. Si tuviera que elegir entre un alambre costoso con muy alta conductividad y un alambre menos costoso con alta conductividad, ¿cuál debería elegir?

Por lo general, los electricistas eligen un conductor de menor costo, aunque el material tenga propiedades físicas inferiores a las de un material más costoso. Por ejemplo, es fácil elegir el cobre como material conductor, en lugar de la plata, porque la plata es muy costosa. Aunque puede ser mejor conductor que el cobre, no vale la pena pagar el costo adicional de la plata. La elección entre el cobre y el aluminio suele ser más difícil.

El costo también depende de la disponibilidad. Cuando las materias primas para fabricar conductores no están fácilmente disponibles, se fabrican menos, por lo que hay menos disponibles. En esta situación, el costo de los conductores aumenta.

1.3.3 Maleabilidad

La maleabilidad se refiere a la facilidad para trabajar con un producto. Algunos factores que afectan la maleabilidad del alambre son:

- Peso
- Flexibilidad
- Necesidad de herramientas especiales o costosas
- Necesidad de capacitación especial

Por ejemplo, los conductores de aluminio son más ligeros que los de cobre del mismo tamaño. También son mucho más flexibles que los conductores de cobre y, en general, es más fácil trabajar con ellos. Sin embargo, la terminación de conductores de aluminio, a menudo, requiere herramientas especiales y tratamiento de las superficies de terminación con un material antioxidante. El aluminio se expande y contrae con el calor más que el cobre. Esto significa que el empalme y la terminación de conductores de aluminio suelen requerir un mayor grado de capacitación que el trabajo con alambre de cobre.

1.4.0 Aislamiento de los conductores

El primer intento de aislar el alambre se realizó a principios del siglo XIX, durante el desarrollo del telégrafo. Este aislamiento se diseñó para proporcionar protección física más que eléctrica. El aislamiento eléctrico no era un problema importante porque el telégrafo funcionaba con corriente continua (CC) de bajo voltaje. Esta primera forma de aislamiento era una sustancia compuesta de cáñamo alquitranado o fibra de algodón y goma laca y se usaba principalmente para impermeabilizar líneas de distribución de larga distancia hacia minas, obras industriales y ferrocarriles.

Los primeros sistemas de distribución eléctrica utilizaban la técnica de perilla y tubo para instalar cables. En los edificios, el alambre se tiraba y se apoyaba en perillas de cerámica fijadas a la estructura del edificio (*figura 6*). Cuando era necesario tirar del alambre a través de elementos estructurales, se hacía a través de tubos de cerámica. El elemento estructural solía ser de madera.

Por peligroso que pueda parecer este método, todavía hay casas antiguas que utilizan el cableado de perilla y tubo que se instaló a principios del siglo XX. De hecho, el cableado de perilla y tubo se utilizó hasta 1957 en algunas áreas.

Actualmente, los conductores desnudos con puesta a tierra o neutros solo se permiten en las siguientes situaciones específicas:

- En acometidas generales
- En el cable de tipo SE cuando se utiliza como cable de entrada de acometida

Sin embargo, cuando se utilizan en el interior de edificios o después del primer dispositivo de protección contra sobrecorriente, todos los conductores que llevan la corriente, incluido el conductor puesto a tierra, deben estar aislados.

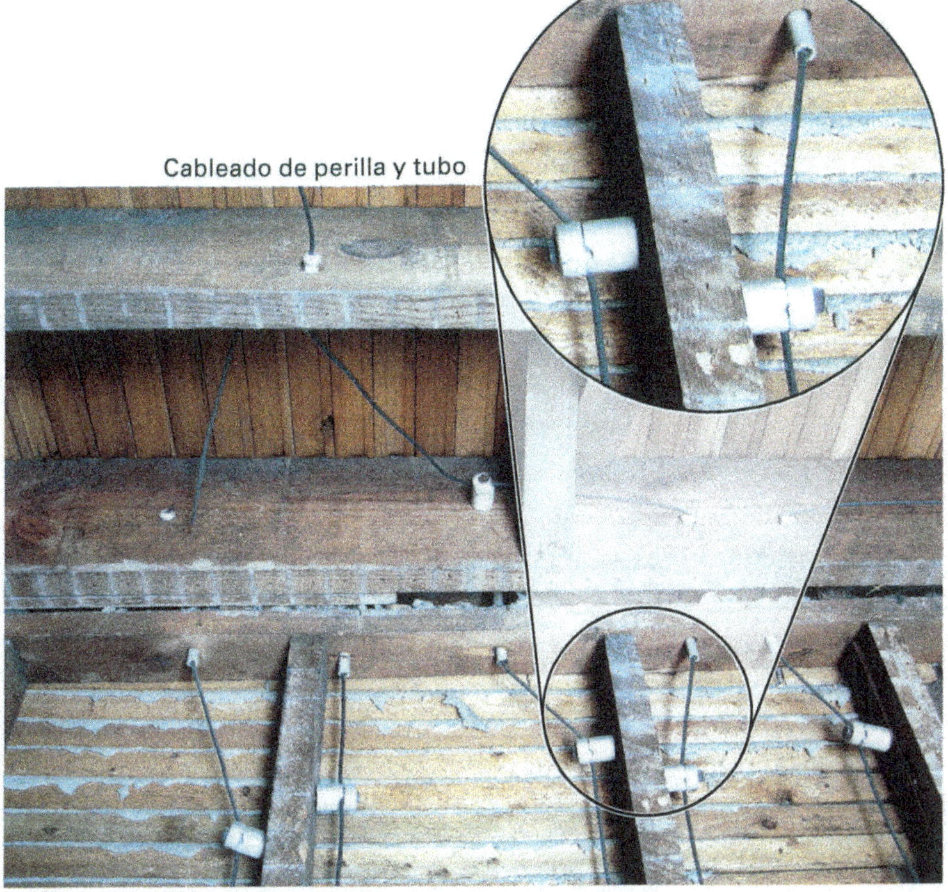

Figura 6 Cableado de perilla y tubo.

1.4.1 Tipos de aislamiento para conductores de 600 V a 1,000 V

Existen muchos conductores aislados de 600 V. Cada uno tiene su propia designación en letra y cada uno está hecho de material diseñado para su uso en un entorno específico. Por ejemplo, el tipo SA utiliza aislamiento de goma de silicona. Con una temperatura nominal de hasta 194°F (90°C), el aislamiento de silicona puede utilizarse en lugares secos y húmedos.

La *tabla 310.4(1) del NEC* enumera los datos de aplicación y construcción de los conductores aislados de 600 V. Según las notas de la *tabla 310.4(1) del NEC*, los conductores de la tabla pueden tener una capacidad nominal de hasta 1,000 V si están enumerados y marcados.

Conozca el código

Aplicaciones de conductores y aislamientos de 600 voltios de capacidad
Tabla 310.4(1) del NEC

1.4.2 Aislamiento termoplástico

El termoplástico es un material aislante popular y eficaz. Los siguientes termoplásticos se utilizan como aislantes en los alambres y cables actuales:

- *Polyvinyl chloride - PVC* (cloruro de polivinilo): material base utilizado para la fabricación de los aislamientos TW y THW.
- *Polyethylene - PE* (polietileno): un excelente material resistente a la intemperie utilizado principalmente para aislar el cableado de control y comunicaciones. No se utiliza para conductores de alto voltaje (los que superan los 5,000 V).
- *Cross-linked polyethylene - XLP* (polietileno reticulado): PE mejorado con cualidades superiores de resistencia al calor y a la humedad. Se utiliza para alambres THHN, THWN y THHW, así como para muchos cables de alto voltaje.
- *Nylon* (nailon): se utiliza principalmente como material de revestimiento. El alambre de construcción THHN tiene un revestimiento exterior de nailon.
- *Teflon*®: aislante para altas temperaturas. Se utiliza para el cableado telefónico en un plénum (donde otros conductores aislados requieren el tendido de conductos).

Terminación de alambre de aluminio

Al hacer la terminación de alambre de aluminio, siempre debe utilizar:

- Conectores de lista
- Compuesto antioxidante

Tenga en cuenta que algunos conectores vienen ya recubiertos con un compuesto; si no es así, deberá añadirlo.

1.4.3 Aisladores termofijados

Aunque muchos materiales termoplásticos se deforman al calentarse, los termofijados mantienen su forma cuando se calientan. Los aislamientos termofijados incluyen RHH, RHW, XHH, XHHW y SIS.

1.4.4 Codificación por letras

El aislamiento del conductor aplicado al alambre de construcción está codificado por letras. Estas letras suelen indicar el tipo de aislamiento o su clasificación medioambiental. Los tipos de aislamiento de conductores que se describen en este módulo incluyen los que se muestran en la parte superior de la ***tabla 310.16 del NEC***. Las distintas designaciones de los códigos de aislamiento se muestran en la *tabla 2*.

NOTA

Los conductores que se utilizan en áreas húmedas (vea la definición en el ***artículo 100 del NEC***) deben estar categorizados para su uso en lugares húmedos. Se supone que cualquier conducto tendido al aire libre o subterráneo está sujeto a infiltraciones de agua y, por lo tanto, se encuentra en un lugar húmedo.

Conozca el código

Ampacidades de conductores aislados con no más de tres conductores de corriente en canalización, cable o tierra (directamente enterrados)
Tabla 310.16 del NEC

TABLA 2 Codificación del aislamiento

B	Trenza
E	Etileno o entrada
F	Fluorado o alimentador
H	Termorresistente o ignífugo
N	Nailon
P	Propileno
R	Goma
S	Silicona o sintético
T	Termoplástico
U	Subterráneo
W	Clasificado para la intemperie
X	Polietileno reticulado
Z	Etileno tetrafluoroetileno modificado
TW	Termoplástico clasificado para la intemperie (60°C/140°F)
FEP	Etileno propileno fluorado
FEPB	Etileno propileno fluorado con trenza de vidrio
MI	Aislamiento mineral
MTW	Termoplástico resistente a la humedad, al calor y al aceite
PFA	Perfluoroalcoxi
RHH	Goma termorresistente e ignífuga
RHW	Goma clasificada para la intemperie y termorresistente (75°C/167°F)
SA	Silicio
SIS	Termorresistente sintético
TBS	Silicio termoplástico trenzado
TFE	Politetrafluoroetileno extendido
THHN	Termoplástico termorresistente
THHW	Termoplástico resistente a la humedad y al calor
THW	Termoplástico resistente a la humedad y al calor
THWN	Termoplástico resistente a la intemperie y termorresistente con cubierta de nailon
UF	Alimentador subterráneo
USE	Entrada de acometida subterránea
XHH	Termoestable termorresistente, ignífugo
XHHW	Termoestable termorresistente, ignífugo y resistente a la intemperie
ZW	Etileno tetrafluoroetileno modificado resistente a la intemperie

Piénselo

Aislamiento de los conductores

¿Cuáles son las funciones del aislamiento de los conductores? ¿En qué condiciones permite el *NEC*® conductores sin aislamiento?

1.4.5 Codificación por colores

Se utiliza un código de color para ayudar a los electricistas a identificar los alambres por el color del aislamiento. Cuando puede identificar rápidamente los alambres por colores, es más fácil instalarlos y conectarlos correctamente.

Un código de colores típico es el siguiente:

- *Cable de dos conductores:* un alambre blanco o gris (neutro), un alambre negro (caliente) y un conductor de puesta a tierra del equipo (normalmente desnudo).
- *Cable de tres conductores:* un alambre blanco o gris, un alambre negro, un alambre rojo y un conductor de puesta a tierra del equipo.
- *Cable de cuatro conductores:* igual que el cable de tres conductores más un cuarto alambre (azul).
- *Cable de cinco conductores:* igual que el cable de cuatro conductores más un quinto alambre (amarillo).

NOTA

No existe un código estándar de clasificación por color. Aprenda el código de colores que se utiliza en el lugar o área específicos donde trabaja y sígalo. La mayoría de los electricistas utilizan cinta de fase para marcar los colores en los conductores de mayor tamaño.

El conductor de puesta a tierra del equipo puede ser desnudo, verde o verde con una franja amarilla. Los códigos de color de los cables de alimentación se muestran en la *figura 7*.

La sección 210.5(C)(2) del NEC no exige la codificación por colores de los conductores sin puesta a tierra, excepto cuando exista más de un sistema de voltaje nominal o en circuitos ramales alimentados desde sistemas de CC.

Los conductores sin puesta a tierra pueden ser de cualquier color excepto blanco, gris o verde, pero es una buena práctica codificarlos por colores. De hecho, muchas especificaciones de construcción exigen un código de colores.

Además, en un secundario de cuatro alambres conectado en delta en el que el punto medio de un devanado de fase esté puesto a tierra para alimentar cargas de alumbrado y similares, el conductor de fase que tenga el voltaje más alto a tierra deberá identificarse mediante un acabado exterior de color naranja, mediante una etiqueta o por cualquier otro medio eficaz. Estos tipos de identificación deben colocarse en cada punto donde se realice una conexión si el conductor puesto a tierra también está presente (*Sección 110.15 del NEC*). En la mayoría de los casos, se utiliza cinta naranja en todos los puntos de terminación cuando existe tal condición.

Conozca el código

Circuitos ramales alimentados desde sistemas de corriente continua
Sección 210.5(A)(2) del NEC

Conozca el código

Marca de voltaje high-leg
Sección 110.15 del NEC

¡ADVERTENCIA!

El conductor de fase de mayor voltaje suele ser de 208 V a tierra, mientras que las otras dos fases (para iluminación y alimentación general) serían de 120 V a tierra. Utilice la fase de mayor voltaje solo como parte de una carga trifásica que no utilice el conductor neutro como parte de la carga.

PRECAUCIÓN

Aunque las designaciones de color son buenos indicadores del sistema de voltaje en el que está trabajando (480/277 V), nunca debe confiar en ellas totalmente. Protéjase siempre probando los circuitos con un voltímetro.

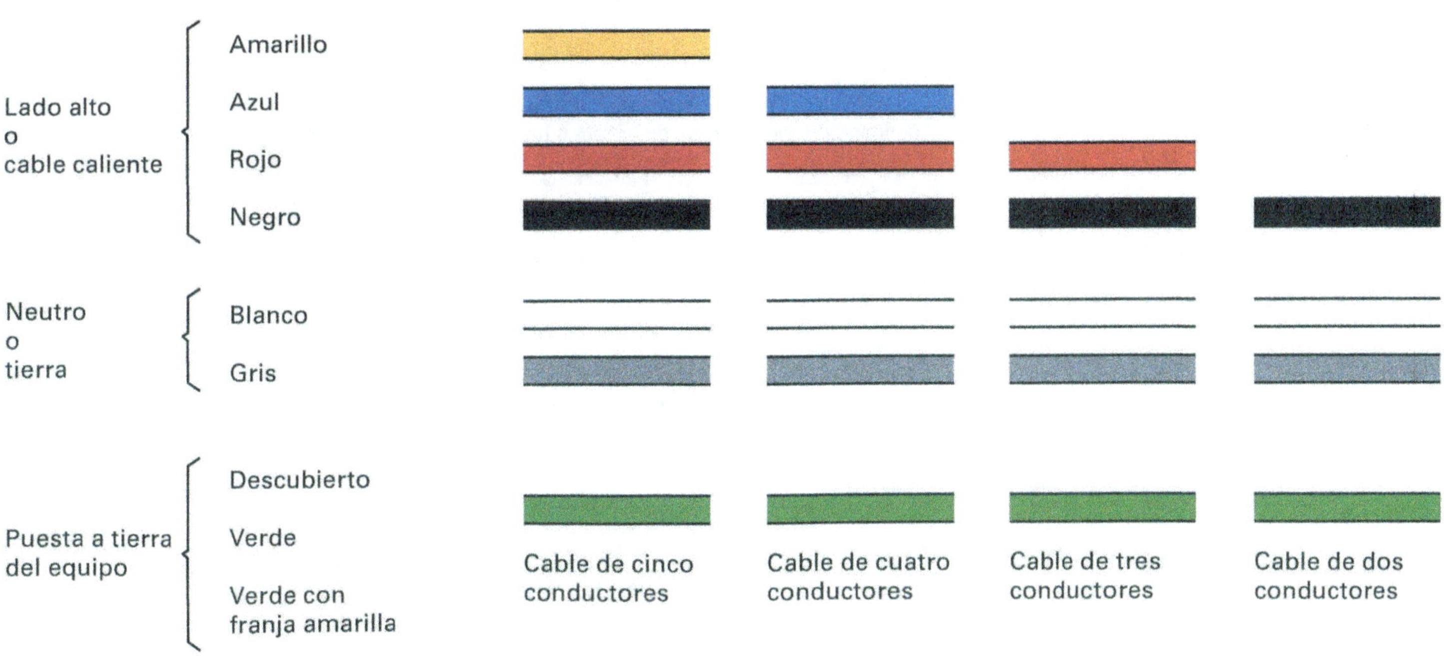

Figura 7 Códigos de colores típicos de aislamiento de cables de alimentación.

1.4.6 Clasificación de los cables

Un factor crítico en la selección del conductor correcto es su temperatura máxima de funcionamiento. Otra consideración importante es dónde terminará el conductor. La temperatura nominal de la terminación puede limitar la ampacidad admisible del conductor.

La *tabla 310.4(1) del NEC* muestra que los conductores tienen varias temperaturas nominales. Dado que las *tablas 310.16 y 310.17 del NEC* se basan en una temperatura ambiente, o circundante, supuesta de 86°F (30°C), las ampacidades del conductor se basan en la temperatura ambiente más el calor (I^2R) producido por el conductor mientras transporta la corriente. Por lo tanto, el tipo de aislamiento utilizado en el conductor es la primera consideración para determinar la ampacidad máxima permitida del conductor.

Por ejemplo, un conductor de cobre THW Nº 3/0 para su uso en una canalización tiene una ampacidad de 200 A según la *tabla 310.16 del NEC*. En una temperatura ambiente de 86°F (30°C), el conductor está sometido a esta temperatura cuando no transporta corriente. Dado que un conductor THW aislado tiene una temperatura nominal de 167°F (75°C), esto deja un amplio margen para el aumento de temperatura debido al flujo de corriente.

Si la temperatura ambiente excede los 86°F (30°C), la clasificación de corriente de carga máxima del conductor debe reducirse proporcionalmente según la *tabla 310.15(B)(1)(1) del NEC* para que la temperatura total no exceda la temperatura nominal del aislamiento. Por la misma razón, la ampacidad permitida debe reducirse cuando hay más de tres conductores que transportan corriente en una canalización o cable, según la *Sección 310.15(C)(1) del NEC*.

Como parte de la clasificación de los alambres, al seleccionar los conductores hay que tener en cuenta la temperatura máxima de funcionamiento. Algunas cosas que afectan la temperatura de funcionamiento de un conductor son:

- La temperatura ambiente
- El flujo de corriente en el conductor, incluida la corriente armónica
- El flujo de corriente en conductores agrupados, que eleva la temperatura ambiente
- Cómo afecta el aislamiento del conductor la velocidad de disipación del calor en el medio circundante

Entre los factores que afectan la cantidad de corriente que un conductor puede transportar con seguridad y a la temperatura máxima de seguridad que puede alcanzar el conductor se incluyen:

- Tamaño del conductor, que es el diámetro en milipulgadas circulares
- La temperatura ambiente
- La cantidad máxima de conductores en un grupo
- Cables instalados en contacto con el aislamiento térmico (del edificio)
- Dónde instala los conductores, como canalizaciones, conductos, ductos o bajo tierra.

Conozca el código

Factores de corrección de la temperatura ambiente basados en 30°C (86°F)
Tabla 310.15(B)(1)(1) del NEC

Conozca el código

Más de tres conductores que llevan corriente
Sección 310.15(C)(1) del NEC

Piénselo

Conductores sin conexión de puesta a tierra con codificación por colores

Aunque el *NEC*® no exige el uso de conductores que llevan corriente sin conexión de puesta a tierra con codificación por colores, ¿por qué podría ser una buena idea utilizarlos de todos modos?

1.5.0 Cableado para artefactos

El alambre para artefactos se utiliza para el cableado interior de los artefactos y para conectarlos a una fuente de alimentación. Las directrices relativas al alambre de artefactos se encuentran en el *Artículo 402 del NEC*. La lista de tipos de alambre de artefactos aprobados figura en la *tabla 402.3 del NEC*. *La figura 8* muestra un ejemplo de alambre de artefactos. Los alambres están compuestos por conductores aislados con o sin recubrimiento exterior. El tamaño de los conductores oscila entre el Nº 18 AWG y el Nº 10 AWG.

Para seleccionar el alambre para un artefacto, hay que tener en cuenta la temperatura de funcionamiento del artefacto. El alambre debe tener el aislamiento adecuado para la temperatura. Por ejemplo, si tuviera un artefacto con una temperatura máxima de funcionamiento de 482°F (250°C), seleccionaría alambres de artefacto aislados con perfluoroalkoxy - PFA (perfluoroalcoxi) o extruded polytetrafluoroethylene - PTFE (politetrafluoroetileno extruido). Esta es la temperatura de funcionamiento más alta permitida para cualquier alambre de artefacto.

Como se indica en la *Sección 402.3 del NEC*, los alambres para artefactos son aptos para acometidas a 600 V, a menos que se especifique lo contrario en la *tabla 402.3 del NEC*. Las ampacidades permitidas del alambre para artefactos se indican en la *tabla 402.5 del NEC*.

Aunque el uso principal del alambre para artefactos es el cableado interno de dichos elementos, varios de los alambres que figuran en la *tabla 402.3 del NEC* pueden utilizarse para el cableado de circuitos de control remoto, señalización o de potencia limitada de acuerdo con la *Sección 724.49 del NEC*. Los alambres para artefactos nunca deben utilizarse como sustitutos de conductores de circuitos ramales.

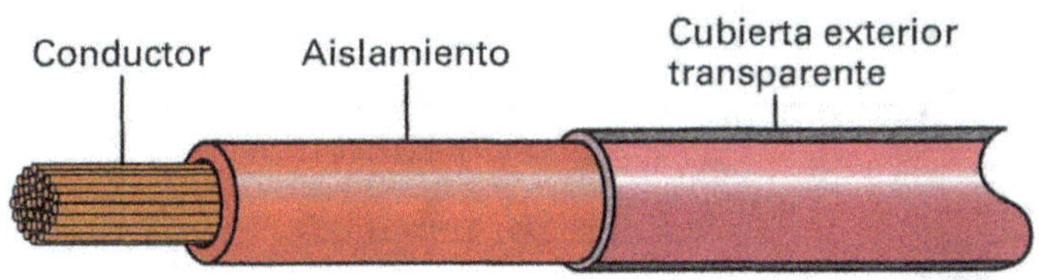

Figura 8 Alambre para artefactos.

Conozca el código

Alambres para artefactos
Artículo 402 del NEC

Conozca el código

Alambres para artefactos
Tabla 402.3 del NEC

Conozca el código

Tipos
Sección 402.3 del NEC

Conozca el código

Ampacidades de los alambres para artefactos
Tabla 402.5 del NEC

Conozca el código

Conductores de circuito de clase 1
Sección 724.49 del NEC

1.6.0 Tipos de cables y aplicaciones

Los cables son dos o más alambres aislados y pueden contener un alambre de puesta a tierra cubierto por una funda o cubierta envolvente. El *NEC*® exige que todos los cables y accesorios asociados estén categorizados. Los cables suelen clasificarse por el tipo de revestimiento que tienen, ya sea no metálico (plástico) o metálico. El cable con cubierta metálica también se denomina *'cable armado' (armored cable)*.

El cable también puede clasificarse en función del lugar donde puede utilizarse (*tabla 400.4 del NEC*). Como el agua es tan buena conductora de la electricidad, la humedad en los conductores puede provocar pérdidas de potencia o cortocircuitos. Por esta razón, los cables se clasifican para lugares secos, húmedos o mojados. Los cables también pueden clasificarse en función de la exposición a la luz solar y el uso en situaciones irregulares.

Hay dos factores que deben tenerse en cuenta al determinar el tipo de cable que debe utilizarse para una aplicación específica: el tipo de aislamiento del conductor y la cubierta del cable. Ambos deben ser adecuados para la aplicación.

Todos los cables están marcados para indicar propiedades y usos importantes. Las marcas de los cables muestran el tamaño del alambre, la cantidad de conductores, el tipo de cable y la clasificación de voltaje. También puede incluirse una marca que indique la acometida o la aplicación aprobadas. Esta información está impresa en el cable no metálico (*figura 9*). En los cables metálicos, la información de la marca suele incluirse en una etiqueta.

Conozca el código

Cordones flexibles y cables flexibles
Tabla 400.4 del NEC

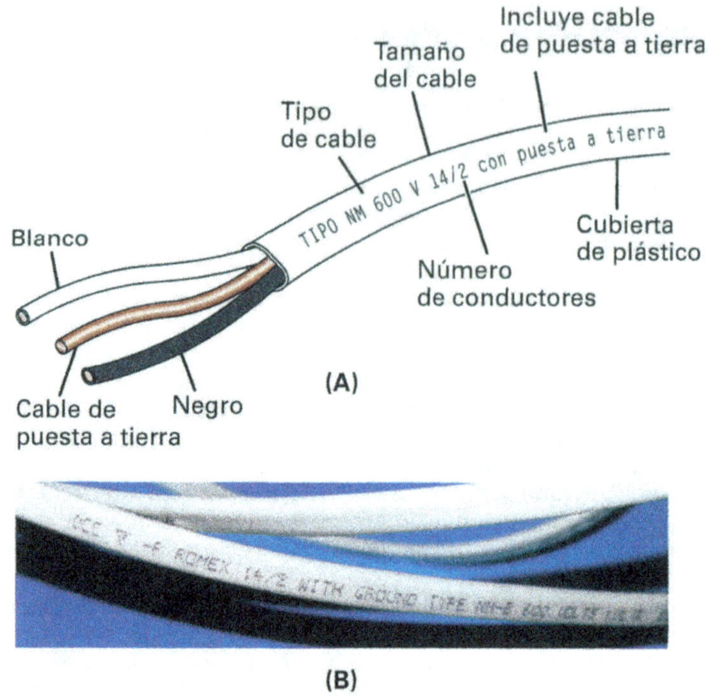

Figura 9 Marcas de cables no metálicos.

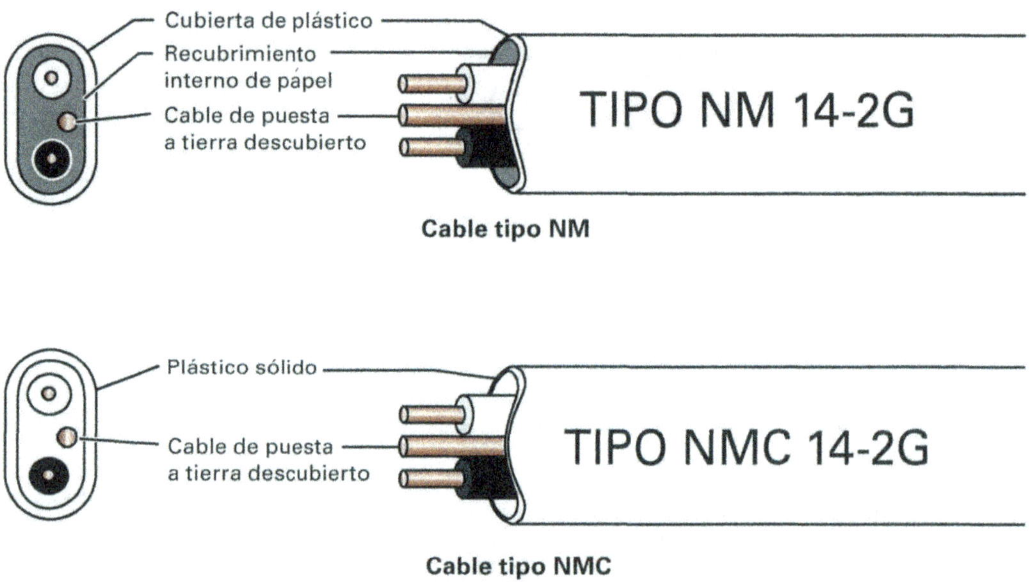

Figura 10 Cables con cubierta envolvente no metálica.

1.6.1 Cable con cubierta envolvente no metálica

El cable con cubierta envolvente no metálica (tipos NM y NMC) se usa ampliamente en circuitos ramales y alimentadores de sistemas residenciales y comerciales (*figura 10*). Ambos tipos se denominan comúnmente *Romex®*, aunque el fabricante del cable solo se refiera al tipo NM como Romex®.

Este cable consta de dos o más conductores aislados y un conductor desnudo encerrado en una cubierta envolvente no metálica. Los conductores pueden estar envueltos individualmente con papel y los espacios entre los conductores pueden estar rellenos de yute, papel u otro material para protegerlos y ayudar a que el cable mantenga su forma. La cubierta envolvente que cubre tanto el cable de tipo NM como el de tipo NMC es ignífuga y resistente a la humedad. La cubierta envolvente que cubre el tipo NMC además tiene las características de ser resistente a los hongos y a la corrosión.

El Artículo 334 del NEC enumera los usos permitidos y prohibidos del cable de tipo NM y NMC. Ambos pueden instalarse en zonas de trabajo expuestas y ocultas. La principal diferencia es que el cable de tipo NM solo es adecuado para ubicaciones secas, mientras que el cable de tipo NMC se permite en ubicaciones secas, húmedas, mojadas o corrosivas.

Los cables de los tipos NM y NMC pueden utilizarse en viviendas unifamiliares y bifamiliares y en determinadas viviendas multifamiliares, dependiendo del tipo de construcción (*Sección 334.10 del NEC*).

Los cables de los tipos NM y NMC no pueden utilizarse en las siguientes situaciones:

- En ductos o plénums donde los gases tóxicos procedentes de la combustión del aislamiento de los cables podrían esparcirse por toda la estructura.
- Instalados a la vista en el espacio por encima de techos falsos, excepto en viviendas unifamiliares, bifamiliares y plurifamiliares.
- Como cable de entrada de acometida, empotrado en concreto o en lugares peligrosos.

Existen muchos otros requisitos para los cables de los tipos NM y NMC que se especifican en el *Artículo 334 del NEC*. Antes de instalar este tipo de cable, asegúrese de leer y comprender las secciones aplicables del *NEC*®.

Conozca el código

Usos permitidos
Sección 334.10 del NEC

1.6.2 Cable subterráneo de alimentadores y circuitos ramales

Las directrices para el uso de cables subterráneos de alimentación y circuito ramal (tipo UF) figuran en el *Artículo 340 del NEC*. El cable de tipo UF es similar en apariencia, construcción y uso al cable de tipo NMC. La principal diferencia entre estos dos cables es que el de tipo UF es apto para enterramiento directo, pero el de tipo NMC no. Consulte el *Artículo 340 del NEC* para obtener información específica sobre dónde y cuándo utilizar cable de tipo UF. En la *figura 11*, también se indican las directrices básicas para utilizar el cable de tipo UF.

Conozca el código

Cable subterráneo de alimentadores y circuitos ramales Tipo UF
Artículo 340 del NEC

Pautas referentes a los cables UF

Se puede usar...	No se puede usar...	
Enterramiento subterráneo y directo	Como cable de entrada de acometida	Incrustado en cemento, concreto o agregado vaciado
Como un cable monoconductor	En garajes comerciales	Expuesto a la luz solar (a menos que estén diseñados para ese uso)
Como un cable con cubierta envolvente no metálica	En teatros y lugares similares	Cable aéreo
En sistemas solares fotovoltaicos	En almacén de baterías	En lugares expuestos a daños físicos
En bandejas portacables	En lugares peligrosos	
En condiciones húmedas, secas o corrosivas	En huecos de ascensores, elevadores o escaleras mecánicas	

Figura 11 Directrices para cables de tipo UF.

Conozca el código

Conductores, cables, empalmes y terminaciones de cables de voltaje medio. *Artículo 315 del NEC*

1.6.3 Cable de voltaje medio

El tema de los cables de voltaje medio (tipo MT) se abarca en el *Artículo 315 del NEC*. Los cables de voltaje medio están formados por uno o varios conductores aislados envueltos en una cubierta exterior. Este cable puede utilizarse con voltajes que varían entre 2,001 V y 35,000 V. Puede instalarse en lugares húmedos y secos y puede enterrarse directamente en la tierra, cuando esté clasificado para tal uso. Consulte la *figura 12*.

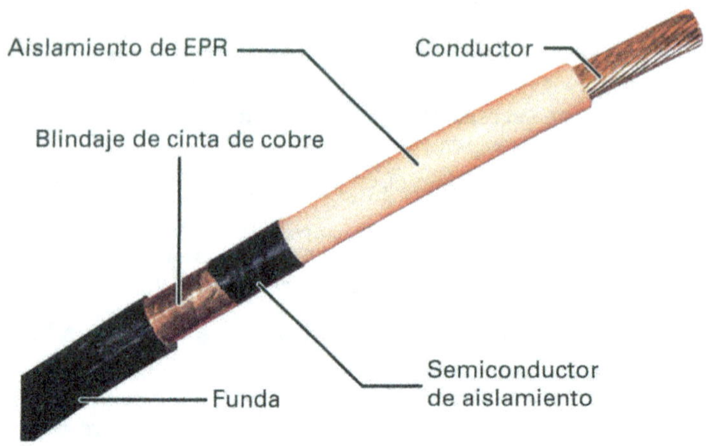

Figura 12 Cable de tipo MV.

1.6.4 Cable con revestimiento metálico

El cable con revestimiento metálico (tipo MC) consta de uno o más conductores aislados envueltos en una cinta metálica o una cubierta metálica. El *Artículo 330 del NEC* abarca el tema del cable de tipo MC. Encontrará más información en UL 1569, *Norma para cables con revestimiento metálico*.

El cable de tipo MC se utiliza en una amplia variedad de aplicaciones, desde pequeños cables de instrumentación hasta alimentadores de voltaje medio. Los conductores están recubiertos con un aislamiento termoestable o termoplástico. El cable de tipo MC también puede ser un compuesto de conductores eléctricos y conductores de fibra óptica.

El cable de tipo MC está disponible en varias configuraciones, con o sin revestimiento exterior. En la *figura 13*, se muestra un ejemplo de cable de tipo MC.

Las marcas en el cable de tipo MC incluyen el voltaje nominal máximo, el tamaño AWG (o área de milipulgada circular) y el tipo de aislamiento. Los cables con usos especiales están marcados según corresponde.

El revestimiento exterior puede ser una funda no metálica sobre la cubierta de metal. Si no se puede marcar la cubierta exterior, las marcas estarán en una cinta adhesiva en el interior del cable a lo largo de toda su longitud. Si están en el exterior, las marcas suelen tener una separación de 24" (61 cm).

Figura 13 Cable de tipo MC.
Fuente: The Okonite Company

Cable de tipo MC

El tipo MC es un tipo de cable muy utilizado en entornos comerciales e industriales. Está disponible en muchas configuraciones, con o sin funda exterior. Algunas de las aplicaciones especiales del cable MC son los cables centralizados, superneutrales, de enterramiento directo y de alarma contra incendios.

A continuación, se indican tres tipos de cable MC:

- Cubierta envolvente metálica lisa
- Cubierta envolvente metálica ondulada
- Armadura de cinta metálica entrelazada

Los usos del cable MC se especifican en la *Sección 330.10 del NEC*. Estos incluyen los siguientes:

- Acometidas, alimentadores y circuitos ramales
- Circuitos de potencia, iluminación, control y señalización
- Interiores y exteriores
- Expuestos u ocultos
- Enterramiento directo (si está identificado para ese uso)
- En cualquier canalización (tipo no metálico)

Conozca el código

Usos permitidos
Sección 330.10 del NEC

Las aplicaciones en las que no se puede utilizar cable de tipo MC se especifican en la *Sección 330.12 del NEC*. Estas incluyen las siguientes:

- En condiciones corrosivas o dañinas, a menos que la cubierta exterior proteja los conductores, o se utilice algún otro material protector.
- En áreas donde el cable puede sufrir daños físicos.
- Enterrado directamente en la tierra o en concreto (a menos que se identifique como enterrado directo), o cuando esté sujeto a materiales cáusticos.

Conozca el código

Usos no permitidos
Sección 330.12 del NEC

Tanto el cable con revestimiento blindado (AC) como el cable MC ofrecen ventajas durante la instalación. La cubierta envolvente metálica flexible protege los conductores y les permite doblarse en las esquinas sin retorcerse ni dañarse.

Además, dado que los conductores ya están protegidos por la cubierta envolvente, no es necesario introducir los conductores en una canalización, ni hay que preocuparse por el contacto de los conductores con tuberías u otras superficies duras.

Otra ventaja de los cables con revestimiento metálico es su instalación relativamente sencilla, sin necesidad de extractores de alambre, **cinta guía** ni lubricante.

Aunque ambos tipos de cable ofrecen ventajas durante la instalación, existen diferencias significativas entre los cables de los tipos AC (*Artículo 320 del NEC*) y MC, como se muestra en la *tabla 3*.

Cinta guía (*fish tape*): dispositivo manual que se utiliza para tirar de un cable a través de un conducto.

Conozca el código

Cable armado: Tipo AC
Artículo 320 del NEC

TABLA 3 Diferencias entre los tipos de cables AC y MC

Tipo AC	Tipo MC
Tiene un máximo de cuatro conductores más un conductor de puesta a tierra del equipo y viene en tamaños de 14 AWG a 1 AWG.	No hay limitaciones en el número de conductores y el tamaño de 18 AWG a 2,000 kcmil.
Incluye una banda de unión interior (16 AWG). Esta banda está en contacto constante con la armadura y, con ella, forma un conductor de puesta a tierra del equipo.	No incluye banda de unión. El revestimiento MC no es un conductor de puesta a tierra del equipo, aunque puede complementarlo.
Utiliza envolturas de papel resistentes a la humedad e ignífugas en los conductores individuales.	No tiene envoltura de papel, pero incorpora una cinta de poliéster utilizada en el montaje.

1.6.5 Cable blindado de alto voltaje

Los cables de alto voltaje están blindados para su protección. El blindaje protege el conjunto de conductores contra descargas superficiales o quemaduras debidas a descargas por efecto corona en aire ionizado. Sin el blindaje, el aislamiento y la cubierta podrían dañarse o destruirse.

El blindaje electrostático de los cables utiliza materiales metálicos y no metálicos (*figura 14*).

1.6.6 Ensambles de alambres por canales

Los ensambles de alambres por canales comprenden un sistema de cableado completo, que incluye el cable, los soportes del cable, los empalmadores, las derivaciones de circuito, los soportes de artefactos y los accesorios (*figura 15*). Las directrices para el uso de este sistema figuran en el *Artículo 322 del NEC*.

Conozca el código

Ensambles de cables planos: Tipo FC
Artículo 322 del NEC

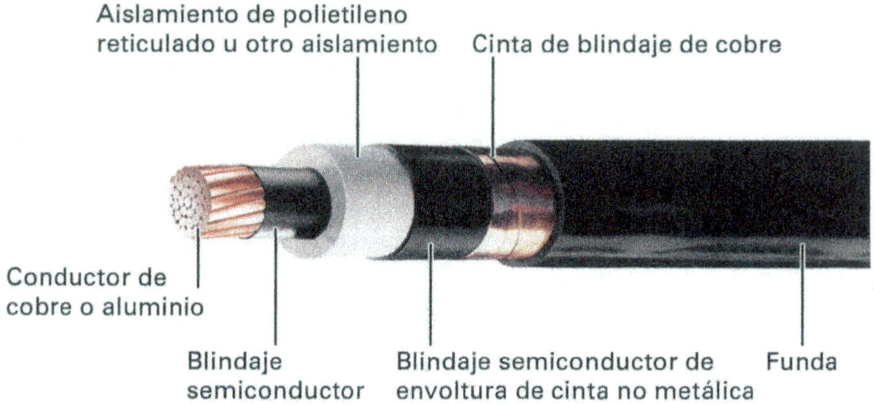

Figura 14 Blindaje del cable.
Fuente: General Cable

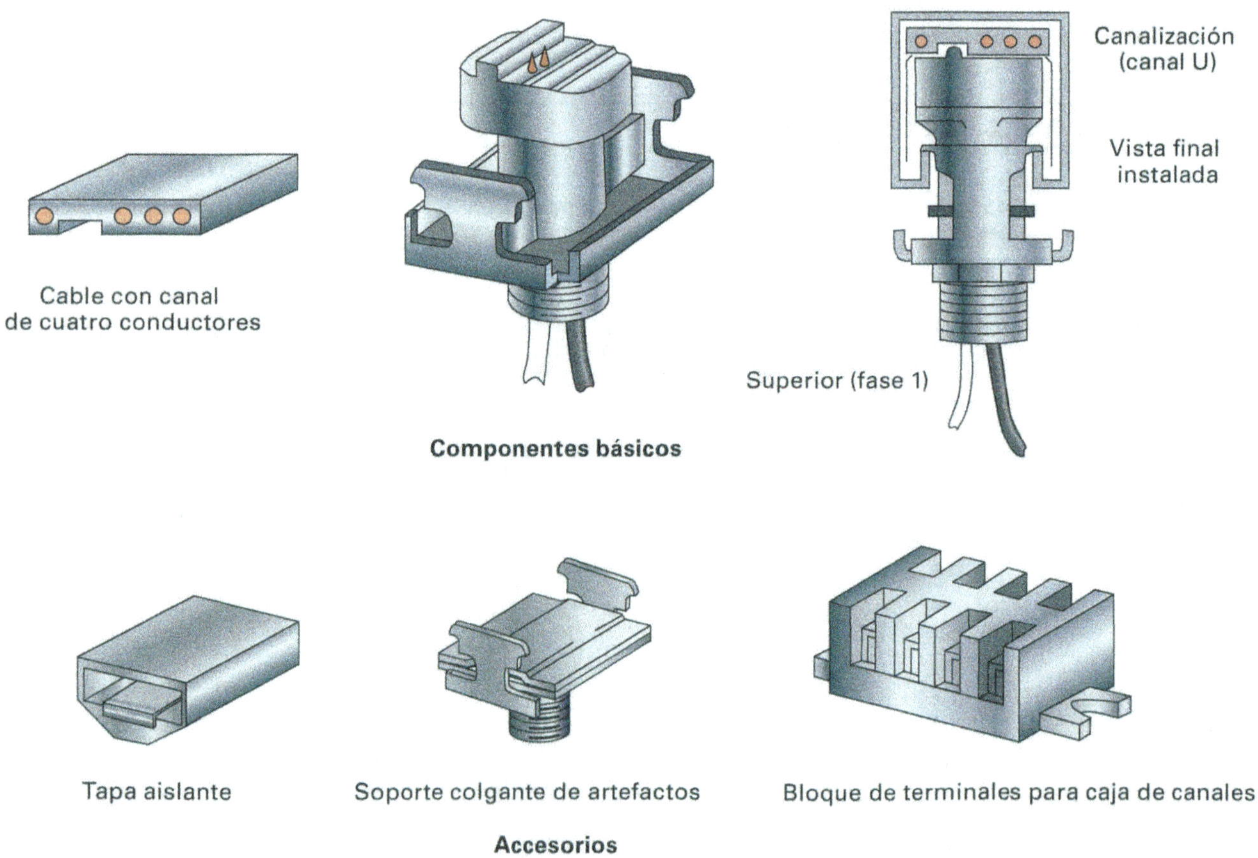

Figura 15 Componentes y accesorios del alambre de canal.

Los ensambles de cables planos (tipo FC) constan de tres o cuatro conductores paralelos de cobre especial trenzado de Nº 10. El ensamble se instala en una canalización metálica de superficie de canal en U aprobada con un lado abierto. Los dispositivos de derivación se pueden insertar en cualquier lugar a lo largo del tendido. Las conexiones de los dispositivos de derivación al conjunto de cables planos se realizan mediante contactos de tipo clavija cuando los dispositivos de derivación están fijados en su lugar. Los contactos de tipo clavija penetran en el aislamiento del conjunto de cables y entran en contacto con los conductores de trenzado múltiple en una secuencia de fases coincidente. Estas derivaciones se pueden alambrar a los artefactos de iluminación o a las tomas de corriente (*figura 16*).

Como se indica en la *Sección 322.10 del NEC*, este sistema de alambre es adecuado para circuitos ramales que solo alimentan pequeños electrodomésticos o pequeñas cargas de potencia. Solo es adecuado para el alambre expuesto y no puede ocultarse dentro de la estructura del edificio. Este cable es ideal para el cableado rápido de circuitos ramales en instalaciones de campo.

Conozca el código

Usos permitidos
Sección 322.10 del NEC

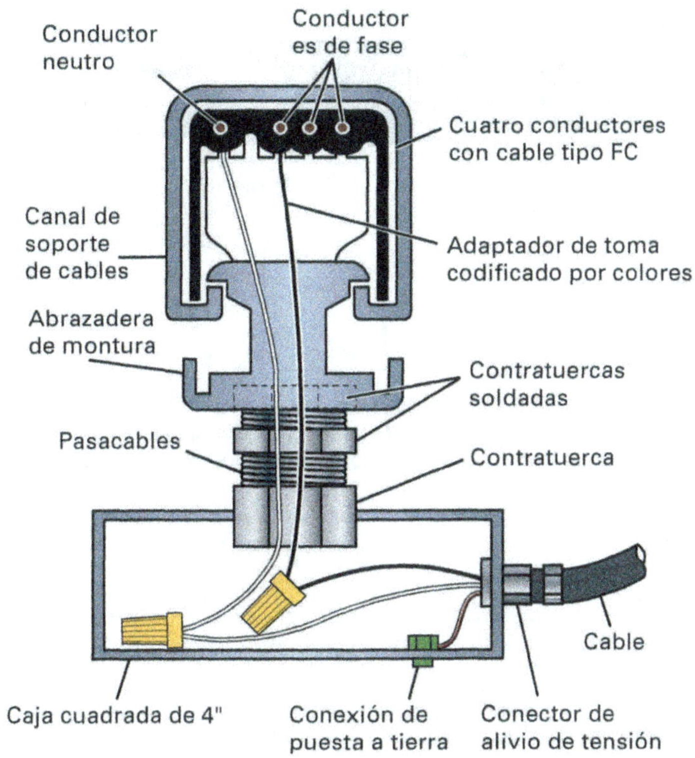

Figura 16 Conexión de tipo FC.

1.6.7 Cable conductor plano

El cable conductor plano (tipo FCC) comprende un sistema completo de cableado derivado similar en muchos aspectos a los conjuntos de tipo FC. La principal ventaja del sistema es su facilidad de instalación. Es el sistema de alambre ideal para remodelar o ampliar las oficinas existentes. Las directrices para el uso de este sistema figuran en el *Artículo 324 del NEC*.

Conozca el código

Cable conductor plano: Tipo FCC
Artículo 324 del NEC

El cable de tipo FCC consta de tres a cinco conductores planos, uno de los cuales debe ser un conductor de puesta a tierra del equipo colocado borde con borde, separado y encerrado en un conjunto aislante resistente a la humedad e ignífugo. Los accesorios incluyen conectores de cable, terminadores, adaptadores de fuente de alimentación y receptáculos.

Este sistema de alambre está diseñado para alimentar tomas de corriente de suelo en áreas de oficinas y otros interiores comerciales e institucionales. Está pensado para ser tendido por debajo de alfombras, por lo que no es necesario taladrar el suelo. Los cuadrados de alfombra no superiores a 39.37" (1 m) que se adhieren al suelo deben fijarse con adhesivos de tipo antiadherente.

También se puede montar en la pared. Como se indica en la *Sección 324.42(B) del NEC*, los circuitos telefónicos y otros circuitos de comunicaciones pueden compartir el misma envolvente que el cable de tipo FCC.

Conozca el código

Receptáculos y carcasas
Sección 324.42(B) del NEC

Conozca el código

Cable de alimentación y control de bandeja: Tipo TC
Artículo 336 del NEC

1.6.8 Cable de alimentación y control de bandeja

Las directrices para el uso del cable de alimentación y control de bandeja (tipo TC) figuran en el ***Artículo 336 del NEC***. Como indica la letra T, se trata de un cable de bandeja que puede utilizarse en bandejas portacables y canalizaciones. Puede enterrarse directamente si el material de la cubierta envolvente es adecuado para este uso. Cuando así lo indique el marcado del cable, el cable de tipo TC también es apto para su uso a la luz del sol.

El cable de tipo TC consta de dos o más conductores aislados, con o sin conductores de puesta a tierra de equipos asociados, desnudos o totalmente aislados, y envueltos con una cubierta no metálica. El cable figura con conductores de tamaño 14 AWG a 1,000 kcmil para cobre o de tamaño 12 AWG a 1,000 kcmil para aluminio o aluminio revestido de cobre.

El cable tipo Tray Cable - Exposed Run - TC-ER (cable de bandeja portacables - tendido expuesto) identificado como joist pull - JP (tendido de vigueta) puede utilizarse en viviendas unifamiliares y bifamiliares y tenderse a través de elementos de estructuras (*figura 17*).

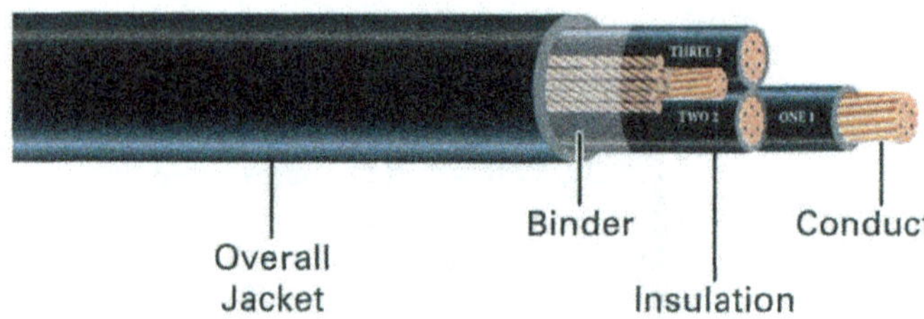

Figura 17 Cable de tipo TC-ER.
Fuente: Southwire

1.6.9 Cable SE y USE

Conozca el código

Cable de entrada de acometida: Tipos SE y USE
Artículo 338 del NEC

Encontrará información sobre el uso de cables de entradas de acometidas (tipo SE) y cables subterráneos de entradas de acometidas (tipo USE) en el ***Artículo 338 del NEC***. El cable de tipo SE es solo para instalación aérea. El cable de tipo USE es para instalación exterior, incluido el enterrado directo en tierra.

Para conocer la temperatura nominal de un cable de tipo SE o USE, busque en la superficie exterior del cable la designación del tipo de cable y, a continuación, tenga en cuenta lo siguiente:

- Si el tipo de designación del conductor está marcado en la superficie exterior del cable, la temperatura nominal del cable corresponde a la clasificación del conductor individual.
- Si el tipo de designación no se encuentra en la superficie exterior del cable, la temperatura nominal del cable es de 167°F (75°C).

En el caso de cables de tipo SE con conductores sin puesta a tierra de tamaño 10 AWG y menores, cuando se instalen en aislamiento térmico, la ampacidad debe determinarse de acuerdo con la temperatura nominal del conductor de 140°F (60°C).

Conozca el código

Acometidas
Artículo 230 del NEC

Cuando se utiliza como cable de entrada de acometida, el tipo SE debe instalarse según se especifica en el ***Artículo 230 del NEC***. El cable de entrada de acometida también puede utilizarse como cable de alimentación y de circuito ramal. Las directrices para el uso del cable de entrada de acometida se encuentran en la ***sección 338.10 del NEC***. *La figura 18* muestra un cable de tipo SE con conductores de aluminio.

Conozca el código

Usos permitidos
Sección 338.10 del NEC

El cable de tipo USE en tamaños N° 4/0 AWG y menores con todos los conductores aislados es adecuado para todos los usos subterráneos permitidos por el *NEC*® para el cable de tipo UF. El cable de tipo USE puede estar formado por un solo conductor o por un conjunto de varios conductores provisto de un revestimiento resistente a la humedad, pero no es obligatorio que tenga un revestimiento ignífugo. Este tipo de cable puede tener un conductor de cobre desnudo cableado con el conjunto. Los conjuntos de conductores de tipo USE simples, paralelos o cableados reconocidos para uso subterráneo pueden tener aplicado un conductor concéntrico de cobre desnudo. Estas construcciones no requieren un revestimiento general exterior.

Se permite el enterramiento directo de los conjuntos de cables de varios conductores de tipo USE de un solo conductor. Todos los conductores deben estar aislados, según la *Sección 338.100(A) del NEC*. Se permite que los cables de tipo SE o USE con una cubierta general que contenga dos o más conductores tengan un conductor sin aislar, según la *Sección 338.100(B) del NEC*. Cuando se utiliza como cable de entrada de acometida, el tipo SE debe instalarse según se especifica en el *Artículo 230 del NEC*. Tómese el tiempo necesario para leer el *Artículo 230 del NEC* para garantizar una instalación correcta. El cable de entrada de acometida de tipo USE también puede utilizarse como cable de alimentación y de circuito ramal.

Conozca el código

Ensamblajes
Sección 338.100(A) del NEC

Conozca el código

Conductor sin aislamiento
Sección 338.100(B) del NEC

Figura 18 Cable SE.
Fuente: Southwire

1.7.0 Cableado de control de instrumentación

El cableado de control de instrumentación conecta los dispositivos de detección, control, impresión y operación de campo que forman un sistema de control de instrumentación electrónica. El estilo y el tamaño del cableado de control de instrumentación deben adaptarse al trabajo específico.

El cableado de control de instrumentación suele tener dos o más alambres conductores aislados. Estos alambres también pueden tener un blindaje y un alambre de drenaje (tierra). Una capa exterior llamada *'cubierta' (jacket)* protege el alambre (*figura 19*). Los alambres conductores de instrumentación vienen por pares. La cantidad de pares en un cable de múltiples conductores depende del tamaño del alambre usado. Un cable de múltiples pares normalmente tiene 12, 24 o 36 pares de conductores. Encontrará más información sobre la aplicación del cableado de control de instrumentación en los *Artículos 722, 724 y 725* del NEC.

Conozca el código

Cables para circuitos de potencia limitada y circuitos de potencia gestionados por fallas
Artículo 722 del NEC

Conozca el código

Circuitos de potencia limitada de clase 1 y circuitos de señalización y control remoto de potencia limitada de clase 1
Artículo 724 del NEC

Conozca el código

Circuitos de potencia limitada de clase 2 y clase 3
Artículo 725 del NEC

1.7.1 Blindajes

Los blindajes se utilizan en el cableado de control de instrumentación para proteger las señales eléctricas en los conductores. Sin el blindaje, el ruido eléctrico puede interrumpir las señales. Puede provocar falsas indicaciones y un funcionamiento incorrecto de los dispositivos de control. Los blindajes suelen estar hechos de papel de aluminio unido a una película de plástico.

1.7.2 Conductor a tierra

Un alambre conductor a tierra es un alambre de cobre desnudo utilizado en contacto continuo con un terminal de puesta a tierra especificado. Un conductor a tierra permite conectar todos los instrumentos de un bucle a un punto común de puesta a tierra. Consulte siempre el diagrama de bucle para determinar si el blindaje debe terminarse. La *figura 20* muestra el blindaje y el conductor a tierra en el cableado de control de instrumentación.

Normalmente, el blindaje de los circuitos de instrumentación solo está puesto a tierra en un extremo del conductor. Su propósito es drenar las cargas inducidas a tierra, pero sin permitir un camino de circulación para el flujo de corriente inducida. Si no va a conectar la puesta a tierra en el extremo del alambre que está instalando, no retire el alambre de tierra. Dóblelo hacia atrás y péguelo al cable. Esto se llama *revoque del suelo.*

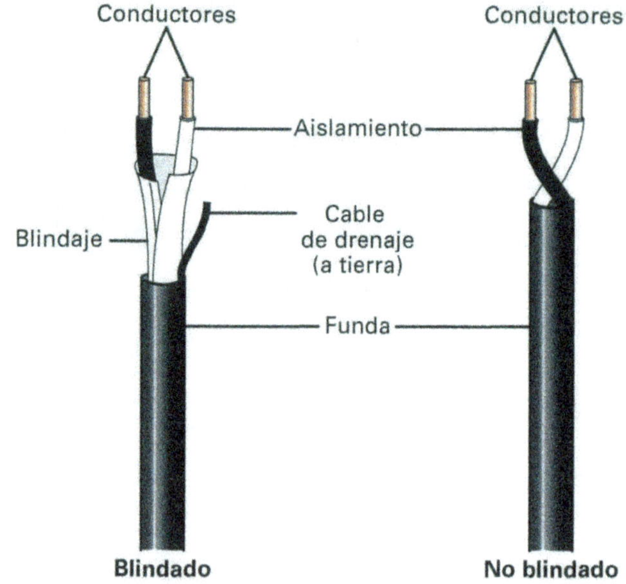

Figura 19 Cable de control de instrumentación.

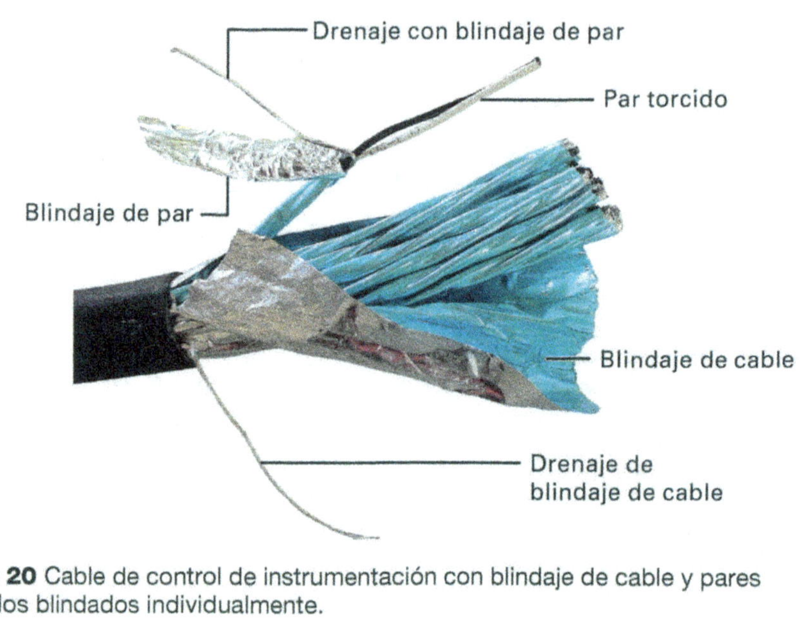

Figura 20 Cable de control de instrumentación con blindaje de cable y pares trenzados blindados individualmente.

1.7.3 Fundas

Una funda de plástico recubre y protege los componentes del alambre. Las fundas más comunes son las de PE y PVC.

Algunas fundas tienen un hilo de nailon para cortar el aislamiento exterior a lo largo del cable, lo que permite despegar la funda sin necesidad de utilizar un cuchillo o un cortacables. De este modo, se evita que se produzcan mellas en el aislamiento del conductor al preparar la terminación.

1.0.0 Repaso de la sección

1. De acuerdo con el *Capítulo 9, tabla 8 del NEC*, el alambre Nº 3/0 AWG tiene _____.
   a. 3 hilos
   b. 7 hilos
   c. 19 hilos
   d. 37 hilos

2. Según la *tabla 310.16 del NEC*, la ampacidad de un cable de cobre Nº 6 AWG, tipo UF es _____.
   a. 40 A
   b. 55 A
   c. 65 A
   d. 75 A

3. Si un conductor tiene una resistencia baja, _____.
   a. no realizará una buena conducción
   b. no se puede usar en cable de entrada de acometida
   c. tiene una gran conductividad
   d. es adecuado solo para uso en aplicaciones de baja temperatura

4. Es probable que el cableado telefónico en un plénum use _____.
   a. aislamiento de Teflon®
   b. aislamiento de PVC
   c. aislamiento de PE
   d. aislamiento de XLP

5. Según la *tabla 402.5 del NEC*, la ampacidad permitida de un alambre para artefactos Nº 14 AWG es _____.
   a. 6 A
   b. 8 A
   c. 17 A
   d. 23 A

6. ¿Cuál es la temperatura nominal de un cable de entrada de acometida cuando el cable *no* está marcado?
   a. 77°F (25°C)
   b. 104°F (40°C)
   c. 131°F (55°C)
   d. 167°F (75°C)

7. ¿Cuál de los siguientes es el tipo de funda *más* común?
   a. PE
   b. Goma
   c. Fibra de vidrio
   d. Silicona

2.0.0 Instalación de conductores en sistemas de conductos

Tarea práctica

1. Instalar conductores en un sistema de canalización.

Objetivo

Explicar cómo se instalan conductores en un sistema de conductos.

a. Describir cómo se instalan conductores con cinta guía.

b. Describir cómo se instalan conductores con equipos de tracción.

Los conductores se instalan en todos los tipos de conductos tirando de ellos a través del conducto. Esto se hace usando cinta guía, líneas de tracción y equipo de tracción.

2.1.0 Cinta guía

PRECAUCIÓN

No utilice cinta guía rota ni dañada.

La cinta guía puede estar hecha de acero flexible, fibra de vidrio o nailon y están disponibles en bobinas de 25' a 240' (5 m a 60 m). La cinta guía se enrolla y se guarda en una carcasa o carrete de plástico redondo para evitar que se retuerza y se dañe. La cinta guía tiene un gancho o bucle en un extremo para sujetarla a los conductores que se van a tirar (*figura 21*).

¡ADVERTENCIA!

Para evitar descargas eléctricas, no utilice cinta guía conductora o metálica cerca o en circuitos energizados.

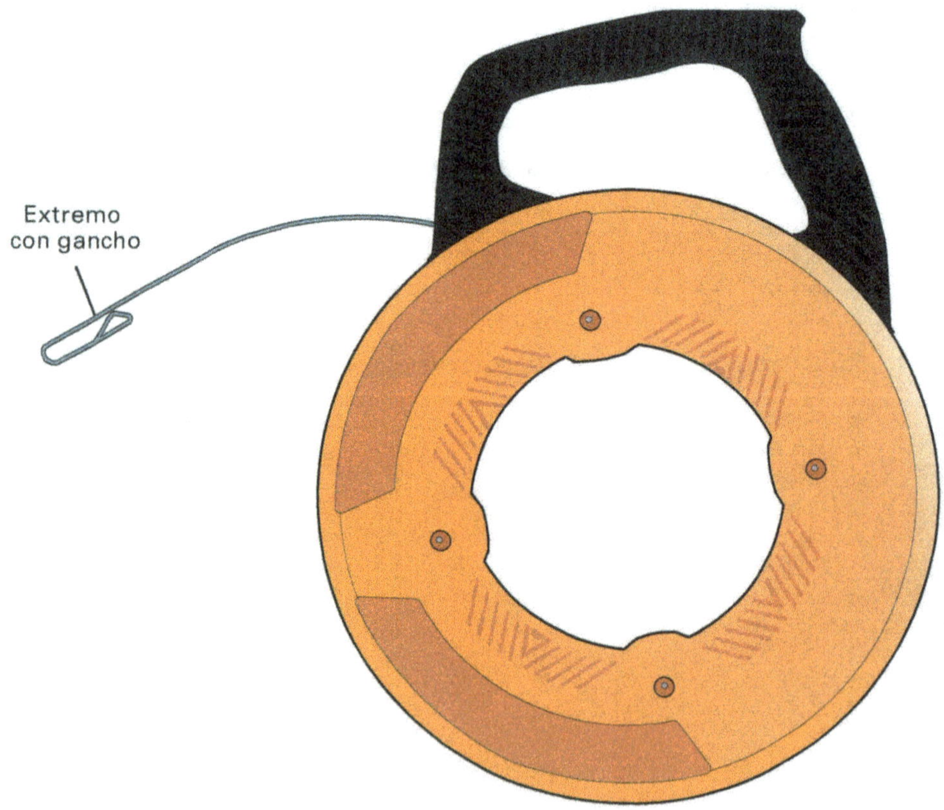

Figura 21 Cinta guía.

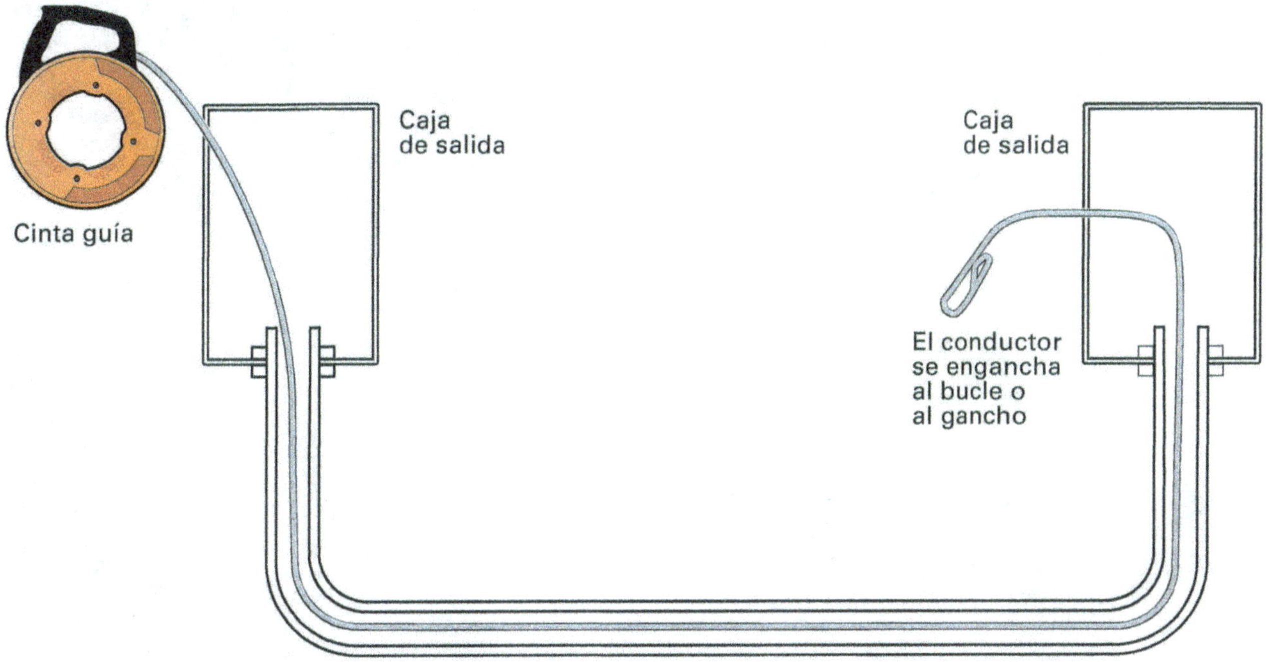

Figura 22 Instalación de la cinta guía.

Para utilizar la cinta guía, siga estos pasos:

Paso 1 Desenrolle la cinta guía tirando de ella para sacarla del carrete.

Paso 2 Fije con cinta adhesiva el extremo del gancho o bucle de la cinta guía.

Paso 3 Pase primero el gancho de la cinta guía o el extremo de la abertura por el conducto. La cinta guía suele entrar en una toma o caja de conexiones y pasar a otra toma o caja de conexiones (*figura 22*).

Paso 4 Cuando la cinta salga por el otro extremo, retírela del gancho o bucle y fije los conductores que necesite pasar por el conducto.

Paso 5 Una vez fijados los conductores, enrolle la cinta guía tirando de los conductores.

A veces, la cinta guía puede quedar atascada en tendidos de conductos muy largos. Estas situaciones requieren una herramienta de pesca rígida conocida como *(por su denominación en inglés).*

Los rodders están disponibles en varios tamaños y longitudes de hasta 1,000' (300 m). En la *figura 23, se muestra un rodder típico.*

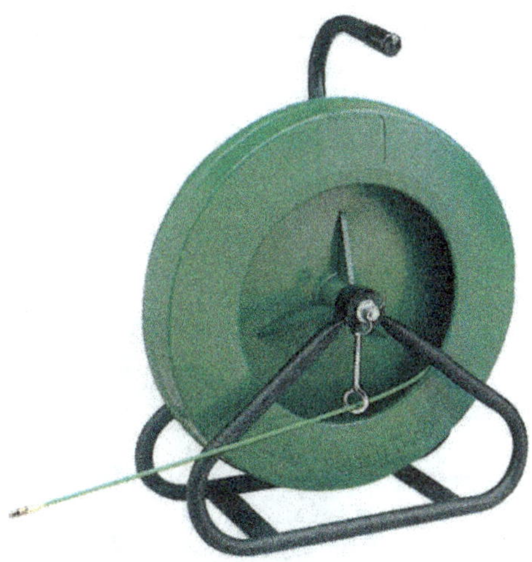

Figura 23 Rodder.
Fuente: Ridge Tool Company

2.1.1 Sistemas eléctricos de pesca por conductos

Puede instalar cordeles para marcar utilizando un sistema eléctrico, en lugar de utilizar una cinta guía manual. Un sistema eléctrico típico como el de la *figura 24 es similar a una aspiradora industrial.* Utiliza la succión de vacío para empujar o tirar de un cordel o cuerda unido a un tapón con forma de pistón (a veces llamado **ratón**) a través del conducto. El cordel es más ligero que la cinta guía y es similar al cordel de cometa o al hilo de polietileno.

Ratón (*mouse*): un cilindro de gomaespuma que encaja dentro del conducto y luego es impulsado por aire comprimido o aspirado a través del conducto, tirando de una línea o cinta.

Para utilizar un sistema eléctrico por vacío, siga estos pasos:

Paso 1 Ate un cordel o cuerda al ratón.

Paso 2 Utilice el vacío para mover el ratón a través del conducto. En algunos casos, la conexión de vacío puede invertirse para empujar el ratón a través del conducto, en lugar de tirar de él.

Paso 3 Una vez que el cordón sale por el extremo opuesto, el conductor o una cuerda de tracción se enganchan al cordón de tracción.

Paso 4 Una vez fijada la cuerda de los conductores o de tracción, tire de ella. En la mayoría de los casos, todos los conductores necesarios se tiran al mismo tiempo.

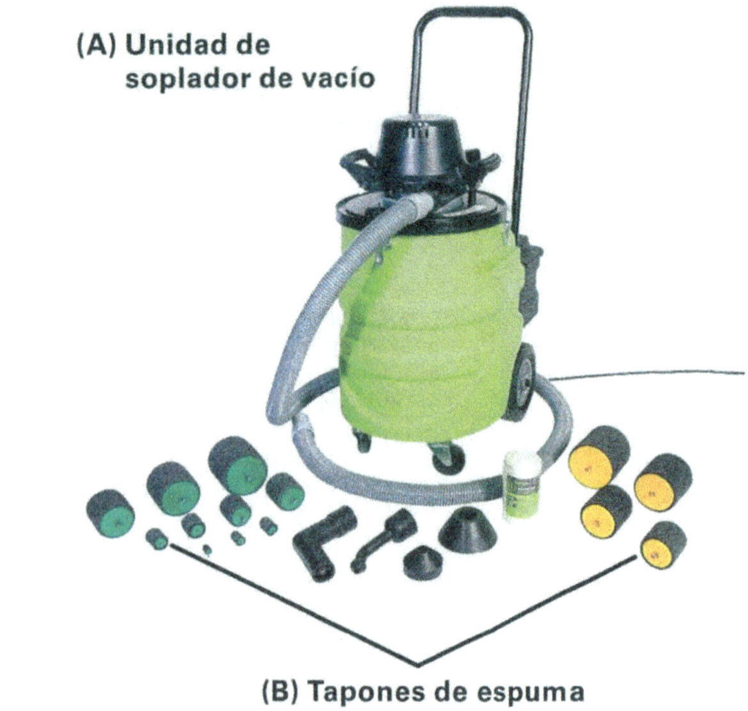

Figura 24 Sistema eléctrico de pesca.
Fuente: Ridge Tool Company

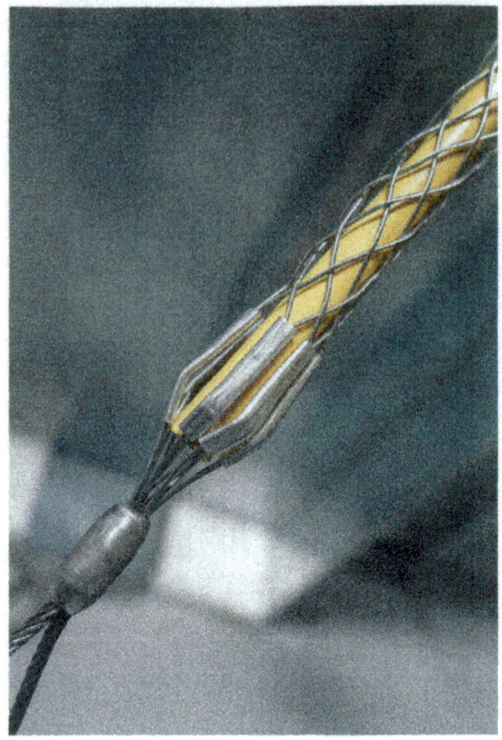

Figura 25 Sujetador de cesta.

Agarre de alambre (*wire grip*): dispositivo utilizado para unir la cuerda de tracción con el cable durante un tirón.

Figura 26 Carro de carretes.
Fuente: Ridge Tool Company

Se usa un **agarre de alambre** para fijar el cable a la cinta de tracción. Un tipo de agarre de alambre que se utiliza es el agarre de cesta (basket grip). Un agarre de cesta es una cesta de malla de acero que se desliza sobre el extremo de un alambre o cable grande (*figura 25*). La cinta o cuerda de tracción se sujeta al extremo y la fuerza de tracción tensa la cesta sobre el conductor.

2.1.2 Introducción de conductores en conductos

Después de fijar la cinta guía o la línea de tracción a los conductores, hay que tirar de ella a través del conducto. Al tirar de la cinta guía, los conductores conectados deben introducirse correctamente en el conducto.

Normalmente, se introduce más de un conductor en el conducto durante una tracción de alambre. Es importante mantener los conductores rectos y paralelos, sin dobleces ni cruces. Si los conductores se cruzan, se formará una protuberancia que dificultará la tracción, lo cual también podría dañar los conductores.

Las bobinas y rollos de conductores deben colocarse de forma que se desenrollen fácilmente, sin dobleces ni pliegues. Cuando hay que introducir varios conductores en el conducto al mismo tiempo, se utiliza un carro de carretes (*figura 26*). El carro de carretes permitirá que las bobinas giren libremente y evitará que los alambres se enreden.

¡ADVERTENCIA!

El gancho de una cinta guía puede sustituirse con un soplete de propano. Trabaje siempre en un entorno adecuado y utilice el equipo de protección necesario. Sujete bien la cinta guía con unos alicates, caliente el extremo con un soplete de propano hasta que se ablande y, a continuación, utilice unos segundos alicates para formar un gancho en la cinta guía. Deje enfriar al aire.

2.1.3 Líneas de tracción

En caso de una tracción difícil, debe utilizar una línea de tracción, en lugar de una cinta guía. Una tracción se hace más difícil por:

- Curvas en el conducto
- Tamaño de los conductores
- Longitud de la tracción

¡ADVERTENCIA!

Cuando utilice líneas de tracción, tenga mucho cuidado y nunca se pare en línea directa con la cuerda de tracción. Si la cuerda se rompe, la línea retrocederá con gran fuerza. Esto puede provocar lesiones graves o la muerte.

Normalmente, las líneas de tracción son de nailon u otra fibra sintética y vienen con un ojal empalmado de fábrica para facilitar la conexión a la cinta guía o a los conductores.

2.1.4 Precauciones de seguridad

A continuación, se indican varias precauciones de seguridad importantes que ayudarán a reducir la posibilidad de lesionarse al tirar del cable:

- Para evitar descargas eléctricas, no utilice nunca cinta guía en circuitos energizados o cerca de ellos.
- Lea y entienda las instrucciones de funcionamiento y seguridad del sistema de tracción antes de tirar del cable.
- Al mover carretes de cable, utilice elevadores mecánicos para las bobinas más grandes. Para las bobinas más pequeñas, evite la tensión en la espalda utilizando las piernas para levantarlas (en lugar de la espalda) y pida ayuda con las cargas pesadas. Además, al tirar manualmente del alambre, separe las piernas para mantener el equilibrio y no se estire demasiado.
- Tenga cuidado de evitar cualquier punto de pellizco en los **cabrestantes** y las poleas.
- Seleccione una cuerda que tenga una capacidad de carga de tracción superior a las fuerzas estimadas necesarias para la tracción.
- Utilice únicamente cuerdas de baja elasticidad, como las multiplex y las de poliéster de doble trenzado, para tirar del cable. Las cuerdas de alta elasticidad almacenan energía de forma parecida a una goma elástica estirada. Si la cuerda falla, el sujetador de tracción, los conductores o cualquier otro componente del sistema de tracción, esta energía potencial se liberará repentinamente. La acción de latigazo de una cuerda puede causar daños considerables, lesiones graves o la muerte.
- Inspeccione bien la cuerda antes de utilizarla. Asegúrese de que no haya cortes ni deshilachados en la cuerda. Recuerde que una cuerda es tan fuerte como su punto más débil.
- Al diseñar la tracción, mantenga la cuerda confinada en el conducto siempre que sea posible. Si la cuerda se rompe o cualquier otra parte del sistema de tracción falla, liberando la energía almacenada en la cuerda, el confinamiento en el conducto actuará en contra de la acción de latigazo de la cuerda reproduciendo gran parte de esta energía dentro del conducto.
- No se sitúe en línea directa con la cuerda de tracción. Algunos equipos están diseñados para que usted pueda colocarse a un lado por seguridad.
- Al tirar, mantenga la cuerda tirada fuera del camino y no pise los bucles de la cuerda. Si el tirón se invierte, puede enredarse en la cuerda y lesionarse.
- Envuelva la cuerda de tracción después de usarla para evitar que otros tropiecen con ella.

Cabrestantes (*capstans*): tambores giratorios del tiracables en el que se enrolla y tira el cable.

2.2.0 Equipo de tracción

Hay muchos otros tipos de equipos de tracción disponibles para ayudar a tirar de los conductores a través del conducto. Algunos se accionan manualmente y otros, a motor (*figura 27*). Un extractor de accionamiento manual se utiliza principalmente para pequeños trabajos de tracción en los que la tracción manual no es posible ni práctica. También se utiliza en muchos lugares donde tirar a mano supondría un esfuerzo innecesario para los conductores debido al ángulo de tracción. También existen extractores de alambre que se acoplan a taladros inalámbricos (*figura 28*). Sirven para pequeños tirones en espacios reducidos, como cajas de conexiones.

Los extractores eléctricos o hidráulicos se utilizan cuando se trata de tendidos largos, varias curvas o conductores más grandes.

Las piezas principales de un extractor eléctrico son motor eléctrico, transmisión por cadena o engranajes, cabrestante, polea y cable de tracción.

La línea de tracción pasa por encima de la polea para garantizar una tracción recta. La línea de tracción se enrolla alrededor del cabrestante dos o tres veces para proporcionar un buen agarre al cabrestante. El cabrestante es impulsado por un motor eléctrico y se encarga de la tracción real. La línea de tracción se desenrolla a mano a la misma velocidad a la que tira el cabrestante. Esto elimina la necesidad de un carrete grande en el extractor para enrollar la línea de tracción. Lo ideal es que la tracción se complete en una sola operación fluida y constante y que solo se detenga cuando haya terminado o si hay alguna duda sobre la seguridad de continuar. Las paradas aleatorias durante una tracción pueden hacer que el conductor se atasque y dificultar mucho la tracción.

Para la mayoría de los trabajos de tracción existen accesorios para los extractores, como poleas de aplicación especial y extensiones. Siga las instrucciones del fabricante para la configuración y el funcionamiento del extractor.

PRECAUCIÓN

Antes de utilizar extractores eléctricos, una persona calificada debe verificar la cantidad de tracción o tensión que se ejercerá sobre los conductores que se están extrayendo.

(A) Malacate manual (B) Malacate eléctrico

Figura 27 Equipos de tracción.
Fuente: Ridge Tool Company

Piénselo

Todo reunido

Piense en el diseño de las instalaciones de conductores. ¿Cómo afecta la ubicación de los puntos de tracción la facilidad de la tracción?

Selección de cinta guía

Por lo general, la cinta guía metálica viene en mayores longitudes y es la más utilizada. La cinta guía de nailon suele ser más corta y flexible que la metálica. El nailon no es conductor, por lo que puede utilizarse cerca de circuitos energizados.

Figura 28 Taladro inalámbrico con extractor.
Fuente: Tri-City Electrical Contractors Inc

Cómo enderezar una cinta guía doblada

Para enderezar una cinta guía doblada, clave cinco clavos de 16 peniques (16d) en un 2 × 4 con una separación aproximada de 1" (25 mm) en línea recta. A continuación, enrolle la cinta guía a través de los clavos en forma de eslalon y tire de ella. Esto enderezará la cinta. La cinta guía metálica doblada puede agrietarse y fallar. No doble la cinta guía metálica.

2.2.1 Lubricación de los conductores

Es posible que los conductores no se desplacen libremente por tendidos largos de conductos o conductos con varias curvas. En esos casos, tanto el conducto como los alambres se lubrican con un compuesto diseñado para hacerlo.

Estos compuestos están disponibles en forma de polvo seco, pasta o gel. Los compuestos no deben ser corrosivos para el material aislante del conductor ni para el propio conducto. Los compuestos se aplican a los conductores a medida que se introducen en el conducto. Pueden aplicarse a mano o mediante bombas de batería.

PRECAUCIÓN

Almacene todos los lubricantes para cables en aerosol en un armario resistente al fuego.

2.2.2 Terminación de los conductores

La cantidad de conductor libre en cada caja de conexiones o de salida debe cumplir las especificaciones del *NEC*®. Por ejemplo, debe haber suficiente conductor libre para que las curvas o terminaciones dentro de la caja, armario o envolvente puedan hacerse a un radio como se especifica en el *NEC*®. Debe haber un mínimo de 6" (150 mm) para las conexiones realizadas a los dispositivos de cableado o para los empalmes según la ***Sección 300.14 del NEC***.

Cuando los conductores pasan por cajas de conexiones o de paso, debe preverse una holgura suficiente para realizar empalmes posteriormente. Cuando una caja se utiliza como caja de paso, los conductores no están necesariamente empalmados. Pueden entrar en la caja de paso a través de un tendido de conducto y salir por otro tendido de conducto. El propósito de una caja de paso es facilitar la tracción de conductores en tendidos largos. Sin embargo, una caja de conexiones no solo se utiliza para facilitar el paso de los conductores a través del sistema de canalización, sino que también proporciona un envolvente para los empalmes de los conductores.

Conozca el código

Longitud de conductores libres en salidas, conexiones y puntos de interruptor
Sección 300.14 del NEC

2.0.0 Repaso de la sección

1. ¿Cuál de los siguientes es *verdadero* al tirar de los conductores?
   a. Las líneas de tracción suelen estar hechas de algodón natural.
   b. Los rodders solo se pueden utilizar en tendidos muy cortos.
   c. En instalaciones de múltiples conductores, tire siempre de los conductores de uno en uno.
   d. Si se espera que una tracción sea difícil, se debe usar una línea de tracción en lugar de una cinta guía.

2. Es probable que los conductores grandes requieran el uso de _____.
   a. extractores de energía accionados eléctricamente
   b. tracción manual para mayor precisión
   c. dos o más polipastos de tracción
   d. varios topes durante la operación de tracción

Módulo 26109-23 Preguntas de repaso

1. El tamaño *máximo* de alambre sólido que debe estar terminado en cajas de paso e interruptores de desconexión es _____.
   a. Nº 6
   b. Nº 8
   c. Nº 10
   d. Nº 12

2. El trenzado compacto se utiliza _____.
   a. al instalar conductos de mayor tamaño
   b. al disminuir la ampacidad de una acometida existente
   c. con conductores de aluminio
   d. en entornos corrosivos

3. Las clasificaciones de ampacidad de los conductores pueden consultarse en _____.
   a. ***Capítulo 1 del NEC***
   b. ***Artículos del 348 al 352 del NEC***
   c. ***Tablas del NEC 310.16 a 310.21***
   d. ***Capítulo 9 del NEC***

4. Para determinar la ampacidad de los conductores de cobre cuando se utilizan como conductor único en aire libre a temperaturas ambiente de 86°F (30°C), utilice _____.
   a. ***Tabla 310.16 del NEC***
   b. ***Tabla 310.17 del NEC***
   c. ***Tabla 310.18 del NEC***
   d. ***Tabla 310.19 del NEC***

5. El PE se utiliza principalmente para _____.
   a. la fabricación de aislamientos TW y THW
   b. el aislamiento del cableado de control y comunicaciones
   c. cables de alta tensión
   d. el aislamiento por altas temperaturas

6. Un tipo de aislamiento termoestable es _____.
   a. RHW
   b. THW
   c. THHW
   d. PVC

7. ¿Qué letra *debe* figurar en el marcado de un conductor si se va a utilizar en una aplicación húmeda al aire libre?
   a. D
   b. O
   c. I
   d. W

8. ¿Qué conductor de acometida puede ser desnudo, verde o verde con una franja amarilla?
   a. El conductor de puesta a tierra de un cable de múltiples conductores
   b. El conductor neutro de un cable de múltiples conductores
   c. El conductor sin conexión a tierra de un cable de múltiples conductores
   d. El *high leg* de un secundario de cuatro alambres conectado en delta

9. ¿Cuáles son los colores del aislamiento de los conductores de un cable NM de tres conductores?
   a. Uno blanco o gris, uno rojo y uno negro
   b. Dos blancos o grises y uno rojo
   c. Uno blanco o gris, uno rojo, uno negro y un conductor de puesta a tierra del equipo
   d. Uno verde, uno blanco o gris, uno azul y un conductor de puesta a tierra del equipo

10. En algunos casos, pueden utilizarse alambres de artefactos para _____.
    a. cableado de aparatos de 240 V
    b. cableado de señalización
    c. cableado de circuito ramal
    d. cable SE

11. ¿Cuál es la diferencia entre el cable de tipo AC y el cable de tipo MC?
    a. El cable AC tiene un máximo de cuatro conductores; el MC, un máximo de seis.
    b. El cable AC tiene una banda de unión; la tierra del MC es su revestimiento metálico.
    c. El cable AC tiene envolturas de papel ignífugo en los conductores individuales; el cable MC, no.
    d. El cable AC tiene un tamaño de 10 AWG a 4/0 AWG; el cable MC tiene un tamaño de 18 AWG a 2,000 kcmil.

12. El cable de tipo USE puede utilizarse para _____.
    a. instalación sobre suelo solamente
    b. instalación subterránea dentro de un oleoducto especial de PVC
    c. instalación subterránea, incluido el enterramiento directo
    d. aplicaciones de interior solamente

13. Cuando se utiliza como cable de entrada de acometida, el cable de tipo SE *debe* instalarse según se especifica en la/el _____.
    a. ***Sección 110.12 del NEC***
    b. ***Sección 210.5(C) del NEC***
    c. ***Artículo 230 del NEC***
    d. ***Sección 402.3 del NEC***

14. Para evitar bucles de puesta a tierra no deseados, el blindaje de los cables de instrumentación es _____.
    a. puesto a tierra en un extremo del alambre
    b. puesto a tierra en ambos extremos del alambre
    c. suelto en ambos extremos
    d. siempre sin conexión de puesta a tierra

15. Lo ideal es que el tirado se realice en _____.
    a. una operación continua
    b. dos o más segmentos cortos
    c. cuatro o más segmentos cortos
    d. seis o más segmentos cortos

Las respuestas a las preguntas de repaso impares del módulo se encuentran en el *Apéndice A*.

Módulo 26109-23 Ejercicios suplementarios

1. La designación para miles de milipulgadas circulares es ________.

2. ________ es la corriente máxima en amperios que un conductor puede transportar continuamente bajo las condiciones de uso sin exceder su temperatura nominal.

3. ¿Verdadero o falso? *La tabla 310.16 del NEC* abarca el tema de conductores clasificados hasta 2,000 V cuando no se instalan más de tres conductores que llevan corriente en una canalización o cable.

4. ¿Verdadero o falso? El tipo NMC es adecuado como cable de entrada de acometida.

5. ¿Cuál de las siguientes opciones representa el mayor tamaño de alambre AWG?
   a. 50
   b. 10
   c. 5
   d. 4/0

6. Una ________ es un círculo que tiene un diámetro de 1 milipulgada.

7. ¿Verdadero o falso? Todos los conductores que llevan la corriente, incluido el conductor puesto a tierra, deben estar aislados cuando se utilizan en el interior de edificios.

8. ¿Verdadero o falso? PE es el material base utilizado para la fabricación de los aislamientos TW y THW.

9. El PE se utiliza principalmente para aislamiento de _____.
   a. conductores de alta tensión
   b. cableado de control y comunicaciones
   c. cableado THHN
   d. cableado XHHW

10. En cuanto a la codificación del aislamiento, la letra R significa ________.

11. Cuando los conductores se instalan en lugares donde la temperatura ambiente es superior a ________, la ampacidad del conductor debe reducirse proporcionalmente al aumento de la temperatura.
    a. 77°F (25°C)
    b. 86°F (30°C)
    c. 113°F (45°C)
    d. 140°F (60°C)

12. El cable de tipo UF ________.
    a. se denomina comúnmente Romex®
    b. es apto para enterramiento directo
    c. se conoce comúnmente como BX®
    d. está compuesto por cinco conductores

13. ¿Cuál de las siguientes aplicaciones es adecuada para un cable de tipo MT?
    a. Uso en lugares húmedos
    b. Uso en lugares secos
    c. Enterramiento directo
    d. Todas las anteriores

14. Algunas fundas tienen un ________ que permite despegar la funda sin necesidad de utilizar un cuchillo o un cortacables.

15. Un ________ es un tapón con forma de pistón que se fija a un cordel o cuerda para tirar de él a través de un conducto mediante un sistema de pesca a motor.

Las respuestas a los ejercicios suplementarios impares se encuentran en el *Apéndice B*.

Piedra angular del oficio

Roy "Mack" Oliver, Jr.
Coordinador de capacitación
MMR

¿Cómo eligió una carrera en el sector?

Siempre me ha gustado hacer cosas, así que fue algo natural.

¿Quién lo inspiró para entrar en el sector?

Mi antiguo jefe me contrató temporalmente para poner cables en una casa. Una vez que conseguí el trabajo, nunca miré atrás.

¿Qué tipos de capacitación ha recibido?

He realizado una amplia variedad de cursos de capacitación, incluidos los de alto voltaje, maestro capacitador de NCCER, conos de tensión, OSHA 10 y OSHA 30 y pruebas de instrumentos de control. También soy instructor de RCP de primeros auxilios.

¿Cree que la capacitación y la educación son importantes en la construcción?

La capacitación y la educación son muy necesarias en los tiempos que vivimos.

¿Qué importancia tienen las credenciales de NCCER para su carrera profesional?

Estoy totalmente convencido de que el programa de NCCER es el mejor programa de capacitación del mercado. En particular, me gusta que son trabajadores del oficio expertos en la materia quienes lo crean.

¿Cómo ha influido la capacitación o la construcción en su vida y en su carrera profesional?

La capacitación y la construcción me han enseñado que no hay lugar para los errores y puede que no tengamos una segunda oportunidad.

¿Qué tipos de trabajo ha realizado en su carrera?

He trabajado en conexiones de tuberías, construcción de molinos, instrumentación y electricidad. También soy instructor de artes marciales.

Háblenos de su trabajo actual.

Actualmente, soy un experto en la materia (Subject Matter Expert - SME) de desarrollo de la fuerza laboral. En mi trabajo, ayudo a crear los materiales de capacitación en video que se utilizan para enseñar a nuestros empleados a ser más conscientes de todos los aspectos de nuestro trabajo.

¿Qué es lo que más disfruta de su trabajo?

Disfruto enseñando, capacitando y viendo cuando los empleados entienden las cosas.

¿Qué factores han contribuido más a su éxito?

La necesidad de transmitir los conocimientos.

¿Sugeriría la construcción como carrera profesional a otras personas?

Sí, porque hay mucha demanda de trabajadores artesanos especializados. No todos tiene que ir a la universidad. Necesitamos gente en la construcción para que el mundo siga siendo funcional.

¿Qué consejo les daría a quienes son nuevos en este campo?

Que se enfoquen en cada día como una oportunidad de aprendizaje.

¿Cuál es un hecho o logro interesante relacionado con su carrera?

Convertirme en maestro capacitador de NCCER y tener la oportunidad de ser un SME en el comité de desarrollo de la fuerza laboral con todos estos compañeros expertos.

¿Cómo define ser especialista en este oficio?

Sentirse orgulloso de cada aspecto del trabajo y hacerlo todo sabiendo que los demás lo verán y lo aprovecharán.

Respuestas a las preguntas de repaso de la sección

Respuesta	Referencia de la sección	Objetivo
Sección 1.0.0		
1. c	1.1.2	1a
2. b	1.2.0	1b
3. c	1.3.1	1c
4. a	1.4.2	1d
5. c	1.5.0	1e
6. d	1.6.9	1f
7. a	1.7.3	1g
Sección 2.0.0		
1. d	2.1.3	2a
2. a	2.2.0	2b

Documentos básicos de construcción eléctrica

Fuente: iStock@gargantiopa

NOTA

NFPA 70®, *National Electrical Code®* y *NEC®* son marcas registradas de la National Fire Protection Association, Quincy, MA.

Objetivos

La exitosa finalización de este módulo te prepara para realizar lo siguiente:

1. Explicar cómo interpretar planos de construcción.
   a. Describir la información que se encuentra en los bloques de los planos.
   b. Identificar la información que se encuentra en diferentes tipos de planos.
   c. Explicar cómo interpretar líneas de dibujo.
2. Explicar cómo medir los elementos en los planos a escala.
   a. Describir cómo usar una regla de arquitectura.
   b. Describir cómo usar una regla de ingeniería.
   c. Describir el uso de una regla métrica.
3. Identificar información en planos eléctricos.
   a. Identificar símbolos eléctricos.
   b. Identificar información en planos eléctricos residenciales.
   c. Explicar la interpretación de un conjunto de planos comerciales.
   d. Describir la interpretación de cuadros, diagramas de bloque y diagramas esquemáticos.
4. Describir el uso de las especificaciones por parte de los electricistas.
   a. Describir los principales tipos de información que se incluyen en las especificaciones escritas.
   b. Explicar cómo se formatean las especificaciones.
   c. Identificar cambios en los documentos y la necesidad de hacerlos.

Tareas prácticas

Bajo supervisión, deberías poder hacer lo siguiente:

1. Con una regla de arquitectura, indique las dimensiones reales de un componente determinado de un plano.
2. Haga una lista de los materiales de las luminarias especificadas en el plano facilitado en la hoja de perfil de desempeño. Para la lista se deben contabilizar todas las luminarias y, si corresponde, se debe calcular la cantidad total de lámparas para cada tipo de luminaria. Indíquelas en la hoja de trabajo de la tarea 2 del perfil de desempeño facilitada en la hoja de perfil de desempeño.

Visión general

¿Ha visto alguna vez el plano de una obra? ¿Y los planos eléctricos? Ambos son documentos de construcción. Los planos de construcción aprobados incluyen estos documentos, así como las especificaciones del proyecto, tales como planos de planta, planos de detalle, planos de iluminación, diagramas de acometida de energía y cuadros. Estos planos, junto con la oferta del contratista, son documentos legales. Por ello, todos los que trabajan en un proyecto deben seguir y mantener los documentos de construcción. Este módulo describe cómo leer e interpretar los planos que utilizan los electricistas.

Recursos digitales sobre Electricidad

Escanee este código con la cámara de su celular o dispositivo móvil para ver los recursos digitales relacionados con este oficio.

ESCANEAR

NCCER Credenciales reconocidas en el sector

Si se está capacitando a través de un patrocinador acreditado por NCCER, puede ser elegible para obtener credenciales del NCCER. El número de identificación de este módulo es 26110-23. Tenga en cuenta que este módulo puede haber sido utilizado en otros planes de estudios de NCCER y puede aplicarse a la realización de otros niveles. Comuníquese con NCCER al 1.888.622.3720 o visite **www.nccer.org** para obtener más información.

También puede mostrar en línea sus credenciales reconocidas por el sector con las insignias digitales de NCCER. Transforme sus conocimientos, habilidades y logros en insignias que puede compartir en las plataformas de redes sociales, enviar a su red y agregar a su currículum. Para obtener más información, visite **www.nccer.org**.

1.0.0 Planos de construcción

Tareas prácticas

Esta sección no contiene tareas prácticas.

Objetivo

Explicar cómo interpretar planos de construcción.

a. Describir la información que se encuentra en los bloques de los planos.
b. Identificar la información que se encuentra en diferentes tipos de planos.
c. Explicar cómo interpretar líneas de dibujo.

Plano de sitio (site plan): plano que muestra la ubicación de una o más construcciones en la obra de edificación. Por lo general, dichos planos muestran líneas topográficas, líneas eléctricas y de comunicación, líneas de agua y alcantarillado, aceras, entradas de vehículos e información similar.

Plano de piso (floor plan): dibujo de un edificio como si se cortara horizontalmente aproximadamente al nivel de las ventanas, quitando la parte superior. El plano de planta es lo que aparecería si la estructura restante se viera desde arriba.

Vista seccional (sectional view): plano de corte que muestra el interior de un objeto o edificio.

Plano de detalle (detail drawing): vista ampliada y detallada que se toma de un área de un plano y se muestra en una vista separada.

Planos (blueprint): copias exactas o reproducciones de dibujos originales.

Escala (scale): en un plano, la relación entre el tamaño real de un objeto y el tamaño del dibujo. La escala también se refiere a la herramienta de medición utilizada para determinar esta relación.

NOTA

Trate siempre con cuidado un conjunto de planos. Lo mejor es tener dos conjuntos, uno para la oficina y otro para el campo. Asegúrese de utilizar la revisión más reciente. Después de utilizar una hoja de un conjunto de planos, si la hoja está doblada, vuelva a doblarla con el cajetín hacia arriba.

Para la mayoría de los proyectos de construcción, un arquitecto prepara un conjunto completo de planos de trabajo y especificaciones. Cada página del conjunto se denomina *hoja*. Las hojas del plano suelen incluir un **plano de sitio**, un **plano de piso**, un plano de elevación y una **vista seccional**. Si el proyecto es complejo, también puede haber un **plano de detalle** o varios planos.

En el caso de proyectos de mayor envergadura, los ingenieros consultores preparan los planos estructurales, eléctricos y mecánicos. Los planos mecánicos pueden incluir planos de tuberías, instrumentación, plomería y heating, ventilating, and air conditioning - HVAC (calefacción, ventilación y aire acondicionado).

Como electricista, revisará los conjuntos de planos de construcción en casi todos los trabajos. Es importante que sepa interpretarlos para poder realizar su trabajo de forma correcta y eficaz. En esta sección, aprenderá a identificar e interpretar distintos tipos de documentos de construcción.

1.1.0 Información del conjunto de planos

En el sector de la construcción de edificios, cada empresa elabora los dibujos o **planos** de construcción de forma diferente. Por ejemplo, las empresas suelen tener distintas formas de utilizar símbolos y anotaciones. En la mayoría de los casos, sin embargo, hay muchas similitudes entre los planos. Con un poco de práctica, debería ser capaz de interpretar cualquier plano.

Un buen punto de partida es la información que figura en cada plano, que a veces se denomina *'bloques' (blocks)*. Esta información indica el origen, la identificación, el contenido, el uso, la **escala** y el historial de revisiones del plano u hoja. Cada plano tiene un área reservada para uno o más bloques. Suele estar en la esquina inferior derecha del plano. A veces, está a lo largo del borde derecho.

1.1.1 Cajetines

Cada hoja del plano (*figura 1*) tiene líneas de borde y uno o más cajetines. Por ejemplo, puede haber un cajetín del arquitecto y otro del ingeniero. El tipo y el tamaño de los cajetines varían en función de quién elabore los planos. Algunas hojas del plano también tienen un bloque de revisión cerca del cajetín o un bloque de aprobación. Estos bloques suelen estar en cada hoja del plano, independientemente del tipo de proyecto o de la información que contenga la hoja.

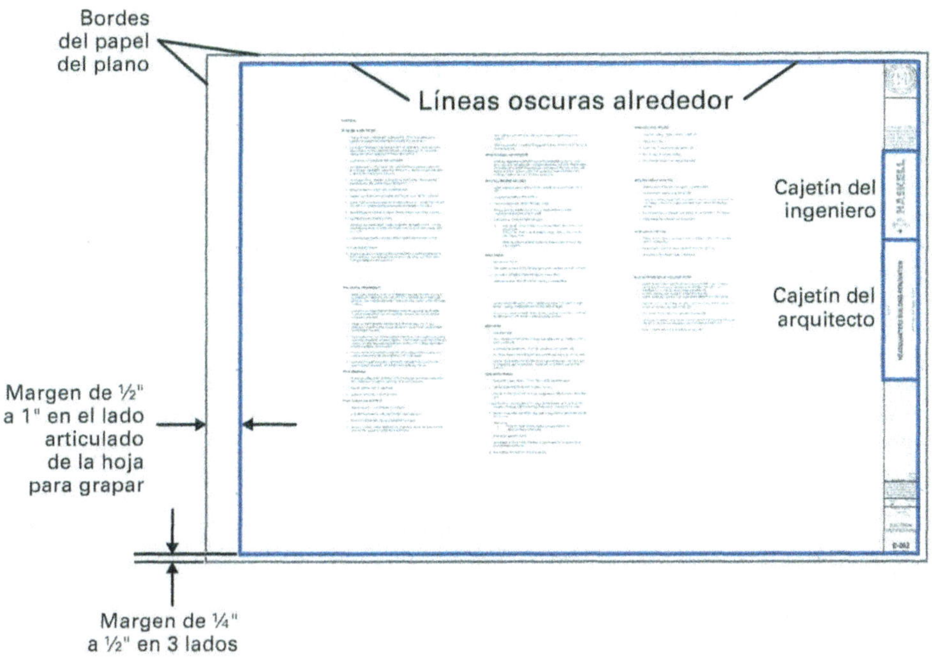

Figura 1 Disposición típica de la hoja de un plano.

NOTA

Cada empresa utiliza su propio método de organización y numeración de planos. Consulte el índice o la leyenda de un conjunto de planos para obtener una clave de los símbolos, anotaciones y otras marcas de identificación específicas utilizadas en dicho conjunto.

La figura 2 muestra la información que suele figurar en el cajetín de un ingeniero y un arquitecto. En general, el cajetín de un **plano eléctrico** debe contener la siguiente información:

Plano eléctrico (electric drawing): medio para transmitir una gran cantidad de información exacta y detallada en una forma abreviada que entiendan los electricistas. Consiste en bloques, líneas, símbolos, dimensiones y anotaciones para transmitir con precisión los diseños a quienes instalan el sistema eléctrico en un trabajo.

- Nombre del proyecto
- Dirección del proyecto
- Nombre del propietario o cliente
- Nombre de la empresa arquitectónica
- Sello del ingeniero profesional
- Fecha del plano
- Escalas
- Iniciales del redactor, revisor y diseñador, con las fechas debajo de cada uno.
- Número del trabajo
- Número de hoja
- Descripción general del plano

Verifique la escala en el cajetín de cada página. Tenga en cuenta que la escala suele cambiar de un plano a otro dentro del mismo conjunto.

Verifique también la revisión actual. Cada vez que se modifica un plano, cambia también el número de la revisión. Cuando sustituya un plano por una revisión nueva, asegúrese de retirar y archivar la versión anterior.

TABLA 1 Identificaciones de uso común en los planos

Primera letra	Primer número
(en blanco) — Portada	0 — Uso general
C — Civil	1 — Planos
S — Estructurales	2 — Elevaciones
A — Arquitectónicos	3 — Secciones
I — Interiores	4 — A gran escala (pero sin detalles)
P — Plomería	5 — Detalles
M — Mecánicos	6 — Cuadros y diagramas
E — Eléctricos	
Z — Planos del taller	

1.1.2 Números de hoja

Cada hoja de un conjunto de planos tiene un número único, a menudo, conocido como *número de hoja*. El número de hoja suele encontrarse en el cajetín del arquitecto. En la *figura 2*, el número de hoja es *E-1*. Por lo general, este número sigue la forma estandarizada de una letra, un guion (o dos letras) y de uno a tres números (a veces, más). La primera letra indica la disciplina o el oficio y la segunda (si se usa) indica subdivisiones adicionales dentro de la disciplina. Cuando se usa, el primer número suele ser el tipo de hoja o el piso de un edificio de varios pisos. Los números que siguen están en orden secuencial y a menudo, se omiten números para permitir cambios o adiciones posteriores. Más de 20 disciplinas u oficios tienen códigos de letras específicas. Algunas de ellas, así como algunos de los tipos de hojas, se encuentran en la *tabla 1*.

Como electricista, normalmente trabajará con hojas que empiecen por E; pero, a menudo, tendrá que consultar hojas de otros oficios, como plomería y HVAC, y temas, como la distribución general de la obra. Es importante saber identificar los planos para asegurarse de que su trabajo está en el lugar correcto y no entra en conflicto con el de otro oficio.

1.1.3 Autorización de aprobación

La autorización de aprobación registra la fecha en la que una persona verifica la exactitud de un plano. El bloque de aprobación suele estar en cada hoja, en la parte inferior del cajetín (vea la *figura 2*). En los espacios del bloque de aprobación se colocan las iniciales y la fecha para indicar la aprobación del plano.

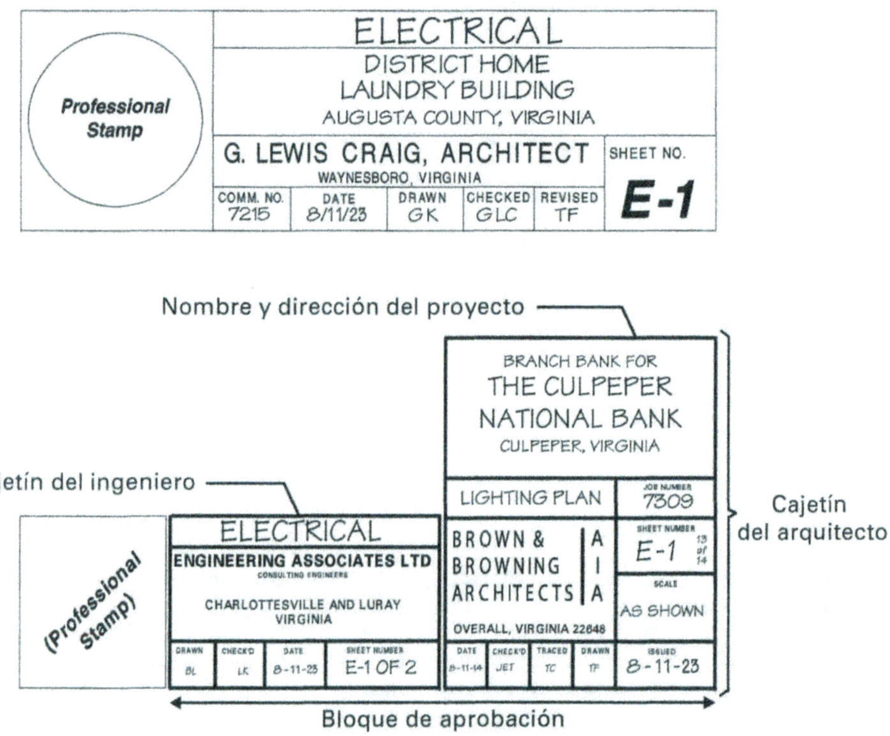

Figura 2 Cajetines.

En algunos proyectos, se requieren firmas o sellos autorizados antes de poder instalar determinados sistemas o antes de que pueda comenzar el proyecto. Este tipo de autorización de aprobación alternativa se muestra en la *figura 3* y suele aparecer en la primera hoja del conjunto de planos aprobados. A continuación, se describe la información incluida en un bloque de aprobación alternativo:

- *Sello profesional:* sello de aprobación registrado por el arquitecto o ingeniero consultor licenciado
- *Supervisor de diseño:* firma de la persona que supervisa el diseño
- *Dibujado (por):* firma o iniciales de la persona que dibujó el plano y la fecha en que se completó
- *Verificado (por):* firma o iniciales de la persona que revisó el plano y fecha de aprobación
- *Aprobado:* firma o iniciales del arquitecto o ingeniero y fecha de aprobación
- *Aprobación del propietario:* firma del propietario del proyecto o de su representante junto con la fecha de la firma

1.1.4 Información de revisiones

A veces, hay que volver a dibujar o modificar los planos eléctricos durante la construcción. Cuando esto ocurre, es muy importante anotar todos los cambios e incluir la fecha en que se hicieron. De este modo, todos los usuarios del plano disponen de un conjunto actualizado.

En algunas situaciones, se deja espacio suficiente cerca del cajetín para las fechas y descripción de las revisiones, como se muestra en la *figura 4*. En otros casos, se proporciona un bloque de revisión (de nuevo, cerca del cajetín), como se muestra en la *figura 5*. El área del plano en la que se realizó la revisión se suele delimitar con una forma de nube.

NOTA

Los arquitectos, ingenieros, diseñadores y redactores tienen sus propios métodos para mostrar las revisiones. Se utilizan distintos métodos con base en cada trabajo.

PRECAUCIÓN

La primera vez que vea un conjunto de planos de trabajo eléctrico y especificaciones escritas para un trabajo, verifique detenidamente cada página para ver si hay revisiones o modificaciones. Asegúrese siempre de que utiliza el conjunto de planos más actualizado. Cuando se revisan los planos, se debe destruir el conjunto antiguo y obsoleto. En caso contrario, marque claramente los planos antiguos con el texto "Plano obsoleto - No utilizar". Dedicar tiempo a asegurarse de que utiliza los planos más actualizados puede ahorrarle tiempo y dinero.

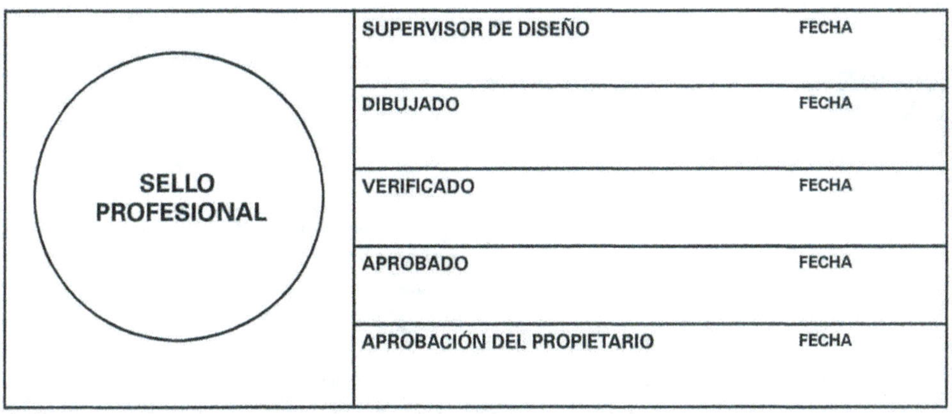

Figura 3 Bloque de aprobaciones alternativas.

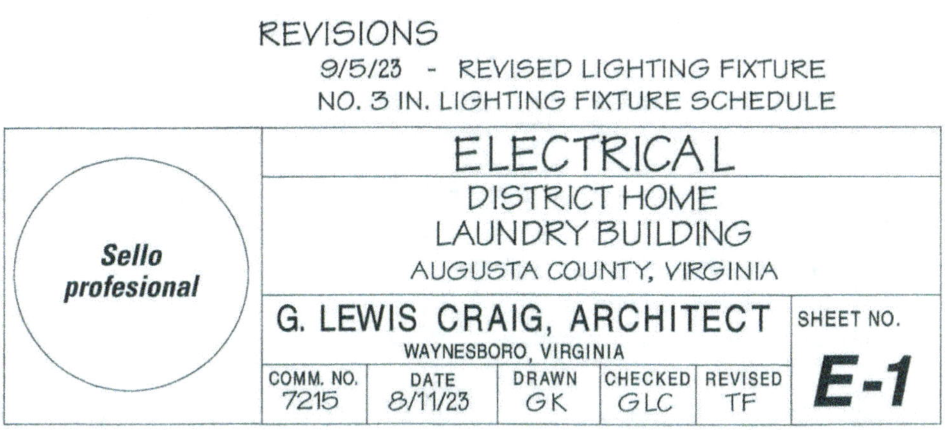

Figura 4 Espacio cerca del cajetín para anotar las revisiones.

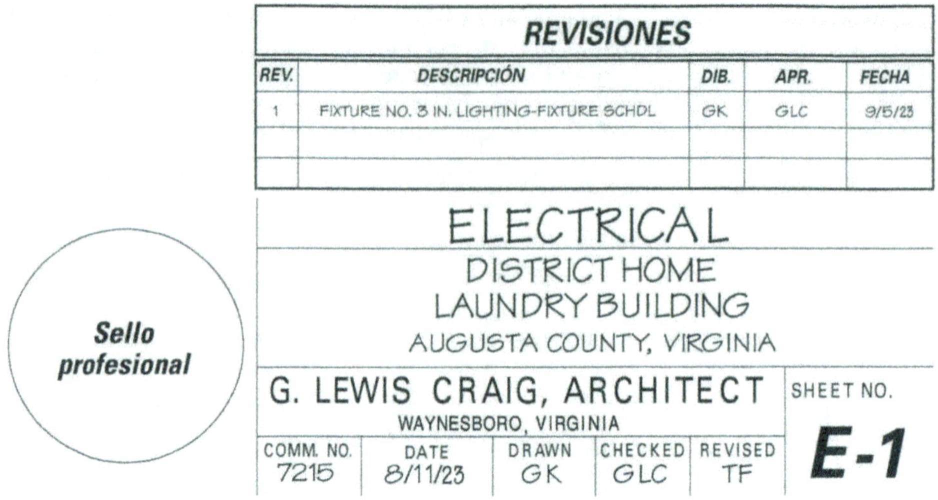

Figura 5 Un bloque de revisión cerca del cajetín.

1.1.5 Uso de leyendas

El bloque de leyenda muestra los símbolos o líneas que se utilizan en un plano. A veces, se denomina *Símbolos utilizados* o *Lista de símbolos*. La leyenda puede estar en cualquier parte de la hoja, pero normalmente enumera los símbolos o líneas en una columna a la izquierda y sus significados en una columna a la derecha. Por lo general, la leyenda solo explica los símbolos o líneas que se utilizan en el plano en el que se colocan. En un plano que solo contiene tablas, como un **programa de paneles**, no es necesaria la leyenda.

Programa (schedule): método sistemático de presentar listas de equipos en un plano en forma tabular.

1.2.0 Tipos de planos

Un conjunto de planos eléctricos incluye muchos tipos de planos bidimensionales. Los tipos más comunes son los siguientes:

- Un **plano** es un dibujo que utiliza las **dimensiones** de ancho y longitud (pero no la altura) para representar los objetos en términos de su posición sobre (o por encima de) una superficie determinada. Según la intención y el contenido de los planos, casi siempre se trata de planos de obras o plantas.
- *Las vistas* son planos que utilizan la altura como una dimensión y el ancho o la longitud como la otra. Las vistas suelen ser planos de elevación o sección.
- Un *plano de detalle* es una parte pequeña y detallada de un plano más grande. Dependiendo de lo que muestre el detalle, puede ser un plano o una vista.
- Un *plano en perspectiva* es una proyección de un objeto tridimensional sobre la superficie bidimensional del dibujo. Muestra las relaciones entre las distintas partes del objeto.

Plano (plan): dibujo hecho como si el espectador estuviera mirando directamente hacia abajo sobre un objeto desde arriba.

Dimensiones (dimensions): tamaños o mediciones impresos en un plano.

1.2.1 Planos de una obra

Un plano típico de una obra (*figura 6*) muestra cómo deben orientarse los edificios en una propiedad. Proporciona la ubicación de las esquinas de la propiedad y la dirección y longitud de las líneas de la propiedad. Los planos de una obra también pueden incluir la siguiente información:

- Nuevas **curvas de nivel** tras la nivelación
- Carreteras nuevas y existentes
- Todas las líneas de servicios públicos
- Escala del plano
- Indicador del **norte verdadero**
- Notas descriptivas que identifican las propiedades adyacentes, el topógrafo y la fecha del levantamiento topográfico
- Una leyenda, para que todos los usuarios del plano puedan interpretar la información

Curvas de nivel (contour lines): líneas curvas en el plano de una obra, que siguen una elevación determinada. El espacio entre las curvas de nivel indica la pendiente de la propiedad, como empinada cuando están juntas o bastante niveladas cuando están muy separadas.

Norte verdadero (true north): dirección indicada en los planos de construcción que muestra cómo las líneas de la propiedad y los edificios se colocan en un sitio en relación con una brújula o norte magnético.

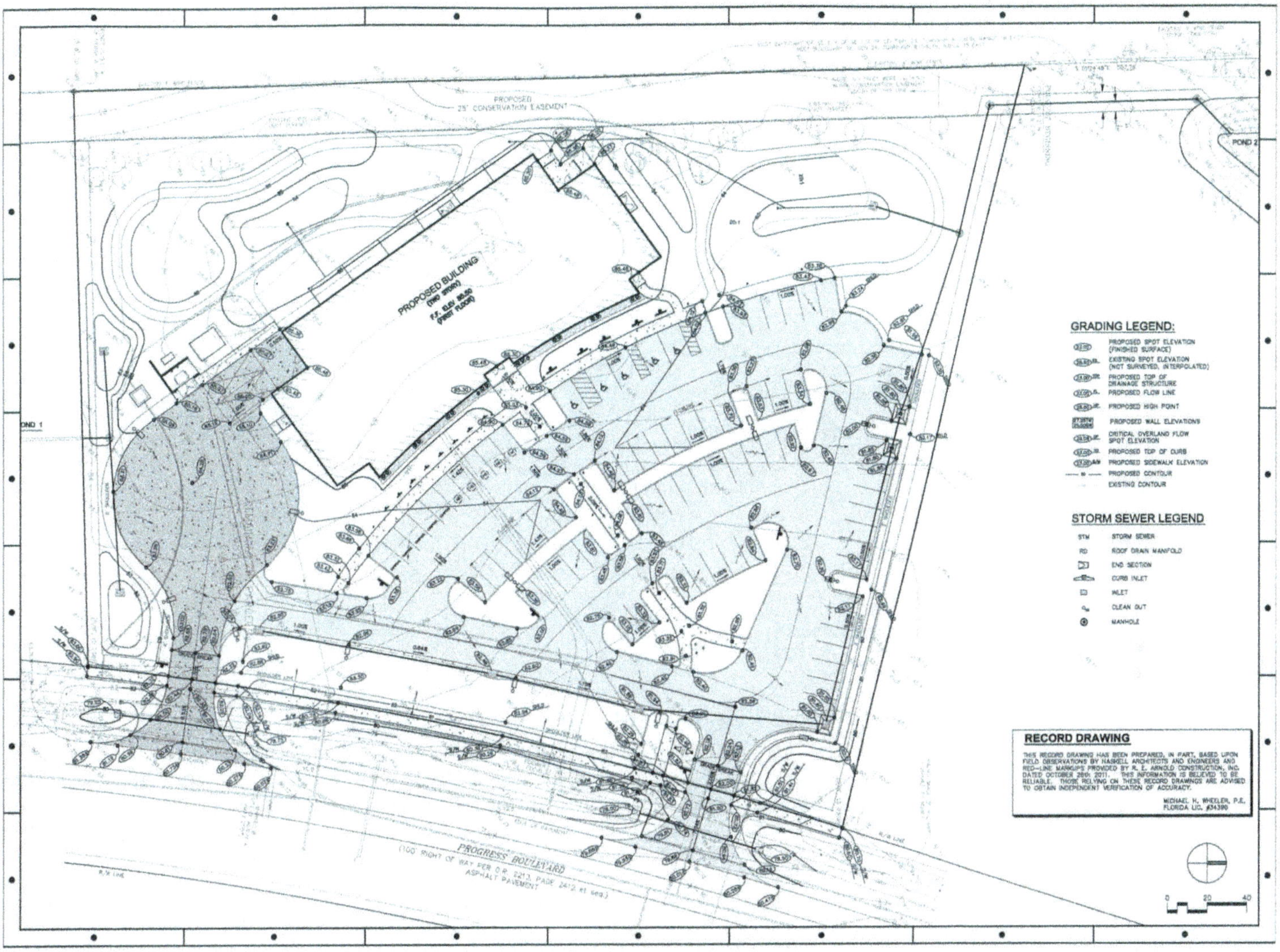

Figura 6 Plano típico de obra.

Para desarrollar el plano de la obra y diseñar un edificio que se ajuste a la propiedad, el arquitecto o el ingeniero necesitan un estudio topográfico y de la propiedad. El ingeniero eléctrico necesita esta información para localizar las acometidas eléctricas existentes, dirigir la nueva acometida hasta el edificio y proporcionar la iluminación y los circuitos exteriores.

El estudio de la propiedad muestra las líneas de la propiedad y sus longitudes como si la propiedad fuera perfectamente plana. También muestra dónde se encuentran los servicios públicos existentes, como:

- Líneas eléctricas
- Líneas de alcantarillado sanitario
- Líneas de gas
- Líneas de suministro de agua
- Alcantarillado de aguas pluviales
- Bocas de inspección
- Líneas telefónicas

El levantamiento topográfico (*figura 7*) muestra las líneas de la propiedad y las características físicas del terreno. Para mostrar las características físicas, utiliza curvas de nivel, notas y símbolos. Las características físicas pueden incluir:

- La dirección de la pendiente del terreno
- Si el terreno es llano, montañoso, boscoso, pantanoso, alto o bajo

NOTA

El estudio topográfico y de la propiedad no están incluidos en el conjunto de planos. Se utilizan para crear el plano de la obra incluido en el conjunto de planos.

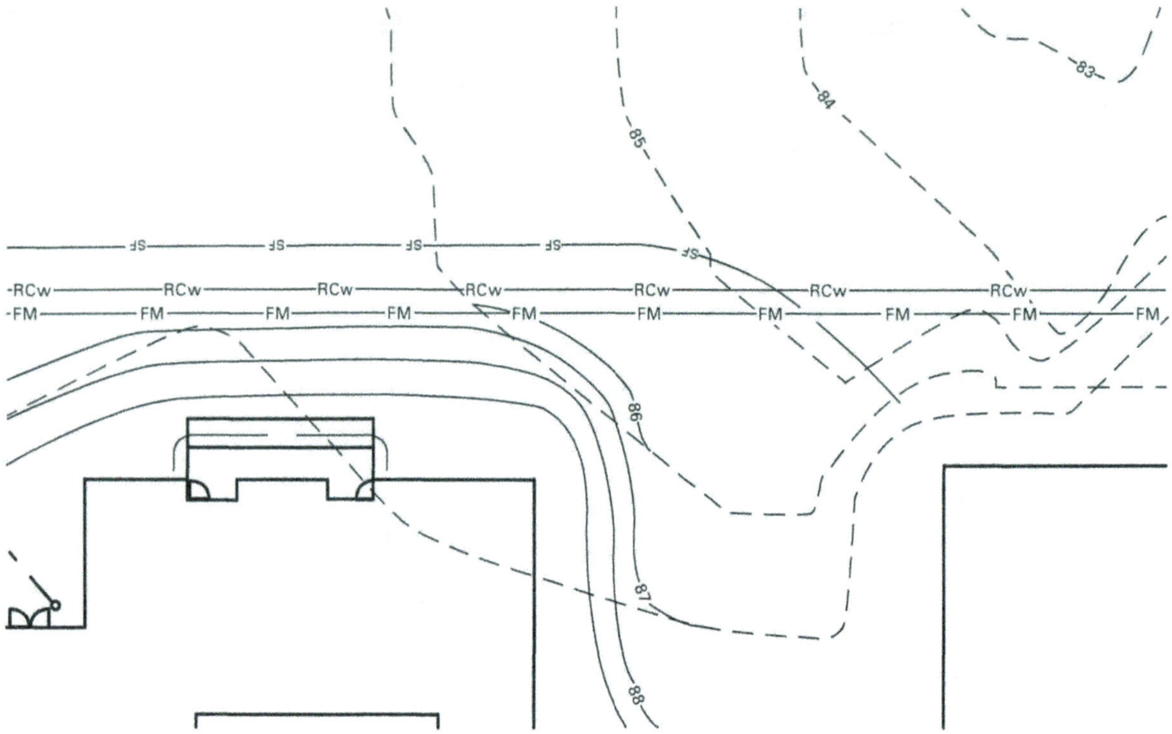

Figura 7 Levantamiento topográfico.

1.2.2 Planos de planta

Un plano de planta muestra las habitaciones, paredes, puertas y ventanas de cada planta o nivel. El plano de planta de un edificio se dibuja como si el edificio se cortara horizontalmente, aproximadamente a la altura de las ventanas, y se retirara la parte superior para dejar al descubierto la parte inferior (*figura 8*). Si el corte se realiza a través de las ventanas del segundo piso, el plano se denominaría *plano de planta del segundo piso* o *nivel superior* (*figura 9*).

Un *plano de techo reflejado* es una imagen especular del plano de planta. Este plano muestra los objetos del techo (como detalles arquitectónicos, luminarias, etc.), así como las ubicaciones arquitectónicas de paredes, ventanas y puertas. Un plano de techo reflejado típico se muestra en la *figura 10*.

1.2.3 Vistas en alzado

Vista en alzado (elevation view): plano arquitectónico que muestra la altura y el ancho, pero no la profundidad; generalmente muestra el frente, la parte posterior y los lados de un edificio u objeto.

Una **vista en alzado** muestra la cara exterior de un edificio, incluidas las elevaciones delanteras y posteriores (*figura 11*), así como las elevaciones derecha e izquierda (*figura 12*). La elevación es un contorno de un objeto que muestra las alturas y la longitud o ancho de un lado en particular, pero no muestra la profundidad. También puede mostrar las alturas de ventanas, puertas, porches y pendientes de tejados. Estas medidas se muestran en los planos de elevación porque no pueden mostrarse cómodamente en los planos de planta.

1.2.4 Vistas seccionales

La *sección* o *vista seccional* como la de la *figura 13* es un corte que muestra las partes ocultas de una estructura. Las vistas seccionales suelen ilustrar:

- Niveles de suelo y detalles de las zapatas
- Cimentación
- Paredes
- Pisos
- Techos
- Construcción del techo

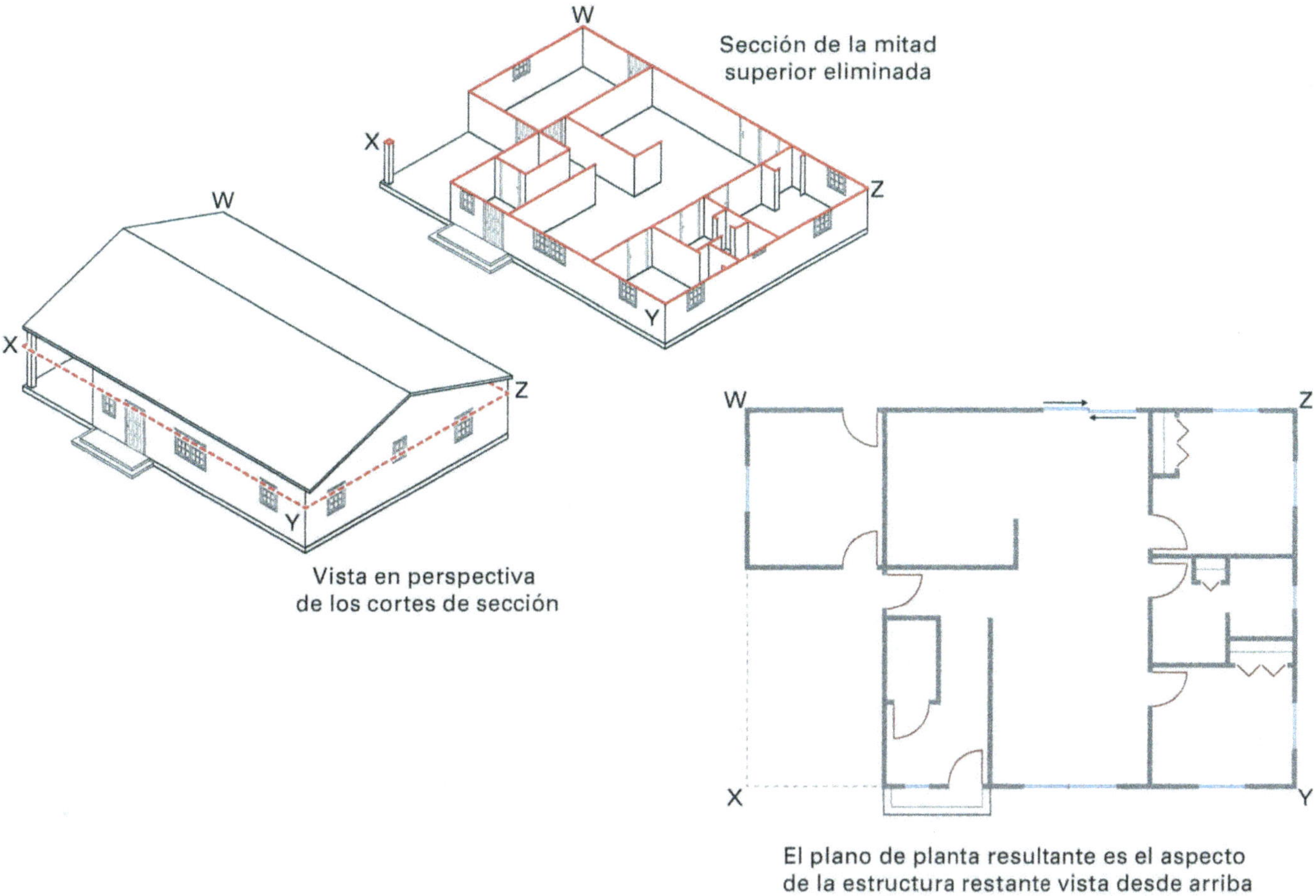

Figura 8 Principios de disposición de un plano de planta.

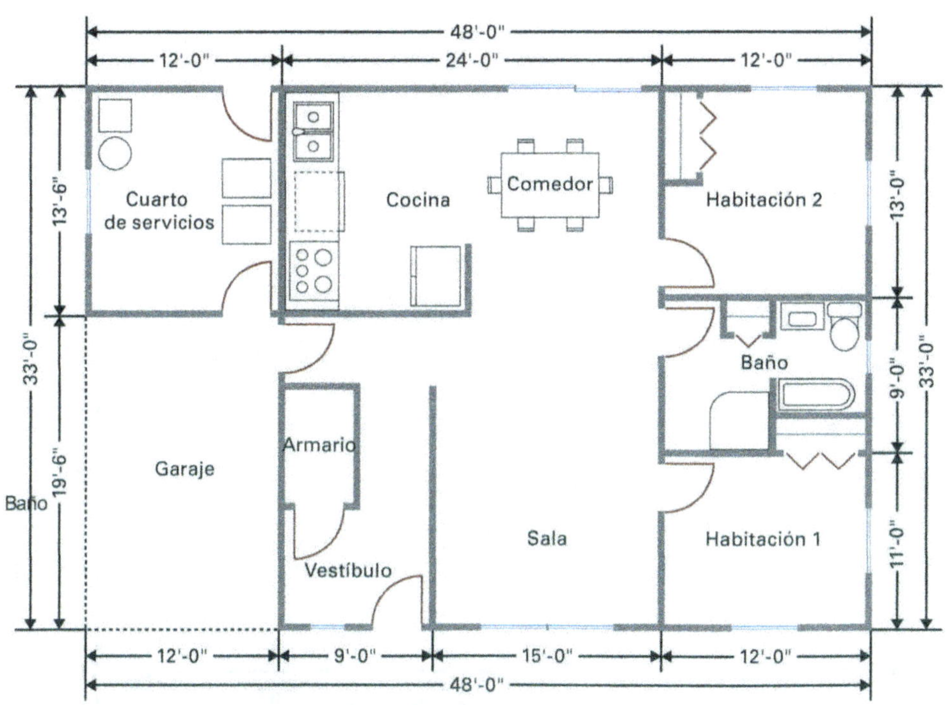

Figura 9 Planos de planta de un edificio.

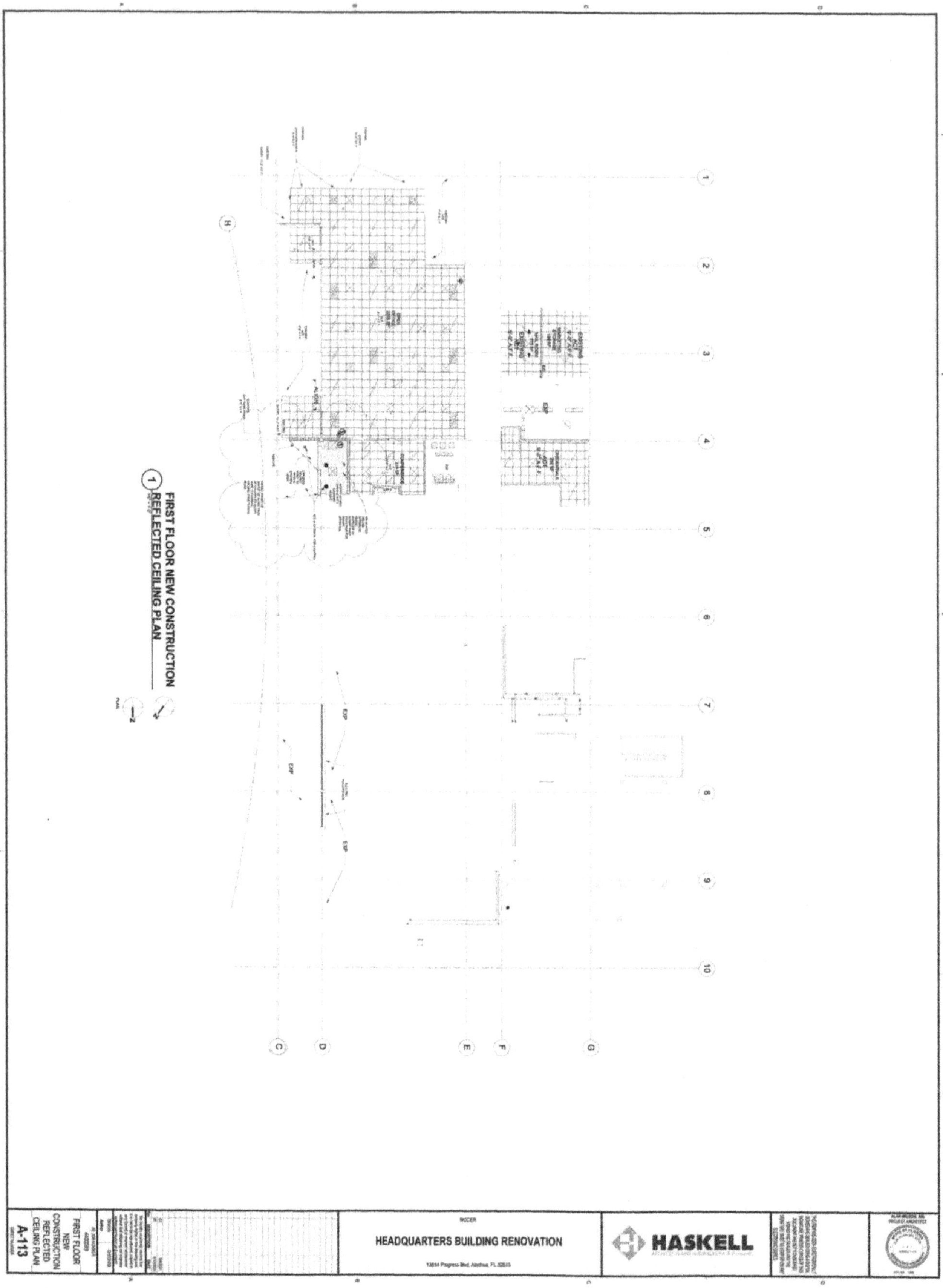

Figura 10 Plano de techo reflejado de un edificio.

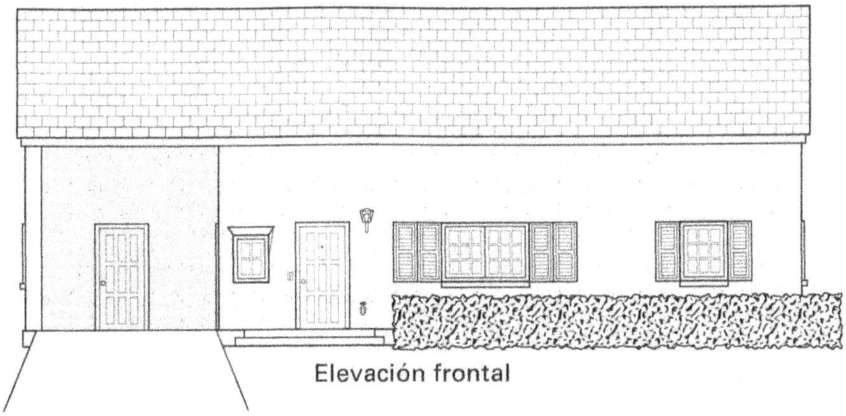

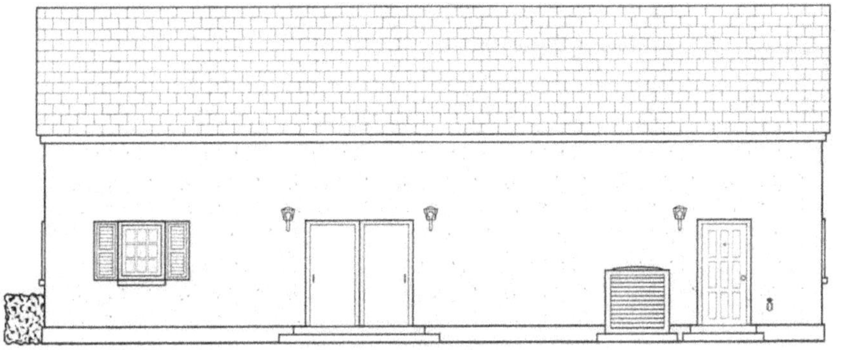

Figura 11 Vistas de las elevaciones delantera y posterior.

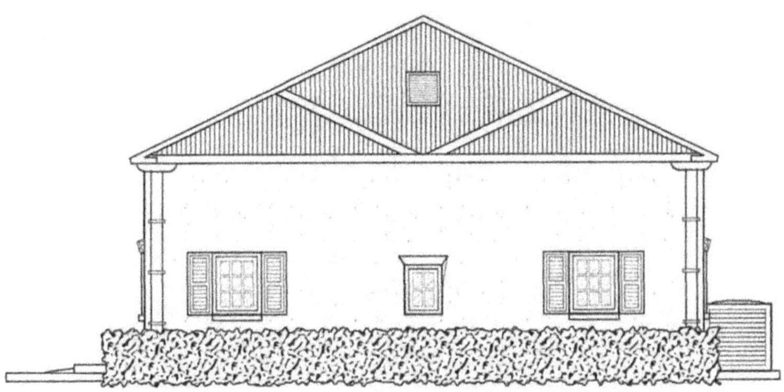

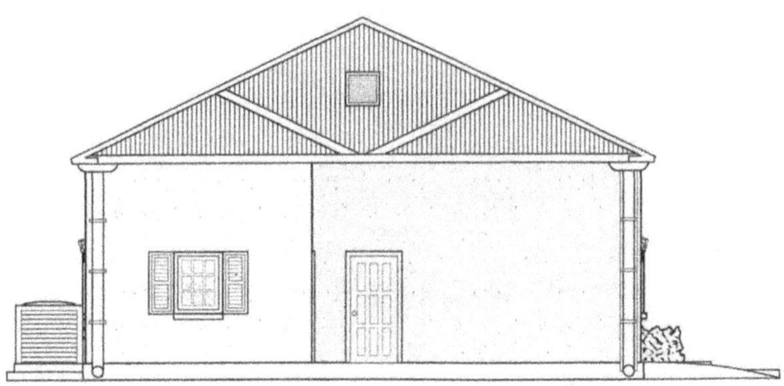

Figura 12 Vistas de elevación izquierda y derecha.

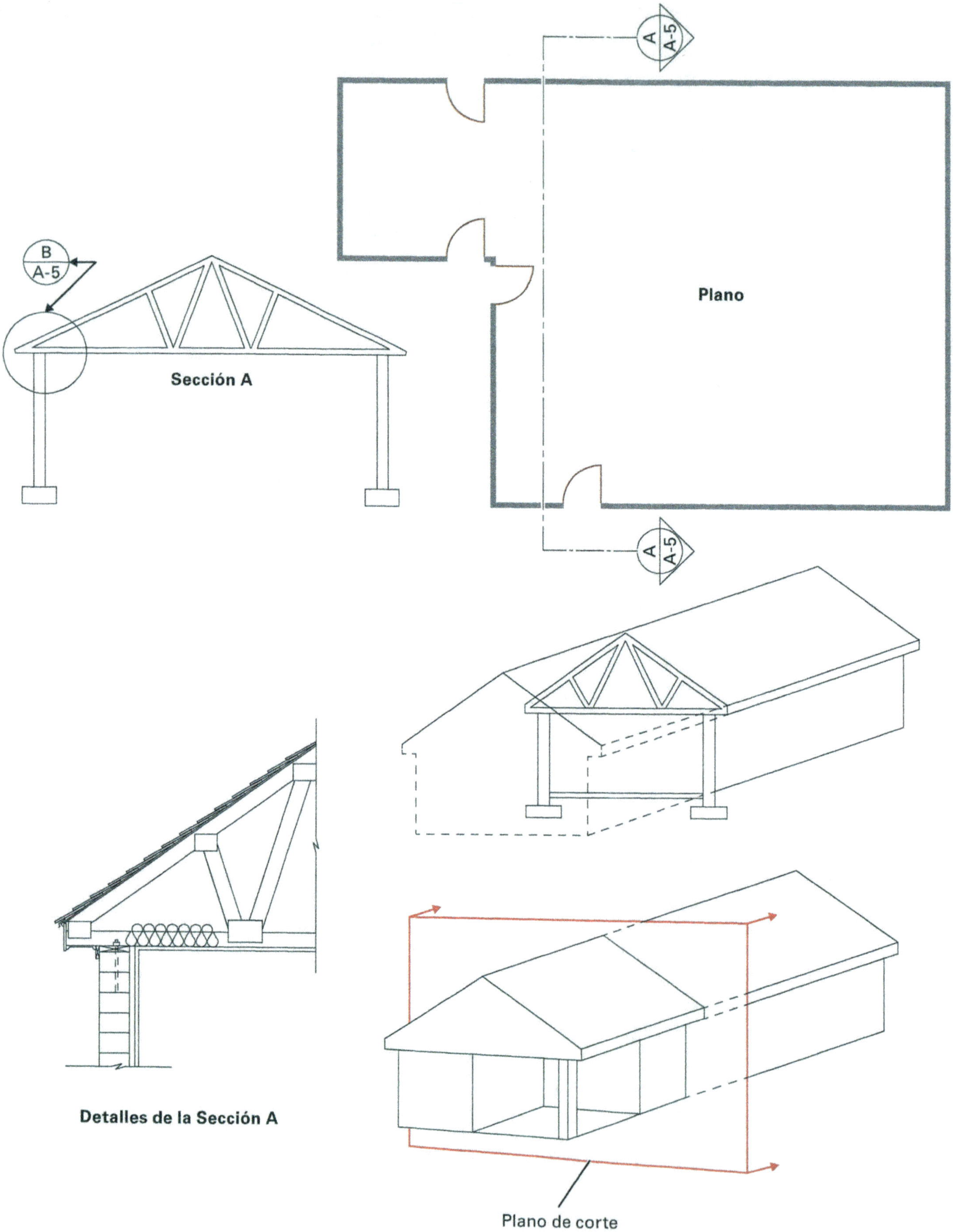

Figura 13 Vistas seccionales.

El lugar del plano o elevación donde se ha realizado el corte imaginario se indica mediante una línea de sección, normalmente discontinua. El símbolo especial que se utiliza en los extremos de la línea de sección está formado por un círculo y un triángulo superpuesto. El triángulo apunta en la dirección en la que se mira en la vista seccional. El círculo identifica la sección (por ejemplo, Sección A-A o Sección B-B) y la hoja del plano en la que se encuentra la sección (si no está en la hoja actual). En la parte superior de la *figura 13*, la vista seccional A-A está ubicada en la hoja A-5 y mira hacia la derecha. Si la sección está en la misma hoja del plano, el símbolo al final de las líneas de la sección, a menudo, se abrevia a una pequeña flecha con una letra adyacente.

Las secciones de pared casi siempre se hacen verticalmente para exponer el borde cortado de arriba a abajo. Las secciones de pared muestran cómo se construye cada pared y suelen indicar el material que se utilizará. Esta información es importante a la hora de determinar los métodos de cableado, como la profundidad de montaje de la caja.

1.2.5 Detalles

Un detalle es una ampliación de una parte del plano principal. En el plano principal, esta parte suele estar delimitada por un círculo u otra forma de línea cerrada. Cerca de esta línea límite hay un símbolo especial que hace referencia al detalle asociado. Esto lo puede ver en la parte izquierda de la *figura 13*, con el detalle B situado en la hoja A-5. En un detalle no hay cambio en la dirección de la vista, por lo que el símbolo especial no tiene flecha.

Pasado y presente

Durante cientos de años, los planos se hacían a mano o en mesas de dibujo con lápiz o tinta sobre papel o vitela. Luego se copiaban en papel especialmente tratado que se revelaba en una máquina con amoníaco para crear una copia exacta con fondo azul y líneas blancas en lo que había sido hecho con lápiz o tinta en el original. Estas copias se denominaban *planos (blueprints)*, término que se sigue utilizando hoy en día. Los planos modernos suelen tener líneas negras o de color sobre fondo blanco y se generan con programas de computer-aided design - CAD (diseño asistido por computadora). Los programas de CAD permiten el modelado tridimensional, el uso de capas para distintos oficios o fines y muchas otras funciones mejoradas que antes eran imposibles.

Piénselo

Uso de todos los planos

Repase la información de los planos de planta, elevaciones y secciones. ¿Qué tipo de información obtendría un electricista de cada uno de estos planos? ¿Qué puede mostrar una vista seccional que no pueda mostrar un plano de planta?

1.3.0 Líneas de trazado

En los planos de construcción se utilizan muchos tipos de líneas de trazado. Las líneas tienen características diferentes según lo que muestran. Por ejemplo, las líneas pueden tener un ancho diferente o ser punteadas o discontinuas. De este modo, podrá saber de vista qué significa cada línea.

No existe una norma para las líneas de trazado. Las líneas pueden incluso cambiar de un plano a otro dentro de un mismo conjunto. Verifique siempre la leyenda de cada hoja del plano para asegurarse de conocer el significado de cada línea. En las *tablas 2A, 2B* y *2C* se indican algunas líneas comunes que se usan en los **planos arquitectónicos**.

Planos arquitectónicos (architectural drawings): planos de trabajo que consisten en planos de obra, planos de planta, elevaciones, vistas seccionales, detalles y otra información necesaria para la construcción de un edificio.

Interpretación de planos eléctricos

Un buen ejemplo del momento en que un electricista debe interpretar los planos es al tender el cableado en una cabaña de madera. Los planos mostrarán las ubicaciones de los receptáculos y de los interruptores de los circuitos ramales, como es habitual, pero el electricista debe averiguar cómo colocar los alambres e instalar las cajas donde no hay pared hueca y, a veces, vigas a la vista en lugar del techo.

TABLA 2A Líneas de trazado comunes (1 de 3)

Ejemplo	Nombre	Descripción
	Línea fina completa	Se utiliza para líneas de sección, fondos de edificios (contornos) y cuando el objeto que se va a dibujar es secundario al sistema que se muestra (por ejemplo, HVAC o eléctrico).
	Línea media completa	Se suele utilizar para la rotulación de planos. También puede utilizarse para algunos símbolos de planos, líneas de circuitos, etc.
	Línea gruesa completa	Se utiliza para los bordes de los cajetines y cuadros y para rotular los títulos de los planos. También puede utilizarse para algunos tipos de símbolos.
	Línea extragruesa completa	Se utiliza para las líneas de borde en planos de arquitectura o ingeniería. A veces, se incrustan letras y números en las líneas del borde para permitir la ubicación rápida de un objeto específico en el plano.
	Línea central	Es una línea discontinua formada normalmente por rayas largas y cortas o puntos espaciados alternativamente. Indica los centros de objetos como agujeros o pilares. A veces, la línea central indica las dimensiones de un suelo acabado.
	Línea oculta	Suele consistir en una serie de guiones cortos o puntos muy juntos y espaciados uniformemente. Muestra los bordes de los objetos que están detrás de otros en una vista particular. El objeto delineado por líneas ocultas en un plano suele estar completamente representado en otro plano.

TABLA 2B **Líneas de trazado comunes (2 de 3)**

Ejemplo	Nombre	Descripción
	Línea de cota	Las líneas finas se utilizan para mostrar la extensión y dirección de las dimensiones. La dimensión real suele colocarse en un corte dentro de las líneas de dimensiones. Lo normal es situar las líneas de cota fuera del contorno del objeto. Sin embargo, a veces, puede ser necesario trazar las dimensiones dentro del contorno.
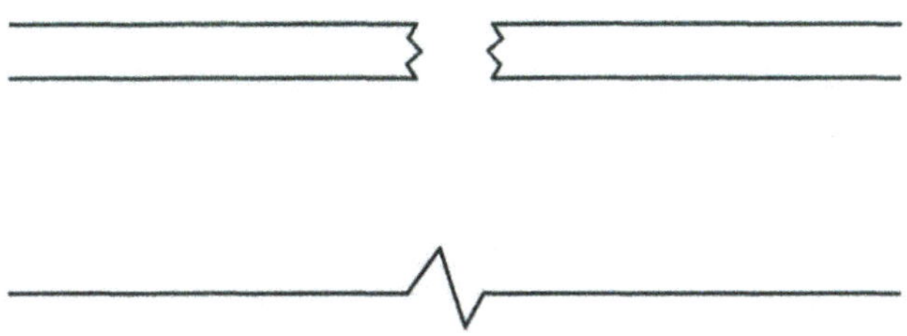	Línea de quiebre corta (arriba) Línea de quiebre larga (abajo)	Estas líneas muestran dónde se ha retirado una parte de un objeto para ahorrar espacio en el plano o evitar interferencias visuales con otros objetos del plano.
	Línea de apareamiento	Se utiliza una línea de apareamiento para mostrar la posición del plano de corte. Una línea de apareamiento o de plano de corte es una línea gruesa con guiones largos alternados con dos guiones cortos. Se utiliza en planos de grandes estructuras para mostrar dónde termina una hoja del plano y empieza la siguiente.
	Línea secundaria	Se utiliza con frecuencia para delinear piezas de equipo o para indicar los puntos de referencia de un plano que son secundarios para el propósito del plano.
	Línea de propiedad	Es una línea clara formada por un guion largo y dos cortos espaciados alternativamente. Indica los límites del terreno en el plano de la obra.

TABLA 2C Líneas de trazado comunes (3 de 3)

Ejemplo	Nombre	Descripción
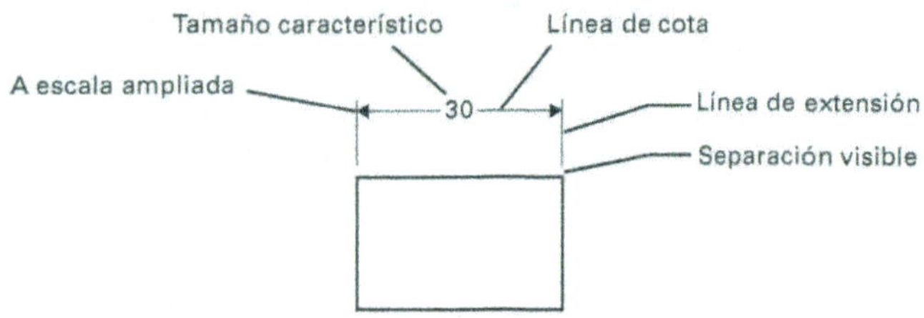	Línea de extensión	Es una línea ligera que comienza aproximadamente a $\frac{1}{16}$" (1.6 mm) del borde de un objeto y se extiende hacia fuera. Se suele utilizar para crear un límite para las líneas de cota. Las líneas de cota se unen a las líneas de extensión con puntas de flecha, barras oblicuas o puntos. Las líneas de extensión que apuntan desde una nota u otra referencia a un elemento concreto de un plano se denominan directrices. Suelen terminar en punta de flecha o punto y pueden incluir una nota explicativa al final.
Secciones - Líneas cruzadas 	Líneas de sección	Estas líneas suelen denominarse *líneas cruzadas*. Trazadas en un ángulo de 45°, estas líneas muestran la ubicación de la sección en el plano y dónde se ha cortado un objeto para revelar el interior.
Fantasma  Delgada	Líneas fantasma	Son líneas sólidas y finas que muestran dónde se instalará un objeto. Una futura apertura de puerta o un futuro equipo pueden mostrarse con líneas fantasma.

1.0.0 Repaso de la sección

1. Un plano contiene un área encerrada en un círculo con forma de nube. Esta información generalmente se detalla en el _____.
   a. bloque de leyenda
   b. bloque de aprobaciones
   c. bloque de revisiones
   d. cajetín del ingeniero

2. ¿Cuál de los siguientes muestra la fachada de un edificio?
   a. Vista seccional
   b. Plano de planta
   c. Plano de obra
   d. Vista de alzado

3. ¿Qué tipo de línea se utiliza en el plano de una gran estructura para indicar dónde termina una hoja del plano y empieza la siguiente?
   a. Línea de apareamiento
   b. Línea de extensión
   c. Línea de sección
   d. Línea de quiebre

2.0.0 Planos a escala

Objetivo

Explicar cómo medir los elementos en los planos a escala.

a. Describir cómo usar una regla de arquitectura.
b. Describir cómo usar una regla de ingeniería.
c. Describir el uso de una regla métrica.

Tarea práctica

1. Con una regla de arquitectura, indique las dimensiones reales de un componente determinado de un plano.

Los componentes de la mayoría de los planos eléctricos son demasiado grandes para dibujarlos en tamaño real. Para que quepan en las hojas, los planos se hacen a escala o se reducen de tamaño.

Cuando interprete planos eléctricos, debe saber interpretar la escala para poder determinar el tamaño real de todos los componentes. Si alguna vez tiene que crear un plano eléctrico, debe saber cómo reducir los componentes a escala. En esta sección, aprenderá a utilizar las herramientas de escala.

2.1.0 Creación de planos a escala

¿Cómo ajusta un plano de planta de un edificio de 40' × 20' en una sola hoja de papel? Lo hace a escala. Cuando los planos se hacen a escala, significa que las dimensiones reales de los objetos se reducen en una proporción establecida para el plano. La proporción utilizada se denomina *escala* . La *figura 14* ilustra este concepto. El cuadrado del centro es el tamaño original. Cuando el cuadrado se hace más grande o más pequeño en una determinada cantidad, se está ampliando o reduciendo.

NOTA

A veces, los planos se hacen a escala de ampliación, es decir, se aumentan de tamaño. La ampliación se utiliza, a menudo, para mostrar los detalles del plano a un tamaño mayor del que tienen en la realidad.

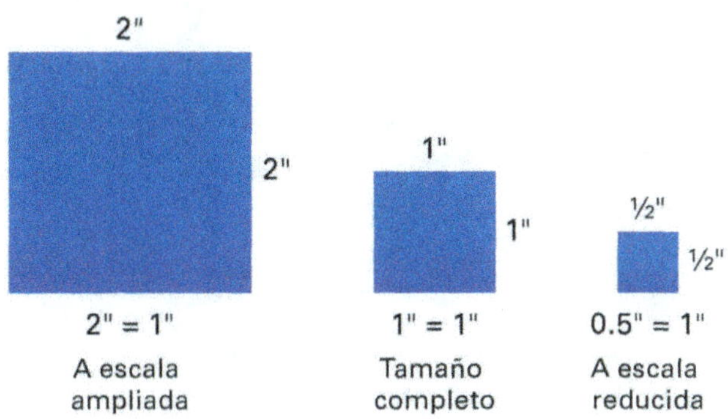

Figura 14 Ejemplo sencillo de escalado.

2.1.1 Explicación de las escalas

Para entender un plano a escala, debe comprender la relación entre las dimensiones reales de un objeto y las dimensiones de una distancia mostrada en el plano. Por ejemplo, para dibujar un plano de planta de un edificio de 40' × 20' utilizando una escala de $\frac{1}{4}$" = 1'-0" (0.25:1.0), cada $\frac{1}{4}$" en el plano equivale a 1' en el edificio.

$$40 \times 0.25 = 10$$

$$20 \times 0.25 = 5$$

El plano del edificio sería de 10" × 5".

Si la escala es $\frac{1}{8}$" = 1'-0" (0.125:1.0), cada $\frac{1}{8}$" en el plano equivale a 1' en el edificio.

$$40 \times 0.125 = 5$$

$$20 \times 0.125 = 2.5$$

El plano del edificio sería de 5" × 2.5".

La escala utilizada en los planos de arquitectura e ingeniería es muy importante. Los planos deben ser fáciles de interpretar y entender. Cuando los edificios y sistemas deban construirse siguiendo normas muy precisas, las dimensiones a escala deben ser lo más grandes posible. Los planos también deben incluir líneas de cota. Cuando las dimensiones solo requieren una precisión razonable, el objeto puede dibujarse a una escala menor y omitir las líneas de cota.

Eche un vistazo al plano de planta en la *figura 15*. Verá que una pared está dibujada en el plano con una distancia de $3^1/_2$". Por supuesto, el edificio real no tiene una pared de $3^1/_2$" de largo.

Para determinar la longitud de la pared real, hay que tener en cuenta la escala. La escala de la hoja del plano es $^1/_2$" = 1'-0" (0.5:1.0), lo que quiere decir que por cada $^1/_2$" del plano, tiene 1' de pared real.

Recuerde que $3^1/_2$" contiene 7 medias pulgadas (7 × $^1/_2$" = $3^1/_2$" o 7 × 0.5" = 3.5" o $3^1/_2$" ÷ 0.5" = 7), lo que significa que la pared del edificio real es de 7'-0".

PRECAUCIÓN

Cuando se imprimen o trazan planos, a menudo, se imprimen a un tamaño que se ajuste al papel, en lugar de a un tamaño igual a la escala utilizada cuando se hizo el plano. Siempre debe verificar dos veces la escala con una dimensión marcada en el plano para obtener una escala de plano corregida. Así evitará errores de diseño y orden de material.

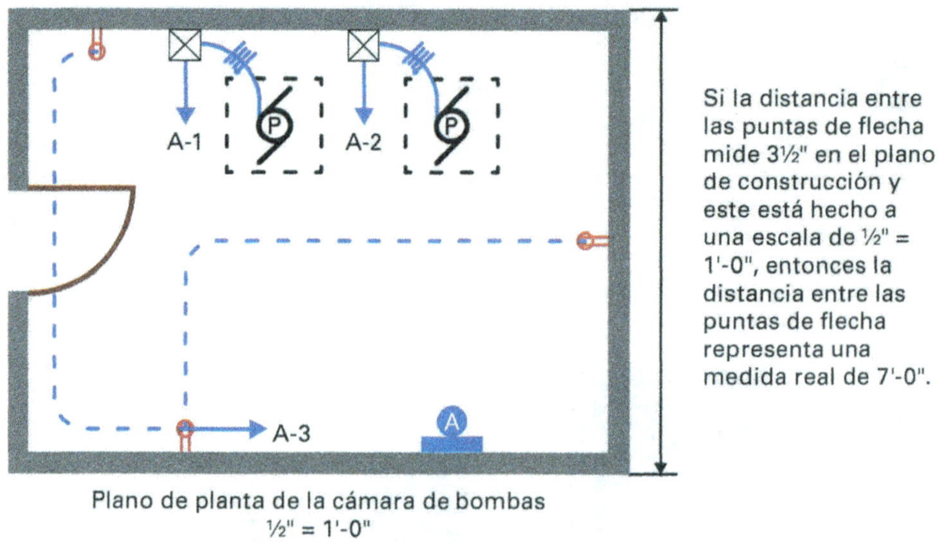

Figura 15 Plano a escala típico.

2.2.0 Escala de arquitectura plana

Cuando se hace una medición en un edificio real, se utiliza la regla del pie estándar. Cuando se realiza una medición a escala, se utiliza una *regla a escala (scaled ruler)*. Una regla a escala es una herramienta para medir longitudes y transferir las medidas proporcionalmente.

Las reglas a escala más utilizadas en planos eléctricos son la **escala de arquitectura**, que mide en pulgadas o fracciones de pulgada, y la **escala de ingeniería**, que mide en decimales. En el caso de los planos que utilizan medidas métricas, se utiliza una escala métrica.

Escala de arquitectura (architect's scale): regla especial que permite medir distancias en planos como distancias reales en pies, pulgadas y fracciones. Una regla de arquitectura mide las distancias en pulgadas.

Escala de ingeniería (engineer's rule): regla especial que permite medir distancias en planos como distancias reales en decimales. La regla de ingeniería mide las distancias en unidades decimales.

2.2.1 Escala de arquitectura plana

Un tipo común de escala de arquitectura se parece a una regla estándar. Como su nombre indica, es plana y tiene una o varias series de unidades de medida o escalas. La *figura 16* muestra una escala plana con una escala de 1" = 1'-0". Observe la escala de 1", que muestra subdivisiones de un pie. Las marcas más largas a la derecha del cero representan pies. Por lo tanto, la distancia entre 0 y la marca más larga, 1, es igual a un pie. A la izquierda del cero, las líneas más cortas representan medias pulgadas y las más largas, pulgadas. Observe que las divisiones de 3", 6" y 9" están numeradas.

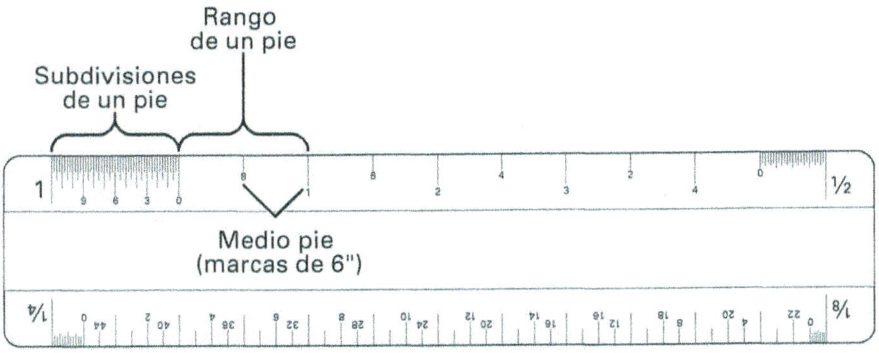

Figura 16 Regla plana de arquitectura de una pulgada.

2.2.2 Escala triangular de arquitectura

Otro tipo común de escala de arquitectura es la escala triangular. Por ejemplo, la *figura 17* muestra una escala triangular con tres lados o caras, cada una con dos bordes. Esto significa que hay un total de seis bordes en una regla triangular. Cada borde tiene dos escalas que comienzan en extremos opuestos.

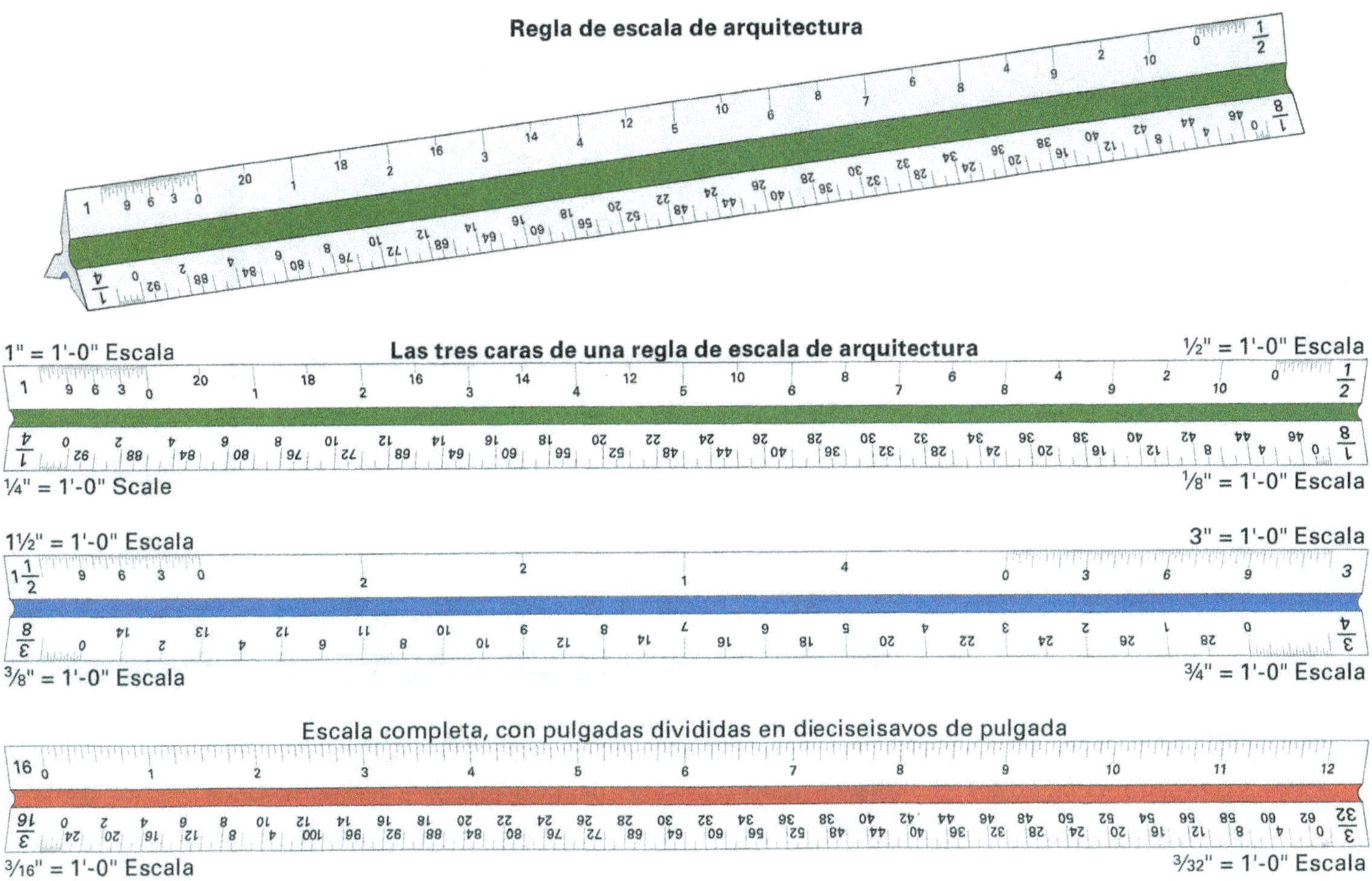

Figura 17 Escala triangular de arquitectura.

Las escalas de cada borde son las siguientes:

- Regla del pie común y 1/16" = 1'-0"
- 3/32" = 1'-0" y 3/16" = 1'-0"
- 1/8" = 1'-0" y 1/4" = 1'-0"
- 3/8" = 1'-0" y 3/4" = 1'-0"
- 1/2" = 1'-0" y 1" = 1'-0"
- 1 1/2" = 1'-0" y 3" = 1'-0"

Dos escalas separadas en una cara pueden parecer confusas al principio, pero después de tener experiencia en la lectura de estas escalas, se convertirá en una segunda naturaleza. En la cara de 1", la escala de 1" se lee de izquierda a derecha, partiendo de su marca cero. La escala 1/2" se lee de derecha a izquierda, partiendo de nuevo de su marca cero.

La *figura 18* muestra un plano parcial dibujado a escala de 1/8" = 1'-0". Hay una dimensión desconocida identificada con un signo de interrogación.

Para hallar la dimensión, coloque la regla de arquitectura de 1/8" en el plano y lea las cifras. Los dos conjuntos de números a lo largo de la escala pueden resultar confusos al principio; por lo tanto, recuerde utilizar los números que cuentan hacia arriba desde el cero del extremo con la misma marca de escala que la del plano. En la *figura 18*, se están usando los números más cercanos al borde de la escala, en los que cada línea representa un pie, y no los números más alejados del borde, en los que las líneas más largas representan un pie. La dimensión en cuestión es 25'-3".

PRECAUCIÓN

No es poco común tener varios planos o detalles diferentes en una hoja de planos, todos con escalas diferentes. Verifique siempre la escala de cada vista que se encuentra en una hoja del plano.

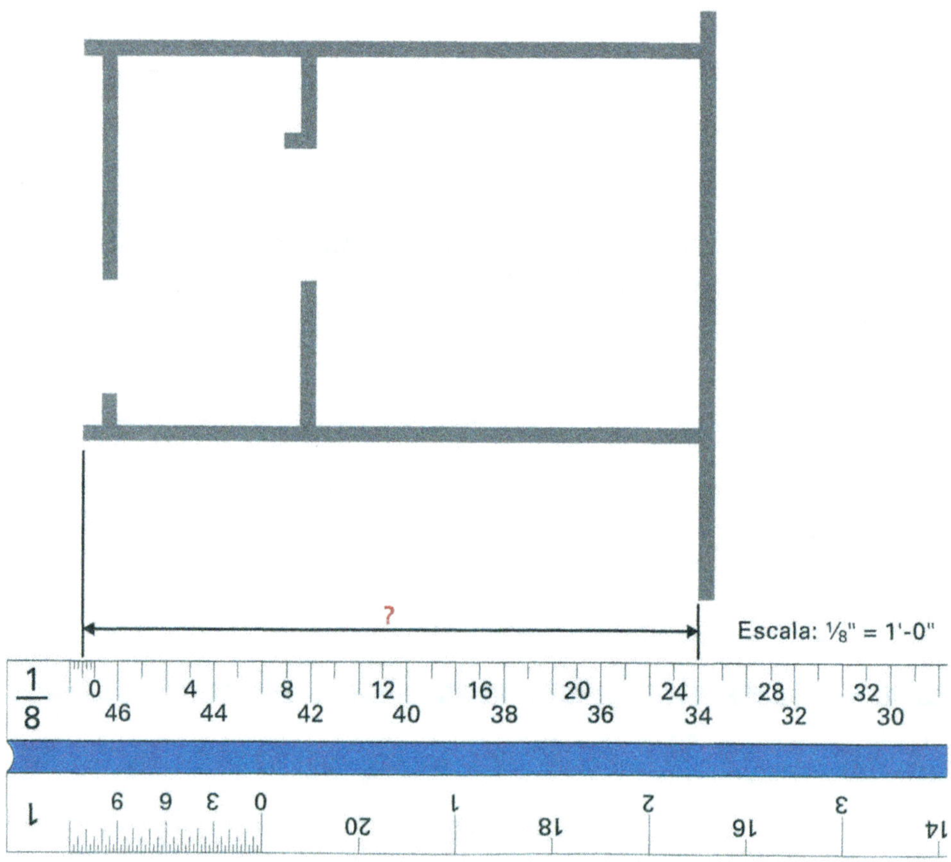

Figura 18 Use la escala de arquitectura de 1/8" para determinar las dimensiones en un plano.

Uso de un medidor de planos

Los arquitectos e ingenieros pueden usar un medidor de planos para encontrar medidas lineales en cualquier plano. Un medidor de planos tiene una rueda que se desplaza por las líneas del plano para determinar las medidas. Los electricistas suelen utilizar una herramienta como esta para determinar las cantidades de canalizaciones. Esta herramienta puede ser analógica o digital.

2.3.0 Escala de ingeniería

Los planos de las obras se dibujan y leen utilizando la escala de ingeniería civil y no la de arquitectura. La principal diferencia entre ambas escalas es que la de ingeniería utiliza unidades decimales de 10, 20, 30, 40, 50 y 60. Puede mirar el valor decimal en la regla de ingeniería y convertir la medida a pies. Otra diferencia entre las reglas es que la de ingeniería tiene dos medidas por cara, pero solo una en cada borde.

Para utilizar la escala de ingeniería, colóquela sobre el plano, verifique que quede alineada en la dirección de la medida requerida y lea la escala para determinar la dimensión (*figura 19*).

En un lote pequeño, si está utilizando una escala de arquitectura, normalmente utiliza una escala de 1:10 (1" = 10') o 1:20 (1" = 20'). Si utiliza una escala de ingeniería, la escala sería 1:10 (1" = 10'). Eso significa que 1" (la medida en el plano) equivale a 10' en el propio terreno o que 2.4" equivalen a 24' en el terreno.

En planos más grandes, que deben abarcar una mayor área, la escala puede ser 1:100 (1" = 100') o 1:1,000 (1" = 1,000'), o cualquier otra potencia integral de 10.

En los planos con la escala en múltiplos de 10, se utiliza la regla de ingeniería marcada con 10. Si la escala es 1" = 200', se utiliza la escala de ingeniería marcada con 20, y así sucesivamente.

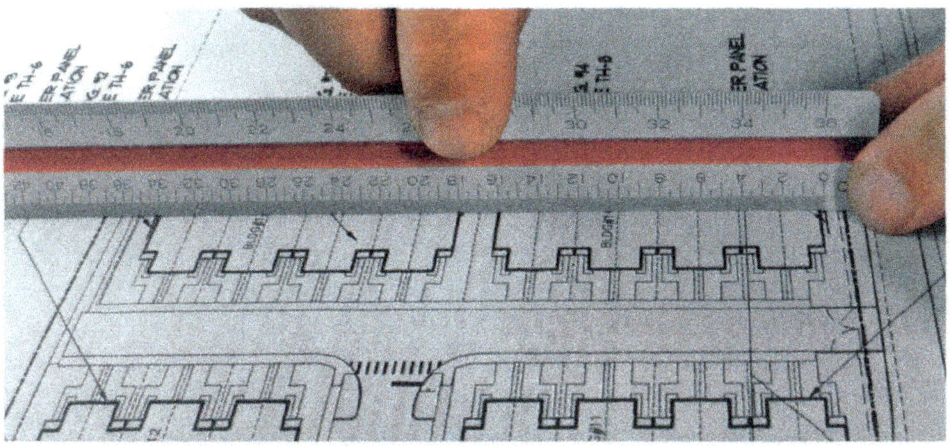

Figura 19 Uso práctico de la regla de ingeniería.
Fuente: Tri-City Electrical Contractors Inc

2.4.0 Regla métrica

Las reglas métricas (*figura 20*), al igual que las reglas de ingeniería, utilizan unidades de 10. Sin embargo, las escalas métricas están calibradas en dimensiones métricas, en lugar de pulgadas y pies. Las dos medidas de longitud más utilizadas en la escala métrica en los planos de arquitectura son*metro* y *milímetro*. El milímetro es $^1/_{1,000}$ de un metro y se utiliza normalmente en planos con escalas entre 1:1 y 1:100. El metro se utiliza generalmente en planos con escalas entre 1:200 y 1:2,000.

Muchas empresas contratantes que trabajan en el comercio internacional utilizan un sistema de dimensión doble con medidas en unidades de distancia tanto métricas como imperiales. Los planos elaborados para proyectos gubernamentales también pueden requerir dimensiones métricas. Para consultar una tabla de conversión métrica detallada, vea el *Apéndice 26110-23A*.

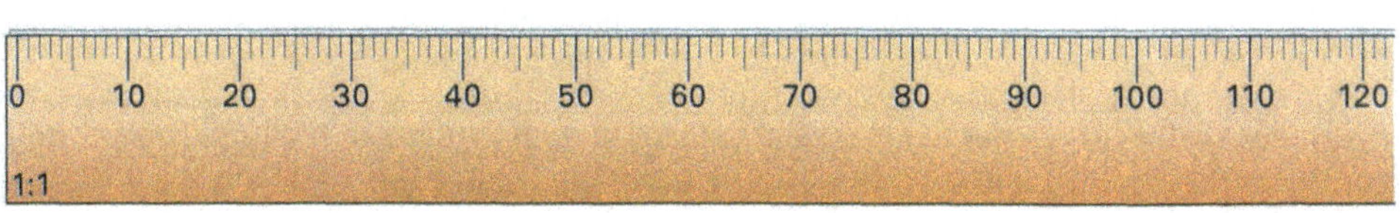

Figura 20 Regla métrica típica.

2.0.0 Repaso de la sección

1. Si el plano de planta de un edificio se dibuja a una escala de $\frac{1}{8}$" = 1'-0", una distancia de $1\frac{3}{8}$" en el plano sería igual a _____.
   a. 1'-3" en el propio edificio
   b. 8'-0" en el propio edificio
   c. 11'-0" en el propio edificio
   d. 13'-8" en el propio edificio

2. Las reglas de escala *más* utilizadas en planos eléctricos son _____.
   a. regla métrica
   b. escala de arquitectura
   c. escala de intervalo
   d. escala ordinal

3. Con una escala 1:20 en una escala de ingeniería, una medición de 2″ en un plano sería igual a _____.
   a. 5′
   b. 10′
   c. 20′
   d. 40′

4. Una escala de dibujo métrica de 1:1,000 generalmente representa unidades en _____.
   a. milímetros
   b. centímetros
   c. decímetros
   d. metros

3.0.0 Planos eléctricos

Tarea práctica

2. Haga una lista de los materiales de las luminarias especificadas en el plano facilitado en la hoja de perfil de desempeño. Para la lista se deben contabilizar todas las luminarias y, si corresponde, se debe calcular la cantidad total de lámparas para cada tipo de luminaria. Indíquelas en la hoja de trabajo de la tarea 2 del perfil de desempeño facilitada en la hoja de perfil de desempeño.

Objetivo

Identificar información en planos eléctricos.

a. Identificar símbolos eléctricos.
b. Identificar información en planos eléctricos residenciales.
c. Explicar la interpretación de un conjunto de planos comerciales.
d. Describir la interpretación de cuadros, diagramas de bloque y diagramas esquemáticos.

Un plano eléctrico muestra exactamente de forma clara y concisa lo que se requiere de usted como electricista. Suele ser elaborado por la empresa de ingeniería que asesora el proyecto. Como electricista, usted debe ser capaz de trabajar con planos eléctricos elaborados por distintas personas que utilizan diferentes técnicas de dibujo. En esta sección, aprenderá a leer e interpretar planos eléctricos.

3.1.0 Lectura de planos eléctricos

La cantidad de datos que aparecen en los planos eléctricos debe ser suficiente, pero no exagerada. Esto significa que un conjunto completo de planos eléctricos puede constar de una sola hoja de $8\frac{1}{2}$" × 11" o de varias docenas de hojas de 24" × 36" (o más grandes), en función del tamaño y la complejidad de un proyecto determinado.

Un conjunto de planos de trabajo de una instalación industrial puede contener docenas de planos en los que se detalla el sistema eléctrico de iluminación y alimentación, junto con los equipos, los controles de motores y los diagramas del cableado. El **diagrama esquemático** y el cuadro de equipo pueden contener otros datos pertinentes.

Diagrama esquemático (schematic diagram): plano detallado que muestra los circuitos complicados, como circuitos de control. Un diagrama esquemático no tiene escala, sino que muestra los componentes y sus conexiones eléctricas.

En general, hay tres razones para utilizar planos de trabajo eléctricos:

- Proporciona una descripción precisa del proyecto para que los contratistas eléctricos puedan estimar los materiales y la mano de obra para calcular el costo total del proyecto con miras a la licitación.
- Además, proporciona a los trabajadores información sobre cómo y dónde debe instalarse el sistema eléctrico.
- También proporciona un mapa del sistema eléctrico una vez finalizado el trabajo para facilitar el mantenimiento y la resolución de problemas en los próximos años.

La calidad de los planos eléctricos de las empresas consultoras de ingeniería varía. Algunos pueden ser planos incompletos y esquemáticos, mientras que otros pueden ser meticulosos y precisos, fáciles de entender. La mayoría de los planos eléctricos no incluyen todos los detalles del sistema eléctrico. Por eso es importante que conozca bien las prácticas de instalación y sepa interpretar los planos.

En ocasiones, los contratistas eléctricos encargan a dibujantes eléctricos la preparación de **planos de taller** o *'planos de proveedor' (vendor drawings)*. Se trata de un plano complementarios especial para uso de los empleados de los contratistas. En algunos proyectos, estos planos complementarios pueden ahorrar tiempo de supervisión en el campo una vez iniciado el proyecto.

Plano de taller (shop drawing): plano que generalmente es desarrollado por fabricantes, productores o contratistas para mostrar dimensiones específicas y otra información pertinente sobre una pieza específica de un equipo y sus métodos de instalación.

3.1.1 Símbolos y líneas de electricidad

Como electricista, debe ser capaz de leer y entender correctamente los planos de trabajo eléctrico. Esta habilidad requiere un profundo conocimiento de los símbolos eléctricos.

Un símbolo eléctrico es una figura o marca que representa un componente del sistema eléctrico. No todos los arquitectos, ingenieros, diseñadores eléctricos y redactores utilizan los mismos símbolos. Y cuando hay nuevos productos y proyectos, crean nuevos símbolos y modifican los antiguos. Esto dificulta el reconocimiento de símbolos en planos creados por diferentes personas.

Los símbolos se colocan en los planos lo más cerca posible de su ubicación prevista. Cuando se requiera una precisión extrema en la localización de tomas y equipos, la ubicación exacta se indicará en planos de detalle a mayor escala o en las especificaciones. Todos los símbolos individuales utilizados en los planos deben incluirse en la lista de símbolos o en la leyenda. Usted debe conocer estos símbolos.

Los símbolos eléctricos que se describen en esta sección se encuentran en los planos de trabajo eléctricos reales de Estados Unidos y Canadá. Muchos de ellos son símbolos recomendados por el American National Standards Institute - ANSI (Instituto Nacional Estadounidense de Estándares) y el Consulting Engineers Council - CEC (Consejo de Ingenieros Consultores). Entender cómo se utilizan estos símbolos lo ayudará a interpretar símbolos eléctricos desconocidos en el futuro.

La mayoría de los símbolos eléctricos parten de tres formas sencillas (un círculo para una caja pequeña, una S para un interruptor y un rectángulo para una caja o recinto grande), pero su significado y finalidad se precisan con una ligera variación. Cuando aprenda los símbolos, aprenda primero la forma básica y luego aplique las variaciones para obtener los distintos significados. La *figura 21* muestra una lista breve de símbolos eléctricos recomendados actualmente por el ANSI.

En la *figura 22*, se muestra una lista más completa de los símbolos de los receptáculos. Fíjese en que cada uno empieza con un círculo, pero al añadir una o varias líneas que cruzan el círculo y algunas abreviaturas se obtienen significados individuales.

El símbolo de un artefacto de iluminación (luminaria) también empieza por un círculo, que representa una luminaria montada en el techo. La adición de una línea corta indica montaje en pared y un rectángulo o línea larga indica luces fluorescentes u otras luminarias de tipo tira. El tipo de luminaria suele identificarse mediante un número situado dentro de un triángulo u otra forma colocada cerca de la luminaria. La descripción completa de las luminarias identificadas por los símbolos debe encontrarse en el cuadro de luminarias de los planos o en las especificaciones escritas y en las presentaciones de los artefactos. Esta descripción debe incluir el fabricante, el número de catálogo, el número y tipo de lámparas, el voltaje, el acabado, el montaje y cualquier otra información necesaria para que el electricista pueda instalar correctamente la luminaria.

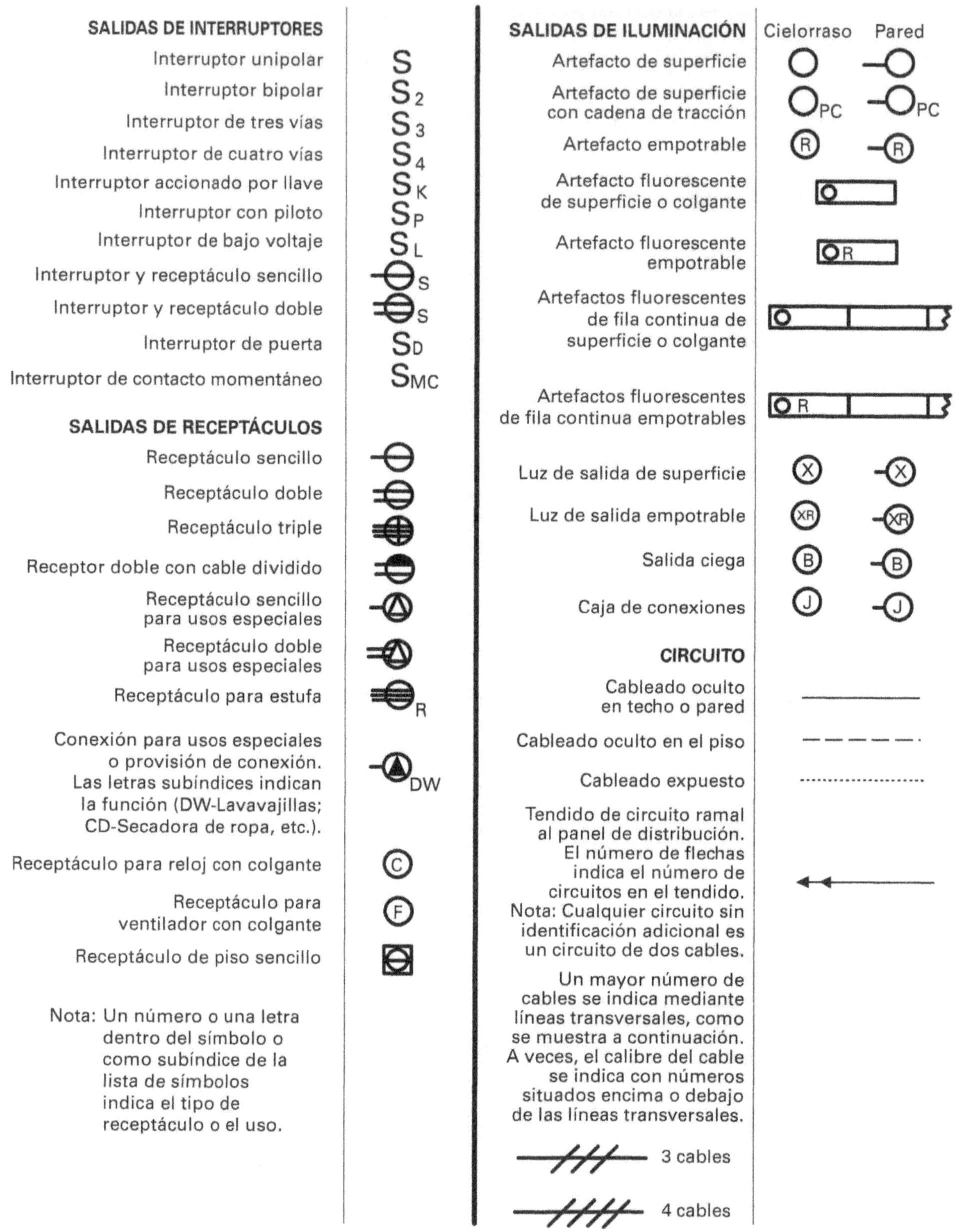

Figura 21 Símbolos eléctricos del ANSI.

Salidas de receptáculos

Salida de receptáculo sencillo	
Salida de receptáculo doble	
Salida de receptáculo triple	
Salida de receptáculo cuádruple	
Salida de receptáculo monofásico de 250 V (las letras de subíndices indican la función)	
Receptáculo trifásico de 250 V	
Salida de receptáculo doble con cableado dividido	
Salida de receptáculo triple con cable dividido	
Receptáculo sencillo para usos especiales	
Receptáculo doble para usos especiales	
Salida de receptáculo GFCI	GFCI
Salida de receptáculo de estufa	R
Conexión para usos especiales o provisión de conexión*	DW
Receptáculo para reloj con colgante	C
Receptáculo para ventilador con colgante	F
Salida de receptáculo sencillo de piso	
Salida de receptáculo doble de piso	
Salida para usos especiales de piso	
Salida de teléfono del piso - pública	
Salida de teléfono del piso - privada	
Salida de receptáculo sencillo con puertos USB	U
Salida de receptáculo doble con puertos USB	U

* Un número o una letra dentro del símbolo o como subíndice de la lista de símbolos indica el tipo de receptáculo o el uso (DW-Lavavajillas; CD-Secadora de ropa, etc.).

Figura 22 Distintos símbolos de receptáculos utilizados en planos eléctricos.

Los interruptores utilizados para controlar luminarias o receptáculos conmutados suelen empezar por la letra S, seguida de números o letras para definir el tipo exacto de interruptor. Por ejemplo, S_3 indica un interruptor de tres vías, S_4 identifica un interruptor de cuatro vías y S_P indica un interruptor unipolar con luz piloto. Se puede utilizar una línea curva o una letra de subíndice para hacer coincidir un interruptor con la luminaria o luminarias que controla.

Un rectángulo o caja se utiliza para centros de distribución principales, paneles de distribución, transformadores, interruptores de seguridad y otros componentes eléctricos de gran tamaño. La descripción detallada de los equipos de acometida suele figurar en el cuadro del panel de distribución o en las especificaciones escritas. Sin embargo, en los proyectos pequeños, el equipo de acometida a veces solo se indica mediante un símbolo y notas en los planos. Otros símbolos son pictogramas simplificados o un recuadro combinado con un par de líneas (que representan un asa externa) y abreviaturas, como se muestra en la *figura 23*.

Los sistemas de comunicación, como teléfono, seguridad, llamada a enfermería y muchos más, utilizan muchas de estas formas comunes, pero emplean formas o letras adicionales para indicar su significado exacto. También verá muchos más símbolos en campos como el control industrial o el trabajo en líneas exteriores.

Las líneas de los planos se utilizan para representar circuitos y sus componentes. La mayoría de los circuitos ocultos en el techo o en la pared se indican mediante una línea continua; se utiliza una línea discontinua para los circuitos ocultos en el piso o en el techo inferior, y las canalizaciones expuestas se indican mediante guiones cortos o mediante la letra E colocada a intervalos a lo largo del mismo plano que la línea del circuito. El número de conductores de un sistema de conductos o canalizaciones puede indicarse mediante barras cortas en el plano o en el cuadro del panel de distribución. Para evitar el desorden, los tendidos residenciales se muestran, a menudo, con una línea corta que apunta hacia el panel de distribución y puntas de flecha al final de la línea; los números del panel y del circuito pueden marcarse cerca.

Los símbolos eléctricos que se muestran en la *figura 24* son ejemplos de símbolos seleccionados por una empresa de ingeniería para su uso en una instalación eléctrica industrial pequeña. Además de los símbolos de los receptáculos que se muestran en la *figura 22*, los otros grupos de símbolos eléctricos recomendados por el CEC se muestran en la *figura 25A* y la *figura 25B*. En la *figura 25C*, la *figura 25D*, la *figura 25E*, la *figura 25F* y la *figura 25G* se muestran grupos adicionales de estos símbolos. A medida que avance en su aprendizaje y experiencia, encontrará y utilizará repetidamente estos tipos de símbolos eléctricos.

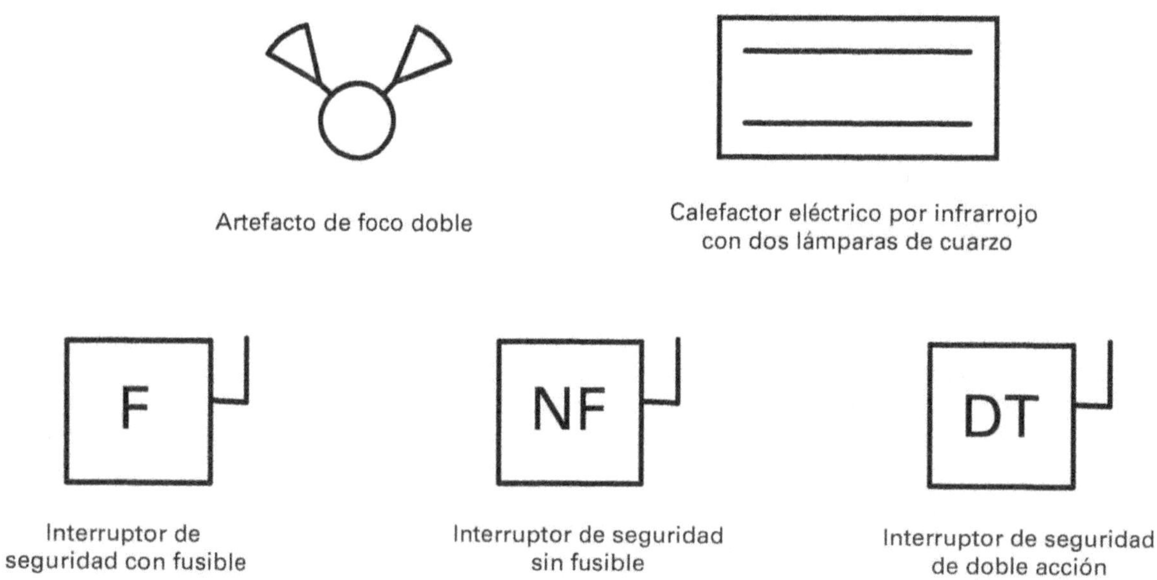

Figura 23 Símbolos pictográficos utilizados en planos eléctricos.

Sistema de conductos bajo el suelo: caja de conexiones y tres conductos (uno grande y dos estándar)

Las líneas de puntos indican conductos vacíos

Barras canalizadas de iluminación tipo LW223 G.E.

Barras canalizadas de iluminación tipo LW326 G.E.

Barras canalizadas tipo DK-100 G.E.

Caja de alimentación de barras canalizadas

Panel - Iluminación o alimentación

Conducto oculto sobre el techo o pared

Conducto oculto en el piso o en la pared

Tendido al panel. El número de flechas indica el número de circuitos. La letra indica el panel. Los números indican el número del circuito. Las cruces indican el número de conductores si son más de dos.

Conexión de motor

Interruptor, conmutador con protección de sobrecarga térmica

Conducto expuesto

Receptáculo doble, con conexión a tierra

Interruptor, accionado por llave

Figura 24 Ejemplo de símbolos eléctricos utilizados por una empresa de ingeniería.

Salidas de interruptores

Interruptor unipolar	S
Interruptor bipolar	S_2
Interruptor de tres vías	S_3
Interruptor de cuatro vías	S_4
Interruptor accionado por llave	S_K
Interruptor y portafusibles	S_{FH}
Interruptor y lámpara piloto	S_P
Interruptor del ventilador	S_F
Interruptor para sistema de conmutación de bajo voltaje	S_L
Interruptor principal para sistema de conmutación de bajo voltaje	S_{LM}
Interruptor y receptáculo sencillo	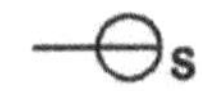
Interruptor y receptáculo doble	
Interruptor de puerta	S_D
Interruptor temporizador	S_T
Interruptor de contacto momentáneo	S_{MC}
Interruptor de cadena para techo	Ⓢ
Interruptor de control "Hand-Off-Auto"	HOA
Interruptor de control de multivelocidad	M
Pulsador	●

Nota: Se puede utilizar una línea curva o una letra de subíndice para hacer corresponder un interruptor con la luminaria o luminarias que controla.

Figura 25A Símbolos eléctricos del CEC (1 de 7).

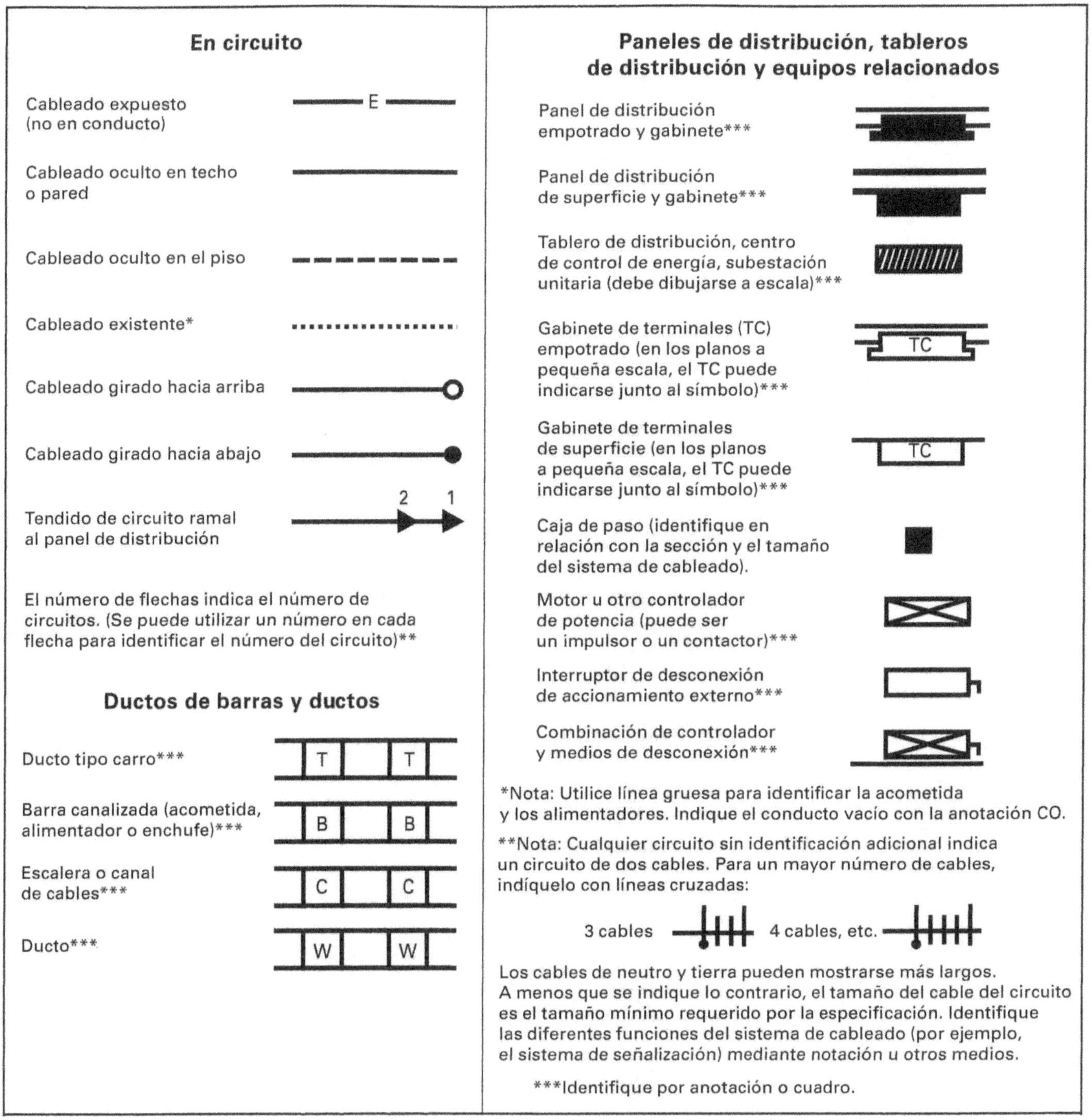

Figura 25B Símbolos eléctricos del CEC (2 de 7).

Equipo eléctrico

Descripción	Símbolo
Motor eléctrico (HP como se indica)	1/4
Transformador de potencia	
Pothead (terminación de cables)	
Elemento de circuito, por ejemplo, interruptor automático	CB
Interruptor automático	
Elemento fusible	
Interruptor de cuchilla de una sola acción	
Interruptor de cuchilla de doble acción	
Conexión a tierra	
Batería	
Contactor	C
Célula fotoeléctrica	PE
Ciclos de voltaje, fase	EX: 480/60/3
Relé	R
Conexión de equipos (como se indica)	

Estaciones de control remoto para motores u otros equipos

Descripción	Símbolo
Estación de pulsadores	PB
Interruptor de nivel mecánico	F
Interruptor de límite mecánico	L
Interruptor neumático mecánico	P
Fuente eléctrica de haz ocular	
Regulador ocular eléctrico	
Conexión del relé de control de temperatura (el 3 indica cantidad)	R 3
Conexión de la válvula de control de solenoide	S
Conexión del interruptor de presión	P
Conexión Aquastat	A
Conexión del interruptor de vacío	V
Conexión de la válvula de solenoide a gas	G
Conexión del interruptor de flujo	F
Conexión del temporizador	T
Conexión del interruptor de límite	L

Salidas de iluminación

Descripción	Cielorraso	Pared
Artefacto incandescente (de superficie o colgante)		
Artefacto incandescente con cadena de tracción (de superficie o colgante)	PC	PC

Figura 25C Símbolos eléctricos del CEC (3 de 7).

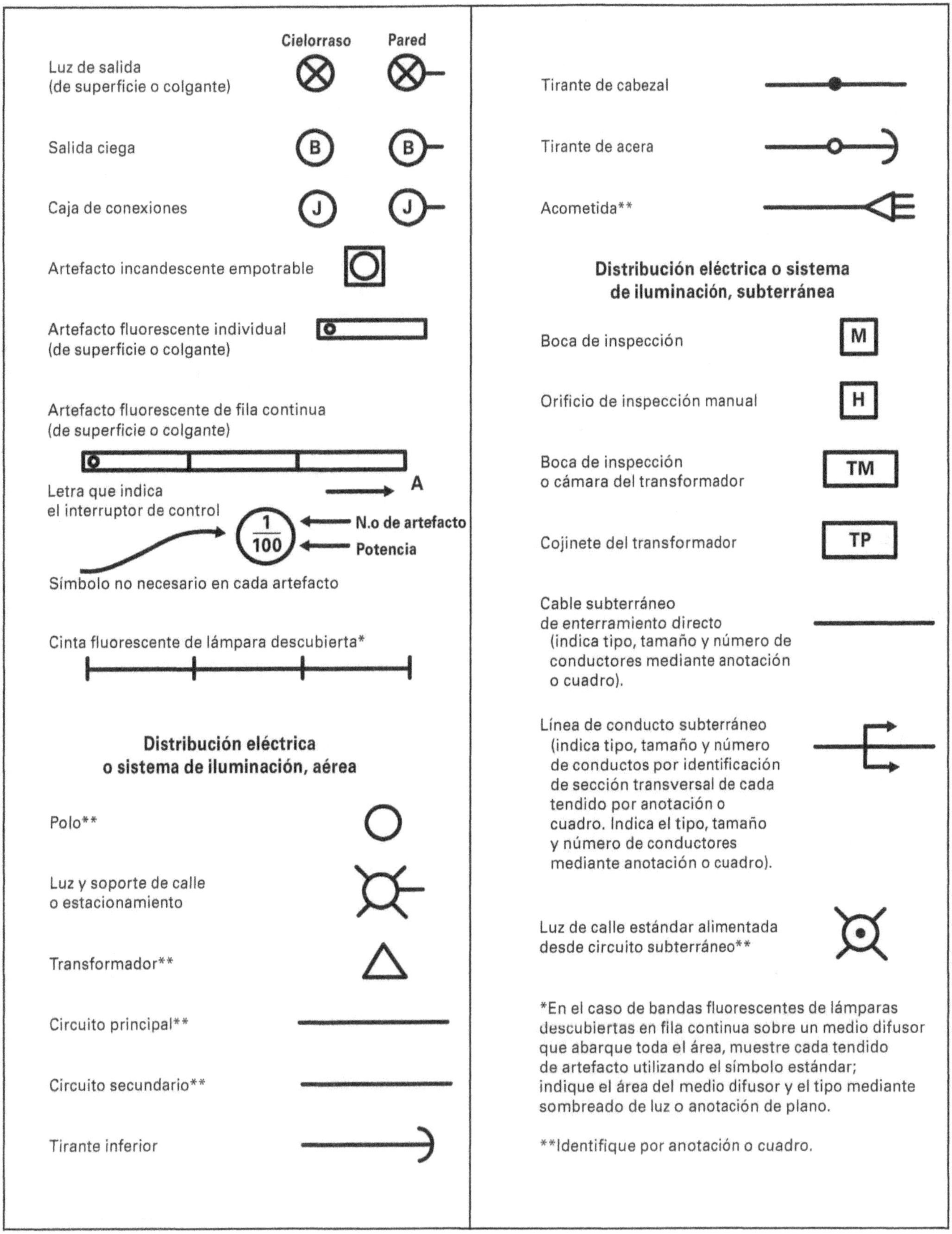

Figura 25D Símbolos eléctricos del CEC (4 de 7).

Salidas del sistema de señalización

Ocupaciones institucionales, comerciales e industriales

I Dispositivos del sistema de llamada de enfermería (cualquier tipo)

Símbolo básico (Ejemplos de identificación de elementos individuales. No forma parte del estándar).	⊢○
Anunciador de enfermería (agregue un número después para indicar la cantidad de lámparas).	+—①
Estación de llamada, cable único, luz piloto	+—②
Estación de llamada, cable doble, micrófono altavoz	+—③
Luz de techo de pasillo 1 lámpara	+—④
Transformador	+—⑤
Cualquier otro elemento en el mismo sistema (use los números según sea necesario).	+—⑥

II Dispositivos del sistema de buscapersonas

Símbolo básico (Ejemplos de identificación de elementos individuales. No forma parte del estándar).	⊢◇
Teclado	◇1
Anunciador de alineado	◇2
Anunciador de 2 caras	◇3
Cualquier otro elemento del mismo sistema (Use números según se requiera).	◇4

III Dispositivos del sistema de alarma contra incendios (cualquier tipo), incluidas alarmas de humo y rociadores

Símbolo básico (Ejemplos de identificación de elementos individuales. No forma parte del estándar).	⊢□
Panel de control	+—[1]
Estación	+—[2]
Gong de 10"	+—[3]
Timbre previo a la señal	+—[4]
Cualquier otro elemento del mismo sistema (Use números según se requiera).	+—[5]

IV Dispositivos del sistema de registro de personal (cualquier tipo)

Símbolo básico (Ejemplos de identificación de elementos individuales. No forma parte del estándar).	⊢◇○
Registro de operadores telefónicos	◇①
Registro de operadores de entrada	◇②
Registro de las salas del personal	◇③
Transformador	◇④
Cualquier otro elemento del mismo sistema (Use números según se requiera).	◇⑤

V Dispositivos del sistema de reloj eléctrico (cualquier tipo)

Símbolo básico (Ejemplos de identificación de elementos individuales. No forma parte del estándar).	⊢○
Reloj principal	+—(1)
Secundario 12" - alineado	+—(2)
Dial doble de 12" - montado en la pared	+—(3)
Dial de estructura básica de 18"	+—(4)
Cualquier otro elemento del mismo sistema (Use números según se requiera).	+—(5)

Figura 25E Símbolos eléctricos del CEC (5 de 7).

VI Dispositivos del sistema telefónico público

Símbolo básico (Ejemplos de identificación de elementos individuales. No forma parte del estándar).	
Reloj principal	
Secundario 12" - alineado	
Cualquier otro elemento del mismo sistema (Use números según se requiera).	

VII Dispositivos del sistema telefónico privado (cualquier tipo)

Símbolo básico (Ejemplos de identificación de elementos individuales. No forma parte del estándar).	
Reloj principal	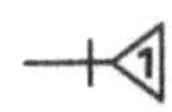
Secundario 12" - alineado	
Cualquier otro elemento del mismo sistema (Use números según se requiera).	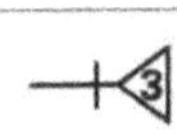

VIII Dispositivos del sistema de vigilante (cualquier tipo)

Símbolo básico (Ejemplos de identificación de elementos individuales. No forma parte del estándar).	
Estación central	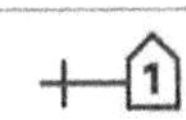
Estación clave	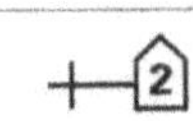
Cualquier otro elemento del mismo sistema (Use números según se requiera).	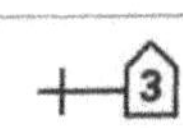

Figura 25F Símbolos eléctricos del CEC (6 de 7).

IX Sistema de sonido

Símbolo básico (Ejemplos de identificación de elementos individuales. No forma parte del estándar).	
Amplificador	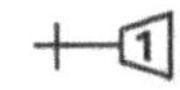
Micrófono	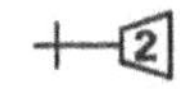
Altavoz interior	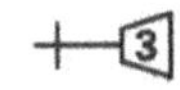
Altavoz exterior	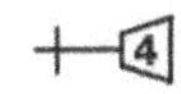
Cualquier otro elemento del mismo sistema (Use números según se requiera).	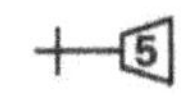

X Otros dispositivos del sistema de señalización

Símbolo básico (Ejemplos de identificación de elementos individuales. No forma parte del estándar).	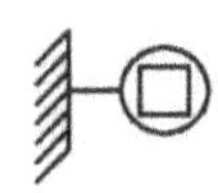
Zumbador	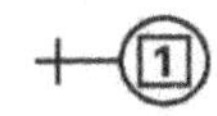
Campana	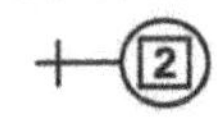
Pulsador	
Anunciador	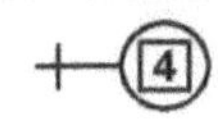
Cualquier otro elemento del mismo sistema (Use números según se requiera).	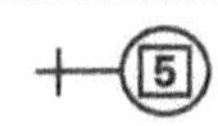

Ocupaciones residenciales

Pulsador	
Zumbador	
Campana	
Combinación campana—zumbador	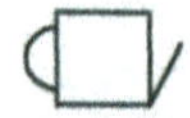
Timbre	CH
Anunciador	
Abrepuertas eléctrico	D
Caja de interconexión	
Transformador de timbre	BT
Teléfono exterior	
Teléfono de interconexión	
Salida de televisión	TV

Nota: Los símbolos del sistema de señalización identifican los elementos estandarizados del sistema de señalización de tipo residencial en los planos residenciales en los que no se incluye una lista descriptiva de símbolos en el plano. Cuando deban identificarse otros elementos del sistema de señalización, utilice los símbolos básicos anteriores para dichos elementos junto con una lista de símbolos descriptivos.

Figura 25G Símbolos eléctricos del CEC (7 de 7).

3.2.0 Planos eléctricos residenciales

La mayoría de los proyectos residenciales cuentan con un conjunto muy básico de planos creados por un arquitecto o un electricista en la obra. Las viviendas con instalaciones complejas, como electrodomésticos inteligentes, sistemas de alarma e iluminación técnica, pueden tener planos y especificaciones de trabajo eléctrico completos similares a los de los proyectos comerciales e industriales.

Un conjunto de planos eléctricos residenciales puede tener de una a tres hojas. Son más fáciles de leer y utilizar que los planos comerciales o industriales. Sin embargo, los detalles del plano, como líneas, símbolos y circuitos ramales, son los mismos para los proyectos residenciales y para los comerciales e industriales.

3.2.1 Circuitos ramales

El número de circuitos ramales necesarios para la iluminación y los receptáculos depende del uso o la *ocupación* del edificio. *En las Secciones 220.10 a 220.16* de la Parte II del Artículo 220 del NEC se proporciona información sobre el cálculo de las cargas de los circuitos ramales de diversas ocupaciones. Dado que estos circuitos ramales se consideran cargas continuas, la Sección 210.19(A)(1) del *NEC* establece que el tamaño mínimo del conductor debe tener una ampacidad no inferior al 125% de la carga continua. La carga máxima del circuito es el recíproco del 125% ($^1/_{1.25} = 0.80$), es decir, el 80%. Para un circuito ramal de 15A, la capacidad nominal que puede soportar (en voltios-amperios) es la siguiente:

$$15\text{A} \times 120\text{ V} = 1{,}800\text{ VA}$$

Pero como solo puede cargarse al 80% de su capacidad nominal, la carga máxima inicial conectada no debe superar los 1,440 VA, como muestra el cálculo siguiente:

$$1{,}800\text{ VA} \times 0.80 = 1{,}440\text{ VA}$$

Cada punto en el que se conectan equipos eléctricos al circuito ramal se conoce como salida o *toma de corriente*. Hay muchas clasificaciones de tomas de corriente, como las de iluminación, las de receptáculo, las de motor y las de electrodomésticos.

Los circuitos ramales se representan en los planos eléctricos con una sola línea trazada desde el panel de distribución hasta la toma de corriente y de toma de corriente a toma de corriente cuando hay más de una en el circuito. Pueden mostrarse con puntas de flecha del tendido residencial que indican que el circuito va al panel de distribución.

Conozca el código

Cálculos de carga de circuitos ramales
Artículo 220 de la Parte II del NEC

Conozca el código

Conductores - Ampacidad y tamaño mínimos
Sección 210.19 del NEC

NOTA

Usted aprenderá más acerca de los circuitos ramales y el cableado residencial, incluso sobre el cálculo de las cargas del circuito, en el Módulo 26111-23, *Cableado residencial* de NCCER.

3.2.2 Receptáculos residenciales y circuitos ramales de iluminación

Los circuitos ramales de los planos de trabajo eléctrico deben mostrar que la instalación cumplirá los requisitos de la *Sección 210.52 del NEC*.

La Sección 210.52(A) del NEC establece los requisitos *mínimos* para la ubicación de receptáculos en unidades de vivienda. Especifica que en cada cocina, habitación familiar y comedor, las salidas de receptáculo se instalarán de modo que ningún punto a lo largo de la línea del suelo en cualquier espacio de pared esté a más de 6' (1.8 m), medidos horizontalmente a partir de una salida en ese espacio. Esto significa que las salidas no estarán separadas más de 12' (3.7 m). Cuando se espacia de esta manera, un cable de artefacto de 6' (1.8 m) alcanzará un receptáculo en cualquier punto a lo largo de la línea de la pared.

Las tomas de receptáculo instalados en pisos no deben contarse como parte de la cantidad requerida de tomas de receptáculo, a menos que estén ubicadas a menos de 18" (450 mm) de una pared. Recuerde que el *NEC®* es una norma mínima. Por eso, a medida que se utilicen más dispositivos eléctricos, es aconsejable colocar los receptáculos más cerca unos de otros.

La Sección 210.52(A)(2) del NEC define el espacio de pared como una pared que no está interrumpida a lo largo de la línea del suelo por puertas, chimeneas o aberturas similares y gabinetes fijos que no tienen encimeras ni superficies de trabajo similares. Cada espacio de pared de 2' (600 mm) o más de ancho debe tratarse por individual y separado de otros espacios de pared dentro de la habitación. El propósito de esta sección es eliminar los peligros causados por el uso de cables de extensión y cables de tendido de artefactos a través de puertas, chimeneas y aberturas similares.

La *figura 26* muestra los receptáculos de una residencia de muestra. Al colocar estas salidas de receptáculos, se mide la línea de suelo ininterrumpida de la pared (también en las esquinas) y, a continuación, se separan las salidas de receptáculos a distancias iguales.

La *figura 27* muestra la disposición de la iluminación de la misma residencia. Todas las luminarias se muestran en sus ubicaciones físicas aproximadas tal y como deberían instalarse. Revise siempre los planos para asegurarse de que las ubicaciones cumplen los requisitos del *NEC®*. Por ejemplo, si se utilizan luminarias incandescentes o de light-emitting diode - LED (diodos emisores de luz) en un armario, deben cumplir los requisitos de la *Sección 410.16(B)(1) del NEC* y estar completamente cerradas.

Conozca el código

Disposiciones generales
Sección 210.52(A) del NEC

Conozca el código

Espacio de pared
Sección 210.52(A)(2) del NEC

Conozca el código

Tipos de luminarias permitidas
Sección 410.16(B) del NEC

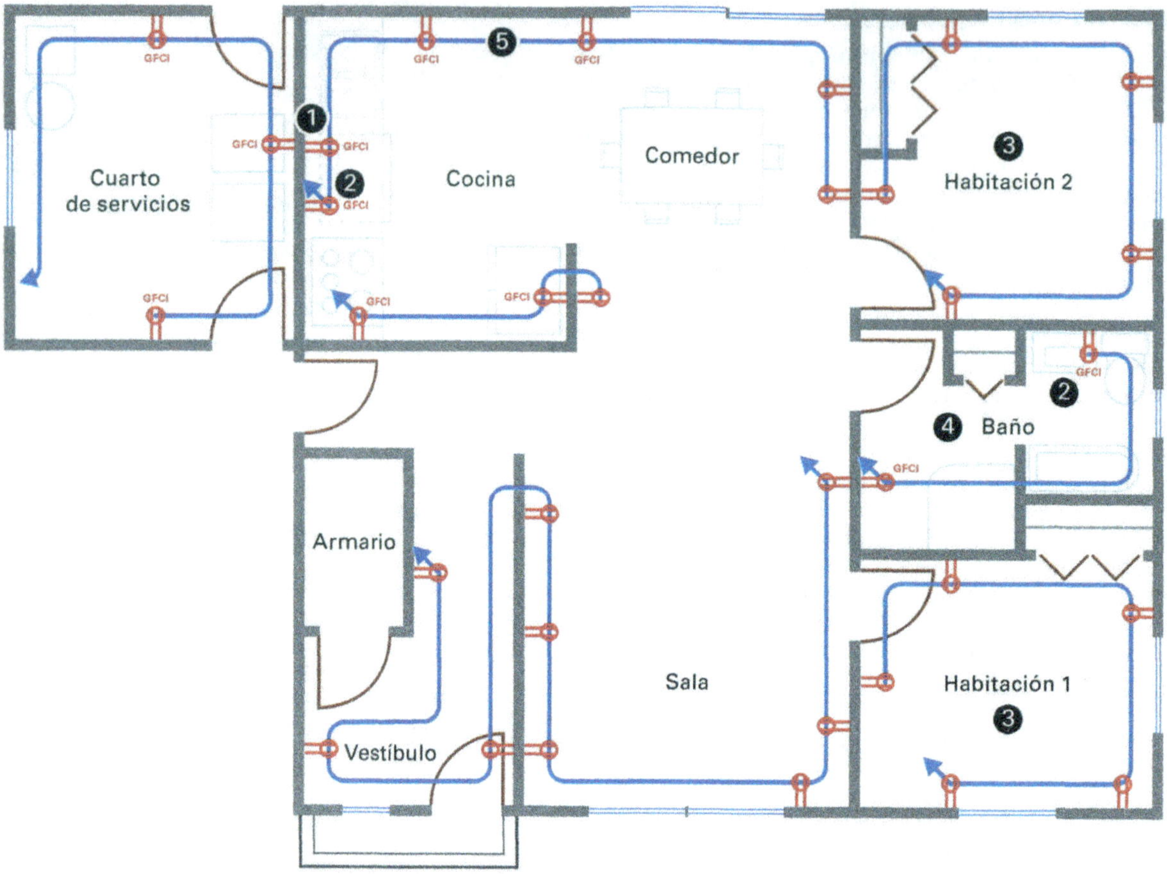

1

Ningún punto a lo largo del espacio de la pared deberá estar a más de 24" de una salida de receptáculo en encimeras y superficies de trabajo en cocinas y áreas similares. ***Sección 210.52(C)(1) del NEC***

2

Las salidas de receptáculo instaladas en las cocinas deberán estar protegidas con GFCI. ***Sección 210.8(A)(6) del NEC***

3

Todos los receptáculos de 125 V, 15 A y 20 A especificados en la ***Sección 210.52 del NEC*** deberán estar certificados como resistentes a la manipulación según la ***Sección 406.12 del NEC.***

4

Los receptáculos del baño deben estar en un circuito separado protegido por GFCI. ***Secciones 210.11(C)(3) y 210.8(A)(1) del NEC.***

5

Las salidas de receptáculo se instalarán de forma que ningún punto medido horizontalmente a lo largo de la línea del suelo esté a más de 6' de una salida de receptáculo. Esto se aplica generalmente a las habitaciones habitables. ***Sección 210.52(A) del NEC***

Figura 26 Plano de planta que muestra la colocación de los receptáculos.

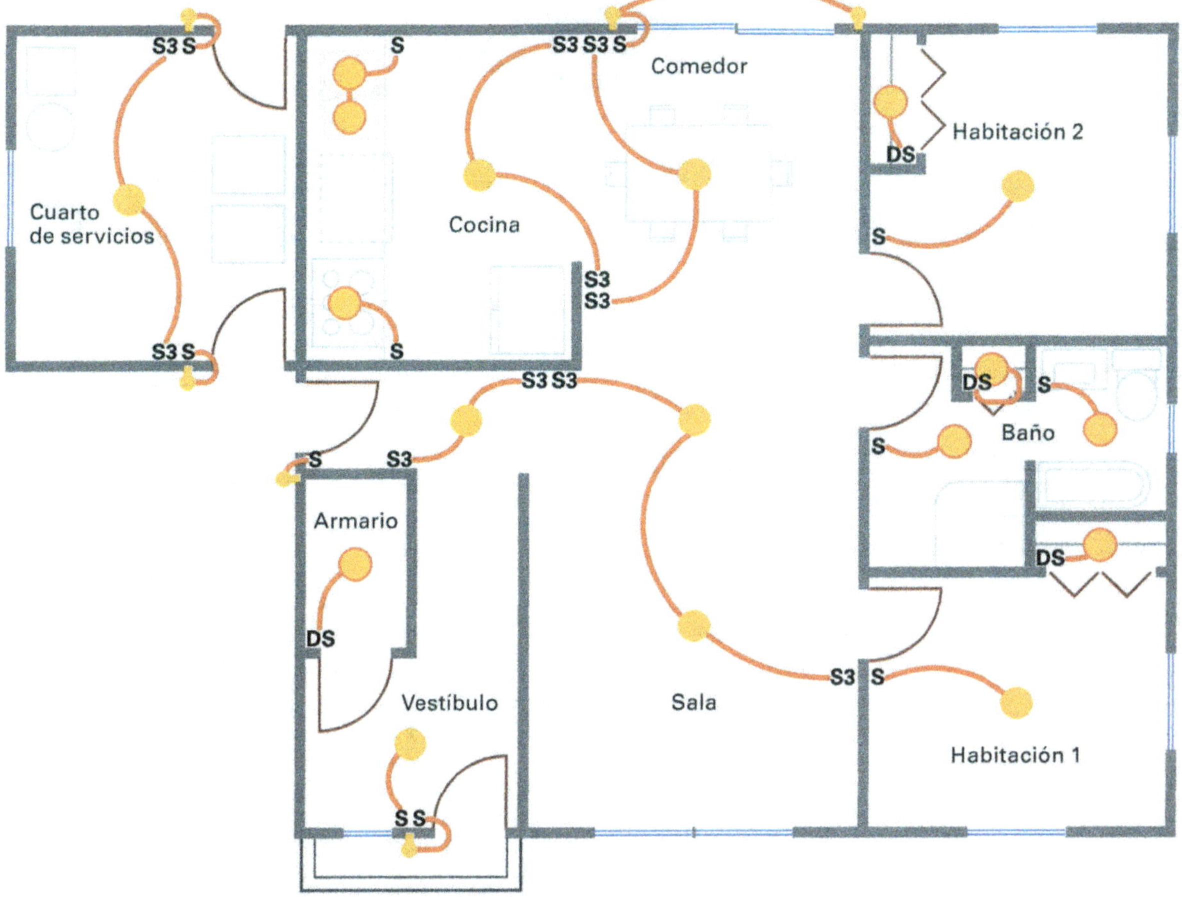

Figura 27 Plano de planta que muestra la disposición de la iluminación.

Lectura de las notas

Las notas son elementos cruciales del conjunto de planos. Los receptáculos, por ejemplo, son difíciles de colocar con precisión basándose únicamente en un plano a escala y, sin embargo, el diseñador puede exigir ubicaciones exactas. Por ejemplo, el diseñador puede querer receptáculos exactamente a 6" (152 mm) por encima del salpicadero de la encimera de la cocina y centrados por encima del lavavajillas. Esta información puede introducirse en las notas, pero no de forma precisa en los planos.

3.3.0 Lectura de un conjunto de planos comerciales

Los proyectos y planos comerciales son mucho más grandes y complejos que los residenciales. Por eso, un conjunto típico de planos comerciales contiene muchas secciones. Las secciones específicas y el orden pueden variar un poco, pero la mayoría siguen el orden que se indica en la *figura 28*.

3.3.1 Planos eléctricos de obras

El plano de la obra, a veces, denominado *plano del terreno*, es el punto de partida de los nuevos trabajos de construcción eléctrica. A veces, el trabajo eléctrico de las obras se muestra en el plano del terreno del arquitecto.

Cuando en una obra intervienen muchos oficios y servicios públicos, como gas, teléfono, electricidad, televisión, agua y alcantarillado, los planos pueden resultar confusos. En ese caso, lo mejor es disponer de un plano de obra independiente para los trabajos eléctricos. La *figura 29* muestra un plano eléctrico de obra de un edificio pequeño de oficinas o un almacén. Los planos eléctricos constan de cuatro hojas grandes de dibujo y un conjunto de especificaciones escritas.

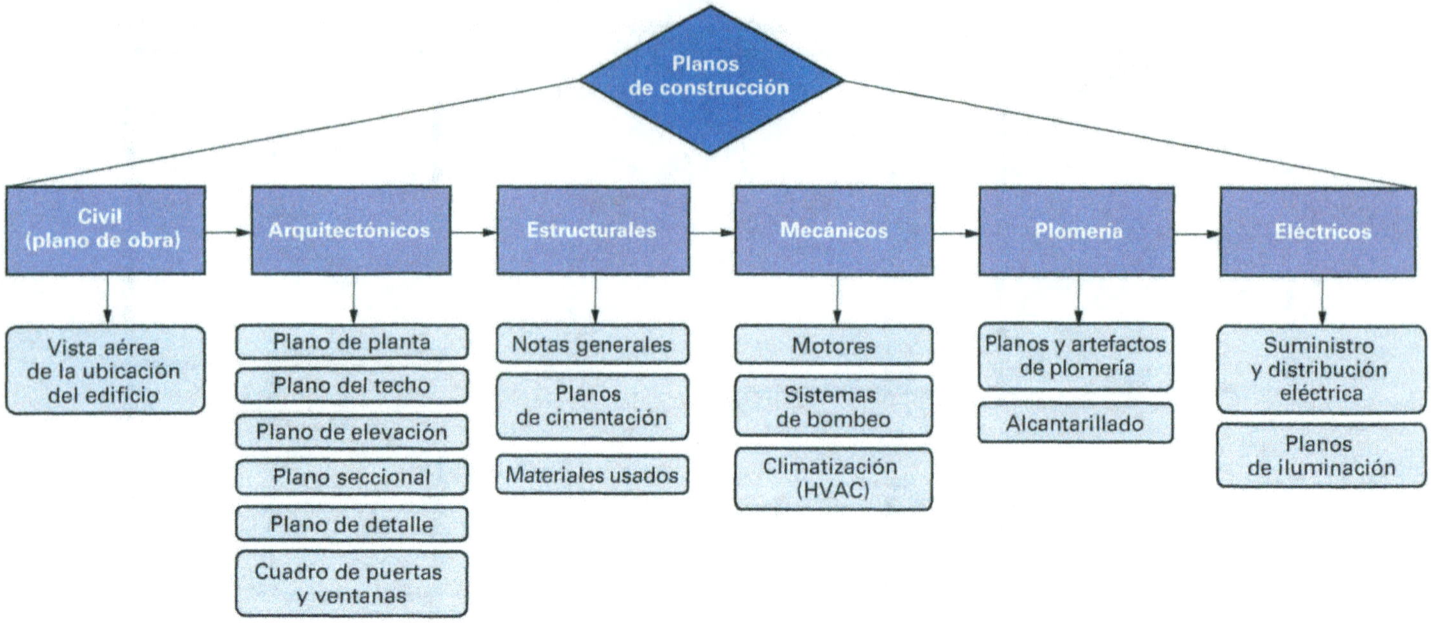

Figura 28 Organización típica de un conjunto de planos de construcción.

Cuando vea un conjunto de planos eléctricos por primera vez, fíjese siempre en el área alrededor del cajetín. Aquí es donde se colocan la mayoría de los bloques o notas de revisión. Si se han hecho revisiones a los planos, asegúrese de que entiende claramente lo que se ha hecho antes de proceder con el trabajo. Cada hoja muestra bloques similares al de la *figura 29*. Verifique también la escala de cada hoja. Todas las hojas utilizarán la misma escala, a menos que se indique lo contrario.

Consulte de nuevo el plano de la *figura 29* y observe la flecha hacia el norte en la esquina superior izquierda. La flecha hacia el norte muestra la dirección del norte verdadero para ayudarlo a orientar el plano hacia la obra. Mire directamente hacia abajo desde la flecha hacia el norte hasta la parte inferior de la página y encontrará el título del plano *Servicios públicos del terreno*. Justo debajo del título del plano, puede ver que la escala es 1" = 30'. Se trata de una escala de ingeniería en la que 1" en el plano representa 30' en la obra real. Esta escala es válida para todos los planos de la página.

En el plano de la obra, puede ver un esquema del edificio propuesto etiquetado como *Edificio propuesto. Elevación del piso acabado 590.0'*. Esto significa que el nivel del suelo acabado del edificio estará a 590' sobre el nivel medio del mar. En esta obra, será de aproximadamente 2' por encima del grado de acabado alrededor del edificio. Esta información ayuda al electricista a situar los manguitos de los conductos y los empalmes a la altura correcta antes de verter el suelo de concreto acabado.

El área sombreada del plano representa la pavimentación de asfalto de la carretera de acceso, los accesos y el estacionamiento. Tenga en cuenta que la carretera de acceso conduce a una carretera designada como *Ruta 35*. Esta información ayuda además a los trabajadores a orientar el plano a la obra del edificio.

Las bocas de inspección existentes se indican con un círculo sólido, mientras que se utiliza un círculo abierto para mostrar la posición de las cinco luminarias nuevas montadas en poste que se instalarán alrededor del edificio nuevo. Las dimensiones y los detalles de su construcción ayudarán al contratista eléctrico o al supervisor a planificar mejor el tendido de cables de alto voltaje.

Las líneas eléctricas existentes se muestran con una línea continua clara con la letra E (de eléctrico) colocada a intervalos a lo largo de la línea. La acometida eléctrica subterránea nueva se muestra del mismo modo, salvo que las líneas son algo más anchas y oscuras en el plano. Observe que este cable nuevo de alto voltaje termina en un transformador montado en plataforma cerca del edificio propuesto. Las líneas telefónicas nuevas son similares, salvo que se utiliza la letra T para su identificación.

El cable subterráneo de enterramiento directo que alimenta las luminarias externas se muestra con líneas discontinuas en el plano, conectando los símbolos de las luminarias (círculos abiertos). También se muestra un tendido residencial de este circuito a un reloj registrador.

Oriéntese

Cuando lea un plano, busque la flecha hacia el norte para orientarse en la estructura. Saber en qué dirección está el norte permite describir con precisión la ubicación de paredes y otras partes del edificio.

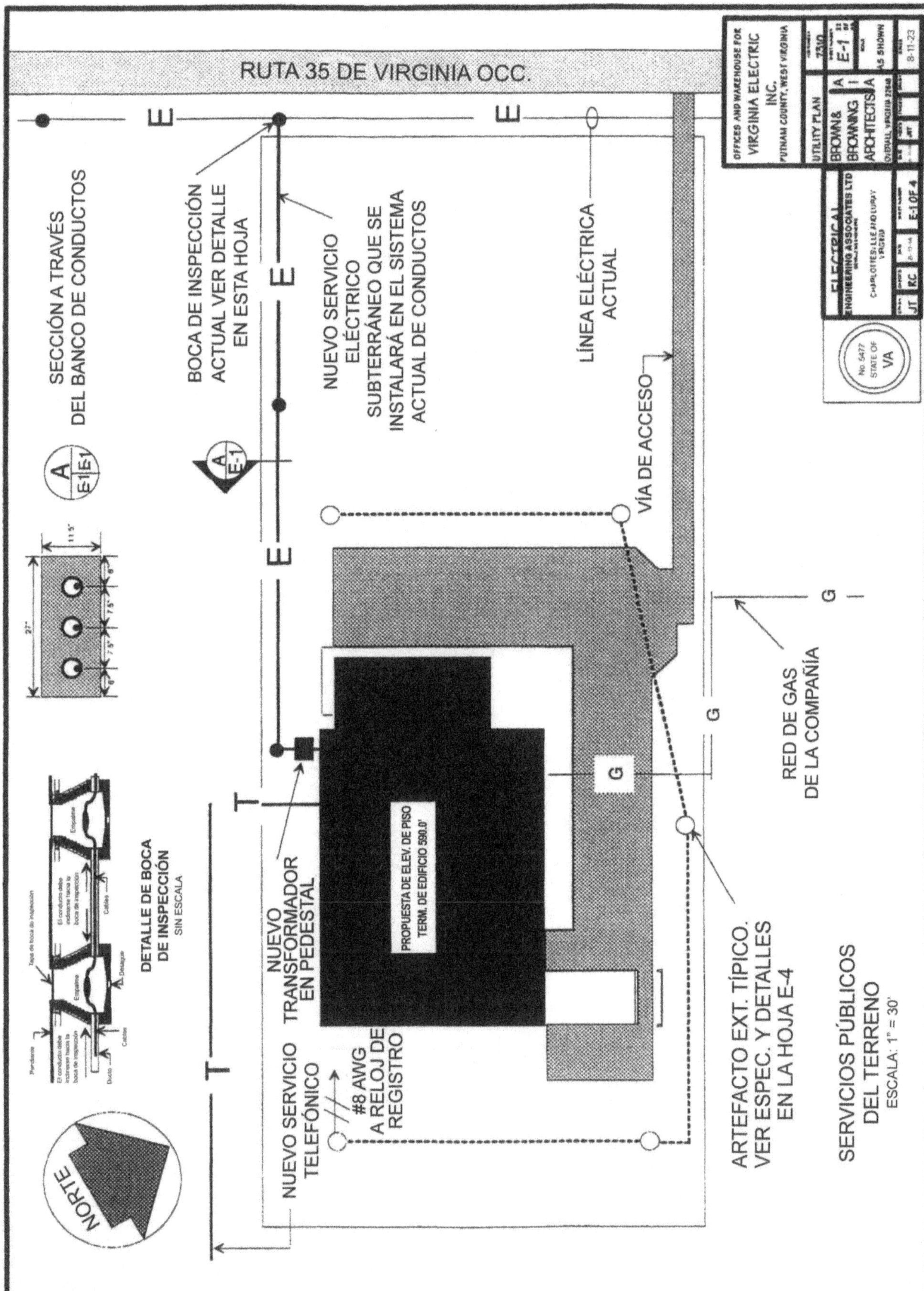

Figura 29 Plano eléctrico de la obra.

PRECAUCIÓN

Es importante que los trabajadores eléctricos conozcan la ubicación aproximada de la línea principal de gas mientras instalan los conductores de enterramiento directo de las luminarias externas.

El detalle de la boca de inspección que se muestra a la derecha de la flecha hacia el norte puede parecer que tiene muy poca utilidad en este plano, dado que las bocas de inspección ya se han instalado. Sin embargo, las dimensiones y los detalles de su construcción ayudarán al contratista eléctrico o al supervisor a planificar mejor el tendido de cables de alto voltaje. Lo mismo ocurre con la sección transversal del banco de conductos que se muestra en la parte superior del plano. La sección transversal de un banco de conductos permite al contratista eléctrico saber que dispone de tres conductos vacíos en caso de que uno resulte dañado al comenzar el trabajo.

3.3.2 Planos de energía

Cuando las ubicaciones físicas de todo el cableado y las tomas de corriente se muestran en un plano, este puede resultar difícil de leer. Por este motivo, la mayoría de los proyectos tienen un plano independiente en el que se muestran las tomas de iluminación, energía, señales y comunicaciones, sistemas eléctricos especiales y equipos relacionados. Los diagramas y detalles de las acometidas pueden mostrarse en otra hoja del plano. Si hay espacio, pueden mostrarse en las hojas de los planos de iluminación o de energía.

El plano de energía eléctrica (*figura 30*) muestra el plano de planta completo del edificio de oficinas o almacén con todas las particiones interiores dibujadas a escala.

La *figura 31* muestra una versión ampliada del plano clave de la *figura 30*. Un plano clave identifica la parte de un proyecto a la que se aplica la hoja actual. En este caso, el proyecto tiene dos partes anexas: Parte A y Parte B.

El esquema de la Parte B aparece tachado en el plano clave, lo que significa que la hoja se aplica a ese edificio. Tenga en cuenta que este plano clave no está dibujado a escala; solo se muestran su forma y orientación aproximadas.

Aunque la Parte A también se muestra en el plano clave, una nota debajo del título del plano clave indica que no se requieren trabajos eléctricos en la parte A.

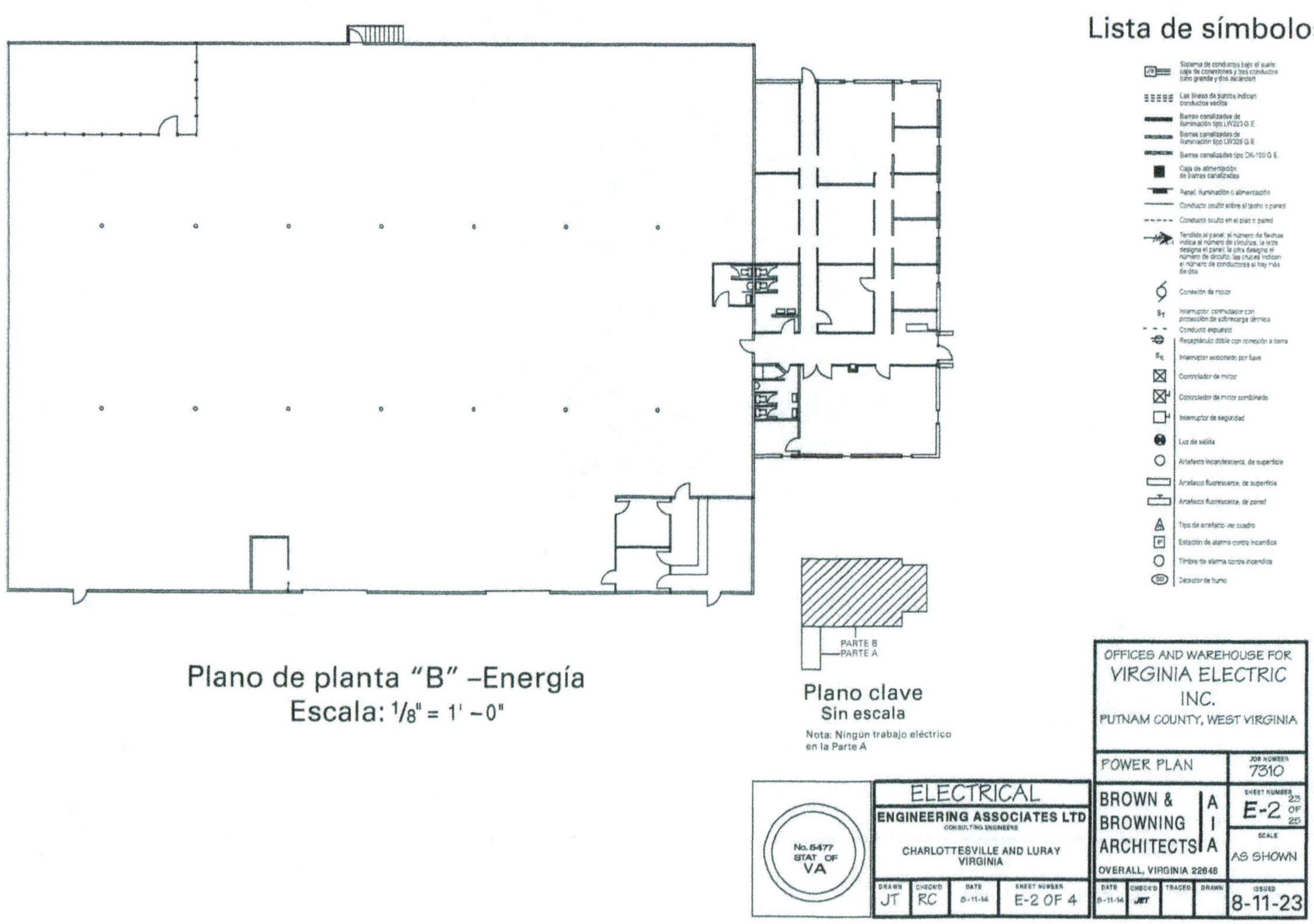

Figura 30 Plano de energía eléctrica.

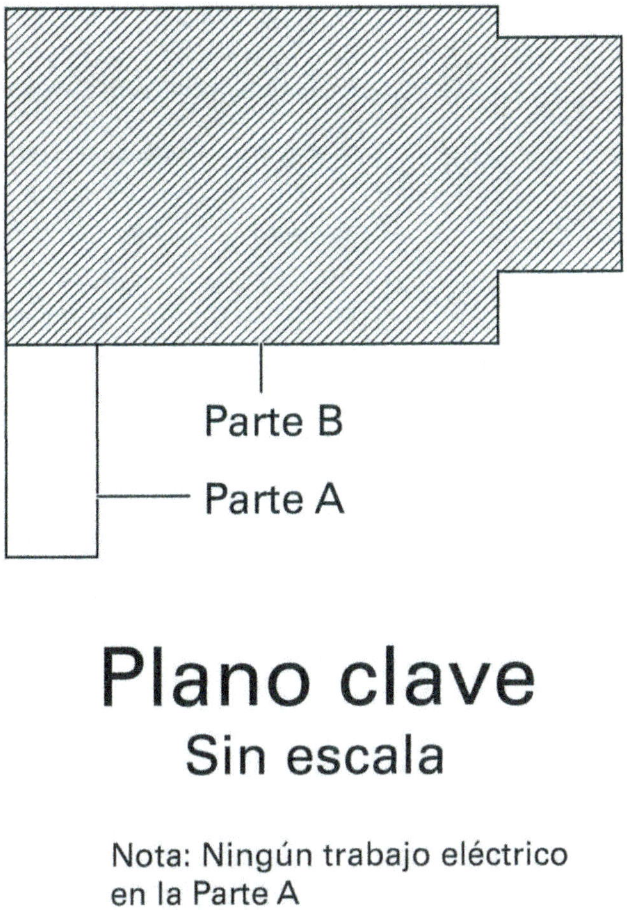

Figura 31 Plano clave que aparece en el plano de energía eléctrica.

En instalaciones más grandes, el proyecto general puede abarcar varios edificios. Se incluyen planos clave en cada plano para ayudar a los trabajadores a orientar los planos hacia el edificio adecuado. En algunos casos, pueden utilizarse planos independientes para cada habitación o área de un proyecto industrial. De nuevo, requiere planos clave en cada hoja de planos para identificar los planos aplicables a cada habitación.

Los planos de energía utilizan una lista de símbolos para identificar los símbolos utilizados tanto para la energía como para la iluminación del proyecto. La *figura 32* muestra una vista ampliada de la lista de símbolos de la *figura 30*.

En la mayoría de los casos, los únicos símbolos enumerados se aplican al proyecto particular. En otros casos, sin embargo, se utiliza una lista estándar de símbolos para todos los planos del proyecto. En este caso, suele incluirse una nota para proporcionar instrucciones adicionales sobre los símbolos que pueden o no utilizarse en el plano.

3.3.3 Detalles de los planos de energía

La figura 33 muestra una vista ligeramente ampliada del plano de planta eléctrica. Como el proyecto es grande y complejo, sigue siendo difícil ver muchos detalles. Este tipo de plano sirve para mostrar la disposición general del plano y cómo están dispuestos los símbolos y las notas.

En general, este plano muestra los equipos de acometida (en vista en planta), los receptáculos, el sistema de conductos subterráneo, las conexiones de los motores, los controladores de los motores, la calefacción eléctrica, las barras canalizadas y detalles similares. Los paneles eléctricos y otros equipos de acometida están dibujados a escala. Las ubicaciones de otras tomas de corriente y componentes similares son solo aproximadas en los planos porque hay que exagerar su tamaño para que aparezcan en las impresiones. Por ejemplo, un receptáculo doble común solo mide 3" (76 mm) de ancho. Si dicho receptáculo estuviera situado en el plano de planta de este edificio (dibujado a una escala de $\frac{1}{8}$" = 1'-0"), incluso un punto pequeño en el plano sería demasiado grande para dibujar el receptáculo exactamente a escala.

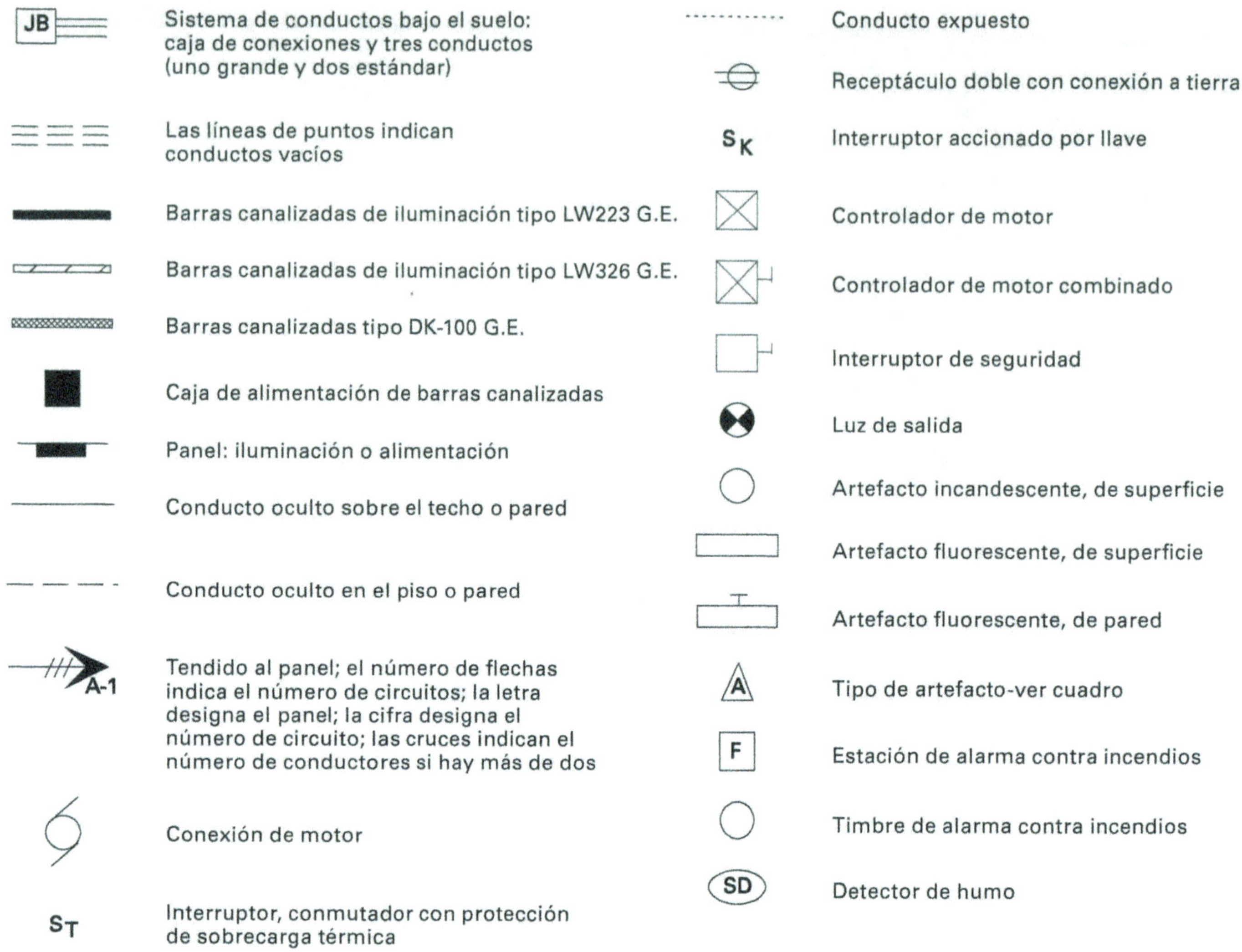

Figura 32 Símbolos eléctricos utilizados en el plano de energía eléctrica.

Cuando los receptáculos se escalan en los planos para determinar la ubicación adecuada, se suele tomar una medida hasta el centro del símbolo para determinar la distancia entre las tomas. Las cajas de conexiones, interruptores y otras conexiones eléctricas que aparecen en el plano se exagerarán de forma similar.

El proyecto de oficinas o almacén utiliza tres tipos de barras canalizadas: dos de iluminación y una de energía. En el plano de planta solo se muestran las barras canalizadas; las barras canalizadas de iluminación aparecerían en el plano de iluminación.

La *figura 34* muestra dos tendidos de barras canalizadas: uno a lo largo del edificio en el extremo sur (pared superior en el plano) y otro a lo largo de la pared norte. La lista de símbolos de la *figura 32* muestra estas barras canalizadas como General Electric Tipo DK-100. Estas barras canalizadas se alimentan desde el panel de distribución principal (circuitos MDP-1 y MDP-2) a través de cajas de derivación GE nro. DHIBBC41.

El ***Artículo 100 del NEC*** define las barras canalizadas como una canalización formada por una caja metálica que contiene conductores montados en fábrica, desnudos o aislados, normalmente barras, varillas o tubos de cobre o aluminio.

Verifique siempre la relación de las barras canalizadas y sus soportes con la construcción del edificio antes de iniciar la instalación. Esto lo ayudará a resolver de antemano los problemas debidos a conflictos de espacio, estructura de soporte inadecuada o inapropiada, aberturas a través de las paredes, etc.

Conozca el código

Definiciones
Artículo 100 del NEC

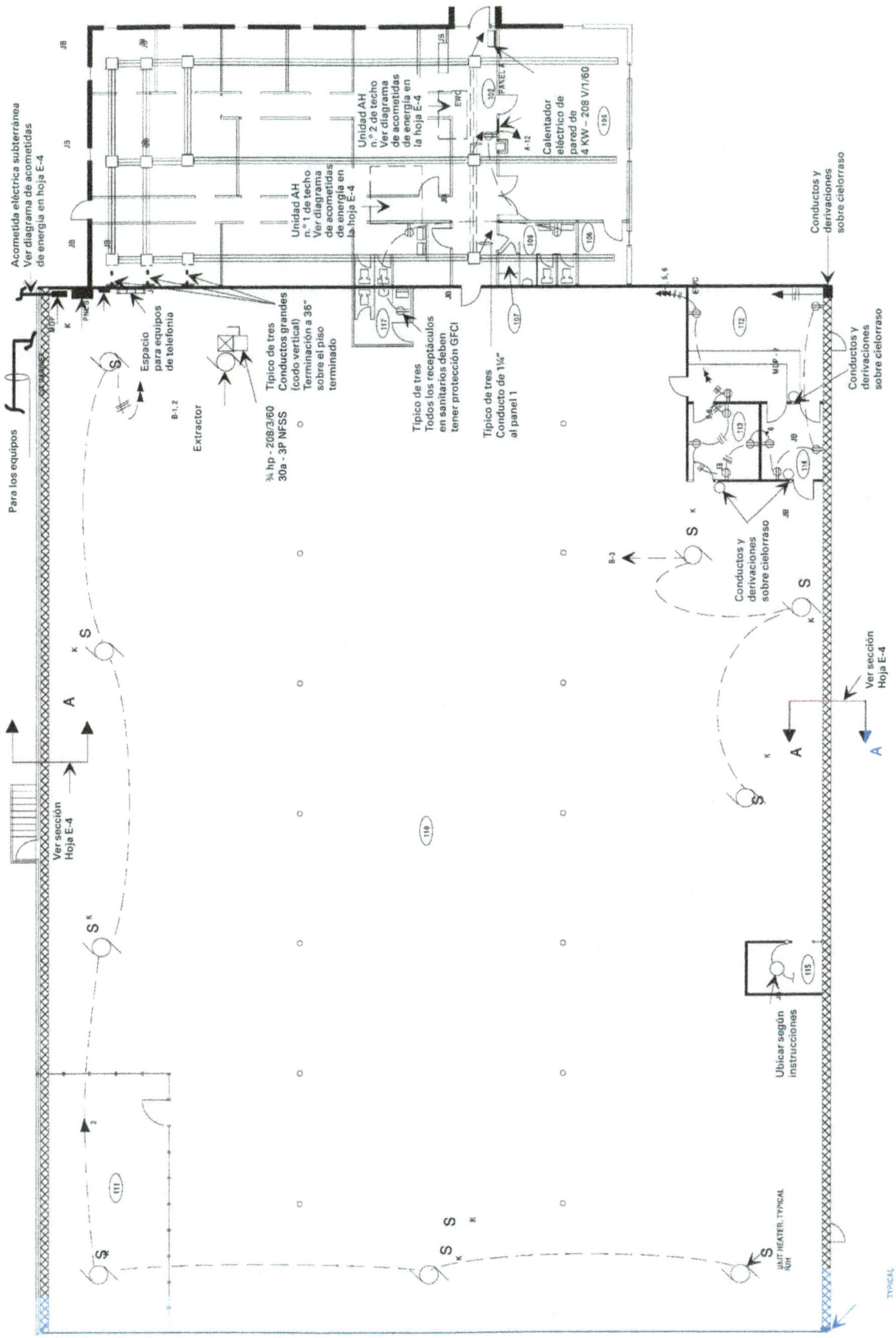

Figura 33 Plano de planta de un edificio de oficinas o almacén.

No se limite a verificar el plano eléctrico

Es importante revisar todos los planos de un conjunto de planos, no solo el plano eléctrico. Varios planos del conjunto contendrán información relevante para el electricista. Por ejemplo, debe revisar lo siguiente:

- Planos de obra para las líneas de servicios públicos e información sobre elevaciones
- Planos mecánicos para el tendido, las distancias y los equipos y controles de HVAC
- Planos arquitectónicos del tipo de construcción (bloque, madera, estructura metálica, etc.), clasificación contra incendios y detalles especiales
- Planos de acabado (por ejemplo, planos de techos reflejados) para la ubicación de luminarias, ventiladores y otros dispositivos
- Cuadros de acabado de las habitaciones para altura del techo y detalles de acabado de suelos y paredes
- Planos de tuberías para bombas, acometidas de agua y aspersores

Por ejemplo, los planos y las especificaciones pueden exigir que las barras canalizadas se suspendan en soportes fijados o soldados a columnas de acero. Sin embargo, el espaciado de las columnas puede requerir barras de suspensión complementarias adicionales suspendidas del techo o de la estructura del techo para proporcionar un soporte adecuado a las barras canalizadas. Para ofrecer más ayuda a los trabajadores del proyecto de oficinas o almacén, el ingeniero también puede proporcionar un plano adicional que muestre cómo se van a montar las barras canalizadas.

También encontrará notas en los planos que aclaran ciertos detalles del plano. Por ejemplo, en el plano de planta de muestra de la *figura 33*, el contratista eléctrico solo instalará un calefactor eléctrico en el vestíbulo del edificio. En lugar de tener un símbolo separado en la lista de símbolos para este único calefactor, una nota lo identifica en el plano.

Otras notas de este plano describen cómo deben instalarse determinadas partes del sistema. En las áreas de oficinas del plano (habitaciones 112, 113 y 114), verá la nota: *Conductos y derivaciones por encima del techo.* Este conducto vacío es para los cables de teléfono o comunicaciones que instalará posteriormente la compañía telefónica.

Otros detalles incluyen la disposición general del sistema de conductos bajo el suelo; cajas de conexiones y conductos de alimentación del sistema de conductos subterráneo; vistas en planta de los equipos de acometida y telefonía y salidas de receptáculos dobles. Una nota en el plano exige que todos los receptáculos de los baños dispongan de protección de Ground Fault Circuit Interrupter - GFCI (interruptor de circuito por falla a tierra).

3.3.4 Identificación de luminarias en un plano de planta de iluminación

Las figuras siguientes muestran planos eléctricos de la oficina de una editorial de libros de texto. La *figura 34* es una vista parcial de un plano de planta de iluminación dibujado a una escala de $^1/_8$" = 1'-0". Los símbolos de la iluminación se dibujan para indicar la forma física y el tamaño aproximado del artefacto. Los distintos profesionales de la ingeniería pueden utilizar diferentes formas de identificar los artefactos, como se ve en la *figura 34*, o un código dentro de un triángulo u otra forma.

La *tabla 3* es un cuadro parcial de los símbolos de las luminarias de este conjunto de planos. Los artefactos identificados con una *E* al final son para iluminación de emergencia y no figuran por separado en este cuadro. El cuadro proporciona los detalles necesarios para seleccionar e instalar cada artefacto. En algunos proyectos, este cuadro o los detalles del mismo pueden encontrarse únicamente en las especificaciones escritas.

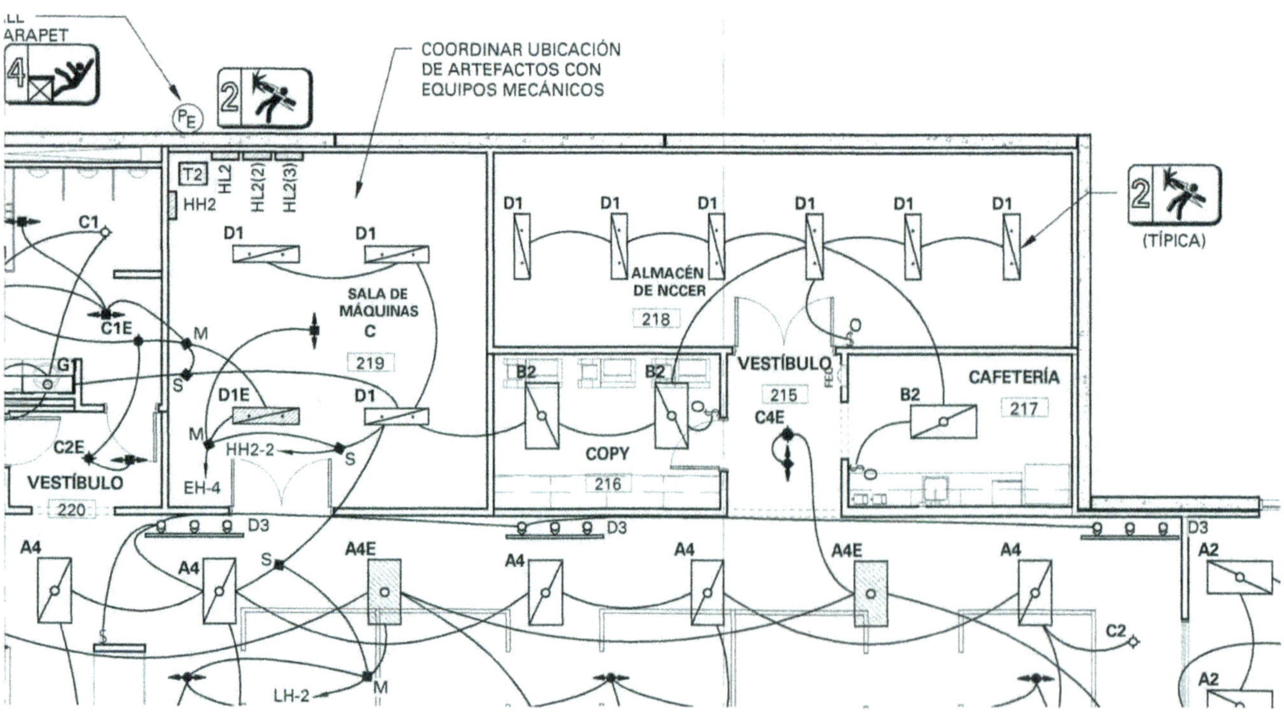

Figura 34 Plano parcial de iluminación.

TABLA 3 Cuadro parcial de símbolos de luminarias

Tipo	Fabricante	Número de categoría	Descripción	Número de lámparas	Vatios	Descripción	Vatios de entrada	Montaje
A2	Metalux	CA	2 × 4 empotradas	2	17	T8	48	Red
A4	Metalux	RDI	2 × 4 empotradas indirectas	3	32	T8	114	Red
B1	Metalux	GR8	2 × 2 empotradas	2	17	T8	48	Red
B2	Metalux	GR8	2 × 4 empotradas	2	32	T8	76	Red
C1	Cobre	PD6	6" empotrada	1	36	CFL-TRT	30	Red
C2	Cobre	PD6	6" empotrada	1	32	CFL-TRT	36	Red
C3	Cobre	PD6	6" empotrada, fresnel	1	18	CFL-TRT	22	Red
C6	Espectro	SPC0812CF	6" colgantes	1	26	CFL-TRT	36	Colgantes
D1	Espectro	WN	2 × 4 envolventes	2	32	T8	76	Cadena
D3	Espectro	STPD3LED	3 en 72" riel negro	3	15	LED, incl.	45	Cielorraso
G2	Metalux	SSL	banda escalonada	1	32	T8	38	Superficie
X1	T&B	LXN	salida, dirección mostrada	1	—	LED, incl.	—	Caja
X2	T&B	ELXN400	salida, dirección mostrada	1	—	LED, incl.	—	Caja

3.3.5 Correlación de información entre planos

Muy a menudo, el electricista tendrá que trabajar en espacios abarrotados de otros sistemas mecánicos o de tuberías. Esto es especialmente cierto cerca de las salas de equipos eléctricos y mecánicos. Es importante saber leer los planos de otros sistemas del mismo edificio.

Los cuatro planos siguientes corresponden a los distintos sistemas en una misma área del edificio de la misma editorial. La *figura 35* corresponde a la energía; la *figura 36*, a la iluminación; la *figura 37*, a las comunicaciones, y la *figura 38*, a la mecánica (HVAC).

Las figuras 35, 36, 37 y *38* son una pequeña parte del conjunto de planos de estas oficinas. Cada figura muestra menos del 10% del contenido de su hoja completa. El conjunto consta de 107 hojas, de las cuales 17 corresponden a la parte eléctrica. Otras hojas muestran detalles, elevaciones y cuadros necesarios para completar el trabajo correctamente. Verificar y correlacionar la información de los planos puede llevar mucho tiempo.

¿Cree que sea necesario coordinar la instalación de la bandeja portacables que se muestra en la *figura 37* con los conductos del pasillo de la *figura 38*? En dos planos, encontrará el gestor aéreo marcado WSHP1-4 en el cuarto eléctrico principal (cuarto número 148), pero el plano de iluminación (*figura 36*) muestra un artefacto en la misma ubicación sin mostrar el gestor aéreo. Esto enfatiza la importancia de examinar a fondo los planos antes de completar la instalación.

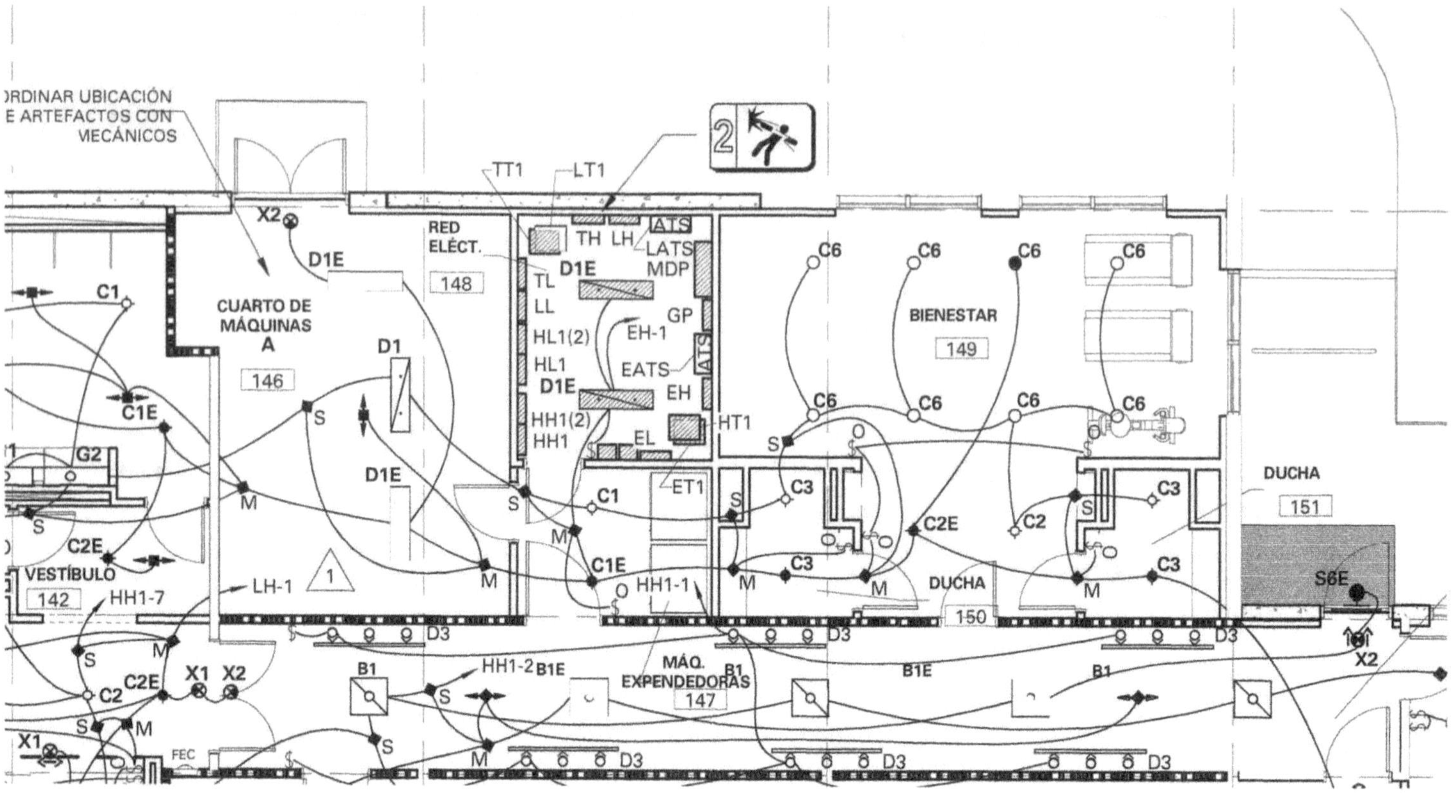

Figura 35 Detalle de energía parcial.

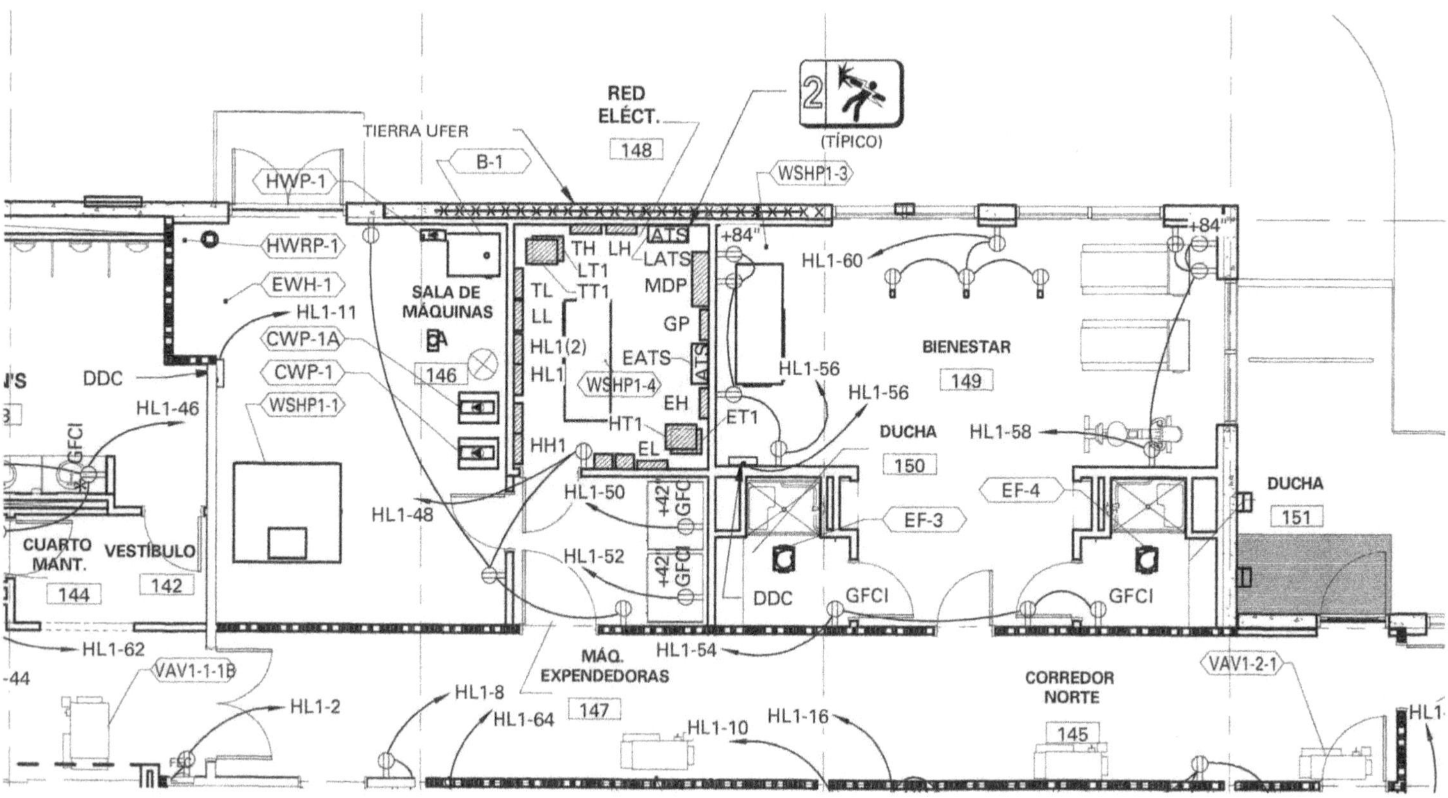

Figura 36 Detalle de iluminación parcial.

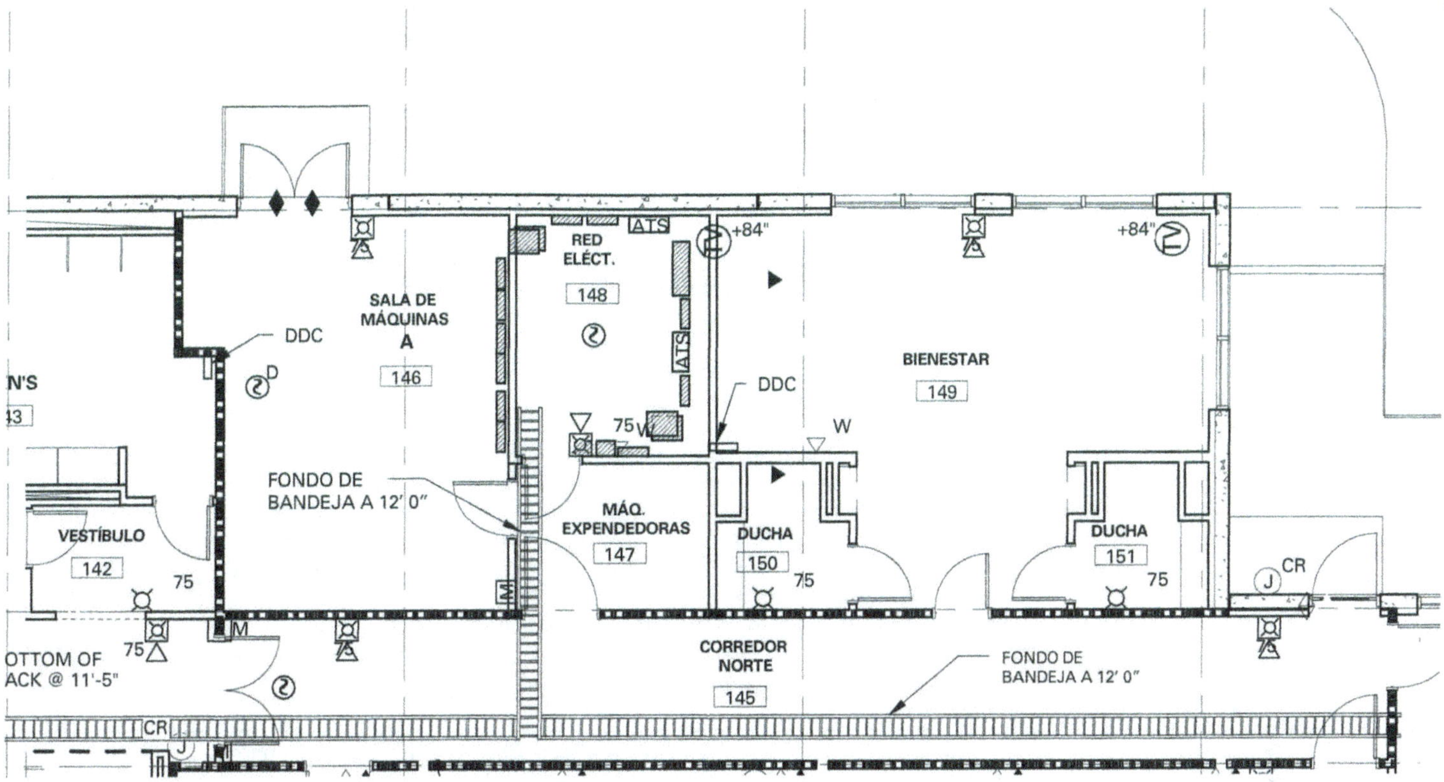

Figura 37 Detalle de comunicaciones parcial.

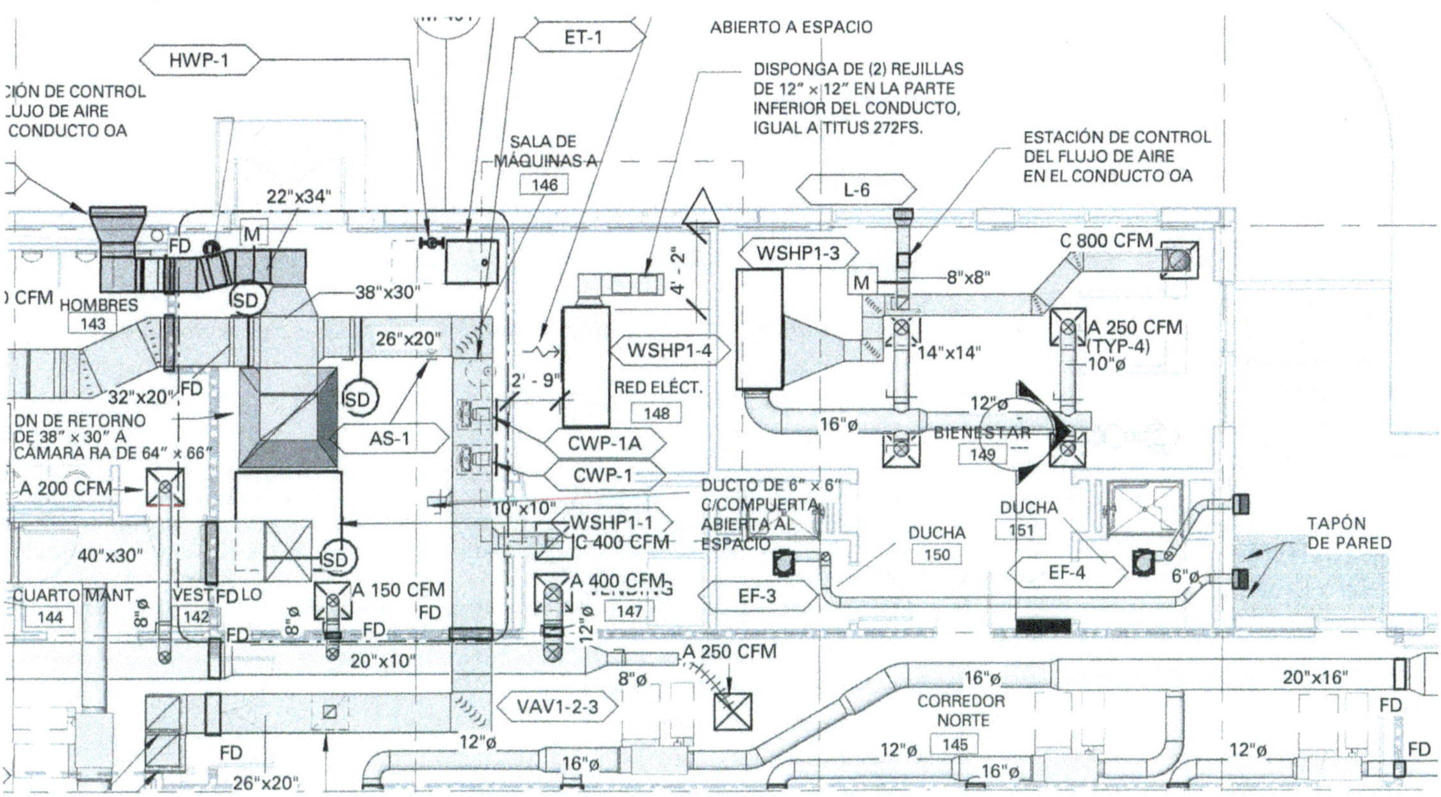

Figura 38 Detalle mecánico parcial.

3.4.0 Cuadros, diagramas de bloques y diagramas esquemáticos

Un cuadro es una tabla que enumera tipos específicos de información relacionada en un plano. Los diagramas eléctricos son planos que muestran los distintos componentes eléctricos y cómo se conectan. En ocasiones poco comunes, o nunca, se dibujan a escala.

3.4.1 Cuadros de planos

Cuando están bien organizados y se entienden por completo, los cuadros son un instrumento poderoso de ahorro de tiempo para quienes preparan los planos y para los trabajadores de la obra. Por ejemplo, un cuadro de luminarias (artefactos de iluminación) enumera las luminarias e identifica cada tipo de luminaria en el plano por número. Muestra el fabricante y el número de catálogo, junto con el número, el tamaño y el tipo de lámpara requerida.

Los cuadros del panel de distribución suelen indicar la identificación del panel, el tipo de montaje (empotrado o de superficie), la red del panel (amperaje y voltaje nominal), la fase (monofásica o trifásica) y el número de hilos. Un panel de cuatro hilos, por ejemplo, es para un panel trifásico con un neutral sólido. Para cada circuito ramal, el cuadro enumera el tipo de protección contra sobrecorriente (número de polos, clasificación de disparo y número de catálogo), el tamaño del cable y la carga alimentada. El cuadro del panel de distribución también suele indicar la carga calculada para cada circuito y la carga total en los alimentadores del panel de distribución. Consulte la *figura 39* para ver un cuadro de panel de distribución pequeño.

CUADRO DEL PANEL DE DISTRIBUCIÓN											
PANEL N.o	TIPO DE GABINETE	PANEL PRINCIPAL			RAMALES					ELEMENTOS ALIMENTADOS U OBSERVACIONES
		AMPS	VOLTIOS	FASE	1P	2P	3P	PROT.	MARCO	
MDP	SURFACE	600A	120/208	3ϕ,4-W	-	-	1	225A	25,000	PANEL "A"
					-	-	1	100A	18,000	PANEL "B"
					-	-	1	100A		POWER BUSWAY
					-	-	1	60A		LIGHTING BUSWAY
					-	-	1	70A		ROOFTOP UNIT #1
					-	-	1	70A	↓	SPARE
					-	-	1	600A	42,000	MAIN CIRCUIT BRKR

Figura 39 Cuadro típico de un panel de distribución.

Otros cuadros que suelen figurar en los planos de trabajo eléctrico son los siguientes:

- Carga conectada
- Calefacción eléctrica
- Equipamiento de cocina

Dependiendo del tipo de proyecto, estos cuadros pueden incluir listas de equipos como motores, controladores de motores y elementos similares. La información de estos cuadros proporciona detalles para el cableado de los equipos identificados que se muestran en los planos.

Los planos eléctricos del edificio de oficinas de la editorial incluyen lo siguiente:

- Cuadro de luminarias
- Cuadro de transformadores
- Cuadro de alimentador
- Cuadro de conexiones de los equipos mecánicos
- 15 Cuadros del panel de distribución

A veces, toda la información que se encuentra en los cuadros se duplicará en las especificaciones escritas, pero puede llevar mucho tiempo revisar páginas y páginas de especificaciones escritas. Los trabajadores no siempre tienen acceso a las especificaciones mientras están en el trabajo, pero normalmente sí tienen acceso a los planos de trabajo. Por eso un cuadro es una excelente manera de proporcionar información esencial de forma clara, compacta y precisa. Esto permite a los trabajadores realizar sus asignaciones en el menor tiempo posible.

3.4.2 Diagramas de bloques

Un diagrama de **bloques de una línea**, o un **diagrama unifilar**, se utiliza normalmente para mostrar la disposición de los equipos de acometida eléctrica. Un ejemplo habitual es el **diagrama de acometida de energía** (*figura 40*). Los diagramas de acometida de energía muestran todas las piezas del equipo eléctrico, así como las líneas de conexión utilizadas para indicar los conductores de entrada de acometida y los alimentadores.

3.4.3 Diagramas esquemáticos

Normalmente, los diagramas eléctricos completos solo se utilizan en sistemas eléctricos complicados, como circuitos de control.

En el caso de equipos y sistemas de control complejos, pueden utilizarse dos tipos diferentes de diagramas esquemáticos. Uno de ellos es similar en forma a un diagrama de bloques unifilar. En este diagrama, los componentes están dentro de bloques y el cableado se abrevia a una sola línea entre estos bloques o grupo de bloques. Cuando se dibuja de esta manera, los cables individuales se identifican de forma única donde se ramifican desde el "ensamblaje" de una sola línea a los componentes dentro de sus bloques. Este tipo de diagrama es muy útil para localizar componentes al solucionar problemas o para instalar el cableado entre componentes en áreas separadas de un edificio o secciones de equipos.

El segundo tipo de diagrama esquemático suele parecerse a una escalera y se denomina *diagrama de escalera'diagrama de escalera' (ladder diagram)*, con líneas verticales para el flujo de energía y "peldaños" horizontales para cada función de control independiente. Cuando se dibuja así, los cables se muestran individualmente, y los componentes se dividen, a menudo, en partes separadas que pueden aparecer en peldaños separados o incluso en hojas de plano separadas. Las líneas discontinuas o de puntos y de quiebre se utilizan para mostrar la relación física de los componentes.

La *figura 41* muestra el diagrama de cableado esquemático completo de un arranque de motor magnético de CA trifásico no invertible. Este muestra los distintos dispositivos en forma de símbolos e indica las conexiones de todos los cables entre ellos.

El flujo de energía del motor comienza en el desconectador (en los terminales típicamente marcados como L1, L2 y L3) y luego pasa por el contactor y el sensor de sobrecarga térmica (utilizando los terminales típicamente marcados como T1, T2 y T3) hasta el motor. El cableado de control toma energía de L1 por delante del contactor a través de ambos pulsadores de parada normalmente cerrados (cableados en serie) a ambos pulsadores de arranque normalmente abiertos (cableados en paralelo). Al pulsar cualquiera de los botones de arranque, la energía de control pasa a través de la bobina del contactor y del contacto de sobrecarga normalmente cerrado a L2. Cuando el contactor se cierra, su contacto auxiliar (cableado en paralelo con los pulsadores de arranque) sella el funcionamiento del contactor. La energía se aplica al motor hasta que se pulsa el botón de parada o se produce una sobrecarga.

A este circuito de control se le puede añadir cualquier número de estaciones de pulsadores adicionales. Al agregar estaciones de pulsadores, los botones de parada siempre se conectan en serie y los botones de inicio siempre se conectan en paralelo.

Diagrama de bloques (block diagram): diagrama unifilar que se utiliza para mostrar el equipo eléctrico y las conexiones relacionadas.

Diagrama unifilar (one-line diagram): plano que muestra, por medio de líneas y símbolos, la trayectoria de un circuito eléctrico o un sistema de circuitos junto con los diversos componentes de los circuitos. También se conoce como *diagrama de una línea*.

Diagrama de acometida de energía (power riser diagram): Diagrama de bloques de una línea utilizado para indicar la disposición del equipo de acometida eléctrica, los conductores y alimentadores de acometida y los paneles secundarios. Las notas se utilizan en los diagramas de acometida de energía para identificar el equipo; indicar el tamaño del conducto; mostrar el número, tamaño y tipo de conductores, y enumerar los materiales relacionados. Por lo general, se incluye un cuadro de panel de distribución con los diagramas de acometida de energía para indicar los componentes exactos (tipo y tamaño del panel), fusibles, interruptores automáticos, etc., que contiene cada panel de distribución.

NOTA

En este módulo, solo se han introducido brevemente los diagramas esquemáticos de cableado, pero hay muchos otros detalles que necesitará conocer para realizar su trabajo con destreza. Los módulos posteriores abarcan los diagramas de cableado con más detalle.

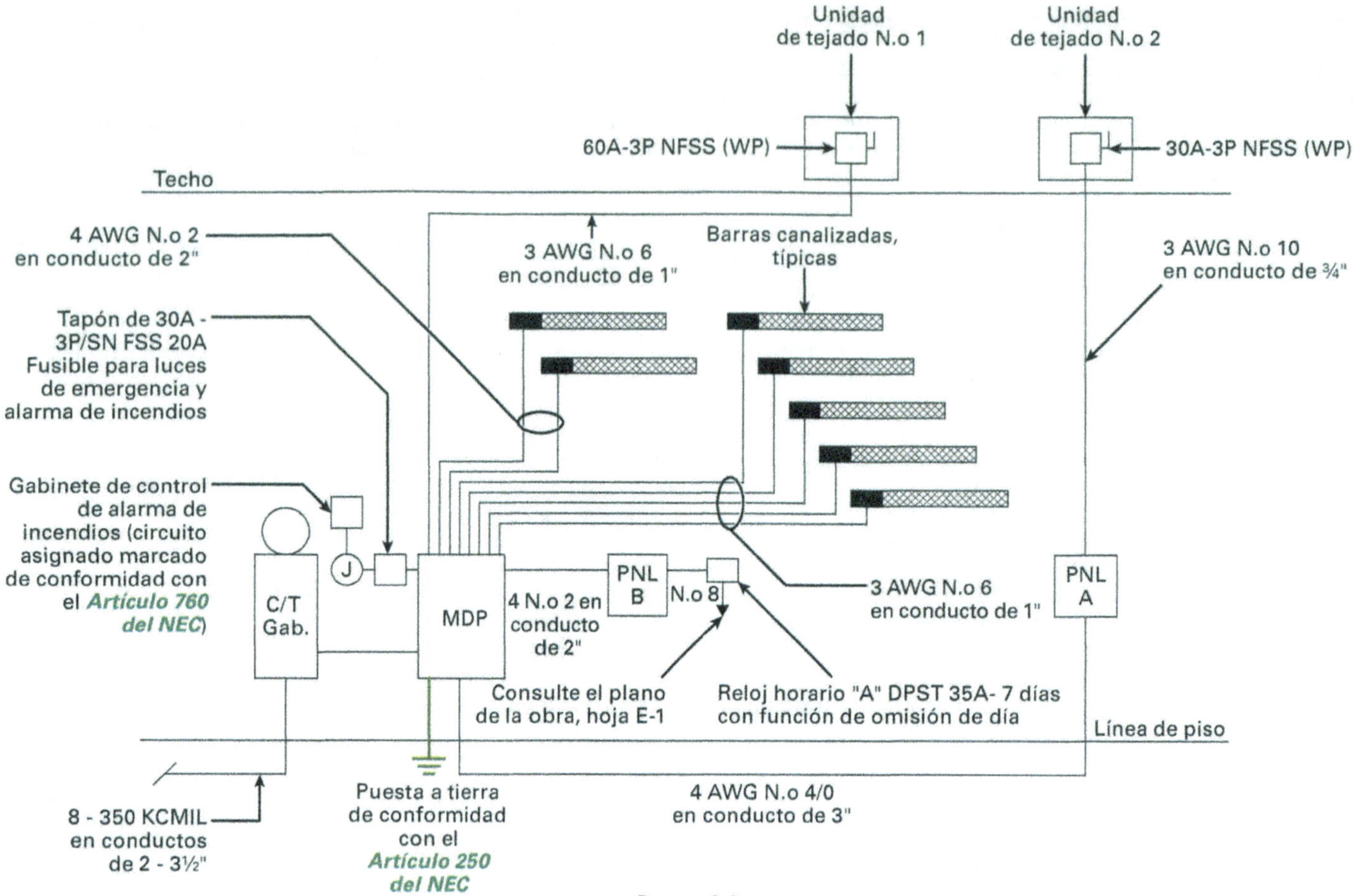

Comercial

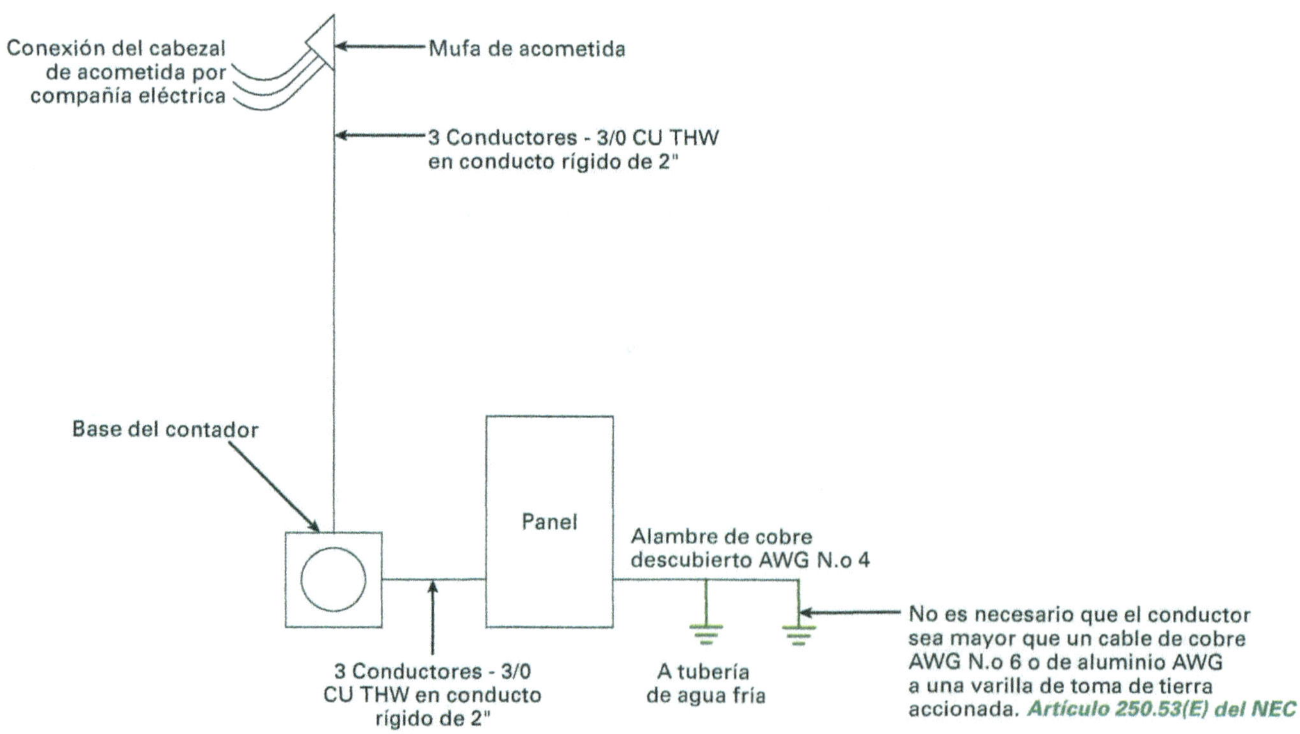

Residencial

Figura 40 Diagramas de acometida de energía comercial y residencial.

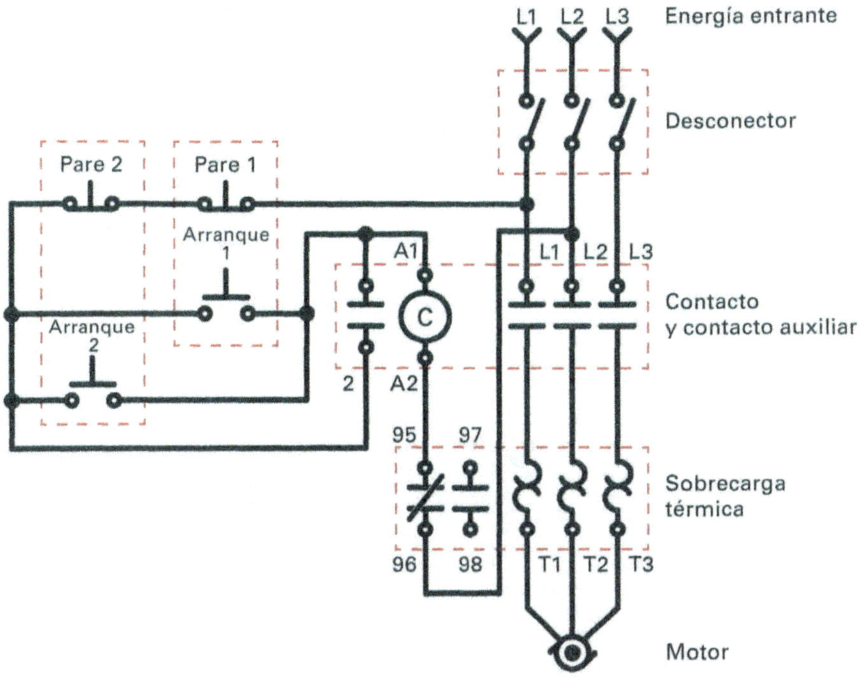

Figura 41 Diagrama de cableado de arranque de motor.

3.4.4 Detalles de planos

En ocasiones, un conjunto de planos eléctricos requerirá planos a gran escala de determinadas áreas que no aparecen claramente en los planos a pequeña escala. Por ejemplo, el plano de la obra puede mostrar el cableado que el electricista debe instalar antes de que los contratistas del trabajo de concreto viertan la base de concreto para las luminarias externas montadas en postes.

Un plano de detalle es el plano de un elemento o parte de una instalación eléctrica. Proporciona una descripción completa y exacta del uso de un elemento o sistema y todos los detalles que el electricista debe conocer para su instalación. Los planos de detalle se indican mediante cortes seccionales con designaciones alfanuméricas (por ejemplo, A3) para identificar su ubicación. La *figura 42* muestra un plano de detalle del cableado de seguridad de una puerta de un edificio de oficinas.

NOTA

Cuando un plano de construcción muestra contactos normalmente abiertos (NA) o normalmente cerrados (NC), la palabra *normalmente* se refiere a la condición de los contactos en su estado desenergizado o estantería.

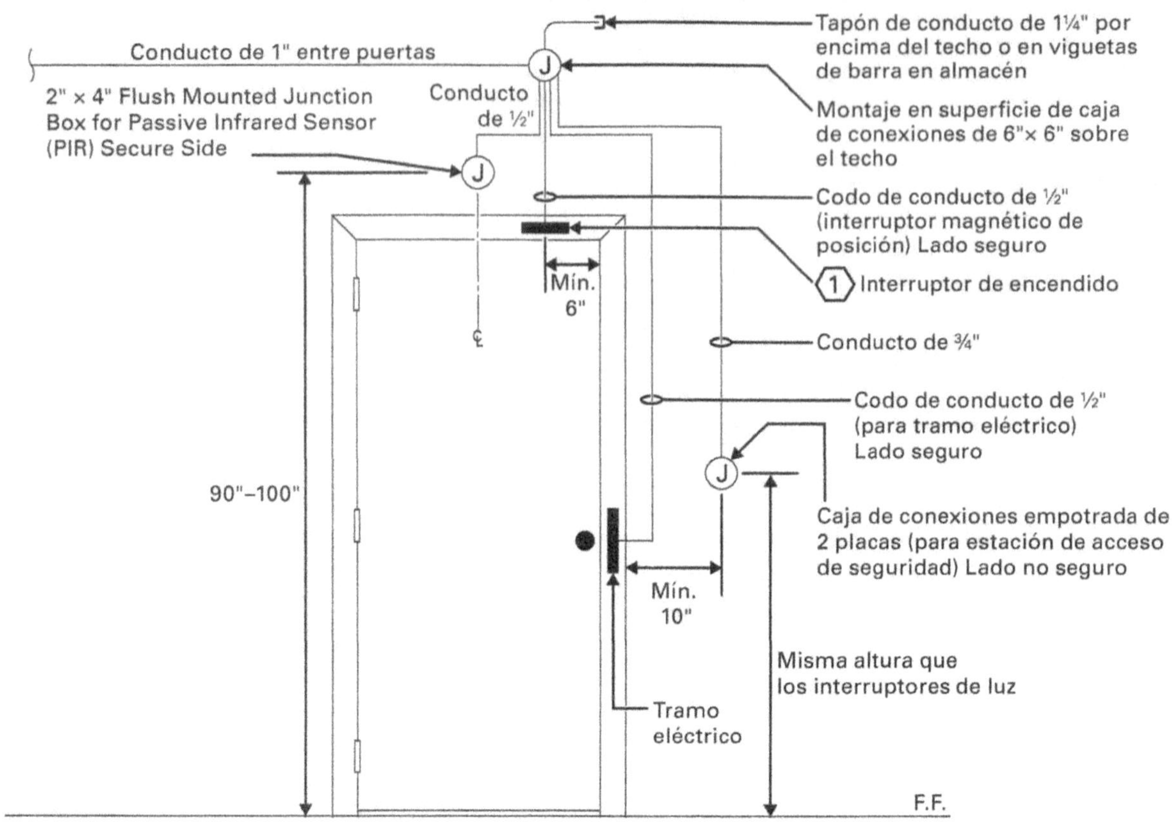

Notas generales:

1. Sistema por otros, proporcionar cajas y conductos solamente.
   Todos los cables en conducto de ¾" como mínimo, a menos que se indique lo contrario.

Nota de referencia:

⟨1⟩ El contratista debe taladrar previamente la puerta y los marcos de la puerta para imanes de posición de puerta empotrados a presión de 1" (Sentrol 1076 o equivalente aprobado). Proporcionar espuma de bloqueo según se solicite.

Puerta única - Seguridad de la puerta

Detalles del tramo eléctrico — Escala: N.T.S. — A3

Figura 42 Detalles del cableado de seguridad de la puerta.

3.0.0 Repaso de la sección

1. La designación de la letra S_L en un plano eléctrico indica un _____.
   a. disyuntor automático
   b. conmutador de voltaje bajo
   c. conmutador de carga
   d. interruptor de luz

2. La carga en un circuito ramal *no* debe ser superior al _____ de su capacidad nominal.
   a. 100%
   b. 90%
   c. 80%
   d. 70%

3. Los dos elementos importantes que se deben tener en cuenta en los planos de energía son _____.
   a. plano clave y lista de símbolos eléctricos
   b. cajetín del título y escala
   c. lista de símbolos eléctricos y cajetín
   d. número de hoja y número de trabajo

4. Un formato tabular para dar información en un plano se llama _____.
   a. lista de símbolos
   b. presentación
   c. diagrama esquemático
   d. cuadro

4.0.0 Especificaciones y órdenes de cambio

Objetivo

Describir el uso de las especificaciones por parte de los electricistas.

a. Describir los principales tipos de información que se incluyen en las especificaciones escritas.
b. Explicar cómo se formatean las especificaciones.
c. Identificar cambios en los documentos y la necesidad de hacerlos.

Tareas prácticas

Esta sección no contiene tareas prácticas.

Las **especificaciones escritas** de un edificio o *'specs' en inglés*, son documentos legalmente vinculantes. Son las descripciones escritas del trabajo y las obligaciones exigidas al propietario, al arquitecto y al ingeniero consultor. Un proyecto pequeño puede tener solo unos pocos planos y pocas o ninguna especificación escrita. Un proyecto grande o complejo puede tener más de cien planos y cientos de páginas de especificaciones. Todas las decisiones importantes que se toman durante la construcción se basan en las especificaciones y los planos.

Las especificaciones escritas contienen detalles que no se muestran en los planos de trabajo. Pueden afectar el trabajo y los costos laborales del electricista de muchas maneras. Por ejemplo, podría ser necesario utilizar un determinado tipo de conducto. Eso significa que debe comprar y utilizar ese tipo de conducto para completar la instalación de acuerdo con los requisitos contractuales. En esta sección aprenderá a utilizar las especificaciones escritas.

Especificaciones escritas(written specifications): descripción escrita de lo que requieren el propietario, el arquitecto y el ingeniero en cuanto a materiales y mano de obra. Junto con los planos de trabajo, las especificaciones forman la base de los requisitos del contrato para la construcción.

4.1.0 Contenido de las especificaciones

Redactar especificaciones precisas y completas para la construcción de edificios es una gran responsabilidad. No es una tarea sencilla, ni siquiera para alguien con mucha experiencia. Un conjunto de especificaciones escritas para un proyecto se basa en miles de productos, piezas, componentes, así como en sus requisitos de instalación. Por no mencionar que solo puede seleccionar e instalar equipos que cumplan los requisitos de la *Sección 110.3 del NEC*.

Conozca el código

Examen, identificación, instalación, uso y listado (certificación de productos) de equipos
Sección 110.3 del NEC

Una especificación de alta calidad:

- Definirá y aclarará el alcance del trabajo, incluido el trabajo que debe realizar cada oficio.
- Describirá los tipos y las características específicos de los componentes que se usarán en el trabajo y los requisitos para su instalación.
- Identificará los componentes requeridos por el modelo del fabricante y los números de pieza.

Por ejemplo, los planos muestran interruptores de luz junto a las puertas de los apartamentos. Una nota especifica que este apartamento es accesible para minusválidos. Las especificaciones deben hacer referencia al rango de alcance de un adulto en silla de ruedas según la Americans with Disabilities Act - ADA (Ley de Estadounidenses con Discapacidades), que es de 15" a 48". A continuación, deben especificar que en este trabajo los interruptores se montarán a una altura máxima de 44" y los receptáculos a una altura mínima de 18". Las alturas de montaje típicas de interruptores y receptáculos están fuera de estos rangos especificados. Si se excluye la información de las especificaciones, los interruptores y los receptáculos podrían colocarse a alturas incorrectas. En ese caso, la repetición del trabajo para que el apartamento cumpla los requisitos de la ADA costará más tiempo y dinero.

4.2.0 Formato de las especificaciones

Para la comodidad en la redacción, la velocidad de la estimación y la facilidad de la consulta, la organización más adecuada de las especificaciones es una serie de secciones que traten de los requisitos, productos y actividades de construcción que debe ser fácilmente comprensible para los distintos oficios. Las personas que utilizan las especificaciones deben poder encontrar toda la información necesaria sin perder demasiado tiempo buscándola.

El formato de especificaciones más comúnmente utilizado es el *MasterFormat®* de Norteamérica. Esta norma ha sido elaborada conjuntamente por los institutos el Construction Specifications Institute - CSI (Instituto de Especificaciones de Construcción) y Construction Specifications Canada - CSC (Instituto de Especificaciones de Construcción de Canadá). Antes de 2004, la organización de especificaciones de construcción y los catálogos de proveedores se basaba en una norma con 16 secciones conocidas como *divisiones*. Las divisiones y sus subsecciones se identificaban individualmente mediante un sistema de numeración de cinco dígitos.

En 2004, la norma *MasterFormat®* experimentó un cambio importante. Lo que antes eran 16 divisiones se amplió a cuatro agrupaciones principales y 49 divisiones, pero se reservaron algunas divisiones para futuras ampliaciones. Las primeras 14 divisiones de *MasterFormat®* 2020 son esencialmente las mismas que las del formato anterior. Las asignaturas de la antigua División 15, *Mecánica*, se reubicaron en las nuevas Divisiones 22 y 23. Las asignaturas básicas de la antigua División 16, *Electricidad*, se reubicaron en la nueva División 26 (*tabla 4*).

Además, el sistema de numeración de la nueva organización *MasterFormat®* se cambió a seis dígitos antes del punto decimal para permitir más subsecciones en cada división. En el nuevo sistema de numeración, los dos primeros dígitos representan el número de la división, los dos siguientes, las subsecciones de la división, y los dos restantes, los números de las subsubsecciones de tercer nivel. Por ejemplo, 262716 representa la División 26, Subsección 27 y Subsección 16. El cuarto nivel, si es necesario, es un decimal y un número que se añade al final de los dos últimos dígitos.

Según la norma actual, las divisiones más importantes para usted como electricista se encuentran en el subgrupo de acometidas de instalaciones. Estos incluyen:

- División 25 — Automatización integrada
- División 26 — Electricidad
- División 27 — Comunicaciones
- División 28 — Seguridad y protección electrónica

La *figura 43* incluye todos los grupos, subgrupos y divisiones actuales de *MasterFormat®*.

TABLA 4 Ejemplo de divisiones en la Norma *MasterFormat®* 2020

Números de división	Títulos de división
División 00	Requisitos de adquisición y contratación
Grupo de especificaciones	
Subgrupo de requisitos generales	
División 01	Requisitos generales
Subgrupos de construcción de instalaciones	
División 02	Condiciones actuales
División 03	Concreto
División 04	Albañilería
División 05	Metales
División 06	Madera, plásticos y compuestos
División 07	Protección térmica y contra la humedad
División 08	Aberturas
División 09	Acabados
División 10	Especialidades
División 11	Equipo
División 12	Mobiliario
División 13	Construcción especial
División 14	Equipo de transporte
División 22	Plomería
División 23	Calefacción, ventilación y aire acondicionado (HVAC)
División 26	Electricidad

Building Information Modeling - BIM (modelado de información de construcción)

Los planos arquitectónicos se han utilizado a lo largo de los siglos para describir pictóricamente edificios y estructuras antes de su construcción. En el pasado, los dibujantes dibujaban estos planos a mano. Actualmente, la mayoría de los planos de construcción se generan mediante un sistema de diseño asistido por computadora (CAD) y programas informáticos de arquitectura. El operador de CAD, en colaboración con arquitectos e ingenieros, crea los planos en la computadora. Luego, los planos se pueden imprimir o trazar en papel.

Algunos programas de CAD pueden crear modelos de información de construcción (BIM). El BIM permite a los diseñadores elaborar modelos digitales de toda una estructura y de todos sus componentes. El BIM también permite pasear virtualmente o incluso volar por un edificio antes de que se haya construido para ver el aspecto final. Esto permite a los diseñadores detectar problemas y conflictos con diversos componentes para corregirlos antes de que la construcción haya comenzado o se haya terminado. El BIM también permite a los diseñadores estimar los costos de construcción del edificio e incluso el costo de mantenimiento de las instalaciones a lo largo del tiempo.

Grupos, subgrupos y divisiones de MasterFormat

Grupo de requisitos de adquisición y contratación

División 00 - Requisitos de adquisición y contratación

Información introductoria
Requisitos de adquisición
Requisitos de contratación

Grupo de especificaciones

Requisitos generales

División 01 - Requisitos generales

Subgrupo de construcción de instalaciones

División 02 - Condiciones actuales
División 03 - Concreto
División 04 - Mampostería
División 05 - Metales
División 06 - Madera, plásticos y compuestos
División 07 - Protección térmica y contra la humedad
División 08 - Aberturas
División 09 - Acabados
División 10 - Especialidades
División 11 - Equipo
División 12 - Mobiliario
División 13 - Construcción especial
División 14 - Equipo de transporte
División 15 - Reservado para futuras ampliaciones
División 16 - Reservado para futuras ampliaciones
División 17 - Reservado para futuras ampliaciones
División 18 - Reservado para futuras ampliaciones
División 19 - Reservado para futuras ampliaciones

Subgrupo de acometida de la instalación

División 20 - Reservado para futuras ampliaciones
División 21 - Extinción de incendios
División 22 - Plomería
División 23 - Calefacción, ventilación y aire acondicionado (HVAC)
División 24 - Reservado para futuras ampliaciones
División 25 - Automatización integrada
División 26 - Electricidad
División 27 - Comunicaciones
División 28 - Seguridad y protección electrónica
División 29 - Reservado para futuras ampliaciones

Subgrupo de obras e infraestructuras

División 30 - Reservado para futuras ampliaciones
División 31 - Movimiento de tierra
División 32 - Mejoras exteriores
División 33 - Servicios públicos
División 34 - Transporte
División 35 - Construcción fluvial y marítima
División 36 - Reservado para futuras ampliaciones
División 37 - Reservado para futuras ampliaciones
División 38 - Reservado para futuras ampliaciones
División 39 - Reservado para futuras ampliaciones

Subgrupo de equipos de proceso

División 40 - Interconexiones de procesos
División 41 - Equipos de procesamiento y gestión de materiales
División 42 - Equipos de proceso de calentamiento, enfriamiento y secado
División 43 - Equipos de gestión, purificación y almacenamiento de gases y líquidos de proceso
División 44 - Equipos de control de contaminación y residuos
División 45 - Equipos de fabricación específicos de la industria
División 46 - Equipos de agua y aguas residuales
División 47 - Reservado para futuras ampliaciones
División 48 - Generación de energía eléctrica
División 49 - Reservado para futuras ampliaciones

Figura 43 *MasterFormat®* 2020.
Fuente: © 2018 The Construction Specifications Institute, Inc. (CSI). *El extracto y marcas comerciales de MasterFormat®* se utilizan con permiso de CSI.

4.3.0 Órdenes de cambios

Esté siempre atento a las diferencias entre los planos de trabajo y las especificaciones escritas. Las diferencias pueden producirse cuando:

- Los arquitectos o ingenieros utilizan especificaciones estándar o prototipos e intentan aplicarlas sin modificar los planos de trabajo.
- Los planos preparados previamente se cambian o modifican en las especificaciones, pero los planos no se modifican.
- Los elementos están duplicados en los planos y las especificaciones, pero un elemento se modifica en unos y no en los otros.

Si encuentra una diferencia de este tipo, es importante que lo informe. La persona encargada del proyecto tiene la responsabilidad de decidir si el trabajo se basa en los planos o en las especificaciones. Además, es importante que presente una **solicitud de información**, preferiblemente antes de que empiece el trabajo, para evitar costos añadidos al propietario, arquitecto, ingeniero o contratista.

A menudo, un cambio en los materiales o métodos especificados puede ahorrar costos o mejorar el trabajo acabado. Otras veces, un producto o componente específico ya no está disponible o ha sido sustituido por otro que se ajusta mejor a los requisitos del trabajo.

En todos estos casos, una solicitud formal de información o una conferencia menos formal entre las partes dará como resultado una **orden de cambio** que autorice oficialmente un cambio en el trabajo. Esta orden de cambio puede ir acompañada de una o varias revisiones de los planos debidamente identificadas en el bloque de revisiones, como una figura de nube o globo en los planos, o de un cambio en las especificaciones escritas.

Una vez finalizado el trabajo eléctrico, queda una tarea: completar los **planos de obra finalizada**. Tradicionalmente, estos cambios se marcan con un lápiz o bolígrafo rojo, por lo que se denominan *planos en líneas rojas*. Lo normal es que el supervisor marque las correcciones en los planos de la obra y las transmita de nuevo al dibujante o diseñador para que realice el conjunto definitivo. La mejor manera de hacerlo es marcar dos conjuntos de planos, guardando uno en la obra como referencia hasta que se entreguen los planos formales de obra finalizada.

Solicitud de información (request for information): documento formal del contratista, cuya finalidad es obtener una aclaración cuando se encuentran errores, omisiones y discrepancias en los documentos de construcción o de un documento a otro.

Orden de cambio (change order): documento formal del gerente o propietario del proyecto, que especifica uno o más cambios a los planos, especificaciones o alcance del proyecto. También indica los cambios en el costo del proyecto.

Planos de obra finalizada (as-built drawings): conjunto de planos marcados, también llamados *planos en línea roja*, que se hacen al finalizar el proyecto y muestran todos los cambios realizados durante el proyecto de construcción.

4.0.0 Repaso de la sección

1. Un documento de especificaciones bien escrito contendrá _____.
   a. los planos de elevación
   b. el modelo y números de pieza
   c. las referencias del *NEC*® para la instalación
   d. los requisitos de EPP

2. La división *MasterFormat*® que contiene las especificaciones eléctricas es _____.
   a. División 25
   b. División 26
   c. División 27
   d. División 28

3. Un conflicto entre los planos y las especificaciones se resuelve mediante _____.
   a. el proveedor del equipo
   b. el contratista eléctrico
   c. los planos de obra finalizada
   d. la orden de cambio

Módulo 26110-23 Preguntas de repaso

1. En un plano, la relación entre el tamaño real de un objeto y el tamaño del dibujo se denomina _____.
   a. sello
   b. escala
   c. contorno
   d. borrador preliminar

2. ¿Qué *debe* cambiar cada vez que se modifica un plano?
   a. El número del trabajo
   b. El número de la hoja
   c. El número de revisión
   d. La escala

3. Una línea discontinua que muestra la ubicación de un corte imaginario en un plano se denomina _____.
   a. línea de sección
   b. línea de apareamiento
   c. línea oculta
   d. línea de quiebre

4. Una línea de sección en un plano muestra _____.
   a. la orientación norte
   b. la ubicación de la sección en el plano
   c. dónde ubicar los receptáculos en esa sección
   d. la escala de la sección

5. En un plano con líneas de cota, los valores mostrados dentro de las líneas son _____.
   a. solo para referencia general
   b. reducidos a escala
   c. mostrados siempre en valores decimales
   d. las dimensiones reales

6. En una regla triangular de arquitectura, las escalas $\frac{3}{8}$" = 1'-0" y $\frac{3}{4}$" = 1'-0" comenzarán _____.
   a. en el mismo extremo del mismo borde
   b. en el mismo borde que una escala marcada con 1:38
   c. en extremos opuestos del mismo borde
   d. en extremos opuestos de bordes diferentes

7. Un(a) _____ es un plano especial elaborado para uso de los empleados del contratista.
   a. plano de taller
   b. plano de detalle
   c. plano de perspectiva
   d. vista en planta

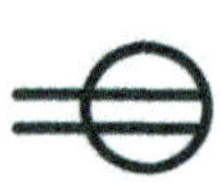

Figura RQ01

8. El símbolo que se muestra en la *figura RQ01* representa _____.
   a. salida de receptáculo sencillo
   b. salida de receptáculo doble
   c. salida de receptáculo doble con cableado dividido
   d. salida de receptáculo triple

9. El símbolo que se muestra en la *figura RQ02* representa un(a) _____.
   a. relé de control de temperatura
   b. transformador
   c. luminaria incandescente (de superficie o colgante)
   d. luminaria incandescente con cadena de tracción (de superficie o colgante)

Figura RQ02

10. El símbolo que se muestra en la *figura RQ03* representa una _____.
    a. salida de receptáculo sencillo
    b. salida de receptáculo doble
    c. salida de receptáculo con cableado dividido
    d. salida de receptáculo triple

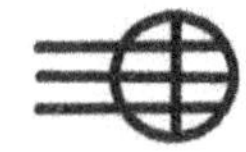
Figura RQ03

11. El símbolo que se muestra en la *figura RQ04* representa una _____.
    a. salida de receptáculo sencillo
    b. salida de receptáculo doble
    c. salida de receptáculo doble con cableado dividido
    d. salida de receptáculo cuádruple

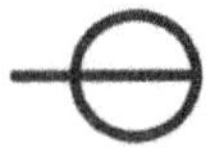
Figura RQ04

12. El símbolo que se muestra en la *figura RQ05* representa un(a) _____.
    a. relé de control de temperatura
    b. transformador
    c. luminaria incandescente montada en superficie
    d. luminaria incandescente montada en superficie con cadena de tracción

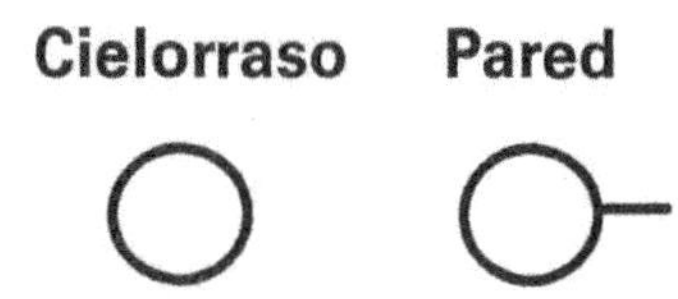

Figura RQ05

13. ¿Qué símbolo eléctrico se muestra en la *figura RQ06*?
    a. Panel de distribución
    b. Caja de conexiones de barras subterráneas
    c. Controlador de motor
    d. Interruptor de seguridad del fusible

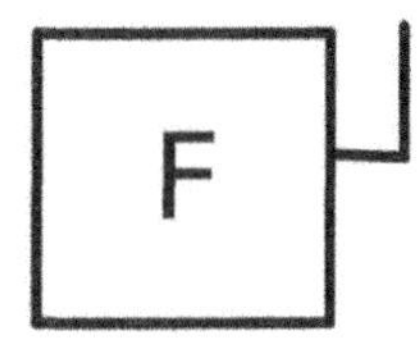

Figura RQ06

14. Para cumplir las recomendaciones generales, un circuito ramal residencial con una potencia nominal de 2,400 VA debe tener una carga conectada *no* superior a _____.
    a. 1,680 VA
    b. 1,920 VA
    c. 2,040 VA
    d. 2,160 VA

15. Un plano de energía de un piso comercial mostrará _____.
    a. ubicación de las luminarias
    b. detalles de la alarma contra incendios
    c. cálculo del tamaño de las acometidas
    d. paneles eléctricos

16. Los diagramas de acometida de energía se utilizan para mostrar _____.
    a. conexiones entre piezas de equipos eléctricos
    b. disposición de circuito ramal para alimentación
    c. disposición de circuito ramal para iluminación
    d. cuadro del panel de distribución

17. Los símbolos T1, T2 y T3 en un esquema típico de arranque de motor representan _____.
    a. líneas de alimentación de voltaje
    b. contactos auxiliares
    c. terminales del motor
    d. contactos de línea

18. La división actual de *MasterFormat*® que abarca los sistemas de comunicaciones es _____.
    a. División 16
    b. División 27
    c. División 37
    d. División 48

19. La división actual de *MasterFormat*® que abarca la seguridad y protección electrónica es _____.
    a. División 12
    b. División 18
    c. División 28
    d. División 48

20. Se realiza una orden de cambio por _____.
    a. una solicitud de información
    b. un error de construcción
    c. un plano de obra finalizada
    d. una entrega tardía de materiales

1. Un _________ indica la ubicación del edificio en la propiedad.

Las respuestas a las preguntas de repaso impares del módulo se encuentran en el *Apéndice A*.

Módulo 26110-23 Ejercicios suplementarios

2. Un __________ muestra las paredes y tabiques de cada planta o nivel.
3. ¿Cuáles son las tres funciones principales de los planos eléctricos?

 ____

 ____

4. ¿Cuáles son los 10 elementos que debe contener el cajetín de un plano eléctrico?

 ____

 ____

5. Empareje los siguientes nombres con sus correspondientes líneas de trazado eléctrico.
6. ¿Qué significa la abreviatura *NF* en referencia a los interruptores de seguridad?

 ____

 ____

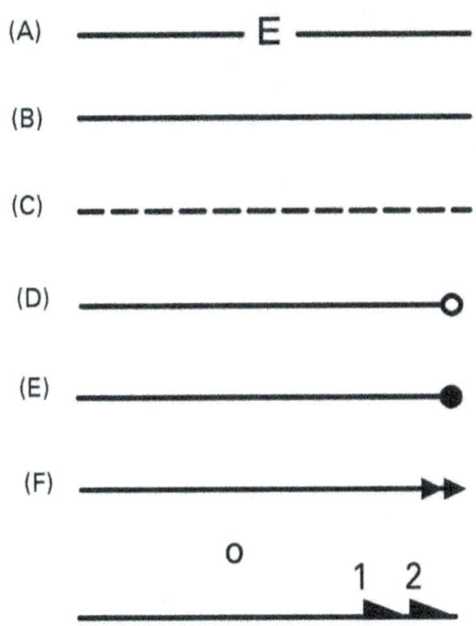

_____ Cableado girado hacia arriba

_____ Tendido de circuito ramal al panel de distribución

_____ Cableado girado hacia abajo

_____ Cableado expuesto

_____ Cableado oculto en el piso

_____ Cableado oculto en techo o pared

7. En un plano de planta a escala de $\frac{1}{2}$" = 1'-0", ¿cuál sería la distancia equivalente si midiera $3\frac{3}{4}$" en el plano?

 ____

 ____

8. La finalidad de __________ es identificar la parte del proyecto a la que se aplica la hoja.
9. Los diagramas de bloques unifilares también se conocen como __________.
10. La división __________ de las especificaciones actuales del CSI abarca los trabajos eléctricos.

Las respuestas a los ejercicios suplementarios impares se encuentran en el *Apéndice B*.

Piedra angular del oficio

John Mueller
Electricista experto

¿Cómo eligió una carrera en el campo de la electricidad?

Me gusta y soy bueno trabajando con las manos, construyendo cosas y resolviendo problemas. Dentro del sector, el trabajo que más hago puede ser muy técnico, como programar controladores (pensar de forma lógica), hacer escáneres de infrarrojos (resolver problemas, aprender, identificar causas técnicas y explicaciones de los desequilibrios de temperatura) y disponer el trabajo (ajustar en el espacio disponible, evitar conflictos con otros trabajos, mantener el acceso futuro y cumplir los códigos).

¿Quién lo inspiró para entrar en el sector?

Observando y ayudando a mi padre cuando yo tenía menos de diez años mientras recableaba una casa de 1905 e instalaba una acometida nueva de 200 A en los años 1950. Además, cuando dejé el campo de la atención médica, necesitaba un trabajo.

¿Qué cargos ha ocupado en el sector?

He desempeñado los cargos de electricista experto, electricista sénior de acometida, ingeniero de controles y contratista eléctrico.

¿Qué importancia tienen la educación y la capacitación en la construcción?

Son vitales. Si no se aprende de los errores (propios y ajenos), se repiten. Si no se está abierto a aprender mientras se trabaja, no se podrá hacerlo con eficacia ni eficiencia y, a menudo, será necesario deshacer el trabajo para hacerlo bien. Conocer los códigos, las formas de utilizar los materiales y las prácticas de seguridad permitirá tomar instrucciones y un montón de cosas y transformarlo todo en un trabajo acabado de buen aspecto y utilizable.

¿Tiene algún consejo para alguien que acaba de iniciarse en el oficio?

Nunca lo sabrá todo. Todo el mundo puede enseñarle algo, aunque sea cómo no hacer un trabajo. Escuche, escuche, escuche. Haga preguntas. Documente la manera de hacer las cosas para que otros puedan hacerlo igual y basarse en eso y pueda volver a revisarlo y saber por qué lo hizo de determinada manera. Sea honesto. Sea responsable. Haga las cosas con seguridad, por usted mismo y por los demás; las prácticas de trabajo seguro deben ser hábitos y no meras casillas de verificación en un formulario.

¿Cómo se marca la diferencia en este oficio?

Haciendo las cosas de modo que el trabajo terminado funcione, sea seguro, satisfaga las necesidades del usuario, cumpla o supere el mínimo de los códigos y normas aplicables y tenga buen aspecto.

Respuestas a las preguntas de repaso de la sección

Respuesta	Referencia de la sección	Objetivo
Sección 1.0.0		
1. c	1.1.4	1a
2. d	1.2.3	1b
3. a	1.3.0; *Tabla 2*	1c
Sección 2.0.0		
1. c	2.1.1	2a
2. b	2.2.0	2b
3. d	2.3.0	2c
4. d	2.4.0	2d
Sección 3.0.0		
1. b	3.1.1; *Figura 21*	3a
2. c	3.2.1	3b
3. a	3.3.2	3c
4. d	3.4.0	3d
Sección 4.0.0		
1. b	4.1.0	4a
2. b	4.2.0; *Tabla 4; Figura 43*	4b
3. d	4.3.0	4c

Cálculos del repaso de la sección

Sección 2.0.0

Pregunta 1

$\frac{1}{8}$" = 1'-0"

$1\frac{3}{8}$" = $1\frac{1}{8}$" = 11 × $\frac{1}{8}$"

11 × 1'-0" = **11'-0"**

Pregunta 3

1" = 20'

1" × 2 = 2"

20' × 2 = **40'**

Actualización por los usuarios

¿Encontró algún error? Visite **https://www.nccer.org/olf** o escanee el código QR con su dispositivo móvil para enviar su corrección.

ESCANEAR

MÓDULO 26111-23

Cableado residencial

Fuente: iStock@Justin_Krug

Objetivos

La exitosa finalización de este módulo te prepara para realizar lo siguiente:

1. Explicar cómo dimensionar la acometida eléctrica para una vivienda.
   a. Describir las acometidas eléctricas y las cargas de los electrodomésticos.
   b. Resumir cómo aplicar los factores de demanda.
   c. Describir cómo dimensionar el centro de carga.
2. Identificar los requisitos de puesta a tierra de un sistema eléctrico residencial.
   a. Explicar cómo dimensionar los electrodos de puesta a tierra.
   b. Explicar cómo dimensionar el puente de unión equipotencial principal.
   c. Describir cómo instalar el sistema de puesta a tierra de los equipos.
3. Explicar cómo instalar equipo de entrada de acometida.
   a. Identificar la ubicación de la bajada de acometida.
   b. Describir cómo seleccionar la ubicación del panel de distribución.
4. Identificar los métodos de cableado de diversos tipos de residencias.
   a. Explicar cómo seleccionar e instalar sistemas de cables.
   b. Explicar cómo seleccionar e instalar las canalizaciones.
5. Explicar cómo disponer circuitos ramales y dimensionar cajas de salida.
   a. Describir cómo completar el diseño de un circuito ramal para alimentación.
   b. Describir cómo completar el diseño de un circuito ramal para iluminación.
   c. Describir cómo instalar cajas de salida.
6. Explicar cómo seleccionar e instalar diversos dispositivos de cableado.
   a. Describir cómo seleccionar e instalar receptáculos.
   b. Describir cómo seleccionar e instalar interruptores.
   c. Describir cómo instalar dispositivos cerca de piscinas, spas y jacuzzis residenciales.

Tareas prácticas

Bajo supervisión, deberías poder hacer lo siguiente:

1. Dado el tamaño y la lista de los principales electrodomésticos instalados de una vivienda residencial, demostrar o explicar cómo:
   - Calcular las cargas de iluminación, electrodomésticos pequeños y lavandería.
   - Calcular las cargas de electrodomésticos grandes.
   - Determinar la cantidad de circuitos derivados que se requieren.
   - Dimensionar y seleccionar los conductores de entrada de acometida, panel de distribución y dispositivos de protección.
2. En un diagrama sin etiquetar de un panel de distribución, etiquetar los componentes con letras.
3. Seleccionar el tipo y tamaño adecuados de la caja de salida necesaria para un conjunto determinado de condiciones de cableado.

NOTA

Recursos digitales sobre Electricidad

Escanee este código con la cámara de su celular o dispositivo móvil para ver los recursos digitales relacionados con este oficio.

ESCANEAR

Visión general

Un cableado defectuoso en una vivienda puede causar grandes problemas. Para evitarlos, es importante entender los pasos básicos para planificar e instalar un sistema eléctrico residencial. Estos sistemas incluyen la calefacción y el aire acondicionado, la iluminación y los electrodomésticos. En este módulo, aprenderá los cálculos básicos de carga y los requisitos del *NEC*® para sistemas eléctricos residenciales. También aprenderá a trazar circuitos ramales, instalar cableado y dispositivos de cableado y dimensionar cajas de salida.

NCCER Credenciales reconocidas en el sector

Si se está capacitando a través de un patrocinador acreditado por NCCER, puede ser elegible para obtener credenciales del NCCER. El número de identificación de este módulo es 26111-23. Tenga en cuenta que este módulo puede haber sido utilizado en otros planes de estudios de NCCER y puede aplicarse a la realización de otros niveles. Comuníquese con NCCER al 1.888.622.3720 o visite **www.nccer.org** para obtener más información.

También puede mostrar en línea sus credenciales reconocidas por el sector con las insignias digitales de NCCER. Transforme sus conocimientos, habilidades y logros en insignias que puede compartir en las plataformas de redes sociales, enviar a su red y agregar a su currículum. Para obtener más información, visite **www.nccer.org**.

1.0.0 Dimensionamiento de acometidas eléctricas residenciales

Objetivo

Explicar cómo dimensionar la acometida eléctrica para una vivienda.

a. Describir las acometidas eléctricas y las cargas de los electrodomésticos.
b. Resumir cómo aplicar los factores de demanda.
c. Describir cómo dimensionar el centro de carga.

Tarea práctica

1. Dado el tamaño y la lista de los principales electrodomésticos instalados de una vivienda residencial, demostrar o explicar cómo:
   - Calcular las cargas de iluminación, electrodomésticos pequeños y lavandería.
   - Calcular las cargas de electrodomésticos grandes.
   - Determinar la cantidad de circuitos derivados que se requieren.
   - Dimensionar y seleccionar los conductores de entrada de acometida, panel de distribución y dispositivos de protección.

Los primeros sistemas eléctricos proporcionaban iluminación interior. Ahora utilizamos la electricidad para todo, desde alimentar nuestras conexiones a Internet hasta hacer funcionar los **electrodomésticos** para lavar la ropa.

En esta sección, se utilizará una residencia típica (*figura 1*) como modelo para dimensionar la acometida eléctrica de acuerdo con la última edición del *NEC*®. Consulte siempre las últimas ediciones de los códigos nacionales, estatales y locales vigentes de su área.

Electrodomésticos (*appliances*): equipos diseñados para utilizar la electricidad con un fin determinado. Por ejemplo, se utiliza un refrigerador para producir frío y un secador de cabello para producir calor. Los electrodomésticos suelen ser autónomos y se fabrican en tamaños o tipos estándar. La mayoría de los electrodomésticos no son de uso industrial.

Entrada de acometida (*service entrance*): el punto donde se suministra energía a un edificio (incluido el equipo utilizado para este propósito). La entrada de acometida incluye el interruptor principal de acometida o panel de distribución, dispositivos de medición, dispositivos de protección contra sobrecorriente y conductores/canalizaciones para conectar a los conductores de la compañía de electricidad.

1.1.0 Carga de una acometida eléctrica residencial

A medida que adquiera experiencia como electricista, aprenderá a identificar el tipo de sistema que debe utilizar para un lugar específico. Su elección se guiará por muchos factores, como:

- Método de cableado (si varios son prácticos, elija uno antes de la instalación)
- Acometida eléctrica aérea o subterránea
- Tipo de construcción del edificio
- Tipo de **entrada de acometida** y equipamiento
- Grado de los dispositivos de cableado y artefactos de iluminación
- Selección de artefactos de iluminación
- Tipo de sistema de calefacción y refrigeración
- Cableado de control del sistema de calefacción y refrigeración
- Sistemas de señalización y alarma
- Presencia de sistemas eléctricos alternativos, si lo hay

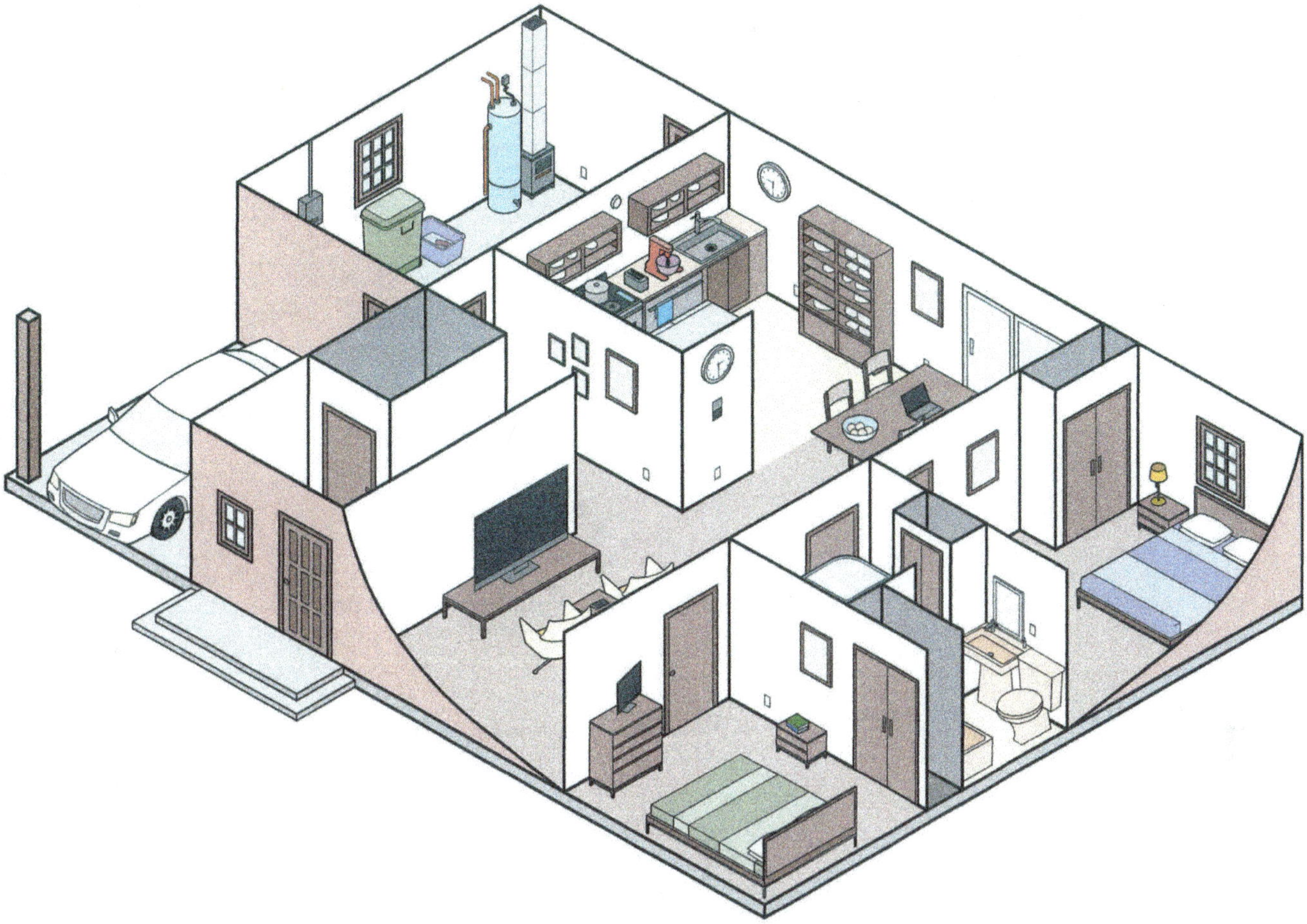

Figura 1 Modelo típico de residencia.

El *NEC*® proporciona los requisitos mínimos para proteger a las personas y los bienes de los peligros que pueden derivarse del uso de la electricidad. Además, casi siempre existen códigos de construcción locales referentes a las instalaciones eléctricas. Estos códigos locales, a menudo, superan los requisitos del *NEC*®. Consulte siempre las últimas ediciones de los códigos vigentes de su área y la Authority Having Jurisdiction - AHJ (autoridad competente), tal y como se define en el *NEC*®.

En una ocupación residencial, la compañía de servicios públicos proporcionará una entrada de acometida monofásica de 120/240 V. La acometida y el **alimentador** serán de tres hilos; cada **circuito ramal** será de dos o tres hilos; y cada **interruptor de seguridad**, el equipo de acometida y los paneles de distribución serán de tres hilos con un neutro sólido. En cada proyecto, debe consultar a la empresa local de servicios públicos para determinar el punto de fijación de las conexiones aéreas y la ubicación del equipo de medición.

En muchos casos, la acometida (desconexión principal, panel de distribución, conductores de acometida, etc.) puede dimensionarse utilizando el *NEC*® antes de ubicar las salidas. En otros casos, tendrá que colocar primero las salidas. Sin embargo, siempre tendrá que decidir dónde ubicar la entrada de acometida y el panel de distribución antes de poder instalar los circuitos. Así sabrá en qué dirección y hacia qué puntos terminarán los tendidos residenciales del circuito.

1.1.1 Cálculo de la carga de una acometida eléctrica residencial

Para calcular la carga de la acometida, empiece por mirar el plano de planta, que es un plano que muestra la longitud y el ancho de un edificio y las habitaciones que contiene. Hay un plano para cada planta. La *figura* 2 muestra cómo elaborar el plano de planta de una vivienda unifamiliar.

NOTA

Un ejemplo de un requisito del *NEC*® que puede ser superado por los códigos locales es la *Sección 230.51(A) del NEC*. El *NEC*® requiere que se asegure el cable de acometida mediante bandas de cables colocadas cada 30" (750 mm) y a menos de 12" (300 mm) de cada cabezal de acometida, cuello de cisne o conexión a una canalización o recinto.

Sin embargo, algunos AHJ exigen que las bandas de cable se coloquen a una distancia máxima de 18" (450 mm). Consulte el *Apéndice 26111-23A* para otros códigos y normas eléctricas que se aplican a las instalaciones eléctricas residenciales.

Alimentador (*feeder*): cualquier conductor de circuito entre el equipo de acometida, la fuente de un sistema derivado por separado u otra fuente de suministro de energía y el dispositivo de sobrecorriente del circuito ramal final.

Circuito ramal (*branch circuit*): parte de un sistema de cableado que se extiende más allá del dispositivo de sobrecorriente final que protege un circuito.

Interruptor (*switch*): dispositivo mecánico utilizado para encender y apagar una carga eléctrica.

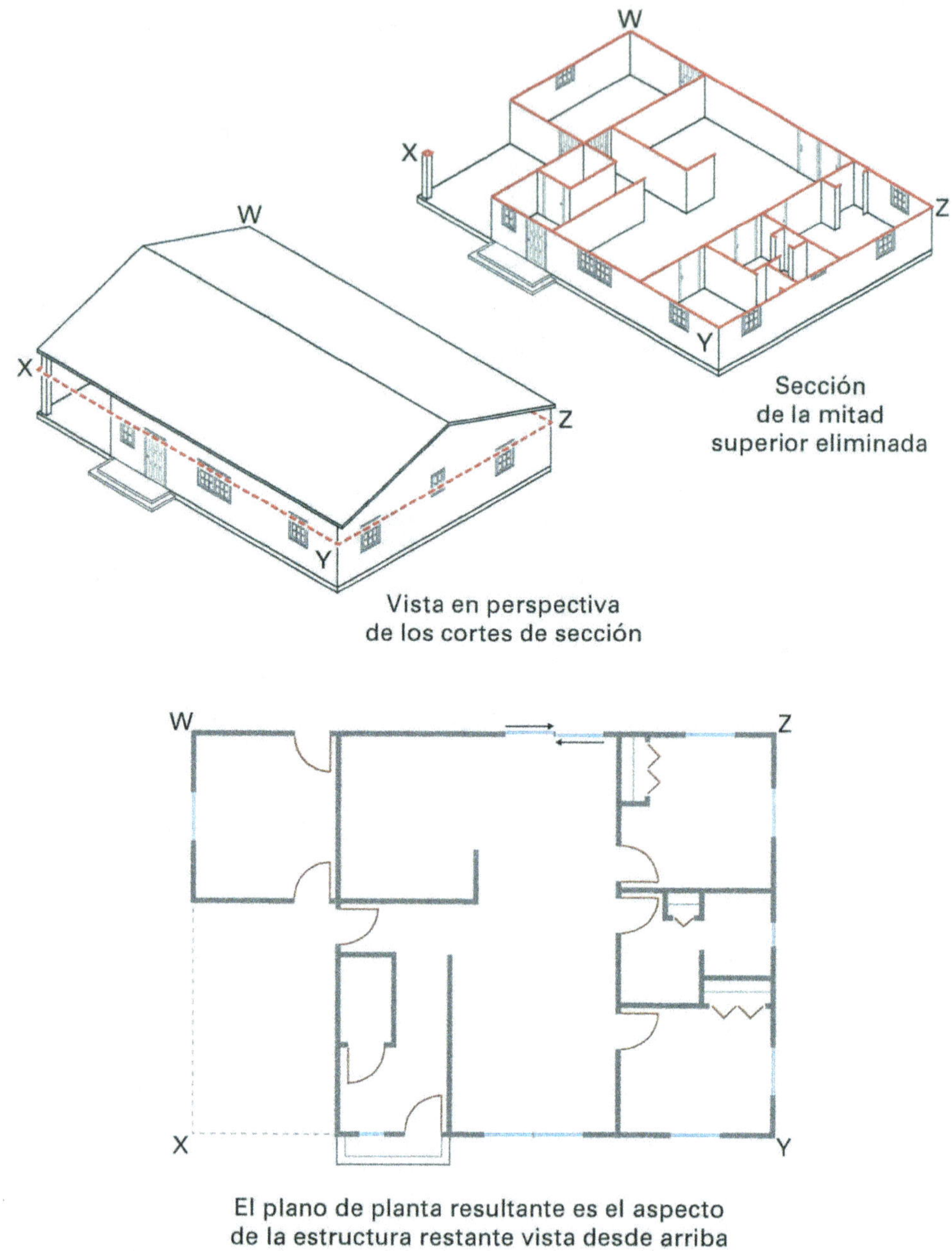

Figura 2 Elaboración de un plano de planta.

Ahora, observe la *figura 3*, que muestra el plano de planta de una vivienda de dos habitaciones. El edificio está construido sobre una losa de concreto sin sótano ni semisótano. Hay un ático sin terminar encima de la sala de estar y un garaje abierto justo afuera de la entrada de la cocina.

Es importante conocer la carga eléctrica a la hora de planificar una acometida eléctrica para saber el tipo de acometida que hay que instalar.

En este módulo, utilizará la hoja de trabajo entregada en el *Apéndice 26111-23B*, similar a la de la *figura 4*, para calcular los requisitos de carga eléctrica de esta residencia.

1.1.2 Cálculo de la carga de iluminación general

La carga de iluminación general incluye los receptáculos de uso general de 20 A o menos, incluidos baños y garajes, receptáculos exteriores y salidas de iluminación de la vivienda. Utilice el *NEC*® y su hoja de trabajo para calcular la carga de iluminación general de su residencia.

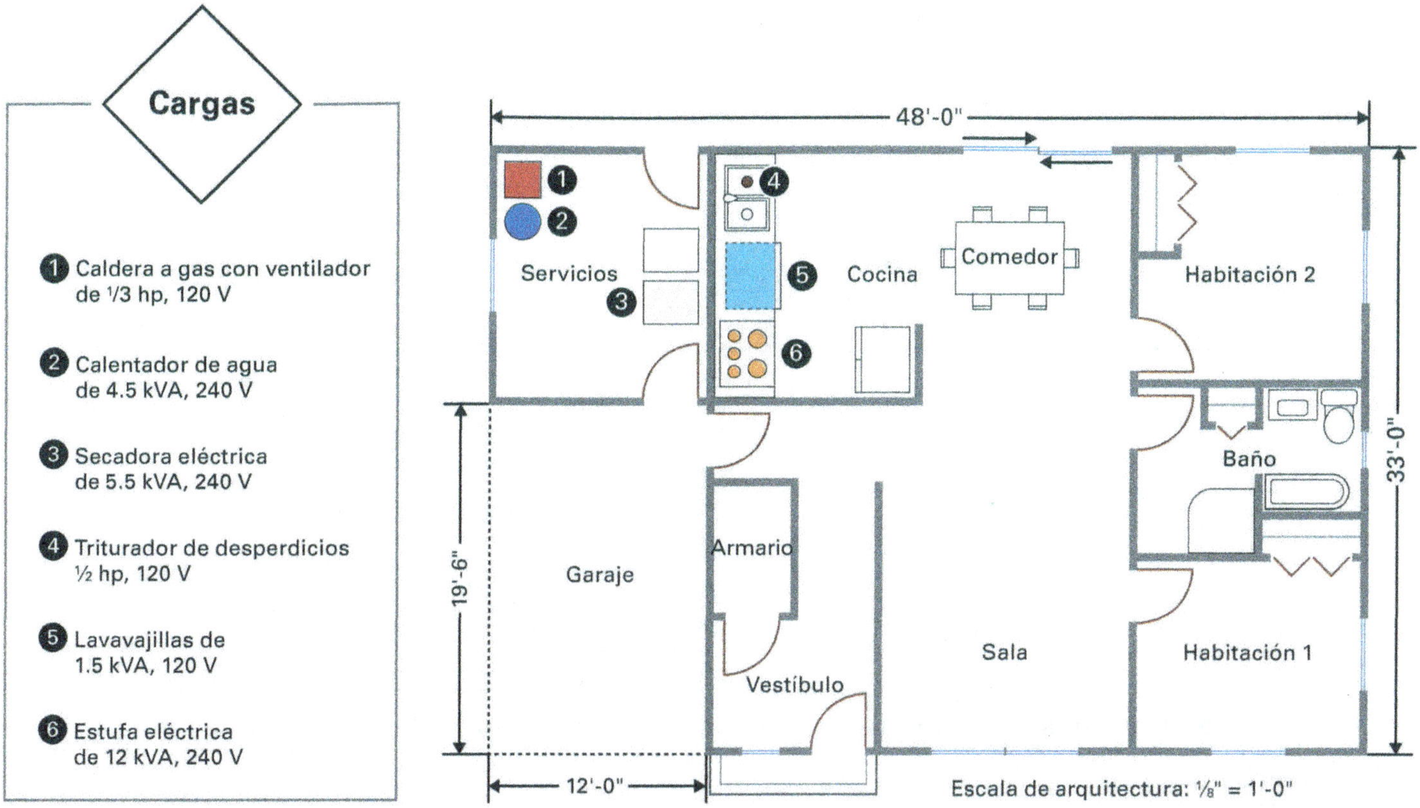

Figura 3 Plano de planta de una residencia típica.

La *Sección 220.41 del NEC* establece que, para viviendas residenciales, la carga mínima no debe ser inferior a 3 voltio-amperios (VA), o vatios, por pie cuadrado de espacio habitable (33 VA por metro cuadrado). Entonces, para calcular la carga general, hay que calcular el área del espacio habitable en pies cuadrados (pies^2) y multiplicarla por 3 VA/pies^2.

Conozca el código

Unidades de vivienda, carga unitaria mínima
Sección 220.41 del NEC

Paso 1 Utilizando las medidas de la *figura 3*, multiplique la longitud del edificio por el ancho para hallar el área total.

33' × 48' = 1,584 pies^2

NOTA

Si un edificio está en construcción, puede determinar las dimensiones escalando los planos de trabajo del constructor.

Si la residencia es un edificio existente sin planos, deberá tomar las medidas reales en el sitio.

Paso 2 Calcule el área que no se usa como espacio habitable. La *Sección 220.5(C) del NEC* requiere que el área de cada piso se calcule a partir de las dimensiones externas, como hizo en el *Paso 1*. Cuando se calculan las cargas de iluminación de las viviendas, el código exige que se omitan los porches abiertos o los espacios no utilizados o no terminados que no puedan adaptarse a un uso futuro.

Vuelva a mirar la *figura 3*. Se puede ver que hay un garaje abierto que no forma parte del espacio habitable. Debe calcular el área del garaje para restarla del área total del edificio.

Conozca el código

Área superficial
Sección 220.5(C) del NEC

12' × 19.5' = 234 pies^2

Paso 3 Ahora, reste el área del garaje del área construida para obtener el espacio habitable total.

1,584 pies^2 − 234 pies^2 = 1,350 pies^2 de área habitable

Paso 4 Cálculo de la carga de iluminación general.

- Puede utilizar el formulario estándar de la figura 4 para completar los cálculos. Introduzca el espacio habitable total de la vivienda de muestra (1,350 pies^2) en la Casilla 1.
- Utilizando la *Sección 220.41 del NEC*, multiplique el espacio habitable de la Casilla 1 por 3 VA (este valor ya se ha introducido en la hoja de trabajo de la *figura 4*).

1,350 pies^2 × 3 VA/pies^2 = 4,050 VA

Paso 5 Introduzca el resultado en la Casilla 2 (*figura 5*).

Carga de iluminación general						**Fase**	**Neutro**
Superficie de la vivienda en pies²	[1] 1350	× 3 =	[2] 4050	*Sección 220.41 del NEC*			
Circuitos de electrodomésticos pequeños de cocina	[3] 2	× 1500 =	[4] 3000	*Sección 220.52(A) del NEC*			
Circuito ramal de lavandería	[5] 1	× 1500 =	[6] 1500	*Sección 220.52(B) del NEC*			
Subtotal de cargas de iluminación general			[7] 8550				
Restar los primeros 3000 VA según la *tabla 220.45 del NEC*			[8] 3000	× 100% =		[9] 3000	
VA restante por 35 % según la *tabla 220.45 del NEC*			[10] 5550	× 35% =		[11] 1943	
Demanda total de cargas de iluminación general =						[12] 4943	[13]
Cargas de electrodomésticos fijos (Placa o FLA de motores de NEC®) según la *Sección 220.14 del NEC*							
Tanque de agua caliente de 4.5 kVA, 240 V			[14] 4500				
Lavavajillas de 1.5 kVA, 120 V			[15] 1500				
Triturador de desperdicios de ½ hp, 120 V según la *tabla 430.248 del NEC*			[16] 1176				
Ventilador de 1/3 hp, 120 V según la *tabla 430.248 del NEC* = 7.2 A			[17] 864				
			[18]				
			[19]				
Subtotal de electrodomésticos fijos			[20] 8040				
Sección 220.53 del NEC: si 3 o menos electrodomésticos fijos consumen al 100 % =						[21]	[22]
Sección 220.53 del NEC: si 4 o más electrodomésticos fijos consumen al 75 % =						[23] 6030	[24]
Otras cargas según la *Sección 220.14 del NEC*							
Estufa eléctrica según la *Sección 220.55 del NEC* [neutro al 70 % según la *Sección 220.61(B)(1) del NEC*].						[25] 8000	[26]
Secadora eléctrica según la *Sección 220.54 del NEC* [neutro al 70 % según la *Sección 220.61(B)(1) del NEC*].						[27] 5500	[28]
Calefacción eléctrica según la *Sección 220.51 del NEC*							
Aire acondicionado según la *Sección 220.50(B) del NEC*		omitir carga menor según la *Sección 220.60 del NEC*				[29]	[30]
Motor más grande =	1176	× 25 % (según la *Sección 430.24 del NEC*) =				[31] 294	[32]
Demanda total de VA =						[33] 24767	[34]
(VA dividido entre 240 V) **Amperios =**						[35] 103	[36]
OCD de acometida y conductor de electrodo de puesta a tierra de calibre mínimo						[37] 110	[38]
AWG según la *Sección 310.12*, la *Sección 220.61* y la *tabla 310.16 del NEC* para neutro						[39]	[40]

Figura 4 Hoja de trabajo de cálculo de requisitos residenciales.

Carga de iluminación general					**Fase**	**Neutro**
Superficie de la vivienda en pies²	[1] 1350	× 3 =	[2] 4050	*Sección 220.41 del NEC*		

Figura 5 Casillas 1 y 2 de la hoja de trabajo de cálculo de los requisitos residenciales.

1.1.3 Cálculo de la carga de electrodomésticos pequeños

La carga de electrodomésticos pequeños incluye los circuitos que alimentan los receptáculos requeridos del área de la cocina (*figura 6*), así como comedores, áreas de desayuno o despensas, tal y como exige la *Sección 210.52(B) del NEC*.

Conozca el código

Electrodomésticos pequeños
Sección 210.52(B) del NEC

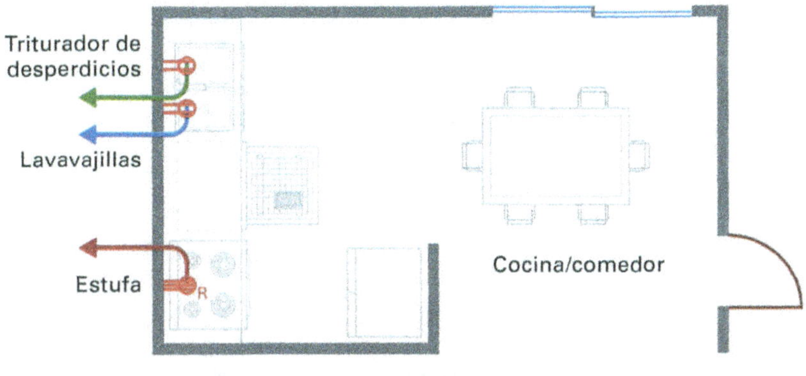

Figura 6 Cálculo de la carga de electrodomésticos pequeños en una cocina.

Los siguientes pasos explican cómo calcular la carga. Mientras trabaja, utilice el *NEC*® para averiguar cuántos circuitos necesita para la carga de electrodomésticos pequeños de su vivienda y cómo calcularlos.

Paso 1 Vuelva a mirar el plano de planta en la *figura 3*. Solo hay un área de cocina. De acuerdo con la *Sección 210.11(C)(1) del NEC*, se deben instalar al menos dos circuitos ramales de 120 V y 20 A para los electrodomésticos pequeños en cada área de cocina de una vivienda. Por lo tanto, es necesario instalar un mínimo de dos circuitos ramales para electrodomésticos pequeños.

Conozca el código

Circuitos ramales de electrodomésticos pequeños
Sección 210.11(C)(1) del NEC

Paso 2 Introduzca el número 2 en la Casilla 3 de la hoja de trabajo.

Paso 3 Para calcular la carga de electrodomésticos pequeños, de acuerdo con la *Sección 220.52(A) del NEC*, se calculará a 1,500 VA cada uno. Por lo tanto, multiplique el número de circuitos ramales de electrodomésticos pequeños por 1,500 VA.

2 × 1,500 VA = 3,000 VA

Conozca el código

Carga de circuitos de electrodomésticos pequeños
Sección 220.52(A) del NEC

Paso 4 Introduzca 3,000 en la Casilla 4 de la hoja de trabajo (*figura 7*).

Carga de iluminación general						Fase	Neutro
Superficie de la vivienda en pies²	[1] 1350	× 3 =	[2] 4050	*Sección 220.41 del NEC*			
Circuitos de electrodomésticos pequeños de cocina	[3] 2	× 1500 =	[4] 3000	*Sección 220.52(A) del NEC*			

Figura 7 Hoja de trabajo de cálculo de las casillas 3 y 4 de requisitos residenciales.

1.1.4 Cálculo de la carga de circuitos de lavandería

Como se muestra en la *figura 8*, la carga del circuito de lavandería incluye equipos eléctricos de lavandería, como una lavadora. Siga estos pasos para calcular la carga del circuito de lavandería de su vivienda.

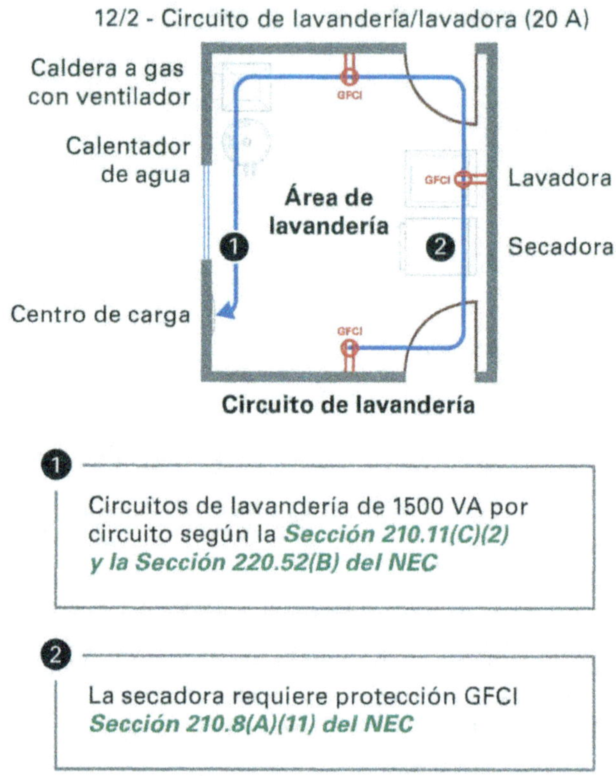

Figura 8 Carga típica del circuito de lavandería.

Conozca el código

Circuitos ramales de lavandería
Sección 210.11(C)(2) del NEC

Paso 1 Mire el plano de planta en la *figura 3*. Hay un área de lavandería en el cuarto de servicios. En el primer plano de la *figura 8*, puede ver que hay una lavadora y una secadora eléctricas. Según la *Sección 210.11(C)(2) del NEC*, que requiere un circuito ramal de 20 A para uso exclusivo del área de lavandería, debe instalar un circuito de lavandería. Eso significa que nada más puede usar ese circuito.

Paso 2 Introduzca el número 1 en la Casilla 5 de la hoja de trabajo.

1 × 1,500 VA = 1,500 VA

Paso 3 De forma similar a la carga para electrodomésticos pequeños, la *Sección 220.52(B) del NEC* establece que la carga para un circuito de lavandería se calculará a 1,500 VA cada uno. Por lo tanto, multiplique el número de circuitos del *Paso 1* por 1,500 VA para obtener la carga del circuito de lavandería.

Conozca el código

Carga del circuito de lavandería
Sección 220.52(B) del NEC

Paso 4 Introduzca 1,500 en la Casilla 6 de la hoja de trabajo (*figura 9*).

Carga de iluminación general					Fase	Neutro
Superficie de la vivienda en pies^2	[1] 1350	× 3 =	[2] 4050	*Sección 220.41 del NEC*		
Circuitos de electrodomésticos pequeños de cocina	[3] 2	× 1500 =	[4] 3000	*Sección 220.52(A) del NEC*		
Circuito ramal de lavandería	[5] 1	× 1500 =	[6] 1500	*Sección 220.52(B) del NEC*		

Figura 9 Hoja de trabajo de cálculo de las casillas 5 y 6 de requisitos residenciales.

1.1.5 Cálculo de los factores de demanda de iluminación

En este punto, dispone de la información necesaria para calcular el subtotal de las cargas generales de iluminación y electrodomésticos. Basta con sumar los valores de las Casillas 2, 4 y 6 e introducir el total en la Casilla 7 (*figura 10*). Por lo tanto, los valores finales encontrados son los siguientes:

- Iluminación general: 4,050 VA (Casilla 2)
- Cargas de electrodomésticos pequeños: 3,000 VA (Casilla 4)
- Carga de lavandería: 1,500 VA (Casilla 6)
- Subtotal de cargas de iluminación general: 8,550 VA (Casilla 7)

Carga de iluminación general					Fase	Neutro
Superficie de la vivienda en pies^2	[1] 1350	× 3 =	[2] 4050	*Sección 220.41 del NEC*		
Circuitos de electrodomésticos pequeños de cocina	[3] 2	× 1500 =	[4] 3000	*Sección 220.52(A) del NEC*		
Circuito ramal de lavandería	[5] 1	× 1500 =	[6] 1500	*Sección 220.52(B) del NEC*		
Subtotal de cargas de iluminación general			[7] 8550			

Figura 10 Hoja de trabajo de cálculo de la casilla 7 para de requisitos residenciales.

Tal vez se pregunte por qué este es el subtotal y no el total de la carga de iluminación general. El *NEC*® reconoce que es muy poco probable que alguna vez utilice todas las salidas eléctricas residenciales al mismo tiempo. Por eso, puede utilizar un factor de diversidad o demanda en sus cálculos. Un *factor de demanda* es la cantidad máxima de carga voltio-amperio que se espera en un momento dado, comparada con la carga total conectada del circuito.

La ***Sección 220.45 del NEC*** establece que se deben utilizar los factores de demanda de la ***Tabla 220.45 del NEC*** para calcular la carga del circuito de iluminación general y receptáculos de uso general.

Ahora, utilice las Casillas 8 a la 12 de la hoja de trabajo para encontrar la demanda total de cargas de iluminación general.

Conozca el código

Iluminación general
Sección 220.45 del NEC

Paso 1 Utilice la ***tabla 220.45 del NEC*** para determinar la demanda total de su vivienda. La tabla muestra que el factor de demanda para los primeros 3,000 VA debe calcularse al 100%, las cargas de 3,001 VA a 120,000 VA deben calcularse al 35% y las cargas superiores a 120,000 VA deben calcularse al 25%. Por lo tanto, calcule los primeros 3,000 VA al 100% y el resto al 35%.

Conozca el código

Factores de demanda de carga de iluminación
Tabla 220.45 del NEC

Paso 2 Introduzca 3,000 en la Casilla 8 de su hoja de trabajo, multiplique por 100%, o 1.0 si lo convierte a decimal, e introduzca el resultado en la Casilla 9 (*figura 11*).

3,000 VA × 1.0 = 3,000 VA

Paso 3 Reste el valor de la Casilla 8 del subtotal de la Casilla 7 para encontrar la carga restante e introdúzcala en la Casilla 10 (*figura 12*).

8,550 VA – 3,000 VA = 5,550 VA

Carga de iluminación general						Fase	Neutro
Superficie de la vivienda en pies^2	[1] 1350	× 3 =	[2] 4050	*Sección 220.41 del NEC*			
Circuitos de electrodomésticos pequeños de cocina	[3] 2	× 1500 =	[4] 3000	*Sección 220.52(A) del NEC*			
Circuito ramal de lavandería	[5] 1	× 1500 =	[6] 1500	*Sección 220.52(B) del NEC*			
Subtotal de cargas de iluminación general			[7] 8550				
Restar los primeros 3000 VA según la ***tabla 220.45 del NEC***			[8] 3000	× 100% =	[9] 3000		

Figura 11 Hoja de trabajo de cálculo de las casillas 8 y 9 de requisitos residenciales.

Carga de iluminación general					Fase	Neutro
Superficie de la vivienda en pies^2	[1] 1350	× 3 =	[2] 4050	*Sección 220.41 del NEC*		
Circuitos de electrodomésticos pequeños de cocina	[3] 2	× 1500 =	[4] 3000	*Sección 220.52(A) del NEC*		
Circuito ramal de lavandería	[5] 1	× 1500 =	[6] 1500	*Sección 220.52(B) del NEC*		
Subtotal de cargas de iluminación general			[7] 8550			
Restar los primeros 3000 VA según la *tabla 220.45 del NEC*			[8] 3000	× 100% =	[9] 3000	
VA restante por 35 % según la *tabla 220.45 del NEC*			[10] 5550	× 35% =	[11] 1943	
Demanda total de cargas de iluminación general					[12] 4943	[13]

Figura 12 Hoja de trabajo de cálculo completa de la carga de iluminación general.

5,550 VA × 0.35 = 1,943 VA (redondeado)

Paso 4 Multiplique la carga restante por 35% e introduzca el resultado en la Casilla 11.

3,000 VA + 1,943 VA = 4,943 VA

Paso 5 Sume el valor de la Casilla 11 al valor de la Casilla 9 e introduzca el total en la Casilla 12 para completar la sección *Iluminación general* de su hoja de trabajo.

Conozca el código

Carga de electrodomésticos - Unidades de vivienda
Sección 220.53 del NEC

Conozca el código

Corrientes de carga completa en amperios, motores monofásicos de corriente alterna
Tabla 430.248 del NEC

1.1.6 Cálculo de la carga de electrodomésticos fijos

La siguiente sección de su hoja de trabajo es para encontrar la carga requerida de electrodomésticos fijos, como un lavavajillas o un tanque de agua caliente.

De acuerdo con la *Sección 220.53 del NEC*, si el electrodoméstico fijo tiene un valor nominal, debe usarlo como carga. Si el electrodoméstico fijo tiene un motor (por ejemplo, un triturador de basura), busque la corriente de carga completa del *NEC*® en la *tabla 430.248 del NEC* y multiplíquela por 120 V. *La tabla 430.248 del NEC* enumera las corrientes de carga completa de motores monofásicos de corriente alterna que funcionan a velocidades habituales y motores con características de par de apriete normales. Utilice su hoja de trabajo para calcular la carga de los electrodomésticos fijos.

Paso 1 Enumere los cuatro electrodomésticos fijos de la hoja de trabajo en las filas de *Cargas de electrodomésticos fijos*.

- Incluya el valor de carga nominal del calentador de agua y del lavavajillas.
- Utilizando la *tabla 430.248 del NEC*, incluya la corriente de carga completa del *NEC*® del triturador de basura y el ventilador de la caldera.

Tanque de agua caliente:
1 × 4.5 kVA = 4,500 VA (Casilla 14)
Lavavajillas:
1 × 1.5 kVA = 1,500 VA (Casilla 15)
Triturador de basura (½ hp, 120 V):
9.8A × 120 V = 1,176 VA (Casilla 16)
Ventilador de la caldera a gas
(⅓ hp, 120 V): 7.2A × 120 V = 864 VA
(Casilla 17)

Paso 2 Utilizando la información del *Paso 1*, introduzca la carga de cada electrodoméstico en las Casillas 14 a la 17 (*figura 13*). Introduzca todos los valores en VA (1,000 VA = 1 kVA):

Cargas de electrodomésticos fijos (Placa o FLA de motores de NEC®) según la *Sección 220.14 del NEC*		
Tanque de agua caliente de 4.5 kVA, 240 V	[14] 4500	
Lavavajillas de 1.5 kVA, 120 V	[15] 1500	
Triturador de desperdicios de ½ hp, 120 V según la *tabla 430.248 del NEC* = 9.8 A	[16] 1176	
Ventilador de 1/3 hp, 120 V según la *tabla 430.248 del NEC* = 7.2 A	[17] 864	

Figura 13 Hoja de trabajo de cálculo de las casillas 14 a la 17 de cargas de electrodomésticos fijos.

Paso 3 Sume las cargas de los electrodomésticos fijos e introduzca el total en la Casilla 20 (*figura 14*).

4,500 VA + 1,500 VA + 1,176 VA + 864 VA = 8,040 VA (Casilla 20)

Paso 4 Ahora, determine el factor de demanda con base en el número de electrodomésticos. Según la *Sección 220.53 del NEC*, debe aplicar un factor de demanda del 75% para cuatro o más electrodomésticos fijos, siempre que no sean cargas eléctricas de calefacción, aire acondicionado, cocina o secadora de ropa (esos artículos se consideran otras cargas y se incluirán en la sección *Otras cargas*, que calculará a continuación). Por lo tanto, dado que tiene cuatro electrodomésticos fijos, aplique el factor de demanda del 75% al total de la Casilla 20 para encontrar la carga de los electrodomésticos fijos (*figura 15*).

8,040 VA × 0.75 = 6,030 VA (Casilla 23)

Conozca el código

Carga de electrodomésticos - Unidades de vivienda
Sección 220.53 del NEC

Cargas de electrodomésticos fijos (Placa o FLA de motores de NEC®) según la *Sección 220.14 del NEC*		
Tanque de agua caliente de 4.5 kVA, 240 V	[14]	4500
Lavavajillas de 1.5 kVA, 120 V	[15]	1500
Triturador de desperdicios de ½ hp, 120 V según la *tabla 430.248 del NEC* = 9.8 A	[16]	1176
Ventilador de 1/3 hp, 120 V según la *tabla 430.248 del NEC* = 7.2 A	[17]	864
	[18]	
	[19]	
Subtotal de electrodomésticos fijos	[20]	8040

Figura 14 Hoja de trabajo de cálculo de la casilla 20 de cargas de electrodomésticos fijos.

Cargas de electrodomésticos fijos (Placa o FLA de motores de NEC®) según la *Sección 220.14 del NEC*			
Tanque de agua caliente de 4.5 kVA, 240 V	[14] 4500		
Lavavajillas de 1.5 kVA, 120 V	[15] 1500		
Triturador de desperdicios de ½ hp, 120 V según la *tabla 430.248 del NEC* = 9.8 A	[16] 1176		
Ventilador de 1/3 hp, 120 V según la *tabla 430.248 del NEC* = 7.2 A	[17] 864		
	[18]		
	[19]		
	[20] 8040		
Sección 220.53 del NEC: si 3 o menos electrodomésticos fijos consumen al 100 % =		[21]	[22]
Sección 220.53 del NEC: si 4 o más electrodomésticos fijos consumen al 75 % =		[23] 6030	[24]

Figura 15 Hoja de trabajo de cálculo de la casilla 23 de cargas de electrodomésticos fijos.

1.1.7 Cálculo de otras cargas

La parte inferior de la hoja de trabajo sirve para calcular todas las demás cargas necesarias para la vivienda, tal y como se indica en la *Sección 220.14 del NEC*. En *Otras cargas*, indique la estufa eléctrica y la secadora eléctrica. También debe incluir cualquier otra carga en la vivienda, como calefacción eléctrica y aire acondicionado.

Paso 1 En primer lugar, determine y enumere la carga de demanda de la estufa eléctrica.

- Consulte la *Sección 220.55 del NEC* para obtener información sobre el cálculo de la carga de estufas eléctricas y otros electrodomésticos de cocina. Los factores de demanda dependen del número de cada tipo de electrodoméstico. Por ejemplo, para una sola estufa con valor nominal entre 8.75 kVA y 12 kVA, la *tabla 220.55 del NEC* permite una demanda de 8 kVA.
- Su vivienda tiene una estufa con valor nominal de 12 kVA (*figura 3*), lo que significa que la carga de demanda es de 8 kVA, según la *tabla 220.55 del NEC*. Convertida a kVA, la carga de demanda sería de 8,000 VA.

Conozca el código

Otras cargas - Todas las ocupaciones
Sección 220.14 del NEC

Conozca el código

Factores de demanda y cargas de estufas eléctricas domésticas, hornos montados en paredes, unidades de cocción montados en encimeras y otros electrodomésticos de cocina de más de $1\frac{3}{4}$ kW de valor nominal
Tabla 220.55 del NEC

NOTA

Puesto que los vatios y los voltamperios son iguales, los kW y los kVA también son equivalentes.

<table>
<tr><td colspan="5">Otras cargas según la Sección 220.14 del NEC</td></tr>
<tr><td colspan="3">Estufa eléctrica según la Sección 220.55 del NEC [neutro al 70 % según la Sección 220.61(B)(1) del NEC].</td><td>[25] 8000</td><td>[26]</td></tr>
<tr><td colspan="3">Secadora eléctrica según la Sección 220.54 del NEC [neutro al 70 % según la Sección 220.61(B)(1) del NEC].</td><td>[27] 5500</td><td>[28]</td></tr>
<tr><td>Calefacción eléctrica según la Sección 220.51 del NEC</td><td rowspan="2" colspan="2">omitir carga menor según la Sección 220.60 del NEC</td><td rowspan="2">[29]</td><td rowspan="2">[30]</td></tr>
<tr><td>Aire acondicionado según la Sección 220.50(B) del NEC</td></tr>
<tr><td>Motor más grande =</td><td colspan="2">× 25 % (según la Sección 430.24 del NEC) =</td><td>[31]</td><td>[32]</td></tr>
</table>

Figura 16 Hoja de trabajo de cálculo de otras cargas.

Paso 2 Introduzca 8,000 en la Casilla 25 (*figura 16*).

Conozca el código

Factores de demanda de secadoras de ropa eléctricas domésticas
Tabla 220.54 del NEC

Paso 3 Consulte la *Sección 220.54 del NEC* para obtener información sobre el cálculo de la carga de secadoras eléctricas. Al igual que las estufas, el factor de demanda depende del número y tipo de electrodomésticos. Para una a cuatro secadoras eléctricas, la *tabla 220.54 del NEC* indica que el factor de demanda es del 100%.

- *La tabla 220.54 del NEC* le indica que utilice 5,000 VA o la carga que figura en la placa, la que sea mayor. Su secadora tiene una potencia nominal de 5.5 kVA con una demanda del 100% según la *tabla 220.54 del NEC*. Convertida a kVA, la carga de demanda sería de 5,500 VA.

Conozca el código

Cargas no coincidentes
Sección 220.60 del NEC

Paso 4 Introduzca 5,500 en la Casilla 27.

Si la vivienda dispone de calefacción eléctrica y aire acondicionado, se incluirán en la carga. Al tratarse de cargas típicas no coincidentes, no se utilizarían al mismo tiempo. *La Sección 220.60 del NEC* le permite omitir la menor de esas cargas (*figura 16*).

Conozca el código

Motores, circuitos de motores y controladores
Artículo 430 del NEC

Paso 5 Para obtener el valor correcto de todas las demás cargas, sume el 25% del motor más grande de la vivienda.

- *La Sección 430.17 del NEC* explica cómo seleccionar el motor de mayor potencia nominal y la *Sección 430.24(1) del NEC* explica cómo sumar el 25% (*figura 17*).
- Al repasar su hoja de trabajo, observe que el triturador (Casilla 16) tiene el motor más grande que el ventilador (Casilla 17). Por lo tanto, habría que sumar el 25% de la carga nominal del triturador, que es de 1,176 VA.

1,176VA × 0.25 = 294 VA (Casilla 31)

Paso 6 Calcule la demanda total de VA (*figura 18*). Para obtener la demanda mínima de los conductores de fase, sume los totales de las secciones de la hoja de trabajo *Carga de iluminación general*, *Cargas de electrodomésticos fijos* y *Otras cargas*.

Casilla 12 + Casilla 23 + Casilla 25 + Casilla 27 + Casilla 31 = Casilla 33

4,943 VA + 6,030 VA + 8,000 VA + 5,500 VA + 294 VA = 24,767 VA

1.1.8 Tamaño requerido de la acometida

Aún no ha terminado la hoja de trabajo del cálculo. Todavía debe calcular el tamaño de acometida necesario (*figura 19*).

Paso 1 Divida los voltamperios totales por el voltaje más alto e ingrese el resultado en la Casilla 35.

24,767 VA ÷ 240 V = 103 A

Paso 2 La sobrecorriente nominal de los **conductores de entrada de acometida** debe ser como mínimo de 110 A, que es una capacidad estándar para la protección contra sobrecorriente. El resultado 103 A del *Paso 1* no cumple este requisito mínimo. Por lo tanto, en su hoja de trabajo se utilizaría 110 A. Sin embargo, en instalaciones reales, dado que 110 A no es un tamaño comercial típico para un **centro de carga**, puede utilizar la clasificación más común de 125 A como el tamaño de su acometida.

Conductores de entrada de acometida (*service entrance conductors*): los conductores entre el punto de terminación de la bajada de acometida aérea o del lateral de acometida subterránea y el dispositivo de desconexión principal del edificio.

Centro de carga (*load center*): tipo de panel de distribución que normalmente se ubica en la entrada de acometida de una instalación residencial. A veces, contiene la desconexión principal.

Paso 3 Introduzca 110 en la Casilla 37.

Carga de iluminación general					Fase	Neutro
Superficie de la vivienda en pies^2	[1] 1350	× 3 =	[2] 4050	*Sección 220.41 del NEC*		
Circuitos de electrodomésticos pequeños de cocina	[3] 2	× 1500 =	[4] 3000	*Sección 220.52(A) del NEC*		
Circuito ramal de lavandería	[5] 1	× 1500 =	[6] 1500	*Sección 220.52(B) del NEC*		
Subtotal de cargas de iluminación general			[7] 8550			
Restar los primeros 3000 VA según la *tabla 220.45 del NEC*			[8] 3000	× 100% =	[9] 3000	
VA restante por 35 % según la *tabla 220.45 del NEC*			[10] 5550	× 35% =	[11] 1943	
Demanda total de cargas de iluminación general					[12] 4943	[13]
Cargas de electrodomésticos fijos (Placa o FLA de motores de NEC®) según la *Sección 220.14 del NEC*						
Tanque de agua caliente de 4.5 kVA, 240 V			[14] 4500			
Lavavajillas de 1.5 kVA, 120 V			[15] 1500			
Triturador de desperdicios de ½ hp, 120 V según la *tabla 430.248 del NEC* = 9.8 A			[16] 1176			
Ventilador de 1/3 hp, 120 V según la *tabla 430.248 del NEC* = 7.2 A			[17] 864			
			[18]			
			[19]			
Subtotal de electrodomésticos fijos			[20] 8040			
Sección 220.53 del NEC: si 3 o menos electrodomésticos fijos consumen al 100 % =					[21]	[22]
Sección 220.53 del NEC: si 4 o más electrodomésticos fijos consumen al 75 % =					[23] 6030	[24]
Otras cargas según la *Sección 220.14 del NEC*°						
Estufa eléctrica según la *Sección 220.55 del NEC* [neutro al 70 % según la *Sección 220.61(B)(1) del NEC*].					[25] 8000	[26]
Secadora eléctrica según la *Sección 220.54 del NEC* [neutro al 70 % según la *Sección 220.61(B)(1) del NEC*].					[27] 5500	[28]
Calefacción eléctrica según la *Sección 220.51 del NEC*						
Aire acondicionado según la *Sección 220.50(B) del NEC*	omitir carga menor según la *Sección 220.60 del NEC*				[29]	[30]
Motor más grande = 1176	× 25 % (según la *Sección 430.24 del NEC*) =				[31] 294	[32]

Figura 17 Cálculo del motor más grande.

Tenga en cuenta que si la demanda de la unidad de vivienda de muestra tuviera una carga inferior a 100 A, la *Sección 230.79(C) del NEC* habría exigido un valor nominal mínimo de 100 A para esta desconexión de acometida de vivienda unifamiliar. La *Sección 230.42(B) del NEC* también habría exigido que la ampacidad de los conductores de la acometida fuera igual a la de la desconexión de 100 A.

Conozca el código

Viviendas unifamiliares
Sección 230.79(C) del NEC

Conozca el código

Instalaciones específicas
Sección 230.42(B) del NEC

1.2.0 Aplicación de los factores de demanda

Recuerde que un factor de demanda es la cantidad máxima de carga voltamperio que se espera en un momento dado, comparada con la carga total conectada del circuito. La demanda máxima de un circuito de alimentación se calcula multiplicando la carga conectada por el factor de demanda. La *tabla 1* enumera las secciones del *NEC*® donde se pueden encontrar las reglas para aplicar factores de demanda a tipos específicos de cargas.

1.2.1 Factores de demanda de estufas eléctricas

El método para calcular los factores de demanda de las estufas eléctricas depende de si se utiliza el *Artículo 220, Parte III* o *Parte IV del NEC* y del tipo de vivienda. Utilice la *tabla 2* para encontrar el código específico que debe conocer.

Piénselo

Conductores de fase equilibrados

La palabra *fase* se utiliza en este módulo para referirse a un alambre caliente y no a uno neutro. Algunos electricistas los denominan ramales, en lugar de fases. ¿Por qué deben estar equilibrados los conductores de fase?

Carga de iluminación general					**Fase**	**Neutro**
Superficie de la vivienda en pies²	[1] 1350	× 3 =	[2] 4050	*Sección 220.41 del NEC*		
Circuitos de electrodomésticos pequeños de cocina	[3] 2	× 1500 =	[4] 3000	*Sección 220.52(A) del NEC*		
Circuito ramal de lavandería	[5] 1	× 1500 =	[6] 1500	*Sección 220.52(B) del NEC*		
Subtotal de cargas de iluminación general			[7] 8550			
Restar los primeros 3000 VA según la *tabla 220.45 del NEC*			[8] 3000	× 100% =	[9] 3000	
VA restante por 35 % según la *tabla 220.45 del NEC*			[10] 5550	× 35% =	[11] 1943	
Demanda total de cargas de iluminación general					[12] 4943	[13]
Cargas de electrodomésticos fijos (Placa o FLA de motores de *NEC®*) según la *Sección 220.14 del NEC*						
Tanque de agua caliente de 4.5 kVA, 240 V			[14] 4500			
Lavavajillas de 1.5 kVA, 120 V			[15] 1500			
Triturador de desperdicios de ½ hp, 120 V según la *tabla 430.248 del NEC* = 9.8 A			[16] 1176			
Ventilador de 1/3 hp, 120 V según la *tabla 430.248 del NEC* = 7.2 A			[17] 864			
			[18]			
			[19]			
Subtotal de electrodomésticos fijos			[20] 8040			
Sección 220.53 del NEC: si 3 o menos electrodomésticos fijos consumen al 100 % =					[21]	[22]
Sección 220.53 del NEC: si 4 o más electrodomésticos fijos consumen al 75 % =					[23] 6030	[24]
Otras cargas según la *Sección 220.14 del NEC*						
Estufa eléctrica según la *Sección 220.55 del NEC* [neutro al 70 % según la *Sección 220.61(B)(1) del NEC*].					[25] 8000	[26]
Secadora eléctrica según la *Sección 220.54 del NEC* [neutro al 70 % según la *Sección 220.61(B)(1) del NEC*].					[27] 5500	[28]
Calefacción eléctrica según la *Sección 220.51 del NEC*						
Aire acondicionado según la *Sección 220.50(B) del NEC*	omitir carga menor según la *Sección 220.60 del NEC*				[29]	[30]
Motor más grande = 1176	× 25 % (según la *Sección 430.24 del NEC*) =				[31] 294	[32]
Demanda total de VA =					[33] 24767	[34]
(VA dividido entre 240 V) **Amperios =**					[35] 103	[36]
OCD de acometida y conductor de electrodo de puesta a tierra de calibre mínimo					[37] 110	[38]
AWG según la *Sección 310.12*, la *Sección 220.61* y la *tabla 310.16 del NEC* para neutro					[39]	[40]

Figura 18 Cálculo de la demanda de VA

Qué hay que saber:

- La carga total de la vivienda de muestra es de 24,767 VA (Casilla 33).
- La acometida eléctrica convencional para uso residencial es 120/240 V, trifilar, monofásica.
- Las acometidas están dimensionadas en amperios.
- Usted calcula los amperios dividiendo el total de voltio-amperios entre el voltaje más alto de la acometida.

$$\frac{24{,}767\text{VA}}{240\text{V}} = 103\text{A}$$

Figura 19 Cálculo del tamaño de la acometida necesaria.

TABLA 1 Factores de demanda basados en el *NEC*®

Tipo de carga	Código *del NEC*®	Nombre de la sección/tabla *del NEC*®
Cargas de receptáculos	*Sección 220.14(I) del NEC*	*Salidas de receptáculos*
Cargas de iluminación	*Tabla 220.42(A) del NEC*	*Cargas de iluminación general por ocupación no residencial*
Cargas de secadoras	*Tabla 220.54 del NEC*	*Secadoras eléctricas - Unidades de vivienda*
Cargas de estufas	*Tabla 220.55 del NEC*	*Factores de demanda y cargas de estufas eléctricas domésticas, hornos montados en paredes, unidades de cocción montados en encimeras y otros electrodomésticos de cocina de más de $1\frac{3}{4}$ kW de valor nominal*
Cargas de unidades de vivienda	*Sección 220.82 del NEC*	*Unidad de vivienda*
Cargas de unidades de vivienda existentes	*Sección 220.83 del NEC*	*Unidad de vivienda existente*
Cargas de unidades de vivienda multifamiliar	*Sección 220.84 del NEC*	*Vivienda multifamiliar*

TABLA 2 Factores de demanda de estufas eléctricas

Parte *del NEC*®	Código *del NEC*®	Nombre de la sección *del NEC*®
Artículo 220, Parte III del NEC, Cálculos de cargas de alimentadores y acometidas	*Sección 220.55 del NEC*	*Electrodomésticos de cocina en unidades de vivienda y electrodomésticos de cocina utilizados en programas de enseñanza*
Artículo 220, Parte IV del NEC, Cálculos de cargas de alimentadores y acometidas opcionales	*Sección 220.82 del NEC*	*Unidad de vivienda*
Artículo 220, Parte IV del NEC, Cálculos de cargas de alimentadores y acometidas opcionales	*Sección 220.83 del NEC*	*Unidad de vivienda existente*

1.2.2 Cálculo de los factores de demanda para conductores neutros

Retome su hoja de trabajo para realizar cálculos. Puede ver que aún tiene que rellenar información en la columna *Neutro* de la derecha. En la mayoría de los casos, el conductor neutro de un sistema eléctrico transporta la diferencia de corriente de los conductores de fase.

Si tiene un circuito de alimentación monofásico con un conductor de una fase que transporta 50 A y otro que transporta 40 A, el conductor neutro transportará 10 A.

$$50\text{ A} - 40\text{ A} = 10\text{ A}$$

Dado que el neutro casi nunca transporta tanta corriente como los conductores de fase, la *Sección 220.61 del NEC* permite aplicar un factor de demanda. La *Sección 220.61(B)(1) del NEC* establece que una de las dos situaciones en las que está permitido aplicar un factor de demanda a una carga neutra de alimentador o acometida es cuando la acometida o alimentador suministra a electrodomésticos, donde la carga máxima desequilibrada se ha determinado de acuerdo con la *tabla 220.55 del NEC* para estufas y la *tabla 220.54 del NEC* para secadoras.

Ahora, dimensionemos el conductor neutro. El conductor neutro en una acometida monofásica de tres hilos transporta únicamente la carga desequilibrada entre los dos hilos y ramales sin conexión a tierra (calientes). Dado que en los cálculos anteriores hay varias cargas de 240 V, estas cargas de 240 V se equilibrarán y, por lo tanto, reducirán la carga en el conductor neutro de la acometida.

Conozca el código

Cálculos de cargas de circuitos ramales, alimentadores y acometidas
Artículo 220 del NEC

Conozca el código

Carga neutra de alimentador o acometida
Sección 220.61 del NEC

Conozca el código

Estufas eléctricas domésticas, hornos montados en paredes, unidades de cocina montadas en encimeras y secadoras
Sección 220.61(B)(1) del NEC

NOTA

En determinadas circunstancias, como la iluminación de descarga eléctrica, los equipos de procesamiento de datos y otros equipos similares, el *NEC*® establece que no se puede aplicar un factor de demanda a los conductores neutros. Esto se debe a que estos tipos de equipos producen corrientes armónicas que aumentan el efecto de calentamiento en el conductor neutro.

Siga los pasos que se indican a continuación para dimensionar el conductor neutro:

Conductor de puesta a tierra (*grounded conductor*): conductor de un sistema o circuito que se conecta a tierra intencionalmente.

Paso 1 Calcule el tamaño del conductor neutro para la carga neta de iluminación general y pequeños electrodomésticos e introdúzcalo en la Casilla 13 de la hoja de trabajo del cálculo. Es el mismo valor de la Casilla 12, que es de 4,943 A. Tienen el mismo valor porque las cargas de electrodomésticos pequeños del área de la cocina y la lavandería son circuitos de 120 V que tienen un **conductor de puesta a tierra**.

Paso 2 Calcule el tamaño del conductor neutro para las cargas de los electrodomésticos fijos sumando las cargas de los electrodomésticos fijos de 120 V.

- Si tiene tres o menos electrodomésticos, introduzca el valor en la Casilla 22. Si tiene cuatro o más electrodomésticos, introdúzcalo en la Casilla 24. En su vivienda de muestra, el tanque de agua caliente es estrictamente de 240 V, sin cargas de 120 V. Por lo tanto, no es necesario incluirlo en el cálculo del conductor neutro.
- Esto deja tres electrodomésticos fijos en el conductor neutro que funcionan a 120 V: el lavavajillas a 1,500 VA, el triturador de basura a 1,176 VA y el ventilador a 864 VA.

Casilla 15 + Casilla 16 + Casilla 17 = Casilla 22

1,500 VA + 1,176 VA + 864 VA = 3,540 VA

Paso 3 Calcule el tamaño del conductor neutro de las demás cargas.

- La estufa eléctrica y la secadora de ropa tienen cargas de 120 V y 240 V. La *Sección 220.61(B) del NEC* establece que las cargas del neutro se calcularán al 70% de la demanda de los conductores de fase.
- En su vivienda de muestra, el motor más grande es el mismo para los conductores neutros que para los conductores de fase. Por lo tanto, introduzca 294 VA (el valor del motor más grande) en la Casilla 32.

Estufa eléctrica: 8,000 VA × 0.7 = 5,600 VA (Casilla 26)

Secadora eléctrica: 5,500 VA × 0.7 = 3,850 VA (Casilla 28)

Conozca el código

Reducciones permitidas
Sección 220.61(B) del NEC

Paso 4 Calcule la demanda neutra total e introdúzcala en la Casilla 34.

Casilla 13 + Casilla 22 + Casilla 26 + Casilla 28 + Casilla 32 = Casilla 34

4,943 VA + 3,540 VA + 5,600 VA + 3,850 VA + 294 VA = 18,227 VA

Paso 5 Calcule el total de amperios fase-fase e introdúzcalo en la Casilla 36. Para hallar el total de amperios fase-fase, divida el total de voltios-amperios (Casilla 34) por la tensión entre fases, que en su hoja de trabajo es 240 V. Redondee al número entero más próximo.

18,227 VA ÷ 240 V = 76A (Casilla 36)

Paso 6 Introduzca el American Wire Gauge - AWG (calibre de alambre estadounidense). De acuerdo con la *Sección 110.14(C)(1) del NEC*, si los terminales están marcados como adecuados para su uso con conductores clasificados a 75°C, el tamaño mínimo del neutro sería un AWG Nº 4 de cobre (Casilla 40) o AWG Nº 2 de aluminio (Casilla 39). Según la *tabla 250.66 del NEC*, el **conductor del electrodo de puesta a tierra** debe ser de AWG Nº 8 (Casilla 38). Si los terminales no están marcados, consulte las siguientes columnas de la *tabla 310.16 del NEC*:

- Si el amperaje es inferior o igual a 100 A, utilice la columna de *60°C (140°F)*.
- Si el amperaje es superior a 100 A, utilice la columna de *75°C (167°F)*.

Conozca el código

Disposiciones sobre equipos
Sección 110.14(C)(1) del NEC

Conductor del electrodo de puesta a tierra (*grounding electrode conductor*): conductor que conecta el conductor de puesta a tierra del sistema o el equipo a un electrodo de puesta a tierra o a un punto del sistema de electrodos de puesta a tierra.

La figura 20 muestra el formulario de la hoja de trabajo del cálculo completo.

La *Sección 310.12 del NEC* ofrece consideraciones especiales para el dimensionamiento de acometidas y alimentadores residenciales monofásicos de 120/240 V o 120/208 V. Esta sección establece que usted debe dimensionar los conductores utilizando la *tabla 310.12(A) del NEC*. Dimensione el conductor neutro de acuerdo con la *Sección 310.12 del NEC* o la *tabla 310.16 del NEC* utilizando la columna apropiada para las marcas en el equipo de acometida tal y como se describe en la *Sección 110.14(C) del NEC*.

La *tabla 250.66 del NEC* indica el tamaño del conductor del electrodo de puesta a tierra.

Conozca el código

Ampacidades de conductores aislados con no más de tres conductores de corriente en canalización, cable o tierra (directamente enterrados)
Tabla 310.16 del NEC

Carga de iluminación general					**Fase**	**Neutro**
Superficie de la vivienda en pies^2	[1] 1350	× 3 =	[2] 4050	*Sección 220.41 del NEC*		
Circuitos de electrodomésticos pequeños de cocina	[3] 2	× 1500 =	[4] 3000	*Sección 220.52(A) del NEC*		
Circuito ramal de lavandería	[5] 1	× 1500 =	[6] 1500	*Sección 220.52(B) del NEC*		
Subtotal de cargas de iluminación general			[7] 8550			
Restar los primeros 3000 VA según la *tabla 220.45 del NEC*			[8] 3000	× 100% =	[9] 3000	
VA restante por 35 % según la *tabla 220.45 del NEC*			[10] 5550	× 35% =	[11] 1943	
Demanda total de cargas de iluminación general					[12] 4943	[13] 4943
Cargas de electrodomésticos fijos (Placa o FLA de motores de *NEC®*) según la *Sección 220.14 del NEC*						
Tanque de agua caliente de 4.5 kVA, 240 V			[14] 4500			
Lavavajillas de 1.5 kVA, 120 V			[15] 1500			
Triturador de desperdicios de ½ hp, 120 V según la *tabla 430.248 del NEC* = 9.8 A			[16] 1176			
Ventilador de 1/3 hp, 120 V según la *tabla 430.248 del NEC* = 7.2 A			[17] 864			
			[18]			
			[19]			
Subtotal de electrodomésticos fijos			[20] 8040			
Sección 220.53 del NEC: si 3 o menos electrodomésticos fijos consumen al 100 % =					[21]	[22] 3540
Sección 220.53 del NEC: si 4 o más electrodomésticos fijos consumen al 75 % =					[23] 6030	[24]
Otras cargas según la *Sección 220.14 del NEC*						
Estufa eléctrica según la *Sección 220.55 del NEC* [neutro al 70 % según la *Sección 220.61(B)(1) del NEC*].					[25] 8000	[26] 5600
Secadora eléctrica según la *Sección 220.54 del NEC* [neutro al 70 % según la *Sección 220.61(B)(1) del NEC*].					[27] 5500	[28] 3850
Calefacción eléctrica según la *Sección 220.51 del NEC*						
Aire acondicionado según la *Sección 220.50(B) del NEC*	omitir carga menor según la *Sección 220.60 del NEC*				[29]	[30]
Motor más grande = 1176	× 25 % (según la *Sección 430.24 del NEC*) =				[31] 294	[32] 294
Demanda total de VA =					[33] 24767	[34] 18227
(VA dividido entre 240 V) **Amperios =**					[35] 103	[36] 76
OCD de acometida y conductor de electrodo de puesta a tierra de calibre mínimo					[37] 110	[38] 8 AWG
AWG según la *Sección 310.12*, la *Sección 220.61* y la *tabla 310.16 del NEC* para neutro					[39] 2 AWG	[40] 4 AWG

Figura 20 Formulario de la hoja de trabajo del cálculo completo.

Al dimensionar el conductor de puesta a tierra para acometidas, debe cumplir las disposiciones de las *Secciones 220.61 y 230.42 del NEC*, junto con otras secciones aplicables.

Conozca el código

Tamaño mínimo y ampacidad
Sección 230.42 del NEC

1.3.0 Dimensionamiento del centro de carga

Una vez completado el cálculo de la carga de acometida eléctrica, es hora de calcular el centro de carga necesario para mantener la residencia.

Un centro de carga es un tipo de panel de distribución situado en la entrada de acometida de una instalación eléctrica residencial (*figura 21*). Distribuye la electricidad que llega de la fuente a los circuitos ramales, como la iluminación y los electrodomésticos pequeños.

Conozca el código

Acometidas y alimentadores monofásicos de viviendas
Sección 310.12 del NEC

Piénselo

Cargas comunes

¿Cuál de los siguientes dispositivos consume más energía?

- Televisión de pantalla grande
- Secador de cabello típico
- Rizador
- Olla de cocción lenta

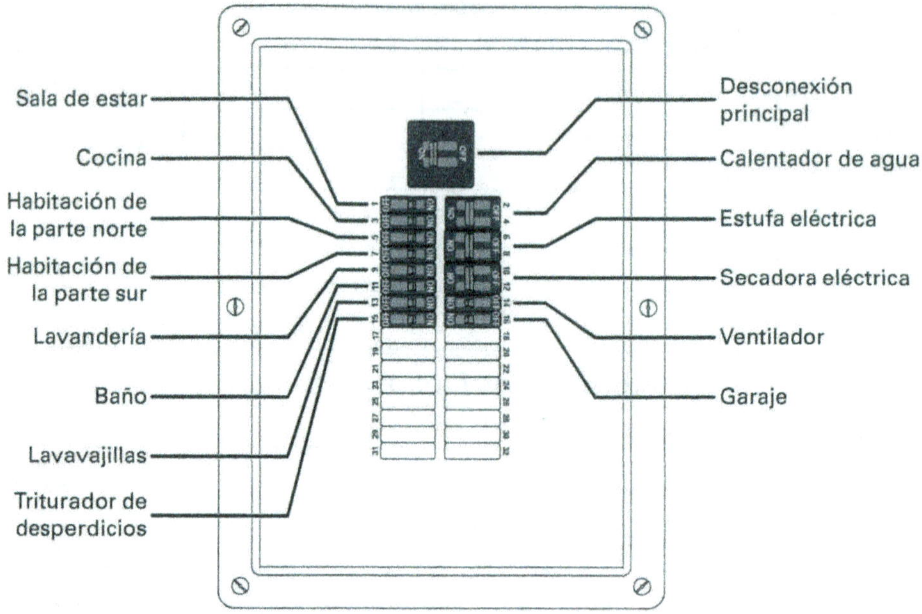

Figura 21 Centro de carga típico.

Para calcular el número de portafusibles o interruptores automáticos de su vivienda de muestra, observe las cargas en su hoja de trabajo del cálculo.

4,050 VA ÷ 120 V = 33.75 A

Paso 1 Comience con el cálculo de la carga de iluminación general. Según la Casilla 2 de su hoja de trabajo, ese número es 4,050 VA. Divida 4,050 VA entre 120 V para hallar el amperaje.

En el caso de su residencia de muestra, utilizará tres circuitos de 15 A.

Conozca el código

Unidades de vivienda
Sección 210.11(C) del NEC

Paso 2 Recuerde que la *Sección 210.11(C)(1) del NEC* establece que debe tener dos circuitos ramales de 120 V y 20 A para electrodomésticos pequeños en cada área de cocina y la *Sección 210.11(C)(2) del NEC* indica que debe tener un circuito ramal de 20 A para el área de lavandería. Por lo tanto, además de los circuitos de iluminación, se necesitan dos circuitos de 20 A para los electrodomésticos pequeños y un circuito de 20 A para la derivación de la lavandería, como se muestra en la *figura 22*.

Paso 3 Ahora, determine cuánto espacio necesita en el centro de carga para las cargas restantes (*figura 23*).

- Cada carga de 240 V requiere dos espacios.
- Cada carga de 120 V requiere un espacio.

La Sección 210.11(C)(3) del NEC requiere un circuito ramal separado de 20 A para cada receptáculo del baño. La derivación del baño no forma parte individualmente de su hoja de trabajo porque forma parte del cálculo de la carga de iluminación general. Sin embargo, necesita espacio para eso en el centro de carga.

NOTA

En algunas instalaciones existentes, es posible que se utilice un bloque de fusibles bipolar con dos fusibles de cartucho para alimentar una estufa eléctrica residencial, aunque son poco comunes.

6 + 10 = 16

Paso 4 Calcule el tamaño del centro de carga sumando los espacios que necesita para las cargas de iluminación general, electrodomésticos pequeños y lavandería a los que necesita para las cargas de electrodomésticos fijos, otras cargas y el circuito ramal del baño para obtener el tamaño del centro de carga.

Necesita al menos un centro de carga de 16 espacios para manejar todos sus circuitos.

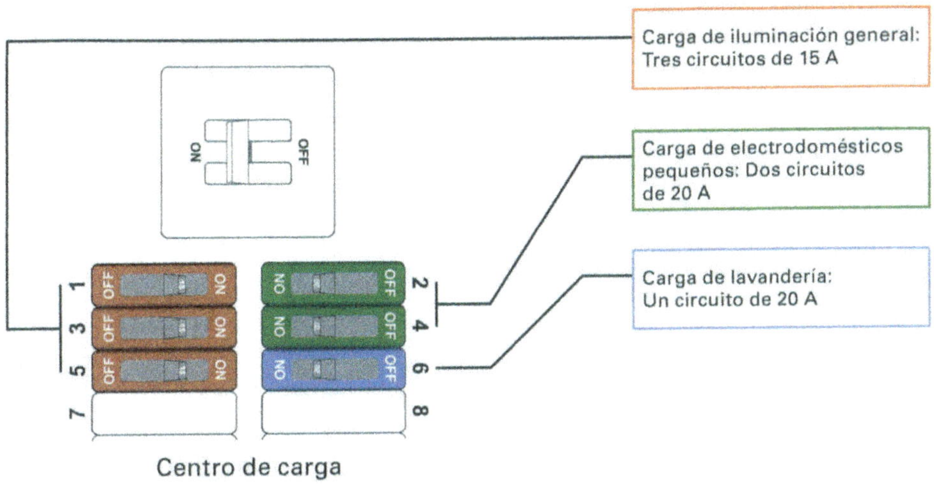

Figura 22 Cálculo de más circuitos.

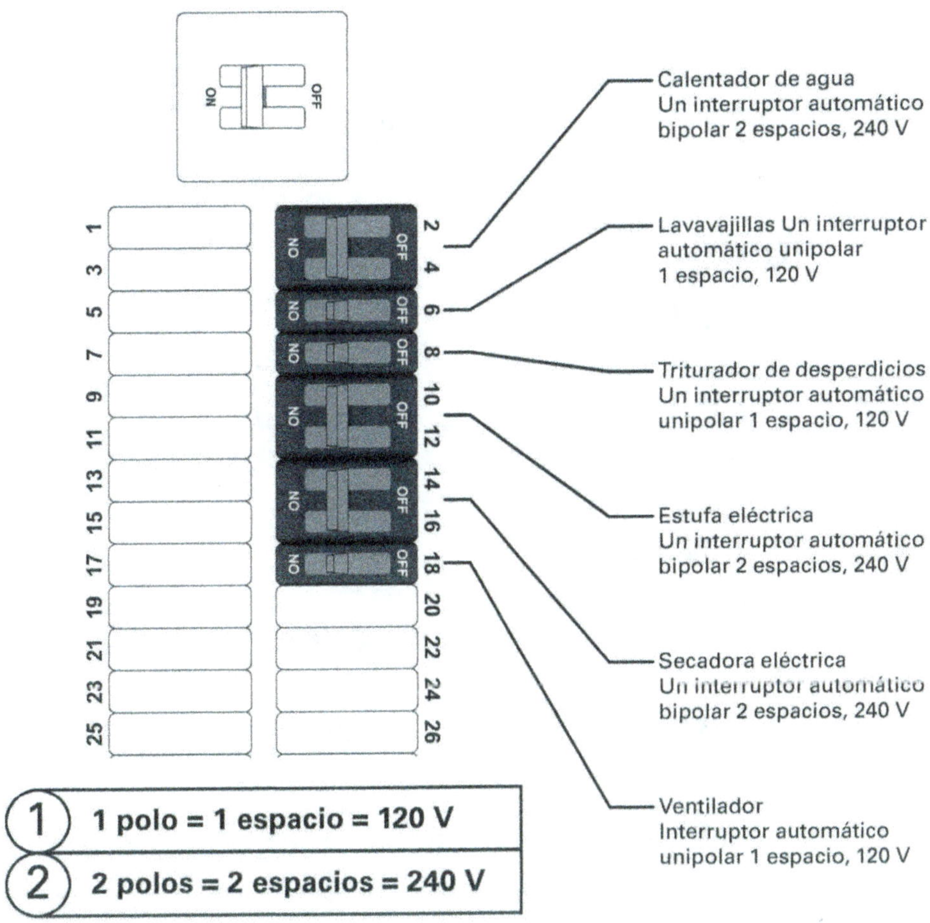

Figura 23 Determinación de los espacios del centro de carga.

1.3.1 Uso de interruptores de circuito por falla a tierra

La protección contra sobrecorriente instalada en acometidas, alimentadores y circuitos ramales protege únicamente los conductores y los equipos. Para proteger a las personas, el *NEC®* requiere que instale un ground fault circuit interrupter - GFCI (interruptor de circuito por falla a tierra) para salidas de receptáculos o equipos en muchos lugares y ocupaciones. Un GFCI es un dispositivo de seguridad que se instala en lugar de una salida de corriente normal. El GFCI desconecta el circuito si detecta una diferencia entre los hilos "caliente" y neutro (por ejemplo, conductor de fase y conductor portador de corriente puesto a tierra).

Un GFCI es un dispositivo que protege al personal mediante la desenergización de un circuito cuando una corriente de falla a tierra supera los valores establecidos para un dispositivo de Clase A . Los GFCI de Clase A se disparan cuando la corriente a tierra tiene un valor comprendido entre 4 miliamperios (mA) y 6 mA.

De acuerdo con la *Sección 210.8(A) del NEC*, todos los receptáculos de 125 V a 250 V de una vivienda que requieran protección GFCI deberán ser fácilmente accesibles. Además de las ubicaciones de la *figura 24*, la norma se aplica a los edificios accesorios con un piso a nivel del suelo o por debajo de este, como cobertizos, espacios de entresuelo y cobertizos para botes.

Conozca el código

Unidades de vivienda
Sección 210.8(A) del NEC

La *tabla 3* enumera las secciones y artículos del *NEC*® en los que puede obtener información sobre las normas de los GFCI.

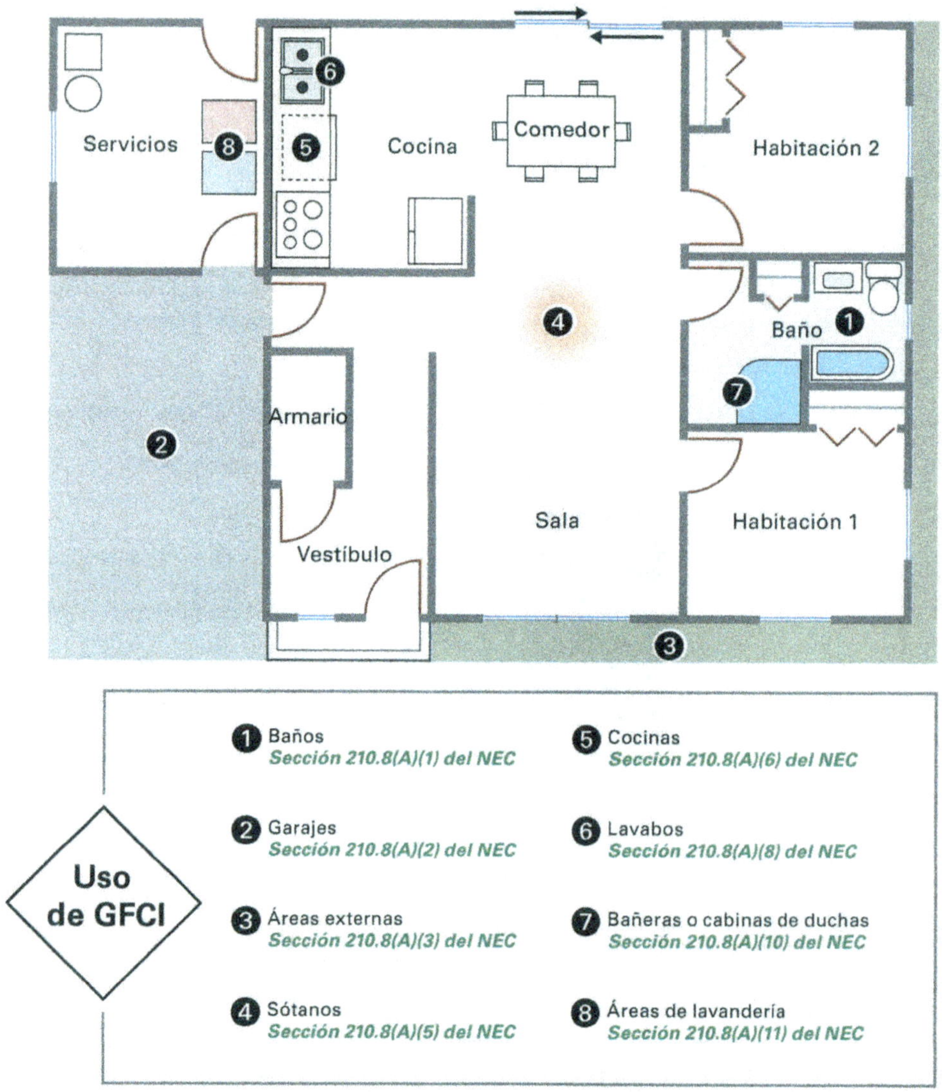

Figura 24 Uso de GFCI.

TABLA 3 Requisitos del *NEC*® para proporcionar protección GFCI

Requisitos de GFCI	Sección/artículo *del NEC* ®	Norma *del NEC*®
Requisitos para proporcionar protección GFCI para receptáculos de 15A o 20A, 125V a 250V en viviendas, 60 A y menos	*Sección 210.8(A) del NEC*	*Unidades de vivienda*
Requisitos para proporcionar protección GFCI en obras temporales.	*Artículo 590 del NEC*	*Instalaciones temporales*
Requisitos para proporcionar protección GFCI para equipos especiales, como ascensores.	*Artículo 620 del NEC*	*Ascensores, montaplatos, escaleras mecánicas, pasillos rodantes, plataformas elevadoras y telesillas de escaleras*
Requisitos para proporcionar protección GFCI para equipos especiales como piscinas, jacuzzis y bañeras de hidromasaje.	*Artículo 680 del NEC*	*Piscinas, fuentes e instalaciones similares*

Una forma de proporcionar protección GFCI es utilizar un interruptor automático GFCI. Los interruptores automáticos GFCI requieren el mismo espacio de montaje que los interruptores automáticos unipolares estándar y proporcionan la misma protección del cableado del circuito ramal que los interruptores automáticos estándar. También proporcionan protección contra fallos a tierra de Clase A. La *tabla 4* enumera las especificaciones comunes de los interruptores automáticos GFCI residenciales.

TABLA 4 Interruptores automáticos GFCI catalogados

Construcción	Amperaje nominal	Capacidad de interrupción	Capacidad de voltios de corriente alterna (VCA)
Unidades unipolares	15 A, 20 A, 25 A, 30 A, 50 A y 60 A	10,000 A	120 VCA
Unidades bipolares	15 A, 20 A, 25 A, 30 A, 50 A y 60 A	10,000 A	120/240 VCA

NOTA

Los interruptores automáticos GFCI se pueden utilizar en centros de carga y paneles de distribución y se pueden instalar de fábrica en pedestales de contadores y paneles de salida de corriente para parques de vehículos recreativos y obras de construcción.

Tenga cuidado al instalar interruptores automáticos GFCI en paneles existentes. El alambre neutro del circuito ramal debe coincidir con el alambre caliente del mismo circuito. La corriente del alambre neutro debe ser igual a la corriente del alambre caliente (o estar dentro de 4 mA), o el interruptor automático GFCI detecta un posible fallo a tierra.

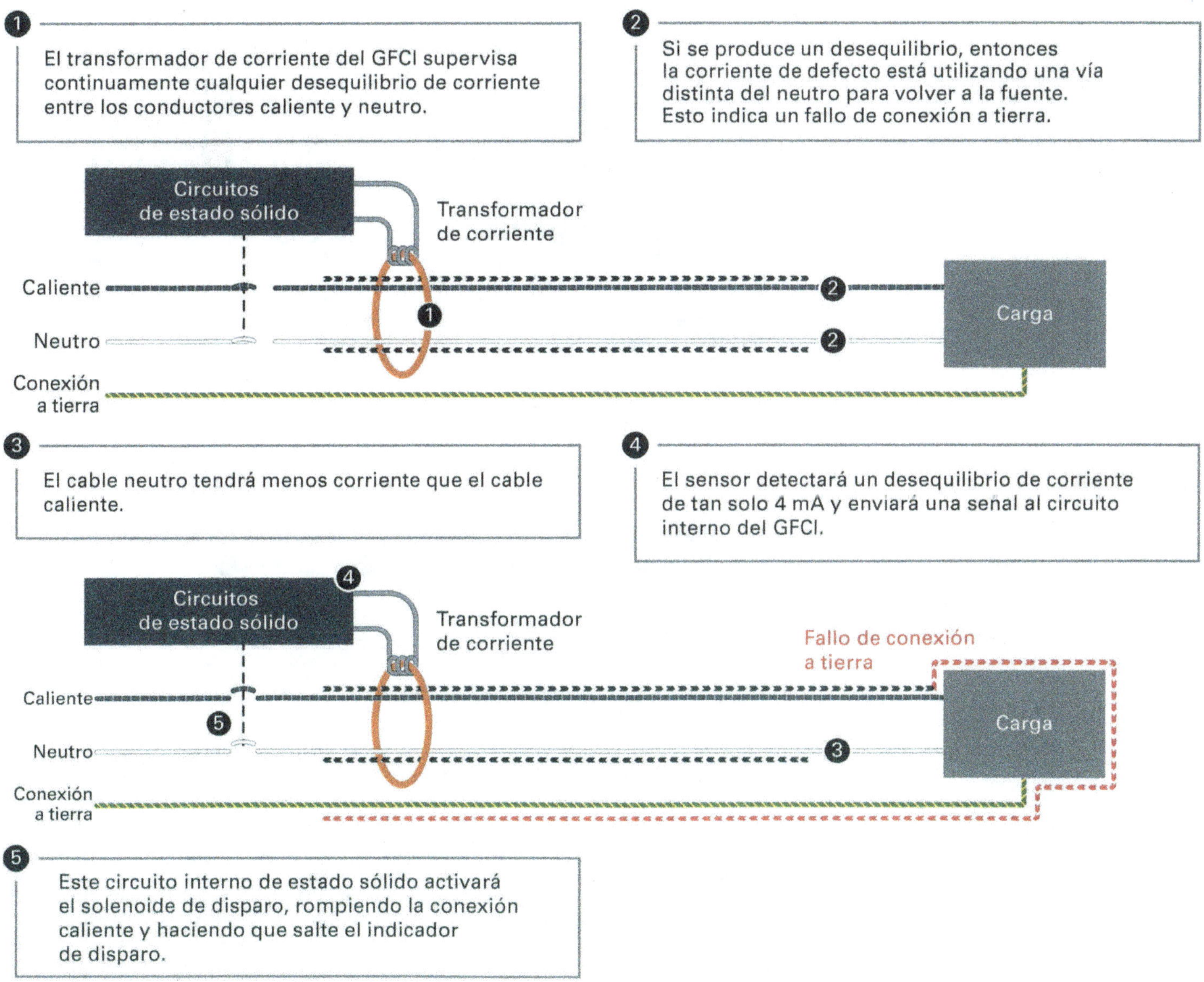

Figura 25 Funcionamiento de un circuito de GFCI típico.

La figura 25 muestra un circuito GFCI típico. Tenga en cuenta que un desequilibrio de corriente tan bajo como 4 mA hará que el interruptor automático GFCI interrumpa el circuito y dispare el dispositivo.

Un sensor de interruptor automático GFCI bipolar desconecta ambos ramales calientes A y B cuando se dispara (*figura 26*). Un interruptor automático GFCI bipolar monitorea continuamente el equilibrio entre los dos conductores calientes y el conductor neutro.

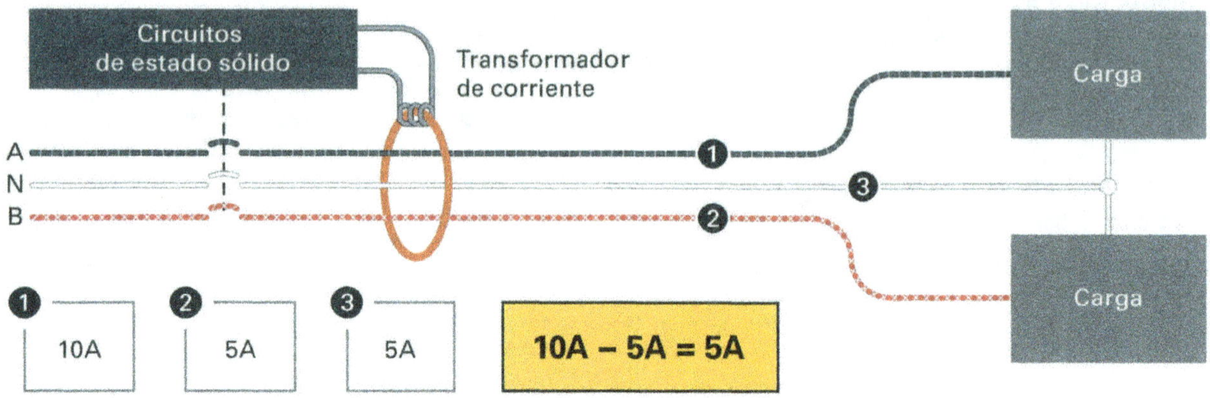

Figura 26 Características de funcionamiento de un GFCI bipolar.

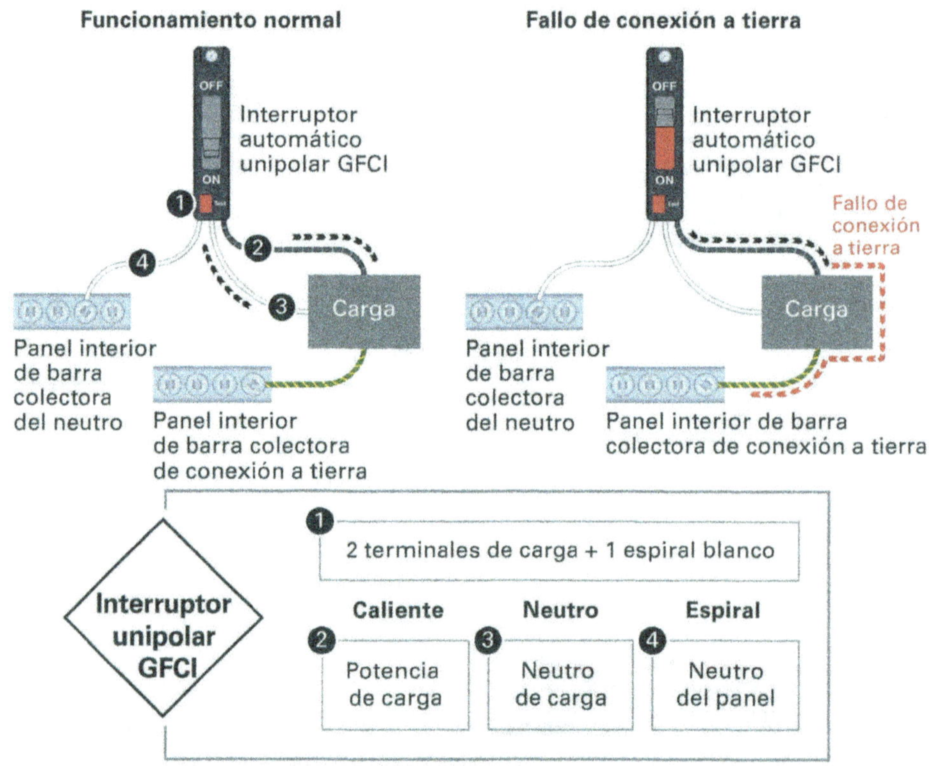

Figura 27 Características de funcionamiento de un GFCI unipolar.

NOTA

Los interruptores automáticos GFCI unipolares no pueden utilizarse en circuitos multifilares.

Si la suma de estas tres corrientes es cero, el dispositivo no se dispara. La *figura 27* muestra un interruptor automático GFCI unipolar.

Los interruptores automáticos GFCI unipolares tienen dos terminales de carga y un alambre blanco en espiral además del conector enchufable o atornillable del lado de la línea. La conexión caliente del lado de la línea se realiza instalando el interruptor automático GFCI en el panel del mismo modo que se instala cualquier otro interruptor automático. El alambre blanco en espiral se conecta al neutro del panel (S/N). Tanto el alambre neutro como el caliente del circuito ramal protegido terminan en el interruptor automático GFCI. Estos dos terminales de carga están claramente marcados como "Potencia de carga" (Load power) y "Neutro de carga" (Load neutral) en la caja del interruptor automático. También se incluye en la caja la marca de identificación del espiral, "Neutro del panel" (Panel neutral).

Los interruptores automáticos GFCI bipolares se instalan realizando conexiones a dos barras conductoras calientes y al conjunto neutro del panel. Esto puede hacerse en los siguientes sistemas:

- Sistema monofásico de tres hilos de 120/240 VCA
- Parte de 120/240 VCA de un sistema trifásico de cuatro hilos de 120/240 VCA
- Dos fases y neutro de un sistema trifásico de cuatro hilos de 120/208 VCA

Un GFCI bipolar en estos sistemas proporciona protección a los siguientes circuitos:

- Circuitos bifilares de 240 VCA o 208 VCA
- Circuitos de tres hilos de 120/240 VCA o 120/208 VCA
- Circuitos multifilares de 120 VCA

Si utiliza una caja de conexiones para proporcionar derivaciones a más de un circuito ramal, puede tener problemas. Aunque los circuitos no están conectados con un neutro común, a veces, todos los conductores neutros están conectados. En este caso, tiene vías neutras paralelas (*figura 28*), que producen un desequilibrio en cada sensor del interruptor automático GFCI. El resultado es un disparo.

Interruptores automáticos GFCI y AFCI

Los interruptores GFCI protegen contra los fallos a tierra, mientras que los interruptores de circuito contra fallas por arco (AFCI) protegen contra los fallos por arco.

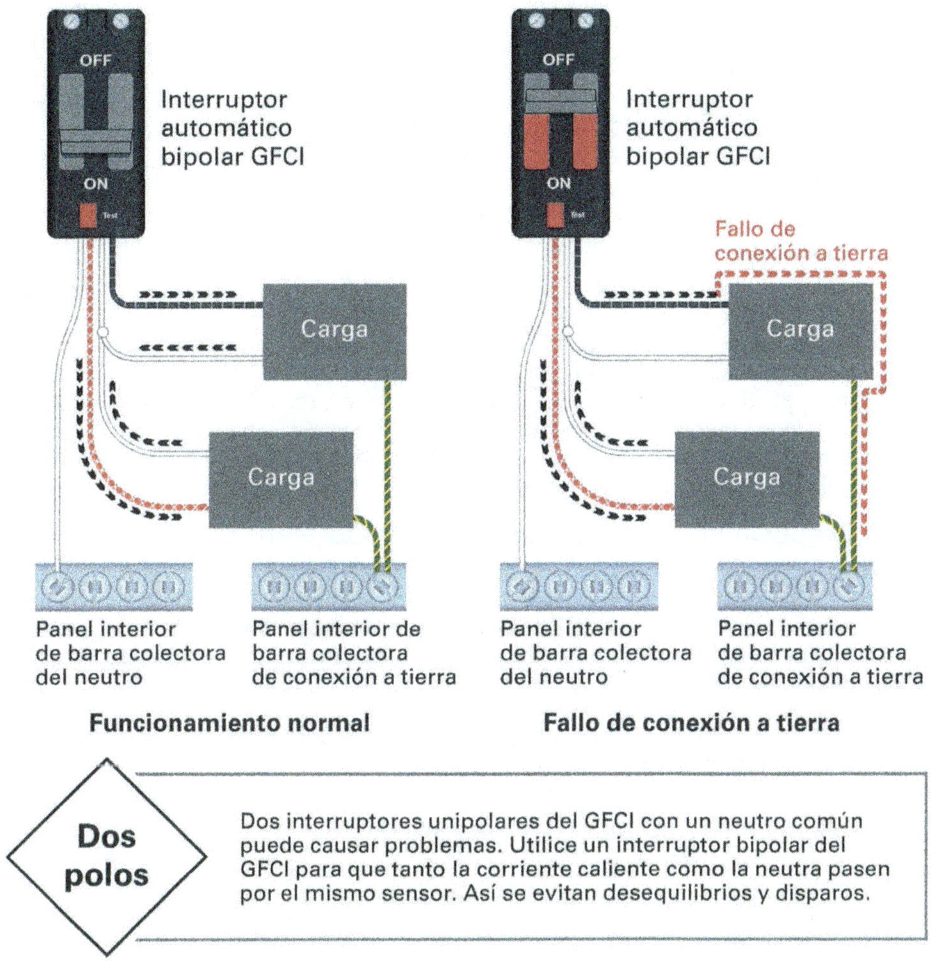

Figura 28 Caja de conexiones con vías neutras paralelas.

Utilizar dos interruptores automáticos GFCI unipolares con un neutro común también podría causar problemas. En su lugar, puede utilizar un interruptor automático GFCI bipolar para que tanto la corriente caliente como la neutra pasen por el mismo sensor. De este modo, no se produce ningún desequilibrio entre las tres corrientes y el interruptor automático no se dispara.

Los receptáculos GFCI de cableado directo brindan protección contra fallas a tierra de Clase A en circuitos de 120 VCA. Pueden utilizarse para proteger otras salidas del mismo circuito, como se muestra en la *figura 29*.

La *tabla 5* enumera las especificaciones de los receptáculos GFCI de cableado directo.

La ***tabla 210.24 del NEC*** exige que los circuitos de 15 A utilicen receptáculos de 15 A, pero permite el uso de receptáculos de 15 A o 20 A en circuitos de 20 A. Por eso, las unidades de receptáculo GFCI que contienen un receptáculo de 15 A pueden utilizarse en circuitos de 20 A.

Conozca el código

Resumen de los requisitos de circuitos ramales
Tabla 210.24 del NEC

Piénselo

Los GFCI

Explique las diferencias en el funcionamiento de los GFCI unipolares y bipolares.

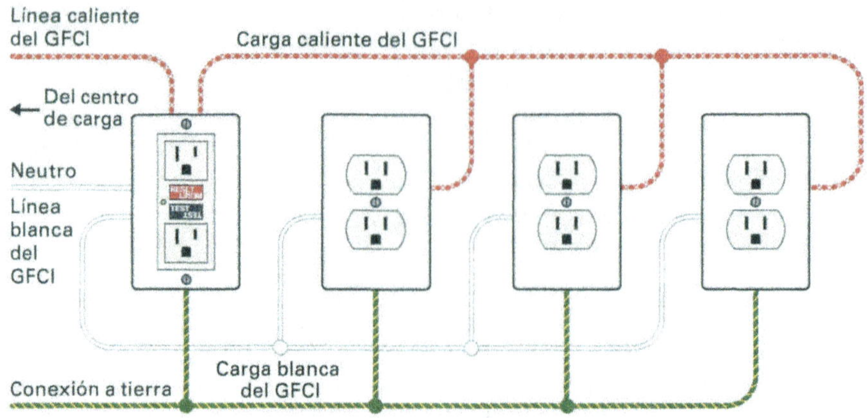

Figura 29 Receptáculo GFCI utilizado para proteger otras salidas del mismo circuito.

TABLA 5 Especificaciones del receptáculo GFCI de cableado directo

Disposición	Configuración del receptáculo	Capacidad
15 A	NEMA 5-15R (solo enchufes de 15 A)	Circuito de 120 VCA, 15 A
20 A	NEMA 5-20R (enchufes de 15 A o 20 A)	Circuito de 120 VCA, 20 A

Conozca el código

Unidades de vivienda
Sección 210.12(B) del NEC

Conozca el código

Dispositivo de protección contra sobretensiones
Sección 230.67(A) del NEC

Conozca el código

Ubicación
Sección 230.67(B) del NEC

1.3.2 Interruptores de circuito contra fallas por arco

Otro dispositivo de seguridad es un arc fault circuit interrupter - AFCI (interruptor de circuito contra fallas por arco). Un AFCI interrumpe un circuito cuando detecta arcos eléctricos. *La Sección 210.12(B) del NEC* establece que todos los circuitos ramales que alimentan la iluminación y los receptáculos o dispositivos de uso general en cocinas, habitaciones familiares, comedores, salas de estar, salones, bibliotecas, estudios, habitaciones, terrazas acristaladas, salas de recreo, armarios, pasillos, áreas de lavandería o habitaciones/áreas similares de las unidades de vivienda, así como todas las extensiones o modificaciones de circuitos, deben tener protección AFCI.

1.3.3 Dispositivos de protección contra sobretensiones

Los picos de voltaje pueden dañar los dispositivos eléctricos. *La Sección 230.67(A) del NEC* exige que todas las acometidas de una unidad de vivienda estén provistas de un surge protective device - SPD (dispositivo de protección contra sobretensiones). *La Sección 230.67(B) del NEC* exige que el SPD esté situado en el equipo de acometida o inmediatamente adyacente a este.

1.0.0 Repaso de la sección

1. Una residencia pequeña tiene un área superficial de 900 pies^2. ¿Cuál es la carga de iluminación general?
   a. 900 VA
   b. 1,800 VA
   c. 2,700 VA
   d. 3,600 VA

2. Si una vivienda tiene dos áreas de cocina, el total de circuitos ramales para electrodomésticos pequeños requeridos sería _____.
   a. uno a 1,500 VA cada uno
   b. dos a 1,500 VA cada uno
   c. tres a 1,500 VA cada uno
   d. cuatro a 1,500 VA cada uno

3. De acuerdo con la *tabla 220.54 del NEC*, una vivienda con dos secadoras tiene un factor de demanda de _____.
   a. 100%
   b. 85%
   c. 75%
   d. 65%

4. Una carga de iluminación de 2,700 VA a 120 V tiene un amperaje de ____.
   a. 20 A
   b. 22.5 A
   c. 30 A
   d. 36.5 A

2.0.0 Puesta a tierra y unión equipotencial

Objetivo

Identificar los requisitos de puesta a tierra de un sistema eléctrico residencial.

a. Explicar cómo dimensionar los electrodos de puesta a tierra.
b. Explicar cómo dimensionar el puente de unión equipotencial principal.
c. Describir cómo instalar el sistema de puesta a tierra de los equipos.

Tareas prácticas

Esta sección no contiene tareas prácticas.

La puesta a tierra proporciona una vía de fallo a tierra en todo el sistema para que los dispositivos de sobrecorriente se abran antes de que alguien pueda resultar herido o se dañen los equipos. En esta sección, aprenderá sobre la puesta a tierra adecuada en un sistema residencial.

2.1.0 Puesta a tierra y unión equipotencial

La puesta a tierra (grounding) es una parte importante de un sistema eléctrico. Protege a las personas y los equipos de voltajes superiores a los normales conectando un sistema eléctrico a tierra.

La *unión equipotencial (bonding)* se produce cuando las partes conductoras que no transportan corriente de un sistema se conectan entre sí para crear una vía conductora. Si ocurre un fallo a tierra, la corriente puede fluir por la vía. Cuando los elementos unidos equipotencialmente están correctamente conectados, como se muestra en la *figura 30*, la corriente de fallo a tierra volverá a la fuente.

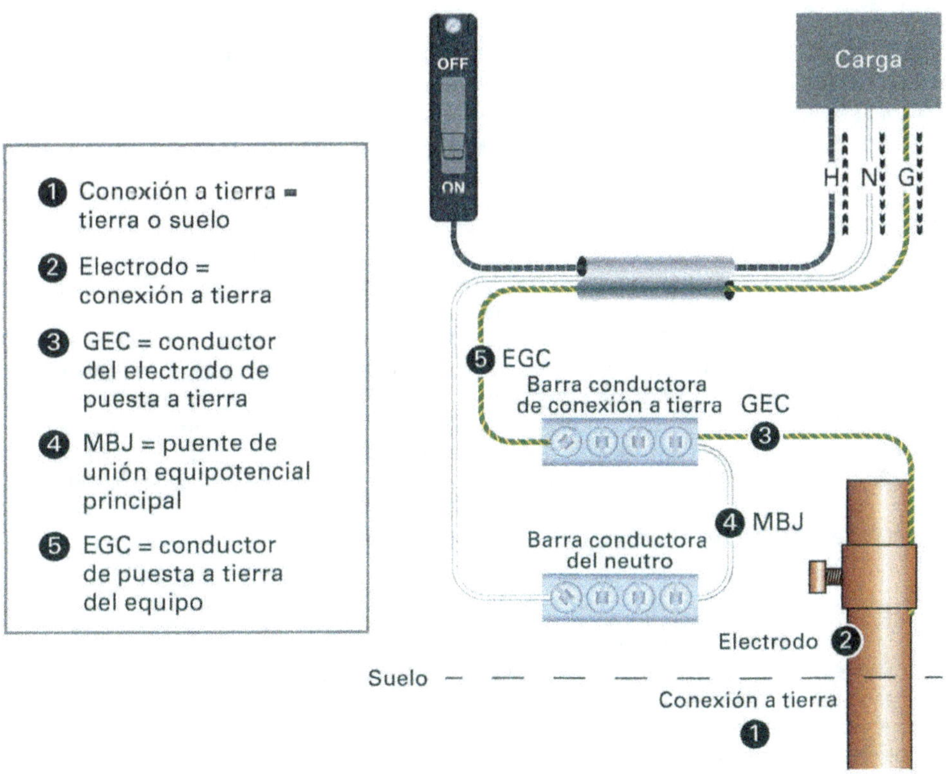

Figura 30 Puesta a tierra y unión equipotencial

Conozca el código

Requisitos generales para la puesta a tierra y la unión equipotencial
Sección 250.4 del NEC

Existen dos clasificaciones generales de la puesta a tierra de protección:

- Puesta a tierra del sistema
- Puesta a tierra del equipo

Los requisitos de puesta a tierra y unión equipotencial se abarcan en el *Artículo 250 del NEC*. *La Sección 250.4 del NEC* establece los requisitos generales para la puesta a tierra y la unión equipotencial de los sistemas eléctricos conectados a tierra, como se indica en la *tabla 6*.

TABLA 6 Explicaciones de los sistemas eléctricos de puesta a tierra

Norma *del NEC®*	Sección *del NEC®*	Requisitos generales
Puesta a tierra del sistema eléctrico	*Sección 250.4(A)(1) del NEC*	Los conductores del sistema y del circuito deben estar puestos a tierra para limitar los voltajes debidos a iluminación, sobretensiones de línea o contacto involuntario con un voltaje superior y para estabilizar el voltaje a tierra durante el funcionamiento normal.
Puesta a tierra de equipos eléctricos	*Sección 250.4(A)(2) del NEC*	Los materiales conductores que no transportan corriente que encierren conductores o equipos eléctricos o que formen parte de ellos deben conectarse a tierra para limitar el voltaje a tierra en estos materiales.
Unión equipotencial de equipos eléctricos	*Sección 250.4(A)(3) del NEC*	Los materiales conductores que no transportan corriente que encierren conductores o equipos eléctricos o que formen parte de ellos deben conectarse entre sí y a la fuente de alimentación eléctrica, de modo que se establezca una vía eficaz de fallo a tierra.
Unión equipotencial de materiales conductores de electricidad y otros equipos	*Sección 250.4(A)(4) del NEC*	Los materiales que no transportan corriente eléctrica susceptibles de activarse deben conectarse entre sí y a la fuente de suministro eléctrico de forma que se cree una vía efectiva de corriente de fallo a tierra.
Vía efectiva de la corriente de fallo a tierra	*Sección 250.4(A)(5) del NEC*	Los equipos y el cableado eléctrico, así como otros materiales conductores de electricidad susceptibles de activarse, deben instalarse de forma que se cree un circuito permanente de baja impedancia que facilite el funcionamiento del dispositivo de protección contra sobrecorriente. Esto debe ser capaz de transportar con seguridad la corriente máxima de fallo a tierra que pueda imponérsele desde cualquier punto del sistema de cableado en el que pueda producirse un fallo a tierra hasta la fuente de alimentación eléctrica. La tierra no debe utilizarse como único conductor de puesta a tierra del equipo ni como vía efectiva de corriente de fallo a tierra.

2.1.1 Examen de un sistema residencial de puesta a tierra

Para entender mejor un sistema de puesta a tierra completo, examine un sistema residencial convencional, como el utilizado como vivienda de muestra en la *Sección 1.0.0*. La *figura 31* muestra las líneas de alto voltaje y el transformador de la compañía eléctrica.

En la *figura 31*, hay cargas de 240 V y 120 V. Si solo se conectan cargas de 240 V al transformador, el neutro (conductor de tierra) no transporta corriente. El neutro transporta cualquier corriente de fallo a tierra desde el lado de carga de la acometida hasta la compañía eléctrica, en lugar de depender de la tierra como vía de retorno a la fuente. Si también hay cargas de 120 V, el neutro transporta la carga desequilibrada y se convierte en un conductor de corriente.

Conductor no conectado a tierra (*ungrounded conductor*): conductor del circuito que transporta corriente a la carga.

Por esta razón, el *NEC®* permite que el conductor puesto a tierra (conductor neutro) en una acometida eléctrica sea más pequeño que el **conductor no puesto a tierra**. Sin embargo, debe ser suficiente para transportar las corrientes de fallo de vuelta a la fuente.

Por este motivo, la *Sección 250.24(D)(1) del NEC* exige que el conductor de puesta a tierra (conductor neutro) no sea inferior al tamaño de conductor requerido según la *tabla 250.102(C)(1) del NEC* para conductores de acometida de hasta 1,100 kcmil y no inferior al 12.5% del área de los conductores de acometida (o equivalente) de más de 1,100 kcmil.

Conozca el código

Dimensionamiento de una canalización única o cable
Sección 250.24(D)(1) del NEC

Conozca el código

Conductor de puesta a tierra, puente de unión equipotencial principal, puente de unión equipotencial del sistema y puente de unión equipotencial del lado de alimentación para sistemas de corriente alterna.
Tabla 250.102(C)(1) del NEC

Puesta a tierra

El *NEC®* no exigía una puesta a tierra sistemática hasta mediados de la década de 1950; incluso entonces, los electricistas solían conectar a tierra una salida de corriente enrollando un cable sin aislar alrededor de un tubo de agua fría y pegándolo con cinta adhesiva. Los receptáculos de tres orificios con terminales de puesta a tierra se hicieron comunes en la década de 1960, pero en muchas casas antiguas, usted no puede asumir que los receptáculos están puestos a tierra, incluso cuando se ve un receptáculo de tres orificios. A veces, los receptáculos nuevos simplemente se han atornillado en cajas antiguas donde no hay conductor de puesta a tierra del equipo.

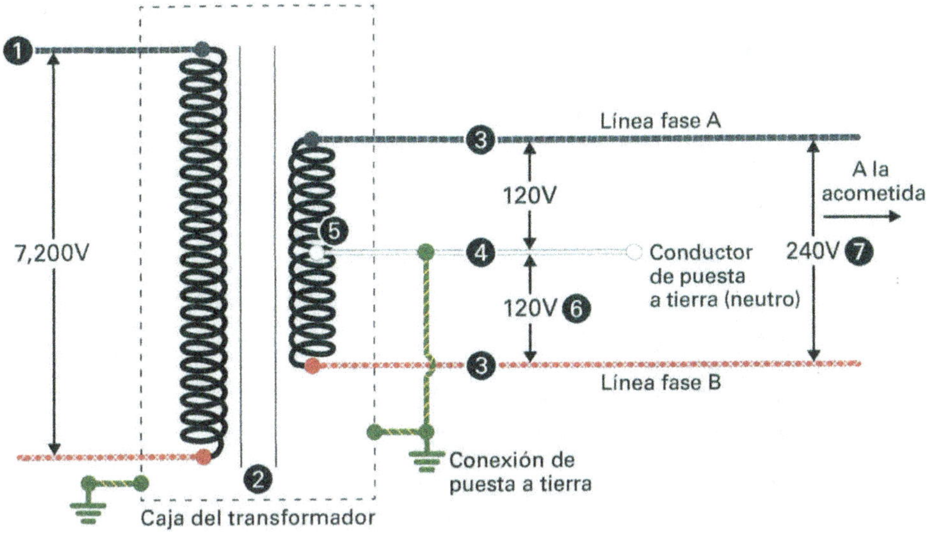

1 Un sistema monofásico de 7,200 V de dos cables alimenta el transformador montado en poste.

2 El transformador reduce el sistema a una acometida eléctrica monofásica de tres cables y 120/240 V adecuada para uso residencial.

3 Las líneas A y B son conductores sin conexión a tierra.

4 Un tercer cable conductor a tierra (neutro) en el devanado secundario del transformador se conecta entre las líneas A y B.

5 El conductor neutro divide los 240 V por la mitad, proporcionando 120 V entre la línea A o la línea B y el conductor neutro.

6 Hay 120 V disponibles para luces y electrodomésticos pequeños.

7 Los 240 V están disponibles para electrodomésticos como estufas, calentadores de agua y secadoras de ropa.

Figura 31 Diagrama de cableado de conexión de un transformador monofásico de 7,200 V a 120/240 V.

La *figura 32* muestra las conexiones de puesta a tierra del panel de distribución de la vivienda de muestra. La *Sección 250.24(A)(1) del NEC* requiere que el **electrodo de puesta a tierra** para la conexión de la estructura al neutro (conductor puesto a tierra) esté en cualquier punto accesible desde el extremo de carga de la **bajada de acometida** o el **lateral de acometida** hasta el terminal o barra a la que el neutro (conductor de acometida puesto a tierra) está conectado a los medios de desconexión de la acometida e incluya dicho terminal o barra.

Conozca el código

Conexiones del sistema de puesta a tierra
Sección 250.24(A) del NEC

Electrodos de puesta a tierra (*grounding electrode*): Objeto conductor a través del cual existe una conexión directa a tierra.

Bajada de acometida (*service drop*): Conductores aéreos a través de los cuales se suministra la acometida eléctrica. Se sitúan entre el último poste de la compañía eléctrica y el punto de conexión a las instalaciones de acometidas en el edificio.

Lateral de acometida (*service lateral*): conductores subterráneos a través de los cuales se suministra la acometida eléctrica. Se sitúan entre las instalaciones de distribución de la compañía eléctrica y el primer punto de conexión a las instalaciones del edificio o de acometida del área.

NOTA

El término *efectivamente puesto a tierra* significa que el equipo está intencionalmente conectado a tierra a través de una o más conexiones a tierra. Las conexiones deben tener una impedancia suficientemente baja y una capacidad de conducción de corriente suficiente para evitar la acumulación de voltajes que puedan resultar peligrosas para las personas o los equipos conectados.

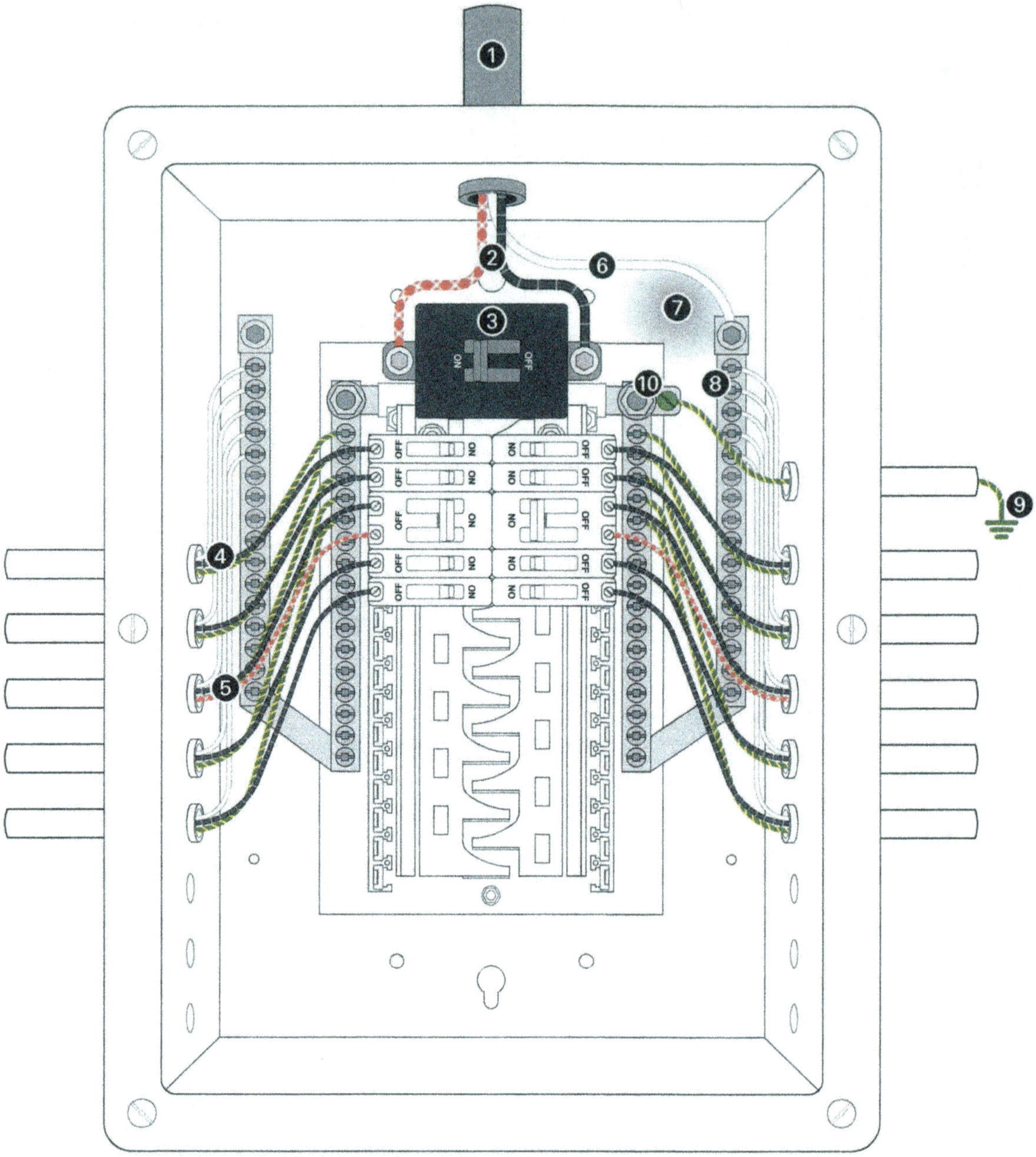

Cableado interno

1. Cable de entrada de acometida
2. Cables calientes de 120/240 V de la acometida de los conductores sin conexión a tierra
3. Interruptor de desconexión principal
4. Cargas de 120 V
5. Cargas de 240 V
6. Conductor de puesta a tierra (neutro)
7. Panel de distribución
8. Barra conductora del neutro/ conexión a tierra
9. Conductor del electrodo de puesta a tierra
10. Puente de unión equipotencial principal

Figura 32 Vista interior del panel de distribución mostrando las conexiones.

2.1.2 Uso de electrodos de puesta a tierra

Puede encontrar los requisitos para conectar una acometida eléctrica al sistema de electrodos de puesta a tierra de un edificio o estructura en el *Artículo 250, Parte III, del NEC*. En general, la *Sección 250.50 del NEC* requiere que usted una cualquiera de los electrodos de puesta a tierra descritos en la *Sección 250.52(A) del NEC* para formar el sistema de electrodos de puesta a tierra. Los electrodos enumerados en la *Sección 250.52(A) del NEC* son los siguientes:

- Tubería metálica de agua subterránea en contacto directo con la tierra a lo largo de 10' (3 m) o más y eléctricamente continua (o hecha eléctricamente continua mediante unión alrededor de juntas aislantes o tubería aislante) a los puntos de conexión del conductor del electrodo de puesta a tierra y los conductores de unión.
  - Las tuberías metálicas interiores de agua situadas a más de 5' (1.52 m) del punto de entrada al edificio no se utilizarán como parte del sistema de electrodos de puesta a tierra ni como conductor para interconectar electrodos que formen parte del sistema de electrodos de puesta a tierra, según la *Sección 250.68(C)(1) del NEC*.
- Una estructura metálica de soporte enterrada que cumpla la *Sección 250.52(A)(2) del NEC*.
- Se puede utilizar un electrodo recubierto de al menos 2" (50 mm) de concreto si está situado dentro y cerca de la parte inferior de una cimentación o zapata de concreto en contacto directo con la tierra.
  - El electrodo debe tener al menos 20' (6 m) de longitud y estar fabricado con barras o varillas de refuerzo de acero revestido conductoras de electricidad de un diámetro no inferior a $\frac{1}{2}$" (13 mm) o estar formado por al menos 20' (6 m) de conductor de cobre descubierto no inferior al AWG Nº 4. Consulte la *Sección 250.52(A)(3) del NEC*.
- Un anillo de tierra que rodea el edificio o la estructura
  - El anillo debe estar en contacto directo con la tierra y constar de al menos 20' (6 m) de conductor de cobre descubierto no inferior al AWG Nº 2. Consulte la *Sección 250.52(A)(4) del NEC*.
- De acuerdo con la *Sección 250.52(A)(5) del NEC*, los electrodos de varilla y de tubo no deben tener una longitud inferior a 8' (2.44 m) y deben estar formados por:
  - Las tuberías o conductos no inferiores al tamaño comercial $\frac{3}{4}$" (MD 21) y, cuando sean de hierro o acero, tendrán la superficie exterior galvanizada o revestida de otro modo con metal para protegerlos contra la corrosión.
  - Las varillas de acero inoxidable y de acero revestido de cobre-cinc tendrán un diámetro de al menos $\frac{5}{8}$" (15.87 mm), salvo que figuren en la lista.
- Electrodos de placa con su superficie expuesta no menos de 2 pies^2 (0.186 m^2) al suelo exterior.
  - Las placas de hierro o acero tendrán un grosor de al menos $\frac{1}{4}$" (6.4 mm). Las placas de metal no ferroso tendrán un grosor de al menos 0.06" (1.5 mm). Consulte la *Sección 250.52(A)(7) del NEC*.
- Según la *Sección 250.52(A)(8) del NEC*, otros sistemas o estructuras subterráneos metálicos locales, como sistemas de tuberías y depósitos subterráneos que no estén unidos a una tubería metálica de agua.

La figura 33 muestra una acometida eléctrica residencial típica de la vivienda de muestra y los electrodos de puesta a tierra disponibles.

A menudo, en la construcción residencial, el único electrodo de puesta a tierra disponible es el sistema de tuberías metálicas de agua subterránea. La *Sección 250.53(D)(2) del NEC* exige que siempre que se utilicen tuberías de agua como electrodo, se complemente con otro electrodo. Puede utilizar cualquiera de los electrodos antes enumerados.

¿Qué se debe hacer si no se dispone de tuberías de agua, acero de construcción ni electrodos revestidos de concreto? La *figura 34* ilustra el uso de tuberías plásticas de agua.

NOTA

Algunas de las conversiones métricas del *NEC*® para electrodos de puesta a tierra son mucho más precisas que las que figuran en otras áreas del *NEC*®. Lea y siga siempre las secciones del código aplicables al seleccionar e instalar cualquier equipo o dispositivo eléctrico.

Conozca el código

Sistema de electrodos de puesta a tierra
Sección 250.50 del NEC

Conozca el código

Electrodos permitidos para la puesta a tierra
Sección 250.52(A) del NEC

Conozca el código

Electrodo suplementario requerido
Sección 250.53(D)(2) del NEC

NOTA

Algunas authority having jurisdiction - AHJ (autoridades competentes) no reconocen las tuberías de agua como un electrodo. Esto se debe a que las tuberías no metálicas se utilizan más ahora tanto para sistemas de agua nuevos como de sustitución.

En cambio, requieren el uso de otros electrodos, como electrodos revestidos de concreto o de varilla. Para asegurarse de que se dispone de electrodos revestidos de concreto, los electricistas deben involucrarse en la construcción antes de que se viertan los cimientos.

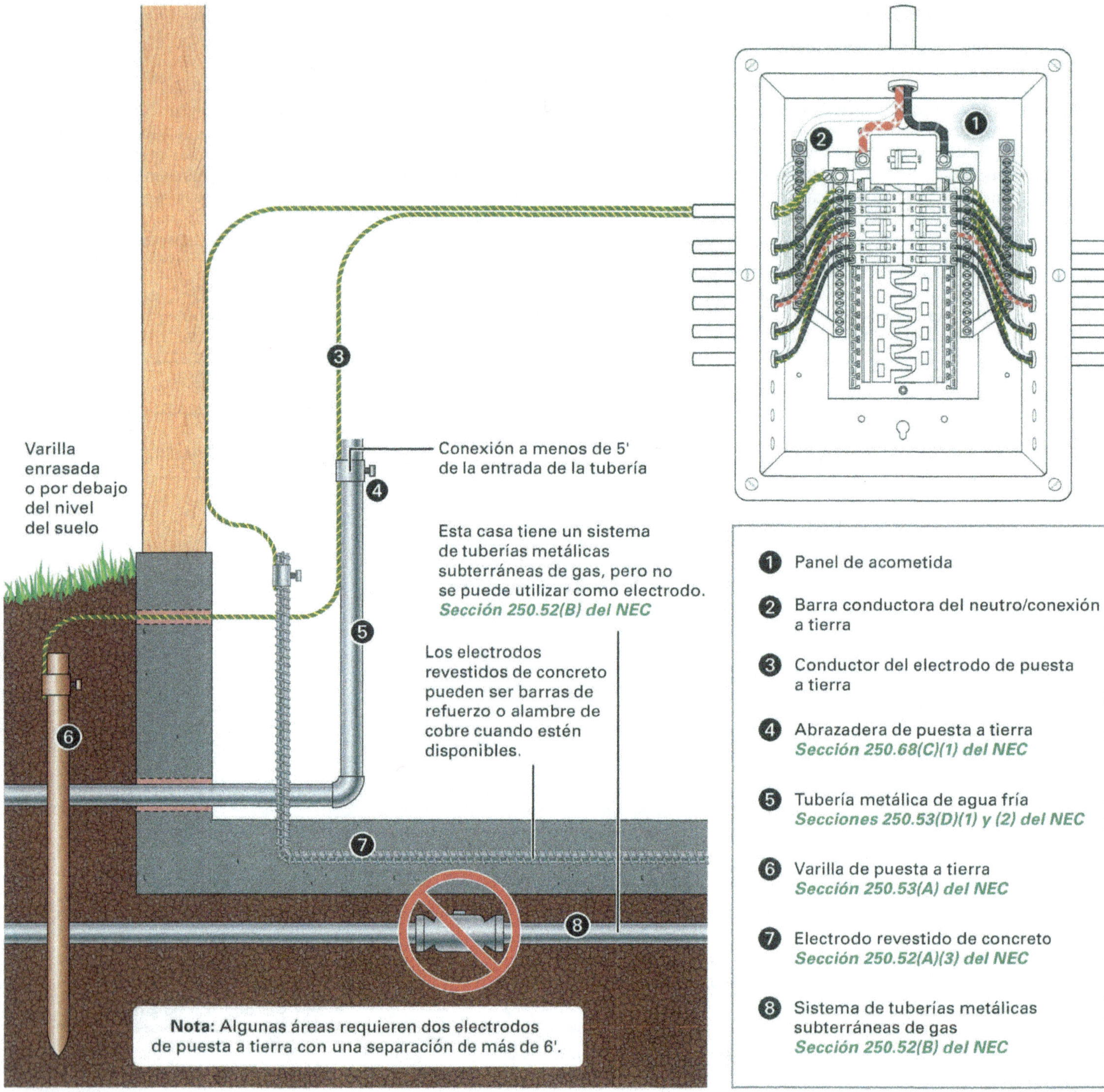

Figura 33 Componentes de un sistema residencial de puesta a tierra.

¡ADVERTENCIA!

Un sistema de tuberías metálicas de gas subterráneo nunca debe utilizarse como electrodo de puesta a tierra. Esto representaría un riesgo serio de explosión.

Conozca el código

Electrodos de varilla, tubo y placa
Sección 250.53(A) del NEC

2.1.3 Instalaciones de electrodos de puesta a tierra

La *Sección 250.53(A)(1) del NEC* exige que los electrodos de varilla, tubo y placa, siempre que sea posible, estén enterrados por debajo del nivel de humedad permanente y libres de cualquier revestimiento no conductor, como pintura o esmalte.

La Sección 250.53(A)(4) del NEC permite conducir un electrodo de varilla o tubo en un ángulo de 45° si se encuentra un fondo rocoso e impide conducir la varilla o tubo verticalmente durante al menos 8' (2.44 m). Cuando no sea posible colocar una varilla o un electrodo de tubo en un ángulo de 45°, se puede colocar una varilla o un tubo

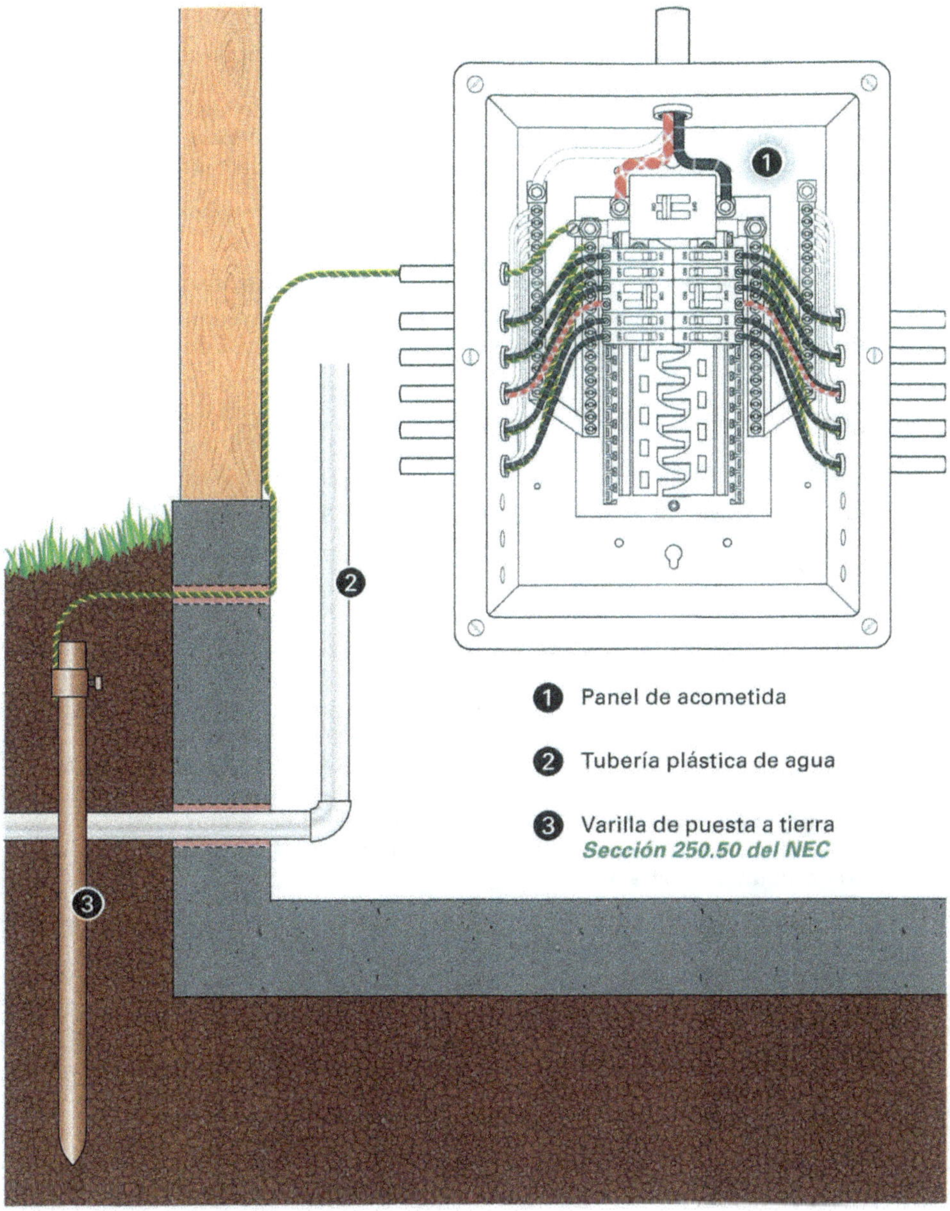

Figura 34 Tuberías de agua de plástico.

horizontalmente en una zanja de al menos 30" (750 mm) de profundidad. En el caso de los electrodos de varilla o de tubo de longitud superior a 8' (2.44 m), se permite que el extremo superior esté por encima del nivel del suelo si se proporciona un medio de protección adecuado para la fijación del conductor del electrodo de puesta a tierra; en caso contrario, el extremo superior debe estar a ras o por debajo de la superficie de la tierra.

La *Sección 250.53(A)(2) del NEC* requiere un electrodo suplementario cuando se utiliza un electrodo de varilla, tubo o placa de un tipo especificado en las *Secciones 250.52(A)(2) a 250.52(A)(8)* del NEC. Si se utiliza un solo electrodo de puesta a tierra de varilla o placa que tenga una resistencia de 25 ohmios (Ω) o menos, no será necesario el electrodo suplementario. Consulte siempre con la autoridad local de inspección, incluida la empresa local de servicios públicos, las normas que superan los requisitos del *NEC*®. Algunas normas generales son las siguientes:

- Cuando se instalen varios electrodos de varilla, tubo o placa para cumplir los requisitos de esta sección, no deberán estar a menos de 6' (1.83 m) de distancia entre sí, de acuerdo con la *Sección 250.53(A)(3) del NEC*.
- Los electrodos de placa deben enterrarse a al menos 30" (750 mm) por debajo de la superficie de la tierra, de acuerdo con la *Sección 250.53(A)(5) del NEC*.
- Cuando dos o más electrodos están efectivamente unidos, se tratan como un único sistema de electrodos.

Conozca el código

Electrodos permitidos para la puesta a tierra
Sección 250.52(A) del NEC

2.1.4 Conductor de electrodo de puesta a tierra (GEC)

Conozca el código

Material del conductor de electrodo de puesta a tierra
Sección 250.62 del NEC

Conductor de puesta a tierra del equipo (*equipment grounding conductor*): Una parte de la vía conductora de una vía efectiva de corriente de fallo a tierra que conecta las partes metálicas normalmente no conductoras de corriente del equipo con el conductor de tierra del sistema, el conductor del electrodo de puesta a tierra o ambos.

Un grounding electrode conductor - GEC (conductor de electrodo de puesta a tierra) conecta el electrodo de puesta a tierra al conductor de puesta a tierra del sistema o al equipo. La *Sección 250.62 del NEC* abarca los requisitos de los GEC que conectan el neutro (conductor puesto a tierra) en la barra neutra del panel de distribución a los electrodos de puesta a tierra. A continuación, se resumen dichas normas del *NEC*®:

- El GEC debe ser de cobre, aluminio o aluminio revestido de cobre.
- El GEC debe protegerse contra la corrosión.
- El GEC puede ser sólido o trenzado y aislado, cubierto o descubierto.
- Dado que el GEC no es un **conductor de puesta a tierra de equipos**, no es necesario identificarlo utilizando el color verde o verde con rayas amarillas si está aislado.

Piénselo

Conductores de puesta a tierra

¿Qué tipo de sistema de puesta a tierra tiene su vivienda? ¿Cumple los requisitos del *NEC*®?

2.1.5 Instalación de los GEC

Conozca el código

Instalación del conductor de electrodo de puesta a tierra
Sección 250.64 del NEC

Conozca el código

Unión equipotencial de equipos para acometidas
Sección 250.92(A) del NEC

Conozca el código

Métodos de unión equipotencial en la acometida
Sección 250.92(B) del NEC

Encontrará los requisitos de instalación de los GEC en la *Sección 250.64 del NEC*. En la *figura 35 se muestra lo que se debe y lo que no se debe hacer en la instalación del GEC*.

Las cubiertas metálicas ferrosas del GEC que no son físicamente continuas desde un armario metálico o recinto metálico del equipo hasta el electrodo de puesta a tierra deben hacerse eléctricamente continuas uniendo cada una de ellas al GEC cubierto.

Los métodos de unión equipotencial de acometidas deben cumplir la *Sección 250.92(A) del NEC* para instalaciones en ubicaciones de equipos de acometida y los métodos utilizados en las *Secciones 250.92(B)(2) a (B)(4) del NEC*.

Estas son algunas buenas prácticas de instalación:

- Tienda los GEC a cualquier electrodo de puesta a tierra conveniente disponible en el sistema de electrodos de puesta a tierra o a uno o más electrodos de puesta a tierra individualmente.
- Dimensione el GEC para el mayor conductor de electrodo de puesta a tierra requerido. Si están interconectados, asegúrese de que cada tipo de electrodo tiene su GEC de tamaño máximo. El GEC de mayor tamaño puede tenderse a todos los electrodos.
- Instale el GEC en una longitud continua sin empalmes ni uniones, a menos que cumpla los requisitos de las *Secciones 250.64(C)(1) a (C)(4) del NEC*.

Piénselo

Conductores del electrodo de puesta a tierra

¿Qué tabla del *NEC*® utilizaría para dimensionar el GEC mínimo requerido para una acometida residencial típica?

2.1.6 Conexión de los GEC

Conozca el código

Métodos de conexión del conductor de puesta a tierra y unión equipotencial a los electrodos
Sección 250.70 del NEC

La *Sección 250.70 del NEC* exige que el GEC se conecte a los electrodos mediante soldadura exotérmica y conectores de presión, abrazaderas, orejetas u otros medios de la lista. Nunca debe utilizar conexiones que dependan de la soldadura. Para evitar la corrosión, asegúrese de que la pinza de puesta a tierra está catalogado como material para el electrodo de puesta a tierra y el GEC.

Qué hacer y qué no hacer respecto al cableado residencial

✓ Un GEC de AWG N.o 6 o superior que esté sujeto a daños físicos o un tamaño de GEC inferior al AWG N.o 6 debe instalarse en RMC, IMC, PVC Schedule 80, EMT, RTRC-X o armadura de cable.

✓ Sujete firmemente el GEC o su recinto a la superficie sobre la que se transporta. Proteja un cable GEC de cobre o aluminio de AWG N.o 6 o superior si va a estar expuesto a daños físicos severos.

✓ Tienda únicamente un GEC de AWG N.o 6 o superior que no esté expuesto a daños físicos a lo largo de la superficie del edificio sin revestimiento o protección metálica si está bien sujeto al edificio.

✓ Asegúrese de que las canalizaciones metálicas del GEC son eléctricamente continuas uniendo cada extremo de la canalización al GEC.

✗ Utilice conductores de puesta a tierra de aluminio descubierto o de aluminio revestido de cobre si van a estar en el exterior a menos de 18" de la tierra en el punto de terminación.

✗ Utilice conductores de puesta a tierra de aluminio descubierto o de aluminio revestido de cobre si van a estar en contacto directo con concreto.

✗ Utilice conductores de puesta a tierra de aluminio descubierto o de aluminio revestido de cobre si van a estar sometidos a condiciones corrosivas.

Figura 35 Qué hacer y qué no hacer durante la instalación.

Si utiliza un accesorio en una tubería, varilla de tierra u otro electrodo enterrado, debe estar catalogado para enterramiento directo en el suelo o encapsulado en concreto. La *figura 36* muestra cuatro de los métodos aprobados para conectar el GEC al electrodo de puesta a tierra. En general, nunca utilice una sola abrazadera o accesorio para conectar más de un conductor al electrodo de puesta a tierra, excepto cuando la abrazadera o el accesorio estén específicamente indicados para este uso.

La *figura 37* muestra que debe asegurarse de que la conexión de un GEC o un **puente de unión equipotencial** a un electrodo de puesta a tierra sea accesible, a menos que la conexión se realice a los electrodos de puesta a tierra enterrados o revestidos de concreto permitidos en la *Sección 250.68 del NEC*. Cuando sea necesario garantizar la vía de puesta a tierra de las tuberías metálicas utilizadas como electrodo de puesta a tierra, se proporcionará una unión equipotencial efectiva alrededor de las juntas aisladas y de cualquier equipo susceptible de ser desconectado para su reparación o sustitución. Los conductores de unión equipotencial tendrán la longitud suficiente para permitir el retiro de dicho equipo conservando la integridad de la unión.

También puede utilizar conductores de electrodo de puesta a tierra y puentes de unión equipotencial para extender las conexiones a un electrodo.

En su vivienda de muestra, esto significa que tiene que asegurarse de que el punto de conexión a la tubería de agua sea accesible después de instalar cualquier revestimiento de pared. Debe raspar o eliminar cualquier revestimiento no conductor de la tubería de agua antes de instalar la abrazadera.

Conozca el código

Puesta a tierra del conductor del electrodo y conexión del puente de unión equipotencial a los electrodos de puesta a tierra

Sección 250.68 del NEC

NOTA

El catálogo de UL Solutions, anteriormente Underwriters Laboratories, establece que "las abrazaderas de puesta a tierra tipo correa no son adecuadas para la fijación del conductor del electrodo de puesta a tierra de un sistema de cableado interior a un electrodo de puesta a tierra".

Puente de unión equipotencial (*bonding jumper*): conductor aislado verde o descubierto que se utiliza para garantizar la conductividad eléctrica requerida entre las piezas metálicas que deben conectarse eléctricamente. Los puentes de unión equipotencial suelen ir desde un pasacables de unión equipotencial hasta el recinto del equipo de acometida. También proporcionan una vía alrededor de los orificios ciegos concéntricos de la pared de un recinto y pueden utilizarse para unir una canalización con otra.

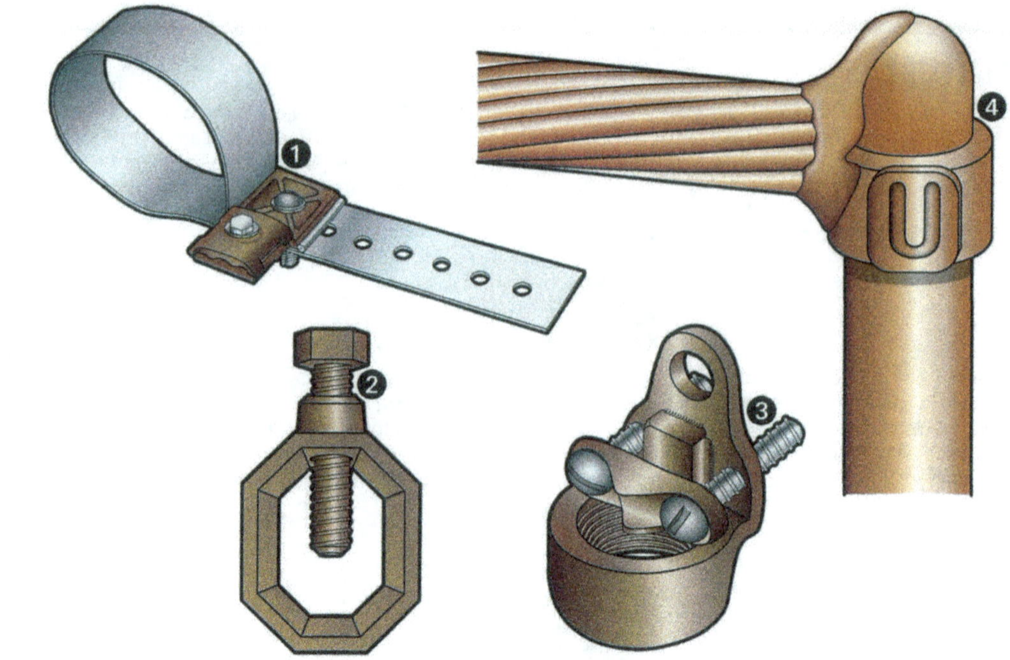

1 Únicamente para comunicaciones interiores, una abrazadera de conexión a tierra tipo correa de chapa metálica certificada con una base metálica rígida que se asiente sobre el electrodo con una correa que no se estire durante ni después de la instalación

2 Una abrazadera atornillada certificada de bronce o latón fundido o de hierro liso o maleable

3 Un accesorio, borne de tubería u otro dispositivo aprobado que se enrosca en el extremo de una tubería rígida

4 Ejemplo de soldadura exotérmica a una varilla de puesta a tierra

Figura 36 Métodos para conectar el GEC al electrodo de puesta a tierra.

Conozca el código

Tamaño del conductor del electrodo de puesta a tierra de corriente alterna
Sección 250.66 del NEC

Conozca el código

Conductor de electrodo de puesta a tierra para sistemas de corriente alterna
Tabla 250.66 del NEC

2.1.7 Dimensionamiento de los GEC

Existen normas estrictas para el dimensionamiento de los conductores de los electrodos de puesta a tierra. La *Sección 250.66 del NEC* requiere que se utilice el área del conductor de entrada de acometida más grande o el área equivalente de conductores en paralelo. Utilice la *tabla 250.66 del NEC* para encontrar el tamaño mínimo del GEC y los puentes de unión equipotencial que necesite para interconectar los electrodos de puesta a tierra. Existen algunas excepciones, que se enumeran a continuación:

- Cuando se conecte a electrodos de varilla, tubo o placa, no se exigirá que la parte del GEC que sea la única conexión al electrodo de puesta a tierra sea mayor que el AWG Nº 6 de cobre o el AWG Nº 4 de aluminio.
- Cuando se conecte a un electrodo revestido de concreto, no se exigirá que la parte del GEC que sea la única conexión al electrodo de puesta a tierra sea mayor que el alambre de cobre de AWG Nº 4.
- Cuando el GEC esté conectado a un anillo de puesta a tierra, no se exigirá que la parte del conductor que sea la única conexión al electrodo de puesta a tierra sea mayor que el conductor utilizado para el anillo de puesta a tierra.

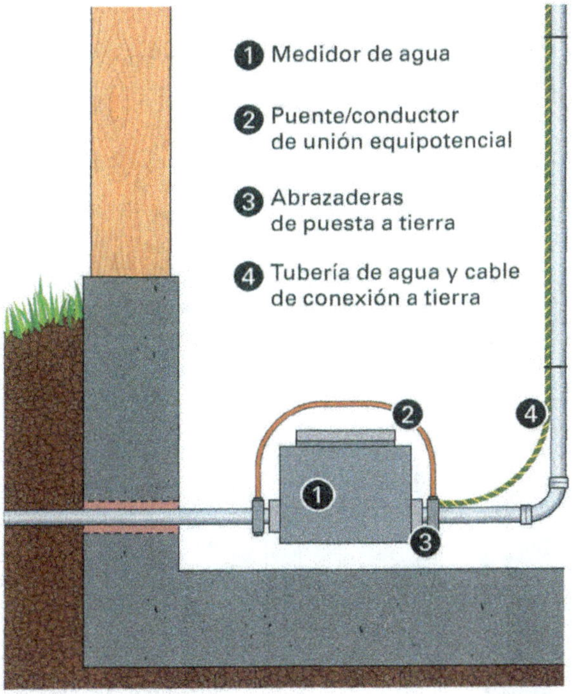

Figura 37 Vía de puesta a tierra.

- Cuando se utilicen varios conjuntos de conductores de entrada de acometida, tal como se permite en la Excepción N° 2 de la *Sección 230.40 del NEC*, el tamaño equivalente del conductor de entrada de acometida más grande debe determinarse mediante la mayor suma de las áreas de los conductores correspondientes de cada conjunto.
- Cuando no haya conductores de entrada de acometida, el tamaño del GEC se determinará por el tamaño equivalente del conductor de entrada de acometida más grande necesario para la carga a la que se va a dar servicio.

Conozca el código

Número de conjuntos de conductores de entrada de acometida
Sección 230.40 del NEC

Puede utilizar la unidad de vivienda de muestra para ver cómo funciona el dimensionamiento de un GEC (*figura 38*).

2.1.8 Terminales aéreos (protección contra descargas atmosféricas)

En algunas situaciones, de acuerdo con la *Sección 250.60 del NEC*, podría utilizar conductores de terminales aéreos y tubos conducidos, varillas o electrodos de placa para la puesta a tierra de los terminales aéreos. No puede utilizarlos en lugar de los electrodos de puesta a tierra que se abarcan en la *Sección 250.50 del NEC* para la puesta a tierra de sistemas de cableado y equipos. Sin embargo, la *Sección 250.106 del NEC* exige que los conecte al cableado de la estructura y al sistema de electrodos de puesta a tierra del equipo.

Conozca el código

Puesta a tierra y unión equipotencial
Artículo 250 del NEC

2.2.0 Puente de unión equipotencial principal

Recordemos que *unión equipotencial* significa conectar elementos no conductores de corriente para crear continuidad eléctrica y conductividad. El main bonding jumper - MBJ (puente de unión equipotencial principal) es el conductor que conecta el conductor de puesta a tierra del circuito y el conductor de puesta a tierra del equipo.

La Sección 250.24(C) del NEC exige que se use un MBJ sin empalmes para conectar los conductores de conexión a tierra del equipo y el recinto de desconexión de acometida al conductor de puesta a tierra (neutro) del sistema dentro del recinto de cada desconexión de acometida. Los requisitos adicionales para un MBJ son los siguientes:

Conozca el código

Puente de unión equipotencial principal
Sección 250.24(C) del NEC

Conozca el código

Material
Sección 250.28(A) del NEC

- El MBJ debe ser de cobre, aluminio, aluminio revestido de cobre u otro material resistente a la corrosión según la *Sección 250.28(A) del NEC*.
- Un MBJ puede tener la forma de un cable, una barra, un tornillo o un conductor adecuado similar.

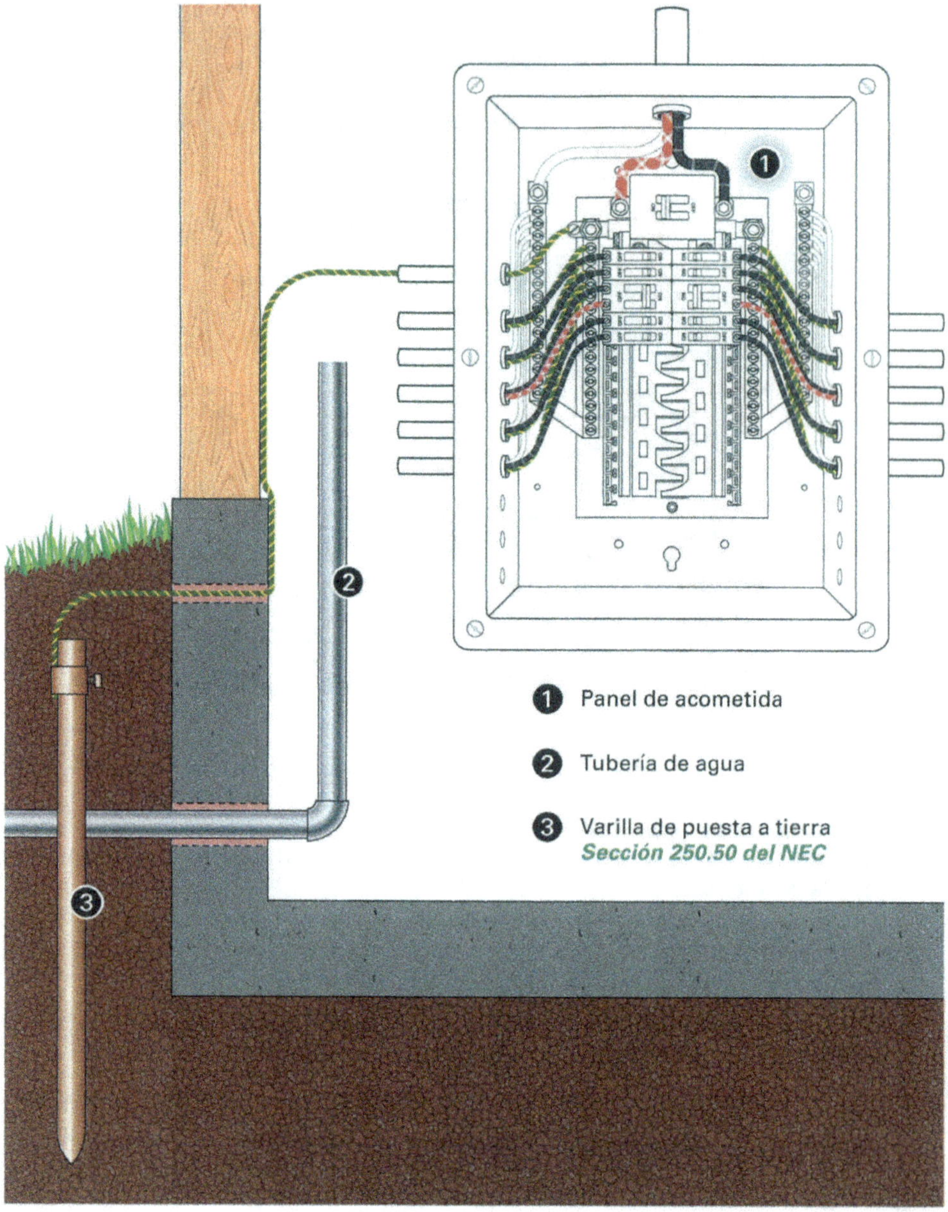

Figura 38 Cómo funciona el GEC.

- Si el MBJ es un tornillo, debe tener un acabado verde para que el cabezal sea visible para su inspección.
- Debe fijar un MBJ mediante soldadura exotérmica o un conector a presión, una abrazadera u otro medio catalogado.
- El MBJ no puede ser inferior a los tamaños que se indican en la *tabla 250.102(C)(1) del NEC*. Consulte las notas 1 y 2 de la *tabla 250.102(C)(1) del NEC* para conductores de acometida que superen los 1,100 kcmil.

Conozca el código

Tamaño de los conductores de alimentación en una canalización única o cable
Sección 250.102(C)(1) del NEC

Conozca el código

Conductor de puesta a tierra, puente de unión equipotencial principal, puente de unión equipotencial del sistema y puente de unión equipotencial del lado de alimentación para sistemas de corriente alterna.
Tabla 250.102(C)(1) del NEC

¿Sabías qué?

Pararrayos

Un dato interesante sobre la puesta a tierra es que un pararrayos (terminal aéreo) no tiene el propósito de dirigir las descargas atmosféricas a la tierra. Para ello, el diámetro de los conductores tendría que medir varios pies (1 m o más). El propósito del pararrayos es disipar la carga estática negativa que causaría la carga positiva del rayo al caer sobre la casa.

El MBJ es el medio por el cual cualquier fallo a tierra en los circuitos ramales y alimentadores del sistema eléctrico regresa a la fuente de suministro en la empresa de servicios públicos. Un fallo a tierra se desplazará a lo largo de los conductores del equipo de los circuitos de vuelta a los medios de desconexión de acometida. Cuando se utilicen canalizaciones metálicas como conductores de puesta a tierra del equipo, no habrá conexión al conductor de puesta a tierra en la acometida. Sin el MBJ, la vía de vuelta a la fuente sería a través del sistema de electrodos de puesta a tierra y la tierra. Esto no proporciona una ruta de baja impedancia y, por lo tanto, no permitirá que fluya suficiente corriente en el circuito para que se abran los dispositivos de sobrecorriente. El MBJ proporciona la vía de vuelta a la fuente para los fallos que se producen dentro de los medios de desconexión de la acometida.

Por ejemplo, supongamos que un conductor de fase entra en contacto con la carcasa metálica de un aparato de 120 V y 15 A cableado con electrical metallic tubing - EMT (tubo metálico eléctrico). Cuando se suma la resistencia combinada del EMT con la resistencia de la tubería metálica de agua y la varilla de tierra de la carcasa de muestra, se obtienen 20 Ω. Este valor es inferior a los 25 Ω permitidos en la excepción de la ***Sección 250.53(A)(2) del NEC***.

Conozca el código

Electrodo suplementario requerido
Sección 250.53(A)(2) del NEC

La cantidad de corriente que podría fluir de vuelta a la fuente de suministro se calcularía utilizando la ley de Ohm:

$$E \div R = I$$

Donde:

E = voltaje del sistema (V)

R = resistencia (Ω)

I = corriente del sistema (A)

Ahora, introduzca sus valores y calcule de la siguiente manera:

$$120\text{ V} \div 20\ \Omega = 6\text{ A}$$

El dispositivo de sobrecorriente más pequeño del sistema eléctrico de la vivienda de muestra es de 15 A y no se dispararía. Con el MBJ instalado, la vía de vuelta a la fuente de suministro pasa por el MBJ hasta el conductor puesto a tierra de la acometida. Esta resistencia será mucho menor que 1 Ω y, por lo tanto, permitiría que fluyera suficiente corriente para abrir los dispositivos de sobrecorriente dentro del sistema.

2.2.1 Unión equipotencial en la acometida

La continuidad eléctrica es necesaria para asegurarse de que el sistema está conectado a tierra de forma segura. ***La Sección 250.92(A) del NEC*** requiere continuidad eléctrica en la acometida. Establece que se debe cumplir lo siguiente:

- Las canalizaciones de acometida, canaletas auxiliares o armaduras o cubiertas de cables de servicio, excepto las cubiertas metálicas subterráneas de cables subterráneos continuos, como se indica en la ***Sección 250.84 del NEC***.
- Todos los recintos de acometida que contengan conductores de entrada de acometida, incluidos los accesorios de contadores, cajas o similares interpuestos en la canalización o armadura de acometida.
- Cualquier canalización o armadura metálica que cubra un conductor de electrodo de puesta a tierra de acuerdo con la ***Sección 250.64(E) del NEC***.

El *NEC*® establece que debe aplicar la unión equipotencial en todas las canalizaciones, cajas y recintos entre el equipo de acometida y el electrodo de puesta a tierra. Los elementos que suelen requerir unión equipotencial son el mástil y la acometida, el recinto del contador, la armadura del cable SE (si tiene armadura) y la desconexión de la acometida.

Conozca el código

Unión equipotencial de equipos para acometidas
Sección 250.92(A) del NEC

Conozca el código

Cable de acometida o canalización subterránea
Sección 250.84 del NEC

Conozca el código

Canalizaciones, armaduras de cables y recintos para conductores de electrodos de puesta a tierra
Sección 250.64(E) del NEC

Conozca el código

Métodos de unión equipotencial en la acometida
Sección 250.92(B) del NEC

Conozca el código

Métodos permitidos
Sección 250.8(A) del NEC

Pasacables de unión equipotencial (*bonding bushing*): pasacables de conducto especial equipado con un terminal de conductor para aceptar un puente de unión equipotencial. Tiene un tornillo u otro dispositivo afilado para sujetarse a la pared del recinto. Esto permite unir el conducto a la cubierta sin un puente cuando no quedan orificios concéntricos en la pared de cubierta.

Conozca el código

El dispositivo de terminación de unión equipotencial entre sistemas
Sección 250.94(A) del NEC

Conozca el código

Tubería metálica de agua
Sección 250.104(A) del NEC

Conozca el código

Conductor de puesta a tierra, puente de unión equipotencial principal, puente de unión equipotencial del sistema y puente de unión equipotencial del lado de alimentación para sistemas de corriente alterna.
Tabla 250.102(C)(1) del NEC

Conozca el código

Instalación del conductor de electrodo de puesta a tierra
Sección 250.64 del NEC

Conozca el código

Edificios de ocupación múltiple
Sección 250.104(A)(2) del NEC

Conozca el código

Tamaño - Puente de unión equipotencial en el lado de carga de un dispositivo de sobrecorriente
Sección 250.102(D) del NEC

2.2.2 Métodos de unión equipotencial en la acometida

La *Sección 250.92(B) del NEC* incluye los siguientes métodos que deben utilizarse para garantizar la continuidad eléctrica de los equipos de acometida, las canalizaciones y los recintos:

- Equipo de unión equipotencial al conductor de acometida de puesta a tierra de acuerdo con la *Sección 250.8(A) del NEC*
- Conexiones mediante acoples roscados o bujes roscados en recintos cuando se realizan con apriete de llave
- Acoples y conectores sin rosca cuando se aprietan para canalizaciones metálicas y cables con metal-clad - MC (revestimiento metálico)
- Otros dispositivos aprobados, como una contratuerca o pasacables de **unión equipotencial**

Debe usar puentes de unión equipotencial alrededor de los orificios ciegos concéntricos o excéntricos que están perforados o formados de otra manera para impedir la conexión eléctrica a tierra. No se pueden utilizar contratuercas o pasacables estándar como único medio de unión equipotencial.

2.2.3 Requisitos de unión equipotencial y puesta a tierra para otros sistemas

La *Sección 250.94(A) del NEC* establece las normas en cuanto a los dispositivos de *intersystem bonding termination* - IBT (terminación de unión equipotencial entre sistemas). Establece que debe tener una IBT para conectar los conductores de unión equipotencial entre sistemas. Debe ser exterior al recinto del equipo de la acometida o al recinto del equipo de medición. Si hay otros edificios o estructuras, debe ser en el medio de desconexión.

Intersystem significa que el sistema eléctrico y otros sistemas, como los de comunicaciones, radio y televisión (TV), community antenna television - CATV (televisión por antena colectiva) y sistemas de comunicación de banda ancha alimentados por red, están unidos entre sí. La terminación de unión equipotencial entre sistemas debe cumplir los requisitos enumerados en la *Sección 250.94(A) del NEC*.

2.2.4 Unión equipotencial de sistemas de tuberías de agua

La Sección 250.104(A) del NEC establece las normas sobre cómo hacer la unión equipotencial un sistema metálico de tuberías de agua. Debe hacerlo mediante un puente de unión equipotencial. Consulte la *tabla 250.102(C)(1) del NEC* para conocer el tamaño de los puentes de unión equipotencial.

Los puntos de fijación del puente o puentes de unión equipotencial deben ser accesibles. Puede conectar el puente de la siguiente manera:

- El recinto de entrada de la acometida
- El conductor de puesta a tierra (neutro) en la acometida
- El conductor del electrodo de puesta a tierra, si es lo suficientemente grande
- El electrodo o electrodos de puesta a tierra utilizados

Debe instalar el puente de unión equipotencial de acuerdo con las *Secciones 250.64(A), (B) y (E) del NEC*. Tenga en cuenta que aunque el puente de unión equipotencial se dimensiona de la misma manera que si el sistema de tuberías de agua fuera un electrodo de puesta a tierra, el NEC® permite que el punto de unión a las tuberías de agua esté en cualquier punto conveniente del sistema de tuberías de agua y no solo dentro de los primeros 5' (1.52 m) desde donde el agua ingresa al edificio.

La *Sección 250.104(A)(2) del NEC* especifica las normas para la unión equipotencial de sistemas de tuberías de agua en edificios de ocupación múltiple. Es pertinente para unidades de viviendas multifamiliares u otros edificios de ocupación múltiple en los que los sistemas de tuberías de agua metálicas instalados en un edificio o estructura o unidos a él para las ocupaciones individuales están aislados metálicamente de todas las demás ocupaciones mediante el uso de tuberías de agua no metálicas. En estas situaciones, se permitirá que los sistemas metálicos de tuberías de agua para cada ocupación se conecten al terminal de puesta a tierra del equipo del panel de distribución o del recinto del panel de distribución (que no sea el equipo de acometida) que abastece a esa ocupación. El puente de unión equipotencial deberá dimensionarse de acuerdo con la *Sección 250.102(D) del NEC*.

2.2.5 Unión equipotencial de otros sistemas de tuberías

Para saber cómo hacer la unión equipotencial de otros tipos de sistemas de tuberías, incluidas las tuberías de gas, consulte la *Sección 250.104(B) del NEC*. Todo sistema de tuberías metálicas instalado en un edificio o adosado al mismo susceptible de ser energizado debe estar unido a cualquiera de los siguientes elementos:

- Conductor de puesta a tierra del equipo para el circuito que probablemente energice el sistema de tuberías
- El recinto del equipo de acometida
- El conductor de puesta a tierra en la acometida
- El conductor del electrodo de puesta a tierra de tamaño suficiente
- Uno o varios electrodos de puesta a tierra utilizados

El tamaño de los puentes de unión equipotencial es conforme a la *tabla 250.122 del NEC*, utilizando la potencia nominal del circuito que puede alimentar los sistemas de tuberías. El conductor de puesta a tierra del equipo para el circuito que puede energizar la tubería sirve como medio de unión equipotencial. Los puntos de fijación de los puentes de unión equipotencial son accesibles.

Conozca el código

Otras tuberías metálicas
Sección 250.104(B) del NEC

Conozca el código

Tamaño mínimo de los conductores de puesta a tierra de equipos para canalizaciones y equipos de puesta a tierra
Tabla 250.122 del NEC

NOTA

Para mayor seguridad, debe hacer la unión equipotencial de todas las tuberías y conductos de aire metálicos dentro de las instalaciones.

2.3.0 Instalación del sistema de puesta a tierra de equipos

El Artículo 250, Parte IV, del NEC exige en general que todos los recintos metálicos, canalizaciones y armaduras de cables estén puestos a tierra. Las excepciones de las *Secciones 250.80 y 250.86 del NEC* permiten que los recintos metálicos o las secciones cortas de las canalizaciones para proporcionar soporte o protección física no estén puestas a tierra en condiciones muy específicas.

La *Sección 250.96(A) del NEC* requiere que se eliminen los revestimientos de los sistemas de tuberías metálicas para garantizar que exista una vía de puesta a tierra permanente y eficaz. También le permite conectar conductores de electrodos de puesta a tierra y puentes de unión equipotencial en los siguientes lugares:

- Tuberías metálicas interiores situadas a no más de 5' (1.52 m) del punto de entrada de un edificio, tal como se describe en la *Sección 250.68(C) del NEC.*
- Marco estructural de un edificio conectado directamente al GEC

El *Artículo 250, Parte IV, del NEC* abarca la puesta a tierra del equipo y los conductores de puesta a tierra del equipo. En general, la *Sección 250.110 del NEC* exige que las partes metálicas expuestas no conductoras de corriente de los equipos fijos susceptibles de ser energizadas sean puestas a tierra en las siguientes condiciones:

- Cuando se encuentren a menos de 8' (2.5 m) en vertical o 5' (1.5 m) en horizontal del suelo o de objetos metálicos puestos a tierra y estén sujetas al contacto por parte de los ocupantes u otras personas
- En lugares húmedos o mojados
- En caso de contacto eléctrico con metal
- En ubicaciones peligrosas (clasificadas) según los *Artículos 500 al 517 del NEC*
- Cuando se alimenten mediante una canalización metálica, revestida de metal o con revestimiento metálico u otro método de cableado que proporcione una puesta de tierra del equipo
- Cuando el equipo funciona con cualquier terminal a más de 150 V a tierra

Los equipos específicos que deben conectarse a tierra independientemente del voltaje se enumeran en la *Sección 250.112 del NEC* e incluyen equipos como motores, controladores de motores y dispositivos de iluminación (luminarias). En la *Sección 250.114 del NEC* se indican los tipos de equipos conectados por cable y enchufe que deben estar conectados a tierra en las viviendas, entre los que se incluyen refrigeradores, congeladores, aparatos de aire acondicionado, equipos informáticos (computadoras), lavadoras, secadoras y lavavajillas.

Conozca el código

Canalizaciones y recintos de la acometida
Sección 250.80 del NEC

Conozca el código

Otros recintos y canalizaciones para conductores
Sección 250.86 del NEC

Conozca el código

General
Sección 250.96(A) del NEC

Conozca el código

Equipos fijados en el sitio (fijos) o conectados mediante métodos de cableado permanente
Sección 250.110 del NEC

Conozca el código

Tipos de conductores de puesta a tierra de equipos
Sección 250.118 del NEC

Consulte la *Sección 250.118 del NEC* para conocer las normas sobre los tipos de conductores de puesta a tierra de equipos que puede utilizar. Tenga en cuenta que el *NEC®* permite tanto el flexible metal conduit - FMC (conducto metálico flexible) como el liquidtight flexible metal conduit - LFMC (conducto metálico flexible hermético a los líquidos) en determinadas situaciones. Las listas siguientes le indican cuándo puede utilizar los FMC y LFMC enumerados como conductores de puesta a tierra de equipos.

El FMC puede utilizarse como conductor de puesta a tierra del equipo en las siguientes situaciones:

- El conducto está terminado en accesorios de la lista para puesta a tierra.
- Los conductores del circuito contenidos en el conducto están protegidos por dispositivos de sobrecorriente de 20 A o menos.
- El tamaño del conducto no supera 1¼" (MD 35).
- La longitud combinada de FMC, FMT y LFMC en la misma vía efectiva de corriente de fallo a tierra no supera 6' (1.8 m).
- Si el conducto se utiliza donde la flexibilidad es necesaria, se instalará un conductor de puesta a tierra del equipo de tipo cable.

El LFMC puede utilizarse como conductor de puesta a tierra del equipo en las siguientes situaciones:

- El conducto está terminado en accesorios de la lista para puesta a tierra.
- Para tamaños comerciales de ⅜" a ½" (MD 12 a MD 16), los conductores del circuito contenidos en el conducto estén protegidos por dispositivos de sobrecorriente de 20 A o menos.
- Para tamaños comerciales de ¾" a 1¼" (MD 21 a MD 35), los conductores del circuito contenidos en el conducto están protegidos por dispositivos de sobrecorriente de 60 A o menos y no hay FMC, FMT o LFMC en los tamaños comerciales de ⅜" a ½" (MD 12 a MD 16) en la vía efectiva de la corriente de fallo a tierra.
- La longitud combinada de FMC, FMT y LFMC en la misma vía efectiva de corriente de fallo a tierra no supera 6' (1.8 m).
- Si el conducto se utiliza donde la flexibilidad es necesaria, se instalará un conductor de puesta a tierra del equipo de tipo cable.

Conozca el código

Fuera de una canalización o un recinto
Sección 250.102(E)(2) del NEC

Cuando utilice puentes de unión equipotencial externos para garantizar la continuidad de la vía de la corriente de fallo, la *Sección 250.102(E)(2) del NEC* limita la longitud a no más de 6' (1.8 m). La excepción se encuentra en las ubicaciones de postes exteriores a efectos de la unión equipotencial o la puesta a tierra de las secciones aisladas de las canalizaciones o codos metálicos instalados en las contrahuellas verticales expuestas en dichas ubicaciones de postes.

Conozca el código

Tamaño mínimo de los conductores de puesta a tierra de equipos para canalizaciones y equipos de puesta a tierra
Tabla 250.122 del NEC

Cuando instale un conductor de puesta a tierra de equipos en una canalización, utilice la *tabla 250.122 del NEC* para determinar el tamaño del conductor de puesta a tierra de equipos. El *NEC®* le permite instalar un conductor de puesta a tierra del equipo en una canalización que tiene varios circuitos. En ese caso, debe basar el tamaño del conductor de puesta a tierra del equipo en la capacidad del mayor dispositivo de sobrecorriente que proteja los circuitos contenidos en la canalización.

Conozca el código

Continuidad de los conductores de puesta a tierra de equipos y fijación en cajas
Sección 250.148 del NEC

La *Sección 250.148 del NEC* exige que cuando empalme conductores de circuito dentro de una caja o cuando terminen en equipos dentro de una caja o apoyados en ella, debe empalmar o unir todos los conductores de puesta a tierra de equipos asociados con esos conductores de circuito dentro de la caja o a la caja con dispositivos adecuados para ese uso. La *tabla 7* ilustra los tipos de accesorios. La *figura 39* muestra diferentes métodos de puesta a tierra de equipos.

TABLA 7 TIPOS DE ACCESORIOS

Imagen del accesorio	Nombre del accesorio
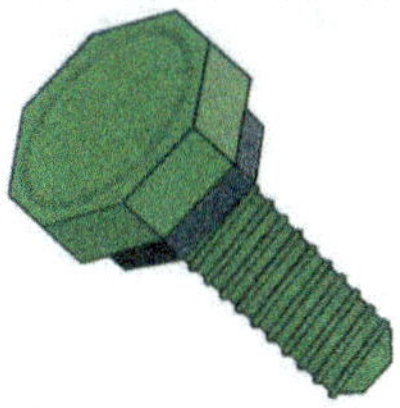	Tornillo de puesta a tierra
	Cuña de puesta a tierra
	Pasador de puesta a tierra
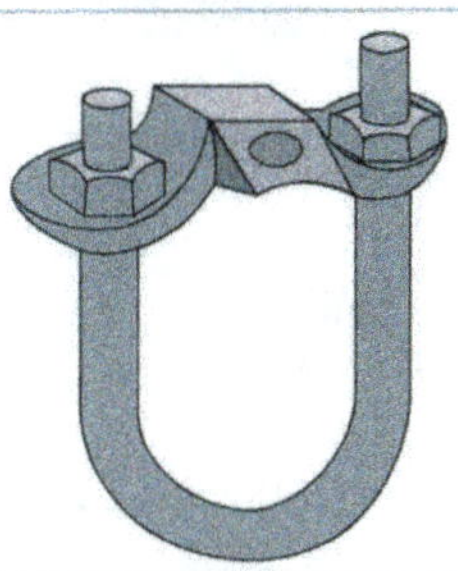	Perno en U de puesta a tierra
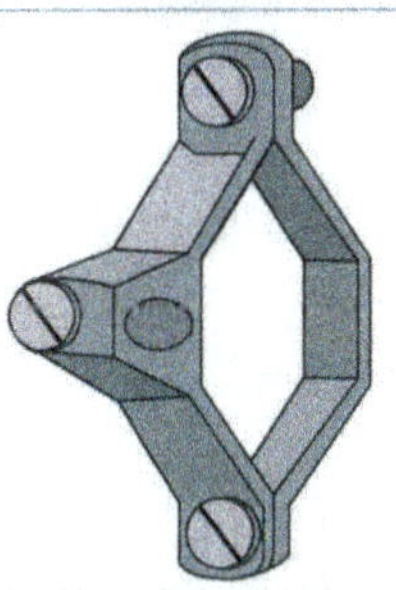	Abrazadera de puesta a tierra
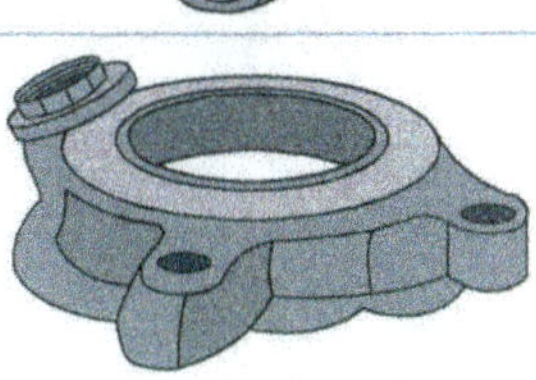	Pasacables de unión equipotencial

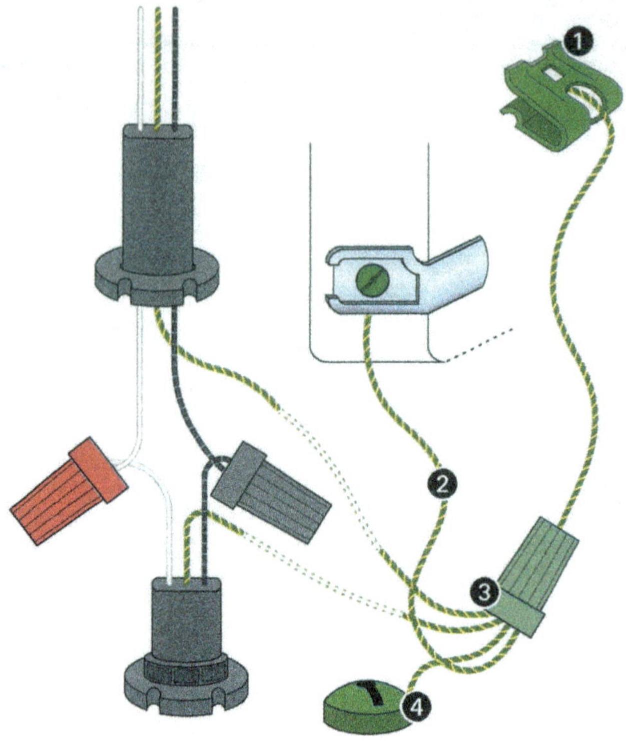

❶ Pasador de puesta a tierra ❷ Conductor de puesta a tierra ❸ Empalmes ❹ Tornillo de puesta a tierra

Cuando los empalmes se realizan en una caja de conexiones, el conductor de puesta a tierra del equipo debe empalmarse a la caja de conexiones metálica. *Sección 250.148 del NEC*

Figura 39 Métodos de puesta a tierra de equipos.

2.0.0 Repaso de la sección

1. Cuando se utiliza como electrodo de puesta a tierra, un anillo de puesta a tierra debe ser de *al menos* _____.
   a. 5′ (1.5 m) de largo
   b. 10′ (3 m) de largo
   c. 15′ (4.5 m) de largo
   d. 20′ (6 m) de largo

2. Cuando se utiliza un tornillo como puente de unión equipotencial principal, el color de su acabado *debe* ser _____.
   a. blanco
   b. verde
   c. azul
   d. negro

3. La información sobre la puesta a tierra de equipos para computadoras se encuentra en la _____.
   a. *Sección 250.112 del NEC*
   b. *Sección 250.114 del NEC*
   c. *Sección 250.116 del NEC*
   d. *Sección 250.118 del NEC*

3.0.0 Instalación de equipos de entrada de acometida

Objetivo

Explicar cómo instalar equipo de entrada de acometida.

a. Identificar la ubicación de la bajada de acometida.

b. Describir cómo seleccionar la ubicación del panel de distribución.

Tarea práctica

2. En un diagrama sin etiquetar de un panel de distribución, etiquetar los componentes con letras.

Normalmente, la acometida eléctrica es una de las últimas piezas que se instalan en un sistema eléctrico. Pero usted debe planificar dónde ubicará el **equipo de entrada de acometida** desde el principio. Esta sección abarca los aspectos que debe tener en cuenta al planificar e instalar un sistema eléctrico.

Equipo de entrada de acometida (*service-entrance equipment*): Equipo que proporciona protección contra sobrecorriente a los conductores de alimentación y acometida. Proporciona un medio para desconectar los alimentadores de los conductores de acometida energizados y un medio para medir la energía utilizada.

3.1.0 Localización de una bajada de acometida

A la hora de diseñar un sistema eléctrico residencial, hágase las siguientes preguntas:

- ¿Dónde está la bajada de acometida?
- ¿Dónde está el **punto de acometida**?
- ¿Por dónde entrará la corriente al edificio (la entrada de la acometida)?
- ¿Dónde ubicará el panel de distribución?
- ¿Cómo llevará el cableado desde la entrada de acometida hasta el panel de distribución?

Punto de acometida (*service point*): punto de conexión entre las instalaciones de servicios públicos y el cableado de las instalaciones.

También hay otras consideraciones, como las siguientes:

- Debe saber dónde ubicar el centro de carga o el panel de distribución. De este modo, cuando realice el **tendido** del cableado eléctrico o instale los cables, cajas y otros equipos necesarios para la acometida, conocerá las direcciones y recorridos de los *homeruns* del circuito.
- Si habrá sistemas subterráneos (acometidas laterales), debe prever la colocación de manguitos a través de las zapatas y los cimientos. Podría programar una reunión en el lugar con el representante de la compañía eléctrica local antes del tendido. En esta reunión, usted y el representante determinarán el tamaño de la acometida que necesitan para la propiedad. Entonces, la compañía eléctrica puede planificar cómo llevar una bajada de acometida a la propiedad (consulte el plano de la obra o de la parcela).

Tendido (*roughing in*): la primera etapa de una instalación eléctrica, cuando instala la canalización, el cable, los alambres, las cajas y otros equipos. Antes de empezar cualquier trabajo de acabado, debe terminar el trabajo de tendido eléctrico.

PRECAUCIÓN

No puede comenzar ningún trabajo en el lado de la acometida hasta que intervenga la compañía local de servicios públicos; esta será quien guiará su trabajo con base en los reglamentos de la AHJ.

Lo primero que debe plantearse es dónde ubicar la bajada de acometida, el contador eléctrico y el centro de carga. Siempre es una buena idea ponerse en contacto con la compañía eléctrica local para averiguar los requisitos de ubicación de la bajada de acometida. Tomarse el tiempo necesario para asegurarse de colocarlo en un lugar que la compañía apruebe puede evitar problemas.

De acuerdo con la *Sección 230.9(A) del NEC*, debe colocar la bajada de acometida de forma que los conductores de la bajada de acometida tengan una distancia no inferior a 3' (900 mm) horizontalmente y por debajo de ventanas que se abran, puertas, porches, balcones, escaleras, peldaños, escaleras de incendios o lugares similares.

Si trabaja con conductores de acometida aéreos, consulte la *Sección 230.24 del NEC* para conocer las normas sobre distancias verticales para conductores de acometida aéreos que pasan por encima de áreas como tejados, entradas de vehículos o patios. En general, esta sección establece que no deben ser fácilmente accesibles y deben cumplir las *Secciones 230.24(A) a (E) del NEC* para acometidas que no superen los 1000 V nominales.

Cuando se trata de una construcción nueva, suele haber un plano de parcela. El plano de parcela muestra toda la propiedad, con el edificio o edificios dibujados en su ubicación correcta en la parcela. También muestra las aceras, entradas de vehículos, calles y servicios públicos existentes, tanto aéreos como subterráneos.

Conozca el código

Espacios libres
Sección 230.9(A) del NEC

Conozca el código

Espacios libres
Sección 230.24 del NEC

Conozca el código

Mástiles de acometida como soportes
Sección 230.28 del NEC

Conozca el código

Sobre techos
Sección 230.24(A) del NEC

Conozca el código

Equipos conectados al lado de alimentación de la acometida de desconexión
Sección 230.82 del NEC

La *figura 40* muestra un plano de parcela de su residencia de muestra. Al consultar con la compañía eléctrica local, se entera de que la acometida llegará a su residencia de muestra desde un poste de electricidad situado al otro lado de la calle mediante cable triplex, que se conectará a la residencia en un punto de su extremo izquierdo (oeste). El conductor de acero no aislado del cable triplex actúa a la vez como conductor de puesta a tierra (neutro) y como soporte de los conductores aislados (no puestos a tierra). También es adecuado para uso aéreo.

Si utiliza cable de entrada de acometida desde el poste hasta la entrada de acometida, irá directamente desde el punto de fijación y el cabezal de acometida hasta la base del contador. Sin embargo, la residencia de muestra tiene un garaje en el lado oeste del edificio, por lo que debe instalar un mástil de acometida.

La *figura 41* muestra la residencia de muestra con un mástil de acometida instalado de acuerdo con las siguientes secciones del *NEC®*:

- En la *Sección 230.28 del NEC* se explican las normas obligatorias para utilizar mástiles de acometida como soportes.
- La *Sección 230.24(A)* del NEC abarca los espacios libres obligatorios del techo para los conductores de acometida aéreos.
- La *Sección 230.82(2) del NEC* abarca los contadores y tomas de contador que se permite conectar al lado de alimentación de la desconexión de acometida.

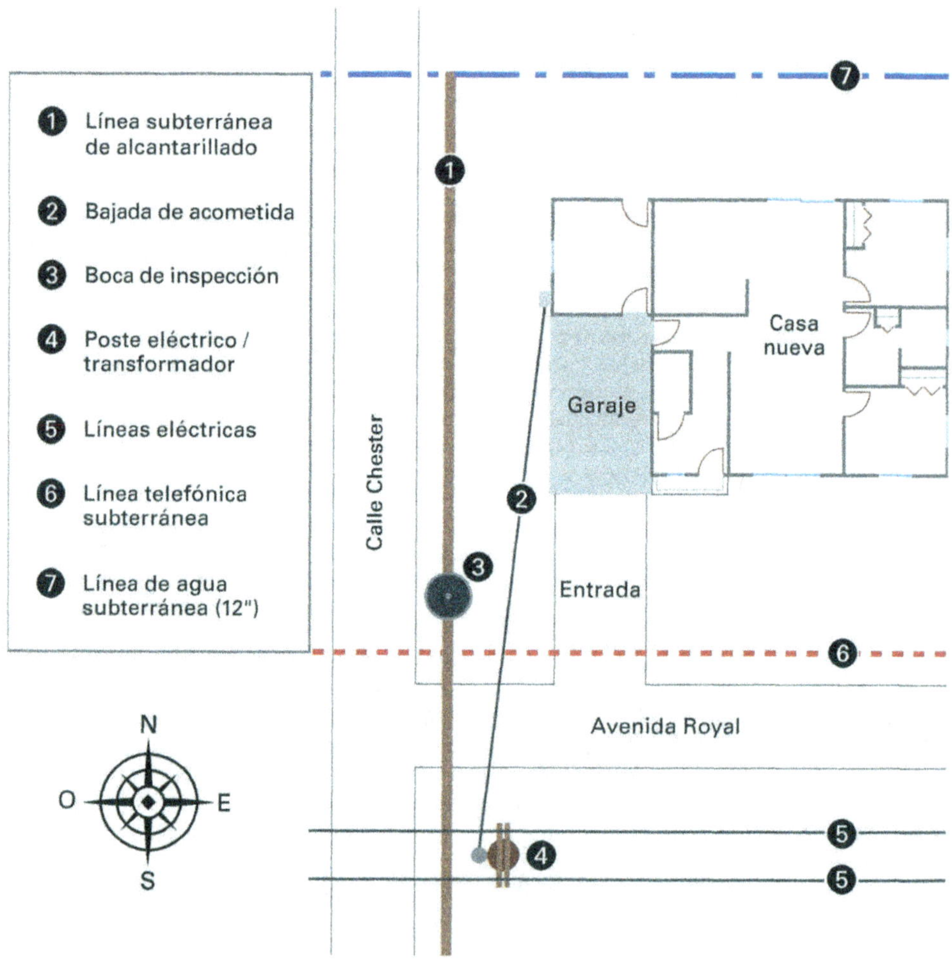

Figure 40 Ejemplo de plano de parcela residencial.

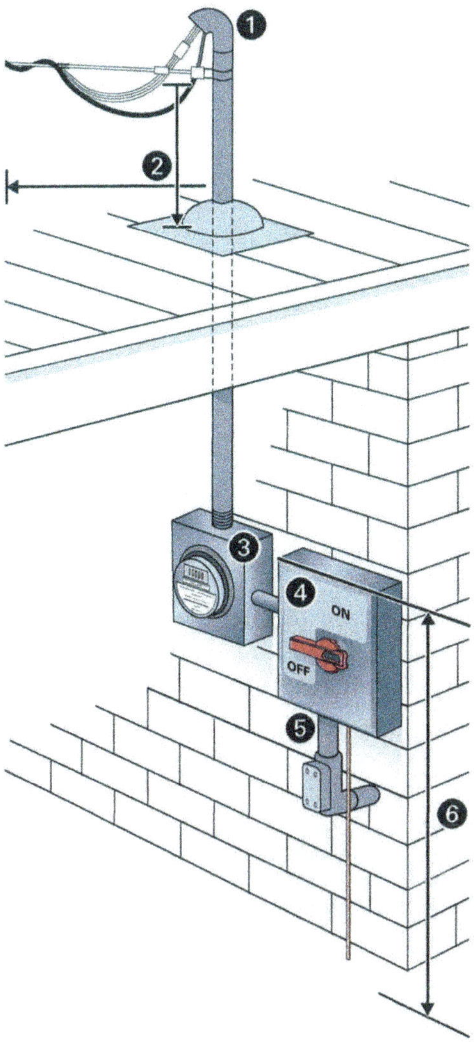

1 Cuando se utilicen mástiles de acometida de tipo canalización, todos los accesorios de la canalización deberán estar identificados para su uso con mástiles de acometida.
Sección 230.28 del NEC

2 Espacios libres del techo
Sección 230.24(A) del NEC
Excepciones adicionales

3 Contador eléctrico
Sección 230.82(2) del NEC

4 Desconexión de la acometida
Sección 230.82(10) del NEC

5 Al panel de acometida principal

6 Máx. y mín. Distancias según las normas locales de servicios públicos

Conozca el código

Espacios libres en edificios
Sección 230.9 del NEC

Figura 41 Secciones del *NEC*® que rigen las instalaciones de mástiles de acometida.

3.1.1 Espacios libres verticales de las bajadas de acometida

Conozca el código

Espacio libre vertical para conductores aéreos de acometida
Sección 230.24(B) del NEC

La *Sección 230.24(B) del NEC* especifica las distancias a las que los conductores de bajada de acometida deben alejarse del suelo. Estas distancias varían en función de las condiciones del entorno. En general, los conductores de bajada de acometida deben estar siempre al menos a 10' (3 m) por encima del suelo o de otras superficies accesibles. En la mayoría de las condiciones se necesita más distancia. Por ejemplo, si los conductores de acometida pasan sobre propiedades residenciales y entradas de vehículos o propiedades comerciales que no están sujetas al tráfico de camiones, los conductores deben estar al menos a 15' (4.5 m) sobre el suelo. Sin embargo, esta distancia puede reducirse a 12' (3.7 m) cuando el voltaje se limita a 300 V a tierra.

En otras áreas, como calles públicas, callejones, carreteras, áreas de estacionamiento sujetas al tráfico de camiones o entradas de vehículos en propiedades no residenciales, la distancia vertical mínima es de 18' (5.5 m). *La figura 42* muestra los espacios libres verticales de la bajada de acometida de su residencia de muestra.

3.1.2 Espacios libres para bajadas de acometida y conductores de acometida aérea en aberturas en edificios

La *Sección 230.9 del NEC* establece que los conductores de acometida instalados como conductores abiertos o cable multiconductor sin cubierta exterior general deberán tener un espacio libre no inferior a 3' (900 mm) de ventanas diseñadas para ser abiertas, puertas, porches, balcones, escaleras, peldaños, escaleras de incendios o ubicaciones similares. Como excepción, se permitirá que los conductores tendidos por encima del nivel superior de una ventana estén situados a menos de 3' (900 mm) del requisito.

Historia de casos

Falla al desenergizar el panel de distribución

Un electricista de 31 años estaba terminando la instalación de un foco exterior en una casa nueva. Pidió prestada una escalera de aluminio a otro contratista y prosiguió con su tarea. No verificó que se hubiera cortado la corriente en el panel de distribución y cuando utilizó el pelacables para retirar el aislamiento del conductor, su pulgar e índice derechos entraron en contacto con un circuito de 110 V. Recibió una descarga mortal.

Conclusión: Desconecte siempre los circuitos del panel de distribución antes de iniciar cualquier tarea eléctrica y nunca utilice escaleras de aluminio mientras trabaja en dispositivos eléctricos o cerca de ellos. En este caso, la escalera proporcionaba una vía a tierra.

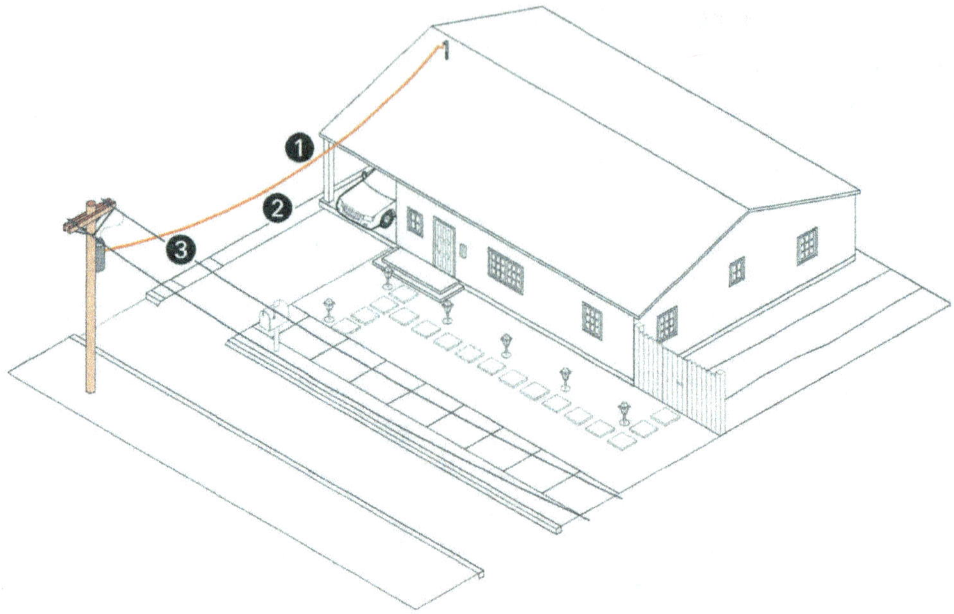

1 Los conductores de bajada de acometida deben estar al menos a 10' del suelo.

2 Si los conductores de acometida pasan sobre propiedades residenciales y entradas de vehículos o propiedades comerciales que no están sujetas al tráfico de camiones donde el voltaje no supera los 300 V a tierra, los conductores deben estar al menos a 12' encima del suelo. Esta distancia debe aumentarse a 15' cuando el voltaje supere los 300 V a tierra.

3 En otras áreas, como calles públicas, callejones, carreteras, áreas de estacionamiento sujetas al tráfico de camiones, entradas de vehículos en propiedades no residenciales, la distancia vertical mínima es de 18'.

Figura 42 Espacios libres verticales para conductores de bajada de acometida.

Por razones de seguridad, el espacio libre de 3' (900 mm) se aplica a los conductores abiertos, pero no a las canalizaciones o conjuntos de cables que tienen una cubierta exterior general aprobada para su uso como conductor de acometida. Este requisito protege a los conductores de daños físicos. También minimiza el riesgo de que alguien que evacue el edificio por la ventana pueda entrar en contacto con los conductores.

La excepción le permite localizar los conductores de acometida, incluidos los bucles de goteo y los conductores de bajada de acometida, justo por encima de la abertura de la ventana. En esta ubicación, no interferirían con las escaleras apoyadas en la estructura a la derecha, izquierda o debajo de la abertura de la ventana (*figura* 43).

3.2.0 Localización del panel de distribución

Una vez que conozca la ubicación de la bajada de acometida, puede seleccionar la ubicación del panel de distribución o el centro de carga. Un panel de distribución es la caja donde los circuitos y los interruptores automáticos controlan y distribuyen la carga eléctrica. Un centro de carga es un tipo de panel de distribución que, a veces, contiene el desconectador principal.

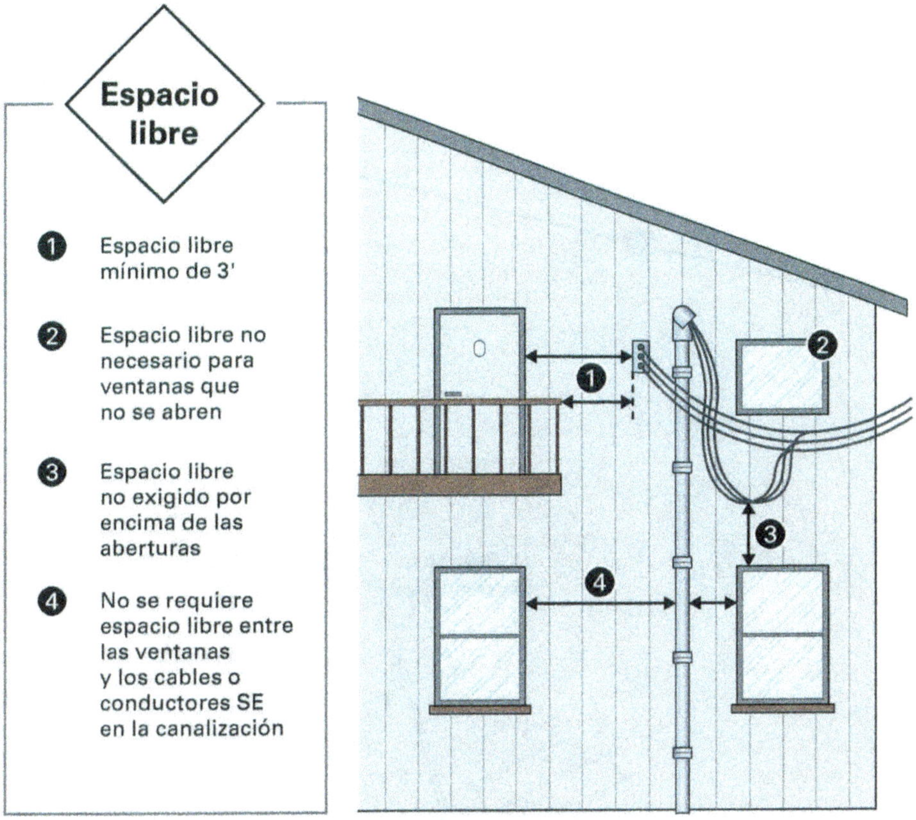

Figura 43 Espacios libres de las aberturas del edificio.

Normalmente, la desconexión de la acometida principal o panel de distribución se encuentra en la entrada de acometida de una residencia. Se coloca en una pared exterior de un sótano sin terminar o en un cuarto de servicios. Esto facilita la terminación del cable de acometida desde el contador eléctrico hasta el interruptor o el panel de distribución, justo donde el cable entra en el edificio.

Su residencia de muestra plantea algunos desafíos. No hay sótano y el cuarto de servicios está en el centro de la casa, sin paredes exteriores. Tendrá que utilizar una configuración diferente.

La *Sección 230.70(A)(1) del NEC* puede ayudarlo a identificar la ubicación correcta del panel de distribución en su residencia de muestra. Requiere que instale los medios para desconectar la acometida en un lugar de fácil acceso, ya sea en el exterior o en el interior del edificio. Si los ubica en el interior del edificio, deben estar lo más cerca posible del punto de entrada de los conductores de acometida. En su vivienda de muestra, el método de instalación del panel de distribución en el cuarto de servicios (*figura 44*) cumple esta normativa del *NEC*®, así como los requisitos de las *Secciones 110.26 y 240.24 del NEC*. Mire con atención la *figura 44*. Identifica los componentes de un panel de distribución. Puede practicar el etiquetado de los componentes de un panel de distribución utilizando un diagrama en blanco sin etiquetar.

Tenga en cuenta que la *Sección 230.85 del NEC* requiere una desconexión de emergencia exterior en todas las acometidas de unidades de viviendas unifamiliares y bifamiliares.

Un método alternativo utiliza un conducto que parte de la base del contador y pasa por debajo de la losa de concreto hasta llegar a un panel de distribución principal situado en el cuarto de servicios. La *Sección 230.6 del NEC* considera que los conductores están fuera de un edificio cuando se instalan debajo de no menos de 2" (50 mm) de concreto debajo de un edificio o cuando se instalan en conductos debajo de no menos de 18" (450 mm) de tierra debajo de un edificio. La residencia de muestra tiene un pozo de losa de concreto reforzado de 4" (100 mm) dentro de los reglamentos del *NEC*®. Por lo tanto, se considera que los conductores de acometida de la base del contador instalados bajo la losa de concreto en el conducto están fuera de la vivienda y no se requiere desconexión en la base del contador. Cuando este conducto emerja en el cuarto de servicios, subirá directamente hasta la parte inferior del panel de distribución, cumpliendo de nuevo el requisito del *NEC*® acerca de que el panel esté situado lo más cerca posible del punto de entrada de los conductores de acometida.

Conozca el código

Lugar de fácil acceso
Sección 230.70(A)(1) del NEC

Conozca el código

Espacios alrededor de equipos eléctricos
Sección 110.26 del NEC

Conozca el código

Ubicación en las instalaciones o sobre ellas
Sección 240.24 del NEC

NOTA

Consulte siempre con su AHJ local los requisitos específicos sobre dónde ubicar las acometidas y un primer medio de desconexión.

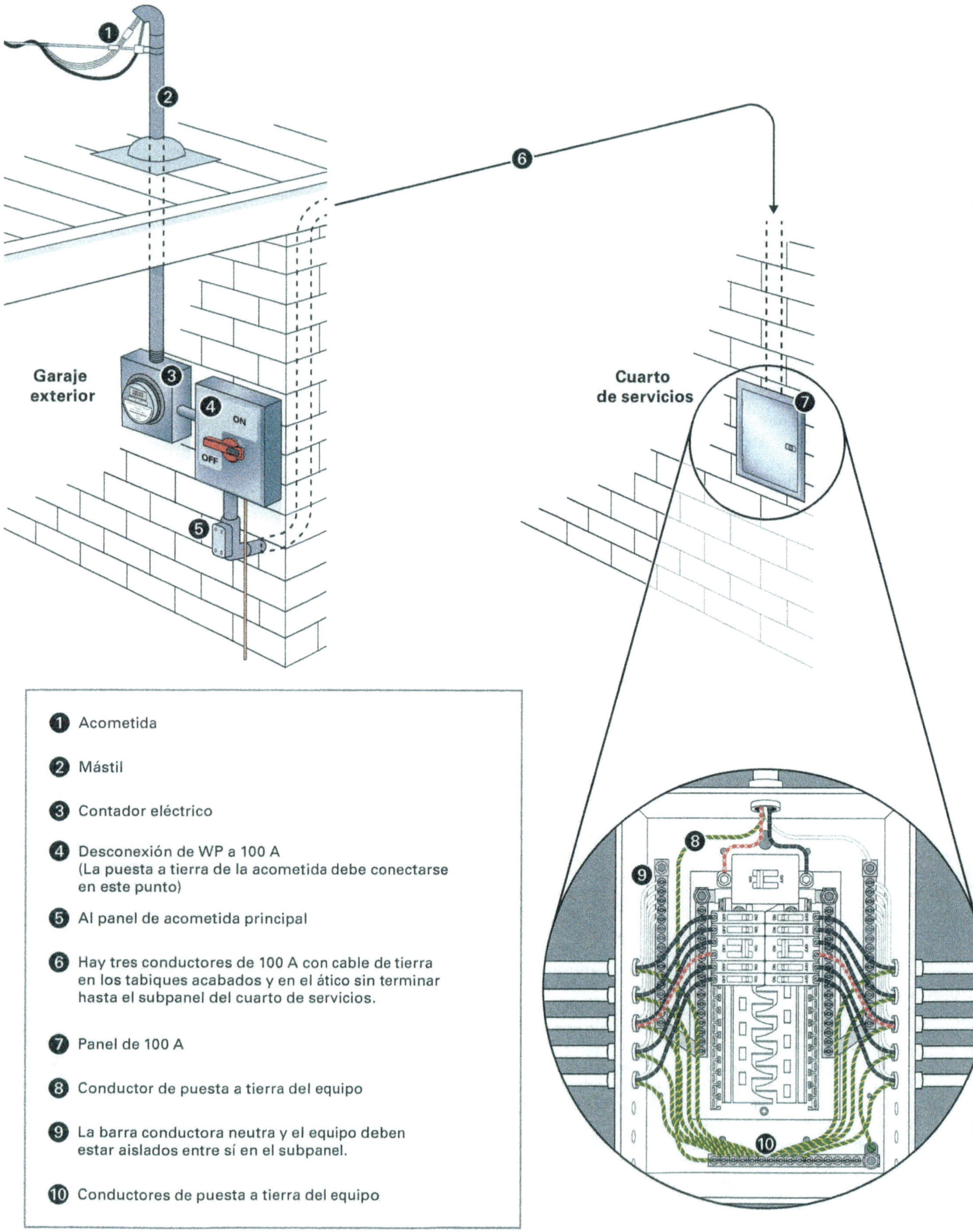

Figura 44 Un método de cableado de un panel de distribución para la residencia de muestra.

3.0.0 Repaso de la sección

1. De acuerdo con la *Sección 230.24(B) del NEC*, si los conductores de acometida de 120/240 V pasan sobre propiedades residenciales y entradas de vehículos o propiedades comerciales que no están sujetas al tráfico de camiones donde el voltaje no supera los 300 V a tierra, los conductores deben estar *al menos* a _____.
   a. 12′ (3.7 m) sobre el suelo
   b. 15′ (4.5 m) sobre el suelo
   c. 18′ (5.5 m) sobre el suelo
   d. 20′ (6 m) sobre el suelo

2. De acuerdo con la *Sección 230.70(A)(1) del NEC*, si ubica un medio para desconectar la acometida dentro de un edificio, *debe* estar _____.
   a. lo más lejos posible de la entrada de los conductores de acometida
   b. más cerca al punto de entrada de los conductores de acometida
   c. bajo la losa
   d. en el cuarto de servicios

4.0.0 Métodos de cableado residencial

Objetivo

Identificar los métodos de cableado de diversos tipos de residencias.

a. Explicar cómo seleccionar e instalar sistemas de cables.
b. Explicar cómo seleccionar e instalar las canalizaciones.

Tareas prácticas

Esta sección no contiene tareas prácticas.

En la construcción residencial, se instalan circuitos ramales y alimentadores para proporcionar cableado eléctrico. La instalación del cableado puede ser abierta o estar oculta.

Se utilizan sistemas de cableado abiertos cuando el aspecto del cableado no afecta la apariencia de la residencia. Instala el cable o las canalizaciones en lugares donde se puedan ver y a los que se pueda acceder, como la superficie de paredes, techos y columnas. Encontrará cableado abierto en áreas como sótanos no acabados, áticos y garajes.

Utiliza sistemas de cableado oculto cuando no desea que el cableado afecte negativamente el aspecto de la residencia. Instala los cables o canalizaciones en lugares donde no se puedan ver o a los que no se pueda acceder fácilmente, como en el interior de paredes, tabiques, techos, columnas o detrás de zócalos o molduras. Encontrará cableado oculto en construcciones nuevas con paredes, techos y suelos interiores acabados.

En general, encontrará los dos métodos básicos de cableado siguientes en la mayoría de los sistemas eléctricos residenciales modernos:

- Cables con cubierta de dos o más conductores
- Sistemas de canalización (conducto)

¿Cómo puede saber qué método utilizar? Tenga en cuenta los siguientes factores:

- *Requisitos del NEC®*
- Requisitos locales
- Tipo de construcción del edificio
- Ubicación del cableado en el edificio

La mayoría de las veces puede utilizar cualquiera de los dos métodos. Incluso puede utilizarlos combinados.

4.1.0 Sistemas de cables

Puede elegir entre los siguientes tipos de cable para el cableado de sistemas de alimentación o suministro de energía a equipos:

- Cable con cubierta no metálica
- Cable con revestimiento metálico (MC)
- Cable alimentador subterráneo
- Cable de entrada de acometida

Cable con cubierta no metálica (*non-metalic sheathed*) (tipos NM y NMC): Conjunto de fábrica de dos o más conductores aislados dentro de una cubierta general no metálica. El tipo NM contiene conductores aislados dentro de una cubierta general no metálica. El tipo NMC contiene conductores aislados dentro de una cubierta general no metálica resistente a la corrosión.

Romex® (denominación en inglés): nombre comercial de General Cable para el cable tipo NM; sin embargo, a menudo, se usa de forma genérica para referirse a cualquier cable con cubierta no metálica.

Conozca el código

Cable con cubierta no metálica:
Tipos NM y NMC
Artículo 334 del NEC

4.1.1 Uso de cables con cubierta no metálica

Los cables con cubierta no metálica (tipo NM y NMC) (a veces, denominados **Romex®**) se fabrican en configuraciones de dos, tres o cuatro hilos con conductores de distintos tamaños. Consulte el *Artículo 334 del NEC* para conocer los requisitos, la información de instalación y las especificaciones de construcción. En los cables, los conductores están codificados por colores (*figura 45*). Los cables también incluyen un conductor de puesta a tierra, que suele estar descubierto o ser de color verde.

El tipo NM y el tipo NMC son básicamente lo mismo. Una diferencia es que el tipo NMC tiene una cubierta exterior no metálica resistente a la corrosión. Tiene una cubierta de goma, plástico o fibra. Las marcas de la cubierta de los cables de tipo NM suelen indicar el nombre o la marca comercial del fabricante, el tamaño del cable y el número de conductores, como se muestra en la *figura 46*.

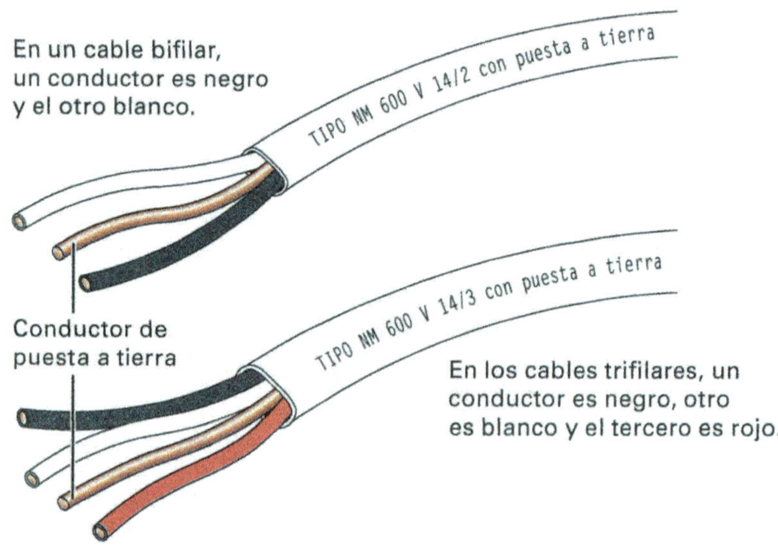

Figura 45 Código de colores de los conductores.

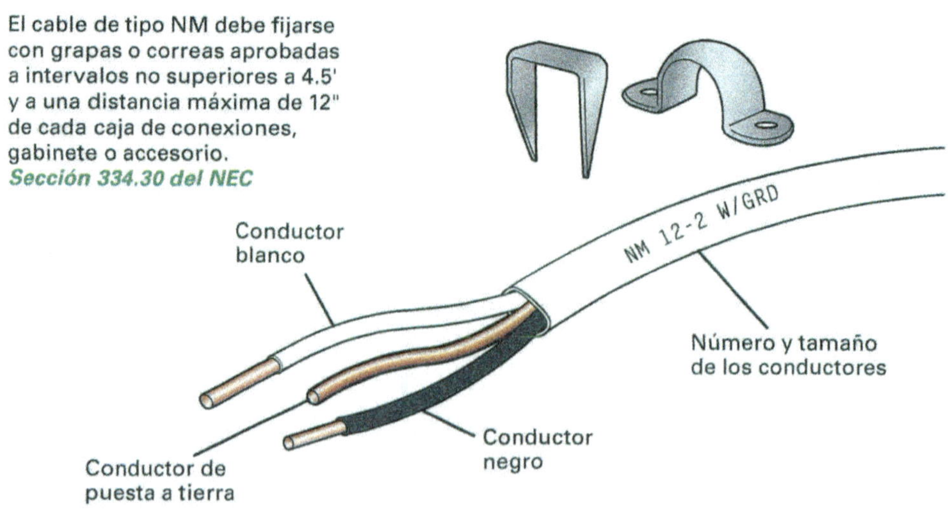

Figura 46 Características del cable de tipo NM.

La *Sección 334.10 del NEC* especifica cuándo se deben utilizar cables de Tipo NM y Tipo NMC en las siguientes aplicaciones:

- Unidades de viviendas unifamiliares y bifamiliares y garajes o áreas de almacenamiento adosados o separados
- Viviendas multifamiliares cuando sean de construcción de los tipos III, IV y V (consulte el *Anexo informativo E del NEC*)
- Otras estructuras, si están ocultas tras una barrera de acabado térmico de 15 minutos y son de construcción de los tipos III, IV y V

Conozca el código

Usos permitidos
Sección 334.10 del NEC

Conozca el código

Tipos de construcción
Anexo informativo E del NEC

La *Sección 334.10(A) del NEC* especifica cuándo está permitido utilizar el cable de tipo NM, como se indica a continuación:

- Para trabajos expuestos y ocultos en lugares normalmente secos
- Para guiar en huecos de paredes de bloques de mampostería o baldosas

La *Sección 334.10(B) del NEC* especifica cuándo está permitido utilizar el cable de tipo NMC, como se indica a continuación:

- Para trabajos expuestos y ocultos en lugares secos, húmedos, mojados y corrosivos
- En paredes exteriores e interiores de bloques de mampostería o baldosas
- En un hueco poco profundo en mampostería, concreto o adobe protegido contra clavos o tornillos por una placa de acero de al menos $\frac{1}{16}$" (1.59 mm) de grosor y recubierto de yeso, adobe o un acabado similar

La *Sección 334.12 del NEC* prohíbe el uso de cables Tipo NM y Tipo NMC en las siguientes aplicaciones:

Conozca el código

Usos no permitidos
Sección 334.12 del NEC

- En cualquier vivienda o estructura no permitida específicamente en la *Sección 334.10 del NEC*
- Como tendidos abiertos en techos falsos o cielorraso en viviendas que no sean unifamiliares ni multifamiliares
- Como cable de entrada de acometida
- En garajes comerciales con áreas peligrosas (clasificadas)
- En teatros y lugares similares, excepto en los casos permitidos por la *Sección 518.4(C) del NEC*
- En estudios cinematográficos
- En almacén de baterías
- En huecos de ascensores o escaleras mecánicas
- Incrustados en cemento, concreto o agregado
- En áreas peligrosas (clasificadas)

Conozca el código

Construcción no calificada
Sección 518.4(C) del NEC

Además, el cable de tipo NM está prohibido en las siguientes áreas:

- En caso de exposición a humos o vapores corrosivos
- Incrustado en mampostería, adobe, relleno o yeso
- En un hueco poco profundo en mampostería, concreto o adobe y cubierto con yeso, adobe o un acabado similar
- En lugares húmedos o mojados

El cable de tipo NM es el más común para uso residencial. La *figura 47* muestra los reglamentos adicionales del *NEC*® relacionados con la instalación de cable tipo NM.

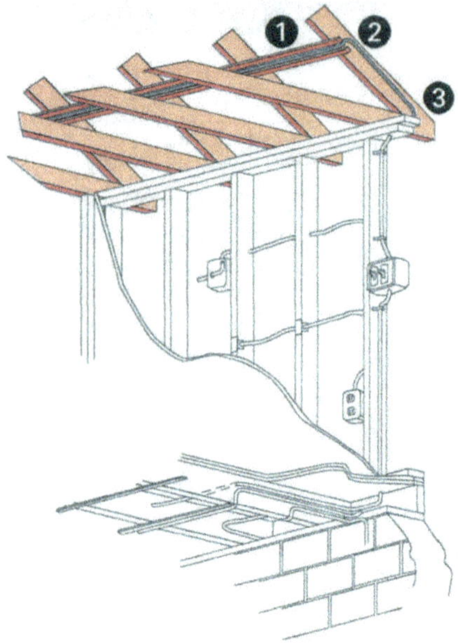

❶ Cuando se tienda a través de la parte superior de las viguetas del suelo en espacios del ático o del techo, o a menos de 7' del suelo o de las viguetas del suelo a través de los bordes frontales de las vigas o de los montantes, el cable debe estar protegido por bandas de protección que sean al menos tan altas como el cable. *Secciones 334.23 y 320.23 del NEC*

❷ Cuando el espacio del ático o del techo no sea accesible mediante escaleras o escalerillas permanentes, solo se exigirán franjas de protección a 6' del borde más próximo de la entrada al ático. *Secciones 334.23 y 320.23 del NEC*

❸ Cuando el cable se lleva a lo largo de los lados de las vigas, montantes o viguetas del suelo, no se requieren tiras de protección ni tablas de deslizamiento. *Sección 320.23(B) del NEC*

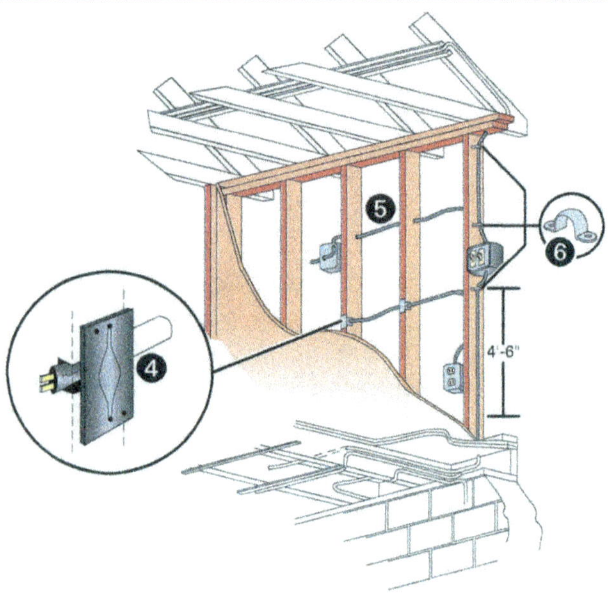

❹ Cuando el cable atraviese viguetas de madera en las que los bordes del orificio perforado estén a menos de 11/4" del borde más cercano del montante, o cuando los montantes tengan muescas, se debe utilizar una placa de acero certificada, o una placa de no menos de 1/16" para proteger los cables tal como se muestra. *Secciones 334.17 y 300.4 del NEC*

❺ Se considera que los cables pasados a través de orificios en viguetas de madera, vigas o montantes se sostienen sin abrazaderas o correas adicionales. *Sección 334.30(A) del NEC*

❻ El cable se debe asegurar a 12" de cada gabinete, caja o accesorio y a distancias que no excedan los 4.5' a partir de entonces. *Sección 334.30 del NEC*

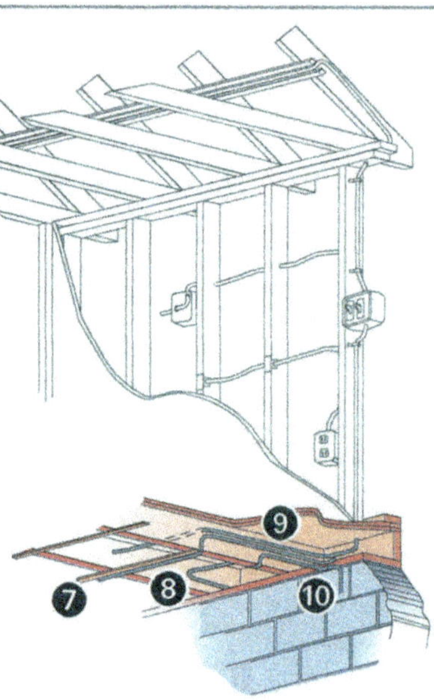

❼ Los cables con un AWG inferior a tres nro. 8 o dos nro. 6 pueden fijarse directamente a los bordes inferiores de las viguetas en sótanos y espacios de acceso no terminados. Deben fijarse a un "estribo". *Sección 334.15(C) del NEC*

❽ Dobleces mínimos = 5 × diámetro del cable *Sección 334.24 del NEC*

❾ Cuando el cable se tienda paralelo a los elementos de la estructura, podrá fijarse a sus laterales a una distancia no inferior a 11_4" del borde más próximo. El tipo NMC puede instalarse en las mismas zonas que el NM, además de zonas húmedas y corrosivas. *Secciones 334.17 y 300.4 del NEC*

❿ El cable tipo NM puede instalarse en huecos de aire en bloques de mampostería que no estén sujetos a humedad. *Sección 334.10(A)(2) del NEC*

Figura 47 Secciones del *NEC*® que rigen la instalación del cable de tipo NM.

4.1.2 Uso de cables con revestimiento metálico (MC)

El cable revestido de metal (tipo MC) se fabrica en conjuntos de dos, tres y cuatro hilos con diferentes tamaños de conductores y se utiliza en lugares similares a los de los cables tipo NM y tipo NMC. A diferencia del tipo NM y del tipo NMC, también puede utilizarse como cable de entrada de acometida y en otras ubicaciones permitidas por la *Sección 330.10 del NEC*.

El revestimiento metálico en espiral del cable de tipo MC ofrece un mayor grado de protección mecánica que el cable de tipo NM (*Figura 48*). El cable de tipo MC puede incrustarse en acabados de yeso, ladrillo u otro tipo de mampostería, excepto en lugares húmedos o mojados. También puede colocarse en los huecos de aire de las paredes de mampostería de bloques o baldosas, excepto cuando dichas paredes están expuestas o sujetas a una humedad excesiva. Puede utilizarse en lugares húmedos si se cumplen las condiciones de la *Sección 330.10(A)(11) del NEC* (*figura 49*). No debe utilizarse en lugares expuestos a daños físicos.

Cable con revestimiento metálico (*metal-clad cable*) (tipo MC): Conjunto de fábrica de uno o más conductores de circuito aislados con o sin miembros de fibra óptica encerrados en una armadura de cinta metálica entrelazada o una cubierta metálica lisa o corrugada.

NOTA

En el pasado, el cable armado (tipo AC), también llamado cable BX®, se utilizaba habitualmente en aplicaciones residenciales. Actualmente, el cable de tipo MC se utiliza porque tiene una envoltura de plástico para proteger los conductores y no requiere pasacables aisladores en las terminaciones del cable.

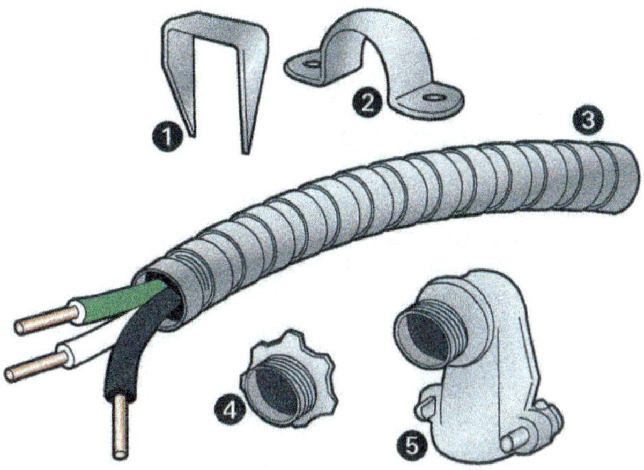

1 Grapa
2 Correa
3 Cable MC
4 Conector de rosca
5 Conector

Figura 48 Características del cable de tipo MC.

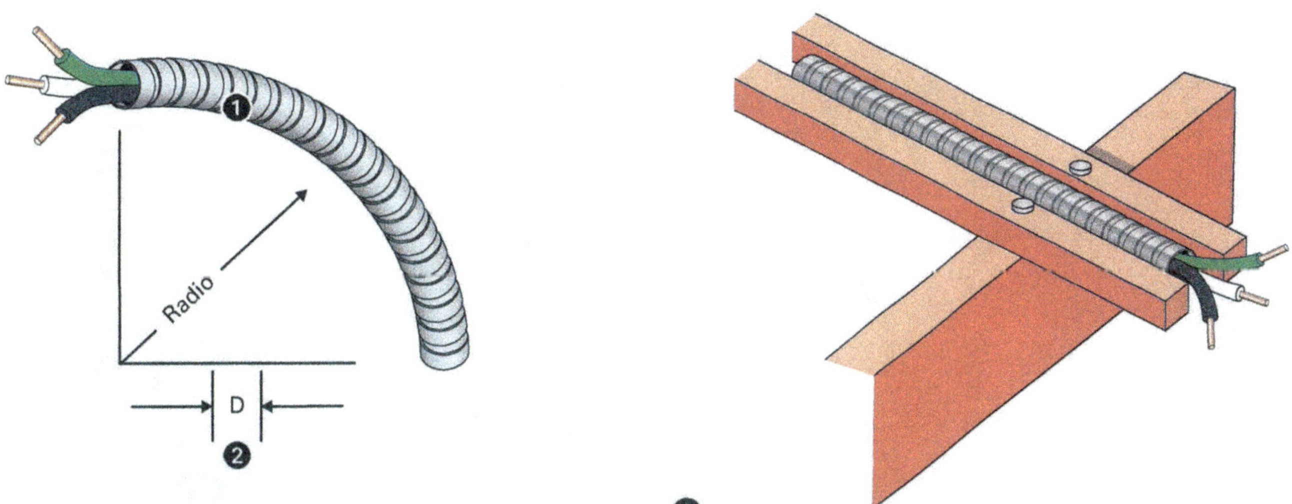

1 Revestimiento metálico en espiral en cables tipo MC

2 7 × D = radio admisible para armadura entrelazada o funda ondulada, según el tipo. *Sección 330.24(B) del NEC*

3 Deben proporcionarse bandas de protección al menos tan altas como el cable. *Sección 320.23(A) del NEC*

4 Viguetas del piso del ático

Figura 49 Secciones del *NEC*® que rigen la instalación del cable de tipo MC.

4.1.3 Uso de cables alimentadores subterráneos

Otro tipo de cable es el denominado *cable alimentador subterráneo (tipo UF)*. El cable de tipo UF se parece al cable tipo NM; sin embargo, la cubierta está fabricada con material resistente a la intemperie para proporcionar la protección requerida en instalaciones de cableado de enterramiento directo.

De acuerdo con el *Artículo 340 del NEC*, puede utilizar el tipo UF bajo tierra, incluso enterrarlo directamente en la tierra como cable de alimentación o de circuito ramal, si tiene protección contra sobrecorriente en la ampacidad nominal, según lo exigido por el *NEC®*.

Cuando utilice cable de tipo UF por encima del nivel del suelo y donde vaya a estar en contacto directo con los rayos del sol, su cubierta exterior debe ser resistente a la luz solar.

En los lugares donde el cable de tipo UF emerge del suelo, también debe proporcionar algún medio de protección mecánica contra daños físicos. Esta protección debe ser en forma de conductos o bandas de protección. La *Sección 300.5(D)(1)* del NEC exige que la protección se extienda desde la profundidad mínima de enterramiento por debajo del nivel del suelo hasta un punto situado al menos a 8' (2.5 m) por encima del nivel del suelo. La *Sección 300.5(D)(4) del NEC* establece que si utiliza conductos como protección, los tipos permitidos son EMT, RMC, IMC, RTRC-XW y PVC calibre 80 o equivalente.

Conozca el código

Cable subterráneo de alimentadores y circuitos ramales Tipo UF
Artículo 340 del NEC

Conozca el código

Cables que emergen del suelo
Sección 300.5(D)(1) del NEC

Conozca el código

Daños en el recinto o la canalización
Sección 300.5(D)(4) del NEC

4.1.4 Uso de cables de entrada de acometida

Los *Artículos 230 y 338 del NEC* especifican cómo se debe instalar el cable de entrada de acometida (tipo SE) y el cable de entrada de acometida subterráneo (tipo USE) de los servicios eléctricos (*figura 50*). El cable tipo SE está disponible con el conductor de tierra descubierto para conductores de acometida exterior y también con un conductor de tierra aislado para sistemas de cableado interior.

Cuando se instale como cableado exterior, deben cumplirse los requisitos del *Artículo 225 del NEC*, con los soportes para el cable de acuerdo con la *Sección 334.30 del NEC*. El cable de tipo SE estilo R (SER) puede utilizarse en aplicaciones residenciales en determinadas condiciones, como alimentación secundaria para estufas.

Conozca el código

Acometidas
Artículo 230 del NEC

Conozca el código

Cable de entrada de acometida: Tipos SE y USE
Artículo 338 del NEC

Conozca el código

Circuitos ramales y alimentadores externos
Artículo 225 del NEC

Conozca el código

Sujeción y soporte
Sección 334.30 del NEC

Cable SE

El cable tipo SE está disponible con el conductor de tierra descubierto para conductores de acometida exterior y también con un conductor de tierra aislado para sistemas de cableado interior.

Cuando se utilice para circuitos ramales y alimentadores, todos los conductores del cable tipo SE deberán estar aislados, con excepción del conductor de puesta a tierra del equipo.

El cable tipo SE debe seguir las reglas de instalación del cable tipo NM (***Sección 334, Parte II, del NEC***), excepto para determinar la ampacidad, cuando se instala como un sistema de cableado interior.

En las instalaciones exteriores, los soportes de cables deben cumplir los requisitos del ***Artículo 224 del NEC***, así como los del ***Artículo 225***, o ***230 del NEC***, dependiendo del tipo de circuito que se instale.

Instalación interior
Artículo 338.10(B)(4)(a) del NEC

Instalación exterior
Artículo 338.10(B)(4)(b) del NEC

Figura 50 Uso de cables de entrada de acometida.

La *figura 51* proporciona más información sobre las normas de instalación del cable de tipo SE para cableado exterior e interior.

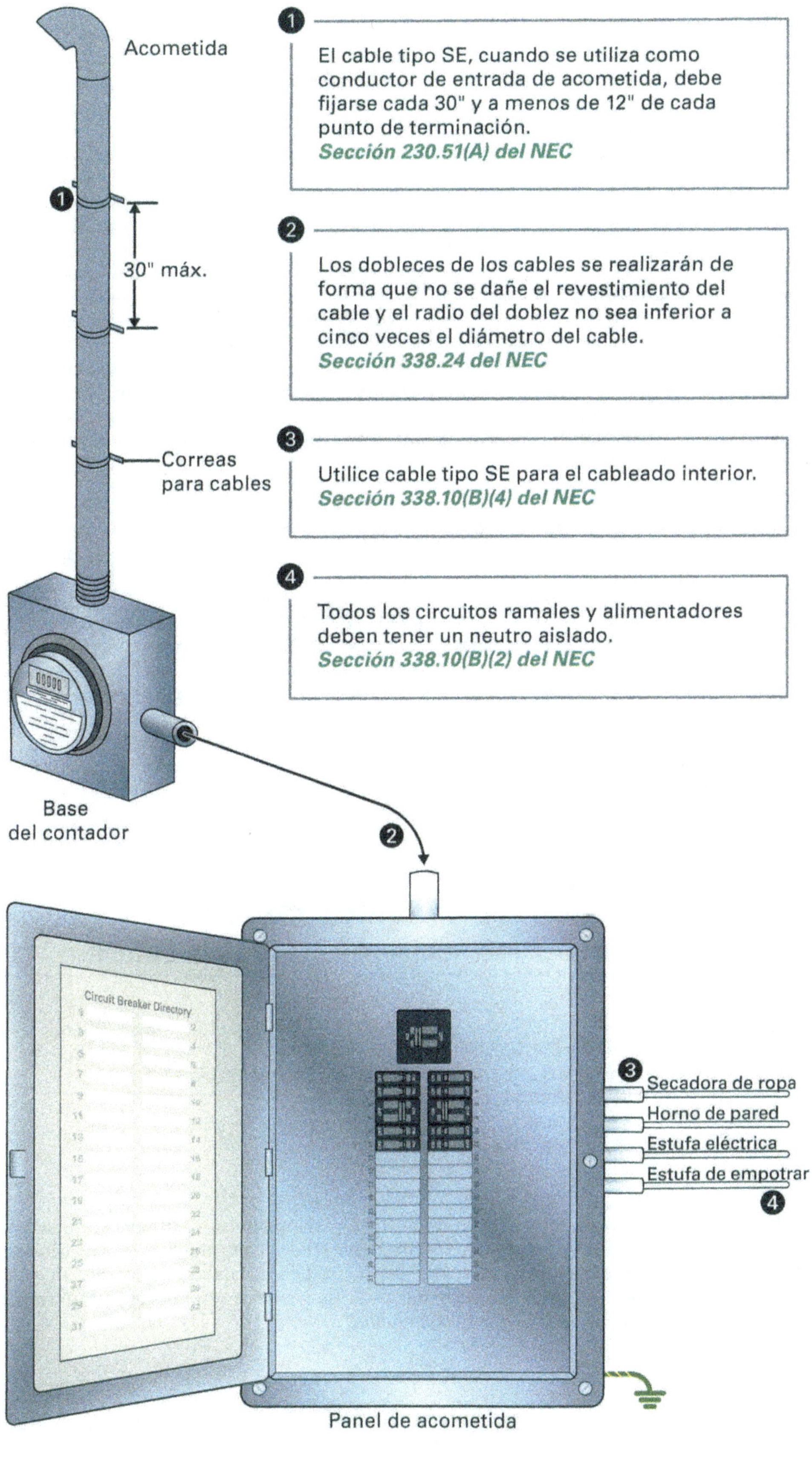

Figura 51 Secciones del *NEC*® que rigen la instalación del cable de tipo SE.

4.2.0 Canalizaciones

Una canalización es cualquier canal diseñado y utilizado exclusivamente para sostener alambres, cables o barras colectoras. Los tipos de canalizaciones incluyen conductos metálicos rígidos, conductos metálicos intermedios, conductos no metálicos rígidos, conductos metálicos flexibles, tuberías metálicas eléctricas y canalones auxiliares. Las canalizaciones son metálicas o de material aislante, como el cloruro de polivinilo (PVC). Las canalizaciones metálicas se unen mediante acoplamientos roscados, de compresión o de tornillo prisionero; las canalizaciones no metálicas se unen mediante acoplamientos revestidos de cemento. Cuando una canalización termine en una caja de salida, caja de conexiones u otro recinto, se debe utilizar un conector aprobado.

Las canalizaciones proporcionan protección mecánica a los conductores que pasan por ellas y evitan daños accidentales al aislamiento y al material conductor. También protegen a los conductores de las atmósferas corrosivas y evitan los riesgos de incendio para la vida y la propiedad al confinar los arcos y las llamas que pueden producirse debido a fallas en el sistema de cableado. Los conductos o canalizaciones se utilizan en aplicaciones residenciales para mástiles de acometidas, cableado subterráneo empotrado en concreto y, a veces, en sótanos, tiendas o garajes sin terminar.

Otra función de las canalizaciones metálicas es proporcionar un sistema continuo de puesta a tierra de los equipos en todo el sistema eléctrico. Para mantener la continuidad eléctrica, es extremadamente importante que todos los sistemas de canalización estén unidos de forma segura en una vía conductora continua y conectados correctamente a la toma de tierra del sistema.

4.0.0 Repaso de la sección

1. En cable de tipo NM trifilar, el código de color de los conductores es _____.
   a. negro, blanco y rojo, con un conductor de puesta a tierra descubierto o verde
   b. negro, negro y blanco, con un conductor de puesta a tierra descubierto o verde
   c. negro, azul y blanco, con un conductor de puesta a tierra descubierto o verde
   d. negro, negro y negro, con un conductor de puesta a tierra descubierto o verde

2. ¿En cuál de las siguientes áreas de una residencia es *más* probable que se usen conductores en conducto?
   a. Habitaciones
   b. Baños
   c. Cocinas
   d. Sótanos sin terminar

5.0.0 Disposición de circuitos ramales y dimensionamiento de cajas de salida

Tarea práctica

3. Seleccionar el tipo y tamaño adecuados de la caja de salida necesaria para un conjunto determinado de condiciones de cableado.

Objetivo

Explicar cómo disponer circuitos ramales y dimensionar cajas de salida.

a. Describir cómo completar el diseño de un circuito ramal para alimentación.
b. Describir cómo completar el diseño de un circuito ramal para iluminación.
c. Describir cómo instalar cajas de salida.

El punto en el que los equipos, electrodomésticos y dispositivos eléctricos se conectan al sistema de cableado se denomina comúnmente *salida*. Hay muchas clasificaciones de salidas: de iluminación, de receptáculo, de motor, de electrodomésticos, etc. En esta sección se abarcan las salidas de corriente y de iluminación que suelen encontrarse en los sistemas de cableado eléctrico residenciales.

5.1.0 Disposición de circuitos ramales para alimentación

Al visualizar un plano eléctrico, las salidas se indican mediante símbolos (normalmente un pequeño círculo con las marcas adecuadas para indicar el tipo de salida). En la *figura 52, se muestran los símbolos más comunes de los receptáculos.*

5.1.1 Circuitos ramales y alimentadores

Los circuitos ramales son los conductores que van del panel de distribución a las salidas. El *NEC®* los define como el punto de un sistema de cableado que se extiende más allá del dispositivo de sobrecorriente final que protege el circuito. En la *figura 53*, puede ver los componentes de un circuito ramal de receptáculo doble.

Un alimentador es un conductor que va desde el equipo de acometida u otra fuente, como un generador, y el panel de distribución. El ***Artículo 100 del NEC*** define *alimentador* como el conductor de un circuito entre el equipo de acometida, la fuente de un sistema derivado por separado u otra fuente de suministro de energía y el dispositivo de sobrecorriente del circuito ramal final. La *figura 54* muestra un alimentador utilizado para alimentar un panel secundario desde el panel de acometida principal.

En general, el tamaño de los conductores del circuito ramal varía en función de los requisitos de carga del equipo eléctrico que se conectará a la salida. Para uso residencial, la mayoría de los circuitos ramales están formados por conductores de AWG Nº 14, AWG Nº 12, AWGNº 10 o AWG Nº 8.

Los motores de potencia fraccionaria y los calentadores eléctricos pequeños suelen funcionar a 120 V y se conectan a circuitos ramales de 120 V mediante un receptáculo, una caja de conexiones o una conexión directa.

Con la excepción de las residencias muy grandes y las casas de desarrollo de tractos, en el pasado el tamaño del sistema eléctrico residencial promedio no ha sido lo suficientemente grande como para justificar el gasto de preparar planos y especificaciones de trabajo eléctrico completos. Estos sistemas eléctricos solían ser diseñados por el arquitecto en forma de esquema de distribución de salidas o por el electricista de la obra, a menudo, a medida que esta avanzaba. Sin embargo, muchos avances técnicos en el uso eléctrico residencial -como la calefacción eléctrica con un sofisticado cableado de control, el aumento del uso de electrodomésticos, diversos sistemas electrónicos de alarma, nuevas técnicas de iluminación y la necesidad de técnicas de conservación de la energía- han ampliado en gran medida la demanda y aumentado la complejidad de los sistemas eléctricos residenciales actuales.

Conozca el código

Definiciones
Artículo 100 del NEC

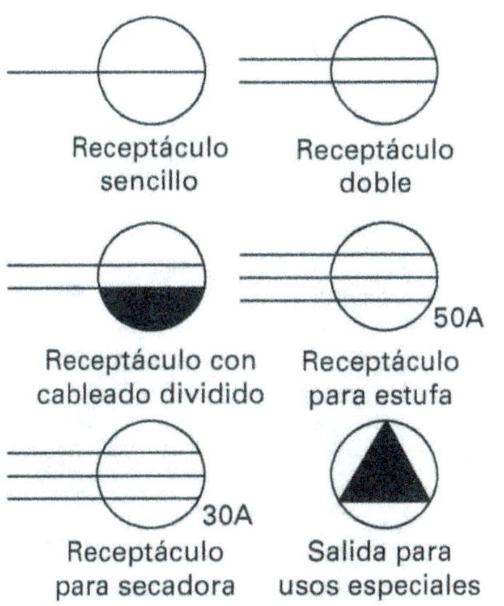

Figura 52 Símbolos típicos de salida de corriente que aparecen en los planos eléctricos.

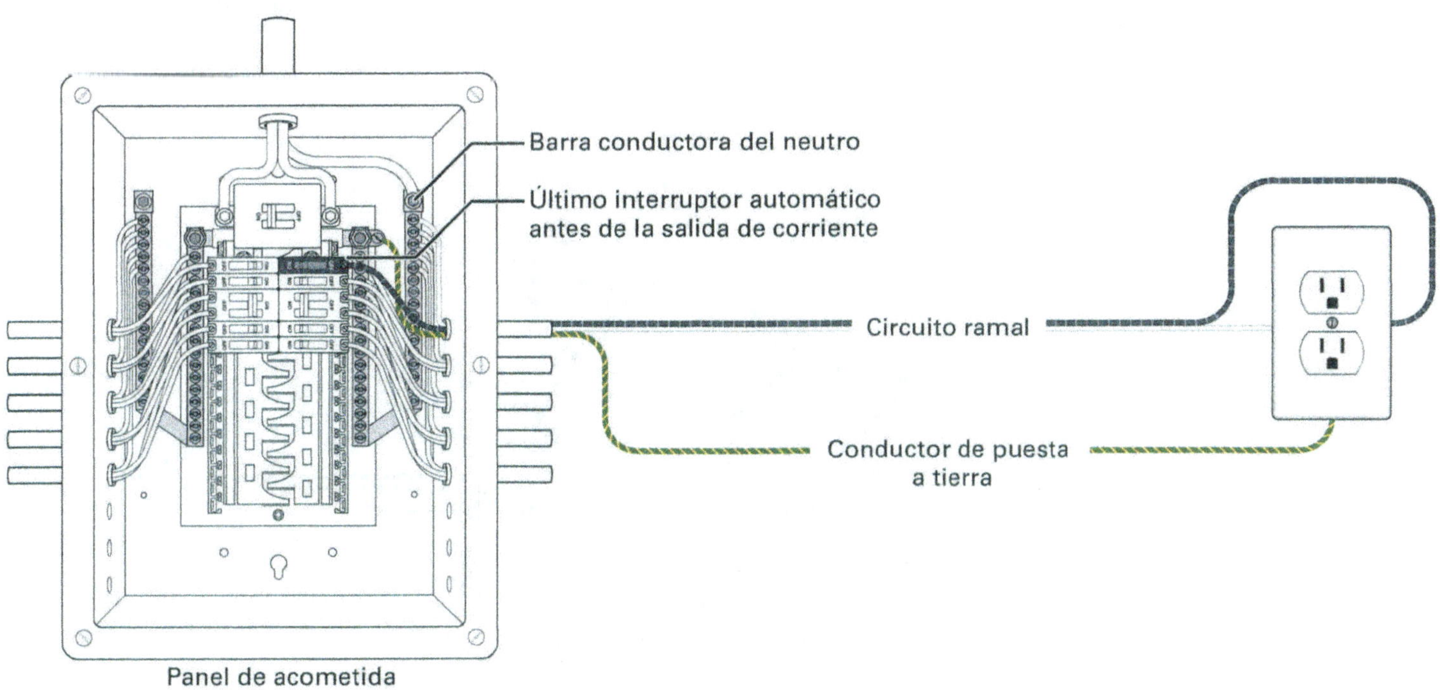

Figura 53 Componentes de un circuito ramal de receptáculo doble.

Cada año aumenta el número de viviendas con sistemas eléctricos diseñados por empresas consultoras de ingeniería. Estas viviendas se entregan con planos y especificaciones de funcionamiento eléctrico completos, similares a los que se suelen entregar para proyectos comerciales e industriales. Aun así, son más la excepción que la regla. La mayoría de los proyectos residenciales no cuentan con un conjunto completo de planos.

El diseño del circuito se proporciona en los planos siguientes por varias razones:

- Proporcionan un diseño visual de los circuitos de cableado de la vivienda.
- Ofrecen una muestra de los planos eléctricos residenciales que preparan las empresas consultoras de ingeniería, aunque su número puede seguir siendo limitado.
- Introducen el método de mostrar sistemas eléctricos en planos de trabajo para proporcionar una base para abordar sistemas eléctricos avanzados.

Los circuitos ramales se representan en los planos eléctricos con una sola línea trazada desde el panel de distribución (o por puntas de flecha que indican que el circuito

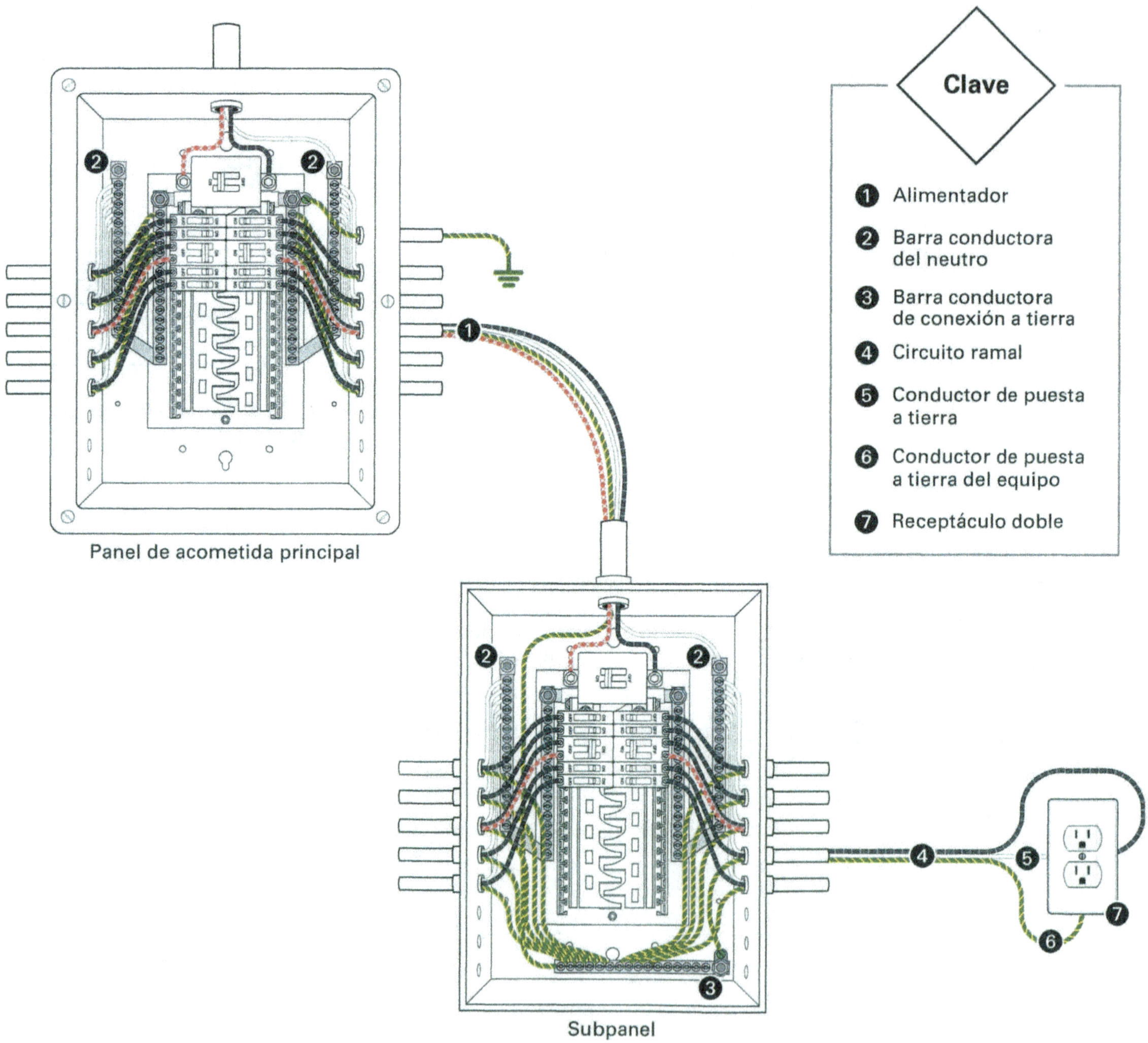

Figura 54 Un alimentador utilizado para alimentar un panel secundario desde el panel de acometida principal.

va al panel de distribución) hasta la toma de corriente y de toma de corriente a toma de corriente cuando hay más de una en el circuito.

Las líneas que indican los circuitos ramales pueden ser continuas para mostrar que los conductores van a ir ocultos en el techo o la pared, discontinuas para mostrar que los conductores van a ir por el suelo o el techo o punteadas para indicar que el cableado va a estar expuesto. La *figura 55* muestra ejemplos de estos tres tipos de líneas de circuitos ramales.

Las barras que atraviesan los circuitos de la *figura 55* indican el número de conductores de corriente del circuito. Normalmente, un circuito ramal que contiene solo dos conductores no tiene barras, por lo que se puede suponer que cualquier circuito sin barras tiene dos conductores. Sin embargo, en los planos de trabajo eléctrico siempre se indican tres o más conductores, ya sea mediante barras para cada conductor o mediante una nota en el plano.

¡ADVERTENCIA!

Nunca asuma que conoce el significado de todos los símbolos eléctricos. Los arquitectos, ingenieros consultores y redactores de planos eléctricos cambian los símbolos o crean otros nuevos para satisfacer sus propias necesidades. Siempre debe consultar la lista de símbolos o la leyenda para conocer sus significados en ese conjunto de planos de trabajo eléctrico.

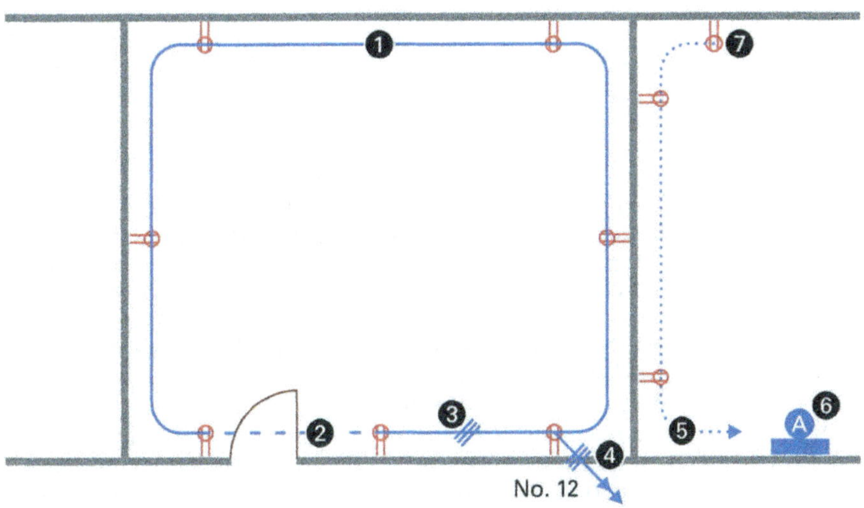

1 Las líneas continuas muestran los circuitos ramales que se tienden del panel de distribución a las salidas o entre salidas. Se instalan ocultas en el techo o la pared.

2 Las líneas discontinuas muestran los conductores que se tienden ocultos en el suelo o el techo.

3 Las barras oblicuas indican el número de conductores que transportan corriente. Tres barras oblicuas indican tres conductores que transportan corriente, dos conductores sin conexión a tierra y un conductor con conexión a tierra. Si no hay barras oblicuas, indica dos conductores que transportan corriente para completar el circuito.

4 Las puntas de flecha de tendido residencial indican que el circuito va al panel de distribución (dos circuitos separados, en este caso).

5 Algunos métodos de cableado requieren protección contra daños físicos. Ejemplo: Cable con cubierta no metálica: Tipo NM ***Sección 334.15(B) del NEC***

6 Panel de distribución A (los paneles de distribución se diferencian entre sí con letras).

7 Símbolo típico de receptáculo

Figura 55 Tipos de líneas de circuitos ramales que se muestran en los planos de trabajo eléctrico.

5.1.2 Ubicación de los receptáculos

Una *salida* es el punto de utilización donde conecta equipos eléctricos, electrodomésticos y dispositivos al sistema de cableado. Hay muchos tipos de salidas, entre ellas las siguientes:

- Iluminación
- Receptáculo
- Motor
- Electrodoméstico

En un plano eléctrico, las salidas se indican mediante símbolos (normalmente un pequeño círculo con las marcas adecuadas para indicar el tipo de salida). Consulte la *figura 52* para ver los símbolos más comunes que se utilizan para representar los receptáculos.

La ***Sección 210.52 del NEC*** establece que en cada cocina, sala familiar, habitación, sala de estar, comedor, estudio, biblioteca, terraza acristalada o área similar, las salidas de receptáculo deben instalarse de modo que ningún punto a lo largo de la línea del suelo en cualquier espacio de pared esté a más de 6' (1.8 m), medidos horizontalmente a partir de una salida en ese espacio. Esto hace que la separación entre receptáculos no supere los 12' (3.7 m). Esto incluye cualquier espacio de pared de 2' (600 mm) o más de ancho y el espacio de pared ocupado por paneles fijos en paredes interiores, excepto paneles deslizantes. Las salidas de receptáculo en pisos no se contarán como parte de la cantidad requerida de salidas de receptáculo, a menos que estén ubicadas a menos de 18" (450 mm) de la pared.

El *NEC®* define espacio de pared como una pared que no está interrumpida a lo largo de la línea del suelo por puertas, chimeneas ni aberturas similares. Cada espacio de pared de 2' (600 mm) o más de ancho debe tratarse por individual y separado de otros espacios de pared dentro de la habitación.

El objetivo de la ***Sección 210.52 del NEC*** es minimizar el uso de cables a través de puertas, chimeneas y aberturas similares.

Conozca el código

Salidas de receptáculo para unidad de vivienda
Sección 210.52 del NEC

Teniendo en cuenta este requisito del *NEC®,* las salidas de corriente de nuestra residencia de muestra están dispuestas en la *figura 56*. Al colocar las salidas de estos receptáculos, se mide la línea del suelo de la pared, incluso alrededor de las esquinas, pero no a través de puertas, chimeneas, pasillos ni otros espacios donde un cable flexible extendido a través de ese espacio sería inadecuado.

Dado que las salidas de receptáculos dobles no deben estar a más de 12' (3.7 m) de distancia, un cable de extensión de 6' (1.8 m) alcanzará un receptáculo desde cualquier punto de la línea de la pared.

Tenga en cuenta que en ningún punto a lo largo de la línea de la pared hay receptáculos a más de 12' (3.7 m) de distancia o a más de 6' (1.8 m) de cualquier puerta o abertura de la habitación. En la medida de lo posible, no se conectarán más de ocho receptáculos a un circuito. Sin embargo, esto es solo una consideración de diseño porque los receptáculos de uso general en unidades de vivienda están dimensionados sobre la base de 3 VA/pies^2 (33 VA/m^2) de espacio de vivienda.

Por ejemplo, un circuito ramal de 15 A tiene una potencia nominal de 1,800 VA.

$$15 \text{ A} \times 120 \text{ V} = 1{,}800 \text{ VA}$$

El *NEC®* requiere que para cada 600 pies^2 de espacio de vivienda, debe instalar un circuito para alimentar la iluminación y los receptáculos.

$$1{,}800 \text{ VA} \div 3 \text{ VA/pies}^2 = 600 \text{ pies}^2$$

Conozca el código

Circuitos ramales de lavandería
Sección 210.11(C)(2) del NEC

El cuarto de servicios tiene al menos un receptáculo para la lavandería en un circuito separado para cumplir con las ***Secciones 210.11(C)(2) y 210.52(F) del NEC***.

En el vestíbulo hay un receptáculo doble para fines de limpieza, como alimentar una aspiradora portátil o un electrodoméstico similar. Está conectado al circuito de la sala de estar según la ***Sección 210.52(I) del NEC***. Se requiere un receptáculo doble adicional según la ***Sección 210.52(H) del NEC*** en pasillos de 10' (3 m) o más.

Aunque esto no se muestra en la *figura 56*, las salidas de corriente de la sala de estar podrían tener un cableado dividido, lo que significa que la mitad inferior de cada receptáculo doble está siempre energizada y la mitad superior puede encenderse o apagarse. La razón es que gran parte de la iluminación de esta área la proporcionarán lámparas de mesa portátiles. Los receptáculos de cableado dividido proporcionarían un medio para controlar estas lámparas desde varios lugares, como en cada entrada a la sala de estar, si se desea. Los receptáculos divididos se abarcan con más detalle en la *Sección 5.1.3*.

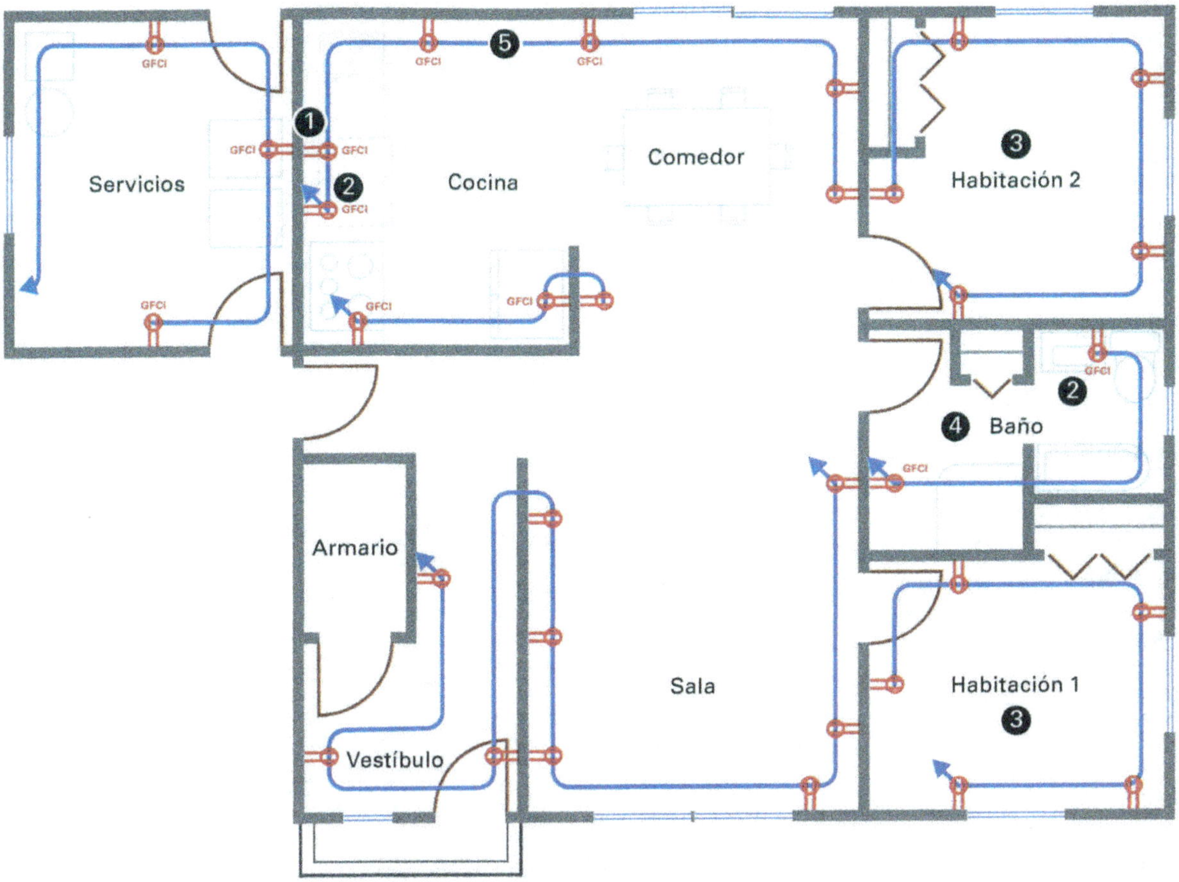

1

Ningún punto a lo largo del espacio de la pared deberá estar a más de 24" de una salida de receptáculo en encimeras y superficies de trabajo en cocinas y áreas similares. ***Sección 210.52(C)(1) del NEC***

2

Las salidas de receptáculo instaladas en las cocinas deberán estar protegidas con GFCI. ***Sección 210.8(A)(6) del NEC***

3

Todos los receptáculos de 125 V, 15 A y 20 A especificados en la ***Sección 210.52 del NEC*** deberán estar certificados como resistentes a la manipulación según la ***Sección 406.12 del NEC***.

4

Los receptáculos del baño deben estar en un circuito separado protegido por GFCI. ***Secciones 210.11(C)(3) y 210.8(A)(1) del NEC***

5

Las salidas de receptáculo se instalarán de forma que ningún punto medido horizontalmente a lo largo de la línea del suelo esté a más de 6' de una salida de receptáculo. Esto se aplica generalmente a las habitaciones habitables. ***Sección 210.52(A) del NEC***

Figura 56 Plano de planta de la residencia de muestra.

Conozca el código

Circuitos ramales de electrodomésticos pequeños
Sección 210.11(C)(1) del NEC

Conozca el código

Electrodomésticos pequeños
Sección 210.52(B) del NEC

Conozca el código

Circuitos ramales del baño
Sección 210.11(C)(3) del NEC

Conozca el código

Baños
Sección 210.52(D) del NEC

Conozca el código

Protección de interruptores de circuito contra fallas por arco
Sección 210.12 del NEC

Para cumplir con las *Secciones 210.11(C)(1) y 210.52(B) del NEC*, los receptáculos de la cocina están dispuestos de una manera específica. Además del número de circuitos ramales antes determinado, deben preverse dos o más circuitos ramales de 20 A para pequeños electrodomésticos. Estos circuitos deben dar servicio a todas las salidas de receptáculos, incluidos los equipos de refrigeración, de la cocina, despensa, sala de desayuno, comedor o área similar de la casa. Estos circuitos, ya sean dos o más, no deben tener ninguna otra toma de corriente conectada. Todos los receptáculos que dan servicio a una encimera de cocina requieren protección GFCI. Ningún circuito ramal para electrodomésticos pequeños dará servicio a más de una cocina. La *figura 57* muestra los circuitos ramales de electrodomésticos pequeños que dan servicio al área de la cocina.

Para cumplir con las *Secciones 210.11(C)(3) y 210.52(D) del NEC*, los receptáculos del baño deben estar en un circuito ramal aparte que alimente solamente a los receptáculos del baño o en un circuito que alimente a un solo baño sin cargas, con excepción de ese baño (*figura 58*). Todos los receptáculos situados dentro de baño, garaje y en el exterior requieren protección GFCI. Todos los demás circuitos ramales que alimentan el alumbrado y los receptáculos de uso general de las viviendas deben disponer de protección AFCI para cumplir la *Sección 210.12 del NEC*.

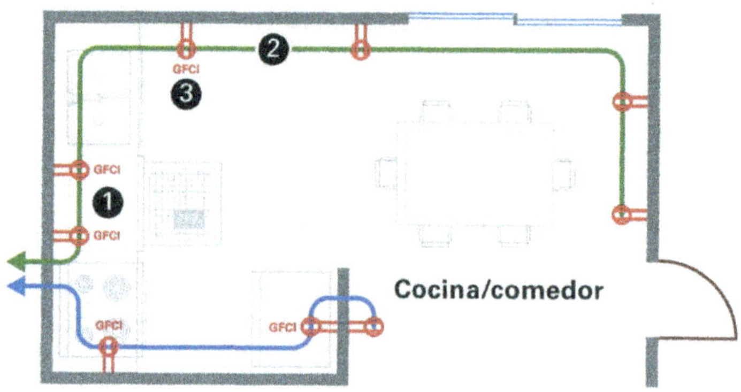

1 Las zonas de acometida de alimentos deben disponer de dos o más circuitos ramales de 20 A para electrodomésticos pequeños.
Secciones 210.11(C)(1) y 210.52(B)(3) del NEC

2 Los circuitos ramales de 20 A para electrodomésticos pequeños no deben tener ninguna otra salida conectada.
Sección 210.52(B)(2) del NEC

3 Todas las salidas de receptáculo de la cocina deberán estar protegidas con GFCI.
Sección 210.8(A)(6) del NEC

Figura 57 Circuitos ramales de electrodomésticos pequeños.

5.1.3 Uso de receptáculos dobles cableados por separado

En la construcción de viviendas, es posible tener receptáculos de pared dobles con cableado dividido. En un receptáculo de cableado dividido, una de las salidas está cableada como una salida doble estándar (caliente todo el tiempo) y la otra toma está controlada por un interruptor de pared. Esto permite controlar las lámparas de mesa o de piso mediante un interruptor de pared, mientras que la otra salida está disponible para los elementos que no se van a conmutar.

Este método de cableado se conoce comúnmente como *receptáculo dividido.* Tenga en cuenta que los receptáculos conmutados se instalan para proporcionar iluminación. La ***Sección 404.14(F) del NEC*** no permite el uso de interruptores de intensidad.

La mayoría de los receptáculos dobles de 15 y 20 A están provistos de una lengüeta de separación que permite alimentar cada una de las dos salidas del receptáculo desde una fuente o polaridad diferente. Por ejemplo, una salida se alimentaría del ramal caliente de una serie de salidas y la otra salida del **ramal del interruptor** de un interruptor de luz. Un diagrama de esta disposición se muestra en la *figura 59.*

Otra aplicación de los receptáculos divididos se muestra en la *figura 60.* En este ejemplo, una salida conectada desde un interruptor automático bipolar suministra 240 V a un electrodoméstico, como una unidad de aire acondicionado de ventana. La otra salida se conecta desde un polo del interruptor automático bipolar y el otro lado se conecta al conductor neutro o con puesta a tierra para suministrar 120 V a un electrodoméstico, como una lámpara.

Conozca el código

Interruptores de intensidad
y control electrónico
Sección 404.14(F) del NEC

Ramal de interruptor (*switch leg*): circuito enrutado a una caja de interruptores para controlar las luces eléctricas.

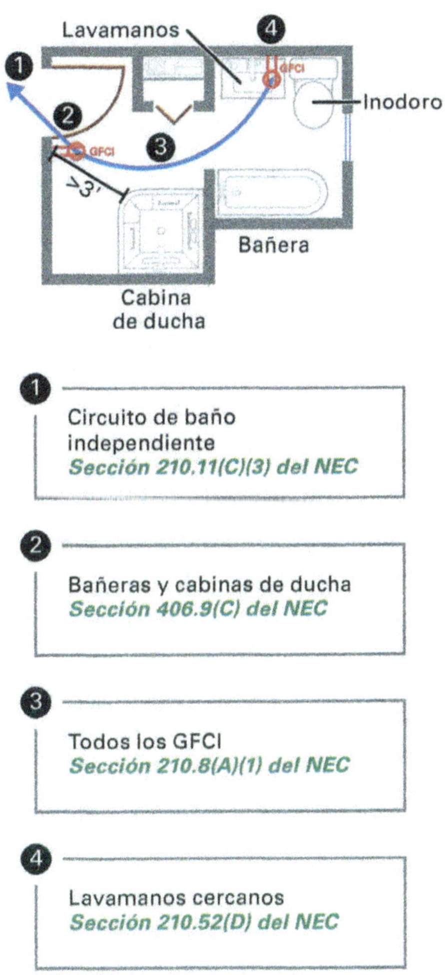

Figura 58 Circuitos ramales del baño.

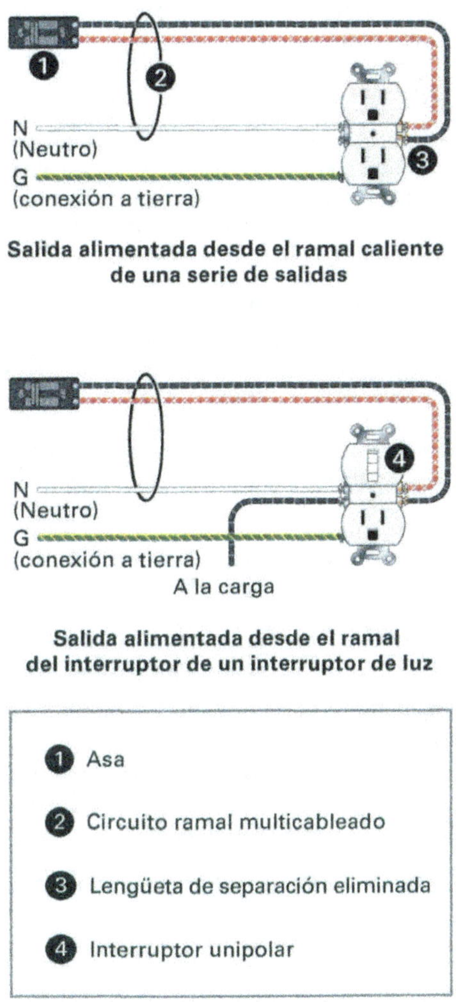

Figura 59 Dos salidas de receptáculos de 120 V alimentadas por diferentes fuentes.

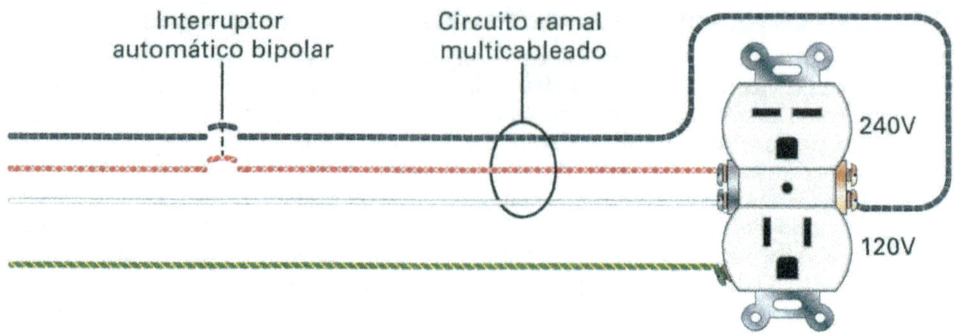

Figura 60 Receptáculos combinados.

5.1.4 Identificación de circuitos ramales multicableados

La *Sección 210.4(B) del NEC* requiere el uso de un disyuntor bipolar cuando se conectan dos circuitos a un receptáculo doble para que todos los conductores sin conexión a tierra del circuito se desconecten simultáneamente. Tanto este circuito como el receptáculo dividido antes mencionado se consideran circuitos ramales multifilares.

Un circuito ramal multifilar consta de dos o más conductores subterráneos que tienen voltaje entre sí. También tiene un conductor puesto a tierra con igual voltaje entre él y cada conductor no puesto a tierra del circuito y está conectado al conductor neutro o puesto a tierra del sistema.

Si necesita dos circuitos, puede utilizar un circuito ramal multifilar. En lugar de instalar dos tramos separados de cable de dos conductores, puede instalar uno de tres conductores.

Conozca el código

Medios de desconexión
Sección 210.4(B) del NEC

NOTA

Consulte siempre a la AHJ local antes de instalar un circuito ramal multifilar. Es posible que algunas áreas del país no permitan la instalación de circuitos ramales multifilares.

¡ADVERTENCIA!

En los circuitos ramales multifilares, si el conductor neutro (con puesta a tierra) se abre o se desconecta en algún punto del circuito ramal, es posible suministrar 240 V a la salida de corriente. Esto provocaría daños en el equipo y un posible incendio, lo que supondría un riesgo para la salud y la seguridad de las personas.

5.1.5 Instalación de circuitos de 240 V

Recuerde que en su residencia de muestra la estufa eléctrica, la secadora de ropa y el calentador de agua funcionan a 240 V de CA. Cada uno estará alimentado por un circuito independiente y conectado a un interruptor automático bipolar de la potencia adecuada en el panel de distribución. Debe calcular el tamaño del conductor y la protección contra sobrecorriente para estos electrodomésticos. Puede consultar la *Sección 1.0.0* y su hoja de trabajo del cálculo. Siga estos pasos para determinar el tamaño del conductor y la protección contra sobrecorriente para la estufa de su vivienda de muestra:

Paso 1 Busque el valor nominal de la placa de la estufa eléctrica. Anteriormente en este módulo, usted encontró que el valor nominal era de 12 kVA.

Paso 2 Consulte la *tabla 220.55 del NEC*. Dado que la *Columna C* de esta tabla se aplica a estufas de 12 kVA (12 kW) y menos, utilice esta columna para este ejemplo.

Paso 3 En la columna *Número de electrodomésticos* de la *tabla del NEC®*, localice el número de electrodomésticos adecuado (uno en este caso) y encuentre la demanda máxima indicada para él en la *Columna C*. Según la tabla, el circuito debe dimensionarse para 8 kVA (y no para los 12 kVA indicados en el valor nominal de la placa).

Paso 4 Calcule la ampacidad requerida del conductor.

8,000 VA ÷ 240 V = 33 A (redondeado)

NOTA

El *NEC®* requiere redondear el valor final de amperios al amperio entero más próximo. Los valores inferiores a 0.5 A se descartan. Consulte la *Sección 220.5(B) del NEC*.

Los interruptores automáticos residenciales comunes se clasifican en pasos de 10 A, 15 A, 20 A, 30 A, 40 A, etc. Un interruptor automático de 30 A sería demasiado pequeño, por lo que el circuito ramal mínimo para la estufa de su vivienda de muestra debe tener una potencia nominal de 40 A. Los conductores deben tener una capacidad de conducción de corriente igual o superior a la protección contra sobrecorriente. Por lo tanto, haciendo referencia a la ***tabla 310.16 del NEC***, utilizará conductores AWG nro. 8.

Si tuviera una estufa de empotrar y un horno de pared, en lugar de la estufa eléctrica, dimensionaría el circuito de forma similar. La ***Sección 220.55 del NEC*** y la Nota 6 de la ***tabla 220.55 del NEC*** especifican que un circuito ramal para una unidad de cocción montada en la encimera y no más de dos hornos montados en la pared, todos alimentados desde un único circuito ramal y ubicados en la misma habitación, se calcula sumando los valores nominales de la placa de los electrodomésticos individuales y tratando este total como equivalente a una estufa. Por lo tanto, dos electrodomésticos de 6 kVA cada uno pueden tratarse como una sola estufa con una potencia nominal de 12 kVA.

Conozca el código

Electrodomésticos de cocina en unidades de vivienda y electrodomésticos de cocina utilizados en programas de enseñanza
Sección 220.55 del NEC

Conozca el código

Factores de demanda y cargas de estufas eléctricas domésticas, hornos montados en paredes, unidades de cocción montados en encimeras y otros electrodomésticos de cocina de más de $1\frac{3}{4}$ kW de valor nominal
Tabla 220.55 del NEC

La *figura 61* muestra cómo puede aparecer el circuito de la estufa eléctrica en un plano eléctrico. Puede realizar la conexión directamente a la caja de conexiones de la estufa, pero lo más habitual es montar un receptáculo para estufa de 50 A en la ubicación de la estufa y utilizar un conjunto de cable y enchufe de estufa para realizar la conexión. Esto facilita el desplazamiento del electrodoméstico para su mantenimiento o limpieza.

La figura 62 muestra varios tipos de configuraciones de receptáculos utilizados en aplicaciones de cableado residencial. Con el tiempo, reconocerá estas configuraciones a simple vista.

El circuito ramal del calentador de agua de la vivienda de muestra debe dimensionarse para toda su capacidad, ya que no existe factor de diversidad ni de demanda para este electrodoméstico. Dado que el valor nominal de la placa del calentador de agua indica dos elementos calefactores de 4,500 W (o VA) cada uno, lo primero sería dimensionar el circuito para una carga total de 9,000 VA. Sin embargo, solo funciona un elemento a la vez (*figura 63*). Tenga en cuenta que cada elemento está controlado por un termostato independiente. El elemento inferior se energiza cuando el termostato pide calor y, al mismo tiempo, el termostato abre un conjunto de contactos para evitar que el elemento superior funcione. Cuando el termostato del elemento inferior está satisfecho, los contactos inferiores se abren y, al mismo tiempo, el termostato cierra los contactos para que el elemento superior se energice para mantener la temperatura del agua.

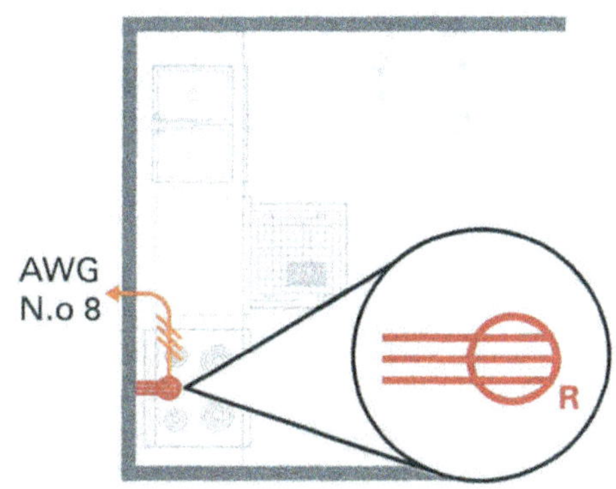

Figura 61 Circuito de estufa mostrado en un plano eléctrico.

Con la información proporcionada, use este cálculo para dimensionar el circuito del calentador de agua:

$$4{,}500 \text{ VA} \div 240 \text{ V} = 18.75 \text{ A}$$

La ***Sección 422.13 del NEC*** requiere que los circuitos ramales que alimentan calentadores de agua de tipo almacenamiento con una capacidad de 120 galones (450 litros) o menos se clasifiquen como cargas continuas y, por lo tanto, se dimensionen a no menos del 125% de la clasificación del valor nominal. Por lo tanto, el resultado debe multiplicarse por 125%:

$$18.75 \text{ A} \times 1.25 = 23.44 \text{ A}$$

Este cálculo muestra que su calentador de agua no es inferior a 23 A. De acuerdo con la ***Sección 240.6 del NEC***, esto requeriría normalmente una potencia máxima para el circuito ramal de no más de 25 A.

Sin embargo, la ***Sección 422.11(E)(3) del NEC*** establece que si el circuito ramal alimenta un único electrodoméstico sin motor, el valor nominal de la protección contra sobrecorriente no debe superar el 150% de la corriente nominal del electrodoméstico. Esta norma se aplica si el valor nominal de la protección contra sobrecorriente no está marcado y el electrodoméstico tiene un valor nominal superior a 13.3 A. Cuando el 150% del valor nominal del electrodoméstico no corresponda al valor nominal en amperios de un dispositivo de sobrecorriente estándar, se admitirá el valor nominal estándar inmediatamente superior. En este caso:

$$4{,}500 \text{ VA} \div 240 \text{ V} = 18.75 \text{ A}$$

$$18.75 \text{ A} \times 1.50 = 28.125 \text{ A}$$

Dado que el siguiente valor nominal estándar es de 30 A, cableará el calentador de agua con conductores AWG N° 10 protegidos por un dispositivo de sobrecorriente de 30 A, según la ***tabla 310.16 del NEC***.

Conozca el código

Calentadores de agua de tipo almacenamiento
Sección 422.13 del NEC

Conozca el código

Valor del amperaje estándar
Sección 240.6 del NEC

Conozca el código

Electrodoméstico simple sin motor
Sección 422.11(E) del NEC

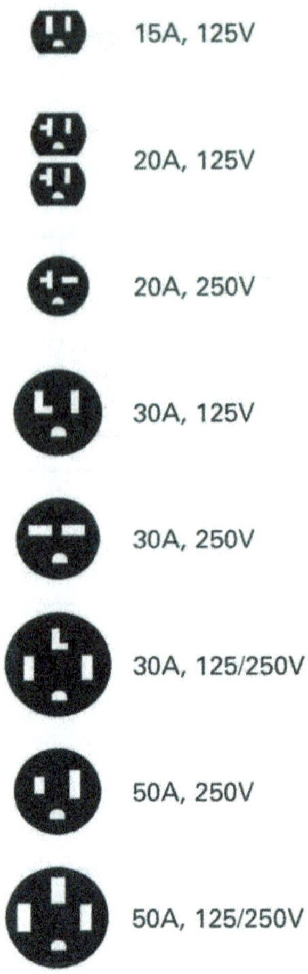

Figura 62 Configuraciones de receptáculos residenciales.

El *NEC*® especifica que las secadoras eléctricas deben tener un valor nominal de 5 kVA o el valor nominal de la placa, lo que sea mayor. Recuerde que la secadora de su vivienda de muestra tiene un valor nominal de 5.5 kVA. Calcule la capacidad de transporte de corriente del conductor de la siguiente manera:

$$5{,}500 \text{ VA} \div 240 \text{ V} = 22.92 \text{ A}$$

Utilizará un circuito de tres hilos y 30 A (cable AWG Nº 10) con un interruptor automático de 30 A. Puede conectar la secadora directamente, pero lo más habitual es que monte un receptáculo de secadora de 30 A en la ubicación de la secadora y utilice un conjunto de cable y enchufe de secadora para realizar la conexión.

Las salidas de corriente de electrodomésticos grandes a 240 V suelen representarse en los planos eléctricos mediante líneas y símbolos que indican las salidas y los circuitos. En algunos casos, no se entregan planos.

5.1.6 Disposición de circuitos de calefacción eléctrica

La calefacción eléctrica de zócalo cuesta menos de instalar que otros tipos de sistemas de calefacción. En general, los calefactores eléctricos de zócalo se colocan en la pared exterior, cerca de las áreas de mayor pérdida de calor, como debajo de las ventanas. Los controles de los termostatos montados en la pared se colocan en una pared interior a 50" (1.3 m) por encima del suelo para detectar la temperatura promedio de la habitación. La *figura 64* muestra la disposición de la calefacción eléctrica de la residencia de muestra, con los requisitos aplicables del *NEC*®.

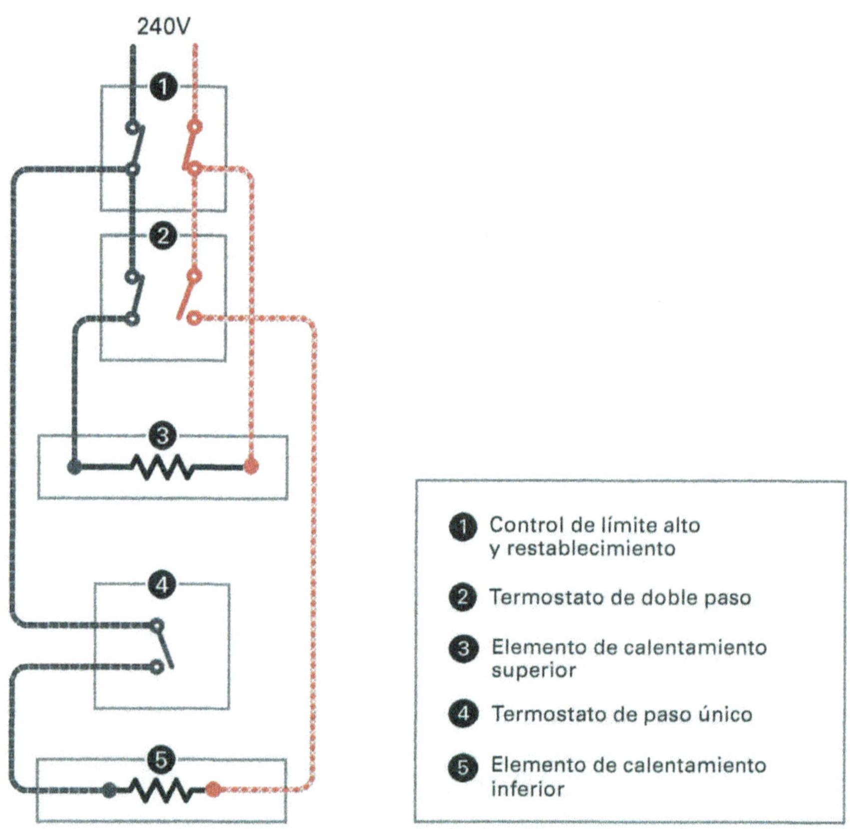

Figura 63 Diagrama del cableado de los controles del calentador de agua.

Piénselo

Circuitos de 240 V

Calcule la ampacidad necesaria para una estufa de cocina de 8 kW de capacidad nominal. Ahora diseñe el cableado práctico en un diagrama etiquetado. ¿Cómo se conectarán los cables en el panel de la acometida y el artefacto? ¿Cómo se instalará el cable?

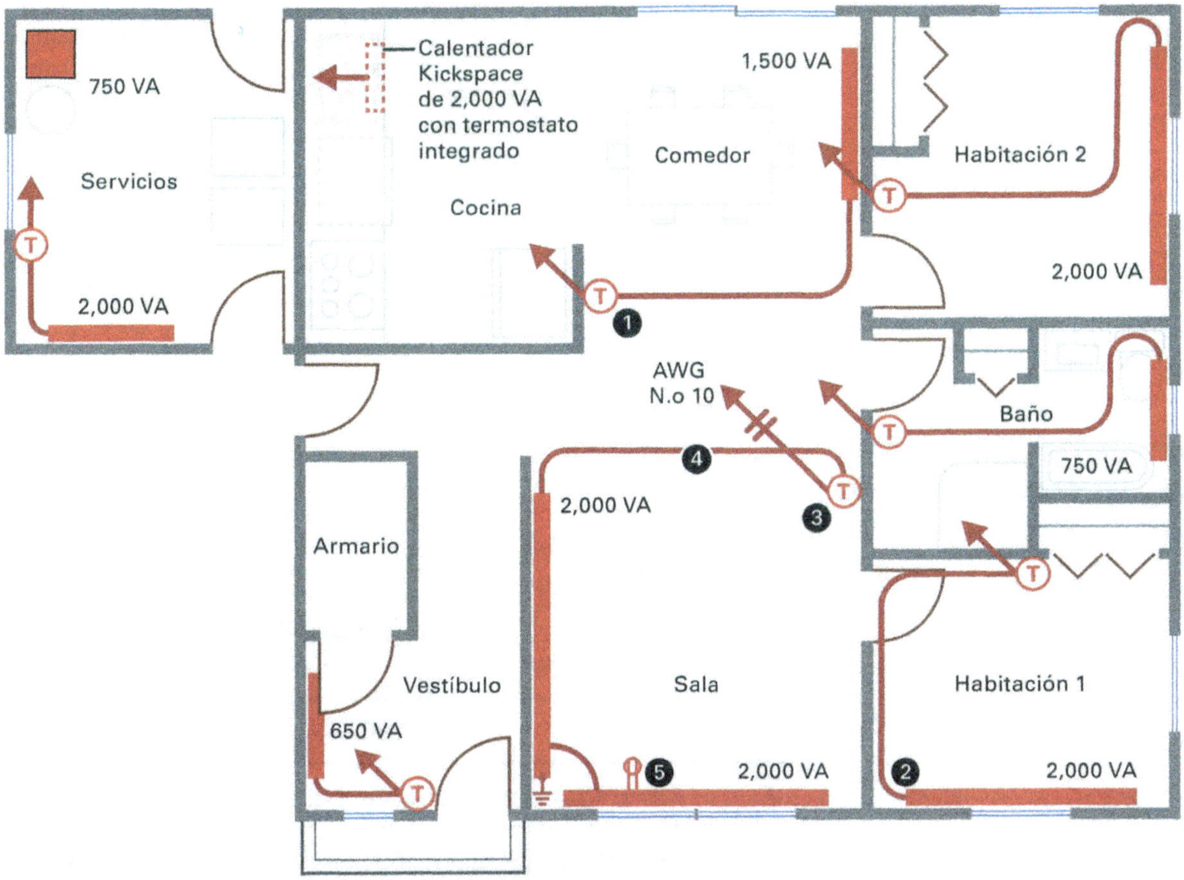

1

Los termostatos unipolares que no separen todos los conductores no conectados a tierra no podrán utilizarse como medio de desconexión.
Sección 424.20(B) del NEC

2

Los conductores deben estar dimensionados para el 125 % de la potencia nominal de la placa del calentador.
Sección 424.4(B) del NEC

3

Si un termostato sirve a la vez de regulador y de medio de desconexión, debe estar provisto de una posición OFF marcada.
Sección 424.20(A) del NEC

4

Los circuitos ramales que alimenten a dos o más calentadores deberán estar servidos únicamente por circuitos de 15 A, 20 A, 25 A o 30 A.
Sección 424.4(A) del NEC

5

Se permiten calentadores de zócalo instalados permanentemente con una salida de receptáculo instalada de fábrica, en lugar de una salida de receptáculo.
Sección 424.10 del NEC

Figura 64 Disposición de la calefacción eléctrica en la residencia de muestra.

5.2.0 Disposición de circuitos ramales para iluminación

Un circuito ramal de iluminación sencilla requiere dos conductores para proporcionar una vía continua para el flujo de corriente. El circuito ramal de iluminación habitual funciona a 120 V. El conductor blanco (puesto a tierra) del circuito se conecta a la barra neutra del panel de distribución. El conductor negro (no puesto a tierra) del circuito se conecta a un dispositivo de protección contra sobrecorriente.

Por ejemplo, puede instalar cuatro portalámparas de porcelana en un área de sótano sin terminar, cada uno de los cuales contendrá una lámpara incandescente de 100 W. Calcule la carga de iluminación basándose en estas lámparas y cargue el circuito de iluminación a capacidad completa. Algún día, el propietario sustituirá las lámparas originales por otras de 150 W o incluso 200 W. El resultado es que el circuito probablemente se sobrecargará en el futuro.

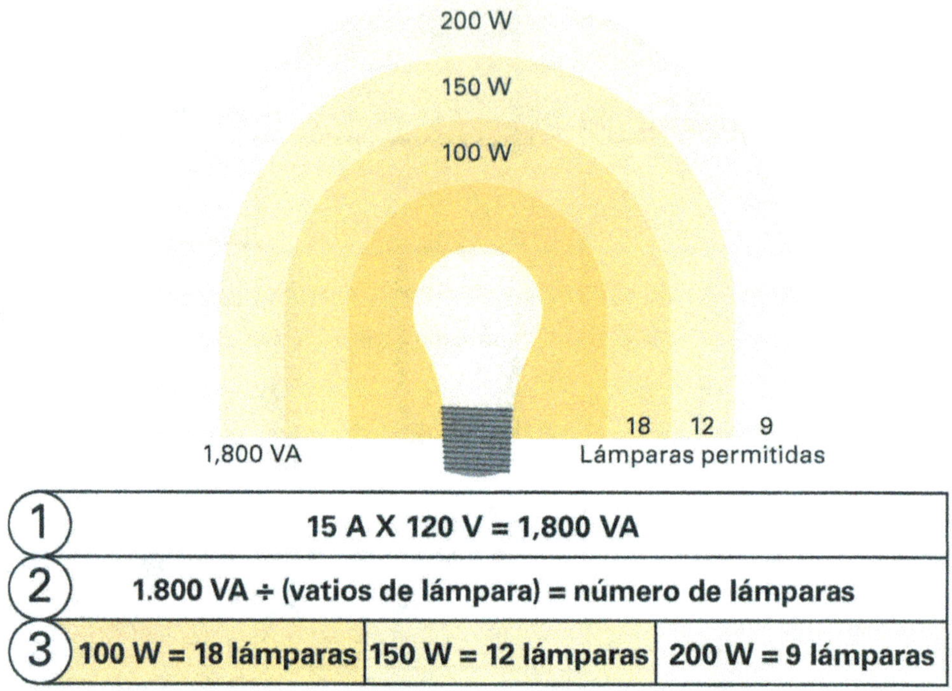

Figura 65 Cálculo de la carga de iluminación.

La *figura 65* muestra cómo calcular la carga de iluminación de un circuito de 15 A, el valor nominal típico de los circuitos utilizados para iluminación.

Asegúrese de que los circuitos utilizados para alimentar la iluminación residencial cumplen las normas del *NEC*® y las ordenanzas locales y estatales. Es posible que desee calcular la mayoría de los circuitos de iluminación para incluir la carga total. Esto puede no ser posible si no está seguro de la potencia en vatios exacta que utilizará el propietario. Debido a esta incertidumbre, es una buena idea mantener las cargas de los circuitos ramales residenciales a no más del 80% de la capacidad nominal.

La *figura 66* muestra una posible disposición de la iluminación para la residencia de muestra. Todos los artefactos de iluminación se muestran en sus ubicaciones físicas aproximadas tal y como deberían instalarse. En la práctica real, la ubicación de los artefactos de iluminación y los interruptores correspondientes será probablemente la información que figure en los planos de trabajo. Los circuitos que se muestran en la *figura 66* sirven para ilustrar el tendido de los circuitos de iluminación, pero no implican que tales planos sean los típicos de la construcción de viviendas. Si los artefactos de iluminación se utilizan en un armario, deben cumplir los requisitos de la *Sección 410.16 del NEC*.

Conozca el código

Artefactos de iluminación en armarios de ropa
Sección 410.16 del NEC

Los símbolos eléctricos se utilizan para mostrar los tipos de artefactos de iluminación. Los interruptores y los circuitos ramales de iluminación también se muestran mediante líneas y símbolos apropiados. El significado de los símbolos utilizados en este plano se incluye en la *figura 66*.

5.3.0 Dimensionamiento y montaje de cajas de salida

Siempre que instale un sistema eléctrico residencial, tendrá que trabajar con las normas y cálculos del *NEC*® para la instalación de cajas de salida de corriente. Debe saber cómo calcular las capacidades de las cajas de salida y cómo soportarlas. Es posible que recuerde la información sobre cajas del módulo 26106-23, *Cajas de salida, de dispositivos, de paso y de conexiones*. En este módulo repasará las reglas y los cálculos.

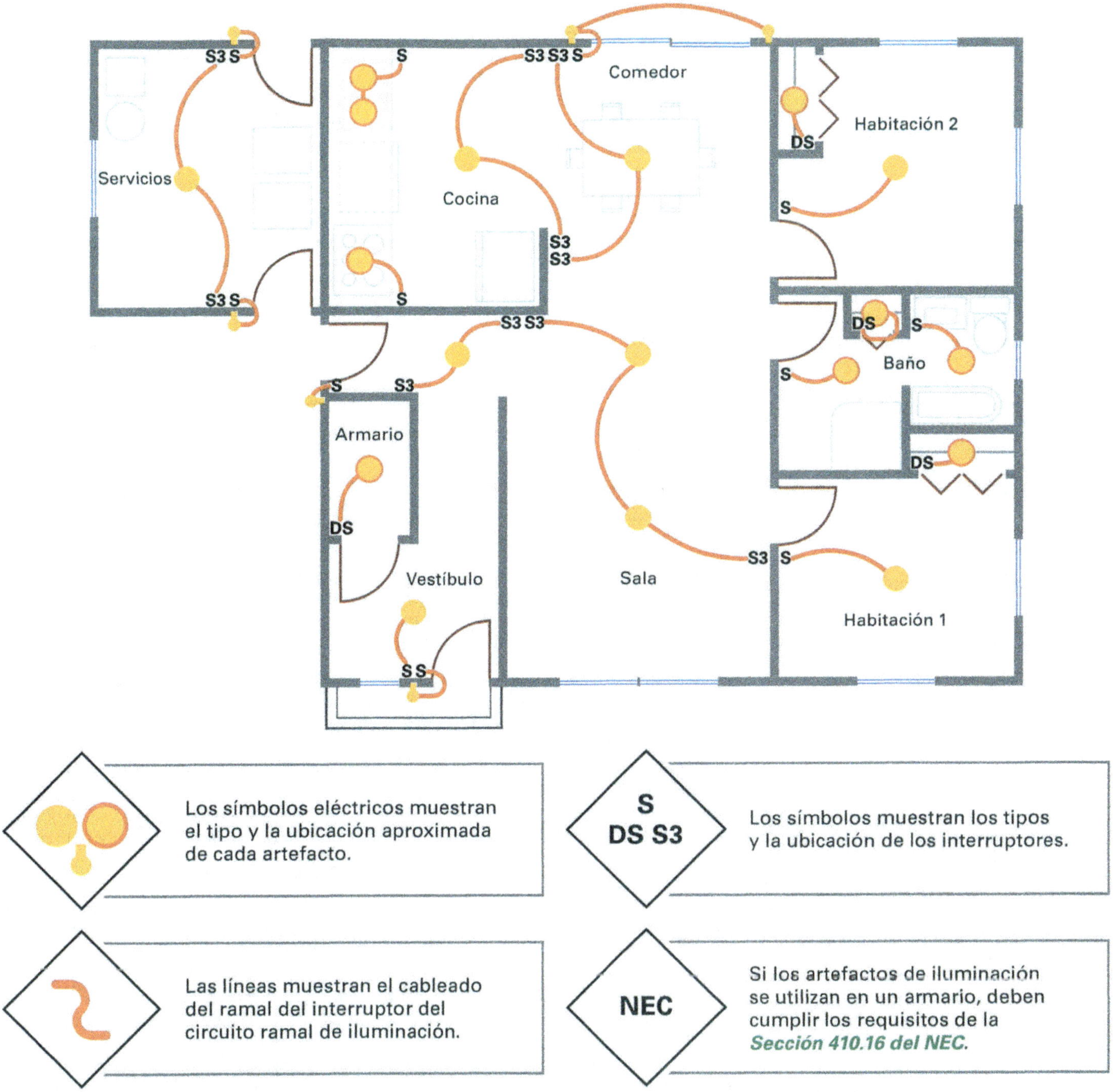

Figura 66 Disposición de la iluminación de la residencia de muestra.

Encontrará el número máximo de conductores del mismo tamaño permitidos en las cajas de salida estándar en la *tabla 314.16(A) de NEC*. Estos números se aplican cuando la caja no contiene accesorios ni dispositivos, como pernos de fijación, abrazaderas de cables, interruptores o receptáculos, y cuando los conductores de puesta a tierra no forman parte del cableado dentro de la caja.

Todos los sistemas modernos de cableado residencial tendrán uno o más de estos elementos en cada caja de salida. Como resultado, el número total de conductores será inferior al indicado en la *tabla 314.16(A) del NEC*. Además, si la caja contiene un conductor en bucle, ininterrumpido, de 12" (300 mm) o más de longitud, debe contarse dos veces.

Conozca el código

Cajas de metal
Tabla 314.16(A) del NEC

Por ejemplo, por cada correa que contenga un dispositivo de cableado que entre en la caja, como un interruptor o un receptáculo doble, debe hacerse una deducción de dos conductores basada en el conductor de mayor tamaño conectado al dispositivo. Además, si en la caja entran hasta cuatro conductores de puesta a tierra de equipos, se debe hacer una deducción adicional de un conductor basada en el conductor de puesta a tierra de mayor tamaño. Por ejemplo, una caja de 3" × 2" × 2¾" (75 mm × 50 mm × 70 mm) figura en la Tabla con un máximo de seis hilos del N° 12. Si la caja contiene abrazaderas de cable y un receptáculo doble, habrá que deducir tres cables del total de seis, proporcionando solo tres cables del N° 12. Si se utiliza un cable de tierra, lo que siempre es el caso en el cableado residencial, solo se pueden utilizar dos cables del N° 12.

Siga estos pasos para dimensionar una caja de salida metálica para dos conductores AWG N° 12 con un cable de tierra, una abrazadera de cable y un receptáculo:

Paso 1 Calcule el número total de conductores y equivalentes. Consulte la *Sección 314.16(A)(1) del NEC*.

1 (cable de tierra) + 1 (abrazadera de cable) + 2 (un receptáculo con dos cables) + 2 (dos conductores N° 12) = 6 conductores N° 12

Paso 2 Determine el espacio necesario para cada conductor según la *tabla 314.16(B)(1) del NEC*.

AWG N° 12 = 2.25 pulgadas^3 (36.9 cm^3)

Paso 3 Calcule el espacio necesario para la caja de salida. Multiplique el número de pulgadas cúbicas necesarias para cada conductor por el número total de conductores.

6 × 2.25 pulgadas^3 = 13.5 pulgadas^3 (221 cm^3)

Paso 4 Una vez que haya determinado la capacidad necesaria de la caja, consulte la *tabla 314.16(A) del NEC*. Muestra que una caja de 3" × 2" × 2¾" (75 mm × 50 mm × 70 mm) es la que más se ajusta a sus requisitos. Esta caja está clasificada para 14 pulgadas^3 (230 cm^3).

Ahora, dimensione la caja para dos conductores adicionales. Donde entran cuatro conductores N° 12 en la caja con dos cables de tierra, solo hay que añadir los dos conductores N° 12 adicionales a nuestro recuento anterior de seis conductores para un total de ocho conductores. Recuerde que hasta cuatro cables de tierra en una caja cuentan como un solo conductor; cualquier número de abrazaderas de cable también cuenta como un solo conductor. Por lo tanto, el tamaño de caja necesario para utilizar dos conductores adicionales del N° 12 puede calcularse de la siguiente manera:

$$8 \times 2.25 \text{ pulgadas}^3 = 18 \text{ pulgadas}^3 \ (295 \text{ cm}^3)$$

De nuevo, consulte la *tabla 314.16(A) del NEC* y observe que una caja de dispositivos de 3" × 2" × 3½" (75 mm × 50 mm × 90 mm) con capacidad nominal de 18 pulgadas^3 (295 cm^3) es la caja de dispositivos más cercana que cumple los requisitos del *NEC®*.

Una alternativa es utilizar una caja cuadrada de 4" × 1¼" (100 mm × 32 mm) con un anillo de yeso de una sola placa extraíble. Esta caja también tiene una capacidad de 18 pulgadas^3 (295 cm^3). La *figura 67* ilustra el cálculo del volumen de las cajas según la *tabla 314.16(A) del NEC*.

Los demás tamaños de caja se calculan de forma similar. Al dimensionar las cajas para conductores de diferentes tamaños, recuerde que el volumen del conductor varía como se muestra en la *tabla 314.16(B) del NEC*.

Cálculo de conductores

En una caja metálica cuadrada de 4" × 1½" (100 mm x 38 mm), hay un cable de 14/3 con puesta a tierra que alimenta tres cables de 14/2 con alambres de puesta a tierra. El alambre rojo del cable de 14/3 alimenta un receptáculo y el alambre negro alimenta los alambres negros de 14/2. Todos los alambres blancos se empalman y uno de ellos se lleva al terminal del receptáculo. Los alambres de tierra están empalmados, con uno conectado al terminal de puesta a tierra del receptáculo y otro al pasador de tierra de la caja. Los cuatro cables están conectados con conectores de caja en lugar de abrazaderas internas. Utilizando la *Sección 314.16 del NEC*, determine si este cableado infringe el código.

5.3.1 Montaje de cajas de salida

Las configuraciones de las cajas de salida son casi infinitas. La *figura 68* muestra varios métodos de montaje de cajas de salida.

Al montar cajas de salida, tenga en cuenta lo siguiente:

Cálculos de volumen de la caja

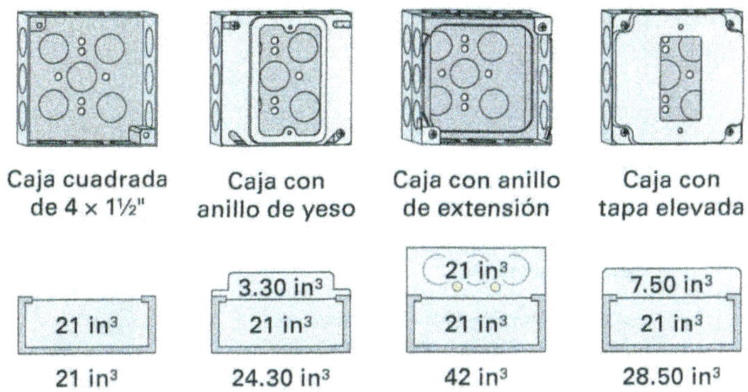

El volumen de una caja es el volumen total de sus piezas ensambladas, incluidos los anillos de yeso, las tapas elevadas y los anillos de extensión. El volumen total solo incluye las piezas que están marcadas con sus volúmenes en pulgadas cúbicas. ***314.16(A) del NEC*** o incluido en la ***tabla 314.16(A) del NEC***.

Figura 67 Cálculos del volumen de la caja

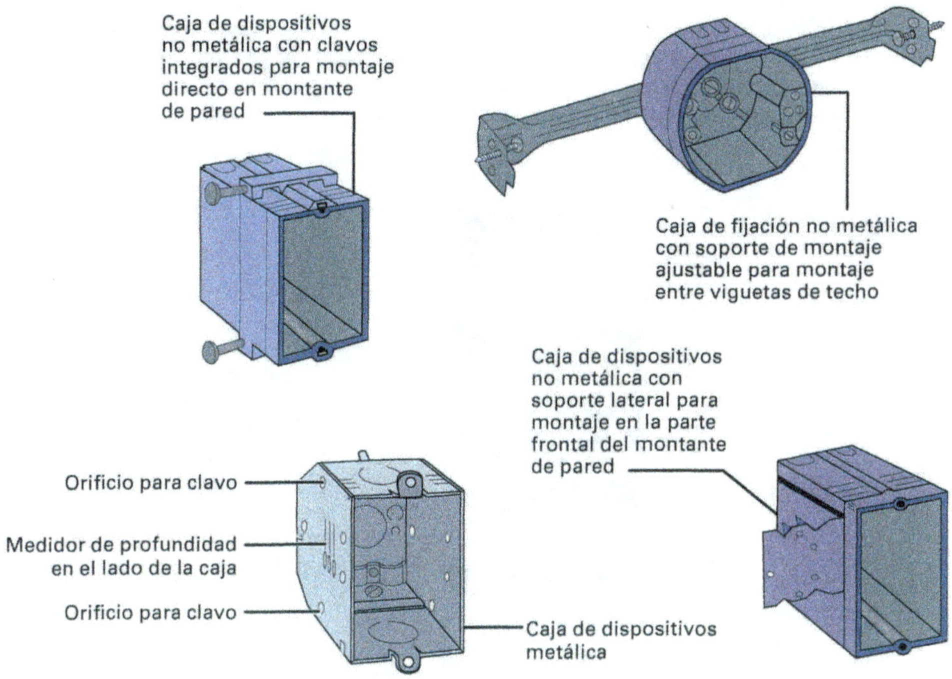

Figura 68 Varios métodos de montaje de cajas de salida.

- Monte la caja de salida en los montantes de la pared utilizando clavos de 16 d (16 peniques) colocados a través de los orificios de montaje redondos que pasan por el interior de la caja.
- Introduzca los clavos en el montante de la pared.
- Al colocar clavos para el montaje de cajas de salida, los clavos deben estar situados dentro de ¼" (6 mm) de la parte posterior o de los extremos del recinto.
- Las cajas no metálicas suelen llevar clavos de montaje.
- Otras cajas tienen soportes de montaje. Cuando monte cajas de salida con soportes, utilice clavos de cabeza ancha para tejados o clavos de caja de aproximadamente 1¼" (32 mm) de longitud.

Cajas de montaje

Para montar rápidamente cada caja a la misma altura del suelo, confeccione una plantilla de altura sencilla (regla calibrada) y márquela con las alturas de los receptáculos y los interruptores. La regla calibrada consiste en una plantilla en forma de L hecha de 2 × 2 o 2 × 4. Después de instalar las cajas, asegúrese de empujar bien los alambres hacia el interior de la caja para que los instaladores de Sheetrock® no los dañen cuando realicen el orificio para el receptáculo.

Antes de montar cualquier caja durante el proceso de cableado preliminar, determine primero qué tipo y grosor de acabado se utilizará en las paredes. Esta información dictará la profundidad a la que deben montarse las cajas para cumplir los reglamentos del *NEC®* (*figura 69*).

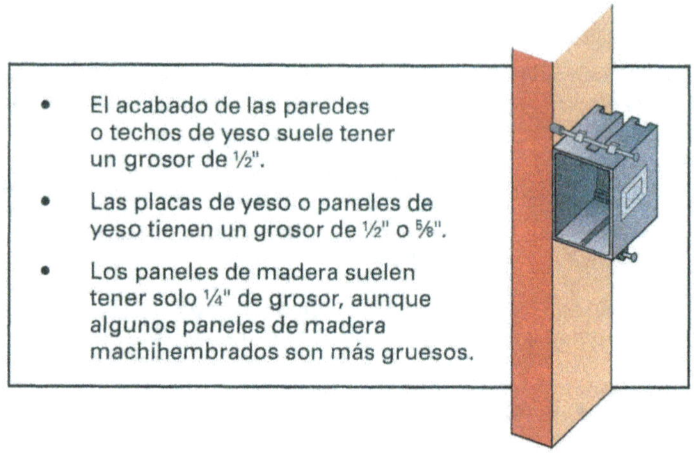

Figura 69 Determinación de la profundidad de las cajas de salida.

La *Sección 314.20 del NEC* especifica la cantidad de espacio permitido desde el borde de la caja de salida hasta la pared terminada. Cuando se utiliza un acabado de pared no combustible (como yeso, mampostería o azulejos), la caja puede estar empotrada a ¼" (6 mm). Sin embargo, cuando se utilicen acabados combustibles (como paneles de madera), la caja debe estar a ras (nivelado) de la pared o el techo terminados (*figura 70*).

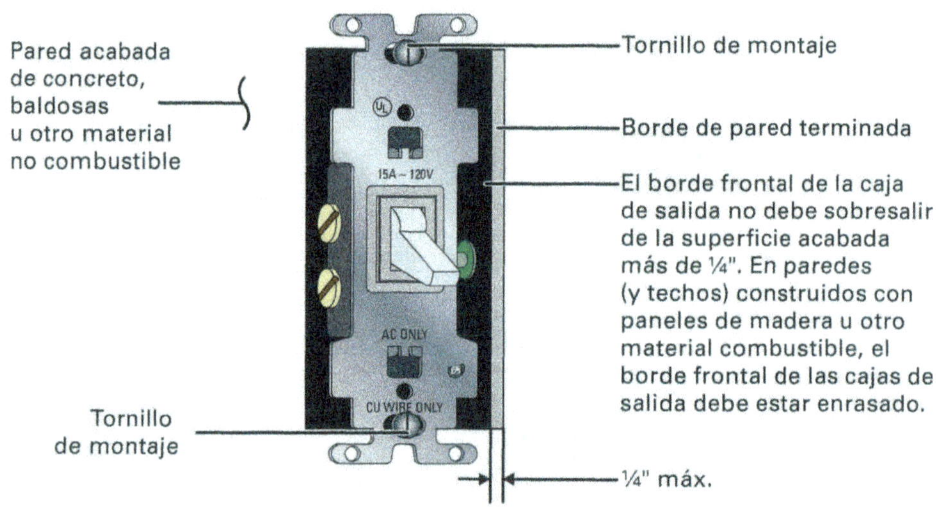

Figura 70 Instalación de la caja de salida empotrada.

Conozca el código

Entrada de cables a través de abrazaderas
Sección 314.17(B)(2) del NEC

Cuando utilice cable de tipo NM en cajas de salida metálicas o no metálicas, el conjunto del cable, incluida la cubierta, deberá sobresalir de la caja no menos de ¼" (6 mm), de acuerdo con la *Sección 314.17(B)(2) del NEC*. En todos los casos, todos los métodos de cableado permitidos deben fijarse a las cajas mediante abrazaderas de cable o conectores aprobados. La única excepción a esta regla es cuando se utiliza cable de tipo NM con cajas no metálicas de 2¼" × 4" (57 mm × 100 mm) o más pequeñas en las que el cable esté sujeto a menos de 200 mm (8") de la caja. En este caso, no es necesario fijar el cable a la caja. Consulte la excepción en la *Sección 314.17(B)(2) del NEC*.

5.3.2 Cajas para ventiladores (de aspas) suspendidos del cielo raso

Existen normas específicas para las cajas para ventiladores (de aspas) suspendidos del cielo raso. No está permitido utilizar una caja que usted instale para su uso en salidas de ventiladores suspendidos del cielo raso como único soporte de un ventilador suspendido del cielo raso, a menos que la caja esté catalogada para la aplicación como único medio de soporte. Cuando el peso de un ventilador suspendido del cielo raso no exceda de 70 lb (32 kg), puede estar soportado por cajas de salida catalogadas e identificadas para tal uso por el fabricante.

Las cajas diseñadas para soportar más de 35 lb (16 kg) se marcarán con el peso máximo que deben soportar. Consulte la *Sección 314.27(C) del NEC*. Estas cajas deberán apoyarse rígidamente en un elemento estructural del edificio. *La Sección 314.27(C) del NEC* también requiere que se utilice una caja clasificada para ventiladores suspendidos del techo si la ubicación de la caja es aceptable para la instalación de un ventilador suspendido del techo.

Conozca el código

Cajas en salidas de ventiladores (de aspas) suspendidos del cielo raso
Sección 314.27(C) del NEC

5.0.0 Repaso de la sección

1. Un circuito ramal que alimenta a un calentador de agua de almacenamiento con una capacidad de 120 galones (450 litros) o menos y una clasificación nominal de 20 A debe tener una clasificación *mínima* de _____.
   a. 18 A
   b. 20 A
   c. 22 A
   d. 25 A

2. Un circuito ramal para iluminación tiene una capacidad de 1,800 VA. *No* se debe cargar a más de _____.
   a. 1,440 VA
   b. 1,800 VA
   c. 2,250 VA
   d. 2,700 VA

3. Una caja de salida metálica para dos conductores AWG Nº 12 con un cable a tierra, una abrazadera de cable, un interruptor y un conductor en bucle de más de 12" (300 mm) contaría como _____.
   a. dos conductores
   b. cuatro conductores
   c. cinco conductores
   d. ocho conductores

6.0.0 Dispositivos de cableado

Objetivo

Explicar cómo seleccionar e instalar diversos dispositivos de cableado.

a. Describir cómo seleccionar e instalar receptáculos.
b. Describir cómo seleccionar e instalar interruptores.
c. Describir cómo instalar dispositivos cerca de piscinas, spas y jacuzzis residenciales.

Tareas prácticas

Esta sección no contiene tareas prácticas.

Los dispositivos de cableado incluyen varios tipos de receptáculos e interruptores. Los receptáculos son enchufes o salidas donde se pueden conectar aparatos eléctricos a la corriente eléctrica.

6.1.0 Trabajos con receptáculos

Los receptáculos se clasifican por capacidad de voltaje y amperaje. Encontrará los reglamentos referentes a los receptáculos en el *Artículo 406 del NEC*

Conozca el código

Receptáculo, conectores de cables y clavijas de fijación (tapas)
Artículo 406 del NEC

Conozca el código

Tipo de puesta a tierra
Sección 406.4(A) del NEC

Conozca el código

Receptáculos a prueba de manipulaciones
Sección 406.12 del NEC

Conozca el código

Receptáculo individual en un circuito ramal individual
Sección 210.21(B)(1) del NEC

La *Sección 406.4(A) del NEC* requiere que los receptáculos conectados a un circuito de 15 A o 20 A tengan las especificaciones correctas para la aplicación y sean del tipo de puesta a tierra. La *Sección 406.12 del NEC* exige que todos los receptáculos sin bloqueo de 15 A y 20 A, 125 V y 250 V instalados en unidades de vivienda estén catalogados como a prueba de manipulaciones.

La *Sección 406.4(D) del NEC* tiene varios requisitos para los receptáculos de repuesto, como se muestra en la *tabla 8*.

Cuando solo hay una salida en un circuito, la capacidad nominal del receptáculo debe ser igual o superior a la capacidad de los conductores que lo alimentan, de acuerdo con la *Sección 210.21(B)(1) del NEC*. Por ejemplo, si un receptáculo está conectado a un circuito de lavandería residencial de 20 A, el receptáculo debe tener una capacidad nominal de 20 A o más.

Cuando hay más de una salida en un circuito, la carga total conectada debe ser igual o inferior a la capacidad de los conductores del circuito ramal que alimentan los receptáculos.

TABLA 8 Requisitos generales de instalación de receptáculos de reemplazo según la *SECCIÓN 406.4(D) DEL NEC*

Sección *del NEC*®	Requisitos
Sección 406.4(D)(4) del NEC	El reemplazo debe estar protegido por AFCI si se especifica en otra parte.
Sección 406.4(D)(5) del NEC	El reemplazo debe ser a prueba de manipulaciones si se especifica en otra parte.
Sección 406.4(D)(6) del NEC	El reemplazo debe ser resistente a la intemperie si se especifica en otra parte.

Consulte en la *figura 71* algunas de las características de un receptáculo doble estándar de 125 V y 15 A. Tenga en cuenta que los terminales están codificados por colores de la siguiente manera:

- *Verde:* conexión para el conductor de puesta a tierra del equipo
- *Plata:* conexión para el conductor neutro o puesto a tierra
- *Cobrizo:* conexión para el conductor no puesto a tierra

Un receptáculo estándar de 125 V y 15 A también suele llevar impresos los siguientes símbolos:

- *UL:* marca del catálogo de UL Solutions
- *CSA:* Asociación Canadiense de Normalización
- *CO/ALR:* diseñado para su uso con alambre de cobre y aluminio
- *15A:* receptáculo con capacidad máxima de 15 A
- *125V:* receptáculo con capacidad máxima de 125 V

La etiqueta UL significa que el receptáculo ha sido sometido a pruebas y cumple los requisitos mínimos de seguridad. UL Solutions fue creada por el National Board of Fire Underwriters para probar dispositivos y materiales eléctricos. La etiqueta UL es solo una clasificación de seguridad y no significa que el dispositivo o equipo cumpla ningún tipo de norma de calidad. La etiqueta CSA significa que el receptáculo está aprobado y es aceptable para su uso en Canadá por la CSA, el equivalente canadiense a UL Solutions.

El símbolo CO/ALR significa que el dispositivo es adecuado para su uso con cable de cobre, aluminio o aluminio revestido de cobre. El CO en el símbolo significa cobre, mientras que ALR significa aluminio revisado. El símbolo CO/ALR sustituyó la anterior marca CU/AL, que aparecía en dispositivos de cableado que posteriormente se consideraron inadecuados para su uso con cable de aluminio en el rango de 15 A a 20 A. Por lo tanto, cualquier receptáculo o interruptor de pared marcado con la configuración CU/AL o cualquier otra que no sea CO/ALR debe utilizarse solo para cable de cobre.

Estas mismas configuraciones se aplican también a los interruptores de pared utilizados para controlar la iluminación. Estos temas se abordarán en la siguiente sección.

PRECAUCIÓN

CO/ALR sustituyó la marca CU/AL. Se ha comprobado que los dispositivos de cableado con la marca CU/AL son inadecuados para su uso con cable de aluminio en el rango de 15A a 20A. Cualquier receptáculo o interruptor de pared marcado con la configuración CU/AL o cualquier otra que no sea CO/ALR debe utilizarse solo para cable de cobre.

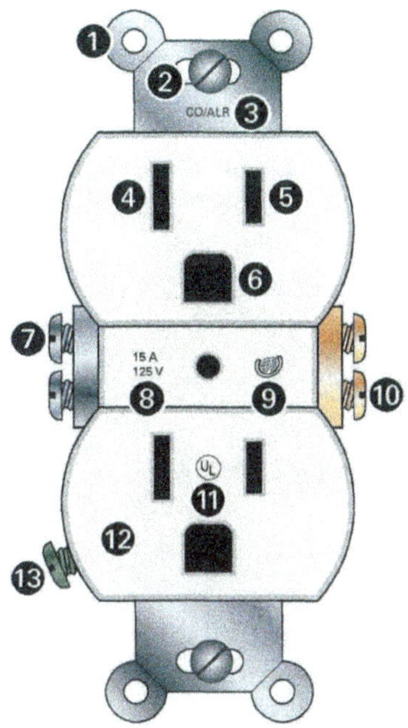

1. Asas de yeso con lengüetas de separación
2. Ranura para tornillo de montaje
3. CO/ALR indica la compatibilidad del interruptor con cables de cobre y aluminio.
4. La ranura más larga indica conductor neutro o conectado a tierra.
5. La ranura pequeña indica conductor no conectado a tierra.
6. Ranura de puesta a tierra
7. Los terminales neutros o puestos a tierra están indicados mediante tornillos de color plateado.
8. Amperaje/voltaje nominal
9. Símbolo CSA
10. Los conductores sin conexión a tierra se conectan a los tornillos de latón opuestos a los tornillos de los conductores con conexión a tierra.
11. Marca del catálogo de UL
12. Incorporado dentro del receptáculo hay un mecanismo de cierre oculto a prueba de manipulaciones.
13. La puesta a tierra tiene un cabezal de tornillo verde.

Figura 71 Receptáculo doble estándar de 125 V y 15 A.

6.2.0 Control de iluminación

El *Artículo 404 del NEC* abarca la información relativa a los interruptores. Un interruptor unipolar de cierre automático está formado por un dispositivo que contiene dos elementos conductores de corriente estacionarios, un elemento conductor de corriente móvil, una palanca basculante, un resorte y una carcasa. Cuando los contactos están abiertos, el circuito está interrumpido y no circula corriente (*figura 72*). Cuando el elemento móvil se cierra girando manualmente la palanca, los contactos completan el circuito y la lámpara recibe corriente (*figura 73*).

El interruptor unipolar silencioso, que se muestra en la *figura 74*, es el interruptor más común para su uso en aplicaciones de iluminación. Su funcionamiento es mucho más silencioso que el del interruptor de cierre automático. Los interruptores silenciosos son comunes para cargas de 10 A a 20 A y están disponibles en configuraciones unipolares, de tres vías y de cuatro vías. Solo se pueden utilizar en sistemas de corriente alterna.

El interruptor silencioso consta de un contacto fijo y otro móvil que están próximos cuando el interruptor está abierto. Un movimiento corto y suave basta para abrir y cerrar el interruptor, produciendo muy poco ruido.

Conozca el código

Interruptores
Artículo 404 del NEC

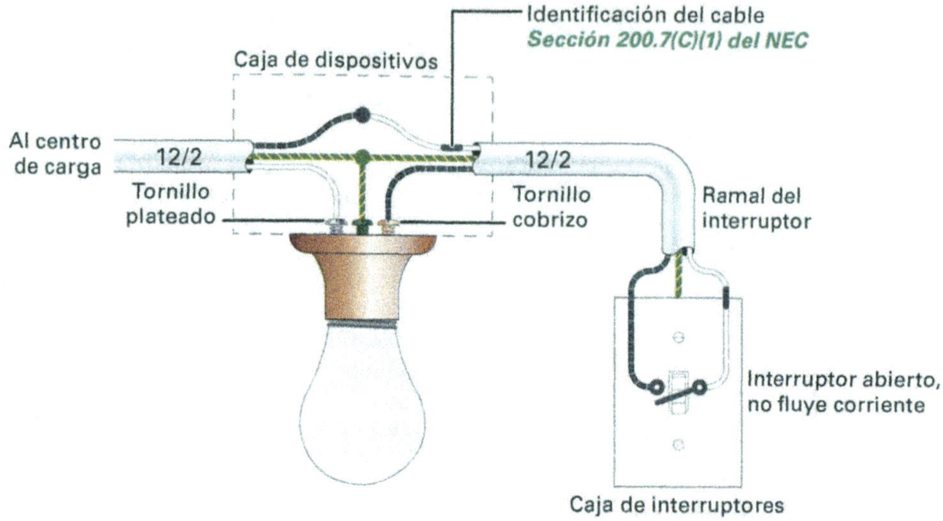

Figura 72 Funcionamiento del interruptor, contactos abiertos.

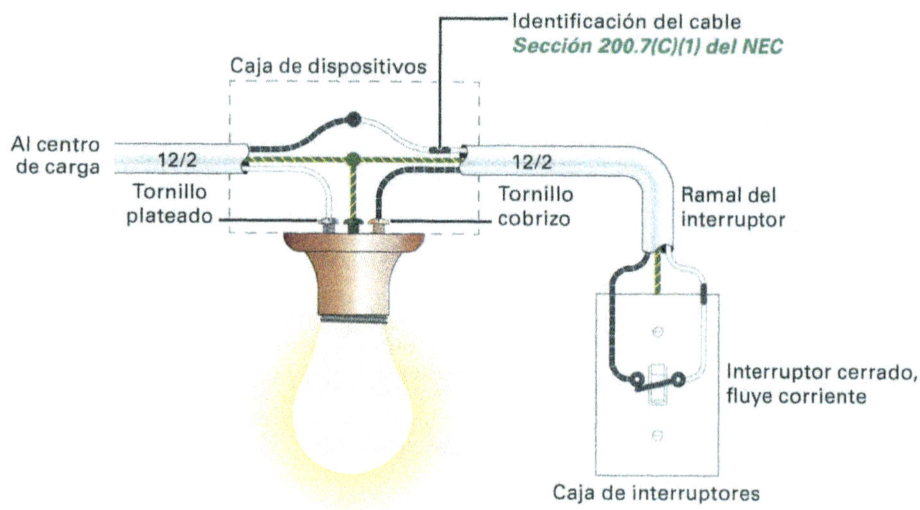

Figura 73 Funcionamiento del interruptor, contactos cerrados.

6.2.1 interruptores de tres vías

Los interruptores de tres vías controlan una o varias lámparas desde dos lugares diferentes. Por ejemplo, para la luz de un sótano, puede tener un interruptor en la parte superior e inferior de la escalera del sótano. En una habitación con dos entradas, puede haber un interruptor en cada una. La *figura 75* muestra un interruptor típico de tres vías.

La figura 76 muestra la conexión de dos interruptores de tres vías. Al trazar el circuito, puede ver cómo estos interruptores de tres vías le permiten controlar la misma lámpara desde dos lugares.

Dado que la palanca está en posición Arriba, como se muestra en la *figura 76*, la corriente continúa hasta el terminal superior de desplazamiento y es conducida por este hasta el otro interruptor de tres vías.

Tenga en cuenta que la palanca también está en la posición Arriba en este interruptor. Este recoge el flujo de corriente y lo lleva hasta el punto común, que continúa hasta el terminal no conectado a tierra de la lámpara para formar un circuito completo. La lámpara está encendida. Al mover la palanca a una posición diferente en cualquiera de los interruptores de tres vías, se interrumpe el circuito y se desenergiza la lámpara.

En la práctica, para controlar el funcionamiento de una lámpara, el cableado exacto de los dos interruptores de tres vías será ligeramente diferente del que se muestra en los diagramas de los interruptores en la *figura 74*, *figura 75* y *figura 76*. Hay varias formas de conectar dos interruptores de tres vías para controlar la misma lámpara desde dos lugares. Un método se muestra en la *figura 77*.

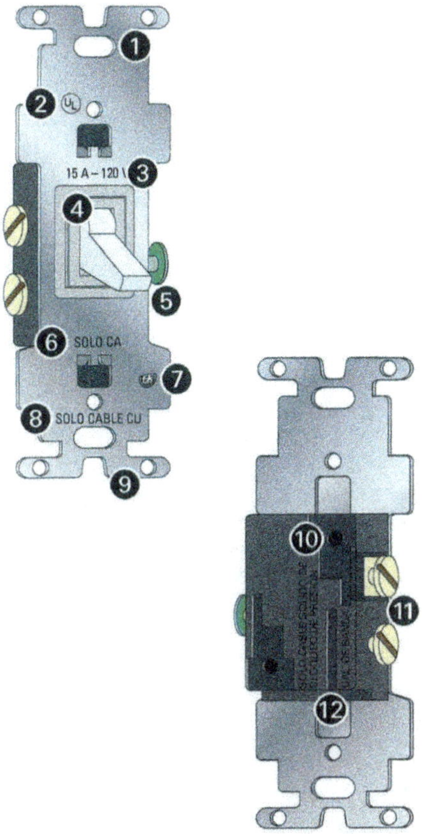

1. Ranuras para tornillos de montaje
2. Marca del catálogo de UL
3. Amperaje máximo, 15 A
   Voltaje máximo, 120 V
4. Mango abajo = interruptor apagado
5. Tornillo de puesta a tierra
6. Diseñado para uso exclusivo con CA
7. Símbolo CSA
8. Únicamente cable de cobre
9. Asas de yeso
10. Orificio para cableado negro
11. Tornillos para cableado lateral
12. Calibre de banda

Figura 74 Características de un interruptor unipolar silencioso.

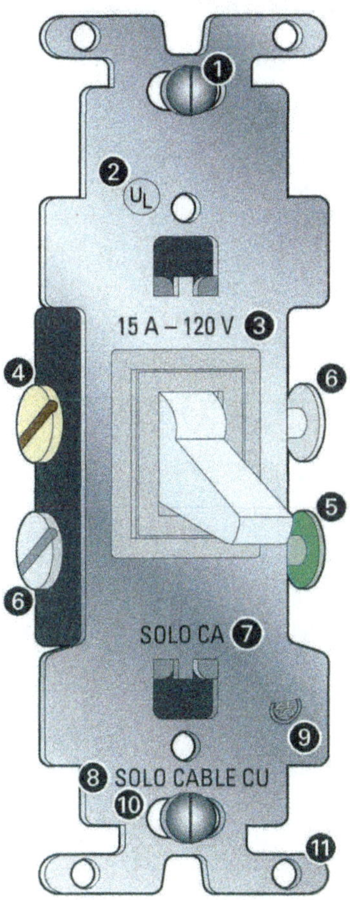

1. Tornillo de montaje
2. Marca del catálogo de UL
3. Amperaje máximo, 15 A
   Voltaje máximo, 120 V
4. El terminal de latón indica la bisagra o el punto común
5. Tornillo de puesta a tierra
6. Terminal de desplazamiento
7. Diseñado para uso exclusivo con CA
8. Únicamente cable de cobre
9. Símbolo CSA
10. Ranuras para tornillos de montaje
11. Asas de yeso

Figura 75 Interruptor típico de tres vías.

1 El cable blanco (o neutro) se conecta directamente al terminal neutro de la lámpara.

2 El alimentador (cable caliente) o ramal del interruptor siempre está conectado al terminal común oscuro o negro.

3 El terminal solitario se denomina punto común o punto de articulación. Puedes identificarlo porque es más oscuro que los otros dos.

4 Los dos terminales restantes se denominan terminales de desplazamiento. Estos terminales conectan entre sí interruptores de tres vías.

5 El cable caliente transporta la corriente, en el sentido de las flechas, al terminal común del interruptor de tres vías de la derecha.

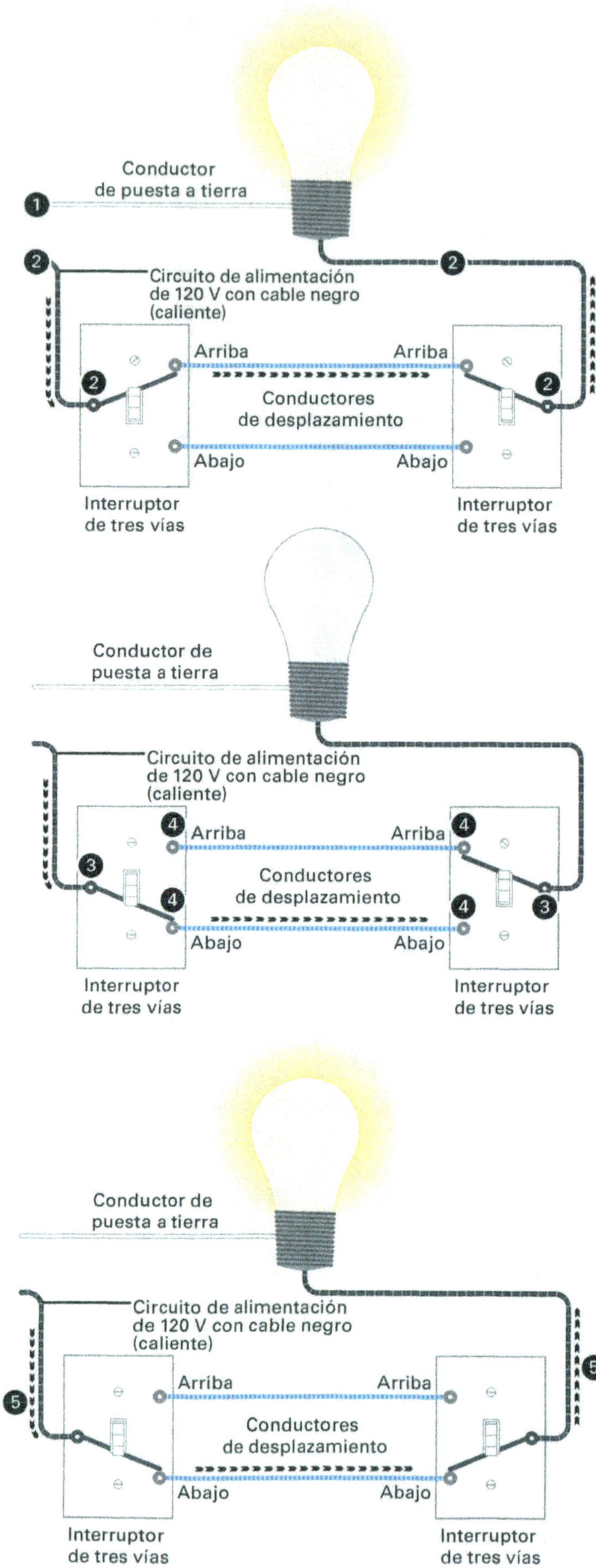

Figura 76 Interruptores de tres vías en posición arriba (encendido), arriba y abajo (apagado) y abajo (encendido).

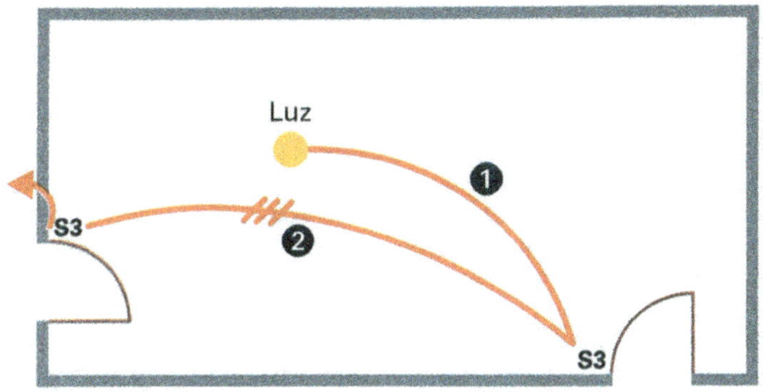

1 Se tiende un cable de dos hilos desde la salida del artefacto de iluminación hasta un interruptor de tres vías.

2 Tienda un cable de tres hilos entre los dos interruptores de tres vías: dos de los hilos para los desplazamientos y el tercero para el retorno del punto común.

Figura 77 Método para mostrar la disposición del cableado en un plano de planta.

Otro método consiste en alimentar la salida de la luminaria con cable de dos hilos, como se describe en los pasos siguientes:

Paso 1 Tienda un cable de dos hilos que lleve los conductores caliente y neutro a uno de los interruptores de tres vías.

Paso 2 Tire de un cable de tres hilos entre los dos interruptores de tres vías.

Paso 3 Tienda otro cable de dos hilos desde el otro interruptor de tres vías hasta la salida de la luminaria.

Algunos electricistas utilizan un método corto que elimina uno de los cables de dos hilos del método anterior. Este método se muestra en la *figura 78*.

Piénselo

Cableado de interruptores de tres vías

Utilizando un dibujo esquemático, explique el cableado real de dos interruptores diferentes de tres vías, uno en el que la carga y la alimentación proceden de cajas distintas y otro en el que la carga y la alimentación proceden de la misma caja. Especifique qué cables se conectan a qué terminales.

1 Cable bifilar (por ejemplo, 12/2)

2 Cable trifilar (por ejemplo, 12/3)

3 Cable bifilar (por ejemplo, 12/2)

4 Interruptor de tres vías

5 Caja de dispositivos

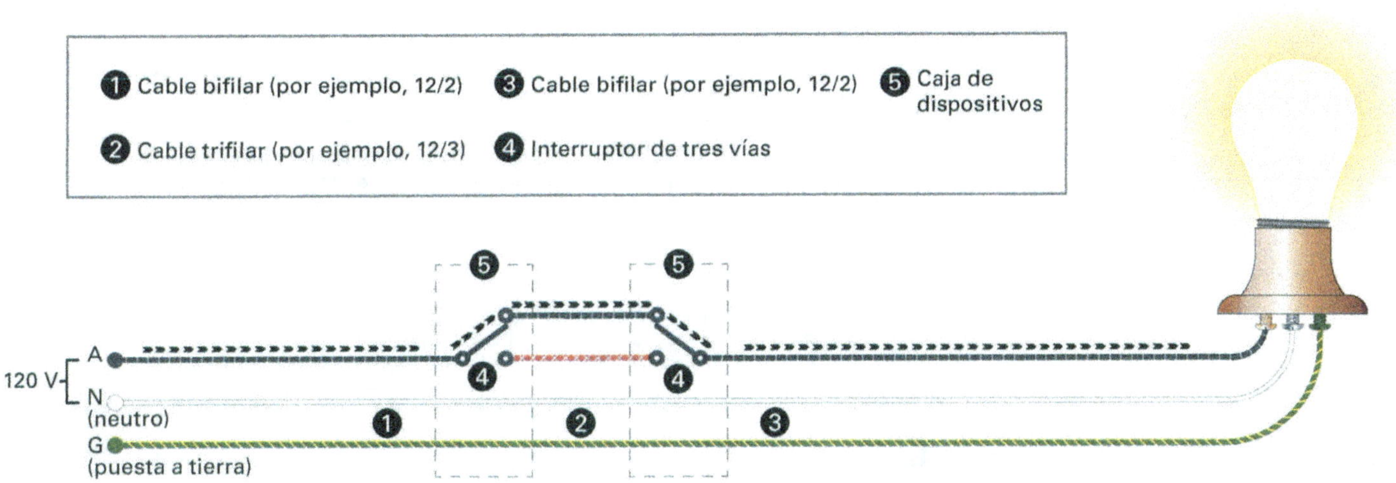

Figura 78 Una forma de conectar un par de interruptores de tres vías para controlar una luminaria.

6.2.2 Interruptores de cuatro vías

Si desea controlar la iluminación desde tres o más lugares, utilice un interruptor de cuatro vías. Se puede utilizar cualquier número de interruptores de cuatro vías en combinación con dos interruptores de tres vías, pero siempre son necesarios dos interruptores de tres vías para el funcionamiento correcto de uno o más interruptores de cuatro vías. Cuando se conecta correctamente, el uso de cualquiera de los interruptores hará que la lámpara pase de apagada a encendida o viceversa.

La figura 79 muestra cómo se puede utilizar un interruptor de cuatro vías en combinación con dos interruptores de tres vías para controlar un dispositivo desde tres ubicaciones.

De nuevo, el interruptor está en la posición Arriba. Por lo tanto, la corriente se transporta desde el terminal superior de desplazamiento al terminal común y, a continuación, a la luminaria para energizarla.

Si se cambia la posición de cualquiera de las palancas de los tres interruptores, el circuito se interrumpe y no llega corriente a la lámpara (*figura 80*).

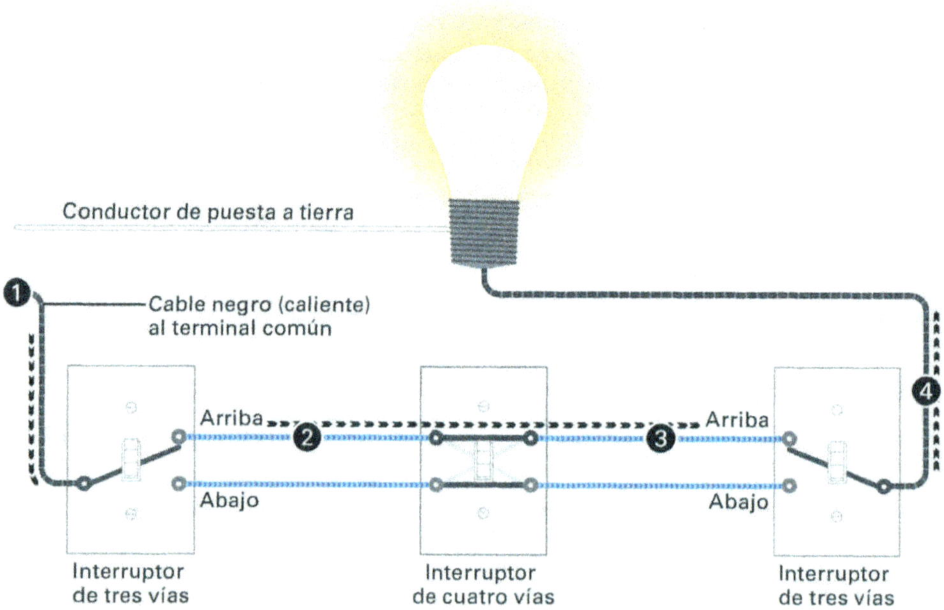

1 El cable caliente se conecta al terminal común del interruptor de tres vías de la izquierda.

2 La corriente viaja entonces al terminal superior de desplazamiento y continúa por el conductor superior de desplazamiento hasta el interruptor de cuatro vías.

3 Debido a que el mango está en posición Arriba en el interruptor de cuatro vías, la corriente fluye a través de los terminales superiores del interruptor y hacia el conductor de desplazamiento que va al otro interruptor de tres vías.

4 Por lo tanto, con el interruptor en posición Arriba, la corriente se transporta desde el terminal superior de desplazamiento al terminal común y, a continuación, al artefacto de iluminación para energizarlo.

Figura 79 Interruptores de tres y cuatro vías utilizados en combinación; la luz está encendida.

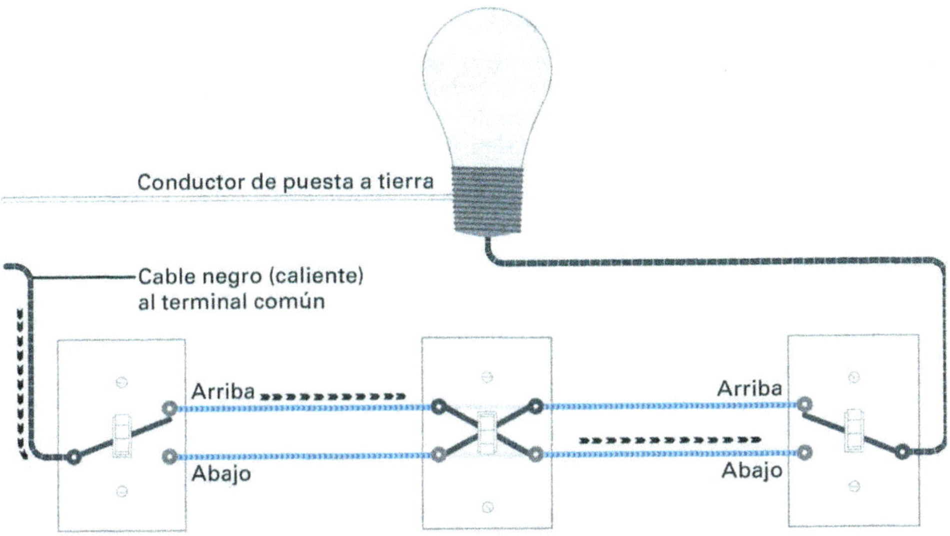

Figura 80 Interruptores de tres y cuatro vías utilizados en combinación; la luz está apagada.

6.2.3 Trabajos con interruptores fotoeléctricos

El uso principal del interruptor fotoeléctrico es controlar la iluminación exterior. Se utiliza con frecuencia para iluminar áreas suburbanas desde el atardecer hasta el anochecer. Este interruptor tiene un sinfín de usos posibles y es una gran herramienta para los electricistas que se ocupan de situaciones de iluminación exterior.

6.2.4 Relés para el control remoto de la iluminación

Junto a los interruptores, los relés juegan el papel más importante en el control de la luz. Sin embargo, el diseño y la aplicación de los relés quedan fuera del alcance de este módulo. Esta exploración breve de los relés para la iluminación por control remoto ampliará sus conocimientos sobre los controles de iluminación.

Un relé eléctrico es un dispositivo que utiliza una corriente eléctrica para provocar la abertura o el cierre de uno o varios pares de contactos. Por lo general, estos contactos pueden controlar mucha más potencia de la necesaria para accionar el propio relé. Esta es una de las principales ventajas de los relés.

Uno de los usos más populares del relé es la iluminación por control remoto en sistemas residenciales. También es útil para recablear viviendas existentes con paredes y techos acabados.

En este tipo de sistema, todos los relés funcionan en un circuito de 24 V y controlan circuitos de iluminación de 120 V. Tienen una potencia nominal de 20 A, suficiente para controlar toda la carga de un circuito ramal de iluminación normal.

Usted debe disponer de un relé por cada luminaria o grupo de luminarias que desee controlar conjuntamente.

La conmutación por control remoto permite instalar un interruptor donde resulte cómodo y práctico o donde haya una necesidad evidente de un interruptor, sin importar lo alejado que esté de las lámparas. Este método permite lograr nuevos avances en la comodidad del control de la iluminación a un costo razonable.

Al ubicar los interruptores para la iluminación por control remoto, siga las mismas reglas que para la conmutación directa convencional. Como es fácil añadir interruptores para controlar un relé, es posible que desee tener más interruptores para un control más cómodo. La iluminación por control remoto también tiene la ventaja de utilizar interruptores selectores en ubicaciones centrales. Por ejemplo, los interruptores selectores situados en la habitación principal o en la cocina de una vivienda permiten al propietario controlar todas las luminarias de la propiedad desde el mismo lugar.

NOTA

Es muy importante que los reguladores de intensidad coincidan con la potencia y tipo de aplicación. Consulte los datos del fabricante.

6.2.5 Reguladores de intensidad

Un regulador de intensidad es un dispositivo que se conecta a un artefacto de iluminación y sirve para reducir la intensidad de la luz. Regular la intensidad de un sistema de iluminación permite controlar la cantidad de iluminación. Los reguladores de intensidad se pueden usar para crear ciertos estados de ánimo o para combinar la iluminación de diferentes fuentes para varios efectos de iluminación. La *figura 81* muestra algunos usos de un regulador de intensidad.

6.2.6 Ubicaciones de los interruptores

En la mayoría de los casos, la ubicación del interruptor de pared se elige en función de la comodidad. El *NEC®* estipula ciertas ubicaciones obligatorias para los accesorios de iluminación y los interruptores de pared, también denominados *'dispositivos de control de pared homologados' (listed wall-mounted control devices).*

Por ejemplo, el *NEC®* exige una iluminación adecuada en las áreas donde se coloquen equipos de calefacción, ventilación y aire acondicionado (HVAC). Además, estas luces deben estar convenientemente controladas para que los propietarios y el personal de acometida no tengan que acceder a un área oscura donde podrían entrar en contacto con equipos peligrosos. Los interruptores de tres vías son necesarios en determinadas condiciones.

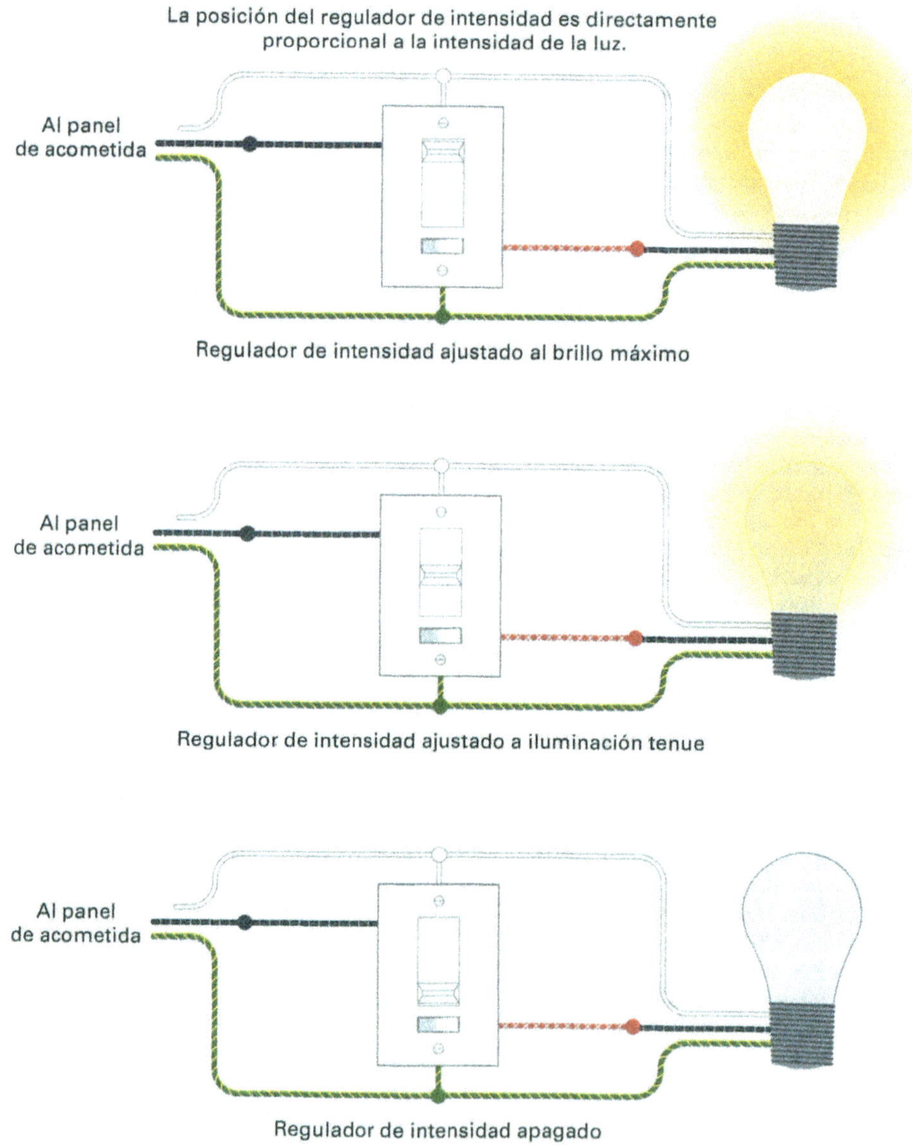

Figura 81 Uso de un regulador de intensidad.

La *figura 82* resumen algunos de los requisitos del *NEC®* para la colocación de luces e interruptores en una vivienda. Para más detalles, consulte el *Artículo 210 del NEC*. Para ubicaciones específicas en unidades de viviendas, consulte la *Sección 210.70(A) del NEC*. Estos lugares se consideran necesarios para que la vivienda sea segura para los ocupantes y el personal de acometida.

Conozca el código

Circuitos ramales de no más de 1000 voltios CA, 1500 voltios CC, nominal
Artículo 210 del NEC

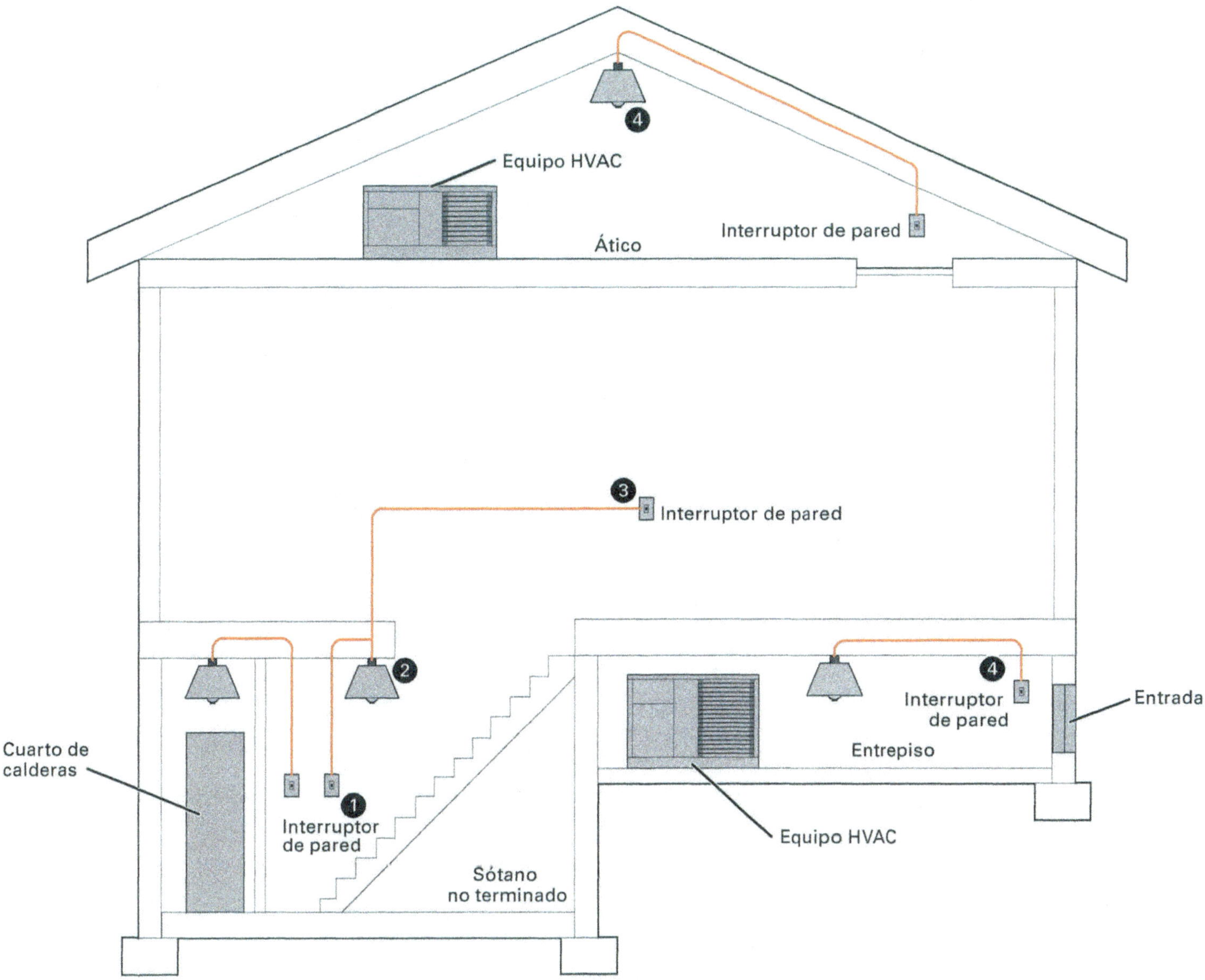

1

Cuando seis o más contrahuellas separan pisos, se requiere un interruptor de pared para la iluminación de la escalera.
Sección 210.70(A)(2)(3) del NEC

2

Instale al menos una salida de luz controlada por interruptor en pasillos, escaleras y garajes anexos o independientes.
Sección 210.70(A)(2)(1) del NEC

3

Debe haber un interruptor de tres vías en cada piso de una escalera.
Sección 210.70(A)(2)(3) del NEC

4

Instale al menos una salida de luz controlada por interruptor en los equipos que requieran acometida.
Sección 210.70(C) del NEC

Figura 82 Requisitos del *NEC®* para la colocación de luces e interruptores.

6.2.7 Sistemas eléctricos de baja tensión

Los sistemas de iluminación convencionales funcionan y están controlados por el mismo voltaje o tensión del sistema, generalmente 120 V en los circuitos de iluminación residenciales. Si necesita un control de la iluminación amplio o complejo, quizá prefiera un sistema de bajo voltaje. El *NEC*® permite usar sistemas de bajo voltaje para controlar los circuitos de iluminación. Aunque los sistemas eléctricos de bajo voltaje tienen varias ventajas (*figura 83*), una muy evidente es que puede controlar fácilmente la iluminación desde varios lugares distintos. Para ello se pueden utilizar sistemas de control remoto. Por ejemplo, la iluminación exterior puede controlarse desde varias habitaciones de una casa. El cableado de control cuesta menos porque está preparado para un voltaje más baja y solo transporta una cantidad mínima de corriente, en comparación con un sistema de iluminación estándar. Cuando se requiere un control del alumbrado amplio o complejo, se prefieren los sistemas de bajo voltaje. Además, como estos circuitos son de baja energía, no es necesaria la protección del circuito.

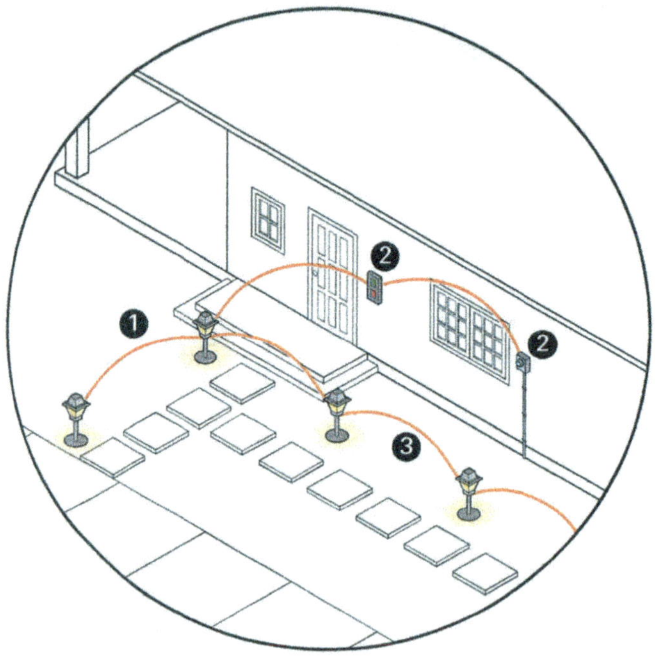

1 El costo del cableado de control es menor debido a un voltaje más bajo y una corriente mínima en comparación con los sistemas de iluminación estándar.

2 Es más fácil controlar el sistema de iluminación desde varios lugares diferentes.

3 Los circuitos de baja energía no necesitan que se instale protección.

Figura 83 Ventajas de los sistemas de bajo voltaje.

Los *Artículos 724 y 725 del NEC* abarcan la instalación del cableado de sistemas de bajo voltaje. Estas disposiciones se aplican a los circuitos de control remoto, conmutación de relés de bajo voltaje, circuitos de potencia de bajo voltaje y circuitos de bajo voltaje. El *NEC*® divide estos circuitos en tres categorías:

- Circuitos de control remoto
- Circuitos de señalización
- Circuitos de energía limitada

Aunque no necesita protección para el circuito de bajo voltaje, debe proteger el lado de alto voltaje del transformador que alimenta el sistema de bajo voltaje.

El *Capítulo 9, Tablas 11(A) y 11(B) del NEC* abarcan los circuitos inherentemente limitados en salida de potencia y, por lo tanto, no requieren protección de sobrecorriente o están limitados por una combinación de fuente de potencia y protección de sobrecorriente.

Los sistemas de alimentación que se describen en el *Capítulo 9, Tablas 11(A)* y *11(B) del NEC* y las notas que preceden a las tablas incluyen una serie de requisitos. Debe leer y estudiar todas las partes aplicables del *NEC*® antes de instalar sistemas de alimentación de bajo voltaje.

Conozca el código

Circuitos de potencia limitada de clase 1 y circuitos de señalización y control remoto de potencia limitada de clase 1
Artículo 724 del NEC

Conozca el código

Circuitos de potencia limitada de clase 2 y clase 3
Artículo 725 del NEC

Conozca el código

Limitaciones de las fuentes de corriente alterna de clase 2 y clase 3
Capítulo 9, Tabla 11(A) del NEC

Conozca el código

Limitaciones de las fuentes de corriente directa de clase 2 y clase 3
Capítulo 9, Tabla 11(B) del NEC

6.3.0 Piscinas, spas y bañeras de hidromasaje residenciales

El *NEC*® reconoce el peligro potencial de descarga eléctrica para las personas en piscinas, piscinas infantiles, piscinas terapéuticas o cerca de piscinas decorativas o fuentes. Esta descarga podría producirse por el potencial eléctrico en el agua misma o como resultado de que una persona en el agua o en la zona húmeda toque un recinto que no esté a igual potencial.

El *Artículo 680 del NEC* establece normas para la instalación y el mantenimiento seguros de equipos y cableado eléctricos en piscinas y lugares similares, como spas y bañeras de hidromasaje, o junto a ellos.

Existen muchos procedimientos de instalación eléctrica para bañeras de hidromasaje y piscinas. Los requisitos generales para la instalación de salidas, ventiladores de techo y artefactos de iluminación, entre otros, se resumen en la *figura 84*.

Además de los requisitos *NEC*® para la instalación en piscinas (*figura 85*), existen otras buenas fuentes de información sobre instalaciones eléctricas en piscinas y sus alrededores, como los fabricantes de equipos para piscinas, incluidos los que fabrican y distribuyen luminarias subacuáticas. Muchos de estos fabricantes ofrecen folletos en los que se detalla la instalación de sus equipos con ilustraciones útiles, explicaciones de códigos y detalles similares. Por lo general, el personal calificado puede acceder a esta documentación de forma gratuita o a un costo muy bajo. Visite los sitios web de los fabricantes para solicitar información, consulte la documentación disponible o póngase en contacto con su proveedor eléctrico o contratista local especializado en la instalación de piscinas residenciales.

Conozca el código

Piscinas, fuentes e instalaciones similares
Artículo 680 del NEC

Piénselo

Cableado residencial

Recorra mentalmente el cableado de su casa. Imagine varias habitaciones, incluso la cocina y el cuarto de servicios públicos o lavandería. ¿Cómo está conectado cada dispositivo a la fuente de alimentación y cuál es el amperaje probable y la protección contra sobrecorriente? ¿Qué otros dispositivos podrían incluirse o no en el circuito? ¿Cuántos circuitos ramales sirven a cada habitación? Luego, examine el panel de distribución y el cableado expuesto para comprobar la precisión con la que identificó los circuitos ramales.

Piscinas

Las piscinas son un lugar habitual para que los propietarios añadan luces, receptáculos o calentadores, y las infracciones de las normas son frecuentes. Si lo llaman por un problema de acometida, pregunte al propietario sobre el cableado que haya hecho por sí mismo.

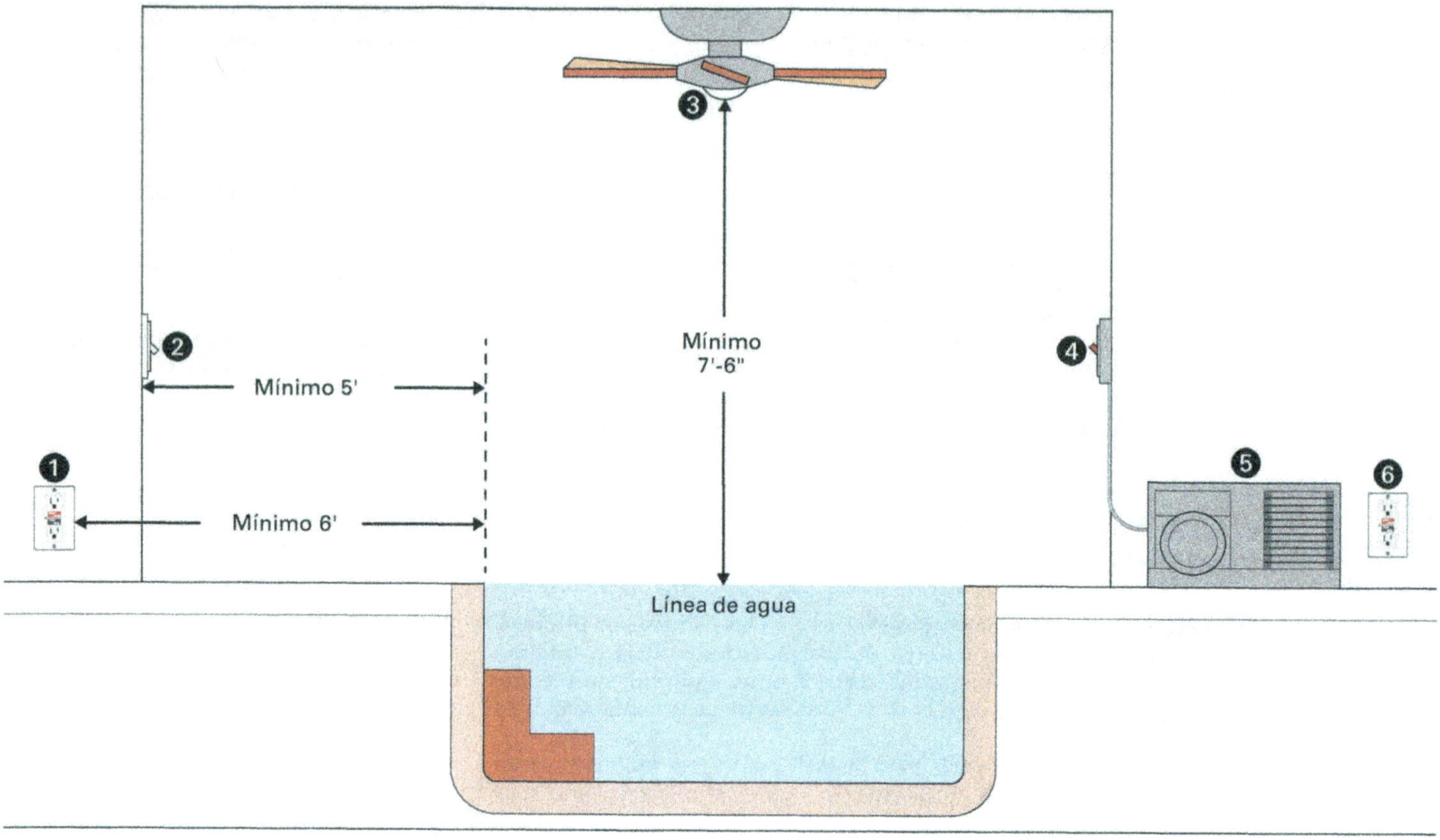

1 Receptáculos
Sección 680.43(A)(1) del NEC

2 Interruptores de pared
Sección 680.43(C) del NEC

3 Luminarias, enchufes y ventiladores de techo con protección GFCI. *Sección 680.43(B) del NEC*

4 Desconexión de mantenimiento
Sección 680.13 del NEC

5 Equipo eléctrico
Sección 680.43F del NEC

6 Receptáculo de suministro
Sección 680.43(A)(3) del NEC

Figura 84 Requisitos del *NEC*® para bañeras de hidromasaje interiores empaquetadas.

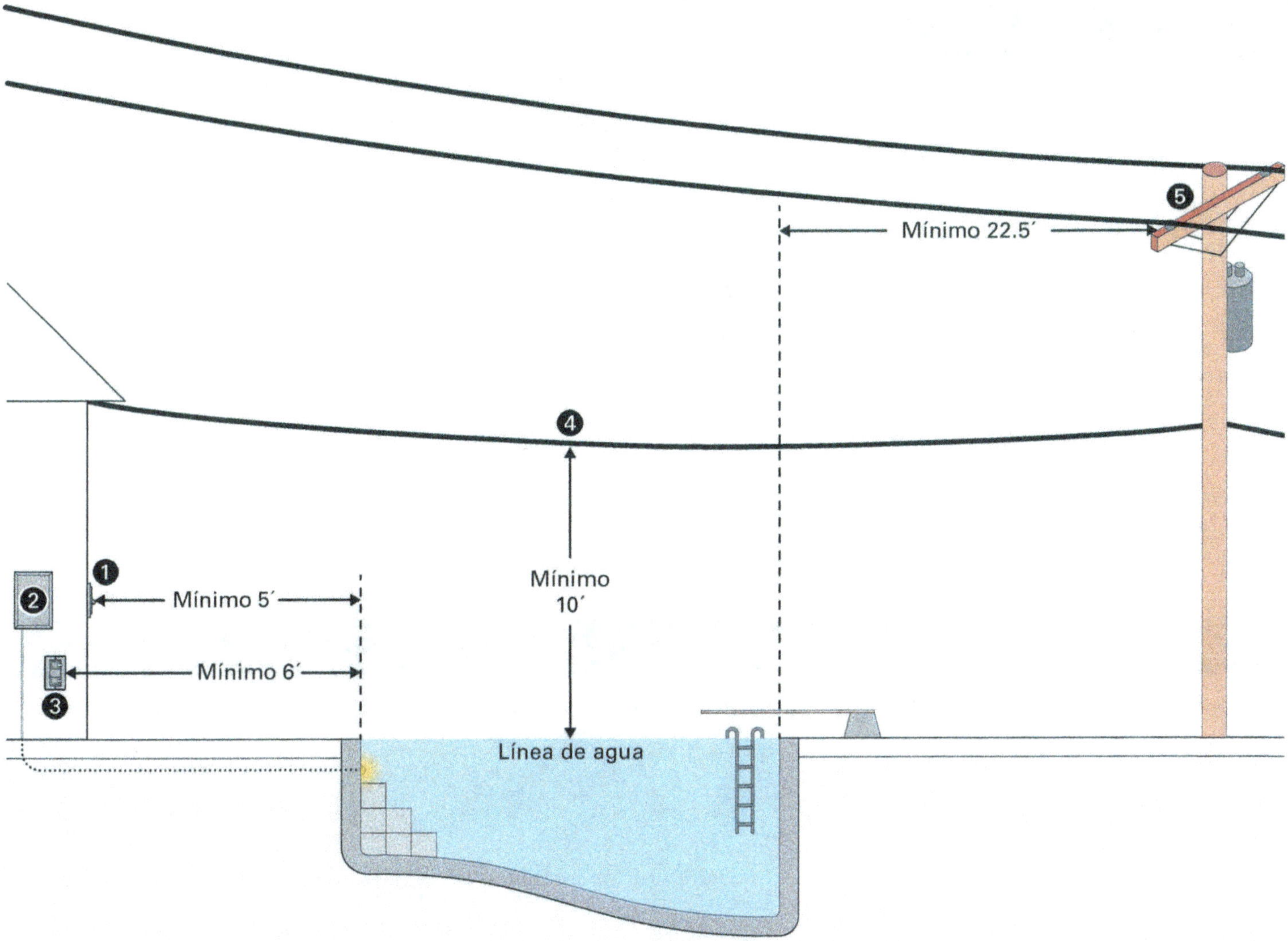

1 Interruptores *Sección 680.22(C) del NEC*	**2** Transformador Luminario *Sección 680.24(A)(1) del NEC* *Sección 680.24(A)(2) del NEC*	**3** Receptáculo *Sección 680.22(A)(3) del NEC* *Sección 680.22(A)(4) del NEC*
4 Cables de Comunicación *Sección 680.9(B) del NEC*	**5** Conductores Eléctricos *Sección 680.9 del NEC* *Sección 680.9(A) del NEC*	

Figura 85 Requisitos del *NEC*® para instalaciones típicas de piscinas.

6.0.0 Repaso de la sección

1. El tornillo cobrizo en un receptáculo se conecta al _____.
   a. conductor de conexión a tierra del equipo
   b. conductor neutro
   c. conductor conectado a tierra
   d. conductor no conectado a tierra

2. La operación correcta de un interruptor de cuatro vías requiere _____.
   a. un interruptor de tres vías
   b. dos interruptores de tres direcciones
   c. tres interruptores de tres direcciones
   d. cuatro interruptores de tres vías

3. La distancia *mínima* entre un receptáculo y la pared interior de la bañera de hidromasaje es _____.
   a. 6' (1.8 m)
   b. 10' (3 m)
   c. 12' (3.7 m)
   d. 15' (4.5 m)

Módulo 26111-23 Preguntas de repaso

1. La cantidad *mínima* de circuitos de electrodomésticos pequeños que exige el *NEC*® en una cocina es _____.
   a. 1
   b. 2
   c. 3
   d. 4

2. Al dimensionar las acometidas eléctricas residenciales, la carga de lavandería se calcula a _____.
   a. 1,200 VA
   b. 1,500 VA
   c. 1,800 VA
   d. 2,400 VA

3. Al dimensionar la carga de iluminación general para acometidas eléctricas, los primeros 3,000 VA se clasifican a _____.
   a. 50%
   b. 65%
   c. 85%
   d. 100%

4. Según la *Sección 220.53 del NEC*, puede aplicarse un factor de demanda del 75% a cuatro o más _____.
   a. cocinas eléctricas
   b. electrodomésticos fijos
   c. cargas de calefacción
   d. cargas de aire acondicionado

5. La clasificación de desconexión de acometida *mínima* para una vivienda unifamiliar es de _____.
   a. 60 A
   b. 100 A
   c. 200 A
   d. 250 A

6. La carga de iluminación general en una residencia es de 3,600 VA a 120 V. ¿Cuál es el amperaje?
   a. 20 A
   b. 30 A
   c. 45 A
   d. 60 A

7. Un disyuntor GFCI unipolar tiene una capacidad nominal de _____.
   a. 120 VCA
   b. 240 VCA
   c. 120/240 VCA
   d. 240/480 VCA

8. Las partes metálicas expuestas no conductoras de corriente de los equipos fijos *deben* conectarse a tierra si el equipo funciona con cualquier terminal por encima de _____.
   a. 60 V a tierra
   b. 120 V a tierra
   c. 150 V a tierra
   d. 240 V a tierra

9. ¿Qué sección del *NEC®* requiere que los bujes destinados a ser utilizados con mástiles de acometida de tipo canalización estén identificados para tal uso?
   a. *Sección 230.28 del NEC*
   b. *Sección 230.40 del NEC*
   c. *Sección 250.46 del NEC*
   d. *Sección 250.81 del NEC*

10. Los conductores de bajada de acometida deben situarse a una altura *mínima* de _____.
   a. 6' por encima del suelo u otra superficie accesible
   b. 8' por encima del suelo u otra superficie accesible
   c. 10' por encima del suelo u otra superficie accesible
   d. 12' por encima del suelo u otra superficie accesible

11. La distancia entre un conductor de acometida sin cubierta general y un porche o balcón *no* debe ser inferior a _____.
   a. 2' (600 mm)
   b. 3' (900 mm)
   c. 8' (2.5 m)
   d. 10' (3 m)

12. ¿Qué sección del *NEC®* proporciona normas para la localización de los medios de desconexión de acometidas?
   a. *Sección 110.26 del NEC*
   b. *Sección 230.70(A)(1) del NEC*
   c. *Sección 230.9 del NEC*
   d. *Sección 240.24 del NEC*

13. El cable de tipo NM está prohibido _____.
   a. en cavidades poco profundas de mampostería, concreto o adobe
   b. en el marco de un edificio
   c. cuando se utiliza con bandas de protección
   d. en áticos

14. El cable de tipo MC está prohibido _____.
   a. en concreto o yeso cuando está seco
   b. en mampostería en seco
   c. en áticos
   d. en lugares expuestos a daños físicos

15. Cuando se utiliza para sistemas de cableado interior, el cable de tipo SE está disponible _____.
   a. con un conductor de tierra o neutro no aislado
   b. con un conductor aislado de puesta de tierra
   c. sin conductor de tierra
   d. con bandas de protección

16. Puede utilizarse el cable de tipo SER _____.
   a. en aplicaciones aéreas
   b. bajo tierra
   c. como subalimentación en determinadas condiciones
   d. en lugares peligrosos

17. El símbolo de la *figura RQ01* indica _____.
   a. salida para usos especiales
   b. receptáculo sencillo
   c. receptáculo para estufa
   d. receptáculo doble

18. El símbolo de la *figura RQ02* indica un _____.
   a. receptáculo doble
   b. receptáculo para estufa
   c. receptáculo para secadora
   d. receptáculo con cableado dividido

19. El símbolo de la *figura RQ03* indica _____.
   a. receptáculo doble
   b. receptáculo sencillo
   c. receptáculo para secadora
   d. salida para usos especiales

20. El símbolo de la *figura RQ04* indica un _____.
   a. receptáculo para estufa
   b. receptáculo sencillo
   c. receptáculo doble
   d. receptáculo con cableado dividido

21. El símbolo de la *figura RQ05* indica _____.
   a. salida para usos especiales
   b. receptáculo con cableado dividido
   c. receptáculo doble
   d. receptáculo para estufa

22. El símbolo de la *figura RQ06* indica _____.
   a. receptáculo para secadora
   b. receptáculo con cableado dividido
   c. receptáculo doble
   d. salida para usos especiales

23. Los conductores utilizados para calentadores de agua eléctricos con una capacidad de 120 galones o menos *deben* dimensionarse al _____.
   a. 70% de la potencia nominal del calentador
   b. 95% de la potencia nominal del calentador
   c. 100% de la potencia nominal del calentador
   d. 125% de la potencia nominal del calentador

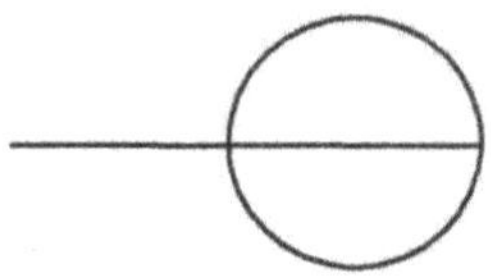

Figura RQ01

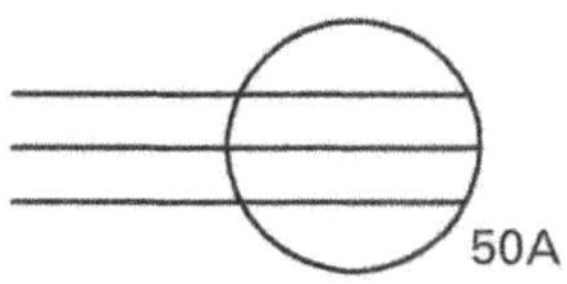

Figura RQ02

Figure RQ03

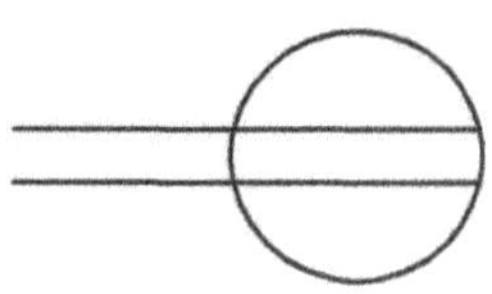

Figure RQ04

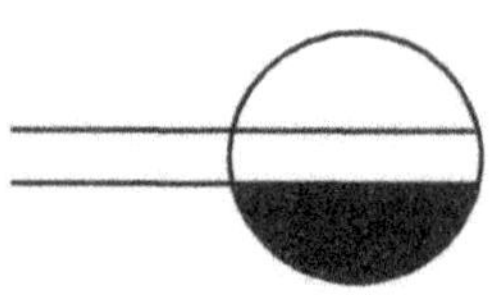

Figure RQ05

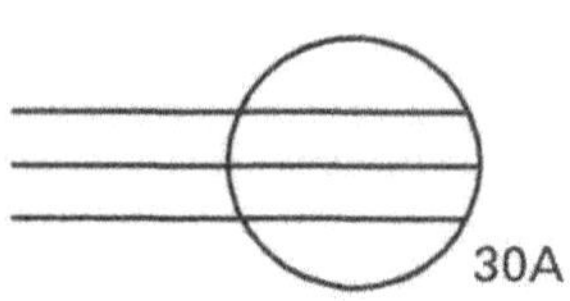

Figure RQ06

24. Se requiere un interruptor de pared para controlar la iluminación de la escalera en cada nivel cuando los niveles están separados por _____.
    a. tres o más contrahuellas
    b. cuatro o más contrahuellas
    c. cinco o más contrahuellas
    d. seis o más contrahuellas

25. En una zona de piscina residencial, los receptáculos _____.
    a. no están permitidos dentro de la zona vallada
    b. deben estar aprobados para suministrar energía a los artefactos de iluminación subacuática
    c. deben estar al menos a 6' de las paredes interiores de la piscina
    d. solo se permiten si lo necesita el fabricante de la piscina

Las respuestas a las preguntas de repaso impares del módulo se encuentran en el *Apéndice A*.

Módulo 26111-23 Ejercicios suplementarios

1. Debido a que todas las salidas eléctricas residenciales nunca se utilizan al mismo tiempo, el *NEC®* permite una diversidad o _________ que se utilizará al dimensionar la carga de iluminación general de las acometidas eléctricas.

2. ¿Verdadero o falso? En una acometida eléctrica residencial, la acometida puede conectarse a tierra con el sistema subterráneo de tuberías de gas.

3. ¿Verdadero o falso? Se requiere protección GFCI para los receptáculos de los baños residenciales.

4. En una pared no combustible, la caja de salida puede empotrarse _________.

5. Debe instalarse una salida de receptáculo doble en todos los pasillos de longitud superior a _________.

6. Las estufas eléctricas, las secadoras de ropa y los calentadores de agua que funcionan a 240 V requieren un interruptor automático de _________.

7. En general, en la mayoría de los sistemas eléctricos residenciales modernos se utilizan dos métodos básicos de cableado. ¿Cuáles son?

    ____

    ____

8. En un receptáculo estándar de 125 V, ¿qué cable se conecta al terminal cobrizo?

    ____

    ____

9. Los interruptores de tres vías se utilizan para controlar lámparas desde _________ lugares diferentes.

10. Utilizando la ***tabla 314.16(A) del NEC***, calcule las pulgadas cúbicas necesarias para una caja con seis conductores Nº 12 y tres cables de tierra si debe haber 2.25 pulgadas^3 de espacio libre dentro de la caja para cada conductor. A continuación, indique el tamaño de la caja metálica que debe utilizar.

    ____

    ____

Las respuestas a los ejercicios suplementarios impares se encuentran en el *Apéndice B*.

Piedra angular del oficio

Tim Burkhead
Presidente
Burkhead Electric

¿Cómo eligió una carrera en el sector?

Crecí viendo a mi padre en este sector. Después de seguir carreras en otras áreas y descubrir que me gustaba mucho el proceso creativo y la gestión de personas, tenía sentido seguir a mi padre en su compañía para ayudar a hacerla crecer y colaborar en la gestión de las personas.

¿Quién lo inspiró para entrar en el sector?

Mi padre fue la mayor influencia en mi vida. Me enseñó lo que significa ser un hombre de negocios, un artesano y un hombre de Dios. Ha sido la persona que más ha influido en mi vida.

¿Qué tipos de capacitación ha recibido?

Soy principalmente autodidacta, ya que nunca he pasado por un programa de formación práctica oficial. Es necesario seguir siempre el conocimiento. Mantener esta filosofía creará un crecimiento constante en todos los ámbitos de la vida.

¿Qué importancia tienen la educación y la capacitación en la construcción?

La educación y la capacitación son fundamentales para triunfar en cualquier sector. Es posible ser instalador si la única capacitación que recibe una persona es la que recibe sobre el terreno de los técnicos de campo. Sin embargo, para crecer y convertirse en un trabajador especializado, es necesario aprender más allá de lo que una sola persona o la experiencia puede enseñar. Hay que aprender a conciencia, leer libros, hablar con miembros respetados del oficio, seguir foros en línea y afiliarse a organizaciones especializadas. Dedicar tiempo a asistir a un programa de formación práctica permite disponer de muchos de estos recursos de aprendizaje. El tiempo de aula incluye formar parte de una organización, aprender de un instructor que tiene experiencia sobre el terreno y utilizar un plan de estudios que ha sido creado por muchas personas con años de experiencia y conocimientos. Solo se aprende después de conocer gente, leer libros y cometer errores en la vida. Después, debemos comprometernos a crecer aplicando los nuevos conocimientos adquiridos.

¿Qué importancia tienen las credenciales de NCCER para su carrera profesional?

Elegimos NCCER como plan de estudios porque nos lo recomendó el contacto del Department of Labor - DOL (Departamento de Trabajo). Después de haber estado con NCCER durante unos años, es agradable ver el esfuerzo que se está aplicando para volver a ser *reconocido* en el sector. Me emociona el futuro que me espera con ellos y estoy deseando formar parte de un grupo tan magnífico.

¿Qué tipos de trabajo ha realizado en su carrera?

He hecho trabajo residencial y comercial en todas las fases del proceso de construcción. He tenido la suerte de formar parte del proceso de diseño hasta la instalación final. Para mí, lo más agradable es trabajar con el usuario final y asegurarme de que su visión es lo que podemos ofrecerle.

Háblenos de su trabajo actual.

Soy propietario y operador de Burkhead Electric, un pequeño contratista eléctrico en el área de Des Moines, IA. Realizamos trabajos eléctricos residenciales, comerciales e industriales, integraciones de sistemas residenciales y disponemos de un centro de capacitación para contratistas del área.

¿Qué es lo que más disfruta de su trabajo?

Ayudar a empleados, alumnos y clientes a cumplir sus objetivos. Me resulta muy gratificante ayudar a las personas a convertirse en lo que se proponen.

¿Qué factores han contribuido más a su éxito?

Mi deseo constante de crecer y mi dedicación a aplicar los conocimientos adquiridos son las claves de mi éxito. Además, estar dispuesto a servir a los demás es increíblemente importante para mi éxito individual.

¿Sugeriría la construcción como carrera profesional a otras personas?

Sin duda alguna. En el sector de la construcción es posible encontrar la carrera profesional que más satisfaga. Desde instalador hasta diseñador, pasando por el personal de apoyo, casi todo en el mundo de los negocios está disponible cuando se hace carrera en el sector de la construcción.

¿Qué consejo les daría a quienes son nuevos en este campo?

No enfoque su carrera como si pudiera trabajar 40 horas a la semana y pensar que se convertirá en un maestro del oficio. En 40 horas a la semana se cumple el trabajo; el crecimiento se produce en cada hora extra después de eso. Tanto si el tiempo extra se dedica a la capacitación como a más trabajo de campo, ahí es donde se produce el crecimiento. Dedíquese a ser algo más que un instalador. Sea un trabajador especializado.

¿Cómo se marca la diferencia en este oficio?

La diferencia va más allá del simple seguimiento de instrucciones. Es la aplicación de conocimientos y experiencia para garantizar que el producto terminado sea el mejor posible con los recursos disponibles. Los trabajadores especializados se enorgullecen de lo que han conseguido. Es su oficio y lo dominan. Muchos han recorrido el camino para llegar a ser un trabajador especializado.

Respuestas a las preguntas de repaso de la sección

Respuesta	Referencia de la sección	Objetivo
Sección 1.0.0		
1. c	1.1.2	1a
2. d	1.1.3	1a
3. a	1.1.7; *Tabla 220.54 del NEC*	1a
4. b	1.3.0	1c
Sección 2.0.0		
1. d	2.1.2	2a
2. b	2.2.0	2b
3. b	2.3.0	2c
Sección 3.0.0		
1. a	3.1.1; *Figura 42*	3a
2. b	3.2.0	3b
Sección 4.0.0		
1. a	4.1.1	4a
2. d	4.2.0	4b
Sección 5.0.0		
1. d	5.1.5	5a
2. a	5.2.0	5b
3. d	5.3.0	5c
Sección 6.0.0		
1. d	6.1.0; *Figura 71*	6a
2. b	6.2.2	6b
3. a	6.3.0; *Figura 84*	6c

Cálculos de repaso de secciones

Sección 1.0.0

Pregunta 1

Dado que el *NEC*® especifica 3 VA por pie cuadrado de espacio habitable, multiplique los pies cuadrados por 3 VA/pie^2:

$900 \text{ pies}^2 \times 3 \text{ VA/pies}^2 = 2{,}700 \text{ VA}$

La residencia tiene una carga de iluminación general de **2,700 VA**.

Pregunta 4

Divida la carga total de iluminación general por 120 V para hallar el amperaje:

$2{,}700 \text{ VA} \div 120 \text{ V} = 22.5 \text{ A}$

El amperaje es **22.5 A**.

Sección 5.0.0

Pregunta 1

El *NEC®* establece que un circuito ramal que alimente calentadores de agua de tipo acumulador con una capacidad de 120 galones (450 litros) o menos debe tener una capacidad nominal mínima del 125% de la capacidad nominal indicada en la placa:

$$20\ \text{A} \times 1.25 = 25\ \text{A}$$

El circuito debe estar calificado a **25 A**.

Pregunta 2

Dado que un circuito solo debe cargarse al 80% de su capacidad nominal, halle el 80% de 1,800 VA:

$$0.8 \times 1{,}800\ \text{VA} = 1{,}440\ \text{VA}$$

El circuito no se debe cargar a más de **1,440 VA**.

Actualización por los usuarios

¿Encontró algún error? Visite **https://www.nccer.org/olf** o escanee el código QR con su dispositivo móvil para enviar su corrección.

ESCANEAR

MÓDULO 26112-23

Equipos de pruebas eléctricas

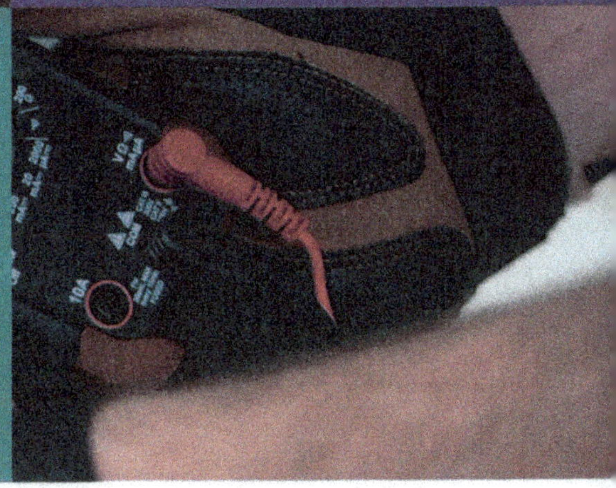

Fuente: Southwire

Objetivos

La exitosa finalización de este módulo te prepara para realizar lo siguiente:

1. Identificar los diferentes tipos de equipos de pruebas eléctricas.
   a. Identificar las aplicaciones de un voltímetro.
   b. Identificar las aplicaciones de un ohmímetro.
   c. Identificar las aplicaciones de un medidor de pinza.
   d. Identificar las aplicaciones de otros medidores.
2. Identificar las clasificaciones de categorías y requisitos de seguridad de los medidores.
   a. Describir cómo seleccionar un medidor con la clasificación de categoría correcta para una aplicación.
   b. Identificar los peligros de seguridad de los equipos de pruebas eléctricas.

Tareas prácticas

Bajo supervisión, deberías poder hacer lo siguiente:

1. Medir el voltaje en el aula de línea a neutro y de línea a tierra.
2. Usar un ohmímetro para medir el valor de las diversas resistencias.

Visión general

Al elegir el equipo para una tarea, es importante tener en cuenta lo que se va a medir, el nivel de precisión que se necesita y los requisitos de seguridad. En este módulo se abarcan diferentes tipos de equipos de pruebas eléctricas y cómo se utilizan. También se describe cómo utilizar los medidores de forma segura y qué significan las clasificaciones de categoría.

NOTA

NFPA 70®, *National Electrical Code®* y *NEC®* son marcas registradas de la *National Fire Protection Association*, Quincy, MA.

NCCER Credenciales reconocidas en el sector

Si se está capacitando a través de un patrocinador acreditado por NCCER, puede ser elegible para obtener credenciales del NCCER. El número de identificación de este módulo es 26112-23. Tenga en cuenta que este módulo puede haber sido utilizado en otros planes de estudios de NCCER y puede aplicarse a la realización de otros niveles. Comuníquese con NCCER al 1.888.622.3720 o visite **www.nccer.org** para obtener más información.

También puede mostrar en línea sus credenciales reconocidas por el sector con las insignias digitales de NCCER. Transforme sus conocimientos, habilidades y logros en insignias que puede compartir en las plataformas de redes sociales, enviar a su red y agregar a su currículum. Para obtener más información, visite **www.nccer.org**.

Recursos digitales sobre Electricidad

Escanee este código con la cámara de su celular o dispositivo móvil para ver los recursos digitales relacionados con este oficio.

ESCANEAR

1.0.0 Identificación de medidores

Tareas prácticas

Esta sección no contiene tareas prácticas.

Objetivo

Identificar los diferentes tipos de equipos de pruebas eléctricas.

a. Identificar las aplicaciones de un voltímetro.
b. Identificar las aplicaciones de un ohmímetro.
c. Identificar las aplicaciones de un medidor de pinza.
d. Identificar las aplicaciones de otros medidores.

Bobina (*coil*): varias vueltas de alambre, especialmente en forma de espiral. Se usa para efectos electromagnéticos o para proporcionar resistencia eléctrica.

Movimiento del medidor D'Arsonval (*D'Arsonval meter movement*): movimiento de medidor que utiliza un imán permanente y una disposición de bobina móvil para mover una aguja a través de una escala.

Los instrumentos y medidores de pruebas eléctricas se utilizan normalmente para identificar problemas en circuitos y equipos eléctricos o electrónicos o verificar que los circuitos y componentes funcionan correctamente.

Para tener éxito en el campo de la electricidad, debe saber identificar los tipos de medidores y cuándo se utilizan. Esta sección le enseña cómo elegir el equipo de prueba adecuado para un trabajo e identificar los posibles peligros presentes al trabajar con equipos de prueba.

En 1882, un francés llamado Arsene D'Arsonval inventó el galvanómetro. Este medidor utilizaba un imán permanente inmóvil y una **bobina** que se movía para medir el flujo de corriente. El primer galvanómetro era muy preciso, pero solo podía medir corrientes muy pequeñas. Durante los años siguientes, se realizaron muchas mejoras que ampliaron el rango del medidor y aumentaron su resistencia. Utilizando un movimiento de bobina móvil, el **movimiento del medidor D'Arsonval** (*figura 1*) es una aplicación del principio electromagnético y sigue siendo la base de los medidores analógicos en la actualidad.

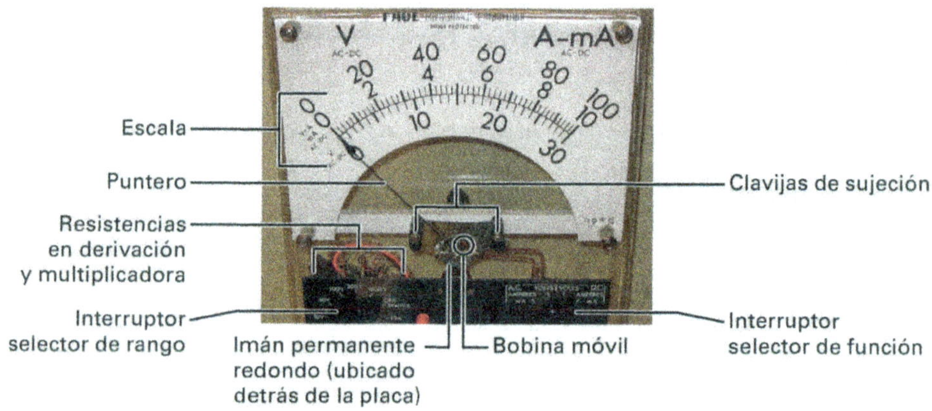

Figura 1 Movimiento del medidor D'Arsonval.
Fuente: Tim Dean

El medidor de bobina móvil funciona según el principio electromagnético. En su forma más simple, el medidor de bobina móvil utiliza una bobina de alambre muy fino enrollada en una estructura de aluminio liviano. Un imán permanente rodea la bobina. La estructura de aluminio se monta sobre pivotes que le permiten girar libremente, al igual que la bobina, entre los polos del imán permanente. Cuando la corriente fluye a través de la bobina, esta queda magnetizada, y el campo del imán permanente repele la polaridad de la bobina. Esto hace que el marco de la bobina supere la fuerza de un resorte y gire sobre un pivote. La distancia a la que gira es determinada por la cantidad de corriente que circula por la bobina. La cantidad de corriente que circula por el medidor puede medirse fijando un puntero a la estructura de la bobina y agregando una escala calibrada. Las resistencias multiplicadoras y de derivación se utilizan para ampliar el rango de movimiento del medidor para mediciones de voltaje y corriente, respectivamente.

Actualmente, la mayoría de los medidores utilizan componentes digitales de estado sólido porque son más fáciles de leer que los medidores mecánicos (analógicos) y no tienen movimiento del medidor ni piezas móviles. La *figura* 2 muestra una pantalla digital típica de un multímetro.

En general, los medidores digitales son más fáciles de leer que los medidores analógicos. Sin embargo, puede haber ocasiones en las que desee utilizar un medidor analógico. Por ejemplo, la aguja móvil de un medidor analógico reacciona rápidamente a fluctuaciones momentáneas. Las pantallas digitales no suelen reaccionar lo suficientemente rápido como para detectar estas pequeñas fluctuaciones. Algunos de los medidores digitales de la actualidad muestran un gráfico de barras debajo de los números para reproducir el movimiento y las fluctuaciones de la aguja analógica antigua.

Los medidores analógicos también pueden ser mejores para:

- Pruebas de sistemas que funcionan a menos de 50 V
- Verificación de la polaridad de transformadores
- Tomar medidas rápidas

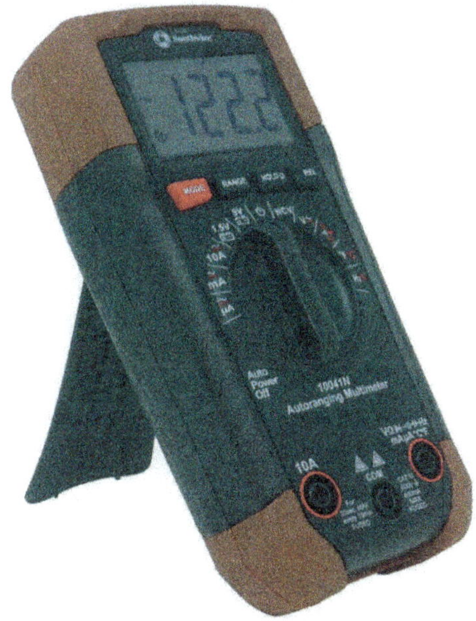

Figura 2 Pantalla digital en un multímetro.
Fuente: Southwire

Lecturas fantasma

A veces, los medidores digitales pueden mostrar una lectura muy baja, aunque no fluya corriente a través de ellos. Se *llaman lecturas fantasma.* Ocurren porque el medidor capta señales de otros equipos eléctricos energizados que están cerca.

Algunos medidores digitales tienen una función de baja impedancia (LoZ) que ayudará a confirmar si la lectura es precisa o es una lectura fantasma.

1.1.0 Voltímetro

Se usa para medir el voltaje exacto. El voltaje también se conoce como 'diferencia de potencial o fuerza electromotriz (emf)' *(potential difference o electromotive force)*. Los cables del voltímetro se conectan en paralelo con el circuito o componente que se está midiendo.

Un voltímetro analógico utiliza el movimiento básico del medidor D'Arsonval. Tiene resistencias especialmente dispuestas para medir diferentes voltajes. Un medidor digital tiene un chip que transforma la señal analógica en números o imágenes en una pantalla.

Muchos voltímetros digitales tienen rango automático como el que se muestra en la *figura* 2. Esto significa que el medidor buscará automáticamente la escala correcta. Cuando use un voltímetro que tenga rango automático, siempre comience con el rango de voltaje más alto. Luego, siga hacia abajo hasta que el medidor marque entre la mitad y los tres cuartos de la escala. Esto le dará una mejor lectura y evitará que el medidor se dañe. En muchos medidores, un valor de CC se muestra mediante una línea recta con tres guiones debajo. Un valor de CA se representa mediante una onda sinusoidal.

¡ADVERTENCIA!

La medición de voltajes superiores a 50 V expone al técnico a riesgos potencialmente mortales. Siga todos los procedimientos de seguridad pertinentes, tal como se indica en la norma 70E® de la National Fire Protection Association - NFPA (Asociación Nacional de Protección contra el Fuego), las normas de la Occupational Safety and Health Administration - OSHA (Administración de Salud y Seguridad Ocupacional) y las políticas y normas de la empresa y de la institución.

1.1.1 Probador de voltaje

Cuando necesite saber el voltaje exacto, deberá utilizar un voltímetro. Sin embargo, los electricistas, a menudo, se preocupan por identificar si hay voltaje presente y, de ser así, el rango general del voltaje. En otras palabras, ¿está energizado? ¿Está a 120 V, 240 V o 480 V?

En estos casos, puede utilizar un probador de voltaje para asegurarse de que el voltaje esté disponible cuando sea necesario y que el circuito o equipo se haya desenergizado cuando sea necesario. Antes de usar un probador de voltaje, busque las escalas que muestran la lectura para saber cuánto voltaje puede medir (*figura* 3).

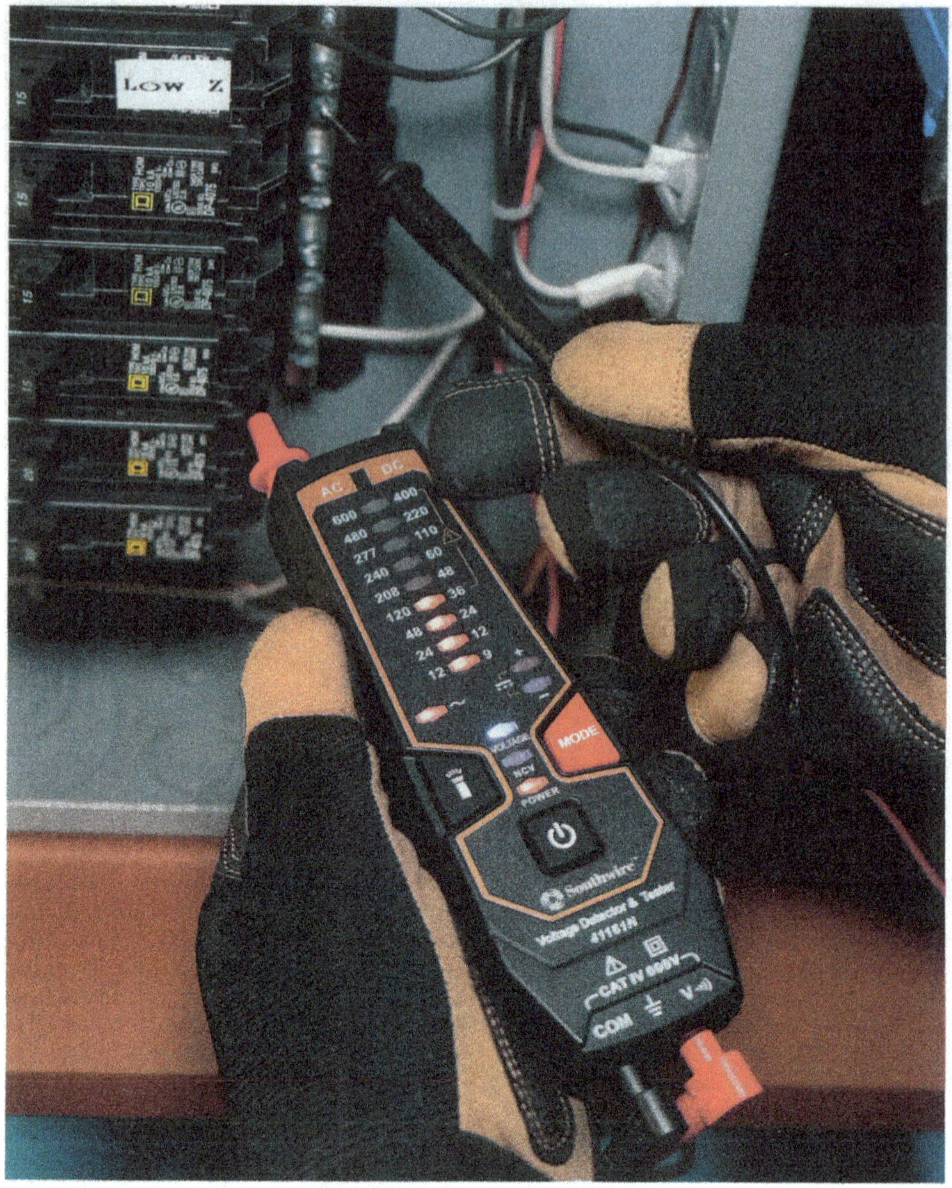

Figura 3 Probador de voltaje básico.
Fuente: Southwire

Por ejemplo, si tiene una herramienta eléctrica que no funciona, puede utilizar un probador de voltaje para solucionar problemas. Un probador de voltaje puede mostrarle que hay energía disponible, lo que significa que el problema está en el taladro. Si necesita trabajar en un circuito, puede usar un probador de voltaje para confirmar que se haya cortado la energía y que el circuito esté desenergizado. Es seguro trabajar en un circuito solo después de verificar que esté desenergizado. También se puede usar un probador de voltaje para verificar que haya energía disponible para un motor trifásico que no arranca.

¡ADVERTENCIA!

La OSHA exige una prueba de energizado-desenergizado-energizado de todos los sistemas por encima de 600 V. No obstante, para garantizar la seguridad, realice pruebas en todos los niveles de voltaje.

Los probadores de voltaje avanzados ofrecen características adicionales, como una lectura digital, capacidad de prueba de GFCI e incluso la capacidad de cambiar entre el uso como un detector con y sin contacto (*figura* 4).

Asegúrese de verificar su probador de voltaje cada vez antes de utilizarlo. Es importante verificar que está en buen estado y funciona correctamente. Revise la parte externa del medidor para verificar que los cables no están agrietados ni deshilachados. Los cables defectuosos constituyen un riesgo para la seguridad y deben sustituirse. Para confirmar que el probador de voltaje esté funcionando correctamente, conecte las sondas a una fuente energizada conocida, como una salida de corriente. El voltaje indicado en el probador debe coincidir con el voltaje de la fuente. Si no hay ninguna indicación, entonces el probador de voltaje no está funcionando correctamente y debe repararse o reemplazarse. Además, reemplácelo si indica un voltaje diferente al voltaje conocido.

PRECAUCIÓN

Tenga cuidado al colocar las sondas del probador en la fuente de voltaje. Algunos probadores de voltaje están diseñados para tomar lecturas rápidas. Pueden dañarse si permanecen con voltaje demasiado tiempo.

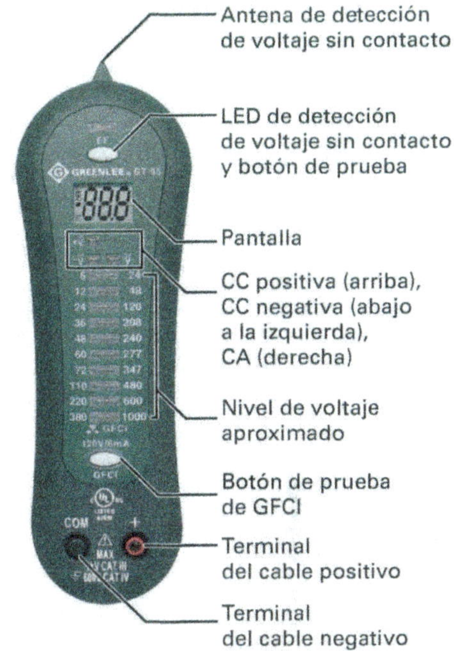

Figura 4 Probador de voltaje multifuncional.
Fuente: Ridge Tool Company

Detector de voltaje de proximidad

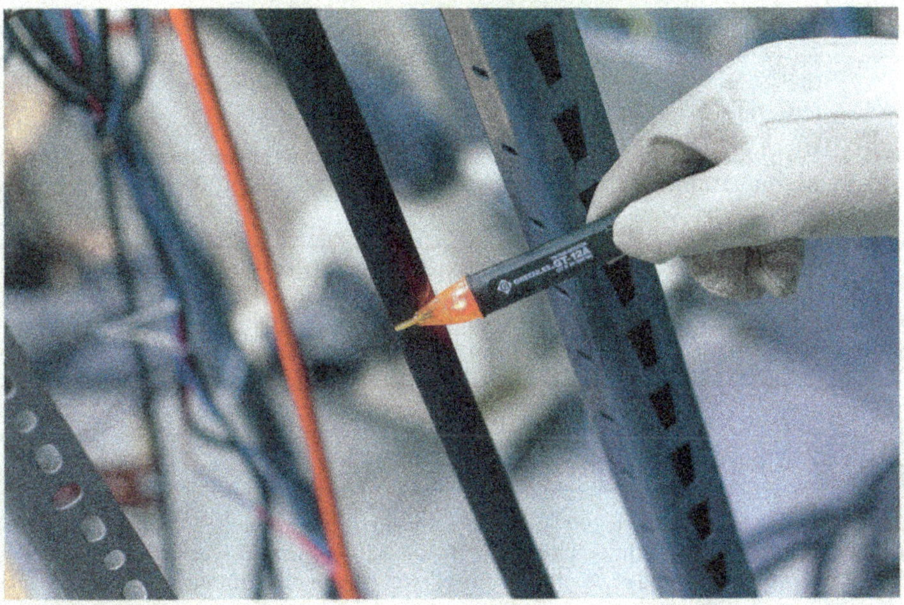

Fuente: Ridge Tool Company

Puede utilizar un detector de voltaje de proximidad o sin contacto para determinar si hay voltaje en un circuito. Un detector de voltaje indica la presencia de voltaje, pero no detecta voltajes específicos como un probador de voltaje. Es bueno usar un detector de voltaje si desea examinar rápidamente para ver si hay voltaje presente. Por ejemplo, puede usarlo en una caja de conexiones, un gabinete de terminación o para rastrear circuitos a través de paredes.

Las pruebas sin contacto funcionan para la mayoría de los conductores energizados, incluidos los cubiertos por aislamiento. Sin embargo, no puede utilizarlo para realizar pruebas a través de un conducto o blindaje metálico.

Asegúrese siempre de utilizar el detector en un circuito que tenga un voltaje dentro del rango correcto del medidor. El detector de voltaje que se muestra se ilumina cuando está cerca de voltajes entre 50 V y 1,000 V.

Prueba de energizado-desenergizado-energizado

Antes de trabajar en cualquier conductor o parte del circuito, es importante asumir que *todos* los circuitos están energizados hasta que confirme que no lo están. Puede determinarlo realizando una *prueba de energizado-desenergizado-energizado*.

Uno de los primeros pasos para realizar una prueba de energizado-desenergizado-energizado implica verificar que el medidor esté funcionando correctamente antes de usarlo en un circuito real. Para ello, se utiliza una *unidad de prueba* que suministra un voltaje electrónico conocido. Para hacer funcionar una unidad de prueba, se conectan los cables del medidor que se va a probar a los terminales positivo y negativo de la unidad de prueba (*figura 5*) y, a continuación, se comprueba que el medidor muestra el valor esperado.

Figura 5 Prueba de una unidad con un medidor que está siendo probado.
Fuente: Reproducido con autorización, Fluke Corporation

Para realizar la prueba de energizado-desenergizado-energizado, siga estos pasos:

Paso 1 Verifique que el circuito esté correctamente etiquetado y bloqueado (*Code of Federal Regulations - CFR [*Código de Reglamentos Federales*] 1910.333/1926.417*).

Paso 2 Confirme que el instrumento de prueba funciona correctamente probándolo en un elemento energizado que tenga un voltaje conocido (por ejemplo, una salida de 120 V). Puede utilizar una unidad de prueba para realizar esta tarea.

¡ADVERTENCIA!

Confirme que su instrumento de prueba está ajustado para el voltaje y corriente adecuados.

Paso 3 Vista el equipo de protección personal adecuado. Ahora, con el instrumento de prueba, revise el circuito que cree que está desenergizado. La tensión debe ser cero. Realice una prueba de línea a línea, de línea a neutro y de línea a tierra, si la hay.

Paso 4 Verifique de nuevo que el instrumento de prueba funciona correctamente usándolo una vez más en una fuente energizada con un voltaje que usted conozca (por ejemplo, una salida de 120 V).

¡ADVERTENCIA!

En todos los casos, realice siempre una prueba antes de tocar cualquier conductor eléctrico, aunque esté bloqueado y se haya comprobado antes que está desenergizado.

1.2.0 Ohmímetro

Un ohmímetro mide la resistencia de un circuito o componente. También se puede utilizar para localizar circuitos abiertos o cortocircuitos. Un ohmímetro consta de una parte móvil del medidor de corriente continua, una fuente de alimentación de CC de bajo voltaje (normalmente una batería) y resistencias limitadoras de corriente, conectadas en serie con el medidor, como se muestra en el esquema de la *figura 6*.

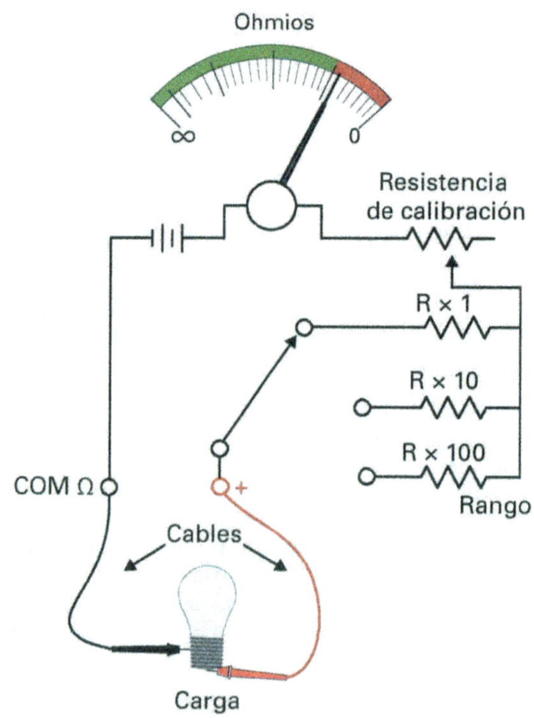

Figura 6 Diagrama esquemático de ohmímetro.

Antes de medir la resistencia de una resistencia o circuito eléctrico desconocido, conecte los cables del ohmímetro y ajuste el medidor para que indique cero. Esto elimina cualquier resistencia restante en los cables. Algunos ohmímetros tienen lo que se conoce como 'perilla de ajuste a cero' *(zero adjustment knob)*. Para usar esta función, gire la perilla hasta que el medidor muestre cero ohmios. Cada vez que elija un rango diferente, necesitará ajustar la perilla nuevamente.

Muchos ohmímetros digitales tienen rango automático. La escala correcta se selecciona internamente y la lectura indicará el rango (ohmios, kiloohmios o megaohmios). Los ohmímetros analógicos requieren que el usuario seleccione el rango deseado.

La mayoría de los ohmímetros digitales también emiten un tono acústico cuando el valor medido es muy bajo o está en cero ohmios. Esto indica un circuito cerrado y es útil cuando se utiliza el medidor como probador de **continuidad**, que determina si un circuito está completo.

Continuidad (*continuity*): Un circuito completo (ininterrumpido) que puede conducir corriente. También se denomina *circuito cerrado*.

¡ADVERTENCIA!

Antes de usar un ohmímetro para tomar una lectura, utilice un voltímetro para verificar que ambos lados del circuito estén desenergizados. Si el circuito tiene electricidad, su voltaje podría hacer que fluya una corriente a través del ohmímetro. Esto podría dañar el medidor o el circuito. También podría provocar lesiones personales.

Para medir la resistencia de componentes individuales dentro de un circuito, siga los pasos que se indican a continuación:

Paso 1 Retire el componente y conecte los cables del ohmímetro a través de él. Alternativamente, puede aislar un componente desconectando uno de sus cables del circuito.

Paso 2 Vuelva a conectar el componente y repita la operación para tomar la medida del siguiente componente del circuito.

Paso 3 Repita los pasos hasta que se midan todos los componentes.

Piénselo

Resistencia

¿Por qué la resistencia varía cuando se sostiene un resistor pellizcando los cables del medidor contra el resistor con los dedos, en lugar de medirla mientras se sostiene con pinzas?

1.3.0 Amperímetro

Un amperímetro de pinza también se conoce como *'pinza amperimétrica' (clamp meter)*. Mide corriente sin tocar cables no aislados (*figura 7*). Este tipo de medidor funciona detectando la fuerza del campo electromagnético alrededor de los cables.

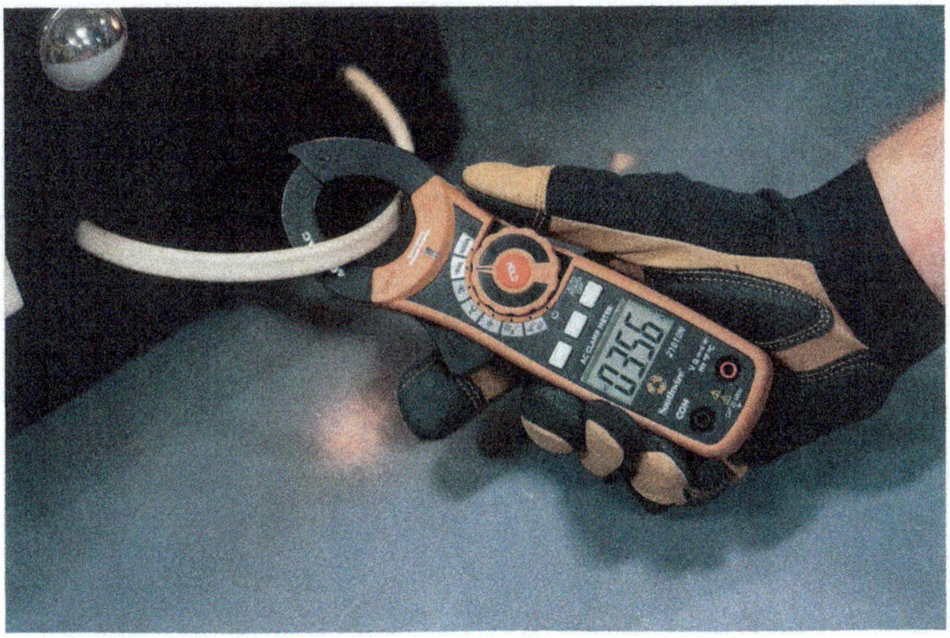

Figura 7 Pinza amperimétrica.
Fuente: Southwire

Las pinzas amperimétricas miden la corriente utilizando principios de transformadores simples. Recuerde que un transformador tiene un lado principal y otro secundario. Cuando se utiliza un amperímetro, el conductor que se mide es el lado principal y las mordazas (abrazadera) son el lado secundario. La corriente en el devanado principal crea una corriente en el devanado secundario. Si la relación entre el devanado principal y el secundario es 1,000, entonces la corriente secundaria es $^{1}/_{1,000}$ de la corriente que circula por el principal. La corriente secundaria más pequeña se conecta a la entrada del medidor. Por ejemplo, una corriente de 1 A en el conductor producirá 0.001 A (1 mA) en el medidor.

Para medir una corriente con un amperímetro de pinza, siga los pasos a continuación:

Paso 1 Asegúrese de que las mordazas del amperímetro están limpias y cierran bien.

Paso 2 Abra las mordazas del amperímetro y ciérrelas alrededor del conductor que desea medir.

Paso 3 Lea la magnitud de la corriente en la pantalla del medidor.

Muchos medidores tienen una función de retención. Esto es útil en lugares estrechos donde el medidor que se sujeta alrededor de los conductores hace que sea difícil hacer la lectura. Basta con pulsar el botón de retención cuando se mide el valor, luego, retirar y leer el medidor.

Algunos medidores también tienen una función Mín.3/Máx. o Pico. Esto permite al técnico registrar la corriente de inserción máxima, como en el arranque de un motor.

PRECAUCIÓN

Cuando utilice una pinza amperimétrica, asegúrese de que el rango del medidor sea al menos tan alto como la corriente que desea medir. Si el medidor es digital y la corriente es demasiado alta, la pantalla mostrará OL (sobrecarga/límite excesivo). Esto significa que el medidor ha sido sobrecargado. Si el medidor es analógico, la aguja se moverá más allá del límite máximo de la escala. Esto podría dañar el medidor.

¡ADVERTENCIA!

Usar un amperímetro de pinza puede exponerlo a electricidad energizada. Nunca utilice este tipo de medidor, a menos que esté capacitado y utilice el equipo de protección personal adecuado. También debe seguir los procedimientos de seguridad de la NFPA, la OSHA y la empresa o institución.

Piénselo

Mediciones de corriente

¿Qué sucede si se enrolla el conductor de manera que el amperímetro mide dos vueltas en lugar de una?

1.4.0 Multímetro

El multímetro también se conoce como *Volt-Ohm-Milliammeter* - VOM (voltio-ohmio-miliamperímetro). Este instrumento multipropósito combina las funciones de un voltímetro, un ohmímetro y un amperímetro. Se muestra un VOM analógico en la *figura 8*.

Los multímetros están disponibles en modelos analógicos y digitales. Cuando utilice un multímetro analógico, deberá seleccionar lo siguiente:

- Voltaje correcto (CC o CA)
- Función correcta (voltaje, corriente o resistencia)
- Rango correcto

Cuando se utiliza un multímetro digital (*figura 9*), es importante seleccionar el voltaje adecuado. La mayoría tiene una función de rango automático para la magnitud.

¡ADVERTENCIA!

Antes de utilizar un multímetro, verifíquelo con una fuente de electricidad conocida. Para ello, puede utilizar una unidad de prueba. Siempre lea y siga las instrucciones del fabricante del medidor. Si no lo hace, puede dañar el equipo, lastimarse o incluso morir.

Figura 8 Multímetro analógico.
Fuente: Ridge Tool Company

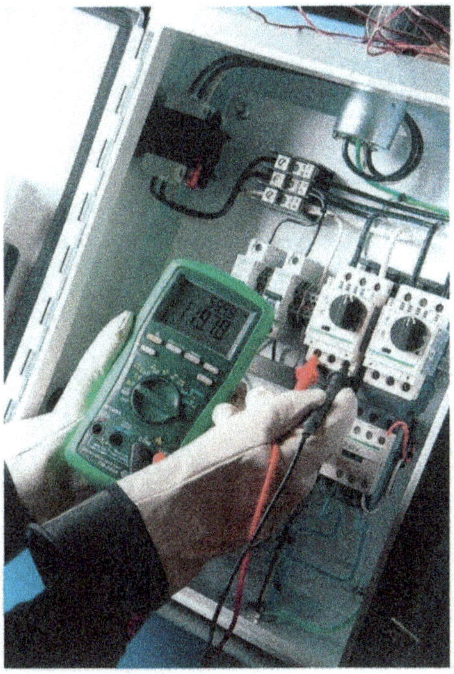

Figura 9 Multímetro digital.
Fuente: Ridge Tool Company

Los multímetros se usan de la misma manera que usaría un voltímetro, un ohmímetro o un amperímetro de pinza. Puede utilizar pinzas amperimétricas con la mayoría de los multímetros para medir CA y CC por encima del nivel de miliamperios. Conéctelas a las conexiones de los cables de prueba de corriente o de voltaje, según la abrazadera que utilice. Recuerde leer siempre las instrucciones del fabricante del dispositivo que esté utilizando. Las pinzas amperimétricas varían desde 50 A hasta varios miles de amperios. Las mordazas también vienen en diferentes formas y tamaños para distintos usos.

Algunos multímetros tienen características adicionales, que incluyen:

- Capacidad para medir la **frecuencia** de una forma de onda de CA: esta función es útil para encontrar problemas armónicos en un sistema de distribución eléctrica.
- Función de memoria Mín./Máx.: registrará las lecturas mínima y máxima durante un período.
- Medición de capacitancia
- Probadores de diodos y transistores
- Medición de temperatura
- Medición verdadera de la raíz de la media cuadrática (rms) para lecturas precisas de voltaje y corriente cuando la forma de onda está distorsionada, no sinusoidal.

Frecuencia (*frequency*): número de ciclos completados cada segundo por un voltaje de CA específico. La frecuencia suele expresarse en hercios o *hertz*. Un hertz es igual a un ciclo por segundo (cps).

Además de las pinzas amperimétricas utilizadas con los multímetros estándar, también existen multímetros de pinza con cables de prueba (*figura 10*). Puede utilizarlos para medir CA y CC, voltaje de CA y CC, resistencia y otros valores.

1.5.0 Medidores especiales

Además de los medidores más comunes, hay muchos medidores especiales disponibles para realizar mediciones eléctricas. Algunos de estos medidores especializados se muestran en las siguientes secciones.

Figura 10 Multímetro de pinza con cables de prueba.
Fuente: Southwire

1.5.1 Megóhmetro

Los ohmímetros normales no pueden utilizarse para medir resistencias de varios millones de ohmios. Estos altos niveles se encuentran en el aislamiento de los conductores o entre los devanados de motores o transformadores. Para medir estos altos niveles de resistencia, necesitará un megóhmetro, también conocido como 'megger o probador de resistencia de ailamiento' *(megger o insulation resistance tester)*. Estos medidores pueden funcionar con CA, una batería (*figura 11*) o con manivela.

Un ohmímetro estándar utiliza una pequeña batería en el circuito de medición, normalmente de 1.5 V. Sin embargo, un megóhmetro puede realizar pruebas a voltajes mucho más altos, como 500 V, 1,000 V e incluso 10,000 V de CC. Por ejemplo, en sistemas de clase 600 V, los voltajes de megóhmetro aplicados normalmente son de 500 V y 1,000 V.

El uso inadecuado de un megóhmetro puede provocar lesiones personales o daños al equipo. Siempre lea y siga las instrucciones del fabricante del medidor para garantizar un uso seguro. Otras precauciones mínimas de seguridad para el uso de megóhmetros incluyen las siguientes:

- Cuando se utiliza un megóhmetro se producen voltajes elevados. Solo personas calificadas pueden usar este equipo. Utilice siempre el equipo de protección personal adecuado cuando se acerque a piezas energizadas.
- Desenergice y verifique la desenergización del circuito antes de conectar el medidor. Asegúrese de que todos los condensadores estén descargados.
- Si es posible, desconecte el elemento que se está comprobando de los demás componentes del circuito antes de utilizar el medidor.

Figura 11 Megóhmetro inalámbrico.
Fuente: Ridge Tool Company

- No supere los niveles de prueba de voltaje recomendados por el fabricante para el cable o el equipo sometido a prueba. Muchos fabricantes tienen diferentes niveles de prueba basados en la antigüedad del cable o equipo que se está probando.
- Nunca toque los cables de prueba cuando el medidor esté energizado o alimentado. Los probadores de resistencia de aislamiento generan altos voltajes y tocar los cables podría provocar lesiones o descargas eléctricas.
- Después de la prueba, descargue la energía que pueda quedar en el circuito mediante la puesta a tierra del conductor o del equipo durante un período igual a la duración de la prueba.
- Al realizar pruebas de resistencia de aislamiento en cables o conductos de barra conductora con partes expuestas alejadas de la posición de prueba, asegure o bloquee de manera segura el extremo expuesto para proteger a otras personas del contacto accidental con el voltaje de prueba.

Los fabricantes de medidores proporcionan buenos manuales que puede utilizar al probar dispositivos y equipos. Siga siempre las instrucciones del fabricante. La resistencia de aislamiento debe estar dentro del rango especificado en las instrucciones y especificaciones.

PRECAUCIÓN

Si utiliza un megóhmetro para probar el interruptor, primero desconecte todos los componentes electrónicos. El voltaje producido por el megóhmetro puede dañar los equipos electrónicos delicados.

Cuidado de los medidores

Al igual que todos los medidores, un megóhmetro es un instrumento delicado. Trátelo con cuidado y guárdelo en su estuche cuando no lo esté usando.

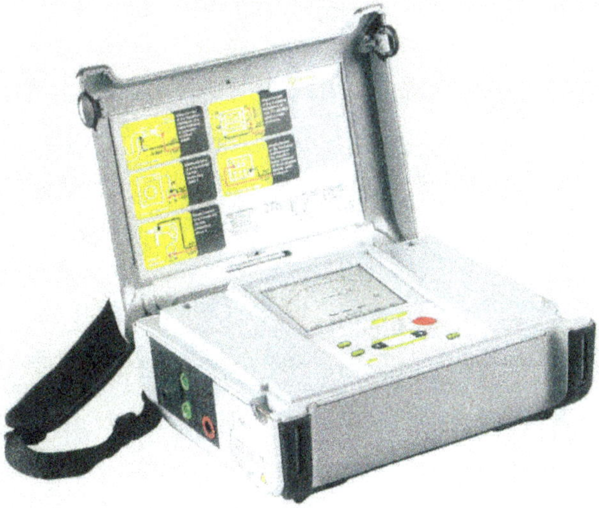

Fuente: Ridge Tool Company

1.5.2 Indicadores de motor y secuencia de fases

Antes de conectar un motor trifásico a un circuito, debe hacer coincidir las patas o devanados del motor con las fases del circuito. Esto garantiza que el motor gira en la dirección adecuada. Las conexiones incorrectas pueden dañar tanto el motor como cualquier equipo conectado.

Un medidor de rotación del motor se utiliza para identificar las patas del motor, mientras que un indicador de secuencia de fases se utiliza para identificar las fases del circuito. El medidor que se muestra en la *figura 12* se puede utilizar para identificar tanto las patas de un motor como las fases de un circuito.

NOTA

En el caso de fuentes estáticas, como inversores en instalaciones fotovoltaicas sin partes móviles, no hay rotación, solo secuencia de fases.

¡ADVERTENCIA!

No conecte un probador de rotación de motor a equipos energizados. Si lo hace, puede lastimarse o dañar el equipo.

Para utilizar la mayoría de los probadores de rotación de motores, conecte los tres cables del motor a los cables del probador y luego gire el eje del motor media vuelta. Los indicadores del probador verificarán si la dirección de rotación es en el sentido de las agujas del reloj o en el sentido contrario a las agujas del reloj. Si la rotación requerida es en el sentido de las agujas del reloj y el probador también indica que es en el sentido de las agujas del reloj, etiquete los cables del motor para que correspondan con los cables de rotación del motor. Si la rotación requerida es en el sentido de las agujas del reloj y el probador indica que la rotación es en el sentido contrario a las agujas del reloj, cambie los cables y vuelva a realizar la prueba. También se encuentran disponibles probadores de rotación sin contacto. Dado que existen muchos tipos de probadores, asegúrese de seguir las instrucciones del fabricante específicas de su modelo.

Un probador de rotación de fase, también conocido como *'indicador de sequencia de fase' (sequence phase tester)*, se utiliza en sistemas eléctricos trifásicos para indicar la rotación de secuencia de fase de los voltajes. Estos instrumentos normalmente tienen indicadores LED que muestran la rotación de fase. Una secuencia de fase se mide como una rotación en el sentido de las agujas del reloj o en el sentido contrario a las agujas del reloj.

PRECAUCIÓN

Si los equipos trifásicos se conectan incorrectamente, pueden producirse daños en el equipo. Se puede utilizar un probador de rotación de fases para garantizar conexiones correctas.

¡ADVERTENCIA!

Solo personas calificadas pueden usar los probadores de rotación de fase. Utilice siempre el equipo de protección personal adecuado cuando se acerque a piezas energizadas.

Un probador de rotación de fase se utiliza cuando es necesario garantizar la misma rotación de fases en toda una instalación. Si los equipos trifásicos se conectan incorrectamente, pueden producirse daños. Para probar la rotación de fase, desenergice y bloquee la alimentación del circuito, luego conecte los tres cables del probador a los conductores de fase del circuito. A continuación, conecte el circuito de forma segura y observe el medidor. Anote el esquema de colores de los cables conectados al sistema junto con las secuencias de fase indicadas en el medidor. Esto es necesario para garantizar que los equipos agregados siguen la misma rotación de fases. Desenergice y bloquee el circuito antes de desconectar los cables.

Figura 12 Medidor de secuencia de fase y rotación del motor.
Fuente: Ridge Tool Company

Probador de rotación de fase

Es posible que los cables de un probador de rotación de fase no correspondan con la codificación de colores típica del circuito. Una buena idea es colocar cinta de fase en los cables del medidor para que correspondan al código de colores del circuito. Esto ayudará a garantizar conexiones correctas.

Probadores de rotación de fase sin contacto

También se encuentran disponibles probadores de rotación de fase sin contacto. Sus cables se sujetan alrededor de los conductores aislados del equipo, en lugar de hacer contacto con los conductores descubiertos.

1.5.3 Probador de circuitos

El probador de circuito (*figura 13*) se usa para verificar la condición de un circuito conectado a tierra. Para utilizar el probador, conéctelo a una salida con conexión a tierra. Las diferentes luces de la unidad indican varias condiciones del circuito, como:

- Desconexión cable a tierra
- Desconexión cable neutro
- Desconexión cable fase
- Polaridad invertida
- Buen circuito (correcto)

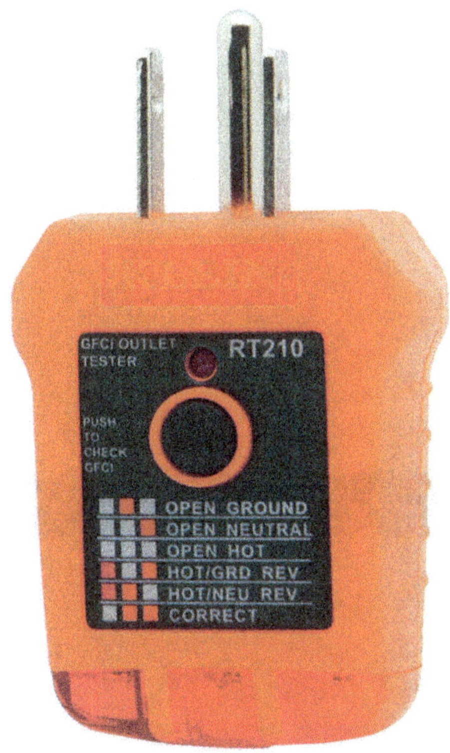

Figura 13 Probador de circuitos.
Fuente: Herramientas Klein

1.5.4 Medidor de irradiancia

Los medidores de irradiancia (*figura 14*) se utilizan al instalar y probar sistemas solares fotovoltaicos. Los medidores de irradiancia miden la energía de la radiación solar en un lugar específico durante un período específico. La irradiancia se puede medir en:

- Vatios por metro cuadrado
- Unidades térmicas británicas (Btus) por pie cuadrado por hora
- Kilovatios-hora por metro cuadrado por día

Algunos medidores de irradiancia pueden medir la transmisión solar a través de ventanas. Otros incluyen un inclinómetro para medir la inclinación del techo, una brújula para medir la orientación del techo, un termómetro para medir el aire ambiental y la temperatura del módulo y capacidad de registro de datos inalámbrico.

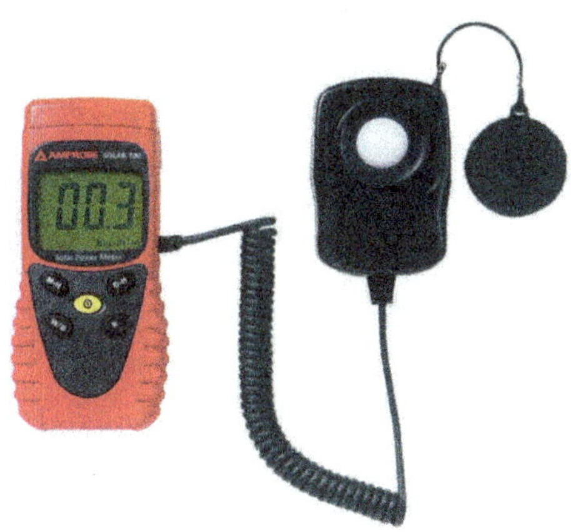

Figura 14 Uso de un medidor de irradiancia.
Fuente: Reproducido con autorización, Fluke Corporation

1.5.5 Instrumentos de registro

El término *instrumento de registro* describe instrumentos que crean un registro permanente de cantidades medidas durante un período. Los instrumentos de registro almacenan la información en una tira de papel o en una memoria electrónica. Los que utilizan memoria electrónica generalmente se denominan *registradores de datos.* Las cantidades eléctricas que registran estos instrumentos incluyen:

- Diferencia de potencial (voltímetro)
- Corriente (amperímetro)
- Potencia (vatímetro, medidor de calidad de energía, medidor de factor de potencia)
- Frecuencia (multímetro con función Hz)

Algunos también pueden registrar cantidades no eléctricas. Por ejemplo, un registrador de temperatura utiliza un sistema de potenciómetro para registrar la salida del termopar.

Es posible que necesite conocer las condiciones que existen en un circuito eléctrico durante un período para determinar aspectos como cargas máximas, fluctuaciones de voltaje, etc. Un instrumento de registro automático puede conectarse para tomar lecturas a intervalos especificados para su posterior revisión y análisis. Algunos medidores actuales pueden cargar los datos en un PC para registrarlos y representarlos gráficamente en tiempo real.

1.5.6 Medidores de lectura remotos

Las tecnologías de medición emergentes incluyen varios tipos de medidores de lectura remotos (*figura 15*). Algunos medidores tienen una pantalla removible que permite tomar lecturas a una distancia segura del circuito o equipo medido. Otros medidores se emparejan con aplicaciones de teléfonos inteligentes que permiten el uso de lecturas de medidores Bluetooth®. Esta característica es especialmente útil para compartir lecturas directas con personal remoto de ingeniería o mantenimiento.

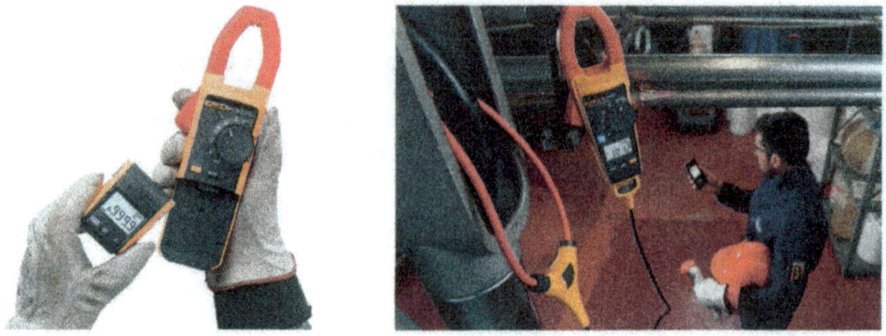

(A) Medidor con pantalla desmontable

(B) Lectura del medidor mediante aplicación de teléfono inteligente

Figura 15 Medidores de lectura remotos.
Fuente: Reproducido con autorización, Fluke Corporation

1.0.0 Repaso de la sección

1. Un voltímetro se usa para medir el valor _____ de un circuito.
   a. del campo electromagnético
   b. de la resistencia
   c. de la fuerza electromotriz
   d. de la corriente

2. Un circuito cerrado se indica mediante una lectura del ohmímetro de _____.
   a. cero
   b. infinito
   c. ERR
   d. diez

3. Un medidor que puede tomar medidas sin tocar un cable sin aislamiento es el _____.
   a. amperímetro de pinza
   b. megóhmetro
   c. probador de rotación de motor
   d. ohmímetro

4. Las mediciones de corriente en miliamperios generalmente se leen con un _____.
   a. amperímetro de pinza
   b. VOM
   c. megóhmetro
   d. probador de resistencia de aislamiento

5. Una resistencia esperada de 1,000,000 Ω se debe medir con un _____.
   a. instrumento de registro
   b. amperímetro de pinza
   c. multímetro
   d. megóhmetro

2.0.0 Clasificaciones de categoría y requisitos de seguridad

Objetivo

Identificar las clasificaciones de categorías y requisitos de seguridad de los medidores.

a. Describir cómo seleccionar un medidor con la clasificación de categoría correcta para una aplicación.

b. Identificar los peligros de seguridad de los equipos de pruebas eléctricas.

Tareas prácticas

1. Medir el voltaje en el aula de línea a neutro y de línea a tierra.
2. Usar un ohmímetro para medir el valor de las diversas resistencias.

Es importante seleccionar el medidor adecuado para el trabajo y utilizarlo de forma segura. Siga siempre las instrucciones del fabricante cuando utilice cualquier medidor eléctrico. De lo contrario, podría dañar el equipo o sufrir lesiones graves. Una de las cosas más importantes en las que pensar al elegir un medidor es la clasificación de la categoría del equipo de prueba. En esta sección, obtendrá información sobre las clasificaciones de las categorías de medidores y los riesgos de seguridad relacionados.

2.1.0 Explicación de las clasificaciones de las categorías de medidores

Un **transitorio de voltaje** es una ráfaga corta de electricidad de alta energía que puede ser muy peligrosa. Los sistemas de distribución y las cargas se están volviendo más complicados, lo que hace que sea más probable que se produzcan picos transitorios de energía. También pueden ocurrir cuando un rayo cae sobre una línea de transmisión externa o cuando se producen picos de voltaje después de operaciones de conmutación normales. Los motores, condensadores, variadores de velocidad y equipos de conversión de potencia también pueden crear picos de potencia.

Transitorio de voltaje (*voltage transient*): voltaje temporal indeseado en un circuito eléctrico que oscila entre unos pocos voltios y varios miles de voltios y dura de microsegundos a algunos milisegundos.

2.1.1 Clasificación de seguridad de medidores por categorías

Los medidores eléctricos tienen sistemas de seguridad incorporados diseñados para proteger a los electricistas. La International Electrotechnical Commission - IEC (Comisión Electrotécnica Internacional) desarrolló una norma de seguridad, *IEC 1010*, para equipos de pruebas. Posteriormente fue adaptada como norma UL, *UL 3111-1*. Esta norma define cuatro categorías de instalación de sobrevoltaje. Las categorías suelen abreviarse como CAT I, CAT II, CAT III y CAT IV. Las clasificaciones de categorías IEC se ilustran en la *figura 16* y se definen como sigue:

- *CAT I:* equipos electrónicos y circuitos protegidos
- *CAT II:* cargas conectadas a receptáculos monofásicos, como pequeños electrodomésticos y herramientas portátiles
- *CAT III:* distribución trifásica, que incluye iluminación comercial monofásica y equipos en ubicaciones fijas como aparatos de conexión y motores polifásicos
- *CAT IV:* energía trifásica en el medidor, conductores exteriores, medidores de electricidad y entradas de acometida

Estas categorías identifican los peligros que plantean los transitorios. Un número de categoría más alto se refiere a una instalación con mayor potencia disponible y transitorios de mayor energía.

2.1.2 Cómo seleccionar un medidor

Al elegir un medidor, recuerde que corre un mayor riesgo de sufrir daños por un transitorio si está más cerca de la fuente de energía de la red pública. Además, cuanto mayor sea la corriente de cortocircuito disponible, mayor será el riesgo y mayor será la clasificación de categoría.

Recuerde que una instalación puede tener zonas con diferentes clasificaciones de categoría. En estas situaciones, elija un medidor clasificado para la categoría más alta en la que trabajará. Luego seleccione el nivel de voltaje, el amperaje y la frecuencia correctos.

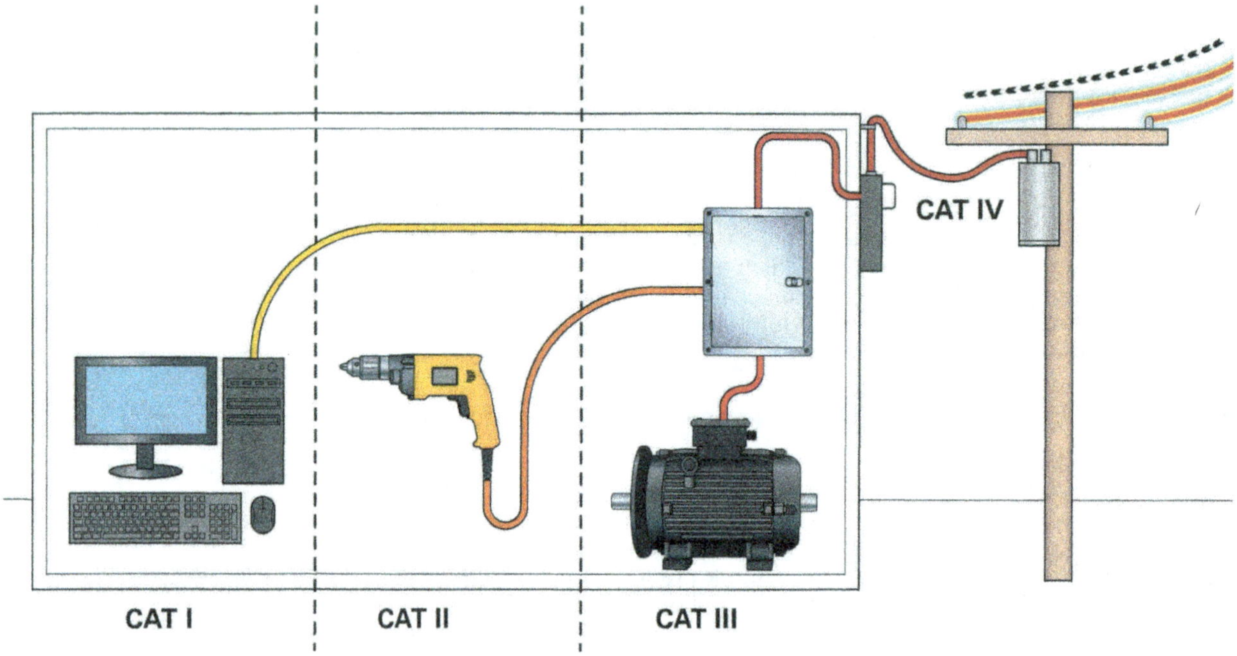

Figura 16 Ubicaciones típicas de categorías de instalación de sobrevoltaje.

Al elegir un medidor, asegúrese de que los cables de prueba tengan una clasificación tan alta como la del medidor. Los cables de prueba del medidor están clasificados por categoría. Algunos cables de prueba tienen tapas de plástico que deben instalarse cuando el medidor se utiliza en una exposición de CAT II.

Elija medidores probados y certificados independientemente por UL Solutions, CSA u otra organización de pruebas reconocida. Los medidores certificados tienen la clasificación de la categoría en la carcasa del medidor, como se muestra en la *figura 17*.

¡ADVERTENCIA!

Asegúrese de seleccionar un medidor con la clasificación de categoría adecuada para el entorno. Siempre revise los cables para ver si están desgastados. Verifique que el aislamiento no tenga grietas. Verifique otros signos de daño antes de usar el medidor. De lo contrario, podrían producirse lesiones y daños al equipo.

¡ADVERTENCIA!

Algunos probadores multifunción que tienen un sensor de corriente incorporado en un extremo y cables de prueba de voltaje en el otro extremo pueden tener clasificaciones de categoría diferentes para cada función de prueba. Asegúrese de verificar siempre la clasificación de categoría para la función específica que va a utilizar.

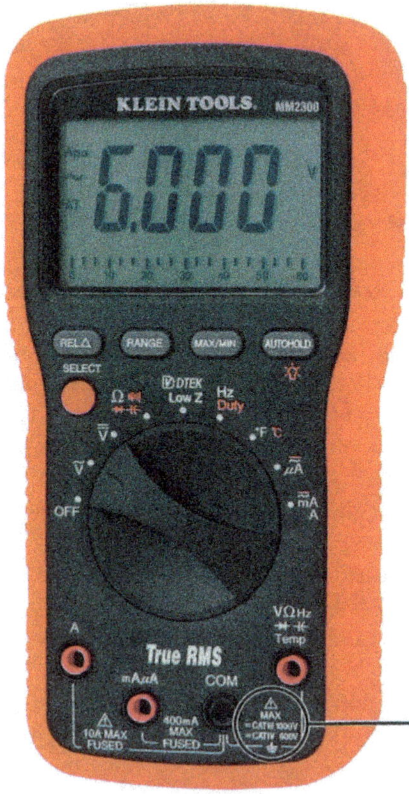

Figura 17 Clasificación de categoría en un medidor típico.
Fuente: Herramientas Klein

2.1.3 Explicación de los requisitos de calibración de los medidores

Es importante seleccionar un medidor con la clasificación de categoría correcta. También es importante calibrar todos los medidores siguiendo las instrucciones del fabricante. La precisión del estándar de calibración debe ser mayor (generalmente 10 veces mayor) que la del instrumento que se está probando. El American National Standards Institute - ANSI (Instituto Nacional Estadounidense de Estándares) exige que los instrumentos de campo y de laboratorio se calibren al menos una vez al año. Debe colocar etiquetas de calibración con fecha en todos los equipos de prueba para que se puedan ver. Cada vez que calibre o pruebe un instrumento, debe anotar la fecha y el resultado de la prueba.

2.2.0 Peligros para la seguridad de los equipos de pruebas eléctricas

Todos en el lugar de trabajo son responsables de cumplir las reglas de seguridad. Para instalar, reparar y operar equipos eléctricos, debe cumplir los códigos y normas de seguridad locales y nacionales. También debe cumplir las políticas de seguridad de las instalaciones y de la empresa. Si es descuidado, las personas pueden resultar heridas o morir a causa de descargas eléctricas, quemaduras, caídas, objetos despedidos u otros peligros.

Cuando las personas investigan la causa de un accidente, casi siempre descubren que el accidente podría haberse evitado cumpliendo reglas simples de seguridad. Es su responsabilidad detectar condiciones inseguras y tomar medidas para solucionarlas. También debe estar atento a otras personas que actúen de forma insegura.

Apague siempre todas las entradas de energía y realice procedimientos adecuados de lockout and tagout - LOTO (bloqueo y etiquetado) antes de trabajar en el equipo. Luego, use un probador de voltaje de trabajo para asegurarse de que sea seguro trabajar en el equipo. Recuerde que desenergizar los circuitos de suministro principales abriendo los interruptores de suministro no siempre puede eliminar toda la electricidad de un equipo. A veces, las personas no recuerdan que la electricidad puede fluir hacia los equipos desde otros lugares, como en un **retroalimentación**. Las personas que sufren una descarga eléctrica por la inversión de la corriente eléctrica, a veces, no pueden obtener atención médica rápidamente. Esto se debe a que lleva tiempo encontrar de dónde proviene la energía y aislarla, garantizando la seguridad del personal médico.

Retroalimentación (*backfeed*): flujo inverso de energía eléctrica en un sistema de distribución. Es causado por la energía inducida al sistema desde fuentes externas, como cuando se usa un generador durante apagones o cuando se usa un sistema solar fotovoltaico. Las retroalimentaciones también pueden ser causadas por la sobrecarga de equipos.

¡ADVERTENCIA!

Al realizar procedimientos de LOTO, recuerde que también pueden estar presentes otras formas de energía, como presión de agua, vapor, resortes y gravedad. Estos también deben bloquearse y etiquetarse.

Nunca se insistirá lo suficiente en la seguridad. Hay momentos en los que su vida depende literalmente de ella. Siga siempre las siguientes precauciones:

- Recuerde que el suministro común de la fuente de alimentación de 120 V no es un voltaje bajo y relativamente inofensivo. Ha causado más muertes que ningún otro voltaje.
- Inspeccione minuciosamente todo el equipo de prueba antes de cada uso. Compruebe si hay cables o perillas rotos, enchufes dañados o cables deshilachados. No utilice equipos mojados o dañados.
- Asegúrese de que la clasificación de los cables o accesorios sea igual o superior a la clasificación del medidor.
- No trabaje con equipos energizados, a menos que cuente con la calificación y la aprobación de su supervisor.
- Nunca tome atajos de seguridad, cumpla estrictamente todas las políticas y procedimientos relativos a trabajos energizados.
- Cuando pruebe circuitos, hágalo primero en los rangos más altos y luego baje a los rangos inferiores.
- Disponga siempre de una persona de reserva durante los trabajos en caliente. Esta persona debe saber a quién contactar en caso de emergencia y cómo desconectar la energía.

Piénselo

Todo reunido

¿Qué instrumento de prueba se requeriría para cada una de las siguientes aplicaciones?

- Identificar un cortocircuito en el cableado de la casa.
- Medir el voltaje secundario de un transformador de CA.
- Identificar un fusible quemado en un circuito.
- Identificar la configuración de contactos de un interruptor de tres vías o un relé multipolar.

2.0.0 Repaso de la sección

1. ¿Qué categoría de clasificación supone un mayor riesgo para la seguridad del electricista?
   a. CAT I
   b. CAT II
   c. CAT III
   d. CAT IV

2. ¿Cuál de las siguientes opciones es *verdadera* en relación con la seguridad del medidor?
   a. La potencia de 120 V es relativamente inofensiva.
   b. Todos los cables de prueba tienen la misma clasificación de categoría.
   c. Cuando pruebe circuitos, pruebe primero en los rangos más bajos y luego aumente.
   d. Inspeccione con cuidado todo el equipo de prueba antes de usarlo.

Módulo 26112-23 Preguntas de repaso

1. ¿Cuál de las siguientes opciones es *verdadera* en relación con los medidores analógicos?
   a. Los medidores analógicos son instrumentos de estado sólido.
   b. Los medidores analógicos tienen una lectura digital.
   c. Los medidores analógicos utilizan un movimiento de bobina móvil.
   d. Los medidores analógicos tienen una configuración de rango automático.

2. Un voltímetro se usa para probar _____.
   a. voltajes exactos
   b. rangos de voltaje
   c. potencia
   d. ondas sinusoidales

3. Para garantizar la seguridad, antes de medir voltajes bajos, *primero* pruebe _____.
   a. la resistencia
   b. la corriente
   c. la vibración
   d. los voltajes más altos

4. Un amperímetro se usa para medir _____.
   a. la corriente
   b. el voltaje
   c. la resistencia
   d. el valor de aislamiento

5. Las pinzas amperimétricas funcionan por _____.
   a. uso del movimiento del medidor d'Arsonval
   b. detección de la fuerza del campo electromagnético alrededor del conductor
   c. medición del extremo de alta resistencia de un transformador de potencia
   d. uso de una derivación resistiva

6. Un probador de resistencia de aislamiento es otro nombre que se da a un _____.
   a. megóhmetro
   b. amperímetro
   c. multímetro
   d. probador de continuidad

7. Un medidor de rotación de motor _____.
   a. prueba un motor energizado
   b. se utiliza para encontrar las patas del motor
   c. se utiliza para identificar las fases del circuito
   d. funciona solo en el sentido de las agujas del reloj

8. El nivel *más alto* de protección contra voltaje transitorio lo proporcionan instrumentos clasificados como _____.
   a. CAT I
   b. CAT II
   c. CAT III
   d. CAT IV

9. La IEC desarrolló una norma de seguridad para las categorías de instalación de sobrevoltaje CAT I, CAT II, CAT III y CAT IV para _____.
   a. cableado
   b. equipos eléctricos
   c. equipos de prueba
   d. circuitos de señalización

10. ¿Cuál es la clasificación de categoría *más baja* aceptable para un multímetro que se utilizará para probar electrodomésticos pequeños?
    a. CAT I
    b. CAT II
    c. CAT III
    d. CAT IV

Las respuestas a las preguntas de repaso impares del módulo se encuentran en el *Apéndice A.*

Módulo 26112-23 Ejercicios suplementarios

1. Puede medir la emf de un circuito con un _________.
   a. amperímetro
   b. potenciómetro
   c. voltímetro
   d. ohmímetro
2. Cuando utiliza un voltímetro que no tiene rango automático, debe comenzar con la configuración más alta y luego ir bajando hasta que el medidor indique entre _________.
3. Un _________ se usa para ampliar el rango del movimiento del medidor en las mediciones de corriente.
4. ¿Verdadero o falso? Siempre debe conectar un ohmímetro en paralelo con una carga.
5. Puede ampliar el rango de voltaje del movimiento de un medidor agregando un _________ en serie.
6. Los cortocircuitos se pueden encontrar usando un _________.
7. ¿Qué tipo de equipo de prueba usaría para verificar la resistencia entre los devanados de un motor?
   ____
   ____
8. Puede encontrar la secuencia de fases de un circuito con _________.
9. ¿Verdadero o falso? Puede utilizar un probador de voltaje para realizar mediciones de voltaje exactas.
10. Un _________ se utiliza para tomar lecturas eléctricas a intervalos específicos.

Las respuestas a los ejercicios suplementarios impares se encuentran en el *Apéndice B.*

Piedra angular del oficio

Justin Johnson

Kansas City VA Medical Center Oficial de cumplimiento de instalaciones

¿Cómo se inició en el sector de la construcción?

Elegí una carrera en el sector eléctrico porque no disfrutaba los cursos en la universidad. La escuela secundaria me resultó fácil, pero en ese momento no tenía los hábitos de estudio necesarios para el trabajo universitario.

¿Quién lo inspiró para entrar en el sector?

Tenía bastantes familiares que eran electricistas o trabajaban en el sector eléctrico.

¿Qué tipos de capacitación ha recibido?

Mi capacitación para el aprendizaje de la electricidad se realizó a través de la empresa para la que trabajaba en ese momento, utilizando los materiales del curso NCCER. He realizado otras capacitaciones de la OSHA, así como diversas capacitaciones en liderazgo.

¿Qué importancia tienen la educación y la capacitación en la construcción?

La educación y la capacitación son de gran importancia en el sector eléctrico debido a los riesgos de seguridad que suponen instalaciones inadecuadas. El sector actualiza y mejora constantemente dispositivos y métodos para mejorar la seguridad de los usuarios. La capacitación y la capacitación continua son muy beneficiosas para el crecimiento profesional dentro del sector.

¿Qué importancia tienen las credenciales de NCCER para su carrera profesional?

El NCCER es reconocido a nivel nacional.

¿Cómo ha influido la capacitación o la construcción en su vida?

La capacitación en el sector de la construcción o la electricidad ha sido mi vida o mi carrera. Me ha permitido brindarme una vida cómoda para mí y mi familia.

¿Qué tipos de trabajo ha realizado en su carrera?

En el sector eléctrico, comencé en la parte residencial. A partir de ahí, trabajé en energía de CC, sistemas electrónicos, comercio, industria ligera y hasta me convertí en instructor o Subject Matter Expert - SME del NCCER. Utilizando las habilidades desarrolladas al enseñar los códigos de la NFPA a aprendices, desde entonces me convertí en oficial de cumplimiento de las instalaciones de un hospital importante, trabajando con múltiples códigos y órganos rectores para garantizar que el edificio en el que nuestros veteranos reciben la atención médica sea el mejor y el más seguro de nuestra área.

Háblenos de su trabajo actual.

Actualmente, trabajo como oficial de cumplimiento de instalaciones. El detalle de este puesto es garantizar que todos los sistemas de servicios públicos (especialmente los críticos) estén funcionando correctamente dentro del hospital. Nuestro equipo de mantenimiento bien capacitado realiza el mantenimiento preventivo, las pruebas y las instalaciones. Mi trabajo es realizar el seguimiento de los documentos de los gerentes de proyectos, pruebas, etc., y mantenerme al tanto de los cambios de código o requisitos.

¿Qué es lo que más disfruta de su trabajo?

Disfruto el hecho de saber que nosotros (el Servicio de Administración de Instalaciones de KCVA) estamos brindando un campus médico sano y salvo para que nuestra población de veteranos reciba la atención que necesitan y merecen.

¿Qué factores han contribuido más a su éxito?

Los factores que más han contribuido a mi éxito son los buenos mentores, el entusiasmo por aprender, llegar temprano y escuchar a quienes me rodean.

¿Sugeriría la construcción como carrera profesional a otras personas?

Recomendaría de todo corazón una carrera en la construcción porque no solo le brindará una vida familiar cómoda, sino que también le brindará la satisfacción de ver un logro tras otro durante varios años.

¿Qué consejo les daría a quienes son nuevos en este campo?

Llegar temprano y listos para aprender el oficio. Puede parecer tedioso a veces, ¡pero las recompensas por venir son abundantes!

¿Cuál es un hecho o logro interesante relacionado con su carrera?

El mejor logro en mi carrera ha sido ayudar a otros a mejorar sus vidas aprendiendo un oficio.

¿Cómo se marca la diferencia en este oficio?

Es la capacidad de crear a partir de poco, lo que otros miran con impresión y asombro.

Respuestas a las preguntas de repaso de la sección

Respuesta	Referencia de la sección	Objetivo
Sección 1.0.0		
1. c	1.1.0	1a
2. a	1.2.0	1b
3. a	1.3.0	1c
4. b	1.4.0	1d
5. d	1.5.1	1e
Sección 2.0.0		
1. d	2.1.1	2a
2. d	2.2.0	2b

Actualización por los usuarios

¿Encontró algún error? Visite **https://www.nccer.org/olf** o escanee el código QR con su dispositivo móvil para enviar su corrección.

ESCANEAR

APÉNDICE A HOJA DE REPUESTAS A LAS PREGUNTAS DE REPASO

MÓDULO 26101-23

Respuesta	Referencia de la sección
1. a	1.1.0
3. c	1.2.0
5. c	1.4.6
7. b	2.1.0
9. c	3.1.9

MÓDULO 26102-23

Respuesta	Referencia de la sección
1. d	1.1.0
3. c	1.1.1
5. b	1.3.2; *Figura 8*
7. d	1.3.2; *Figura 8*
9. b	2.2.1; *Tabla 5*
11. b	3.1.3
13. a	3.2.0
15. c	4.1.2
17. d	4.3.1

MÓDULO 26103-23

Respuesta	Referencia de la sección
1. a	1.1.0
3. c	2.1.0
5. a	2.1.1
7. b	2.1.3
9. d	2.2.0
11. d	2.3.1
13. c	3.2.2
15. c	3.3.3

MÓDULO 26103-23 CÁLCULOS

Pregunta 11

$P = I \times E$

$P = 5\text{ A} \times 120\text{ V}$

$P = \mathbf{600\ W}$

MÓDULO 26104-23

Respuesta	Referencia de la sección
1. b	1.1.0
3. a	1.3.2
5. d	2.1.2
7. c	2.1.2
9. b	2.2.2

MÓDULO 26104-23 CÁLCULOS

Pregunta 3

$$R_{5+6+7} = \frac{240\Omega}{3} = 80\Omega$$

$$R_{3+4+5+6+7} = R_3 + R_4 + R_{5+6+7}$$
$$= 75\Omega + 45\Omega + 80\Omega$$
$$= 200\Omega$$

$$R_{1+2} = 80\Omega + 120\Omega = 200\Omega$$

$$R_{1+2+3+4+5+6+7} = \frac{200\Omega}{2} = \mathbf{100\Omega}$$

Pregunta 7

$$I_T = \frac{E_T}{R_T}$$

$$I_T = \frac{100V}{20\ k\Omega}$$

$$I_T = \mathbf{5A}$$

MÓDULO 26105-23

Respuesta	Referencia de la sección
1. a	1.0.0
3. b	2.1.0
5. c	2.1.2
7. b	2.1.4; *Tabla 2*
9. c	2.1.5; *Tabla 3*
11. b	2.1.7; *Tabla 5*
13. c	2.1.11; *Tabla 6*
15. c	2.2.0; *Sección 408.18(A) del NEC*

MÓDULO 26106-23

Respuesta	Referencia de la sección
1. b	1.1.0
3. c	1.1.5; *Tabla 2*
5. d	1.2.0
7. a	1.2.0
9. b	2.1.0

MÓDULO 26107-23

Respuesta	Referencia de la sección
1. a	1.1.2
3. a	2.1.1
5. d	2.1.2
7. b	2.2.1
9. b	2.2.4

MÓDULO 26108-23

Respuesta	Referencia de la sección
1. a	1.1.1
3. c	1.1.1
5. b	1.1.2
7. c	1.1.7
9. c	1.1.10
11. a	1.3.2
13. a	1.3.4
15. a	1.3.5
17. b	1.3.5
19. d	1.6.1
21. a	1.6.3
23. c	3.1.1
25. d	3.3.1

MÓDULO 26109-23

Respuesta	Referencia de la sección
1. b	1.1.2
3. c	1.2.0
5. b	1.4.2
7. d	1.4.4; *Tabla 2*
9. c	1.4.5
11. c	1.6.4; *Tabla 3*
13. c	1.6.9
15. a	2.1.1

MÓDULO 26110-23

Respuesta	Referencia de la sección
1. b	1.1.0
3. a	1.2.4; *Figura 13*
5. d	1.3.0
7. a	3.1.0
9. d	3.1.1; *Figura 21*
11. a	3.1.1; *Figura 21*
13. d	3.1.1; *Figura 23*
15. d	3.3.3
17. c	3.4.3
19. c	4.2.0

MÓDULO 26111-23

Respuesta	Referencia de la sección
1. b	1.1.3
3. d	1.1.5
5. b	1.1.8
7. a	1.3.1; *Tabla 4*
9. a	3.1.0; *Figura 41*
11. b	3.1.2
13. a	4.1.1
15. b	4.1.4; *Figura 51*
17. b	5.1.0; *Figura 52*
19. d	5.1.0; *Figura 52*
21. b	5.1.1; *Figura 52*
23. d	5.1.5
25. c	6.3.0; *Figura 85*

MÓDULO 26112-23

Respuesta	Referencia de la sección
1. c	1.0.0
3. d	1.1.0
5. b	1.3.0
7. b	1.5.2
9. c	2.1.1

APÉNDICE B HOJA DE RESPUESTAS DE LOS EJERCICIOS SUPLEMENTARIOS

MÓDULO 26101-23

Pregunta 1

Tendido, fase final, pruebas y resolución de problemas

Referencia de la sección 1.1.0

Pregunta 3

electricista de subestaciones de servicios públicos

Referencia de la sección 1.4.7

Pregunta 5

Verdadero

Referencia de la sección 2.1.0

Pregunta 7

Falso

Referencia de la sección 3.1.2

Pregunta 9

Verdadero

Referencia de la sección 3.2.0

MÓDULO 26102-23

Pregunta 1

normas para la industria general

Referencia de la sección 1.1.4

Pregunta 3

Falso

Referencia de la sección 2.2.2

Pregunta 5

energizados

Referencia de la sección 3.1.3

Pregunta 7

inspeccionado

Referencia de la sección 4.1.2

Pregunta 9

repaso de los peligros

Referencia de la sección 4.4.2

MÓDULO 26103-23

Pregunta 1

ion

Referencia de la sección 1.1.2

Pregunta 3

semiconductor

Referencia de la sección 1.2.0; Tabla 1

Pregunta 5

$$I = \frac{E}{R}$$

$$I = \frac{240\text{V}}{10\Omega}$$

$$I = \mathbf{24A}$$

Referencia de la sección 2.2.0

Pregunta 7

$$R = \frac{E}{I}$$

$$R = \frac{120\text{V}}{6\text{A}}$$

$$R = \mathbf{20\Omega}$$

Referencia de la sección 2.2.2

Pregunta 9

$$\frac{1{,}500\text{W}}{1{,}000} = 1.5\text{ kW}$$

$$1.5\text{ kW} \times 3\text{h} = \mathbf{4.5\ kWh}$$

Referencia de la sección 2.3.1

Pregunta 11

amarillo (4) + naranja (3) + rojo (2 ceros) = 4,300 Ω; el color plata es la tolerancia de ±10%.

Referencia de la sección 3.1.0; Figura 21

Pregunta 13

Verdadero

Referencia de la sección 3.2.1

Pregunta 15

continuidad

Referencia de la sección 3.3.3

MÓDULO 26104-23

Pregunta 1

$R_T = R_1 + R_2 + R_3$

Referencia de la sección 1.1.0

Pregunta 3

que la menor resistencia individual

Referencia de la sección 1.2.1

Pregunta 5

d

Referencia de la sección 1.3.2

Pregunta 7

Verdadero

Referencia de la sección 2.2.2

Pregunta 9

$R_T = R_{1+2} + R_3$

$R_T = 30\ \Omega + 20\ \Omega$

$R_T = \mathbf{50\ \Omega}$

Referencia de la sección 1.3.2

MÓDULO 26105-23

Pregunta 1

mínimo

Referencia de la sección 1.0.0

Pregunta 3

cableado y protección

Referencia de la sección 2.1.3

Pregunta 5

Capítulo 3 del NEC

Referencia de la sección 2.1.4

Pregunta 7

teatros

Referencia de la sección 2.1.6

Pregunta 9

capítulo 5 del NEC

Referencia de la sección 2.1.6

MÓDULO 26106-23

Pregunta 1

NEC®

Referencia de la sección 1.0.0

Pregunta 3

uno

Referencia de la sección 1.2.0

Pregunta 5

ocho

Referencia de la sección 2.1.0

Pregunta 7

luminarias de pared

Referencia de la sección 1.1.1

Pregunta 9

profundidad

Referencia de la sección 1.1.1

MÓDULO 26107-23

Pregunta 1

b

Referencia de la sección 1.0.0

Pregunta 3

8"

Referencia de la sección 1.2.0; Tabla 1

Pregunta 5

$2\frac{5}{8}$"

Referencia de la sección 1.2.1; Figura 9

Pregunta 7

d

Referencia de la sección 1.3.0; Tabla 2

Pregunta 9

b

Referencia de la sección 1.3.0; Tabla 2

MÓDULO 26108-23

Pregunta 1

unido

Referencia de la sección 1.2.0

Pregunta 3

c

Referencia de la sección 3.1.1

Pregunta 5

Falso

Referencia de la sección 1.1.6

Pregunta 7

combinación

Referencia de la sección 1.1.10

Pregunta 9

a

Referencia de la sección 1.1.7

Pregunta 11

$\frac{1}{4}$" (6 mm)

Referencia de la sección 1.1.1

Pregunta 13

12" (300 mm)

Referencia de la sección 1.1.10

MÓDULO 26109-23

Pregunta 1

kcmil

Referencia de la sección 1.1.1

Pregunta 3

Verdadero

Referencia de la sección 1.2.0

Pregunta 5

d

Referencia de la sección 1.1.1

Pregunta 7

Verdadero

Referencia de la sección 1.4.0

Pregunta 9

b

Referencia de la sección 1.4.2

Pregunta 11

b

Referencia de la sección 1.4.6

Pregunta 13

d

Referencia de la sección 1.6.3

Pregunta 15

ratón

Referencia de la sección 2.1.1

MÓDULO 26110-23

Pregunta 1

plano de obra

Referencia de la sección 1.2.1

Pregunta 3

Proporciona una descripción precisa del proyecto para que los contratistas eléctricos puedan estimar los materiales y la mano de obra para calcular el costo total del proyecto a efectos de licitación. Además, proporciona a los trabajadores información sobre cómo y dónde debe instalarse el sistema eléctrico. También proporciona un mapa del sistema eléctrico una vez finalizado el trabajo para facilitar el mantenimiento y la resolución de problemas en los próximos años.

Referencia de la sección 3.1.0

Pregunta 5

(A)—Cableado expuesto; (B)—Cableado oculto en cielorraso o pared; (C)—Cableado oculto en el suelo; (D)—Cableado girado hacia arriba; (E)—Cableado girado hacia abajo; (F)—Tendido doméstico de circuito ramal al panel de distribución

Referencia de la sección 3.1.1; Figura 25B

Pregunta 7

$3\frac{3}{4}" \times 2 = 7\frac{1}{2}'$

Referencia de la sección 2.1.1

Pregunta 9

diagramas unifilares

Referencia de la sección 3.4.2

MÓDULO 26111-23

Pregunta 1

factor demanda

Referencia de la sección 1.1.5

Pregunta 3

Verdadero

Referencia de la sección 5.1.2

Pregunta 5

10' (3.0 m)

Referencia de la sección 5.1.2

Pregunta 7

Cables con cubierta de dos o más conductores; sistemas de canalizaciones (conductos)

Referencia de la sección 4.0.0

Pregunta 9

dos

Referencia de la sección 6.2.1

MÓDULO 26112-23

Pregunta 1

c

Referencia de la sección 1.1.0

Pregunta 3

resistencia en derivación

Referencia de la sección 1.0.0

Pregunta 5

resistencia multiplicadora

Referencia de la sección 1.0.0

Pregunta 7

Megóhmetro

Referencia de la sección 1.5.1

Pregunta 9

Falso

Referencia de la sección 1.1.0

APÉNDICE 26107-23A

Cómo usar la trigonometría para determinar ángulos y multiplicadores para desplazamientos

No hace falta ser matemático para usar la trigonometría. Al conocer y saber usar las funciones trigonométricas básicas, puede calcular distancias o ángulos desconocidos. Supongamos que el triángulo rectángulo de abajo representa el desplazamiento de un conducto. Si conoce la longitud de un lado y el ángulo, puede calcular la longitud de los otros lados, o si conoce la longitud de dos lados cualesquiera del triángulo, puede hallar el ángulo del desplazamiento utilizando una o varias de estas funciones trigonométricas. Puede usar una tabla trigonométrica como las que se muestran en el *apéndice 26107-23B* o una calculadora científica para determinar el ángulo de un desplazamiento. Por ejemplo, si la cosecante del ángulo a es 2.6, la tabla trigonométrica nos dice que el ángulo del desplazamiento es $22^1/_2$°.

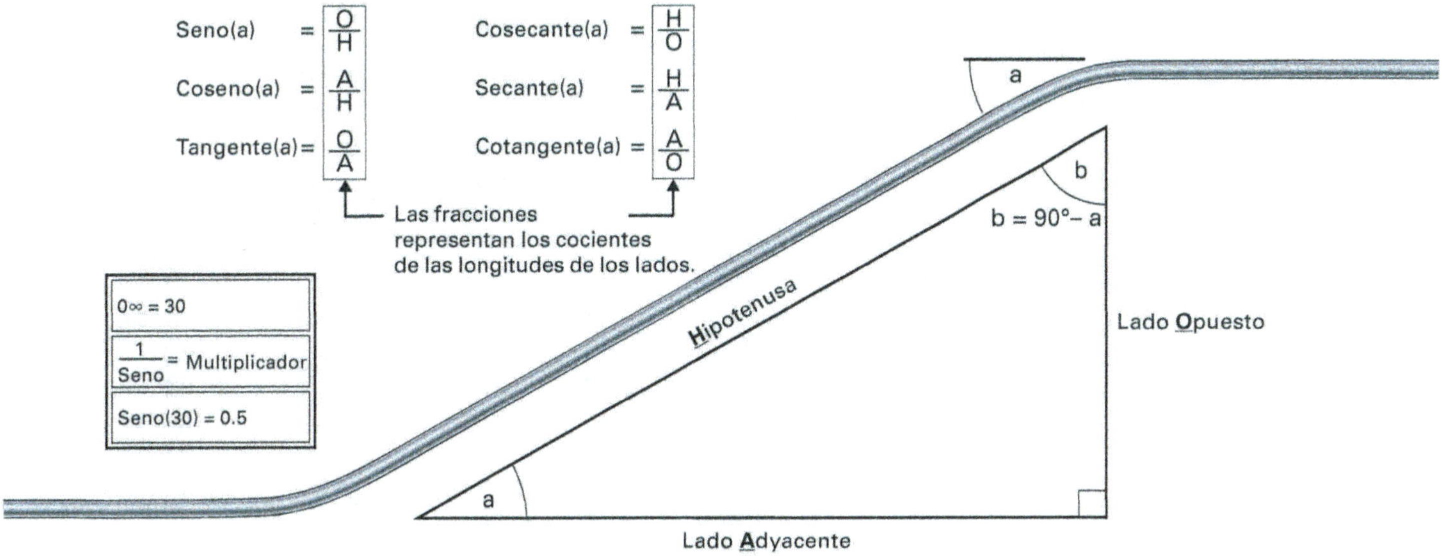

Para hallar el multiplicador de la distancia entre curvas en un desplazamiento:

1. Determina el ángulo del desplazamiento: 30°
2. Halle el seno del ángulo: 0.5
3. Halla el inverso (recíproco) del seno: $\frac{1}{0.5} = 2$. También aparece en las tablas trigonométricas como cosecante del ángulo.
4. Este número multiplicado por la altura del desplazamiento da la hipotenusa del triángulo, que es equivalente a la distancia entre curvas.

APÉNDICE 26107-23B

Tablas de radios de curvatura

Funciones trigonométricas (1 de 2)

Ángulo	Seno	Coseno	Tangente	Cotangente	Cosecante
1	0.0175	0.9998	0.0175	57.3000	57.3065
2	0.0349	0.9994	0.0349	28.6000	28.6532
3	0.0523	0.9986	0.0524	19.1000	19.1058
4	0.0698	0.9976	0.0699	14.3000	14.3348
5	0.0872	0.9962	0.0875	11.4000	11.4731
6	0.1045	0.9945	0.1051	9.5100	9.5666
7	0.1219	0.9925	0.1228	8.1400	8.2054
8	0.1392	0.9903	0.1405	7.1200	7.1854
9	0.1564	0.9877	0.1584	6.3100	6.3926
10	0.1736	0.9848	0.1763	5.6700	5.7587
11	0.1908	0.9816	0.1944	5.1400	5.2408
12	0.2079	0.9781	0.2126	4.7000	4.8097
13	0.2250	0.9744	0.2309	4.3300	4.4454
14	0.2419	0.9703	0.2493	4.0100	4.1335
15	0.2588	0.9659	0.2679	3.7300	3.8636
16	0.2756	0.9613	0.2867	3.4900	3.5915
17	0.2924	0.9563	0.3057	3.2700	3.4203
18	0.3090	0.9511	0.3249	3.0800	3.2360
19	0.3256	0.9455	0.3443	2.9000	3.0715
20	0.3420	0.9397	0.3640	2.7500	2.9238
21	0.3584	0.9336	0.3839	2.6100	2.7904
22	0.3746	0.9272	0.4040	2.4800	2.6694
23	0.3907	0.9205	0.4245	2.3600	2.5593
24	0.4067	0.9135	0.4452	2.2500	2.4585
25	0.4226	0.9063	0.4663	2.1400	2.3661
26	0.4384	0.8988	0.4877	2.0500	2.2811
27	0.4540	0.8910	0.5095	1.9600	2.2026
28	0.4695	0.8829	0.5317	1.8800	2.1300
29	0.4848	0.8746	0.5543	1.8000	2.0626
30	0.5000	0.8660	0.5774	1.7300	2.0000
31	0.5150	0.8572	0.6009	1.6600	1.9415
32	0.5299	0.8480	0.6249	1.6000	1.8870
33	0.5446	0.8387	0.6494	1.5400	1.8360
34	0.5592	0.8290	0.6745	1.4800	1.7883
35	0.5736	0.8192	0.7002	1.4300	1.7434
36	0.5878	0.8090	0.7265	1.3800	1.7012
37	0.6018	0.7986	0.7536	1.3300	1.6616
38	0.6157	0.7880	0.7813	1.2800	1.6242
39	0.6293	0.7771	0.8098	1.2300	1.5890
40	0.6428	0.7660	0.8391	1.1900	1.5557
41	0.6561	0.7547	0.8693	1.1500	1.5242
42	0.6691	0.7431	0.9004	1.1100	1.4944
43	0.6820	0.7314	0.9325	1.0700	1.4662
44	0.6947	0.7193	0.9657	1.0400	1.4395
45	0.7071	0.7071	1.0000	1.0000	1.4142

Funciones trigonométricas (2 de 2)

Ángulo	Seno	Coseno	Tangente	Cotangente	Cosecante
46	0.7193	0.6947	1.0355	0.9660	1.4395
47	0.7314	0.6820	1.0724	0.9330	1.3673
48	0.7431	0.6691	1.1106	0.9000	1.3456
49	0.7547	0.6561	1.1504	0.8690	1.3250
50	0.7660	0.6428	1.1918	0.8390	1.3054
51	0.7771	0.6293	1.2349	0.8100	1.2867
52	0.7880	0.6157	1.2799	0.7810	1.2690
53	0.7986	0.6018	1.3270	0.7540	1.2521
54	0.8090	0.5878	1.3764	0.7270	1.2360
55	0.8192	0.5736	1.4281	0.7000	1.2207
56	0.8290	0.5592	1.4826	0.6750	1.2062
57	0.8387	0.5446	1.5399	0.6490	1.1923
58	0.8480	0.5299	1.6003	0.6250	1.1791
59	0.8572	0.5150	1.6643	0.6010	1.1666
60	0.8660	0.5000	1.7321	0.5770	1.1547
61	0.8746	0.4848	1.8040	0.5540	1.1433
62	0.8829	0.4695	1.8807	0.5320	1.1325
63	0.8910	0.4540	1.9626	0.5100	1.1223
64	0.8988	0.4384	2.0503	0.4880	1.1126
65	0.9063	0.4226	2.1445	0.4660	1.1033
66	0.9135	0.4067	2.2460	0.4450	1.0946
67	0.9205	0.3907	2.3559	0.4240	1.0863
68	0.9272	0.3746	2.4751	0.4040	1.0785
69	0.9336	0.3584	2.6051	0.3840	1.0711
70	0.9397	0.3420	2.7475	0.3640	1.0641
71	0.9455	0.3256	2.9042	0.3440	1.0576
72	0.9511	0.3090	3.0777	0.3250	1.0514
73	0.9563	0.2924	3.2709	0.3060	1.0456
74	0.9613	0.2756	3.4874	0.2870	1.0402
75	0.9659	0.2588	3.7321	0.2680	1.0352
76	0.9703	0.2419	4.0108	0.2490	1.0306
77	0.9744	0.2250	4.3315	0.2310	1.0263
78	0.9781	0.2079	4.7046	0.2130	1.0223
79	0.9816	0.1908	5.1446	0.1940	1.0187
80	0.9848	0.1736	5.6713	0.1760	1.0154
81	0.9877	0.1564	6.3138	0.1580	1.0124
82	0.9903	0.1392	7.1154	0.1410	1.0098
83	0.9925	0.1219	8.1443	0.1230	1.0075
84	0.9945	0.1045	9.5144	0.1050	1.0055
85	0.9962	0.0872	11.4301	0.0880	1.0038
86	0.9976	0.0698	14.3007	0.0700	1.0024
87	0.9986	0.0523	19.0811	0.0520	1.0013
88	0.9994	0.0349	28.6363	0.0350	1.0006
89	0.9998	0.0175	57.2900	0.0180	1.0001
90	1.0000	0.0000	–	0.0000	1.0000

Tabla de radios de curvatura

Radio (pulgadas)	Incrementos de radio (pulgadas)									
	0	1	2	3	4	5	6	7	8	9
0	0.00	1.54	3.14	4.71	6.28	7.85	9.42	10.99	12.56	14.13
10	15.70	17.27	18.84	20.41	21.98	23.85	25.12	26.69	28.26	29.83
20	31.40	32.97	34.54	36.11	37.68	39.25	40.82	42.39	43.96	45.83
30	47.10	48.67	50.24	51.81	53.38	54.95	56.52	58.09	59.66	61.23
40	62.80	64.37	65.94	67.50	69.03	70.65	72.22	73.79	75.36	76.93
50	87.50	80.07	81.64	83.21	84.78	86.35	87.92	89.49	91.06	92.63
60	94.20	95.77	97.34	98.91	100.48	102.05	103.62	105.19	106.76	108.33
70	109.90	111.47	113.04	114.61	116.18	117.75	119.32	120.89	122.46	124.03
80	125.60	127.17	128.74	130.31	131.88	133.45	135.02	136.59	138.16	139.73
90	141.30	142.87	144.44	146.01	147.58	149.15	150.72	—	—	—
Para hallar la longitud desarrollada para los siguientes ángulos, use una fracción de la tabla de 90°.										
Para	15°		$22^{1}/_{2}$°		30°	45°	60°	$67^{1}/_{2}$°	75°	90°
Tome	$^{1}/_{6}$		$^{1}/_{4}$		$^{1}/_{3}$	$^{1}/_{2}$	$^{2}/_{3}$	$^{3}/_{4}$	$^{5}/_{6}$	Vea la tabla
Para cualquier otro grado: Longitud desarrollada = 0.01744 × radio × grados.										

APÉNDICE 26110-23A

Tabla de conversión métrica

Tabla de conversión métrica

Pulgadas Fraccional	Pulgadas Decimal	Métrico Métrico (mm)	Pulgadas Fraccional	Pulgadas Decimal	Métrico Métrico (mm)	Pulgadas Fraccional	Pulgadas Decimal	Métrico Métrico (mm)
.	0.0039	0.1000	.	0.5512	14.0000	.	1.8898	48.0000
.	0.0079	0.2000	9/16	0.5625	14.2875	.	1.9291	49.0000
.	0.0118	0.3000	.	0.5709	14.5000	.	1.9685	50.0000
1/64	0.0156	0.3969	37/64	0.5781	14.6844	2	2.0000	50.8000
.	0.0157	0.4000	.	0.5906	15.0000	.	2.0079	51.0000
.	0.0197	0.5000	19/32	0.5938	15.0813	.	2.0472	52.0000
.	0.0236	0.6000	39/64	0.6094	15.4781	.	2.0866	53.0000
.	0.0276	0.7000	.	0.6102	15.5000	.	2.1260	54.0000
1/32	0.0313	0.7938	5/8	0.6250	15.8750	.	2.1654	55.0000
.	0.0315	0.8000	.	0.6299	16.0000	.	2.2047	56.0000
.	0.0354	0.9000	41/64	0.6406	16.2719	.	2.2441	57.0000
.	0.0394	1.0000	.	0.6496	16.5000	2 1/4	2.2500	57.1500
.	0.0433	1.1000	21/32	0.6563	16.6688	.	2.2835	58.0000
3/64	0.0469	1.1906	.	0.6693	17.0000	.	2.3228	59.0000
.	0.0472	1.2000	43/64	0.6719	17.0656	.	2.3622	60.0000
.	0.0512	1.3000	11/16	0.6875	17.4625	.	2.4016	61.0000
.	0.0551	1.4000	.	0.6890	17.5000	.	2.4409	62.0000
.	0.0591	1.5000	45/64	0.7031	17.8594	.	2.4803	63.0000
1/16	0.0625	1.5875	.	0.7087	18.0000	2 1/2	2.5000	63.5000
.	0.0630	1.6000	23/32	0.7188	18.2563	.	2.5197	64.0000
.	0.0669	1.7000	.	0.7283	18.5000	.	2.5591	65.0000
.	0.0709	1.8000	47/64	0.7344	18.6531	.	2.5984	66.0000
.	0.0748	1.9000	.	0.7480	19.0000	.	2.6378	67.0000
5/64	0.0781	1.9844	3/4	0.7500	19.0500	.	2.6772	68.0000
.	0.0787	2.0000	49/64	0.7656	19.4469	.	2.7165	69.0000
.	0.0827	2.1000	.	0.7677	19.5000	2 3/4	2.7500	69.8500
.	0.0866	2.2000	25/32	0.7813	19.8438	.	2.7559	70.0000
.	0.0906	2.3000	.	0.7874	20.0000	.	2.7953	71.0000
3/32	0.0938	2.3813	51/64	0.7969	20.2406	.	2.8346	72.0000
.	0.0945	2.4000	.	0.8071	20.5000	.	2.8740	73.0000
.	0.0984	2.5000	13/16	0.8125	20.6375	.	2.9134	74.0000
7/64	0.1094	2.7781	.	0.8268	21.0000	.	2.9528	75.0000
.	0.1181	3.0000	53/64	0.8281	21.0344	.	2.9921	76.0000
1/8	0.1250	3.1750	27/32	0.8438	21.4313	3	3.0000	76.2000
.	0.1378	3.5000	.	0.8465	21.5000	.	3.0315	77.0000
9/64	0.1406	3.5719	55/64	0.8594	21.8281	.	3.0709	78.0000
5/32	0.1563	3.9688	.	0.8661	22.0000	.	3.1102	79.0000
.	0.1575	4.0000	7/8	0.8750	22.2250	.	3.1496	80.0000
11/64	0.1719	4.3656	.	.8858	22.5000	.	3.1890	81.0000
.	0.1772	4.5000	57/64	.89063	22.6219	.	3.2283	82.0000
3/16	0.1875	4.7625	.	.9055	23.0000	.	3.2677	83.0000
.	0.1969	5.0000	29/32	.90625	23.0188	.	3.3071	84.0000
13/64	0.2031	5.1594	59/64	.92188	23.4156	.	3.3465	85.0000
.	0.2165	5.5000	.	.9252	23.5000	.	3.3858	86.0000
7/32	0.2188	5.5563	15/16	.93750	23.8125	.	3.4252	87.0000
15/64	0.2344	5.9531	.	.9449	24.0000	.	3.4646	88.0000
.	0.2362	6.0000	61/64	.95313	24.2094	3 1/2	3.5000	88.9000
1/4	0.2500	6.3500	.	.9646	24.5000	.	3.5039	89.0000
.	0.2559	6.5000	31/32	.96875	24.6063	.	3.5433	90.0000
17/64	0.2656	6.7469	.	.9843	25.0000	.	3.5827	91.0000
.	0.2756	7.0000	63/64	.98438	25.0031	.	3.6220	92.0000
9/32	0.2813	7.1438	1	1.000	25.40	.	3.6614	93.0000
.	0.2953	7.5000	.	1.0039	25.5000	.	3.7008	94.0000
19/64	0.2969	7.5406	.	1.0236	26.0000	.	3.7402	95.0000
5/16	0.3125	7.9375	.	1.0433	26.5000	.	3.7795	96.0000
.	0.3150	8.0000	.	1.0630	27.0000	.	3.8189	97.0000
21/64	0.3281	8.3344	.	1.0827	27.5000	.	3.8583	98.0000
.	0.3346	8.5000	.	1.1024	28.0000	.	3.8976	99.0000
11/32	0.3438	8.7313	.	1.1220	28.5000	.	3.9370	100.0000
.	0.3543	9.0000	.	1.1417	29.0000	4	4.0000	101.6000
23/64	0.3594	9.1281	.	1.1614	29.5000	.	4.3307	110.0000
.	0.3740	9.5000	.	1.1811	30.0000	4 1/2	4.5000	114.3000
3/8	0.3750	9.5250	.	1.2205	31.0000	.	4.7244	120.0000
25/64	0.3906	9.9219	1 1/4	1.2500	31.7500	5	5.0000	127.0000
.	0.3937	10.0000	.	1.2598	32.0000	.	5.1181	130.0000
13/32	0.4063	10.3188	.	1.2992	33.0000	.	5.5118	140.0000
.	0.4134	10.5000	.	1.3386	34.0000	.	5.9055	150.0000
27/64	0.4219	10.7156	.	1.3780	35.0000	6	6.0000	152.4000
.	0.4331	11.0000	.	1.4173	36.0000	.	6.2992	160.0000
7/16	0.4375	11.1125	.	1.4567	37.0000	.	6.6929	170.0000
.	0.4528	11.5000	.	1.4961	38.0000	.	7.0866	180.0000
29/64	0.4531	11.5094	1 1/2	1.5000	38.1000	.	7.4803	190.0000
15/32	0.4688	11.9063	.	1.5354	39.0000	.	7.8740	200.0000
.	0.4724	12.0000	.	1.5748	40.0000	8	8.0000	203.2000
31/64	0.4844	12.3031	.	1.6142	41.0000	.	9.8425	250.0000
.	0.4921	12.5000	.	1.6535	42.0000	10	10.0000	254.0000
1/2	0.5000	12.7000	.	1.6929	43.0000	20	20.0000	508.0000
.	0.5118	13.0000	.	1.7323	44.0000	30	30.0000	762.0000
33/64	0.5156	13.0969	1 3/4	1.7500	44.4500	40	40.0000	1016.000
17/32	0.5313	13.4938	.	1.7717	45.0000	60	60.0000	1524.000
.	0.5315	13.5000	.	1.8110	46.0000	80	80.0000	2032.000
35/64	0.5469	13.8906	.	1.8504	47.0000	100	100.0000	2540.000

PARA CONVERTIR A MILÍMETROS, MULTIPLIQUE LAS PULGADAS POR 25.4
PARA CONVERTIR A PULGADAS, MULTIPLIQUE LOS MILÍMETROS POR 0.03937*
*PARA UNA MAYOR PRECISIÓN EN LA CONVERSIÓN A PULGADAS, DIVIDA LOS MILÍMETROS POR 25.4

APÉNDICE 26111-23A

Otros códigos y normas aplicables a las instalaciones eléctricas

Hasta el año 2000, se utilizaban los tres siguientes modelos de códigos de construcción:

- *Standard Building Code – SBC (Código Técnico de la Edificación)*, publicado por *Southern Building Code Congress International* – SBCCI (Congreso Internacional del Código de Edificación del Sur).
- *BOCA National Building Code – NBC (*Código Nacional de la Construcción de BOCA), publicado por *Building Officials and Code Administrators* – BOCA (Oficiales de la Construcción y Administradores de Códigos).
- *Uniform Building Code® – UBC®* (Código Uniforme de la Edificación*)*, Publicado por *International Conference of Building Officials* (Conferencia Internacional de Oficiales de la Construcción).

Los tres grupos redactores de códigos (SBCCI, BOCA e ICBO) se fusionaron en una organización denominada *International Code Council* (Consejo Internacional de Códigos) con el propósito de redactar una conjunto de códigos de construcción e incendios de aceptación nacional. Se conoce como *International Building Code® – IBC®* (Código Internacional de la Edificación).

El *International Residential Code®* (*IRC®*) se adopta como parte de los requisitos del código eléctrico en muchas zonas del país. El *IRC®* abarca las viviendas unifamiliares y bifamiliares de tres pisos o menos. El *IRC®* incluye requisitos tales como ventiladores para los cuartos de baño, detectores de humo y otros elementos no especificados en el *NEC®*. El *IRC®* abarca todos los oficios, incluidos los de construcción, plomería, mecánica, gas, energía y electricidad.

La NFPA también publica su propio código de construcción, el NFPA 5000®.

Para tener todas las competencias del oficio de electricista, debe conocer el contenido y la terminología de estos códigos.

APÉNDICE 26111-23B

Hoja de cálculo de cargas

Tabla de conversión métrica					**Fase**	**Neutro**
Superficie de la vivienda en pies cuadrados	[1]	× 3 =	[2]	*Sección 220.41 del NEC*		
Circuitos de pequeños electrodomésticos de cocina	[3]	× 1500 =	[4]	*Sección 220.52(A) del NEC*		
Circuitos ramales de lavandería	[5]	× 1500 =	[6]	*Sección 220.52(B) del NEC*		
Subtotal de cargas de iluminación general			[7]			
Restar los primeros 3000 VA según la *tabla 220.45 del NEC*			[8]	× 100% =	[9]	
VA restante por 35% según la *tabla 220.45 del NEC*			[10]	× 35 % =	[11]	
Demanda total de cargas de iluminación general =					[12]	[13]
Cargas de electrodomésticos fijos (placa de características o corriente a plena carga de motores) según la *sección 220.14 del NEC*						
Depósito de agua caliente de 4.5 kVA, 240 V			[14]			
Lavavajillas de 1.5 kVA, 120 V			[15]			
Triturador de desperdicios de ½ hp, 120 V según la *tabla 430.248 del NEC* = 9.8 A			[16]			
Soplador de ⅓ hp, 120 V según la *tabla 430.248 del NEC* = 7.2 A			[17]			
			[18]			
			[19]			
Subtotal de electrodomésticos fijos			[20]			
Sección 220.53 del NEC: Si 3 o menos electrodomésticos fijos consumen al 100% =					[21]	[22]
Sección 220.53 del NEC: Si 4 o más electrodomésticos fijos consumen al 75% =					[23]	[24]
Otras cargas según la *sección 220.14 del NEC*						
Estufa eléctrica según la *sección 220.55 del NEC* [neutro al 70% según la *sección 220.61(B)(1) del NEC*].					[25]	[26]
Secadora eléctrica según la *sección 220.54 del NEC* [neutro al 70% según la *sección 220.61(B)(1) de NEC*].					[27]	[28]
Calefacción eléctrica según la *sección 220.51 del NEC*						
Aire acondicionado según la *sección 220.50(B) del NEC*	omitir carga menor según la *sección 220.60 del NEC*				[29]	[30]
Motor más grande =	× 25% (según la *sección 430.24 del NEC*) =				[31]	[32]
Demanda total de VA =					[33]	[34]
(VA dividido por 240 V) **Amperios =**					[35]	[36]
Protección contra sobrecorriente de acometida y conductor de electrodo de puesta a tierra de calibre mínimo					[37]	[38]
AWG según la *sección 310.12*, la *sección 220.61* y la *tabla 310.16 del NEC* para neutro					[39]	[40]

RECURSOS ADICIONALES

26101-23 Resumen ocupacional: El sector eléctrico

NFPA 70®, *National Electrical Code® Handbook*, última edición. Quincy, MA: National Fire Protection Association.

NFPA 70E®, *Norma para la seguridad eléctrica en lugares de trabajo®*, última edición. Quincy, MA: National Fire Protection Association.

Norma OSHA 1910 del título 29 del CFR, Normas para la industria general, Administración de Seguridad y Salud Ocupacional (Departamento de Trabajo de los Estados Unidos), **www.osha.gov**.

Norma OSHA 1926 del título 29 del CFR, Normas para la industria de la construcción, Administración de Seguridad y Salud Ocupacional (Departamento de Trabajo de los Estados Unidos), **www.osha.gov**.

26102-23 Seguridad de los electricistas

Partes 1900–1910 del título 29 del CFR, Normas para la industria general. Administración de Seguridad y Salud Ocupacional, Departamento de Trabajo de los Estados Unidos.

Parte 1926 del título 29 del CFR, Normas para la industria de la construcción. Administración de Seguridad y Salud Ocupacional, Departamento de Trabajo de los Estados Unidos.

Gestión de peligros eléctricos, última edición. Upper Saddle River, NJ: Pearson Education, Inc.

National Electrical Code® Handbook, última edición. Quincy, MA: National Fire Protection Association.

NFPA 70E®, *Norma para la seguridad eléctrica en lugares de trabajo®*, última edición. Quincy, MA: National Fire Protection Association.

Workplace Fatalities and Injuries 2003 – 2019. Rosslyn, VA: Fundación Internacional para la Seguridad Eléctrica.

26103-23 Introducción a los circuitos eléctricos

Electronics Fundamentals: Circuits, Devices, and Applications. Thomas L. Floyd. Nueva York, NY: Pearson Education, Inc.

Principles of Electric Circuits, Thomas L. Floyd. Nueva York, NY: Prentice Hall.

26104-23 Teoría eléctrica

Electronics Fundamentals: Circuits, Devices, and Applications, Thomas L. Floyd. Nueva York, NY: Pearson Education, Inc.

Principles of Electric Circuits, Thomas L. Floyd. Nueva York, NY: Prentice Hall.

26105-23 Introducción al *Código Eléctrico Nacional®*

National Electrical Code® Handbook, última edición. Quincy, MA: National Fire Protection Association.

NFPA 70B, *Práctica Recomendada para el Mantenimiento de Equipos Eléctricos*, última edición Quincy, MA: National Fire Protection Association.

NFPA 70E®, *Norma para la seguridad eléctrica en lugares de trabajo®*, última edición. Quincy, MA: National Fire Protection Association.

26106-23 Cajas de salida, de dispositivos, de paso y de conexiones

National Electrical Code® Handbook, última edición. Quincy, MA: National Fire Protection Association.

26107-23 Doblado manual

Benfield Conduit Bending Manual, 2.ª edición. Overland Park, KS: EC&M Books.

National Electrical Code® Handbook, última edición. Quincy, MA: National Fire Protection Association.

Paquete de doblado de conductos de Tom Henry (incluye video, libro y tabla de doblado). Winter Park, FL: Code Electrical Classes, Inc.

26108-23 Ductos, canalizaciones y accesorios

Benfield Conduit Bending Manual, última edición. Overland Park, KS: EC&M Books.

Concrete Fastening Systems. **www.confast.com**.

National Electrical Code® Handbook, última edición. Quincy, MA: National Fire Protection Association.

26109-23 Conductores y cables

Electric Motors and Drives: Fundamentals, Types, and Applications, Austin Hughes y Bill Drury. 4.ª edición. Waltham, MA: Newnes.

National Electrical Code® Handbook, última edición. Quincy, MA: National Fire Protection Association.

26110-23 Documentos básicos de construcción eléctrica

Electronics Fundamentals: Circuits, Devices, and Applications, Thomas L. Floyd. Nueva York: Prentice Hall.

National Electrical Code® Handbook, última edición. Quincy, MA: National Fire Protection Association.

Principles of Electric Circuits, Thomas L. Floyd. Nueva York, NY: Prentice Hall.

26111-23 Cableado residencial

National Electrical Code® Handbook, última edición. Quincy, MA: National Fire Protection Association.

26112-23 Equipos de pruebas eléctricas

ABCs of DMMs, Multimeter Features and Functions Explained. Everett, WA: Fluke Corporation.

ABCs of Multimeter Safety. Everett, WA: Fluke Corporation.

Clamp Meter ABCs. Everett, WA: Fluke Corporation.

Electronics Fundamentals: Circuits, Devices, and Applications, Thomas L. Floyd. Nueva York, NY: Pearson.

Power Quality Analyzer Uses for Electricians. Everett, WA: Fluke Corporation.

Principles of Electric Circuits, Thomas L. Floyd. Nueva York, NY: Pearson.

GLOSARIO DE ESPAÑOL

Accesible (accessible): que se puede acceder, por ejemplo, para servicio o reparación.

Acometida eléctrica (electrical service): conductores y equipos que conectan el servicio público al sistema de cableado del predio al que se presta el servicio.

Administración de Seguridad y Salud Ocupacional (Occupational Safety and Health Administration - OSHA): organismo gubernamental de los Estados Unidos creado para garantizar condiciones seguras y saludables en el lugar de trabajo.

Aislador (insulator): material a través del cual es difícil conducir una corriente eléctrica.

Alimentador (feeder): cualquier conductor de circuito entre el equipo de acometida, la fuente de un sistema derivado por separado u otra fuente de suministro de energía y el dispositivo de sobrecorriente del circuito ramal final.

Ampacidad (ampacity): la corriente máxima en amperios que un conductor puede transportar continuamente bajo las condiciones de uso sin exceder su temperatura nominal.

Amperio (ampere - A): unidad básica de medida de la corriente eléctrica, representada por la letra A.

Amperímetro (ammeter): instrumento para medir la corriente eléctrica.

Aprobado (approved): cumple los requisitos de una agencia normativa pertinente.

A prueba de explosiones (explosion proof): diseñado y construido para resistir una explosión en el interior sin crear una explosión o un incendio en el exterior.

A prueba de intemperie (weatherproof): algo que está construido o protegido de forma que la intemperie no interfiera en su operación.

Artículos (articles): son los temas principales del *NEC*®, que comienzan con el *artículo 90 del NEC*, *Introducción*, y terminan con el *artículo 840 del NEC*, *Sistemas de comunicaciones de banda ancha alimentados con la instalación del edificio*.

Átomo (atom): la partícula más pequeña en la que se puede dividir un elemento sin perder las propiedades de ese elemento.

Bajada de acometida (service entrance conductors): Conductores aéreos a través de los cuales se suministra la acometida eléctrica. Se sitúan entre el último poste de la compañía eléctrica y el punto de conexión a las instalaciones de acometidas en el edificio.

Bandejas portacables (cable trays): estructuras rígidas que se usan para sujetar conductores eléctricos.

Barra dobladora de tubos (hickey bender): se utiliza para doblar conductos, pero forma el doblez además del radio.

Batería (battery): fuente de voltaje de corriente continua (CC) que consta de dos o más celdas que convierten la energía química en energía eléctrica.

Bifenilos policlorados (polychlorinated biphenyls - PCB): sustancias químicas tóxicas que pueden encontrarse en los líquidos que se usan para enfriar algunos tipos de transformadores, condensadores e interruptores de gran tamaño.

Bobina (coil): Varias vueltas de alambre, especialmente en forma de espiral. Se usa para efectos electromagnéticos o para proporcionar resistencia eléctrica.

Cable con cubierta no metálica (non-metalic sheathed cables) (tipos NM y NMC): Conjunto de fábrica de dos o más conductores aislados dentro de una cubierta general no metálica. El tipo NM contiene conductores aislados dentro de una cubierta general no metálica. El tipo NMC contiene conductores aislados dentro de una cubierta general no metálica resistente a la corrosión.

Cable con revestimiento metálico (metallic-clad cable) (tipo MC): conjunto de fábrica de uno o más conductores de circuito aislados con o sin miembros de fibra óptica encerrados en una armadura de cinta metálica entrelazada o una cubierta metálica lisa o corrugada.

Cable de unión (bonding wire): cable que se usa para crear una trayectoria continua de puesta a tierra entre el equipo y la tierra.

Cabrestantes (capstans): tambores giratorios del tiracables en el que se enrolla y tira el cable.

Caída de voltaje (voltage drop): el cambio de voltaje a través de un componente causado por la corriente que fluye a través de él y la cantidad de resistencia que se le opone.

Caja de conexiones (junction box): caja en la que entran una o varias canalizaciones o cables. Los conductores eléctricos se empalman (o pueden empalmarse) dentro de esta caja.

Caja de paso (pull box): recinto en forma de caja hecho de chapa de metal. Se utiliza en tramos de conductos para facilitar el paso de cables de un punto a otro en tramos largos. También puede ayudarlo a instalar pasacables de soporte de conductos. Esta pieza soporta el peso de cables verticales largos o ayuda a crear giros en tramos de conductos múltiples.

Caja de salida (outlet box): caja metálica o no metálica instalada en un sistema de cableado eléctrico. La corriente se toma de la caja de salida para alimentar un dispositivo o una máquina.

Caja para cables (handy box): caja de un solo segmento, también denominada *caja de servicios*. Encierra receptáculos o interruptores de pared en la construcción de bloques de concreto y no es conectable. Suele montarse en superficies de mampostería, como las que se utilizan en edificios industriales y comerciales, pero también puede empotrarse.

Cajas eléctricas (electrical boxes): cajas metálicas o no metálicas instaladas en un sistema de cableado eléctrico para alojar con seguridad componentes eléctricos o montar con seguridad dispositivos y cables eléctricos. Los usos específicos incluyen cajas de salida, cajas de conexiones, cajas de dispositivos, cajas de empalme y cajas de paso.

Canaleta (trough): caja larga y estrecha que sirve para albergar conexiones eléctricas que podrían estar expuestas al medio ambiente.

Canalizaciones (raceways): canales cerrados diseñados expresamente para sostener alambres, cables o barras colectoras, con funciones adicionales según lo permitido en el *NEC*®.

Capa de valencia (valence shell): la capa más externa de electrones que orbitan alrededor del núcleo de un átomo.

Capítulos (chapters): contienen un grupo de artículos relacionados con una amplia categoría. Nueve capítulos forman la estructura general del *NEC*®.

Carga (charge): una cantidad de electricidad que es positiva o negativa.

Centro de carga (load center): Tipo de panel de distribución que normalmente se ubica en la entrada de acometida de una instalación residencial. A veces, contiene la desconexión principal.

Cinta guía (fish tape): dispositivo manual que se utiliza para tirar de un cable a través de un conducto.

Circuito (circuit): trayectoria completa para el flujo de corriente.

Circuito en paralelo (parallel circuit): circuito en el que cada carga está conectada directamente a la fuente de voltaje; por lo tanto, la caída de tensión a través de cada una de las cargas es la misma, y la corriente se divide entre las cargas.

Circuito en serie (series circuit): circuito con un solo trayecto para el flujo de corriente.

Circuito mixto (series-parallel circuit): circuito que contiene trayectos para corriente en serie y en paralelo.

Circuito ramal (branch circuit): parte de un sistema de cableado que se extiende más allá del dispositivo de sobrecorriente final que protege un circuito.

Codos de 90° (stub-ups): otro nombre para la elevación en una sección de un conducto. También, un término que se usa para conductos que penetran una losa o el suelo.

Conducto (conduit): una canalización redonda, similar a un tubo, que alberga conductores.

Conductor (conductor): material a través del cual es relativamente fácil mantener una corriente eléctrica.

Conductor del electrodo de puesta a tierra (grounded electrode conductor): conductor que conecta el conductor de puesta a tierra del sistema o el equipo a un electrodo de puesta a tierra o a un punto del sistema de electrodos de puesta a tierra.

Conductor de puesta a tierra (grounded conductor): Conductor de un sistema o circuito que se conecta a tierra intencionalmente.

Conductor de puesta a tierra del equipo (equipment grounding conductor): Una parte de la vía conductora de una vía efectiva de corriente de fallo a tierra que conecta las partes metálicas normalmente no conductoras de corriente del equipo con el conductor de tierra del sistema, el conductor del electrodo de puesta a tierra o ambos.

Conductores de entrada de acometida (service drop): Los conductores entre el punto de terminación de la bajada de acometida aérea o del lateral de acometida subterránea y el dispositivo de desconexión principal del edificio.

Conductor no puesto a tierra (ungrounded conductor): conductor del circuito que transporta corriente a la carga.

Conectores (connectors): dispositivos utilizados para conectar físicamente conductos o cables a una caja de salida, un gabinete u otro recinto.

Continuidad (continuity): Un circuito completo (ininterrumpido) que puede conducir corriente. También se denomina *circuito cerrado*.

Corriente (current): movimiento o *flujo* de electrones en un circuito. La corriente o intensidad de flujo (*I*) se mide en amperios (A).

Culombio (coulomb - C): unidad de carga eléctrica igual a 6.24×10^{18} electrones (o 6.24 trillones de electrones). Un culombio es la unidad común de cantidad utilizada para especificar el tamaño de una carga dada.

Curvas de nivel (contour lines): líneas curvas en el plano de una obra, que siguen una elevación determinada. El espacio entre las curvas de nivel indica la pendiente de la propiedad, como empinada cuando están juntas o bastante niveladas cuando están muy separadas.

Derivación (tap): punto intermedio en un circuito principal donde se conecta otro cable para suministrar corriente eléctrica a otro circuito.

Desplazamientos (offsets): dos dobleces colocados en un trozo de conducto para evitar obstrucciones o para una entrada adecuada en cajas, gabinetes, etc. También se denomina *desvío*.

Diagrama de acometida de energía (power riser diagram): Diagrama de bloque unifilar utilizado para indicar la disposición del equipo de acometida eléctrica, los conductores y alimentadores de acometida y los paneles secundarios. Las notas se utilizan en los diagramas de acometida de energía para identificar el equipo; indicar el tamaño del conducto; mostrar el número, tamaño y tipo de conductores, y enumerar los materiales relacionados. Por lo general, se incluye un cuadro de panel de distribución con los diagramas de acometida de energía para indicar los componentes exactos (tipo y tamaño del panel), fusibles, interruptores automáticos, etc., que contiene cada panel de distribución.

Diagrama de bloque (block diagram): diagrama unifilar que se utiliza para mostrar el equipo eléctrico y las conexiones relacionadas.

Diagrama esquemático (schematic diagram): plano detallado que muestra los circuitos complicados, como circuitos de control. Un diagrama esquemático no tiene escala, pero muestra los componentes y sus conexiones eléctricas. También se llama simplemente *esquema*.

Diagrama unifilar (one-line diagram): plano que muestra, por medio de líneas y símbolos, la trayectoria de un circuito eléctrico o un sistema de circuitos junto con los diversos componentes de los circuitos. También se conoce como *diagrama unifilar*.

Dimensiones (dimensions): tamaños o mediciones impresos en un plano.

Dobleces concéntricos (concentric bends): realización de dobleces de 90° en dos o más tramos paralelos de conducto y aumento del radio de cada conducto desde el interior del tramo hacia el exterior.

Doblez de 90° (90° bend): doblez que cambia la dirección del conducto en 90°.

Doblez de ángulo abierto (kick): doblez de un tramo de conducto, normalmente inferior a 45°, para cambiar la dirección del conducto.

Doblez de segmento (segment bend): un doblez grande formado por múltiples dobleces o pasos cortos.

Doblez en paralelo (back-to-back bend): doblez formado por dos codos de 90° con una sección recta de conducto entre los codos.

Ductos de cables (wireways): canales de acero para alojar cables y alambres eléctricos.

Electrodo de puesta a tierra (grounding electrode): objeto conductor a través del cual existe una conexión directa a tierra.

Electrodomésticos (appliances): Equipos diseñados para utilizar la electricidad con un fin determinado. Por ejemplo, se utiliza un refrigerador para producir frío y un secador de cabello para producir calor. Los electrodomésticos suelen ser autónomos y se fabrican en tamaños o tipos estándar. La mayoría de los electrodomésticos no son de uso industrial.

Electrón (electron): partícula con carga negativa que orbita el núcleo de un átomo.

Elevación (rise): longitud de la sección doblada del conducto medida desde la parte inferior, la línea central o la parte superior de la sección recta hasta el extremo de la sección doblada.

Empalme (splice): conexión de dos o más conductores.

Energía incidente (incident energy): cantidad de energía térmica impresa en una superficie a cierta distancia de la fuente de un arco eléctrico. Por lo general, se expresa en calorías por centímetro cuadrado (cal/cm^2).

Entrada de acometida (service entrance): el punto donde se suministra energía a un edificio (incluido el equipo utilizado para este propósito). La entrada de acometida incluye el interruptor principal de acometida o panel de distribución, dispositivos de medición, dispositivos de protección contra sobrecorriente y conductores/canalizaciones para conectar a los conductores de la compañía de electricidad.

Equipo de entrada de acometida (service-entrance equipment): Equipo que proporciona protección contra sobrecorriente a los conductores de alimentación y acometida. Proporciona un medio para desconectar los alimentadores de los conductores de acometida energizados y un medio para medir la energía utilizada.

Escala (scale): En un plano, la relación entre el tamaño real de un objeto y el tamaño del dibujo. La escala también se refiere a la herramienta de medición utilizada para determinar esta relación.

Escala de arquitecto (architect's scale): Regla especial que permite medir distancias en planos como distancias reales en pies, pulgadas y fracciones. Una escala de arquitecto mide las distancias en pulgadas.

Escala de ingeniero (engineer's scale): Regla especial que permite medir distancias en planos como distancias reales en decimales. La escala de ingeniero mide las distancias en unidades decimales.

Escariador (reamer): herramienta utilizada para alisar los bordes de los conductos después de cortarlos.

Especificaciones escritas (written specifications): Descripción escrita de lo que requiere el propietario, el arquitecto y el ingeniero en cuanto a materiales y mano de obra. Junto con los planos de trabajo, las especificaciones forman la base de los requisitos del contrato para la construcción.

Evaluación de riesgo de arco eléctrico (arc flash risk assesment): estudio que un trabajador calificado lleva a cabo para investigar la posible exposición de un trabajador a la energía de un arco eléctrico, con el fin de prevenir lesiones y determinar las prácticas laborales seguras y los niveles adecuados de EPP.

Excepciones (exceptions): las excepciones siguen las secciones correspondientes del *NEC*® y permiten el uso de métodos alternativos bajo condiciones específicas.

Fase final (trim out): etapa final del cableado en la que se instalan y terminan los dispositivos y accesorios.

Fibrilación (fibrillation): temblor descoordinado del músculo cardíaco provocado por una descarga eléctrica de CA.

Formación práctica (on the job learning - OJL): aprender un trabajo como aprendiz bajo la supervisión de trabajadores de nivel oficial. También se conoce como *capacitación en el puesto de trabajo (OJT)*.

Frecuencia (frequency): número de ciclos completados cada segundo por un voltaje de CA específico. La frecuencia suele expresarse en hercios o *hertz*. Un hertz es igual a un ciclo por segundo (cps).

Límite de aproximación limitada (limited approach boundary): límite de distancia de aproximación a conductores o partes de circuitos eléctricos energizados expuestos dentro de la cual existe un peligro de descarga.

Límite de aproximación restringida (restricted approach boundary): límite de distancia de aproximación a conductores o partes de circuitos eléctricos energizados expuestos dentro de la cual existe una mayor probabilidad de descarga eléctrica.

Límite de relámpago de arco (arc flash boundary - AFB): límite de distancia de aproximación a conductores y partes de circuitos eléctricos energizados expuestos dentro de la cual una persona podría sufrir quemaduras de segundo grado si se produjera un arco eléctrico.

Ganancia (gain): la distancia ahorrada por el arco de un doblez de 90° debido a que el conducto se dobla en un radio y no en ángulo recto.

Herramienta puesta a tierra (grounded tool): herramienta eléctrica que tiene un cordón de potencia con un enchufe de tres clavijas o algún otro mecanismo que proporciona una trayectoria a tierra de baja impedancia para que una corriente de falla a tierra regrese a su fuente. Esta configuración permite que un dispositivo de protección contra sobrecorriente funcione en caso de falla a tierra, lo que protege al usuario de una descarga eléctrica.

Herramientas con doble aislamiento/sin conexión a tierra (double-insulated/ungrounded tools): herramientas eléctricas que están construidas de modo que la carcasa esté aislada de la energía eléctrica. La carcasa es de un material no conductor.

Impermeable al agua (watertight): algo que está construido para que el agua no penetre en su interior en determinadas condiciones.

Impermeable a la lluvia (raintight): algo que está construido o protegido para impedir la entrada de agua durante lluvias intensas en condiciones específicas.

***Institute for Electrical and Electronics Engineers* (IEEE):** organización profesional que desarrolla normas internacionales para la electrónica, las telecomunicaciones, la tecnología de la información y los productos y servicios de generación de energía.

***InternationalElectrotechnicalCommission* (IEC):** organización internacional que desarrolla normas de consenso para todas las tecnologías eléctricas y electrónicas.

Interruptor (switch): dispositivo mecánico utilizado para encender y apagar una carga eléctrica.

Interruptor de circuito por falla a tierra (ground fault circuit interrupter - GFCI): dispositivo que protege a las personas y a los equipos mediante la desenergización de un circuito en un período determinado cuando una corriente de falla a tierra supera los valores establecidos para un dispositivo de Clase A (de 4 a 6 mA).

Ion (ion): átomo con carga negativa o positiva debido a la ganancia o pérdida de electrones.

Joule (joule - J): unidad de medida de la energía para realizar trabajo, representada por la letra J. Un joule es igual a un newton-metro (Nm).

Kilo (kilo): prefijo que se usa para indicar mil (por ejemplo, un kilovatio es igual a mil vatios).

Laboratorios de pruebas reconocidos en todo el país (nationally recognized testing labs - NRTL): laboratorios de certificación de seguridad de productos que se encargan de probar y certificar equipos eléctricos.

Lateral de acometida (service lateral): conductores subterráneos a través de los cuales se suministra la acometida eléctrica. Se sitúan entre las instalaciones de distribución de la compañía eléctrica y el primer punto de conexión a las instalaciones del edificio o de acometida del área.

Ley de corriente de Kirchhoff (Kirchhoff's current law): la afirmación de que la cantidad total de corriente que fluye a través de un circuito en paralelo es igual a la suma de las cantidades de corriente que fluyen a través de cada trayecto de corriente.

Ley de Ohm (Ohm's law): regla que establece que la corriente en un circuito es directamente proporcional al voltaje e inversamente proporcional a la resistencia. En términos matemáticos, la corriente (I) es igual al voltaje (E) dividido por la resistencia (R).

Ley de voltaje de Kirchhoff (Kirchooff's voltage law): la afirmación de que la suma de las caídas de tensión en un circuito es igual a la tensión de la fuente del circuito.

Longitud de la curva (take-up): la cantidad de conducto utilizado para formar un doblez.

Longitud desarrollada (developed length): la longitud real del conducto que se doblará.

Lugar expuesto (exposed location): área que no está cerrada permanentemente por la estructura o el acabado de un edificio; se puede instalar o retirar equipos sin dañar la estructura.

Mega (mega): prefijo que se usa para indicar un millón (por ejemplo, un megavatio es igual a un millón de vatios).

Movimiento del medidor D'Arsonval (D'arsonval meter movement): movimiento de medidor que utiliza un imán permanente y una disposición de bobina móvil para mover una aguja a través de una escala.

***National Electrical Manufacturers Association* (NEMA):** la asociación que mantiene y mejora la calidad y fiabilidad de los productos eléctricos.

***National Fire Protection Association* (NFPA):** Organización que publica el *NEC*®. La NFPA desarrolla códigos y normas para minimizar la posibilidad y los efectos de un incendio.

Neutrón (neutron): partícula eléctricamente neutra (ni positiva ni negativa) que tiene la misma masa que un protón y se encuentra en el núcleo de un átomo.

Norte verdadero (true north): dirección indicada en los planos de construcción que muestra cómo las líneas de la propiedad y los edificios se colocan en un sitio en relación con una brújula o norte magnético.

Notas informativas (informational notes): material explicativo que sigue secciones específicas del *NEC*®.

Núcleo (nucleus): el centro de un átomo. Contiene los protones y neutrones del átomo.

Ohmio (ohm - Ω): unidad básica de medida de la resistencia, representada por el símbolo Ω.

Ohmímetro (ohmmeter): instrumento que se usa para medir la resistencia.

Orden de cambio (change order): documento formal del gerente o propietario del proyecto, que especifica uno o más cambios a los planos, especificaciones o alcance del proyecto. También indica los cambios en el costo del proyecto.

Partes (parts): ciertos artículos en el *NEC*® se subdividen en partes que cubren un toma específico. Las partes están numeradas con números romanos (p. ej., ***artículo 250 del NEC, parte IX***, *Instrumentos, medidores y relés*).

Pasacables de unión equipotencial (bonding bushing): Pasacables de conducto especial equipado con un terminal de conductor para aceptar un puente de unión equipotencial. Tiene un tornillo u otro dispositivo afilado para sujetarse a la pared de cubierta. Esto permite unir el conducto a la cubierta sin puente cuando no quedan orificios concéntricos en la pared de cubierta.

Persona no calificada (unqualified person): persona con poca o ninguna capacitación sobre cómo evitar peligros eléctricos cuando trabaja en partes energizadas expuestas o cerca de ellas.

Personas calificadas (qualified persons): personas que tienen la capacitación o las certificaciones necesarias y han demostrado sus conocimientos y capacidad para resolver problemas relacionados con la obra o proyecto.

Personas competentes (competent persons): trabajadores que pueden identificar peligros y adoptar medidas correctivas para solucionarlos.

Pértiga dieléctrica (hot stick): herramienta manual con aislamiento que sirve para desconectar interruptores, retirar e insertar fusibles y aplicar y retirar puestas a tierra temporales.

Plano (plan): dibujo hecho como si el espectador estuviera mirando directamente hacia abajo sobre un objeto desde arriba.

Plano de detalle (detail drawing): vista ampliada y detallada que se toma de un área de un plano y se muestra en una vista separada.

Plano de la obra (site plan): Plano que muestra la ubicación de uno o más edificios en la obra de edificación. Por lo general, dichos planos muestran líneas topográficas, líneas eléctricas y de comunicación, líneas de agua y alcantarillado, aceras, entradas de vehículos e información similar.

Plano de piso (floor plan): Dibujo de un edificio como si se cortara horizontalmente aproximadamente al nivel de la ventana, quitando la parte superior. El plano de planta es lo que aparecería si la estructura restante se viera desde arriba.

Plano de taller (shop drawing): Plano que generalmente es desarrollado por fabricantes, productores o contratistas para mostrar dimensiones específicas y otra información pertinente sobre una pieza específica de un equipo y sus métodos de instalación.

Plano eléctrico (electrical drawing): Medio para transmitir una gran cantidad de información exacta y detallada en una forma abreviada que entienden los electricistas. Consiste en bloques, líneas, símbolos, dimensiones y anotaciones para transmitir con precisión los diseños a quienes instalan el sistema eléctrico en un trabajo.

Planos (blueprints): copias exactas o reproducciones de dibujos originales.

Planos arquitectónicos (architectural drawings): planos de trabajo que consisten en planos de obra, planos de planta, elevaciones, vistas seccionales, detalles y otra información necesaria para la construcción de un edificio.

Planos de obra finalizada (as built drawings): Conjunto de planos marcados, también llamados *planos en línea roja*, que se hacen al finalizar el proyecto y muestran todos los cambios realizados durante el proyecto de construcción.

Potencia (power): la tasa a la que se realiza un trabajo, o la tasa a la que se utiliza o disipa la energía. La potencia eléctrica se mide en vatios (W).

Precursores de error (error precursors): situaciones que ponen en riesgo a un trabajador debido a las exigencias de la tarea, las condiciones, la actitud del trabajador o el entorno.

Programa (schedule): método sistemático de presentar listas de equipos en un plano en forma tabular.

Protón (proton): la partícula de carga positiva más pequeña de un átomo. Los protones se encuentran en el núcleo de un átomo.

Puente de unión equipotencial (bonding jumper): Conductor aislado verde o descubierto que se utiliza para garantizar la conductividad eléctrica requerida entre las piezas metálicas que deben conectarse eléctricamente. Los puentes de unión equipotencial suelen ir desde un pasacables de unión equipotencial hasta la cubierta del equipo de acometida. También proporcionan una vía alrededor de los orificios ciegos concéntricos de una pared de armario y pueden utilizarse para unir una canalización con otra.

Punto de acometida (service point): punto de conexión entre las instalaciones de servicios públicos y el cableado de las instalaciones.

Ramal de interruptor (switch leg): circuito enrutado a una caja de interruptores para controlar las luces eléctricas.

Ratón (mouse): cilindro de gomaespuma que encaja dentro del conducto y luego es impulsado por aire comprimido o aspirado a través del conducto, tirando de una línea o cinta.

Relámpago de arco (arc flash): la luz y el calor que genera un arco eléctrico con suficiente energía eléctrica para causar daños importantes, incendios e incluso lesiones.

Resistencia (resistor): dispositivo de un circuito que restringe o se opone al flujo de electrones.

Resistencia (resistance): propiedad eléctrica que se opone al flujo de corriente a través de un circuito. La resistencia se representa con la letra *R* y se mide en ohmios (Ω).

Resistencia al arco (arc rating): la máxima resistencia a la energía incidente demostrada por un material (o un sistema de capas de materiales) antes de la desintegración del material o al comienzo de una quemadura cutánea de segundo grado. Se expresa en joules por centímetro cuadrado (J/cm^2) o calorías por centímetro cuadrado (cal/cm^2).

Retroalimentación o inversión de la corriente eléctrica (backfeed): ocurre cuando la energía eléctrica fluye hacia atrás en un sistema de distribución. Esto ocurre cuando la energía entra en el sistema desde el exterior. La energía puede fluir de esta manera cuando se utiliza un generador durante un corte de electricidad. También puede fluir hacia atrás cuando se utiliza un sistema solar fotovoltaico (FV). Los equipos sobrecargados también pueden provocar retrocesos.

Romex®: nombre comercial de General Cable del cable tipo NM; sin embargo, a menudo, se usa de forma genérica para referirse a cualquier cable con cubierta no metálica.

Secciones (sections): en el *NEC®*, las partes y los artículos se dividen en secciones. Cada sección se numera utilizando el número del artículo, un punto y seguido y luego el número de la sección. Por ejemplo, ***Sección 501.20 del NEC***.

Semiconductor (semiconductor): material con propiedades eléctricas intermedias entre las de un conductor y un aislador. Los semiconductores se usan para controlar el flujo de corriente en equipos electrónicos y otras aplicaciones, como los sistemas solares fotovoltaicos.

Sistema de canalización (raceway system): Recinto que aloja los conductores de un sistema eléctrico.

Solicitud de información (request for information): documento formal del contratista, cuya finalidad es aclarar cuando se encuentran errores, omisiones y discrepancias en o entre los documentos de construcción.

Subestación (substation): montaje de equipos, tales como interruptores, dispositivos de interrupción, interruptores automáticos, barras conductoras y transformadores, a través de los cuales pasa la energía eléctrica con fines de distribución, conmutación, o modificación de sus características.

Agarre de cables (wire grip): dispositivo utilizado para unir la cuerda de tracción con el cable durante un tirón.

Tendido (rough-in): etapa inicial del cableado que implica la instalación del panel de distribución, el cableado y las cajas.

Tendido (roughing in): La primera etapa de una instalación eléctrica, cuando instala la canalización, el cable, los alambres, las cajas y otros equipos. Antes de empezar cualquier trabajo de acabado, debe terminar el trabajo de tendido eléctrico.

UL Solutions: organismo que evalúa y aprueba los componentes y equipos eléctricos.

Vatio (watt - W): unidad básica de medida de la potencia eléctrica, que se representa con la letra W.

Vista en alzado (elevation view): plano arquitectónico que muestra la altura y el ancho, pero no la profundidad; generalmente muestra el frente, la parte posterior y los lados de un edificio u objeto.

Vista seccional (sectional view): Plano de corte que muestra el interior de un objeto o edificio.

Voltaje (voltage): fuerza impulsora que hace fluir la corriente en un circuito. El voltaje o tensión, que a menudo se representa con la letra *E*, también se denomina *fuerza electromotriz* (fem), *diferencia de potencial* o *presión eléctrica*.

Voltaje transitorio (voltage transient): voltaje temporal indeseado en un circuito eléctrico que oscila entre unos pocos voltios y varios miles de voltios y dura de microsegundos a algunos milisegundos.

Voltio (volt - V): unidad de medida del voltaje, representada por la letra V. Un voltio es la fuerza electromotriz necesaria para impulsar un amperio de corriente a través de una resistencia de un ohmio.

Voltímetro (voltmeter): instrumento para medir el voltaje. La resistencia de un voltímetro es fija. Cuando el voltímetro está conectado a un circuito, la corriente que pasa por el medidor será directamente proporcional al voltaje en los puntos de conexión.

GLOSARIO DE INGLÉS

90° bend (doblez de 90°): A bend that changes the direction of the conduit by 90°.

Accessible (accesible): Able to be reached, as for service or repair.

Ammeter (amperímetro): An instrument for measuring electrical current.

Ampacity (ampacidad): The maximum current in amperes a conductor can carry continuously under the conditions of use without exceeding its temperature rating.

Ampere (A) (amperio): The basic unit of measurement for electrical current, represented by the letter A.

Appliances (electrodomésticos): Equipment designed to use electricity for a particular purpose. For example, you use a refrigerator to produce cold and a hair dryer to produce heat. Appliances are usually self-contained and produced in standard sizes or types. Most appliances are not for industrial use.

Approved (aprobado): Meeting the requirements of an appropriate regulatory agency.

Arc flash (relámpago de arco): The light and heat produced from an electric arc that has enough electrical energy to cause substantial damage, fire, and even injury.

Arc flash boundary (AFB) (límite de relámpago de arco): An approach distance limit from exposed energized electrical conductors or circuit parts within which a person could receive a second-degree burn if an electric arc flash were to occur.

Arc flash risk assessment (evaluación de riesgo de arco eléctrico): A study investigating a worker's potential exposure to arc flash energy conducted by a qualified worker for injury prevention, determination of safe work practices, and appropriate levels of PPE.

Arc rating (resistencia al arco): The maximum incident energy resistance demonstrated by a material (or a layered system of materials) prior to material breakdown, or at the onset of a second-degree skin burn. Expressed in joules per centimeter squared (J/cm^2) or calories per centimeter squared (cal/cm^2).

Architect's scale (escala de arquitecto): A special ruler that allows you to measure distances on drawings as real-world distances in feet, inches, and fractions. An architect's scale measures distances in inches.

Architectural drawings (planos arquitectónicos): Working drawings consisting of site plans, floor plans, elevations, sectional views, details, and other information necessary for the construction of a building.

Articles (artículos): The articles are the main topics of the *NEC®*, beginning with ***NEC Article 90***, *Introduction*, and ending with ***NEC Article 840***, *Premises-Powered Broadband Communications Systems*.

As-built drawings (planos de obra finalizada): A marked-up set of drawings, also called *red lines*, made at the completion of the project, showing all changes made during the construction project.

Atom (átomo): The smallest particle to which an element may be divided and still retain the properties of that element.

Backfeed (retroalimentación o inversión de la corriente eléctrica): This happens when electrical power flows backward in a distribution system. This happens when power goes into the system from the outside. Power can flow this way when you use a generator during a power outage. It also can flow backward when you use a solar photovoltaic (PV) system. Overloaded equipment can also result in backfeeds.

Back-to-back bend (doblez en paralelo): Any bend formed by two 90° bends with a straight section of conduit between the bends.

Battery (batería): A direct current (DC) voltage source consisting of two or more cells that convert chemical energy into electrical energy.

Block diagram (diagrama de bloque): A single-line diagram used to show electrical equipment and related connections.

Blueprints (planos): Exact copies or reproductions of original drawings.

Bonding bushing (pasacables de unión equipotencial): A special conduit bushing equipped with a conductor terminal to accept a bonding jumper. It has a screw or other sharp device to bite into the enclosure wall. This lets it bond the conduit to the enclosure without a jumper when there are no concentric knockouts left in the wall of the enclosure.

Bonding jumper (puente de unión equipotencial): A bare or green insulated conductor used to ensure electrical conductivity between metal parts connected electrically. Bonding jumpers often go from a bonding bushing to the service-equipment enclosure. They also provide a path around concentric knockouts in an enclosure wall and can be used to bond one raceway to another.

Bonding wire (cable de unión): A wire used to make a continuous grounding path between equipment and ground.

Branch circuit (circuito ramal): The portion of a wiring system extending beyond the final overcurrent device protecting a circuit.

Cable trays (bandejas portacables): Rigid structures used to support electrical conductors.

Capstans (cabrestantes): The turning drums of the cable puller on which the rope is wrapped and pulled.

Change order (orden de cambio): A formal document from the project manager or owner, specifying one or more changes to the drawings, specifications, or project scope. It will also state any changes in project cost.

Chapters (capítulos): Contain a group of articles related to a broad category. Nine chapters form the overall structure of the *NEC®*.

Charge (carga): A quantity of electricity that is either positive or negative.

Circuit (circuito): A complete path for current flow.

Coil (bobina): Numbers of turns in wire, especially in spiral form. It is used for electromagnetic effects or for providing electrical resistance.

Competent persons (personas competentes): Workers who can identify hazards and take the corrective action necessary to address them.

Concentric bends (dobleces concéntricos): Making 90° bends in two or more parallel runs of conduit and increasing the radius of each conduit from the inside of the run toward the outside.

Conductor (conductor): A material through which it is relatively easy to maintain an electric current.

Conduit (conducto): A round raceway, similar to pipe, that houses conductors.

Connectors (conectores): Devices used to physically connect conduit or cable to an outlet box, cabinet, or other enclosure.

Continuity (continuidad): A complete (unbroken) circuit that can conduct current. This is also called a *closed circuit*.

Contour lines (curvas de nivel): Curving lines on a site plan following a given elevation. The space between contour lines tells the slope of the property, such as steep when they are close together or fairly level when they are widely separated.

Coulomb (C) (culombio): A unit of electrical charge equal to 6.24×10^{18} electrons (or 6.24 quintillion electrons). A coulomb is the common unit of quantity used for specifying the size of a given charge.

Current (corriente): The movement, or *flow*, of electrons in a circuit. Current or intensity of flow (*I*) is measured in amperes (A).

D'Arsonval meter movement (movimiento del medidor D'Arsonval): A meter movement that uses a permanent magnet and moving-coil arrangement to move a pointer across a scale.

Detail drawing (plano de detalle): An enlarged, detailed view taken from an area of a drawing and shown in a separate view.

Developed length (longitud desarrollada): The actual length of the conduit that will be bent.

Dimensions (dimensiones): Sizes or measurements printed on a drawing.

Double-insulated/ungrounded tools (herramientas con doble aislamiento/sin conexión a tierra): Electrical tools that are constructed so that the case is insulated from electrical energy. The case is made of a nonconductive material.

Electrical boxes (cajas eléctricas): Metallic or nonmetallic boxes installed in an electrical wiring system to safely house electrical components and/or securely mount devices and electrical cables. Specific uses include outlet boxes, junction boxes, device boxes, splice boxes, and pull boxes.

Electrical drawing (plano eléctrico): A means of conveying a large amount of exact, detailed information in an abbreviated form that electricians understand. It consists of blocks, lines, symbols, dimensions, and notations to accurately convey the designs to those who install the electrical system on a job.

Electrical service (acometida eléctrica): The conductors and equipment connecting the serving utility to the wiring system of the premises served.

Electron (electrón): A negatively charged particle that orbits the nucleus of an atom.

Elevation view (vista en alzado): An architectural drawing showing height and width, but not depth; usually showing the front, rear, and sides of a building or object.

Engineer's scale (escala de ingeniero): A special ruler that allows you to measure distances on drawings as real-world distances in decimals. An engineer's scale measures distances in decimal units.

Equipment grounding conductor (conductor de puesta a tierra del equipo): A conductive path part of an effective ground fault current path that connects normally noncurrent-carrying metal parts of equipment together to the system ground conductor, the grounding electrode conductor, or both.

Error precursors (precursores de error): Situations that put a worker at risk due to the demands of the task, conditions, worker attitude, and/or environment.

Exceptions (excepciones): Exceptions follow the applicable sections of the *NEC*® and allow alternative methods to be used under specific conditions.

Explosion proof (a prueba de explosiones): Designed and built to withstand an explosion on the inside without creating an explosion or fire on the outside.

Exposed location (lugar expuesto): An area that is not permanently closed in by the structure or finish of a building; you can install or remove equipment without damage to the structure.

Feeder (alimentador): Any circuit conductor between the service equipment, the source of a separately derived system, or other power supply source and the final branch circuit overcurrent device.

Fibrillation (fibrilación): The uncoordinated quivering of the heart muscle caused by an AC electric shock.

Fish tape (cinta guía): A hand device used to pull a wire through a conduit run.

Floor plan (plano de piso): A drawing of a building as if the building was cut through horizontally at about window level with the top portion removed. The floor plan is what would appear if the remaining structure were viewed from above.

Frequency (frecuencia): The number of cycles completed each second by a specific AC voltage. Frequency is usually expressed in *hertz*. One hertz equals one cycle per second (cps).

Gain (ganancia): The distance saved by the arc of a 90° bend due to conduit being bent in a radius and not at right angles.

Ground fault circuit interrupter (GFCI) (interruptor de circuito por falla a tierra): A device that protects people and equipment by de-energizing a circuit within an established period of time when a ground fault current exceeds the values established for a Class A device (4–6 mA).

Grounded conductor (conductor de puesta a tierra): A system or circuit conductor that is intentionally grounded.

Grounded tool (herramienta puesta a tierra): An electric tool that has a power cord with a three-prong plug or some other mechanism that provides a low-impedance ground path for a ground fault current to return to its source. This setup allows an overcurrent device to operate in the event of a ground fault, which protects the user from shock.

Grounding electrode (electrodo de puesta a tierra): A conducting object through which there is a direct connection to earth.

Grounding electrode conductor (conductor del electrodo de puesta a tierra): A conductor that connects either the system grounded conductor or the equipment to a grounding electrode or a point on the grounding electrode system.

Handy box (caja para cables): A single-gang box, also known as a *utility box*. It encloses receptacles or wall switches on concrete block construction and is nongangable. It is commonly surface mounted on masonry surfaces such as those used in industrial and commercial buildings but can also be recessed mounted.

Hickey bender (barra dobladora de tubos): Used to bend conduit but forms the bend as well as the radius.

Hot stick (pértiga dieléctrica): A manually operated insulated tool designed for disconnecting switches, removing and inserting fuses, applying and removing temporary grounds, and testing.

Incident energy (energía incidente): The amount of thermal energy impressed on a surface at a certain distance from the source of an electric arc. Incident energy is typically expressed in calories per centimeter squared (cal/cm^2).

Informational Notes (Notas informativas): Explanatory material that follows specific *NEC*® sections.

Institute for Electrical and Electronics Engineers (IEEE): A professional organization that develops international standards for electronics, telecommunications, information technology, and power-generation products and services.

Insulator (aislador): A material through which it is difficult to conduct an electric current.

International Electrotechnical Commission (IEC): An international organization that develops consensus standards for all electrical and electronic technologies.

Ion (ion): An atom with a negative or positive charge due to gaining or losing electrons.

Joule (J) (joule): A unit of energy measurement for doing work, represented by the letter J. One joule is equal to one newton-meter (Nm).

Junction box (caja de conexiones): A box where one or more raceways or cables enter it. Electrical conductors are (or can be) spliced inside this box.

Kick (doblez de ángulo abierto): A bend in a piece of conduit, usually less than 45°, made to change the direction of the conduit.

Kilo (kilo): A prefix used to indicate one thousand; for example, one kilowatt is equal to one thousand watts.

Kirchhoff's current law (ley de corriente de Kirchhoff): The statement that the total amount of current flowing through a parallel circuit is equal to the sum of the amounts of current flowing through each current path.

Kirchhoff's voltage law (ley de voltaje de Kirchhoff): The statement that the sum of all the voltage drops in a circuit is equal to the source voltage of the circuit.

Limited approach boundary (límite de aproximación limitada): An approach distance limit from an exposed energized electrical conductor or circuit part within which a shock hazard exists.

Load center (centro de carga): A type of panelboard normally located at the service entrance of a residential installation. It sometimes contains the main disconnect.

Mega (mega): A prefix used to indicate one million; for example, one megawatt is equal to one million watts.

Metal-clad (Type MC) cable (cable con revestimiento metálico - tipo MC): A factory assembly of one or more insulated circuit conductors with or without optical fiber members enclosed in an armor of interlocking metal tape or a smooth or corrugated metallic sheath.

Mouse (ratón): A cylinder of foam rubber that fits inside the conduit and is then propelled by compressed air or vacuumed through the conduit run, pulling a line or tape.

National Electrical Manufacturers Association (NEMA): The association that maintains and improves the quality and reliability of electrical products.

National Fire Protection Association (NFPA): The publisher of the *NEC*®. NFPA develops codes and standards to minimize the possibility and effects of fire.

Nationally Recognized Testing Laboratories (NRTLs) (Laboratorios de pruebas reconocidos en todo el país): Product safety certification laboratories that are responsible for testing and certifying electrical equipment.

Neutron (neutrón): An electrically neutral particle (neither positive nor negative) that has the same mass as a proton and is found in the nucleus of an atom.

Nonmetallic-sheathed (Type NM and NMC) cable (cable con cubierta no metálica - tipos NM y NMC): A factory assembly of two or more insulated conductors enclosed within an overall nonmetallic jacket. Type NM contains insulated conductors enclosed within an overall nonmetallic jacket. Type NMC contains insulated conductors enclosed within an overall corrosion-resistant, nonmetallic jacket.

Nucleus (núcleo): The center of an atom. It contains the protons and neutrons of the atom.

Occupational Safety and Health Administration (OSHA) (Administración de seguridad y salud ocupacional): The US government agency established to ensure a safe and healthy workplace.

Offsets (desplazamientos): Two bends placed in a piece of conduit to avoid obstructions or for proper entry into boxes, cabinets, etc. Also called a *kick*.

Ohm (Ω) (ohmio): The basic unit of measurement for resistance, represented by the symbol Ω.

Ohm's law (ley de Ohm): A rule stating that the current in a circuit is directly proportional to the voltage and inversely proportional to the resistance. Stated mathematically as current (I) equals voltage (E) divided by resistance (R).

Ohmmeter (ohmímetro): An instrument for measuring resistance.

On-the-job learning (OJL) (formación práctica): Learning a job as an apprentice under the supervision of journey-level workers. Also called *on-the-job training (OJT)*.

One-line diagram (diagrama unifilar): A drawing that shows, by means of lines and symbols, the path of an electrical circuit or system of circuits along with the various circuit components. Also called a *single-line diagram*.

Outlet box (caja de salida): A metallic or nonmetallic box installed in an electrical wiring system. Current is taken from the outlet box to supply a device or machine.

Parallel circuit (circuito en paralelo): A circuit in which each load is connected directly to the voltage source; therefore, the voltage drop through each of the loads is the same, and the current is divided between the loads.

Parts (partes): Certain articles in the *NEC*® are divided into parts that cover a specific topic. Parts are numbered with Roman numerals (e.g., ***NEC Article 250, Part IX***, *Instruments, Meters, and Relays*).

Plan (plano): A drawing made as though the viewer were looking straight down on an object from above.

Polychlorinated biphenyls (PCBs) (bifenilos policlorados): Toxic chemicals that may be contained in liquids used to cool certain types of large transformers, capacitors, and large switches.

Power (potencia): The rate of doing work, or the rate at which energy is used or dissipated. Electrical power is measured in watts (W).

Power riser diagram (diagrama de acometida de energía): A single-line block diagram used to indicate the arrangement of electric service equipment, service conductors and feeders, and subpanels. Notes are used on power riser diagrams to identify the equipment; indicate the size of conduit; show the number, size, and type of conductors; and list related materials. A panelboard schedule is usually included with power riser diagrams to indicate the exact components (panel type and size), fuses, circuit breakers, etc. that are contained in each panelboard.

Proton (protón): The smallest positively charged particle of an atom. Protons are contained in the nucleus of an atom.

Pull box (caja de paso): A box-like enclosure made of sheet metal. It is used in conduit runs to make it easier to pull cables from point to point in long runs. It can also help you install conduit support bushings. This part supports the weight of long riser cables or helps create turns in multiple conduit runs.

Qualified persons (personas calificadas): People who have the necessary training or certifications and have demonstrated their knowledge and ability to resolve problems related to the work or project.

Raceway system (sistema de canalización): An enclosure that houses the conductors in an electrical system.

Raceways (canalizaciones): Enclosed channels designed expressly for holding wires, cables, or busbars, with additional functions as permitted in the *NEC*®.

Raintight (impermeable a la lluvia): Something that is built or protected to keep out water during heavy rain under specific conditions.

Reamer (escariador): A tool used to smooth the edges of conduit after it has been cut.

Request for information (solicitud de información): A formal document from the contractor seeking clarification when errors, omissions, and discrepancies are found in or between the construction documents.

Resistance (resistencia): An electrical property that opposes the flow of current through a circuit. Resistance is represented by the letter R and is measured in ohms (Ω).

Resistor (resistencia): A device in a circuit that restricts or opposes the flow of electrons.

Restricted approach boundary (límite de aproximación restringida): An approach distance limit from an exposed energized electrical conductor or circuit part within which there is an increased likelihood of electric shock.

Rise (elevación): The length of the bent section of conduit measured from the bottom, centerline, or top of the straight section to the end of the bent section.

Romex®: General Cable's trade name for Type NM cable; however, it is often used generically to refer to any nonmetallic-sheathed cable.

Rough-in (tendido): The beginning stage of wiring that involves installing the panelboard, wiring, and boxes.

Roughing in (tendido): The first stage of an electrical installation when you install the raceway, cable, wires, boxes, and other equipment. You must complete the roughing-in electrical work before you begin any finishing work.

Scale (escala): On a drawing, the relationship between an object's actual size and drawn size. Scale also refers to the measuring tool used to determine this relationship.

Schedule (programa): A systematic method of presenting equipment lists on a drawing in tabular form.

Schematic diagram (diagrama esquemático): A detailed diagram showing complicated circuits, such as control circuits. A schematic diagram has no scale but shows the components and their electrical connections. Also referred to simply as a *schematic*.

Sectional view (vista seccional): A cutaway drawing that shows the inside of an object or building.

Sections (secciones): In the *NEC*®, parts and articles are divided into sections. Each section is numbered using the article number, a period, and then the section number. For example, ***NEC Section 501.20***.

Segment bend (doblez de segmento): A large bend formed by multiple short bends or shots.

Semiconductor (semiconductor): A material that has electrical properties between that of a conductor and an insulator. Semiconductors are used to control current flow in electronic equipment and other applications, such as solar photovoltaic systems.

Series circuit (circuito en serie): A circuit with only one path for current flow.

Series-parallel circuit (circuito mixto): A circuit that contains both series and parallel current paths.

Service drop (conductores de entrada de acometida): The overhead conductors through which electrical service is supplied. They are located between the last power company pole and the point of connection to the service facilities at the building.

Service entrance (entrada de acometida): The point where power is supplied to a building (including the equipment used for this purpose). The service entrance includes the service main switch or panelboard, metering devices, overcurrent protective devices, and conductors/raceways for connecting to the power company's conductors.

Service lateral (lateral de acometida): The underground conductors through which electrical service is supplied. They are located between the power company's distribution facilities and the first point of connection to the building or area service facilities.

Service point (punto de acometida): The point of connection between the facilities of the serving utility and the premises wiring.

Service-entrance conductors (bajada de acometida): The conductors between the point of termination of the overhead service drop or underground service lateral and the main disconnecting device in the building.

Service-entrance equipment (equipo de entrada de acometida): Equipment that provides overcurrent protection to the feeder and service conductors. It provides a means of disconnecting the feeders from energized service conductors, and a means of measuring the energy used.

Shop drawing (plano de taller): A drawing that is usually developed by manufacturers, fabricators, or contractors to show specific dimensions and other pertinent information concerning a particular piece of equipment and its installation methods.

Site plan (plano de la obra): A drawing showing the location of one or more buildings on the building site. Such drawings frequently show topographical lines, electrical and communication lines, water and sewer lines, sidewalks, driveways, and similar information.

Splice (empalme): Connection of two or more conductors.

Stub-ups (codos de 90°): Another name for the rise in a section of conduit. Also, a term used for conduit penetrating a slab or the ground.

Substation (subestación): An assemblage of equipment such as switches, interrupting devices, circuit breakers, buses, and transformers through which electric energy is passed for the purpose of distribution, switching, or modifying its characteristics.

Switch (interruptor): A mechanical device used for turning an electrical load on and off.

Switch leg (ramal de interruptor): A circuit routed to a switch box for controlling electric lights.

Take-up (longitud de la curva): The amount of conduit used to form a bend.

Tap (derivación): Intermediate point on a main circuit where another wire is connected to supply electrical current to another circuit.

Trim-out (fase final): The final stage of wiring when you install and terminate devices and fixtures.

Trough (canaleta): A long, narrow box used to house electrical connections that could be exposed to the environment.

True north (norte verdadero): The direction indicated on construction drawings that shows how property lines and buildings are positioned on a site relative to a compass or magnetic north.

UL Solutions: An agency that evaluates and approves electrical components and equipment.

Ungrounded conductor (conductor no puesto a tierra): A circuit conductor that carries current to the load.

Unqualified person (persona no calificada): A person who has little or no training in avoiding electrical hazards when working on or near exposed energized parts.

Valence shell (capa de valencia): The outermost ring of electrons that orbit the nucleus of an atom.

Volt (V) (voltio): The unit of measurement for voltage, represented by the letter V. One volt is the electromotive force needed to push one ampere of current through a resistance of one ohm.

Voltage (voltaje): The driving force that makes current flow in a circuit. Voltage, often represented by the letter *E*, is also referred to as *electromotive force* (*emf*), *potential difference*, or *electrical pressure*.

Voltage drop (caída de voltaje): The change in voltage across a component that is caused by the current flowing through it and the amount of resistance opposing it.

Voltage transient (voltaje transitorio): A temporary, unwanted voltage in an electrical circuit that ranges from a few volts to several thousand volts and lasts microseconds up to a few milliseconds.

Voltmeter (voltímetro): An instrument for measuring voltage. The resistance of a voltmeter is fixed. When a voltmeter is connected to a circuit, the current passing through the meter will be directly proportional to the voltage at the connection points.

Watertight (impermeable al agua): Something that is built so that water will not get inside of it under specific conditions.

Watt (W) (vatio): The basic unit of measurement for electrical power, represented by the letter W.

Weatherproof (a prueba de intemperie): Something that is built or protected so that weather does not interfere with its operation.

Wire grip (agarre de cables): A device used to link pulling rope to cable during a pull.

Wireways (ductos de cables): Steel troughs designed to carry electrical wire and cable.

Written specifications (especificaciones escritas): Written descriptions of what is required by the owner, architect, and engineer in the way of materials and workmanship. Together with working drawings, the specifications form the basis of the contract requirements for construction.Sections: In the *NEC*®, parts and articles are divided into sections. Each section is numbered using the article number, a period, and then the section number. For example, ***NEC Section 501.20***.

www.ingramcontent.com/pod-product-compliance
Lightning Source LLC
LaVergne TN
LVHW082017200926
848481LV00010B/2878
9780135395240